Die Biotechnologie-Industrie

Julia Schüler

Die Biotechnologie-Industrie

Ein Einführungs-, Übersichts- und Nachschlagewerk

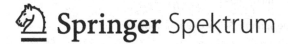 Springer Spektrum

Julia Schüler
BioMedServices – Life Sciences Intelligence
Darmstadt

ISBN 978-3-662-47159-3   ISBN 978-3-662-47160-9 (eBook)
DOI 10.1007/978-3-662-47160-9

Die Deutsche Nationalbibliothek verzeichnet diese Publikation in der Deutschen Nationalbibliografie;
detaillierte bibliografische Daten sind im Internet über ▶ http://dnb.d-nb.de abrufbar.

Springer Spektrum
© Springer-Verlag Berlin Heidelberg 2016

Planung: Kaja Rosenbaum
Satz: Crest Premedia Solutions (P) Ltd., Pune, India

Gedruckt auf säurefreiem und chlorfrei gebleichtem Papier

Springer-Verlag ist Teil der Fachverlagsgruppe Springer Science+Business Media
(www.springer.com)

Geleitwort/Widmung/Danksagung

- **Wir steuern auf 20 Jahre Biotechnologie-Industrie in Deutschland zu (Start 1995/1996)**
Meine Auseinandersetzung mit dem Thema begann rund zehn Jahre davor, als ich ab 1987
während meines Biologie-Hauptstudiums mehrere Praktika und meine Diplomarbeit in der
Industrie absolvierte. Ich hatte all meinen Mut zusammengenommen und auf einer Tagung
des Verbandes Deutscher Biologen den damaligen Präsidenten (1983–1988) Prof. Dr. Paul
Präve, Mitherausgeber vom *Handbuch der Biotechnologie* (Oldenbourg Verlag, München,
1984), angesprochen. Er war zudem Leiter der Biotechnik bei der damaligen Hoechst AG
in Frankfurt/Hoechst und entsprach meiner Bitte nach der Anstellung als Praktikantin. Bei
einem ersten Aufenthalt in dem früheren Chemie- und Pharma-Konzern analysierte ich
noch die Fettsäurezusammensetzung bestimmter Bakterien. 1989 durfte ich in einem neu
errichteten Gentechnik-Labor unter der Betreuung von Dr. Rüdiger Marquardt Experimen-
te für meine Diplomarbeit durchführen. Es war der Offenheit von Prof. Dr. Wolfgang Hil-
len († 2010), Inhaber des Lehrstuhls für Mikrobiologie der Friedrich-Alexander-Universität
Erlangen-Nürnberg zu verdanken, dass er eine »industrielle Diplomarbeit« annahm. Laut
Nachruf der Universität gilt er als einer der Pioniere der Molekularbiologie in Deutschland.

Mein Interesse an der Bio- und Gentechnologie war erweckt. Da ich aber schon immer
auch Interesse an der Betriebswirtschaft hatte, führte mich mein weiterer beruflicher Weg in
diese Richtung. Ich hatte das große Glück, im Jahr 1990 am Lehrstuhl für Industriebetriebs-
lehre der Friedrich-Alexander-Universität Erlangen-Nürnberg wiederum auf einen »offenen« Professor zu treffen, der sich im Rahmen seiner Forschung und Lehre zum Technologiemanagement auch für die neu aufgekommene Bio- und Gentechnologie interessierte.
Prof. Dr. Werner Pfeiffer und sein Mitarbeiter Dr. Ulrich Dörrie betreuten mich als externe
Doktorandin und nahmen – nach einem Teilstudium der BWL – 1995 meine Dissertation
zum Thema *Strategisches Technologiemanagement in der Biotechnik* an. Ihrer Lehre habe ich
es zu verdanken, gelernt zu haben, ökonomische Aspekte der Biotechnologie zu analysieren
und zu beurteilen.

Ein weiterer beruflicher Mentor war Alfred Müller († 2007), der sich als Vorstandsmitglied
beim Wirtschaftsprüfungs- und Beratungsunternehmen Ernst & Young (heute EY) dafür
einsetzte, dass es einen Europäischen und Deutschen Biotechnologie-Report gab bzw. gibt.
Von Kollegen aus den USA inspiriert, die 1986 erstmals eine Analyse zur Biotechnologie-Industrie in den USA veröffentlichten, holte er die Initiative 1994/1995 über den Teich. Im Jahr
1998 brachte Ernst & Young den ersten Deutschen Biotechnologie-Report heraus, damals
noch verfasst von Dr. Claus Kremoser, der heute der Heidelberger Biotech-Gesellschaft
Phenex Pharmaceuticals vorsteht, die Anfang diesen Jahres einen Deal mit der Nummer 1
der Biotechnologie in den USA, Gilead Sciences, geschlossen hat. Alfred Müller unterstützte in Deutschland auch erste Netzwerkbildungen, wie zum Beispiel das mittlerweile groß
gewordene Pendant zur jährlichen BIO Convention: die jährlich stattfindende Partnering-
Konferenz BIO-Europe, die 1994 von der EBD Group ins Leben gerufen wurde. Ab dem
Jahr 2001, in dem ich für Ernst & Young tätig wurde, war Alfred Müller mein Ansprechpart-
ner auf höchster Ebene. Er verstarb kurz nach seiner Pensionierung an einem Hirntumor.
Die Fortschritte in der Biotechnologie waren leider noch nicht so weit gewesen, sein Leben zu retten. Dasselbe trifft auf meinen Vater Dr. Claus Goetzmann († 2006) zu, der zwar
bereits eine Behandlung mit den neuesten Biotech-Antikörpern gegen Darmkrebs erhielt.

Diese konnten zu dem damaligen Zeitpunkt aber noch nicht heilen, sondern das Leben nur kurz- bis mittelfristig verlängern, was auch schon ein Fortschritt war. Die heutigen Immuntherapien versprechen dagegen bei bestimmten Krebsarten zumindest ein längerfristiges Nicht-Fortschreiten (wie eine Art chronische, aber nicht lebensbedrohliche Krankheit), wenn nicht sogar eine komplette Heilung (siehe Beispiel im Vorwort: Emily Whitehead). Allen »Vätern«, beruflich wie privat, widme ich dieses Einführungs-, Übersichts- und Nachschlagewerk zur Biotechnologie-Industrie.

Von 2001 bis 2009 verfasste ich bei Ernst & Young acht Deutsche Biotechnologie-Reports, die – wie ihre Nachfolgeberichte – Grundlage von Teilen dieses Buches sind. Es stellt eine Art »Mutter aller Biotech-Reports« dar, indem es Tausende Seiten Biotechnologie-Reports (US und Deutsch) zusammenfasst. An meine Freunde aus der Branche: Ich bitte um Nachsicht, wenn irgendetwas unpassend oder nicht ausreichend ausgeführt wurde! Ich dachte, ich setze mich einmal drei Monate hin und schreibe runter, was all die anderen Branchenkenner und ich wissen. Dann aber bin ich Opfer meiner Leidenschaft für das »Auf-den-Grund-Gehen« geworden, und ich habe mich in die Historie vertieft. Ich hoffte, dort Erklärungen zu finden nach dem Motto »Erzähle mir die Vergangenheit, und ich werde die Zukunft erkennen (Konfuzius)«. Erklärungen, um zu verstehen, warum die deutsche Biotechnologie und Biotechnologie-Industrie da stehen, wo sie heute stehen. Auch wenn ich damit weit ausgeholt habe, ist nun doch ein Teil Wirtschaftsgeschichte festgehalten worden. Zum Schluss dann aus zeitlichen Gründen etwas zu kurz gekommen, ist die Darstellung der Breite der Unternehmen in Deutschland, eine volkswirtschaftliche Analyse sowie eine genauere Analyse der heutigen Rahmenbedingungen. Es bleiben also noch Themen für weitere Studien in meiner Denkfabrik (Think Tank) namens BioMedServices.

Ich danke den folgenden Personen für Rückmeldungen und/oder Ermunterungen auf dem Weg zum finalen Manuskript: Dr. Ludger Weß, Dr. Jens Katzek, Prof. Dr. Rolf Schmid und Dr. Uwe Weitzel. Vonseiten des Springer-Verlages Heidelberg erhielt ich große Unterstützung von Dr. Christine Schreiber, Kaja Rosenbaum und Carola Lerch. Frau Annette Heß übernahm mit viel Geduld das Lektorat. Mein Dank gilt zudem Ulrike Kappe, Analystin bei Ernst & Young/EY, für die Diskussion von Daten. Schließlich danke ich meiner Tochter Clara Schüler, Studentin der Molekularen Biotechnologie in Heidelberg, für das Anfertigen einiger Grafiken sowie meinem Sohn Jacob Schüler für seine computer-technische Unterstützung.

Darmstadt, September 2015, Julia Schüler

Vorwort

- **Die Biotechnologie-Industrie: ein Einführungs-, Übersichts- und Nachschlagewerk**

Die Biotechnologie wird oft als Schlüsseltechnologie des 21. Jahrhunderts bezeichnet. Warum? Was ist Biotechnologie eigentlich, und wie kann sie zum gesellschaftlichen Wohlergehen und zur wirtschaftlichen Entwicklung beitragen? Wer nutzt diese Technologie heute bereits?

Diese Fragen beantwortet das vorliegende Buch. Dabei geht es auf Meilensteine der Technologieentwicklung selbst sowie auf anwendende Sektoren und Märkte ein. Biotechnologie bedeutet die Nutzung von Wissen zu Struktur und Funktion lebender Organismen – von Bakterien und Pilzen über Pflanzen und Tiere bis zum Menschen –, um Produkte oder Dienstleistungen in verschiedenen Einsatzbereichen anzubieten. So wie die Physik oder die Chemie Basis für verschiedene technische und wirtschaftliche Anwendungen sind (Maschinen- und Automobilbau, Elektrotechnik- und Chemie-Industrie), ist die Biologie als weitere wichtige Naturwissenschaft (oft zusammen mit Chemie und Physik) eine Grundlage für die technische und wirtschaftliche Nutzung.

So findet die Biotechnologie derzeit unter anderem Anwendung im medizinischen Bereich in Form neuartiger Therapien und Diagnostika. Patienten mit schweren Erkrankungen, denen bisher noch gar nicht oder nicht hinreichend geholfen werden konnte, profitieren von den technologischen Neuerungen. In den USA, die in der Biotechnologie eine der führenden Positionen innehaben, werden solche Erfolgsstories theatralisch gefeiert, wie der Bericht des Branchenmagazins *transkript* zum jüngsten Welttreffen der Biotechnologen (BIO Convention Mitte Juni 2015 in Philadelphia) aufzeigt:

> **»** Mit Superlativen wird in diesem Jahr wahrlich nicht gespart, kann die Branche doch insbesondere in den USA 2014 mit Rekordwerten bei Börsengängen, Marktkapitalisierung oder Medikamentenzulassungen durch die FDA glänzen. Zudem küren die Veranstalter der BIO diesmal die ‚Superhelden der Biotechnologie'. Eine davon ist die neunjährige Emily Whitehead. Sie ist das erste Kind, das vor drei Jahren schwer leukämiekrank mit gentechnisch veränderten CAR-T-Zellen behandelt wurde – die neue Therapie schlug an, das Mädchen ist seither frei von Krebs. In einer Mittagsshow auf der BIO am 16. Juni wurde ‚Superheldin' Emily – nach einem emotionalen Kurzfilm – mit stehenden Ovationen vom Publikum begrüßt. (transkript online vom 17.06.2015[1])

Noch vor gut 100 Jahren war die Biotechnologie auch in Deutschland ein großes Thema gewesen, und hierzulande wurden in den 1890er-Jahren viele Grundlagen erforscht: Emil von Behring, Emil Fischer, Eduard Buchner oder Paul Ehrlich sind deutsche Nobelpreisträger, die Entdeckungen zu Antikörpern, Enzymen und Fermentation machten. 1937 folgte die Aufklärung von biochemischen Reaktionen im menschlichen Stoffwechsel, der alle Zellen mit Bausteinen und Energie versorgt. Es ist ein Kreislauf, der nach seinem Entdecker Hans Krebs (1900–1981) unter anderem Krebs-Zyklus genannt wird (sonst auch Citratzyklus, Zitronensäurezyklus oder Tricarbonsäurezyklus). Der zuletzt an der Universitätsklinik Freiburg tätige deutsche Mediziner und Biochemiker floh 1933 vor dem Nazi-Regime nach

---

1 ▶ http://www.transkript.de/nachrichten/wirtschaft/2015-02/bio-2015-philly-feiert-superhelden.html.

Großbritannien, wo er – gefördert von der New Yorker Rockefeller-Stiftung – seine Entdeckungen machte. Auch andere Forscher wanderten in die USA ab. Dort wurde sehr früh begonnen, interdisziplinär zu arbeiten: Biologie, Chemie, Medizin, Physik und Ingenieurswissenschaften zogen an einem Strang, um die Grundlagen des Lebens aufzuklären. So wurde denn dort auch die Gentechnik erfunden und erstmals wirtschaftlich genutzt.

Auf dieser Basis entstand eine heute florierende Biotechnologie-Industrie in den USA, deren Entwicklung und Nutzen dieses Buch ausführlich beleuchtet. Mit einer Verzögerung von etwa 20 Jahren entwickelte sich auch in Deutschland eine von kleinen und mittleren Unternehmen (KMU) geprägte Biotechnologie-Industrie. Ihre Bedeutung ist hierzulande wenig bekannt und beachtet, das heißt, sie wird oft nur in Fachkreisen diskutiert und ab und zu in der Presse aufgegriffen.

Dies zu verbessern, ist ebenfalls Anliegen dieses Buches, und so richtet es sich vor allem an Investoren, branchenfremde Unternehmer, Journalisten, Politiker und andere Interessierte, die sich einen Einblick, aber auch fundiertes Wissen zu dem komplexen Thema Biotechnologie(-Industrie) verschaffen wollen. Das Werk spannt einen Bogen zwischen technologischen Trends, Wirtschaftsgeschichte, Marktdaten und Hintergrundinformationen. Daher war es oft eine Gratwanderung zwischen Formulierungen für verschiedene Zielgruppen. Auch Branchenkenner sollten zusammenfassende Übersichten finden, die für Geschäftspläne oder Präsentationen zu nutzen sind. Kurz, es ist ein Einführungs-, Übersichts- und Nachschlagewerk zur spannenden Welt der Bio- und Gentechnologie.

Inhaltsverzeichnis

II Teil II Die Biotech-Industrie: die Situation in Deutschland

Serviceteil

Abbildungsverzeichnis

Tabellenverzeichnis

Was ist Biotechnologie eigentlich?

Zusammenfassung

Relevanz des Themas, Übersicht zur Entwicklung des Begriffes »Biotechnologie« und Erläuterung, was darunter zu verstehen ist. Abgrenzungen zu den ähnlichen Begriffen Biotechnik und Bionik. Darlegung gängiger Definitionen zur Biotechnologie und Erklärungen zu den Begriffen Genetik, Gentechnologie und Molekularbiologie als Teilgebiete der Biotechnologie und Biologie. Übersicht zu Meilensteinen der wissenschaftlichen und technischen Entwicklung.

J. Schüler, *Die Biotechnologie-Industrie*,
DOI 10.1007/978-3-662-47160-9_1, © Springer-Verlag Berlin Heidelberg 2016

» Am Anfang war das Wort: Biotechnologie. Mehr nicht, denn Deutschland war öd und leer. Die wenigen Götter hatten es sich in den Tempeln der Grundlagenforschung gemütlich gemacht. Da erschien eines schönen Tages der Prometheus der deutschen Biotechnologie, Ernst-Ludwig Winnacker, Präsident der Deutschen Forschungsgemeinschaft, um Deutschland eine Biotech-Industrie zu geben. Die Idee hatten auch andere, aber nur Winnacker hatte das Feuer, um der Biotechnologie so richtig einzuheizen. Er zündelte gegen das restriktive Gentechnik-Gesetz aus den achtziger Jahren, sorgte dafür, dass Politiker Feuer und Flamme für die Biotech-Sache waren und brachte die Finanzwelt dazu, im großen Stil Geld zu verbrennen. Und es ward Biotech in Deutschland. (Karberg 2002)

Biotech in Deutschland: Dem interessierten Laien stehen als Information meist Berichte und Schlagzeilen aus den Medien zur Verfügung. Diese reichten beispielsweise von »Verwalter furchteinflößender Macht« aus dem Jahre 1977 bis zu »Goldgräber im Genlabor« aus dem Jahre 2000 – beide veröffentlicht vom *Spiegel*. Und jüngst – im März 2015 – titelte ein Artikel im *manager magazin* online ▶ »Klamme Hoffnungsbranche: Biotech-Startups – der gnadenlose Kampf ums knappe Geld«, basierend auf dem Ereignis, das auch *Die Welt* verkündete: »Bill Gates investiert in Biotech ,Made in Germany'«.

Den Medien ist die Biotechnologie und vor allem das Teilgebiet der Gentechnik immer wieder eine Schlagzeile wert. Die Umstrittenheit und damit verbundene Emotionalität des Themas bieten den Journalisten attraktive Ansatzpunkte, um sich die Aufmerksamkeit des Lesers zu sichern. So schaffen es Berichterstattungen und Kommentare über Chancen und Risiken der Gentechnik bis in die großen Tageszeitungen oder Magazine. Über die Aktivitäten von Firmen und Investoren sowie die Entwicklung von Aktien und der Branche allgemein schreibt vor allem die Wirtschaftspresse gerne.

Vielleicht ist es dem einen oder anderen noch in Erinnerung, wie zur Jahrtausendwende Biotech auch in Deutschland ein heißes Thema war, in das viel Geld investiert und auch wieder verloren wurde. Und heute heißt es erneut:

– »Biotechnologie steht an der Börse hoch im Kurs: Medizinische Meilensteine, milliardenschwere Übernahmen, spektakuläre Kursgewinne. Biotech-Aktien sind kein Zockerinvestment mehr. Die Branche gilt als hochspannend und lukrativ wie nie« (Eckert 2015a). Oder:
– »Riesenschub für Aktien von Biotech-Firmen: Medizin-Titel haben dieses Jahr bereits mehr als ein Drittel an Wert gewonnen. Deutsche Pharmariesen auf der Jagd« (Eckert 2015b).

Allerdings ist für den Normalbürger, das heißt den Nichtfachmann, die Biotechnologie und erst recht die Gentechnik in der Regel ein »Buch mit sieben Siegeln«. Diese Redewendung bedeutet laut ▶ www.redensarten-index.de: »etwas Unverständliches/Unbekanntes; etwas, von dem man nichts versteht/weiß« (▶ »62 Prozent der Bundesbürger bezeichnen ihren eigenen Wissensstand zur Gentechnik als ,eher schlecht'«).

Oft ist der Allgemeinheit nicht bewusst, dass sich biotechnologische Anwendungen im Alltag finden. Ein gutes Beispiel sind Waschmittel, die bereits bei niedrigeren Temperaturen waschen und somit Energie sparen. Sie enthalten spezielle Enzyme (Biokatalysatoren) aus gentechnisch optimierten Mikroorganismen. Oder Jeanshosen, bei denen ebenfalls spezielle Enzyme den Stonewashed-Effekt bewirken. Häufiges Waschen mit Bimssteinen erzielte diesen früher, und entsprechend hoch war der Wasserverbrauch. Die meisten von uns kennen jedoch Begriffe wie »Gentomate«, »Genmais« oder »Genkartoffel«. Daran denken sie, wenn nach Biotechnologie gefragt wird. Vielleicht haben sie auch im Kino die Filme *Jurassic Park* oder *Gattaca* gesehen. Bei allen Fällen steht eine negative Wahrnehmung von möglichen Gefahren und Manipulation durch Gentechnik, einem Teilgebiet der Biotechnologie, im Vordergrund.

Am ehesten bekannt und mit einer positiven Wahrnehmung verbunden, sind Anwendungen der Biotechnologie in der Medizin, wie die Behandlung von Krebs mit neuartigen Medikamenten. Inwieweit hier die Biotechnologie beziehungsweise Biotech-Industrie involviert ist, ist der Bevölkerung oft kaum geläufig. Dagegen erfährt die Pharma-Industrie als Lieferant von Arzneimitteln meist eine negative Einschätzung als profitgierig und Kostentreiber im Gesundheitswesen.

»Klamme Hoffnungsbranche: Biotech-Startups – der gnadenlose Kampf ums knappe Geld«

»Wie reichlich die Mittel in einer Industrie fließen lässt sich leicht daran erkennen, welche Aufmerksamkeit einzelnen Investments gewidmet wird. Erhält ein Startup im Silicon Valley 50 Millionen Dollar Venture Capital, verkünden das heutzutage höchstens noch die Empfänger der Geldspritze in einer Pressemeldung. Steigt hingegen Bill Gates bei einem deutschen Biotech-Unternehmen mit 46 Millionen Euro ein, dann schreiben hiesige Wirtschaftsblätter seitenlange Titelgeschichten – so ungewöhnlich ist das Engagement des reichsten Mannes der Welt bei der Tübinger Firma Curevac. Schließlich sind hochinnovative junge Medizinunternehmen wie der Impfstoff-Entwickler hierzulande eher chronisch klamm. Nur höchst selten kommt ein größerer Geldsegen über sie. So verbucht es etwa die ebenfalls in Tübingen angesiedelte Immatics im Februar diesen Jahres als riesigen Erfolg, Fördermittel von bis zu 19,6 Millionen Dollar aus dem US-Bundesstaat Texas zu erhalten. … Ein schöner Beweis, dass die hiesigen Wissenschaftler weltweit Anerkennung finden. Doch leider dümpeln die Biotech-Firmen, die sie gründen, sehr viel häufiger mit mickrigen Umsätzen in den roten Zahlen herum als durch Millionendeals Furore zu machen« (Müller 2015).

Für beide Industrien bedeutet dies eine große Herausforderung in der Kommunikation. Denn aufgrund der großen Unwissenheit (◘ Abb. 1.1) überwiegt aus Sicht der Allgemeinheit meist eine negative Einschätzung zur Bio- und Gentechnologie. Infolgedessen wird auch die Einschätzung der Bedeutung der Biotech-Industrie schwer fallen oder negativ sein.

Dies zu ändern, ist Anliegen dieses Buches, denn Biotechnologie **ist** eine der Schlüsseltechnologien des 21. Jahrhunderts (► Abschn. 2.4.3).

Die Biotech-Industrie – dieser Begriff wird im Folgenden synonym zum längeren Begriff Biotechnologie-Industrie verwendet – ist ein neuer, relativ junger Industriezweig, der auf die wirtschaftliche Nutzung der Biotechnologie setzt. Jedoch ist, wie später noch ausführlicher dargestellt (► Abschn. 2.4), eine strikte Abgrenzung dieser Industrie nicht immer einfach. Denn die Biotechnologie findet ebenfalls in klassischen Branchen Anwendung. Es handelt sich hierbei zum Beispiel um die pharmazeutische und chemische Industrie sowie um die Nahrungsmittel-, Kosmetik-, Textil- und Agrarindustrie. Darüber hinaus kommen die Sektoren Energiegewinnung sowie Abfall- und Abwasserbeseitigung mit der Biotechnologie in Berührung.

Bevor die Entstehung der Branche, ihr Status quo sowie die Sektoren und Märkte der wirtschaftlichen Anwendung der Biotechnologie detaillierter besprochen werden (► Kap. 2 und 3), erläutern die beiden nachfolgenden Abschnitte zunächst Begrifflichkeiten sowie Meilensteine der wissenschaftlichen und technischen Entwicklung.

1.1 Begriffe und Definitionen rund um die Biotechnologie

Bereits seit mehreren Tausend Jahren vor Christus ermöglichen biotechnische Verfahren, das heißt die Nutzung von Mikroorganismen oder deren Bestandteile, den Menschen die Herstellung von Brot, Essig, Wein und Bier. Später kamen noch Käse und Joghurt dazu. Damals war nicht bekannt, welche biochemischen Prozesse dabei ablaufen und welches Agens dahinter steht, es handelte sich um ein überliefertes Handwerk.

Obwohl dann im 17. Jahrhundert erstmals Zellen und Bakterien beschrieben wurden (► Abschn. 1.2.1), entwickelte sich der Begriff der »Biologie« erst zu Beginn des 19. Jahrhunderts. So erwähnte und definierte diesen der deutsche Arzt und Naturforscher Treviranus in seinem 1802 erschienenen Hauptwerk *Biologie, oder Philosophie der lebenden Natur für Naturforscher und Aerzte.*

» Die Gegenstände unserer Nachforschungen werden die verschiedenen Formen und Erscheinungen des Lebens seyn, die Bedingungen und Gesetze, unter welchen dieser Zustand statt findet, und die Ursachen, wodurch derselbe bewirkt wird. Die Wissenschaft, die sich mit diesen Gegenständen beschäftigt, werden wir mit dem Namen der Biologie oder Lebenslehre bezeichnen. (Treviranus 1802)

Des Weiteren definierte der Franzose Lamarck ebenfalls im Jahre 1802 den Begriff. Biologie leitet sich aus

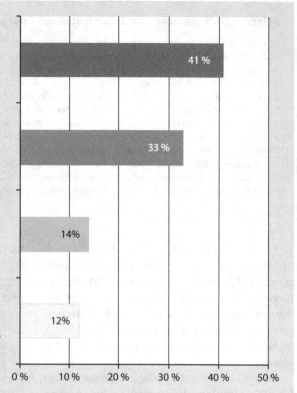

DER UNWISSENDE EUROPÄER: hat noch nie über Biotechnologie gehört, gelesen oder gesprochen, hat nie im Internet danach gesucht und keine Veranstaltung besucht. Wissen über Biologie und Genetik liegt kaum vor — 41 %

DER ZUSCHAUENDE EUROPÄER: hat bereits über Biotechnologie in Zeitungen gelesen, in TV oder Radio davon gehört und vielleicht darüber diskutiert — 33 %

DER AUFMERKSAME EUROPÄER: hat bereits über Biotechnologie in TV oder Radio gehört, hat darüber diskutiert und hat vermutlich einiges theoretisches Wissen zu Biologie und Genetik — 14%

DER AKTIVE EUROPÄER: hat bereits über Biotechnologie in TV oder Radio gehört, hat darüber diskutiert, Informationen im Internet gesucht und eventuell eine Veranstaltung zum Thema besucht — 12%

0 %　10 %　20 %　30 %　40 %　50 %

◻ **Abb. 1.1**　EU-Bürger und ihr Wissen zur Biotechnologie. Erstellt nach Daten von Gaskell et al. (2006)

»62 Prozent der Bundesbürger bezeichnen ihren eigenen Wissensstand zur Gentechnik als ‚eher schlecht‘«

»Seit Anfang der neunziger Jahre wird der Begriff Gentechnik im Sprachgebrauch häufig zusammen mit der Bezeichnung Biotechnologie erwähnt. Die Öffentlichkeit reagiert zum Teil verwirrt auf die unterschiedlichen Benennungen und hat Probleme, eine konkrete Unterscheidung zu treffen. Kritiker argwöhnen sogar, dass die Bezeichnung Biotechnologie lediglich eine Erfindung der Wirtschaft ist, um den negativ besetzten Begriff Gentechnik besser zu umschreiben. … die Bundesbürger wissen im Grunde genommen wenig über das Thema Gentechnik: So vertreten 44 Prozent der Bevölkerung die Ansicht, dass normale Tomaten keine Gene haben und nur veränderte Früchte über eine eigene DNS verfügen. Fast ein Drittel (30 Prozent) der Deutschen geht davon aus, dass durch den Verzehr einer gentechnisch modifizierten Tomate die eigene menschliche Erbsubstanz verändert wird … … … die Mehrheit (62 Prozent) der Männer und Frauen in ganz Deutschland [ist] davon überzeugt, dass sie sich ‚eher schlecht‘ über die Gentechnik informiert fühlen. Weitere 10 Prozent beurteilen ihren Informationsstand sogar als ‚sehr schlecht‘« (Schönborn 2000).

---

dem Griechischen von *bios* (Leben) und *logos* (Lehre) ab, eben »Lebenslehre«, wie Treviranus die Wissenschaft schon bezeichnete. Von der Medizin getrennte Lehrgänge zur Biologie existieren seit 1860.

Den Begriff der »Mikrobiologie« prägte der französische Physiker und Chemiker Pasteur 1881 auf dem internationalen Medizinkongress in London. Er schlug ihn statt der deutschen Bezeichnung »Bakteriologie« vor, da er nicht nur Bakterien, sondern auch andere Mikroorganismen wie Hefen und Viren untersuchte. Im 19. Jahrhundert etablierte sich ferner die Bezeichnung »Zymotechnologie«, abgeleitet von dem griechischen Wort *zyme* (Hefe). Die Zymotechnologie als Vorläufer der Biotechnologie stand zwar im Wesentlichen für das Brauwesen, galt aber desgleichen für jeden anderen industriellen Fermentationsprozess.

Was ist Fermentation?

»*Fermentation, c'est la vie sans l'air*«, so beschrieb es Pasteur (1928). Heute bezeichnet Fermentation generell alle chemischen Stoffumwandlungen durch Mikroorganismen und Enzyme, ob ohne oder mit Sauerstoffzufuhr. Fermentation ist auch der lateinische Begriff für Gärung, was allgemein für die Zersetzung von organischen Substanzen steht. So zerfällt bei der alkoholischen Gärung Zucker unter Einfluss von Hefen in Kohlensäure und Alkohol.

1.1.1 Der Begriff Biotechnologie: vom Schwein zur Mikrobe

Den Begriff »Biotechnologie« selbst prägte im Jahre 1919 erstmals der ungarische Agraringenieur und Wirtschaftswissenschaftler Ereky in einer Veröffentlichung mit dem Titel *Biotechnologie der Fleisch-, Fett-, und Milcherzeugung im landwirtschaftlichen Grossbetriebe* (Ereky 1919). Für ihn war die Biotechnologie ein Prozess, um Rohmaterialien auf biologischem Wege zu veredeln, sprich aus Futter wurde Fleisch. Sein Fokus lag dabei also nicht auf Mikroorganismen (► Das Schwein als »Biotechnologische Arbeitsmaschine« und andere Ansichten von Ereky).

Den von Ereky geprägten Begriff Biotechnologie nahm später Lindner auf. Lindner war ein deutscher Mikrobiologe, der sich mit den an den Gärungsprozessen bei der Herstellung von Nahrungs- und Genussmitteln beteiligten Mikroorganismen befasste. Zudem war er Herausgeber der *Zeitschrift für Technische Biologie*. Lindner rezensierte das Werk Erekys sowie ein ebenfalls 1919 erschienenes Buch des dänischen Wissenschaftlers Orla-Jensen über Milchsäure-produzierende Bakterien. Er erachtete die Ausführungen von Orla-Jensen als den Inbegriff dessen, was »Biotechnologie« verkörpern sollte. Er bewirkte zudem, dass der Begriff breiteres wissenschaftliches Ansehen erreichte.

Das Schwein als »Biotechnologische Arbeitsmaschine« und andere Ansichten von Ereky

Ereky, der im Jahre 1919 ungarischer Minister für Ernährung wurde, befasste sich mit der Etablierung industrialisierter Schweinemastbetriebe. Das Schwein betrachtete er als Maschine, die sorgfältig berechnete Futtermengen in Fleisch umwandelte. Er wies alle Arbeitsvorgänge, bei denen lebende Organismen aus Rohstoffen Konsumartikel erzeugten, dem Gebiet der Biotechnologie zu. Auch sagte er ein biochemisches Zeitalter voraus, das in seiner historischen Bedeutung mit der Steinzeit und der Eisenzeit vergleichbar sein sollte.

In den späten 1920er-Jahren betonten große deutsche Enzyklopädien wie *Meyers Lexikon* und *Der Große Brockhaus* bei der Biotechnologie die besondere Bedeutung der Mikroorganismen für Produktionsprozesse. Im Englischen ist statt *biotechnology* oft von *bioengineering* oder *bioprocessing* die Rede.

1.1.2 Biotechnologie als die Nutzung biologischer Strukturen, Funktionen und Prozesse

Allgemein gesehen, trifft die Sichtweise von Ereky den Kern der Biotechnologie gut und bietet damit eine einfache Erklärung: Überall, wo mithilfe biologischer Systeme oder Teilen davon auf technischem Wege Produkte hergestellt werden, wird Biotechnik betrieben. Allerdings nicht primär auf der Ebene eines Schweines, sondern von Mikroorganismen (Bakterien, Pilze) oder Pflanzen (-Zellen).

Verständlich wird diese Sicht durch den Vergleich der kleinsten Einheit lebender Organismen, der Zelle, mit einer Fabrik. In einer Fabrik gibt es etwa Werkstore, Werksstraßen, Produktionsstraßen (eigentliche Fertigung), Vorratsbehälter, Kraftwerke und ein Management. Genau die gleichen Funktionen erfüllen in Zellen die folgenden Strukturen: Poren, endoplasmatisches Reticulum, Polysomen/Ribosomen, Vesikel, Mitochondrien und Zellkern (◘ Abb. 1.2). Recht abstrakt gesprochen, ermöglichen diese »Fabrikfunktionen« der Zelle als biotechnisches Produktionssystem letztlich die

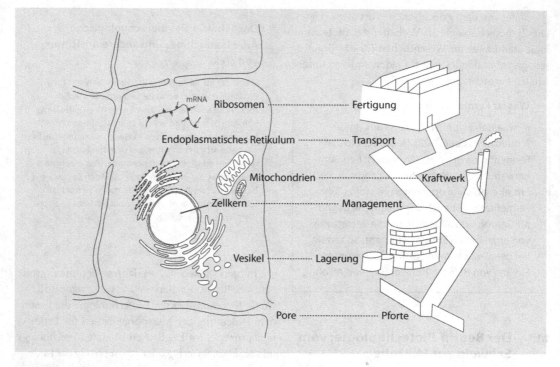

Abb. 1.2 Die Zelle als Fabrik. Erstellt in Anlehnung an Folienserie 20 Biotechnologie/Gentechnik des Verbandes der Chemischen Industrie (VCI)

Wandlung, den Transport und die Speicherung von Materie, Energie und Information. Daraus lassen sich grundsätzlich viele Anwendungsfelder ableiten, für eine Übersicht sei hier auf andere Veröffentlichungen verwiesen (Rosenbaum 1993; Schüler 1996).

In der Vergangenheit assoziierte man die Biotechnologie fast immer mit dem Begriff »Nahrung«, heute steht sie meist mit der Entwicklung neuartiger Medikamente im Zusammenhang, aber auch mit umweltschonender industrieller Produktion.

1.1.3 Biotechnologie oder Biotechnik? Und was ist Bionik?

Der allgemeine Sprachgebrauch verwendet die Termini »Technologie« und »Technik« oft synonym. Beide Bezeichnungen gehen zurück auf die griechischen Wörter *techné* (Kunst, Handwerk, Kunstfertigkeit) und daraus abgeleitet *technikos* (handwerkliches und kunstfertiges Verfahren). Im technischen Bereich bedeutet der Begriff »Technologie« meist das Wissen um naturwissenschaftlich-tech-

nische Zusammenhänge zur Lösung praktischer Probleme. Die Technologie ist die Lehre (siehe auch oben, griechisch *logos* = Lehre) und Ausgangsbasis zur Entwicklung von Verfahren und Produkten. Das Ergebnis wird als »Technik« bezeichnet und stellt damit die konkrete Anwendung einer oder mehrerer Technologien zur konkreten Problemlösung dar. Die Unterscheidung beider Begriffe ist im Englischen weniger ausgeprägt. Der weitere Text verwendet vor allem das Wort »Technologie«, um auf das Wissen abzuzielen und die Gesamtheit der Verfahren und Produkte einzuschließen. Dabei wird Biotechnologie öfter mit »Biotech« abgekürzt, was im Englischen ebenfalls recht üblich ist.

In Abgrenzung zur Biotechnik umfasst die Bionik nicht die konkrete Nutzung biologischer Strukturen und Prozesse, sondern deren Nachahmung. Genauer gesagt, werden die Prinzipien biologischer Systeme imitiert. Daher existieren ferner die Synonyme »Biomimikry«, »Biomimetik« oder »Biomimese«. Der Bionik liegt die Annahme zugrunde, dass die belebte Natur durch die Evolution Strukturen und Prozesse optimiert hat, von denen die Technik lernen kann. Das gängigste Beispiel aus dem Alltag ist der von Klett-Pflanzen inspirierte Klettverschluss sowie Beschichtungen für Flugzeuge, die der Oberfläche von Haifischflossen nachempfunden sind (Reduzierung des Luftwiderstands).

1.1.4 Klassische Definitionen zur Biotechnologie

Es existiert eine Vielzahl an Definitionen für den Begriff »Biotechnologie«, das Spektrum reicht von eher pathetisch anmutenden bis zu knapp betriebswirtschaftlich geprägten Umschreibungen. So charakterisierte Smith (1990) »Biotechnologie … [als] das Bemühen zwei außerordentlich erfolgreiche Entwicklungen, die Evolution des Lebens und die vom Menschen aufgebaute Technik, zu verbinden und nutzbar zu machen«. Moses et al. (1999) begreifen Biotechnologie als »*making money with biology*«. Eine relativ oft zitierte Definition ist diejenige der Organisation für wirtschaftliche Zusammenarbeit und Entwicklung (Organisation for Economic Co-operation and Development, OECD).

> **Biotechnologie-Definition der OECD**
>
> *Ursprünglich:* »Biotechnology is the application of scientific and engineering principles to the processing of materials by biological agents to provide goods and services« (OECD 1989).
> *Aktualisiert im Jahr 2005:* »Biotechnology is defined as the application of science and technology to living organisms, as well as parts, products and models thereof, to alter living or non-living materials for the production of knowledge, goods and services« (OECD 2015).

Die OECD ergänzt diese Definition noch durch eine sogenannte listenbasierte Definition der Biotechnologie, die sieben verschiedene Verfahren und Methoden listet und mit Beispielen erläutert.

Listenbasierte Definition der Biotechnologie der OECD
DNS/RNS – Genomik, Pharmakogenomik, Gensonden, Gentechnik, DNS/RNS-Sequenzierung/-Synthese/-Amplifikation, Genexpressionsprofile, *antisense*-Technologie

Proteine und andere Moleküle – Sequenzierung, Synthese und Veränderung von Proteinen und Peptiden (einschließlich hochmolekularer Hormone); verbesserte Darreichungsformen für hochmolekulare Wirkstoffe; Proteomik; Proteinisolierung und -aufreinigung; Aufklärung von Proteinsignalwegen; Identifikation von Zellrezeptoren

Zell- und Gewebekultur/Tissue Engineering – Zell- und Gewebekultur, *Tissue Engineering* (inklusive Gewebegerüste und biomedizinische Entwicklungen), Zellfusion, Vakzin- und Immunstimulanzien, Embryo-Kultivierung

Bioverfahrenstechnik – Fermentationen in Bioreaktoren, Bioprozessierung, biologische Laugung, biologische Zellstoffgewinnung, biologisches Bleichen, biologische Entschwefelung, mikrobielle und pflanzliche Umweltsanierung und biologische Filtration

Gen- und RNS-Vektoren – Gentherapie, virale Vektoren

Bioinformatik – Erstellung von Datenbanken zu Genomen, Proteinsequenzen; Modellierung komplexer biologischer Vorgänge inklusive Systembiologie

Nanobiotechnologie – Anwendung von Werkzeugen und Verfahren der Nano- und Mikrosystemtechnik zur Herstellung von Hilfsmitteln für die Erforschung biologischer Systeme sowie Anwendungen in der Wirkstoffdarreichung und in der Diagnostik

Diese listenbasierte Definition umfasst einzelne Biotechniken oder Teilgebiete der Biotechnologie. Sie zeigt außerdem die Angrenzung an andere »nichtbiologische« Disziplinen beziehungsweise deren Überschneidung auf: Verfahrenstechnik, Informatik, Biochemie, Biomedizin, Nanotechnologie. Zur Besprechung der genannten Techniken sei hier auf allgemeine Lehrbücher der Biochemie, Biotechnologie, Mikrobiologie oder Molekularbiologie verwiesen.

Um dem Laien das Feld etwas näherzubringen, erscheinen die klassischen Definitionen als nicht wirklich zielführend. Ein erster Versuch hierzu war der oben stehende Vergleich einer Zelle mit einer Fabrik (◼ Abb. 1.2), um das hinter der Biotechnik stehende Prinzip des biologischen Produktionssystems zu veranschaulichen. Noch komplizierter wird es allerdings, wenn die molekularen Grundlagen dieser Prinzipien näher beleuchtet werden. Hierzu sei ebenfalls auf weiterführende Literatur verwiesen (z. B. Dellweg 1994; Wolpert 2009; Goodsell 2010; Renneberg 2012).

Biotechnologie wird oft als Teilgebiet der Lebenswissenschaften (*Life Sciences*) erachtet. Diese umfassen zum Beispiel daneben die Medizintechnik und die Pharmazie. Weiter gefasst wäre ebenso die

1

Ernährung einzubeziehen oder die Umwelt, also alles, was zum Leben dazu gehört.

> **Lebenswissenschaften nach der Deutschen Forschungsgemeinschaft (DFG)**
>
> »Die Lebenswissenschaften vereinen alle modernen und traditionellen wissenschaftlichen Disziplinen, die der Erforschung des Lebens gewidmet sind. Dies umfasst die Biologie, Medizin, Veterinärmedizin, Agrar- und Forstwissenschaften und ihre angrenzenden Gebiete. Diese Wissenschaften sind von einem hohen Maß an Spezialisierung wie auch interdisziplinärer Verknüpfung geprägt, was die Komplexität des Phänomens ‚Leben' reflektiert« (DFG 2014).

1.1.5 Genetik, Gentechnologie und Molekularbiologie als Teilgebiete der Biotechnologie und Biologie

Im Jahre 1906 benutzte der britische Biologe Bateson erstmals die Bezeichnung »Genetik« als Lehre von den Gesetzen der Vererbung. Der Begriff stammt von den griechischen Wörtern *geneá* (Abstammung) und *génesis* (Ursprung) ab. Der in diesem Zusammenhang auch bekannte österreichische Mönch Mendel führte zwar bereits früher, Mitte des 19. Jahrhunderts, systematische Kreuzungsexperimente mit Erbsen durch und erarbeitete darauf basierend die nach ihm benannten Mendel'schen Regeln (Muster, nach welchem Eltern Eigenschaften an ihre Nachkommen weitergeben). Das Wort »Genetik« verwandte er bei seiner Publikation im Jahre 1866 jedoch nicht. 1909 prägte der dänische Botaniker und Genetiker Johannsen den Begriff des Gens als Träger von Erbanlagen, 1910 wurden diese auf den Chromosomen lokalisiert. Zur selben Zeit (1909) prägten Levene und Jacobs den Begriff »Nukleotid« für die sich in der Erbinformation wiederholende Einheit aus Phosphat, Zucker und Base. Sie waren Forscher am New Yorker Rockefeller Institute of Medical Research und klärten 1929 auf, dass es sich bei dem Zucker um eine Desoxyribose handelt. Daraus leitete sich der Begriff der Desoxyribonukleinsäure (DNS, im Englischen *deoxyribonucleic acid* = DNA) ab, als die exakte chemische Bezeich-

nung für das Erbmaterial. Auch wenn sich im Deutschen bereits häufiger die Abkürzung DNA findet, wird in dieser Publikation durchgehend die deutsche Abkürzung DNS verwendet.

> **Duden-Definition: Genetik, Gen**
>
> *Genetik*: Wissenschaft, die sich mit den Gesetzmäßigkeiten der Vererbung von Merkmalen und mit den grundlegenden Phänomenen der Vererbung im Bereich der Moleküle befasst
> *Gen*: Abschnitt der DNA als lokalisierter Träger einer Erbanlage, eines Erbfaktors, der die Ausbildung eines bestimmten Merkmals bestimmt, beeinflusst (1934 in den Duden aufgenommen)

Bis zu den späten 1950er-Jahren enthielten Lehrbücher der Bakteriologie kaum Informationen über Genetik und Lehrbücher der Genetik kaum Informationen über Bakterien. Und bis in die 1970er-Jahre hinein gab es zwischen der industriellen Mikrobiologie und der wissenschaftlichen Genetik zwar eine Annäherung, aber noch keine feste Zusammenarbeit.

Dennoch fand die Genetik indirekt Verwendung in der Industrie, zum Beispiel bei der Produktion von Mikroorganismen, die höhere Ausbeuten boten. Um dies zu erzielen, war die Mutagenese (Erbgutveränderung) mit anschließender Stammselektion die gewählte Technik. Die genetische Manipulation über Mutagenese umfasste den Einsatz chemischer, mutagener Substanzen oder den von Strahlen (z. B. UV-Licht). Sie war ungezielt, das heißt, Mutationen traten zufällig auf, und es ließ sich nicht vorhersagen, wo genau es im Genom zu einer Mutation kommt. Schon immer »genmanipuliert« wurde ansonsten in der Landwirtschaft, so in der Pflanzenzüchtung durch Einsatz chemischer Stoffe (► Chemische Mutagenese in der Pflanzenzüchtung) oder ionisierender, außerdem atomarer Strahlen. Zwischen 1965 und 1990 geschah dies systematisch: Nach einer Aufstellung der Internationalen Atomenergiebehörde sollen etwa 1800 neue, mit dieser Methode erzeugte Pflanzensorten auf den Markt gekommen sein (bioSicherheit 2015a).

In gewisser Weise handelte es sich bei diesen Anwendungen bereits um »Gentechniken«. Die Gen-

Chemische Mutagenese in der Pflanzenzüchtung

»Auch heute wird die chemisch induzierte Mutagenese noch in der Pflanzenzüchtung angewandt, um Pflanzen mit neuen Eigenschaften zu erhalten, wie sie mit den Methoden klassischer Pflanzenzüchtung nicht möglich sind. In Kanada gelten neue Pflanzensorten, die durch Mutagenese erzeugt wurden, als ,neuartig'. Sie unterliegen den gleichen gesetzlichen Bestimmungen wie gentechnisch veränderte Pflanzen und werden nur zugelassen, wenn keine Risiken für Umwelt und Gesundheit zu erkennen sind. In der EU gibt es für neue, aus der Mutationszüchtung hervorgegangene Pflanzen keine besonderen Bestimmungen. Anders als gentechnisch veränderte Pflanzen müssen diese kein Zulassungsverfahren durchlaufen« (bioSicherheit 2015a).

Gentechnisch veränderter Organismus

»Der Begriff ,gentechnisch veränderter Organismus' (GVO) ist in verschiedenen europäischen Gesetzen und im deutschen Gentechnik-Gesetz definiert. ,Gentechnisch verändert' ist ein Organismus, dessen genetisches Material in einer Weise verändert worden ist, wie sie unter natürlichen Bedingungen durch Kreuzen oder natürliche Rekombination nicht vorkommt – so etwa Artikel 2 der europäischen Freisetzungs- Richtlinie (2001/18/EG)« (bioSicherheit, GVO). Folgende Verfahren schließt die Richtlinie ein beziehungsweise aus:
- Übertragen von rekombinanter (veränderter), außerhalb des Organismus erzeugter DNS
- bestimmte Zellfusions-Verfahren
- Mutationen erzeugen im Sinne der Gesetze in der Regel keine GVO – auch nicht, wenn sie künstlich ausgelöst werden.

technik, wie sie heute bekannt ist, entstand in den 1970er Jahren. Im Englischen werden die Techniken meist als *genetic engineering* bezeichnet. Generell schließt die Gentechnologie alle Methoden und Verfahren zur Identifikation, Isolation, Charakterisierung, Synthese, Veränderung und Übertragung von Erbmaterial ein. Sie ist ein Teilgebiet der Biotechnologie, so wie die Genetik eine Unterordnung in der Biologie hat. In der allgemeinen Bevölkerung wahrgenommen wird oft der Begriff »gentechnisch veränderter Organismus« (GVO, ▶ Gentechnisch veränderter Organismus). Dabei wird die Biotechnologie oft auf die Gentechnologie reduziert, obwohl Letztere lediglich eine Art Werkzeug beziehungsweise eine »Hilfswissenschaft« ist.

Eine exakte Bezeichnung ist der Begriff »DNS-Rekombinationstechnik« (im Englischen *DNA engineering*), der konkret auf die Möglichkeit der Neukombination von Erbmaterial hinweist (◘ Abb. 1.3). Diese 1973 erstmals veröffentlichte Gentechnik ermöglicht, dass Genmaterial jeglicher Herkunft zum Beispiel in ein Bakterium eingebracht und mit dessen DNS-Ausstattung »rekombiniert« werden kann. Prinzipiell findet Rekombination oder Neukombination von Erbmaterial auch auf ganz natürliche Weise statt, wenn Ei- und Samenzelle des Menschen zusammentreffen und ein Nachkomme entsteht. Gleiches gilt für Tiere und Pflanzen. Genau genommen basiert die biologische Evolution ebenso darauf, dass »neu kombinierte«

Wesen mit genetischer Variabilität entstanden sind und nach den besten Fähigkeiten zum Überleben selektiert wurden. Im natürlichen Rahmen überschreitet die Fortpflanzung allerdings keine Artgrenzen, was bei der »künstlichen« DNS-Rekombinationstechnik der Fall ist. Dies beruht letztlich darauf, dass DNS universell in jedem lebenden Organismus gleich ist.

Die erste wirtschaftliche Anwendung der neuen Gentechnik ermöglichte Ende der 1970er-Jahre die Übertragung eines menschlichen Gens für das den Zuckerstoffwechsel regulierende Proteinhormon Insulin in Bakterien. Diese setzten dann die neue Erbinformation in menschliches Insulin um. Das so großtechnisch produzierte Protein wird gleichfalls als gentechnisch hergestelltes oder rekombinantes Insulin bezeichnet. Der Coup zur Herstellung rekombinanten Insulins gelang im Jahr 1978 erstmals einer Arbeitsgruppe des City of Hope Medical Research Center in Pasadena, Kalifornien, in Zusammenarbeit mit Wissenschaftlern der 1976 gegründeten Genentech (◘ Abb. 1.4).

Nach klinischen Tests kam das erste gentechnisch hergestellte Insulin dann 1982 auf den Markt. Die Gentechnik hatte damit (noch) nicht ein neues Medikament geschaffen, sondern ein bis dahin sehr aufwendiges Produktionsverfahren abgelöst (▶ Gentechnisch hergestelltes Insulin).

Im Grunde hat die Erforschung der Molekularbiologie in den 1940er- und 1950er-Jahren

1

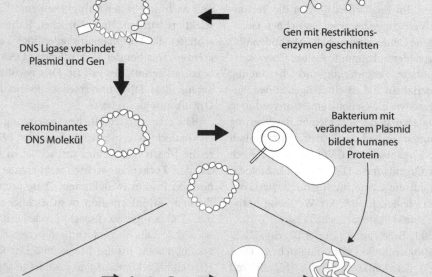

Bakterium mit Plasmid (DNS-Ring)

Gen Donor

menschliche Zelle

Plasmid mit Restriktionsenzymen geschnitten

Gen mit Restriktionsenzymen geschnitten

DNS Ligase verbindet Plasmid und Gen

rekombinantes DNS Molekül

Bakterium mit verändertem Plasmid bildet humanes Protein

Donor Gen   **Transkription mRNS**   **Translation**   **Protein als Produkt**

◻ **Abb. 1.3**   DNS-Rekombinationstechnik, eine Gentechnik zur Neukombination von Erbmaterial

(▶ Abschn. 1.2.2) die Entwicklung der modernen gentechnischen Verfahren in den späten 1970er-Jahren ermöglicht. 1938 prägte Weaver, Direktor der *Natural Sciences Division* der Rockefeller-Stiftung in New York, erstmals den Namen für diese Disziplin.

Die Molekularbiologie ist ein Wissenschaftszweig der Biologie, der sich mit der Erforschung des Lebens auf der Ebene der Moleküle beschäftigt: insbesondere der DNS (Träger des Erbmaterials), RNS (Ribonukleinsäure, Arbeitskopie der DNS und Basis für die Umsetzung in Proteine) und der

Gentechnisch hergestelltes Insulin

»Bis 1982 wurde Insulin in einem aufwändigen und teuren Verfahren aus der Pankreas von Schlachttieren isoliert – pro Diabetiker und Jahr waren bis zu 100 Schweinebauchspeicheldrüsen notwendig. Schon dieses klassisch biotechnologische Verfahren war ein großer medizinischer Fortschritt: Bis Mediziner im Jahr 1922 die Wirkung der Pankreasextrakte entdeckten, kam die Diagnose von Typ-1-Diabetes einem Todesurteil gleich. Das von Rindern und Schweinen produzierte Hormon unterscheidet sich nur wenig vom menschlichen, allerdings zeigt ein Teil der damit behandelten Patienten gefährliche allergische Reaktionen. ... Derzeit profitieren rund 200 Millionen Diabetiker weltweit von der Versorgung mit Humaninsulin. Ohne Gentechnik und Biotechnologie wäre das unmöglich: Um diesen Bedarf aus Pankreasextrakt zu decken, müssten jährlich 20 Milliarden Schweine geschlachtet werden« [Anm. d. Verf.: für die Fleischproduktion sind es real etwa 1 Mrd. weltweit] (Roche 2008).

der Strukturen, Funktionen und Wechselwirkungen dieser Makromoleküle sowie deren Einfluss auf die Regulation biologischer Vorgänge. Ziel ist, das Grundverständnis der Prozesse in einer Zelle zu verbessern. Anwendung findet die neu gewonnene Information zum Beispiel bei der Aufklärung von Krankheiten und der Wirkungsweise von Medikamenten.

◼ Tabelle 1.1 schließt die Erläuterungen zu den Begrifflichkeiten ab und bietet neben einer Zusammenfassung noch die Einführung weiterer Bezeichnungen sowie Beispiele. In gewisser Weise greift sie damit bereits auf die nachfolgenden Kapitel vor, die dann in weiteren Details historische Meilensteine der Biotechnologie und Biotech-Industrie vorstellen.

◼ **Abb. 1.4** Die Pioniere bei der rekombinanten Herstellung von Insulin. *Von links nach rechts:* Keiichi Itakura, Arthur D. Riggs, William Goeddel, Roberto Crea. Wissenschaftler des City of Hope Medical Research Center in Pasadena (Itakura, Riggs, Crea) und von Genentech (Goeddel, Kleid – nicht auf dem Foto) gewannen ein Kopf-an-Kopf-Rennen mit dem Team von William Rutter an der University of California in San Francisco sowie dem Labor von Walter Gilbert in Harvard. Alle hatten zum Ziel, das Gen für Humaninsulin in Bakterien einzubauen und diese dann Insulin produzieren zu lassen. Der Ansatz der Siegergruppe basierte auf einem chemisch synthetisierten Gen, was sich später als großer Vorteil herausstellte, weil die Verwendung von humanem Genmaterial regulatorisch noch nicht geklärt war. (Foto: Courtesy of City of Hope Archives)

1.2 Meilensteine der Biowissenschaften und Biotechnologie

Biotechnologie beruht auf der technischen Nutzung der Erkenntnisse biowissenschaftlicher Forschung. Im 17. Jahrhundert entdeckten Forscher erstmals pflanzliche und menschliche Zellen sowie Mikroorganismen. Es ist aber erst seit etwa Mitte des 19. Jahrhunderts bekannt, dass Letztere bei den biotechnologischen Anwendungen eine Rolle spielen. Die wissenschaftlichen und technischen Entwicklungen in der Mikrobiologie und Bioverfahrenstechnik ermöglichten Anfang bis Mitte des 20. Jahrhunderts eine erste industrielle Nutzung der Biotechnologie.

Proteine (Eiweißkörper mit vielfältigen Zellfunktionen). Im Mittelpunkt stehen die Beschreibung

◼ Tab. 1.1   Historische Trends und Begrifflichkeiten in der Biotechnologie. (Quelle: BioMedServices (2015) nach Schüler (1996) sowie Bertram und Gassen (1990))

Zeitraum/Ära	Trend	Verfahren	Produkte
Vor 1865/ Prä-Pasteur	Traditionelle Nutzung bei Nahrungsmittelherstellung	Alkoholische, Milchsäure- u. Essigsäuregärung	Wein, Bier, Essig, Sauerteig, Käse, Joghurt
Traditionelle Biotechnologie			
1865–1940/ Pasteur	Verfahren ohne absoluten Ausschluss von Fremd- keimen	Biomasse, Fermentation, Oberflächenkultur, aerobe Abwasserklärung	Bäcker- und Futterhefe, Butanol, Aceton, Ethanol, Zitronensäure
1940–1960/ Antibiotika	Verfahren unter Ausschluss von Fremdkeimen und mit selektionierten Stämmen	Steriltechnik, mikrobielle Stoff- umwandlungen, Submersver- fahren, tierische Zellkulturen	Penicillin u. a. Antibiotika, Virus-Impfstoffe, Cortison, Vitamin B12, Ovulations- hemmer
Klassische Biotechnologie			
1960–1975/ Post-Antibiotika	Integration und Anwen- dung wichtiger Forschungs- ergebnisse aus Naturwis- senschaft und Technik	Immobilisierung von Enzymen u. Zellen, mikrobielle Her- stellung von Biopolymeren, anaerobe Abwasserklärung, in- dustrielle alkoholische Gärung	Enzyme (Waschmittel), Isomerase (Fruktosesirup), Polysaccharide (Xanthan), Biogas, Einzellerprotein, In- dustrie-Alkohol (Gasohol)
Moderne Biotechnologie			
Phasen bis hier = alte Biotechnologie			
Ab 1975	Gezielte Optimierung von Organismen, vorhersagbare Bioprozesstechnik	DNS-Rekombinationstechnik, Zellfusionstechnik	Rekombinante therapeuti- sche Humanproteine und Impfstoffe, monoklonale Antikörper
Molekulare Biotechnologie = neue Biotechnologie			

1.2.1 Mitte 17. bis Mitte 20. Jahrhundert: die ersten 300 Jahre

An den Beginn dieser Periode fiel die Entdeckung der Pflanzenzellen sowie der Mikroorganismen. Der niederländische Wissenschaftler van Leeu- wenhoek untersuchte mit seiner Erfindung, dem Mikroskop, kleine einzellige Organismen, die er »*animalcules*« nannte. Ende des 17. Jahrhunderts veröffentlichte der deutsche Chemiker und Me- diziner Stahl ein Werk über die *Zymotechnia fun- damentalis oder Allgemeine Grund-Erkänntniß der Gährungs-Kunst*. Es sollte noch weitere 100 Jahre dauern, bis Ende des 18. Jahrhunderts der franzö- sische Chemiker de Lavoisier erstmals den alkoho- lischen Fermentationsvorgang beobachtete, was er 1793 veröffentlichte.

» In his famous book of 1793 he [de Lavoisier] gave a phenomenological description of fer- mentation. Concluding on the products he stated that '...when the fermentation is com- plete the solution does not contain any more sugar...'. 'So I can say: juice = carbon dioxide + alkool'. (Buchholz und Collins 2010)

Knapp 50 Jahre später, 1837, wiesen unabhän- gig voneinander die beiden deutschen Forscher Schwann und Kützing die Bedeutung von Hefen bei der alkoholischen Gärung nach. Der berühmte französische Chemiker Pasteur legte dann mit sei- nen Entdeckungen ab 1857 den Grundstein für die angewandte Mikrobiologie. Er setzte erstmals das Mikroskop zur Verlaufskontrolle der Wein- und Essigherstellung ein und entwickelte die Reinkultur von Mikroorganismen sowie die Sterilisation ihrer

Nährmedien (Pasteurisieren). In der Ära nach Pasteur kamen biotechnische Verfahren ohne absoluten Ausschluss von Fremdkeimen auf, so beispielsweise die Fermentation und Oberflächenkultur von Mikroorganismen zur Herstellung von Butanol, Aceton, Ethanol und Zitronensäure. Ab Anfang des 20. Jahrhunderts erfolgten diese im industriellen Maßstab. Die Fermentation nutzte man zudem zur Biomasseproduktion von Bäcker- und Futterhefe. Während des Ersten Weltkrieges (1914–1918) ermöglichte die mikrobielle Fabrikation von Aceton und Glycerin, die als Rohstoffe zur Produktion von Sprengstoff eingesetzt wurden, der Fermentationsindustrie einen ersten Auftrieb. Nach der Zufallsentdeckung der antibakteriellen Wirkung von Penicillin durch Fleming im Jahr 1928/1929 bediente während des Zweiten Weltkrieges (1939–1945) die biotechnische Erzeugung die Nachfrage nach diesem Antibiotikum. Im öffentlichen Bereich war die Einführung der aeroben und anaeroben mikrobiellen Abwasserreinigung um 1900 ein Meilenstein bei der Prävention von Seuchen.

Die weitere Erforschung der Zellen führte erst gut 150 Jahre nach ihrer Entdeckung zu neuen Erkenntnissen: die Beobachtung von Zellkernen 1831 durch den schottischen Botaniker Brown, die er »Nucleus« benannte. Nur knapp 40 Jahre später (1869) beschrieb erstmals der Schweizer Forscher Miescher in Tübingen das Erbmaterial »Nuklein«, ohne seine chemische Zusammensetzung zu kennen. Der US-amerikanische Genetiker Morgan klärte mithilfe von Kreuzungsversuchen an der Taufliege *Drosophila* 1910 die grundlegende Struktur von Chromosomen auf, die zuvor (1871) der deutsche Biologe Flemming erstmals als Träger des Erbmaterials beschrieb. 1890 erforschte der deutsche Mediziner von Behring zum ersten Mal die Antikörper, zu deren Struktur 1897 der deutsche Arzt Ehrlich die ersten Theorien aufstellte. Ebenfalls ein Deutscher, der Chemiker Fischer, erkannte 1894 das Schlüssel-Schloss-Prinzip (Spezifität) der Enzymreaktionen. Er gilt als Begründer der klassischen organischen Chemie.

Auch Erkenntnisse aus der Physik spielen in der biowissenschaftlichen Forschung eine große Rolle. So die Erfindung der Analyse von Kristallstrukturen mittels Röntgenstrahlen in 1913, wofür Vater und Sohn Bragg, ein britisches Forscherteam, 1915 den Nobelpreis erhielten. Nobelpreise wurden erstmals mit Beginn des 20. Jahrhunderts verliehen, einige davon ebenfalls an deutsche Forscher für ihre Arbeiten zum Ende des 19. Jahrhunderts. Diese Ehre kam ferner dem deutschen Chemiker Buchner zuteil, der 1897 die zellfreie, nur auf Enzymen beruhende Gärung entdeckte, was als Startpunkt der Biochemie gilt. Seine Erkenntnisse formulierte er wie folgt:

» As the agent of the fermentation effect a soluble substance has to be acknowledged, without doubt a protein body: it shall be called zymase. (Buchholz und Collins 2010)

Der Biochemiker lieferte damit ein neues Konzept, das das bis dahin fast 100 Jahre lang vorherrschende Dogma versteckter mysteriöser lebender Kräfte (*vis vitalis*) der Fermentation ablöste. Die Biochemie entwickelte sich dann am Anfang des 20. Jahrhunderts in zwei Richtungen: Wie wandeln sich Moleküle (insbesondere Zuckermoleküle) innerhalb von Organismen um, und wie lassen sich die Akteure dieser Transformation – Enzyme und andere Proteine – charakterisieren? Ein hierbei bedeutender Meilenstein war 1937 die Aufklärung des Citratzyklus durch Krebs (daher auch Krebs-Zyklus genannt). Der zuletzt an der Universitätsklinik Freiburg tätige deutsche Mediziner und Biochemiker floh 1933 vor dem Nazi-Regime nach Großbritannien, wo er – gefördert von der New Yorker Rockefeller-Stiftung – seine Entdeckungen machte. In Großbritannien führten 1937 zudem die Wissenschaftler Bernal und Hodgkin erste Röntgenstrukturanalysen an Proteinen durch.

Noch bis zum Anfang des 20. Jahrhunderts entfielen, wie aus ◘ Tab. 1.2 ersichtlich, viele der grundlegenden Entdeckungen und Entwicklungen auf Europa und vor allem auch auf Deutschland. Ab den 1940er-Jahren verlagerte sich der Schwerpunkt der Forschung in die USA. Dort klärten Wissenschaftler innerhalb von 20 Jahren viele molekularbiologische Fragestellungen zu Struktur und Funktion von Genen und Proteinen auf.

◘ Tab. 1.2 Ausgewählte Meilensteine der Biowissenschaften bis 1945. (Quelle: BioMedServices (2015))

Jahr	Meilenstein	Wer?	Wo?
1665	Entdeckung von Pflanzenzellen	Robert Hooke	GB
1673	Entdeckung menschlicher Zellen und Mikroorganismen	Antoni v. Leeuwenhoek	NL
1697	Buch *Zymotechnia fundamentalis*	Georg Ernst Stahl	D
1793	Beobachtung und Beschreibung der alkoholischen Gärung	Antoine L. de Lavoisier	F
1806	Erste Identifikation einer Aminosäure	Louis-Nicolas Vauquelin & Pierre Jean Robiquet	F
1817	Identifikation von Chlorophyll (pflanzlicher Farbstoff)	Joseph Caventou & Pierre Pelletier	F
1817	Entwicklung des Keimblatt-Modells (Zellschichten, Embryo)	Heinz Christian Pander	D
1818	Alkoholische Gärung ist ein mit Pflanzenleben verknüpfter chemischer Vorgang	P. Friedrich Erxleben	D
1831	Entdeckung des Zellkerns (»Nucleus«)	Robert Brown	GB
1837	Alkoholische Gärung durch Hefe (»Zuckerpilz«)	Theodor Schwann/Friedrich Kützing	D
1838	Pflanzen und Tiere bestehen aus Zellen (Zelltheorie)	Matthias Schleiden & Theodor Schwann	D
1857	Entdeckung der Milchsäuregärung	Louis Pasteur	F
1864	Erhitzen tötet Mikroorganismen ab (Pasteurisieren)	Louis Pasteur	F
1865	Erstellung grundlegender Gesetze der Vererbung	Gregor Mendel	CZ
1869	Entdeckung des Erbmaterials (»Nuklein«)	Friedrich Miescher	D
1871	Entdeckung der Chromosomen (Träger Erbmaterial)	Walther Flemming	D
1876	Entdeckung von Bakterien als Krankheitserreger	**Robert Koch**	D
1878	Prägung des Begriffes »Enzym« (statt Ferment)	Wilhelm Kühne	D
1879	Entdeckung der Essigsäurebakterien	Emil C. Hansen	DK
1890	Entdeckung von Antikörpern (passive Impfung)	**Emil von Behring**	D
1894	Spezifität von Enzymen: Schlüssel-Schloss-Prinzip	**Emil Fischer**	D
1897	Zellfreie Fermentation (Gärungsenzyme in Hefen)	**Eduard Buchner**	D
1897	Antikörper haben Seitenketten (Rezeptortheorie)	**Paul Ehrlich**	D
1899	Erste Entdeckung eines Antibiotikums (Pyocyanase)	Rudolph Emmerich & Oscar Löw	D
1910	Chromosomen tragen Genanlagen	**Thomas Hunt Morgan**	US
1916	Biotechnische Herstellung von Aceton und Butanol	Chaim Weizmann	GB
1917	Biotechnische Herstellung von Zitronensäure	James Currie	US
1922	Entdeckung von Insulin, erste Patientenbehandlung	Charles Best & Frederick Banting	KAN
1926	Änderung des Erbguts durch Bestrahlung (Mutation)	Hermann J. Muller	US
1928	Entdeckung von Penicillin	**Alexander Fleming**	GB
1937	Entdeckung des Citratzyklus	**Hans Adolf Krebs**	GB
1941	Ein-Gen-ein-Enzym-Hypothese	**George Beadle & Edward Tatum**	US
1944	DNS (nicht Proteine) ist Träger der Erbinformation	Theodore Avery	US

CZ Tschechien, *D* Deutschland, *DK* Dänemark, *F* Frankreich, *GB* Großbritannien, *KAN* Kanada, *NL* Niederlande, *US* United States; spätere Nobelpreisträger sind fett markiert; *Schrägstrich* steht für konkurrierende, *&* für gemeinsame Entwicklung

1.2.2 Mitte der 1940er- bis Mitte der 1960er-Jahre: 20 Jahre für die molekulare Basis bei gleichzeitiger Nutzung der klassischen Biotechnologie

Die Feststellung des US-amerikanischen Molekularbiologen Avery im Jahre 1944, dass Desoxyribonukleinsäuren (DNS) und nicht Proteine Träger des Erbmaterials sind, legte den Fokus weiterer Untersuchungen auf diese Molekülklasse (◘ Tab. 1.3). Basierend auf Röntgenstrukturanalysen erfolgte 1953 ein großer Durchbruch mit der Erstellung des dreidimensionalen Strukturmodells der DNS (DNS-Doppelhelix), den Forscher in Großbritannien leisteten (Watson & Crick, Franklin). Weitere Meilensteine waren die Aufklärung von Transkription und Translation (◘ Abb. 1.5) beziehungsweise der dahinterstehenden Strukturen und Prozesse. Es handelte sich um grundlegende Aufklärungen zur Struktur und Funktion von Mikroorganismen und Zellen.

Neben diesen Entdeckungen in der Molekularbiologie etablierte sich zur gleichen Zeit die klassische industrielle Biotechnologie, das heißt die Nutzung von Mikroorganismen für die Produktion von Medikamenten, Chemikalien und Lebensmitteln. So waren 1950 bereits über 1000 verschiedene mikrobielle Antibiotika isoliert, von denen viele in großer Menge Anwendung in der Humanmedizin (Therapie von Infektionskrankheiten) fanden. Seit 1950 begann auch die Industrialisierung der analytischen Biotechnologie, zum Beispiel über die hochselektive enzymatische Detektion von Metaboliten in Körperflüssigkeiten oder Lebensmitteln. Später kam, basierend auf Prinzipien der Immunanalytik, das Untersuchen mittels Antikörper hinzu. Bei der weiteren Entwicklung ab den 1960ern liefen biotechnische Produktionsverfahren unter Ausschluss von Fremdkeimen und mit selektionierten Stämmen ab. Diese wurden mithilfe klassischer Methoden der chemischen und physikalischen Mutagenese optimiert. Submersverfahren, tierische Zellkulturen, mikrobielle und enzymatische Stoffumwandlungen (Biotransformation) sowie die Immobilisierung von Enzymen und Zellen ermöglichten zum Beispiel die Produktion von Virus-Impfstoffen, Cortison, Vitamin B12 und Ovula-

tionshemmern. Weitere Produkte waren beispielsweise Biopolymere, Einzellerprotein, Waschmittelenzyme, Labferment, Polysaccharide (Xanthan) und Fruktosesirup.

Die beschriebenen Entwicklungen der Biotechnologie basierten auf der angewandten Mikrobiologie und Biochemie. Es handelte sich dabei im Grunde um eine »phänomenologische Anwendung« von Mikroorganismen und deren Bestandteilen, sozusagen ein Arbeiten mit einer Blackbox, da die molekularbiologischen Grundlagen erst langsam zeitgleich erforscht wurden.

Begriffe rund um die Molekularbiologie

Codon – Abfolge von drei Basen-Bausteinen in der mRNS (Boten-RNS), daher auch Triplett genannt, die für eine bestimmte Aminosäure codiert; das komplementäre Triplett in der tRNS (Transfer-RNS) wird als Anticodon bezeichnet; an der passenden tRNS ist jeweils die entsprechende Aminosäure gebunden

DNS-Ligase – Enzym, das eine Verknüpfung von zwei DNS-Strängen katalysiert

DNS Polymerase – Enzym, das die Polymerisation (Aneinanderreihung) von Nukleotiden, den Grundbausteinen der Nukleinsäuren, katalysiert. Ziel ist die Replikation (Vervielfältigung) von DNS.

DNS-Sequenzierung – Bestimmung der Abfolge der einzelnen Basen (A, C, G oder T), z. B. in einem Gen

Genetischer Code – Der genetische Code ist eine Art Regel oder Übersetzungsschlüssel, die/der festlegt, welche Basensequenz der DNS bzw. mRNS nach Transkription zu welcher Aminosäuresequenz der Proteine (Translation) führt; er codiert für 22 verschiedene Aminosäuren-Bausteine und ist im Prinzip bis auf wenige Ausnahmen für alle Lebewesen gleich

Kompetente Zellen – Grundsätzlich sind Bakterien in der Lage, genetisches Material aus ihrer Umgebung aufzunehmen, allerdings meist mit geringer Effizienz. Die Behandlung mit Calciumchlorid erhöht kurzzeitig die Permeabilität der Zellmembranen und steigert damit die Effizienz der DNS-Aufnahme

Plasmid – Bakterielles Gen-Material, das in Ringform zusätzlich zu Chromosomen vorkommt

Restriktionsenzym – Restriktionsenzyme (genauer Restriktionsendonukleasen) sind bakterielle Enzyme, die DNS an bestimmten Positionen schneiden können. Die Bakterien nutzen sie natürlicherweise zur Phagenabwehr. Die Nukleasen erkennen (je nach Spezifität) DNS-Abschnitte von vier bis acht Basenpaaren und fungieren innerhalb dieser wie eine molekulare Schere

Reverse Transkriptase (= RNS-abhängige DNS-Polymerase) – Enzym, das – ausgehend von einzelsträngiger RNS – komplementäre DNS erstellt. Die übliche Prozessrichtung der Transkription wird also umgekehrt, was der Zusatz »revers« ausdrückt

1

◘ **Tab. 1.3** Ausgewählte Meilensteine der Biowissenschaften 1945 bis 1965. (Quelle: BioMedServices (2015))

Jahr	Meilenstein	Wer?	Wo?
1946	Bakterien tauschen Gen-Material über Konjugation aus	Edward Tatum & Joshua Lederberg	US
1946	Rekombination von Gen-Material bei viraler Replikation	**Max Delbrück & Alfred Hershey**	US
1949	Biotechnische Herstellung von Vitamin B12	–	–
1949	Isolation von Erythromycin (Antibiotikum) aus Bakterien	James McGuire (Fa. Lilly)	US
1949	Mutation im Hämoglobin-Gen bewirkt Sichelzellenanämie	**Linus Pauling**	US
1950	Basenverteilung und -paarung in der DNS	Erwin Chargaff	US
1951	Austausch einzelner Chromosomenabschnitte (Transposons = »springende Gene«) in Mais	**Barbara McClintock**	US
1951	Alpha-Helix-Struktur von Proteinen	Linus Pauling & Robert Corey	US
1952	Extrachromosomale DNS in Bakterien: Plasmide	**Joshua Lederberg**	US
1952	Nachweis, dass DNS Träger der Erbinformation ist	Alfred Hershey & Martha Chase	US
1953	Röntgenbeugungsdiagramme von DNS: Doppelstrang	Rosalind Franklin	GB
1953	Strukturaufklärung der DNS-Doppelhelix	**James Watson & Francis Crick**	GB
1953	Erste komplette Sequenz eines Proteins (Rinderinsulin)	**Frederick Sanger**	GB
1954	Erstes Konzept zu Aufbau und Funktion des Immunsystems	**Niels Kaj Jerne**	DK
1955	Entdeckung DNS-Polymerase (DNS-Synthese/Replikation)	**Arthur Kornberg**	US
1955	Chemische DNS-Synthese	Alexander Todd	GB
1956	Hypothese zu zentralem Dogma: DNS → RNS → Protein	Francis Crick & George Gamov	US
1956	46 menschliche Chromosomen: 22 Paare + Geschlechtschromosomenpaar	Joe Hin Tjio & Albert Levan	DK
1957	Erstes dreidimensionales Modell eines Proteins (Myoglobin)	**Max Perutz & John Kendrew**	GB
1959	Operonmodell der Genregulation	**François Jacob & Jacques Monod**	F
1960	Proteinsynthese findet in Ribosomen statt	François Jacob & Matthew Meselson	F
1960	Enzyme in der Waschmittelindustrie	–	–
1960	*In-vitro*-DNS-Synthese	Arthur Kornberg	US
1960	Fusion von Tumorzellen aus verschiedenen Mausstämmen (somatische Zellhybridisierung)	Georges Barski, Sorieul & Cornefert	F
1961	Aufklärung des ersten Codons: Poly-U	Marshall Nirenberg & Heinrich Matthaei	US
1961	Beschreibung von Stammzellen	James Till & Ernest McCulloch	KAN
1963	Chemische Synthese von Insulin (Upscaling fraglich)	Helmut Zahn	D
1964	Beweis zur RNS-Hypothese: »*the code carrier*«	**Sydney Brenner**	GB
1965	Methode zur Bestimmung von Aminosäuresequenzen	Pehr Edman	AUS
1965	Strukturaufklärung der tRNS (Transfer-RNS)	Robert W. Holley	US
1965	Mikrobielle Produktion des Labfermentes Rennin (Käse)	–	–

AUS Australien, *D* Deutschland, *DK* Dänemark, *F* Frankreich, *GB* Großbritannien, *KAN* Kanada, *US* United States; spätere Nobelpreisträger sind fett markiert; *Schrägstrich* steht für konkurrierende, *&* für gemeinsame Entwicklung

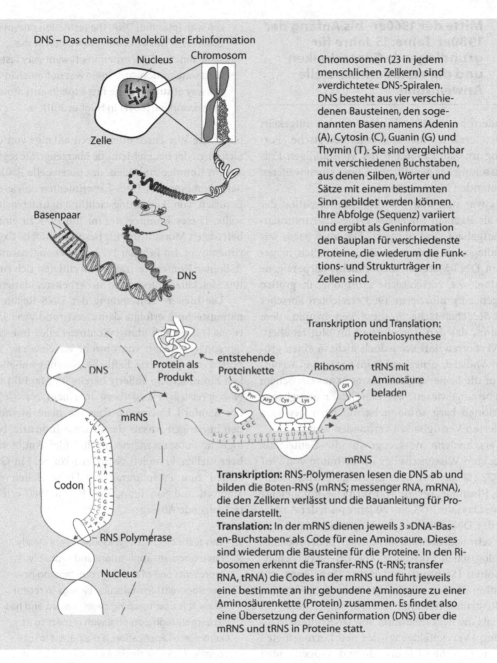

DNS – Das chemische Molekül der Erbinformation

Chromosomen (23 in jedem menschlichen Zellkern) sind »verdichtete« DNS-Spiralen. DNS besteht aus vier verschiedenen Bausteinen, den sogenannten Basen namens Adenin (A), Cytosin (C), Guanin (G) und Thymin (T). Sie sind vergleichbar mit verschiedenen Buchstaben, aus denen Silben, Wörter und Sätze mit einem bestimmten Sinn gebildet werden können. Ihre Abfolge (Sequenz) variiert und ergibt als Geninformation den Bauplan für verschiedenste Proteine, die wiederum die Funktions- und Strukturträger in Zellen sind.

Transkription und Translation: Proteinbiosynthese

Transkription: RNS-Polymerasen lesen die DNS ab und bilden die Boten-RNS (mRNS; messenger RNA, mRNA), die den Zellkern verlässt und die Bauanleitung für Proteine darstellt.

Translation: In der mRNS dienen jeweils 3 »DNA-Basen-Buchstaben« als Code für eine Aminosaure. Dieses sind wiederum die Bausteine für die Proteine. In den Ribosomen erkennt die Transfer-RNS (t-RNS; transfer RNA, tRNA) die Codes in der mRNS und führt jeweils eine bestimmte an ihr gebundene Aminosaure zu einer Aminosäurenkette (Protein) zusammen. Es findet also eine Übersetzung der Geninformation (DNS) über die mRNS und tRNS in Proteine statt.

◻ Abb. 1.5 Umsetzung der Geninformation in Proteine – die Funktions- und Strukturträger in Zellen. Chromosomen-Grafik von Wikipedia (Chromosom), die als Quelle das National Institute of Health benennen mit dem Hinweis »*The source image ‚may be used without special permission'*«

1.2.3 Mitte der 1960er- bis Anfang der 1980er-Jahre: 15 Jahre für grundlegende Gentechniken und die erste kommerzielle Anwendung

Nachdem bereits 1961 das erste Codon aufgeklärt wurde, erzielte die molekularbiologische Forschung im Jahre 1966 mit der vollständigen Entschlüsselung des genetischen Codes einen weiteren bedeutenden Meilenstein.

Es war nun klar, wie die Erbinformation der DNS als Bauplan für Proteine, die aus Aminosäuren aufgebaut sind, fungiert. Das zu wissen, war Grundlage, um später auf Basis künstlich hergestellten DNS-Materials menschliche, körpereigene Proteine, wie verschiedene Hormone, in großen Mengen zu produzieren. 1963 erreichten Forscher zwar die chemische Synthese von Insulin, dem Hormon, das den Zuckergehalt im Blut reguliert. Das Verfahren ließ sich jedoch nicht in einen größeren Maßstab umsetzen. Damit war man weiterhin auf die Isolierung des Hormons aus tierischem Gewebe angewiesen, was die Gefahr allergischer Reaktionen barg sowie meist mit einer gewissen limitierten Verfügbarkeit verbunden war.

Verschiedene Werkzeuge für die Gentechnik entdeckten Wissenschaftler im Zeitraum von 1967 bis 1972 (❏ Tab. 1.4): DNS-Ligasen, Restriktionsenzyme, Plasmide, reverse Transkriptase, kompetente Zellen. Das Jahr 1973, also 20 Jahre nach der Aufklärung der DNS-Struktur, markierte dann einen weiteren sehr bedeutenden Meilenstein in der molekularbiologischen Forschung. Die US-Wissenschaftler Cohen (Stanford) und Boyer (San Francisco) vereinten ihre jeweiligen Expertisen über Plasmide und Restriktionsenzyme zu einem Experiment, das erstmals die Rekombination von DNS und die Klonierung (Vervielfältigung) der neu hinzugefügten DNS ermöglichte: Die Erfindung des sogenannten *genetic engineering*. Mit anderen Worten, sie erfanden eine einfache und effiziente Methode zur Selektion spezifischer Gene von jedem erdenklichen Organismus sowie deren akkurate Reproduktion in reiner Form und unbegrenzter Menge.

》 Things just came together at that time: the study of small plasmids, transformation of *E.*

coli with [plasmid] DNA, the restriction enzyme business; it was all coming to fruition at the same time. … [The experiment] went very fast. It was straightforward. There was not much in the way of struggle. The first experiments more or less worked. (Boyer in Hughes 2011)

Nicht alle Wissenschaftler waren anfangs von der Sicherheit der neuen Methode überzeugt. Sie regten an, ein Komitee zu bilden, das potenzielle Risiken bei rekombinanten DNS-Experimenten sowie das Erstellen von Forschungsrichtlinien untersuchen sollte. Dieses Komitee rief im Juli 1974 zu einem befristeten Moratorium für bestimmte DNS-Experimente auf. Im Februar 1975, auf der sogenannten Asilomar-Konferenz, trafen und einigten sich rund 100 Molekularbiologen auf Sicherheitsregularien.

Die breitere Anwendung der DNS-Rekombinationstechnik erfolgte damit erst rund zwei Jahre nach ihrer Erfindung. Kommerzielles Interesse lag zunächst kaum vor, obwohl verschiedene Experten auf die wirtschaftliche Nutzungsmöglichkeit hinwiesen. So äußerte bereits im Mai 1974 der Nobelpreisträger Lederberg in einem Newsletter der Stanford University, dass die neue Methode den bisherigen Ansatz der Pharma-Industrie, biologische Substanzen wie Insulin oder Antibiotika herzustellen, komplett verändern könne. Ein Gutachten zum Patentantrag der Universitäten von Stanford und San Francisco (Patent 1980 erteilt) traf folgende Aussage:

》 This technological development very clearly has immediate applications and probably represents one of the most outstanding new developments in molecular biology in recent years. It is a far-reaching development and has extremely high potential with respect to its commercial application. If the patent is successful there is little doubt that it represents a potential source of considerable amount of royalties for the Universities involved. (Hughes 2011)

Auch einer der Erfinder, Boyer, versuchte 1974 pharmazeutische Firmen für die wirtschaftliche Nutzung der neuen Technologie zu gewinnen – erfolglos, denn sie zeigten kein größeres Interesse. Letztlich war es er selbst, der später (1976) die

◘ **Tab. 1.4** Ausgewählte Meilensteine der Biowissenschaften 1966 bis 1982. (Quelle: BioMedServices (2015))

Jahr	Meilenstein	Wer?	Wo?
1966	Vollständige Entschlüsselung des genetischen Codes (Identifikation aller DNS-Codes der 22 Aminosäuren)	**Marshall Nirenberg, Robert Holley & Har Gobind Khorana**	US
1967	Beschreibung des *DNA joining enzyme* (DNS-Ligasen) = DNS-Reparaturenzym, »DNS-Kleber«	Martin Gellert/Jerard Hurwitz/Robert Lehman/Charles Richardson	US
1967	Entdeckung von Restriktionsenzymen (»DNS-Scheren«)	**Werner Arber**	CH
1968	Isolation und Weitergabe von Plasmiden in Bakterien	Stanley Cohen	US
1969	Erste Isolierung eines Gens	Jonathan Beckwith	US
1969	Entdeckung der Tumorsuppressorgene	Henry Harris	GB
1970	Herstellung »kompetenter« Zellen mit Calciumchlorid	Morton Mandel & Akiko Higa	US
1970	Anfärbung von Chromosomen	Torbjörn Caspersson & Lore Zech	SW
1970	Isolierung von Restriktionsenzymen	**Hamilton Smith & Daniel Nathan**	US
1970	Entdeckung der reversen Transkriptase (RNS → DNS)	**Howard Temin & David Baltimore**	US
1972	Erste Rekombination von DNS in Plasmide (*cut & paste*)	**Paul Berg**	US
1973	Rekombination und Klonierung: Insertion »fremder« Gene in ein bakterielles Plasmid und dessen Vervielfältigung	Stanley Cohen & Herbert Boyer	US
1974	Retrovirale Übertragung von DNS auf Maus-Embryos	Rudolf Jaenisch & Beatrice Mintz	US
1975	Erste DNS-Sequenzierung	Allan Maxam & **Walter Gilbert**	US
1975	Hybridoma-Technik: Fusion von tierischen B-Lymphozyten mit Myelomzellen zur Antikörperproduktion	**Georges Köhler & César Milstein**	GB
1975	Entwicklung des Southern-Blot-Verfahrens (DNS-Analyse)	Edward Southern	GB
1976	Identifikation von Genen für Zellwachstum und -teilung	**Michael Bishop & Harold Varmus**	US
1977	Verfeinerung der DNS-Sequenzierung	**Fred Sanger**	GB
1977	Gentransfer in Pflanzen über *Agrobacterium tumefaciens*	Marc Van Montagu & Jozef Schell	B
1977	Phänomen des RNA-Spleißens (Gene bestehen aus Introns [= nicht-codierende DNS] und Exons [= codierende DNS])	**Phillip Sharp**	US
1977	Erstes sequenziertes Genom (Bakteriophage ΦX174)	Fred Sanger	GB
1978	*Antisense*-Technologie: Unterdrückung der Proteinsynthese durch »Abfangen« von Boten-RNS-Molekülen	Paul Zamecnik & Mary Stephenson	US
1978	Erstmalige gentechnische Herstellung eines menschlichen Proteins (Insulin) in einem Bakterium	Fa. Genentech/William Rutter/Walter Gilbert (Univ.)	US
1978	Stabile Produktion rekombinanter Proteine in Säugerzellen	Angel Pellicier, Michael Wigler, Richard Axel & Saul Silverstein	US
1980	Patenterteilung zu Cohen-Boyer-Methode (1973)	Stanford-UCSF (Univ.)	US
1981	Erstes kommerzielles Produkt, basierend auf der Hybridoma-Technik (1975): Diagnostiktest zur Messung von IgE	Fa. Hybritech	US
1982	Das erste gentechnisch hergestellte Medikament kommt auf den Markt (Humulin: Insulin)	Fa. Genentech & Lilly	US

B Belgien, *CH* Schweiz, *Fa.* Firma, *GB* Großbritannien, *SW* Schweden, *Univ.* Universität, *US* United States; spätere Nobelpreisträger sind fett markiert; *Schrägstrich* steht für konkurrierende, & für gemeinsame Entwicklung

1

◫ **Tab. 1.5**   Ausgewählte Meilensteine der Biowissenschaften 1980 bis 2000. (Quelle: BioMedServices (2015))

Zeitraum	Meilensteine
1980–1985	Rekombinantes Humaninsulin und Wachstumshormon, **monoklonaler Diagnostik-Antikörper**, transgene Tiere und Pflanzen, **Polymerasekettenreaktion (PCR)**, Protein-Sequenzierer, Isolierung und Sequenzierung des AIDS-Virus, genetischer Marker für eine Erbkrankheit (Chorea Huntington), DNS-Fingerprint (molekulare Forensik)
1986–1990	Rekombinante Human-Impfstoffe und Krebs-Medikamente (Interferone), rekombinantes tPA und Erythropoetin, **therapeutischer monoklonaler Antikörper**, PEGylierte Proteine, Aptamere, DNS-Chips, automatisierte DNS-Sequenzierung und -Synthese, *OncoMouse, high throughput screening* (HTS), Entdeckung von VEGF (*vascular epidermal growth factor*; Wachstumsfaktor für Blutgefäße), erster humaner Gentherapie-Versuch, rekombinantes Biopestizid, GVO zur Beseitigung von Ölverschmutzung, rekombinantes Enzym zur Käseherstellung, Brustkrebs-Gen (auf Chromosom 17: *BRCA-1*), **1990: Start des Humangenomprojektes**
1991–1995	Kombinatorische Chemie, *rational drug design*, transgenes Lebensmittel (*Flavr Savr*), Gen eines Bakteriums sequenziert, rekombinante Enzymersatz-Therapien, Krebs-Gentherapie, rekombinanter Faktor VIII und Interleukin, rekombinante Interferone gegen Infektionen und Autoimmunkrankheiten, *BRCA-1* (Brustkrebs-Gen) kloniert und sequenziert, künstliches Chromosom
1996–2000	Herbizid-tolerante Sojabohne, »Goldener Reis«, monoklonale Antikörper gegen Krebs und Autoimmunkrankheiten, **erste »personalisierte« Therapie** (Herceptin), therapeutische Fusionsproteine, *antisense*-Medikament gegen Virusinfektion, Genome von Bakterien und Vielzellern sequenziert, Isolierung und Vermehrung humaner embryonaler Stammzellen (hESC), Klon-Schaf Dolly, *XenoMouse*, **RNS-Interferenz**, Theorie der **Krebsstammzellen**, DNS-Chip mit über 6000 Hefegenen, Genom der Fruchtfliege und erstes Pflanzengenom sequenziert, **2000: menschliches Genom zu 90 % entschlüsselt**

Bedeutende Meilensteine in Fettdruck; *GVO* gentechnisch veränderter Organismus

Firma Genentech gründete (▶ Abschn. 2.2.1), und zwar zusammen mit Swanson, der zuvor seine Stelle bei einem Risikokapital-Unternehmen verloren hatte (Hughes 2011). Genentech war damit das erste Unternehmen, das eine wirtschaftliche Verwendung seiner Erfindung anstrebte. Ziel war der Beweis, dass das neue Verfahren geeignet ist, pharmazeutische Produkte (hier Somatostatin und Insulin) herzustellen, das heißt, kommerziell genutzt zu werden. Nachdem im August 1978 der Beweis in Zusammenarbeit mit dem City of Hope Medical Research Center gelang, bestätigten kurz danach die Wissenschaftler Rutter (San Francisco) und Gilbert (Harvard) die Möglichkeit, ein menschliches Insulin-Gen in Bakterien einzubringen und dort zu exprimieren (Geninformation in Protein umzusetzen). 1982 schließlich gelangte das erste mittels DNS-Rekombinationstechnik biosynthetisch hergestellte Protein-Therapeutikum, rekombinantes menschliches Insulin, auf den Markt.

Weitere Meilensteine in dieser Phase waren 1975 die erste DNS-Sequenzierung sowie die Fusion von tierischen Antikörper-produzierenden B-Zellen mit Blutkrebszellen zur kontinuierlichen Antikörperproduktion, die sogenannte Hybridoma-Technik. Das erste Genom, das des Bakteriophagen ΦX174, sequenzierte der britische Forscher Sanger im Jahre 1977. Ein Jahr später, 1978, wurde erstmalig die sogenannte *antisense*-Technik entwickelt. Hierbei bindet ein künstlich hergestelltes Oligonukleotid (kurze Nukleinsäure-Stücke) an DNS oder RNS und verhindert damit ihr »Ablesen«.

1.2.4   Die 1980er-Jahre bis 2000: nochmals 20 Jahre bis zur Entschlüsselung des menschlichen Genoms

Der Zeitraum 1980er-Jahre bis zur Jahrtausendwende bildet eine weitere wichtige Phase in der Entwicklung der modernen Biowissenschaften. Ausgewählte Meilensteine dazu zeigt die ◫ Tab. 1.5 in Fünf-Jahres-Schritten auf. Besonders hervorzuheben ist die Erfindung der Polymerasekettenreaktion (▶ PCR – *polymerase chain reaction*)

PCR – polymerase chain reaction

»Methode, um die Erbsubstanz DNS *in vitro* [außerhalb des Körpers, im Reagenzglas] zu vervielfältigen. Dazu wird ein Enzym verwendet, die DNA-Polymerase. Der Begriff ,Kettenreaktion' beschreibt in diesem Zusammenhang die Tatsache, dass die Produkte vorheriger Zyklen als Ausgangsstoffe für den nächsten Zyklus dienen und somit eine exponentielle Vervielfältigung ermöglichen. Die PCR wird in biologischen und medizinischen Laboratorien für eine Vielzahl verschiedener Aufgaben verwendet, zum Beispiel für die Erkennung von Erbkrankheiten und Virusinfektionen, für das Erstellen und Überprüfen genetischer Fingerabdrücke, für das Klonieren von Genen und für Abstammungsgutachten. Die PCR zählt zu den wichtigsten Methoden der modernen Molekularbiologie, und viele wissenschaftliche Fortschritte auf diesem Gebiet (z. B. im Rahmen des Humangenomprojektes) wären ohne diese Methode nicht möglich gewesen« (Wikipedia, PCR).

durch den US-Amerikaner Mullis (1983/1985) sowie im Jahr 1986 der erste therapeutische monoklonale Antikörper (mAK) auf Basis der 1975 von Köhler (ein deutscher Forscher) und Milstein in Großbritannien erfundenen Hybridoma-Technik.

Es war ein Maus-Antikörper, der für die Indikation Transplantatrejektion hergestellt wurde. Orthoclone, so der damalige Handelsname, ist heute nicht mehr auf dem Markt erhältlich. Entwickelt wurde er von Ortho Biotech, einer damaligen Division der zur Johnson & Johnson-Gruppe gehörenden Ortho Pharmaceutical Corporation. Weitere acht Jahre verstrichen, bevor 1994 der zweite therapeutische Antikörper eine Marktzulassung erhielt: ReoPro, ein chimärer (Mischung aus Maus und Mensch) Antikörper gegen akute Herzkomplikationen, entwickelt von dem im Jahr 1979 gegründeten US-Unternehmen Centocor. Johnson & Johnson (J&J) kaufte Centocor 1999 für 4,9 Mrd. US$ (4,6 Mrd. €) und fusionierte 2008 das Tochterunternehmen mit der anderen Tochter Ortho Biotech zu Centocor Ortho Biotech (seit 2011 umbenannt in Janssen Biotech). Insgesamt fünf Antikörper-Medikamente hat dieses Unternehmen bis heute auf den Markt gebracht. Therapeutische Antikörper sind heute eine sehr wichtige Arzneimittelklasse. Ihre Zielgenauigkeit sowie die relativ geringen Nebenwirkungen sind inzwischen entscheidend in der Therapie von Krebs und Autoimmunerkrankungen.

Wie in ▶ Abschn. 3.1.1 ausführlicher dargestellt, wächst ihr Markt kontinuierlich, und sie stellen mit fünf Vertretern die Hälfte der Top-10-Arzneimittel nach Umsatz weltweit. So belegen therapeutische Antikörper die Plätze 1 und 3 sowie 6, 7 und 9. Im Jahr 2014 gingen mit 12,5 und 9,2 Mrd. US$ Umsatz Platz 1 und 3 an zwei Antikörper zur Behandlung der rheumatoiden Arthritis: Humira von AbbVie (frühere Pharmasparte von Abbott) und Remicade, verkauft von J&J sowie Merck & Co. Beide Wirkstoffe stammen ursprünglich von Biotech-Firmen. Die britische Cambridge Antibody Technology (CAT) produzierte Humira im Auftrag von Knoll (frühere Pharmasparte der BASF in Ludwigshafen, 2001 übernommen von Abbott), und die US-amerikanische Centocor (1999 gekauft von J&J) entwickelte Remicade. Auch die weiteren drei Antikörper in der Top-10-Liste stammen ursprünglich von Biotech-Gesellschaften: Genentech entwickelte Rituxan in Zusammenarbeit mit Biogen sowie Avastin und Herceptin alleine. Vertriebspartner Roche sicherte sich den Pionier Genentech 2009 mit einer kompletten Übernahme. Therapeutische Antikörper sind also als eine der wichtigsten Errungenschaften der biowissenschaftlichen Forschung und Entwicklung zu erachten.

Der Start des Humangenomprojektes (HGP), einem internationalen Projekt zur vollständigen Entschlüsselung der menschlichen Erbsubstanz, war im Jahr 1990 ein weiteres sehr bedeutendes Ereignis in dieser Periode. Eine detaillierte Übersicht zur Entstehungsgeschichte und zum Verlauf des Projektes bieten Roberts et al. (2001). Es sollte zehn Jahre dauern, bis Ende 2000 das Ergebnis fast vollständig vorlag. Zum Schluss war es ein Kopf-an-Kopf-Rennen zwischen dem mit öffentlichen Geldern unterstützten HGP-Konsortium sowie der im Jahr 1998 gegründeten Celera Genomics. Sie entstand auf Initiative des Biochemikers Venter, der sich mit der Firma Applied Biosystems zusammenschloss und deren neueste DNS-Sequenzierautomaten nutzte. Ihnen gelang die Sequenzierung des Genoms mit einem Budget von 300 Mio. US$.

1

Die Entschlüsselung des menschlichen Genoms – von den Erwartungen zur Ernüchterung

»Noch im Juni 2000, als die vollständige Entschlüsselung fünf Jahre eher als geplant feierlich verkündet wurde, sparten Politik und Wissenschaft nicht mit Superlativen. … Forscher verglichen das Projekt mit der Mondlandung, der Erfindung des Buchdrucks oder den Erkenntnissen von Galileo Galilei und schwärmten euphorisch von den Möglichkeiten, die dieser Meilenstein der Menschheitsgeschichte für die Medizin eröffne. … Doch als die vollständigen Sequenz-Daten dann Anfang 2001 veröffentlicht wurden, kehrte rasch Ernüchterung ein. Denn das Ergebnis der Forschungsberichte überraschte selbst ausgewiesene Experten: Der Mensch besitzt nur zwischen 26.000 und 40.000 Gene – ungefähr so viel wie die Maus und kaum mehr als der haarfeine Fadenwurm *Caenorhabditis elegans*, der

bloß einen Millimeter lang ist, genau 959 Körperzellen besitzt und praktisch über kein Gehirn verfügt. Noch ein Jahr zuvor hatte die Fachwelt mit 80.000 bis 130.000 menschlichen Genen gerechnet. … Die Forscher in den Labors der Biotech-Firmen müssen jetzt vorrangig klären, wie der komplexe Organismus des Menschen überhaupt mit so wenigen Genen funktionieren kann. Erste Erklärungsversuche gibt es schon: Die Gene des Menschen sind komplizierter aufgebaut als die von Wurm und Fliege – und sie erlauben mehrere Lesarten. Die genetische Information, das wissen Biologen schon länger, wird zwischen dem Ablesen am Gen und der Übersetzung in ein Eiweiß noch überarbeitet und dabei häufig zerschnitten, gekürzt und umgebaut. So kann ein Gen als Bauanleitung für mehrere

Produkte dienen. Die Zahl der Eiweiße, die aus den 30.000 menschlichen Genen entstehen können, schätzen Experten auf mindestens 90.000; es könnten aber auch 250.000 sein. Mit dieser Erkenntnis gewinnt ein anderer Zweig der Molekularbiologie in Forschung und Industrie an Bedeutung – die so genannte Proteomik, die Untersuchung der zahlreichen Proteine in den menschlichen Zellen. Deren Erforschung ist allerdings wesentlich komplizierter und aufwändiger als die Analyse der Gene. Es kommt nicht mehr nur auf den Aufbau der Moleküle an, sondern auch auf ihre Dynamik: Eiweiße werden in der Zelle aufgebaut, angehäuft, modifiziert, transportiert, umgelagert und verdaut. Sie beeinflussen andere Proteine ebenso wie ihre eigentlichen Urheber, die Gene« (Weß o. J.).

Dies entsprach lediglich einem Zehntel der auf der öffentlichen Seite geplanten Summe von rund 3 Mrd. US$. Mit den heute zur Verfügung stehenden DNS-Sequenziertechniken hätte das HGP in einem noch schnelleren Zeitraum sowie zu noch geringeren Kosten abgeschlossen werden können (▶ Abschn. 3.1.2). Einen ersten Entwurf der Gensequenz des menschlichen Genoms veröffentlichten die renommierten Fachmagazine *Nature* (HGP-Konsortium) und *Science* (Celera Genomics) im Februar 2001. 2004 wurde dann die vollständige Humangenomsequenz publiziert.

Die Entschlüsselung des humanen Genoms weckte große Erwartungen auf schnelle Fortschritte, zum Beispiel bei der Heilung von Krankheiten (▶ Die Entschlüsselung des menschlichen Genoms – von den Erwartungen zur Ernüchterung). Allerdings stellte sich heraus, dass die (Dis-)Funktion des menschlichen Körpers sehr komplex ist und nicht immer allein durch die Kenntnis der Gensequenz codierender Gene (solche mit einem Bauplan für ein Protein) erklärt werden kann. Dennoch konnte das Wissen um veränderte und damit krankhafte Gene beziehungsweise deren Proteinprodukte in einzel-

nen Fällen bereits zu neuartigen Therapien führen. Beispielsweise bei Blutkrebs, was allerdings insgesamt 30 Jahre Entwicklungszeit in Anspruch nahm (▶ Von der frühen Krebs-Genetik zum spezifischen Krebs-Medikament – ein fast 30-jähriger Prozess).

Ein weiteres Beispiel für die Bedeutung des Wissens um die Gensequenz ist die sogenannte personalisierte Medizin (▶ Abschn. 3.1.2). Mit dem therapeutischen Antikörper Herceptin führte Genentech 1998 die erste personalisierte Therapie zur Behandlung von Brustkrebs-Patientinnen ein. Der heutige Direktor der Abteilung für Molekularbiologie am Max-Planck-Institut für Biochemie in München, der Wissenschaftler Ullrich, leistete damals einen wichtigen Entwicklungsbeitrag (▶ Axel Ullrich's Basisarbeiten für Herceptin). Das Besondere an dieser Therapie ist die Personalisierung, das heißt, nur bestimmte Erkrankte dürfen das Arzneimittel erhalten. Die Auswahl der »passenden« Patientinnen erfolgt auf Basis einer genetischen Diagnose: HER2-Überexpression. Das bedeutet, dass das Gen für HER2 (engl.: *human epidermal growth factor receptor*) vermehrt abgelesen wird, was eine erhöhte Anzahl dieses Rezeptors auf der Oberfläche

Von der frühen Krebs-Genetik zum spezifischen Krebs-Medikament – ein fast 30-jähriger Prozess

Chronische myeloische Leukämie (CML) ist ein tödlicher Blutkrebs, verbunden mit einer starken Vermehrung der weißen Blutkörperchen. Der deutsche Arzt Virchow beschrieb erstmals im Jahre 1845 die Krankheit. Anfang der 1970er-Jahre entdeckte dann die US-amerikanische Forscherin Rowley, dass bei CML-Patienten Stücke der Chromosomen 9 und 22 vertauscht waren (Translokation). Gegen Ende der 1970er-Jahre, nachdem weitere ähnliche Entdeckungen erfolgten, war man sich sicher: Krebs ist eine Krankheit des Erbgutes! Bei der CML entsteht infolge des Austausches von Gen-Bruchstücken ein neues, unnatürliches, sogenanntes Fusionsgen (*BCR-ABL*). Dieses stellt den Bauplan für ein Protein, welches die normale Signalübertragung in Zellen verändert. Da die Signalübertragung in Zellen mit ihrem Wachstum zu tun hat, führt die Veränderung schließlich zur unkontrollierten, krankhaften Vermehrung der Blutzellen. Die Translokation ist bei CML im Laufe des Lebens erworben und nicht vererbt oder vererbbar. Warum sie auftritt, ist bisher nicht verstanden. Ab Mitte der 1990er-Jahre, nachdem die molekularbiologischen Details sowie die dreidimensionale Struktur des CML-auslösenden Proteins aufgeklärt waren, entwickelte die Firma Novartis einen chemischen Gegenwirkstoff (Imatinib, Handelsname Glivec). Dieser ist spezifisch in der Lage, die Funktion des krankhaften Proteins zu hemmen. 2001 erhielt Glivec als neuartige Klasse an Krebs-Medikamenten (Kinase-Hemmer) die Marktzulassung.

Axel Ullrich's Basisarbeiten für Herceptin

»The story of Herceptin goes back to the early days of Art Levinson and Axel Ullrich here at Genentech. One of Axel Ullrich's projects was to clone the gene for the epidermal growth factor, EGF, and also NGF, nerve growth factor. Those were his very first projects after insulin, because they're kind of related. … They're all small peptides that bind to cells of a particular type and make them grow. … He cloned the genes for those, or made them using synthetic DNA. Axel was very interested in how they bind to the cell and turn the cell on. He was the first one to clone the insulin receptor. Then he cloned the EGF receptor. He was working with a scientist in England named Michael Waterfield, and they had a monoclonal antibody against that … [EGF] receptor. So they were able to purify enough of this receptor to make amino acid sequence data. They looked at the amino acid sequence data, and they were very surprised to find that it was related to an oncogene. The oncogene was named v-erb-B. It's the avian erythroblastosis virus oncogene. It was known in in vitro studies that you could take the virus, infect cells, and they would become cancer cells; they would just grow like crazy. That was kind of the simple definition of an oncogene – a gene sequence that would cause a cell to transform into a cancer cell. EGF receptor has amino-acid sequences that look like this oncogene. The relationship between how oncogenes work and how growth factor receptors work is explored in several publications from Waterfield and Ullrich. Axel's group went on to clone the gene of the EGF receptor and to determine its structure, then of the insulin receptor. They each have the same characteristics: a part that goes outside the cell, a transmembrane region, and another part inside the cell. The inside domain has tyrosine kinase activity. The receptor binds to something on the outside and sends a signal to the inside, and that signal causes phosphorylation of the receptor inside the cell. That phosphorylation signal somehow leads to another signal in the nucleus of the cell that activates certain genes, and this causes the cells to grow« (Kleid 2002).

von Tumorzellen bewirkt. Da der Rezeptor HER2 an der Signalübertragung und damit Steuerung von Zellwachstum und -vermehrung beteiligt ist, verursacht die erhöhte Zahl auf den Tumorzellen deren zusätzliche beschleunigte und unkontrollierbare Vermehrung. Die Krankheit verläuft bei HER2-positiven Brustkrebs-Patientinnen somit besonders schnell und aggressiv. Herceptin bindet selektiv an HER2, blockiert den Rezeptor und unterstützt so den Tod der Krebszellen. Ein HER2-positiver Rezeptorstatus bringt heute sogar einen signifikanten Überlebensvorteil, da er Angriffspunkt für das spezifisch wirksame Herceptin ist. Der Vorteil gegenüber klassischer Chemotherapie liegt darin, dass gesunde Zellen verschont und die Therapie meist gut vertragen wird. Eine Errungenschaft, die wiederum auf Erkenntnissen der Molekularbiologie beruht und die ein Biotech-Unternehmen realisierte.

Herceptin lag 2014 mit knapp 7 Mrd. US$ auf Platz 9 der zehn umsatzstärksten Medikamente weltweit.

Beide Beispiele verdeutlichen, dass das wirkende Medikament letztlich nicht ein bestimmtes Gen, sondern das Genprodukt, das Protein, zum Ziel hat. Dies ist bei den meisten Arzneimitteln der Fall. So ist auf der einen Seite für die Aufklärung und Behandlung von Krankheiten sowie die Entwicklung von Medikamenten das Wissen um die Gensequenz zwar wichtig, auf der anderen Seite ist jedoch eine weitere Erforschung aller Genprodukte sowie der Funktion und Regulation in Zellen vonnöten. Projekte für die nächsten zehn bis 30 Jahre.

1.2.5 Post-2000: die wissenschaftliche Entwicklung seit der Jahrtausendwende

Im Anschluss an das HGP starteten daher weitere internationale Projekte, die sich mit genetischer Variation sowie Regulation beschäftigten, wie zum Beispiel:

- HapMap: Kartographierung von Haplotypen (Muster genetischer Variation des Menschen),
- ENCODE (*ENCyclopedia Of DNA Elements*): Identifizierung aller funktionellen Elemente (inkl. 3D-Struktur) des menschlichen Genoms,
- *1000 Genomes Project*: Katalog humaner genetischer Variationen von mehr als 1000 Menschen,
- *Human Epigenome Project*: Identifizierung, Katalogisierung und Interpretation genomweiter DNS-Methylierungsmuster (Epigenom) aller menschlichen Gene in allen wichtigen Geweben.

Allen Projekten gemein ist die Untersuchung der DNS, der Gene – in der Wissenschaft auch als Genomik (im Englischen *genomics*) benannt. Zur Untersuchung der Genprodukte, also der Gesamtheit aller Proteine (Proteom), startete 2011 das international angelegte *Human Proteome Project* (HPP), organisiert durch die HUPO (*Human Proteome Organisation*). Erste Durchbrüche erzielten Forscher in der Proteomik allerdings schon in der ersten Dekade des 21. Jahrhunderts: Die Auf-

klärung aller Proteinkomplexe des Hefeproteoms. Dies gelang der im Jahr 2000 aus dem Heidelberger EMBL (European Molecular Biology Laboratory) ausgegründeten Biotech-Firma Cellzome (heute zu GlaxoSmithKline gehörend). Mit der Veröffentlichung 2002 in dem Fachmagazin *Nature* validierte Cellzome seine eigene Technologie und setzte neue Maßstäbe in der Proteomikforschung. Die renommierte Datenbank für wissenschaftliche Schlüsselpublikationen, *Faculty of 1000*, zeichnete die Cellzome-Publikation im Januar 2004 als »*all time #1 paper in all of biology*« aus. Die Veröffentlichung einer Studie zur Identifizierung und Quantifizierung von Proteinen unter der Wirkung von Kinase-Inhibitoren (▶ Von der frühen Krebs-Genetik zum spezifischen Krebs-Medikament – ein fast 30-jähriger Prozess) erbrachte im Jahr 2007 zudem die Platzierung auf der Titelseite von *Nature Biotechnology*. Kinasen spielen eine wichtige Rolle im Stoffwechsel, und es sind bis heute mehr als 500 Gene bekannt, die diese Enzymklasse codieren. Sie sind als Zielmoleküle (*target*) für die Medikamenten-Entwicklung von großer Bedeutung. Allein etwa 30 % des gesamten Forschungs- und Entwicklungsetats der Pharma-Industrie wendet diese für den Sektor auf. Die Vielzahl weiterer Entwicklungen kann hier nicht im Detail besprochen werden, ◗ Tab. 1.6 gibt deshalb wiederum eine Übersicht zu ausgewählten Meilensteinen in Fünf-Jahres-Schritten.

Ergänzt werden die bereits angesprochene Genomik und Proteomik heutzutage von einer kontinuierlichen Spezialisierung der Biowissenschaften auf immer kleinere Gebiete, den sogenannten »omics«- oder »omes«-Bereichen (auf Deutsch als »-omik« oder »-om« bezeichnet).

> ❯❯ By virtue of that suffix, you are saying that you are part of a brand new exciting science. (Baker 2013)

omics: zunehmende Spezialisierung in den Biowissenschaften

Epigenom(-ics) – Gesamtheit aller chemischen Veränderungen an DNS und Histonen (Proteine, die DNS zu den Chromosomen »verdichten«: von 1,80 m Länge auf 0,12 mm; spielen bei der Genregulation eine Rolle), z. B. Methylierungen und Acetylierungen; diese haben Einfluss auf die Regulation der

◘ Tab. 1.6   Ausgewählte Meilensteine der Biowissenschaften seit 2001. (Quelle: BioMedServices (2015))

Zeitraum	Meilensteine
2001–2005	Impfstoffe und **Kinase-Inhibitoren** gegen Krebs, **Hefeproteom aufgeklärt**, DNS-Impfstoffe, *small RNA* (Genregulation), Genom des Malaria-Erregers sequenziert, erste **Biosimilars**, erstes Anti-Angiogenese-Krebs-Medikament, Zellfusionstechnologie zur Reprogrammierung adulter Stammzellen in den embryonalen Zustand, Abschluss des Humangenomprojektes, HapMap- und ENCODE-Projekt, **synthetische und Systembiologie**
2006–2010	Bispezifische und trifunktionale Antikörper, **HPV-Impfstoff**, **iPSC** (*induced pluripotent stem cells*): Reprogrammierung adulter Stammzellen in den embryonalen Zustand durch Zugabe von vier Genen, hESC-Therapien in klinischen Prüfungen, **synthetisches Bakterium**, funktionale Relevanz der 3D-Genomstruktur, *Pharmacogenomics*, *1000 Genomes Project*, *Human Epigenome Project*, *Human Microbiome Project*, »persönliche« Genomanalyse, Krebsgenomsequenzen
2011–2015	TALENs (*transcriptor-like effector nucleases*), mutierte nicht-codierende DNA-Sequenzen bei Krebs, **Hinweise auf Krebsstammzellen**, nicht-invasive Pränataldiagnostik, **Gentherapie für LPLD-Krankheit**, *Human Proteome Project*, *genome editing* (CRISPR/Cas-System), menschliche embryonale Stammzellen

Bedeutende Meilensteine in Fettdruck

Genexpression und Gewebedifferenzierung, Einflüsse der Umwelt wirken epigenetisch

Fluxom – Dynamik aller Metaboliten über die Zeit

Genom(-ics) – Gesamtheit aller Gene

Interactom(-ics) – Gesamtheit aller Proteinpaare oder Proteingruppen, die durch molekulare Interaktion in Verbindung stehen; kann sich je nach Zelltyp oder biologischer Kondition unterscheiden

Kinom(-ics) – Gesamtheit aller Kinasen (spezielle Enzyme, die Phosphatgruppen übertragen, dadurch andere Moleküle aktivieren und damit der Signaltransduktion dienen); die Disfunktion von Kinasen ist die Ursache zahlreicher Erkrankungen; eine Subgruppe des Proteoms

Metabolom(-ics) – Gesamtheit aller Metaboliten (niedermolekulare Verbindungen, die am Stoffwechsel und an der Zellphysiologie beteiligt sind oder auf deren Funktion Einfluss nehmen)

Methylom(-ics) – Gesamtheit aller mit Methylgruppen chemisch veränderten DNS/Gene; eine Subgruppe des Epigenoms

Mikrobiom(-ics) – Gesamtheit aller Mikroorganismen, die den Körper eines Menschen besiedeln: rund 100 Billionen (100.000.000.000.000) Bakterien, Amöben und Pilze; pro Körperzelle etwa zehn Besiedler; zusammen 8 Mio. Protein-codierende Gene gegenüber geschätzten 30.000 beim Menschen

Proteom(-ics) – Gesamtheit aller Proteine; Aufklärung der dreidimensionalen Struktur der Proteine sowie Untersuchung ihrer Wechselwirkungen

Spliceom (-ics) – Gesamtheit aller prozessierten (gespleißten) Boten-RNS (nicht codierende Sequenzen sind entfernt), Mikro-RNS (miRNA) und kurzen interferierenden RNS (siRNA, *small interfering RNA*)

Transkriptom(-ics) – Gesamtheit aller Boten-RNS; Analyse der Gene, die in einem biologischen System aktiv sind

Variom(-ics) – Alle genetischen Variationen in einer Population

Eine Analyse, wie sich ausgewählte *omics* entwickeln in Bezug auf Zitierungen in wissenschaftlichen Veröffentlichungen pro Jahr (◘ Abb. 1.6) zeigt die derzeit vorherrschende Dominanz der Genomik und Proteomik auf. Die Metabolomik findet sich aktuell noch weit abgeschlagen auf Platz 3. Dasselbe trifft auf die Epigenomik sowie Transkriptomik zu. Zu diesen *omics* gesellen sich noch weitere, wie Fluxomik, Interaktomik, Kinomik, Methylomik, Mikrobiomik, Spleißosomik oder Variomik. Im Fachmagazin *Nature* erschien im Februar 2013 ein Artikel, der weitere *omics* auflistet und diese zusätzlich aufteilt in *established*, *emerging* und *aspiring* (◘ Tab. 1.7).

Diese immer weiter zunehmende Spezialisierung beziehungsweise der Versuch, sie wieder einem größeren Ganzen zuzuführen, unterstützte das Aufkommen der sogenannten Systembiologie.

1

Systembiologie - das gesamte zelluläre System verstehen

»System-level understanding, the approach advocated in systems biology, requires a shift in our notion of ‚what to look for' in biology. While an understanding of genes and proteins continues to be important, the focus is on understanding a system's structure and dynamics. Because a system is not just an assembly of genes and proteins, its properties cannot be fully understood merely by drawing diagrams of their interconnections. Although such a diagram represents an important first step, it is analogous to a static roadmap, whereas what we really seek to know are the traffic patterns, why such traffic patterns emerge, and how we can control them. Identifying all the genes and proteins in an organism is like listing all the parts of an airplane. While such a list provides a catalog of the individual components, by itself it is not sufficient to understand the complexity underlying the engineered object. We need to know how these parts are assembled to form the structure of the airplane. This is analogous to drawing an exhaustive diagram of gene-regulatory networks and their biochemical interactions. Such diagrams provide limited knowledge of how changes to one part of a system may affect other parts, but to understand how a particular system functions, we must first examine how the individual components dynamically interact during operation. We must seek answers to questions such as: What is the voltage on each signal line? How are the signals encoded? How can we stabilize the voltage against noise and external fluctuations? And how do the circuits react when a malfunction occurs in the system? What are the design principles and possible circuit patterns, and how can we modify them to improve system performance?« (Kitano 2002).

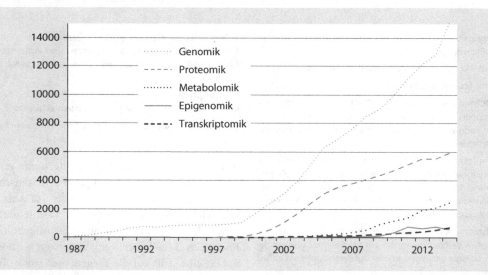

▣ Abb. 1.6   Anzahl wissenschaftlicher Veröffentlichungen, die ausgewählte *omics* zitieren. Erstellt auf Basis einer Abfrage bei PubMed vom 31.03.2015

In gewisser Weise ist die Systembiologie gleichzusetzen mit dem in ▣ Tab. 1.7 aufgeführten Begriff des »Integroms«, vielleicht sogar mit dem »Omisciom«. Für die Untersuchung von Krankheitsursachen sowie die Optimierung oder Neuentwicklung von Arzneimitteln ist die (Re-)Integration der verschiedenen Disziplinen, die sich mit den einzelnen Strukturen und Funktionen der menschlichen Zelle beschäftigen, von außerordentlicher Bedeutung (▶ Systembiologie - das gesamte zelluläre System verstehen). Insofern bleibt unter den Wissenschaftlern nach wie vor die Hoffnung, die neuen biowissenschaftlichen Erkenntnisse weiterhin nutzbringend zu verwerten.

Nicht zu unterschätzen ist allerdings die enorme Komplexität biologischer Systeme. Dem Laien sei an dieser Stelle ein bildhafter Ausschnitt aus dem menschlichen Stoffwechsel (▣ Abb. 1.7) sowie

◘ Tab. 1.7 Die *omics* der Zukunft. (Quelle: BioMedServices (2015) nach Baker (2013))

Established	Emerging	Aspiring
Genom	Variom	Phenom – vollständige physiologische Beschreibung, idealerweise dem Genotyp zugeordnet
Transkriptom	Epigenom	Regulom – alle regulatorischen Elemente in einer Zelle
Proteom	Interaktom	Integrom – Kombination multipler *omics*-Datensätze
Metabolom	Fluxom	Omnisciom – Gesamtheit des Wissens über Zellen, Organismen oder Systeme

die Illustration eines Mycoplasmas (◘ Abb. 1.8) präsentiert, die diese Komplexität und Größenordnung verdeutlichen.

Vergleicht man die Strukturen und Abläufe mit denen nicht lebender Systeme wie Maschinen oder Autos, sollte klar werden, dass hier eine weitaus höhere Komplexität vorliegt, die zu großen Teilen erst noch aufgeklärt werden muss. Welchen Zeitraum zum Beispiel daher die weitere Aufklärung von Krankheiten und die Ableitung noch wirksamerer Therapien in Anspruch nehmen wird, ist schwer vorauszusagen. Die schnelle Umsetzung, wie sie nach der Entschlüsselung des menschlichen Genoms erhofft wurde, ist eher unrealistisch. Andererseits ermöglicht der weitere technologische Fortschritt die kontinuierliche Verbesserung und Beschleunigung der biowissenschaftlichen Forschung.

» My students can gather certain types of experimental data 1.000 and even 10.000 times faster than I could 40 years ago. (Weinberg 2010)

Insbesondere das Sequenzieren (»Lesen«) sowie die Synthese (»Schreiben«) von Genen beziehungsweise des Genoms (»dem Buch des Lebens«) ist heutzutage (2015) rund eine Million Mal schneller als noch vor sieben oder acht Jahren.

1.2.6 Zusammenfassende Charakterisierung der »neuen« Biotechnologie

Die Anwendung der neuen, molekularen Biotechnologie (Größenbereich: Nanometer) beschränkte sich anfänglich auf die Grundlagenforschung. In der zweiten Hälfte der 1970er- und in den 1980er-Jahren kam dann die erste wirtschaftliche Anwendung auf, die die bis dahin industriell angewandte »alte« Biotechnologie (angewandte Mikrobiologie und Biochemie) revolutionierte.

Denn die neue Gentechnik (DNS-Rekombination) löste die 40 Jahre alte technologische Tradition vom Auswählen, Züchten und Veredeln natürlich vorkommender Organismen ab. Früher erfolgte die Optimierung bakterieller Produktionsstämme beziehungsweise die Veränderung des Erbguts von (Mikro-)Organismen mittels physikalischer (Strahlen) und chemischer Mutagenese-Verfahren. Immerhin steigerte diese – allerdings unspezifische – mikrobiologische Prozessoptimierung die Produktausbeuten um das Zehn-, manchmal sogar um das 100-fache.

Meist weniger als um das Zweifache erhöhte dagegen die reine Reaktor-Optimierung (technische Verbesserung der Kulturbedingungen) die Ausbeute (Buchholz 1979). Die bis dato erzielte Verbesserung von Produktionsprozessen war also durch physikalisch-chemisch-technische Verfahren geprägt.

Indes führten die neuen Gentechniken eine Optimierung mit biologischen Werkzeugen ein, eine komplett neue Dimension mit disruptivem Charakter. Werkzeuge sind nun beispielsweise Restriktionsenzyme, Ligasen, Plasmide, Phagen oder Polymerasen, alles selbst biologische Moleküle. Die wirtschaftliche Anwendung der neuen Technologien, zum Beispiel für die Produktion menschlicher therapeutischer Proteine in Bakterien, entsprach der Hochzeit der vorher rein wissenschaftlichen molekularbiologischen Grundlagenforschung mit der technischen, angewandten Mikrobiologie zur »neuen« Biotechnologie.

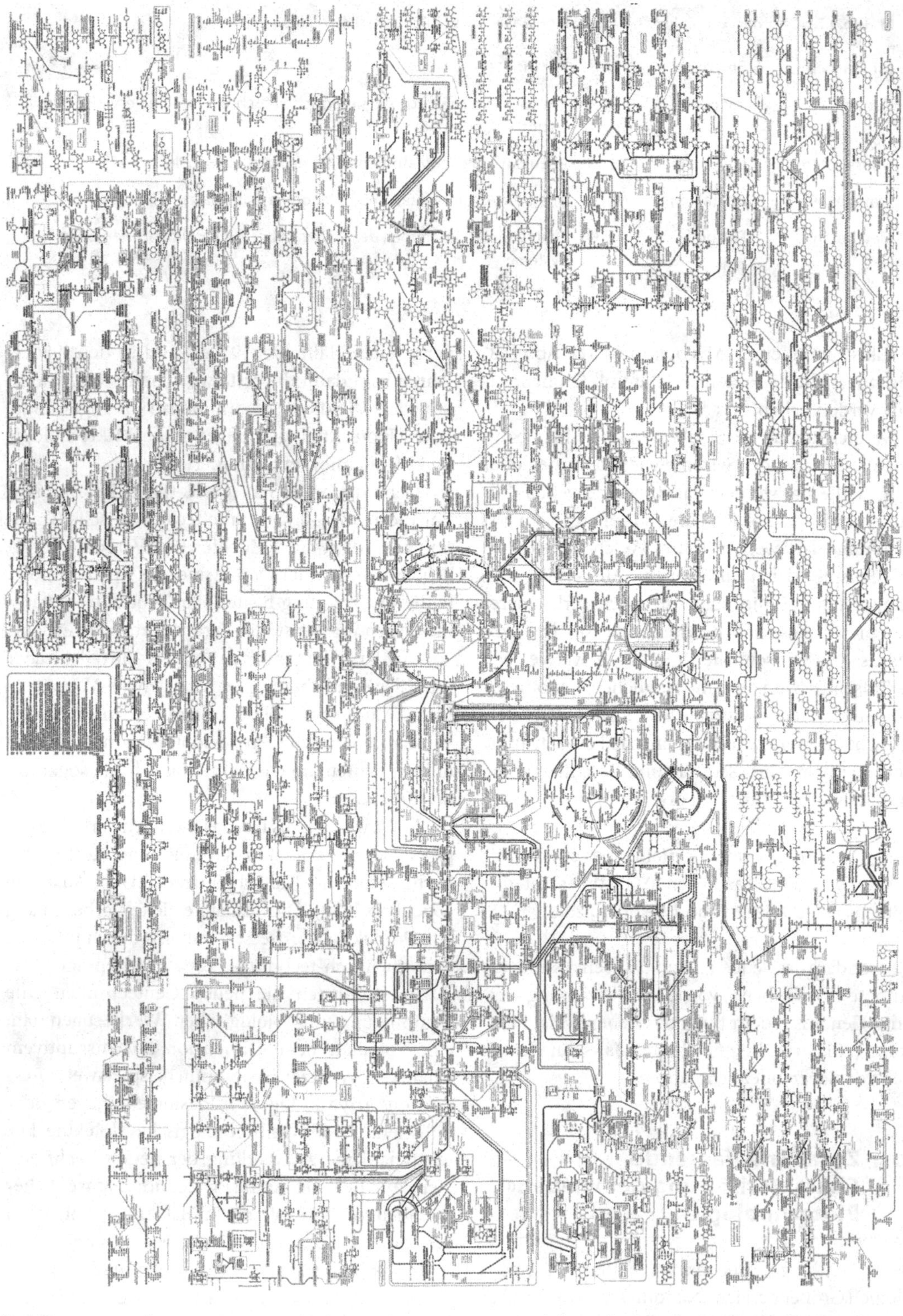

Abb. 1.7 Ausschnitt aus dem menschlichen Stoffwechsel: Veranschaulichung der Komplexität. (Grafik: Mit freundlicher Genehmigung von © Roche Diagnostics, Biochemical Pathways Poster)

◨ **Abb. 1.8** *Mycoplasma*, ein pathogenes Bakterium mit einer Größe von 300 nm (Durchmesser). Stränge = DNS (Ø 2 nm), größere »Klumpen« mit Strängen = Ribosomen (Ø 25 nm); zum Vergleich Antikörper: 10 nm, Mikrochips (minimale Strukturgröße 14 nm) und Haar (Ø 100.000 nm); 1 nm ist im Verhältnis zu einer Orange (Ø 10 cm) wie die Orange zur Erde (Ø 12.756 km am Äquator). (Grafik: Mit freundlicher Genehmigung von © David S. Goodsell, The Scripps Research Institute)

Literatur

Baker M (2013) Big biology: the 'omes puzzle. Nature 494:416–419. doi:10.1038/494416a

Bertram S, Gassen HG (1990) Gentechnische Methoden. Eine Sammlung von Arbeitsanleitungen für das molekularbiologische Labor. Fischer, Stuttgart

bioSicherheit (2015a), Lexikon: Mutagenese. ► http://www.biosicherheit.de/lexikon/815.mutagenese.html. bioSicherheit.de, eine Initiative des Bundesministeriums für Bildung und Forschung (BMBF). Zugegriffen: 12. Juni 2015

bioSicherheit (2015b), Lexikon: gentechnisch veränderter Organismus (GVO). bioSicherheit.de, eine Initiative des Bundesministeriums für Bildung und Forschung (BMBF). ► http://www.biosicherheit.de/lexikon/758.gentechnisch-veraenderter-organismus-gvo.html. Zugegriffen: 12. Juni 2015

Buchholz K (1979) Die gezielte Förderung und Entwicklung der Biotechnologie. In: van den Daele W, Krohn W, Weingart P (Hrsg) Geplante Forschung. Suhrkamp, Frankfurt a. M., S 64–116

Buchholz K, Collins J (2010) Concepts in biotechnology. History, science and business. Wiley, Weinheim

Dellweg (1994) Biotechnologie verständlich. Springer, Heidelberg

DFG (2014) DFG-Förderung für Lebenswissenschaftler. ► http://www.dfg.de/foerderung/grundlagen_rahmenbedingungen/informationen_fachwissenschaften/lebenswissenschaften/einfuehrung/index.html. Zugegriffen: 30. Juni 2015

Eckert D (2015a) Biotechnologie steht an der Börse hoch im Kurs. Die Welt online vom 24.3.2015. ► http://www.welt.de/finanzen/geldanlage/article138710634/Biotechnologie-steht-an-der-Boerse-hoch-im-Kurs.html. Zugegriffen: 10. April 2015

Eckert D (2015b) Riesenschub für Aktien von Biotech-Firmen. Die Welt online vom 24.3.2015. ► http://www.welt.de/print/welt_kompakt/print_wirtschaft/article138711409/Riesenschub-fuer-Aktien-von-Biotech-Firmen.html. Zugegriffen: 10. April 2015

Ereky K (1919) Biotechnologie der Fleisch-, Fett-, und Milcherzeugung im landwirtschaftlichen Grossbetriebe: für naturwissenschaftlich gebildete Landwirte verfasst. Parey, Berlin

Gaskell G, Stares S, Allansdottir A, Allum N, Corchero C, Jackson J (2006) Europeans and biotechnology in 2005: patterns and trends. A report to the European Commission's Directorate-General for Research on the Eurobarometer 64.3 on Biotechnology, Brüssel

Goodsell DS (2010) Wie Zellen funktionieren. Wirtschaft und Produktion in der molekularen Welt. Spektrum Akademischer Verlag, Heidelberg

Hughes S (2011) Genentech: the beginnings of biotech. University of Chicago Press, Chicago

Karberg S (2002) Evolution in der Petrischale. brand eins Wirtschaftsmagazin. Ausgabe 6/2002. ► http://www.brandeins.de/archiv/2002/haltung/evolution-in-der-petrischale/. Zugegriffen: 6. April 2015

Kitano H (2002) Systems biology: a brief overview. Science 295:1662–1664. doi:10.1126/science.1069492

Kleid DG (2002) Scientist and patent agent at Genentech. An oral history conducted in 2001 and 2002 by Sally Smith Hughes for the Regional Oral History Office. The Bancroft Library. University of California, Berkeley. ► http://content.cdlib.org/view?docId=hb1t1n98fg&&doc.view=entire_text. Zugegriffen: 30. Juni 2015

Moses V, Springham DG, Cape RE (1999) Biotechnology. The science and the business. CRC Press, Boca Raton

Müller E (2015) Biotech-Startups – der gnadenlose Kampf ums knappe Geld. manager magazin online vom 27.3.2015. ► http://www.manager-magazin.de/unternehmen/industrie/biotech-branche-injex-insolvenz-und-investor-aus-singapur-a-1025568.html. Zugegriffen: 10. April 2015

OECD (1989) Biotechnology. Economic and wider impacts. OECD, Paris

OECD (2015) Biotechnology policies. Statistical definition of biotechnology. ► http://www.oecd.org/sti/biotechnologypolicies/statisticaldefinitionofbiotechnology.htm. Zugegriffen: 30. Juni 2015

Pasteur L (1928) Œuvres de Pasteur, Band 5: Etudes sur la bière. Masson, Paris

Renneberg R (2012) Biotechnologie für Einsteiger. Springer,
    Heidelberg
Roberts L, Davenport RJ, Pennisi E, Marshall E (2001) A
    history of the human genome project. Science 291:1195.
    doi:10.1126/science.291.5507.1195
Roche (2008) Biotechnologie – neue Wege in der Medizin.
    Roche AG, Basel
Rosenbaum V (1993) Biomolekulare Funktionssysteme für
    die Technik: Gewinnung, Anwendung, Optimierung.
    DECHEMA, Frankfurt a. M.
Schönborn G (2000) Herausforderung Gentechnologie.
    Chancen durch Kommunikation. Kothes Klewes (Hrsg),
    Düsseldorf
Schüler J (1996) Strategisches Technologiemanagement in
    der Biotechnik. Vandenhoeck & Ruprecht, Göttingen
Smith JE (1990) Einstieg in die Biotechnologie. Hanser,
    München
Treviranus GR (1802) Biologie, oder Philosophie der leben-
    den Natur für Naturforscher und Ärzte, Bd 1. Röwer,
    Göttingen
Weinberg R (2010) Point: hypotheses first. Nature 464:678.
    doi:10.1038/464678a
Weß L (o. J.) Die Entschlüsselung des menschlichen Genoms.
    Aktion Mensch (Hrsg), Bonn. ► http://www.1000fragen.
    de/hintergruende/dossiers/media/akm_entschluesse-
    lung_genom.pdf. Zugegriffen: 30. Juni 2015
Wikipedia (PCR) Polymerase-Kettenreaktion. ► https://
    de.wikipedia.org/wiki/Polymerase-Kettenreaktion.
    Zugegriffen: 30. Juni 2015
Wolpert L (2009) Wie wir leben und warum wir sterben.
    Beck, München

Teil I Die Biotech-Industrie: Entstehung, Status quo sowie anwendende Sektoren und Märkte

Biotech-Industrie von den Anfängen über heute bis in die Zukunft

Zusammenfassung

Das Kapitel behandelt als erstes Rahmenbedingungen, die während der Entstehung der Biotech-Industrie vorherrschten, vor allem in den USA. Dort wurde sehr früh begonnen interdisziplinär zu forschen und einige der wissenschaftlichen Grundlagen der Biotechnologie aufzuklären. Zudem trugen das politische, gesellschaftliche und wirtschaftliche Umfeld zum Aufkommen einer KMU-geprägten Biotech-Industrie bei. Insbesondere neue Gesetze ab Mitte der 1970er-Jahre, wie der *Bayh-Dole Act*, der *Stevenson-Wydler Act* oder der *Economic Recovery Tax Act*, schufen Rahmenbedingungen, die die wirtschaftliche Nutzung biowissenschaftlicher Forschungsergebnisse sehr unterstützten. Auch das Risikokapital, ein Lebenselixier für Firmengründungen, wurde sozusagen in den USA erfunden und Investoren interessierten sich früh und intensiv für die Biotechnologie. Als weiteren Schwerpunkt bietet das Kapitel dann einen zusammenfassenden, aber dennoch umfangreichen Rückblick zur Entstehung der US-Biotech-Industrie sowie eine Einschätzung des aktuellen Status quo. Die Branche hat heute eine hohe wirtschaftliche Bedeutung und viele Innovationen hervorgebracht. Dank eines investitionsfreundlichen Kapitalmarktes ist sie ausreichend finanziert, um hochrisikoreiche, teure und langwierige Arzneimittel-Entwicklungen an den Markt zu bringen. Mittlerweile verschwimmen die Grenzen zwischen Biotech- und Pharma-Firmen zu einer neuen biopharmazeutischen Industrie. Auch andere Industrien, wie die Chemische Industrie, werden in Zukunft zunehmend »biologisiert« werden, wie das Kapitel zum Schluss aufzeigt. Biotechnologie gilt daher auch als Querschnitts- und Zukunftstechnologie.

J. Schüler, *Die Biotechnologie-Industrie*,
DOI 10.1007/978-3-662-47160-9_2, © Springer-Verlag Berlin Heidelberg 2016

2.1 Rahmenbedingungen bei der Entstehung der Biotech-Industrie

Nach der Übersicht zu »inhaltlichen« Meilensteinen der Biowissenschaften (► Abschn. 1.2) analysiert dieser Abschnitt, wie sich die entsprechende Forschung und Lehre entfaltet hat. Zusammen mit politischen und wirtschaftlichen Rahmenbedingungen beeinflusste sie das Entstehen der Branche und begründet den aktuellen Stand der industriellen Umsetzung (► Abschn. 2.2).

2.1.1 Forschung und Lehre in der »neuen« Biologie

Die Forschung und Lehre in der »neuen« Biologie entwickelte sich zunächst vor allem in den angelsächsischen Ländern (◘ Tab. 2.1). In Großbritannien gründete sich bereits 1891 das erste biomedizinische Institut in London, das British Institute of Preventive Medicine (heute Lister Institute). Im internationalen Vergleich lag es vom Ansehen her gleichauf mit dem 1887 gegründeten Pasteur-Institut in Paris und dem 1901 gegründeten Rockefeller-Institut in New York. Später, im Jahr 1913, folgte das National Institute for Medical Research (NIMR) des Medical Research Council (MRC), einer Forschungsorganisation im Bereich der Medizin und angrenzender biologischer Fachrichtungen. Es fokussierte sich auf Bakteriologie, Biochemie und Pharmakologie sowie angewandte Physiologie.

Die Biotechnologie – verstanden als *biological engineering* oder *bioengineering* –, die das Wissen aus der Chemie, Physik, Mathematik und verschiedenen Ingenieurswissenschaften anwendete, etablierte sich in den USA bereits 1928 und 1939 in eigenen Abteilungen in den California und Massachusetts Institutes of Technology (Caltech und MIT). Starke Unterstützung gab es seitens der New Yorker Rockefeller-Stiftung, die den Transfer von physikalisch-chemischen Technologien in die experimentelle Biologie vorantrieb (► Die Rockefeller Stiftung und das Aufkommen der Molekularbiologie). In ihrem Jahresbericht von 1938 erwähnte sie erstmals den Begriff »Molekularbiologie« und beschrieb damit die Forschung in den *Life Sciences* (Lebenswissenschaften) bezogen auf die Kombination und Anwendung von physikalischen und chemischen Methoden. Interdisziplinäre Forschung fand also bereits sehr früh Eingang in die US-Wissenschaften. 1930 gründete sich das National Institute of Health (NIH) mit einem stets anwachsenden Budget: von 700.000 (1940) über knapp 3 Mio. (1945) und gut 50 Mio. (1950) auf knapp 1 Mrd. US$ (1965). Innerhalb des NIH wurde 1937 das National Cancer Institute (NCI) ins Leben gerufen. In beiden Einrichtungen spielte die moderne Biologie eine zunehmende Rolle.

Seitdem 1944 in den USA der Beweis erfolgte, dass die DNS und nicht die Proteine Träger der Erbinformation ist (Avery, Rockefeller-Institut), konzentrierte sich die weitere Forschung auf die Nukleinsäuren. Gerade die Rockefeller-Stiftung förderte viele Molekularbiologen, die am Caltech und MIT oder in den Universitäten von Harvard und Stanford forschten: Zwischen 1953 und 1965 erhielten 18 Wissenschaftler, die auf dem Gebiet der Molekularbiologie tätig waren, den Nobelpreis. 17 davon bezuschusste die Rockefeller-Stiftung (Kay 1993).

Wie in den USA spielte auch in Großbritannien die Rockefeller-Stiftung eine große Rolle bei der Finanzierung molekularbiologischer Projekte. So unterstützte sie das Laboratory of Molecular Biology (LMB), das der MRC 1947 als eine »Einheit für die Erforschung molekularer Strukturen biologischer Systeme« etablierte. Anfangs war es im physikalischen Institut, den Cavendish-Laboratorien der Universität Cambridge, untergebracht. Hier arbeitete der ursprünglich aus Österreich stammende Chemiker Perutz zusammen mit seinem britischen Kollegen Kendrew an kristallographischen Untersuchungen von Proteinen. Sie zeigten im Jahr 1953, dass die Struktur von Proteinkristallen mittels Beugung von Röntgenstrahlen ermittelt werden kann. So klärten sie 1959 die dreidimensionale Struktur von Hämoglobin und Myoglobin auf, wofür Perutz und Kendrew 1962 den Nobelpreis erhielten. Just in diesem Labor startete 1949 der Physiker und Biologe Crick, der im Oktober 1951 auf den US-Gastwissenschaftler Watson traf. Beide hatten Interesse an der Entschlüsselung der DNS-Struktur, wobei sie sich auf Röntgenbeugungsexperimente der Kollegen Franklin und Wilkins stützten, die an

2

◻ Tab. 2.1   Ausgewählte ausländische Einrichtungen der modernen Biowissenschaft/Biotechnologie. (Quelle: BioMedServices 2015)

Gründung	Institut/Programm	Gehörend zu	Sitz	Zusatzinfo; berühmte Forscher (Nobelpreis in)
1887	Institut Pasteur	Unabhängig	Paris, F	Pasteur
1891	British Institute of Preventive Medicine	University of London	London, GB	1. Biomedizinisches Institut in GB; Harden (1929)
1901	The Rockefeller Institute for Medical Research	Heute identisch mit Rockefeller University	New York, US	1. Biomedizinische Forschung in USA; Avery, Tatum & Lederberg (1958)
1904/1921	Dpt. of Genetics (Cold Spring Harbor Laboratory)	Bis 1962 Carnegie Institution	Cold Spring Harbor, US	Hershey & Chase (1969), McClintock (1983)
1928	Division of Biology and Biological Engineering	California Institute of Technology (Caltech, gegr. 1891)	Pasadena, US	Morgan (1933), Delbrück (1969)
1929	Dpt. of Bacteriology and Experimental Pathology	Stanford University	Stanford, US	Kurse in Bakteriologie in den 1930ern
1936	Kombiniertes Programm für Forschung und Lehre für *biological engineering*	Massachusetts Institute of Technology (MIT, gegr. 1861)	Cambridge, US	Ab 1939 Dpt. of Biology and Biological Engineering; Luria (1969)
1938	Service de Physiologie Microbienne	Institut Pasteur	Paris, F	Ab 1945 Molekularbiologie; Jacob & Monod (1965)
1946	Stanford Research Institute (SRI)	Stanford University, seit 1970 unabhängig	Stanford, US	U. a. Biomedizin, Pharmazie; Goeddel, Kleid
1946	Biophysics Research Unit	King's College	London, GB	Wilkins (1962)
1947	Unit for Research on the Molecular Structure of Biological Systems	University of Cambridge	Cambridge, GB	Crick & Perutz (1962), Sanger (1980), Milstein (1984), Brenner (2002)
1947	*bioengineering and biotechnology program*	University of California, Los Angeles	Los Angeles, US	–
1948	Biochemistry and Virus Laboratory	University of California, Berkley	Berkley, US	Seit 1947 Kurse in Fermentation
1955	Scripps Research Institute	Scripps Memorial Hospital	La Jolla, US	Biomedizinische Grundlagenforschung
1956	Biological Laboratories	Harvard University	Boston, US	Watson (1962), Gilbert (1980)
1959	Dpt. of Biochemistry	Stanford University School of Medicine	Stanford, US	Kornberg (1959), Berg (1980)
1963	Salk Institute for Biological Studies	Unabhängig	La Jolla, US	Biologische Grundlagenforschung
1965	Biozentrum	Universität Basel	Basel, CH	Arber (1978)
1967	Dpt. of Biochemistry and Molecular Biology	Harvard University	Boston, US	Biochemie aber seit 1920 gelehrt

Dpt. Department, *gegr.* gegründet, *CH* Schweiz, *F* Frankreich, *GB* Großbritannien, *US* United States

Die Rockefeller Stiftung und das Aufkommen der Molekularbiologie

»… between 1928 and 1932, the RF [Rockefeller Foundation] announced a new policy for its Division of Natural Sciences. The RF's then-new director of the Natural Sciences Division was Warren Weaver (1894–1978), a mathematical physicist who had begun his career teaching engineering students at Caltech before moving to the University of Wisconsin. Weaver saw technology as the embodiment of scientific progress, and placed an emphasis on the transfer of technology from the physico-chemical sciences to experimental biology« (Abir-Am 2002). »The high point of the RF program in the natural sciences was its initiative in molecular biology, which ran from 1933 to 1951 … [It] made an unprecedented and innovative contribution to the development of science. Its essential idea was that the better-developed tools of physics and chemistry could be applied to the as-yet-unanswered questions of the life sciences. … Weaver and his staff proceeded to identify researchers whose work crossed disciplinary boundaries and to persuade them to tackle biological research. The California Institute of Technology (Caltech) and the Universities of Copenhagen and Uppsala in Europe received major grants as part of the new initiative. … Funding molecular biology research could be achieved through smaller, targeted grants that fit within the Depression-era climate of belt-tightening« (Rockefeller Foundation 2015).

Frühe Unterstützung der Rockefeller-Stiftung in Laboratorien in Großbritannien

»The RF's [Rockefeller's] support for protein-structure research in the Cavendish Laboratory of Physics began in 1939 … This gave the laboratory an edge in terms of acquiring equipment – notably, expensive X-ray cameras and electron microscopes that had to be bought in the United States, where RF grants were a source of much-needed foreign currency. The MRC – the lab's governmental sponsor – paid the salaries of the staff but gladly agreed that the RF … continue with research assistance, fellowships, and grants for equipment. … its [Rockefeller's] grants were crucial in carrying Perutz's work on protein X-ray crystallography from the late 1930s to the late 1940s. The RF's long-term support of … research projects on the structure and function of blood and other pigments created the institutional foundations for the rise of molecular biology in Cambridge after the Second World War. … In 1962, four of the five Nobel laureates in molecular biology had carried out their award-winning work at Cambridge, in a laboratory that housed equipment and materials bought with RF grants in the period between 1939 and 1966. The fifth awardee, Maurice Wilkins, who shared the DNA prize that year with Watson and Francis Crick, did his work in the Department of Biophysics at King's College, London, also with considerable RF support. … Some of these RF funds were used to buy equipment that was ordered by Rosalind Franklin (1920–1958) from French manufacturers for her seminal work on the structure of DNA« (Abir-Am 2002).

der ebenfalls vom MRC im Jahre 1946 ins Leben gerufenen »Biophysics Research Unit« am Londoner King's College forschten. Die Aufklärung der dreidimensionalen DNS-Struktur, die berühmte DNS-Doppelhelix, gelang Watson und Crick 1953. Dafür erhielten sie 1962 den Nobelpreis. Neben den bereits genannten Personen beheimatete das LMB noch weitere Nobelpreisträger wie Sanger (1958: Arbeiten zu Proteinstrukturen, insbesondere Insulin; 1980: Bestimmung der Basensequenz von Nukleinsäuren, zusammen mit Berg und Gilbert), Klug (1982: Strukturaufklärung von biologisch wichtigen Nukleinsäure-Protein-Komplexen) sowie Milstein (1984: Entdeckung eines Verfahrens zur Produktion von monoklonalen Antikörpern, zusammen mit Jerne und Köhler). Auch der Nobelpreisträger Brenner (2002: Entdeckung der genetischen Regulation der Organentwicklung und des programmierten Zelltodes, zusammen mit Horvitz und Sulston) verbrachte den Zeitraum von 1979 bis 1986 als Direktor am LMB (▶ Frühe Unterstützung der Rockefeller-Stiftung in Laboratorien in Großbritannien).

Neben den zuvor erwähnten Ländern nahm Frankreich eine starke Position in der »neuen Biologie« ein. Am Pasteur-Institut in Paris übernahm der Mediziner und Biologe Lwoff bereits 1938 ein Labor für physiologische Mikrobiologie (*Service de*

Der Nobelpreisträger Werner Arber über seine Zeit an der Universität Genf

»[The laboratory] had two proto-type electron microscopes requiring much attention. In spite of spending many hours to keep the microscope »Arthur« in reasonable working condition, I had enough time not only to help developing preparation techniques for biological specimens in view of their observation in the electron microscope, but also to become familiar with fundamental questions of bacteriophage physiology and genetics, which at that time was still a relatively new and unknown field. My first contribution to our journal club concerned Watson and Crick's papers on the structure of DNA. In the 1950's the Biophysics Laboratory at the University of Geneva was lucky enough to receive each summer for several months the visit of Jean Weigle. He was the former professor of experimental physics at the University of Geneva. After having suffered a heart attack, he had left Geneva to become a researcher at the Department of Biology of the California Institute of Technology in Pasadena. There, he had been converted to a biologist under the influence of Max Delbrück and had chosen to study bacteriophage lambda. This is why the first electron micrographs of phage lambda were made in Geneva. Stimulated by Jean Weigle we soon turned our interests also to other properties of lambda, and the study of defective lambda prophage mutants became the topic of my doctoral thesis« (Nobel Media 2015).

Physiologie Microbienne). Im Jahre 1950 stieß der Mediziner Jacob dazu, der 1960 dann Leiter der Abteilung für Zelluläre Genetik wurde. Im Labor von Lwoff arbeitete auch der Naturwissenschaftler Monod, seit 1954 als Direktor der Abteilung für Zelluläre Biochemie. Monod verbrachte im Jahr 1936 mithilfe eines Stipendiums der Rockefeller-Stiftung einige Zeit am Caltech in Pasadena. Alle drei Forscher, Lwoff, Jacob und Monod, erhielten 1965 den Nobelpreis für die Aufklärung der genetischen Regulation der Enzym- und Virussynthese. Lwoff und Monod waren Mitglied in einem Komitee (*Comité Francais de Biologie Moléculaire*), das bereits im Jahr 1960 dem neuen französischen Wissenschaftsministerium einen Bericht übergab, der Folgendes forderte: innerhalb von fünf Jahren die Verdopplung der Anzahl molekularbiologischer Forscher in Frankreich über die Gründung neuer Institute, das Training von jungen Wissenschaftlern sowie die Unterstützung der bestehenden Forschungsgruppen (Strasser 2002).

In der Schweiz kümmerten sich der Biophysiker Kellenberger und der Biochemiker Tissières um die Etablierung der Molekularbiologie an der Universität in Genf (Strasser 2002). Sie beantragten 1962 beim Kanton Genf und beim Schweizerischen Nationalfonds, der wichtigsten Schweizer Institution zur Förderung der wissenschaftlichen Forschung, die Gründung eines Institutes für Molekularbiologie. Dieses sollte das bereits existierende biophysikalische Labor von Kellenberger sowie ein neu zu errichtendes Labor für Biochemie umfassen.

Im Kellenberger'schen Labor verbrachte 1953 der spätere Nobelpreisträger Arber seine Assistenzzeit (▶ Der Nobelpreisträger Werner Arber über seine Zeit an der Universität Genf). Nach seiner Promotion absolvierte Arber verschiedene Gastaufenthalte in den USA, unter anderem in den Laboren von

- Bertani in Los Angeles, University of Southern California (Phagen-Genetik),
- Stent in Berkeley (Professor für Molekularbiologie, Mitglied der »Phagen-Gruppe« von Delbrück),
- Lederberg in Stanford (Nobelpreis 1958 für die Entdeckung der genetischen Rekombination und der Organisation von genetischem Material in Bakterien, zusammen mit Beadle vom Caltech und Tatum vom Rockefeller Institut) und
- Luria am MIT (zusammen mit Delbrück, Caltech und Hershey, Cold Spring Harbor Laboratories, Nobelpreis 1969 für die Entdeckung des Replikationsmechanismus und der genetischen Struktur von Viren).

Zurück an der Universität von Genf folgte 1965 die außerordentliche Professur für Molekulare Genetik, 1971 ging Arber nach Basel als einer der ersten Professoren im neu gegründeten Biozentrum der Universität Basel (▶ Das Biozentrum Basel – seine Geschichte und Bedeutung). Dort machte er dann die Entdeckung der Restriktionsenzyme, wofür er 1978 den Nobelpreis erhielt.

Strasser (2002) resümiert, dass die Etablierung der Molekularbiologie in Europa eher das Ergebnis

Das Biozentrum Basel – seine Geschichte und Bedeutung

»Das Potenzial der molekularbiologischen Forschung wurde in den 1960er-Jahren auch in der Schweiz erkannt, wenn auch nur von wenigen Forschern. Aufgrund grosser Erwartungen zur zukünftigen Lösung von Gesundheitsproblemen durch die biologische Forschung und dem Bedürfnis, eine zeitgemässe Ausbildung von Studenten der Medizin und Biologie zu etablieren, entstand 1965 ein Grobkonzept für das Biozentrum Basel. Biologische Fragestellungen rund um Zellen und Proteine sollten mit molekularbiologischen, chemischen und physikalischen Methoden beantwortet werden. Das Konzept sah das räumliche und somit auch geistige Zusammenrücken verschiedener Institute und Abteilungen vor. Geplant waren zwei 8-stöckige Gebäude für die Forschung sowie ein verbindendes zweistöckiges Gebäude für Lehre und zentrale Dienste. Die Idee wurde vom damaligen Schweizerischen Wissenschaftsrat eher ablehnend beurteilt: »Die Schweiz braucht neben Genf und Zürich, welche sich auf molekulare Genetik spezialisiert haben, nicht noch ein drittes Zentrum für solche esoterische Forschung«. Die vorausgesagte breite, wirtschaftliche und soziale Wirkung dieser neuen Disziplin wurde damals noch nicht ernst genommen. Und trotzdem: 1968 wurde auf dem Schällenmätteli mit dem Aushub für den ersten Laborbau begonnen« (Biozentrum Universität Basel 2015).

Die Grenzen des Wachstums

Zentrale Schlussfolgerung 1972: Wenn die gegenwärtige Zunahme der Weltbevölkerung, der Industrialisierung, der Umweltverschmutzung, der Nahrungsmittelproduktion und der Ausbeutung von natürlichen Rohstoffen unverändert anhält, werden die absoluten Wachstumsgrenzen auf der Erde im Laufe der nächsten 100 Jahre erreicht. Der im Mai 2012 aktualisierte Bericht (Randers 2012) mit dem Titel *2052: Eine globale Vorhersage für die nächsten 40 Jahre* zeigt auf, dass die Menschheit nicht überleben wird, wenn sie ihren bisherigen Weg der Verschwendung und Kurzsichtigkeit fortsetzt. Der Ausstoß von Treibhausgasen wird noch bis 2030 steigen und dann erst zurückgehen. Das wäre 15 Jahre zu spät, um zu verhindern, dass sich die mittlere Erdtemperatur nach 2052 um mehr als zwei Grad erhöht. Dieser Wert gilt Experten zufolge als gerade noch erträglich. Der Meeresspiegel wird um 0,5 m höher sein, es wird mehr Dürren, Fluten, Insektenplagen und verheerende Wirbelstürme geben.

staatlicher Intervention war, verglichen mit den USA, wo anfangs philanthropische Stiftungen sowie private Universitäten eine größere Rolle spielten.

2.1.2 Das politische, gesellschaftliche und wirtschaftliche Umfeld

Politische, gesellschaftliche und wirtschaftliche Faktoren begleiteten die Phase der tief greifenden biowissenschaftlichen Aufklärungen und Erfindungen in den 1960er- und 1970er-Jahren. Alle Länder betreffend, waren dies beispielsweise der weltweite Wettbewerb in der Massenproduktion von Grundchemikalien, die beiden Ölkrisen in den Jahren 1973 und 1979/1980 sowie aufkommende Umweltschutzbewegungen. 1972 veröffentlichte der »Club of Rome« eine Studie (Meadows et al. 1972) zur Zukunft der Weltwirtschaft mit dem Titel ▶ *Die Grenzen des Wachstums*. Den »Club of Rome«

riefen 1968 in Rom der FIAT-Manager Peccei und der OECD-Generaldirektor King als weltweite Vereinigung von Persönlichkeiten aus Wissenschaft, Kultur, Wirtschaft und Politik ins Leben. Das Ziel ist, sich für eine lebenswerte und nachhaltige Zukunft der Menschheit einzusetzen.

2.1.2.1 Das Umfeld in den USA, dem Pionier in der »neuen« Biotechnologie

Im November 1973 veröffentlichten Cohen (Stanford) und Boyer (San Francisco) Ergebnisse ihres Experimentes unter dem Titel »*Construction of Biologically Functional Bacterial Plasmids In Vitro*« (Cohen et al. 1973). Nach weiteren veröffentlichten Experimenten titelte im Mai 1974 die *New York Times:* »*Gene Transplants Seen Helping Farmers and Doctors*« (McElheny 1974). Danach griffen auch andere große Magazine das Thema auf, und es entbrannte eine Diskussion über die Sicherheit der neuen Gentechnik. Im Juli 1974 verpflichteten sich zehn prominente Wissenschaftler zu einem Forschungsmoratorium: Sie entschieden, bestimmte DNS-Rekombinations-experimente zeitlich befristet zu unterlassen. Dieses Moratorium hielt rund zwei Jahre an bis Mitte des Jahres 1976, als das NIH Richtlinien zum Umgang mit rekombinanter DNS erließ. So waren bestimmte physikalische Sicherheitsvorkehrungen in den Labors erforderlich. In Harvard verging allerdings rund ein Jahr, bis ein ziviles Gutachtergremium der Errichtung eines Sicherheitslabors an der Universität zustimmte (Kenney 1986). Nach der Aufstellung der Richtlinien ließen die Debatten jedoch nicht nach. Im Gegenteil, sie nahmen sogar eher zu. So behandelte in den Jahren 1976/1977 der US-Kongress allein 16 Gesetzesvorlagen zur Kontrolle der gentechnologischen Forschung (Bud 1995). Zudem engagierten sich Umweltgruppen und andere Aktivisten (z. B. Jeremy Rifkin) als Gentechnik-Gegner. Nachdem dann 1977/1978 der erste Nachweis erfolgte, dass sich mit der neuen Technologie tatsächlich wirksame menschliche therapeutische Proteine in Bakterien produzieren lassen, bildeten sich 1978/1979 hohe Erwartungen in den Medien und an der »Wall Street«.

Indes verzeichneten die USA ab Mitte der 1970er-Jahre eine wirtschaftliche Stagnation (Kenney 1986), unter anderem begründet durch die erste Ölkrise. Das Land brachte daher 1980/1981 einige wichtige Gesetzesänderungen auf den Weg, die die wirtschaftliche Nutzung biowissenschaftlicher Forschungsergebnisse ebenfalls sehr unterstützte:

– *Bayh-Dole Act (Patent and Trademark Law Amendments Act)*: ein Gesetz, das Einrichtungen, an denen sich Forschungsarbeiten durch Bundesmittel finanzieren, das Recht zur kommerziellen Verwertung der Forschungsergebnisse einräumt. Ziel war, finanzielle Anreize für Universitäten zu schaffen, neue Technologien besser zu vermarkten und damit die Rücklaufzeiten öffentlicher Forschungsinvestitionen zu verkürzen. Das Gesetz zielte zudem darauf, bürokratische Barrieren für Kooperationen zwischen Universitäten und privaten Firmen zu reduzieren (▶ Das Bayh-Dole-Gesetz von 1980 und seine Auswirkungen).

– *Stevenson-Wydler Act*: Das neue Gesetz zielte darauf, die Kooperation zwischen Bundes-Laboratorien sowie akademischen Instituten und

der Industrie zu verstärken, und zwar über gemeinsame Forschungs- und Entwicklungs-projekte, erleichterten Technologietransfer sowie personellen Austausch. Vor dem neuen Gesetz war die Förderung und Handhabung des Technologietransfers für die Bundes-Forschungseinrichtungen keine formale Pflicht oder programmatisches Ziel gewesen. Danach waren alle Einrichtungen verpflichtet, eigene Patent- und Lizenzierungsbüros zu errichten und mindestens 5 % ihres Forschungsbudgets für deren laufenden Betrieb aufzuwenden.

– *R&D Tax Credit* als Komponente des *Economic Recovery Tax Act* (ERTA): zusätzliche Steuererleichterungen für bestimmte unternehmerische Forschungs- und Entwicklungsaktivitäten (FuE, engl.: *research & development*, R&D), insbesondere für sehr innovative Entwicklungen oder bei der Kooperation mit Universitäten.

» In principle, the R&D tax credit addresses an important public policy goal: stimulating private sector R&D spending, and thereby encouraging advancements in scientific and technological knowledge. Technological change catalyzes entirely new industries, transforms existing ones, and consequently represents a fundamental element of economic growth. An entire generation of economic research has shown that technological change … contributes directly to growth in national income and wealth (OTA 1995).

Mit den speziellen FuE-Steuererleichterungen erzielten die USA beispielsweise, dass sich der Anteil der FuE-Ausgaben privater Firmen an allen Forschungsausgaben von 40 % im Jahr 1970 auf 60 % im Jahr 1994 erhöhte. Gleichzeitig reduzierte sich der staatliche Anteil von 57 auf 36 % (OTA 1995). Im Jahr 2008 lag der private Anteil bei 67 %. Das *R&D Tax Credit*-Gesetz wurde bis heute immer wieder angepasst und 13-mal verlängert (Tyson und Linden 2012).

Die Patentverwertung wurde in den USA zudem von spezialisierten *Not-for-profit-* und *For-profit*-Firmen betrieben. Beispiele dafür sind die Research Corporation for Science Advancement (RCSA) und die University Patents (▶ Research

Das Bayh-Dole-Gesetz von 1980 und seine Auswirkungen

Vor dem Erlass gingen die Rechte am geistigen Eigentum an die US-Bundesregierung. Diese hielt bis dahin über 28.000 Patente und investierte jährlich über 30 Mrd. US$ (ca. 30 Mrd. €) in FuE, wenig floss in Form neuer Produkte oder Dienstleistungen in den Wirtschaftskreislauf zurück. Das Gesetz ermöglichte Universitäten, die staatlich finanzierten Erfindungen ihrer Mitarbeiter für sich selbst zu beanspruchen und direkt zu verwerten. Als Folge stieg die Zahl der Patente von 250 pro Jahr Anfang der 1970er- auf über 3000 Ende der 1990er-Jahre. Der Anteil universitärer Patente am gesamten Patentaufkommen erhöhte sich im gleichen Zeitraum von 1 auf 5 %. Zwischen 1993 und 2000 wurden etwa 20.000 Patente erteilt, mit denen die Universitäten seither zum Teil erhebliche Lizenzeinnahmen verbuchen. Erfinder an den Hochschulen können mit ihrer Idee Unternehmen gründen, wobei viele Hochschuleinrichtungen die Patentnutzungsrechte gegen Geschäftsanteile der Unternehmen eintauschen. Bis 2002 gründeten sich auf diese Weise über 2000 Firmen mit 260.000 Arbeitsplätzen, die im Jahr 2002 etwa 40 Mrd. US$ (ca. 40 Mrd. €) zur US-Wirtschaft beitrugen. Das Bayh-Dole-Gesetz wird als eine der wichtigsten Gesetzgebungen der USA in den letzten 50 Jahren angesehen und manchmal sogar als »Viagra der Hochschul-Innovationen« bezeichnet. Am stärksten profitierten die Biowissenschaften (nach Wikipedia, Bayh-Dole).

Research Corporation for Science Advancement (RCSA), Fördergelder aus Patenteinnahmen

»For over one hundred years, Research Corporation for Science Advancement has pioneered trends in science and education, funded scientific research, and helped scientists solve some of the great questions in the history of science. In the early 1900s, the industrial revolution brought significant advancements to society. But progress' evil twin, pollution, soon became a problem. In response to the smoke billowing from factories and refineries, Frederick Gardner Cottrell, a professor at University of California, Berkeley, invented the electrostatic precipitator, an air pollution device that uses the force of an induced electrostatic charge to remove particles from a flowing gas, such as air. The electrostatic precipitator not only reduced air pollution, it also retrieved valuable metals that had previously escaped from smokestacks. It was a novel invention, one that is still in use today. Cottrell was a remarkably altruistic man. He decided he would produce and sell electrostatic precipitators, and use the profits to support the research of other scientists. To that end, he established Research Corporation in 1912. Success in the precipitator business made the Foundation's first grant possible in 1918. During the next 25 years, numerous projects were identified and funded, including E.J. Cohn's work with proteins; Kenneth Davidson's research in hydrodynamics; Robert Goddard's exploration of rocketry; Johnson O'Connor's development of aptitude testing; Ernest Lawrence's invention of the cyclotron; Robert Van de Graaff's invention of the Van de Graaff generator; and Roger Williams' discovery of pantothenic acid. After several years of managing the electrostatic precipitator patent, Research Corporation staff realized they had developed a skill that could provide another type of help with scientific discovery: patent management. In 1937, the Foundation signed an agreement with MIT to manage all of the school's scientific patents; other institutions followed and RCSA was in the patent management business for the next 50 years« (RCSA 2015).

Corporation for Science Advancement (RCSA), Fördergelder aus Patenteinnahmen). Letztere war seit Ende der 1960er-Jahre eine der ersten *For-profit*-Firmen mit der Vision, Erfindungen aus Universitäten zu vermarkten. Sie hatte Verträge mit zehn großen Universitäten, unter anderem Princeton sowie den Universitäten von Illinois, Colorado und Pennsylvania. In der Regel erhielt sie von den Hochschulen exklusive Vermarktungsrechte im Gegenzug für die Bezahlung von Lizenzgebühren. University Patents gliederte 1980 University Genetics (UGEN) aus, die sich auf Biotechnologie konzentrierte und 1983 an die Börse ging (Kenney 1986). 1994 erfolgte die Umbenennung in Competitive Technologies (CTTC) und die Hinzunahme von Kunden aus dem privaten Bereich sowie von Regierungseinrichtungen. Heute hat CTTC nach eigenen Angaben mehr als 500 Technologien an mehr als 400 Organisationen lizenziert. Profitabel arbeitet die Firma allerdings bis heute nicht.

Neben der Lizenzierung gingen die Universitäten Kooperationen ein. Diese stellten für die

2

◨ **Tab. 2.2**   Ausgewählte frühe molekularbiologische Forschungskooperationen von US-Universitäten. (Quelle: BioMedServices (2015) nach Kenney (1986))

Jahr	Einrichtung	Firma (Land)	Wert (Mio. US$)	Dauer(Jahre)	Gebiet
1981	Massachusetts General Hospital	Hoechst (D)	70	10	Genetik
1981	Scripps Clinical & Research Foundation	J&J (US)	30	–	Vakzine
1974	Harvard Medical School	Monsanto (US)	23,5	12	Krebs
1982	Washington University	Monsanto (US)	23,5	5	Biomedizin
1980	Massachusetts Institute of Technology	Exxon (US)	8	10	Energie
1982	Massachusetts Institute of Technology	Grace (US)	8	5	Aminosäuren
1982	Cold Spring Harbor	Exxon (US)	7,5	5	Genetik

Hochschulen ebenfalls eine Geldquelle dar und für die beteiligten Großunternehmen einen Zugang zu neuem technischen Wissen. Im Zeitraum 1974 bis 1983 wurden 18 Forschungsvereinbarungen geschlossen (Kenney 1986), die größten davon listet ◨ Tab. 2.2.

Venture-Capital

»Beim Venture-Capital (Risikokapital, Wagniskapital) handelt es sich um zeitlich begrenzte Kapitalbeteiligungen an jungen, innovativen, nicht börsennotierten Unternehmen, die sich trotz z. T. unzureichender laufender Ertragskraft durch ein überdurchschnittliches Wachstumspotenzial auszeichnen« Gabler Wirtschaftslexikon Online (Venture Capital)

Neu gegründete Biotech-Firmen finanzierten ihre Tätigkeiten anfangs meist durch Risikokapital, im Englischen *venture capital* (VC) genannt, das seinen Ursprung in den USA hat: 1946 entstanden die ersten beiden VC-Firmen American Research and Development Corporation (ARDC ▶ Der Vater des Venture-Capitals und J. H. Whitney & Company). Als erste VC-Finanzierung wird die 1957 erfolgte Investition von ARDC in den Computerhersteller DEC (Digital Equipment Corporation) erachtet.

Eine rasche Entwicklung in der VC-Industrie ergab sich, als 1958 das *Small Business Investment-*

Der Vater des Venture-Capitals

General Georges der »Vater des Venture-Capitals« gründete 1946 die American Research & Development Corporation (ARDC) in Cambridge, Massachusetts. Für aus dem Zweiten Weltkrieg zurückkehrende amerikanische Soldaten, die eine Firma gründen wollten, sammelte ARDC Kapital bei institutionellen Investoren ein. Mit der 1957 getätigten Investition von US$70.000 in das von Ken Olsen gegründete Unternehmen Digital Equipment Corporation (DEC) fädelte Doriot den wohl größten finanziellen Coup der Venture-Capital-Industrie ein. Denn der Wert des Investments stieg nach dem Börsengang von DEC im Jahre 1966 auf 38,5 Mio. US$, mehr als 500-mal so viel wie der Einsatz.

Gesetz auf den Weg gebracht wurde. Es bot den VC-Firmen Steuervergünstigungen sowie günstige Konditionen beim Leihen von Geld von der Small Business Administration (SBA), einer Bundeseinrichtung. Die VC-Industrie fand dann auch sehr früh Gefallen an den Firmen der neuen Biotechnologie (◨ Tab. 2.3).

Auffällig bei den VC-Firmen ist die Konzentration in Menlo Park, einer Kleinstadt im Santa Clara Valley (Silicon Valley) südlich von San Francisco. Die meisten der Risikokapitalgeber sitzen dabei in einer gemeinsamen Straße, der Sandhill Road, die nordwestlich der privaten Stanford University verläuft. Viele der VC-Firmen waren am Aufbau der

◻ Tab. 2.3 Früh gegründete Venture-Capital(VC)-Firmen in den USA mit Investments in Biotech-Unternehmen. (Quelle: BioMedServices 2015)

Jahr	Firma	Ort	Gründer
1964	Sutter Hill Ventures	Palo Alto	Bill Draper & Paul Wythes
1964	Asset Management Ventures	Palo Alto	Pitch Johnson
1968	Morgenthaler Ventures	Cleveland	David Morgenthaler
1969	The Mayfield Fund	Menlo Park	Tommy Davis
1972	Kleiner, Perkins, Caufield & Byers	Menlo Park	Eugene Kleiner & Thomas Perkins
1972	Sequoia Capital	Menlo Park	Don Valentine
1976	Menlo Ventures	Menlo Park	Dubose Montgomery
1978	New Enterprise Associates	Baltimore	Charles W. Newhall
1979	Sanderling Ventures	San Mateo	Robert McNeil
1979	InterWest Partners	Menlo Park	Wally Hawley, Scott Hedrick & Gene Barth
1980	Institutional Venture Partners	Menlo Park	Reid Dennis
1980	Venrock Associates	Menlo Park	Antony Envin
1981	U.S. Venture Partners	Menlo Park	Bill Bowes, Stuart Moldaw & Robert Sackman
1985	Domain Associates	Princeton	James Blair

Silicon Valley

»Silicon Valley is a nickname for the southern portion of the San Francisco Bay Area in California, United States. It is home to many of the world's largest high-tech corporations, as well as thousands of tech startup companies. The region occupies roughly the same area as the Santa Clara Valley where it is centered, including San Jose and surrounding cities and towns. The term originally referred to the large number of silicon chip innovators and manufacturers in the region, but eventually came to refer to all high tech businesses in the area, and is now generally used as a metonym for the American high-technology economic sector. Silicon Valley is a leading hub and startup ecosystem for high-tech innovation and development, accounting for one-third of all of the venture capital investment in the United States« (Wikipedia, Silicon Valley).

Halbleiter-, Computer- und Software-Industrie im Silicon Valley beteiligt. Berühmte Vertreter dieser Branche finden sich in weiteren Kleinstädten dieser Gegend (▶ Silicon Valley): Palo Alto (Hewlett-Packard; früher Facebook, heute in Menlo Park), Mountain View (Google, Mozilla, Symantec), Cupertino (Apple) und San Jose (Adobe, eBay).

Auch im Bereich der Finanzierung haben die USA früh wichtige Gesetze in die Wege geleitet wie:

— 1974: *Retirement Income Security Act* (ERISA) – ein Gesetz zur Regulierung der Investment-Tätigkeiten von Pensionsfonds; 1978 dahin-gehend gelockert, dass diese in VC investieren dürfen, was zur Folge hatte, dass viel Geld in Risikokapital-Fonds abfloss;

— 1978: *Revenue Act* – die Kapitalertragssteuer fiel auf 28 % (geringer als Einkommenssteuer), was zu einem Wiederaufleben der VC-Industrie in den frühen 1980er-Jahren führte;

— 1981: *Economic Recovery Tax Act* (ERTA) – ein Gesetz, das die Steuern auf Kapitalgewinne nochmals von 28 auf 20 % reduzierte.

Ziel war es, die Wirtschaft anzukurbeln, was gelang, da sich bis 1983 die staatlichen Einnahmen aus Steuern auf Kapitalgewinne um 50 % erhöhten. Riskante Investments in zum Beispiel kleine Biotech-Firmen wurden so mit geringerer Steuer belastet.

Staatliche Institutionen arbeiteten zudem erste Berichte über die wirtschaftliche Nutzung der molekularen Biologie aus, so das Büro für Technikfolgenabschätzung im US-Kongress (Office of Technology Assessment, OTA) und das US-Wirtschaftsministerium (US Department of Commerce, DOC):

- OTA (1981): *Impacts of Applied Genetics: Micro-Organisms, Plants, and Animals*
- DOC (1983): *An assessment of U.S. competitiveness in high technology industries*
- OTA (1984): *Commercial Biotechnology: An International Analysis*
- DOC (1984): *High technology industries – profiles and outlooks. Biotechnology*
- OTA (1987): *New Developments in Biotechnology: Public Perceptions of Biotechnology*
- DOC (1987): *Biotechnology in Western Europe* (Yuan 1987)
- OTA (1988): *New Developments in Biotechnology: U.S. Investment in Biotechnology*

Neben dem Zukunftspotenzial und der gesellschaftlichen Relevanz der neuen Technologien wurde insbesondere die Wettbewerbsposition der USA beleuchtet. OTA kam zu dem Schluss:

» The unique complementarities between established and new firms, the well-developed science base, the availability of finances, and an entrepreneurial spirit have been important in giving the United States its present competitive advantage in the commercialization of biotechnology. (OTA 1984)

Bis 1987 galt die Börse als primäre Geldquelle für Biotech-Firmen. Sie versiegte vorübergehend, als im Oktober 1987 der erste Börsenkrach nach dem Zweiten Weltkrieg eintrat. 1990 war ein Jahr mit zunehmender Volatilität der Finanzmärkte und zunehmenden regulatorischen Hürden. So gab es Rückschläge bei der Zulassung durch die FDA (Food and Drug Administration), erste pharmaökonomische Analysen kamen auf. 1991 war geprägt von einem Biotech-Aktien-Boom, 1992 dann wieder vom Auf und Ab der Börse sowie einer Kostenkrise im Gesundheitswesen. 1993 schloss sich

das Börsenfenster erneut, insgesamt standen Investoren der Biotechnologie kritischer gegenüber. Ab 1996 erholte sich das Finanzierungsumfeld und 1997/1998 brachte eine wichtige FDA-Reform.

2.1.2.2 Die Gegebenheiten in Japan und Europa

Der OTA-Bericht von 1984 identifizierte als stärkste Wettbewerber für die USA: Japan, Deutschland, Großbritannien, Schweiz und Frankreich.

» Japan is likely to be the leading competitor … for two reasons. First, Japanese companies … have relatively more industrial experience using old biotechnology, more established bioprocessing plants, and more bioprocess engineers than the United States. Second, the Japanese Government has targeted biotechnology as a key technology of the future, is funding its commercial development, and is coordinating interactions among representatives from industry, universities, and government. (OTA 1984)

Prestowitz Jr (1986) führt an, dass zwischen 1977 und 1981 60 % aller 2400 Patente in der (»alten«) Biotechnologie nach Japan gingen. Das Arbeiten mit der neuen Gentechnik war in Japan erst nach der Auflage von Regularien ab 1979 erlaubt. Allerdings rief schon 1973 die Science and Technology Agency (STA) das sogenannte »Office for Life Science Promotion« ins Leben, das seither Biotechnologie-FuE-Projekte fördert. Der Startschuss zur »Aufholjagd« in der neuen Biotechnologie fiel dann durch das Ministry of International Trade and Industry (MITI), das das Jahr 1981 zum »Jahr der Biotechnologie« ausrief. Es legte ein Zehn-Jahres-Programm für FuE betreffend Bioreaktorentwicklung, Massenzellkulturtechniken sowie DNS-Rekombinationstechniken auf. Ein besonderes Merkmal war, dass alle Teilnehmer des Programms die Rechte an allen Ergebnissen teilen sollten. Dem MITI gelang es, die Mitglieder der 1983 gegründeten BIDEC (Biotechnology Development Corporation, einer Vereinigung von mehr als 150 Unternehmen) davon zu überzeugen, Dopplungen in der FuE zu vermeiden, FuE-Ergebnisse zu teilen und gemeinsam die Kommerzialisierung der neu-

Technologietransfer in Japan

»In applied research areas such as bioprocessing and microbiology, Japanese university/industry relations and the transfer of information from universities to industry are generally very good. In basic research areas, however, the transfer of information from universities to industry is impeded by the fact that almost all university rDNA and hybridoma research in Japan takes place in … departments [that] pride themselves on independence from industrial influence. The Japanese Government has launched new programs designed to cross the barriers between university basic science departments and industry … The movement of knowledge across industrial sectors in Japan is facilitated by the unique 'keiretsu' structure (a group of companies with historical ties, which usually consists of a company from each industrial sector and a bank or trading company …)« (OTA 1984).

en Biotechnologie voranzutreiben (▶ Technologietransfer in Japan).

Auch Schmid (1987) macht auf das japanische Erfolgsrezept aufmerksam: hervorragende internationale Informationsbasis, traditionelle Kooperationsbereitschaft, langfristige Strategie sowie enge Zusammenarbeit zwischen Privatindustrie und staatlichen Stellen. 36 der 46 Präfekturen richteten Biotechnologie-Entwicklungsgesellschaften ein. Von 1981 bis 1984 stiegen die gesamten Ausgaben für Lebenswissenschaften um rund 50 % und die für Gentechnik sogar um 150 %. Der Erfolg: An Gentech-Projekten beteiligten sich insgesamt 129 Firmen, für Deutschland identifizierte Schmid (1987) dagegen nur 18. Um den molekularbiologischen Rückstand aufzuholen, kooperierten die großen japanischen Firmen mit den neu gegründeten US-Biotech-Firmen. So kollaborierte Genentech mit den japanischen Konzernen Daiichi, Fujisawa, Kyowa Hakko, Mitsubishi Chemical, Mitsui Toatsu und Toray Industries (Elkington 1986). Neue kleine Firmen gründeten sich in Japan zu dem frühen Zeitpunkt kaum. Neben kulturellen Aspekten (Risikoaversion) erschwerte vor allem die fehlende VC-Finanzierung entsprechende Vorhaben. Gleichwohl versuchte das MITI gegenzusteuern und legte 1984 ein Programm zur Verbesserung des Klimas für VC-Investitionen auf. Niedrigere Kapitalzinsen der staatlichen Japan Development Bank sollten die Risiken von High-Tech-Kommerzialisierungen reduzieren. Zusätzlich sanken die Steuern auf Kapitalerträge um 20 % (Schmid 1985). Japan errichtete in den 1980ern neue nationale Forschungszentren: Das RIKEN Tsukuba Life Science Center (1984), das der STA untersteht, sowie das Protein Engineering Research Institute in Osaka (1986), betrieben vom MITI über das Japan Key Technology Center. Alle 96 nationalen Universitäten schafften neue Lehrstühle, resultierend in einem Anstieg des Anteils japanischer Schutzrechte von in Japan beantragten Patenten in der molekularen Genetik und Zelltechnologie von 20 auf 45 % innerhalb von fünf Jahren (Schmid 2007). Weitere Details zur frühen Situation der Biotechnologie in Japan finden sich bei Elkington (1986), Yuan und Dibner (1990) sowie Schmid (1991).

Die Wettbewerbsposition Europas schätzte der OTA-Bericht von 1984 wie folgt ein:

» The European countries are not moving as rapidly toward commercialization of biotechnology as either the United States or Japan, in part because the large established pharmaceutical and chemical companies in Europe have hesitated to invest in biotechnology and in part because of cultural and legal traditions that tend not to promote venture capital formation and, consequently, risk-taking ventures. (OTA 1984)

Ein anderer US-Bericht, vom US-Wirtschaftsministerium (Yuan 1987), bewertete die Rahmenbedingungen für die wirtschaftliche Nutzung der Biotechnologie in Europa folgendermaßen:

1. Die Grundlagenforschung ist auf einigen Gebieten weltklasse.
2. Das Forschungssystem ermöglicht jungen Wissenschaftlern kaum unabhängige Forschung und es besteht eine negative Einstellung gegenüber industriellen Aktivitäten.
3. Der Staat spielt eine wichtige, und zum Teil Schlüssel-Rolle bei der industriellen Entwicklung.

2

Schlussfolgerungen des OECD-Berichtes zur Biotechnologie von 1982

»Die Autoren zeigen anschaulich, welches Potential in der Biotechnologie liegt und welche Zukunftsaussichten sie eröffnet, weisen aber auch auf die einschränkenden Faktoren hin, die keineswegs geringfügig sind. Sie werden eine große Wirkung haben und müssen, obgleich sie rasche Fortschritte in der Biotechnologie nicht zu verhindern brauchen, bei der Formulierung einer Politik von Anfang an in Rechnung gestellt werden. Ein Beispiel für die Überschwenglichkeit ist die in der Presse und bei einigen auf dem Gebiet der Biotechnologie Tätigen beobachtete Tendenz, die Formulierung von Projekten und Prognosen mit ihrer Realisierung zu verwechseln, die in vielen Fällen zwangsläufig langwierig und teuer sein wird. … Wenn auch die Bedeutung der konventionellen Molekularbiologie und Gentechnik anerkannt wird, so machen wir doch geltend, dass es gefährlich wäre, nur diesen Aspekt der Biotechnologie zu berücksichtigen und betonen, dass viele andere Gebiete, die für landwirtschaftliche, industrielle und medizinische Anwendungsbereiche von Nutzen sind, zur Zeit viel zu wenig beachtet werden« (Bull et al. 1984)

4. Biotechnologische Aktivitäten konzentrieren sich in großen, etablierten Firmen mit langfristigen FuE-Programmen sowie hoher finanzieller Liquidität.
5. Risikokapital steht für neue, kleine Unternehmen nicht zur Verfügung.
6. Europäische Firmen gehen eher Partnerschaften mit US- als mit anderen Firmen in Europa ein.

Ein bereits 1983 veröffentlichter »europäischer« Bericht zur Lage in Europa ging auf derartige Faktoren überhaupt nicht ein, sondern untersuchte rein die technologischen Potenziale. Die Studie namens *Biotechnology in Europe – A community strategy for European Biotechnology* führte die DECHEMA (Deutsche Gesellschaft für chemisches Apparatewesen, heute Gesellschaft für Chemische Technik und Biotechnologie) durch, beauftragt von der European Federation of Biotechnology (EFB) im Rahmen des »*FAST Bio-Society*-Projektes« (FAST: *Forecasting and Assessment in Science and Technology*, eine Einrichtung der Europäischen Kommission). Der Bericht (Behrens et al. 1983) stellt vor allem einzelne Techniken der alten Biotechnologie sowie deren wirtschaftliche Anwendung und gesellschaftlichen Implikationen dar. Er wiederholt Formulierungen einer 1974 veröffentlichten Studie der DECHEMA (DECHEMA 1974) und geht auf die seit Ende der 1970er- und Anfang der 1980er-Jahre in den USA wirtschaftlich angewandte Gentechnik nur am Rande ein: Lediglich eine Textseite und ein Schlusswort verweisen auf den OTA-Bericht von 1981 (*Impacts of Applied Genetics*). Das 1982 auf den Markt gebrachte rekombinante Humaninsulin bleibt komplett unkommentiert. Infor-

mationen zu Firmen finden sich im Grunde nicht, der US-OTA-Bericht von 1984 widmet dieser Thematik ein eigenes Kapitel auf rund 40 Seiten.

Obwohl mit internationalem Berzug, sei an dieser Stelle der Vollständigkeit halber noch die Studie *Biotechnology: International Trends and Perspectives* der OECD (Bull et al. 1982) erwähnt. Der 1982 veröffentlichte Bericht, abgefasst von drei Professoren aus Großbritannien, erarbeitete eine Definition zur Biotechnologie, die heute noch oft verwendet wird. Neben der Darstellung einzelner Wissensgebiete und Techniken (inklusive Gentechnik in einem eigenen Unterkapitel) ging die Studie auf wissenschaftliche, technologische und materielle Sachzwänge in der Biotechnologie ein. Zudem diskutierte sie bedeutende Faktoren, die deren Entwicklung beeinflussen. Ziel war es, Schlussfolgerungen und Empfehlungen aufzustellen, die in erster Linie für die Regierungen der einzelnen Mitgliedsländer der OECD bestimmt waren (▶ Schlussfolgerungen des OECD-Berichtes zur Biotechnologie von 1982). Eine wesentliche Aussage war, »dass die von der Biotechnologie erzeugte Begeisterung überschwenglich und die Rückkehr zur Realität unbedingt erforderlich ist«.

Darüber hinaus fertigten einzelne europäische Länder Studien zur Beurteilung der eigenen Situation in der Entwicklung der Biotechnologie an. In Großbritannien war dies der »Spinks-Report« genannte Bericht aus dem Jahr 1980, in Frankreich der »Pelissolo-Report« ebenfalls 1980 verfasst.

Um die Biotechnologie voranzutreiben, legten einige europäische Länder in den 1980er-Jahren nationale Förderprogramme auf (◻ Tab. 2.4). Vorreiter war dabei Deutschland. In den USA gab es kein eigenständiges Programm, die Biotechnologie-För-

▣ **Tab. 2.4** Nationale Förderung der Biotechnologie und erste Biotechnologie-Programme in Europa. (Quelle: BioMedServices 2015)

	Anzahl Gentechnik-Labore 1981[a]	Förderung 1982 (Mio. US$)[b]	Zusätzliche Biotechnologie-Programme[c]	
			Start	Dauer (Jahre)
US[d]	50	477 (1983: 511)	Kein spezifisches Programm; plus NIH-Förderung	
Frankreich	12	81 bzw. 35–60	1982	11
Schweiz	18	73 (Biologie, Biomedizin)	–	–
Großbritannien	45	50	1982	3
Deutschland	10–20 (DDR: 5)	35 bzw. 50–70	1979/1985/1990	4/4/10
Niederlande	n. v.	~12	1981	~10
Dänemark	n. v.	n. v.	1987	5

DDR Deutsche Demokratische Republik, *NIH* National Institutes of Health, *n. v.* nicht verfügbar
[a]OTA (1981), [b]DOC (1984) und OTA (1984), [c]OTA (1984) und Senker (1998), [d]zum Vergleich

derung erfolgte über die institutionelle Finanzierung der Grundlagenforschung. 1982 lag diese um ein Vielfaches höher als in einzelnen europäischen Ländern.

Neben den nationalen Forschungs- und Industriepolitiken gewann ab den 1980er-Jahren die länderübergreifende Förderung und Koordinierung der neuen Biotechnologie im Rahmen der Europäischen Union (EU) an Bedeutung. Gemeinschaftliche Forschungs- und Technologieprogramme (▣ Tab. 2.5) sowie Projekte der Grundlagenforschung, das Zusammenwachsen einer europäischen biotechnologischen Forschungsinfrastruktur gehörten dazu wie auch die Bemühung um die Ausgestaltung beziehungsweise Harmonisierung nationaler Regelwerke und Gesetzgebungen. Dolata (1996) merkte dazu jedoch an:

» Auch die zunehmende finanzielle Förderung transnationaler Forschungsprojekte durch die EU darf nicht darüber hinwegtäuschen, dass der Gemeinschaft bislang weder eine Vernetzung der nationalen Forschungsinfrastrukturen noch eine Abstimmung oder gar Vereinheitlichung der biotechnologischen

Forschungs- und Technologiepolitiken der Mitgliedstaaten auch nur in Ansätzen gelungen ist. (Dolata 1996)

Auf Ebene der Regularien versuchte die Europäische Kommission in der zweiten Hälfte der 1980er-Jahre gemeinsame europäische Richtlinien auszuarbeiten, die dann in nationales Recht umzusetzen waren. Zudem erließ sie Verordnungen, die in allen Mitgliedsstaaten direkt rechtlich bindend waren. So wurden laut Dolata (1996) folgende Richtlinien und Verordnungen mit Bezug zur Biotechnologie geplant beziehungsweise verabschiedet:
— 1987: Arzneimittel-Richtlinie, die das Inverkehrbringen technologisch hochwertiger Arzneimittel, insbesondere aus der Biotechnologie, regelte (1995 aufgehoben und in die neue Arzneimittel-Verordnung der EU eingegliedert, die ein zentralisiertes Zulassungsverfahren umfasste);
— 1990: System-Richtlinie, die Sicherheitsanforderungen und Genehmigungsverfahren für die Anwendung genetisch veränderter Mikroorganismen in geschlossenen Systemen formulierte;
— 1990: Freisetzungs-Richtlinie, die Anforderungen und Verfahren für die absichtliche Freiset-

□ Tab. 2.5 Biotechnologie-Programme der Europäischen Union in den 1980er- und 1990er-Jahren. (Quelle: Bio-MedServices (2015) nach Dolata (1996))

Wann	Name	Budget (Mio. €)	Schwerpunkt/Kommentar
1982–1986	*Biomolecular Engineering Programme* (BEP)	15	
1985–1989	*Biotechnology Action Programme* (BAP)	75	Wahllos ausgewählte Forschungsprojekte
1990–1993	*Biotechnology Research Programme for Innovation and Development Growth in Europe* (BRIDGE)	100	1. Biologie von Zellen 2. Proteindesign, Biotransformation, Genomaufklärung 3. Informationsinfrastrukturen 4. Pränormative Forschung
1992–1994	*Biotechnology* (BIOTECH)	166	Grundlagenorientierte Projekte der Biomedizin und Pflanzenmolekulargenetik
1994–1998	*Biotechnology*	562	1. Pflanzen- und Tier-Biotechnologie 2. Zellfabriken 3. Genomanalyse 4. Zellkommunikation in der Neurologie

zung genetisch veränderter Organismen in die Umwelt umriss;

- 1991: Pflanzenschutzmittel-Richtlinie, die die Zulassung, das Inverkehrbringen, die Anwendung und die Kontrolle von Pflanzenschutzmitteln regelte, die GVO (gentechnisch veränderte Organismen) enthalten oder sich aus ihnen zusammensetzen;
- 1992: *Novel-Food*-Verordnung zur einheitlichen Regelung von Lebensmitteln, die GVO enthalten oder aus solchen bestehen;
- 1995: Entwurf einer Patentierungs-Richtlinie zum rechtlichen Schutz biotechnologischer Erfindungen (genmanipulierte Tiere, Pflanzen, menschliche Zellen und Gewebe, medizinische Verfahren); am Veto des Europäischen Parlamentes gescheitert; nach Anpassung 1998 verabschiedet als EU-Biopatentrichtlinie.

Eine detaillierte Diskussion der Rahmenbedingungen und Entwicklungen der Biotechnologie in Deutschland findet sich in ▶ Kap. 4.

2.2   Genentech & Co.: Aufkommen einer KMU-geprägten Industrie in den USA

1976 gilt als das Geburtsjahr der modernen Biotech-Industrie. In diesem Jahr gründete sich das Unternehmen Genentech, das bis zum Jahr 2009 zu einer der führenden Biotech-Gesellschaften mit über 10.000 Mitarbeitern anwuchs (▶ Abschn. 2.2.1). Sie existiert heute noch, allerdings unter dem Dach der Roche-Gruppe.

In den USA gründeten sich auch schon vor 1976 andere kleine und mittlere Unternehmen (KMU), die sich aber erst später mit der neuen Biologie beschäftigten, wie beispielsweise Cetus (▶ Cetus, gegründet 1971). Cetus wurde 1991 von der 1981 gegründeten Chiron gekauft, die 2006 wiederum von Novartis übernommen wurde.

Cetus, gegründet 1971

»The founders – Ron Cape, a PhD with an MBA from Harvard Business School, Peter Farley, an MD with an MBA from the Stanford University Graduate School of Business, and Nobel Prize-winning physicist Donald Glaser of the University of California, Berkeley – initially developed automated screening techniques for the discovery of microorganisms with utility in industrial bioprocessing applications. Toward the end of the decade, Cetus cultivated expertise in molecular biology and applied recombinant DNA technology to a variety of industrial ends, including the development of two medically important proteins: interleukin-2 and beta interferon. The company's most important contribution to science and industry was biochemist Kary Mullis' invention of the polymerase chain reaction (PCR) in 1983« (Life Sciences Foundation, Cetus).

2.2.1 Start 1976: die Erfolgsgeschichte von Genentech

Der Risikokapitalgeber Swanson und der Biochemiker Boyer gründeten Genentech 1976 in San Francisco. In den frühen 1970er-Jahren war Boyer Miterfinder der DNS-Rekombinationstechnik (► Abschn. 1.2.3). Er sah ein kommerzielles Potenzial in der neuen Methode, konnte jedoch kein Unternehmen gewinnen, das Interesse daran zeigte. Letztlich war es Swanson, der als Erster die Initiative für die Neugründung ergriff.

> After hearing about Boyer and Cohen's breakthrough, Swanson placed a call to Boyer and requested a meeting. Boyer agreed to give the young entrepreneur 10 min of his time. Swanson's enthusiasm for the technology and his faith in its commercial viability was contagious, and the meeting extended from 10 min to three hours; by its conclusion, Genentech was born. Though Swanson and Boyer faced skepticism from both the academic and business communities, they forged ahead with their idea. (Genentech 2015a)

Es war sicherlich von nicht unerheblicher Bedeutung, dass Swanson selbst studierter Chemiker (MIT) war und anschließend ein Postgraduiertenprogramm der Betriebswirtschaftslehre an der MIT Sloan School of Management absolvierte, das mit einem Master in Management abschloss (Hughes 2011). Danach ging er in das VC-Geschäft und brachte entsprechende Erfahrung in die Gründung von Genentech ein. Dessen Wissenschaftlern gelang im August 1977 der Nachweis, dass die neue DNS-Rekombinationstechnik funktioniert, um menschliche Proteine in einem Bakterium herzustellen, ein bis dahin noch nie dagewesener Vorgang. Davor glückte lediglich die Klonierung des Gens für Ratten-Insulin an der University of California, San Francisco (UCSF). Swanson berichtete im Jahr 1978 an die Aktionäre:

> I am pleased to point out that the two year start-up of the company, including the completion of our first research goal, the production of the human hormone somatostatin, and the first commercial demonstration of our new technology, was accomplished for a total of $515.000. We plan to approach future growth in the same lean but effective manner. (Hughes 2011)

Ein Jahr später, im August 1978, gewann Genentech ein hitziges Kopf-an-Kopf-Rennen verschiedener Forschergruppen, indem die Klonierung und Expression des menschlichen Insulin-Gens gelang. Einen Tag nach dem entscheidenden Experiment ging die junge Firma eine Kooperation mit dem US-Pharma-Konzern Eli Lilly ein. Der Vertrag lief über 20 Jahre, umfasste eine Sofortzahlung von US$500.000 sowie Tantiemen (*royaltys*) in Höhe von 6 % auf zukünftige Produktumsätze. Lilly sicherte sich im Gegenzug die exklusiven weltweiten Rechte an der Produktion und Vermarktung des rekombinanten Insulins, das 1982 auf den Markt kam.

Zum Zeitpunkt des Börsengangs, 1980, hatte Genentech 20 Mitarbeiter, kein Produkt auf dem Markt und entsprechend auch keine Gewinne vorzuweisen. Ebenfalls im Jahr 1980 unterzeichnete die Gesellschaft eine Vereinbarung mit Roche über

◘ Tab. 2.6   Ausgewählte Meilensteine bei Genentech, gegründet 1976. (Quelle: BioMedServices (2015) nach Genentech (2015a))

Jahr	Meilenstein	Jahr	Meilenstein
1977	Erstmalige Produktion eines menschlichen Proteins (Somatostatin) in einem Bakterium	2001	25 Jahre Genentech
1978	Klonierung Gen für Humaninsulin	2002	Zul. *HER2*-Gen-Test
1979	Klonierung Gen für hGH	2003	Zul. Xolair (Asthma-AK): 1. IgE-AK
1980	Börsengang (35 Mio. US$), Aktie steigt innerhalb einer Stunde von 35 auf US$88		Zul. Raptiva (Psoriasis-AK)
1982	Zul. Humulin (rekombinantes Humaninsulin), lizenziert an Lilly; 6 Jahre Genentech	2004	Zul. Avastin (Darmkrebs-AK): 1. Anti-Angiogenese-AK
1984	Erstmalige Produktion von rekombinantem Faktor VIII (Blutgerinnungsfaktor)		Zul./Vermarktung Tarceva (Lungenkrebs-KI von OSI Pharmaceuticals)
1985	Zul. Protropin (rekombinantes hGH für Kinder): 1. eigenes Produkt	2006	Zul. Lucentis (AMD-AK)
1986	Zul. Roferon (rekombinantes Interferon), lizenziert an Roche; 10 Jahre Genentech		Zul. Rituxan für rheumatoide Arthritis 30 Jahre Genentech
1987	Zul. Activase (rekombinantes t-PA gegen Herzinfarkt)	2007	Akquisition von Tanox
1990	Roche übernimmt Aktienmehrheit (60 %) für 2,1 Mrd. US$ Zul. Hepatitis-B-Vakzin, lizenziert an SKB	2009	Roche kauft weitere 42 % für 46,8 Mrd. US$ auf und führt Delisting durch
		2010	Zul. Actemra (Rheumatoide-Arthritis-AK)
1993	Zul. Nutropin, Pulmozyme, Faktor VIII (lizenziert an Miles Laboratories, heute Bayer)	2011	Zul. Zelboraf (Hautkrebs-KI) 35 Jahre Genentech
1997	Zul. Rituxan (Krebs-AK, entwickelt mit Idec): 1. Krebs-AK	2012	Zul. Perjeta (Brustkrebs-AK) Zul. Erivedge (Hautkrebs-Inhibitor)
1998	Zul. Herceptin (Brustkrebs-AK): 1. personalisierte Therapie	2013	Zul. Kadcyla (Brustkrebs-AK) Zul. Gazyva (CLL-AK)
1999	Roche kauft weitere 40 % für 3,7 Mrd. US$ (anschließender Wiederverkauf von Anteilen über Börse – dann Besitz von 58 %)	2014	Kauf von Seragon für bis zu 1,7 Mrd. US$ *Breakthrough-Therapy*-Designation für MPDL3280A (Anti-PDL1-AK)

AK Antikörper, *AMD* altersbedingte Makuladegeneration, *CLL* chronische lymphatische Leukämie, *hGH* human growth hormone, *KI* Kinase-Inhibitor, *SKB* SmithKline Beecham, *t-PA* tissue plasminogen activator, *Zul.* Zulassung

das gemeinsame Forschen zu Leukozyten- und Fibroblasten-Interferon. Ab 1985 startete Genentech dann mit der ersten eigenen Zulassung (Protropin) durch (◘ Tab. 2.6). In dem Arzneimittel steckten fast zehn Jahre Entwicklungsarbeit sowie Investitionen von rund 100 Mio. US$.

Zu diesem Zeitpunkt – und damit knapp zehn Jahre nach der Gründung – beschäftigte die Gesellschaft mehr als 800 Mitarbeiter, erwirtschaftete rund 90 Mio. US$ (gut 90 Mio. €) Umsatz und 5,6 Mio. US$ Gewinn. Der Umsatz umfasste nahezu ausschließlich Einnahmen aus Kooperations-

Genentech in Bedrängnis

»Indeed, while Genentech did become the first biotechnology company to achieve true integration … it also experienced severe difficulties, some a function of overheated expectations, some limitations of the product and the marketplace. First, in May 1987 an FDA advisory panel failed to give Activase preliminary approval as analysts had expected. This delayed Genentech's entrance into the marketplace. Second, Genentech tried desperately to retain an effective exclusivity through a t-PA patent. However, it lost a patent suit and subsequent appeals against a British drug company, Wellcome, which was also developing a version of t-PA. … Third, and most ominously, another English drug maker, Beecham, introduced a competitive product, an altered form of streptokinase, called Eminase, in Europe. When t-PA, now called Activase, was finally approved in late 1987, Genentech's luck did not improve. After a rapid send-off, sales slowed dramatically as they approached the $200 million mark, a half to a fifth the range of earlier forecasts. A number of reasons were offered — physician confusion over clinical results, the high price ($2,200 a dose), the fact that it had to be infused intravenously — but the point here is that all forecasts, particularly in pharmaceuticals, are prone to error« (Teitelman 1989).

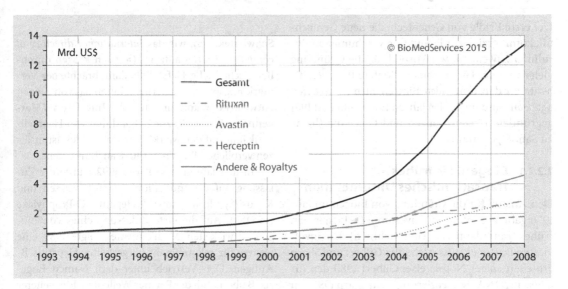

© BioMedServices 2015

Gesamt

Rituxan

Avastin

Herceptin

Andere & Royaltys

Mrd. US$

☐ **Abb. 2.1** Umsatz bei Genentech, etwa 20 bis 30 Jahre nach Gründung. Erstellt auf Basis von Daten von Genentech (2015b)

und Lizenzverträgen. Protropin erbrachte dann im zweiten Verkaufsjahr (1986) einen Umsatz von knapp 50 Mio. US$, nach drei Jahren überschritt er die 100-Mio.-US$-Grenze. Rückschläge, die Teitelman (1989) anschaulich beschreibt (▶ Genentech in Bedrängnis), blieben aber nicht aus, was 1990 zu einem Einbruch des Marktwertes und zur Teilübernahme (60 %) durch Roche führte.

☐ Abbildung 2.1 zeigt, dass in den ersten zehn Jahren, nachdem das erste eigene Produkt 1985 auf den Markt kam, die Verkaufserlöse nur moderat stiegen. 1995 beliefen sie sich auf 635 Mio. US$, knapp 70 % des Gesamtumsatzes von 918 Mio. US$. Erst die Markteinführung der therapeutischen Antikörper (1997: Rituxan, 1998: Herceptin, 2004: Avastin) löste dann ein exponentielles Wachstum aus. Das ursprünglich von der Firma Idec Pharmaceuticals 1991 entdeckte und seit 1995 gemeinsam mit Genentech entwickelte Rituxan war der erste monoklonale Antikörper gegen Tumoren (Lymphome), zielend auf das Zelloberflächenmolekül CD20. Im Gegensatz zu bis dahin gemeinhin angewandten unspezifischen Chemotherapeutika, ermöglichte Rituxan die erste gezielte Krebstherapie überhaupt. Zum Start dieser Phase war Genentech 20 Jahre alt. Im Jahr 2009 erfolgte dann die Komplettübernahme durch Roche sowie die Integration in die Konzerngruppe.

2.2.2 Weitere Pioniere mit nachhaltiger Entwicklung: Biogen, Amgen, Genzyme

Der erste Erfolg von Genentech, die neue Gentechnik kommerziell zur Produktion von humanem Insulin anzuwenden, war Vorbild für die Gründung vieler weiterer Unternehmen. Weitere Pioniere, die heute zu den führenden Biotech-Firmen weltweit gehören, sind die in den Jahren 1978, 1980 und 1981 gegründete Biogen, Amgen und Genzyme (heute zu Sanofi gehörend).

2.2.2.1 Biogen, ein frühes transatlantisches Unternehmen

Den Anstoß für die Gründung von Biogen im Jahr 1978 gaben ebenfalls VC-Investoren (▶ Biogen, ein frühes transatlantisches Unternehmen). Die involvierten Bostoner Wissenschaftler Gilbert und Sharp erhielten später Nobelpreise: Gilbert 1980 den für Chemie (DNA-Sequenzierung) und Sharp 1993 den für Medizin (Identifizierung des diskontinuierlichen Aufbaus einiger Erbanlagen von Zellorganismen). Neben den US-Professoren war ein weiterer Mitbegründer der schweizerische Molekularbiologe Weissmann, in dessen Labor 1980 erstmals die Klonierung und bakterielle Expression von humanem Leukozyten-Interferon (Alfa-Interferon) gelang. Interferone sind körpereigene Hormone, genauer Signalstoffe des Immunsystems, und man erhoffte sich von ihnen Durchbrüche bei der Behandlung von Krebs, Entzündungserkrankungen und Infektionen. Drei Jahre später (1983) erfolgte der Antrag auf Marktzulassung bei der FDA. Bevor diese nach drei Jahren »Wartezeit« positiv entschied, gelangte auch Biogen finanziell in

> **Biogen, ein frühes transatlantisches Unternehmen**
>
> »After persuading Harvard biochemist Walter Gilbert and MIT molecular biologist Phil Sharp to put their knowledge and skills to commercial use, a small group of venture capitalists led by Dan Adams, Moshe Alafi, Kevin Landry, and Ray Schaefer founded Biogen. Gilbert took a leave of absence from Harvard to set up the firm's research operations in Geneva, Switzerland. The Swiss location was selected because key members of the company's scientific advisory board were European, and because municipal ordinances in were limiting scientific work involving recombinant DNA in Cambridge, Massachusetts. Biogen opened a research facility in Cambridge in 1982« (Life Sciences Foundation, Biogen).

Schwierigkeiten, wie das *International directory of company histories* aufzeigt (▶ Auch Biogen durchlief geschäftliche Tiefs). 1986 dann brachte der Vermarktungspartner Schering-Plough das von Biogen entwickelte rekombinante Alfa-Interferon (Markenname Intron A) zur Behandlung von Haarzell-Leukämie auf den Markt. Von den Verkaufsumsätzen verblieben Biogen gut 10 % an Tantiemen.

In den Jahren 1988 sowie 1992 wurde die Zulassung auf die Indikationen Genitalwarzen und Kaposi-Syndrom sowie Hepatitis-C-Prophylaxe erweitert. Auf die erste Zulassung eines von Biogen entwickelten Medikamentes folgte 1989 eine weitere für rekombinant hergestelltes Hepatitis-B-Antigen. Den Vertrieb unter dem Namen Engerix-B übernahm der Partner Wellcome. Ein weiterer Hoffnungsträger – eine Substanz namens Hirulog (Thrombin-Inhibitor) – erwies sich 1994 als Flop, was die Firma wieder in die Verlustzone stürzte. Erst die Zulassung von Avonex, einem rekombinanten Beta-Interferon (Fibroblasten-Interferon) für die Indikation multiple Sklerose erbrachte 1996 den Durchbruch. Vom Unternehmen selbst vertrieben, erzielte das Medikament 1998 einen Umsatz von knapp 400 Mio. US$, der bis 2012 auf etwa 3 Mrd. US$ anwuchs und damit gut 50 % des Gesamtumsatzes stellte. 2003 fusionierte Biogen mit der im Jahre 1985 gegründeten Idec Pharmaceuticals, die sich auf die Entwicklung von monoklonalen Antikörpern fokussierte. 2004 zugelassen, steuerte der Antikörper Tysabri (ebenfalls für die Behandlung

Auch Biogen durchlief geschäftliche Tiefs

»Biogen racked up major points in the research and development game during the early 1980s, and positive press brought tens of millions of dollars into its coffers. Like most biotechnology companies, though, Biogen was burning through the cash as fast, or faster, than it poured in (the company went public in 1983). CEO Gilbert, in his quest for new genetically engineered drugs, established a global research and development network during the early 1980s that sported operations in Zurich, Geneva, Belgium, Germany, and the United States. Although impressive and sometimes effective, the organization eventually became unwieldy and lacked focus. Some critics charged that despite his scientific progress, Gilbert lacked business skills. The company was a great place to do research, but it had yet to show a profit. By 1984, in fact, Biogen had racked up a stunning $100 million in losses and was teetering on the edge of bankruptcy. … By 1985 Biogen was using an estimated $100.000 each day in research costs. Furthermore, royalty revenues had slid to less than $20 million annually because the company had sold some of its patents. Biogen investors were fed up; the company's directors had already, in fact, pulled Gilbert from the chief executive slot and had been searching for a replacement for more than a year« (Mote 1996).

Auf und Ab bei der frühen Finanzierung von Amgen

»With products still in early development, past investors were recalcitrant. Rathmann and his team decided to aim for corporate partners to take up the slack. He had two-person teams heading to Japan and Europe monthly. Unfortunately, the Japanese market was unwilling to take a chance. And big pharma companies in the United States and Europe did lots of tire kicking, but nobody was willing to send a check. By December 1982, Amgen execs had visited all the potential partners to no avail. The company was running out of money. … Finally, the team decided to go public. 'We went to the board about doing an IPO in the spring,' says Rathmann. `They thought it was nonsense to contemplate going public when we were nowhere near the clinic with a product … . 'Amgen raised $43 million in June 1983 with the help of chicken growth hormone, [and] a diagnostic deal with Abbott … . The timing was close — Amgen hit just as the financing window popped open and then closed. … Remembers Rathmann, 'We went out in a brief euphoria, had a hard sell in June at $18 a share. The first trade was at $16.50, and we were down to $9 within 3 months. People had signed on at the IPO because they expected a near-term uptick. When it didn't show up immediately, they unloaded the stock …' Within 18 months of the IPO, Amgen's stock went down to $3.75. That was a dark time for Amgen, with discussions flying fast and furious about how to hold on long enough for the products to come through. … Meanwhile, Amgen was running out of cash again. … Finally, by early 1986, the public markets were showing signs of opening again. … ' … By June, the stock price was up to $26, and we began to see clinical progress in the EPO project … ; we were in Phase III trials with Epogen by the end of 1986 and raised $75 million for the company at $34 a share in April 1987'« (Robbins-Roth 2001).

von multipler Sklerose) im Jahr 2014 einen Umsatz von knapp 2 Mrd. US$ bei. Heute liegt Biogen mit einem Gesamtumsatz von fast 10 Mrd. US$ nach Gilead Sciences und Amgen auf Platz 3 der führenden Biotech-Unternehmen weltweit.

2.2.2.2 Amgen, bis 2013 das nach Umsatz führende Unternehmen

Die heutige Nummer 2 nach Umsatz, die bei Los Angeles beheimatete Amgen, gründete sich im Jahr 1980 als Applied Molecular Genetics auf Basis von US$200.000 Gründungskapital, das sechs Risikokapital-Geber beisteuerten. Nachdem noch die strategischen Investoren Abbott Laboratories und Tosco Corporation eingestiegen waren, gelang eine weitere Finanzierung mit knapp 20 Mio. US$. Diese Finanzierungsrunde war zu dem damaligen Zeitpunkt eine der größten für ein Unternehmen mit Fokus auf *genetic engineering* (MaRS Discovery District 2012). Dennoch musste später auch Amgen zum Teil um das Überleben kämpfen (► Auf und Ab bei der frühen Finanzierung von Amgen).

Noch bis 2013 war sie jahrelang die nach Umsatz führende Biotech-Firma gewesen. Im Jahr 2014

2

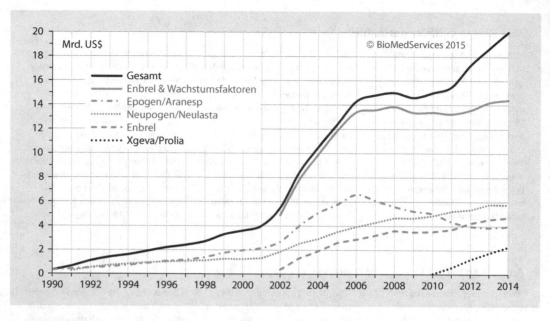

◘ **Abb. 2.2**   Umsatz bei Amgen, zehn bis gut 30 Jahre nach Gründung. Erstellt auf Basis von Daten aus SEC *filings*/Geschäftsberichten 1990–2015 sowie Amgen (2015)

»entriss« ihr Gilead diesen Titel, mit zusätzlichen fünf im Vergleich zu den 20 Mrd. US$ Umsatz von Amgen. Die führende Position beruht hauptsächlich auf den Erfolgen mit den eigenentwickelten Produkten Epogen/Aranesp (gegen Blutarmut) und Neupogen/Neulasta (gegen Neutropenie: reduzierte Zahl an weißen Blutzellen) sowie dem rekombinanten Fusionsprotein Enbrel (◘ Abb. 2.2). Das seit 1998 zugelassene Arzneimittel gegen rheumatoide Arthritis kam im Jahr 2002 über den Zukauf der 1981 gegründeten Immunex in das Amgen-Portfolio. Epogen und Neupogen erhielten die US-Marktzulassung 1989 und 1991, also rund zehn Jahre nach der Firmengründung. Beides sind Hormon-Regulatoren für das Zellwachstum, Epogen (Erythropoietin, Epoetin) für rote und Neupogen (G-CSF: Granulozyten-Kolonie-stimulierender Faktor) für weiße Blutzellen. Aranesp und Neulasta sind jeweils deren optimierte Nachfolgeprodukte. Wie bei Genentechs Produkten handelte es sich bei den anfänglichen von Amgen um körpereigene Substanzen, deren klinische Entwicklung relativ rasch erfolgte, da die Wirkung bereits bekannt war. Neuartig war lediglich der gentechnische Herstellungsprozess, der die mühsame Extraktion aus tierischen oder menschlichen Geweben und Flüssigkeiten ersetzte.

» Insulin and growth hormone were the low-hanging fruit, as the scientists referred to them, recombinant replacements for natural hormones with well-documented medical uses and public demand. (Hughes 2011)

Amgens Blutzell-Wachstumsfaktoren entwickelten sich Mitte der 1990er-Jahre zu den ersten Blockbustern der Biotech-Industrie, das heißt, die Medikamente erzielten Verkaufserlöse von jeweils mehr als 1 Mrd. US$ pro Jahr. Neben der gelungenen Produktauswahl war für den Erfolg von Amgen die ausreichende anfängliche Eigenkapital-Finanzierung von Vorteil, die den Entwicklungs- und Vermarktungsprozess der ersten eigenen Produkte ermöglichte. Dadurch war das Unternehmen nicht gezwungen, im Gegenzug für Finanzmittel die Rechte an den Entwicklungen komplett zu vergeben. Es sicherte sich den Vertrieb für den heimischen Markt und bediente den internationalen Markt über eine Zusammenarbeit mit der japanischen Kirin Brewery, die bereits 1984 begann. Zu dem Zeitpunkt steuerte das japanische Traditionsunternehmen kritische Bioprozesstechnik zur fermentativen Herstellung der neuen Arzneimittel bei und erhielt im Austausch bestimmte internationale

Vermarktungsrechte. Zu Beginn des Jahres 1993 hatte Amgen das Monopol auf dem US-Markt für Wachstumsstimulatoren von roten Blutzellen und hielt 90 % desjenigen von weißen Blutzellen.

2.2.2.3 Genzyme, vorwiegend mit Fokus auf seltene Krankheiten

Ein weiterer Pionier war die im Jahr 1981 in Boston gegründete Genzyme Corporation. Sie startete bereits mit geringen Umsatzerlösen in Höhe von 1 Mio. US$ jährlich, indem sie die britische Whatman Biochemicals akquirierte, die Enzyme für diagnostische Tests verkaufte. Weiterhin vertrieb Genzyme Forschungsreagenzien wie Glykoproteine oder Zytokine, die sie von Partnern wie Immunex, Biogen oder aus der Akademie bezog. 1982 folgte die Übernahme von Koch-Light Laboratories, einem Zulieferer von Chemikalien. 1986 kam die pharmazeutische Produktion hinzu, wiederum durch Zukauf eines britischen Betriebes. Der spätere Fokus auf die Enzym Ersatztherapie (▶ Termeer forciert Genzymes Fokus auf seltene Krankheiten) begann 1989 mit dem Kauf von Integrated Genetics, gegründet 1981. Die Akquisition stärkte Genzymes Expertise in der Molekularbiologie, der Protein-, Zucker- und Nukleinsäure-Chemie sowie der Enzymologie. Sie erweiterte das Produkt-Portfolio zudem um ein eigenes in Entwicklung befindliches Arzneimittel: Ceredase, seit 1984 in klinischen Studien zur Behandlung des Gaucher-Syndroms, einer genetisch bedingten, autosomal-rezessiv vererbbaren Fettstoffwechsel-Erkrankung.

Anfänglich wurde das Enzym Alglucerase (Markenname Ceredase) aus humanen Plazenten gewonnen. Die Versorgung eines Patienten für ein Jahr erforderte 22.000 Mutterkuchen, und die ersten Patienten zahlten mehr als US$300.000 im ersten Jahr der Behandlung, die damit eine der teuersten der Welt darstellte. Die Zulassung in den USA erfolgte 1991. Der Verkauf des Medikamentes erbrachte anfänglich eine Verdopplung des Umsatzes von gut 50 auf über 100 Mio. US$. Ab 1992 durchlief Genzyme klinische Studien mit einer gentechnisch hergestellten Variante des Enzyms. Diese erhielt 1994 die US-Zulassung unter dem Markenname Cerezyme, die Jahreskosten einer Behandlung beliefen sich immerhin noch auf US$200.000. Neben dem Schwerpunkt auf der erstmaligen Enzym-

> ### Termeer forciert Genzymes Fokus auf seltene Krankheiten
>
> »Entrepreneur Sheridan Snyder and biochemist Henry Blair of Tufts University founded Genzyme to make medicinal products by engineering enzymes and carbohydrates. ... The firm struggled for two years until the board of directors recruited Dutchman Henri Termeer to serve as president. ... Termeer had been an executive vice president at Baxter. He was appointed Genzyme's CEO in 1985. ... With an eye to the commercial advantages afforded by the Orphan Drug Act, Termeer focused Genzyme's development efforts on an enzyme replacement therapy for Gaucher disease, a rare, inherited metabolic disorder characterized by a deficiency of the enzyme glucocerebrosidase« (Life Sciences Foundation, Genzyme).

Ersatztherapie von seltenen Krankheiten (neben Gaucher auch Morbus Fabry und Morbus Pompe) stellte sich das Unternehmen – oft über Zukauf – in den 1990er-Jahren relativ breit auf, was zu dem Zeitpunkt eher ungewöhnlich war.

Im Jahr 2001, 20 Jahre nach der Gründung, überschritt Genzyme die Umsatzgrenze von 1 Mrd. US$. Die Hälfte davon trug der Verkauf von Cerezyme und Ceredase bei. Dieser alleine erreichte erstmals 2006 die Milliarden-US$-Grenze, was bis zum Jahr 2008 anhielt. 2009 musste die Firma jedoch herbe Rückschläge einstecken, da bei der Medikamentenproduktion virale Kontaminationen und andere Verunreinigungen auftraten, die zu einem Lieferengpass führten. In der Folge kam es zu einem Rückschritt beim Gewinn und Aktienkurs. Unter Druck von Investoren verkündete Genzyme im Mai 2010 den möglichen Verkauf von drei Geschäftsbereichen (genetische Testung, diagnostische Produkte und pharmazeutische Materialien). Zwei Monate später interessierte sich das französisch-deutsche Pharma-Unternehmen Sanofi-Aventis für Genzyme. Ihm ging es vor allem um das Know-how zu seltenen Krankheiten sowie um eine Stärkung der Präsenz in den USA. Sanofi bezahlte im Februar 2011 rund 20 Mrd. US$ für Genzyme, die bewiesen hatten, dass sich auch mit kleinen Patientenzahlen beziehungsweise einem *Orphan-Drug*-Status ein profitables Geschäft aufbauen lässt. Heute operiert Genzyme als Tochterunternehmen im Sanofi-Konzern.

◪ **Tab. 2.7** Ausgewählte US-Biotech-Firmen mit Gründung zwischen 1976 und 1980, heute noch aktiv. (Quelle: BioMedServices 2015)

Jahr	Firma	Fokus	IPO[a]	Meilensteine (letzter Umsatz und Marktwert)
1976	Enzo Biochem	Diagnostika, Therapeutika; Immunmodulatoren	1980 (4)	1987: Einlizenzierung *antisense*-Technologie, 2003/2004/2009: je Start PII Alequel, HGTV43, Optiquel (2014: 96 und 196 Mio. US$)
1978	**Biogen**	Interferone, ab 2002 therapeutische AK	1983 (58)	1986: Intron A, 1996: Avonex, 2003: Fusion mit Idec, 2013: Tecfidera, 2014: Plegridy (2014: 9,7 und 81 Mrd. US$)
1980	**Amgen**	Zellwachstumsfaktoren, ab 2006 therapeutische AK	1983 (40)	1989/1991: Epogen/Neupogen, 1998: Enbrel, 2001/2002: Aranesp/Neulasta, 2006: Vectibix, 2014: Blincyto (2014: 20 und 124 Mrd. US$)
1980	Sarepta (AVI BioPharma)	*Antisense-*Therapeutika	1997 (21)	2003: Fokus auf Infektionen und DMD, 2007/2012: je Start PI/II, PII Eteplirsen (2014: 10 und 598 Mio. US$)

Nur börsennotierte Firmen (Marktwert > 1 Mrd. US$ in Fettdruck)
[a]Jahr, in Klammern Einnahmen (Mio. US$) des Börsengangs (*IPO* initial public offering)
AK Antikörper, *DMD* Duchenne-Muskeldystrophie, *P* Phase

2.2.3 1976 bis 1980: die ersten fünf Jahre US-Biotech-Industrie

In den ersten fünf Jahren bis 1980 gründeten sich jährlich weitere Biotech-KMU. Zusammen mit den bereits davor ins Leben gerufenen überschritt ihre Gesamtzahl 1980 die Grenze von 300. Nur wenige davon sind heute noch als eigenständige Gesellschaft aktiv (◪ Tab. 2.7). Das heißt, viele Firmen wurden nie richtig groß, oder sie traf das Schicksal der Insolvenz. Marktreif waren am Anfang im Grunde lediglich Auftragsforschung und andere Dienstleistungen sowie der Verkauf von Diagnostika. Später übernahmen Pharma-Konzerne zu hohen Preisen einige der früh gegründeten Firmen (z. B. Genentech, Centocor, MGI Pharma, Genetics Institute) und kauften sich so das Biotech-Knowhow zu (◪ Tab. 2.8). Diese erste Phase schloss ab mit den Börsengängen von Enzo Biochem und Genentech im Juni und Oktober des Jahres 1980.

2.2.4 Die 1980er-Jahre: erster Boom und Durchbrüche

In den 1980er-Jahren erlebte die US-Biotech-Industrie einen ersten Boom, gemessen an der Zahl der Firmen und ihrer Finanzierung. Von 1980 bis 1989 gründeten sich über 700 neue Firmen (Ernst & Young 1995). Risikofreudige Wagniskapitalgeber investierten in diesem Zeitraum rund 3 Mrd. US$. Gleichzeitig konnten sie an einer freundlich gestimmten Börse erfolgreich aus ihren Investitionen aussteigen (*Exit*): 82 Biotech-IPOs (IPO: *initial public offering*; Pukthuanthong 2006) steuerten knapp 2 Mrd. US$ an Biotech-Finanzierung bei. Im März 1981 realisierte Cetus einen 120 Mio. US$ schweren Börsengang. In den USA war dies zum damaligen Zeitpunkt der größte überhaupt von einer neu gegründeten Firma. Dagegen erschienen die im Jahr 1980 von Genentech eingenommenen 35 Mio. US$

◘ **Tab. 2.8** Ausgewählte US-Biotech-Firmen mit Gründung zwischen 1976 und 1980, Übernahmen. (Quelle: BioMedServices 2015)

Jahr	Firma	Fokus	IPO[a]	Meilensteine
1976	**Genentech**	Insulin, hGH, Activase, AK	1980 (35)	Diverse Zulassungen therapeutischer AK (◘ Tab. 2.6) 2009: Übernahme durch Roche (46,8 Mrd. US$)
1977	Genex	Enzyme, Feinchemikalien	1982 (12)	Finanziert von Monsanto, Emerson Electric & The Koppers Co 1991: gekauft von Enzon Ph. (13 Mio. US$)
1978	Hybritech	Diagnostische AK	1981 (13)	1984: 1,1 Mio. US$ Gewinn, Umsatz: 31 Mio. US$ 1986: gekauft von Lilly (485 Mio. US$)
1979	Advanced Genetic Sciences	Transgene Pflanzen	1983 (11)	Finanziert von Hilleshög (Zuckerfirma, Schweden) 1987: 1. Feldtest mit GVO (Frostschutzbakterium) 1988: gekauft von DNA Plant Technology (36 Mio. US$)
1979	**Centocor**	Diagnostische und therapeutische AK	1982 (21)	1982: Sepsis-Projekt (Centoxin), 1992: Flop PIII, 2/3 der Mitarbeiter entlassen, 1994: Allianz mit Lilly zu ReoPro 1999: gekauft von J&J (4,9 Mrd. US$)
1979	**MGI Pharma** (Molecular Genetics)	Tiervakzine, transgene Pflanzen, ab 1990: Therapeutika	1982 (11)	1981: American Cyanamid kauft 27 % für 5,5 Mio. US$, 2003/2006: Zulassung Aloxi, Dacogen 2008: gekauft von Eisai (3,9 Mrd. US$)
1979	Seragen	Fusionstoxine	1992 (34)	1993/1997/1999: je Start PI/II, NDA, Zulassung DAB389IL-2 (Ontak) 1998: Fusion mit Ligand Ph. (67 Mio. US$)
1980	Calgene	Transgene Pflanzen	1986 (32)	1994: Zulassung transgene Tomate Flavr-Savr® 1995/1997: Monsanto kauft 50/100 % für 30/240 Mio. US$
1980	**Genetics Institute**	Faktor VIII, EPO, t-PA	1986 (79)	1991/1996: AHP kauft 60/100 % für 666/1250 Mio. US$ 1992: Zulassung Recombinate (Faktor VIII)
1980	Genetic Systems	Diagnostische AK	1981 (7)	1982: 1. Chlamydien-Schnelltest (45 Minuten statt 21 Tage) 1986: gekauft von Bristol-Myers (294 Mio. US$)
1980	Savient Pharmaceuticals (BTG)	Uricase (Gicht)	1983 (9)	2004/2006/2010: je Start PII, PIII, Zulassung Krystexxa (geringer Umsatz) 2013: Insolvenz und Aufkauf (120 Mio. US$, Crealta Ph.)

Nur börsennotierte Firmen (Kaufwert >1 Mrd. US$ in Fettdruck)
[a]Jahr, in Klammern Einnahmen (Mio. US$) des Börsengangs (*IPO* initial public offering)
AK Antikörper, *EPO* Epoetin, *hGH* human growth hormone, *NDA* new drug application, *P* Phase, *Ph.* Pharmaceuticals, *t-PA* tissue plasminogen activator

eher bescheiden. 1983 erzielten Amgen und Biogen immerhin ein Platzierungsvolumen von 42 und 58 Mio. US$. Mehr (79 Mio. US$) nahm in den 1980er-Jahren lediglich noch Genetics Institute über seinen Börsengang (1986) ein. Bereits notierte Firmen konnten bis 1987 weitere 1,5 Mrd. US$ an Eigenkapital über nachfolgende öffentliche Angebote einwerben. Im Oktober 1987 ereignete sich dann der erste Börsenkrach nach dem Zweiten Weltkrieg, das Börsenfenster schloss sich und öffnete sich erst im Jahr 1990 wieder. Ab 1986 gab es daneben erstmals Fremdkapital-Finanzierungen von knapp 1 Mrd. US$.

Ein weiteres Instrument waren die *research and development limited partnerships* (RDLPs): Individuen und Firmen konnten steuerbegünstigt in die FuE kapitalsuchender Gesellschaften investieren und profitierten als »*limited partners*« von Tantiemen auf zukünftige Umsätze. Somit trugen die RDLPs gut 1 Mrd. US$ an Finanzierung, zum Beispiel für klinische Studien bei (Lerner und Merges 1998). Sie waren eine wichtige Ergänzung zu VC und Kapitalmärkten, verloren nach Änderung der Steuergesetzgebung aber an Gewicht. Schließlich steuerten strategische Allianzen mit Pharma-Partnern liquide Mittel in Höhe von 1,7 Mrd. US$ bei. Die Zahl neu getroffener Vereinbarungen verdoppelte sich laut Lerner und Merges (1998) von 30 im Jahr 1981 auf über 60 im Jahr 1986 und belief sich 1989 auf 71. Am aktivsten waren Genentech und Biogen mit 25 und 22 Partnerschaften (Roijakkers und Hagedoorn 2006). Aber auch Chiron und California Biotech (2001 umbenannt in Scios) erzielten immerhin noch jeweils zehn solcher Abschlüsse. Externe Finanzierungen unterstützten so die starke Wachstumsphase 1980 bis 1989 mit insgesamt rund 10 Mrd. US$ (◘ Abb. 2.3).

Die Hoffnungen waren groß, mithilfe dieser Finanzierung schnell positive Resultate zu erzielen. Erste Erfolge stellten sich im Diagnostiksektor ein: Insbesondere die Vermarktung von Tests, basierend auf der Verwendung monoklonaler Antikörper (AK), explodierte Anfang der 1980er-Jahre.

Vor allem Hybritech entwickelte sehr erfolgreich AK-basierte Tests. Sie war die erste, die 1981 eine Zulassung seitens der FDA erhielt. Die Messung von Immunglobulin E (IgE) weist auch heute noch auf Entzündungen und Allergien hin. 1985 folgte die Markteinführung des weltweit ersten Fünf-Minuten-Schwangerschaftstests sowie ein Test zur Bestimmung von PSA (prostataspezifisches Antigen), einem Biomarker für Prostatakrebs.

Die US-Biotech-Industrie erlebte indes auch, dass die Medikamenten-Entwicklung ein langwieriger und risikoreicher Prozess ist (► Auch in den USA wechselten Euphorie und Ernüchterung ab, Investoren blieben dennoch dabei). Bis Ende der 1980er-Jahre, also ungefähr zehn bis 15 Jahre nach ihrem Entstehen, gab es diesbezüglich zwar erste, aber auch nur vereinzelte Erfolge (◘ Tab. 2.9). Der Eintrag zu Centocor im *International Directory of Company Histories* merkt an:

> » Millions of dollars poured into the industry as investors sought to profit from the promised onslaught of wonder drugs that would soon spring from biotech labs. The reality by the mid-1980s, however, was that many biotech companies had succeeded in burning through millions of dollars in research and development cash without producing a single significant commercial product. (Grant 1996)

Von rund 1000 US-Biotech-Firmen waren in den 1980er-Jahren nur vier insofern erfolgreich, dass von ihnen entwickelte neuartige rekombinant hergestellte Biopharmazeutika eine Marktzulassung von der FDA erhielten. Oft waren dafür und für den Vertrieb etablierte pharmazeutische Partner verantwortlich, die Biotech-Firmen nahmen allein Lizenzzahlungen und Tantiemen auf den Umsatz ein. Die ersten eigenen auf den Markt gebrachten Medikamente waren 1985 Protropin und 1987 Activase von Genentech sowie 1989 Epogen von Amgen (◘ Tab. 2.9). Die Bedeutung von Epogen und dem Nachfolgeprodukt Aranesp für Amgen illus-

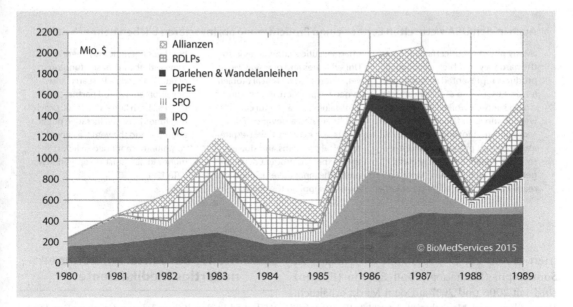

☐ **Abb. 2.3** Finanzierung US-Biotech-Industrie in den 1980er-Jahren. Erstellt auf Basis von Daten aus Lerner und Merges (1998). *IPO* initial public offering, *SPO* secondary public offering, *PIPE* private investment in public equity, *RDLP* research and development limited partnerships, *VC* venture capital

☐ **Tab. 2.9** Erste Medikamente (Biopharmazeutika), basierend auf rDNS- und Antikörper-Technologie. (Quelle: BioMedServices 2015)

Produkt	Wirkstoff	Indikation	Entwicklung/Vermarktung	FDA[a]
Humulin	Insulin	Diabetes	Genentech/Eli Lilly	10/1982
Protropin	Somatrem (rh GH)	Minderwuchs	Genentech/Genentech	10/1985
Orthoclone OKT3	Muromonab-CD3	Transplantatabstoßung (Niere)	Ortho Biotech (Tochter von J&J)/J&J	06/1986
Roferon-A	Interferon-alfa-2a	Haarzell-Leukämie	Genentech/Roche	06/1986
Intron A	Interferon-alfa-2b	Haarzell-Leukämie	Biogen/Schering-Plough	06/1986
Recombivax HB	Hepatitis-B-Antigen	Hepatitis-B-Prophylaxe	Chiron/Merck & Co.	07/1986
Humatrope	Somatropin (rh GH)	Minderwuchs	Genentech/Eli Lilly	03/1987
Activase	Alteplase (rh t-PA)	Herzinfarkt	Genentech/Genentech	11/1987
Epogen	Epoetin alfa	Renale Anämie	Amgen/Amgen	06/1989
Engerix-B	Hepatitis-B-Antigen	Hepatitis-B-Prophylaxe	Biogen/SKB	09/1989

[a]US-Zulassung (Monat/Jahr)
GH growth hormone, *rh* rekombinantes humanes, *SKB* SmithKline Beecham, *t-PA* tissue plasminogen activator

---

Auch in den USA wechselten Euphorie und Ernüchterung ab, Investoren blieben dennoch dabei

»Many pharmaceutical firms learned the hard way that biotechnology products represented no magic bullet, and that some of their products would succeed while many others were destined to fail. As time passed, the term biotechnology lost its ability to turn promises-for-tomorrow into instant cash today. Basic gene-splicing technology became readily available to scientists at large pharmaceutical companies in the United States and overseas. However, unforeseen technical problems in gene expression, in scale-up, and in obtaining meaningful clinical results created a slowing of developments and expectations. Despite technical problems and slower-than-expected product development, the innovative U.S. financial markets supplied the growing number of genetic engineering firms with the increased funding needed to survive. Research and development limited partnerships (RDLPs), both large and small, provided funds between lucrative public offerings, and the venture capital community continued to invest money in new start-up operations« (OTA 1991).

---

triert ◘ Abb. 2.2. Ersatzprodukte (*Biosimilars*) zu Somatropin (Humatrope) und Epoetin (Epogen) sind seit 2006 und 2007 auf dem Markt erhältlich. *Biosimilars* sind Nachahmer-Arzneistoffe proteinbasierter, biotechnologisch hergestellter Original-Wirkstoffe mit abgelaufenem Patent, ähnlich der Generika für niedermolekulare chemische Wirkstoffe (► Abschn. 3.1.1). Von den heute noch aktiven Gründungen der 1980er-Jahre spielen vier in einer oberen Liga (◘ Tab. 2.10): Ihr Umsatz liegt bei über 1 Mrd. US$ (Gilead, Celgene, Regeneron Pharmaceuticals, IDEXX Laboratories). Diese Gesellschaften sind auch führend mit Blick auf den Marktwert (Ende 2014: 147 bis 7,2 Mrd. US$). Mit Ausnahme von IDEXX, die von Anfang an auf Diagnostika fokussierten, erreichten ihre Produkte (Medikamente) frühestens rund zehn Jahre nach der jeweiligen Gründung erstmals den Markt (zweite Hälfte der 1990er-Jahre).

Vier weitere Firmen liegen mit ihrem Marktwert zumindest über der Grenze von 1 Mrd. US$ (Ende 2014): Ionis Pharmaceuticals (7,5), Dyax (1,9), Celldex (1,7) und PDL BioPharma (1,3). Auch sie benötigten mindestens zehn Jahre für das Erreichen des Marktes. Einige erfolgreiche 1980er-Gründungen wie Chiron oder Immunex (Entwickler von Enbrel, dem heute verkaufsstärksten Produkt von Amgen) mussten sich, wie andere Gesellschaften, einer Übernahme fügen (◘ Tab. 2.11).

2.2.5 Die 1990er Jahre: vollkommen neuartige Medikamente

Während in den 1980er-Jahren die neuartige DNS-Rekombinationstechnik primär die erstmalige mikrobielle biosynthetische Produktion von körpereigenem Insulin und Wachstumsfaktoren sowie Alfa-Interferonen als Anti-Krebs-Substanz erlaubte, kamen in den 1990ern neue Wirkstoffklassen hinzu (◘ Tab. 2.12). Neben weiteren körpereigenen Hormonen (auch Interleukine) und Blutgerinnungsfaktoren waren dies Beta-Interferone zur Behandlung der multiplen Sklerose (MS), die für die Patienten erstmals einen therapeutischen Fortschritt erbracht (► Beta-Interferone: neue Hoffnung für MS-Patienten) haben, sowie Enzymersatzstoffe und vor allem therapeutische Antikörper.

Diese konnten mithilfe der innovativen Methoden chimär gestaltet oder humanisiert werden. Ursprünglich von Mäusen stammende Antikörper, gebildet als Abwehrstoff von deren Immunsystem nach der Gabe eines Antigens, lösen beim Menschen eine Immunreaktion aus. Bei rekombinanten Antikörpern ist der Mausanteil zum Teil (chimär: teils Maus, teils Mensch oder hauptsächlich (humanisiert) durch nicht-immunogene, menschliche Sequenzen ersetzt. Vollständig humane Antikörper erreichten erstmals 2002 den Markt.

Gentechnische Methoden ermöglichten zudem erstmals die Herstellung von Fusionsproteinen.

▢ **Tab. 2.10** Ausgewählte US-Biotech-Firmen mit Gründung in den 1980er-Jahren, heute noch aktiv. (Quelle: BioMed-Services 2015)

Jahr	Firma	Fokus	IPO[a]	Meilensteine (letzter Umsatz und Markt-wert)
1981	ImmunoGen	AK-Konjugate (ADC-Technologie)	1989 (n. v.)	2013: Zulassung Kadcyla (AK von Roche unter Lizenz der ADC-Technologie), Abbruch PI/II IMGN901 (eigenes Produkt) (2014: 60 und 538 Mio. US$)
1981	Peregrine Pharmaceuticals (Techniclone)	Therapeutische AK	1983 (2)	2005/2008/2013: je Start PI, PII, PIII Bavituximab (2014: 22 und 266 Mio. US$)
1981	Repligen	Anfangs AIDS-Vakzin und AK	1986 (18)	1998: Lieferant für rProteinA (Labor), seit 2012: keine Therapeutika mehr (2014: 64 und 636 Mio. US$)
1981	Xoma	Therapeutische AK	1986 (32)	1. Entwicklungen scheitern, weitere über Partner (Raptiva, Lucentis, Cimzia) (2014: 19 und 421 Mio. US$)
1982	Immunomedics	Therapeutische AK (AK-Konjugate)	1983 (3)	2000: PI/II Epratuzumab und 4 andere AK (2014: 9 und 435 Mio. US$)
1983	Celldex Therapeutics (T Cell Sciences)	Krebsvakzine, therapeutische AK	1986 (11)	1998: Fusion mit Virus Research zu Avant Immuno, 2008/2009: Übernahme Celldex, Curagen, 2014: 1 × PIII, 3 × PII (2014: 4 Mio. und 1,7 Mrd. US$)
1983	IDEXX Laboratories	Diagnostika, Biosensoren	1991 (16)	1985/1986: Tests für Lebensmittel-/Veterinär-Sektor, 1993/1994: Tests für Trinkwasser (2014: 1,5 und 7,2 Mrd. US$)
1983	Inovio Pharmaceuticals (Genetronics)	Anfangs Elektroporation, heute DNS-Krebs-Impfstoffe	1997 (n. v.)	2008/2011: je Start PI, PII VGX-3100 (2014: 10 und 534 Mio. US$)
1986	Celgene	Umwelt-Biotechnologie, dann Immunmodulatoren	1987 (13)	1992/1995: Einlizenzierung, Zulassung Thalidomid, 2001/2002/2005: je Start PII, PIII, Zulassung Revlimid, 2013/2014: Zulassung Pomalyst, Otezla (2014: 7,7 und 91,4 Mrd. US$)
1986	PDL BioPharma (Protein Design Labs)	Humanisierung von AK	1992 (48)	1997: Zulassung Zenapax (AK von Roche unter PDL-Technologie-Lizenz; 1. humanisierter AK), 2014: 9 AK mit PDL-Technologie auf dem Markt (2014: 581 Mio. und 1,3 Mrd. US$)
1987	Gilead Sciences (Oligogen)	Virale Infektionen (Nukleotidanaloga)	1992 (86)	1991: Einlizenzierung Nukleotide, 1996/1997/2001: je Zulassung Vistide, Tamiflu (lizenziert an Roche), Viread, 2007: 5 eigene, 7 eingekaufte Medikamente auf dem Markt (2014: 24,9 und 147 Mrd. US$)
1987	Novavax	Anfangs Drug Delivery, später virale Infektionen (Rekombinante Protein-Nanopartikel); VLP-Technologie	1995 (95)	2000: Übernahme Fielding Pharmaceutical, 2001/2002/2003: NDA, Rücknahme NDA, Zulassung Estrasorb, 2007: Einlizenzierung VLP-Technologie, 2010/2012: je Start PI, PII RSV-Vakzin (2014: 31 Mio. US$ und 1,6 Mrd. US$)

◘ **Tab. 2.10** Fortsetzung

Jahr	Firma	Fokus	IPO[a]	Meilensteine (letzter Umsatz und Marktwert)
1988	Affymax	Kombinatorische Chemie (Peptide)	2006 (106)	1993: Spin-off Affymetrix, 1995: gekauft von Glaxo, 2001: ausgegliedert, 2012: Zulassung Omontys (Rückruf 2013) (2014: Firma aufgelöst)
1988	**Regeneron Pharmaceuticals**	AK, Fusionsproteine	1991 (99)	Bis 2003 2×PIII-Flop, 2008: Arcalyst, 2011: EYLEA (2014: 2,8 und 42,1 Mrd. US$)
1989	**Dyax** (Biotage)	Phagen-Display, therapeutische AK	2000 (69)	1995: Fusion mit PEC (Phagen-Display) zu Dyax, 1999: Kauf von Target Quest, 2009: Kalbitor (2014: 82 Mio. und 1,9 Mrd. US$)
1989	**Ionis Pharmaceuticals** (ISIS Pharmaceuticals)	*Antisense*-Medikamente	1991 (45)	1994: Abschluss PI/II ISIS 2922, 1998: Zulassung als Vitravene (Partner Novartis, 2006/2007 eingestellt), 2014: 5×PIII, 2×PII (2014: 214 Mio. und 7,5 Mrd. US$)
1989	**Vertex Pharmaceuticals**	Rationales *drug design*	1991 (27)	1999: Agenerase (Partner GSK), 2000: 800-Mio.-US$-Deal mit Novartis, 2011: Incivek (2014: 0,6 und 28,8 Mrd. US$)

Nur börsennotierte Firmen (Marktwert > 1 Mrd. US$ in Fettdruck)
[a] Jahr, in Klammern Einnahmen (Mio. US$) des Börsengangs (*IPO* initial public offering)
AK Antikörper, *NDA* new drug application, *n. v.* nicht verfügbar, *P* Phase, *VLP* virus like particle

◘ **Tab. 2.11** Ausgewählte US-Biotech-Firmen mit Gründung in den 1980er-Jahren, Übernahmen. (Quelle: BioMedServices 2015)

Jahr	Firma	Fokus	IPO[a]	Meilensteine
1981	**Scios** (California Biotech)	Rekombinante Peptidhormone	1983 (12)	2001: Natrecor 2003: gekauft von J&J (2,4 Mrd. US$)
1981	**Chiron**	Hepatitis-C-Vakzin, Interferon	1983 (17)	1993: Betaseron, 1994: Ciba-Geigy kauft 49,9 % 2006: Novartis kauft 100 % (5,4 Mrd. US$)
1981	**Genzyme**	Diagnostische und therapeutische Enzyme	1986 (28)	1989: Fusion mit Integrated Genetics (gegr. 1981), 1994: Cerezyme, 2003/2010: Fabrazyme, Lumizyme 2011: gekauft von Sanofi (20 Mrd. US$)
1981	**Immunex**	Rekombinanter GM-CSF, TNF-Inhibitor	1983 (17)	1991/1998: Leukine, Enbrel 2002: gekauft von Amgen (16 Mrd. US$)
1981	Zymogenetics	Rekombinante Proteine in Hefe	2002 120	1988: gekauft von Novo, 2000: Ausgründung, 2008: Recothrom 2010: gekauft von BMS (885 Mio. US$)
1982	Synergen	Rekombinanter FGF und Interleukin-Inhibitor	1986 (13)	1989/1994: je Start PII Trofak (Wunden), PIII Antril (Sepsis), beides Flops 1994: gekauft von Amgen (262 Mio. US$)

◼ **Tab. 2.11**   Fortsetzung

Jahr	Firma	Fokus	IPO[a]	Meilensteine
1983	Gen-Probe	DNS-basierte Diagnostik	1987 (16)	1985: 1. FDA-zugelassener DNS-basierter Test 2012: gekauft von Hologic (3,8 Mrd. US$)
1983	OSI Pharmaceuticals (Oncogene)	EGFR-Inhibitor	1986 (14)	2004: Tarceva 2010: gekauft von Astellas (4 Mrd. US$)
1984	ImClone Systems	Auftragsforschung, therapeutische AK	1991 (28)	1994: Entwicklung Erbitux (Partner BMS, Merck KGaA), 2004: Zulassung Erbitux 2008: gekauft von Lilly (6,5 Mrd. US$)
1985	Idec Pharmaceuticals	Therapeutische AK	1991 (48)	1993/1994/1995: je Start PI, PII, PIII Rituxan, 1997: Zulassung Rituxan, 2003: Fusion mit Biogen zu Biogen Idec (6,4 Mrd. US$) – heute nur Biogen
1987	Amylin Pharmaceuticals	Synthetische Peptidanaloga	1992 (56)	1995: Deal mit J&J, beendet 1998, Entlassung 75 % der Mitarbeiter, 2005: Zulassung Symlin und Byetta, 2012/2014: gekauft von BMS (5,3 Mrd. US$), AstraZeneca (4,3 Mrd. US$)
1987	Cephalon	Anfangs neurologische Wachstumsfaktoren	1991 (59)	1993: Kauf Rechte an Modafinil (Provigil), 1998: FDA kritisch gegenüber IGF-1 (Myotrophin), Zulassung Provigil 2011: gekauft von Teva (7 Mrd. US$)
1987	Medarex	Humane AK (UltiMAb-Technologie)	1991 (13)	1992: Start klinische Entwicklung (wenig Erfolg), 1997: Kauf von zwei AK-Firmen, 1998: PIII-Flop, 2000: 150 Entwicklungen auf Technologiebasis 2009: gekauft von BMS (2 Mrd. US$)
1988	MedImmune	Antivirale AK, rekombinante Vakzine	1991 (29)	1991/1996/1998: CytoGam, RespiGam, Synagis 2007: gekauft von AstraZeneca (15,6 Mrd. US$)
1988	Transkaryotic Therapies	Enzymersatz-Therapie	1996 (38)	2001: Zulassung Replagal in Europa 2004: gekauft von Shire (GB) (1,6 Mrd. US$)
1989	ICOS	Rekombinante Proteine und AK	1991 (36)	2003: Cialis (Partner Lilly), Flops in PIII 2007: gekauft von Lilly (2,1 Mrd. US$)

Nur börsennotierte Firmen (Kaufwert > 1 Mrd. US$ in Fettdruck)
[a]Jahr, in Klammern Einnahmen (Mio. US$) des Börsengangs (*IPO* initial public offering)
AK Antikörper, *BMS* Bristol-Myers Squibb, *EGFR* epidermal growth factor receptor, *FGF* fibroblast growth factor, *GM-CSF* granulocyte-macrophage colony-stimulating factor, *IGF* insulin-like growth factor, *P* Phase, *TNF* Tumornekrosefaktor

Dabei handelt es sich um Wirkstoffe, die aus verschiedenen Proteinfragmenten bestehen und somit neue Kombinationen von Funktionen bieten. Das von der US-Biotech-Firma Immunex entwickelte Arzneimittel Enbrel ist zum Beispiel ein Fusionsprodukt aus Teilen des menschlichen Tumornekrosefaktor(TNF)-Rezeptors und einer Untereinheit des humanen IgG-Antikörpers. Der Rezeptorteil bindet TNF, einen Botenstoff des Immunsystems, der bei Entzündungen auftritt. Der IgG-Teil verhilft zu einer längeren Verweildauer (längere Halbwertszeit im Serum). Enbrel erhielt die Zulassung für die Behandlung der rheumatoiden Arthritis im November 1998. Bereits zuvor, im August 1998, gab es seitens der FDA grünes Licht für den ebenfalls auf TNF zielenden chimären Antikörper Remicade

◘ Tab. 2.12 Rekombinant hergestellte Biopharmazeutika, Zulassungen in den 1990er-Jahren (FDA). (Quelle: BioMedServices 2015)

Produkt	Wirkstoff (Target)	Indikation	Erfindung/Entwicklung und Vermarktung	Monat/Jahr
Actimmune	Interferon-gamma-1b	Chronische Granulomatose	Genentech/Genentech	12/1990
Neupogen	Filgrastim	Neutropenie (Krebs)	Amgen/Amgen	02/1991
Leukine	Sargramostim	Transplantation	Immunex/Immunex	03/1991
Proleukin	Aldesleukin	Nierenkarzinom	Cetus (Chiron)/Prometheus	05/1992
Recombinate	Faktor VIII	Hämophilie	Genetics Institute/Baxter	12/1992
Betaseron	Interferon-beta-1b	Multiple Sklerose	Cetus (Chiron)/Berlex	09/1993
Pulmozyme	Dornase alfa	Cystische Fibrose	Genentech/Genentech	12/1993
Cerezyme	Imiglucerase	Gaucher-Krankheit	Genzyme/Genzyme	05/1994
ReoPro	Abciximab (GPIIb/IIIa)	Restenose	Centocor/Lilly	12/1994
Avonex	Interferon-beta-1a	Multiple Sklerose	Biogen/Biogen	05/1996
Benefix	Faktor IX	Hämophilie B	Genetics Institute (AHP)/AHP	02/1997
Gonal-f	Follitropin alfa	Fertilitätsstörung	Serono/Serono (Schweiz)	09/1997
Rituxan	Rituximab (CD20)	Krebs (NHL)	Idec und Genentech/Genentech	11/1997
Neumega	Oprelvekin	Thrombozytopenie	Genetics Institute (AHP)/AHP	11/1997
Zenapax	Daclizumab (CD25)	Transplantationen	PDL BioPharma/Roche	12/1997
Simulect	Basiliximab (CD25)	Transplantationen	Seragen (Ligand)/Novartis	05/1998
Synagis	Palivizumab (RSV F)	RSV-Infektionen	MedImmune/MedImmune	06/1998
Remicade	Infliximab (TNF alfa)	Rheumatoide Arthritis	Centocor/Centocor	08/1998
Herceptin	Trastuzumab (Her-2)	Brustkrebs	Genentech/Genentech	09/1998
Enbrel	Etanercept (TNF alfa)	Rheumatoide Arthritis	Immunex/Amgen	11/1998
Thyrogen	Thyrotropin alfa	Schilddrüsenkrebs	Genzyme/Genzyme	11/1998
Ontak	Denileukin diftitox	T-Zell-Lymphom	Seragen (Ligand)/Eisai	02/1999

Antikörper in Fettdruck. In Klammern angegeben ist die Mutterfirma, falls die Übernahme vor der Zulassung erfolgte; weitere rekombinante Insuline, Wachstumshormone, Interferone und t-PA sind nicht gelistet, zudem nur »neue« Wirkstoffe von Biotech-Firmen
AHP American Home Products, *RSV* respiratory syncytial virus, *TNF* Tumornekrosefaktor

(von Centocor). Vier Jahre später folgte dann der erste vollhumane rekombinante Antikörper Humira als Anti-TNF-Arzneimittel, der heute die Liste der Top-Medikamente nach Umsatz anführt. Diese fortschrittlichen Medikamente wären ohne die neuen Gentechniken nicht herstellbar. Es handelt sich dabei um Protein-Wirkstoffe, die selbst biologische Moleküle sind (*biologicals*). Sie werden daher auch als Biologika oder Biopharmazeutika benannt.

Moderne molekularbiologische Erkenntnisse trugen und tragen aber auch dazu bei, zielgerich-

»beta-Interferone: neue Hoffnung für MS-Patienten«

»Die Therapie der Multiplen Sklerose (MS) beschränkte sich bis vor wenigen Jahren auf die Linderung der auftretenden Symptome und die Bekämpfung akuter Entzündungsschübe. Das Fortschreiten der Erkrankung konnte nicht messbar beeinflusst werden. ... Mit der Zulassung von Interferon beta-1a (Avonex® und Rebif®) zur Behandlung der schubförmigen MS und Interferon beta-1b (Betaferon®) zusätzlich auch zur Behandlung der sekundär-progedienten MS, kam Bewegung in die präventive Therapie der MS. Erstmals stehen Präparate für die Behandlung von MS-Patienten zur Verfügung, für die in klinischen Studien nachgewiesen werden konnte, dass sie die Häufigkeit und Schwere der Krankheitsschübe reduzieren sowie die Progression der Erkrankung verzögern können. ... Multiple Sklerose ist eine chronisch-entzündliche und demyelinisierende, aber auch axonale Erkrankung des Zentralnervensystems. Die genaue Ursache ist bislang noch nicht geklärt« (Wick et al. 2000).

tete kleine chemische Moleküle (*small molecules*) als Arzneiwirkstoffe zu entwickeln (▶ Abschn. 3.1.1). Traditionellerweise fand die Pharma-Industrie diese durch sogenannte »Versuch-und-Irrtum«-Prozesse (*trial and error*), das heißt, verschiedenste chemische Substanzen wurden auf ihre Wirkung hin getestet und oft ohne genauere Kenntnis über die Wirkweise entwickelt und zugelassen. Molekularbiologische Untersuchungen erbringen heute viel genaueres Wissen über Krankheitszusammenhänge, Stoffwechselwege und Wirkweisen von Arzneimitteln. Auf dieser Basis lassen sich effektivere und/oder nebenwirkungsärmere Wirkstoffe entwickeln, die selbst nicht unbedingt *biologicals* sein müssen.

Derartige Medikamente wurden auch von Biotech-Firmen entwickelt und sie erreichten den Markt ebenfalls in den 1990er-Jahren (nicht in ◘ Tab. 2.12 gelistet):

- Nukleotidanaloga: chemische Substanzen, die den Bausteinen der DNS sehr ähneln, letztlich aber nicht funktionsfähig sind; werden bei Viren während ihrer Vermehrung in deren DNS eingebaut und hemmen damit ihre Replikation (z. B. 1995: Epivir gegen HIV, BioChem Pharma, Kanada; 1996: Vistide gegen CMV, Gilead Sciences);
- Protease-Inhibitoren: chemische Substanzen, die virale Proteasen und damit die Viren-Replikation hemmen (z. B. 1997: Viracept gegen HIV, Agouron Pharmaceuticals; 1999: Agenerase gegen HIV, Vertex Pharmaceuticals; 1999: Tamiflu gegen Influenza, Gilead Sciences);
- *Antisense*-Wirkstoffe: kurzkettige, synthetische, einzelsträngige Nukleinsäuren (Oligonukleotide), die am Zielort Boten-RNS abfangen und damit grundsätzlich die Biosynthese von Proteinen verhindern (z. B. 1998: Vitravene gegen CMV, Ionis Pharmaceuticals).

2.2.5.1 Firmen, Finanzierung und Transaktionen in den 1990er-Jahren

In den 1990er-Jahren verringerte sich die Wachstumsrate bei der Unternehmenszahl, es gründeten sich dennoch weitere Biotech-Firmen mit neuartigen Ansätzen, die oft die neuesten Erkenntnisse der biowissenschaftlichen Forschung umsetzten. Insbesondere die Genomik, also die Analyse von Struktur und Funktion genetischen Materials, war ein Hype in den Neunzigern. Am Anfang und am Ende der Dekade war das Börsenfenster weit geöffnet. Firmen, die zum Teil nur ein bis drei Jahre existierten und meist am Anfang der FuE standen, schafften den Sprung an den öffentlichen Kapitalmarkt. 1991/1992 waren dies beispielsweise Regeneron, Ionis und Vertex, die heute noch aktiv sind und 99, 45 und 27 Mio. US$ über den Börsengang einnahmen (◘ Tab. 2.10 und ◘ Tab. 2.13).

1993 sowie 1996 bis 1999 waren es Human Genome Sciences (27 Mio. US$) und Incyte (17 Mio. US$) sowie Millennium (62 Mio. US$), Abgenix (20 Mio. US$) und Celera Genomics (nur Listung), die – bis auf Incyte – aber später gekauft wurden (◘ Tab. 2.14). Etwas älter, bis zu fünf Jahre und somit etwas weiter in der Entwicklung, waren Amylin (56 Mio. US$), Cephalon (59 Mio. US$), Medarex (13 Mio. US$) und MedImmune (29 Mio. US$). Die ersten drei erlitten alle 1998, also elf Jahre nach der Gründung, Rückschläge (◘ Tab. 2.11).

□ Tab. 2.13 Ausgewählte US-Biotech-Firmen mit Gründung in der 1. Hälfte der 1990er-Jahre, heute noch aktiv. (Quelle: BioMedServices 2015)

Jahr	Firma	Fokus	IPO[a]	Meilensteine (letzter Umsatz und Marktwert)
1990	Geron	Stammzellen, Oligo-nukleotid-Telomera-se-Inhibitor	1996 (16)	1994: Telomerase-Aktivität in Krebs, ab 1995: diverse Pharma-Deals, 2005/2010/2014: PI, PII, Flop Imetelstat (2014: 1 und 520 Mio. US$)
1991	Affymetrix	DNS-Chips	1996 (85)	1994: GeneChip®, ab 2000: diverse Aufkäufe (2014: 349 und 735 Mio. US$)
1991	**Incyte**	Genomik (LifeSeq), Kinase-Inhibitoren (JAK 1, 2 u. a.)	1993 (17)	Ab 1995: diverse Pharma-Deals, 2001: Re-strukturierung (Entlassung 400 Mitarbeiter), 2007/2009/2011: PII, PIII, Zulassung Jakafi (2014: 511 Mio. und 12,3 Mrd. US$)
1991	**Ariad Pharmaceu-ticals**	Genomik, ab 2000 Kinase-Inhibitoren (mTOR, BCR-ABL)	1994 (14)	2004/2007/2011/2012: PII, PIII, NDA, Flop mTOR-In-hibitor, 2010/2011/2012: PII, PIII, Zulassung Iclusig (2014: 105 Mio. und 1,3 Mrd. US$)
1991	**Myriad Genetics**	Genomik, Moleku-lar-Diagnostika	1995 (53)	1996: 1. Test für erblichen Brust- und Eierstock-krebs, 1997/1998: Patente auf BRCA1/2 (Aufhe-bung 2013) (2014: 778 Mio. und 2,6 Mrd. US$)
1992	**Alexion Pharma-ceuticals**	Therapeutische AK, ultraseltene Krank-heiten	1996 (21)	2007: Zulassung Soliris (Komplement-Inhibitor) (2014: 2,2 und 37,4 Mrd. US$)
1992	**bluebird bio** (Ge-netix Pharmaceu-ticals)	Gentherapie (*ex vivo* über Stammzellen)	2013 (101)	2009: *Scientific Breakthrough of 2009* (*Science Magazin*), 2010: zwei erfolgreiche Gentherapien (2014: 25 Mio. und 2,9 Mrd. US$)
1992	**Neurocrine Bio-science**	SM (G-Protein-ge-koppelte-Rezep-toren)	1996 (37)	1999/2001/2004/2006: PII, PIII, NDA, Flop Indiplon, Kurs minus 92 %, Entlassung >500 Mit-arbeiter (90 %), 2010: Pharma-Deals, 2010/2014: PII, PIII VMAT2 (2014: 0 und 1,7 Mrd. US$)
1992	Osiris Therapeutics	*Tissue Engineering*, Stammzellen	2006 (39)	2012: Weltweit 1. Zulassung für Stammzell-Thera-peutikum (Prochymal) (2014: 60 und 518 Mio. US$)
1993	**Merrimack Phar-maceuticals**	Therapeutische AK (ErbB3), Systembio-logie	2012 (100)	2008/2010: PI, PII mit MM-121 (Signal-Inhibitor) (2014: 103 Mio. und 1,2 Mrd. US$)
1994	Exelixis	Genomik, ab 2005 Kinase- und Rezep-tor-Inhibitoren	2000 (118)	Ab 1999: diverse Pharma-Deals, 2001: Kauf Ar-temis (Köln), 2007/2008/2012: PII, PIII, Zulassung Cometriq (2014: 25 und 264 Mio. US$)
1994	Sequenom	Genomik: SNP-Ana-lysen, Molekular-Diagnostika	2000 (138)	1999/2014: Launch/Deinvestment MassArray System, 2009/2012: Flop/Launch MaterniT21-Test, 2014: 4 Tests am Markt (2014: 152 und 420 Mio. US$)

Nur börsennotierte Firmen (Marktwert >1 Mrd. US$ in Fettdruck)
[a]Jahr, in Klammern Einnahmen (Mio. US$) des Börsengangs (*IPO* initial public offering)
AK Antikörper, *NDA* new drug application, *P* Phase, *SM* small molecules, *SNP* single nucleotide polymorphism

◘ **Tab. 2.14** Ausgewählte US-Biotech-Firmen mit Gründung in den 1990er-Jahren, Übernahmen. (Quelle: BioMed-Services 2015)

Jahr	Firma	Fokus	IPO[a]	Meilensteine
1990	**CV Therapeutics**	Molekulare Kardiologie (pFOX-Inhibitor)	1996 (14)	2006: Zulassung Ranexa 2009: gekauft von Gilead (1,4 Mrd. US$)
1991	Sugen	Kinase-Inhibitoren (VEGF) – Krebs	1994 (21)	1995: 1. klin. Studien, 2006: Zulassung als Sutent (von Pfizer) 1999: gekauft von P&U (650 Mio. US$)
1991	NeXstar Pharmaceuticals	Aptamere (Selex-Technologie), Kinase-Inhibitor (VEGF) – AMD	1994 (23)	1998/2004: Entwicklung/Zulassung Macugen (Eyetech, Pfizer) 1999: gekauft von Gilead (550 Mio. US$)
1991	**Tularik**	Know-how zu Genregulation und Pathways	1999 (97)	5 klin. Programme (1×PIII/3×PII/1×PI) 2004: gekauft von Amgen (1,3 Mrd. US$)
1992	**Cubist Pharmaceuticals**	Neuartige Antibiotika	1996 (15)	1997/2003: Einlizenzierung/Zulassung Cubicin 2014: gekauft von Merck & Co. (9,5 Mrd. US$)
1992	**Human Genome Sciences**	Genomik, therapeutische AK, rekombinante Proteine, SM	1993 (27)	Von 21 klinischen Entwicklungen 2 Zulassungen, ein FDA-Flop 2012: gekauft von GSK (3,6 Mrd. US$)
1992	**Onyx Pharmaceuticals**	SM (Signaltransduktions- und Zellzyklus-Inhibitoren)	1996 (30)	2012: Zulassung Kyprolis 2013: gekauft von Amgen (10 Mrd. US$)
1992	**Sirna Therapeutics** (Ribozyme Pharmaceuticals)	Know-how zu RNS-Interferenz	1996 (20)	2004: 1. klin. Studien (zu AMD) 2006: gekauft von Merck & Co. (1,1 Mrd. US$)
1993	**ILEX Oncology**	Therapeutische AK	1997 (30)	2001: Zulassung Campath (Partner Millennium) 2004: gekauft von Genzyme (1 Mrd. US$)
1993	**Millennium Pharmaceuticals**	Neue Zielmoleküle basierend auf Genomik	1996 (62)	1994: über 20 Pharma-Deals, 2003: Zulassung Velcade 2008: gekauft von Takeda (8,8 Mrd. US$)
1994	**Inhibitex**	Therapeutische AK (Infektionen), dann SM (HCV, oral)	2004 (35)	2002/2004/2006: PI, PIII, Flop Veronate 2012: gekauft von BMS (2,5 Mrd. US$)
1995	Coulter Pharmaceuticals	Therapeutische AK	1997 (30)	2000: gekauft von Corixa (882 Mio. US$) 2003: Zulassung Bexxar
1996	**Abgenix**	XenoMouse, humane AK, Immuntherapie	1998 (20)	2006: gekauft von Amgen (2,2 Mrd. US$) 2006: Zulassung Vectibix
1996	**Myogen**	SM (Endothelin-Rezeptor-Antagonisten)	2003 (70)	2006: gekauft von Gilead (2,5 Mrd. US$) 2007: Zulassung Letairis
1998	Celera Genomics	Genomik, Molekular-Diagnostika	1999 (0)	2000: Humangenomsequenz 2011: gekauft von Quest (671 Mio. US$)
1998	**Pharmasset**	Nukleosid/-tid-Analoga (HCV, oral)	2007 (45)	Verschiedene Wirkstoffe bis PII und PIII 2012: gekauft von Gilead (11,2 Mrd. US$)
1998	**Idenix Pharmaceuticals**	Nukleosidpolymerase-Inhibitoren, Nukleotidanaloga, HCV-Infektionen	2004 (64)	2008/2011/2013: PI, PII, Abbruch IDX184, 2013: Fokus auf NS5A-Inhibitor in PII 2014: gekauft von Merck & Co. (3,85 Mrd. US$)

Nur börsennotierte Firmen (Kaufwert > 1 Mrd. US$ in Fettdruck)

[a]Jahr, in Klammern Einnahmen (Mio. US$) des Börsengangs (*IPO* initial public offering)

AK Antikörper, *AMD* altersbedingte Makuladegeneration, *BMS* Bristol-Myers Squibb, *GSK* GlaxoSmithKline, *HCV* Hepatitis-C-Virus, *P* Phase, *P&U* Pharmacia & Upjohn, *SM* small molecules, *VEGF* vascular endothelial growth factor

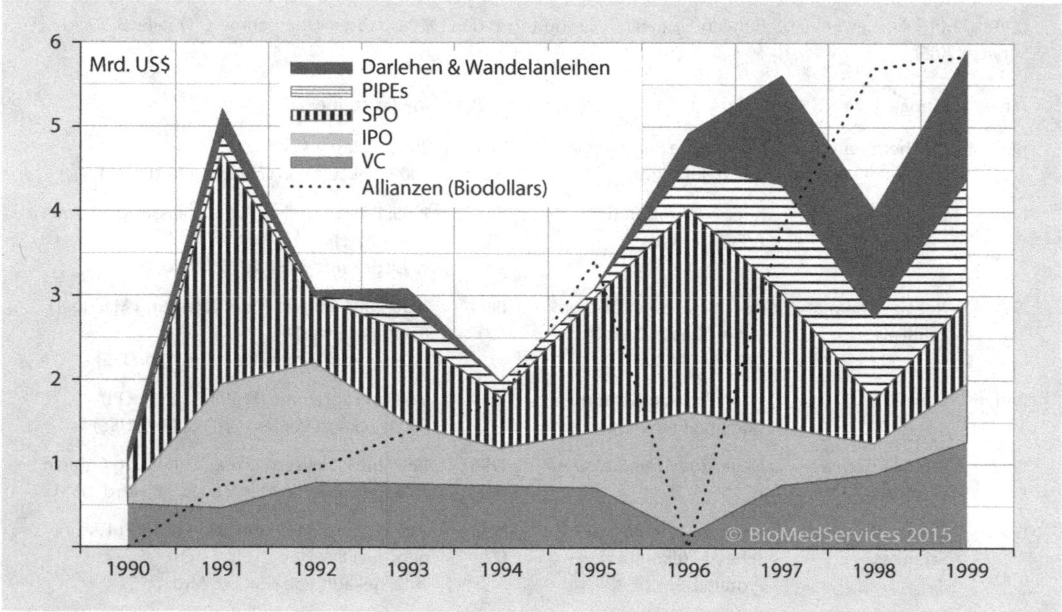

◘ Abb. 2.4   Finanzierung US-Biotech-Industrie in den 1990ern. Erstellt auf Basis von Daten aus Lerner und Merges (1998), Burrill (2000) sowie Nicholson et al. (2002). Bei den Allianzen handelt es sich um Gesamtzusagen (potenzieller Wert). *IPO* initial public offering, *SPO* secondary public offering, *PIPE* private investment in public equity, *VC* venture capital

Trotzdem waren sie danach in der Lage, weiteres Geld einzusammeln, um doch noch erfolgreich andere Produkte an den Markt zu bringen. Folgende Gesamtfinanzierung erzielten diese Firmen jeweils durch risikofreudige Investoren (Angaben aus Datenbank BCIQ):

— Amylin (gegründet 1987, IPO 1992): 2,6 Mrd. US$ bis zur Übernahme durch Bristol-Myers Squibb 2012 für 5,3 Mrd. US$;
— Cephalon (gegründet 1987, IPO 1991): 3,8 Mrd. US$ bis zur Übernahme durch Teva 2011 für 7 Mrd. US$;
— Medarex (gegründet 1987, IPO 1991): 1,3 Mrd. US$ bis zur Übernahme durch Bristol-Myers Squibb 2009 für 2 Mrd. US$.

Von allen Finanzierungsarten dominierte die weitere öffentliche Platzierung von Firmenanteilen (*secondary public offering*, SPO). Private Platzierungen, oft als PIPE (*private investment in public equity*) bezeichnet, nahmen zu wie auch Wandelanleihen. Selbst Firmen ohne positiven Cashflow waren in der Lage, diese Art von Kapital zu akquirieren. Das investierte Kapital summierte sich in

den Neunzigern auf knapp 40 Mrd. US$. Waren in den 1980er-Jahren Finanzierungen in Höhe von 1 bis 2 Mrd. US$ pro Jahr Spitzenwerte, so stellten sie 1990 und 1994 die beiden schlechtesten Jahre dar (◘ Abb. 2.4). Neben Eigen- und Fremdkapital finanzierte sich die Industrie zunehmend über FuE-Partnerschaften mit Pharma-Konzernen. Deren Anzahl stieg von unter 100 im Jahr 1991 auf 165 neu abgeschlossener Kooperationen im Jahr 1999 (NSF 2000). Insgesamt wurden in den Neunzigern mehr als 1000 Vereinbarungen getroffen, eine Verdopplung von unter 500 in der Dekade zuvor. Ihr Gesamtwert (soweit veröffentlicht) wuchs von weniger als 1 Mrd. im Jahr 1991 über 3,4 Mrd. in 1995 auf 5,8 Mrd. US$ im Jahr 1999. Waren am Anfang der 1990er-Jahre Abkommen mit einem Wert von über 100 Mio. US$ ein Durchbruch, so füllte sich ihre Reihe zunehmend. 1998/1999 kostete der Zugang zu Biotech-Know-how die Pharma-Unternehmen im Einzelfall dann erstmals mehr als 400 Mio. US$:

— Human Genome Sciences: 1993 mit SmithKline Beecham 125 Mio. US$ (Zulassung Benlysta 2011);

- Protein Design Laboratories: 1994 mit Co-range (Holding Boehringer Mannheim) 206 Mio. US$;
- Ionis Pharmaceuticals: 1995 mit Boehringer Ingelheim 100 Mio. US$;
- Amylin Pharmaceuticals: 1995 mit Johnson & Johnson 100 Mio. US$;
- COR Therapeutics: 1995 mit Schering-Plough 120 Mio. US$;
- Cell GeneSys: 1995 mit Hoechst Marion Roussel (HMR) 160 Mio. US$ (AIDS-Gentherapie);
- Millennium Pharmaceuticals: 1994 mit Roche 70 Mio. US$, 1996 mit AHP/Wyeth 90 Mio. US$, 1997 mit Monsanto 343 Mio. US$, 1998 mit Bayer 465 Mio. US$, 2000 mit Aventis (frühere HMR) 450 Mio. US$;
- Triangle Pharmaceuticals: 1999 mit Abbott 335 Mio. US$;
- Aviron: 1999 mit AHP/Wyeth 400 Mio. US$ (Marketing FluMist).

In der Summe erbrachte die Dekade Zusagen in Höhe von mehr als 20 Mrd. US$. Zusagen geben den potenziellen Wert wieder, denn Zahlungen fließen nur zum Teil sofort bei Abschluss (*upfront payments*) einer Kooperation, danach dann abhängig vom Erreichen bestimmter vorher definierter Meilensteine (*milestone payments*). Im Branchenjargon ist für die Zusagen oft auch von *biobucks* oder *biodollars* die Rede. Eine andere Möglichkeit, sich die neuen Technologien auf mehr oder weniger schnellem Wege anzueignen, waren Akquisitionen, also die Übernahme aller Unternehmensanteile oder Teilübernahmen (Mehrheits- oder Minderheitsbeteiligungen). Preise dafür überschritten in den Neunzigern erstmals die Grenze von 500 Mio. US$, nachdem 1986 zum Beispiel Bristol-Myers und Lilly noch 294 und 485 Mio. US$ für Genetic Systems und Hybritech zahlten:

- 1990: Sandoz beteiligt sich für 392 Mio. US$ mit 60 % an Systemix;
- 1991: American Home Products (AHP) kauft 60 % von Genetics Institute für 666 Mio. US$;
- 1993: Lederle kauft 54 % von Immunex für 350 Mio. US$;
- 1995: GlaxoWellcome kauft Affymax für 553 Mio. US$;
- 1996: AHP übernimmt die restlichen Anteile an Genetics Institute für 1,25 Mrd. US$.

Diese Beträge erscheinen indes sehr bescheiden gegenüber den absoluten Mega-Deals dieser Dekade:

- 1990: Roche kauft 60 % der Anteile von Genentech für 2,1 Mrd. US$;
- 1994: Ciba-Geigy kauft 49,9 % der Anteile von Chiron für 2,1 Mrd. US$;
- 1999: Warner-Lambert übernimmt Agouron Pharmaceuticals für 2,2 Mrd. US$;
- 1999: Johnson & Johnson akquiriert Centocor für 4,9 Mrd. US$;
- 1999: Roche übernimmt die restlichen 40 % an Genentech für 4 Mrd. US$, veräußert später aber über die Börse wieder Anteile und reduziert die Beteiligung somit schrittweise erneut auf 58 %; die Emissionserlöse werden in vielen Statistiken fälschlicherweise als Finanzierung für Genentech gerechnet, das Kapital floss jedoch Roche zu (Juli 1999: 1,94 Mrd. US$, Oktober 1999: 2,87 Mrd. US$ und März 2000: 2,82 Mrd. US$); Genentech setzt eigenständigen Marktauftritt fort.

Neben den Pharma-Konzernen stärkten sich zunehmend auch Biotech-Firmen durch Zukäufe:

- 1991: Chiron kauft Cetus für 660 Mio. US$;
- 1994: Amgen kauft Synergen für 258 Mio. US$;
- 1999: MedImmune kauft US Bioscience für 492 Mio. US$;
- 1999: Millennium kauft Leukosite für 577 Mio. US$;
- 1999: Gilead Sciences kauft NeXstar für 550 Mio. US$.

2.2.5.2 Neuartige Medikamente treiben die positive Entwicklung voran und führen zum Börsenboom

Die eigentlichen Treiber für die positive Entwicklung waren in den 1990er-Jahren allerdings Erlöse, erzielt durch den Verkauf neuartiger Biopharmazeutika (◘ Tab. 2.15). Die Führung übernahmen diejenigen Gesellschaften (◘ Tab. 2.15, ◘ Tab. 2.16), die in den Achtzigern und Anfang der Neunziger entsprechende Produkte auf den Markt gebracht hatten: Amgen, Genentech, Chiron und Genzyme. Bis Ende 1999 folgten noch diejenigen, die im Laufe der Dekade erfolgreich den Markt erobern konnten: Immunex, Biogen, MedImmune, Idec sowie Gilead. Neben anschwellenden Umsätzen führte

■ **Tab. 2.15** Top-10-Biopharmazeutika nach weltweitem Umsatz (Mrd. US$) zum Ende der 1990er-Jahre. (Quelle: BioMedServices (2015) nach Daten aus Geschäftsberichten)

Produkt	Indikation	Entwickler	Vermarkter	FDA[a]	1998	1999
Epogen	Blutarmut (Dialyse)	Amgen	Amgen	1989	1,38	1,76
Procrit	Blutarmut (Nicht-Dialyse)	Amgen	Ortho Biotech (J&J)	1990	1,36	1,51
Neupogen	Neutropenie	Amgen	Amgen	1991	1,12	1,26
Humulin	Diabetes	Genentech	Eli Lilly	1982	0,96	1,09
Intron A	Haarzell-Leukämie u. a.	Biogen	Schering-Plough	1992	0,72	0,65
Avonex	Multiple Sklerose	Biogen	Biogen	1996	0,40	0,62
Engerix-B	Hepatitis B	Genentech	SmithKline Beecham	1989	0,57	0,54
Cerezyme	Gaucher-Krankheit	Genzyme	Genzyme	1994	0,41	0,48
Genotropin	Kleinwüchsigkeit	Genentech	Pharmacia & Upjohn	1995	0,40	0,46
ReoPro	Restenose	Centocor	Centocor und Lilly	1994	0,37	0,45
Summe					7,69	8,82

[a]US-Zulassung; Antikörper in Fettdruck

dies zu neuen Höchstwerten beim Marktwert dieser Unternehmen.

> » Biotech indices lost a third of their value between May 1998 and September 1998. In the last quarter of 1998, the market climate began to improve, and the biotech indices followed the NASDAQ on a bumpy but respectable climb. The industry began to attract investor attention as Wall Street attention focused on a series of favorable fourth-quarter sales reports. Combined with forecasts of rapid sales growth among companies such as Idec Pharmaceuticals and Genentech, the backbone for the stock gains was formed that propelled the biotech indices into 1999. (Ernst & Young 2000)

Das aufkommende positive Börsenklima ermöglichte es sehr jungen Firmen, die erst in der zweiten Hälfte der 1990er-Jahre gegründet wurden (■ Tab. 2.17), einen Börsengang zu stemmen. Bereits ein bis zwei Jahre nach der Gründung war dies zum Beispiel der Fall bei der früheren AviGenics (heute Synageva BioPharma, 2015 gekauft von Alexion) sowie bei BioMarin Pharmaceuticals.

Begleitend zu der neuen Hochstimmung am Kapitalmarkt erreichte um die Jahrtausendwende

ebenfalls der Genom-Hype seinen Höhepunkt: die Aufklärung des menschlichen Genoms. Große Erwartungen bei der Heilung von Krankheiten zog viele – auch sehr unerfahrene – Investoren an. So kletterten die Kurse beziehungsweise der Marktwert junger Genomik-Unternehmen an der Börse in schwindelnde Höhen (■ Abb. 2.5 und ■ Tab. 2.16). Die Bewertung aller rund 300 börsennotierter US-Biotech-Gesellschaften lag bei rund 350 Mrd. US$.

2.2.6 Die erste Dekade des neuen Milleniums: vom Börsenhype zur Profitabilität

Die Börsenralley begann in der zweiten Jahreshälfte von 1999 und erreichte einen ersten Peak im ersten Quartal 2000 sowie einen zweiten Höhepunkt im dritten bis vierten Quartal 2000. Der Zeitraum war allerdings extrem volatil. Die Kurse von Incyte und Millennium verachtfachten sich, der von Human Genome Sciences (HGS) legte um das Zehnfache zu (■ Abb. 2.5). Auch die Aktienpreise der bereits etablierteren Firmen wie Biogen, Amgen oder Genentech vervielfachten sich. Da Biogen 1998 von einem sehr niedrigen Niveau startete erbrachte die Aktie den Investoren sogar einen potenziellen

◻ **Tab. 2.16** Status quo führender US-Firmen zu Beginn und Ende der 1990er-Jahre. (Quelle: BioMedServices (2015) nach Daten aus Spalding und Shriver (1992), Ernst & Young (1992) und Burrill (2000))

Jahr des 1. eigenen Produktes auf dem Markt in Klammern	1991/1992 (Mio. US$)					1999 (Mio. US$)				
	Marktwert[a]	G/V[b]	Umsatz[c]	Zulassung[d]	Klinik[d]	Marktwert[a]	G/V[b]	Umsatz[c]	Zulassung/PIII[d]	PII/PI[d]
Amgen (1989)	8131	G	682	1	6	61.477	G	3340	12	17
Genentech (1985)	3233	G	460	0	8	34.716	V[e]	1421	17	18
Immunex (1991)	465	G	53	0	6	18.189	G	542	15	16
Biogen (1996)	795	G	61	0	3	12.753	G	794	6	9
MedImmune (1998)	249	G	14	2	2	11.415	G	383	6	18
Chiron (1992)	1660	G	141	1	11	7654	G	763	16	19
Millennium (2003)	Gegründet 1993					5582	V	47	2	12
Affymetrix	Gegründet 1992					4635	V	97	0	0
Idec (1997)	n. v.	V	0	0	2	4210	G	118	6	6
HGS (2011)	Gegründet 1992					3931	V	25	0	5
Celera	Gegründet 1998					3897	V	13	0	0
Genzyme (1991)	1071	G	122	0	6	3812	G	635	5	9
Gilead (1996)	n. v.	n. v.	n. v.	n. v.	n. v.	2403	V	169	10	19
Incyte (2011)	Gegründet 1991					1903	V	157	0	0
Centocor (1996)	463	V	53	3	5	1999 gekauft von Johnson & Johnson				

[a]Marktwert Mitte 1992 bzw. Ende 1999, [b]Gewinn (G) oder Verlust (V), [c]Umsatz Ende 1991 bzw. 1999, [d]Zahl der Projekte in diesen Phasen (P: Phase X oder Zulassung), [e]im Jahr 1999 Verlust, davor Gewinn

16-fachen Gewinn, Amgen immerhin noch eine Steigerung um das Fünffache. In den Jahren 2001 und 2002 ging es dagegen, insbesondere für die Genomik-Firmen, wieder rasant abwärts.

» The balance sheets of many biotechnology companies and the public expectations for improved health care were pushed to stratospheric heights in 2000 by the completion of the mapping of the human genome. The celebrations for this historic achievement have faded. Biotechnology companies and their partners … are faced with the daunting task of deciphering and applying the complex information contained in tens of thousands of genes and hundreds of thousands of proteins. (Morrison und Giovannetti 2001)

2

☐ **Tab. 2.17** Ausgewählte US-Biotech-Firmen mit Gründung in der 2. Hälfte der 1990er, heute noch aktiv. (Quelle: BioMedServices 2015)

Jahr	Firma	Fokus	IPO[a]	Meilensteine (letzter Umsatz und Marktwert)
1995	**Exact Sciences**	Molekular-Diagnostika (Epigenetik)	2001 (56)	2014: Zulassung Cologuard-Test (2014: 1,8 Mio. und 2,4 Mrd. US$)
1995	Lexicon Pharmaceuticals	Genomik, >100 genetisch validierte Targets	2000 (220)	Ab 1997 diverse Pharma- und Biotech-Deals, 2007/2009/2012: je Start PI, PII, PIII LX1032 (2014: 23 und 644 Mio. US$)
1995	**Sangamo Biosciences**	Genomik, Zinkfinger-protein-Therapeutika	2000 (53)	Ab 1998 diverse Pharma-Deals, 2006/2011: PII, Flop SB-509 (2014: 46 Mio. und 1 Mrd. US$)
1996	**Cepheid**	Molekular-Diagnostika	2000 (30)	2000/2004: Launch SmartCycler, GeneXpert System (2014: 470 Mio. und 3,8 Mrd. US$)
1996	Cyclacel Pharmaceuticals	Zellzyklus-modulierende Therapeutika	2004 (34)	2006/2010/2011: PI, PII, PIII Sapacitabine (2014: 1,7 und 16 Mio. US$)
1996	Dynavax Technologies	Immunstimulierende DNS mit Ziel TLR	2004 (52)	2006/2007/2010/2012: PI, PII, PIII, BLA Heplisav (2014: 11 und 488 Mio. US$)
1996	Northwest Biotherapeutics	Krebs-Immuntherapie (autologe dendritische Zellen)	2001 (20)	2002/2006: PII, PIII DCVax-Brain (2014: 1 und 342 Mio. US$)
1996	**Synageva BioPharma[b]**	Enzymersatz, ultraseltene Krankheiten	1997 (33)	2011: Kauf Trimeris, 2014: PIII Sebelipase (2014: 6,5 Mio. und 3,1 Mrd. US$)
1997	Arena Pharmaceuticals	SM (G-Protein-gekoppelte Rezeptoren)	2000 (108)	2004/2006/2012: PII, PIII, Zulassung Belviq (2014: 37 und 742 Mio. US$)
1997	Argos Therapeutics	Krebs-Immuntherapie (autologe dendritische Zellen)	2014 (45)	2006/2008/2012: PI, PII, PIII AGS-003 (2014: 2 und 191 Mio. US$)
1997	**BioMarin Pharmaceuticals**	Enzymersatz, ultraseltene Krankheiten	1999 (59)	2000/2003: PIII, Zulassung Aldurazyme (2014: 751 Mio. und 13,6 Mrd. US$)
1997	Xencor	Therapeutische AK (XmAb-Plattform: Fc *engineering*)	2013 (70)	1998: Einlizenzierung Caltech-Technologie, diverse Deals, 2011/2013: PI, PII XmAb5871 (2014: 10 und 514 Mio. US$)
1998	**Intrexon**	DNS-Synthese, Ultra-Vector-Plattform	2013 (160)	2005/2007/2010/2011/2013: Serie-B/C/D/E/F-Finanzierung (2014: 72 Mio. und 2,8 Mrd. US$)
1998	**PTC Therapeutics**	SM (posttranskriptionale Prozesse)	2013 (126)	2005/2009: PII, PIII Ataluren (2014: 25 und 1,8 Mrd. US$)
1998	**Seattle Genetics**	Therapeutische AK, AK-Konjugate	2001 (49)	2006/09/11: PI, PII/III, Zulassung Adcetris (2014: 287 Mio. und 4,1 Mrd. US$)
1999	**NewLink Genetics**	Krebs-Immuntherapie (ohne autologe Zellen)	2011 (43)	2007/2010: PII, PIII Algenpantucel-L (2014: 173 Mio. und 1,1 Mrd. US$)

Nur börsennotierte Firmen (Marktwert >1 Mrd. US$ in Fettdruck)
[a]Jahr, in Klammern Einnahmen (Mio. US$) des Börsengangs (*IPO* initial public offering), [b]im Mai 2015 übernommen von Alexion Pharmaceuticals für 8,4 Mrd. US$
AK Antikörper, *BLA* biologic license application, *P* Phase, *SM* small molecules, *TLR* Toll-like receptor

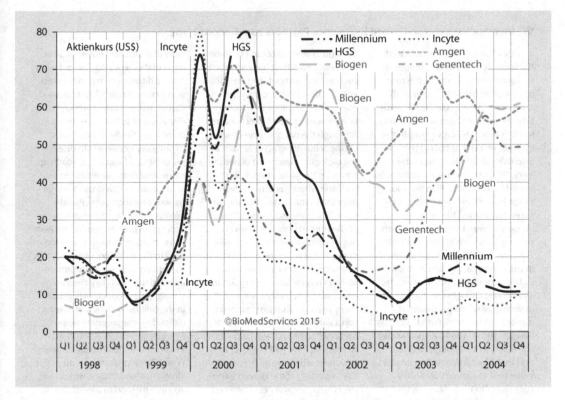

◘ Abb. 2.5 Genom-Hype am US-Kapitalmarkt. Erstellt auf Basis von Daten aus Yahoo Finance und SEC.gov (pro Quartal [Q] gemittelt aus Höchst- und Tiefstwert); Genentech-Kurse ab Q3/1999, nach erneuter Listung; *HGS* Human Genome Sciences

Der Biotech-Hype am Kapitalmarkt wurde begleitet, vermutlich sogar auch unterstützt, von einer anderen Dynamik, der sogenannten »Dot-Com-Blase« oder Internet-Blase (▶ VC-Investor Walton von Oxford Bioscience Partners zum Genom-Hype). Nachdem 1993 der erste Internet-Browser verfügbar war, entstand sie ab 1997, basierend auf dem Börsengang und der rasanten Aktienentwicklung von Firmen wie Amazon, AOL und Yahoo.

Neben diesen noch existierenden Unternehmen gründeten sich viele andere, deren Geschäftsmodell nicht nachhaltig war und die entsprechend wieder vom Markt verschwanden. Der Verlauf des NASDAQ-Computer-Index spiegelt die übertriebene Entwicklung wider: Er stieg von rund 400 auf knapp 3000 Punkte und fiel bis 2002 wieder auf rund 500 Punkte (◘ Abb. 2.6). Im Vergleich dazu waren die Biotech-Aktien sehr viel weniger extrem

gestiegen und gefallen. Der NASDAQ Biotechnology Index (NBI) erreichte knapp 1500 Punkte, ausgehend von rund 300 Punkten in den Jahren 1996 bis 1998. Bis 2002 landete er ebenfalls bei um die 500 Punkte. Selbst nach diesem »Auf und Ab« konnten börsennotierte Biotech-Unternehmen einen höheren Marktwert pro Firma demonstrieren als davor. Zur Mitte der ersten Dekade des neuen Milleniums lag dieser bei 1 Mrd. US$ (◘ Abb. 2.6), allerdings getrieben von einem Dutzend führender Firmen, die 60 bis 80 % der Gesamt-Marktkapitalisierung ausmachten. Ohne sie erreichte der durchschnittliche Marktwert lediglich eine Höhe von 200 bis 400 Mio. US$, der verglichen werden muss mit 100 Mio. US$ vor dem Hype. Noch unter dieser Grenze lag im September 1998 die Bewertung von über 200 der 327 börsennotierten Gesellschaften (Ernst & Young 1998).

2

VC-Investor Walton von Oxford Bioscience Partners zum Genom-Hype

»It would be logical to believe that the interest in genomics companies this year was triggered by the race to complete the sequencing of the human genome. In fact, closer scrutiny shows that the strong economy led first to a speculative fever in the Internet world that started to cycle into biotechnology in December 1999. IPOs that had traditionally been priced in the $100 million pre-money range have more frequently been taken out in the $300 million-plus range this year. Even as the markets paused for breath in early summer 2000, weak IPOs rapidly appreciated in price. February/March 2000 saw public genomics companies reach astronomical heights; with several attaining previously unheard of market capitalizations of $3–5 billion. Perhaps those who have questioned the ability of technology, service, and tool-box companies to provide value to shareholders are finally convinced. In the meantime, the competition between the public and private programs to sequence the human genome reached its zenith. There can be little doubt that Celera … won. In just two years and with less that $1 billion, Celera achieved what the public program took $3 bil-

lion and 15 years to complete. To be fair, Celera could not have achieved such success without the catalytic affect in the public program. Nevertheless, 0 to $5 billion in valuation in two years must be a biotech record. Although the national press seized on the sequencing achievement as the biological equivalent of putting a man on the moon, hopefully it is clearer where genomics is heading than astronautics. In a turn of Churchillian phrase: ‚Completion of the Human Genome Project is not the end, or even the beginning of the end; it is but the end of the beginning.‘ It is perhaps surprising to some in private financing circles that genomics, which was a hot area 10 or more years ago, has just reached the consciousness of many of the investing public. Fortunately during those 10 years we have had plenty of time to ponder where we go from here. At the beginning of the Human Genome Project, Senator Pete Domenici … put forth the thesis that it would lead to a cure for human disease in a **50-year** period. Getting there from here seems as though it will take a little more time than originally projected. On one level, the genomic roadmap for drug discovery seems

fairly obvious: Find out what all or most of the genes do, find out what are the differences in gene expression between normal and diseased tissues, work out the pathways of disease, find suitable interference points, and finally, design drugs to uniquely interfere with disease processes. … Despite this roadmap, many troubling questions remain in discovering new drugs through genomic methodology. Protein profiles do not always match gene expression profiles, thus proteomics in its broadest sense may add something to the equation. Genomics tells us nothing about protein/protein interactions. Many key disease-initiating gene products may reside in the cellular nucleus and may be difficult or inappropriate targets. Many degenerative diseases may involve more than one pathway and target. Target proteins are often not ‚druggable‘ and there is no known ab initio method to predict this. To reward investments in the industry and bring its potential to fruition, the industry must tackle these problems and show that genomics can lead to the discovery of new drugs better, cheaper, and quicker« (Walton 2000).

2.2.6.1 Wiederum treiben neuartige Medikamente die positive Entwicklung an

Umsatztreiber bei den Medikamenten wurden zunehmend solche der zweiten Generation (1. Generation: rekombinante körpereigene Stoffe), das heißt therapeutische Antikörper sowie Fusionsproteine. In der ersten Hälfte der neuen Dekade vervierfachte sich der Umsatz mit den Top-10-Biopharmazeutika (◘ Tab. 2.18). 2005 betrug der Gesamtumsatz mit Biologika 66 Mrd. US$ (EvaluatePharma 2009), was gut 10 % des kompletten Pharma-Marktes ausmachte.

Allein die Top-10-Biopharmazeutika (◘ Tab. 2.18) übertrafen mit 26 Mrd. US$ im Jahr 2005 Umsatzprognosen von 1997: 24,5 Mrd. US$ im Jahr 2006 für alle biologischen Humantherapeutika (Paugh und Lafrance 1997). ◘ Tabelle 2.19 und 2.20 listen ausgewählte FDA-Neuzulassungen der Jahre 2000 bis 2009, die zunehmend auch von europäischen Gesellschaften kamen (► Auch europäische Erfindungen erfolgreich bei der FDA).

Die Biologika umfassen rekombinante Antikörper (Endung: -mab), Enzymersatzstoffe (-ase), Fusionsproteine (-cept), andere Proteine (Hormone oder Wachstumsfaktoren, Endung -in oder -im) sowie Peptide (-tide).

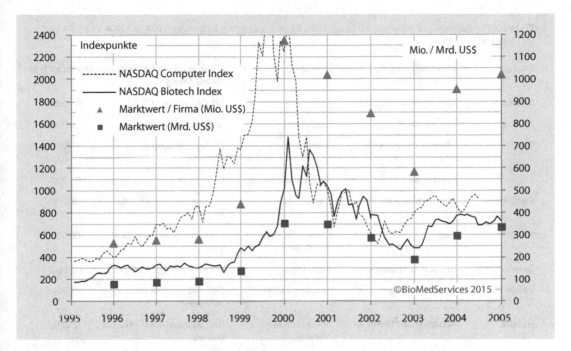

◻ **Abb. 2.6**   US-Biotech-Kapitalmarkt: Entwicklungen von 1995 bis 2004. Erstellt nach Daten von Yahoo Finance und Ernst & Young (1995–2005); für den Marktwert liegen nur jährliche Daten vor

◻ **Tab. 2.18**   Top-10-Biopharmazeutika nach weltweitem Umsatz (Mrd. US$), 2005 versus 1999. (Quelle: BioMed-Services 2015)

Produkt	Indikation	Entwickler	Vermarkter	FDA[a]	1999	2005
Enbrel	Rheumatoide Arthritis	Genentech/Immunex	Immunex (Amgen)	1998	0,37	3,66
Remicade	Rheumatoide Arthritis	Centocor (1999 zu J&J)	J&J/Schering-Plough	1998	0,10	3,48
Rituxan	Krebs (NHL)	Idec/Genentech	Genentech	1997	0,32	3,44
Procrit	Blutarmut (Nicht-Dialyse)	Amgen	Ortho Biotech (J&J)	1990	1,51	3,32
Aranesp[b]	Blutarmut	Amgen	Amgen	2001	–	3,27
Epogen	Blutarmut (Dialyse)	Amgen	Amgen	1989	1,76	2,46
Neulasta[c]	Neutropenie	Amgen	Amgen	2002	–	2,29
Avonex	Multiple Sklerose	Biogen	Biogen Idec	1996	0,62	1,54
Humira	Rheumatoide Arthritis	CAT/Knoll (AbbVie)	AbbVie/Eisai	2003	–	1,40
Neupogen	Neutropenie	Amgen	Amgen	1991	1,26	1,22
Summe					5,93	26,08

Antikörper in Fettdruck
[a]US-Zulassung, [b]EPO-Analogon, [c]PEG-Neupogen
CAT Cambridge Antibody Technology, *NHL* Non-Hodgkin-Lymphom

2

◘ **Tab. 2.19**   Ausgewählte rekombinant hergestellte Biopharmazeutika, Zulassungen 2000 bis 2004 (FDA). (Quelle: BioMedServices 2015)

Produkt	Wirkstoff (Target)	Indikation	Erfindung/Entwicklung und Vermarktung	Monat/Jahr
Mylotarg	Gemtuzumab (CD33)	Krebs (AML)	GB: Celltech/AHP	05/2000
TNKase	Tenecteplase	Herzinfarkt	Genentech/Genentech	06/2000
Ovidrel	Choriogonadotropin alfa	Infertilität	CH: Serono/Serono	09/2000
Osigraft	Eptotermin alfa	Knochenwachstum	Curis/Stryker	05/2001
Campath	Alemtuzumab (CD52)	Krebs (CLL)	Ilex und Millennium/Schering	05/2001
Natrecor	Nesiritid	Chronische Herzinsuffizienz	California Biotech (spätere Scios)/Scios	08/2001
Zevalin	Ibritumomab-Tiuxetan	Krebs (NHL)	Biogen Idec/Spectrum	02/2002
Infuse	Dibotermin alfa	Knochenwachstum	Genetics Institute (Wyeth)/Medtronic	09/2002
Humira	Adalimumab (TNF alfa)	Rheumatoide Arthritis	GB: CAT/Knoll (BASF Pharma) (AbbVie)	12/2002
Amevive	Alefacept (CD2)	Psoriasis	Biogen Idec/Astellas	01/2003
Iprivasc	Desirudin	Thromben	Marathon Pharms/Marathon	04/2003
Fabrazyme	Agalsidase beta	Fabry-Krankheit	Genzyme/Genzyme	04/2003
Aldurazyme	Laronidase	MPS Typ I	Biomarin/Genzyme	04/2003
Xolair	Omalizumab (IgE)	Asthma	Genentech/Genentech	06/2003
Raptiva	Efalizumab (CD11a)	Psoriasis	Xoma/Genentech	10/2003
Erbitux	Cetuximab (EGFR)	Darmkrebs	ImClone Systems/BMS	02/2004
Avastin	Bevacizumab (VEGF)	Darmkrebs	Genentech/Genentech	02/2004
Tysabri	Natalizumab (Alfa-4-Integrin)	Multiple Sklerose	Athena Neurosciences (Elan, IRL)/Biogen Idec	11/2004
Kepivance	Palifermin	Mucositis	Amgen/Amgen	12/2004

Antikörper in Fettdruck
Falls nicht US, Land vor Firmenname (*CH* Schweiz, *GB* Großbritannien, *IRL* Irland)
in Klammern Mutterfirma, falls Übernahme vor Zulassung
AHP 2002 umbenannt in Wyeth
AML akute myeloische Leukämie, *CLL* chronische lymphatische Leukämie, *MPS* Mukopolysaccharidose, *NHL* Non-Hodgkin-Lymphom, *TNF* Tumornekrosefaktor

In der ersten Dekade des neuen Milleniums kamen zudem Vertreter der neuartigen Substanzklasse der Kinase-Inhibitoren auf den Markt. Als *small molecules* sind sie nicht in den Tabellen ◘ Tab. 2.19 und 2.20 gelistet. Kinasen sind als Enzyme in und auf Zellen an der Weiterleitung und Verstärkung von Signalen beteiligt. Diese Informationsübertragung ist zum Beispiel bei Krebserkrankungen gestört. Kinase-Inhibitoren binden spezifisch an fehlfunktionierende Kinasen und hemmen so ihre

Auch europäische Erfindungen erfolgreich bei der FDA

Serono aus der Schweiz bekam 1996 grünes Licht für rekombinantes humanes Wachstumshormon (in Europa bereits 1989 zugelassen), 1997 für rekombinantes Follikelstimulierendes Hormon zur Behandlung von Infertilität sowie 2000 und 2007 für weitere Hormone dieser Indikation. Serono, mit historischen Wurzeln in dem 1906 gegründeten Istituto Farmalogico Serono aus Italien, extrahierte Proteine zur hormonellen Behandlung anfänglich aus Hühnereiern und Urin. In den 1980er-Jahren begannen sie mit der Herstellung der rekombinanten Version. Neben dieser frühen Zuwendung zu neuen Technologien erfolgte auch früh, nämlich 1987, der Börsengang. 1998 steuerten Biotech-Produkte bereits 50 % des Umsatzes bei, 2000 überstieg er die Grenze von 1 Mrd. US$. Die deutsche Merck kaufte Serono 2007 für 13,3 Mrd. US$.

Celltech war eine der ersten Biotech-Firmen in Großbritannien. Bereits 1980 gegründet, hatte sie Zugang zur Forschung des Medical Research Council (MRC) und seinem Labor für Molekularbiologie in Cam-

bridge. Der Fokus lag unter anderem auf Antikörpern, was 20 Jahre später auch zum ersten von der FDA zugelassenen therapeutischen Antikörper (Mylotarg) aus Europa führte. 2008 kam noch Cimzia zur Behandlung der rheumatoiden Arthritis dazu. Celltech war zu dem Zeitpunkt indes bereits von der belgischen Pharma-Firma UCB übernommen worden, die 2004 1,5 Mrd. britische Pfund bezahlte. Neben einer der ersten Gründungen war Celltech auch eine der ersten Biotech-Gesellschaften mit einer Börsennotierung an der London Stock Exchange.

Cambridge Antibody Technology (CAT), gegründet 1989, fokussierte sich unmittelbar auf neue Technologien zur Herstellung voll humaner therapeutischer Antikörper über die sogenannten Phagen-Display- und Ribosom-Display-Methoden. 1992/1993 schloss die deutsche BASF Bioresearch (eine Tochter der BASF Pharma/Knoll) eine Kooperation mit CAT zur Auffindung eines Antikörpers gegen den Tumornekrosefaktor (TNF) alfa, einer körpereigenen Signalsubstanz des Immunsystems,

die bei Entzündungen eine Rolle spielt. Das war der Start für die Entwicklung des Blockbusters Humira, die nach der Übernahme der BASF-Pharmasparte durch Abbott (heute AbbVie) 2001 von Letzterer zu Ende geführt wurde. Die Zulassung erfolgte im Dezember 2002, Humira ist heute das Medikament mit dem höchsten Umsatz weltweit. CAT selbst wurde im Jahr 2006 für rund 1 Mrd. € von der britischen AstraZeneca übernommen.

GenMab, 1999 in Kopenhagen gegründet als Spin-off der US-Firma Medarex, setzt ebenfalls den Fokus auf therapeutische Antikörper. Im Jahr 2000 war der Börsengang von GenMab mit knapp über 200 Mio. € einer der größten eines europäischen Biotech-Unternehmens. Die Zulassung von Arzerra in der Indikation chronische lymphatische Leukämie gelang 2009, also zehn Jahre nach der Gründung. Der Antikörper wurde noch in der Entwicklungsphase an die britische GSK verpartnert, die ihn heute vermarktet und 20 % der Verkaufserlöse an GenMab abtritt.

Aktivität. Eine anschauliche Erläuterung zu den Kinase-Inhibitoren bietet auch der Verband Mamazone – Frauen und Forschung gegen den Brustkrebs auf seiner Webseite (▶ Dialog unterbrochen – Signalübertragungshemmer). Damit die Wirkstoffe spezifisch andocken können, werden sie passgenau entworfen, daher auch der Begriff »maßgeschneidert«. Glivec, ein vom Pharma-Konzern Novartis entwickelter Inhibitor gegen Leukämie (CML), erhielt die FDA-Zulassung im Jahr 2001. Seine Entwicklung beruhte auf den Erkenntnissen genetischer Forschung vom Anfang der 1970er-Jahre, wobei molekularbiologische Details erst Mitte der 1990er vorlagen (▶ Abschn. 1.2.4). Weitere Kinase-Inhibitoren (Endung: -nib) folgten, zumeist entwickelt von Pharma-Unternehmen (▶ Abschn. 2.3.2), aber auch von US-Biotech-Firmen:

- Tarceva (Erlotinib, Target EGFR/HER1) 2004 gegen Lungenkrebs (von OSI);
- Nexavar (Sorafenib, multiple Targets) 2005 gegen Nierenkrebs (von Onyx, Partner Bayer);
- Sutent (Sunitinib, multiple Targets) 2006 gegen gastrointestinale Tumoren, Nieren- und Pankreaskrebs (von Sugen, 1991 übernommen von Pharmacia & Upjohn, seit 2003 zu Pfizer).

Die Endung »-nib« weist ebenfalls der Wirkstoff in Macugen (Pegaptanib, Target VEGF) auf, der 2004 für altersbedingte Makuladegeneration (AMD) zugelassen wurde. Allerdings ist das ursprünglich von NeXstar Pharmaceuticals entwickelte Aptamer vom Wirkmechanismus her kein Kinase-Inhibitor. NeXstar lizenzierte es im Jahr 2000 an Eyetech (2005 gekauft von OSI), die mit Partner Pfizer die Zulassung beantragten.

◘ Tab. 2.20 Ausgewählte rekombinant hergestellte Biopharmazeutika, Zulassungen 2005 bis 2009 (FDA). (Quelle: BioMedServices 2015)

Produkt	Wirkstoff (Target)	Indikation	Erfindung/Entwicklung und Vermarktung	Monat/Jahr
Naglazyme	Galsulfase	MPS Typ VI	Biomarin/Biomarin	05/2005
Myozyme	Alglucosidase alfa	Pompe-Krankheit	Genzyme/Genzyme	04/2006
Lucentis	Ranibizumab (VEGF)	Makuladegeneration	Genentech/Genentech	06/2006
Elaprase	Idursulfase	MPS Typ II	TKT (Shire, GB)/Shire	07/2006
Vectibix	Panitumumab (EGFR)	Darmkrebs	Abgenix (Amgen)/Amgen	09/2006
Soliris	Eculizumab (C5)	PNH	Alexion/Alexion	03/2007
Luveris	Lutropin alfa	Infertilität	CH: Serono/Serono	10/2007
Recothrom	Thrombin alfa	Blutstillung	Zymogenetics/Zymogenetics	01/2008
Arcalyst	Rilonacept	CAPS	Regeneron/Regeneron	02/2008
Cimzia	Certolizumab Pegol (TNF alfa)	Rheumatoide Arthritis	GB: Celltech (UCB, B)/Pharmacia (Pfizer)	04/2008
Nplate	Romiplostim	ITP	Amgen/Amgen	08/2008
Arzerra	Ofatumumab (CD20)	Krebs (CLL)	DK: GenMab/GSK	10/2009
Kalbitor	Ecallantide	Hereditäres Angioödem	Dyax/Cubist	12/2009

Antikörper in Fettdruck
Falls nicht US, Land vor Firmenname (*B* Belgien, *CH* Schweiz, *DK* Dänemark, *GB* Großbritannien)
in Klammern Mutterfirma, falls Übernahme vor Zulassung
CAPS Cryopyrin-assoziierte periodische Syndrome, *CLL* chronische lymphatische Leukämie, *EGFR* epidermal growth factor receptor, *ITP* idiopathische thrombozytopenische Purpura, *MPS* Mukopolysaccharidose, *PNH* paroxysmale nächtliche Hämoglobinurie, *TNF* Tumornekrosefaktor, *VEGF* vascular endothelial growth factor

---

Aptamer

Aptamere (von lat. *aptus*, passen, und gr. *meros*, Gebiet) sind entweder kurze einzelsträngige DNS- beziehungsweise RNS-Moleküle (Oligonukleotide mit 25–70 Basen) oder Peptide, die jeweils über ihre 3D-Struktur andere Molekül spezifisch binden können.

Zu den *small molecules* zählt ferner die Klasse der Nukleotidanaloga, zu denen Gilead in der neuen Dekade weitere Zulassungen verzeichnete: Viread, ein Adenosinmonophosphat-Analogon im Jahr 2001 sowie Emtriva, ein Cytidin-Analogon im Jahr 2003. Beide Wirkstoffe zielen auf die reverse Transkriptase vom HI-Virus, wobei Emtriva ursprünglich von Triangle Pharmaceuticals stammt, die Gilead 2002 übernahm.

2.2.6.2 Finanzierung, Transaktionen und Umsätze erreichen neue Bestmarken

Alle Medikamenten-Zulassungen der 1990er-Jahre (◘ Tab. 2.12) sowie der ersten Dekade des neuen Milleniums (◘ Tab. 2.19 und 2.20) gingen an Firmen, die einen Börsengang gemeistert hatten. Aufgrund der Börsennotierung ermittelt sich der Aktienpreis über den Marktmechanismus von öffentlichem Angebot und öffentlicher Nachfrage, woraus sich der Marktwert ableitet. Bei der Ausgabe weiterer Unternehmensanteile zu einem späteren Zeitpunkt kann das von Vorteil sein, da eine aktuelle Bewertung allgemein zugänglich vorliegt und bereits eine gewisse Basis bietet. Das positive Börsenklima 1999/2000 sorgte daher neben erstmaligen öffentlichen Angeboten (*initial public offerings*, IPO)

Dialog unterbrochen – Signalübertragungshemmer

»Zunehmend kommen Forscher den Wegen der Signalübertragung (Signaltransduktion) auf die Spur. Darunter sind Prozesse zu verstehen, mit denen die Zelle auf äußere Reize antwortet, diese in eine andere Sprache umwandelt, die das Regiezentrum im Inneren der Zelle verstehen kann, und dann dorthin weiterleitet. An diesen ‚Übersetzungsarbeiten' zwischen Empfangsantennen [Rezeptoren] und Zellinnerem sind oft eine Vielzahl von Enzymen und sekundären Botenstoffen (Second Messenger) in einer Art Kettenreaktion (Signalkaskade) beteiligt. Diese speziellen Empfangsantennen nennt man im Fachjargon ‚Rezeptor-Tyrosin-Kinasen'. Das wachsende Verständnis von Signalkaskaden hat zur Entwicklung von … kleinen, chemisch hergestellten Molekülen [geführt. Sie] hemmen – im Gegensatz zu den an der Zelloberfläche wirkenden Antikörpern – im Inneren der Krebszelle gezielt die Aktivität von Botenstoffen der Signalübertragung, sie greifen also in den ‚Dialog' innerhalb der Tumorzelle und zwischen den Tumorzellen ein. Die Enzyme, aus denen diese dominosteinartigen Signalkaskaden aufgebaut sind, nennt man Kinasen und Phosphatasen. Beide Enzyme gelten inzwischen als vielversprechende Angriffspunkte bei maßgeschneiderten Krebstherapien« (Mamazone 2015).

---

ebenfalls für Spitzenwerte bei den sogenannten *secondary public offerings* (SPO), dem Verkauf weiterer Aktien an der Börse. Damit sicherten sich viele Firmen das für die teuren Entwicklungen nötige Kapital. So gelang es der 1998 von Craig Venter gegründeten Celera Genomics, die 1999 lediglich bereits bestehende Anteile an der Börse notieren ließ, im März 2000 fast 1 Mrd. US$ an frischen Mitteln einzuwerben. Im vierten Quartal des Jahres 2000 erreichte der Börsenhype einen vorläufigen Höhepunkt mit 19 SPO (zusammen 7,3 Mrd. US$). So zum Beispiel (insgesamt bis zur Übernahme aufgenommenes Kapital in zweiter Klammer, Quelle: Datenbank BCIQ):

- Human Genome Sciences (gegründet 1992, IPO 1993): 825 Mio. US$ (3,8 Mrd. US$), Kaufpreis: 3,6 Mrd. US$;
- Immunex (gegründet 1981, IPO 1983): 795 Mio. US$ (1,2 Mrd. US$), Kaufpreis: 16 Mrd. US$;
- Millennium Pharmaceuticals (gegründet 1993, IPO 1996): 704 Mio. US$ (1,5 Mrd. US$), Kaufpreis: 9 Mrd. US$;
- Idec Pharmaceuticals (gegründet 1985, IPO 1991): 473 Mio. US$ (1,3 Mrd. US$), Kaufpreis: 6,8 Mrd. US$;
- OSI Pharmaceuticals (gegründet 1983, IPO 1986): 375 Mio. US$ (1,5 Mrd. US$), Kaufpreis: 4 Mrd. US$.

Den Genom-Hype im Jahr 2000 nutzten auch die Unternehmen Lexicon, Sequenom oder Exelixis, die bis dahin unerreichte Summen über den Gang an die Börse einnahmen: 220, 138 und 118 Mio. US$. Bis Ende 2014 erbrachten ihnen weitere externe Finanzierungen in der Summe 1274, 734 und 1395 Mio. US$ (Angaben aus der Datenbank BCIQ). Lexicon (gegründet 1995) hat es damit nach rund 20 Jahren FuE (über 100 genetisch validierte Zielmoleküle) zu einer Pipeline von sechs Medikamentenkandidaten gebracht, der weiteste in Phase III klinischer Studien, vier in Phase II und einer in Phase I. Sequenom (gegründet 1994 als Sequenom Instruments GmbH in Hamburg) bietet Diagnostik-Dienstleistungen an und generiert damit einen Umsatz von rund 150 Mio. US$ bei gerade so schwarzen Zahlen (1 Mio. US$ Plus). Exelixis (gegründet 1994) setzte anfangs ebenfalls auf die funktionale Genomik und fokussierte sich 2005 auf Kinase- und Rezeptor-Inhibitoren. Ende 2012, also ebenso fast 20 Jahre nach der Gründung, erhielt das Medikament mit dem Handelsnamen Cometriq die FDA-Zulassung zur Behandlung von bereits metastasiertem medullären Schilddrüsenkarzinom. Patienten mit dieser Krankheit sind nicht so zahlreich, sodass der Gesamtumsatz trotz des neuartigen Kinase-Inhibitors (Zielmolekül: c-Met/VEGFR2) mit 25 Mio. US$ im Jahr 2014 bislang recht mager ausfällt. Die Firma erhofft sich daher, dass der Wirkstoff auch für andere Krebsindikationen zugelassen werden kann, die höhere Patientenzahlen aufweisen. Entsprechende klinische Studien laufen gerade, wobei 2014 in der Indikation Prostatakrebs eine Phase-III-Studie negativ ausfiel. Der Verlust bei Exelixis belief sich Ende 2014 auf 269 Mio. US$, der Marktwert lag bei 264 Mio. US$.

Neben den IPOs und SPOs ergaben sich im Laufe der Dekade weitere Möglichkeiten der

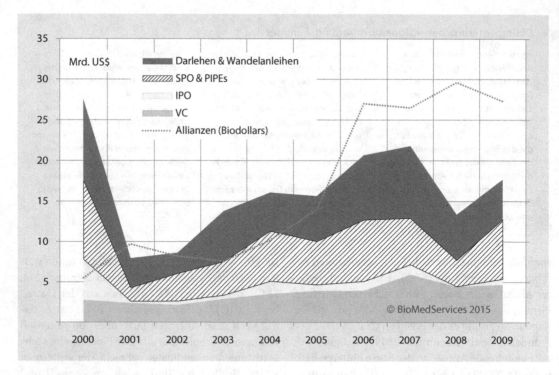

◘ Abb. 2.7   Finanzierung der US-Biotech-Industrie, 2000 bis 2009. Erstellt nach Daten von Ernst & Young (2005–2010). *IPO* initial public offering, *SPO* secondary public offering, *PIPE* private investment in public equity, *VC* Venture-Capital

Finanzierung: die sogenannten *Convertible Debts*, auf Deutsch Wandelanleihen sowie reines Fremdkapital in Form von Darlehen. Einzelnen Firmen gelang es, über diese Finanzierungsinstrumente mehrere 100 Mio. US$ einzunehmen, wie beispielsweise (Mio. US$ in Klammern):

— 2000: Gilead (250), Inhale (230);
— 2001: Aviron (200);
— 2002: Amgen (3950), Idec (675), Gilead (300), Abgenix (200), OSI (200);
— 2003: Cephalon (750), Genzyme (600), MedImmune (500), Chiron (450), Celgene (325);
— 2004: Amgen (2000), ImClone (600), Incyte (200), Chiron (350), HGS (250), Incyte (250);
— 2005: Genentech (2000), Nektar (315), PDL (250), HGS (230), CV (130), Alexion (125);
— 2006: Amgen (5000), Gilead (1300), MedImmune (1150), Cubist (350), Millennium (250);
— 2007: Amgen (4000), Biogen Idec (1500), Amylin (575), BioMarin (325), Ionis (125);
— 2008: Biogen Idec (1000), Vertex (288), OSI (175), Theravance (173), Exelixis (150);

— 2009: Amgen (2000), Cephalon (500), Incyte (400).

Manchmal diente neues, zu günstigeren Konditionen aufgenommenes Kapital der Ablösung früherer Verbindlichkeiten. Fremdkapital schien für die Branche kein »Fremdwort« mehr zu sein. Aufgrund des Börsenhypes stiegen auch viele VC-Investoren in die Branche ein.

Insgesamt flossen im Jahr 2000 27,5 Mrd. US$ an die US-Biotech-Industrie. Ernst & Young (2005) weist über 30 Mrd. US$ aus, rechnet allerdings Beträge ein, die nach dem Verkauf von Aktien nicht an die Biotech-Firmen gingen, sondern an Anteile-abgebende Pharma-Konzerne. In der nachfolgenden ersten Dekade des neuen Milleniums wurden solche Höhen zwar nicht wieder erreicht, das gesamte investierte Kapital summierte sich aber auf über 150 Mrd. US$, dreimal so viel wie in den Neunzigern (Ernst & Young 2010, ◘ Abb. 2.7). Neue Spitzenwerte bei den jährlichen Finanzierungen wurden erst wieder ab 2011 erreicht, wobei Fremdkapital eine immer wichtigere Rolle spielte.

ImClones Insider-Skandal

»A U.S. Securities and Exchange Commission [SEC] … probe of trading in the shares of ImClone Systems resulted in a widely publicized criminal case, which resulted in prison terms for media celebrity Martha Stewart, ImClone … [CEO] Samuel D. Waksal and Stewart's broker at Merrill Lynch … ImClone's stock price dropped sharply at the end of 2001 when its drug Erbitux … failed to get the expected … FDA approval. It was later revealed by the U.S. … [SEC] that prior to the announcement (after the close of trading on December 28) of the FDA's decision, numerous executives sold their stock. ImClone's founder, … Waksal, was arrested in 2002 on insider trading charges for instructing friends and family to sell their stock, and attempting to sell his own. His daughter … sold $2.5 million in shares on December 27. His father … sold $8.1 million in shares over the 27th and 28th; company executives followed suit. … Later, founder Waksal pleaded guilty to various charges, including securities fraud, and on June 10, 2003, was sentenced to seven years and three months in prison. Although Stewart maintained her innocence, she was found guilty and sentenced on July 16, 2004 to five months in prison, five months of home confinement, and two years probation for lying about a stock sale, conspiracy, and obstruction of justice. Ultimately a new clinical trial and FDA filing prepared by ImClone's partner Merck KGaA … resulted in an FDA approval of Erbitux in 2004 for use in colon cancer« (Wikipedia, ImClone).

Wiederum kamen in der Phase 2000 bis 2009 weitere finanzielle Mittel aus Kooperationen mit Pharma-Konzernen und größeren Biotech-Firmen hinzu. Insbesondere in der zweiten Hälfte der Dekade stieg der aggregierte potenzielle Wert aller Allianzen sprunghaft an und belief sich auf jährlich zwischen 25 und 30 Mrd. US$. Der Anteil der Sofortzahlungen lag jeweils bei 12 bis 15 %, das heißt bei 3,3 bis 4 Mrd. US$. In der Summe nahmen die US-Biotech-Firmen so von 2005 bis 2009 rund 15 Mrd. US$ ein. Der potenzielle Wert aller in dieser Dekade geschlossenen Allianzen belief sich ebenfalls auf über 150 Mrd. US$. Im Vergleich zur Dekade der 1990er-Jahre schossen die Werte einzelner, besonders lukrativer Kooperationen in die Höhe: War im Jahr 1998 noch das Abkommen zwischen Millennium und Bayer über 465 Mio. US$ der Spitzenwert, so versprach 2001 die Allianz von Curagen, ebenfalls mit Bayer, 1,5 Mrd. US$ an potenziellen Zahlungen. Innerhalb von fünf Jahren sollten 80 mögliche Ansatzpunkte für die Entwicklung neuer Medikamente geliefert werden, mit dem Ziel, rund zwölf vermarktbare Arzneimittel zu generieren. Die möglichen Profite sollten zwischen den Unternehmen geteilt werden. Knapp unter der Grenze von 1 Mrd. US$ lag die Kollaboration aus dem Jahr 2000 zwischen Novartis und Vertex: 800 Mio. US$ ließ sich der Pharma-Konzern die Zusammenarbeit kosten, die die Entwicklung und Vermarktung von acht niedermolekularen Wirkstoffen zur Bekämpfung von Krebs, Herz-Kreislauf-Erkrankungen und Entzündungen umfasste.

In dem betrachteten Zeitraum ungeschlagen blieb indes mit 2 Mrd. US$ die Vereinbarung zwischen ImClone und Bristol-Myers Squibb (BMS) aus dem Jahr 2001.

Letztere kaufte für rund 1 Mrd. US$ 20 % der Anteile von ImClone und sicherte weitere knapp 1 Mrd. US$ an Sofort- und Meilensteinzahlungen zu. Im Fokus stand die abschließende Entwicklung von Erbitux, einem therapeutischen chimären Antikörper gegen Darmkrebs, der nach anfänglichen Schwierigkeiten bei der FDA-Zulassung schließlich im Februar 2004 die Erlaubnis zur Vermarktung erhielt. Am Kapitalmarkt lösten diese Verzögerung sowie der Insider-Handel von Aktien größere Wellen aus (▶ ImClones Insider-Skandal).

Nachdem am Anfang der Dekade zwei Allianzen mit einem potenziellen Wert von über 1 Mrd. US$ geschlossen wurden, erreichten die Vereinbarungen von Pharma-Konzernen mit US-Biotech-Gesellschaften (nachfolgend mit > < symbolisiert) diese Grenze erst wieder in der zweiten Hälfte (Mrd. US$ in Klammern):

- 2006: GSK > < Chemocentryx (1,6) und Epix (1,2); Daiichi Sankyo > < Exelixis (1,1);
- 2007: GSK > < Targacept (1,5), OncoMed (1,4), Anacor (1,4) und Synta (1,0); BMS > < Adnexus (1,3); Merck & Co. > < Ariad (1,1); Sanofi > < Regeneron (1,1); Lilly > < Macrogenics (1,1); Roche > < Alnylam (1,0);
- 2008: GSK > < Archemix (1,4); Takeda > < Amgen (1,2) und Alnylam (1,0); Roche > < Synta (1,0); BMS > < Exelixis (1,0);

— 2009: Novartis > < Incyte (1,3); AstraZeneca > < Targacept (1,2) und Nektar (1,2); BMS > < ZymoGenetics (1,1) und Alder Biopharmaceuticals (1,1); GSK > < Concert (1,0).

Im neuen Millenium stärkten die Pharma-Firmen ihr Biotech-Know-how zudem wiederum durch Biotech-Übernahmen, nachfolgend mit > symbolisiert (Auswahl von Transaktionen größer als 1 Mrd. US$, Wert in Klammern, größer 5 Mrd. US$ in Fettdruck):

— 2003: J&J > Scios (2,4); Roche > IGEN (1,4); Pfizer > Esperion (1,3);
— 2004: Teva > Sicor (3,4); Abbott > TheraSense (1,3);
— 2005: Pfizer > Vicuron (1,9);
— 2006: Novartis > Chiron (**5,4**); Merck & Co. > Sirna (1,1);
— 2007: AstraZeneca > MedImmune (**15,6**); Eisai > MGI Pharma (3,9); Lilly > ICOS (2,1);
— 2008: Takeda > Millennium (**8,8**); Lilly > ImClone Systems (**6,5**);
— 2009: Roche > Genentech (**46,8**); BMS > Medarex (2,4).

Besonders herausragend ist hierbei der Kauf der restlichen Anteile an Genentech, die Roche 2009 noch nicht wieder besaß (nach der ersten Komplettübernahme im Jahr 1999 verkaufte Roche in mehreren Schritten wieder Anteile über öffentliche Angebote). Der Schweizer Konzern bezahlte fast 47 Mrd. US$ für die restlichen gut 40 % an Genentech. Rein rechnerisch bewertete dieser Preis Genentech mit 111 Mrd. US$, eine Summe, die Pfizer im Jahr 2000 für die Akquisition von Warner-Lambert bezahlte. Damals handelte es sich um die größte Übernahme in der Pharma-Branche und die viertgrößte überhaupt.

Rund 15 Mrd. US$ war der britischen AstraZeneca der Immun-Spezialist MedImmune wert, und Takeda aus Japan bezahlte knapp 9 Mrd. US$ für den Genomik-Pionier Millennium. Über der Grenze von 5 Mrd. US$ lag schließlich noch der Wert (6,5 Mrd. US$) der Akquisition von ImClone durch Lilly. Bis auf ImClone treten die übernommenen Firmen heute noch eigenständig im Markt auf, so zum Beispiel über eine eigene Internetseite.

Neben den Pharma-Konzernen stiegen auch die größeren Biotech-Gesellschaften in den Zukauf von neuen Technologien und Produkten über Allianzen, Fusionen und Akquisitionen ein. Zu Beginn der Dekade beeindruckte Amgen durch die 16 Mrd. US$ schwere Übernahme der 1981 gegründeten Immunex. Deren 1998 auf den Markt gebrachtes Entwicklungsprodukt Enbrel war gegen Ende der Dekade das Biopharmazeutikum mit dem höchsten Umsatz weltweit (◘ Tab. 2.21). Im Jahr 2003 stärkte sich Biogen über die Fusion mit Idec Pharmaceuticals. Auf 6,8 Mrd. US$ bezifferte sich der Wert dieses Zusammenschlusses, der Biogen Zugang zu therapeutischen Antikörpern verschaffte. Weitere Übernahmen (ebenfalls mit > symbolisiert) folgten (Auswahl von Transaktionen größer als 1 Mrd. US$, Wert in Klammern):

— 2002: Millennium > COR (2,0); MedImmune > Aviron (1,5);
— 2004: Amgen > Tularik (1,3); Genzyme > ILEX Oncology (1,0);
— 2006: Gilead Sciences > Myogen (2,5); Amgen > Abgenix (2,2);
— 2007: Celgene > Pharmion (2,9);
— 2009: Gilead Sciences > CV Therapeutics (1,4).

Allianzen mit einem potenziellen Wert über 1 Mrd. US$ waren zwar nicht so häufig, mehr als 500 Mio. US$ planten bereits etablierte Biotech-Firmen jedoch ein (Mio. US$ in Klammern):

— 2003: Amgen > < Biovitrum (522);
— 2005: Biogen Idec > < PDL BioPharma (800);
— 2006: Genentech > < CGI Pharmaceuticals (525);
— 2007: Celgene > < Array Biopharma (880); Genentech > < Seattle Genetics (880); Amgen > < Cytogenetics (640);
— 2008: Genzyme > < Ionis Pharmaceuticals (1900); Celgene > < Acceleron (1871); Genzyme > < Osiris (1380); Cephalon > < ImmuPharma (515);
— 2009: Amgen > < Array Biopharma (726); Amgen > < Cytokinetics (650); Biogen Idec > < Acorda Therapeutics (510).

Gerade die führenden Gesellschaften ernteten im neuen Millenium die Früchte ihrer langjährigen FuE-Tätigkeiten: Die von den in den 1980er-Jahren Gegründeten in den 1990er-Jahren auf den Markt

◨ **Tab. 2.21** Top-10-Biopharmazeutika nach weltweitem Umsatz (Mrd. US$), 2009 versus 2005. (Quelle: BioMed-Services (2015), Daten 2009 nach Walsh (2010))

Produkt	Indikation	Entwickler	Vermarkter	FDA[a]	2005	2009
Enbrel	Rheumatoide Arthritis	Immunex	Amgen/Pfizer/Takeda	1998	3,66	6,58
Remicade	Rheumatoide Arthritis	Centocor (J&J)	J&J/Schering-Plough/ Mitsubishi Tanabe	1998	3,48	5,93
Avastin	Darmkrebs	Genentech	Genentech/Roche/ Chugai	2004	1,38	5,77
Rituxan	Krebs (NHL)	Idec & Genentech	Genentech/Biogen Idec/ Roche	1997	3,44	5,65
Humira	Rheumatoide Arthritis	Knoll & CAT	Knoll (AbbVie)/Eisai	2002	1,40	5,48
Herceptin	Brustkrebs	Genentech	Genentech/Roche	1998	1,78	4,89
Lantus	Diabetes	Sanofi-Aventis	Sanofi-Aventis	2000	1,21	4,18
Neulasta	Neutropenie	Amgen	Amgen	1991	2,29	3,35
Aranesp	Blutarmut (Dialyse-Patienten)	Amgen	Amgen	1989	3,27	2,65
Epogen	Blutarmut (Dialyse-Patienten)	Amgen	Amgen	1989	2,46	2,57
Summe					24,38	43,98

Antikörper in Fettdruck
[a]US-Zulassung
NHL Non-Hodgkin-Lymphom

gebrachten neuartigen Medikamente führten zu steigenden Umsätzen (◨ Tab. 2.22). Auch hier war der Einfluss von lediglich zwei Handvoll (*commercial leaders*) der über 300 börsennotierten US-Biotech-Unternehmen deutlich: Sie trugen im Jahr 2005 67 % und 2008 sogar drei Viertel des Umsatzes bei.

2.2.6.3 2008 liefert erstmals einen Break-even, die Dekade endet mit der Finanzkrise

Mit steigenden Umsätzen gelang es zunehmend mehr Firmen, profitabel zu werden, wobei Anfang der Dekade dies noch nicht immer auf Erlöse aus dem Verkauf von Produkten zurückzuführen war.

» Restructuring to focus on their strengths, partnering to share risks, and merging to form stronger companies, the biotech industry is tracking toward a historic milestone – profitability. In 2000, 2001, and 2002, between 50 and 60

of the more than 300 publicly traded companies were profitable in any of those years. Only 20 were profitable in all three years. In 2003, 60 companies were profitable. (Ernst & Young 2004)

2003 lag der Verlust für alle börsennotierten Gesellschaften (314 Firmen) noch bei 3,2 Mrd. US$, rund 60 % des Verlustes aller Biotech-Unternehmen (1473 Firmen) von 5,4 Mrd. US$ (Ernst & Young 2004). Im Schnitt fiel das negative Ergebnis bei den börsengelisteten Unternehmen mit 10 Mio. US$ pro Firma sehr viel höher aus als das der privaten Gesellschaften mit 1,5 Mio. US$ pro Firma. Im Jahr 2008 schließlich konnten die börsennotierten Biotech-Unternehmen dann erstmals für die Gesamtheit den Break-even erreichen, also den Punkt, an dem Verluste in Gewinne übergehen: 417 Mio. US$ betrug er in der Summe für 371 Firmen. Diesen Meilenstein realisierten aber wiederum nur wenige etablierte Firmen wie (Huggett et al. 2010):

◨ Tab. 2.22   Nach Umsatz (Mrd. US$) führende US-Biotech-Unternehmen in den Jahren 2000, 2005 und 2009. (Quelle: BioMedServices (2015) nach Lähteenmäki und Fletcher (2001), Lähteenmäki und Lawrence (2006), Hugget et al. (2010))

2000		2005		2009	
Amgen (1980)	3,63 (66,1)	Amgen	12,43 (97,3)	Amgen	15,00 (57,3)
Genentech (1976)	1,74 (42,8)	Genentech	6,63 (97,6)	Gilead	7,01 (38,9)
Chiron (1981)	0,97 (8,4)	Genzyme	2,74 (17)	Genzyme	4,5 (13,0)
Biogen (1978)	0,93 (28,0)	Biogen Idec	2,42 (15,6)	Biogen Idec	4,4 (15,5)
Immunex (1981)	0,86 (n. v.)	Gilead	2,03 (25,4)	Celgene	2,7 (25,6)
Genzyme (1981)	0,81 (6,0)	Chiron	1,92 (8,4)	Cephalon	2,2 (4,7)
MedImmune (1988)	0,54 (10,1)	MedImmune	1,24 (8,9)	IDEXX	1,03 (3,1)
IDEXX (1983)	0,37 (n. v.)	Cephalon (1987)	1,21 (4,0)	Amylin (1987)	0,76 (2,0)
Gilead (1987)	0,19 (3,1)	IDEXX	0,64 (2,7)	Cubist (1992)	0,56 (1,1)
Millennium (1988)	0,19 (n. v.)	Millennium	0,56 (2,97)	Gen-Probe (1983)	0,50 (2,1)

Gründungsjahr in Klammern nach Firmenname, Marktwert in Mrd. US$ in Klammern nach Umsatz; ohne Drug-Delivery-, Instrumente- und Specialty-Pharma-Firmen
n. v. nicht verfügbar

- Amgen: 4,1 Mrd. US$ Gewinn bei 15 Mrd. US$ Umsatz und FuE-Ausgaben von 3 Mrd. US$;
- Genentech: 3,4 Mrd. US$ Gewinn bei 13,4 Mrd. US$ Umsatz und FuE-Ausgaben von 2,8 Mrd. US$;
- Gilead Sciences: 1,98 Mrd. US$ Gewinn bei 5,3 Mrd. US$ Umsatz und FuE-Ausgaben von 722 Mio. US$;
- Biogen Idec: 783 Mio. US$ Gewinn bei 4,1 Mrd. US$ Umsatz und FuE-Ausgaben von 1,1 Mrd. US$;
- Genzyme: 421 Mio. US$ Gewinn bei 4,6 Mrd. US$ Umsatz und FuE-Ausgaben von 1,3 Mrd. US$;
- Cephalon: 193 Mio. US$ Gewinn bei 2,0 Mrd. US$ Umsatz und FuE-Ausgaben von 362 Mio. US$;
- Cubist: 128 Mio. US$ Gewinn bei 434 Mio. US$ Umsatz und FuE-Ausgaben von 127 Mio. US$;
- IDEXX: 116 Mio. US$ Gewinn bei 1,0 Mrd. US$ Umsatz und FuE-Ausgaben von 71 Mio. US$.

Neben diesen Beispielen legten auch andere Unternehmen einen profitablen Jahresabschluss vor. Es handelte sich dabei um Drug-Delivery-, Instrumente- oder Specialty-Pharma-Firmen, die in vielen Statistiken ebenfalls zu einem erweiterten Kreis an Biotech-Gesellschaften gerechnet werden. Bei diesen ist das Erreichen eines positiven Ergebnisses allerdings nicht so auffallend wie bei sehr forschungsintensiven neuartigen Ansätzen. Im Jahr 2008 waren es nach Huggett et al. (2010) zum Beispiel (Gewinn in Mio. US$ in Klammern): Endo Pharmaceuticals (255), Millipore (138), PerkinElmer und Alkermes (jeweils 126), Bio-Rad Laboratories (90) oder Illumina (39).

Beim Break-even handelte es sich nicht um ein einzelnes Ereignis, denn seit 2009 bis heute konnten die gelisteten US-Biotech-Firmen in der statistischen Gesamtheit ihr positives Ergebnis halten. Bemerkenswert ist dies insofern als einige der Beitragenden mittlerweile aufgrund einer Übernahme aus der Berechnung herausgenommen wurden (Jahr in Klammern): Genentech (2009), Genzyme und Cephalon (2011) sowie Cubist (2014). Neben den oben benannten Drug-Delivery-, Instrumente- oder Specialty-Pharma-Firmen kamen im Jahr 2009 als profitable Biotech-Unternehmen hinzu (Profit über 75 Mio. US$):

- Alexion: 295 Mio. US$ Gewinn bei 387 Mio. US$ Umsatz und FuE-Ausgaben von 82 Mio. US$;

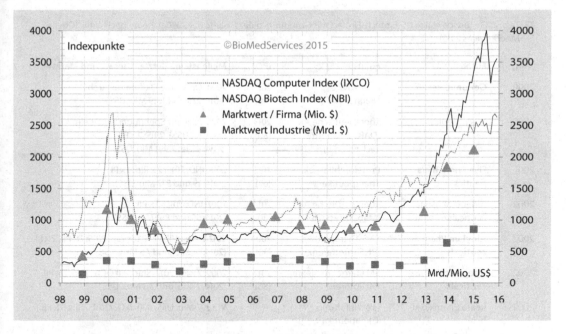

Abb. 2.8 US-Biotech-Kapitalmarkt: Entwicklungen von 1998 bis 2015. NASDAQ Indizes nach Yahoo Finance, Marktwert und Marktwert/Firma nach Ernst & Young/EY (1999–2015)

- PDL BioPharma: 190 Mio. US$ Gewinn bei 318 Mio. US$ Umsatz (kein FuE mehr, nur Lizenzvergaben);
- Ionis: 155 Mio. US$ Gewinn bei 122 Mio. US$ Umsatz und FuE-Ausgaben von 135 Mio. US$;
- Myriad Genetics: 115 Mio. US$ Gewinn bei 350 Mio. US$ Umsatz und FuE-Ausgaben von 20 Mio. US$;
- Synta: 79 Mio. US$ Gewinn bei 144 Mio. US$ Umsatz und FuE-Ausgaben von 51 Mio. US$;
- OSI: 76 Mio. US$ Gewinn bei 379 Mio. US$ Umsatz und FuE-Ausgaben von 135 Mio. US$.

Zum Teil waren diese Erfolge starken Kosteneinsparungen oder der Rechnungslegung zuzuschreiben, wie beispielsweise bei Synta und Ionis Pharmaceuticals. Insbesondere unregelmäßige Zahlungen aus Kooperationen oder spezielle Bilanzierungsregeln nach Übernahmen nahmen hier Einfluss.

Obwohl 2008/2009 den Wendepunkt zur Profitabilität der börsennotierten US-Biotech-Industrie bedeutete, sollte es dennoch ein paar weitere Jahre dauern, bis eine stärkere fundamentale Entwicklung

auch den Kapitalmarkt überzeugte (☐ Abb. 2.8). Nicht nur Biotech, sondern die ganze Weltwirtschaft hatte zunächst unter den Folgen der US-Immobilienblase zu leiden, die zur sogenannten globalen Finanzkrise und dem Absturz der Kapitalmärkte führte. Biotech, vertreten durch den NASDAQ Biotechnology Index (NBI), hielt sich dabei im Vergleich zu anderen Branchen (z. B. Computer) noch recht wacker (▶ Biotech bleibt auch unter der Finanzkrise relativ gesehen und fundamental stark).

Die erste Dekade des neuen Milleniums ermöglichte schließlich die Gründung weiterer Biotech-Firmen, die wiederum neueste wissenschaftliche Erkenntnisse aufgegriffen haben und versuchen, diese nutzbringend in innovative Arzneimittel umzusetzen. ☐ Tabelle 2.23 und 2.24 listen ausgewählte Neugründungen, die viel VC-Geld eingesammelt oder schon einen Börsengang gestemmt haben. Wie im nächsten Abschnitt dargelegt, erbrachten vor allem die Jahre 2013 und 2014 erneut einen IPO-Boom. Und wie bereits zuvor ausgeführt, ist dies oft Basis weiterer aussichtsreicher Finanzierungen.

▣ Tab. 2.23 Ausgewählte US-Biotech-Firmen mit Gründung in der 1. Hälfte der 2000er, heute noch aktiv. (Quelle: BioMedServices 2015)

Jahr	Firma	Fokus	IPO[a]	Meilensteine (letzter Umsatz und Marktwert)
2000	**Genomic Health**	Molekulare Diagnostika	2005 (60)	2004: Oncotype DX für Brustkrebs (2014: 276 und 1019 Mio. US$)
2000	MacroGenics	Therapeutische AK (DART-Plattform-Technologie)	2013 (80)	2010: Deal mit Boehringer Ingelheim (2,2 Mrd. US$), 2015: 2×PII (2014: 48 und 991 Mio. US$)
2001	Five Prime Therapeutics	Proteinbibliothek, Therapeutika	2013 (62)	2013: IND, 2015: 2×PIb, 1×PI (2014: 19 und 572 Mio. US$)
2002	Alder BioPharmaceuticals	Therapeutische AK (Mab-Xpress: Hefe)	2014 (80)	2007: IND, 2015: 2×PII (2014: 55 und 861 Mio. US$)
2002	**Alnylam Pharmaceuticals**	RNS-Therapeutika (RNS-Interferenz)	2004 (30)	2012/2013: PI/II, PIII Patisiran, 2015: 1×PII, 2×PI (2014: 51 Mio. und 7,5 Mrd. US$)
2002	**Intercept Pharmaceuticals**	SM (Target nukleäre Rezeptoren)	2012 (86)	2009: 2×PII, 2012: Start PIII OCA, 2015: 2×PII (2014: 2 Mio. und 3,3 Mrd. US$)
2002	Reata Pharmaceuticals	Proteinfaltung, Therapeutika	–	VC: 397 Mio. US$, 300 in Q3/2011, 2015: 6×PII
2003	GlycoMimetics	Know-how zur Rolle von Zuckern	2014 (56)	2008: IND, 2015: 1×PII, 1×PI (2014: 15 und 140 Mio. US$)
2003	TetraLogic Pharmaceuticals	SM (SMAC mimetics/Apoptose)	2013 (50)	2010: IND, 2015: 2×PII, 1×PI (2014: 0 und 99 Mio. US$)
2003	**Radius Health**	Peptidanaloga	2014 (52)	2007/2011: PII, PIII Abaloparatide, 2015: 2×PII (2014: 46 und 1281 Mio. US$)
2004	OncoMed Pharmaceuticals	Therapeutische AK (Krebsstammzellen)	2013 (82)	2011: IND, 2015: 2×PII, 4×PI, 7×PK (2014: 40 und 644 Mio. US$)
2004	Pacific Biosciences	SMRT-Technologie (Sequenzierung)	2010 (200)	2011: Launch PacBio-RS-System (2014: 61 und 584 Mio. US$)

Für noch nicht so fortgeschrittene Firmen, Zahl der weitesten Projekte (April 2015)
bis auf Reata Pharmaceuticals nur börsennotierte Firmen (Marktwert >1 Mrd. US$ in Fettdruck)
[a] Jahr, in Klammern Einnahmen (Mio. US$) des Börsengangs (*IPO* initial public offering)
AK Antikörper, *IND* initial new drug (Start PI), *P* Phase, *PK* Präklinik, *SM* small molecules, *VC* Venture-Capital

2.2.7 Die Entwicklung seit 2010: Börse und Marktwert »explodieren«

Die US-Biotech-Industrie, vertreten durch den NASDAQ Biotechnology Index (NBI), meisterte die Finanzkrise am Kapitalmarkt im Vergleich zu anderen Indizes mit geringeren Schwankungen (▣ Abb. 2.9). Insbesondere der Deutsche Aktienindex (DAX), aber auch der NASDAQ, legten seit 2003 bis zum Ausbruch der Finanzkrise im August 2007 – deren Ablauf Wikipedia gut zusammenfasst (► Finanzkrise ab 2007) – kräftig zu, stürzten folglich aber bis Anfang 2009 auch stark ab.

Danach hob allerdings der NBI richtig ab, was die Wertentwicklung betraf: Seit dem der Finanzkrise nachfolgenden Tief von Anfang 2009 erzielte er in den nachfolgenden sieben Jahren ein Plus von 450 %.

◘ **Tab. 2.24** Ausgewählte US-Biotech-Firmen mit Gründung in der 2. Hälfte der 2000er, heute noch aktiv. (Quelle: BioMedServices 2015)

Jahr	Firma	Fokus	IPO[a]	Meilensteine (letzter Umsatz und Marktwert)
2005	Edison Pharmaceuticals	SM (Target mitochondriale Krankheiten	–	VC: 80 Mio. US$, 50 in Q1/2014, 2014: Deal mit Dainippon (4,3 Mrd. US$), 2015: PII
2006	**Avalanche Biotechnologies**	Gentherapie bei Augenkrankheiten	2014 (102)	2011/2014: Deal mit Merck & Regeneron, 2015: PI/II (2014: 0,5 Mio. und 1,2 Mrd. US$)
2006	Dicerna Pharmaceuticals	RNS-Therapeutika (RNS-Interferenz)	2014 (90)	DsiRNA-Technologie, 2015: 1×PI, 2×PK (2014: 0 und 283 Mio. US$)
2007	**Agios Pharmaceuticals**	Metabolom-basierte Targets	2013 (106)	SM gegen Krebs, 2015: 3×PI (2014: 65 und 4,1 Mrd. US$)
2007	Akebia Therapeutics	Know-how zu HIF-Biologie	2014 (100)	SM gegen Anämie (neuer MOA), 2015: 1×PII (2014: 0 und 231 Mio. US$)
2007	Epizyme	SM (Histon-Methyltransferase-Inhibitoren, HMTi); Epigenetik	2013 (77)	2012: IND, 2015: 1×PI/II, 1×PI (2014: 41 und 612 Mio. US$)
2007	Fate Therapeutics	Adulte Stammzell-Modulatoren	2013 (40)	iPSC-Technologie, 2015: 1×PI, 1×PK (2014: 0 und 113 Mio. US$)
2007	Kolltan Pharmaceuticals	Therapeutische AK (Target Kinasen)	–	VC: 146 Mio. US$, 60 in Q1/2014, 2014: IND
2007	Regulus Therapeutics	Mikro-RNS-Therapeutika (Anti-miRs)/Genregulation	2012 (45)	Joint Venture von Alnylam & Ionis, 2014: IND (2014: 8 und 788 Mio. US$)
2007	Trevena	GPCR, ABLE-Plattform	2014 (65)	2010: IND, 2015: 2×PII, 1×PI, 1×PK (2014: 0 und 239 Mio. US$)
2008	**Receptos**	GPCR, rationales Design	2013 (73)	2011: IND, Deal mit Lilly, 2015: 1×PIII, 2×PII (2014: 6 und 3,8 Mrd. US$)
2008	**Karyopharm Therapeutics**	SM (nukleäre Exportproteine: XPO1)	2013 (109)	2012: IND, 2015: 3×PII (2014: 0,2 Mio. und 1,2 Mrd. US$)
2008	Versartis	Lang wirkendes rhGH (XTEN-Technologie)	2014 (145)	2011: IND, 2015: 1×PII, 1×PI (2014: 0 und 532 Mio. US$)
2009	Adaptive Biotechnologies	Analyse T-Zell-Rezeptor-Repertoire	–	2011: wegweisende Krebsstudie nutzt Immuno-SEQ-Technologie, 2014: 105 Mio. US$ VC
2009	Foundation Medicine[b]	Genanalyse, personalisierte Medizin	2013 (106)	2011/2012: diverse Deals/Launch Foundation One-Test (2014: 62 und 681 Mio. US$)
2009	**Kite Pharma**	Krebs-Immuntherapie (eACT)	2014 (128)	2012: CRADA mit NCI (seit 2009 PI/IIa KTE-C19 CAR) (2014: 0 und 2,4 Mrd. US$)

Für noch nicht so fortgeschrittene Firmen, Zahl der weitesten Projekte (April 2015)
bis auf Edison, Kolltan und Adaptive Biotechnologies nur börsennotierte Firmen (Marktwert >1 Mrd. US$ in Fettdruck)
[a]Jahr, in Klammern Einnahmen (Mio. US$) des Börsengangs (*IPO* initial public offering), [b]2015 übernahm Roche für 1,2 Mrd. US$ 57% der Firma
AK Antikörper, *CRADA* Cooperative Research and Development Agreement, *GPCR* G-Protein-gekoppelte Rezeptoren, *HIF* Hypoxie-induzierender Faktor, *IND* initial new drug (Start PI), *MOA* mode of action, *NCI* National Cancer Institute, *P* Phase, *PK* Präklinik, *SM* small molecules, *VC* Venture-Capital

2

Biotech bleibt auch unter der Finanzkrise relativ gesehen und fundamental stark

»As the shockwaves from the global financial crisis rippled across the world economy in late 2008 and 2009, they left little untouched. The reverberations leveled long-standing institutions, triggered unprecedented policy responses and revealed new risks. For the biotechnology industry, the impact of these turbulent times has deepened the divide between the sector's haves and have-nots. Many small-cap companies are scrambling to raise capital and contain spending, while a select few continue to attract favorable valuations from investors and strategic partners« (Ernst & Young 2009).

VC-Investor Ansbert Gädicke, MPM Capital, zur Situation

»Biotech has gone through several bear markets before … What is different this time is the underlying deep recession in the world economy. However, compared with other industries, biotech is faring quite well. Large- and medium-cap biotech have been among the best-performing sectors during this crisis. Fundamental drivers remain strong: patent expirations in pharma necessitate an ongoing partnership with innovative biotech companies. As a result, I expect biotech to be one of the first sectors to attract new capital and recover« (Ernst & Young 2009).

Finanzkrise ab 2007

»Die Finanzkrise ab 2007 ist eine globale Banken- und Finanzkrise …, die im Sommer 2007 als US-Immobilienkrise (auch Subprimekrise) begann. Die Krise war unter anderem Folge eines spekulativ aufgeblähten Immobilienmarkts (Immobilienblase) in den USA. Als Beginn … wird der 9. August 2007 festgemacht, denn an diesem Tag stiegen die Zinsen für Interbankfinanzkredite sprunghaft an. Auch in anderen Ländern, zum Beispiel in Spanien, brachte das Platzen einer Immobilienblase Banken in Bedrängnis. Die Krise äußerte sich weltweit zunächst in Verlusten und Insolvenzen bei Unternehmen der Finanzbranche. Ihren vorläufigen Höhepunkt hatte die Krise im Zusammenbruch der US-amerikanischen Großbank Lehman Brothers im September 2008. Die Finanzkrise veranlasste mehrere Staaten, große Finanzdienstleister (unter anderem American International Group, Fannie Mae, Freddie Mac, UBS und die Commerzbank) durch riesige staatliche Fremdkapital- und Eigenkapitalspritzen am Leben zu erhalten. … Die ohnehin hohe Staatsverschuldung vieler Staaten stieg krisenbedingt stark an, vor allem in den USA. Auch wurden die Diskontsätze niedrig gehalten bzw. noch weiter gesenkt, um eine Kreditklemme zu verhindern bzw. abzumildern. Dennoch übertrug sich die Krise in der Folge in Produktionssenkungen und Unternehmenszusammenbrüchen auf die Realwirtschaft. Viele Unternehmen, wie der Autohersteller General Motors, meldeten Konkurs an und entließen Mitarbeiter. Im April 2009 schätzte der Internationale Währungsfonds (IWF) die weltweiten Wertpapierverluste infolge der Krise auf vier Billionen US-Dollar« (Wikipedia, Finanzkrise)

Blue Chips

»Spitzenpapiere und Favoriten unter den börsennotierten Aktien. Dieser Begriff wurde in den USA für Titel des Dow Jones Index geprägt, in Deutschland sind Blue Chips v. a. die im Deutschen Aktienindex (DAX) vertretenen Aktien« (Gabler Wirtschaftslexikon Online, Blue Chips).

NYSE Arca Biotechnology Index (Kürzel BTK)

«[An] equal dollar weighted index designed to measure the performance of a cross section of companies in the biotechnology industry that are primarily involved in the use of biological processes to develop products or provide services. … The BTK Index was established with a benchmark value of 200.00 on October 18, 1991. The BTK Index is rebalanced quarterly based on closing prices on the third Friday in January, April, July and October to ensure that each component stock continues to represent approximately equal weight in the Index« (NYSE 2015).

Mit plus 540 % eine noch beeindruckendere Entwicklung legte in dieser Zeit indes der NYSE Arca Biotechnology Index (Kürzel: BTK, früher AMEX Biotech) hin. Er führt die sogenannten *Blue Chips*, das sind die 30 stärksten Aktien innerhalb der Biotechwerte (◘ Tab. 2.25). Der NASDAQ Biotechnology Index umfasst dagegen die Mehrheit aller in den USA gelisteten Biotech-Firmen.

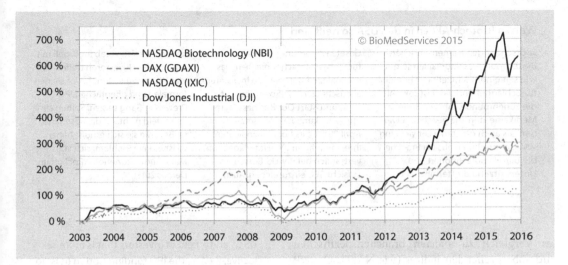

◻ **Abb. 2.9** Entwicklung verschiedener Indizes vor und nach der Finanzkrise. Erstellt nach Daten von Yahoo Finance bis Ende 2015

◻ **Tab. 2.25** Zusammensetzung des NYSE Arca Biotechnology Index (BTK) – Top 24 Werte. (Quelle: Daten von Morningstar (2015) zum *First Trust NYSE Arca Biotech ETF* (FBT) vom 24.12.2015)

	Firma	Kür-zel	Gewich-tung (%)		Firma	Kürzel	Gewich-tung (%)
1	Nektar Therapeutics	NKTR	4,73	13	Myriad Genetics	MYGN	3,30
2	Dyax Corp	DYAX	4,05	14	Vertex Pharmaceuticals	VRTX	3,29
3	Ionis Pharmaceuticals	IONS	4,03	15	Medivation	MDVN	3,28
4	Alkermes	ALKS	3,89	16	Cepheid	CPHD	3,26
5	Illumina	ILMN	3,79	17	Amgen	AMGN	3,23
6	United Therapeutics	UTHR	3,77	18	Alnylam Pharmaceuticals	ALNY	3,22
7	Charles River	CRL	3,66	19	Qiagen	QGEN	3,19
8	Celldex Therapeutics	CLDX	3,56	20	Regeneron Pharmaceuticals	REGN	3,14
9	Alexion Pharmaceuticals	ALXN	3,55	21	Celgene	CELG	3,12
10	Biogen	BIIB	3,35	22	Incyte	INCY	3,05
11	Novavax	NVAX	3,33	23	Gilead Sciences	GILD	3,04
12	Seattle Genetics	SGEN	3,31	24	Grifols	GRFS	2,97

NYSE veröffentlicht kostenfrei nur die Zusammensetzung des BTK vom Dezember 2011. Um die aktuelle abzubilden, wird hier auf den *Exchange-Traded Fund* (ETF) FBT zurückgegriffen, der die Zusammensetzung des BTK indirekt wiedergibt. Die Gewichtung der einzelnen Werte (Marktwert mindestens 1 Mrd. US$) schwankt, deren Berechnung erläutert NYSE (2014).

2

Warum Biotech-Aktien in den USA so heiß sind

»Börsengänge im amerikanischen Biotechnologiesektor laufen so gut wie seit einem Jahrzehnt nicht mehr. Ausschlaggebend dafür ist sowohl die zunehmende Zahl von Biotech-Medikamenten, die genehmigt werden, als auch die starke Entwicklung von Unternehmen aus der Branche, die bereits börsennotiert sind. Unterstützend dürften aber auch

Gesetzesänderungen wirken, die es für Firmen einfacher machen, das potenzielle Interesse von Investoren abzuschätzen. … [So ermöglicht der] Jumpstart Our Business Start-ups Act – kurz: JOBS-Gesetz – vom April 2012 … es Börsenkandidaten, ihre vorläufigen IPO-Unterlagen vertraulich bei der US-Börsen-aufsicht SEC einzureichen. Auch

können sie sich vorab inoffiziell mit potenziellen Investoren treffen, um ,das Wasser zu testen', bevor sie den formalen und öffentlichen IPO-Prozess in Gang setzen. Sollten sie im Vorfeld nicht auf die Resonanz stoßen, die sie sich erhofft haben, so ist es kein Problem, sich vom Markt zurückzuziehen« (Rockoff und Demos 2013).

Im Vergleich zu anderen branchenspezifischen und -übergreifenden Indizes (wie NASDAQ, S&P 500, Dow Jones oder DAX) hat seit dem letzten großen Börsen-Tief von Anfang 2009 bis heute der NYSE Arca Biotech den größten Zuwachs realisiert (◙ Abb. 2.10), gefolgt vom NASDAQ Biotech. Eine Zunahme seit 2009 ist allen Indizes gelungen, der Blick auf die Entwicklung seit dem letzten Hoch im Jahr 2007 (vor der Finanzkrise) trennt dagegen die Spreu vom Weizen: Mit knapp 200 bis über 300 % Plus sind die Healthcare- und Biotech-Indizes die klaren Gewinner.

2.2.7.1 IPO-Feuerwerk sowie anhaltend starke Finanzierung und Partnerschaften

Auch wenn die Finanzkrise den bereits etablierten US-Biotech-Firmen und deren Marktwert nicht so viel anhaben konnte, so waren die Neuzugänge am Kapitalmarkt, also die IPOs doch sehr stark davon betroffen. Lediglich ein Unternehmen wagte den Börsengang im Jahr 2008 und drei im Jahr 2009, ein historisches Tief. 2010 zog der Sektor zwar sprunghaft an, trotzdem urteilten Branchenbeobachter noch im Jahr 2011:

» The biotech industry has also benefited historically from a healthy IPO market, which has allowed many companies to continue to fund innovation to a value-inflection point. Today, the public markets are much more challenging, with higher regulatory requirements in the

US … and a field of investors that is more selective, [i.e.] … the IPO funding option (it is no longer an ,exit') is available for only a few select companies. The ,windows' of the industry's early years … are a thing of the past. (Ernst & Young 2011)

Konträr zu dieser Einschätzung brach im Jahr 2013 ein wahres »IPO-Feuerwerk« aus (◙ Abb. 2.11): 41 Börsenneulinge boten zum ersten Mal ihre Aktien öffentlich an. Damit erreichte das Jahr 2013 zwar noch nicht die Spitzenwerte von 1996 und 2000, 2014 legte dagegen mit 63 IPOs ein neues Allzeithoch vor. Erste Bedenken zu einer neuen Blase wurden so zumindest im Verlauf von 2014 widerlegt. Auch 2015 bot weiteres Potenzial.

Obwohl der US-Kapitalmarkt im Vergleich zu früher insgesamt strengere Regularien für die Börsenlistung ansetzt, hat offenbar das im April 2012 von der US-Regierung erlassene *Jumpstart Our Business Startups Act* (abgekürzt als JOBS Act) unter anderem als Katalysator für den neuen Börsenboom gewirkt, so eine Einschätzung vom *Wallstreet Journal* (▸ Warum Biotech-Aktien in den USA so heiß sind). Mit dem JOBS Act sollen in den USA Arbeitsplätze geschaffen und das Wirtschaftswachstum erhöht werden. Er ist Teil der *Startup America*-Initiative des Weißen Hauses, die Präsident Obama im Januar 2011 ins Leben rief.

Den im Jahr 2000 bei den Finanzierungen über einen Börsengang erzielten Höchstwert von rund 4,5 Mrd. US$ konnte das Jahr 2013 mit 3,3 Mrd. US$

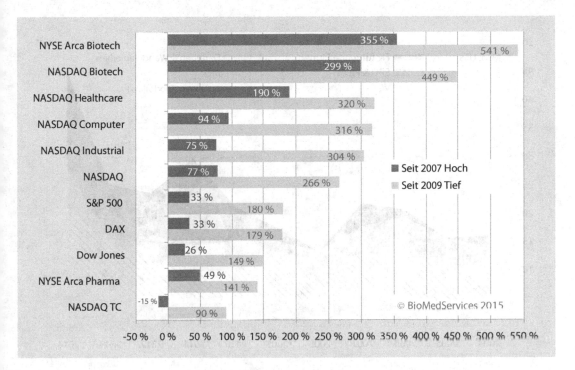

□ **Abb. 2.10**   Zuwachs bei verschiedenen Indizes seit dem Hoch und Tief der Jahre 2007 und 2009. Erstellt nach Daten von Yahoo Finance bis Ende 2015. NASDAQ TC: NASDAQ Telecommunication

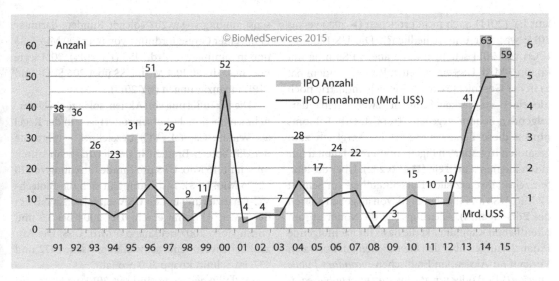

□ **Abb. 2.11**   Die »Börsenfenster« der US-Biotech-Industrie seit 1991. Erstellt nach Daten von Ernst & Young/EY (1992–2015), für 2015 nach Renaissance Capital (2015)

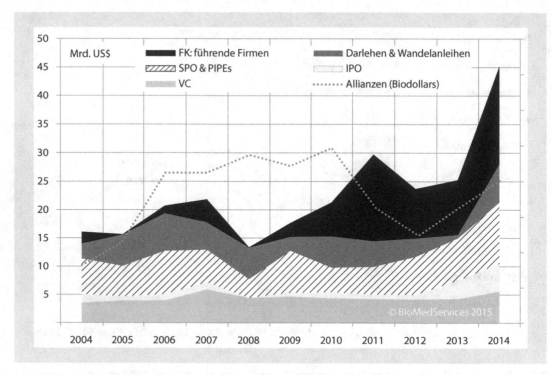

◘ **Abb. 2.12**   Finanzierung der US-Biotech-Industrie, 2004 bis 2014. Erstellt nach Daten von Ernst & Young/EY (2005–2015). *FK* Fremdkapital, *IPO* initial public offering, *SPO* secondary public offering, *PIPE* private investment in public equity, *VC* Venture-Capital

laut EY (2014) noch nicht erreichen (▶ 2000 versus 2013: was war unterschiedlich?). Die US-Biotech-IPOs von 2014 schafften dann aber in Summe mit knapp 5 Mrd. US$ einen neuen Rekord. Zudem hat es in der Geschichte der US-Biotech-Industrie noch nie einen so starken Schub in zwei aufeinanderfolgenden Jahren gegeben. Trotz des IPO-Booms nimmt diese Finanzierungsart im Vergleich zum gesamten investierten Eigen- und Fremdkapital nur einen kleinen Anteil ein (◘ Abb. 2.12). Über die letzten zehn Jahre erzielten Börsenneulinge im Schnitt 77 Mio. US$ an Einnahmen (davon ab gehen Kosten des Börsengangs). Allerdings legt die Notierung am öffentlichen Kapitalmarkt die Basis für nachfolgende Finanzierungen über den öffentlichen oder privaten Verkauf an Aktien, im Englischen *secondary public offering* (SPO) oder *private investment in public equity* (PIPE) genannt. In den Jahren 2011 und 2012 realisierten US-Biotech-Firmen jeweils um die 180 dieser weiteren Eigenkapital-Finanzierungen. Bei gut 300 börsennotierten Gesellschaften hat somit fast jede zweite (genau: 1,75) frisches Kapital einnehmen können. Im Jahr 2013 ermöglichte die positive Bör-

senstimmung sogar 207 solcher Runden, darunter 19 mit einer Größenordnung von über 100 Mio. US$ und in Summe 7,4 Mrd. US$ (EY 2014). 2014 legte nochmals drauf: 10,4 Mrd. US$ über 206 SPO- und PIPE-Finanzierungen (EY 2015).

Die Veräußerung von Aktien, solange ein Unternehmen noch nicht börsennotiert ist – in der Regel als Venture-Capital (VC) bezeichnet – erbrachte der US-Biotech-Branche in den letzten zehn Jahren im Schnitt 16 Mio. US$ pro Runde (Streuung von 10 bis 26 Mio. US$). Insgesamt hält sich die Biotech-VC-Finanzierung in den USA seit Jahren stabil um die 4 Mrd. US$ mit einem Tief 2004 bei 3,5 und einem Hoch 2007 bei knapp 6 Mrd. US$. Die Anzahl der Investments schwankte zwischen 172 und 437, im Schnitt knapp 300 pro Jahr.

Auffällig gestiegen sind seit 2010 die Fremdkapital-Finanzierungen, wobei hier etablierte Firmen eine große Rolle spielen: Amgen, Gilead Sciences und Celgene (◘ Tab. 2.26).

Wieder trugen auch Partnerschaften mit Pharma-Konzernen und größeren Biotech-Firmen zur Finanzierung bei. Einen potenziellen Gesamtwert

2000 versus 2013: was war unterschiedlich?

»It's natural to want to compare the 2013 class of IPOs with that of 2000, the last big boom time. While the surge in 2000 was mostly fuelled by excitement about the coming molecular genetics era, the 2013 uptick had more to do with the strong commercial success of many of the sectors' bellwether companies as well as the large number of biotechs in the backlog that had been waiting for favorable market conditions to return. In addition, the monetary policies of the U.S. Federal Reserve played a role in 2013 market dynamics by encouraging investors to seek returns through investment in higher-risk sectors. A closer look at the kinds of companies that debuted in 2000 versus 2013 shows other important differences. For venture backers, an IPO In 2000 typically represented an exit from venture funding. In today's environment, where it takes longer for companies to achieve liquidity, that is less often the case. Instead, VCs are frequently doubling down on their investments, and VC participation in the IPO is regarded as one mechanism to ensure the success of the offering. In fact, our analysis shows that insiders invested in 71 % of the 2013 IPO transactions, with a median investment size of 20 % of the IPO shares. In addition, there's been a shift in the kinds of companies generating investor interest. In 2000, research tools and services companies were in the spotlight, as investors bet new entrants would replicate the deal-making success that data-driven companies such as Millennium Pharmaceuticals and Human Genome Sciences had enjoyed. After the genomics bubble burst, platform tools and diagnostics biotechs lost much of their luster; investors saw more potential to create value through the development of therapeutics, and some service-oriented companies reoriented their business models to focus on drug development. That preference for assets has continued in the intervening years. In 2013, therapeutics companies dominated the IPO scene: 86 % in 2013, versus 59 % in 2000. That said, it is worth noting that several of the companies that went to IPO in 2013 (including Agios Pharmaceuticals, Epizyme, bluebird bio and OncoMed Pharmaceuticals) had good stories to tell because of the enabling technology platforms underpinning them. The message is that although perceived value lies in the assets, to access the public markets, it helps to be supported by an R&D discovery engine« (EY 2014).

🔲 **Tab. 2.26** Fremdkapital-Finanzierungen führender US-Biotech-Firmen (Mrd. US$). (Quelle: BioMedServices (2015) aus Geschäftsberichten)

Firma	2004	2005	2006	2007	2008	2009	2010	2011	2012	2013	2014
Amgen	2,0	–	–	4,0	–	2,0	2,5	10,5	5,0	8,1	4,5
Gilead	–	–	1,3	–	–	0,4	2,2	4,7	2,2	–	8,0
Celgene	–	–	–	–	–	–	1,25	–	1,5	1,5	2,5

---

von über 1 Mrd. US$ erzielten beispielsweise die in 🔲 Tab. 2.27 aufgeführten Allianzen.

Bei den Partnerschaften stechen diejenigen zwischen Edison Pharmaceuticals und Dainippon sowie OncoMed Pharmaceuticals und Celgene heraus. Erstmals meisterten US-Biotech-Firmen Allianzen mit einem potenziellen Gesamtwert von mehr als 3 Mrd. US$. Edison, gegründet 2005, fokussiert sich auf die Entwicklung von *small molecules* zur Anwendung bei vererbten Krankheiten der Mitochondrien, den zellulären Energiesystemen des Menschen. Der Wirkstoff EPI-743 gegen die Krankheit Friedreich-Ataxie, der sich momentan in klinischen Studien der Phase IIb befindet, hat im März 2014 von der FDA den sogenannten *Fast Track Status* erhalten. Dem japanischen Partner Dainippon ist die im Januar 2014 geschlossene Entwicklungskooperation mit Edison 4,3 Mrd. US$ wert. Dabei stellt dieses Abkommen eine Folgevereinbarung einer bereits bestehenden Zusammenarbeit dar, wie der Branchendienst EXOME/Xconomy berichtet (▶ Edison untersucht den Energiestoffwechsel in kranken Zellen).

Die andere Allianz ist insofern bemerkenswert, als zum ersten Mal ein Biotech-Unternehmen über 3 Mrd. US$ in die Hand nimmt, um sich mit einem anderen Biotech-Unternehmen zu verpartnern. Celgene verschafft sich so Zugang zu Komarketing-Rechten für sechs Krebsstammzell-Programme

◻ Tab. 2.27 Ausgewählte Top-Partnerschaften von US-Biotech-Firmen seit 2010. (Quelle: BioMedServices (2015) nach Ernst & Young/EY (2011–2015))

Jahr	US-Biotech	Partner	Wert (Mio. US$)	Jahr	US-Biotech	Partner	Wert (Mio. US$)
2010	MacroGenics	Boehringer Ingelheim	**2160**	2012	MacroGenics	Servier	1100
2010	OncoMed Pharmaceuticals	Bayer Schering	**1937**	2012	Endocyte	Merck & Co.	1000
2010	Ionis Pharmaceuticals	GSK	1500	2013	OncoMed	Celgene	**3327**
2010	Arena Pharmaceuticals	Eisai	1370	2013	MacroGenics	Gilead	1115
2010	Dicerna Pharmaceuticals	Kyowa Hakko	1324	2014	Edison Pharmaceuticals	Dainippon	**4295**
2010	Rigel Pharmaceuticals	AstraZeneca	1245	2014	MacroGenics	Takeda	1600
2010	Aileron Therapeutics	Roche	1125	2014	Ligand Pharmaceuticals	Viking Therapeutics	1538
2010	TransTech Pharmaceuticals	Forest Laboratories	1105	2014	CytomX Therapeutics	BMS	1242
2010	Orexigen Therapeutics	Takeda	1050	2014	Proteostasis Therapeutics	Astellas Pharma	1200
2011	Alios BioPharmaceuticals	Vertex Pharmaceuticals	1525	2014	Sutro Biopharma	Celgene	1185
2011	Aveo Pharmaceuticals	Astellas	1425	2014	NewLink Genetics	Roche	1150
2011	miRagen Therapeutics	Servier	1000	2014	Intarcia Therapeutics	Servier	1051
2012	Five Prime	GSK	1191	2014	Ophthotech	Novartis	1030

Größte Allianzen in Fettdruck
BMS Bristol-Myers Squibb, *GSK* GlaxoSmithKline

von OncoMed Pharmaceuticals sowie dessen Antikörper-Wirkstoff Demcizumab und weiteren fünf präklinischen Kandidaten, die einen Anti-DLL4/VEGF-bispezifischen Antikörper umfassen. 2013 leistete Celgene 155 Mio. US$ an Sofortzahlungen und übernahm für 22,5 Mio. US$ Aktien von OncoMed. Der Rest der potenziellen 3,3 Mrd. US$ sind zukünftige Meilensteinzahlungen. Die 2004 gegründete OncoMed erzielte zuvor (2010) eine weitere lukrative Allianz mit der deutschen Bayer Schering, die knapp 2 Mrd. US$ zusagten. Der Biotech-Partner erforscht mithilfe seiner proprietären humanen Krebsstammzell-Modelle bis zu drei Antikörper- und Proteintherapeutika und entwickelt sie bis zur Phase-I-Prüfung weiter. Bayer erhält eine Option, diese exklusiv zu lizenzieren. Nach Ausübung der

Edison untersucht den Energiestoffwechsel in kranken Zellen

»Back in March 2013, Dainippon Sumitomo Pharma signed a deal worth $50 million or more to Mountain View, CA-based Edison Pharmaceuticals, a developer of drugs for disorders of energy metabolism. The big pharmaceutical company from Japan liked the results. Less than a year later, it came back for more. The two companies have now formed a larger collaboration – worth as much as $4,3 billion to Edison – and their goal is equally large-scaled. They plan to prepare 10 new drug candidates for clinical trials within five years. When Edison was formed as a startup in 2005, its quest was to find treatments for a group of rare, debilitating genetic diseases in children. But to do so, the company is following a scientific thread that could lead to new insights about common adult illnesses such as Alzheimer's disease that lack such clear genetic causes. Those adult diseases of the central nervous system – a huge market – are the targets for Dainippon Sumitomo. Edison designs drugs to correct malfunctions in the process used by cells to make the energy they need to operate. Cells do this by passing electrons from one molecule to the next in a complex network of biochemical interactions dubbed ‚redox reactions'. But when things go wrong, as Edison co-founder and CEO Guy Miller, puts it simply, ‚Electrons don't end up where they should be'. The result of those misplaced, excess electrons is a type of destructive molecule …: free radicals or reactive oxygen species (ROS). Those molecules can injure cell structures and help set off a condition called oxidative stress, which is a key suspect in diseases of aging« (Tansey 2014).

Option kann Bayer die Entwicklung und Vermarktung lizenzierter Produktkandidaten federführend übernehmen und berechtigt sein, zugelassene Produkte in allen Märkten kommerziell zu verwerten.

Gut 2 Mrd. US$ plant seit 2010 schließlich die deutsche Boehringer Ingelheim für eine Kooperation mit dem US-Biotech-Unternehmen Macrogenics ein. Die 2000 gegründete Gesellschaft fokussiert sich auf therapeutische bispezifische Antikörper, die in der Allianz für immunologische, onkologische, kardiometabolische, Atemwegs- und Infektionskrankheiten entwickelt werden.

2.2.7.2 Biotech-Know-how wiederum gefragt im Rahmen von Übernahmen

Neben den Partnerschaften war für Pharma-Konzerne erneut die komplette Übernahme von Biotech-Firmen ein Mittel, um Zugang zu neuen Technologien und Produkten zu erhalten. Den zweithöchsten Preis, der dafür jemals bezahlt wurde, wendete 2011 der französisch-deutsche Konzern Sanofi auf, um Genzyme zu kaufen: 20 Mrd. US$ investierte Sanofi. Das entsprach dem Fünffachen des Umsatzes im Jahr 2010 beziehungsweise dem Fünfzigfachen des Gewinnes von Genzyme. Das Pharma-Unternehmen erhielt dadurch ein Forschungsstandbein in Cambridge in den USA und somit eine räumliche Nähe zur Harvard University und dem Massachusetts Institute of Technology (MIT). Genzyme behielt seinen Namen und eigenen Marktauftritt mit dem weiteren Fokus auf seltene Krankheiten.

Weitere Akquisitionen von US-Biotech-Firmen durch Pharma- oder Diagnostik-Firmen waren zum Beispiel die Folgenden (Auswahl von Transaktionen größer 1 Mrd. US$, Wert in Klammern, größer 5 Mrd. US$ in Fettdruck):

- 2010: Astellas > OSI Pharmaceuticals (4,0);
- 2011: Teva > Cephalon (**6,2**);
- 2012: BMS > Amylin (**5,3**); Hologic > Gen-Probe (3,8); GSK > Human Genome Sciences (3,6); BMS > Inhibitex (2,5); AstraZeneca > Ardea (1,3);
- 2014: Merck & Co. > Cubist (**9,5**); Roche > Intermune (**8,3**); Merck & Co. > Idenix (3,9); Otsuka > Avanir (3,5); J&J > Alios BioPharma (1,8); Baxter > Chatham Therapeutics (1,4); Mallinckrodt > Cadence (1,4);

Die 700-Euro-Pille

»Eigentlich heißt das Präparat Sovaldi, doch in den USA kennt man es unter einer wesentlich griffigeren Bezeichnung: die 1000-Dollar-Pille. Erst seit kurzem ist das Medikament auf dem Markt, das als Durchbruch in der Therapie von Hepatitis-C-Infektionen gilt. Im Dezember wurde es in den USA zugelassen, Ende Januar dann in Deutschland und Europa. Die Preis hierzulande: 700 Euro. Der Pharmakonzern Gilead verdient gut an der neuen Pille. Allein im

ersten Halbjahr nahm der Hersteller mit ihr 5,8 Milliarden Dollar ein. Kurz vor der Markteinführung hatten Analysten mit Umsätzen von 1,9 Milliarden Dollar gerechnet – für das ganze Jahr 2014. … Das Magazin »Euro« hat errechnet, dass Sovaldi – bezogen auf den Preis pro Gramm – damit 20-mal wertvoller ist als Gold. Für die Betroffenen ist das Medikament ganz offensichtlich ein Segen. Hepatitis C ist eine chronische Krankheit, auf lange Sicht führt sie

bei vielen Erkrankten zu schweren Leberschäden, Leberzirrhose oder Leberkrebs. Sovaldi führt Studien zufolge in 80 bis 90 Prozent der Fälle zur Heilung – mit den bisherigen Therapien lag die Quote eher bei 50 bis 60 Prozent. Zudem ist Sovaldi wesentlich verträglicher, bisher litten Infizierte oft unter heftigen Nebenwirkungen der Medikamente; bei Solvadi sollen diese insgesamt geringer sein« (Diekmann 2014).

Doch auch größere Biotech-Gesellschaften boten wieder mit: 11 Mrd. US$ – ein Premium von 89 % je Aktie – war der mittlerweile etablierten Gilead Sciences beispielsweise der Antiviren-Spezialist Pharmasset im Jahr 2012 wert. Dessen Fokus war, HIV, HBV und HCV mithilfe von Nukleosidanaloga zu bekämpfen, stark synergistisch also zu dem von Gilead. Besonderes Interesse galt dem oral verfügbaren Medikament Sovaldi gegen HCV das schließlich im Dezember 2013 die FDA-Zulassung erhielt. Derzeit scheint die Übernahme von Pharmasset für Gilead sehr lukrativ zu sein, da die Verkaufszahlen für Sovaldi die Erwartungen bei Weitem übertreffen. Allerdings gibt es um dieses innovative Arzneimittel wegen des hohen Preises und damit verbunden der hohen Umsätze und Gewinne auch einige Diskussionen wie *Spiegel Online* noch im August 2014 meldete (▶ Die 700-Euro-Pille). Mittlerweile haben sich Krankenkassen und Gilead in Deutschland auf einen Preis von 488 € pro Tablette geeinigt. Der Preis für eine zwölfwöchige Therapie beträgt damit nun rund 43500 €.

Nicht ganz 11 Mrd. US$ (10,4 Mrd. US$) kostete Amgen die Übernahme von Onyx Pharmaceuticals im Jahr 2013. Amgen stärkte durch den Zukauf seine Aktivitäten im Bereich der Onkologie. Onyx, gegründet 1992 als Spin-out im Rahmen der Fusion von Cetus und Chiron, entwickelte das im Dezember 2005 von der FDA zugelassene Medikament Nexavar, einen Kinase-Inhibitor gegen Leberkrebs. Partner bei diesem Projekt war der deutsche Bayer-Konzern, der Nexavar zu seinen fünf umsatz-

stärksten Medikamenten in der Pharmasparte zählen kann, wobei der Umsatz mit Onyx geteilt wird. Auch für das 2012 auf den Markt gekommene Bayer-Krebsmittel Stivarga war Onyx ein Partner mit dem entsprechenden Anrecht auf Lizenzgebühren.

Weitere Zukäufe seitens Biotech-Firmen waren zum Beispiel (Auswahl von Transaktionen größer 500 Mio. US$, Wert in Klammern):

- 2010: Celgene > Abraxis (2900);
- 2011: Alexion > Enobia (1080); Amgen > BioVex (1000); Gilead Sciences > Calistoga (600); Cephalon > GeminX Pharmaceuticals (525);
- 2012: Amgen > Micromet (1160); Gilead Sciences > YM Biosciences (510);
- 2013: Cubist Pharmaceuticals > Trius Therapeutics (704) & Optimer Pharmaceuticals (551);
- 2014: Genentech > Seragon (1725).

Neben einer kompletten Übernahme verschaffen sich Firmen Zugang zu externem Know-how auch durch Teilübernahmen. So beispielsweise geschehen beim frühen Einstieg der Roche in Genentech im Jahr 1990, als der Schweizer Pharma-Konzern 60 % der Anteile aufkaufte.

Im Januar 2014 verkündete die Sanofi-Tochter Genzyme 12 % von Alnylam Pharmaceuticals für 700 Mio. US$ zu übernehmen, mit einer Option auf Ausweitung auf bis zu 30 %. Bei US$80 pro Aktie bezahlte Genzyme einen 27-%igen Aufschlag gegenüber Alnylams gemitteltem Aktienkurs des Vormonats. Dieses ist ein weiteres Beispiel dafür, dass sich auch die Biotech-Firmen selbst weiteres Biotech-Know-how aneignen. In diesem Fall geht es um die sogenannte RNS-Interferenz (im Englischen *RNA interference*, abgekürzt RNAi).

RNS-Interferenz

Wird durch kleine, doppelsträngige RNS-Moleküle (*small interfering* RNA, siRNA) ausgelöst. Sie ist ein Schutzmechanismus der Zelle gegen »zellfremde« RNS (z. B. Virus-RNS). siRNA bewirkt, dass sämtliche Boten-RNS, die dieselbe Nukleotidsequenz wie die siRNA aufweist, zerstört wird und somit keine Translation erfolgt. Mit siRNA kann also die Proteinproduktion von einem Gen unterbunden werden (*gene silencing*).

Dabei hatte sich Alnylam ebenfalls erst kurz zuvor mit der Akquisition der Merck-Tochter Sirna Therapeutics gestärkt. Diese war 1992 als Ribozyme Pharmaceuticals gegründet, 2003 umbenannt und 2006 für rund 1 Mrd. US$ von der US-amerikanischen Merck übernommen worden. Anfang 2014 leistete die 2002 gegründete Alnylam lediglich noch 175 Mio. US$ Sofortzahlungen an Merck, die allerdings zudem noch Anspruch auf weitere Meilensteinzahlungen und Tantiemen hat. Für Alnylam bedeutet der Sirna-Zukauf eine Ergänzung und Erweiterung der eigenen RNAi-Technologien. Die Minderheitsbeteiligung der Genzyme an Alnylam erweitert indes eine bereits 2012 geschlossene Allianz und sieht die Entwicklung von RNS-Therapeutika auf dem Feld von seltenen Krankheiten vor.

Eine ähnliche Konstellation – Biotech-Tochter einer Pharma-Gruppe kauft Biotech-Know-how dazu – stellt die Transaktion zwischen Genentech und Seragon dar. Die erst 2013 gegründete Firma erforscht den Wirkstoffkandidaten ARN-810, der sich zum Zeitpunkt der Akquisition in klinischen Studien der Phase I bei Patientinnen mit Hormonrezeptor-positivem Brustkrebs befand, bei denen die Standardtherapie mit Hormonen versagt hatte. Der Wirkstoff gehört zur Klasse der selektiv Östrogen-Rezeptor-abbauenden Medikamente (*selective estrogen receptor degraders*, SERDs) der nächsten Generation, deren Wirkung einerseits auf der Hemmung der Östradiolwirkung am Östrogen-

Rezeptor, anderseits auf der gänzlichen Beseitigung des Östrogen-Rezeptors von der Zelle beruht. Diese SERDs der nächsten Generation mit ihrer zweifachen Wirkung könnten einen verbesserten Ansatz zur Behandlung von Hormonrezeptor-positivem Brustkrebs bieten – und eventuell von anderen Krebserkrankungen, die durch den Östrogen-Rezeptor ausgelöst werden. Somit ergänzen sie das bestehende Forschungs- und Entwicklungsprogramm von Genentech für Brustkrebs.

2.2.7.3 Starke fundamentale Entwicklung: Umsatz und Marktwert steigen, unterstützt durch den zunehmenden Erfolg der Biotech-Medikamente

Kostenintensive Partnerschaften und Zukäufe konnten von den größeren Biotech-Firmen neben Fremdkapital-Unterstützung über steigende Umsätze realisiert werden. Zwar bewirkten die Übernahmen von Genentech und Genzyme sowie Cephalon in den Jahren 2009 und 2011 aufgrund des Wegfalls aus der Biotech-Statistik einen »Umsatzeinbruch«. Diesen machten ab 2012 neue aufstrebende Unternehmen jedoch wieder wett. So erzielte die Branche (nur börsennotierte Gesellschaften, die allerdings >90 % des Umsatzes auf sich vereinen) im Jahr 2014 einen Umsatz von 93 Mrd. US$ (EY 2015), mehr als doppelt so viel wie zehn Jahre zuvor. Gestellt wird er durch 403 Gesellschaften, wobei drei Viertel dieser Kennzahl lediglich auf ein gutes Dutzend an Top-Firmen (*commercial leader*) entfällt (◘ Abb. 2.13 und ◘ Abb. 2.14). Allein 67 % des gesamten Branchen-Umsatzes geht auf das Konto der Top 4: Amgen, Gilead Sciences, Biogen und Celgene. Wie bereits erwähnt, steuern die privaten Firmen lediglich einen ganz geringen zusätzlichen Anteil bei. Zu den neuen aufstrebenden Unternehmen zählen beispielsweise (in Klammern ist das Gründungsjahr angegeben):

- Regeneron Pharmaceuticals (1988): Zulassung der Fusionsproteine Rilonacept, Eylea und Zaltrap im Februar 2008, November 2011 und August 2012;
- Vertex Pharmaceuticals (1989): Zulassung des CFTR-Potenziators Kalydeco im Januar 2012;
- Alexion Pharmaceuticals (1992): Zulassung des therapeutischen Antikörpers Soliris im März 2007;

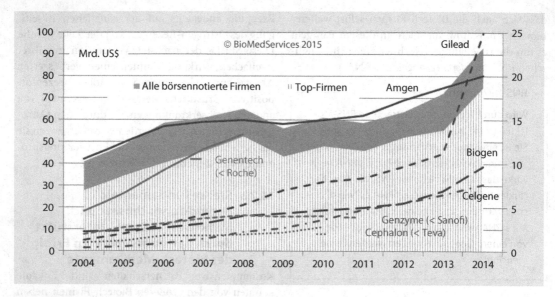

◘ Abb. 2.13   Umsatzentwicklung der börsennotierten US-Biotech-Industrie, 2004 bis 2014. Erstellt nach Daten von Ernst & Young/EY (2005–2015) sowie Geschäftsberichten. Die *linke y-Achse* zeigt die Werte für alle börsennotierten Firmen sowie die Summe für zwölf Top-Firmen (je über 1 Mrd. US$ Umsatz 2014 oder vor Übernahme, inklusive Laborspezialisten Bio-Rad, Illumina, Life Technologies), die *rechte y-Achse* die Werte für einzelne Firmen (*Linien*). < symbolisiert »übernommen von«

- Cubist Pharmaceuticals (1992): Zulassung des Lipopeptid-Antibiotikums Cubicin im September 2003, weitere Antibiotika folgten; 2014 Übernahme durch Merck & Co. für 9,5 Mrd. US$;
- United Therapeutics (1996): Zulassung des Prostazyklin-Analogons Remodulin im Mai 2002, als inhalierbare Version im Juli 2009.

Zum Umsatz der Top-Firmen tragen zudem Gesellschaften bei, die als Laborspezialist tätig sind. Ohne ihre Produkte und Dienstleistungen wäre die Forschung in den *Life Sciences* nicht denkbar. Sie werden daher in vielen Statistiken ebenfalls zum Kern der Biotech-Firmen gezählt. Oft bieten sie auch Analytik beziehungsweise Diagnostik an, die auf der Anwendung molekularbiologischen Knowhows beruht. Bei den Top-US-Unternehmen ins Gewicht fallen zum Beispiel:

- Life Technologies: 2012 3,8 Mrd. US$ Umsatz, 2013/2014 Übernahme durch Thermo Fisher Scientific; Zell-, DNS/RNS- und Proteinanalysen, Klonierung, RNAi, PCR, Lebensmitteltestung u. a.; entstand durch die Fusion von Invitrogen und Applied Biosystems im Jahr 2008;
- Bio-Rad Laboratories: 2014 2,2 Mrd. US$ Umsatz; Produktion und Entwicklung analytischer Geräte und Produkte für die *Life Science*-Forschung, Lebensmittel-, Veterinär- und Umweltanalytik und medizinische Diagnostik;
- Illumina: 2014 1,9 Mrd. US$ Umsatz; *Next Generation*-Sequenzierung.

Seitdem es die Gesamtheit der börsennotierten US-Biotech-Unternehmen im Jahr 2008 in die Gewinnzone schaffte, hatte sie 2010 in dieser Kennzahl

2008	2009	2010	2011	2012	2013	2014	Mio. US$
9 Firmen	9 Firmen	11 Firmen	13 Firmen	13 Firmen	14 Firmen	14 Firmen	Mio. US$
Gilead	Gilead	Gilead	Gilead	Gilead	Gilead	Gilead	24890
Amgen	Amgen	Amgen	Amgen	Amgen	Amgen	Amgen	20063
Genentech						< Roche	13418
Biogen	Biogen	Biogen	Biogen	Biogen	Biogen	Biogen	9703
Celgene	Celgene	Celgene	Celgene	Celgene	Celgene	Celgene	7670
Genzyme	Genzyme	Genzyme				< Sanofi	4049
Cephalon	Cephalon	Cephalon				< TEVA	2811
< 500				Regeneron	Regeneron	Regeneron	2820
< 500		Alexion	Alexion	Alexion	Alexion	Alexion	2234
IDEXX	IDEXX	IDEXX	IDEXX	IDEXX	IDEXX	IDEXX	1486
< 500		United Th.	United Th.	United Th.	United Th.	United Th.	1289
< 500	Cubist	Cubist	Cubist	Cubist	Cubist	< Merck	1054
< 500					Myriad	Myriad	778
< 500				BioMarin	BioMarin	BioMarin	751
< 500				Med. Co.	Med. Co.	Med. Co.	724
Amylin	Amylin	Amylin	Amylin			< BMS	651
< 500						PDL Bio	581
< 500			Vertex	Vertex	Vertex	Vertex	580
< 500		GenProbe	GenProbe			< Hologic	576
< 500						Incyte	511

◘ Abb. 2.14   Top-US-Biotech-Firmen nach Umsatz, 2008 bis 2014. Erstellt in Anlehnung an EY (2015); in Top-Liste, wenn der Umsatz > 500 Mio. US$ beträgt, sortiert absteigend nach Umsatz 2014 oder Umsatz vor Übernahme; < symbolisiert »übernommen von«; BMS: Bristol-Myers Squibb, Med. Co.: The Medicines Company, Th.: Therapeutics

einen vorläufigen Peak erreicht, um dann im Jahr 2014 erstmals die Grenze von 10 Mrd. US$ zu überschreiten. Großen Einfluss bei dieser Entwicklung hatte allerdings wiederum Gilead Sciences aufgrund seines Umsatzrekordes.

Die gesamte positive Entwicklung seit dem Jahr 2010 honorierte schließlich auch der Kapitalmarkt

(◘ Abb. 2.15): Der Marktwert der US-Biotech-Branche überschritt 2013 und 2014 erstmals die Grenzen von 500 und 800 Mrd. US$. Erreicht wurde dies nicht nur über eine wieder gestiegene Zahl an Firmen (diese war nach einer Spitze im Jahr 2007 mit knapp 400 Firmen auf 313 im Jahr 2009 gesunken),

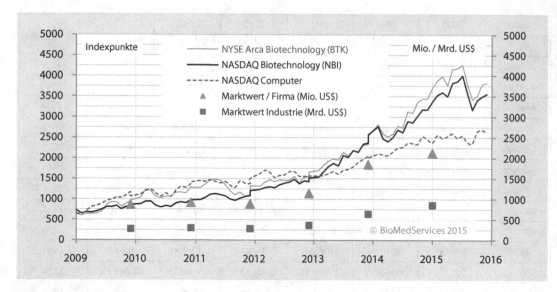

▣ Abb. 2.15 Entwicklung von US-Biotech-Indizes und Markwert, 2009 bis 2014. Indizes nach Yahoo Finance, Marktwert und Marktwert/Firma nach Ernst & Young/EY (2010–2015)

Die commercial leaders

»The accomplishments of a few commercial companies helped shape the industry's strong performance and boost investor sentiment toward the sector. Virtually all of the global industry's 2013 revenue growth came from the 17 US-based commercial leaders, which posted strong increases in revenue and profits on the back of important new drug launches. The market rewarded the performance of these companies by pushing their market capitalizations up a remarkable US$201.9 billion. And, in a case of a rising tide lifting all boats, that outsized performance – which actually began in 2012 – increased enthusiasm in the sector overall and helped bring back generalist investors seeking returns, which in turn helped to catalyze the strong IPO market. Among the commercial leaders, three companies – Biogen Idec, Celgene and Gilead Sciences – were the biggest drivers of growth. Celgene's market cap grew 110 % to US$69.6 billion, Biogen Idec's by 91 % to US$66 billion, and Gilead Sciences' by 107 % to US$115.2 billion, taking it past Amgen to become the world's highest-valued biotech company. … The four biggest biotech companies by market cap in 2013 – Gilead Sciences, Amgen, Celgene and Biogen Idec – were also the biggest investors in R&D for the year, between them spending almost US$9.9 billion (the remaining 335 US publicly listed biotechs spent US$13.4 billion)« (EY 2014).

sondern insbesondere über die starke fundamentale Entwicklung einzelner und der Top-Firmen, wie EY (2014) darlegt (▸ Die *commercial leaders*). Diese führenden Unternehmen stellten 2013 und 2014 nicht nur drei Viertel des gesamten Umsatzes der Branche, sondern ebenfalls drei Viertel des Marktwertes aller 403 gelisteten Gesellschaften. ▣ Tabelle 2.28 bietet eine Übersicht zu nach dem Marktwert führenden US-Biotech-Firmen.

Von 2009 bis 2014 erhöhte sich der Umsatz mit den Top-10-Biopharmazeutika von 44 um gut 50 % auf 73 Mrd. US$ (▣ Tab. 2.29). Mittlerweile stellen von den zehn führenden Arzneimitteln nach Umsatz (2014 in der Summe: 83 Mrd. US$) sieben Top-Biologika mit 60 Mrd. US$ einen Anteil von 72 %. 2009 lag er noch bei 45 %, gestellt von fünf Biotech-Produkten.

◘ **Tab. 2.28** Führende US-Biotech-Firmen nach Marktwert (Mrd. US$), Ende 2012 bis Ende 2014. (Quelle: BioMed-Services 2015)

Firma	2012	2013	2014	2013/2014 (%)	Firma	2012	2013	2014	2013/2014 (%)
Gilead	55,6	115,2	146,8	+27	Incyte	2,2	8,2	12,5	+52
Amgen	66,1	86,0	123,9	+44	Pharmacyclics	4,0	7,8	9,3	+19
Celgene	33,2	69,6	91,4	+31	Cubist Pharma-ceuticals[a]	2,7	5,1	7,7	+51
Biogen	34,6	66,0	81,1	+23	Alnylam Phar-maceuticals	1,0	4,1	7,5	+83
Regeneron Pharma-ceuticals	15,9	26,8	42,1	+57	Ionis Pharma-ceuticals	1,1	4,6	7,5	+63
Alexion	18,2	26,1	37,4	+43	IDEXX	5,1	5,5	7,2	+31
Vertex	9,1	17,4	28,8	+66	United Thera-peutics	2,7	5,7	6,3	+11
Illumina	6,9	14,0	26,8	+91	Agios Pharma-ceuticals	–	0,8	4,2	+425
BioMarin	6,1	10,0	13,6	+36	Seattle Genetics	2,8	4,9	4,1	−16

[a]seit 22.01.2015 zu Merck & Co.und *delisted*

◘ **Tab. 2.29** Top-10-Biopharmazeutika nach weltweitem Umsatz (Mrd. US$), 2014 versus 2009. (Quelle: BioMed-Services (2015), Daten 2014 nach Philippidis (2015))

Produkt	Indikation	Entwickler	Vermarkter	FDA[a]	2009	2014
Humira	Rheumatoide Arthritis	Knoll & CAT (AZ)	AbbVie/Eisai	2002	5,5	12,5
Remicade	Rheumatoide Arthritis	Centocor (J&J)	J&J/Schering-Plough (Merck & Co.)	1998	6,0	9,2
Enbrel	Rheumatoide Arthritis	Immunex (Amgen)	Amgen/Wyeth (Pfizer)	1998	6,6	8,5
Lantus	Diabetes	Sanofi-Aventis	Sanofi	2000	4,2	8,4
Rituxan	Krebs (NHL)	Idec & Genentech	Biogen/Roche	1997	5,7	7,6
Avastin	Darmkrebs	Genentech	Genentech/Roche	2004	5,8	7,0
Herceptin	Brustkrebs	Genentech	Genentech/Roche	1998	4,9	6,9
Neulasta	Neutropenie	Amgen	Amgen	1991	3,4	5,9
Lucentis	AMD	Genentech	Roche/Novartis	2006	2,3	4,3
Avonex	Multiple Sklerose	Biogen	Biogen	1996	2,3	3,0
Nukleotidanaloga				Summe Biologika:	47	73
Sovaldi	HCV	Gilead	Gilead	2013	–	10,3
Atripla	AIDS	Gilead	Gilead	2006	2,4	3,5

Antikörper in Fettdruck
[a]US-Zulassung
AMD altersbedingte Makuladegeneration, *AZ* AstraZeneca, *HCV* Hepatitis-C-Virus, *NHL* Non-Hodgkin-Lymphom

2

Der FDA *Breakthrough*-Status

»As defined by FDA, breakthrough product designation is intended for products that treat a serious condition based on preliminary clinical evidence that indicates the drug may demonstrate substantial improvement on clinically significant endpoints over available therapies.

In other words, no ,me-too' drugs – the breakthrough designation is meant for first-in-class treatments or ones targeting diseases in ways that no other drug has before. Unlike the other designations or pathways, breakthrough product designation isn't meant to expedite develop-

ment based on shortened timelines or surrogate markers, but rather grant access to enhanced review tools such as all of the features of the fast track designation, as well as ,intensive guidance' from FDA regarding the development of the product« (Gaffney 2013).

Unter Berücksichtigung der Nukleotidanaloga als Biopharmazeutika im weiteren Sinne (► Abschn. 3.1.1) entfällt innerhalb der Top-10-Arzneien (inklusive small molecules) auf Biotech-Produkte sogar ein Umsatz von 70 Mrd. US$, was einem Anteil von 84% entspricht. Bis auf Lantus von Sanofi stammen alle ursprünglich von Biotech-Firmen. Humira als das Top-Produkt wurde zwar von der deutschen Knoll (BASF-Tochter, 2001 zu AbbVie) klinisch entwickelt, der vollhumane Antikörper-Wirkstoff selbst stammt jedoch von der britischen CAT, die seit 2006 zu AstraZeneca gehört.

2.2.7.4 Weitere Zulassungen festigen den zunehmenden Erfolg der Biotech-Arzneien

Unterstützend für die positive Entwicklung des Marktwertes waren weiterhin abermals Medikamenten-Neuzulassungen durch die FDA sowie deren nachfolgende Vermarktung. Neben den rekombinanten Biopharmazeutika (◘ Tab. 2.30 und 2.31) erhielten auch wieder von Biotech-Firmen maßgeschneiderte *small molecules* einen positiven Bescheid. Erneut dabei waren Kinase-Inhibitoren, die spezifisch auf neu identifizierte Krebs-Zielmoleküle oder auf mehrere gleichzeitig wirken:

– Zelboraf (Vemurafenib) mit Ziel BRAF zur Behandlung von Hautkrebs; entwickelt von Plexxikon (seit 2011 zu Daiichi) in Zusammenarbeit mit Genentech (Roche), Zulassung August 2011;
– Jakafi (Ruxolitinib), zielend auf die Januskinase (JAK) zur Behandlung der Myelofibrose; entwickelt von Incyte, Zulassung November 2011;
– Stivarga (Regorafenib), wirksam gegen multiple Proteinkinasen, einschließlich solcher, die an der Tumorangiogenese (VEGFR1, -2, -3,

Tie2), Onkogenese (KIT, RET, RAF-1, BRAF, BRAF V600E) und Tumor-Mikroumgebung (PDGFR, FGFR) beteiligt sind; entwickelt von Onyx Pharmaceuticals in Zusammenarbeit mit Bayer, Zulassung September 2012 (Onyx erhielt zudem im Juli 2012 die Zulassung für den Proteasom-Inhibitor Kyprolis, zielend auf das multiple Myelom);

– Cometriq (Cabozantinib) gegen die Zielmoleküle c-Met und VEGFR2 zur Therapie des medullären Schilddrüsenkarzinoms, einer seltenen Art von Schilddrüsenkrebs, der nicht operativ entfernt werden kann; entwickelt von Exelixis, Zulassung November 2012;
– Iclusig (Ponatinib), zielend auf BCR-ABL, BEGFR, PDGFR, FGFR, EPH, SRC, c-KIT, RET, TIE2, und FLT3 für Patienten mit chronischer myeloischer Leukämie (CML) und Philadelphia-Chromosom-positiver akuter lymphoblastischer Leukämie (ALL); entwickelt von Ariad Pharmaceuticals, zugelassen Dezember 2012;
– Imbruvica (Ibrutinib), wirksam gegen die Bruton-Tyrosinkinase zur Behandlung des Mantelzell-Lymphoms, entwickelt von Pharmacyclics in Zusammenarbeit mit Johnson & Johnson, zugelassen November 2013;
– Zydelig (Idelalisib), hemmt selektiv die Phosphatidylinositol-3-Kinase delta (PI3K-Delta) bei Erkrankten mit chronischer Lymphozyten-Leukämie (CLL) oder Non-Hodgkin-Lymphomen (NHL); entwickelt von Calistoga (seit 2011 zu Gilead Sciences), zugelassen Juli 2014.

Die beiden zuletzt gelisteten, neu zugelassenen Kinase-Hemmer hatten zuvor den seit 2012 aufgelegten *Breakthrough*-Status zugesprochen bekommen. Nach dessen Beantragung entscheidet die FDA in-

◘ **Tab. 2.30** Ausgewählte rekombinant hergestellte Biopharmazeutika, Zulassungen 2010 bis 2013 (FDA). (Quelle: BioMedServices 2015)

Produkt	Wirkstoff (Target)	Indikation	Erfindung/Entwicklung und Vermarktung	Monat/ Jahr
Actemra	Tocilizumab (IL-6R)	Rheumatoide Arthritis	Genentech (Roche)	01/2010
Vpriv	Velaglucerase alfa	Gaucher-Krankheit	GB: Shire	02/2010
Provenge	Sipuleucel-T	Prostatakrebs	Dendreon	04/2010
Lumizyme	Alglucosidase alfa	Pompe-Krankheit	Genzyme	05/2010
Prolia	Denosumab (RANK-Ligand)	Osteoporose	Amgen	06/2010
Krystexxa	Pegloticase	Gicht	Savient Pharmaceuticals	09/2010
Benlysta	Belimumab (BAFF, BLyS)	Lupus erythematodes	CAT (AZ) und HGS (GSK)/ GSK	03/2011
Yervoy	Ipilimumab (CTLA-4)	Malignes Melanom	Medarex (BMS)/BMS	03/2011
Adcetris	Brentuximab vedotin (CD30)	Hodgkin-Lymphom und ALCL	Seattle Genetics/ Takeda	08/2011
Eylea	Aflibercept (VEGF, PIGF)	AMD	Regeneron Pharmaceuticals	11/2011
Voraxaze	Glucarpidase	Methotrexat-Vergif- tung	GB: Protherics (BTG)	01/2012
Elelyso	Taliglucerase alfa	Gaucher-Krankheit	ISR: Protalix/Pfizer	05/2012
Perjeta	Pertuzumab (HER2)	Brustkrebs	Genentech (Roche)	06/2012
Zaltrap	Ziv-Aflibercept (VEGF)	Darmkrebs	Regeneron Pharmaceuticals	08/2012
Jetrea	Ocriplasmin	Vitreomakuläre Ad- häsion (Auge)	B: Thrombogenics	10/2012
Abthrax	Raxibacumab	Anthrax-Infektion	CAT (AZ)/HGS (GSK)	12/2012
Gattex	Teduglutide	Kurzdarm-Syndrom	NPS Pharmaceuticals (Shire)	12/2012
Kadcyla	Trastuzumab Emtansin	Brustkrebs (HER2 +)	Genentech (Roche)	02/2013
Gazyva	Obinutuzumab (CD20)	Chronische lymphati- sche Leukämie	Genentech (Roche) und Biogen Idec	11/2013

Antikörper in Fettdruck

falls nicht US, Land vor Firmenname (*B* Belgien, *GB* Großbritannien, *ISR* Israel), in Klammern Mutterfirma, falls Über- nahme vor Zulassung

ALCL anaplastic large cell lymphoma (T-Zell-Lymphom), *AMD* altersbedingte Makuladegeneration, *AZ* AstraZeneca, *BMS* Bristol-Myers Squibb, *HGS* Human Genome Sciences

nerhalb von 60 Tagen, ob sie den Antrag ablehnt oder diesem zustimmt und damit anerkennt, dass vorläufige klinische Daten bereits eine signifikant verbesserte Ansprechrate gegenüber einem Ver- gleichspräparat vorweisen. Letztlich sichert ein *Breakthrough*-Status (► Der FDA *Breakthrough*- Status und ► Abschn. 3.1.1.1) ein intensiv betreutes

und damit möglicherweise beschleunigtes Zulas- sungsverfahren zu. Profitieren konnte davon auch das im April 2014 zugelassene Medikament Zykadia (Ceritinib) von Novartis, einem ALK-Inhibitor zur Behandlung von nicht-kleinzelligem Lungenkrebs.

Wieder meisterten Wirkstoffe die regulato- rische FDA-Hürde, die im weiteren Sinne den

■ **Tab. 2.31** Ausgewählte rekombinant hergestellte Biopharmazeutika, Zulassungen 2014 (FDA). (Quelle: BioMed-Services 2015)

Produkt	Wirkstoff (Target)	Indikation	Erfindung/Entwicklung und Vermarktung	Monat/ Jahr
Vimizim	Elosulfase alfa	MPS Typ IVA	BioMarin Pharmaceuticals	02/2014
Myalept	Metreleptin zur Injektion	Lipodystrophie	Amylin Pharmaceuticals (BMS/AZ)	02/2014
Alprolix	Faktor-IX-Fc-Fusionsprotein	Hämophilie B	Biogen	03/2014
Tanzeum	Albiglutide	Typ-2-Diabetes	Principia Pharmaceuticals (HGS) (GSK)/ GSK	04/2014
Cyramza	Ramucirumab (VEGFR2)	Magenkrebs	Dyax und ImClone (Lilly)	04/2014
Entyvio	Vedolizumab (α4β7-Integrin)	Ulcerative Kolitis, Morbus Crohn	Millennium (Takeda)	05/2014
Ruconest	Conestat alfa (C1-Esterase)	Angioödem	NL: Pharming	07/2014
Plegridy	Interferon beta-1a, pegyliert	Multiple Sklerose	Biogen	08/2014
Trulicity	Dulaglutid	Typ-2-Diabetes	Eli Lilly	09/2014
Keytruda	Pembrolizumab (PD1)	Hautkrebs	Organon Biosciences (Schering-Plough) (Merck)	09/2014
Blincyto	Blinatumomab (CD19&CD3)	Leukämie (ALL)	D: Micromet (Amgen)	12/2014
Opdivo	Nivolumab (PD1)	Hautkrebs	Medarex (BMS)	12/2014

Antikörper in Fettdruck
falls nicht US, Land vor Firmenname (*D* Deutschland, *NL* Niederlande), in Klammern Mutterfirma, falls Übernahme vor Zulassung
ALL akute lymphatische Leukämie, *AZ* AstraZeneca, *BMS* Bristol-Myers Squibb, *GSK* GlaxoSmithKline, *MPS* Mukopolysaccharidose

Biopharmazeutika zuzuordnen sind, da es sich um kleinere biologische Substanzen wie Peptide (Bausteine der Proteine) und Oligonukleotide (Bausteine von DNS und RNS) handelt. Im Gegensatz zu den klassischen großen Biomolekülen wie den Proteinen (auch Antikörper), die aufgrund ihrer Komplexität nur biosynthetisch über DNS-Rekombination und Expression in einer Wirtszelle hergestellt werden können, sind sie – oder Derivate davon – chemisch zu synthetisieren. Beispiele sind:
– Incivek (Telaprevir), ein Peptidderivat, das die NS3/4A-Serin-Protease des Hepatitis-C-Virus (HCV) hemmt; entwickelt von Vertex Pharmaceuticals, zugelassen im Mai 2011;
– Firazyr (Icatibant), ein Dekapeptid mit fünf nicht proteinogenen Aminosäuren, das bei Patienten mit vererbbarem Angioödem als Bradykinin-Rezeptor-Antagonist wirkt; entwickelt von Jerini aus Deutschland (2008 von der britischen Shire gekauft), zugelassen im August 2011;
– Kynamro (Mipomersen), ein *antisense*-Oligonukleotid-Strang, der die Synthese von Apolipoprotein B hemmt, welches bei Patienten mit familiärer Hypercholesterinämie eine krankhafte Rolle spielt; entwickelt von Ionis Pharmaceuticals und Genzyme, zugelassen im Januar 2013;
– Sovaldi (Sofosbuvir), ein Nukleotidanalogon, das die NS5-RNS-Polymerase des Hepatitis-C-Virus (HCV) hemmt; entwickelt von Gilead Sciences, zugelassen im Dezember 2013.

☐ Tab. 2.32 Umsatzerwartungen für ausgewählte neue Biotech-Blockbuster, 2020. (Quelle: BioMedServices (2015) nach EvaluatePharma (2014a und 2014b))

Firma	Produkt	Indikation	FDA[a]	Mrd. US$
Gilead	Sovaldi (Sofosbuvir)	Hepatitis-C-Virus-Infektion	12/2013	13,1
Celgene	Revlimid (Lenalidomid)	Multiples Myelom und Mantel-zell-Lymphom	12/2005	8,0
BMS	Opdivo (Nivolumab)	Hautkrebs	12/2014	6,6
Biogen	Tecfidera (Dimethylfu-marat)	Multiple Sklerose	03/2013	6,5
Alexion	Soliris (Eculizumab)	Paroxysmale nächtliche Hämo-globinurie	03/2007	5,8
Regeneron/Bayer	Eylea (Aflibercept)	Altersbedingte Makuladegene-ration	11/2011	5,6
Merck	Keytruda	Hautkrebs	09/2014	4,4

[a]US-Zulassung (Monat/Jahr)
BMS Bristol-Myers Squibb

Neue Zielmoleküle waren schließlich nicht nur bei den Kinase-Hemmern vertreten. Im Januar 2012 erteilte die FDA die Zulassung für Erivedge (Vismodegib), einem *small molecule*-Wirkstoff, der den sogenannten Hedgehog-Signalweg hemmt und dabei das Membranprotein Smoothened (SMO) bindet. Dies führt zu einer Transkriptionshemmung von Genen, welche beim Wachstum von Tumoren involviert sind. Das von Genentech in Zusammenarbeit mit Curis entwickelte Medikament ist das erste einer völlig neuen Wirkstoffklasse bei fortgeschrittenem Hautkrebs. Für dieselbe Indikation ließ die FDA allerdings 2014 auch zwei Antikörper zu, nämlich Keytruda von Merck und Opdivo von BMS. Beide binden an das zuvor noch nie anvisierte Zielmolekül PD1 (*programmed death receptor-1*). PD1 ist ein Schlüsselmolekül, das es Krebszellen ermöglicht, sich der Erkennung durch das Immunsystem zu entziehen (*immune escape*). Beide Krebs-Medikamente zählen daher zu den sogenannten neuartigen Krebs-Immuntherapien (▶ Abschn. 3.1.2.1) und erhielten von der FDA auch die *Breakthrough*-Designation.

Eine Wirkung über Genregulation wird auch bei dem im März 2013 in den USA und im Januar 2014 in Europa zugelassenen Medikament Tecfide-ra von Biogen vermutet. Den altbekannten Wirkstoff Dimethylfumarat entwickelte ursprünglich die Schweizer Fumapharm, die ihn zusammen mit Biogen für die Indikation multiple Sklerose testete. Es wird angenommen, dass das Fumarsäurederivat den sogenannten Nrf2-Signalweg aktiviert. Der Transkriptionsfaktor Nrf2 (*nuclear factor [erythro-id-derived 2]-related factor 2*) spielt eine Rolle bei immunmodulatorischen und entzündungshemmenden Prozessen, zudem werden antioxidative Gene hochreguliert. In den oral verfügbaren Wirkstoff werden umsatzmäßig große Erwartungen gesetzt: Für das Jahr 2020 prognostiziert der Datendienst EvaluatePharma Verkaufserlöse von 6,5 Mrd. US$ (☐ Tab. 2.32). Mit Abstand führen wird allerdings das antivirale Medikament Sovaldi von Gilead, dem im Jahr 2020 ein Umsatz von 13 Mrd. US$ zugetraut wird. Dieser lag aber bereits 2014 bei 10 Mrd. US$. Auch den neuen PD1-Antikörpern wird für 2020 ein Blockbuster-Status zugesprochen. Zwar brachten klassische Pharma-Firmen beide Wirkstoffe auf den Markt, ihre Entwicklung ging jedoch letzlich wiederum auf Biotech-Unternehmen zurück. Auch den neuen Produkten von Alexion und Regeneron wird weiteres Wachstum prognostiziert.

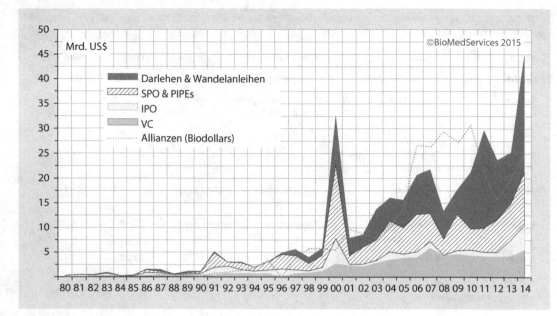

◘ Abb. 2.16   Finanzierung der US-Biotech-Industrie, 1980 bis 2014. Erstellt nach Daten von Lerner und Merges (1998), Burrill (2000), Nicholson et al. (2002) und Ernst & Young/EY (2005–2015). *IPO* initial public offering, *SPO* secondary public offering, *PIPE* private investment in public equity, *VC* Venture-Capital

2.2.8   Zusammenfassende Bilanz zur US-Biotech-Industrie: Früher Start, gute Finanzierungsbedingungen und ein Dutzend führender Unternehmen brachten den Stein ins Rollen

Im Jahr 2016 wird die US-Biotech-Industrie ihr 40-jähriges Bestehen feiern. Den Grundstein legte das Unternehmen Genentech, welches sich 1976 gründete, um die Anfang der 1970er-Jahre erfundene DNS-Rekombinationstechnik – die Gentechnik – wirtschaftlich zu nutzen. Weitere Firmengründungen folgten, sodass zehn Jahre später Mitte der 1980er-Jahre um die 800 Firmen existierten, die sich mit der neuen Biotechnologie beschäftigten. Anfang der 1990er-Jahre erhöhte sich deren Zahl auf über 1000. Ein Fünftel davon, also gut 200 Gesellschaften, waren nach der Listung ihrer Aktien börsennotiert (in der Regel an der NASDAQ, ► Geschichte der US-amerikanischen Börse und des NASDAQ). Bis Mitte der 1990er-Jahre überstieg ihre Zahl die Grenze von 300. Auf Basis

der Börsennotierung (IPO) waren die Firmen immer wieder in der Lage, weiteres Eigenkapital (SPO, PIPE) aufzunehmen (◘ Abb. 2.16).

Das verhalf in den 1990er-Jahren einigen Unternehmen dazu, ihre Entwicklungen zu Ende zu führen und auf den Markt zu bringen (◘ Tab. 2.12). Risikokapital floss zwar immer in die US-Biotech-Industrie. Das Level von heute, das gerne für Vergleiche mit der schlechten Finanzierungssituation in Deutschland herangezogen wird, etablierte sich allerdings erst nach der Jahrtausendwende, also nach rund 25 Jahren Existenz der neuen Branche! In den 1990ern hatten einige Investoren gute Exits erzielt, und die Industrie hatte bewiesen, dass sie erfolgreich neue Produkte auf den Markt bringen kann. Das zusammen mit dem Internet-Boom führte dann zum Biotech-Börsen-Hype. Aus ◘ Abb. 2.16 ist ferner ersichtlich, dass auch erst im neuen Jahrtausend die Einnahmen aus Allianzen stärker anstiegen sowie Fremdkapital zunehmend eine Rolle spielte. Dies allerdings nur bei einer Handvoll führender Firmen (◘ Tab. 2.26). Auf jeden Fall haben die zwar nach Kapitalmarkt-Lage schwankenden,

Geschichte der US-amerikanischen Börse und des NASDAQ

»The American Stock Exchange (AMEX) got its start in the 1800's and was known as the ‚Curb Exchange' until 1921 because it met as a market at the curbstone on Broad Street near Exchange Place. Its founding date is generally considered as 1921 because this is the year when it moved into new quarters on Trinity. However, it wasn't until 1953 that it officially became the American Stock Exchange. In November 1998, the National Association of Security Dealers (NASD) announced that the American Stock Exchange would merge with the NASD creating ‚The Nasdaq-Amex Market Group'. However, the American Stock Exchange remained as an active exchange. In October 1, 2008, the American Stock Exchange was acquired by NYSE Euronext. NYSE Euronext integrated amex.com content and data into the nyse.com website, phasing out amex.com, effective January 16, 2009. The new name is NYSE Amex. Founded by the NASD, the National Association of Security Dealers Automated Quotations (NASDAQ) began trading on February 8, 1971, as the world's first electronic stock market, trading for over 2,500 securities. In 2000, NASDAQ membership voted to restructure and spin off NASDAQ into a shareholder-owned, for-profit company. In 2007, the NASD merged with the New York Stock Exchange's regulation committee to form the Financial Industry Regulatory Authority (FINRA). In May 2007, NASDAQ announced a transaction to create global exchange and technology company with Swedish exchange operator, OMX. Later that year, on November 7, 2007, NASDAQ OMX announced that it had signed an agreement to acquire the Philadelphia Stock Exchange, the oldest stock exchange in America, founded in 1790. Today NASDAQ is the largest electronic stock market with over 3,000 companies listed. (Terrell 2012)«

aber dennoch grundsätzlich guten Finanzierungsbedingungen einen sehr großen Anteil am Erfolg der US-Biotech-Industrie. Erfolg in der Medikamenten-Entwicklung kann man nicht kaufen, es kann nur die riskante und kostspielige Forschung und Entwicklung finanziert werden. Firmen, die dabei schneller oder bessere Fortschritte machten, weil sie sich umfangreichere Studien leisten können, sind dann oft die bevorzugten Kooperationspartner für die nach neuen Projekten und Innovationen suchende Pharma-Industrie gewesen. Dies zog dann oft weitere Finanzierung nach sich. Eine gute Finanzierung ermöglicht auch eine breitere Streuung des Risikos über verschiedene Projekte, so dass bei einem Ausfall eventuell schnell ein Ersatz bereit steht.

Nach dem Börsenboom vom Jahr 2000 und der nachfolgenden Baisse erholte sich der Kapitalmarkt wieder, bis Mitte 2007 die nächste Hausse erreicht wurde und die Zahl der börsennotierten US-Biotech-Unternehmen sich auf fast 400 steigerte. Die globale Finanzkrise 2007/2008 bewirkte einen Rückgang auf gut 300 Börsengelistete (minus 25 %!), da sich viele nicht mehr am Kapitalmarkt weiter finanzieren konnten. Seit 2009/2010 stieg die Eigenkapital-Finanzierung wieder an, gegenüber dem bisherigen Spitzenreiter-Jahr 2000 sogar mit neuen Höchstwerten.

Für das Jahr 2013 zählte der Branchenbeobachter EY (2014) nach dem jüngsten Aufblühen der Kapitalmärkte 345 »US public biotech companies« mit einem Marktwert von 637 Mrd. US$ und einem Umsatz von 72 Mrd. US$ sowie 110.000 Mitarbeitern. Nachdem im Jahr 2014 rund 60 neue Biotech-Firmen an die Börse strebten, liegt der aktuelle Stand bei 403 Gesellschaften mit einem gesamten Marktwert von 854 Mrd. US$ sowie 10 Mrd. US$ Gewinn bei 93 Mrd. US$ Umsatz (EY 2015). Inklusive der privaten, nicht börsennotierten Unternehmen zählt die Branche mehr als 2500 Firmen.

Der Umsatz der US-Biotech-Branche entfiel über die Jahre hinweg hauptsächlich auf die börsennotierten Gesellschaften, das heißt, sie stellten meist 70 bis über 90 %. Hierbei machten die Verkaufserlöse von auf den Markt gebrachten Medikamenten in der Regel mehr als drei Viertel aus. Sichtbar wurde dies beziehungsweise das darauf beruhende Umsatzwachstum ab den 1990er-Jahren, nachdem in den 1980er-Jahren die ersten neuartigen – auf der neuen Biotechnologie basierenden – Arzneimittel eine Marktzulassung erhielten.

Die erste Dekade des neuen Milleniums erbrachte dann ein starkes Umsatzwachstum (◘ Abb. 2.17), das insbesondere auf den in der zweiten Hälfte der 1990er-Jahre eingeführten therapeutischen Antikörpern (◘ Tab. 2.12) beruhte. Diese stellen – zusammen mit weiteren in der letzten Dekade des

2

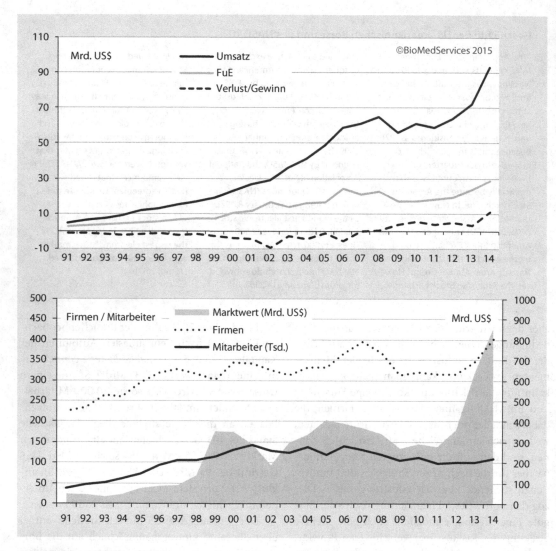

◘ Abb. 2.17 Entwicklung der börsennotierten US-Biotech-Industrie, 1991 bis 2014. Erstellt nach Daten von Ernst & Young/ EY (1992–2015)

alten Milleniums auf den Markt gebrachten rekombinanten (Fusions-)Proteinen – heutzutage noch über 50 % des Umsatzes mit den Top-10-Biopharmazeutika (◘ Tab. 2.29). Von Pharma-Unternehmen entwickelte Bestseller im biopharmazeutischen Sektor kamen erst ab dem Jahr 2000 dazu: Lantus von Sanofi und Humira von AbbVie, die zusammen knapp 30 % der Top-10-Biopharmazeutika im Jahr 2014 ausmachen. Für Sanofi generierte Lantus (rekombinantes Insulin für Diabetiker, entwickelt von der früheren Hoechst) fast ein Fünf-

tel (19 %) des Gesamtumsatzes von 34 Mrd. € im Jahr 2014. Es ist das umsatzstärkste Produkt für das Unternehmen. Letzteres trifft bei AbbVie auch für Humira zu, wobei der vollhumane TNF-Antikörper 63 % aller Verkaufserlöse im Jahr 2014 stellte. Der Patentschutz für Lantus läuft 2015 ab, derjenige für Humira je nach Markt 2016 oder 2018.

Innerhalb der US-Biotech-Industrie wurde und werden das Umsatzwachstum und insbesondere der seit 2008 erzielte Gewinn von rund einem Dutzend führender Firmen realisiert (◘ Abb. 2.18). Neben

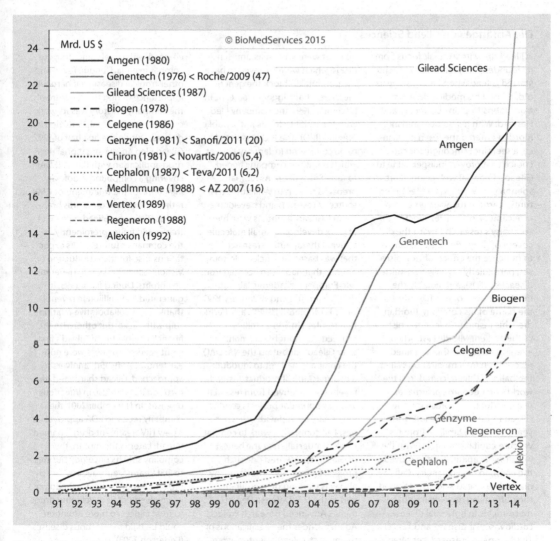

■ **Abb. 2.18** Hauptumsatztragende Firmen, 1991 bis 2014. Erstellt nach Daten von SEC *filings*/Geschäftsberichten, Gründungsjahr sowie Übernahmepreis in Mrd. US$ in Klammern. < übernommen von/Jahr; *AZ* AstraZeneca

den früh gegründeten Gesellschaften Genentech, Biogen, Amgen und Genzyme (▶ Abschn. 2.2.2) zählen zu den absoluten Top-Firmen (*commercial leaders*) heute noch Gilead Sciences und Celgene, die sich in der zweiten Hälfte der 1980er-Jahre gründeten.

Gilead beeindruckt durch exponentielles Umsatzwachstum, die Übernahme anderer Biotech-Firmen sowie einem Marktwert von knapp 150 Mrd. US$ zum Ende des Jahres 2014. Seit Mitte 2013 hat Gilead die bei dieser Kennzahl bis dahin

immer führende Amgen abgelöst. Der strategische Fokus auf virale Infektionskrankheiten bescherte dem Unternehmen auf dem Markt befindliche Produkte wie: 1996 Vistide gegen Augeninfektionen, verursacht durch Cytomegalovirus (CMV); 1999 – mit Lizenz an Roche – Tamiflu gegen Grippe (Influenzavirus); 2001 Viread gegen AIDS ausgelöst durch den *human immunodeficiency virus* (HIV); 2002 Hepsera gegen Hepatitis-B-Viren; 2004 und 2006 Nachfolgeprodukte gegen HIV sowie 2013 Sovaldi gegen Hepatitis-C-Viren (HCV). Nach einem

Die Anfänge von Gilead Sciences

»Gilead drew its strategic focus from its founder, Michael Riordan … who started Gilead when he was 29 years old, earned his medical degrees from Johns Hopkins University and Harvard. With his degrees in hand, Riordan entered the realm of finance, a seemingly incongruent career choice that proved indispensable to Gilead's financial well-being. Riordan spent a year working for Menlo Ventures, learning the vagaries of venture capitalism. … [He] directed the company's research toward the discovery of drugs designed to cure or to mitigate the effects of viral diseases, particularly sexually transmitted diseases (STDs), and notably the most notorious of all STDs, HIV. For the name of his company, Riordan drew his inspiration from the history of the ancient Middle East, where a region known as Gilead gained recognition for a medication called the balm of Gilead, considered the world's first genuine pharmaceutical product. … Riordan founded Gilead in June 1987. The following year he raised $2 million from his venture capitalist sources. With the infusion of capital, Riordan moved the company to Foster City, California, where Gilead scientists focused their efforts on developing pharmaceuticals to fight viral diseases, cardiovascular disease, and cancer. The company's research centered on what were known as ‚anti-sense' drugs, which were believed to have the potential to block the genetic messages that trigger disease. … In December 1991, the company filed with the … [SEC] for its initial public offering (IPO). The IPO was slated to be completed in January 1992, at which point the company hoped to raise $42 million. As Riordan prepared to turn to Wall Street as a source of research and development capital, Gilead scientists were hard at work developing small molecule antiviral therapeutics, research that was based on nucleotide compounds that had been licensed from two European academic laboratories. Toward the end of January 1992, Gilead completed its IPO, an offering that resulted in $86.25 million in proceeds. … Roughly six months after Gilead's debut on the NASDAQ, the company had yet to introduce a pharmaceutical product. Instead, revenue was derived from research and development projects conducted in partnership with other parties. The company's work to combat cancer, undertaken at the behest of Glaxo, represented one such project. By mid-1992, the company also was working on a program tied to the U.S. Defense Department's Advanced Research Projects Agency. Under the specifications of the project, Gilead scientists were charged with developing drugs to combat malaria, Dengue fever, and other tropical diseases. Of particular importance during this juncture of the company's history was its work on CMV retinitis, an AIDS-related eye disease. During the first half of 1992, Gilead filed an investigational new drug application with the … [FDA] covering a compound, cidofovir injection, for the treatment for CMV retinitis. The compound was branded as Vistide by Gilead, a product that would figure prominently in the company's future. … As expectations rose for the introduction of Vistide, Gilead had yet to generate any profits. During fiscal 1995, it generated $4.9 million in revenue thanks to its collaborative relationship with Glaxo, but otherwise the financial highlights of Gilead's first eight years of business were non-existent. … As its 15th anniversary approached, Gilead sharpened its focus on its expertise in infectious diseases. In November 2001, the company received FDA approval for a new HIV treatment drug it named Viread. Later in the month, the company sold its oncology business to OSI Pharmaceuticals, Inc. for approximately $170 million, shedding its involvement in developing drugs to treat cancer so more attention could be paid to infectious diseases« (Pederson 2003).

Jahr auf dem Markt generierte Sovaldi 2014 einen Umsatz von 10 Mrd. US$. Das *International directory of company histories* gibt einen guten Überblick zu den frühen Jahren der Gesellschaft (► Die Anfänge von Gilead Sciences).

Celgene fokussierte sich erst ab 1992 auf Pharmazeutika, entwickelte dann aber sehr erfolgreich den Wirkstoff Thalidomid in der Indikation Onkologie (► Vom Celanese Spinoff zu Krebs-Medikamenten), der 1998 die US-Zulassung erhielt.

Das Thalidomid-Derivat Revlimid folgte 2005, ihm wird ein Blockbuster-Potenzial zugetraut (◘ Tab. 2.32). Zudem steigt Celgene in neueste Biotech-Disziplinen ein, wie der Branchendienst EXOME/Xconomy informiert:

» Celgene has gotten its hooks into some of the best venture-backed companies in the hottest areas of biomedicine. These young companies are leaders in epigenetic-based drug develop-

Vom Celanese Spinoff zu Krebs-Medikamenten

»Celgene of Summit, New Jersey, was formed in the mid-1980s as a dedicated biotechnology unit within the Celanese Corporation, an American manufacturer of materials and chemicals. It became an independent entity following the merger of Celanese and the American Hoechst Corporation. Celgene initially pursued strains of bacteria to dissolve toxic wastes, but its focus shifted to drug development in the early 1990s. In 1994, Celgene President Sol Barer made a daring move: he dedicated the company's R&D resources to a compound derived from thalidomide, a drug that had become infamous in the early 1960s when it was prescribed to expectant mothers in Europe and the Großbritannien to prevent morning sickness but, tragically, caused thousands of babies to be born with stunted limbs. The drug exhibits anti-angiogenic properties – it inhibits the formation of blood vessels – which cause deformities in developing fetuses but deliver therapeutic benefits to cancer patients by cutting off blood supplies to tumor cells. The compound also has immunomodulatory effects, which make it an effective treatment for autoimmune disorders. Barer was confident that thalidomide's medicinal value could overcome public fears evoked by the name. The drug's tainted history made the process of securing FDA approval for Thalomid, the company's first drug and a thalidomide derivative, a costly struggle. In 1998, however, sales were authorized for the treatment of leprosy. A second thalidomide derivative, Revlimid, was approved in 2005 to treat multiple myeloma. Thalomid was also subsequently approved as a cancer drug. The benefits for patients are significant: Thalomid extends the lives of myeloma patients an average of 22 months; Revlimid, which is used in patients who do not respond to Thalomid, provides an additional 11 months of life, on average. With the market success of Thalomid, Celgene became profitable in 2003, after accumulating hundreds of millions of dollars in debt from a decade and a half of intensive R&D and two expensive acquisitions (Signal Pharmaceuticals and Anthrogenesis Corporation). It has grown into one of the world's largest biopharmaceutical companies, and continues to pursue the discovery and development of drugs for cancer and inflammatory diseases« (Life Sciences Foundation, Celgene).

ment, cancer metabolism, antibody drugs, gene therapy, immunotherapy, and regenerative medicine. If even one-fourth or one-fifth of these companies do what they say they are aspiring to do, Celgene will win big. (Timmerman 2013)

Andere aufstrebende Firmen entfielen der Statistik ab Mitte 2000 durch Übernahme seitens Pharma-Unternehmen (MedImmune, Chiron und Cephalon). Die Aufkäufe von Genentech (2009 von Roche) und Genzyme (2011 von Sanofi) werden umsatzmäßig zum Teil wettgemacht durch jüngere, sich etablierende Firmen wie Regeneron, Alexion und Vertex. Unter den Top-10 nach Umsatz befanden sich 2014 mit je über 1 Mrd. US$ noch die Gesellschaften IDEXX Laboratories und United Therapeutics sowie, etwas abgeschlagen, Myriad Genetics (778 Mio. US$) und BioMarin Pharmaceuticals (751 Mio. US$), beides Neuaufsteiger in die Top-10. Denn der Antibiotika-Spezialist Cubist Pharmaceuticals, dessen Umsatz 2013 über 1 Mrd. US$ lag, entfällt für 2014 aus der Statistik (◘ Abb. 2.14). Ende 2014 schlug die US-Merck zu und kündigte die Übernahme von Cubist an, die sie im Januar 2015 zu einem Preis von 9,5 Mrd. US$ abschloss. ◘ Abbildung 2.19 zeigt zusammenfassend eine Übersicht zu ausgewählten Top-Firmen und gibt Auskunft über das Gründungsjahr sowie wichtige Meilensteine wie Zulassung von Produkten, Überschreiten der Umsatzgrenze von 1 Mrd. US$ sowie Übernahmen.

Zu erwähnen bleibt, dass es neben den guten Entwicklungen auch Hunderte von Misserfolgen gab: So zählte der frühere Datendienst Recombinant Capital allein für 2002 mindestens 30 Projekte, die in Phase II oder Phase III scheiterten. Der Pionier Human Genome Sciences, den GlaxoSmithKline 2012 für 3,6 Mrd. US$ kaufte, erzielte von 21

Übersicht der ausgewählten Firmen. Oberhalb der Spalten angegebene Hinweise:
- **Genentech**: < Roche 100 % (46,8)* – Eigener Marktauftritt
- **Centocor** (Therapeutische AK): firmiert unter Janssen Biotech, < J&J (4,9)
- **Genetics Institute**: < AHP (1,25), umbenannt in Wyeth < Pfizer
- **Chiron**: < Novartis (5,4)
- **Immunex** (Fusionsproteine): < Amgen (16)
- **Genzyme** (Enzymersatz): < Sanofi (20) – Eigener Marktauftritt
- **Scios** (California Biotech, Rekombinante Peptidhormone): < J&J (2,4)

Jahr	Genentech	Biogen	Centocor	Amgen	Genetics Institute	Chiron	Immunex	Genzyme	Scios
2015									
2014		FP>F-IX							
2013		SM>MS		> Onyx					
2012				> Micromet					
2011				> BioVex					
2010				AK>RANK					
2009									
2008	13 Mrd.			FP>ITP					
2007				AK>EGFR					
2006				> Abgenix				GAAase	
2005									
2004	AK>VEGF	AK>a4ß1		KGF				> ILEX	
2003	AK>IgE	> IDEC						GLAase	
2002				> Immunex					
2001		1 Mrd.		ARA		1 Mrd.	960 Mio.	1 Mrd.	BNP
2000									
1999	1 Mrd.								
1998	AK>HER2		AK>TNF				FP>TNF	TSH	
1997	AK>CD20								
1996		IFNβ	TPA						
1995									
1994			C7E3-Fab					GCase	
1993	DNAse					IFNβ			
1992			PIII-Flop	1 Mrd.	F-VIII	IL-2			
1991				G-CSF		> Cetus	GM-CSF		
1990	< Roche (60 %)								
1989		HBsAg		EPO					
1988									
1987	TPA								
1986	IFNα	IFNα				HBsAg			
1985	HGH								
1984									
1983									
1982	INS								
1981									
1980									
1979									
1978									
1977									
1976									

1. Generation
(Ca. 800 Firmen, davon 150 *public*, davon 9 mit Medikamenten auf dem Markt)

Legende:
- ▓ Biologikum, auf Markt über Partner
- ☐ Biologikum, eigene Vermarktung

AK>	Antikörper, zielend auf	F	Faktor
AMD	Altersbedingte Makuladegeneration	FH	Familiäre Hypercholesterinämie
ARA	Aranesp	FP>	Fusionsprotein, zielend auf
AS>	Antisense, zielend auf	GAAase	Glucosidase
ASBase	Arylsulfatase B	GALNS	N-Acetylgalactosamin-6-sulfatase
BNP	*B-type natriuretic peptide*	GCase	Glucocerebrosidase
C7E3-Fab	Abciximab (ReoPro)	G-CSF	*Granulocyte-colony stimulating factor*
CD20	B-Zell-Marker	GLAase	Galactosidase
CLL	Chronische lymphatische Leukämie	GM-CSF	*Granulocyte macrophage colony-stimulating factor*
CMV	Cytomegalovirus	ENL	Erythema Nodosum Leprosum
EPO	Erythropoietin	HBsAG	Hepatits-B-Antigen

Abb. 2.19   Ausgewählte Top-US-Biotech-Firmen auf einen Blick

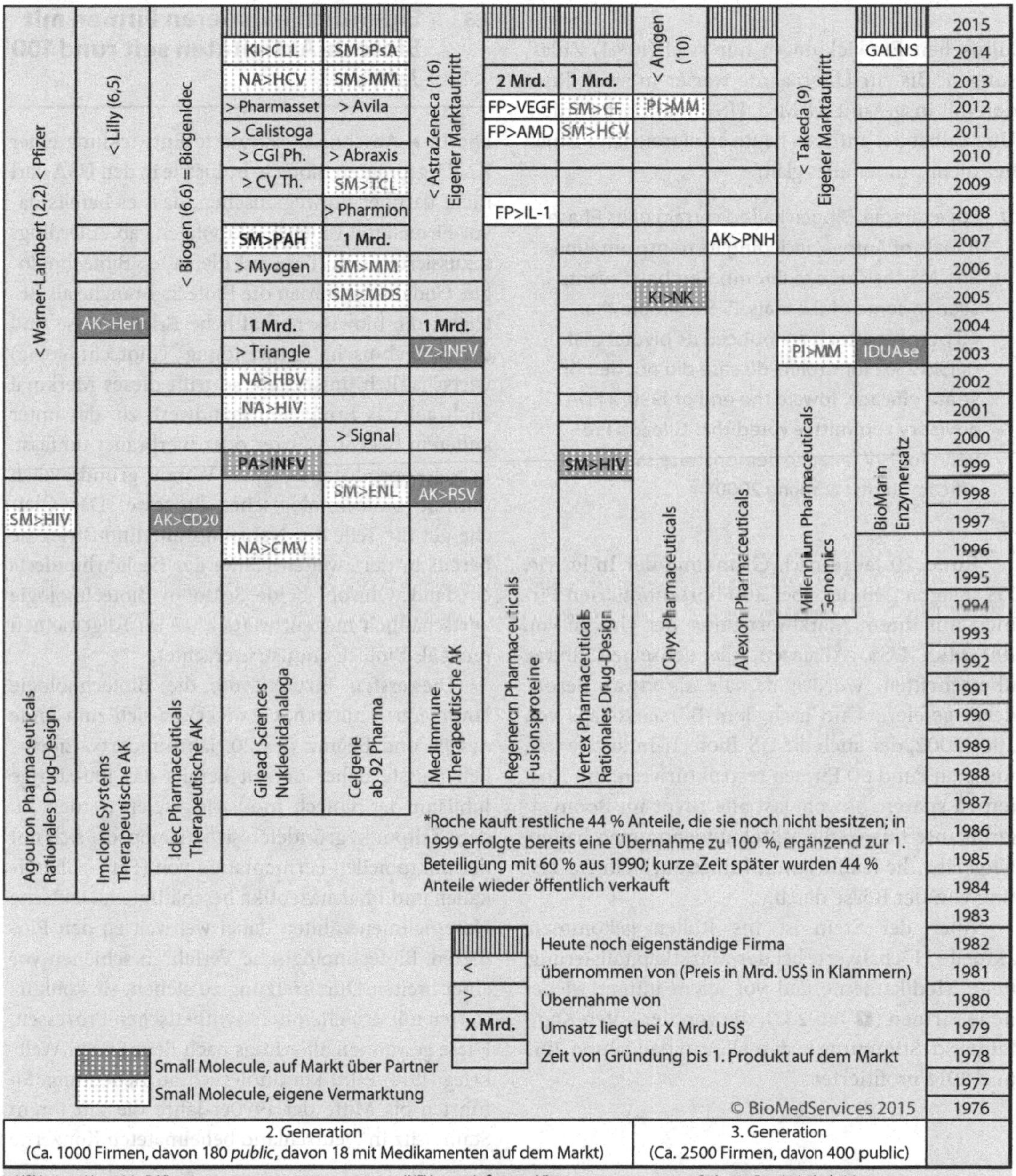

Abb. 2.19 (Zeitachse rechts: Jahre 1976 bis 2015)

Firmenspalten (vertikale Beschriftungen, von links nach rechts):

- < Warner-Lambert (2,2) < Pfizer
- < Lilly (6,5)
- < Biogen (6,6) = BiogenIdec
- < AstraZeneca (16) — Eigener Marktauftritt
- < Amgen (10)
- < Takeda (9) — Eigener Marktauftritt
- Agouron Pharmaceuticals — Rationales Drug-Design
- Imclone Systems — Therapeutische AK
- Idec Pharmaceuticals — Therapeutische AK
- Gilead Sciences — Nukleotidanaloga
- Celgene — ab 92 Pharma
- MedImmune — Therapeutische AK
- Regeneron Pharmaceuticals — Fusionsproteine
- Vertex Pharmaceuticals — Rationales Drug-Design
- Onyx Pharmaceuticals
- Alexion Pharmaceuticals
- Millennium Pharmaceuticals — Genomics
- BioMarin — Enzymersatz

Dateneinträge nach Jahr:

Jahr	Imclone	Agouron/Idec	Gilead	Celgene	MedImmune	Regeneron	Vertex	Onyx	Alexion	Millennium	BioMarin
2014			KI>CLL	SM>PsA							GALNS
2013			NA>HCV	SM>MM		2 Mrd.	1 Mrd.				
2012			> Pharmasset	> Avila		FP>VEGF	SM>CF			PI>MM	
2011			> Calistoga			FP>AMD	SM>HCV				
2010			> CGI Ph.	> Abraxis							
2009			> CV Th.	SM>TCL							
2008				> Pharmion		FP>IL-1					
2007			SM>PAH	1 Mrd.					AK>PNH		
2006			> Myogen	SM>MM							
2005				SM>MDS				KI>NK			
2004	AK>Her1		1 Mrd.	1 Mrd.							
2003			> Triangle		VZ>INFV					PI>MM	IDUAse
2002			NA>HBV								
2001			NA>HIV								
2000				> Signal							
1999			PA>INFV				SM>HIV				
1998				SM>ENL	AK>RSV						
1997		SM>HIV (Agouron) / AK>CD20 (Idec)									
1996			NA>CMV								

*Roche kauft restliche 44 % Anteile, die sie noch nicht besitzen; in 1999 erfolgte bereits eine Übernahme zu 100 %, ergänzend zur 1. Beteiligung mit 60 % aus 1990; kurze Zeit später wurden 44 % Anteile wieder öffentlich verkauft

Legende:

Symbol	Bedeutung
▓	Heute noch eigenständige Firma
<	übernommen von (Preis in Mrd. US$ in Klammern)
>	Übernahme von
X Mrd.	Umsatz liegt bei X Mrd. US$
(Schattierung)	Zeit von Gründung bis 1. Produkt auf dem Markt
▓	Small Molecule, auf Markt über Partner
▒	Small Molecule, eigene Vermarktung

© BioMedServices 2015

2. Generation	3. Generation
(Ca. 1000 Firmen, davon 180 *public*, davon 18 mit Medikamenten auf dem Markt)	(Ca. 2500 Firmen, davon 400 public)

HBV	Hepatitis-B-Virus	INFV	Influenza-Virus	PsA	Psoriasis-Arthritis
HER1&2	*Human epidermal growth factor receptor*	INS	Insulin	SM>	*small molecule*, zielend auf
HGH	*Human growth hormone*	MDS	Myelodysplastisches Syndrom	TCL	*T cell lymphoma* (T-Zell-Lymphom)
HIV	*Human immunodeficiency virus*	MM	Multiples Myelom	Th.	Therapeutics
IDUAse	Iduronidase	MS	Multiple Sklerose	TPA	*Tissue plasminogen activator*
KI>	Kinase-Inhibitor, zielend auf	NA>	Nukleotidanalogon, zielend auf	TSH	Thyroidea-stimulierendes Hormon
KGF	*Keratinocyte growth factor*	NK	Nierenkrebs	VEGF	*Vascular endothelial growth factor*
IFN	Interferon	PA>	Peptidanalogon, zielend auf	VZ>	Vakzin, zielend auf
IgE	Immunglobulin E	PAH	Pulmonale arterielle Hypertonie		
IL-2	Interleukin-2	PI>	Proteasom-Inhibitor, zielend auf		
ITP	Idiopathische thrombozytopenische Purpura	PNH	Paroxysmale Nächtliche Hämoglobinurie		

☐ **Abb. 2.19** Fortsetzung

klinischen Entwicklungen nur zwei (10 %!) Zulassungen. Bis zur Übernahme war er in zwölf Runden mit insgesamt 3,8 Mrd. US$ finanziert worden. Und selbst bei anderen heute erfolgreichen Firmen lief nicht immer alles glatt:

> For example, Biogen halted certain of its Phase II trials of Antova, including its transplantation and MS trials due to thrombo-embolic events seen in some of the trials. ISIS fell more than 60 percent after it announced its pivotal trial of ISIS 2302 for Crohn's disease did not demonstrate efficacy. Toward the end of 1999, a FDA advisory committee voted that Gilead's Preveon for HIV failed to demonstrate safety and efficacy. (Ernst & Young 2000)

Rund 20 Jahre nach Gründung der Industrie, 1998, lagen 200 der über 300 börsennotierten Firmen mit ihrem Marktwert unter der Grenze von 100 Mio. US$. Allianzen, die denselben Betrag überschritten, wurden damals als etwas Besonderes gefeiert. Und nach dem Börsenkollaps von 2001/2002, der auch die US-Biotech-Industrie traf, mussten rund 60 Firmen restrukturieren, um Kosten zu sparen, obwohl fast alle zuvor im Boom signifikante finanzielle Mittel aufgenommen hatten. Ungefähr die Hälfte davon führte auch ein De-Listing von der Börse durch.

Aber der Stein ist ins Rollen gekommen: aktuelle Höchstwerte bei der Marktkapitalisierung, neue Medikamente und vor allem immer wieder neue Firmen (◘ Tab. 2.33), die von der guten Kapitalmarkt-Stimmung in den USA in den Jahren 2013 und 2014 profitierten.

2.3 Eigentlich existieren Firmen mit Biotech-Aktivitäten seit rund 100 Jahren

Die in ▶ Abschn. 2.2 skizzierte Entwicklung einer KMU-geprägten Biotech-Industrie in den USA darf nicht darüber hinwegtäuschen, dass es bereits davor Firmen mit Biotech-Aktivitäten gab. Allerdings fokussierten sich diese auf die »alte« Biotechnologie. Und definiert man die Biotech-Branche als Betriebe, die biowissenschaftliche Erkenntnisse und deren technische Anwendung (Biotechnologie) wirtschaftlich umsetzten, so trifft dieses Merkmal auch auf das Ernährungshandwerk zu, das unter anderem Bäcker, Winzer oder Bierbrauer umfasst. Letztere produzieren ihre Waren grundsätzlich mithilfe biotechnologischer Prozesse. Das Gleiche gilt für Teile der Nahrungsmittelindustrie, die bereits in der zweiten Hälfte des 19. Jahrhunderts entstand. Obwohl beide Sektoren Biotechnologie wirtschaftlich nutzen, werden sie im Allgemeinen nicht als Biotech-Industrie erachtet.

Die ersten Firmen, die die Biotechnologie kommerziell nutzten, entwickelten sich zum Ende des 19. und Beginn des 20. Jahrhunderts. Eigentlich müsste daher derzeit bereits das 100-jährige Jubiläum der Biotech-Industrie gefeiert werden. Zu dem Zeitpunkt gründeten sich Firmen, die sich mit der mikrobiellen Fermentation von (Fein-)Chemikalien und Pharmazeutika beschäftigten. Deutsche Unternehmen zählten dabei weltweit zu den Pionieren. Biotechnologische Verfahren schienen vor einer breiten Durchsetzung zu stehen, sie konkurrierten mit den chemisch-synthetischen Prozessen. Diese gewannen allerdings nach dem Ersten Weltkrieg (1914–1918) kontinuierlich an Bedeutung. So führten bis Mitte der 1990er-Jahre die mit ihrem Stammsitz in Deutschland beheimateten Konzerne

□ Tab. 2.33 Ausgewählte US-Biotech-Firmen, gegründet seit 2010. (Quelle: BioMedServices 2015)

Jahr	Firma	Fokus	IPO[a]	Meilensteine (letzter Umsatz und Marktwert)
2010	Aratana Therapeutics	Therapeutika für Haustiere, SM und AK	2013 (35)	2015: 18 Kandidaten (2014: 0 und 614 Mio. US$)
2010	Coherus BioSciences	Biosimilars	2014 (85)	2012/2013: Deal mit Daiichi/Baxter, 2014: PIII Etanercept-Biosimilar, 55 Mio. US$ VC (2014: 31 und 544 Mio. US$)
2010	Moderna Therapeutics	RNS-Therapeutika	–	2015: 450 Mio. US$ VC, 900 Mio. US$ cash, 45×PK
2010	**Ultragenyx Pharmaceuticals**	SM/rekombinante Proteine, ultraseltene Krankheiten	2014 (121)	2011: IND, 2015: 1×PIII, 2×PII, 3×PI, 1×PK (2014: 0 und 1,39 Mrd. US$)
2010	Verastem	SM (Target: Krebsstammzellen)	2012 (63)	2013: IND, 2015: 1×PII, 2×PI (2014: 0 und 224 Mio. US$)
2011	Caribou Biosciences	CRISPR-Cas	–	2014: Deal mit Novartis 2015: 15 Mio. US$ VC-Serie A
2012	Kindred Biosciences	Therapeutika für Haustiere, SM und AK	2013 (53)	2015: 11 Kandidaten (2014: 0 und 136 Mio. US$)
2013	Audentes Therapeutics	Gentherapie	–	2014: 43 Mio. US$ VC-Serie B, 2015: 3 Programme in PK
2013	Dimension Therapeutics	Gentherapie (Hämophilie A)	–	2014: 30 Mio. US$ VC, gesamt 60 Mio. US$ 2015: 4 Programme in PK
2013	Editas Medicine	Therapeutika (CRISPR-Cas9-, TALENs)	–	2013: 43 Mio. US$ VC-Serie A 2014: Patent auf CRISPR-Cas-System
2013	Human Longevity	Genomik, Mikrobiomik, Stammzellen	–	2014: 70 Mio. US$ VC-Serie A 2015: Deal mit Genentech
2013	Jounce Therapeutics	Krebs-Immuntherapie	–	2013: 47 Mio. US$ VC-Serie A
2013	**Juno Therapeutics**	Krebs-Immuntherapie	2014 (264)	2013/2014: 120/134 Mio. US$ VC 2015: 6×PI (2014: 0 und 4,7 Mrd. US$)
2013	Rodin Therapeutics	Epigenetik, ZNS-Therapeutika	–	2014: 13 Mio. US$ VC-Serie A
2013	Spark Therapeutics	Gentherapie	2015 (169)	2014: 73 Mio. US$ VC 2015: 1×PIII, 1×PI/II
2013	Spero Therapeutics	Antibiotika	–	2014: Deal mit Roche
2013	Synlogic	Synthetische Biologie	–	2014: 30 Mio. US$ VC-Serie A
2013	Syros Ph.	Genregulation	–	2014: 53 Mio. US$ VC-Serie B
2013	Twist Bioscience	Synthetische Biologie	–	2014: 26 Mio. US$ VC
2013	Zebra Biologics	Biosuperior-AK-Therapeutika	–	Exklusivlizenz: *Next Gen Combinatorial Antibody and Peptide Library Technology*
2014	Intellia Therapeutics	CRISPR-Cas	–	2014: 15 Mio. US$ VC-Serie A, u. a. Novartis

2

◘ **Tab. 2.33**   Fortsetzung

Jahr	Firma	Fokus	IPO[a]	Meilensteine (letzter Umsatz und Marktwert)
2014	Onkaido Therapeutics	RNS-Therapeutika (Krebs)	–	Spin-off Moderna, 2014: 20 Mio. US$ VC-Serie A
2014	Unum Therapeutics	Krebs-Immuntherapie	–	2014: 12 Mio. US$ VC-Serie A 2015: 3 Programme
2014	Voyager Therapeutics	Gentherapie	–	2014/2015: 45/60 Mio. US$ VC 2015: 5 Programme
2015	Denali Therapeutics	ZNS-Krankheiten	–	2015: 217 Mio. US$ VC-Serie A

Zahl der weitesten Projekte (April 2015)
[a]Falls börsennotierte Firmen, Jahr und in Klammern Einnahmen (Mio. US$) des Börsengangs (*IPO* initial public offering); Firmen mit Marktwert > 1 Mrd. US$ in Fettdruck
AK Antikörper, *IND* initial new drug (Start PI), *P* Phase, *PK* Präklinik, *SM* small molecules, *VC* Venture-Capital

BASF, Bayer und Hoechst die internationale Rangliste der größten Chemie-Unternehmen an. Die Fermentation konnte sich auf lange Sicht dagegen nur in wenigen Verfahrensnischen durchsetzen (Marschall 2000). Deutschland war – neben der Schweiz – zudem die Wiege der pharmazeutischen Industrie – über die Gründung von Tochterfirmen und die Einwanderung deutscher Gründer sozusagen zum Teil auch diejenige der pharmazeutischen US-Industrie (◘ Tab. 2.34).

Bereits sehr früh gründete sich auch die japanische Pharma-Industrie mit folgenden heute noch zu den Top-50 der weltgrößten Pharma-Konzerne zählenden Unternehmen:
- 1781: Takeda Pharmaceutical Company;
- 1878: Shionogi & Company;
- 1885: Dainippon Sumitomo und Japan Brewery Company (Vorläufer der Kyowa Hakko Kirin);
- 1894: Fujisawa Pharmaceutical (heute Astellas Pharma);

- 1923: Yamanouchi Pharmaceutical (heute Astellas Pharma);
- 1913: Sankyo Company (heute Daiichi Sankyo);
- 1936: Eisai.

Die japanische Industrie wird allerdings bei den weiteren Betrachtungen nicht in den Fokus gestellt.

In Deutschland blühte zur Jahrhundertwende 1899/1900 der pharmazeutische Sektor. Man zählte über 600 Firmen, die Arzneimittel produzierten, 250 davon wurden allein zwischen 1870 und 1900 gegründet (Marschall 2000). Meist isolierten sie Wirkstoffe beziehungsweise Wirkstoffgemische aus Arzneipflanzen und Materialien tierischer Herkunft oder gewannen diese aus mineralischen Verbindungen. Aufgrund dessen und wegen dem späteren Erfolg der chemischen Industrie wurde das Land früher oft als »Apotheke der Welt« bezeichnet. In einigen Firmen fand darüber hinaus die Biotechnologie Anwendung (◘ Tab. 2.35).

◻ **Tab. 2.34** Ausgewählte anfängliche pharmazeutische Firmen nach Gründungsjahr und Land. (Quelle: BioMed-Services 2015)

Jahr	Deutschland	Schweiz	USA	Großbritannien
1668	Merck (Apotheke)[a]		1891: US-Tochter, Merck & Co.	
1758		Geigy[b]		
1817	Boehringer Mannheim[c]			
1849			Pfizer (deutsche Gründer)	
1858			Squibb[d]; Warner (gegründet 1856)[e]	
1859		Ciba[b]		Beecham Group[f]
1863	Bayer, Hoechst[g]			
1871	Schering[h]		1876: US-Tochter, Schering[i]	
1876			Eli Lilly	
1880				Burroughs Wellcome[f]
1885	Boehringer Ingelheim			
1886		Sandoz[b]	J&J; Upjohn[e]	
1887			Bristol-Myers[d]	
1888			Abbott Laboratories; Searle[e]	
1896		Roche		

[a]1827 als Pharma-Firma; Firmen gehören heute zu, [b]Novartis, [c]Roche, [d]Bristol-Myers Squibb (BMS), [e]Pfizer, [f]GlaxoSmithKline (GSK), [g]Sanofi, [h]Bayer, [i]Merck & Co. (nach 2. Weltkrieg als Schering-Plough)
J&J Johnson & Johnson

Die ersten industriell fermentativ hergestellten Chemikalien waren unter anderem die Milch-, Essig- und Zitronensäure. Der Chemiker Avery beziehungsweise seine Firma Avery Lactart Company produzierte 1881 Milchsäure erstmals kommerziell in den USA (Benninga 1990, ► Erste industrielle Fermentation in den USA). Andere Quellen schreiben das erste industrielle Fermentationsverfahren für Milchsäure der deutschen Boehringer Ingelheim zu, die damit 1895 – zehn Jahre nach der Firmengründung – startete. Sie war zeitweise Hauptumsatzträger des Unternehmens. Zwischen 1895 und

1907 etablierten sich laut Marschall (2000) weitere 25 Milchsäureproduzenten. So in Deutschland die Gesellschaften Byk-Gulden aus Konstanz (heute zu Takeda gehörend), Schering aus Berlin (heute zu Bayer gehörend) sowie Merck aus Darmstadt. In den USA waren wichtige Vertreter DuPont, American Maize Company und Clinton Foods Company.

Vorteil in den USA war, dass es dort den Rohstoff Mais im Überfluss gab, was letztlich eine billigere Produktion ermöglichte. Als allerdings im Jahre 1936 die US-Firma Monsanto Chemical Company ein neues Verfahren zur chemischen

◘ Tab. 2.35 Übersicht zu ausgewählten Firmen mit frühen klassischen Biotech-Aktivitäten. (Quelle: BioMedServices (2015), u. a. nach Marschall (2000) und Vasic-Racki (2006))

Ab Jahr	Biotechnische Produktion	Wer
1890	Taka-Diastase (Enzyme)	Japanischer Unternehmer Takamine in den USA
1895	Milchsäure	Boehringer Ingelheim, Byk-Gulden, Schering, Merck (D), DuPont, American Maize Company, Clinton Foods
1923	Zitronensäure	Pfizer, Boehringer Ingelheim, Benckiser, Jungbunzlauer
1930	Technische Enzyme	Röhm, Miles Laboratories (1978 Übernahme durch Bayer)
1930	Ephedrin (Hefe-Teilbiosynthese)	Knoll (1975/2001 Übernahme durch BASF/Abbott)
1931	»Medizinische« Enzyme	Luizym, Luitpold-Werke (1991 Übernahme durch Sankyo)
1939	Sorbose (Teilbiosynthese)	Merck (Deutschland, größter Vitaminhersteller Europas)
1942	Penicillin	Pfizer, Merck & Co., Lilly, Squibb, Abbott Glaxo, ICI, Novo
1950	Penicillin, Streptomycin	US-Lizenz: Hoechst, Bayer; auch Ciba-Geigy, Kyowa Hakko Kogyo
1952	Steroide	Merck[a], Schering[a], Syntex, Upjohn, Squibb, Pfizer, Glaxo
1954	Diagnostische Enzyme	Boehringer Mannheim
1958	Aminosäuren	Tanabe Seiyaku

[a]jeweils deutsche und US-amerikanische (Merck & Co., Schering-Plough)
ICI Imperial Chemical Industries

Erste industrielle Fermentation in den USA

»It is an amazing fact that, although all of these early developments in fermentation ,technology' took place in Europe, the first commercial production of an industrial chemical by a fermentation process, that of lactic acid, took place in the United States of America. The United States had a number of disadvantages in the evolution of chemistry and chemical technology in the nineteenth century, disadvantages which persisted up to World War I. The country was slow in picking up the new scientific thoughts coming from the other side of the Atlantic, and when they became known, was not always eager to accept the new ideas. ... In the practical application of chemistry the United States also lagged behind, particularly in respect to Britian« (Benninga 1990)

Synthese von Milchsäure startete, erwuchs damit eine starke Konkurrenz zum biotechnischen Verfahren. Denn die chemisch produzierte Milchsäure zeichnete sich durch eine gleich bleibende Qualität, hohe Reinheit und einen niedrigeren Preis aus.

Heutzutage wird indes etwa 70 bis 90 % der Weltproduktion an Milchsäure wieder fermentativ hergestellt.

Die industrielle mikrobielle Gewinnung von Zitronensäure entwickelte ab 1923 die US-amerikanische Charles Pfizer & Company, 1849 in New York durch die beiden deutschen Immigranten Pfizer und Erhart gegründet. Davor wurde die Substanz noch ausschließlich aus Zitrusfrüchten isoliert. 1938 stieg auch Boehringer Ingelheim in die Zitronensäure-Produktion mittels Gärverfahren ein. Diese stellte das Unternehmen 1982 wieder ein, wie zuvor im Jahr 1972 auch die Fermentation von Milchsäure. In der zweiten Hälfte des 20. Jahrhunderts, 1962, erwuchs bei der biosynthetischen Zitronensäure-Produktion eine zusätzliche größere Konkurrenz in Europa durch die schweizerische Gesellschaft Jungbunzlauer. Sie übernahm 1988 die deutsche Benckiser, die ebenfalls Zitronensäure mikrobiell produzierte, und sie zählt heute – neben chinesischen Anbietern – noch zu den größten Herstellern dieser Substanz. Im Gegensatz zur Milchsäure ist die Zitronensäure wegen ihrer verzweigten Struktur nicht in einem chemischen industriellen Produktionsverfahren herstellbar.

Die kommerzielle Nutzung extrazellulärer mikrobieller Enzyme erfolgte zwar bereits 1890 in den USA, 1908 produzierte aber dann die 1907 gegründete Darmstädter Firma Röhm & Haas das erste industriell verwendete technische Enzymprodukt zur Ledergerbung. Zuvor musste zur Behandlung von Fellen und Häuten Hundekot und Taubenmist verwendet werden. Bis Ende der 1920er-Jahre war es noch ein aus Rinder- und Schweinepankreas extrahiertes Enzymgemisch, ab den 1930er-Jahren wurde es biotechnisch gewonnen. Das Verfahren entwickelte jedoch die 1911 gegründete US-Tochtergesellschaft Rohm & Haas Company. Weitere Unternehmen, die früh Enzyme fermentativ herstellten, waren Miles Laboratories (USA, heute Bayer), Société Rapidase (Frankreich, heute DSM) sowie die Schweizerische Ferment (heute zu Novo Nordisk gehörend).

2.3.1 Biotechnologie für die Arzneimittel- und Diagnostika-Produktion

Der Siegeszug der biotechnologischen Verfahren für die Produktion von Arzneimitteln begann als 1942 in den USA die großtechnische mikrobielle Fabrikation von Penicillin als Antibiotikum in Angriff genommen wurde. Zuvor hatte die deutsche Bayer zwar 1935 das erste Mittel gegen bakterielle Infektionen auf den Markt gebracht. Das chemisch synthetisierte Sulfonamid war dem neuen Penicillin in seiner Wirkung aber unterlegen. Es hatte eine gewisse militärische Bedeutung, weshalb es 1943 schon 22 Penicillin-Anbieter gab.

Im Ausland verfolgten die biotechnologische Antibiotika-Produktion beispielsweise Pfizer, Merck & Co., Squibb, Abbott und Lilly in den USA, Glaxo und ICI (Imperial Chemical Industries) in Großbritannien sowie Novo in Dänemark. Steroide produzierten ab 1952 in den USA ebenfalls Pfizer, Merck & Co. und Squibb. Es kamen noch Syntex, Upjohn und Schering-Plough dazu. In Großbritannien war in diesem Sektor ferner Glaxo aktiv.

In Deutschland produzierten ab 1950 die chemisch-pharmazeutischen Großunternehmen Penicillin lediglich unter US-Lizenzen. Buchholz (1979) beschreibt folgende Beispiele:

» Die Amerikaner stellen ab 1950 know how für die großtechnische Penicillin-Fermentation und einen leistungsfähigen Stamm von Schimmelpilzen zur Verfügung. Damit wird 1950 die Großproduktion bei Hoechst aufgenommen. 1952 nimmt auch Bayer in Elberfeld eine Großanlage für die Penicillinfabrikation in Betrieb. 1952 beginnt in Hoechst die Streptomycinherstellung, später werden weitere mikrobielle Prozesse zur Gewinnung von Hormonen übernommen. (Buchholz 1979)

Marschall (2000) erwähnt, dass die deutschen Firmen von den in den USA entwickelten leistungsfähigeren Submersverfahren profitierten und dass ihr Know-how zu Pilzen (Penicillin-Produzent, genauer *Aspergillus niger* geringer war. Die kleineren, traditionell pharmazeutisch und naturstofforientierten Firmen wie Merck oder Schering mussten Mitte der 1950er-Jahre zwar, was neueste Fermentertechniken betraf, auch auf US-Lizenzen zurückgreifen; ihr Know-how zu Mikroorganismen war jedoch größer, und so wurden nach dem Zweiten Weltkrieg Merck und Schering als führend in der mikrobiellen Steroidtransformation erachtet.

Die 1668 als Apotheke und 1827 als Pharma-Firma gegründete Merck rief bereits 1895 eine bakteriologische Abteilung ins Leben und führte 1939 mikrobielle Stoffumwandlungen (Sorbose zu Vitamin C) durch. Sie erwuchs damit zum größten Vitaminhersteller Europas. 1956 baute die Gesellschaft eine mikrobiologische FuE-Einheit auf und galt 1973 mit der ersten computergesteuerten Fermentationsanlage als Vorreiter (Marschall 2000). 2007 erfolgte die Übernahme der schweizerischen Serono, die sich bereits sehr früh mit der neuen Gentechnik beschäftigte und seit 1989 entsprechend hergestellte Wachstumsfaktoren und Fertilitätshormone anbot. 1998 kam das Multiple-Sklerose-Mittel Rebif, ein rekombinantes Interferon dazu. Merck selbst vertreibt seit 2004 den von ImClone entwickelten Krebs-Antikörper Erbitux. Eine gute Übersicht zur frühen Historie von Merck bietet

2

»Merck in Darmstadt – seit bald 350 Jahren«

»Merck ist das älteste forschende pharmazeutisch-chemische Unternehmen der Welt. Seine Wurzeln reichen zurück bis ins 17. Jahrhundert. 1668 erwarb der aus Schweinfurt stammende Apotheker Friedrich Jacob Merck die spätere Engel-Apotheke in Darmstadt. Sie befindet sich bis heute im Familienbesitz. 1816 übernahm Heinrich Emanuel Merck, ein Enkel des Schriftstellers und Naturforschers Johann Heinrich Merck, die Apotheke. Bereits während seiner für diese Zeit ungewöhnlich guten wissenschaftlich-pharmazeutischen Ausbildung beschäftigte er sich mit der Chemie pflanzlicher Naturstoffe. Im Apothekenlabor gelangen ihm die Isolierung und Reindarstellung von Alkaloiden, einer Klasse von hochwirksamen Pflanzeninhaltsstoffen, denen wegen ihrer medizinischen Wirkung die besondere Aufmerksamkeit der Wissenschaft galt. Mit dem »Pharmaceutisch chemischen Novitäten-Cabinet« stellte Merck 1827 die damals bekannten Alkaloide vor und bot sie

Apothekerkollegen, Chemikern und Ärzten an. Es entstand ein Bedarf, der deutlich über dem der eigenen Apotheke lag. Eine Produktion ‚im Großen' war notwendig geworden – und so entwickelte sich eine pharmazeutisch-chemische Fabrik. Nach dem Tod von Heinrich Emanuel Merck im Jahr 1855 wurde das kontinuierlich wachsende Unternehmen von seinen Söhnen Carl, Georg und Wilhelm weitergeführt. Mit etwa 50 Mitarbeitern stellten sie Arzneimittelgrundstoffe sowie eine Vielzahl weiterer Feinchemikalien her. … Auf die Verdopplung von Belegschaft und Produktion im Jahrzehnt von 1914 folgten nach dem Ausbruch des Ersten Weltkriegs Jahre des Rohstoff- und Arbeitskräftemangels. Das Exportgeschäft kam praktisch zum Erliegen. In Folge des Ersten Weltkrieges verlor Merck seine Auslandsniederlassungen. Auch die 1891 in den USA gegründete Tochterfirma Merck & Co. wurde enteignet und ist seither ein von Merck in Darmstadt völlig unabhängiges amerikanisches

Unternehmen [in Europa auftretend als Merck, Sharp & Dome, MSD]. … Merck erzielte über viele Jahre hinweg zweistellige Zuwachsraten beim Umsatz, der sich allein zwischen 1950 und 1957 verdreifachte. Im selben Zeitraum wuchs die Belegschaft von 3.702 auf 5.856 Personen. Nach 1966 unterlag die Konjunktur größeren Schwankungen. Bei Merck hingegen gab es weiterhin Jahre mit zweistelligen Wachstumsraten, allerdings auch solche mit nur geringem Zuwachs oder – wie 1975– einem realen Umsatzrückgang. Insgesamt ist Merck weiter kräftig gewachsen; im Jahr 1980 überschritt der Jahresumsatz erstmals die Grenze von einer Milliarde DM. In der Behandlung von Schilddrüsenerkrankungen ist Merck außerhalb der USA das führende Unternehmen. Der Fokus der Forschung liegt auf den therapeutischen Gebieten Onkologie, neurodegenerative Erkrankungen, Fruchtbarkeit, Autoimmun- und Entzündungskrankheiten« (Berufsstart 2014).

die Unternehmensbeschreibung aus der Berufsstart Printpublikation *Unternehmen stellen sich vor* (▶ »Merck in Darmstadt – seit bald 350 Jahren«).

Schering, 1871 gegründet, betrieb seit 1923 Forschung zu Sexualhormonen und brachte im Juni 1961 Anovlar auf den Markt, das erste Präparat zur hormonalen Empfängnisverhütung in Deutschland. 1957 startete der Aufbau der Mikrobiologie, und 1979 folgte die Gründung der Berlex Laboratories, die als neues Standbein in den USA über eigene Forschungs-, Produktions- und Vertriebskapazitäten verfügte (die frühere US-Tochtergesellschaft wurde durch die US-Regierung enteignet). Berlex kooperierte mit dem US-Biotech-Unternehmen Chiron für die Entwicklung von Betaseron, einem rekombinanten Interferon zur Behandlung der multiplen Sklerose, das 1993 und 1995 die Zulassung in USA und Deutschland erhielt. Es ist das erste Biologikum für diese Indikation. 2006 übernahm dann Bayer die Gesellschaft und firmierte sie um in Bayer Schering Pharma. Seit 2011

ist der Name Schering komplett verschwunden (▶ Auszüge aus der Geschichte Scherings).

Biochemisches und mikrobiologisches Knowhow baute früh auch Boehringer Mannheim (▶ **Geschichtlicher** Überblick zu Boehringer Mannheim) in seinem Forschungslabor in Tutzing am Starnberger See auf: 1946 begannen erste biochemische Arbeiten und 1954 folgte die fermentative Produktion von Enzymen in Schimmelpilzen. Sie fanden Verwendung im ersten enzymatischen Labortest zur Bestimmung von Alkohol im Blut (Fischer 1991). Ein erster Test für die enzymatische Bestimmung des Blutzuckers erreichte 1960 den Markt. 1977 agierte – zunächst noch in Tutzing – eine Gruppe Genetik, die dann 1980 in eine Abteilung für Molekularbiologie überging. 1987 wurde das biochemische Forschungszentrum in Penzberg erbaut. Im Jahr 1997 übernahm die schweizerische Roche das Unternehmen für rund 10 Mrd. €, was in etwa dem 24-fachen des Boehringer-Gewinns

Auszüge aus der Geschichte Scherings

»Der Chemiker Ernst Schering suchte Mitte des 19. Jahrhunderts einen Laden, um darin eine Apotheke zu eröffnen. 1851 fand er in der Chausseestraße 17, außerhalb der Stadtmauer hinter dem Oranienburger Tor, ein dreistöckiges Gebäude, die Schmeißersche Apotheke. Er kaufte das Haus und gründete dort die ‚Grüne Apotheke‘. … Mit einem Gründungskapital von 500.000 Talern wandelt er die Firma 1871 in eine Aktiengesellschaft um. … Als Ernst Schering 1889 stirbt, hinterlässt er nach 48 Jahren eine weltweit verkaufende und produzierende Firma. Ab 1933 ändert sich auch bei Schering einiges. Das Vorstandsmitglied Paul Neumann flieht nach Deutschland, sein Kollege Gregor Straßer dagegen wird 1934 von den Nazis ermordet – im Zuge des angeblichen ‚Röhm-Putsches‘ gegen die SA. …

Sofort nach dem Krieg besetzt die Rote Armee die Fabriken und beginnt mit der Demontage der Fertigungsanlagen. Während die Werke in Adlershof, Spindlersfeld und in Eberswalde verloren sind, kann die Zentrale im Wedding nach dem Einzug der West-Alliierten langsam wieder aufgebaut werden. Selbst während der Blockade 1948/1949 gelingt es, die Produktion aufrecht zu erhalten und sogar Exporte durchzuführen. Allerdings geht der Großteil dieser Verkäufe sowieso in die Sowjetisch besetzte Zone, bis zur Gründung der DDR im Herbst 1949. Da Schering nach dem Krieg auch sämtliche Produktionsstätten in anderen Ländern verloren hat, musste die Firma tatsächlich wieder sehr weit unten neu anfangen. Auch zahlreiche Absatzmärkte waren nun verschlossen, deshalb gab es bis

1950 zahlreiche Entlassungen und die Einführung von Kurzarbeit. Doch schon 1951, im hundertsten Jahr seines Bestehens, ging es wieder bergauf. … 1960 ist Schering in 102 Ländern vertreten. Als ein Jahr später die Mauer gebaut wird, verliert vor allem das Weddinger Hauptwerk zahlreiche Mitarbeiter aus den östlichen Bezirken. … Als im Frühjahr 2006 bekannt wurde, dass die Firma Merck eine Übernahme der Schering-Aktien plant, gab es ein Rennen zwischen ihr und Bayer aus Leverkusen. Letztendlich setzte sich Bayer durch, zwar gegen den Willen der meisten Schering-Beschäftigten, die jedoch noch weniger für eine Übernahme durch Merck plädierten. Im November 2010 gab Bayer bekannt, dass auch der Name Schering gestrichen wird« (Kuhrt 2010).

---

entsprach. Roche ist somit heute noch am Standort Penzberg mit biotechnologischer Arzneimittel- und Diagnostika-Produktion vertreten. Auch in Mannheim ist Roche als Roche Diagnostics vertreten.

Auf die klassische biotechnologische Produktion bei Boehringer Ingelheim wurde schon eingegangen. Deren Aktivitäten in der »neuen« Biotechnologie skizziert ▶ Abschn. 4.6. Hier finden sich auch weitere Details zu entsprechenden Entwicklungen bei den deutschen Chemie-Größen Bayer, BASF und Hoechst.

2.3.2 Erste Aktivitäten der Etablierten in der »neuen« Biotechnologie

Bei den etablierten Unternehmen, die sich früh mit der modernen Biologie auseinandersetzten, stechen besonders diejenigen aus der Schweiz heraus:

- 1967: Roche gründet Roche Institute of Molecular Biology in Nutley, USA; 2012 geschlossen;
- 1968: Roche gründet Basel Institute for Immunology (BII); 2000 umgewandelt in Roche Center for Medical Genomics, 2004 als eigenständige Einheit im Handelsregister gelöscht;

- 1970: Ciba-Geigy gründet Friedrich-Miescher-Institut (Molekularbiologie) in Basel;
- 1970: Sandoz gründet Sandoz Forschungsinstitut (klassische Biotech) in Wien;
- 1981: Sandoz gründet Sandoz Institute for Medical Research (SIMR) in London.

Am Roche Institute of Molecular Biology (RIMB) isolierten Wissenschaftler 1980 reines Interferon alpha und begannen eine Kooperation mit Genentech zur Produktion einer gentechnisch hergestellten Version der Substanz.

» Der ökonomische Erfolg in der Gentechnik steht und fällt mit der Fähigkeit, sich Erkenntnisse der Grundlagenforschung zugänglich zu machen und sie zügig in industrielle Produkte umzusetzen. Der Basler Multi hat deshalb seinen eigenen Forschungsaufwand in der Biotechnik in den letzten Jahren erhöht. Professor Hürlimann [damaliger Roche-Forschungschef]: ‚Man muß eine starke eigene Forschung haben, um Dinge, die sich in der Grundlagenforschung abzeichnen, erkennen und aufgreifen zu können‘. (Gehrmann 1984)

Geschichtlicher Überblick zu Boehringer Mannheim

»The origins of Boehringer Mannheim can be traced to Kircheim, Germany, where Christian Friedrich Boehringer was born in 1791. At age 19, Boehringer moved to Stuttgart to work as an assistant to the court apothecary, Christian Gotthold Engelmann. The two men became close friends, and in 1817, they opened a Goods and Paint Shop, which was the 19th-century equivalent of a modern drugstore. The store was prosperous and, in the early 1830s, the partners built a laboratory and began to manufacture some of their own products. Among the first chemicals that Engelmann and Boehringer produced were ether, chloroform, and santonin, a bitter substance drawn from wormseed blossoms and still used today to treat roundworm. Early successes led them to expand production, making sulfur, saltpeter, ethyl acetate, potassium iodide, and silver nitrate. These first products found a ready local market in Stuttgart but also sold well in the rest of Germany and abroad in Switzerland. In the late 1840s, manufacturing became a major priority, as the partners and their sons built a new laboratory and a tar and wood vinegar factory in 1849. But it was not until the 1850s that the future of the company was determined, when Engelmann and Boehringer became interested in the production of quinine. Boehringer thought that quinine offered great prospects for the future of drug production and grew increasingly interested in its purification. In 1859, the company purchased a quinine factory and renamed itself C. F. Boehringer and Sons, as Engelmann had died years before and his children chose not to remain in the business. C. F. Boehringer died in 1867. Five years later, his sons moved the company to Mannheim, where entrepreneur Friedrich Engelhorn joined the firm in 1883. Engelhorn's leadership would turn the company into a world-famous research-based enterprise. Engelhorn took over sole control of the company in 1892. The direct role of the Boehringer family ended here, as the founder's grandson Albert gave complete attention to his own tartaric acid factory in Ingelheim. Albert placed his father's initials, C. H., in the name of his business to distinguish it from C. F. Boehringer in Mannheim. Albert's separate firm later became Boehringer Ingelheim. Engelhorn's leadership expanded the company's research plan significantly. He emphasized research into alkaloids as their curative power became ever more evident, and soon Boehringer Mannheim was producing a broad variety of alkaloid products. The company was also a leader in the manufacture of aromatic substances and flavorings, such as coumarin. In the 27 years during which Engelhorn directed the company, more than 700 patents were awarded, highlighting the aggressive and original research the company undertook when led by him. ... One of the most important events in the development of biochemical research at Boehringer Mannheim was the establishment of research facilities at Tutzing in Upper Bavaria. The Tutzing project began during World War II, when large parts of the pharmaceutical production facilities were moved out of Mannheim to avoid Allied air raids of the city. Fritz Engelhorn, Friedrich's son and now head of the company, kept a research branch in Tutzing after the war, designated to advance the new science of biochemistry. ... Diagnostics proved to be an area in which the company would, in time, be considered among the world leaders. ... By acquiring Boehringer Mannheim, Roche not only inherited a long history of innovation in biomedicine, it also became an instant leader in a new market, for the company that evolved from a small drugstore ... had become a major international force in diagnostic and therapeutic technology« (Pizzi 2004).

So betrug der jährliche Aufwand des Konzerns für gentechnische Forschung 1984 rund 110 Mio. CHF (Gehrmann 1984). Am Institut in Basel arbeitete zeitweise der deutsche Biologe Köhler. Dieser publizierte 1975 zusammen mit den Forschern Milstein und Jerne das Prinzip der Herstellung monoklonaler Antikörper, entwickelt in Milsteins Arbeitsgruppe am Institut für Molekularbiologie der Universität Cambridge. Roche unterstützte sein Institut für Immunologie mit jährlich an die 40 Mio. CHF, nahm jedoch inhaltlich keinen Einfluss auf die Forschung. 50 Wissenschaftler am Institut waren allesamt gleichberechtigt, Hierarchien und Abteilungen gab es nicht, die Forscher arbeiteten je nach ihren selbstdefinierten Interessen in wechselnden Gruppen zusammen (▶ Roches Stärke in der Zukunftstechnik). Laut Gehrmann (1984) waren zehn der Wissenschaftler permanente Mitglieder des Instituts, von den restlichen 40 blieb jeder im Durchschnitt vier Jahre. Bis Anfang der 1980er-Jahre hatten 350 Wissenschaftler aus 20 Nationen am Roche-Institut gearbeitet.

Roches Stärke in der Zukunftstechnik

»In 1947, for example, the Swiss pharmaceutical company Hoffmann-la-Roche created a foundation that exclusively supported ,team-work' research in biology and medicine. Grants were only awarded to multidisciplinary teams, such as the biophysics group of Edouard Kellenberger in Geneva, which assembled physicists, biologists and chemists around electron microscopy research. According to a member of the first foundation committee in 1963, ,the impressive results achieved in the last years by American and British research, were not only the result of important means put at the disposal of researchers, but also of the ,team-work' spirit that inspired them'« (Strasser 2002).

»Roches Stärke in der Zukunftstechnik kommt aus der Vergangenheit. In den zwanziger und dreißiger Jahren ist der Konzern zweigeteilt worden: Neben dem Stammhaus in Basel wurden unter der Firma Sapac, die heute in Kanada sitzt, im wesentlichen alle außereuropäischen Geschäftsinteressen zusammengefaßt und so der Bedrohung durch das benachbarte Nazi-Reich entzogen. Der amerikanische Ableger hat heute nicht nur eine starke Stellung am großen US-Pharmamarkt – wichtige Voraussetzung für Unternehmen, die mit Erfolg neue Medikamente einführen wollen. Das Roche-Forschungszentrum in Nutley/New Jersey – längst größer als das am Stammsitz Basel – hat die Bedeutung der in den USA aufkommenden Gentechnik auch schnell erkannt – weit schneller jedenfalls als die meisten Manager in Europa« (Gehrmann 1984).

Roche schließt das Schweizer Immunologie-Labor

»The Swiss-based pharmaceutical company Roche announced this week that it is to close its prestigious Basel Institute for Immunology (BII), which has been home to three Nobel prizewinners. The institute will be transformed into a medical genomics centre … The move brings to an end the 30-year experiment of a research institute being supported in its entirety by a pharmaceutical company, and given complete academic freedom to pursue any line of research in immunology. … Roche has enjoyed significant reflected glory from the BII, which cost SFr40 million (US$24 million) per year to run. But it has not enjoyed any profit, and has not picked up a single lead from the institute's research. ,The model Roche invented was never taken up by other companies', points out Jonathan Knowles, head of Roche's global research organization. Knowles says that ,it was appropriate to support the BII 30 years ago, when the worlds of academia and the pharmaceutical industry were strictly separate'. But times have changed. ,Academics and industry are now happy to work together synergistically', he says. The company will work much more closely with the new Roche Center for Medical Genomics than it did with the BII, where he says that a lack of dialogue had become an issue of concern to the company« (Abbott 2000).

» [Der Institutsdirektor] Melchers: ,So kommt ständig neues Blut ins Institut, das ist eines unserer Erfolgsgeheimnisse.' Neben der Option, Patente aus dem Institut als erster verwerten zu dürfen, ist für Roche von Vorteil, ein offenes Fenster zur internationalen Spitzenforschung zu haben. Forschungschef Hürlimann resümiert: ,Die räumliche Nachbarschaft zwischen Grundlagenforschern und Roche-Forschern – in Nutley ist sie noch enger als in Basel – ist sehr wichtig'. (Gehrmann 1984)

20 Jahre später entschied Roche allerdings, das BII nicht mehr als eigenständiges Institut zu finanzieren (▶ Roche schließt das Schweizer Immunologie-Labor), und 2012 folgte die Ankündigung zum Aus des RIMB in Nutley in den USA. Die entsprechenden FuE-Aktivitäten des Standortes werden an den Standorten Basel und Schlieren (Schweiz) und Penzberg (Deutschland) konsolidiert.

Auch Ciba-Geigy sowie Sandoz, die später zu Novartis fusionierten, engagierten sich schon 1970 in der Molekularbiologie und in der klassischen Biotechnologie. Ciba-Geigy etablierte neben dem Base-

Frühe US-Biotech-Allianzen

»Analysis of the countries involved in U.S.-Asian alliances shows Japan involved in 94 percent of the 195 deals made from 1982 through 1988. … The leading players in U.S.-European alliances are the UK (74 deals), Switzerland (63), and Germany (45). Even though companies from each of these countries posted a record number of transatlantic biotechnology accords last year, the UK and Germany have clearly boosted their participation, while Switzerland's presence has been more steady throughout the 7-year period. This may have something to do with far-sighted Swiss pharmaceutical giants like Hoffmann-La Roche, Sandoz, and Ciba-Geigy having played such active partnership roles from the beginning. The European countries that make up the second-tier in terms of U.S. alliance activity are Sweden (28 deals), France (28), Italy (25), and The Netherlands (24). French, Italian, and Dutch accords are clearly on the rise, while Swedish participation has been more evenly spread over the analysis years. Belgium and Denmark, with 10 agreements apiece, make up a third tier of countries when it comes to U.S.-European deals; Czechoslovakia, Finland, Ireland, Norway, and Spain represents the fourth tier, with companies from each country having signed between one and three pacts« (OTA 1991)

ler Friedrich-Miescher-Institut Anfang der 1980er-Jahre eine US-amerikanische Tochtergesellschaft im Research Triangle Park in North Carolina, die dort ein neues gentechnisches Forschungszentrum mit 60 Leuten betrieb. Sandoz unterhielt zu der Zeit eine eigene Gentechnik-Gruppe von 40 Leuten in Basel, das Forschungsinstitut in Wien befasste sich zunehmend mit molekularbiologischen Fragen.

> » Stärkstes Instrument von Sandoz beim Einstieg in die Gentechnik ist die Tochterfirma Biochemie im österreichischen Kundl. Aus einer ehemaligen Brauerei hervorgegangen, produziert die Firma vor allem Antibiotika, und beherrscht die klassischen Techniken der Fermentation wie kaum eine andere. Selbst die Pionierfirma Biogen griff schon auf die Dienste der Biochemie zurück: In Kundl ließ Biogen bislang sein Alpha-Interferon herstellen. (Gehrmann 1984)

In den USA sondierten laut Hughes (2011) im Jahr 1977 rund 15 etablierte Firmen die industrielle Anwendung der Gentechnik. Noch Mitte der 1970er-Jahre war deren Haltung eine andere gewesen:

> » In the mid-1970s industry's common watchword regarding recombinant DNA was ‚wait and see'. Only with evidence of commercial feasibility were established corporations willing to consider putting human and material resources into trying to transform basic-science technique of recombinant DNA into a productive industrial technology. (Hughes 2011)

Nachdem Genentech 1978 den Beweis erbrachte, dass die neue DNS-Rekombinationstechnik kommerziell erfolgreich angewendet werden kann (▶ Abschn. 2.2.1), verschafften sich viele etablierte US-Unternehmen über Beteiligungen an den neu gegründeten Biotech-Firmen (◘ Tab. 2.36) Zugang zur Gentechnik. Es waren allerdings weniger die etablierten Pharma-Konzerne, die diesen Schritt taten. Vielmehr versprachen sich viele aus dem Chemie- und Agrarsektor zukunftsträchtige Anwendungen der Gentechnik.

Einen höheren Stellenwert nahmen bei den Pharma-Unternehmen hingegen Kollaborationen mit den jungen Biotech-Firmen ein. So verfolgten zum Beispiel sehr früh Lilly und Roche diesen Weg, wodurch sie zu den Ersten gehörten, die von gentechnisch produzierten Medikamenten profitierten. Sie kooperierten beide mit Genentech, Lilly ab 1978 zur gentechnischen Herstellung von Insulin (Humulin) und Roche ab 1980 bezüglich rekombinantem Interferon alpha-2a (Roferon-A). Ihre Marktzulassung erhielten die beiden Medikamente 1982 und 1986. Neben einem eigenen Produkt von Genentech (Protropin, humanes Wachstumshormon, Zulassung 1985) stellten sie die ersten beiden Arzneimittel dar, die die Gentechnik hervorbrachte. Daneben engagierten sich früh auch Schering-Plough und Merck & Co. So erhielt zeitgleich zum Roferon-A von Genentech/Roche das in Kooperation von Biogen mit Schering-Plough entwickelte Interferon alpha-2b (Intron A) die US-Zulassung. Ebenfalls 1986 reüssierte bei der FDA der von Chiron in einer Allianz

◨ **Tab. 2.36** Frühe Beteiligungen etablierter US-Unternehmen an jungen Biotech-Unternehmen. (Quelle: OTA 1984)

Jahr	Etabliertes Unternehmen	Biotech-KMU	Gegründet	Mio. US$
1978–1981	International Nickel Company (INCO, Bergbau)	Biogen (mehrfach)	1978	8,71[a]
1978	Standard Oil of California (Öl)	Cetus (Gentechnik ab 1978)	1971	12,9
1978	Standard Oil of Indiana (Öl)	Cetus (Gentechnik ab 1978)	1971	14
1979	Schering-Plough (Pharma)	Biogen	1978	8
1979–1980	Lubrizol (Chemie)	Genentech (mehrfach)	1976	25[a]
1979–1980	Kopper (Kohle/Chemie)	Genex (mehrfach)	1977	15[a]
1980	Abbott (Pharma)	Amgen	1980	5
1980	Monsanto (Chemie/Agro)	Biogen	1978	20
1981	American Cynamid (Chemie/Agro)	Molecular Genetics	1979	5,5
		Cytogen	1980	6,75
1981	Campbell Soup (Nahrung)	DNA Plant Technologies	1981	10
1981	Dow (Chemie)	Collaborative Research	1961	5
1981	Kellogg (Nahrung)	Agrigenetics	1981	10
1981	Rohm & Haas (Chemie)	Advanced Genetic Systems	1979	12
1982	Baxter-Trevol (Pharma)	Genetics Institute	1980	5
1982	Corning (Werkstoffe)[b]	Genencor	1982	20
1982	Johnson & Johnson (Pharma)	Enzo Biochem	1976	14
1982–1983	Martin Marietta (Werkstoffe)	Molecular Genetics	1979	9,7
		Chiron (mehrfach)	1981	7[a]
1983	Allied Corp. (Chemie)	Genetics Institute	1980	10
1983	Cutter Laboratories (Pharma)	Genetic Systems	1980	9,5

[a]in Summe, [b]zusammen mit Genentech
KMU kleine und mittlere Unternehmen

mit Merck & Co. entwickelte rekombinante Hepatitis-B-Impfstoff Recombivax HB.

Der Bericht von OTA (1991) gibt an, dass bis Februar 1989 die 46 börsennotierten US-Biotech-Gesellschaften im Schnitt sechs Allianzen eingegangen waren, davon 3,5 mit Nicht-US-Partnern. Bei Letzteren übernahmen Chiron (16 Abkommen), Biogen (15) sowie Genentech (13) die Führung. Aus Sicht der europäischen Partner schlossen 62 % lediglich eine US-Biotech-Kooperation. 91 % dagegen gingen bis zu drei Kollaborationen ein, wobei der Schnitt bei zwei lag. Führend bei diesen Aktivitäten waren wiederum die Schweizer Pharma-Konzerne mit 13 Allianzen seitens Roche sowie je sieben Abkommen seitens Ciba-Geigy und Sandoz.

》 Although these represent a large number of alliances, the European corporate dealmakers have struck nowhere near the number of biotechnology accords as the most active of U.S.-based multinationals, such as Johnson & Johnson (23 deals) and Eastman Kodak (20 deals). (OTA 1991)

2

Die Biotech-Strategien der etablierten US-Konzerne Anfang der 1980er-Jahre

»Although a few pharmaceutical and chemical companies such as Monsanto, DuPont, and Eli Lilly have had biotechnology research efforts underway since about 1978, most of the established U.S. companies now commercializing biotechnology did not begin to do so until about 1981. … Since 1978, equity investments in NBFs [new biotechnology firms], often accompanied by research contracts, have been a popular way for established U.S. companies to gain expertise in biotechnology. …

In 1982, established U.S. companies not only increased their equity investments in NBFs but they also dramatically increased their in-house investments in biotechnology R&D programs. Capital investments for in-house R&D programs generally reflect the highest level of commitment to biotechnology, as new facilities and employees are often needed to start the new effort. Several U.S. pharmaceutical companies are spending large amounts on new facilities: G.D. Searle, for exam-

ple, is building a $15 million pilot plant to make proteins from rDNA organisms; DuPont is building an $85 million life sciences complex; Eli Lilly is building a $50 million Biomedical Research Center with emphasis on rDNA technology and immunology and a $9 million pilot plant and lab for rDNA products; Bristol-Myers is building a new $10 million in an alpha interferon production plant in Ireland« (OTA 1984).

Neben der Möglichkeit der Kooperation (▶ Frühe US-Biotech-Allianzen) stellte eine besondere Form des Wissens- und Technologieerwerbs die Strategie dar, über die enge Zusammenarbeit mit Venture-Fonds Kontakte zu jungen Unternehmen zu knüpfen. Diesen Ansatz verfolgten erneut beispielsweise die Schweizer Größen:

» Wie auch Sandoz und Roche beteiligte sich die Ciba-Geigy seit Ende der achtziger Jahre an Venture Capital Firmen in den USA. … Alle drei ‚Basler Konzerne' [hatten] weit verzweigte Kooperationsnetze gesponnen. (Zeller 2001)

Nur allmählich bauten die Pharma-Firmen auch eigene Expertise auf (▶ Die Biotech-Strategien der etablierten US-Konzerne Anfang der 1980er-Jahre). Eigene, rein von Pharma-Konzernen entwickelte rekombinante Biologika erreichten somit erst vermehrt ab Mitte der 1990er-Jahre den Markt. Führend hierbei waren die dänische Novo Nordisk und Lilly mit rekombinanten Peptidhormonen und anderen Wachstumsfaktoren sowie die britische SmithKline Beecham mit rekombinanten Impfstoffen. Lilly erhielt als erste Firma überhaupt 1996 die Zulassung für eine abgeänderte Version des menschlichen Insulins: Bei dem sogenannten Peptidanalogon Insulin lispro sind die Aminosäuren Lysin und Prolin an den Positionen 29 und 28 der B-Kette vertauscht. Das Medikament mit den Handelsnamen Humalog in den USA und Liprolog in Europa hat aufgrund der Optimierung, die

allein auf gentechnischem Wege effizient herstellbar ist, eine schnellere Wirkung. Ein Insulin gegen Diabetes, dessen Wirkung länger anhält, ist der optimierte Wirkstoff Insulin glargin, der unter dem Markenname Lantus in den USA sowie Optisulin in Europa seit dem Jahr 2000 zugelassen ist. Sanofi-Aventis (heute nur noch Sanofi) entwickelte in Eigenregie diese Abänderung, bei der die Aminosäure Asparagin (Position A21) durch Glycin ersetzt und am C-Terminus der B-Kette zusätzlich zwei Arginin-Moleküle angefügt sind. Lantus weist bei den am Markt befindlichen Insulinen heutzutage den größten Umsatz auf.

Für den ersten, komplett eigenentwickelten (ohne Biotech-Partner oder -Lizenz) therapeutischen Antikörper Ilaris erhielt die Schweizer Novartis im Jahr 2009 die Zulassung in den USA und in Europa. Novartis war es auch, die als erstes Unternehmen überhaupt im Jahr 2001 einen Kinase-Inhibitor zur Zulassung führte: Gleevec (oder Glivec) zur Behandlung der chronischen myeloischen Leukämie (▶ Abschn. 1.2.4). Der Wirkstoff ist ein kleines chemisches Molekül, für seine Entwicklung war jedoch die genaue Kenntniss der Biologie dieser Krebsart notwendig. Für einen Wirkstoff dieser neuen Klasse, zielend auf nicht-kleinzelligen Lungenkrebs, erhielt als Nächstes AstraZeneca im Jahr 2003 die Erlaubnis zur Vermarktung. Ab 2004 kamen dann auch niedermolekulare Kinase-Hemmer auf den Markt, bei deren Entwicklung Biotech-Firmen beteiligt waren (▶ Abschn. 2.2.6; der Vollständigkeit halber sei erwähnt, dass Kinase-Hemmer auch Biologika wie Antikörper sein können). Insgesamt überwiegen bei dieser Substanzklasse jedoch Pharma-Unternehmen als Originatoren, passend zu ihrem traditionellen Knowhow zu chemischen Molekülen. Neben den bereits genannten Vertretern bieten heutzutage auch folgende Gesellschaften entsprechende Arzneimittel an: Pfizer, GlaxoSmithKline, Johnson&Johnson, Bristol-Myers Squibb, Roche, Bayer und Boehringer Ingelheim.

2.4 Wer ist die Biotech-Industrie heute?

Nachdem für viele etablierte Pharma-Unternehmen die »neue« Biotechnologie auf Basis der Molekularbiologie heutzutage unverzichtbar geworden ist und einige der Vertreter der US-Biotech-Industrie mittlerweile die Größe und Stärke traditioneller pharmazeutischer Firmen erreicht haben (◘ Abb. 2.21), stellt sich die Frage: Wer ist heute eigentlich die Biotech-Industrie? Denn ein Blick auf die Webseiten oder in die Geschäftsberichte einiger klassischer Pharma-Größen wie AbbVie (vormals Pharma-Sparte von Abbott), AstraZeneca, Bristol-Myers Squibb, Sanofi oder Pfizer zeigt, dass diese sich selbst als (zukünftige) biopharmazeutische Firmen sehen.

» At AbbVie, we have the expertise of a proven pharmaceutical leader and the focus and passion of an entrepreneur and innovator. The result is something rare in health care today – a global biopharmaceutical company that has the ability to discover and advance innovative therapies and meet the health needs of people and societies around the globe. (AbbVie 2015)

» AstraZeneca is one of only a handful of pure-play biopharmaceutical companies to span the entire value chain of a medicine from discovery, early- and late-stage development to manufacturing and distribution, and the global commercialisation of primary care, specialty care-led and specialty care medicines that transform lives. (AstraZeneca 2014)

» At Bristol-Myers Squibb, our BioPharma strategy uniquely combines the reach and resources

of a major pharma company with the entrepreneurial spirit and agility of a successful biotech company. (BMS 2015)

» We are entering the second phase of renewal for Sanofi, that of Innovation. We have moved from being a traditional pharmaceutical company in 2008 to one of the world's largest biopharmaceutical companies. 45 % of our sales are from biologics and 80 % of our development pipeline is now in biologics. This is up from 26 % in 2008 and demonstrates the significant change in our approach. (Sanofi 2014)

» In 2013, thanks to the strong execution by approximately 78,000 Pfizer colleagues, we … took another step forward toward achieving our mission of making Pfizer the world's premier, innovative biopharmaceutical company. (Pfizer 2014)

Diese Darstellungen werden in unterschiedlichem Ausmaß untermauert durch real vorhandene Umsatzanteile über Biologika. So macht bei AbbVie Humira, der vollhumane TNF-Antikörper 63 % aller Verkaufserlöse aus. Für die Zukunft setzt AbbVie weiterhin auf Biotech: Im September 2014 schloss sie ein Abkommen mit der von Google finanzierten Calico, die sich mit der Biologie des Alterns beschäftigt (► AbbVie und Google gemeinsam in *Life Sciences*). Im Juli 2014 wollte sie die britisch-irische Shire Pharmaceuticals für rund 40 Mrd. € (54,7 Mrd. US$) übernehmen. Das wäre der höchste Preis gewesen, der jemals für eine Biotech-Firma ausgegeben worden wäre, der Deal platzte allerdings. Stattdessen schlug AbbVie im März 2015 bei dem US-Unternehmen Pharmacyclics zu, für »nur« 21 Mrd. US$.

AstraZeneca (AZ) hat im Jahr 2007 für 15,6 Mrd. US$ MedImmune übernommen, unter den drei Top-Medikamenten nach Umsatz gibt es allerdings bislang keine Biologika. Die Verkaufserlöse für Synagis, einem Antikörper (Palivizumab) gegen RSV(*respiratory syncytial virus*)-Infektionen, der über den Zukauf in das Portfolio kam, lagen 2013 bei rund 1 Mrd. US$. Weitere Antikörper befinden sich in der Pipeline. Im Jahr 2014 stärkte sich AZ noch weiter im Biotech-Bereich, indem es für rund 4 Mrd. US$ den Peptid-Spezialisten Amylin von Bristol-Myers übernahm, die Amylin 2012 erworben hatte. Amylin führte im Februar 2014 das

AbbVie und Google gemeinsam in *Life Sciences*

»Google Inc.'s secretive Calico LLC life-sciences company unveiled a potential $1.5 billion research partnership with drug maker AbbVie Inc., marking the entrance of a potentially big player in developing treatments for age-related diseases. Google has said little about Calico, in which it is the primary investor, since forming the company last year with former Genentech Inc. Chief Executive Arthur Levinson. … Under the new partnership, Calico and AbbVie will each invest up to $250 million, and potentially another $500 million each, to tackle conditions like cancer and neuro-degenerative disorders. The companies said they would share costs and profits from the collaboration equally. Calico, run by Mr. Levinson and former Genentech colleague Hal Barron, will build a research-and-development center in the San Francisco Bay Area. It will oversee early drug development and the early stages of human clinical trials for drugs. AbbVie will help Calico identify, design and conduct early-stage research, and has the option to manage late-stage drug development and marketing of any drugs that pass through the early stages of trials. Calico is one of several Google efforts to move beyond its Internet search roots into other industries being changed by technology. The AbbVie deal suggests Google is willing to put serious resources behind the project« (Barr und Loftus 2014).

rekombinante Hormonanalogon Myalept sowie 2005 zwei chemisch synthetisierte Peptidanaloga gegen Altersdiabetes zur Zulassung. AstraZeneca setzt zudem auf den aktuellen Trend der Krebs-Immuntherapie (▶ Abschn. 3.1.2.1).

Dasselbe trifft auf Bristol-Myers Squibb (BMS) zu, für deren PD1-Antikörper Opdivo (Nivolumab) zur Behandlung von Hautkrebs die FDA im Dezember 2014 die Freigabe zur Vermarktung erteilte. Der Wirkstoff gehört zu der neuartigen Klasse der sogenannten Immun-Checkpoint-Inhibitoren (▶ Abschn. 3.1.2.1), und BMS erhielt Zugang aufgrund der Übernahme von Medarex im Jahr 2009. Ein anderer Krebs-Immuntherapie-Antikörper von Medarex/BMS ist Yervoy (Ipilimumab), zielend auf CTLA-4, er erhielt im März 2011 die FDA-Zulassung. Bereits seit 2004 profitiert BMS von dem von ImClone entwickelten Antikörper Erbitux (Cetuximab), dessen US-Vertrieb BMS übernahm. Eine Eigenentwicklung von BMS sind die Fusionsproteine Orencia und Nulojix (Zulassung 2005 und 2011). Trotz dieser vielfältigen »Biotech-Aktivitäten« liegt BMS derzeit mit knapp einem Fünftel Biologika-Anteil am Gesamtumsatz über verschreibungspflichtige Medikamente am hinteren Ende der Rangliste von Pharma-Firmen, die entsprechende Produkte vertreiben (◨ Tab. 2.37). Für die Zukunft erwartet EvaluatePharma indes eine Vervierfachung des Biologika-Umsatzes.

Bei Pfizer, die sich ebenfalls als biopharmazeutisches Unternehmen erachten, ist die Stellung ähnlich (◨ Tab. 2.37). Das Top-Biologikum nach Umsatz im Portfolio ist das von Immunex (Amgen) entwickelte Enbrel, welches Pfizer außerhalb den USA vermarktet. Bio-Know-how hat sich Pfizer vor allem durch die Übernahmen von Pharmacia (2002) sowie Wyeth (vormals AHP, 2009) verschafft. AHP hatte sich schon 1991 mit 66 % und 1996 zu 100 % an Genetics Institute beteiligt und begleitete somit seit 1997 verschiedene Biologika-Zulassungen. Auch Pharmacia hat früh mit Biotech-Allianzen begonnen. Interessanterweise listet Pfizer in seinem Geschäftsbericht 2013 unter dem Punkt »*Revenues – Major Biopharmaceutical Products*« auch Produkte wie den früheren Bestseller Lipitor oder Celebrex und Viagra. Eine Biotech-Abstammung haben dagegen zum Beispiel der Kinase-Inhibitor Sutent (Sugen/Pharmacia), Biologika sind Genotropin (Genentech/Pharmacia) oder Benefix (Genetics Institute/AHP). Als klassisches Biologikum ist auch der Impfstoff Prevnar zu erachten, der mit rund 4 Mrd. US$ Umsatz im Jahr 2013 das Produkt mit dem zweithöchsten Umsatz darstellte.

Sanofi kommt laut PMLiVE/GlobalData (2015a und b) auf einen Umsatzanteil der Biopharmazeutika von 38 %. Sanofi hat durch die Übernahme von Genzyme im Jahr 2011 seine bereits bestehenden Biotech-Aktivitäten weiter gestärkt. Genzyme legte 2014 ein Umsatzwachstum von 24 % vor und erhielt 2013 für ein gemeinsam mit Ionis Pharmaceuticals entwickeltes *antisense*-Medikament (Kynamro zur Behandlung der Hypercholesterolämie) grünes Licht seitens der FDA.

◘ **Tab. 2.37** Ausgewählte Pharma-Firmen nach Umsatzanteil mit Biologika, 2014. (Quelle: BioMedServices (2015) nach PMLiVE/GlobalData (2015a und b))

Pharma-Firma	Umsatz[a] Mrd. US$	Anteil Biologika[b] (%)	Top-Biologikum	Urspung	Indikation	Umsatz[c] Mrd. US$
Novo Nordisk	15,3	93	NovoLog (Insulin aspart)	Novo	Diabetes	3,1
Roche	39,1	77	Rituxan (Rituximab)	Genentech	NHL	7,6
AbbVie	20,2	69	Humira (Adalimumab)	Knoll/CAT	RA	12,5
Merck KGaA	7,7	60	Rebif (Interferon-beta-1a)	Serono	MS	2,4
Sanofi	36,4	38	Lantus (Insulin glargin)	Hoechst (Aventis)	Diabetes	8,4
Lilly	17,3	38	Humalog (Insulin lispro)	Lilly	Diabetes	2,8
J&J	32,3	35	Remicade (Infliximab)	Centocor	RA	6,9
Merck & Co.	36,0	26	Remicade (Infliximab)	Centocor	RA	2,4
Pfizer	45,7	25	Enbrel (Etanercept)	Immunex (Amgen)	RA	3,9
BMS	15,9	24	Orencia (Abatacept)	BMS	RA	1,7
Bayer	15,5	22	Kogenate (Faktor VIII)	Genentech	Hämophilie	1,5
Novartis	47,1	8	Lucentis (Ranibizumab)	Genentech	AMD	2,4

US$-Umrechnungskurs nicht bekannt
[a]Umsatz an verschreibungspflichtigen Medikamenten gesamt, [b]Anteil an [a], [c]Umsatz mit Top-Biologikum
AMD altersbedingte Makuladegeneration, *MS* multiple Sklerose, *NHL* Non-Hodgkin-Lymphom, *RA* rheumatoide Arthritis

Bei der deutschen Merck trugen Biopharmazeutika im Jahr 2014 mehr als die Hälfte zum Pharma-Umsatz bei. Hauptumsatzträger ist Rebif, ein rekombinant hergestelltes Interferon beta zur Behandlung der multiplen Sklerose, das Serono 1998 in Europa auf den Markt brachte. Seit der Übernahme im Jahr 2006 unter dem Dach von Merck steuert Merck Serono noch die Produkte Gonal-f und Serostim/Saizen bei (► Wachstum dank Biotech-Medikamenten erfreulich).

Neben Novo Nordisk ist das Unternehmen mit dem höchsten Anteil Biologika-Umsatz die schweizerische Roche. Mit 30 Mrd. US$ Biologika-Umsatz ist sie Marktführer innerhalb der Biopharmazeutika-Firmen, die proteinbasierte Medikamente

Wachstum dank Biotech-Medikamenten erfreulich

»Die Umsatzerlöse von Merck Serono wuchsen deutlich stärker als der prognostizierte Durchschnitt der Pharmabranche. Fast zwei Drittel dieses Wachstums geht auf unsere Biopharmazeutika Rebif und Erbitux zurück. … Mit unseren fünf umsatzstärksten Biopharmazeutika – Rebif, Erbitux, Gonal-f, Saizen und Serostim – erwirtschafteten wir 3.288 Mio. EUR. Das entspricht 61 % unserer Umsatzerlöse [im Pharma-Bereich]« (Merck 2010). Für 2014 beliefen sich die Verkaufserlöse der Biotech-Medikamente auf rund 3,6 Mrd. €.

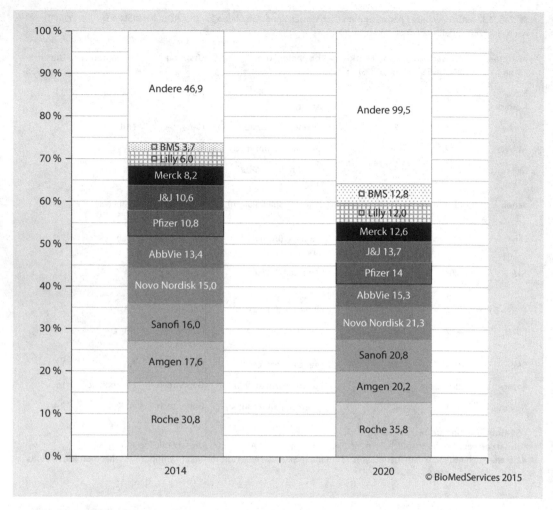

Abb. 2.20 Biologika-Umsatz führender biopharmazeutischer Firmen (in Mrd. US$), 2014 versus 2020. Erstellt auf Basis von Daten von EvaluatePharma (2015). Folgende Firmen listet diese Quelle nicht (Umsatz mit Biologika 2014 in Mrd. US$ in Klammern): Biogen (6,3), GSK (4,0), Merck KGaA (4,6), Novartis (3,7) und Bayer (3,5). Angaben von PMLiVE/GlobalData (2015a), Prognosen liegen nicht vor

verkaufen (■ Abb. 2.20). Roche präsentiert sich im 2013er-Geschäftsbericht als das weltweit größte Biotech-Unternehmen. Sicher nicht zu Unrecht, denn dieselbe Quelle nennt folgende Meilensteine: 14 Biopharmazeutika auf dem Markt, 39 biopharmazeutische Wirkstoffe in der Pipeline, sieben der zehn führenden Arzneimittel von Roche sind Biopharmazeutika.

Diese Stellung ist gewiss vor allem der Übernahme von Genentech zuzuschreiben. Allerdings dürfen das frühe Engagement in der molekularbiologischen Forschung (▶ Abschn. 2.3.2) sowie heutige Investitionen in den Ausbau von biotechnischen

Produktionskapazitäten (800 Mio. CHF) nicht außer Acht gelassen werden.

>> Eine unserer grössten Stärken liegt in unserem tiefgreifenden Verständnis der molekularen Grundlagen von Erkrankungen. Die gewonnenen Erkenntnisse gestatten es uns, zielgerichtete Behandlungsmöglichkeiten zu entwickeln, die an den Krankheitsursachen ansetzen. Bereits heute entfallen drei Viertel unserer Pharma-Verkäufe und die Mehrzahl unserer diagnostischen Tests auf biotechnologische Produkte. (Roche 2014)

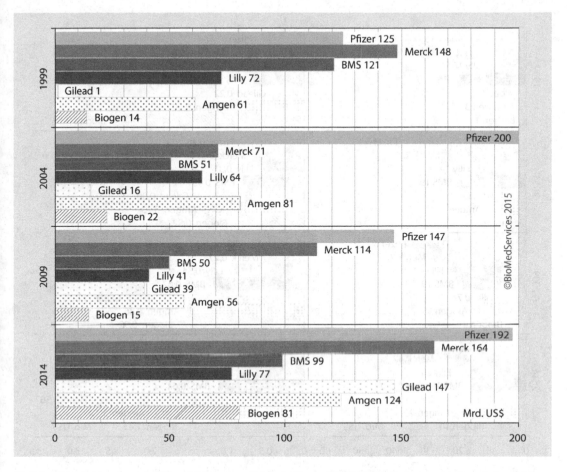

◙ Abb. 2.21   Marktwert ausgewählter US-Pharma- und Biotech-Firmen, 1999 bis 2014 (Fünf-Jahres-Schritte). Dollar nicht angepasst

2.4.1 Die Grenzen zwischen Biotech und Pharma verschwimmen

Die aufgezeigten Beispiele machen deutlich, dass heutzutage keine eindeutige Grenze mehr zwischen Biotech- und Pharma-Unternehmen gezogen werden kann. Und wenn doch, stellt sich die Frage, nach welchem Kriterium. Früher waren es sicher die Erfindung und Anwendung der neuen Technologien, das Gründungsjahr und die Größe der Firmen, gemessen an der Zahl der Mitarbeiter, dem Umsatz sowie dem Marktwert. Heute bliebe nur noch das Gründungsjahr und eventuell die Zahl der Mitarbeiter. Denn in den anderen Indikatoren haben die Biotech-Firmen stark aufgeholt

und stehen zum Teil sogar »besser« da als die Pharma-Unternehmen wie ◙ Abb. 2.21 und 2.22 für ausgewählte Gesellschaften aufzeigen.

So liegen zwar die größeren Pharma-Konzerne wie Pfizer oder Merck & Co. beim Marktwert noch vor denjenigen der größten Biotech-Firmen. Kleinere Gesellschaften wie Bristol-Myers Squibb oder Lilly wurden von diesen allerdings mittlerweile überholt (◙ Abb. 2.21). Gilead, als das derzeit führende Biotech-Unternehmen nach Marktwert erreichte Ende 2014 in diesem Indikator sogar fast schon die US Merck.

Der Blick auf die Verkaufserlöse zeigt die größeren Pharma-Konzerne nach wie vor als führend (◙ Abb. 2.22), die kleineren (BMS und Lilly) wur-

2

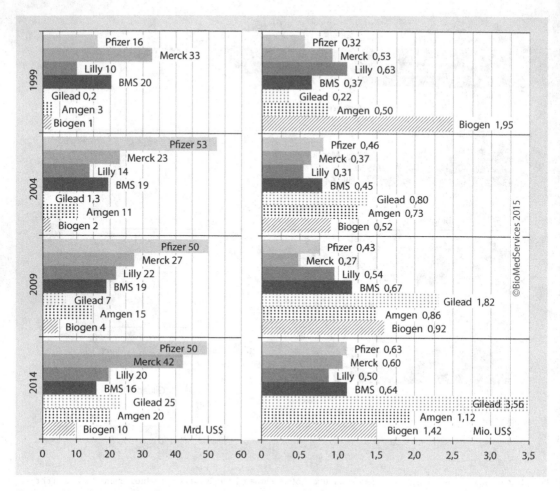

○ **Abb. 2.22** Umsatz ausgewählter US-Pharma- und Biotech-Unternehmen, 1999 bis 2014 (Fünf-Jahres-Schritte). *Links*: Gesamtumsatz, *rechts*: Umsatz pro Mitarbeiter.

den 2014 in dieser Kennzahl ebenfalls von Gilead und Amgen überholt. Durchgehend erwirtschaften die kleineren Biotech-Firmen ihren Umsatz mit vergleichsweise weniger Mitarbeitern. Im Umkehrschluss heißt dies, sie weisen einen höheren Pro-Kopf-Umsatz auf als die Pharma-Riesen. Das Gleiche trifft auf den Gewinn zu (○ Abb. 2.23), wobei Gilead derzeit mit 1,7 Mio. US$ Gewinn pro Mitarbeiter alle Rekorde sprengt.

Die Grenzen verschwimmen also zwischen Biotech und Pharma, daher ist schon oft die Rede von »BioPharma«. Mit dem Begriff »schmücken« sich allerdings mittlerweile viele Firmen, die nicht unbedingt »echte biologische Innovation« verfolgen. So ähnlich sieht es beispielsweise auch Rader (2008):

» How the word ‚biopharmaceutical‘ is defined and applied in common usage affects not only public perceptions but also the reliability and comparability of statistics gathered on companies, their products and the industry. … the biopharmaceutical industry risks loss of its core identity to related industries that covet and are actively co-opting its good will and name to apply to themselves (Rader 2008).

Letztlich beruhen Grenzen und Einordnungen immer auf der sie unterstützenden Definition (► Alles eine Frage der Definition).

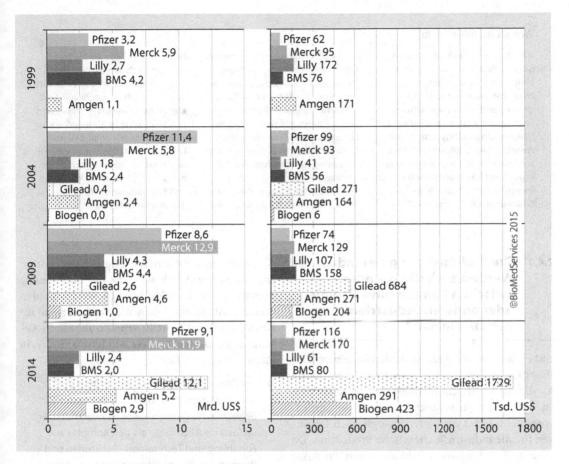

Abb. 2.23 Gewinn ausgewählter US-Pharma- und Biotech-Unternehmen, 1999 bis 2014 (Fünf-Jahres-Schritte). *Links*: Gesamtgewinn, *rechts*: Gewinn pro Mitarbeiter

Alles eine Frage der Definition

»The industry sector involved in ‚biopharmaceutical‘ development, manufacture and marketing is now over 25 years old (or several hundred years old, depending on the definition used), with over 350 marketed products (or thousands, depending on the definition used). This includes over 125 recombinant proteins currently approved in the United States or European Union. And yet, there is still considerable confusion over what is and what isn't biopharmaceutical. The term is widely used, but

is hardly ever defined by its users. Definitions of biopharmaceutical in common use vary greatly, ranging from those based on the biological source and nature of products and their manufacture to those based purely on business models, perceptions and public relations. These definitions include pharmaceuticals manufactured using living organisms (biotechnology), only the subset of these pharmaceuticals involving genetic engineering, or simply all pharmaceuticals (including small-

molecule drugs), with everything ‚pharmaceutical‘ now ‚biopharmaceutical‘. In many respects, these diverse definitions parallel different definitions for ‚biotechnology‘ (e.g., whether this concerns just products manufactured using living organisms, the subset of these involving genetic engineering, or now encompasses everything involving biotechnology-like companies and/or much or all pharmaceutical and other life sciences-based R&D and industries)« (Rader 2008).

Was ist Bioökonomie?

»Die Bioökonomie ist die wissensbasierte Erzeugung und Nutzung biologischer Ressourcen, um Produkte, Verfahren und Dienstleistungen in allen wirtschaftlichen Sektoren im Rahmen eines zukunftsfähigen Wirtschaftssystems bereitzustellen. Die Bioökonomie findet zur Zeit insbesondere Anwendung in der Land- und Forstwirtschaft, der Energiewirtschaft, der Fischerei- und Aquakultur, der Chemie und Phar-mazie, der Nahrungsmittelindustrie, der Industriellen Biotechnologie, der Papier- und Textilindustrie sowie im Umweltschutz. Mit ihren vielfältigen Möglichkeiten kann die Bioökonomie einen wichtigen Beitrag zur Lösung globaler Probleme leisten. Darunter fallen die Gesundheit und Ernährung einer wachsenden Weltbevölkerung, deren nachhaltige Versorgung mit Energie, Wasser und Rohstoffen sowie der Boden, Klima- und Umweltschutz. Deutschland stellt inzwischen entscheidende Weichen auf dem Weg zu einer Wirtschaft, die sich an natürlichen Stoffkreisläufen orientiert. … Forschung und Innovation [soll] einen Strukturwandel von einer erdöl-basierten hin zu einer nachhaltigen biobasierten Wirtschaft … ermöglichen, der mit großen Chancen für Wachstum und Beschäftigung verbunden ist« (Bioökonomierat 2015).

2.4.2 Die Biologisierung der Industrie: Werden auch die Grenzen zwischen Biotech- und Chemie- oder anderen Industrien verschwimmen?

Bisher war oft die Rede von Medikamenten und Pharma, da dieser Sektor derzeit ein Schwerpunkt für die wirtschaftliche Nutzung der Biotechnologie ist. Wie später in ▶ Abschn. 3.2 noch ausführlich vorgestellt, bietet die Biotechnologie auch Lösungen für die industrielle chemische Produktion. Da viele andere Sektoren wiederum deren Produkte einsetzen, ist die »Reichweite« der Biotechnologie – ähnlich wie die der Informations- und Kommunikationstechnologien – relativ groß. Man spricht daher oft auch von einer Querschnittstechnologie, wie im ▶ Abschn. 2.4.3 weiter ausgeführt.

» Das Zeitalter der Biologisierung von Schlüsselindustrien ist angebrochen. (Holger Zinke, Gründer der BRAIN AG, in Merx (2014))

Den Begriff »Biologisierung der Industrie« prägte der Biologe Zinke, der mit seiner Biotech-Firma BRAIN seit Jahren diesen Weg verfolgt. Es geht dabei darum, biologische Prozesse und Strukturen zu nutzen, um eine nachhaltige Industrieproduktion zu etablieren. Nachhaltig heißt vor allem mithilfe von nachwachsenden Rohstoffen die Endlichkeit von Kohle und Erdöl zu überwinden. Gelingen kann dies unter Ausnutzung des »Werkzeugkastens der Natur«. Ein Begriff, den Zinke ebenfalls prägte.

Dieses Potenzial wird seit Jüngstem in der Branche und in der Politik auch mit der Bezeichnung »Bioökonomie« charakterisiert (▶ Was ist Bioökonomie?). Allerdings gehen die Vorstellungen zur Bioökonomie mittlerweile weit über die reinen Anwendungen in der chemischen Industrie hinaus. So informiert BRAIN (2015):

» Der Begriff ‚Bioökonomie' wurde 2003 von der OECD geprägt und hat das politische und ökonomische Denken weltweit beeinflusst. Er umfasst deutlich mehr als den Komplex aus Forschung und Technologie, Rohstoffen und Verwertung. Als vernetztes System markiert Bioökonomie den Wandel ganzer Industrien und Wertschöpfungsketten. In diesem Verständnis werden nicht nur aus technologischer Perspektive Genregrenzen überschritten, sondern interdisziplinär völlig neue Wertschöpfungsgrundlagen gebildet. Dies ermöglicht neue Konzepte für eine nachhaltigere und klimaschonende Versorgung mit Ressourcen und Produkten. (BRAIN 2015)

Ein Konzept oder eine Ausprägung der nachhaltigeren und klimaschonenden Versorgung ist das Prinzip der Kreislaufwirtschaft. Bereits altbekannt durch Recycling von Wertstoffen, ermöglicht die Biotechnologie dagegen, noch einen weiteren Schritt in der Wertschöpfungskette beziehungsweise dem Wertschöpfungskreislauf abzudecken: die Nutzung von normalerweise als ungenutzten und umweltverschmutzend anfallenden Abfällen.

Das Potenzial von Mikroorganismen

»Bakterien sind überall – selbst an extremen Orten. Archaebakterien überleben in 100 Grad heißem Schwefeldampf und im Ewigen Eis der Antarktis. Erst fünf Prozent dieser winzigen Lebewesen sind heute bekannt. Ihre genetische Vielfalt scheint unerschöpflich. Allein in einem Gramm Erde befinden sich 5000 verschiedene Mikroorganismen. … [Sie] sind wesentlich älter als der Mensch, wesentlich älter als die Säugetiere und wesentlich älter als das ganze sichtbare Leben. 3,5 Milliarden Jahre hat die Evolution genutzt, um Mikroorganismen und Stoffwechselwege zu entwickeln, die [sie] … an ihren Standorten dann benutzen … In einem einzigen Mikroorganismus stecken über 1500 Gene, die Software für Enzyme, Biokatalysatoren und andere wertvolle Stoffe« (Zander 2010).

Bei Abgasen wird dies beispielsweise möglich durch eigens entwickelte Bakterien, die in der Lage sind, Kohlendioxid-haltige Rauchgase aus Braunkohle-Kraftwerken direkt als »Futter« zu verwerten und selbst bei einer Temperatur von 60 °C zu wachsen. Dabei produzieren sie Biomasse und industriell nutzbare Produkte wie neue Biomaterialien, Bio-Kunststoffe und chemische Zwischenprodukte. Diese sind wiederum zum Beispiel als Bau- und Dämmstoff verwendbar sowie zur Herstellung von Fein- und Spezialchemikalien, möglicherweise auch von Massenchemikalien (▶ Abschn. 3.2). Bearbeitet wird dieses Projekt derzeit von dem Pionier BRAIN in Kooperation mit dem Energieunternehmen RWE.

Mikroorganismen wie Bakterien stellen eine schier endlose Zahl an Werkzeugen, die bereits von der Natur über lange Zeit hinweg optimiert wurden (▶ Das Potenzial von Mikroorganismen). Die Lebens- und Genussmittelproduktion nutzt sie seit Jahrtausenden (Bier, Wein, Brot, Essig) und nach der Entdeckung ihrer Existenz (16. Jahrhundert) sowie weiteren Aufklärungen Ende des 19. Jahrhunderts (▶ Abschn. 1.2.1) nahm die mikrobielle Biosynthese einen ersten Anlauf in der industriellen Produktion (▶ Abschn. 2.3.1). Im Laufe der ersten Hälfte des 20. Jahrhunderts bremste die Etablierung der Chemosynthese die weitere Entwicklung der Biotechnologie. Erst nach den ersten Ölkrisen in den 1970er-Jahren unternahm die Biotechnologie den

zweiten Versuch, sich für die industrielle Produktion zu empfehlen. Studien und Prognosen sagten der Biotechnologie ein großes Potenzial voraus, aber die Technologien waren noch nicht so ausgereift, wie bei den chemischen »Gegenspielern«. Und wie bei jedem Aufkommen einer neuen Technologie halten Industrien erst einmal am Bewährten fest.

Erst die Entwicklung der Gentechniken, die heute weiteres Anpassungspotenzial bei Mikroorganismen liefern, ermöglichte wesentlich den dritten Anlauf der Biotechnologie als Produktionsmethode auch in der chemischen Industrie. Das zusätzliche Wissen über mikrobielle Stoffwechselwege und Strukturen, über deren entsprechende Baupläne in Form der Erbinformation sowie die Möglichkeit, diese gezielt zu bearbeiten, hat in gewisser Weise der Biotechnologie endlich den schon vor 100 und vor 40 Jahren vorhergesagten Durchbruch erbracht.

Durchbruch heißt nun nicht eine komplette Veränderung über Nacht, aber eine wahrnehmbare beginnende exponentielle Entwicklung, zum Beispiel beim Umsatz (▶ Abb. 3.34). Nach dem Aufkommen erster neuartiger, auf der Biotechnologie beruhender Medikamente (▶ Abschn. 2.2.5) in den 1990er-Jahren erfuhr der Umsatz der Biopharmazeutika ab der Jahrtausendwende anfangs jährliche Wachstumsraten von bis zu 25 %. Vergleichbares steht zum Beispiel biosynthetisch hergestellten Kunststoffen und anderen Konsumgüter-Chemikalien gerade bevor. Damit ergibt sich eine um 15 Jahre verschobene Entwicklung für die biobasierte industrielle chemische Produktion, die entsprechend auch der Allgemeinheit ab dem Jahr 2030 sichtbarer sein mag – so wie sie ihr heute schon in der Arzneimittel-Entwicklung und -Produktion gegenwärtiger ist.

Generell aber hat es die Biotechnologie schwer, ihre wahre Bedeutung verständlich zu machen, da sie als Forschungs- und Produktionsmethode in einem Endverbraucher-Produkt kaum erkennbar ist.

» Die etwas sperrigen Begriffe der ‚Biologisierung‘ und ‚Bioökonomie‘, die kaum von Fachleuten klar definiert werden können, sind wenig geeignet, in der öffentlichen Wahrnehmung die Bedeutung der Biotechnologie für unsere Gesellschaft herauszustellen. Hier sind uns die Amerikaner weit voraus: ‚Heal, Fuel and Feed the World' – sehr plakativ und mit starken Schlagworten, die in der Gesellschaft als die relevanten Herausforderungen der Zukunft sofort breite Zustimmung finden. Bringt man Biotech damit in Verbindung, wird sofort ersichtlich, dass in dieser Technologie die Lösung vieler Zukunftsprobleme liegen kann. (Ernst & Young 2014)

2.4.3 Biotechnologie als Querschnitts- und Zukunftstechnologie

---

Querschnittstechnologie

Eine innovative Technologie, mit der Produktivitätseffekte in vielen Branchen und bei vielen Anwendungen erzielt werden können. Dieser Durchdringungsprozess kann jedoch längere Zeit dauern, da die Nutzer das Potenzial von Querschnittstechnologien oft erst mühsam erkennen müssen (Wikipedia, Querschnittstechnologie).

Querschnittstechnologien sind beispielsweise ebenfalls die Informations- und Kommunikationstechnologien. Im Gegensatz zu dieser sind – wie zuvor erwähnt – die Produkte, die mithilfe der Biotechnologie entstehen, für die allgemeine Bevölkerung nicht so offensichtlich. Zudem sind viele Vorteile den Produkten nicht direkt anzusehen. Man hält kein Smartphone in der Hand, sondern profitiert von neuartigen, effizienteren Medikamenten und Diagnostika oder verbesserten Kosmetika. Gleiches trifft auch auf die Ressourcenschonung und Umweltverträglichkeit zu, beispielsweise bei Bioplastik, einzusetzen als biologisch abbaubare Müll- oder Tragetüte, Partygeschirr, Kinderspielzeug, Zusatzstoff in Turnschuhen oder beim Armaturenbrett im Auto. Ein weiteres Beispiel ist »Waschen bei niedrigeren Temperaturen«, was nur mithilfe optimierter und gentechnisch hergestellter Waschmittel-Enzyme realisiert werden konnte.

Biologie wird von der Allgemeinheit leider viel zu oft noch mit »Schmetterlinge fangen« oder

Biologie als fruchtbare Ausgangsbasis für die Lösung der unterschiedlichsten Fragen

»Aus den unabhängigen Disziplinen Zoologie und Botanik hatte sich im Verlauf des 19. Jahrhunderts nach und nach die Biologie als eigenständige Leitwissenschaft vom Leben geformt. Das öffentliche Interesse galt besonders den neuen biologischen Fächern, darunter die Vererbungsforschung [Genetik], Embryologie, Entwicklungsphysiologie und Mikrobiologie, deren experimentell gestützte Forschungsergebnisse plausible Erklärungsansätze für grundlegende Lebenserscheinungen boten. Hatte bislang hauptsächlich die organische Chemie mit ihren durchschlagenden praktischen Ergebnissen in der Farbstoff- und Arzneimittelforschung öffentliche Aufmerksamkeit auf sich gezogen, lieferte nun auch die Biologie eine fruchtbare Ausgangsbasis für die Lösung der unterschiedlichsten Fragen« (Marschall 2000).

»Bestimmung von Gräsern und anderen Pflanzentypen« in Verbindung gebracht. Die wirtschaftliche Nutzung (▶ Kap. 3) ist vielen nicht bekannt. Im medizinischen Bereich gelten die Mediziner als diejenigen, die das Know-how haben. Dass viele Fortschritte in der Medizin auf neuartige Medikamente zurückzuführen sind, die wiederum nur durch die moderne Biologie realisiert werden konnten, ist nicht so bekannt. Interessanterweise war die Biologie zur Wende des 19. zum 20. Jahrhundert sehr populär gewesen, das heißt Fortschritte in den Biowissenschaften (▶ Abschn. 1.2.1) fanden auch in der Bevölkerung größere Aufmerksamkeit (▶ Biologie als fruchtbare Ausgangsbasis für die Lösung der unterschiedlichsten Fragen) wie Marschall (2000) beschreibt.

Zur selben Zeit zeichnete sich ab, dass biotechnologische Prozesse in der industriellen Produktion eine relevante Rolle spielen können (▶ Anlass zu optimistischen Zukunftsprognosen). Marschall (2000) spricht sogar von einer »Euphorie im Gefolge der Biologisierung des Weltbildes« und merkt in einer Fussnote an: »Zeitgenössische Biologen wie J.B.S. Haldane, L. Hogben und J. Huxley [waren] fest davon überzeugt, daß die Biologie die wichtigste Wissenschaft der Zukunft sei. Im Hinblick auf ihre technischen Anwendungsmöglichkeiten äußerte sich Julian Huxley 1936:

> Die Biologie ist genauso wichtig, wie die Wis- senschaft der unbelebten Natur. Langfristig betrachtet wird die Biotechnologie sogar noch wichtiger sein als mechanische und chemische Techniken. (Bud 1995)

So existierten auch damals schon die Idee der Bio- logisierung sowie die Einschätzung als Zukunfts- technologie. Und heute, nachdem die entsprechen- den Techniken immer weiter ausreifen, gilt die Biotechnologie nach wie vor – oder soll man sa- gen erst recht – als Zukunftstechnologie für das 21. Jahrhundert. So auch beschrieben von Steve Jobs, verstorbener Gründer von Apple:

> I think the biggest innovations of the twenty- first century will be at the intersection of bio- logy and technology. A new era is beginning. (Isaacson 2011)

2.4.3.1 Biotechnologie als sechste Phase der Kondratieff-Zyklen

In den Wirtschaftswissenschaften stellen Kondra- tieff-Zyklen Schwankungen beziehungsweise Wel- len in der ökonomischen Entwicklung dar, die der russische Wirtschaftswissenschaftler Nikolai Kon- dratieff (auch Kondratjew oder Kondratiev) erst- mals 1926 beschrieb. Unter Verwendung von Indi- katoren – zum Beispiel die langfristige Entwicklung von Preisen, Löhnen und Zinsen – identifizierte er drei Wellen bei der wirtschaftlichen Entwicklung zwischen 1790 und 1920. Basierend darauf konn- te der Wissenschaftler die »große Depression« der 1930er-Jahre vorhersagen. Joseph Schumpeter, ein österreichischer Ökonom und Harvard-Professor nahm 1939 die »Theorie der langen Wellen« auf und prägte unter Würdigung Kondratieffs den Begriff »Kondratieff-Zyklen« (auch genannt: *K-cycles, K- waves, supercycles, great surges, long waves* oder *long economic cycles*).

Kondratieff selbst erlebte nie die Verbreitung seiner Theorie: 1938 exekutierte ihn die sowjetische Regierung, da seine Ergebnisse den Kapitalismus statt den Kommunismus zu stützen schienen. Die Theorie ist unter Ökonomen nicht uneingeschränkt akzeptiert, denn es können sich auch Überschnei- dungen und Ergänzungen von technologischen Entwicklungen sowie längere oder kürzere Nut- zungszyklen ergeben. Mit Blick auf ◘ Tab. 2.38 bleibt zum Beispiel zu erläutern, dass die Nutzung des Automobils natürlich auch über das Jahr 1975 hinaus erfolgt. Allerdings ist der Absatz von Autos in den USA und Europa heutzutage eher rück- läufig, der Zenit der wirtschaftlichen Entwicklung scheint überschritten.

Biotechnologie wird als Grundlage der sechsten Phase der sogenannten Kondratieff-Zyklen gese- hen (z. B. Nefiodow 2006; Rhodes und Stelter 2009; Maitz und Granig 2011, Fleßa 2012).

◨ Tab. 2.38 Kondratieff-Zyklen der wirtschaftlichen Entwicklung. (Quelle: BioMedServices (2015) in Anlehnung an Nefiodow (2006))

	1. Zyklus	2. Zyklus	3. Zyklus	4. Zyklus	5. Zyklus	6. Zyklus
Ungefährer Zeitraum	1780–1840	1840–1890	1890–1940	1940–1975	1975–2000	2000–?
Jede Phase umfasst	Aufschwung, Rezession, Abschwung, Erneuerung/Verbesserung					
Entwicklung	Dampfmaschine, Textil-Industrie	Stahl, Eisen-bahn, Dampf-schiffe	Elektrotechnik, Chemie,	Automobil, Elektronik, Automatisierung	Informationstechnik	Biotechnologie, Nanotechnologie
Anwendung/ erfülltes Bedürfnis	Kraft Bekleidung	Transport	Massenkonsum	Individuelle Mobilität	Information, Kommunikation	Gesundheit

» Mit der weltweiten Rezession der Jahre 2001 bis 2003 ist der letzte, der fünfte Kondratieffzyklus, der von der Informationstechnik getragen wurde, zu Ende gegangen. Parallel dazu hat ein neuer Langzyklus, der sechste Kondratieff, begonnen. Er wird vom Bedarf nach ganzheitlicher Gesundheit angetrieben und wird den Ländern, die diesen Langzyklus führend beherrschen, für ein halbes Jahrhundert Prosperität und Vollbeschäftigung bringen. (Nefiodow 2011)

► Abschnitt 1.2 hat aufgezeigt, dass die Biotechnologie bereits seit Tausenden von Jahren genutzt wird, um Nahrungsmittel herzustellen. Moderne Methoden wie die Gentechnik finden seit 1976 kommerzielle Anwendung. Somit lässt sich im Grunde nicht, wie in ◨ Tab 2.38 dargestellt, eine scharfe Grenze beim Jahr 2000 ziehen.

Dennoch wird an dieser Stelle – wie bei den anderen aufgeführten Autoren – die Meinung vertreten, dass es sich bei der Biotechnologie und ihrer wirtschaftlichen Nutzung um eine Basisinnovation handelt, die den Beginn einer langen Welle auslöst. Gleichzeitig hat sie das Potenzial, bisherige Technologien und Anwendungen obsolet zu machen.

Diese Entwicklung wird sich allerdings nicht in der »einen« Biotech-Industrie abspielen, gerade weil die Biotechnologie eine Querschnittstechnologie ist. Die Anwendungsbreite ist enorm, wie das nachfolgende ► Kap. 3 aufzeigt. Wird in Deutschland das Potenzial der Biotechnologie nur anhand der forschungsintensiven kleinen und mittleren Unternehmen (► Kap. 5) gesehen, schränkt das die Bedeutung dieser Schlüsseltechnologie zu sehr ein.

Literatur

Abbott A (2000) Roche brings down curtain on Swiss immunology lab. Nature 405:605. doi:10.1038/35015238

AbbVie (2015) About us. ► http://www.abbvie.com/about-us/home.html. Zugegriffen: 30. Juni 2015

Abir-Am PG (2002) The Rockefeller Foundation and the rise of molecular biology. Nat Rev Mol Cell Biol 3:65–70. doi:10.1038/nrm702

Amgen (2015) Facts. ► http://www.amgen.com/about/facts.html. Zugegriffen: 30. Juni 2015

AstraZeneca (2014) Pioneering science, life-changing medicines. AstraZeneca Annual Report and Form 20-F Information 2013. AstraZeneca, London

Barr A, Loftus P (2014) Google, AbbVie announce research partnership. The Wallstreet Journal vom 04.09.2014. ► http://www.wsj.com/articles/google-abbvie-announce-research-partnership-1409764830. Zugegriffen: 30. Juni 2015

Benninga H (1990) A history of lactic acid making: a chapter in the history of biotechnology. Springer, Heidelberg

Berufsstart (2014) Unternehmen stellen sich vor. Alle Fachrichtungen. Jahresausgabe 2014/2015. Klaus Resch Verlag, Großenkneten, S 90–92

Bioökonomierat (2015) Was ist Bioökonomie? ► http://www.biooekonomierat.de/biooekonomie.html. Zugegriffen: 30. Juni 2015

Biozentrum Universität Basel (2015) Das Biozentrum – seine Geschichte und Bedeutung. ► http://www.biozentrum. unibas.ch/de/ueber-uns/biozentrum-auf-einen-blick/ geschichte/. Zugegriffen: 30. Juni 2015

BMS (2015) A BioPharma Leader. ► http://www.bms.com/ ourcompany/Pages/home.aspx. Zugegriffen: 30. Juni 2015

BRAIN (2015) Bioökonomie. ► http://www.brain-biotech.de/ thema/biooekonomie. Zugegriffen: 30. Juni 2015

Buchholz K (1979) Die gezielte Förderung und Entwicklung der Biotechnologie. In: van den Daele W, Krohn W, Weingart P (Hrsg) Geplante Forschung. Suhrkamp, Frankfurt a. M., S 64–116

Buchholz K, Rehm HJ (1983) Biotechnology in Europe – a community strategy for European biotechnology. DECHEMA, Frankfurt a. M.

Bud R (1995) Wie wir das Leben nutzbar machten: Ursprung und Entwicklung der Biotechnologie. Übersetzung von Mönkemann H. Vieweg, Wiesbaden

Bull AT, Holt G, Lilly MD (1982) In: Organisation for Economic Cooperation and Development (Hrsg) Biotechnology: international trends and perspectives. Paris

Bull, AT, Holt G, Lilly, MD (1984) Biotechnologie. Internationale Trends und Perspektiven. Organisation for Economic Cooperation and Development (OECD). Verlag TÜV Rheinland, Köln.

Burrill GS (2000) Biotech 2000. Life sciences changes and challenges. Burrill & Company, San Francisco

Cohen S, Chang A, Boyer H, Helling R (1973) Construction of biologically functional bacterial plasmids in vitro. Proc Nat Acad Sci U S A 70:3240–3244. doi:10.1073/ pnas.70.11.3240

DECHEMA (1974) Biotechnologie. Eine Studie über Forschung und Entwicklung – Möglichkeiten, Aufgaben und Schwerpunkte der Förderung. DECHEMA, Frankfurt a. M.

Diekmann F (6. August 2014) 700-Euro-Pille von Sovaldi: »Unmoralische Gewinnzahlen«. SPIEGEL ONLINE vom 06.08.2014. ► http://www.spiegel.de/wirtschaft/ soziales/sovaldi-warum-eine-pille-700-euro-kosten-darf-a-984738.html. Zugegriffen: 30. Juni 2015

DOC (1983) An Assessment of U.S. competitiveness in high technology industries. U.S. Department of Commerce (DOC), Washington

DOC (1984) High technology industries – profiles and outlooks. Biotechnology. U.S. Department of Commerce (DOC), Washington

Dolata U (1996) Politische Ökonomie der Gentechnik: Konzernstrategien, Forschungsprogramme, Technologiewettläufe. Ed. Sigma, Berlin

Elkington J (1986) Bio-Japan: the emerging Japanese challenge in biotechnology. Oyez, London

Ernst & Young (1992) Biotech 93: accelerating commercialization. Ernst & Young's Seventh Annual Report on the Biotechnology Industry. Ernst & Young, San Francisco

Ernst & Young (1993) Biotech 94: long-term value short-term hurdles. Ernst & Young's Eighth Annual Report on the Biotechnology Industry. Ernst & Young, San Francisco

Ernst & Young (1994) Biotech 95: reform, restructure, renewal. The Ernst & Young Ninth Annual Report on the Biotechnology Industry. Ernst & Young, Palo Alto

Ernst & Young (1995) Biotech 96: pursuing sustainability. The Tenth Industry Annual Report. Ernst & Young, Palo Alto

Ernst & Young (1996) Biotech 97: alignment. The Eleventh Industry Annual Report. Ernst & Young, Palo Alto

Ernst & Young (1997) New directions 98: the twelfth biotechnology industry annual report. Ernst & Young, Palo Alto

Ernst & Young (1998) Biotech 99: bridging the gap. The 13th Biotechnology Industry Annual Report. Ernst & Young, Palo Alto

Ernst & Young (2000) Convergence: the biotechnology industry report, millennium edition. Ernst & Young, Palo Alto

Ernst & Young (2001) Focus on fundamentals: the biotechnology report. Ernst & Young's 15th Annual Review. Ernst & Young, Washington

Ernst & Young (2002) Beyond borders: the global biotechnology report 2002. Ernst & Young, Washington

Ernst & Young (2003) Beyond borders: the global biotechnology report 2003. Ernst & Young, Washington

Ernst & Young (2004) Resurgence: the Americas perspective. Global Biotechnology Report 2004. Ernst & Young, Washington

Ernst & Young (2005) Beyond borders: global biotechnology report 2005. Ernst & Young, Washington

Ernst & Young (2006) Beyond borders: global biotechnology report 2006. 20th Anniversary Edition. Ernst & Young, Washington

Ernst & Young (2007) Beyond borders: global biotechnology report 2007. Ernst & Young, Boston

Ernst & Young (2008) Beyond borders: global biotechnology report 2008. Ernst & Young, Boston

Ernst & Young (2009) Beyond borders. Global biotechnology report 2009. Ernst & Young, Boston

Ernst & Young (2010) Beyond borders. Global biotechnology report 2010. Ernst & Young, Boston

Ernst & Young (2011) Beyond borders. Global biotechnology report 2011. 25th anniversary edition. Ernst & Young, Boston

Ernst & Young (2012) Beyond borders. Global biotechnology report 2012. Ernst & Young, Boston

Ernst & Young (2013) Beyond borders: matters of evidence. Biotechnology Industry Report 2012. Ernst & Young, Boston

Ernst & Young (2014) 1 % für die Zukunft Innovation zum Erfolg bringen. Deutscher Biotechnologie-Report 2014. Ernst & Young, Mannheim

EvaluatePharma (2009) World Preview 2014. EvaluatePharma, London

EvaluatePharma (2014a) Sovaldi set to claim Humira's crown as topselling drug in 2020. ► http://www. evaluategroup.com/Universal/View.aspx?type=Story&id=503173&isEPVantage=yes. Zugegriffen 30. Juni 2015

EvaluatePharma (2014b) Pharma & biotech 2015 preview. EvaluatePharma, London

EvaluatePharma (2015) Worldpreview 2015. Outlook to 2020. EvaluatePharma, London

EY (2014) Beyond borders: unlocking value. Biotechnology Industry Report 2014. EY, Boston

EY (2015) Beyond borders: reaching new heights. Biotechnology Industry Report 2015. EY, Boston

Fischer EP (1991) Wissenschaft für den Markt. Die Geschichte des forschenden Unternehmens Boehringer Mannheim. Piper, München

Fleßa S (2012) Medizinische Biotechnologie – eine neue Basisinnovation? In: Heinemann A, Hildinger M, Bädeker M (Hrsg) Medizinische Biotechnologie in Deutschland 2012. The Boston Consulting Group, München, S 32

Gabler Wirtschaftslexikon Online (Blue Chips) Blue Chips. ► http://wirtschaftslexikon.gabler.de/Definition/blue-chips.html. Zugegriffen: 4. Aug. 2015

Gabler Wirtschaftslexikon Online (Venture Capital) Venture Capital. ► http://wirtschaftslexikon.gabler.de/Definition/venture-capital.html. Zugegriffen: 30. Juni 2015

Gaffney A (2013) FDA releases long-awaited guidance on breakthrough product designation. Regulatory Affairs Professionals Society News vom 25.06.2013. ► http://www.raps.org/regulatoryDetail.aspx?id=9079. Zugegriffen: 30. Juni 2015

Gehrmann W (1984) Ein profitables Paradies. Ohne staatliche Hilfe sind die Schweizer Chemiekonzerne Spitze in Europas Bioindustrie. DIE ZEIT vom 08.06.1984, Nr. 24. ► http://www.zeit.de/1984/24/ein-profitables-paradies/komplettansicht. Zugegriffen: 30. Juni 2015

Genentech (2015a) A history of firsts. ► http://www.gene.com/media/company-information/chronology. Zugegriffen: 30. Juni 2015

Genentech (2015b) Total – historical sales. ► http://www.gene.com/about-us/investors/historical-product-sales/total. Zugegriffen: 30. Juni 2015

Grant T (Hrsg) (1996) International directory of company histories, Bd 14. St. James Press, Detroit

Huggett B, Hodgson J, Lähteenmäki R (2010) Public biotech 2009 – the numbers. Nat Biotechnol 28:793–799. doi:10.1038/nbt0810-793

Hughes S (2011) Genentech: the beginnings of biotech. University Of Chicago Press, Chicago

Isaacson W (2011) Steve Jobs. Simon & Schuster, New York

Kay LE (1993) The molecular vision of life: caltech, the Rockefeller Foundation, and the rise of the new biology. Oxford University Press, New York

Kenney M (1986) The university-industrial complex. Yale University Press, New Haven

Kuhrt A (2010) Die Geschichte von Schering. Berlin Street. Berlin für Neugierige. ► http://www.berlinstreet.de/3831. Zugegriffen: 30. Juni 2015

Lähteenmäki R, Fletcher L (2001) Public biotech 2000 – the numbers. Nat Biotechnol 19:407–412. doi:10.1038/88054

Lähteenmäki R, Lawrence S (2006) Public biotechnology 2005 – the numbers. Nat Biotechnol 24:625–634. doi:10.1038/nbt0606-625

Lerner J, Merges RP (1998) The control of technology alliances: an empirical analysis of the biotechnology industry. J Ind Econ 46:125–156. doi:10.3386/w6014

Life Sciences Foundation (Biogen) Biogen. ► http://www.biotechhistory.org/timeline/biogen/. Zugegriffen: 1. April 2015

Life Sciences Foundation (Celgene) Celgene. ► http://www.biotechhistory.org/timeline/celgene/. Zugegriffen: 1. April 2015

Life Sciences Foundation (Cetus) Cetus. ► http://www.biotechhistory.org/timeline/cetus/. Zugegriffen: 1. April 2015

Life Sciences Foundation (Genzyme) Genzyme. ► http://www.biotechhistory.org/timeline/genzyme/. Zugegriffen: 1. April 2015

Maitz M, Granig P (2011) Der sechste Kondratieff. In: Granig P, Nefiodow P (Hrsg) Gesundheitswirtschaft – Wachstumsmotor im 21. Jahrhundert. Gabler, Wiesbaden, S 93–138

Mamazone (2015) Zielgerichtete Therapien. ► http://www.mamazone.de/brustkrebs/therapieformen/zielgerichtete-therapien/. Zugegriffen: 30. Juni 2015

MaRS Discovery District (2012) Case study: amgen – a biotechnology success story: from drug development to the mass market. ► http://www.marsdd.com/mars-library/amgen-a-biotechnology-success-story-from-drug-development-to-the-mass-market/. Zugegriffen: 30. Juni 2015

Marschall L (2000) Im Schatten der chemischen Synthese. Industrielle Biotechnologie in Deutschland (1900–1970). Campus, Frankfurt a. M.

McElheny VK (20. Mai 1974) Gene transplants seen helping farmers and doctors; Fertilizers needed genes from sea urchins a stitching platform fast multiplication unrelated species. The New York Times

Meadows D, Meadows D, Zahn E, Milling P (1972) Die Grenzen des Wachstums. Bericht des Club of Rome zur Lage der Menschheit. Aus dem Amerikanischen von Heck, HD. Deutsche Verlags-Anstalt, Stuttgart

Merck (2010) Wachstum dank Biotech-Medikamenten erfreulich. Geschäftsbericht 2010. ► http://berichte.merck.de/2010/gb/merckserono/geschaeftsentwicklung.html. Zugegriffen: 30. Juni 2015

Merx S (2014) Herrscher über Zauberzwerge. Results. Das Unternehmer-Magazin der Deutschen Bank 2:22–25

Morningstar (2015) First Trust NYSE Arca Biotech ETF. ► http://portfolios.morningstar.com/fund/holdings?t=FBT&region=usa&culture=en-US. Zugegriffen: 28. Dez 2015

Morrison SW, Giovannetti GT (2001) Focus on fundamentals: beyond the hype. In: Ernst & Young (Hrsg) Focus on fundamentals: the biotechnology report. Ernst & Young's 15th Annual Review. Ernst & Young, Washington, S 12

Mote, D (1996) Biogen Inc. In: Grant T (Hrsg) International directory of company histories, Bd 14. St. James Press, Detroit

Nefiodow L (2006) Der sechste Kondratieff. Rhein-Sieg Verlag, Sankt Augustin

Nefiodow L (2011) Die Gesundheitswirtschaft. In: Granig P, Nefiodow P (Hrsg) Gesundheitswirtschaft – Wachstumsmotor im 21. Jahrhundert. Gabler, Wiesbaden, S 25–40

Nicholson S, Danzon P, McCullough J (2002) Biotech-Pharmaceutical alliances as a signal of asset and firm quality. National Bureau of Economic Research, Working Paper 9007. doi:10.3386/w9007

Nobel Media (2015) Werner Arber - Biographical. Nobelprize. org. Nobel Media AB 2014. Web. 12 Aug 2015. http://www.nobelprize.org/nobel_prizes/medicine/laureates/1978/arber-bio.html. Zugegriffen: 30. Juni 2015

NSF (2000) Science and Engineering Indicators. National Science Foundation (NSF), Washington. ► http://www.nsf.gov/statistics/seind00/. Zugegriffen: 15. Juli 2015

NYSE (2014) The NYSE Arca Biotechnology Index (BTK). ► https://www.nyse.com/publicdocs/nyse/indices/nyse_arca_biotechnology_index.pdf. Zugegriffen: 30. Juni 2015

NYSE (2015) Contract specification – The NYSE arca mini-biotechnology index option. ► http://www..nyse.com/futuresoptions/nyseamex/contractspec_bje.shtml. Zugegriffen: 30. Juni 2015

OTA (1981) Impacts of applied genetics: micro-organisms, plants, and animals. OTA (Office of Technology Assessment), U.S. Congress, Washington

OTA (1984) Commercial biotechnology: an international analysis. OTA (Office of Technology Assessment), U.S. Congress, Washington

OTA (1987) New Developments in biotechnology: public perceptions of biotechnology. OTA (Office of Technology Assessment), U.S. Congress, Washington

OTA (1988) New developments in biotechnology: U.S. investment in biotechnology. OTA (Office of Technology Assessment), U.S. Congress, Washington

OTA (1991) Biotechnology in a global economy. OTA (Office of Technology Assessment), U.S. Congress, Washington

OTA (1995) The effectiveness of research and experimentation tax credits. OTA (Office of Technology Assessment), U.S. Congress, Washington

Paugh J, Lafrance JC (1997) Meeting the challenge: U.S. industry faces the 21st Century. The U.S. biotechnology industry. U.S. Department of Commerce, Office of Technology Policy, Washington

Pederson JP (2003) (Hrsg) International directory of company histories: Gilead Sciences Inc., Bd 54. St. James Press, Detroit. Via Fundinguniverse ► http://www.fundinguniverse.com/company-histories/gilead-sciences-inc-history/. Zugegriffen: 30. Juni 2015

Pfizer (2014) 2013: keeping our commitments, continuing our momentum. CEO letter im Geschäftsbericht 2013. ► http://www.pfizer.com/files/investors/financial_reports/annual_reports/2013/letter.htm. Zugegriffen: 30. Juni 2015

Philippidis A (2015) The top 25 bestselling drugs of 2014. Genetic Engineering & Biotechnology News vom 23.02.2015. ► http://www.genengnews.com/insight-and-intelligenceand153/the-top-25-best-selling-drugs-of-2014/77900383/. Zugegriffen: 28. Feb. 2015

Pizzi RA (2004) Memories of Mannheim. Mod Drug Discov. April 2004 S 25 -26. http://pubs.acs.org/subscribe/archive/mdd/v07/i04/pdf/404timeline.pdf. Zugegriffen: 30. Juni 2015

PMLiVE/GlobalData (2015a) Top 15 pharma companies by biologic sales. ► http://www.pmlive.com/top_pharma_list/biologic_revenues. Zugegriffen: 30. Juni 2015

PMLiVE/GlobalData (2015b) Top 25 pharma companies by global sales. ► http://www.pmlive.com/top_pharma_list/global_revenues. Zugegriffen: 30. Juni 2015

Prestowitz CV Jr (1986) Japanese biotechnology industry development. Technol Soc 8:219–222. doi:10.1016/0160-791X(86)90007-2

Pukthuanthong K (2006) Underwriter learning about unfamiliar firms: evidence from the history of biotech IPOS. J Financ Mark 9:366–407. doi:10.1016/J.finmar.2006.05.002

Rader RA (2008) (Re)defining biopharmaceutical. Nat Biotechnol 26:743–751. doi:10.1038/nbt0708-743

Randers J (2012) 2052. Der neue Bericht an den Club of Rome. Eine globale Prognose für die nächsten 40 Jahre. Oekom, München

RCSA (2014) About RCSA – history. ► http://www.rescorp.org/about-rcsa/history. Zugegriffen: 30. Juni 2015

Renaissance Capital (2015) US IPO Market. 2015 Annual Review. http://www.renaissancecapital.com/ipohome/review/2015usreview.pdf?inf_contact_key=c00389514d4224677fd4b7d4d4435daec29e86cdea23d252f6bc735b7bdb1423. Zugegriffen: 28. Dez 2015

Rhodes D, Stelter D (2009) In search of the next Kondratiev cycle. bcg.perspectives. ► https://www.bcgperspectives.com/content/articles/managment_two_speed_economy_globalization_collateral_damage_k_cycles/. Zugegriffen: 4. April 2015

Robbins-Roth C (2001) From alchemy to IPO. The business of biotechnology. Basic Books, Cambridge

Roche (2014) Geschäftsbericht 2013. Roche, Basel

Rockefeller Foundation (2015) Molecular biology. 100 years The Rockefeller Foundation. ► http://rockefeller100.org/exhibits/show/natural_sciences/molecular-biology. Zugegriffen: 30. Juni 2015

Rockoff JD, Demos T (2013) Warum Biotech-Aktien in den USA so heiß sind. The Wall Street Journal vom 02.07.2013. ► http://www.wsj.de/nachrichten/SB10001424127887324436104578581431256708210. Zugegriffen: 30. Juni 2015

Roijakkers N, Hagedoorn J (2006) Inter-firm R&D partnering in pharmaceutical biotechnology since 1975: trends, patterns, and networks. Res Policy 35:431–446. doi:10.1016/j.respol.2006.01.006

Sanofi (2014) Protecting life, giving hope. Annual Review 2013. Sanofi, Paris

Schmid RD (1985) Biotechnology in Japan 1984. Part 1. Industrial activities. Appl Microbiol Biotechnol 22:157–164

Schmid RD (1987) Datenbanken über Biotechnologie in Japan. Naturwissenschaften 74:154

Schmid RD (1991) Biotechnology in Japan: a comprehensive guide. Springer, Heidelberg

Schmid RD (2007) Disruptive technologies – the case of biotechnology and genetic engineering. Unveröffentlichte Masterarbeit an der Hochschule Reutlingen

Senker J (1998) Biotechnology: the external environment. In: Senker J (Hrsg) Biotechnology and competitive advantage. Edward Elgar, Cheltenham, S 6–18

Spalding BJ, Schriver B (1992) Nine biotech firms turn profits. Nat Biotechnol 10:354–357. doi:10.1038/nbt0492-354

Strasser BJ (2002) Institutionalizing molecular biology in post-war Europe: a comparative study. Stud Hist Phil Biol Biomed Sci 33:515–546. doi:10.1016/S1369-8486(02)00016-X

Tansey B (2014) Edison shedding light on energy production in diseased cells. EXOME via Xconomy vom 06.03.2014. ► http://www.xconomy.com/san-francisco/2014/03/06/edison-shedding-light-on-energy-production-in-diseased-cells/. Zugegriffen: 30. Juni 2015

Teitelman R (1989) Gene dreams. Wallstreet, academia, and the rise of biotechnology. Basic Books, Cambridge

Terrell E (2012) History of the American and NASDAQ Stock Exchanges. The Library of Congress Business Reference Services. ► http://www.loc.gov/rr/business/amex/amex.html. Zugegriffen: 30. Juni 2015

Timmerman L (2013) Celgene emerges as biotech's shrewdest, nimblest dealmaker. EXOME via Xconomy vom 05.08.2013. ► http://www.xconomy.com/national/2013/08/05/celgene-emerges-as-biotechs-savviest-nimblest-dealmaker/. Zugegriffen: 30. Juni 2015

Tyson L, Linden G (2012) The corporate R&D tax credit and U.S. Innovation and competitiveness. Center for American Progress, Washington

Vasic-Racki D (2006) History of industrial biotransformations – dreams and realities. In: Liese A, Seelbach K, Wandrey C (Hrsg) Industrial biotransformations. Wiley, Weinheim, S 1–36

Walsh G (2010) Biopharmaceutical benchmarks 2010. Nat Biotechnol 28:917–924. doi:10.1038/nbt0910-917

Walton AG (2000) A venture capital perspective: the state of the biotechnology union. In: Ernst & Young (Hrsg) Convergence: Ernst & Young's biotechnology industry report, millennium edition. Ernst & Young, Palo Alto, S 60–61

Wick B, Schulz M, Janzen RWC (2000) beta-Interferone: neue Hoffnung für MS-Patienten. Pharmazeutische Zeitung Online, Ausgabe 28/2000. ► http://www.pharmazeutische-zeitung.de/index.php?id=21631. Zugegriffen: 1. April 2015

Wikipedia (Bayh-Dole) Bayh-Dole Act. ► www.de.wikipedia.org/wiki/Bayh-Dole_Act. Zugegriffen: 13. Juli 2014

Wikipedia (Finanzkrise) Finanzkrise ab 2007. ► http://de.wikipedia.org/wiki/Finanzkrise_ab_2007. Zugegriffen: 4. Aug. 2015

Wikipedia (ImClone) ImClone stock trading case. ► www.en.wikipedia.org/wiki/ImClone_stock_trading_case. Zugegriffen: 4. Aug. 2015

Wikipedia (Silicon Valley) Silicon valley. ► https://en.wikipedia.org/?title=Silicon_Valley. Zugegriffen: 30. Juni 2015

Wikipedia (Querschnittstechnologie) Querschnittstechnologie. ► https://de.wikipedia.org/wiki/Querschnittstechnologie. Zugegriffen: 30. Juni 2015

Yuan RT (1987) Biotechnology in Western Europe. International Trade Administration, U.S. Dept. of Commerce, Washington D.C.

Yuan RT, Dibner MD (1990) Japanese biotechnology. A comprehensive study of government policy, R&D and industry. Macmillan, New York

Zander H (2010) Bakterien in der Biotechnologie. ► http://www.3sat.de/page/?source=/scobel/144478/index.html. Zugegriffen: 30. Juni 2015

Zeller C (2001) Globalisierungsstrategien – Der Weg von Novartis. Springer, Berlin

Anwendende Sektoren und Märkte der Biotechnologie

Julia Schüler

Zusammenfassung

Als Querschnittstechnologie wirkt die Biotechnologie beziehungsweise ihre wirtschaftliche Anwendung breit in verschiedene Einsatzfelder. Diese reichen von
der pharmazeutischen über die chemische Industrie, den Agrar- und Lebensmittelsektor bis hinein in den Umweltschutz. Dadurch können wiederum viele
andere produzierende Gewerbe indirekt aus der Biotechnologie Nutzen ziehen,
wie zum Beispiel die Automobilindustrie. Den Anwendungsbereichen wurden
nach und nach »passende« Farben zugeordnet: Die »Rote Biotechnologie« für
die Anwendungen im Bereich der Medizin (hauptsächlich Pharmazeutika und
Diagnostika), die »Weiße Biotechnologie« für den Einsatz in der industriellen,
vor allem chemischen Produktion, die »Graue Biotechnologie« für den Umweltschutz sowie die »Grüne Biotechnologie« für Produkte oder Problemlösungen
im Agrarsektor. Neben Beispielen zu Anwendungen und Marktdaten der Roten
Biotechnologie bietet das Kapitel einen Exkurs zur Medikamenten-Entwicklung.
Es wird vor allem auf die Faktoren Kosten, Dauer sowie Risiko eingegangen.
Zudem werden aktuelle Themen wie Biosimilars, Immun- und Gentherapie oder
die personalisierte Medizin ausführlich behandelt. Die Ausführungen zur Weißen
Biotechnologie umfassen unter anderem Erläuterungen zu Bioplastik und Biosprit. Zu Letzteren kann aufgezeigt werden, dass die Biotechnologie Lösungen
bereithält, die eine »Tank versus Teller«-Diskussion im Keim ersticken kann. Auch
in der Grünen Biotechnologie ermöglicht der technische Fortschritt neuartige
Ansätze, die die bisherigen Verfahren der Pflanzenzüchtung erweitern.

J. Schüler, *Die Biotechnologie-Industrie*,
DOI 10.1007/978-3-662-47160-9_3, © Springer-Verlag Berlin Heidelberg 2016

Als Querschnittstechnologie wirkt die Biotechnologie beziehungsweise ihre wirtschaftliche Anwendung breit in verschiedene Einsatzfelder. Diese reichen von der pharmazeutischen über die chemische Industrie, den Agrar- und Lebensmittelsektor bis hinein in den Umweltschutz. Dadurch können wiederum viele andere produzierende Gewerbe indirekt aus der Biotechnologie Nutzen ziehen, wie zum Beispiel die Automobilindustrie. Den Anwendungsbereichen wurden nach und nach »passende« Farben zugeordnet: Die »Rote Biotechnologie« für die Anwendungen im Bereich der Medizin (hauptsächlich Pharmazeutika und Diagnostika), die »Weiße Biotechnologie« für den Einsatz in der industriellen, vor allem chemischen Produktion, die »Graue Biotechnologie« für den Umweltschutz sowie die »Grüne Biotechnologie« für Produkte oder Problemlösungen im Agrarsektor (◘ Abb. 3.1).

Die einzelnen Bereiche überschneiden sich teilweise. So liefert die Grüne Biotechnologie Ausgangsmaterialien für die »Weiße« und diese wirkt in den Bereich der »Grauen« hinein, indem sie einen produkt- und produktionsintegrierten Umweltschutz ermöglicht. Denn bei den Verfahren der Weißen Biotechnologie werden für die industrielle Produktion weniger Energie und keine fossilen Rohstoffe benötigt. Zudem reduziert sie oft (toxische) Abfälle sowie die Anzahl der Prozessstufen.

Weitere »Farben« sind die ► »Blaue und Gelbe Biotechnologie«. Zudem profitieren bestimmte Zulieferer und Dienstleister von der wirtschaftlichen Anwendung der Biotechnologie. Entsprechende Sektoren und Märkte werden im Folgenden skizziert. Eine aktuelle Übersicht zu Anwendungsbereichen der Biotechnologie findet sich auch in der jüngsten Studie der Gesellschaft für Chemische Technik und Biotechnologie (DECHEMA 2014).

3.1 Rote Biotechnologie: biopharmazeutische und Diagnostika-Industrie

Die Rote Biotechnologie zielt insbesondere auf das Wiederherstellen der Gesundheit von Mensch und Tier. Der veterinärmedizinische Sektor, der vor allem bei Nutztieren eine große Rolle spielt, wird hier nicht weiter untersucht. Gleiches gilt für die medizinische Versorgung von Haustieren.

3.1.1 (Bio-)Pharmazeutika: biologisches Know-how für Arzneimittel

Die Entwicklung neuartiger Arzneimittel ist – wie schon in ► Abschn. 2.2. dargestellt – bisher ein Hauptanwendungsgebiet der modernen Biotechnologie. In der Regel werden sie als Biopharmazeutika bezeichnet, wobei der Begriff oft unterschiedlich und damit uneindeutig angewendet wird (z. B. auch bei den regulatorischen Behörden, ► Zulassungsbehörden und ihre Definition von Biopharmazeutika). Die vorliegende Publikation legt die Definition von Rader (2008) zugrunde, der Biopharmazeutika wie folgt beschreibt:

» Broad biotech. This definition ... follows the classic one grounded in objective consideration of product/agent sources and their manufacture – biopharmaceuticals are pharmaceuticals that are biological in nature and manufactured by biotechnology methods. This includes products manufactured both by what some label as ‚new' technologies (e.g., monoclonal antibodies and recombinant proteins; involving genetic engineering) and ‚old' technologies (e.g., proteins and vaccines derived from nonengineered organisms as well as blood/plasma-derived products). (Rader 2008)

◘ Abbildung 3.2 gibt eine Übersicht zu verschiedenen Typen der (Bio-)Pharmazeutika mit entsprechenden Beispielen. Im allgemeinen Sprachgebrauch sind Biopharmazeutika primär Moleküle biologischer Natur und biosynthetischer Herkunft. Hier als moderne Biopharmazeutika oder Biologika im engeren Sinne (i. e. S.) bezeichnet, sind sie nur mittels DNS-Rekombination in Mikroorganismen und tierischen oder pflanzlichen Zellen zu produzieren (*new technologies*). Ohne diese neue Technologie kommt dagegen die Gewinnung klassischer Biopharmazeutika aus. Bereits vorliegende Wirkstoffe werden aus

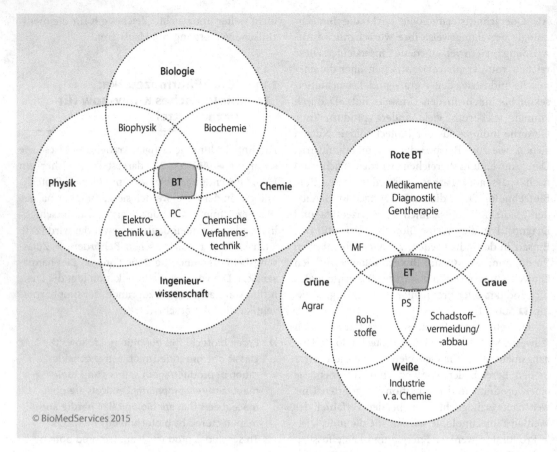

□ Abb. 3.1 Die Grundlagenwissenschaften und Anwendungsbereiche der Biotechnologie. BT Biotechnologie, PC physikalische Chemie, ET enabling Technologien – unterstützende »Werkzeuge« wie Bioinformatik, Sequenzierung, Analytik etc., MF molecular farming – Herstellung von Medikamenten in Pflanzen und Tieren, PS Pflanzensensoren

biologischen Organismen isoliert (*old technology*). Im Gegensatz zu Rader (2008), der chemisch synthetisierte Wirkstoffe strikt von der Definition als Biopharmazeutikum ausschließt, werden bestimmte Vertreter dieser Art hier als moderne Biopharmazeutika im weiteren Sinne (i. w. S.) erachtet. So sind dies kleine biologische Moleküle wie Peptide (Proteinbausteine) oder Nukleoside/Nukleotide (Bausteine der DNS oder RNS), die aufgrund ihrer Größe chemisch synthetisierbar sind. Hierunter fallen beispielsweise *antisense*-Moleküle oder RNS-Wirkstoffe sowie deren Analoga und Derivate.

In Abgrenzung zu den Biopharmazeutika, deren Wirkstoff immer biologischer Natur ist,

stehen die klassischen Pharmazeutika. Grundsätzlich chemisch synthetisiert, unterscheiden sie sich in einigen Merkmalen (▶ Biopharmazeutika und ihr Unterschied zu chemisch synthetisierten Wirkstoffen). Frappierend ist vor allem der Größenunterschied und damit einhergehend eine sehr viel größere Komplexität bei den Biopharmazeutika. Klassische, chemisch synthetisierte Wirkstoffe werden daher im Englischen auch als *small molecules* bezeichnet. □ Abbildung 3.3 veranschaulicht die verschiedenen Größen und zieht eine Analogie zu der unterschiedlichen Komplexität verschiedener Fortbewegungsmittel, ausgedrückt über deren Gewicht oder auch Produktionskosten.

»Blaue und Gelbe Biotechnologie«

Im Gegensatz zur Roten, Weißen, Grauen und Grünen Biotechnologie bezieht sich die Namensgebung bei der Blauen und Gelben Biotechnologie nicht auf den Anwendungsbereich, sondern leitet sich von der Herkunft der biologischen Organismen ab.

Blaue oder Marine Biotechnologie
Blau steht für Meer, marin leitet sich vom lateinischen Wort *marinus* (zum Meer gehörig) ab.
»Häufig wird von einer Apotheke aus dem Meer gesprochen. Die Mikroorganismen und kleinsten Meeresbewohner hatten circa drei Milliarden Jahre mehr Zeit sich zu entwickeln als Lebewesen auf dem Land. Erstere haben sich an die Extrembedingungen im Meer – von der Kälte im Eis der Antarktis bis zu den heißen, sprudelnden Tiefseevulkanen – angepasst. Hier knüpft … die marine Biotechnologie [an]. Sie befasst sich mit den biotechnologischen Anwendungen bezogen auf die Lebewesen aus dem Meer. Mikroben, Schwämme, Algen – sie bilden Stoffe, die gegen Krebs und AIDS wirken können, sind wichtige Energielieferanten für die Zukunft, können Stoffe wie beispielsweise Glas produzieren oder liefern wichtige Erkenntnisse für die Herstellung neuer, bei niedrigen Temperaturen aktiver Waschmittel. Erste pharmazeutische Wirkstoffe, die aus den Ozeanen isoliert wurden, sind bereits auf dem Markt. Dafür sind als Produzenten die Cyano-

bakterien, früher Blaualgen genannt, ganz vorne mit dabei. Mit mehr als 200 bioaktiven Stoffen bilden sie eine eigene kleine Fabrik, eingebettet in Korallenriffe. Von diesen Stoffen haben einige eine antibiotische Wirkung, andere sind tumorinhibierend, wirken entzündungshemmend oder antiviral. Algen können auf verschiedenen Gebieten eingesetzt werden. Als Energiequelle produzieren sie Wasserstoff; oder ihre Gene werden in Sojabohnen oder Raps übertragen, um als Nahrungsergänzungsmittel den Bedarf der Verbraucher an Omega-3-Fettsäure zu decken. Ein anderer Fokus der Forschung liegt auf den marinen Schwämmen. Die kleinen, sessilen Tiere besiedeln seit circa 800 Millionen Jahren die Weltmeere und entwickelten schon früh Mechanismen, die sie vor Feinden schützen. Dieser Schutz besteht aus Substanzen, die ihre Feinde nicht direkt töten, aber abschrecken sollen. Sie enthalten toxische und pharmazeutische Wirkstoffe und werden in der Krebs-, und hier vor allem in der Leukämieforschung eingesetzt. Ein weiteres Einsatzgebiet der marinen Biotechnologie ist der Energiesektor. … Die CO_2-Bilanz muss stimmen, und landwirtschaftlich fruchtbare Flächen sollen nicht zweckentfremdet werden. Ein Lösungsansatz könnten Algen sein. Nicht nur als Nahrungsmittelergänzung, sondern auch als Biodiesel-, Öl- und Bioethanol-Lieferant sind die kleinen Mikro-

organismen mittlerweile bekannt. Außerdem können Algenbioreaktoren … überall aufgebaut werden. … Die Herstellung von Rohstoffen wie Kohlenhydraten oder Lipiden für die energetische Nutzung [wäre] zukunftsweisend. Das, was die Welt in Zukunft bewegt, ist nicht der Raps, sondern die Zukunft der Energie aus Biomasse liegt in den Algen … Algen binden bei ihrem Wachstum CO_2. Doch dieses wird bei der Energiegewinnung wieder freigesetzt, daher ist der Prozess insgesamt CO_2-neutral. Vielleicht geht es ja auch noch besser: … [Ein] Team am Karlsruher Institut für Technologie … [arbeitet] im Bereich der Bioverfahrenstechnik daran, die Grünalge *Chlamydomonas reinhardtii* so zu kultivieren, dass sie den umweltverträglichen Energieträger Wasserstoff herstellt – kostenund energiegünstiger, als es bisher möglich ist« (Vondracek 2012).

Gelbe oder Insektenbiotechnologie
»Unter Gelber Biotechnologie (Insektenbiotechnologie) versteht man den Einsatz biotechnologischer Methoden, um Insekten bzw. von diesen stammende Moleküle, Zellen, Organe oder symbiontische Mikroorganismen für Anwendungen in der Medizin …, im Pflanzenschutz … oder in der Industrie … nutzbar zu machen. Gelb leitet sich hierbei von der Insektenhämolymphe ab, die in vielen Fällen eine gelbe Färbung besitzt« (LOEWE 2015).

Heutzutage beschäftigen sich viele Biotech-Unternehmen auch mit kleinen chemischen Molekülen (*small molecules*) und werden trotzdem der Biotech-Industrie zugerechnet. Im Unterschied zu den klassischen chemisch-pharmazeutischen Ansätzen finden hier oft biologische Testsysteme die Wirkstoffe, oder sie werden passgenau designt. Für Letzteres ist ein tiefer gehendes Verständnis der biologischen Stoffwechselwege oder Zielmoleküle erforderlich beziehungsweise der Biologie der zu

behandelnden Krankheit (im Gegensatz zur reinen Symptomatik, die in der klassischen Medizin eine große Rolle gespielt hat).

Andererseits setzen auch alle großen Pharma-Unternehmen mittlerweile auf Biologika, weshalb aufgrund der Produkte eine strikte Trennung zwischen Biotech und Pharma nicht mehr opportun ist (▶ Abschn. 2.4.1). Die Bezeichnung »biopharmazeutisches Unternehmen« erscheint sinnvoller, wobei für die traditionellen Pharma-Fir-

Zulassungsbehörden und ihre Definition von Biopharmazeutika

»Most regulatory agencies, including the FDA, subscribe to the broad biotechnology view …, whereas the European Union has largely adopted the new biotechnology view. However, the FDA and regulators in many other countries have no useful definition of ,biopharmaceutical' or related terms. The official FDA definition of ,biological products' or ,biologics' can be summarized as ,any virus, therapeutic serum, toxin, antitoxin or analogous product applicable to the prevention, treatment or cure of diseases or injuries of man'. Similarly, the lengthy, official definition … vaguely defines biologics on the basis of analogies (that is, products similar to viruses, serums, toxins and antitoxins, as defined in 1902 when the US Virus-Toxin Law initiating the regulation of biologics manufacture was enacted). This definition avoids terms and concepts in use for ge-

nerations (e.g., proteins, antibodies, genes, microbes, cells, viruses and DNA/RNA). In practice, biologics includes ,a wide range of products such as vaccines, blood and blood components, allergenics, somatic cells, gene therapy, tissues and recombinant therapeutic proteins'. Most biopharmaceuticals (using the broad and new biotechnology paradigms) are classed and regulated by FDA as biologics. However, due to their similarity to products historically regulated as drugs, some simpler biopharmaceuticals are regulated as drugs, mostly recombinant hormones, for example, insulin and human growth hormone, and a few products are regulated as medical devices, with different laws and regulations applying to each class. Because of its specific link to regulation by FDA and complex definition, ,biologics' is best used only in its regulatory context.

European Union regulations define ,biological medicinal products' as ,a protein or nucleic acid-based pharmaceutical substance used for therapeutic or in vivo diagnostic purposes, which is produced by means other than direct extraction from a native (nonengineered) biological source'. This corresponds to the new biotechnology view (that is, by elimination, it is largely restricted to recombinant and mAb products). The terms ,biotechnology medicines' and ,biological medicinal products' are used to broadly refer to all biopharmaceuticals (by the broad biotechnology view). Although these terms are commonly used, European Union use is generally restricted to biological medicinal products (genetically engineered and mAb-based products). As with ,biologics,' these terms are best used only in their specific regulatory context« (Rader 2008).

men die neuartigen Produkte eine gewisse Herausforderung darstellen können (▶ Herausforderungen bei der Produktion von Biopharmazeutika). Einige technologische Eigenheiten listet zudem ◘ Tab. 3.1.

3.1.1.1 Biotech-Medikamente machen konventionellen Arzneimitteln den Rang streitig

Ausgewählte US-Zulassungen für Biopharmazeutika wurden bereits in ▶ Abschn. 2.2 vorgestellt. Für die Mehrheit der in den USA durch die FDA zugelassenen Biologika beantragten die Firmen auch eine Zulassung in Europa. Zum Teil – bisher bei rund einem Viertel der Fälle – erfolgte diese sogar vor derjenigen in den USA. Daneben finden sich auch Zulassungen, die nur für den europäischen und nicht für den US-Markt gelten. In seiner neuesten Analyse zu modernen Biopharmazeutika zählt Walsh (2014) bis Mitte 2014 insgesamt 246 Marktzulassungen durch die FDA und die europäische Zulassungsbehörde EMA (European Medicines Agency). 34 Biotech-Produkte mussten

wieder vom Markt genommen werden, sodass die aktuelle Zahl an in den USA und Europa vermarkteten Biologika bei 212 liegt. Von den ursprünglichen 246 Zulassungen weisen allerdings nur 166 Medikamente unterschiedliche Wirkstoffe auf. Der Rest entfällt auf gleiche Wirkstoffe in weiteren Indikationen, Formulierungen oder aus unterschiedlichen Produktionsorganismen. Walsh schließt bei dieser Zahl rekombinante therapeutische Proteine (inklusive Antikörper) sowie nukleinsäurebasierte Medikamente der *antisense*-Technologie oder für die Gentherapie ein. Dies entspricht der hier angewandten Definition der modernen Biopharmazeutika i. e. S. sowie einem Teil derjenigen i. w. S. Dabei machen die zuerst Genannten in jedem Fall den Hauptanteil aus.

Auf die FDA entfielen bis zum Jahr 2012 laut Rader (2013a) 143 Biopharmazeutika-Zulassungen (nur rekombinante Proteine, inklusive Antikörper). Ende 2014 lag ihre Zahl bei über 170 (eigene Recherchen). Es handelt sich um 41 therapeutische Antikörper, 15 Fusionsproteine sowie als Rest

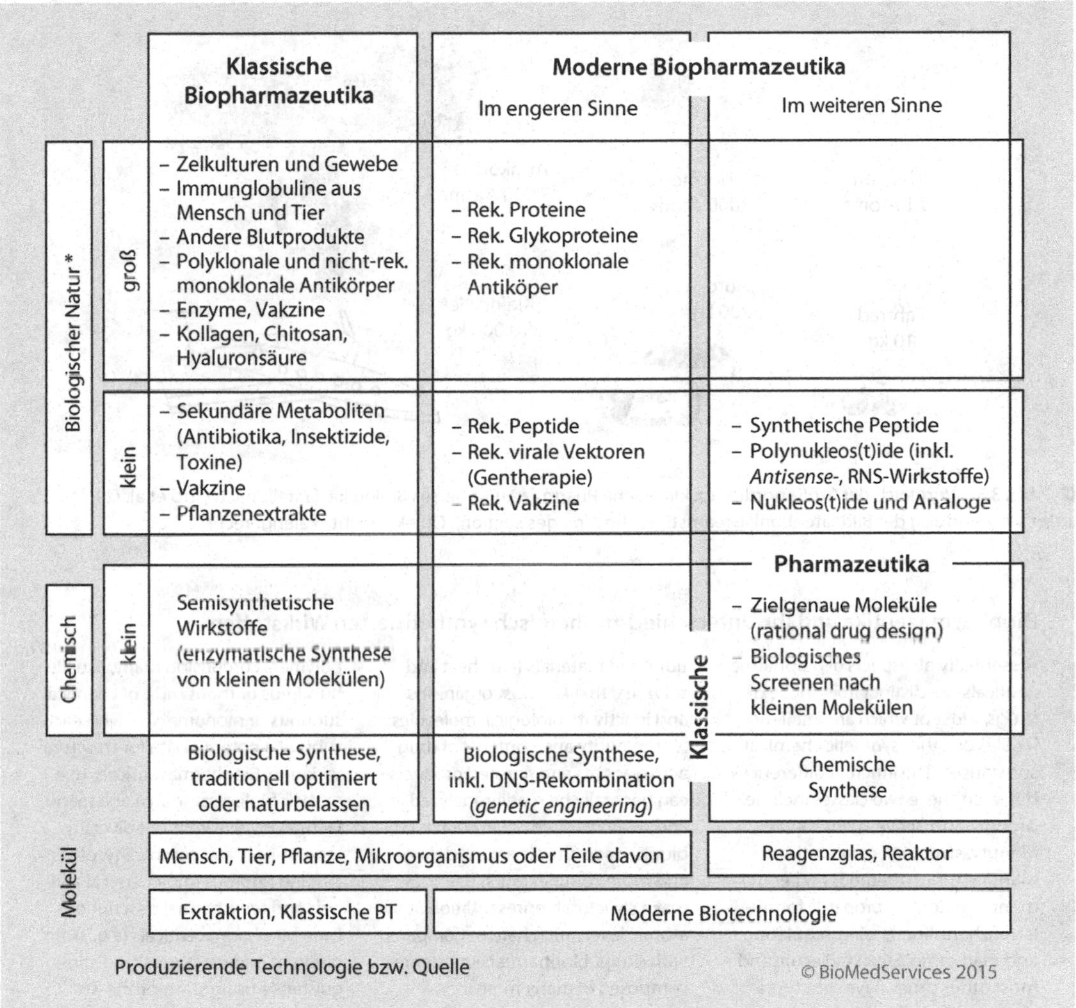

		Klassische Biopharmazeutika	Moderne Biopharmazeutika – Im engeren Sinne	Moderne Biopharmazeutika – Im weiteren Sinne
Biologischer Natur *	groß	– Zelkulturen und Gewebe – Immunglobuline aus Mensch und Tier – Andere Blutprodukte – Polyklonale und nicht-rek. monoklonale Antikörper – Enzyme, Vakzine – Kollagen, Chitosan, Hyaluronsäure	– Rek. Proteine – Rek. Glykoproteine – Rek. monoklonale Antiköper	
	klein	– Sekundäre Metaboliten (Antibiotika, Insektizide, Toxine) – Vakzine – Pflanzenextrakte	– Rek. Peptide – Rek. virale Vektoren (Gentherapie) – Rek. Vakzine	– Synthetische Peptide – Polynukleos(t)ide (inkl. *Antisense*-, RNS-Wirkstoffe) – Nukleos(t)ide und Analoge
Chemisch	klein	Semisynthetische Wirkstoffe (enzymatische Synthese von kleinen Molekülen)		**Pharmazeutika** – Zielgenaue Moleküle (*rational drug design*) – Biologisches Screenen nach kleinen Molekülen
Molekül		Biologische Synthese, traditionell optimiert oder naturbelassen	Biologische Synthese, inkl. DNS-Rekombination (*genetic engineering*)	Chemische Synthese
		Mensch, Tier, Pflanze, Mikroorganismus oder Teile davon		Reagenzglas, Reaktor
		Extraktion, Klassische BT	Moderne Biotechnologie	

Produzierende Technologie bzw. Quelle   © BioMedServices 2015

Abb. 3.2 (Bio-)Pharmazeutika und ihre verschiedenen Typen. *Biologische Moleküle, die nur in lebenden Organismen vorkommen; BT Biotechnologie, rek. rekombinant

humane, rekombinant hergestellte Proteine (u. a. Enzyme, Blut- und Wachstumsfaktoren, Hormone) und andere Protein-Wirkstoffe inklusive Impfstoffe. Rund ein Viertel davon stammt von traditionellen Pharma-Firmen (etwa 60/40 europäische/US-Konzerne). Beim Rest von etwa drei Vierteln war immer eine Biotech-Firma an der Entwicklung beteiligt (hier noch die alte Unterscheidung angewendet), wobei die US-Biotech-Firmen mit 85 % klar vorne liegen. Von allen FDA-Zulassungen entfallen drei Viertel auf US- und ein Viertel auf Gesellschaften aus Europa (etwa jeweils zur Hälfte Pharma- und Biotech-Unternehmen).

Zahlenmäßiger Vergleich: Biologika versus konventionelle Wirkstoffe (FDA-Basis)

Die FDA veröffentlicht monatlich beziehungsweise jährlich eine Liste der von ihr zugelassenen Medikamente. Hierunter finden sich freigegebene Generika sowie neue Arzneimittel. Die Generika durchlaufen bei der FDA eine sogenannte ANDA (*abbreviated new drug application*).

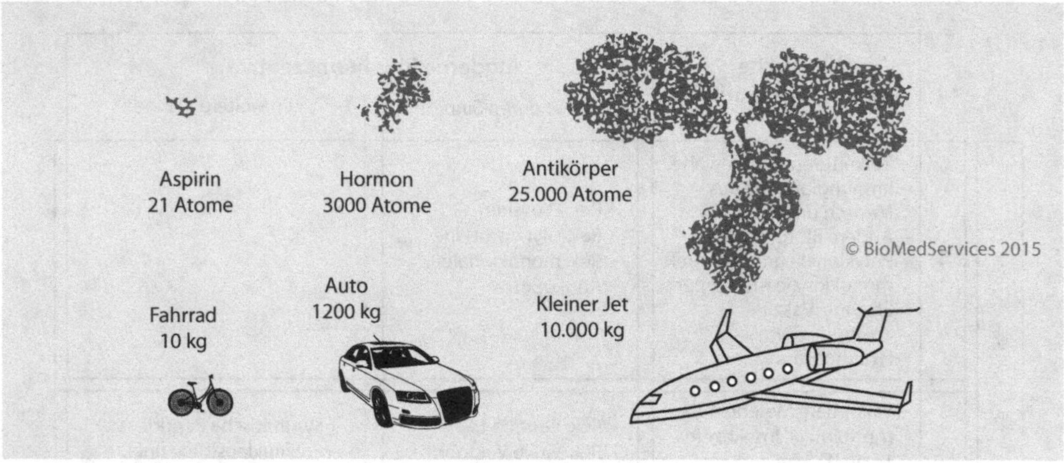

3

Aspirin
21 Atome

Hormon
3000 Atome

Antikörper
25.000 Atome

© BioMedServices 2015

Fahrrad
10 kg

Auto
1200 kg

Kleiner Jet
10.000 kg

■ **Abb. 3.3**   Vergleich der Größenordnung: klassische Pharmazeutika versus Biologika. Erstellt nach Otto et al. (2014) unter Verwendung der Bilddatenbank Dreamstime (free images section). Objekte nicht skalengerecht

Biopharmazeutika und ihr Unterschied zu chemisch synthetisierten Wirkstoffen

»Essentially all aspects of biopharmaceuticals are distinct from those of drugs, most of which are small molecules or other synthetic chemical substances. The inherent differences between these two classes include product and active agent sources, identity, structure, composition, manufacturing methods and equipment, intellectual property, formulation, handling, dosing, regulation and marketing. Small-molecule and most other drugs have structures composed of relatively few atoms, such that their structures can generally be portrayed by diagrams showing linkages of specific atoms. Drugs can generally be manufactured with high consistency and using rather standardized chemical processes, usually involving conditions and materials (e.g., heat and solvents) that kill most organisms and inactivate biological molecules. … The purity and contents of drug active agents and finished products can generally be readily analyzed and demonstrated. … In contrast, biopharmaceuticals are much larger and more complex, such that they make structural representation at the atomic level much harder. Compared with drugs, biopharmaceuticals are composed of many more atoms – with molecular masses usually two or three orders of magnitude greater – and involve many additional levels of structural complexity (e.g., forming polymeric chains with varying and diverse structures and chemical modifications). Most biopharmaceuticals involve proteins or other bio-polymers comprising many, usually hundreds or thousands, of chemical subunits or monomers … with each subunit a potential site for structural variation. Biopharmaceuticals, due to their biological source and manufacture, involve inherent diversity, randomness and complexity, often defying rigorous (bio)chemical analysis and terse textual descriptions. Even biopharmaceuticals (e.g., from different manufacturers), indistinguishable using state-of-the-art analytical technologies, may be substantially different, including having different efficacy and safety profiles (e.g., immunogenicity), which is a major factor complicating regulation of generic biopharmaceuticals (e.g., … biosimilars, follow-on proteins)« (Rader 2008).

Herausforderungen bei der Produktion von Biopharmazeutika

»These new products have created their own operational and technological challenges. Reproducing large molecules reliably at an industrial scale requires manufacturing capabilities of a previously unknown sophistication. A molecule of aspirin (chemical) consists of 21 atoms. A biopharmaceutical molecule (protein) might contain anything from 2,000 (interferons) to 25,000 (mAbs) atoms. The ‚machines' that produce recombinant therapeutics are genetically modified living cells that must be frozen for storage, thawed without damage, and made to thrive in the unusual environment of a reaction vessel. The molecules must then be separated from the cells that made them and the media in which they were produced, all without destroying their complex, fragile structures. All this sophistication comes at great cost. Large-scale biotech manufacturing facilities are expensive: $200 million to $500 million or more (compared with a similar scale small-molecule facility that might cost just $30 million to $100 million), and they are time-consuming to build (four to five years). These facilities are costly to run too, with long process durations, low yields, expensive raw materials, and, not least, the need for a team of highly skilled experts to operate them. The rapid growth and increasing importance of the industry are producing a new set of challenges and opportunities. To keep pace, biopharma players will have to revisit and fundamentally reassess many of the strategies, technologies, and operational approaches they currently use« (Otto et al. 2014).

◼ **Tab. 3.1** Übersicht zu Merkmalen von klassischen Pharmazeutika versus Biopharmazeutika. (Quelle: BioMed-Services (2015) nach PharmQD (2014) und Dingermann und Zündorf (2014))

Merkmal	Kleine Moleküle (klassische Ph.)	Biopharmazeutika
Technologie	Chemische Synthese	Biochemische Synthese In lebenden Zellen
Größe	Niedriges Molekulargewicht	Hohes Molekulargewicht
Physikochemie	Einfach, stabil, gut definiert	Komplex, labil (sensitiv gegenüber Hitze und Scherkräften), heterogen
Produktions-prozess	Einfache Einheit, hohe chemische Reinheit, etablierte Standards	Heterogene Mixtur, breite Spezifikationen, die sich während des Prozesses ändern können, schwierig zu standardisieren
	Kein Einfluss bei Änderung oder durch Umgebungsbedingungen	Sehr anfällig bei Änderungen oder durch Umgebungsbedingungen
Analytik	Prozess komplett analytisch abdeckbar	Schwierige Charakterisierung, Testverfahren nicht standardisiert
Aufreinigung	Einfach	Lang und komplex
Qualitätssicherung	Verunreinigungen sind vermeidbar, leicht zu entdecken und entfernen	Wahrscheinlichkeit der Kontamination ist wesentlich höher, schwer zu entdecken und entfernen
Pharmakokinetik	Schnelle Verteilung und Wirkung über Kapillaren	Verteilung über lymphatisches System, mögliche Proteolyse und Abwanderung
Allergen	Meist nicht	In der Regel

Ph. Pharmazeutika

Was sind Biologika? Fragen und Antworten

»Biological products include a wide range of products such as vaccines, blood and blood components, allergenics, somatic cells, gene therapy, tissues, and recombinant therapeutic proteins. Biologics can be composed of sugars, proteins, or nucleic acids or complex combinations of these substances, or may be living entities such as cells and tissues. Biologics are isolated from a variety of natural sources – human, animal, or microorganism – and may be produced by biotechnology methods and other cutting-edge technologies. Gene-based and cellular biologics, for example, often are at the forefront of biomedical research, and may be used to treat a variety of medical conditions for which no other treatments are available. … In contrast to most drugs that are chemically synthesized and their structure is known, most biologics are complex mixtures that are not easily identified or characterized. Biological products, including those manufactured by biotechnology, tend to be heat sensitive and susceptible to microbial contamination. Therefore, it is necessary to use aseptic principles from initial manufacturing steps, which is also in contrast to most conventional drugs« (FDA 2015a).

NME: new molecular entities

»Certain drugs are classified as new molecular entities (‚NMEs‘) for purposes of FDA review. Many of these products contain active moieties that have not been approved by FDA previously, either as a single ingredient drug or as part of a combination product; these products frequently provide important new therapies for patients. Some drugs are characterized as NMEs for administrative purposes, but nonetheless contain active moieties that are closely related to active moieties in products that have previously been approved by FDA. For example, CDER [Center for Drug Evaluation and Research] classifies biological products submitted in an application under section 351(a) of the Public Health Service Act as NMEs for purposes of FDA review, regardless of whether the Agency previously has approved a related active moiety in a different product. FDA's classification of a drug as an ‚NME‘ for review purposes is distinct from FDA's determination of whether a drug product is a ‚new chemical entity‘ or ‚NCE‘ within the meaning of the Federal Food, Drug, and Cosmetic Act« (FDA 2015b).

Generikum (Plural: Generika)

»…Arzneimittel, das eine wirkstoffgleiche Kopie eines bereits unter einem Markennamen auf dem Markt befindlichen Medikaments ist. Von diesem Originalpräparat kann sich das Generikum bezüglich enthaltener Hilfsstoffe und Herstellungstechnologie unterscheiden. Generika werden zumeist unter dem internationalen Freinamen (INN) des Wirkstoffes mit dem Zusatz des Herstellernamens angeboten. Hingegen bieten sogenannte Markengenerika (*branded generics*) patentfreie Wirkstoffe unter einem neuen Handelsnamen an« (Wikipedia, Generikum)

Neue Arzneimittel erfordern dagegen eine NDA (*new drug application*) oder eine BLA (*biologics license application*). Die NDA gilt in der Regel für konventionelle Wirkstoffe und für kleine Moleküle biologischer Natur, die BLA für die größeren Biologika. Die *biologics*-Definition der FDA bezieht indes grundsätzlich alle aus natürlichen Quellen gewonnenen Wirkstoffe oder Produkte ein – egal, ob unverändert isoliert oder gentechnisch konstruiert (rekombinant) und mittels biologischer Organismen hergestellt (▶ Was sind Biologika? Fragen und Antworten). Bei den NDAs handelt es sich entweder um bereits früher zugelassene Wirkstoffe in zusätzlichen Indikationen, neuen Dosierungen, Formulierungen und Kombinationen oder um neuartige Moleküle (▶ NME: *new molecular entities*). Im Rahmen einer BLA lässt die FDA neuartige Wirkstoffe als *new biologics* zu, die im Branchenjargon auch als *new biological entity* (NBE) bezeichnet werden.

Die FDA prüft die BLAs in verschiedenen Abteilungen (◘ Tab. 3.2): im CBER (Center for Biologics Evaluation and Research) oder im CDER (Center for Drug Evaluation and Research).

Die unterschiedlichen Begrifflichkeiten wurden hier so ausführlich erklärt und eingeordnet, da viele Statistiken zu den FDA-Zulassungen sie verwenden. Dabei wird aber die (Markt-)Entwicklung der modernen Biopharmazeutika (i. e. S.) nicht immer klar, weil die FDA diese zum einen in den NDAs

◘ **Tab. 3.2** Zuständigkeiten verschiedener Abteilungen in der Food and Drug Administration (FDA; nach Reorganisation 2004). (Quelle: BioMedServices (2015) nach FDA (2015c))

	CBER	CDER
NDA		*Small molecules* (chemische Synthese, meist konventionelle Medikamente)
		Bestimmte rekombinant produzierte kleine biologische Moleküle: Peptide, Peptidanaloga, manche Enzyme
BLA	Blut und Blutprodukte[a] Impfstoffe und Allergene	Therapeutische Proteine, die aus Mikroorganismen, Pflanze, Tier oder Mensch gewonnen werden. Inklusive rekombinanter Versionen (außer Blutfaktoren): Zytokine (z.B. Interferone), Wachstumsfaktoren, Enzyme, Fusionsproteine, Glykoproteine, rekombinante Impfstoffe, Antikörper (*in vivo*-Gebrauch)
	Gewebe und Gewebeprodukte (z. B. Knochen, Haut, Stammzellen[a])	
	Zell- und Gentherapie[a]	Immunmodulatoren (ohne Impfstoffe und Allergene)

[a]auch rekombinant; BLA: *biologics license application*, CBER: Center for Biologics Evaluation and Research, CDER: Center for Drug Evaluation and Research, NDA: *new drug application*

◘ **Tab. 3.3** FDA-Zulassungen neuartiger Arzneien seit 2000; Bio versus Nicht-Bio. (Quelle: EVP: EvaluatePharma (2015a) und Tufts: Tufts Center for the Study of Drug Development (Getz und Kaitin 2015))

		20 00	20 01	20 02	20 03	20 04	20 05	20 06	20 07	20 08	20 09	20 10	20 11	20 12	20 13	20 14
EVP	NME	27	24	17	21	31	18	18	16	21	19	15	24	31	25	31
	Bio	6	8	9	14	7	10	11	10	10	15	11	11	12	10	19
Tufts	NDA	27	24	17	21	31	18	18	16	21	19	15	26	28	24	
	BLA	2	5	7	6	5	2	4	2	4	7	6	9	11	3	

Bio: *biologicals*, BLA: *biologics license application*, NDA: *new drug application*, NME: *new molecular entities*

und zum anderen in den BLAs zählt. So veröffentlicht der Datendienst EvaluatePharma hervorragende Statistiken (z. B. EvaluatePharma 2014a), die die Anzahl der FDA-Zulassungen herunterbrechen auf die Kategorien »*No. of NMEs approved*«, »*No. of Biologicals Approved*«. Die NME-Zahlen entsprechen dabei den NDAs, die aber auch rekombinante Peptide oder Enzyme enthalten können (◘ Tab. 3.2). Die Angaben zu den *biologicals* umfassen alle über BLA (CDER und CBER) zugelassene, rekombinant und nicht-rekombinant gewonnene biologische Wirkstoffe. Letztere werden von der FDA indes bis auf wenige Ausnahmen in der Regel nicht als neuartig gezählt. Bei aktuellen Angaben des Tufts Center for the Study of Drug Development (CSDD der Tufts University, Boston) wird nicht ganz klar, was die Kategorie BLA zählt. Zudem weichen die Zahlen zu den NDAs geringfügig von denen der FDA und EvaluatePharma ab (Getz und Kaitin 2015). ◘ Tabelle 3.3 stellt diese beiden Quellen einander gegenüber.

◘ Abbildung 3.4 zeigt dagegen auf, wie sich die FDA-Zulassungen neuer Medikamente (NME und NBE) seit 1985 (Zulassung 2. rekombinantes Protein) entwickelt haben, und weist anteilig die rekombinant hergestellten Biopharmazeutika (i. e. S.) aus – seien sie bis 2003 im CBER als *therapeutic biological product* oder nach Reorganisation ab 2004 im CDER über eine BLA oder eine NDA zugelassen (FDA 2015c).

Im gesamten Zeitraum von 1985 bis Ende 2014 stellten die rekombinanten Biopharmazeutika (rBP) lediglich 13 % aller neuartigen Wirkstoffe. Zahlenmäßig gesehen lagen also die Nicht-Biologika deutlich in Führung. Der Mittelwert über 30 Jahre ändert sich bei Betrachtung der letzten 15 Jahre

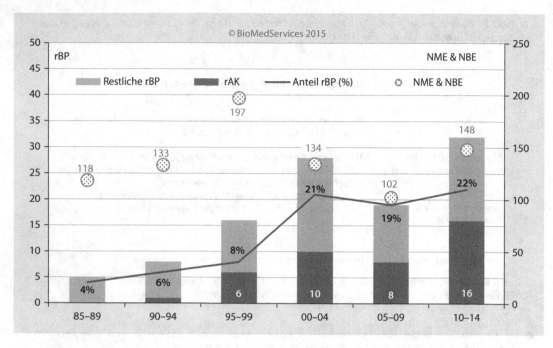

⬛ Abb. 3.4   FDA-Zulassungen neuartiger Arzneien seit 1985: rekombinante Biopharmazeutika versus konventionelle Wirkstoffe. Erstellt nach Daten von FDA (2015d) und eigenen Recherchen. *Linke Achse*: Rekombinante Biopharmazeutika i. e. S. (rBP), *rechte Achse*: therapeutische NME (*new molecular entities*) und NBE (*new biologicals entities*); *rAK* rekombinante Antikörper

nur leicht: Hier erreichten die gentechnisch hergestellten Biotech-Medikamente immerhin einen Anteil von rund einem Fünftel aller neuen Arzneien. Darunter haben vor allem die Antikörper deutlich zugenommen: Über drei Viertel aller FDA-Antikörper-Zulassungen fielen auf diesen Zeitraum.

Innerhalb der neuartigen FDA-Biologika-Zulassungen stieg der jährliche Durchschnitt von einem rBP auf 3,2 rBP in der jeweiligen zweiten Hälfte der 1980er- und 1990er-Jahre. Die letzten fünf Jahre erbrachten einen Mittelwert von 6,4 rBP. Das entspricht einer Art Produktivitätssteigerung um den Faktor 6. Bei den Nicht-Biologika (konventionelle NMEs) erhöhte sich die durchschnittliche Zahl im gleichen Zeitraum von 24 auf 30 Zulassungen, was eine Steigerung um 25 % bedeutet.

Zulassungszahlen zu Biopharmazeutika zeigen die Bedeutung der Biotechnologie für Innovationen in der Medikamenten-Entwicklung nicht korrekt auf

Von den über 100 seit 1985 FDA-zugelassenen neuartigen rekombinanten Biopharmazeutika (rBP) durchlief die Mehrheit eine BLA (anfänglich im

CBER, ab 2004 im CDER). Kinch (2014) zählt bis Ende 2013 in seiner Analyse 94 BLAs (vermutlich inklusive sechs nicht-rekombinant hergestellter NBEs). Diese 94 BLAs untersuchte er im weiteren Detail und unterschied dabei zwischen Pharma- und Biotech-Firmen.

» To broadly distinguish pharmaceutical and biotechnology organizations, all companies founded after Cetus Corporation (1971) were defined as biotechnology ... We asked how organizations contributed to biologics NMEs in terms of: 1) Filing the first patent; 2) Submitting the Investigational New Drug (IND) application; 3) Clinical development; or 4) Awarding of a BLA (Kinch 2014).

Folgende Ergebnisse lieferte die Analyse:
- Biotech-Firmen erhielten 53 Biologika-Zulassungen, Pharma-Firmen 41;
- 87 der 94 NBEs (92,6 %) involvierten Biotech-Firmen im Rahmen der ersten Patente sowie präklinischer und klinischer Entwicklung;
- der Beitrag der Biotech-Firmen blieb über vier Dekaden hinweg stabil, nahm allerdings in den

früheren Phasen der Entwicklung (Patente, IND) zu;
- Pharma-Firmen gewannen dagegen zunehmend einen größeren Anteil der finalen Zulassungen (von 44 % in den 1990ern auf 64 % in der aktuellen Dekade).

Derselbe Autor analysierte zudem den Einfluss der Biotechnologie auf die Entwicklung der *small molecules* (SM). Wiederum definierte er jede Firma als Biotech, die nach 1971 gegründet wurde und traf folgende Aussagen:
- Die Anzahl der FDA-NME-Zulassungen für Biotech-Firmen verzehnfachte sich seit den 1970er-Jahren.
- Dagegen sank ihre Zahl bei den Pharma-Unternehmen von rund 20 NME pro Jahr in den 1980ern auf heute 18.
- Biotech-Firmen vereinten in den 1980er-Jahren 5,5 % aller NMEs auf sich, heute sind es 42 %.
- Ein Drittel aller NMEs der Pharma-Unternehmen involvierte in mindestens einem kritischen Schritt der Entwicklung (1. Patent, IND oder klinische Studie) die Unterstützung einer Biotech-Firma.
- Dieser Anteil wuchs von 1,3 % in den 1980ern über 10 % in den 1990ern und gut 20 % in der ersten Dekade des neuen Milleniums bis auf aktuell 35 %.
- Zurzeit decken Biotech-Firmen mehr als 20 % der Patente für NMEs ab.
- Im Rahmen aller NDAs (also nicht nur der NMEs) haben die Biotech-Firmen in der letzten Dekade bei den Entwicklungs-Meilensteinen IND-Antrag (*investigational new drug* = Beginn der klinischen Prüfung) oder EoP2 (*end of phase 2*)-Besprechungen den Gleichstand zu Pharma-Unternehmen erreicht.
- Aktuell liegt bei dieser Kennzahl Biotech sogar vor Pharma.

Kinch untersuchte zudem wie viele Biotech-Firmen zu diesen Zahlen beitrugen. Innerhalb von drei Dekaden stieg deren Anzahl kontinuierlich und gipfelte im Jahr 2001 bei 143 aktiven und unabhängigen Organisationen. Danach fiel sie hingegen wieder auf aktuell 71. Insgesamt steuerten 187 Biotech-Firmen zu FDA-Zulassungen bei, wovon aber 116 heute nicht mehr (eigenständig) existieren.

Auch Kinch beschreibt den Trend der Verschmelzung von Biotech und Pharma zu biopharmazeutischen Gesellschaften:

> Established pharmaceutical companies often utilize acquisitions to embrace biotechnology products and approaches. The pivoting of established drug companies into the biotechnology arena has given rise to a new generation of organizations: biopharmaceutical companies. (Kinch 2014)

Er zählt insgesamt 241 biopharmazeutische Firmen, die seit 1985 zu einer FDA-NME-Zulassung (inklusive NBE) beigetragen haben. Einen Höhepunkt erreichte diese Zahl mit 160 im Jahr 2003. Danach nahm sie konsolidierungsbedingt ab, wobei es zweimal mehr Abgänge als Zugänge in den letzten zehn Jahren gab. Zum Zeitpunkt seiner Veröffentlichung (2014) verblieben 114 verschiedene Gesellschaften aktiv und unabhängig.

Allein die Anzahl der rBP-Zulassungen als Maßstab für die Rolle der modernen Biotechnologie in der Medikamenten-Entwicklung heranzuziehen, wird ihrer Bedeutung nicht gerecht. Denn das vermehrte Wissen um die Molekularbiologie von Stoffwechselwegen, Krankheiten oder Krankheitserregern ermöglicht zunehmend sogenannte *targeted therapies* (▶ *Targeted therapy*: Gezielte Therapie). Hier kommen neben den Antikörpern auch die kleinen chemischen Moleküle (*small molecules*) zum Einsatz. Diese werden oft passgenau auf das Zielmolekül designt. Gezielte Therapien bieten zum Beispiel folgende neue Ansätze in der Behandlung von Krebs-Erkrankungen (nach Wikipedia, Gezielte Krebstherapie):
- Rezeptorbasierte Therapie (vor allem mit Antikörpern): Krebszellen tragen auf der Oberfläche ihrer Zellmembran oft einzigartige Strukturen wie Rezeptoren für Wachstumssignale oder andere Membranproteine, welche sie von anderen Körperzellen unterscheiden. Auch gesunde Zellen tragen Rezeptoren für Wachstumssignale, auf Krebszellen kommen sie aber oft in stark erhöhter Zahl und/oder krankhaft verändert vor und bewirken dadurch das unkontrollierte Wachstum. Passende Antikörper zielen genau auf sie ab, binden in Konkurrenz zu den Wachstumsfaktoren und verhindern so die Übertragung der Wachstumssignale (die klassische Chemotherapie greift dagegen unspezifisch in den Zellteilungsprozess ein und

3

Targeted therapy: Gezielte Therapie

»Der Begriff gezielte Krebstherapie (engl. *targeted therapy*) ist ein
Schlagwort, unter dem die Behandlung mit verschiedenen neuartigen
Arzneistoffen gegen Krebs zusammengefasst wird, die auf biologische und zytologische Eigenarten
des Krebsgewebes gerichtet sind.

Dazu gehören zum Beispiel gen-
technisch hergestellte monoklonale
Antikörper (Namensendung ‚-mab')
oder sogenannte *small molecules*
(Namensendung ‚-mib' oder ‚-nib').
Da diese Merkmale auf gesunden
Zellen meist kaum oder gar nicht
vorkommen, soll die gezielte Krebs-

therapie verträglicher und wirk-
samer sein. In der Regel werden
die neuartigen Substanzen mit den
konventionellen Therapiemethoden
(Chirurgie, Chemo- und Strahlen-
therapie) kombiniert« (Wikipedia,
Gezielte Krebstherapie).

macht keinen Unterschied zwischen gesunden und kranken Zellen). Zudem vermitteln die Antikörper oft auch eine Immunantwort.

- Störung von intrazellulären Informations- oder Stoffwechselwegen (vor allem mit *small molecules*): Blockieren der Weiterleitung von Signalen innerhalb von Krebszellen durch Kinase-Inhibitoren (▶ Abschn. 2.2.6). Diese hemmen die Aktivität von Tyrosinkinasen, die den intrazellulären Teil von Rezeptorsystemen darstellen. Nach Bindung eines Signalfaktors an den Rezeptor überträgt der innere Teil (also die Kinase) eine Phosphatgruppe auf ein anderes Molekül (Phosphorylierung) und setzt dadurch weitere zelluläre Prozesse in Gang (Kaskade). Kinase-Inhibitoren unterbinden somit den Phosphorylierungsschritt, wodurch eine unphysiologische Daueraktivierung der Kinasen durchbrochen wird. Die Überaktivität von Kinasen bewirkt zum einen unkontrolliertes Zellwachstum sowie eine ausbleibende Apoptose (programmierter Zelltod) von Tumorzellen.
- Hemmung der Gefäßneubildung (Antiangiogenese): Die Neubildung von Blutgefäßen (Angiogenese) kommt im gesunden Körper eher selten vor – ein wachsender Tumor benötigt jedoch Sauerstoff und Nährstoffe; er regt daher das umgebende Gewebe mit Botenstoffen wie dem Wachstumsfaktor VEGF (*vascular endothelial growth factor*) zur Gefäßneubildung an. VEGF kann zum Beispiel mit Antikörpern oder Fusionsproteinen abgefangen werden.
- Anregung zur Apoptose und Bekämpfung der Krebsstammzellen.

Im Rahmen der zielgerichteten Krebstherapie sind genetische Analysen des Tumors mittlerweile Stan-

dard, da man heute weiß, dass Tumorzellen immer Defekte in ihrer DNS aufweisen. Einige der Antikörper oder Kinase-Inhibitoren, die als gezielte onkologische Medikation zugelassen sind, dürfen nur auf Basis der Ergebnisse eines gleichzeitig zugelassenen Gentests (sogenannte *companion diagnostics*, ▶ Abschn. 3.1.3.3) eingesetzt werden.

Neben klassischen Pharma-Konzernen entwickelten wiederum Biotech-Firmen *small molecules* als gezielte Krebs-Medikamente (z. B. Incyte, Exelixis, Ariad oder Pharmacyclics mit Partner J&J). Nachdem die ersten Arzneien dieser Art ab 2001 auf den Markt kamen, stieg zehn Jahre später – also ab 2011 – die Zahl entsprechender Zulassungen sprunghaft an. Über die Hemmung von Kinasen hinaus zielen die kleinen Wirkstoffe auf andere Enzyme oder auf Komponenten des Proteasoms sowie auf bestimmte Signalwege, wie zum Beispiel den sogenannten *Hedgehog pathway*. Außer in der Onkologie kommen Kinase-Inhibitoren inzwischen auch bei anderen Indikationen zum Einsatz. So bindet der von Pfizer stammende Wirkstoff Tofacitinib (Xeljanz) an die Janus-Kinase (JAK), die bei der Weiterleitung von Zytokin-Signalen beteiligt ist, die bei der rheumatoiden Arthritis eine Rolle spielen. Im Oktober 2014 und im Januar 2015 erhielt die deutsche Boehringer Ingelheim die FDA- und die EMA-Zulassung für den Kinase-Inhibitor Nintedanib (Ofev) zur Behandlung der idiopathischen Lungenfibrose (IPF). Er blockiert Wachstumsfaktor-Rezeptoren und damit Signalwege, die an Pathomechanismen der IPF involviert sind. In klinischen Studien reduzierte Ofev den jährlichen Rückgang der Lungenfunktion um etwa 50 %. Da es lange Zeit keine Möglichkeit gab, die allmähliche Vernarbung der Lunge bei den zumeist älteren Patienten mit IPF aufzuhalten, sprach

FDA-Information zu *Breakthrough Therapies*

»On July 9, 2012 the Food and Drug Administration Safety and Innovation Act (FDASIA) was signed. FDASIA Section 902 provides for a new designation – Breakthrough Therapy Designation. A breakthrough therapy is a drug:

- intended alone or in combination with one or more other drugs to treat a serious or life

threatening disease or condition and

- preliminary clinical evidence indicates that the drug may demonstrate substantial improvement over existing therapies on one or more clinically significant endpoints, such as substantial treatment effects observed early in clinical development.

If a drug is designated as breakthrough therapy, FDA will expedite the development and review of such drug. All requests for breakthrough therapy designation will be reviewed within 60 days of receipt, and FDA will either grant or deny the request« FDA (2015e).

die FDA dem Wirkstoff (sowie einem weiteren, Esbriet) eine *Breakthrough Therapy Designation* aus.

Moderne Biopharmazeutika im engeren und weiteren Sinne machen 40 und 20 % der zugelassenen Breakthrough Therapies aus

Seit 2011 verleiht die FDA die *Breakthrough Therapy Designation* an Medikamenten, die als »Durchbruch« zu erachten sind (▶ FDA-Information zu *Breakthrough Therapies*). Dazu zählen Therapien, die einerseits einen hohen medizinischen Bedarf abdecken und andererseits in der Entwicklung bereits eine vorläufige klinische Wirksamkeit zeigen, die weit über derjenigen existierender Therapien liegt.

Laut der Organisation Friends of Cancer Research (FOCR 2015) liegen der FDA über 300 *Breakthrough Therapies*-Anträge vor, von denen sie bereits 104 annahm und 181 ablehnte (Stand: 02.11.2015). Bis Ende 2014 ließ die FDA 15 Arzneien zu, die zuvor den *Breakthrough*-Status erhalten hatten. Im ersten halben Jahr 2015 folgten weitere zehn. Von den nun 25 sind 16 sogenannte *1st-in-class*-Moleküle, die zusätzlich einen neuen oder einzigartigen Wirkmechanismus aufweisen. ◘ Tabelle 3.4 listet die Zulassungen bis Ende 2014.

Von den bis Ende 2014 erfolgten 15 FDA-Zulassungen mit *Breakthrough*-Status sind sechs (40%) rekombinant hergestellte Biopharmazeutika (i. e. S.), die alle von der FDA als *new biologic entity* (NBE) angesehen werden. Weitere drei (20 %) sind Biopharmazeutika in dem hier vorher definierten engeren Sinne: biologische *small molecules* (BSM), die chemo-synthetisch produziert werden, letztlich aber Analoga zu in Lebewesen vorkommenden Molekülen sind. Ein weiteres Viertel stellen die Kinase-Inhibitoren. Zu-

sammen mit diesen auf Basis molekularbiologischer Erkenntnisse entwickelten Wirkstoffen vereinen die modernen Biopharmazeutika 87 % der zugelassenen neuartigen Durchbruchtherapien auf sich. Der Anteil rekombinanter Biologika hat sich in diesem Fall auf 40 % erhöht, von zuvor 20 % innerhalb aller neuartigen Medikationen (NME und NBE).

Zahl aller FDA-zugelassener Biopharmazeutika (inklusive klassische) ist mindestens doppelt so hoch

Mindestens doppelt so hoch liegt die Zahl der FDA-zugelassenen Biopharmazeutika bei Berücksichtigung der klassischen Vertreter dieser Therapeutika-Gruppe. Das sind nicht rekombinant hergestellte, in der Regel aus menschlichen, tierischen oder pflanzlichen Quellen isolierte Wirkstoffe. Sie werden bei der FDA meist im CBER über eine BLA zugelassen. Hierunter fallen zum Beispiel aus Pflanzen isolierte Allergene, klassisch hergestellte Impfstoffe oder Fraktionen aus humanen Blutspenden für therapeutische Zwecke. Zusammen mit diesen wird eine Zahl von über 250 FDA-zugelassenen Wirkstoffen biologischer Natur erreicht.

- **Warum immer nur FDA, was ist mit der EMA?**

Wie bereits erwähnt, beantragen die meisten Firmen eine Zulassung für den US- und den europäischen Markt (zudem oft auch Asien). Die Zulassungszahlen der FDA stellen daher eine repräsentative wie auch detaillierte und öffentlich zugängliche Quelle dar. Die EMA (European Medicines Agency) veröffentlicht ebenfalls Informationen über Zulassungen. Diese gelten in der Regel für alle EU-Länder (zentralisiertes Verfahren), so auch für

◘ Tab. 3.4 Zugelassene neuartige Medikamente mit FDA-*Breakthrough*-Status (Stand: Ende 2014). (Quelle: Bio-MedServices (2015) nach FOCR (2015))

Marke	Wirkstoff	Molekülart	FDA[a]	Indikation	Entwickler und Partner
Arzerra	Ofatumumab	NBE	10/2009[b]	Krebs (CLL)	Genmab und GSK
Kalydeco	Ivacaftor	NME	01/2012[b]	Zystische Fibrose	Vertex
Gazyva	Obinutuzumab	NBE	11/2013	Krebs (CLL)	Genentech (Roche) und Biogen
Imbruvica	Ibrutinib	NME (TT)	11/2013	Krebs (MCL)	Pharmacyclics und J&J
Sovaldi	Sofosbuvir	NME (BSM)	12/ 2013	Hepatitis C	Pharmasset (Gilead)
Zykadia	Ceritinib	NME (TT)	04/2014	Krebs (NSCLC)	Novartis
Zydelig	Idelalisib	NME (TT)	07/2014	Krebs (CLL)	Calistoga Pharmaceuticals (Gilead)
Keytruda	Pembrolizumab	NBE	09/2014	Krebs (NSCLC)	Organon BioSciences (Schering-Plough, Merck)
Harvoni	Sofosbuvir und Ledipasvir	NME (BSM)	10/2014	Hepatitis C	Gilead
Esbriet	Pirfenidon	NME	10/2014	IPF	Intermune (Roche) in Lizenz von Marnac (2007)
Ofev	Nintedanib	NME (TT)	10/2014	IPF	Boehringer Ingelheim
Trumenba	Rekombinante fHBP-Varianten von *Neisseria meningitidis*	NBE (CBER)	10/2014	Meningitis-Impf-stoff	Pfizer
Blincyto	Blinatumomab	NBE	12/2014	Krebs (ALL)	Micromet (Amgen)
Viekira Pak	Ombitasvir, Ritonavir und Paritaprevir	NME (BSM)	12/2014	Hepatitis C	AbbVie Paritaprevir in Lizenz von Enanta Pharmaceuticals (2006)
Opdivo	Nivolumab	NBE	12/2014	Hautkrebs	Medarex (BMS) und Ono Pharmaceuticals

[a]US-Zulassung: Monat/Jahr
[b]Breakthrough-Status nach Zulassung zugesprochen. Bei Firmenangabe in Klammern Mutterfirma nach Übernahme
CBER Center for Biologics Evaluation and Research, *BSM biological small molecule, NBE new biologic entity, NME new molecular entity, TT targeted therapy*; Indikationen: *ALL* akute lymphatische Leukämie, *CLL* chronische lymphatische Leukämie, *IPF* idiopathische Lungenfibrose, *MCL* Mantelzell-Lymphom, *NSCLC* nicht-kleinzelliges Lungenkarzinom

den deutschen Markt. Von den in ◘ Tab. 3.4 gelisteten Medikamenten mit FDA-Zulassung haben neun auch eine der EMA, eine ist in Arbeit, und für fünf liegen noch keine Angaben vor. Laut dem Verband der forschenden Arzneimittelhersteller (vfa) waren in Deutschland bis Ende 2014 mindestens 172 Arzneien mit 130 Wirkstoffen zur Vermarktung zugelassen, die mithilfe der Gentechnik entwickelt sowie mittels Fermentation produziert wurden.

Umsatzmäßiger Vergleich: Biologika versus konventionelle Wirkstoffe

Auf dem Markt befindliche Biotech-Medikamente (*bioengineered vaccines and biologics*) erzielten laut dem Datendienst EvaluatePharma (2014a) im Jahr 2013 einen weltweiten Umsatz von 165 Mrd. US$, was 22 % des Gesamtumsatzes von 754 Mrd. US$ mit verschreibungspflichtigen und frei verkäuflichen Medikamenten entsprach. Für das Jahr 2020

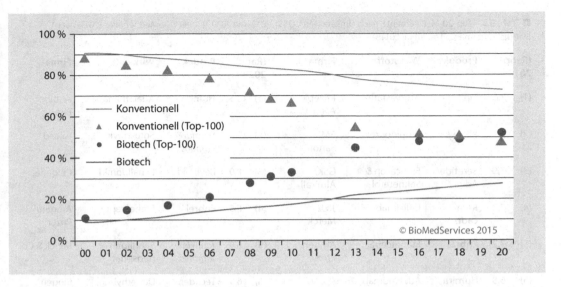

Abb. 3.5 Anteil konventioneller und Biotech-Medikamente am Pharmazeutika-Umsatz. Erstellt nach Daten von Eva-luatePharma (2009, 2010, 2015b)

prognostiziert dieselbe Quelle einen Anteil von 27 %, was knapp 300 Mrd. US$ entspräche (100 %: über 1 Billion US$).

Betrachtet man lediglich die Stellung innerhalb der Top-100-Produkte gemäß Umsatz, so wird der Biologika-Anteil im Jahr 2016 gleichauf mit demjenigen der konventionellen Wirkstoffe liegen und 2020 mit 52 % diesen (48 %) bereits überschreiten (**Abb. 3.5**). Innerhalb der Top-20-Medikamente nach Umsatz werden es die Biologika im Jahr 2020 sogar auf einen Anteil von 64 % bringen. Und rechnet man die Biopharmazeutika i. w. S. (Peptid- und Nukleotidanaloga) mit ein, werden 78 % erreicht. Schon bei 71 % liegt aktuell der Anteil der Biotech-Medikamente innerhalb der zehn umsatzstärksten Arzneimittel, gestiegen von 7 % im Jahr 2001! Mit einem Anteil von weniger als einem Viertel wird daher die Bedeutung der konventionellen Wirkstoffe unter den Top-Medikamenten schwinden. Dies trifft nicht nur für den Umsatz, sondern auch für die Anzahl zu: 2020 werden sich unter den 20 umsatzstärksten Arzneimitteln lediglich noch fünf nicht-biologische Wirkstoffe befinden (**Tab. 3.5**). Drei davon (Tecfidera, Revlimid, Imbruvica) stammen von US-Biotech-Firmen, und sie wurden zum Teil zielgenau designt oder der Krankheitsbiologie entsprechend entwickelt.

Gegenuber der Situation im Jahr 2010 wird sich also die Stellung der Biotech- im Vergleich zu den konventionellen Top-20-Medikamenten in einem Zehn-Jahres-Zeitraum noch einmal deutlich verstärken. Damals lag deren Anteil gemessen am Umsatz und an der Anzahl noch bei 57 und 55 %. Bemerkenswert ist, dass sich alle elf nicht-biologischen Wirkstoffe aus 2010 im Jahr 2020 nicht mehr unter den Top-20 befinden werden (**Tab. 3.5**). Der frühere Blockbuster Lipitor von Pfizer, ein Statin, das als Cholesterinsenker jahrelang das bestverkaufte Arzneimittel überhaupt gewesen ist, hat nach dem Patentablauf im Jahr 2011 massiv an Umsatz verloren (2011: 10,8, 2012: 4,8 und 2013: 2,9 Mrd. US$).

Dagegen hat sich der therapeutische Antikörper Humira von Rang 6 im Jahr 2010, über Rang 3 im Jahr 2011 mit einem Umsatz von 9,3 Mrd. US$ im Jahr 2012 an die Spitze der Rangliste gesetzt (**Tab. 3.6**). Diesen Platz hat das Medikament im Jahr 2014 verteidigt beziehungsweise mit einem Zuwachs von 34 % auf 12,5 Mrd. US$ Umsatz sogar noch gefestigt. Interessanterweise wurde dem neuartigen Arzneimittel ein derartiger Erfolg anfangs gar nicht zugemutet wie Lorenz (2002) beschreibt (► Umsatzprognosen für Humira lagen vor der Markteinführung bei weit unter 1 Mrd. US$).

Die Indikation rheumatoide Arthritis wird auch von den Top-Sellern Nummer 2 und 3 bedient: dem Fusionsprotein Enbrel und dem nicht vollhumanen

3

◘ Tab. 3.5 Top-20-Medikamente nach Umsatz (Mrd. US$), 2010 und 2020. (Quelle: BioMedServices (2015) nach EvaluatePharma (2012a, 2014a, 2014b))

(Rang) 2010	Produkt	Wirkstoff	Firma	(Rang) 2020	Produkt	Wirkstoff	Firma
(1) 12,0	Lipitor	Atorvastatin	Pfizer/ Astellas	(1) 13,5	**Humira**	Adalimumab	AbbVie/ Eisai
(2) 9,1	Plavix	Clopidogrel	BMS/ Sanofi	(2) 12,5	*Sovaldi & Kombos*	Sofosbuvir	Gilead
(3) 7,9	Seretide/ Advair	Fluticason & Salmeterol	GSK/ Almirall	(3) 8,0	Revlimid	Lenalidomid	Celgene
(4) 7,3	**Remi-cade**	Infliximab	J&J/ Merck	(4) 8,6	**Enbrel**	Etanercept	Amgen/ Pfizer
(5) 7,2	**Enbrel**	Etanercept	Amgen/ Pfizer	(5) 6,9	*Januvia/ Janumet*	Sitagliptin-phosphat	Merck & Co.
(6) 6,5	**Humira**	Adalimumab	AbbVie/ Eisai	(6) 6,5	Tecfidera	Dimethyl-fumarat	Biogen
(7) 6,2	**Avastin**	Bevacizumab	Roche	(7) 6,5	**Opdivo**	Nivolumab	BMS/Ono
(8) 6,1	Diovan	Valsartan	Novartis	(8) 6,4	Xarelto	Rivaroxaban	Bayer/J&J
(9) 6,1	**Rituxan**	Rituximab	Roche	(9) 6,3	**Avastin**	Bevacizumab	Roche
(10) 5,7	Crestor	Rosuvastatin	AZ/ Chiesi	(10) 6,1	**Prevnar 13**	Pneumo-kokkenvakzin	Pfizer
(11) 5,6	Seroquel	Quetiapin	AZ/ Astellas	(11) 5,9	**Remi-cade**	Infliximab	J&J/Merck & Co
(12) 5,4	Singulair	Montelukast	Merck	(12) 5,9	**Eylea**	Aflibercept	Regeneron/ Bayer
(13) 5,2	**Herceptin**	Trastuzumab	Roche	(13) 5,8	**Soliris**	Eculizumab	Alexion
(14) 5,0	Zyprexa	Olanzapin	Lilly	(14) 5,7	**Lantus**	Insulin glargin	Sanofi
(15) 5,0	Nexium	Esomeprazol-Magnesium	AZ	(15) 5,5	**Rituxan**	Rituximab	Roche
(16) 4,7	Lantus	Insulin glargin	Sanofi	(16) 5,5	Xtandi	Enzalutamid	Astellas
(17) 4,6	Abilify	Aripiprazol	Otsuka/ BMS	(17) 5,3	**Herceptin**	Trastuzumab	Roche
(18) 4,5	**Epogen/ Procrit**	Epoetin alfa	Amgen/ J&J	(18) 5,1	Imbru-vica	Ibrutinib	Pharma-cyclics/J&J
(19) 4,6	Actos	Pioglitazon-hydrochlorid	Takeda/ Abbott	(19) 4,9	**Kadcyla**	Ado-Trastuzumab	Roche
(20) 4,3	Glivec	Imatinib-Mesylat	Novartis	(20) 4,7	*Stribild*	Mischung[a]	Gilead

Stand: Ende 2014; Biologika in Fettdruck, Biopharmazeutika i.w.S. in Kursivschrift, 2020 nicht mehr in Top-20 vertreten: durchkreuzt; AZ: AstraZeneca, BMS Bristol-Myers Squibb; [a]aus Cobicistat, Elvitegravir, Emtricitabin und Tenofovir-Disoproxilfumarat

Umsatzprognosen für Humira lagen vor der Markteinführung bei weit unter 1 Mrd. US$

»Adalimumab (D2E7), a human monoclonal antibody that binds to and neutralizes TNFa, is being developed by Abbott (formerly Knoll), under license from Cambridge Antibody Technology (CAT), for the potential treatment of inflammatory disorders such as rheumatoid arthritis (RA) and Crohn's disease. It is also being investigated for the potential treatment of coronary heart disease. Phase II studies for Crohn's disease and phase III for RA were ongoing throughout 2001. Limited data are only available for RA. In January 2002, it was reported that phase III trials of adalimumab for RA had been completed, but details have not been published in the primary literature so far. At this time CAT and Abbott expected to file for US approval in the second quarter of 2002 with a launch date anticipated for 2003. Phase III data are expected to be presented at the European League Against Rheumatism meeting in June 2002. In November 2000, Lehman Brothers predicted a US launch in June 2002 with peak US sales of $600 million in 2007 and a launch in non-US markets in 2003 with peak sales in these markets of $300 million in 2008. In December 2000, Merrill Lynch predicted regulatory clearance in the second half of 2003. The probability of adalimumab reaching the market is estimated to be 70 %. In December 2000, Merrill Lynch predicted a 2003 launch, with estimated sales of pounds sterling 3.65 million in that year rising to pounds sterling 30.14 million in 2010. In March 2001, ABN AMRO predicted sales of $73 million in 2003 rising to $392 million in 2007« (Lorenz 2002).

Studie zur Erwerbstätigkeit von Rheumakranken: Rheumapatienten bleiben immer länger im Beruf

»Rheumapatienten bleiben heute häufiger und länger beruflich aktiv als noch vor 10 bis 15 Jahren. Die Arbeitsunfähigkeitsdauer und die Zahl der Erwerbsminderungsrenten gingen bei Menschen mit chronisch-entzündlichen Gelenkerkrankungen seit 1997 stetig zurück. … Von 1997 bis 2011 nahmen Arbeitsunfähig-keitsepisoden bei Patienten mit rheumatoider Arthritis um 32 Prozent ab, die mittlere Arbeitsunfähigkeitsdauer sank pro Patient um 42 Prozent und bei allen Beschäftigten mit einer rheumatoiden Arthritis sogar um 63 Prozent. Dagegen war die mittlere Arbeitsunfähigkeitsdauer bei allen GKV-Pflichtversicherten im Jahr 2011 nur um drei Prozent gegenüber 1997 reduziert. Ähnlich positiv ist die Entwicklung bei der Zahl der Erwerbsminderungsrenten. Laut der Studie sind gegenüber 1997 Patienten mit rheumatoider Arthritis im Jahr 2011 um drei bis acht Prozent seltener berentet worden« (Hillienhof 2014).

Antikörper Remicade (◘ Tab. 3.6). Alle drei Medikamente zielen auf den Botenstoff Tumornekrosefaktor-alfa (TNF-α), dessen Überproduktion eine zentrale Rolle bei einer Reihe von Autoimmunerkrankungen spielt. Bestimmte Abwehrzellen im Körper schütten TNF aus, was Entzündungsreaktionen verstärkt, indem andere Immunzellen aktiviert werden, die zusätzliche Botenstoffe wie Interleukine produzieren. Betroffene Patienten sind in ihrem alltäglichen Leben oft sehr eingeschränkt, wogegen die neuartigen Medikamente aber sehr helfen wie ein Artikel im *Deutschen Ärzteblatt* aufzeigt (▸ Studie zur Erwerbstätigkeit von Rheumakranken: Rheumapatienten bleiben immer länger im Beruf).

Seit dem Jahr 2000 hat sich laut EvaluatePharma (2015b) der weltweite Umsatz mit Biotech-Medikamenten von 28 auf 181 Mrd. US$ im Jahr 2014 erhöht, was einem Zuwachs von über 500 % beziehungsweise einer mehr als Versechsfachung

entspricht (◘ Abb. 3.6). Die durchschnittliche jährliche Wachstumsrate (im Englischen *compound annual growth rate*, CAGR) betrug von 2000 bis 2014 gut 14 %. In den nächsten fünf Jahren wird sich das Wachstum etwas abflachen, erreicht aber immer noch 8 % jährlich. In denselben 15 Jahren nahm der Verkauf der konventionellen Arzneimittel lediglich um 96 % zu, was knapp einer Verdopplung gleichkommt. Die CAGR betrug hier in den letzten 15 Jahren rund 5 % und soll bis 2020 auf 3,5 % sinken.

3.1.1.2 Weitere Biopharmazeutika stehen in der Schlange

Untersuchungen zur (bio-)pharmazeutischen Industrie zählten für das Jahr 2011 (PhRMA 2013) beziehungsweise 2012 (Evens 2013) rund 900 in der klinischen Entwicklung befindliche Biotech-Wirkstoffe inklusive Vakzine. Knapp die Hälfte (429) davon entfiel auf die 21 größten Pharma-Konzerne.

Tab. 3.6 Top-20-Medikamente nach Umsatz im Jahr 2014 und Vergleich mit Vorjahren. (Quelle: BioMedServices 2015)

	Produkt	Wirkstoff	Wirkprinzip	Indikation	Firma	Umsatz (Mrd. US$)									Launch
						2010	±%	2011	±%	2012	±%	2013	±%	2014	
1	Humira	Adalimumab	Anti-TNF-AK	RA	AbbVie	6,5	+21	7,9	+17	9,3	+15	10,7	+18	12,5	2002
2	Sovaldi	Sofosbuvir	RNA-Polymerase-Inhibitor	Hepatitis C	Gilead	–	–	–	–	–	–	0,14	–	10,3	2013
3	Remicade	Infliximab	Anti-TNF-AK	RA	J&J Merck	7,3	+11	8,2	+1	8,2	+9	8,9	+3	9,2	1998
4	Enbrel	Etanercept	Anti-TNF-Fusionsprotein	RA	Amgen Pfizer	7,2	+9	7,9	+8	8,5	+3	8,8	–3	8,5	1998
5	Lantus	Insulin glargin	Insulin	Diabetes	Sanofi	4,7	+13	5,2	+22	6,4	+19	7,6	+11	8,4	2000
6	Rituxan	Rituximab	Anti-CD20-AK	NHL	Roche	6,1	+11	6,8	+5	7,2	+5	7,5	+1	7,6	1997
7	Avastin	Bevacizumab	Anti-VEGF-AK	Darmkrebs	Roche	6,2	–3	6,0	+3	6,1	+10	6,7	+4	7,0	2004
8	Seretide/Advair	Fluticason & Salmeterol	Beta-2-Adreno-rezeptor-Agonist & Corticosteroid	Asthma	GSK	7,9	+0	7,9	+1	8,0	+3	8,3	–16	7,0	1998
9	Herceptin	Trastuzumab	Anti-HER2-AK	Brustkrebs	Roche	5,2	+14	6,0	+6	6,3	+4	6,6	+5	6,9	1998
10	Crestor	Rosuvastatin	HMG-CoA-Reduktase-Inhibitor	Cholesterinsenker	AZ	5,7	+16	6,6	–6	6,3	–10	5,6	+4	5,9	2003
11	Abilify	Aripiprazol	5-HT1A- & D2-partieller Agonist & 5-HT2-Antagonist	Psychopharmaka	Otsuka BMS	4,6	+14	5,2	+2	5,3	+4	5,5	–4	5,3	2002
12	Lyrica	Pregabalin	Alpha-2-delta-Ligand	Schmerz	Pfizer Eisai	3,1	+21	3,7	+13	4,2	+11	4,6	+12	5,2	2005
13	Revlimid	Lenalidomid	Immunmodulator	Multiples Myelom	Celgene	2,5	+30	3,2	+17	3,8	+14	4,3	+16	5,0	2006
14	Glivec	Imatinib-Mesylat	Tyrosinkinase-Inhibitor	Blutkrebs (CML)	Novartis	4,3	+9	4,7	+0	4,7	+0	4,7	+1	4,7	2001

3

◘ Tab. 3.6 Fortsetzung

Produkt	Wirkstoff	Wirkprinzip	Indikation	Firma	Umsatz (Mrd. US$)									Launch
					2010	±%	2011	±%	2012	±%	2013	±%	2014	
15 **Neulasta**	Pegfilgrastim	Granulozyten-Kolonie-stimulierender Faktor	Neutropenie	Amgen	3,6	+1	4,0	+4	4,1	+7	4,4	+5	4,6	2002
16 **Lucentis**	Ranibizumab	Anti-VEGF-AK	AMD	Novartis Roche	2,9	+29	3,8	+4	3,9	+7	4,2	+2	4,3	2006
17 *Copaxone*	Glatirameracetat	Immunmodulator	Multiple Sklerose	Teva	3,3	+7	3,5	+12	4,0	+7	4,3	−2	4,2	1997
18 *Januvia*	Sitagliptinphosphat	Dipeptidylpeptidase-IV-Inhibitor	Diabetes	Merck	2,4	+39	3,3	+23	4,1	−2	4,0	−2	3,9	2006
19 **Symbicort**	Budesonid & Formoterol	Glukocorticoid-Rezeptor-Agonist	Asthma, COPD	AZ	2,7	+15	3,1	+1	3,2	+9	3,5	+9	3,8	2006
20 *Nexium*	Esomeprazol-Magnesium	Protonenpumpenhemmer	Sodbrennen	AZ Daiichi	5,0	−1	4,4	−11	3,9	−2	3,9	−6	3,7	2001

Umrechnung in US$ mit Ø-Jahreskursen; Biologika in Fettdruck, Biopharmazeutika i. w. S. in Kursivschrift
AK Antikörper, *AMD* altersbedingte Makuladegeneration, *AZ* AstraZeneca, *BMS* Bristol-Myers Squibb *COPD* chronisch obstruktive Lungenerkrankung, *GSK* GlaxoSmithKline, *NHL* Non-Hodgkin-Lymphom, *RA* rheumatoide Arthritis, *TNF* Tumornekrosefaktor

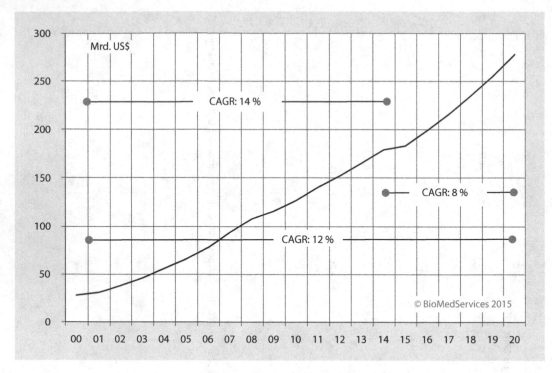

□ Abb. 3.6   Weltweiter Umsatz mit Biopharmazeutika, 2000 bis 2020. Erstellt nach Daten von EvaluatePharma (2009, 2010, 2015b)

Die Daten stammen von dem US-amerikanischen Verband Pharmaceutical Research and Manufacturers of America (PhRMA), der auch einige europäische und japanische Pharma-Konzerne zum Mitglied hat. Insofern sind die Angaben global zu sehen, wobei bei der Zahl der Biologika in der Pipeline die europäischen Firmen die Nase vorne haben: Roche (51), GlaxoSmithKline (50), Novartis (44) und Sanofi (40) (Silverman 2013). Eine andere Studie (Long und Works 2013) gibt mindestens 577 Projekte an, die auf *breakthrough scientific strategies* beruhen. Dazu zählen: *antisense*, Zell- und Gentherapie sowie rekombinante Antikörper. Diese sind eine Teilmenge einer Gesamtzahl von gut 5000 Wirkstoffen in der klinischen US-Pipeline. Die Biologika stellen also einen Anteil von 10 bis 20 %.

Evens (2013) zieht auch einen Vergleich zum Jahr 2001, in dem sich 355 Biopharmazeutika im Entwicklungsportfolio der Pharma- und Biotech-Unternehmen befanden. In einem Zeitraum von gut zehn Jahren wuchs deren Zahl also um 155 % (□ Abb. 3.7). Deutlich angestiegen – mit einem

Faktor von 4,5 – ist dabei die Anzahl der therapeutischen Antikörper (von 75 auf 338). Ähnlich stark hat die Zelltherapie zugenommen. Auch die Zahl der gentherapeutischen Ansätze sowie von RNS-Wirkstoffen stieg um mehr als das Dreifache. Ein Großteil der Projekte befindet sich allerdings noch nicht in der sogenannten pivotalen Phase (□ Abb. 3.7).

Das sind diejenigen Studien, auf deren Basis die regulatorischen Behörden eine Entscheidung zur Marktzulassung fällen. 184 der 907 identifizierten Biotech-Medikamente in der Pipeline (20 %) befanden sich 2012 in Phase III. Gut 50 % durchliefen die Phase II oder kombinierte Phase-I/II-Studien. Bei letzteren wird direkt an Patienten (und nicht wie sonst bei gesunden Probanden) Toxizität und Dosierung untersucht. Die Phase I findet am Menschen erst nach anderen ausführlichen Tests in Zellkulturen und Tierversuchen statt.

Da die zu testenden Wirkstoffe für verschiedene Indikationen, das heißt Krankheitsgebiete, geprüft werden können, lag die Zahl der klinischen

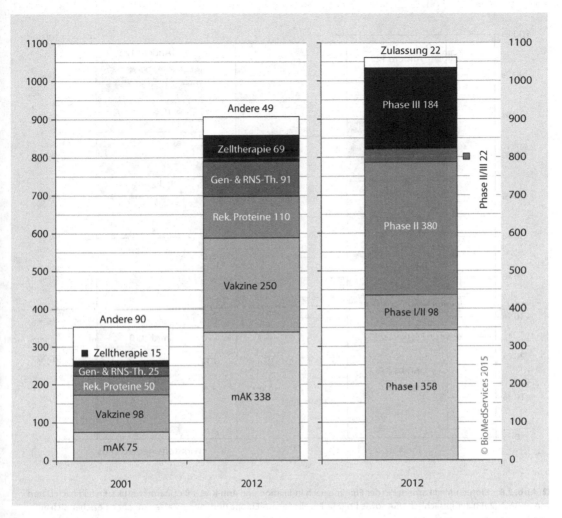

Abb. 3.7 Biotech-Medikamente in der Pipeline nach Art und Phase. Nach Art: beide *linke* Säulen im Jahresvergleich, nach Phase: *rechte* Säule. Erstellt nach Daten von Evens (2013) und PhRMA (2013), hauptsächlich USA sowie PhRMA-Mitglieder aus Europa und Japan. Die Summe der Anzahl in den jeweiligen Phasen ergibt mehr als 907, da Wirkstoffe in mehreren Phasen getestet werden können. *mAK* monoklonale Antikörper, *Rek.* rekombinante, *Th.* Therapeutika

Entwicklungsprojekte im Jahr 2011 mit knapp über 1000 geringfügig höher (PhRMA 2013). Die Indikation Krebs nimmt mit 34 % den weitaus größten Anteil ein (■ Abb. 3.8), gefolgt von Pipeline-Projekten zur Bekämpfung von Infektionen (17 %). Andere Krankheitsgebiete sind jeweils unter 10 % Anteil vertreten. Innerhalb der in Entwicklung befindlichen onkologischen Biopharmazeutika weisen die therapeutischen Antikörper die größte Bedeutung auf (Anteil 50 %). Einen interessanten Ansatz bieten mittlerweile auch die Gentherapie (► Abschn. 3.1.2.2) sowie Medikamente basierend

auf RNS-Wirkstoffen (inklusive *antisense*). Gerade in der Krebstherapie stellen die modernen Biopharmazeutika eine wichtige Quelle für die neuartigen gezielten Ansätze dar.

Wie bereits erwähnt, unterscheiden die klassischen Chemotherapeutika nicht zwischen kranken und gesunden Zellen (daher z. B. die vielen Nebenwirkungen, unter anderem Haarausfall). Die Biologika und gezielt designte kleine chemische Moleküle zielen dagegen spezifisch auf bestimmte Merkmale, Signal- und Stoffwechselwege der Tumoren. Diese *targeted therapies* machen mitt-

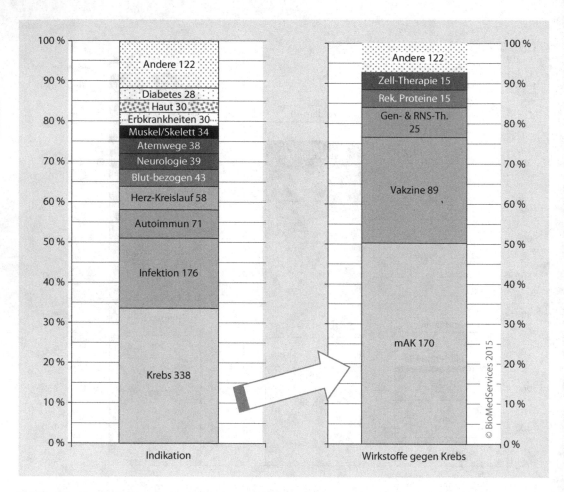

Abb. 3.8 Biotech-Medikamente in der Pipeline nach Indikation und Anti-Krebs-Biopharmazeutika. Erstellt nach Daten von PhRMA (2013), hauptsächlich USA sowie PhRMA-Mitglieder aus Europa und Japan; Zahlenangaben beziehen sich auf absolute Anzahl

lerweile in der biopharmazeutischen Industrie mit jeweils über 60 % in allen Entwicklungsphasen die Mehrheit aus (EY 2014).

Im Gegensatz zu den Angaben von PhRMA, der vor allem Pharma-Konzerne und größere börsennotierte US-Biotech-Gesellschaften repräsentiert, fokussiert sich EY (2014) auf die Biotech-Firmen und schließt auch die Daten der privaten Unternehmen in die Analyse ein. So kamen 2013 alle US-Biotech-Firmen auf 5634 Pipeline-Projekte. Davon entfiel in etwa jeweils rund die Hälfte auf präklinische sowie klinische Phasen. *Hotspots* sind die Regionen New England (Region Boston), San Francisco Bay Area und San Diego. Dabei finden sich in der Region San Francisco mehr reifere Firmen,

die die größte Phase-II- und -III-Pipeline haben. In Boston dominieren dagegen Unternehmen mit größerem Fokus noch auf Präklinik und Phase I. Entsprechend gibt es hier die meisten Startups. Alle drei Regionen vereinen auf sich fast die Hälfte der gut 5600 Projekte. Diese verteilen sich wie folgt auf verschiedene Indikationsbereiche:

- 37 % Onkologie,
- 13 % Neurologie,
- 12 % Infektionskrankheiten,
- je 6 % Autoimmun-, Kardiovaskular- sowie Stoffwechsel- und endokrinologische Erkrankungen,
- 4 % Atemwegserkrankungen und
- 16 % andere Erkrankungen.

Für 2013 stellt EY (2014) auch Angaben zu europäischen Biotech-Firmen bereit, die 2743 Medikamentenkandidaten in präklinischen und klinischen Phasen testeten. Auch hier lag die Verteilung grob bei 50:50. In der Phase III befanden sich 184 Kandidaten, wobei fast jeweils 20 % Firmen aus Großbritannien, Frankreich und der Schweiz beisteuerten. Zusammen mit denjenigen aus Deutschland und Israel (wird bei EY zu Europa gezählt) stellen diese Länder annähernd 60 % der gesamten europäischen Pipeline (nur Biotech-KMU).

Eine Studie des Datendienstes EvaluatePharma (EvaluatePharma 2012b) analysierte zudem ausschließlich die Pipeline der im NASDAQ-Biotechnology-Index (NBI) gelisteten Firmen. Basis der Studie waren rund 100 Biotech- und Spezialpharma-, aber keine größeren Pharma-Firmen. Aus der Analyse der NBI-Firmen wird klar, dass der Anteil der Biologika in deren Pipeline sehr viel größer ist als derjenige der bereits auf dem Markt befindlichen Medikamente, nämlich 42 % (58 % *small molecules*) versus 8 % (92 % *small molecules*). Damit liegt der Biopharmazeutika-Anteil bei diesen Firmen mehr als doppelt so hoch wie bei den Entwicklungsportfolios der PhRMA-Mitglieder (inklusive Pharma-Konzerne). Bei den NBI-Gesellschaften wurden für Mai 2012 insgesamt knapp 700 klinische und über 600 präklinische beziehungsweise Forschungsprojekte sowie 34 Medikamenten-Zulassungsanträge gezählt. Die klinischen Projekte teilten sich auf in: 259 Phase I, 285 Phase II und 152 Phase III. Die Studie weist aber auch ausdrücklich darauf hin, dass die Firmen im NASDAQ-Biotechnology-Index nicht nur auf Biologika setzen:

» Companies that focus primarily on biologics make up only 30 % of the index. It is a common misconception when referring to the biotech sector, that 'biotech' implies R&D companies working on biologic therapeutics. In practice, most drug companies identified as 'biotech' actually work on traditional, small molecule approaches to medicine. (EvaluatePharma 2012b)

Auch bei dieser Analyse dominiert die Indikation Krebs:

» Oncology and immunomodulator drugs dominate the collective pipeline, accounting for nearly 40 % of the over 1500 R&D candidates, pushing CNS and anti-infectives, which top the marketed list, into distant second and third place. This reflects the growing prevalence and earlier detection of cancer as well as an advancing scientific understanding of the mechanisms behind this complex, diverse disease. (EvaluatePharma 2012b)

Bei 100 NBI-Firmen bedeuten 152 Phase-III- und 285 Phase-II-Projekte rund 1,5 Projekte in Phase III sowie knapp drei in Phase II pro Unternehmen. In der pivotalen Phase reduzieren sich die Projekte also fast um die Hälfte.

» Phase II is a critical juncture in development before expensive Phase III trials begin and where many compounds may fail. An example of the large attrition rate can be seen by looking at the NBI pipeline, where the number of Phase III candidates drops by over 47 %; however, those late-stage programs are still expected to represent more than $11 billion in sales by 2018. (EvaluatePharma 2012b)

Der Branchenjargon bezeichnet diesen Rückgang als Ausfallrate oder im Englischen *attrition rate*. Dieses ist eine sehr spezifische Eigenheit der (bio-)pharmazeutischen Industrie, die in anderen Branchen nicht so ausgeprägt auftritt. Den besonderen Herausforderungen bei der Entwicklung von Medikamenten widmet sich daher der nachfolgende Exkurs.

3.1.1.3 Exkurs: Medikamenten-Entwicklung ist hochriskant, dauert lange und kostet entsprechend viel

Ein Medikament auf den Markt zu bringen, ist ein sehr langer, risikoreicher und teurer Prozess (◘ Abb. 3.9). Es gibt eigentlich kein anderes Produkt, das derart komplex in der Entwicklung ist, insbesondere wegen umfangreicher Testungen am Menschen sowie einer sehr strengen Marktzulassungsprüfung. Der Prozess teilt sich grob in vier Phasen auf: Forschung, Entwicklung, Zulassung sowie Markteinführung/Vermarktung.

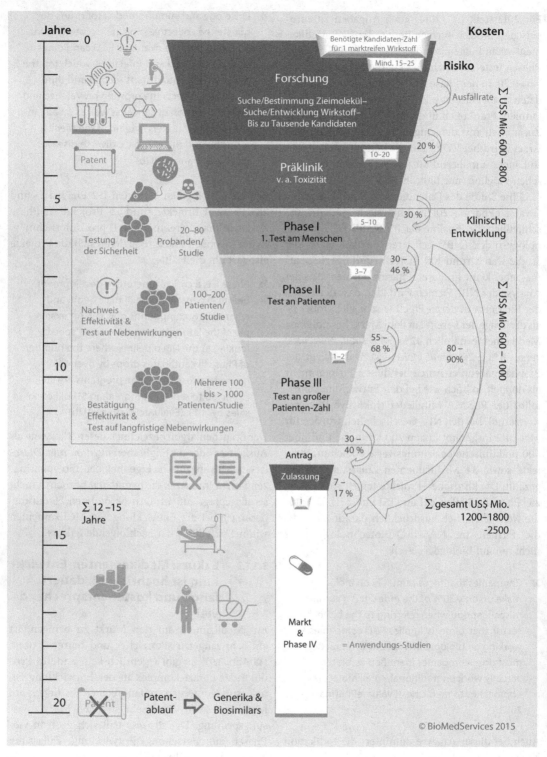

Abb. 3.9   Schritte, um ein neues Medikament auf den Markt zu bringen. Erstellt nach Daten von ICON Clinical Research (Briggs 2011) und Paul et al. (2010) unter Verwendung lizenzfreier Symbole von flaticon. Ergänzend Ausfallraten nach Getz und Kaitin (2015), Hay et al. (2014). Kosten unter Berücksichtigung der Ausfallrate und Kapitalkosten

- Forschung:
  - Bestimmung Zielmolekül (Wirkort/Wirkmechanismus)
  - Wirkstoffsynthese (Chemo- oder Biosynthese) inklusive Substanzoptimierung
- Entwicklung:
  - Präklinik:
    - Tests potenzieller Wirkstoffe im Reagenzglas, an Bakterien, Zell- und Gewebekulturen, isolierten Organen (Wirksamkeit, Toxizität, Pharmakokinetik)
    - Tests am Gesamtorganismus Tier (mindestens zwei bis drei Tierarten)
    - Entwicklung geeigneter Darreichungsformen (Galenik)
    - Wirkstoffherstellung
  - Klinik:
    - Phase I (PI): Verträglichkeitstests mit gesunden Probanden (Aufnahme – Verteilung – Umwandlung – Ausscheidung = *absorption – distribution – metabolism – excretion*, ADME), Ermittlung von Nebenwirkungen und Dosierungen, Wirkstoffherstellung in größeren Mengen
    - Phase II (PII): Wirksamkeitstests an kleinerer Zahl ausgewählter Patienten, Bestätigung der Wirksamkeit(shypothese) = *proof of concept* (POC), weitere Ermittlung von Nebenwirkungen und Bestimmung der optimalen Dosierung
    - Phase III (PIII): Erprobung an vielen Patienten (Wirksamkeit, Verträglichkeit und mögliche Wechselwirkungen mit anderen Medikamenten bei vielen unterschiedlichen Patienten), Wirkstoffproduktion für die Einführung
- Zulassung (Zul.):
  - Erstellung und Einreichung eines Zulassungsdossiers auf Basis der Entwicklungsdaten
  - Prüfung der Unterlagen und Marktzulassung oder -Ablehnung durch Zulassungsbehörde
- Markteinführung/Vermarktung:

- Phase-IV-Studien: nach Bedarf weitere, gezielte klinische Prüfungen
- Überwachung des Medikamentes in der medizinischen Praxis: Erfassung und Auswertung von Nebenwirkungen (Pharmakovigilanz)
- Je nach Absatzmarkt Kosten-Nutzen-Berechnungen als Basis für Preisverhandlungen und Erstattungsregulierungen (Erstellung eines weiteren Dossiers)
- Systematische und nachhaltige Stakeholder-Kommunikation

Bei diesem Prozess spielen folgende Herausforderungen eine große Rolle: die Dauer, das Risiko und die damit verbundenen Kosten, die zusätzlich zu den eigentlichen Forschungs- und Entwicklungsausgaben anfallen. Dazu kommen strenge gesetzliche Regulierungen, die die Markteinführung sowie Vermarktung vergleichsweise »dornig« gestalten.

Dauer der Medikamenten-Entwicklung

Von der Idee beziehungsweise Konzeption vergehen zwölf bis 15 Jahre, bis ein neues Arzneimittel den Markt erreicht (◘ Abb. 3.9). Etwa die ersten fünf Jahre entfallen auf die Forschung und Präklinik, die klinische Prüfung nimmt weitere fünf bis acht Jahre in Anspruch und die Zulassung ein bis zwei Jahre. Dabei variiert die benötigte Zeit in Abhängigkeit von der Indikation für die ein Wirkstoff entwickelt wird (◘ Tab. 3.7). Am meisten Zeit ist für Erkrankungen des Nervensystems sowie für Krebs einzuplanen.

In dem Zeitraum, in dem sich die erste Welle an Biotech-Firmen in den USA gründete, also in den 1970er- und 1980er-Jahren, lag die durchschnittliche Dauer der klinischen Prüfphase noch bei vier bis fünf Jahren (◘ Abb. 3.10). Seitdem steigt sie kontinuierlich an, was auf verschiedenen Gründen beruht.

So gibt es noch viel Ineffizienz im operativen Ablauf, ein sehr großer Beitrag kommt allerdings von Problemen beim Rekrutieren von Freiwilligen für die Phase-I-Prüfungen und deren Dabeibleiben. Infolgedessen fällt der Zeitraum für den Einschluss von Patienten oft doppelt so lang aus wie geplant

◘ Tab. 3.7 Durchschnittliche Dauer (Jahre) von klinischer und Zulassungsphase nach Indikation. (Quelle: Mestre-Ferrandiz et al. (2012) nach Kaitin und DiMasi (2011))

Indika-tion	AIDS	Anäs-thesie	Infek-tion	Magen-Darm	Immun-krankheit	Hormon-system	Herz-Kreislauf	Krebs	ZNS
Klinik	4,6	5,3	5,4	5,8	6,4	6,5	6,5	6,9	8,1
Zulassung	0,5	0,8	1,2	2,4	1	1,2	1,3	0,7	1,9
Gesamt	5,1	6,1	6,6	8,2	7,4	7,7	7,8	7,6	10

Angaben für alle von der FDA zugelassenen NME im Zeitraum von 2005 bis 2009
ZNS Zentralnervensystem

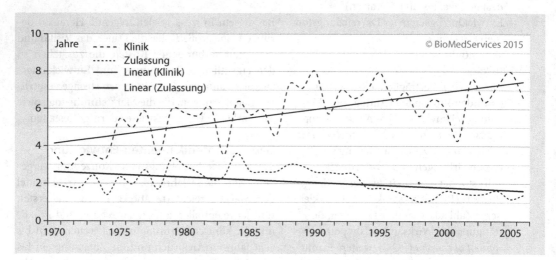

◘ Abb. 3.10 Veränderung der durchschnittlichen Dauer von klinischer und Zulassungsphase bei der Medikamenten-Entwicklung. Erstellt nach Daten von DiMasi (2008) zu FDA-NME-Zulassungen, keine aktuellen Zahlen vorhanden

(Getz und Kaitin 2015). Dieselben Autoren geben auch eine Erklärung zu den Hintergründen ab:

» It is estimated that one of every 200 people in the United States would need to participate in clinical trials at the present time if the clinical research portfolio were to be successfully completed. The failure of the drug development enterprise since the 1990s to elicit support and commitment from the public and patient communities and to engage them as partners in the clinical research process plays an instrumental role in challenging recruitment and retention effectiveness. National and international public opinion polls show that public confidence and trust in the clinical research enterprise has eroded during that time period. A more recent public poll conducted by the Kaiser Family Foundation, for example, has shown that the public has a strongly unfavorable view of pharmaceutical and biotechnology companies, with more than one fourth of respondents saying that they do not trust pharmaceutical and biotechnology companies to offer reliable information about drug side effects and safety and nearly half saying that they do not trust research sponsors to inform the public quickly when safety concerns about a drug are discovered. (Getz und Kaitin 2015)

Auch zeigen sich eine erhöhte Komplexität beziehungsweise Anforderungen bei den klinischen Studien. Getz und Kaitin (2015) geben zu der gestiegenen Komplexität folgende Beispiele (jeweils durchschnittliche Zahl in den Jahren 2002 und 2012 aus einem typischen Phase-III-Studienprotokoll):

— Anstieg der Zahl der Studien-Endpunkte von 7 auf 13,
— Anstieg der Zahl der Prozeduren von 106 auf 167,
— Anstieg der Zahl der Patienten-Einschlusskriterien von 31 auf 50,
— Anstieg der Zahl der Studien-Länder von 11 auf 34,
— Anstieg der Zahl der Prüfzentren von 124 auf 196,
— Anstieg der Zahl der Datenpunkte pro Patient von 500.000 auf 929.203.

In der Folge wuchs von 2002 bis 2012 zum Beispiel die Zahl an erforderlichen Prozeduren (z. B. Bluttests, Untersuchungen, Röntgen etc.) pro Studienprotokoll in den klinischen Phasen II und III jeweils um 64 und 57 %. Die gesamte Arbeitsbelastung von Beteiligten in den Prüfzentren stieg um 73 und 56 %.

Die Zulassungsdauer ist dagegen von über zwei Jahren in den 1970er- und 1980er-Jahren auf zurzeit etwa 1,5 Jahre gesunken (◘ Abb. 3.10). Wie in ◘ Tab. 3.7 zu erkennen, ist diese wiederum abhängig von der Krankheit, auf die ein Medikament zielt. Bei den Angaben handelt es sich aber um Durchschnittswerte, die von einzelnen Ausreißern stark beeinflusst werden können.

Der neue *Breakthrough*-Status der FDA hat zudem dazu geführt, dass sich Zulassungszeiten zum Teil stark verkürzen: Blincyto, der neue bispezifische Antikörper (Blinatumomab) von Amgen durchlief die FDA-Zulassung in 2,5 Monaten (0,2 Jahre). Ursprünglich von der in Deutschland gegründeten Micromet erforscht und entwickelt, gelangte er 2012 durch eine Firmenübernahme in das Amgen-Portfolio. Die längste Dauer der Zulassungsphase bei Arzneien mit *Breakthrough*-Status betrug jeweils sieben bis acht Monate für Nukleotidanalogon-Wirkstoffe gegen Hepatitis-C-Virus (HCV) (Sovaldi, Harvoni, Viekira Pak). ◘ Tabelle 3.8 gibt Beispiele für Medikamente, die

einen *Breakthrough*-Status erhielten, und vergleicht deren Entwicklungszeiten mit derjenigen einer »beschleunigten« FDA-Zulassung (Kyprolis). Die Krebs-Medikamente Kyprolis, Gazyva und Imbruvica durchliefen gar keine Phase III, hier erfüllte jeweils bereits die Phase II die pivotalen Studien. Pivotal steht für zulassungsrelevant. Bei onkologischen Erkrankungen reicht aufgrund des hohen medizinischen Bedarfs oft eine Phase II mit Wirksamkeitsnachweis aus, oder es werden kombinierte Phase-II/III-Studien durchgeführt.

Risiko bei der Medikamenten-Entwicklung

Die Gesamtwahrscheinlichkeit, ab Phase I für ein neu entwickeltes Medikament die Marktzulassung zu erhalten, liegt bei 10 bis 20 %, ab Forschung/ Präklinik bei rund 5 %. Mit anderen Worten: Die Ausfallrate bei der Medikamenten-Entwicklung beträgt 80 bis 90 %! Wiederum mit anderen Worten: Um ein neues Arzneimittel erfolgreich auf den Markt zu bringen, müssen – statistisch gesehen – zehn bis 20 Wirkstoffkandidaten in der Präklinik, fünf bis zehn in der Phase I, drei bis sieben in der Phase II und ein bis zwei in Phase III geprüft werden (◘ Abb. 3.9). Selbst in Phase-III-Studien beträgt das Ausfallrisiko noch durchschnittlich 50 %. Und auch während der Zulassungsphase besteht die Möglichkeit einer Ablehnung durch die Behörde, die immerhin bei zehn bis gut 20 % liegen kann.

Die Erfolgs- beziehungsweise Ausfallraten in den einzelnen Abschnitten der klinischen Prüfungen variieren je nach Molekülart (◘ Abb. 3.11).

Bei der Gesamtwahrscheinlichkeit bis zum zugelassenen Produkt weisen Biologika höhere Erfolgsraten auf als kleine chemische Moleküle. Zu dieser Erkenntnis kommen Hay et al. (2014) in einer der umfangreichsten Analysen zu Erfolgs-/ Ausfallraten für den Zeitraum 2003 bis 2011: 5820 Phasenübergänge in 7372 klinischen Studien von 4451 Wirkstoffen in 417 Indikationen von 835 Firmen. ◘ Abbildung 3.12 stellt die jeweiligen Raten dar, die pro Phase ein Weiterkommen oder Ausfallen bewirken und unterscheidet dabei wiederum nach der Molekülart. Die Biologika schneiden erneut besser ab als die konventionellen Arzneimittel.

Die Erfolgsraten unterscheiden sich auch je nach Indikation (◘ Abb. 3.13). So ist die Medikamenten-Entwicklung in den Bereichen Onkologie, Herz-

3

◘ Tab. 3.8 Beschleunigung der Zulassung durch neuen FDA-*Breakthrough*-Status. (Quelle: BioMedServices (2015) nach Kling (2014))

Arznei (Wirkstoff, Indikation); Entwickler	2005	2006	2007	2008	2009	2010	2011	2012	2013
Kyprolis (Carfilzomib, Tetrapeptid, Proteasom-Inhibitor bei Myelom); Proteolix (2009: Onyx; 2011: Amgen)	PI		PII piv.				NDA (AA)	Zul.	
Gazyva (Obinutuzumab, CD20-AK bei Blutkrebs); Biogen & Genentech (2009: Roche)			PI		PII piv				BLA/BTD/ Zul.
Imbruvica (Ibrutinib, SM-Kinase-Inhibitor bei Blutkrebs); Pharmacyclics & Janssen Biotech (zu J&J)					PI		PII piv.		BTD/NDA/ Zul.
Sovaldi (Sofosbuvir, Nukleotidanalogon bei Hepatitis C); Gilead						PIIa		PIII	NDA/BTD/ Zul.

Jahr und Käufer in Klammern, falls der Entwickler übernommen wurde; PI, PII und PIII stehen jeweils für den Start der Phase I, II und III
AA accelerated approval, *AK* Antikörper, *BTD* Breakthrough Therapy Designation, *piv.* pivotal, *SM* small molecule, *Zul.* Zulassung

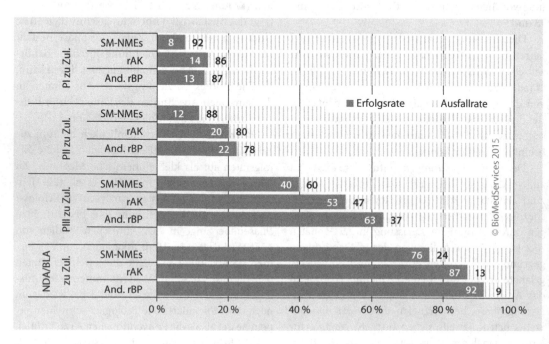

◘ Abb. 3.11 Erfolgsraten bei Klinik und Zulassung, einzelne Phasen bis zur Zulassung nach Wirkstoffart. Erstellt nach Daten von Hay et al. (2014). *SM-NMEs* small molecule new molecular entities, *rAK/rBP* rekombinante Antikörper bzw. Biopharmazeutika, *NDA/BLA* FDA-Antrag auf Zulassung (Zul.)

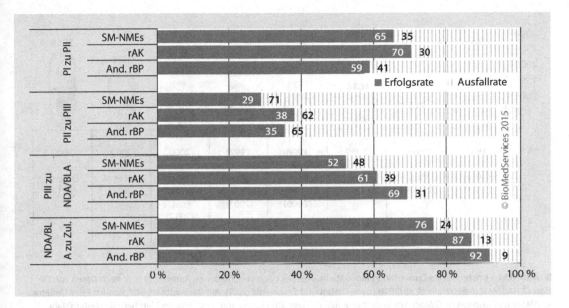

Abb. 3.12 Erfolgsraten bei Klinik und Zulassung, Phase zu Phase nach Wirkstoffart. Erstellt nach Daten von Hay et al. (2014). *SM-NMEs* small molecule new molecular entities, *rAK/rBP* rekombinante Antikörper bzw. Biopharmazeutika, *NDA/BLA* FDA-Antrag auf Zulassung (Zul.)

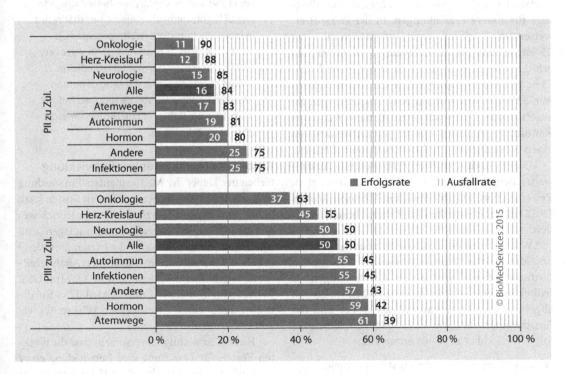

Abb. 3.13 Erfolgsraten bei Klinik und Zulassung, nach Indikation für Phase II und III bis zur Zulassung (Zul.). Erstellt nach Daten von Hay et al. (2014)

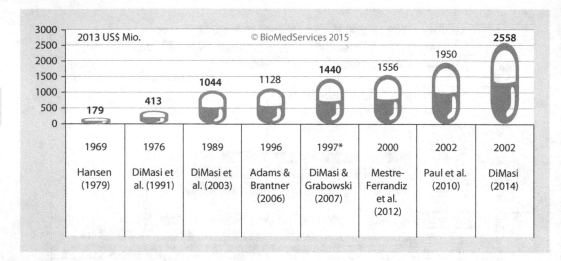

□ **Abb. 3.14**   Kosten für die Entwicklung eines Medikamentes nach verschiedenen Autoren. Erstellt nach Daten von Di-Masi (2014), Mestre-Ferrandiz et al. (2012) sowie DiMasi und Grabowski (2007). Auf Basis vom US GDP Implicit Price Deflator an 2013er US$ angepasst. DiMasi-Angaben mit vergleichbarer Stichprobe und Methodik sind fett hervorgehoben. Jahr (*x-Achse*) bezieht sich auf die Mitte der Untersuchungsperiode. Symbol von freepik, *Angaben für Biopharmazeutika

Kreislauf oder Neurologie risikoreicher als diejenige für andere Erkrankungen. In der Phase II erweisen sich Wirkstoffe gegen Infektionen mit einer 25-%igen Rate bis zur Zulassung zu kommen, am erfolgreichsten. Sie erhöht sich in der Phase III auf 55 %. In dieser pivotalen Studie schaffen es dagegen nur 37 % der Mittel gegen Krebserkrankungen bis zur Zulassung. Statistisch gesehen, müssten also drei Kandidaten in einer Phase III geprüft werden, um einen erfolgreich an den Markt bringen zu können.

Die immerhin noch bei 50 % liegende Ausfallwahrscheinlichkeit bei Phase-III-Produkten hat im Zeitraum von 2006 bis 2011 laut Thomson Reuters (2012) dazu geführt, dass 181 Projekte beendet wurden.

Wie später unter den Kosten noch gezeigt, haben die Erfolgs-/Ausfallraten einen sehr großen Einfluss auf die anfallenden Aufwendungen. Je früher also ein nicht Erfolg versprechendes Projekt abgebrochen werden kann, desto größer sind das Einsparpotenzial sowie die möglichen späteren Erfolge, wie Paul et al. (2010) anmerken:

» ... shifting attrition to early stages of clinical development ... [increases] the overall p(TS) [phase transition] in Phase II and III. ... As the pharmaceutical industry transitions from an

era of ‚me-too' or ‚slightly me-better' drugs to one of highly innovative medicines that result in markedly improved health outcomes, it must ... refocus its resources ... on discovery research and early translational medicine. ... a more complete understanding of human (disease) biology will still be required before many true breakthrough medicines emerge. (Paul et al. 2010)

Kosten der Medikamenten-Entwicklung

Neben der Dauer der Medikamenten-Entwicklung sind seit den 1970er-Jahren auch deren Kosten stark gestiegen. Angaben hierzu schwanken jedoch wegen abweichenden Berechnungsgrundlagen und -methoden. So beziehen sich die letzten drei Werte in □ Abb. 3.14 zwar auf einen ähnlichen Analysezeitraum, liegen aber zwischen 1,5 und 2,5 Mrd. US$. Beträge von größer als 1 oder 2 Mrd. US$ für die Entwicklung eines zugelassenen Wirkstoffes erscheinen immens.

Hierbei ist wichtig zu verstehen, dass die direkten Kosten für Forschung und Entwicklung einer erfolgreichen Substanz lediglich 15 bis 30 % dieser Gesamtkosten betragen. Der Rest sind einerseits Ausgaben für fehlgeschlagene Entwicklungen. Sie schlagen zu Buche, weil aufgrund der zuvor dargestellten Ausfallraten statistisch gesehen ein Projekt eben nicht ausreicht, um einen Wirkstoff erfolgreich zur Zulassung zu führen. Andererseits sind zusätzlich zu den »realen« Kosten Kapitalkosten zu berücksichtigen sowie das ökonomische Theorem des »Zeitwertes des Geldes«.

» Der Zeitwert des Geldes (englisch *time value of money, TVM*) ist ein zentraler Bestandteil der Finanzierungs- und Investitionsrechnung sowie der Finanzmathematik und basiert auf der Verzinsung des Geldes und bedeutet, dass Geld, das man heute besitzt, mehr wert ist als Geld, das man in der Zukunft besitzen wird. … Wenn man heute der Bank einen Betrag Geldes überlässt, wird dieser Betrag in einem Jahr zuzüglich Zinsen zurückgezahlt. Wenn man den gleichen Betrag allerdings erst in einem Jahr erhält, muss man auf die Zinsen verzichten. (Wikipedia, Zeitwert des Geldes)

Wenn ein Unternehmen also heute entscheidet, in die Entwicklung einer Arznei zu investieren, so muss es auf Erträge verzichten, die es erhalten könnte, wenn es den Investitionsbetrag alternativ einer Bank zur Verfügung stellen würde. Volkswirtschaftlich gesehen sind es Opportunitätskosten.

Opportunitätskosten

Kosten (auch Alternativ-/Verzichtskosten oder Schattenpreis) bzw. entgangener Erlös oder Nutzen, die entstehen, wenn vorhandene Möglichkeiten (Opportunitäten) zur Ressourcen-Nutzung nicht wahrgenommen werden.

Diese – wie auch Eigenkapitalkosten – sind keine tatsächlichen Kosten (▶ Finanzmathematik und Investitionsrechnung im Kurzüberblick), sie werden aber vor allem bei Kostenangaben zu größeren und langwierigen Projekten (z. B. auch im Bauwesen) einkalkuliert.

Die Kosten der Medikamenten-Entwicklung umfassen also Folgendes: die tatsächlich angefallenen (direkten) Kosten plus derjenigen der ausgefallenen Kandidaten, zusammen oft als erwartete Kosten bezeichnet. Sie ermitteln sich entweder über die Erfolgsrate (direkte Kosten/Erfolgsrate) oder über die Zahl notwendiger Kandidaten, um einen zur Zulassung zu bringen (direkte Kosten × Kandida-

ten). Dann folgt die »Kapitalisierung«, ein Kostenaufschlag für das genutzte und zeitlich gebundene Kapital.

Berechnungen der Tufts University (Boston), veröffentlicht 1991 bis 2014

Das Center for the Study of Drug Development (CSDD) der Tufts University errechnet seit vielen Jahren Zahlen zu den Kosten der Medikamenten-Entwicklung. Im Jahr 1991 veröffentlicht, betrugen sie auf Basis von 1987er-US-Dollar im Schnitt 231 Mio. US$ (vor Steuern, DiMasi et al. 1991). Datenbasis waren 93 neuartige Eigenentwicklungen von zwölf US-Pharma-Firmen, im Zeitraum 1970 bis 1982 erstmals in klinischen Phasen getestet. Die kapitalisierten Kosten basierten auf ausfalladjustierten direkten Kosten von 114 Mio. US$ (Kapitalzins: 9 %, Entwicklungszeit: 12 Jahre). Die Autoren betonen, dass die Kostenangaben zwar in 1987er-US-Dollar beziffert wurden, sie aber nicht eindeutig diesem Jahr zuzuordnen sind. ☐ Abbildung 3.14 legt daher die Mitte der Untersuchungsperiode (1976) zugrunde, zeigt die Kosten aber in 2013er-US-Dollar (412 Mio. US$). Mitautor der Veröffentlichung von 1991 war Hansen, der bereits 1979 die ersten Zahlen präsentierte. Weitere Tufts-Veröffentlichungen folgten 1992, 1995, 2003, 2004, 2005, 2007 (Morgan et al. 2011) jeweils auf ähnlichem Sample und mit gleicher Berechnungsmethodik. Diese beruht auf folgenden Annahmen und Schritten (DiMasi 2014):

— »Since many compounds fail in testing, phase costs must be weighted by the probability of entering the phase (expected costs) to obtain costs per investigational compound; overall clinical approval success rates used to translate cost per investigational compound to cost per approved compound

— Cost of capital is the expected return required by investors to get them to invest in drug development; Capital Asset Pricing Model (CAPM) applied to data on biopharmaceutical firms over relevant period to determine an industry cost of capital; estimate is based on data on stock market returns and debt-equity ratios for a sample of (bio)pharmaceutical firms

— Used as the discount (interest) rate to capitalize R&D expenditures to marketing approval according to the estimated development timeline«

3

Finanzmathematik und Investitionsrechnung im Kurzüberblick

Beispiel Opportunitätskosten: verlorene Mieteinnahmen

»…ein Unternehmen, das ein Gebäude besitzt und folglich keine Miete für Büroräume zahlt. Bedeutet dies, dass die Kosten für die Büroräume gleich null sind? Während die Manager und der Finanzbuchhalter des Unternehmens diese Kosten als null betrachtet hätten, würde ein Ökonom berücksichtigen, dass das Unternehmen durch die Vermietung der Büroräume an ein anderes Unternehmen Mieteinnahmen erzielen könnte. … Diese verlorenen Mieteinnahmen stellen die Opportunitätskosten der Nutzung der Büroräume dar … und sollten als Teil der ökonomischen Kosten der Geschäftsaktivitäten berücksichtigt werden« (Pindyck und Rubinfeld 2013).

Erläuterung Kapitalkosten

»Kapitalkosten ist ein Begriff der Betriebswirtschaftslehre und beschreibt Kosten, die einem Unternehmen dadurch entstehen, dass es sich für Investitionen Fremdkapital oder Eigenkapital beschafft bzw. einsetzt. In der Praxis bewerten Unternehmen ihre Geschäftstätigkeiten oft danach, ob der erwartete Ertrag ausreicht, um die dafür erforderlichen Kapitalkosten zu decken …« (Wikipedia, Kapitalkosten).

»Fremdkapitalkosten sind die Kosten, die das Unternehmen an ein Kreditinstitut oder einen sonstigen Fremdkapitalgeber bezahlen muss, vor allem also Zinskosten für Kredite oder Anleihen … Diese Kosten sind in der Regel vertraglich geregelt und bekannt. Ihre Höhe und andere Konditionen (Laufzeit, Tilgung etc.) werden zwischen Kapitalanbieter und Kapitalnutzer auf dem Kapitalmarkt verhandelt« (Wikipedia, Kapitalkosten).

»Bei den Eigenkapitalkosten handelt es sich nicht um tatsächliche Kosten, sondern um die erwartete Verteilung von Unternehmensgewinn an die Eigenkapitalgeber, also etwa die Aktionäre einer Aktiengesellschaft. Sie erwarten einen Anteil vom Ertrag des Unternehmens, der üblicherweise als Kapitalrendite oder -zins bezeichnet wird. Das Eigenkapital wird aus dem Jahresüberschuss des Unternehmens nach Steuern bedient. Da die Höhe der Gewinnverteilung schwankt, beanspruchen die Anleger von Eigenkapital häufig einen Risikoaufschlag gegenüber dem möglichen Zins, einer von ihnen nicht getätigten Investition in festverzinsliche Anlagen (Opportunitätskosten). Zudem können Eigenkapitalkosten im Gegensatz zu Fremdkapitalkosten nicht steuerlich

berücksichtigt werden. Diese Punkte führen dazu, dass Eigenkapitalkosten meist höher angesetzt werden als Fremdkapitalkosten. … Die Ermittlung der Eigenkapitalkosten [ist] mithilfe des Capital Asset Pricing Model [CAPM] möglich, das alternative Investitionsmöglichkeiten der Eigenkapitalgeber sowie einen unternehmens[oder branchen-]spezifischen Risikofaktor berücksichtigt« (Wikipedia, Kapitalkosten).

»Wenn ein Unternehmen seinen Fremdkapitalgebern keine angemessene Verzinsung bieten kann, ist es nicht überlebensfähig. Daher muss jedes Unternehmen in seiner Geschäftstätigkeit mindestens die Kapitalkosten erwirtschaften. Kann es die erwünschte Eigenkapitalverzinsung nicht erbringen, gilt es auf dem Kapitalmarkt nicht als konkurrenzfähig. Für Anleger bilden die Kapitalkosten damit die risikogerechte Mindestanforderung für die erwartete Rendite« (Wikipedia, Kapitalkosten).

Formel zur Berechnung von zeitangepassten und kapitalisierten Gesamtkosten bei Großprojekten

Gesamtkosten = heutige (reale) Kosten $\times (1 + i)^n$, wobei

- n: betrachtete Zeitperiode in Jahren oder Monaten
- i: Zinsrate der Kapitalkosten (risikogerechter Eigenkapitalzins)

Direkte Kosten pro Phase, adjustiert um die Wahrscheinlichkeit, die Phase zu erreichen, ergeben die erwarteten Kosten pro Kandidat pro Phase (geringer als direkte Kosten). Diese werden dann jeweils über die Entwicklungsdauer mit einem Kapitalzins »kapitalisiert«. Abschließend berücksichtigt die Rechnung die Gesamtwahrscheinlichkeit einer Zulassung, um die Kosten pro erfolgreichem Kandidat zu ermitteln. Die Reihenfolge der Schritte ist im Grunde variabel, wie ◘ Tab. 3.9 zeigt.

◘ Tabelle 3.10 stellt eine Auswahl der vom Tufts CSDD veröffentlichten Zahlen zu Kosten der Medikamenten-Entwicklung zusammen. Die jüngsten

Zahlen vom November 2014 (DiMasi 2014) beruhen auf folgender Datenbasis:

- Für die Kosten: 106 neue Entwicklungen (NME & NBE) von zehn größeren Firmen, erstmaliger Beginn der klinischen Tests zwischen 1995 und 2007, Kosten erfasst bis 2013.
- Für die Erfolgs-/Ausfallrate: 1442 eigenentwickelte Wirkstoffkandidaten in den Portfolios von 50 Firmen (erfasst auf Basis kommerzieller Datenbanken, veröffentlichter Firmen-Pipelines sowie clinicaltrials.gov), erstmaliger Beginn der klinischen Tests zwischen 1995 und 2007.

◼ **Tab. 3.9** Berechnung der Kosten für ein Biopharmazeutikum nach Tufts University. (Quelle: BioMedServices (2015) auf Basis Getz und Kaitin (2015) sowie DiMasi und Grabowski (2007); Beträge können wegen Rundungen inkonsistent erscheinen, Berechnung wie bei Getz und Kaitin (2015))

Kosten (Mio. 2005er-US$)	Total	Forschung und Präklinik	Klinik	Davon PI	Davon PII	Davon PIII
Direkte (DK)	266	60	166	32	38	96
Eintritt in Phase (E)	–	100 %	–	100 %	84 %	47 %
Erwartete (EK) = DK × E	169	60	109	32	32	45
Dauer bis Zulassung (n in Jahren)	15	10	5 (im Schnitt)	7,3	5,3	2,7
Kostensatz Eigenkapital (Kapitalzins i in %)	–	11,5 %	11,5 %	–	–	–
Kapitalisierte (KK) = EK × (1 + i)^n	375	186	189	–	–	–
Gesamterfolg bis Zulassung (G)	–	–	30 %	–	–	–
Klinik-EK (EK_K) inkl. Ausfallkosten (EK_K&AK) = EK_K/G	–	–	335	–	–	–
Ausfallkosten (AK) = EK_K&AK – FK	166	–	–	–	–	–
Kapitalisierte AK	866	–	–	–	–	–
Total = KK + AK	1241	–	–	–	–	–

◼ **Tab. 3.10** Ausgewählte Angaben zu Kosten der Medikamenten-Entwicklung nach Tufts University. (Quelle: BioMedServices (2015) nach Hansen (1979), DiMasi et al. (1991), DiMasi et al. (2003), DiMasi und Grabowski (2007), DiMasi (2014))

Jahr der Veröffentlichung	1979	1991	2003	2007[a]	2014
Originalwert (in US$ von)	54 (1976)	231 (1987)	802 (2000)	1241 (2005)	2558 (2013)
In Mio. 2013er-US$	179	413	1044	1440	2588
x-Fache zu davor/CAGR		1,3 × /7,2 %	1,5 × /8 %	0,4 × /8,4 %	0,8 × /8,7 %
x-Fache zu 1979/CAGR		1,3 × /7,2 %	4,8 × /7,6 %	7,0 × /7,7 %	13,5 × /7,9 %

[a]berechnet für Biopharmazeutika, für klassische Pharmazeutika 1318/1529 Mio. US$ (2005er/2013er-US$); 2013er-US$ nach US GDP Implicit Price Deflator
CAGR compound annual growth rate

In diesem Sample befanden sich 13 % der Medikamentenkandidaten noch in der Testung, 80 % mussten aufgegeben werden, sodass bisher lediglich 7 % der Wirkstoffe eine FDA-Zulassung erhielten. Die Gesamterfolgsrate ähnelt hier also den bereits vorgestellten Ergebnissen von Hay et al. (2014). Sie weicht stark von den bisherigen Annahmen von Tufts ab, die bei 30 % für Biopharmazeutika und bei gut 20 % für konventionelle Wirkstoffe lagen. Diese neue Berechnungsgrundlage sowie gestiegene direkte Kosten erklären den neuen hohen Betrag von 2,5 Mrd. US$ (DiMasi 2014):

- »Total capitalized cost per approved new compound grew at an 8.5 % compound annual rate; out-of-pocket cost per approved new compound grew at a 9.3 % annual rate
- Clinical approval success rates have declined significantly

□ Tab. 3.11   Datenpunkte verschiedener Phasen der Medikamenten-Entwicklung nach dem Office of Health Economics (OHE). (Quelle: BioMedServices (2015) nach Mestre-Ferrandiz et al. (2012); US$ von 2011, Kapitalzins: 11%, Datenbasis: CMRI (heute Thomson Reuters), 16 globale Pharma-Firmen, 97 Projekte, 1989 bis 2002; *PK* Präklinik, *P* Phase, *Zul.* Zulassung)

	Forschung	PK	PI	PII	PIII	Zulassung bis Launch	Σ
Kosten/Phase (Mio. US$)	77	6,5	16	54	129	29	311
Erfolgsrate/Phase	100%	70%	63%	31%	63%	87%	7%
Benötigte Kandidaten/1 Zul.		13,3	9,3	5,9	1,8	1,1	1
Kosten/1 Zul. (Mio. US$)	77	87	150	317	236	33	899
Phasen-Mitte bis Zul. (Jahre)	9,6	7,2	6,2	4,4	2,1	0,5	
Kapitalisierte Kosten (Mio. US$)	208	184	284	502	294	35	*1506*

Ein neuer Ansatz zur Abschätzung von Kosten der Medikamenten-Entwicklung

»In this study, we present a new estimate for mean R&D costs per NME based on previously unpublished information collected by CMRI [today Thomson Reuters] in confidential surveys. Our fully capitalised R&D cost estimate per new medicine is US$1.5b in US$ 2011 prices. Time costs, i.e. cost of capital, represent 33% of total cost. Our new estimate lies within the range of other recently reported estimates. Our overall probability of success estimates for Phase I, Phase II and Phase III are lower than those reported by DiMasi et al. (2003) and Paul et al. (2010). Overall, our study and those by DiMasi et al. (2003) and Paul et al. (2010) report similar development times. For Phase I, our data report the longest development times, but we report slightly shorter times

for Phase III. Phase II development times from the CMRI data fall between those reported by DiMasi et al. (2003) and Paul et al. (2010). Total out-of-pockets costs for Phases I, II and III are very similar in our study and that of Paul et al. (2010) (around US$230m at 2011 prices) and slightly lower than found by DiMasi et al. (2003). Our out-of-pocket cost estimate lies between the other two estimates for Phase III. For Phase I and Phase II, our estimates are the highest. We also carried out some sensitivity analysis by, among other things, altering our base case assumptions by plus and minus 10% as well as using a 14% cost of capital and a declining staircase cost of capital. Cost of capital and success rates have the greatest impact on the resulting cost estimates.

The approach used in this study to estimate the cost of R&D for a new medicine is different from the approach used by DiMasi et al. (2003) in that we calculate the cost of the hypothetical number of compounds in each interval required to ultimately achieve one successful medicine. … DiMasi et al. (2003), in comparison, start by calculating the expected cost (the product of mean cost and probability of success) for each phase. Once they capitalise these costs to take into account the cost of capital, they use the overall probability of success (product of the different probabilities of success per phase) to calculate the total cost per successful medicine« (Mestre-Ferrandiz et al. 2012).

— Increases in the cash outlays used to conduct clinical development and higher drug failure rates during clinical testing have contributed most to the estimated increase in R&D costs

— Changes in the time to develop and get new drugs approved and in the cost of capital had modest moderating effects on the increase in total R&D cost«

Darstellungen des Office of Health Economics (London), 2012

Eine sehr umfangreiche Veröffentlichung stammt vom Office of Health Economics (OHE) in Großbritannien (Mestre-Ferrandiz et al. 2012), die eigene Berechnungen durchführten (□ Tab. 3.11)

Berechnungsmethodik und Ergebnisse unterscheiden sich von denen der Tufts University, wie das OHE anmerkt (▶ Ein neuer Ansatz zur Abschätzung von Kosten der Medikamenten-Entwicklung).

◻ **Tab. 3.12** Datenpunkte verschiedener Phasen der Medikamenten-Entwicklung nach Paul et al. (2010). (Quelle: BioMedServices (2015) nach Paul et al. (2010))

	Target bis Hit	Hit bis Lead	Lead opt.	PK	PI	PII	PIII	Zul. bis Launch	Σ
	1	2,5	10	5	15	40	150	40	264
Erfolgsrate/Phase	80 %	75 %	85 %	69 %	54 %	34 %	70 %	91 %	4 %
Benötigte Kandidaten/1 Zul.	24,3	19,4	14,6	12,4	8,6	4,6	1,6	1,1	1
Kosten/1 Zul. (Mio. US$)	24	49	146	62	128	185	235	44	873
Dauer bis Zul. (Jahre)	13,5	12	10	9	7,5	5	2,5	1	
Dauer/Phase (Jahre)	1	1,5	2	1	1,5	2,5	2,5	1,5	13,5
Anteil Kosten/NME	3 %	6 %	17 %	7 %	15 %	21 %	27 %	5 %	
Kapitalisierte Kosten (Mio. US$)	94	166	414	150	273	319	314	48	1778

US$ von 2007, Kapitalzins: 11 %, Datenbasis: KMR Group & Lilly, 13 globale Pharma-Firmen, 1997 bis 2007; Forschungsphase weiter untergliedert
Hit Möglicher Wirkstoff-Kandidat, *Lead*: Ausgewählter Wirkstoff-Kandidat, *opt. optimization, PK* Präklinik, *P* Phase, *Zul.* Zulassung

◻ **Tab. 3.13** Kapitalisierte NME-Kosten der einzelnen Phasen bei verschiedenen Erfolgsraten. (Quelle: Mestre-Ferrandiz et al. 2012)

	Forschung	PK	PI	PII	PIII	Zulassung bis Launch	Σ
Minimale (3 %)	207	420	648	1054	498	46	2874
Mittlere (7 %)	207	184	284	502	294	35	1506
Maximale (13 %)	207	106	164	303	252	34	1066

Mio. US$ von 2011, Kapitalzins: jeweils 11 %
PK Präklinik, *P* Phase

Zudem untersuchte das OHE die Analysen von neun anderen Autoren (u. a. DiMasi et al. 2003). Diejenigen von Adams und Brantner (2006) sowie Paul et al. (2010) liefern weitere interessante Übersichten, die nachfolgend zum Teil dargestellt werden. Wie das OHE verfolgen Paul et al. (2010) den Ansatz der Ausfalladjustierung über die Mindestanzahl benötigter Kandidaten pro Phase, um einen Kandidaten zur Zulassung zu bringen (◻ Tab. 3.12).

Im Vergleich zum OHE kommen sie aber zu höheren Gesamtkosten von 1778 Mio. US$ (1950 Mio. in 2013er-US$), da die Gesamterfolgsrate niedriger (4 %) und die Entwicklungsdauer länger angesetzt wurde. Zudem unterscheiden sich die Kosten pro Phase leicht.

Abhängigkeit von Einflussfaktoren und ihren jeweiligen Ausprägungen

Dies zeigt den wesentlichen Knackpunkt derartiger Berechnungen auf: Je nach der Größe der Variablen in der Kalkulation lassen sich unterschiedlichste Werte ermitteln, wie auch Sensitivitätsanalysen des OHE zeigen (◻ Tab. 3.13 und ◻ Abb. 3.15). Aber nicht nur angesetzte direkte Kosten, Entwicklungszeit, Erfolgsrate oder Kapitalzins haben Einfluss auf die Gesamtkosten der Medikamenten-Entwicklung.

3

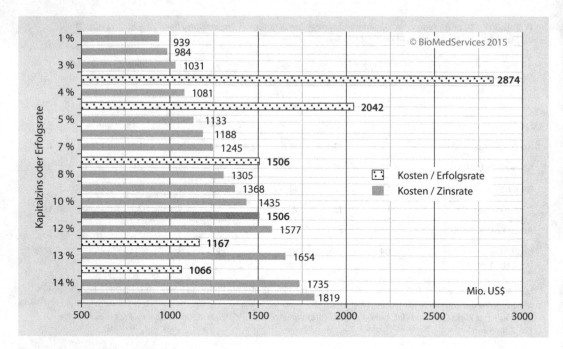

◻ **Abb. 3.15** Einfluss von Erfolgsrate und Kapitalzins auf kapitalisierte NME-Kosten nach dem Office of Health Economics (OHE). Erstellt nach Daten von Mestre-Ferrandiz et al. (2012). Mio. US$ von 2011. Für Kosten pro Erfolgsrate liegen keine fein abgestuften Daten vor, der Kapitalzins liegt hier jeweils bei 11 %. Bei den fein abgestuften Abänderungen zum Kapitalzins liegt die Erfolgsrate jeweils bei 7 %

Ausschlaggebend sind vor allem auch die Indikation, die im Endeffekt die Erfolgsrate beeinträchtigt, und zum Teil die Molekülart, der Ursprung der Substanz (Eigenentwicklung versus Einlizenzierung) oder die Firmengröße (Mestre-Ferrandiz et al. 2012).

■ **Einfluss von Erfolgsrate, Kapitalzins und Entwicklungsdauer**

Im Sample des OHE variiert die Erfolgsrate zwischen einem Minimum und einem Maximum von 3 und 13 %. Der Mittelwert liegt bei 7 %. Die maximale Erfolgsrate verringert die kapitalisierten Kosten um 30 %, wohingegen die minimale diese mit plus 90 % fast verdoppelt! Bei Schwankungsbreiten von jeweils plus oder minus 10 % pro Phase zum Mittelwert treten immerhin noch Abweichungen von minus 23 und plus 36 % auf.

Auch DiMasi et al. (1991) führten in ihrer ersten Veröffentlichung bereits Sensitivitätsanalysen durch (◻ Tab. 3.14). Im Vergleich zur OHE-Analyse

fielen trotz vergleichbar veränderter Erfolgsrate (~ ± 10 %) die Effekte der Kostenabweichungen indes noch geringer aus (−8/+ 15 %). In der jüngsten Analyse gibt DiMasi (2014) eine Übersicht zu nominalen und realen Kapitalkosten für die biopharmazeutische Industrie an den verschiedenen Zeitpunkten 1994, 2000, 2005 und 2010: Erstere sanken in diesem Zeitraum von 14,2 auf 11,4 % und Letztere von 11,1 auf 9,4 % bei gleichzeitig gesunkener Inflationsrate (3,1 auf 2 %). Im Schnitt setzen die Tufts-Berechnungen damit aktuell einen realen Kapitalzins von 10,5 % ein. Variationen der Entwicklungszeit haben zwar auch einen, aber geringeren Einfluss auf die Kosten der Medikamenten-Entwicklung. In der OHE-Analyse bewirkt eine rechnerische Verkürzung sowie Erhöhung der Dauer um jeweils 10 % um 13 % gesunkene sowie 6 % gestiegene kapitalisierte Kosten. Zeitliche Verschiebungen fallen allerdings bei den Umsatzerwartungen oft größer ins Gewicht.

■ **Tab. 3.14** Einfluss von Erfolgsrate und Kapitalzins auf kapitalisierte NME-Kosten nach DiMasi et al. (1991). (Quelle: DiMasi et al. (1991), Mio. US$ von 1987, Annahme Präklinik 42,6 Monate; in Fettdruck: Kosten aus DiMasi et al. (1991) sowie minimale und maximale Kosten bei veränderter Größe von Erfolgs- und Zinsrate)

Erfolgsrate	Kapitalzins						
		0 %	5 %	8 %	9 %	10 %	15 %
25 %	Präklinik	61	98	131	144	156	247
	Klinik	44	57	66	69	73	93
	Gesamt	**105**	155	197	213	229	340
23 %	Präklinik	66	107	142	156	170	269
	Klinik	48	62	72	75	79	101
	Gesamt	114	169	214	**231**	249	370
20 %	Präklinik	76	123	163	179	196	309
	Klinik	55	71	83	86	91	116
	Gesamt	132	194	246	265	287	**425**

■ **Tab. 3.15** Kapitalisierte NME-Kosten (Mio. US$) In ausgewählten Indikationen nach Adams und Brantner (2006). (Quelle: BioMedServices (2015) nach Adams und Brantner (2006), 2000er-US$-Wert = Originalwert)

Bereich	Indikation	2000er-US$	2014er-US$	Bereich/Indikation	2000er-US$	2014er-US$
Atemwege		1134	1499	Muskel/Skelett	946	1251
	Asthma	740	978	Rheumatoide Arthritis	936	1238
Onkologie		1042	1378	Blut-bezogen	906	1198
	Brustkrebs	610	807	Herz-Kreislauf	887	1173
Neurologie		1016	1343	Haut	677	895
	Alzheimer	903	1194	HIV/AIDS	540	714
				Anti-Parasiten	454	600

■ **Einfluss der Indikation**

Adams und Brantner (2006) bestimmten die kapitalisierten Kosten für die Entwicklung von Wirkstoffen in verschiedenen Indikationen. Die durchschnittlichen Kosten errechneten sie mit 868 Mio. US$, wobei die Spanne je nach Indikation bei um die 500 bis über 1000 Mio. reichte, also bei einer Abweichung von fast minus 50 und plus 30 %. ■ Tabelle 3.15 zeigt einige Beispiele dazu.

Berechnung über FuE-Kosten einzelner Firmen

In jüngster Zeit führten verschiedene Autoren Analysen zu den Kosten der Medikamenten-Entwicklung durch, wobei sie einen anderen Ansatz als die bisher dargestellten wählten. Ausgangspunkt waren nicht die direkten Kosten der einzelnen Phasen, adjustiert um Ausfallraten sowie Kapitalkosten. Vielmehr analysierten sie die von biopharmazeutischen Firmen veröffentlichten Kosten der Forschung und Entwicklung (FuE) und

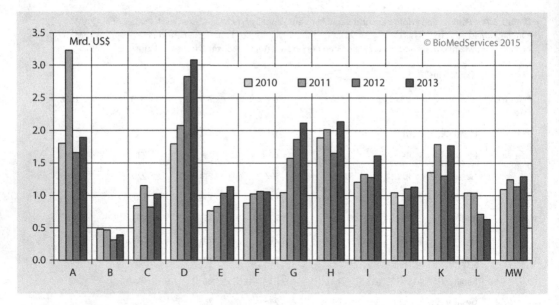

☐ **Abb. 3.16**   FuE-Kosten pro Wirkstoff bei ausgewählten (Bio-)Pharma-Firmen, 2010 bis 2013. Erstellt nach Daten von Deloitte (2013). Die Firmen sind in der Grafik mit A bis L anonymisiert (MW: Mittelwert). Durchschnittliche Kosten für 167 Wirkstoffe in später Phase der Entwicklung (Phase III und Zulassung), inklusive Fehlschläge, die Phase III nicht erreichten

teilten diese entweder durch die Zahl der in der Pipeline befindlichen oder diejenige der zugelassenen Wirkstoffkandidaten. Es ist davon auszugehen, dass in den FuE-Kosten diejenigen der Fehlschläge enthalten sind, Kapitalkosten dagegen nicht.

■ **Analyse von Deloitte (2013)**
Das UK Centre for Health Solutions des Prüfungs- und Beratungsunternehmens Deloitte analysiert in Zusammenarbeit mit Thomson Reuters seit 2010 die FuE-Leistungsfähigkeit von zwölf ausgewählten (Bio-)Pharma-Unternehmen (Amgen, AstraZeneca, Bristol-Myers Squibb, Eli Lilly, GlaxoSmithKline, Johnson & Johnson, Merck & Co., Novartis, Pfizer, Roche, Sanofi und Takeda). Unter anderem betrachten sie durchschnittliche Kosten pro Wirkstoff in später Entwicklung (Phase III und Zulassung). Dabei enthalten die Angaben die Kosten für Fehlschläge, die die Phase III nicht erreichten.

☐ Abbildung 3.16 veranschaulicht die jährlichen Kosten von 2010 bis 2013 in anonymisierter Form, einschließlich des Mittelwertes der gesamten Gruppe. Dieser stieg in dem betrachteten Vier-Jahres-Zeitraum um 18 % von 1094 auf 1290 Mio. US$.

Bei einzelnen Firmen des Samples variieren die durchschnittlichen Kosten pro Wirkstoff allerdings stark: von weniger als die Hälfte (B) bis zu mehr als dem Doppeltem (D), bezogen auf das Mittel über alle vier Jahre (1192 Mio. US$). Der Betrag von rund 1 Mrd. US$ pro Wirkstoff-Entwicklung deckt sich mit den von dem OHE ermittelten ausfalladjustierten, aber nicht kapitalisierten Kosten (in 2013er-US$). Über 2010 bis 2013 gemittelt, entfallen auf die Forschung ein Viertel, auf die Präklinik bis Phase II rund 30 % sowie auf die Phase III und Zulassung 45 % der Kosten.

Schließlich gibt Deloitte an, dass die Fehlschläge in der Medikamenten-Entwicklung die Firmen in den vier Jahren in Summe 243 Mrd. US$ gekostet haben, also rund 20 Mrd. US$ pro Firma. Zudem identifizieren sie eine Zunahme der Entwicklungszeit von 13,2 auf 14 Jahre.

■ **Analyse von *Forbes* (Herper 2013)**
Der *Forbes*-Journalist Herper setzt in seiner Untersuchung auf dem Ansatz von Munos (ehemals Lilly) auf: FuE-Ausgaben einzelner Firmen geteilt durch deren Zahl an erfolgreichen NME-Zulassungen. Munos (2009) ermittelte in einer umfangrei-

Ausgewählte Erkenntnisse einer Analyse zu Innovationen in der Pharma-Industrie, 1950 bis 2008

»From 1950 to 2008, the US Food and Drug Administration (FDA) approved 1,222 new drugs (new molecular entities (NMEs) or new biologics). However, although the level of investment in pharmaceutical research and development (R&D) has increased dramatically during this period – to US$50 billion per year at present – the number of new drugs that are approved annually is no greater now than it was 50 years ago.

Surprisingly, nothing that companies have done in the past 60 years has affected their rates of new-drug production: whether large or small, focused on small molecules or biologics, operating in the twenty-first century or in the 1950s, companies have produced NMEs at steady rates, usually well below one per year. This characteristic raises questions about the sustainability of the industry's

R&D model, as costs per NME have soared into billions of dollars. It also challenges the rationale for major mergers and acquisitions (M&A), as none has had a detectable effect on new-drug output.

At present, there are more than 4,300 companies that are engaged in drug innovation, yet only 261 organizations (6 %) have registered at least one NME since 1950. Of these, only 32 (12 %) have been in existence for the entire 59-year period. The remaining 229 (88 %) organizations have failed, merged, been acquired, or were created by such M&A deals, resulting in substantial turnover in the industry. Of the 261 organizations, only 105 exist today, whereas 137 have disappeared through M&A and 19 were liquidated. 21 companies have produced half of all the NMEs that have been approved since 1950, but half of these

companies no longer exist. Merck has been the most productive firm, with 56 approvals, closely followed by Lilly and Roche, with 51 and 50 approvals, respectively. Given that many large pharmaceutical companies estimate they need to produce an average of 2–3 NMEs per year to meet their growth objectives, the fact that none of them has ever approached this level of output is concerning.

The timelines of cumulative NME approvals for the three most productive companies in the industry … [show] plots [that] are almost straight lines, indicating that these companies have delivered innovation at a constant rate for almost 60 years. The outputs from less productive companies … show a similar linear pattern, although it is more erratic and with smaller slopes. (Munos 2009).

chen Analyse zur Entwicklung der Pharma-Industrie von 1950 bis 2008, dass diese NMEs in einer konstanten jährlichen Rate erbringt (▶ Ausgewählte Erkenntnisse einer Analyse zu Innovationen in der Pharma-Industrie, 1950 bis 2008). Auf Basis seines einfachen Rechenansatzes berechnete er NME-Kosten in einer Spanne von rund 500 Mio. bis zu 17,5 Mrd. US$. Lediglich 27 % der untersuchten Firmen hatten Kosten pro NME, die unter der Grenze von 1 Mrd. US$ lagen.

Herper betrachtete eine Auswahl an 100 Pharma- und Biotech-Firmen. Neben den altbekannten Größen schloss er insbesondere auch solche mit ein, die im Zeitraum von 2001 bis 2012 nur eine NME-Zulassung erhielten. Damit sollten Kosten ohne einkalkulierte Fehlschläge darstellbar sein (hier sind die Fehlschläge dann eher industrieweit über gescheiterte Firmen zu sehen). In dem Zeitraum ließ die FDA 298 NMEs zu, wobei das von Herper gewählte Sample 227 Wirkstoffe abdeckt, also 76 %. Bei den FuE-Kosten fokussierte er sich auf einen leicht verschobenen Zeitraum, das heißt,

er nutzte für seine Berechnung diejenigen Ausgaben, die in der Zehn-Jahres-Periode anfielen, die ein Jahr vor der jeweils letzten NME-Zulassung endete. Die Zahlen sind nicht inflationsbereinigt.

Die angefallenen FuE-Kosten pro NME im gesamten Sample von 100 Firmen belaufen sich auf durchschnittlich knapp 2 Mrd. US$ (◻ Abb. 3.17). Unternehmen, die nur einen Wirkstoff bis zur Zulassung brachten (66 %), liegen knapp an der 1-Mrd.-US$-Grenze, wohingegen diejenigen mit mehr als einem NME (34 %) im betrachteten Zeitraum auf knapp 4 Mrd. US$ pro Wirkstoff kommen. Bei den 100 Firmen handelt es sich um 33 Pharma- beziehungsweise Spezialpharma-Firmen, die restlichen 67 sind eher dem Biotech-Sektor zuzuordnen (Einordnung nach der klassischen Unterscheidung, vor allem auch basierend auf Gründungsjahr und Geschäftsmodell). Erstere vereinen rund 60 % der NME-Zulassungen auf sich, wobei sie dafür im Schnitt 4,5 Mrd. US$ pro NME aufwenden mussten. Diejenigen mit nur einer Zulassung kamen immerhin noch auf FuE-Kosten von 3,5 Mrd. US$,

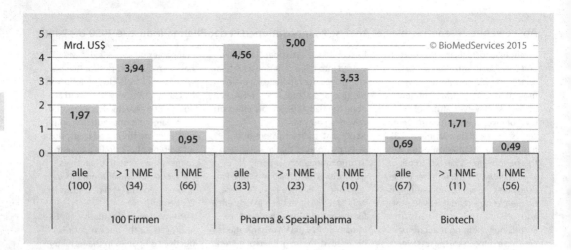

■ **Abb. 3.17**   Gemittelte FuE-Kosten pro NME von 100 ausgewählten (Bio-)Pharma-Firmen, 2001 bis 2012. Eigene Analyse nach Daten von Herper (2013). Summe der Zehn-Jahres-FuE-Kosten pro Firma pro NME, jeweils gemittelt über alle Firmen oder eine bestimmte Subgruppe (Anzahl in Klammern)

also etwa dem 3,5-fachen der gesamten Untergruppe mit nur einem NME. Auf der anderen Seite heißt dies, dass die Biotech-Firmen mit nur einem NME wesentlich weniger Aufwendungen hatten, nämlich im Schnitt lediglich 500 Mio. US$ für diese eine NME. Der Betrag beruht auf den Kosten von 56 Biotech-Firmen, wobei das Minimum bei 15, das Maximum bei rund 1900 und der Median bei etwa 300 Mio. US$ lag. Elf Vertreter dieses Sektors realisierten mehr als einen NME, investierten dafür im Schnitt aber 1,7 Mrd. US$. In der gesamten Biotech-Untergruppe waren 700 Mio. US$ nötig, um einen Wirkstoff zur Zulassung zu bringen.

Wie bereits erwähnt, ist eine Erklärungsmöglichkeit für die jeweils niedrigeren Werte bei den »Ein-NME-Firmen«, dass das Risiko hier über die ganze Branche verteilt vorliegt. Zudem merkt Herper an, dass Firmen mit sehr niedrigen FuE-Kosten pro NME meist über einen Partner dort hinkommen, der einen Teil der Kosten trägt. Es stellt sich die Frage, inwieweit dieser Rechenansatz (tatsächliche FuE-Kosten geteilt durch Anzahl NMEs) uneingeschränkt valide ist, da der Zeitpunkt der angefallenen Kosten »historisch« gegenüber dem Zeitpunkt der Zulassung ist. Nach den Untersuchungen und Ausführungen von Munos (2009) ermöglicht die Methodik zumindest eine relativ gute Annäherung.

FuE-Kosten bestimmter Gruppierungen im Verhältnis zu NME-Zulassungen

Ein weiterer Ansatz ist der Vergleich der FuE-Ausgaben aller Pharma- und Biotech-Firmen oder einer bestimmten Subgruppe davon mit den jährlichen NME-Zulassungen der FDA. Hierdurch ergibt sich eine gewisse Unschärfe, da einerseits die Zulassungszahl pro Jahr stark schwankt und von der Performance der FDA abhängt. Zudem sind die NMEs nicht direkt den einzelnen Firmen zugeordnet. Sie werden vielmehr als jährliche Gesamtheit mit den jährlichen summierten Kosten ins Verhältnis gesetzt. Damit wird auch implizit angenommen, dass alle globalen Firmen eine Zulassung bei der FDA beantragen.

■ **Analyse von PwC (Arlington 2012)**
Das Prüfungs- und Beratungsunternehmen PwC (PricewaterhouseCoopers) legt in seiner Analyse (■ Tab. 3.16) Angaben von EvaluatePharma zugrunde. Im Schnitt liefert diese Betrachtungsweise Kosten pro NME von 3,5 Mrd. US$, Minimum und Maximum liegen bei 2,2 und 4,9 Mrd. US$. Schwachstelle dieses Ansatzes ist das Ins-Verhältnis-Setzen von Ausgaben der Industrie global zu den FDA-NME- und Biologika-Zulassungen.

☑ **Tab. 3.16** FuE-Kosten pro NME bzw. neuem Biologikum nach PricewaterhouseCoopers (PwC) und Evaluate-Pharma (EVP), 2002 bis 2013. (Quelle: BioMedServices (2015) nach Arlington (2012) und EvaluatePharma (2014a))

	2002	2003	2004	2005	2006	2007	2008	2009	2010	2011	2012	2013	Ø
FuE (Mrd. US$)[a]	67	76	85	93	108	120	129	127	129	136	134	137	112
NME und Biologika	26	35	38	28	29	26	31	34	26	35	43	35	32
Kosten/ NME[b]	2,7	2,2	2,3	3,4	3,7	4,6	4,2	3,7	4,9	3,8	3,1	3,9	3,5

[a]Firmen weltweit, [b]berechnet über Drei-Jahres-Differenz zwischen Jahr der Kosten und Jahr der FDA-Zulassung

☑ **Tab. 3.17** Mitglieder und assoziierte Firmen des US-Verbandes PhRMA (Stand: Juli 2015). (Quelle: PhRMA, zurzeit 30 Mitglieder und knapp 17 *research associations*; in Fettdruck Biotech- und in Kursivschrift Spezial-Pharma-Unternehmen, in Klammern Land des Hauptsitzes)

Vollmitglieder		Assoziierte
AbbVie (US)	EMD Serono ≙ Merck KGaA (D)	**ACADIA Pharmaceuticals** (US)
Alkermes (IRL)	GlaxoSmithKline (GB)	**Arena Pharmaceuticals** (US)
Allergan (IRL)	Johnson & Johnson (US)	**Avanir Pharmaceuticals** (US)
Amgen (US)	Lundbeck (DK)	**BioMarin Pharmaceuticals** (US)
Astellas Pharma (J)	Merck & Co. (US)	CSL Behring (US)
AstraZeneca (UK)	Novartis (CH)	Ferring Pharmaceuticals (CH)
Bayer (D)	Novo Nordisk (DK)	Grifols (ES)
Biogen (US)	Otsuka (J)	*Horizon Pharma* (US)
Boehringer Ingelheim (D)	Pfizer (US)	**Ipsen Biopharmaceuticals** (F)
Bristol-Myers Squibb (US)	*Purdue Pharma* (US)	**Marathon Pharmaceuticals** (US)
Celgene (US)	Sanofi (F)	**Orexigen Therapeutics** (US)
Cubist Pharmaceuticals (US)	**Sigma-Tau Pharmaceuticals** (US)	Shionogi (J)
Daiichi Sankyo (J)	**Sunovion Pharmaceuticals** (US)	**Sucampo Pharmaceuticals** (US)
Eisai (J)	Takeda (J)	**Theravance** (US)
Eli Lilly (US)	**The Medicines Company** (US)	Vifor Pharma (CH)
		Vivus (US)
		Xoma (US)

■ **Berechnungen auf Basis der FuE-Ausgaben der PhRMA-Mitglieder:** *Pharma Innovation Gap*

Sehr oft werden in der Branche Zahlen des US-Pharma-Verbandes PhRMA verwendet. Dieser hat seit Langem die weltweit größten Pharma-Unter-nehmen als Mitglied (bei ausländischen Konzernen über US-Töchter). Zudem sind bereits einige Bio-tech-Gesellschaften dort engagiert wie auch eini-ge Spezialpharma-Firmen (☑ Tab. 3.17). Insgesamt sind es um die 30 volle Mitglieder.

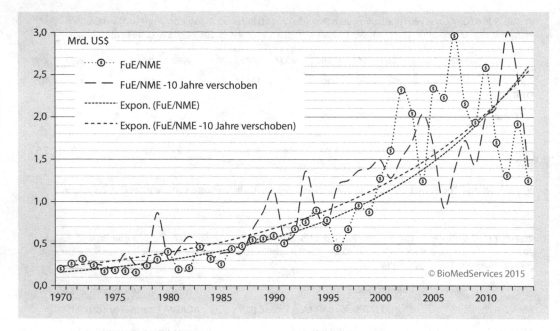

■ **Abb. 3.18**   FuE-Kosten der PhRMA-Mitglieder im Verhältnis zu FDA-NME-Zulassungen. Erstellt nach Daten von FDA (2015d) und PhRMA (2015). Zum Vergleich ist die Berechnung mit einer Verzögerung um zehn Jahre dargestellt (z. B. FuE von 2014/NMEs von 2004). Auswahl der Daten seit den 1970er-Jahren, umgerechnet in US$ von 2014

Setzt man ihre FuE-Ausgaben ins Verhältnis mit den von der FDA zugelassenen NMEs ergibt sich aufgrund der konstant gestiegenen Kosten ebenfalls eine Zunahme der FuE-Kosten pro NME (■ Abb. 3.18). Eine Variation um einen Zehn-Jahres-Zeitraum erbringt zwar verschobene Ausschläge, eine Art exponentielle Lineare verläuft jedoch mehr oder weniger identisch. Auch wenn sicher nicht alle NMEs genau von diesen rund 30 Firmen stammen, lässt sich ein aktueller Wert von mindestens rund 2 Mrd. US$ an FuE-Kosten pro neuer Arznei (inklusive Fehlschläge) berechnen. Dies deckt sich mit den Ergebnissen von Herper (■ Abb. 3.17) über alle 100 ausgewählten Pharma- und Biotech-Firmen, denen die NMEs direkt zugeordnet waren.

Die PhRMA-Zahlen – zu finden in den jährlichen PhRMA Industry Profiles – ermöglichen auch die Erstellung einer Übersicht, wie sich die FuE-Kosten auf die einzelnen Phasen der Medikamenten-Entwicklung verteilen, was sich im Laufe der Jahre verändert hat (■ Abb. 3.19).

Zum Beispiel fiel der prozentuale Anteil der Forschung und Präklinik von über 40 % am Anfang des neuen Jahrtausends auf aktuell rund 30 %. Bei mehr oder weniger stabiler Verteilung der FuE-Kosten auf die Phasen I und II sowie die Zulassung stieg entsprechend der Phase-III-Anteil auf etwa 40 %.

Eine sehr beliebte Darstellung ist diejenige des direkten Vergleichs der Entwicklung von FuE-Ausgaben und FDA-NME-Zulassungen (■ Abb. 3.20). Die sich auftuende Lücke zwischen immer weiter gesteigerten Ausgaben und geringer gestiegenem Output in Form von NMEs wird im Branchenjargon *Pharma Innovation Gap* genannt. Bereits Munos (2009) beschrieb diesen Trend in seiner Analyse der Produktivität der Pharma-Industrie (► Ausgewählte Erkenntnisse einer Analyse zu Innovationen in der Pharma-Industrie, 1950 bis 2008).

PwC diskutiert in seiner Analyse mögliche Auswege und beschreibt die große Unsicherheit, die dem Entwicklungsprozess gerade am Anfang innewohnt:

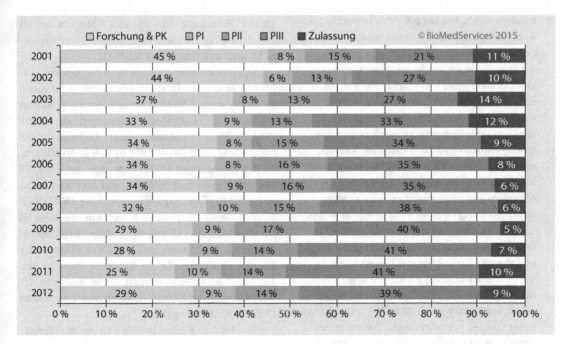

◧ Abb. 3.19 Prozentuale Verteilung der FuE-Kosten auf die verschiedenen Phasen der Medikamenten-Entwicklung. Erstellt nach Daten von PhRMA. PK Präklinik, P Phase

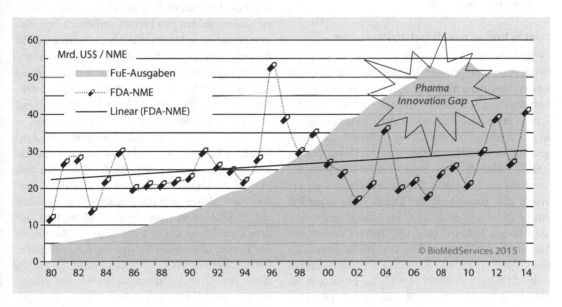

◧ Abb. 3.20 FuE-Ausgaben versus FDA-NME-Zulassungen: der *Pharma Innovation Gap*. Erstellt nach Daten von FDA (2015d) und PhRMA (2015). Auswahl der Daten seit den 1980er-Jahren, umgerechnet in US$ von 2014

» In other words, the company has to decide on a course of action before it has much information to go on – and the stakes are very high. If it makes the wrong choice, it could end up eight or nine years later with a failure that's cost $1 billion dollars or more. It's therefore essential to focus on understanding a mechanism's role in disease as much as possible before embarking on an expensive development programme. That means investing more in translational medicine for the validation of targets and small, speedy clinical studies designed using sensitive endpoint biomarkers. … In short, investing more money early on in understanding the molecular basis of a disease and the role a particular mechanism plays reduces the risk of losing a lot more money further down the line. And that research should be rooted in studies of human beings, not other species. Yet, on average, pharma companies spend only 7 % of their R&D budgets on target/mechanism selection and validation – a fraction of the sum they spend on clinical trials. (Arlington 2012)

Direkte Kosten der klinischen Phasen im Vergleich

Betrachtet man jüngste Zahlen zu den direkten Kosten der verschiedenen Phasen der klinischen Entwicklung, so wird deutlich, dass sich der Schwerpunkt der Kosten von der Phase III wegbewegt. Lag dieser bei den retrospektiven Betrachtungen der verschiedenen Autoren und Datenquellen (OHE, PhRMA, Tufts, Paul et al. 2010) noch bei rund 60 bis 70 % aller klinischer Kosten, so erbringt die Auswertung der Daten einer aktuellen Studie (Sertkaya et al. 2014) im Schnitt einen Anteil von gut 50 % mit einem Minimum und einem Maximum bei 34 und 74 %. Die Studie nutzte als Grundlage Daten von Medidata Solutions, einem weltweit tätigen Anbieter von Cloud-Lösungen für die klinische Forschung. ◘ Tabelle 3.18 gibt eine Übersicht zu direkten Kosten der einzelnen Phasen der Medikamenten-Entwicklung pro Studie und Indikationsbereich. Sertkaya et al. (2014) bieten zudem noch eine Tabelle, die die Kosten weiter auf einzelne Posten herunterbricht. Der ausgewiesene Gesamtbetrag für die Klinik beziehungsweise in-

klusive Zulassung und Phase-IV-Studien ist als Mindestbetrag anzusehen, da oft pro Phase mehrere Studien durchzuführen sind.

Bei Phase I sind dies bis zu zehn, bei Phase II bis zu vier und bei Phase III bis zu zwei oder mehr. Downing et al. (2014) untersuchten die pivotalen Studien der FDA-NME-Zulassungen der Jahre 2005 bis 2012: 448 Studien waren die Basis für 188 zugelassene neue Wirkstoffe in 206 Indikationen. 74 der Zulassungen (37 %) basierten auf einer, 77 (38 %) auf zwei und 50 (25 %) auf drei oder mehr Phase-III-Studien. Auch von den Phase-IV-Studien können mehrere erforderlich sein, um zum Beispiel in verschiedenen Ländern gültige Erstattungsregularien zu erfüllen. Auf Basis des Mittelwertes können so Kosten für die klinische Prüfung von 130 Mio. US$ erreicht werden. Unter Addieren der weiteren Aufwendungen ist dann von mindestens 150 Mio. US$ auszugehen.

Angaben zu Kosten pro Patient beziehungsweise Proband liefert das Beratungsunternehmen Cutting Edge Information, die unter dem Titel *Clinical Development and Trial Operations. Protocol Design and Cost Per Patient Benchmarks* laufend Berichte zu Kostenpunkten pro Patient veröffentlichen. Basierend auf einer Umfrage unter 21 Pharma-, zwölf Biotech und neun Medizintechnik-Firmen sowie 23 sogenannten *clinical research organizations* (CRO) ermittelten sie die in ◘ Tab. 3.19 dargestellten Kosten pro Patient pro Phase. Darauf basierend zeigt sie zudem berechnete Kosten pro Studie.

Direkte Kosten bei der Medikamenten-Entwicklung hängen aber nicht nur von der Indikation ab, sie sind auch unterschiedlich je nach Land, in dem die klinischen Studien durchgeführt werden. So beziehen sich die Angaben von Medidata auf die USA. Setzt man diese auf 100 %, liegt laut dem Datendienst IMS Health folgende Abstufung der Kosten in anderen Territorien vor: Australien (89 %), Westeuropa (79 %), Lateinamerika (72 %), Asien (68 %) und Osteuropa (54 %). Für einzelne Länder ist von folgenden Werten auszugehen: Großbritannien (82 %), Deutschland (69 %), Frankreich (62 %), Polen (62 %), China (36 %), Indien (32 %).

Neben Indikation und Studienort bestimmen weitere Faktoren die Effizienz von klinischen Studien und damit letztlich auch deren Kosten:

☐ **Tab. 3.18** Direkte Kosten klinischer Phasen der Medikamenten-Entwicklung nach Indikationsbereich. (Quelle: BioMedServices (2015) nach Sertkaya et al. (2014))

Indikation	PI	PII	PIII	Σ Klinik	Zulassung	PIV	Σ
Atemwege	5,2 (13%)	12,2 (30%)	23 (57%)	40,5	2	72,9	115,4
Schmerz, Anästhesie	1,4 (2%)	17,0 (24%)	52,9 (57%)	71,3	2	32,1	105,4
Onkologie	4,5 (12%)	11,2 (30%)	22,1 (58%)	37,8	2	38,9	78,7
Ophthalmologie	5,3 (11%)	13,8 (28%)	30,7 (62%)	49,8	2	17,6	69,4
Blut-bezogen	1,7 (5%)	19,6 (54%)	15,0 (41%)	36,3	2	27,0	65,3
Herz-Kreislauf	2,2 (6%)	7,0 (20%)	25,2 (73%)	34,4	2	27,8	64,2
Endokrines System	1,4 (5%)	12,1 (40%)	17,0 (56%)	30,5	2	26,7	59,2
Magen-Darm	2,4 (7%)	15,8 (48%)	14,5 (44%)	32,7	2	21,8	56,5
Immunmodulation	6,6 (19%)	16,0 (46%)	11,9 (34%)	34,5	2	19,8	56,3
Infektionen	4,2 (10%)	14,2 (34%)	22,8 (55%)	41,2	2	11,0	54,2
Neurologie, Psychiatrie	3,9 (11%)	13,9 (38%)	19,2 (52%)	37,0	2	14,1	53,1
Dermatologie	1,8 (8%)	8,9 (40%)	11,5 (52%)	22,2	2	25,2	49,4
Genital- und Harntrakt	3,1 (9%)	14,6 (41%)	17,5 (50%)	35,2	2	6,8	44,0
Mittelwert	3 (9%)	14 (35%)	22 (56%)	39	2	26	67

Absteigend sortiert nach Gesamtkosten inklusive Phase-IV-Studien (PIV); Kosten pro Studie in Mio. US$ von 2014, in Klammern Anteil der Phasen I bis III (PI/II/III) an gesamten klinischen Kosten

» The major obstacles to conducting clinical trials … include: high financial cost, the lengthy time frames, difficulties in recruitment and retention of participants, insufficiencies in the clinical research workforce, drug sponsor-imposed barriers; regulatory and administrative barriers, the disconnect between clinical research and medical care, and barriers related to the globalization of clinical research. (Sertkaya et al. 2014)

Das CSDD der Tufts University liefert zum limitierenden Faktor »Patienten-Rekrutierung« folgende Statistiken:

- 80% der Studien liegen nicht in ihrem Zeitplan (oft wegen mangelnder Patienten-Rekrutierung);
- 48% der Studien erreichen nicht die geplante Zahl beim Einschluss von Patienten (11% schließen keinen einzigen Patienten ein, 37% zu wenige);

◻ Tab. 3.19   Direkte Kosten pro Proband/Patient pro Phase der Medikamenten-Entwicklung, 2011. (Quelle: BioMed-Services (2015) nach Daten von McGuire (2013) und CenterWatch (2011) zu Kosten pro Patient, Beträge in 2014er-US$ umgerechnet mit US GDP Implicit Price Deflator)

		PI	PII	PIII	Σ Klinik	PIV
	US$/Patient	23.415	38.595	50.850	112.859	18.235
Alle Indi-kationen	Annahme Patientenzahl/Studie (in Klammern MW)	20–80 (50)	100–200 (150)	270–1550[a] (760)		
	Kosten/Studie (Mio. US$) (in Klammern MW)	0,5–1,9 (1,2)	3,9–7,7 (5,8)	13,7–78,8 (38,6)	18–88 (46)	
	US$/Patient (Werte von 2013)	45.652	70.397	75.548	191.597	n. v.
Onkologie	Annahme Patientenzahl/Studie (in Klammern MW)	10–20[b] (15)	20–40[b] (30)	180–634[a] (397)		
	Kosten/Studie (Mio. US$) (in Klammern MW)	0,5–0,9 (0,7)	1,4–2,8 (2,1)	13,6–47,9 (30)	15–52 (33)	
Neurologie		n. v.	28.197	33.768	n. v.	n. v.
Herz-Kreislauf		n. v.	33.700	21.750	n. v.	n. v.
Diabetes		n. v.	8854	12.667	n. v.	n. v.

[a]Angaben nach Downing et al. (2014): Anzahl Patienten in pivotalen Studien der FDA-NME-Zulassungen von 2005 bis 2012, [b]Angaben nach Cancer.net; MW: Mittelwert, n. v.: nicht verfügbar, P: Phase

- 39 % der Studien liegen mit der Patienten-Rekrutierung im Plan;
- 13 % der Studien übertreffen die ursprünglichen Planungen.

Schwierigkeiten beim Rekrutieren von Patienten führen sogar zum Abbruch und damit Fehlschlägen in der klinischen Entwicklung wie wissenschaftliche Untersuchungen von Kitterman et al. (2012) und Tice et al. (2013) herausfanden. Beide Analysen ermittelten bei Studienabbrüchen in etwa einen Anteil von 30 % beruhend auf Rekrutierungsproblemen.

» Studies that do not achieve planned enrollments are unable to support their intended scientific hypotheses, thus reducing their scientific relevance and the efficiency of the entire clinical research enterprise. (Kitterman et al. 2012)

Einen noch höheren Anteil von 40 % stellten Kasenda et al. (2014) fest, die sich auf randomisierte Studien fokussierten. Arjona (2014) identifizierte schließlich auf Basis verschiedener Studien, dass von 5900 abgebrochenen Studien 60 % auf inadäquate Patienten-Rekrutierung zurückzufüh-

ren ist. Um die Folgekosten bestehender Ineffizienzen möglicherweise zu senken, beurteilten Sertkaya et al. (2014) folgende Maßnahmen nach ihrem Einsparpotenzial:
- Verwendung von elektronischen Gesundheitsdaten (*electronic health records*, EHR)
- Vereinfachte Einschlusskriterien bei Studien
- Vereinfachte Studienprotokolle und weniger Abänderungen
- Reduzierte Überprüfung von Quelldaten (*source data verification*, SDV)
- Breitere Nutzung von Digitalisierung, z. B.: elektronische Datenerfassung
- Ausweichen auf Studienzentren mit geringeren Kosten oder Testung zu Hause
- Beschleunigtes Bewertungsverfahren
- Verbesserung der Effizienz des FDA-Zulassungsprozesses

Am effektivsten sind nach ihrer Ansicht das Ausweichen auf Studienzentren mit geringeren Kosten beziehungsweise Testung zu Hause sowie das verstärkte Verwenden der mobilen Technologien. Folgende Einsparungen sind dadurch möglich:

Der Preis der Gesundheit

... a Bloomberg analysis performed by DRX (Destination RX), identified a concerning trend that dozens of drugs have more than doubled in price since 2007. While this includes drugs for diabetes, high cholesterol, and neurological diseases, cancer drugs are the most criticized for their prices. Of the 12 cancer drugs approved by the FDA in 2012, 11 cost over $100,000 and the average cost per month for a cancer drug is $10,000. ... The standard reaction to this news is that companies are taking advantage of patients by charging exorbitant prices and raking in the profits. Just last month, a *Scientific American* blog titled ,The Quest: $84,000 Miracle Cure Costs Less Than $150 to Make' reinforced this notion. However, despite these steep prices, pharmaceutical companies only average an 18.4 % profit margin according to Yahoo! Finance (for comparison, Apple has averaged a 23 % profit margin over the past 5 years). ... Despite all of the focus over pricing, drugs only account for 10 % of the $2.7 trillion health care bill in the U.S. ... Finally, 70 % of health care spending is attributed to lifestylerelated diseases, so after all of this discussion, perhaps the most important thing we can do as patients to combat rising prices is to not smoke, eat healthy, and exercise« (Van 2014).

- über günstigere Studienzentren 0,8 Mio. US$ (16 %) in Phase I, 4,3 Mio. US$ (22 %) in Phase II und 9,1 Mio. US$ (17 %) in Phase III;
- über Digitalisierung 0,4 Mio. US$ (8 %) in Phase I, 2,4 Mio. US$ (12 %) in Phase II, 6,1 Mio. US$ (12 %) in Phase III sowie 6,7 Mio. US$ (13 %) in Phase IV.

Andere Maßnahmen wie geringere Restriktionen beim Einschluss von Patienten oder reduzierte Verifizierung von Datenquellen ersparen lediglich rund 1 % der Studienkosten.

Zusammenfassende Übersicht zu Kostenaspekten der Medikamenten-Entwicklung

» Despite three decades of research in this area, no published estimate of the cost of developing a new drug can be considered a gold standard. Existing studies vary in their methods, data sources, samples, and therefore estimates. (Morgan et al. 2011)

Basierend auf der bisherigen Analyse lassen sich folgende Aussagen und Werte zusammenfassen:
- Direkte Kosten für die klinische Testung eines Wirkstoffes liegen im Schnitt bei 40 bis 50 Mio. US$ (unter der Annahme von jeweils nur einer Studie pro Phase).
- Bei mehreren Studien (i. d. R. zehn Phase I, vier Phase II, zwei Phase III) summieren sie sich auf über 100 Mio. US$, einschließlich Phase IV können bis zu 150 Mio. US$ oder mehr nötig sein.

- Grundsätzlich sind sie abhängig von der Indikation, für die ein Wirkstoff getestet wird.
- Das Land, in dem Studien durchgeführt werden, hat ebenfalls Einfluss auf die Kosten.
- Da insgesamt lediglich rund 10 % der anfänglich getesteten Wirkstoffe eine Zulassung erhalten (Ausfallrate von bis zu 90 % oder mehr, variiert nach Indikation), müssen die direkten Kosten ausfalladjustiert werden: Bei bis zu zehn notwendigen klinischen Kandidaten für eine erfolgreiche Zulassung können die Kosten 1 bis 1,5 Mrd. US$ erreichen.
- Die Berücksichtigung der Kosten für Forschung, Präklinik und Kapital führt zu den oft zitierten Zahlen von 1,5 bis 2,5 Mrd. US$.

Die hohen Kosten der Medikamenten-Entwicklung, die wegen des großen Risikos und der langen Dauer entstehen, führen dazu, dass sich innovative Arzneien immer weiter verteuern (▶ Der Preis der Gesundheit). Es wird daher versucht, an verschiedenen Stellen im Prozess anzusetzen, um die Kosten zu senken. Unter anderem wird von staatlicher Seite stark reglementiert. Da der Anteil der Medikamente an den Gesundheitskosten allerdings lediglich etwa 11 % in den USA und 14 % in Deutschland beträgt, liegt der Hebel möglicherweise auch in anderen Bereichen der Gesundheitswirtschaft. Denn es bestehen nicht nur Ineffizienzen bei den klinischen Studien der Arzneiwirkstoffe, sondern generell ein immenses Einsparpotenzial im Gesundheitssystem, wie ◘ Abb. 3.21 über die Analyse der Ineffizienzen verschiedener Wirtschaftssysteme verdeutlicht.

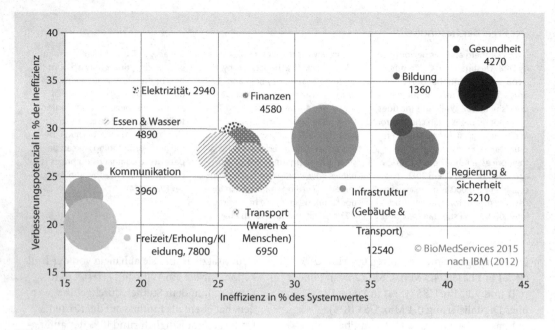

◘ Abb. 3.21   Ineffizienzen verschiedener Wirtschaftssysteme. Erstellt nach IBM (2012), Größe der Blasen repräsentiert den absoluten Wert der Systeme in Mrd. US$

3.1.1.4   Biosimilars: Nachgeahmte Biologika entern den Markt

Die mittels der Erfindung der Gentechnik in Wirtszellen hergestellten biologischen Wirkstoffe wie körpereigene Proteine oder therapeutische Antikörper werden nach Ablauf der ersten Patente mittlerweile von anderen Produzenten kopiert. Im Gegensatz zu den Nachahmerprodukten bei den kleinen chemischen Molekülen (Generika), die exakt dieselbe chemische Struktur aufweisen, ist dies bei den großen biologischen Molekülen (◘ Abb. 3.3) nicht möglich. Kopierte Produkte zum Original-Biologikum werden daher als Biosimilars bezeichnet. In den USA war bisher oft die Rede von *»follow-on-biologics«*, wobei sich mittlerweile auch dort zunehmend der Begriff Biosimilar durchsetzt. In Kanada wird zudem die Bezeichnung *»subsequent entry biologics«* (SEB) genutzt. Die European Medicines Agency (EMA) war die erste, die ab 2003 spezielle Richtlinien für Biosimilars aufstellte. Bis Ende 2014 ließ sie 21 Biosimilars zu (◘ Tab. 3.20).

In Europa entfiel erstmals ab dem Jahr 2001 der Patentschutz für manche Biologika. Dies betrifft zum Beispiel das erste gentechnisch hergestellte Medikament überhaupt, das Humaninsulin (Humulin) von Genentech, für das Lilly 1982 die US-Marktzulassung erhielt. In den USA endete die Exklusivität bereits im Jahr 2000. Zu diesem Mittel wurden allerdings nie Biosimilars hergestellt, da verbesserte Insuline schon den Markt erreicht hatten. Die optimierten Versionen des Wirkstoffes weisen geringfügige Abweichungen in der Proteinsequenz (ausgetauschte Aminosäuren) auf, die Wirkdauer oder die Schnelligkeit der Wirkung im Körper erhöht. Solche als Insulinanaloga benannten Arzneien wurden erstmals 1996 gelauncht und stellen eine Form der sogenannten Biobetters dar (▶ Bioidenticals, Biosimilars, Biobetters und Biosuperiors). Das erste Biosimilar eines Insulinanalogons ließ die EMA im September 2014 zu: Lilly entwickelte Abasaglar in Allianz mit Boehringer Ingelheim als Kopie des in 2000 zugelassenen Lantus (Insulin glargin), welches auf Arbeiten bei der ehemaligen Hoechst AG (in der Folge Aventis und heute Sanofi) basiert. Andere Biologika, zu denen nach Patentablauf ein Biosimilar den Markt erreichte, sind das menschliche Wachstumshormon (Somatropin), der Wachstumsfaktor für rote Blutkörperchen (Erythrozyten, Epoetin) und für weiße

☑ Tab. 3.20 Biologika mit bereits erfolgtem Patentablauf und ihre in Europa zugelassenen Biosimilars. (Quelle: BioMedServices (2015) nach EMA (2015) und biosimilarz (2015))

Handels-name	Wirk-stoff	Zul. (EU oder US) Innovator/Anmelder	Patent-ablauf	Biosimilar (von)	Zul. (EMA)
Genotropin	Soma-tropin	02/1991 (EU) 08/1995 (US) Genentech (< Roche)/ Pharmacia (< Pfizer)	2003 (EU)	Omnitrope (Sandoz)	04/2006
Huma-trope	Soma-tropin	03/1987 (US) 06/1988 (EU) Genentech (< Roche)/ Lilly	2003 (EU)	Valtropinª/Somatropin BP (BioPartners < Bioton)	04/2006 08/2013
Eprex (≙ Epogen)	Epoetin alfa	11/88 (EU): Amgen/Janssen (zu J&J) 06/1989 (US): Amgen	12/2004 (EU)	Abseamed (Medice) Binocrit (Sandoz) Epoetin alfa (Hexal < Sandoz)	08/2007
	Epoetin zeta			Retacrit (Hospira < Pfizer) Silapo (Stada)	12/2007
Neupogen	Filgras-tim	02/1991 (US) 07/1991 (EU) Amgen	08/2006 (EU)	Biograstim (AbZ-Pharma) Filgrastim Ratiopharmª Ratiograstim (Ratiopharm < Teva) TevaGrastim (Teva)	09/2008
				Filgrastim Hexal (Hexal < Sandoz) Zarzio (Sandoz)	02/2009
				Nivestim (Hospira < Pfizer)	06/2010
				Grastofil (Apotex/Stada)	10/2013
				Accofil (Accord Healthcare)	09/2014
Gonal-f	Follitro-pin alfa	10/1995 (EU) 09/1997 (US) Serono (< Merck KGaA)	2009 (EU)	Ovaleap (Merckle Biotech < Teva)	09/2013
				Bemfola (Finox Biotech)	03/2014
Remicade	Inflixi-mab	08/1998 (US) 08/1999 (EU) Centocor (< J&J)	02/2015 (EU)	Inflectra (Hospira < Pfizer) Remsima (Celltrion/Mundipharma)	09/2013
Lantus	Insulin glargin	04/06/2000 (US/EU) Aventis (< Sanofi)	08/2014 (EU)	Abasaglar (Lilly und Boehringer Ingel-heim)	09/2014

Zulassungen bis Ende 2014, ªvom Markt genommen, < mittlerweile gehörend zu, *Zul.* Zulassung

Blutkörperchen (Granulozyten, Filgrastim) sowie das Follikel-stimulierende Hormon FSH (Follitropin alfa). Im September 2013 gab die EMA zudem erstmals grünes Licht für die Vermarktung eines Antikörper-Biosimilars zur Originalarznei Re-micade (Infliximab) von Centocor (heute zu J&J gehörend). Entwickelt wurde es von der südkoreanischen Celltrion, ihr Partner Hospira teilt sich den europäischen Vertrieb mit Mundipharma, die auch den deutschen Markt bedienen. Da das EU-Patent

Bioidenticals, Biosimilars, Biobetters und Biosuperiors

Bioidenticals sind Biologika, die obwohl identisch, sich im Namen unterscheiden. Sie sind identisch, wenn sie aus dem gleichen Herstellungsprozess stammen. Biosimilars sind dagegen analoge Versionen eines rekombinanten Arzneistoffs, also möglichst exakte Kopien ihrer Vorbilder. Zeigt sich im direkten Vergleich beider Wirkstoffe irgendeine Abweichung, in der die Kopie eines Biologikums andere – offensichtlich bessere – Eigenschaften als das Original hat, kann es nicht als Biosimilar zugelassen werden. Der Begriff Biobetters wurde erstmals 2007 auf einer Konferenz in Mumbai geprägt. Ein Synonym dafür sind die Biosuperiors. Es handelt sich um biologische

Wirkstoffe, die optimiert wurden mit dem Ziel einer verbesserten Wirksamkeit und/oder längeren Halbwertszeit sowie geringeren Toxizität oder Immunogenität. Erreicht wird dies unter anderem durch Änderung der molekularen Struktur des Referenzwirkstoffs. Neben der Abänderung der Proteinsequenz, der Verkleinerung oder Vergrößerung von Molekülen spielt vor allem die Glykosylierung eine wichtige Rolle. Dieser Begriff steht für an Molekülen angehängte Zuckerketten. Bei rund der Hälfte aller menschlichen Proteine beeinflussen sie Faltung, Stabilität oder Transport. Die Zuckerstrukturen entscheiden teils über die Antigenität des Proteins, aber

auch über die Halbwertszeit und die Affinität zu ihren Rezeptoren. Alle diese Wirkstoffe müssen wegen ihrer Zuckermodifikation in höheren eukaryotischen Zellsystemen – meist in CHOZellen (Ovarialzellen des chinesischen Hamsters, *chinese hamster ovary*) – hergestellt werden. Allerdings unterscheidet sich das Glykosylierungsmuster der rekombinant hergestellten Proteine von dem der im Menschen vorkommenden Varianten. Die CHOZellkultur ist zudem recht kostenintensiv. Für die Herstellung von 1 g therapeutischem Antikörper müssen 300 bis 3000 US$ kalkuliert werden (nach Dingermann und Zündorf 2015).

von Remicade erst Mitte Februar 2015 ablief, musste der Launch von Inflectra und Remsima, so die Markennamen, bis zu diesem Zeitpunkt warten.

Die Biosimilars waren bislang vor allem ein Phänomen in Europa und Asien. 21 von 44 (48 %) bislang über regulierte Wege zugelassene Biosimilars (z. B. ohne China und Südamerika) gab die europäische Behörde EMA frei, die bei den Zulassungen (► Biosimilars versus Generika und ihre Zulassung) Vorreiter war. Laut dem Experten Duncan Emerton, der den Blog biosimilarz.com (Biosimilarz 2015) betreibt, entfällt auf den asiatisch-pazifischen Raum seit 2010 der andere Großteil mit 20 von 44 (45 %) Zulassungen (davon siebenmal Japan, viermal Neuseeland, je dreimal Indien und Korea, zweimal Australien). Im nordamerikanischen Kontinent finden sich bisher zwei »echte« Biosimilars nur in Kanada, und zwar zu Remicade, ebenfalls angeboten von Celltrion und Partner Hospira.

In den USA werden zwar schon die beiden nachgeahmten Biotech-Produkte Omnitrope (Somatropin) und Granix (Filgrastim) vertrieben, ihre Zulassung erfolgte allerdings über den Standardprozess. Erst im Jahr 2009 verabschiedete der US-Kongress ein Gesetz über Preiswettbewerb und Innovation bei Biologika (*Biologics Price Competition and Innovation Act*, BPCIA). Dieses ist laut Germany Trade & Invest (GTAI) wiederum

Bestandteil des im März 2010 in Kraft getretenen *Patient Protection and Affordable Care Act* (*Affordable Care Act*). Mit dem BPCI Act ist die gesetzliche Basis für ein verkürztes Zulassungsverfahren (*abbreviated licensure pathway*) für diejenigen biologischen Produkte geschaffen worden, für die eine hochgradige Ähnlichkeit (*highly similar*) oder Austauschbarkeit (*interchangeability*) mit einem FDA-zugelassenen biologischen Produkt demonstriert worden ist. Anfang Februar 2012 stellte die FDA dann einen spezifischen Regulierungsansatz bei Biosimilars zur Diskussion vor: Generell muss ein Antrag Datenmaterial zum Nachweis der Biosimilar-Eigenschaft enthalten, das in analytischen Studien, Tierversuchen und klinischen Studien gewonnen worden ist. Die FDA kann jedoch eigenständig darüber entscheiden, ob alle diese Bestandteile notwendig sind; in der Praxis will sie diese Entscheidung je nach Einzelfall fällen.

» Die große Frage lautet: Wie wird Biosimilarität ausgelegt? Die EMA definiert im Prinzip ein Biosimilar so, dass es tatsächlich ‚biosimilar‘ sein muss. In den FDA Regularien ist dagegen von ‚highly biosimilar‘ die Rede. ... Für den Entwickler gilt der berühmte Satz: Es ist schwieriger ein Biosimilar zu entwickeln als eine New Biological Entity (NBE). (Allgaier 2013)

Biosimilars versus Generika und ihre Zulassung

»Biopharmazeutika ... sind Proteine mit einer komplexen dreidimensionalen Struktur, die nicht durch chemische Synthese, sondern durch genetisch modifizierte Zellen synthetisiert und anschließend mittels komplizierter Prozesse isoliert und aufgereinigt werden. Die verwendeten Bakterien, Hefen oder Säugetierzellen produzieren die Wirkstoffe nicht atomgenau, sondern als ein Gemisch mit sogenannten Mikroheterogenitäten, zum Beispiel verschiedenen Isomeren und variablen Glykosylierungsmustern. Diese können sich in Abhängigkeit von Temperatur, Nährstoffangebot, Zelldichte und anderen Parametern in der Produktionsanlage unterscheiden. Wenn es schon für den Originalhersteller eine Herausforderung bedeutet, für sein Biopharmazeutikum von Charge zu Charge konstant zu reproduzieren, ist es für einen anderen Produzenten, der zwangsläufig andere Anlagen und Zelllinien benutzen muss, gar nicht möglich,

ein damit identisches Biopharmazeutikum nachzubauen. Es hat sich daher durchgesetzt, bei Nachahmerpräparaten von Biopharmazeutika nicht von Biogenerika, sondern von Biosimilars zu sprechen. Sie sind ähnlich wie die Originale, aber nicht identisch. Dass sie in ihrer Wirkung und Verträglichkeit den Originalen äquivalent sind, muss durch Prüfung belegt werden. Die europäische Arzneimittelbehörde EMA (»European Medicines Agency«; früher als EMEA bezeichnet) fordert daher in der Regel einige präklinische und mehrere klinische Studien, in denen das Biosimilar mit dem Originalpräparat (Referenzprodukt) verglichen werden muss, bevor eine Zulassung erfolgen kann. Für Biopharmazeutika gelten [also] andere Regeln als für klassische Generika, ... [die] Nachahmerpräparate niedermolekularer, chemisch hergestellter Medikamente. Jene können mit einem stark abgekürzten und damit kostengünstigen Verfahren

auf den Markt gebracht werden. Die Zulassungsbehörden verlangen ... nur den Nachweis der physikalisch-chemischen Ähnlichkeit sowie der Bioäquivalenz ... von Generikum und original zugelassenem Präparat. [Dafür] ... genügt in der Regel ein Vergleich der beiden Medikamente in einigen wenigen gesunden Probanden« (Jarasch 2011a).

Da Biosimilars eine Phase I und eine verkürzte Phase III benötigen und auch die frühe Entwicklung länger dauert, um die Biosimilarität nachzuweisen, ist ihre Entwicklung viel aufwendiger und kostenintensiver als die Herstellung von Generika (5 Mio. US$). Gegenüber der Entwicklung neuartiger, also Originator-Wirkstoffen erweist sie sich als nicht unbedingt sehr viel günstiger (laut Sandoz 75 bis 250 Mio. US$) oder schneller. Letztlich ist vermutlich die Ausfallrate niedriger, da prinzipiell Sicherheit und Wirksamkeit bereits vom Originator belegt wurde.

Erwartungen, Status quo und Marktprognosen

Den Stellenwert der Biosimilars schätzen verschiedene Gruppen verständlicherweise gemäß ihren Interessen ein: auf der einen Seite ihre Hersteller, die dem Markt gleichwertige, aber kostengünstigere Arzneien anbieten wollen, und auf der anderen Seite die Entwickler der neuartigen Originalpräparate, also die Innovatoren, die sich mit dem Kopieren ihrer aufwendigen Forschungsergebnisse arrangieren müssen. Erstere fordern eine Mindestverordnungsquote für Biosimilars, die Letztere ablehnen (▶ Positionen der Wirtschaftsverbände). Beide Parteien finden für ihre Position entsprechende Argumente, wie zum Beispiel die Ausgabe 4/12 von *innovations* (2012) darstellt.

Zu möglichen Kosteneinsparungen im Gesundheitswesen über die Substitution der Originalprodukte durch Biosimilars liegen Berechnungen für die USA und für Europa vor. Basierend auf verschiedenen anderen Studien schätzen

Mulcahy et al. (2014), dass das US-Gesundheitswesen bei Ausgaben für Biologika im Zeitraum 2014 bis 2024 rund 44 Mrd. US$ einsparen kann. Dies entspricht 4 % der gesamten Aufwendungen für Biopharmazeutika und einem Betrag von 4,4 Mrd. US$ pro Jahr. Er leitet sich ab von einem Preisabschlag von 35 % sowie einer Marktdurchdringung von 60 %. Läge die Preisreduktion nur bei 10 %, ergäben sich nur Einsparungen von rund 13 Mrd. US$. Bei einer angenommenen Marktdurchdringung von 90 % (Preis minus 35 %) könnten sich die Kosten um 66 Mrd. US$ reduzieren. Über 60 % der Einsparungen steuern die drei Produktklassen Insuline (26 %, davon 15 % lang wirkende und 11 % schnell wirkende Insuline), Anti-TNF-Wirkstoffe (21 %) sowie therapeutische Krebs-Antikörper (13 %) bei. Jeweils 6 % entfallen auf Interferone sowie Wachstumsfaktoren für rote und weiße Blutkörperchen.

Haustein et al. (2012) berechneten das europäische Einsparpotenzial mit 12 bis 33 Mrd. € im

3

Positionen der Wirtschaftsverbände

ProGenerika: Kostenvorteil Biosimilars

»Biopharmazeutika – also biotechnologisch hergestellte Arzneimittel – sind Mittel der Wahl bei der Behandlung vieler schwerer Erkrankungen. Allerdings sind patentgeschützte Biopharmazeutika auch besonders teuer und die Krankenkassen verwenden einen großen Teil ihrer Arzneimittelausgaben dafür. Der Patentablauf öffnet hier ein Fenster: Endet der Patentschutz, können Biosimilars für die Patientenversorgung bereitgestellt werden. Dies führt in Folge zu mehr Wettbewerb und sinkenden Preisen bei den Biopharmazeutika. Denn die bisherigen Erfahrungen mit den in Deutschland verfügbaren Biosimilars zeigen, dass sie deutlich günstiger als die ehemals patentgeschützten Biopharmazeutika sind. Der Preisunterschied zwischen einem Biosimilar und dem Erstanbieterpräparat ist jedoch nicht so groß wie der zwischen einem Generikum und dem Erstanbieterpräparat. Der Grund: Biosimilars werden in aufwendigen biotechnologischen Verfahren hergestellt. Das bedeutet für die Unternehmen enorm hohe Investitionen für die Entwicklung der Biosimilars, für klinische Studien, in denen ihre Wirksamkeit nachgewiesen wird, für die Sicherung höchster Qualität in den Hightech-Produktionsprozessen, bis hin zur Zulassung durch die Europäische Zulassungsbehörde (EMA). Biosimilars bieten den Patienten einen kostengünstigeren und damit nachhaltigen Zugang zu diesen hochmodernen Arzneimitteln und ermöglichen eine auch künftig bezahlbare Arzneimittelversorgung« (ProGenerika 2015)

Verband forschender Arzneimittelhersteller (vfa): Biosimilars ja bitte, Quoten nein danke!

»Biosimilars sind eine Erweiterung des Arzneimittelangebots. Mit Verordnungsquoten für sie würde sich das deutsche Gesundheitssystem aber nichts Gutes tun. Die Verordnungsentscheidung muss ganz beim Arzt bleiben! So nötig es ist, neuen Medikamenten Marktexklusivität zu sichern (durch Patente und Unterlagenschutz), so angebracht ist es auch, diese Exklusivität nach einigen Jahren enden zu lassen. Denn während die Aussicht auf Jahre der Exklusivität Innovatorfirmen in die Entwicklung von Medikamenten investieren lässt, bietet das Ende der Schutzrechte dann anderen Unternehmen Raum, auf dem Markt für Wettbewerb um das beste Angebot zu sorgen. All das ist im Interesse der Patienten und ihrer Krankenkassen. … Oft beschränkt sich die Auswahl für den Arzt nicht nur auf ein älteres Originalpräparat und einige davon abgeleiteten Biosimilars. Vielmehr stehen ihm für die gleiche Anwendung auch noch Medikamente einer neuen Generation zur Verfügung, die – bei gleichem Wirkprinzip – in einem patientenrelevanten Parameter verbessert sind. Sie wirken beispielsweise zuverlässiger oder können seltener injiziert oder infundiert werden. … Es ist Sache des Arztes, im Verordnungsfall abzuwägen, ob er deshalb dem Patienten eines dieser patentgeschützten New-Generation-Präparate verordnet. In Quoten für die Verordnung von Biosimilars (verfügt für alle gesetzlich Krankenversicherten oder die Patienten einer bestimmten Krankenkasse oder kassenärztlichen Region) sehen einige eine Möglichkeit, die Gesundheitsausgaben zu senken. Sie setzen dabei darauf, dass Biosimilars stets ein günstigeres Angebot darstellen werden als Originalpräparate. … Als Wirtschaftsverband tritt der vfa dafür ein, dass Unternehmen Marktanteile durch Wettbewerb mittels Qualität und guten Angeboten erringen und nicht durch das Errichten von ›Schutzzäunen‹ einfach zugeteilt bekommen. Quoten für bestimmte Produktgruppen haben im Gesundheitswesen noch nie den Qualitätswettbewerb befördert!« (vfa 2015a).

Zeitraum 2007 bis 2020, was einem Anteil von 5 bis 15 % der Gesamtkosten für Biologika gleichkommt. Jährlich wären das maximal 2,57 Mrd. € beziehungsweise 3,5 Mrd. US$ (basierend auf durchschnittlichem Umrechnungskurs seit 2007 von 1,36 US$ pro 1 €). Verglichen mit den USA fallen die Einsparungen also geringer aus, was vermutlich auf den in den USA höheren Biologika-Behandlungskosten beruht. Für die verschiedenen biosimilaren Wirkstoffklassen geben die Autoren die folgenden möglichen Kostenreduktionen an: Antikörper rund 2 bis 20 Mrd. €, Epoetine 9 bis 11 Mrd. € und für Granulozyten-Wachstumsfaktoren 0,7 bis 1,8 Mrd. €. Am meisten profitieren die Länder Frankreich, Deutschland und Großbritannien. Bis 2020 erwartet die Studie für das deutsche Gesundheitssystem Biologika-Ausgaben von in Summe 63,5 Mrd. €. Über den Einsatz von Biosimilars ließen sich diese minimal um 4,3 (0,3/Jahr) und maximal um 11,7 (0,9/Jahr) Mrd. € senken, was einem Anteil von 7 und 18 % entspräche. Letztlich hängen auch hier die realen Einsparungen von der Höhe der Preisreduktion und vom Grad der Marktdurchdringung ab. Zudem beeinflusst der Zeitpunkt der Markteinführung des Biosimilars nach Patentablauf des Originalpräparates den einzusparenden Betrag.

Patentgeschützte Biologika setzten im Jahr 2013 in Deutschland 6,5 Mrd. € um (Lücke et al. 2014), davon einzelne Präparate mit allein dreistelligen Millionenbeträgen. Die verfügbaren Biosimilars kamen laut ProGenerika zusammen auf einen Umsatz von 67 Mio. € (Herstellerabgabepreis). Nach dem Arzneiverordnungsreport (AVR) von 2014 hätte im Jahr 2013 die Substitution der Originalpräparate durch das jeweils preiswerteste Biosimilar den deutschen gesetzlichen Krankenkassen 57 von 312 (18 %) Mio. € (2012: 39 von 321 Mio. € ≙ 12 %) an Ausgaben für Wachstumsfaktoren sparen können. Preisunterschied und Einsparpotenzial zwischen der günstigsten Kopie und dem Innovatorprodukt geben die AVR für die einzelnen Produktklassen wie folgt an: Epoetin minus 10 % (7 Mio. €), Filgrastim minus 20 % (4 Mio. €) und Somatropin minus 27 % (46 Mio. €). Für sie liegen auch Erfahrungswerte der Marktdurchdringung vor (2013er-Verordnungsanteil in Tagesdosen): 68 % bei den Epoetinen, 69 % bei den Filgrastimen und 10 % für das neben sieben Originalpräparaten einzige Somatropin-Biosimilar. Wenn allerdings die Biobetters von Epogen (Epoetin) und Neupogen (Filgrastim), Aranesp und Neulasta, berücksichtigt werden, sinkt der jeweilige Marktanteil der Biosimilars der ersten Generation von 67 auf 33 % und von 47 auf 4 % (Stand: 2011), so die Analyse von Grabowski et al. (2014). Die Biobetters weisen eine längere Wirkdauer auf und müssen daher weniger oft verabreicht werden. Neben dem möglichen Bequemlichkeitsvorteil für den Patienten sind – trotz der höheren Kosten – ab einem gewissen Mindestbehandlungszeitraum in Summe sogar Einsparungen möglich. Dies zeigt eine Information der Kassenärztlichen Vereinigung Westfalen-Lippe vom Oktober 2010, die zu folgendem Schluss kommt: Pegyliertes G-CSF (Neulasta) ist nach Tagesdosen-Kosten pro Therapiezyklus nach Überschreiten von etwa acht bis elf Tagen Anwendungsdauer preisgünstiger (KVWL 2010). Der Einsatz der Biosimilars ermöglicht dagegen eine flexiblere Anpassung der Behandlungsdurchführung und ist bei kürzerer Therapiedauer günstiger.

Für Remsima, das von Celltrion entwickelte und jüngst von Partner Mundipharma in Deutschland auf den Markt gebrachte erste Antikörper-Biosimilar zu Remicade, soll der anfängliche Preis etwa 10 % unter dem des Originals liegen, so eine Firmenmitteilung. Allgemein wird für die biosimilaren Antikörper – manchmal auch als Biosimilars 2.0 bezeichnet – ein größeres Einsparpotenzial als für diejenigen der ersten Generation erwartet. Allerdings sind sie nochmals komplexer in der Herstellung, was auch die Nachahmer vor nochmals größere Herausforderungen stellt. Brill (2015) errechnete in einer Analyse, dass das zu kopierende Originalpräparat mindestens einen durchschnittlichen jährlichen Umsatz von 898 Mio. US$ erreicht haben muss, damit sich die Entwicklung eines Biosimilars lohnt. Als Annahmen legte er zugrunde: eine Marktdurchdringung und einen Preisabschlag von 10 und 20 % in Jahr 1, die jeweils in Jahr 4 auf 35 und 40 % gestiegen sind. In einem anderen Szenario mit einer niedrigeren angenommenen Marktdurchdringung (maximal 25 %) kommt er sogar auf eine Mindestgrenze von 1,3 Mrd. US$ an benötigtem Umsatz. Ein drittes Szenario hält die Marktdurchdringung konstant und verringert die angenommenen FuE-Kosten um 33 %, was in einem benötigten Mindestumsatz von 627 Mio. US$ resultiert. Zwar beziehen sich die Berechnungen explizit auf den US-Markt, sie sollten aber grundsätzlich auch für den europäischen Markt valide sein.

» This analysis shows that a biosimilar manufacturer would not find it worthwhile to enter the U.S. market for most average (by sales) biologics even under favorable market conditions. Under potential regulatory and market constraints that limit biosimilar market share, only the largest biologics would attract biosimilar competition. (Brill 2015)

Laut den Autoren überraschende Aspekte zu Angebot und Preisniveau liefert auch eine Befragung unter Generikaherstellern und Innovatoren zu Biosimilars (► Biosimilars werden keinen massiven Marktumbruch verursachen). Diese führte die Beratungsfirma Camelot (2014) unter 80 Vertretern von weltweit in 16 Ländern aktiven Gesellschaften durch. Auch sie spricht gegenüber dem Umsatz- und Gewinnpotenzial möglicherweise unverhältnismäßig hohe Risiken und Investitionen an. Das Resumee lautet: Besonders die Generikahersteller

Biosimilars werden keinen massiven Marktumbruch verursachen

»Die Befragten [gehen] im Gegensatz zu anderen Experten oder etwa dem Wunschdenken vieler Versicherungen nicht davon aus …, dass Biosimilars große Auswirkungen auf Therapien und Behandlungen von Patienten haben werden. Mehr als zwei Drittel aller Hersteller (sowohl Generikaunternehmen als auch Innovatoren) erwarten, dass weniger als fünf Prozent ihres Gesamtportfolios (inklusive nicht-biologischer Produkte) sich in die Richtung der Biosimilars verlagern werden. … Die meisten Befragten gehen davon aus, dass viele Ärzte Medikamenten, die ähnlich aber mit dem Originalpräparat nicht identisch sind, eher skeptisch gegenüber stehen. Die meisten Unternehmen erwarten keine großen Auswirkungen der Biosimilars-Sparte auf ihr künftiges Geschäft. Die Hälfte der Pharmaverantwortlichen geht nicht davon aus, dass der Preisdruck durch Biosimilars das eigene Unternehmensportfolio beeinflussen wird, nur circa zehn Prozent der Befragten können sich solche Effekte vorstellen. In einem Punkt sind sich sowohl die Generikaunternehmen als auch die Forschenden einig: Auch wenn es derzeit einen großen Hype rund um die Biosimilars-Sparte gibt – die Biosimilars werden weder einen massiven Marktumbruch verursachen noch die gesamte Pharmabranche revolutionieren. Innerhalb des Biosimilars-Segmentes soll es aber … einen harten Preiskampf geben. Bislang hätten enthusiastische Stimmen verlauten lassen, Biosimi-lars seien nicht dem gleichen Preisdruck ausgesetzt wie Generika, und … könnten bis zu 70 Prozent des Originalproduktpreises erzielen. Die Antworten der Befragten zeigten aber das Gegenteil: ‚eine sichtbare Abkühlung der Euphorie'. Während bei den Generikaherstellern immerhin noch fast 60 Prozent von einem Preisniveau zwischen 50 und 99 Prozent des Originalproduktpreises ausgehen, … [schätzen] mehr als 40 Prozent … [der Innovatoren] das Preisniveau auf circa 15 Prozent … oder sogar noch niedriger. Das Fazit von Camelot: ‚Mit anderen Worten, die Kenner des Biologikamarktes erwarten einen viel intensiveren Preiswettbewerb als bislang vermutet'« (Camelot 2014).

---

versprechen sich einen großen Anteil an einem Geschäft, das ihrer Erwartung nach weniger stark dem Preiskampf ausgesetzt sein wird als ihr Kerngeschäft.

IMS Health schätzte den weltweiten Markt für Biosimilars im Jahr 2010 auf gut 300 Mio. US$, wovon sich mehr als 80 % auf Europa konzentrierten. Auf Epoetine, Filgrastime und biosimilares Somatropin entfielen 42, 33 und 25 %. Die Prognosen für 2015 lagen bei 2 bis 2,5 Mrd. US$. Ab 2015/16 bis 2020 wird weiteres deutliches Wachstum erwartet, da die Patente von neun der zehn umsatzstärksten Biologika ablaufen, die 2014 in Summe fast 75 Mrd. US$ umsetzten. Für 2020 prognostiziert IMS Health (2011) einen unteren Wert von 11, einen mittleren von 20 und einen oberen von 25 Mrd. US$. Der entsprechende Marktanteil innerhalb der Biologika läge dann bei 4, 8 oder 10 %. Auch IMS schränkt ein:

> » Whether the US opportunity is realized is the single most important differentiator between success and failure for biosimilars in the next decade. (IMS Health 2011)

Eine ähnliche Entwicklung sagen die Experten von Frost & Sullivan (2014) voraus: Ausgehend von 1,2 Mrd. US$ im Jahr 2013 soll der Markt für Biosimilars bis 2019 auf knapp 24 Mrd. US$ anwachsen. Auch sie sehen die größten Wachstumschancen in unerschlossenen Märkten in den USA sowie in den Regionen Asien-Pazifik und Lateinamerika. Die Marktforscher prognostizieren außerdem exponentielles Wachstum aufgrund des Markteintrittes von weiteren großen Pharma-Firmen, kleinen Biotech-Unternehmen sowie Generikaherstellern. Zudem beobachten sie, dass sich indische Unternehmensgruppen wie Dr. Reddy's Laboratories, Biocon und Reliance Life Sciences bereits um den Eintritt in den europäischen Markt bemühen.

Wenige Player dominieren bisher den Markt, neuer Wettbewerb steht aber an

Neben den schon im EU-Markt tätigen Generika-Firmen, stehen weitere wie auch erste forschende Pharma- und Biotech-Unternehmen in den Startlöchern (◘ Abb. 3.22). Zum Teil in Kooperation miteinander, denn das Zusammenlegen von Kompetenzen reduziert Markteintrittsbarrieren der Herstellung und Vermarktung von Biosimilars, die nicht jeder Wettbewerber im Alleingang stemmt.

Thomson Reuters gibt in einem Bericht eine gute ► Übersicht zur Wettbewerbssituation bei den

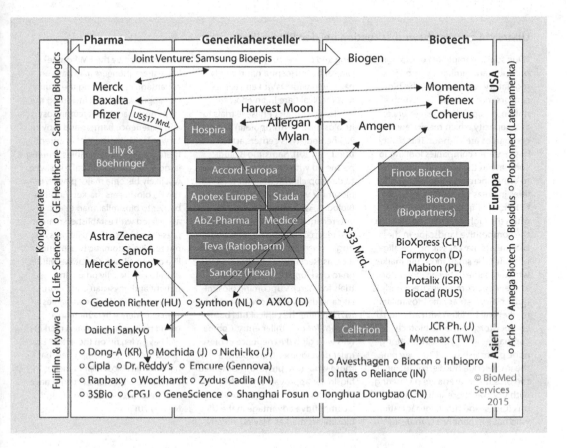

◘ Abb. 3.22 Ausgewählte Firmen mit Biosimilar-Aktivitäten. Mit grauem Kasten hinterlegt: mit EMA-Zulassung; Pfeile symbolisieren Partnerschaften

Biosimilars. Sie heben auch folgende Markteintrittsbarrieren hervor:

- biologisches Produktions-Know-how im Industriemaßstab, verbunden mit hohen Investitionen;
- auf die speziellen regulatorischen Anforderungen zugeschnittene klinische Studien;
- Marktpräsenz im Zielmarkt.

Das betrifft die Wettbewerber auf unterschiedliche Weise. So stellen für Anbieter, die bisher nur in weniger regulierten Märkten (Indien, China, Südamerika) tätig waren, die regulatorischen Vorgaben sowie die fehlende Reputation eine recht große Hürde beim Expandieren in neue Märkte dar.

Von den Innovatoren ergriff – nach einer Studie von McKinsey (Dalgaard et al. 2013) – die US-Merck im Jahr 2008 als Erste die Initiative in Richtung Biosimilars: Mit einem Investment von 1,5 Mrd. US$ gründete sie die Merck Bioventures. Nach Fehlschlägen bei der Entwicklung eines Biosimilars zu Amgens Aranesp wurde sie allerdings wieder als Forschungseinheit in den Konzern reintegriert. Die Biosimilar-Strategie wird nun mit dem koreanischen Partner Samsung Bioepis (Joint Venture zwischen Samsung Biologics und Biogen) weiterverfolgt. Ziel der Kooperation ist zunächst nachgebautes Insulin glargin. Neben diesem prüft Samsung Bioepis derzeit folgende Biosimilars in Phase-III-Studien: Infliximab (Remicade), Trastuzumab (Herceptin) und Adalimumab (Humira). Für biosimilares Etanercept hat Samsung Bioepis Anfang 2015 bei der EMA die Zulassung beantragt. Es wäre die erste Kopie eines Fusionsproteins, nämlich eine von Amgens Enbrel.

Übersicht zur Wettbewerbssituation bei den Biosimilars

»Due to the complexity of biologic products and similarly complex regulatory requirements, the biosimilars market requires a combination of capabilities, experience, and capacity which many generic companies are without. This reality has required companies looking to compete in the biosimilars market to either increase in-house capabilities in areas where they currently fall short, or find them elsewhere, often through deal making. As such, the competitive landscape in the biosimilars market will not be aligned with the small molecule market, where the line between innovator and generic companies frequently is quite clear. Instead, the biosimilars market will be filled with additional competitors, including biotech companies and hybrid innovator-generic partnerships. … To overcome the knowledge hurdle, companies in the biosimilars arena are partnering with Contract Research Organizations (CROs) and health organizations who have experience with designing and conducting biosimilar clinical trials. Hospira has recently partnered with DaVita and Fresenius Medical Care in an effort to efficiently conduct Phase III trials for its biosimilar erythropoietin across 200 hemodialysis centers across the U.S. In 2011, Samsung Biologics partnered with CRO giant Quintiles to develop clinical trials for their biosimilar venture. In turn, Samsung Biologics, with Quintiles in tow, entered into an agreement with Biogen Idec; combining biologic and business expertise to form Samsung Bioepis. Recently, … [it] has signed on to develop and conduct clinical trials for Merck's upcoming biosimilar candidates in a move that seeks to overcome the clinical trial barriers present for biosimilar entry. Companies with global experience in biosimilar development, and particularly those who have previously obtained biosimilar approvals under the EMA guidelines, will likely exhibit a competitive advantage in the US biosimilars market. Having already been molded by the EMA guidelines, these pioneers may have an advantage in navigating the murky U.S. approval process, including the steps necessary to overcome cost and experience barriers and move forward with clinical trials. Currently there are several companies running large-scale, global clinical trials who will likely become major players in the US biosimilars market. Another barrier to biosimilar market entry is associated with established market presence. In the US, biosimilars do not receive automatic substitution like generic drugs, so uptake will have to rely heavily on pricing, patient and physician education, and marketing. While companies with experience in launching a brand product in regulated markets will have a leg up on those that do not, it is expected companies that have current biosimilar launches in other regulated markets could have the likely success« (Bourgoin und Nuskey 2013).

Als nächster Innovator wagte Pfizer einen Schritt und schloss im Oktober 2010 eine Allianz mit dem indischen Biotech-Unternehmen Biocon. Dieses vergab weltweite Vermarktungsrechte für seine biosimilaren Insulin-Produkte an Pfizer. Nach nur gut einem Jahr beendeten beide Partner ihre Vereinbarung »einvernehmlich«, denn Pfizer stellte den Diabetes-Markt in seiner Priorität hinter biotechnologische Nachahmerprodukte von Krebsmedikamenten, Schmerzmitteln und von Arzneien zur Behandlung seltener Krankheiten. Kurz vor der Markteinführung des ersten biosimilaren Krebs-Antikörpers im Februar 2015 schlug der Konzern wieder zu und übernahm den US-basierten Celltrion-Partner Hospira mit seinem Produkt Inflectra (Infliximab) für einen Betrag von 17 Mrd. US$. Die deutsche Boehringer Ingelheim konnte beim Einstieg in die Biosimilars auf ihrer umfangreichen Expertise in der biologischen Auftragsproduktion aufbauen. Zusammen mit Partner Lilly entwickelte sie im Rahmen einer seit 2009 bestehenden Diabetes-Allianz ab 2011 biosimilares Insulin glargin. Nachdem die EMA im Juli 2013 den Zulassungsantrag akzeptiert hatte, gab sie gut ein Jahr später grünes Licht für die Vermarktung der Lantus-Kopie namens Abasaglar.

Die Biotech-Firma Amgen, bei Enbrel selbst »Opfer« der Nachahmer, setzt auf ein Nebeneinander von Original-Biologika und Biosimilars. Sie testet seit Februar 2015 schon in einer zweiten Phase-III-Studie eine Kopie von Humira, das wiederum Konkurrenzprodukt zu Enbrel ist. Der TNF-Antikörper verliert Ende 2016 seinen Patentschutz in den USA (◨ Abb. 3.23). Amgen entwickelt auch nachgebautes Rituxan sowie Herceptin, und zwar zusammen mit dem Generikahersteller Allergan (vormals Actavis) sowie der niederländischen Synthon. Insgesamt hat Amgen sechs Biosimilars in der Pipeline und erwartet erste Launchs ab 2017.

In den USA bietet der BPCIA den von der FDA über eine BLA zugelassenen Biologika unabhängig

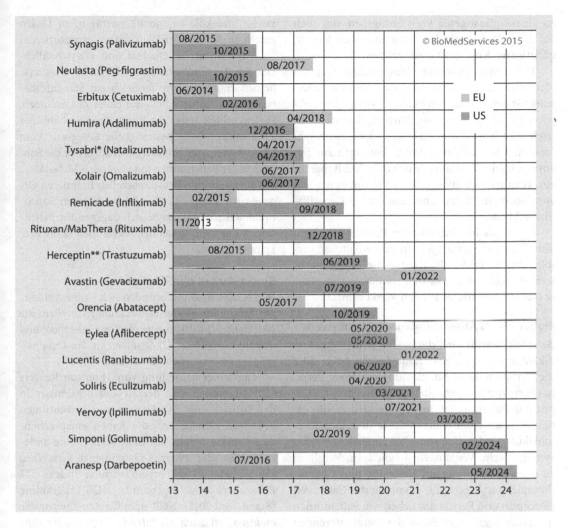

▣ Abb. 3.23 Ausgewählte Biologika und ihr Zeitpunkt ablaufender Exklusivität. Erstellt nach GaBI online (2011) unter Aktualisierung der Daten. *vermutlich verlängert bis 2020, **in Großbritannien bereits Juli 2014

vom Patentablauf die Sicherheit einer zwölfjährigen Marktexklusivität. Dies bedeutet laut Thomson Reuters zum Beispiel für folgende – nicht in ▣ Abb. 3.23 erwähnte – therapeutische Antikörper einen Schutz: Ilaris (Canakinumab) bis mindestens 17.06.2021 und Stelara (Ustekinumab) bis mindestens 25.09.2021.

Für MabThera (Rituximab) lief der europäische Patentschutz bereits 2013 ab. Ein erstes Biosimilar dazu brachte 2014 das russische Unternehmen Biocad auf den heimischen Markt. Neben Acell-Bia, so dessen Markenname, befindet sich jedoch noch kein weiteres entsprechendes Biosimilar im

Verkauf. Roche, über Genentech Originator von Rituximab, hat vorgebaut und im März 2014 eine EU-Zulassung für MabThera SC erhalten. Die neue subkutane Formulierung des Antikörpers verkürzt die intravenöse Infusionszeit von zweieinhalb Stunden auf etwa fünf Minuten. Mit dieser Biobetter-Version verschafft sich Roche einen gewissen Schutz im europäischen Biosimilar-Wettbewerb. In den USA läuft das Patent für Rituxan, so der dortige Markenname, noch bis 2018. Thomson Reuters (Bourgoin und Nuskey 2013) gibt in seinem Biosimilar-Bericht an, dass Roche plant, die beiden Blockbuster-Medikamente Rituxan und Herceptin zu einem günstigeren Preis abzugeben, um auch auf diese Weise mit den aufkommenden kostengünstigeren Kopien zu konkurrieren.

Für seine Herceptin-Reproduktion namens Herzuma erhielt Celltrion Anfang 2014 die Zulassung für den heimischen Markt Südkorea. Die Celltrion-Kopie soll über den Partner Hospira demnächst auch in Europa erhältlich sein. Noch gibt es aber keine offiziellen Verlautbarungen zur Beantragung der Zulassung. Auch in Indien ist bereits ein Trastuzumab-Biosimilar verfügbar, hergestellt von Biocon in Partnerschaft mit der US-Generika-Firma Mylan.

Roche als Innovator beider Produkte versucht sich über Patentstreitigkeiten zu verteidigen, verfolgt aber auch hier gleichzeitig eine Biobetter-Abwehrstrategie, in dem sie neu geschützte, verbesserte Nachfolgeprodukte auf den Markt bringt.

Biobetters als Abwehrstrategie im Wettbewerb

Beispiele hierfür sind die beiden Brustkrebs-Medikamente Perjeta und Kadcyla, die beide 2013 die europäische Marktzulassung erhielten. Perjeta (Pertuzumab) behandelt wie Herceptin HER2-positive Patientinnen. Im Unterschied zu diesem bindet es an einer anderen Stelle desselben Zielmoleküls, und es sind somit bei parallelem Einsatz synergistische Wirkungen möglich. Im Vergleich zu einer Behandlung mit Herceptin plus Chemotherapie verlängert die kombinierte Gabe von Herceptin und Perjeta das Leben von Patientinnen mit einer aggressiven Form des metastasierenden Brustkrebses um 15,7 Monate. Das mediane Gesamtüberleben von fast fünf Jahren ist die längste Zeitspanne, die bis heute bei entsprechend Erkrankten beobachtet werden konnte, so Roche. Als drittes zielgerichtet wirkendes Medikament entwickelte Roche Kadcyla (Trastuzumab Emtansin) für die Behandlung von HER2-positivem Brustkrebs. Es handelt sich um ein sogenanntes Antikörper-Wirkstoff-Konjugat, das zwei krebshemmende Eigenschaften miteinander verbindet: Die HER2-Hemmung durch Trastuzumab und die zytotoxische Wirkung durch das Chemotherapeutikum DM1. Die Entwicklung von Antikörper-Konjugaten ist eines der neueren Biobetter-Konzepte. Ziel ist einerseits, Antikörper in der Krebstherapie noch effizienter zu machen, andererseits hochto-xische Moleküle in (noch) verträglichen Dosen gezielt an den Ort der Wirkung zu transportieren.

Das Institut für Qualität und Wirtschaftlichkeit im Gesundheitswesen (IQWIG) attestierte beiden Präparaten im Vergleich zur Standardtherapie einen Anhaltspunkt auf einen Zusatznutzen. Perjeta erhielt sogar die Beurteilung »erheblicher Zusatznutzen«, die bestmögliche Kategorie. Vom Überlebensvorteil profitiert allerdings nur die Subgruppe der Patientinnen mit viszeralen Metastasen, das sind gestreute Brustkrebszellen in inneren Organen wie Lunge, Leber, Gehirn oder im Bauchraum. Kein Vorteil zeigte sich dagegen für Patientinnen mit nicht-viszeralen Metastasen (Knochen, Lymphknoten).

Biosimilars in der Pipeline

Wie bereits erwähnt, befinden sich einige Antikörper-Biosimilars in der Entwicklung. Vor allem die Blockbuster-Medikamente werden nachgebaut und in klinischen Phase-III-Studien mit den Originalpräparaten verglichen (◘ Tab. 3.21).

Laut einer Mitteilung von Thomson Reuters (2014) befinden sich derzeit 700 Biosimilars in der Entwicklung. 245 Firmen und Institutionen beteiligen sich daran oder haben entsprechende Produkte bereits auf dem Markt. Eine andere Quelle, der Pharma-Datendienst FirstWord (2015), listet in seinem »Biosimilar Index« 527 Biosimilars und sogenannte NCB-Programme (Stand: Juni 2015). NCB steht für *non-comparable biologics*, oft auch als *intended copies* oder *copy biologics* bezeichnet.

┌─ Intended Copies ─────────────

»Bei Intended Copies handelt es sich um Kopien von bereits lizensierten Biologika, die nicht den Zulassungsprozess für Biosimilars durchlaufen haben, der den Regularien der EMA entspricht. Diese Intended Copies werden teilweise auch als Biosimilars bezeichnet, sind beispielsweise für Rheumatoide Arthritis in Ländern Südamerikas und China zugelassen und entsprechen den dortigen Regularien der Behörden. Den Standards der EMA genügen sie nicht« (Deutsche Rheuma-Liga 2014).

◻ Tab. 3.21 Ausgewählte Firmen und ihre in Entwicklung befindlichen Biosimilars nach Phase. (Quelle: BioMedServices (2015) nach Bernstein Research (2014))

Produkt (Umsatz 2014 in Mrd. US$) oder Produktklasse	Anzahl Biosimilars in Entwicklung[b]	Anzahl Biobetters in Entwicklung[b]	Celltrion & Hospira	Pfizer (>Hospira)	Pfenex (z.T. mit Hospira)	Sandoz	Amgen & Allergan	BioXpress	Biocon & Mylan	Mabion	Biocad	Boehringer Ingelheim	Samsung Bioepsis	Apotex	Reddy & Merck (D)
Anzahl/Firma			9[c] / 5	4	7	6	5	5	4	4	3	3	3	2	2
Humira (12,5)	13	7	PK,	I		III	‡ →I	‡	PK			III			
Remicade (9,2)	9	9	M				PK			PK			III		
Enbrel (8,5)	21	8				III			PK	PK			Zul EU		
Lantus (8,4)	5	2													
Rituxan (7,6)	30	17	‡ →I	III		III	PK	‡	PK	III	M	III	‡		M
Avastin (7,0)	14	9	PK	I			III	‡	III		III	‡ →I			
Herceptin[a] (6,9)	24	12	III	III			III	‡	III		III				
Neulasta (4,6)	14	9			PK	III		‡		PK				Zul US	PK
Lucentis (4,3)	2	2			I										
Epogen (2,0)	69	26	Zul US			III US									

◻ Tab. 3.21 Fortsetzung

Produkt (Umsatz 2014 in Mrd. US$) oder Produktklasse	Anzahl Biosimilars in Entwicklung[b]	Anzahl Biobetters in Entwicklung[b]	Celltrion & Hospira	Pfizer (> Hospira)	Pfenex (z. T. mit Hospira)	Sandoz	Amgen & Allergan	BioXpress	Biocon & Mylan	Mablon	Biocad	Boehringer Ingelheim	Samsung Bioepsis	Apotex	Reddy & Merck (D)
Aranesp (1,9)	4	2													
Neupogen (1,2)	52	17				III US								Zul US	
Insulin	40	53													
Anti-TNF	44	19			#										
Interferon α	55	48			#										
Interferon β	23	23			#										
Somatropin	28	17			#										
Faktor VIII	4	21													
Krebs-AK	77	59													
Andere					#										

[a] GaBI Online (2014)

[b] Rader (2013b) sowie Ndegwa und Quansah (2013)

[c] nach Übernahme von Hospira durch Pfizer (»Pfizer > Hospira«); durchgestrichen bedeutet Rückschlag, → aktueller Status quo; jeweils weiteste Phase (PK Präklinik, P Phase, Zul Zulassung, M Markt), wenn nicht bekannt #; AK Antikörper

◘ Tab. 3.22 Öffentlich bekannt gegebene Biosimilar-Studien von Sandoz. (Quelle: Sandoz 2015)

Referenz	Wirkstoff	Phase	Indikation	Status (30.06.2015)
Humira	Adalimumab	III	Chronische Schuppenflechte	Laufend
Enbrel	Etanercept	III	Chronische Schuppenflechte	Patienten eingeschlossen
Rituxan	Rituximab	III	Follikuläres Lymphom	Laufend
Rituxan	Rituximab	II	Rheumatoide Arthritis	Laufend
Epogen	Epoetin-alfa	III (US)	Renale Anämie	Patienten eingeschlossen
Epogen	Epoetin-alfa	III (EU)	Renale Anämie	Patienten eingeschlossen
Neulasta	Pegfilgrastim	III	Neutropenie (bei Chemotherapie)	Abgeschlossen/Zulassung in Vorbereitung

Über 160 Firmen entwickeln Kopien zu 46 Originator-Produkten, 40 Projekte werden bereits in Phase III geprüft (10 %). Auf therapeutische Antikörper entfallen 115 Projekte (30 %). Setzt man die Gesamtheit der 527 Kopien ins Verhältnis zu den 46 Referenzen, ergeben sich rund elf Konkurrenzprodukte pro Original.

Die meisten Biosimilars in Entwicklung beziehen sich noch auf die der ersten Generation (Biosimilars 1.0), also Epoetine, Filgrastime und Somatropine. Innerhalb der Antikörper-Präparate werden derzeit besonders oft kopiert (Rader 2013b): Rituxan/MabThera (30), Herceptin (24), Avastin (14) und Humira (13). So testen zum Beispiel Sandoz, Boehringer Ingelheim, Pfizer und Mabion Rituximab bereits in Phase III. Auch Stada und Gedeon Richter engagieren sich hier.

Die Novartis-Tochter Sandoz, die im Jahr 2006 die weltweit erste Zulassung für eine Biologika-Kopie erhielt (Omnitrope) und einer der bisherigen Marktführer bei den Biosimilars 1.0 ist, verfolgt neben Rituximab auch weitere Biosimilars der zweiten Generation (Biosimilars 2.0): Adalimumab und Etanercept (◘ Tab. 3.22). Sie ist im Rahmen der neuen Regularien auch der Pionier in den USA: Nachdem sie im Juli 2014 den ersten Biosimilar-Antrag in den USA überhaupt einreichte und sich im Januar 2015 ein Expertenausschuss der FDA einstimmig für eine Genehmigung aussprach, gab diese im März 2015 den Weg frei für die Markteinführung des Neupogen-Biosimilars Zarxio (Filgrastim).

Als weitere anstehende Biosimilar-Einführung wird in den USA die Remicade-Kopie von Celltrion erwartet. In Zusammenarbeit mit ihrem Partner Hospira, der bald eine Pfizer-Tochter sein wird, hat sie im August 2014 den Zulassungsantrag bei der FDA eingereicht. Diese hat allerdings bereits Nachforderungen zu weiteren Daten gestellt und die ursprünglich für März 2015 geplante Diskussion verschoben.

3.1.1.5 Zusammenfassende Einschätzung zu Biosimilars und Biopharmazeutika

Biosimilars, also nachgeahmte Biologika, sind nach Ablauf des Patentschutzes der Original-Biologika ein zwangsläufiges Phänomen. Beide diametralen Pole haben ihre Berechtigung:

- auf der einen Seite: der Wunsch nach Bereitstellung preisgünstigerer Medikamente zur Einsparung von Kosten im Gesundheitswesen sowie nach freiem Wettbewerb;
- auf der anderen Seite: die Notwendigkeit, weiterhin neuartige Wirkstoffe zu erforschen und zu entwickeln, die im Idealfall einen Zusatznutzen für die Patienten aufweisen. Aufgrund des hohen Risikos und der hohen Kosten bei der Entwicklung eines neuartigen Wirkstoffes dient der spätere höhere Preis der Originator-Präparate beziehungsweise deren Umsatz als Anreiz beziehungsweise Amortisation, diese Investition überhaupt zu tätigen.

Forschung hat ihren Preis und Arzneimittel-Innovationen sind keine Billigprodukte! Viele der Fortschritte in der Medizin sind auf neue und bessere Medikamente und nicht auf Generika zurückzuführen. In einer allumfassenden Sicht ermöglichen sie zudem sogar Einsparungen bei den Krankheitskosten. Umfangreiche Studien dazu führte der US-Ökonom Lichtenberg vom National Bureau of Economic Research durch. Bereits 2001 postulierte er, dass je »neuer« das Medikament, desto geringer Ausgaben für nichtmedikamentöse Behandlungsaspekte waren. Zudem stellte er fest, dass Patienten, die »neuere« Arzneien erhielten, signifikant weniger wahrscheinlich bis zum Studienende verstarben. Gleiches traf auf Fehltage bei der Arbeit zu (Lichtenberg 2001). In einer Gesamtsicht ermöglichte der Einsatz »neuerer« sogar eine Kostenreduktion gegenüber der Verwendung »älterer« Wirkstoffe.

Lichtenberg (2002) führte den Anstieg der Lebensdauer im Zeitraum 1960 bis 1997 vor allem auf medizinische Innovationen in Form neuartiger Arzneien sowie verbesserte medizinische Versorgung, insbesondere über öffentliche Ausgaben zurück. Eine weitere seiner Untersuchungen (Lichtenberg 2009) kommt zu folgendem Ergebnis: Zwischen 1991 und 2004 erhöhte sich die Lebenserwartung in den USA ab Geburt um 2,37 Jahre, wovon 47 % den sogenannten *newer outpatient prescription drugs* zuzuschreiben waren. Das sind verschreibungspflichtige Medikamente, die ein Patient selbstständig zu sich nimmt (auch in der Arztpraxis oder Klinik). Lediglich 22 % entfiel auf die *newer provider-administered drugs*, welches Arzneimittel sind, die von einem Arzt verabreicht werden (z. B. Chemotherapie). Verbesserte bildgebende Diagnostik steuerte 28 % der zusätzlichen Lebenserwartung bei. Erschreckenderweise stellte der Autor auch fest, dass eine gesunkene durchschnittliche Qualität der medizinischen Ausbildung die Lebensdauer gleichzeitig um ein Drittel bis ein halbes Jahr reduzierte. In einer seiner jüngsten Veröffentlichungen attestiert Lichtenberg (2014) denjenigen Medikamenten, die nach 1990 auf den Markt kamen, einen 73-%igen Anteil am weltweiten Zuwachs der Lebenserwartung im Zeitraum 2000 bis 2009.

Auch andere Autoren kommen, was die Gesamtsicht von Kosten anbetrifft, zu ähnlichen Ergebnissen:

» Improvements in medical technology are believed to be partly responsible for rapidly rising health expenditures. … Our findings suggest that newer drugs increase the spending on prescription drugs since they are usually more expensive than their predecessors. However, they lower the demand for other types of medical services, which causes the total spending to decline. (Civan und Köksal 2010)

» Expenditures of health care systems are increasing from year to year. … Innovative pharmaceuticals launched 2000 onward … led to a potential welfare gain of about CHF 781 million in the year 2010. … Probably because of the higher benefits of new drugs on health and quality of life compared to standard treatment, these drugs are worth the higher costs. The literature search revealed that there is a lack of information about the effects of innovative pharmaceuticals on the overall economy of Switzerland. Our study showed that potential welfare gains in 2010 by introducing innovative pharmaceuticals to the Swiss market were substantial. Considering costs and benefits of new drugs is important. (Pavic et al. 2014)

Mit Blick auf stetig steigende Kosten im Gesundheitswesen stehen vor allem neue Krebs-Arzneien in der Kritik. Lichtenberg hat auch speziell zu dieser Indikation Berechnungen durchgeführt (▸ Der Ökonom Lichtenberg zu sinkenden Todesraten und Medikamentenkosten bei Krebs) und er bekräftigt:

» Avastin. Rituxan. Gleevec. Herceptin. All of these now-familiar drug names are expensive cancer therapies that cost as much as $100,000 for a course of treatment that often lasts only a few months. The price tags on such drugs are steep, it's true. And these new cancer treatments can pose a substantial financial burden on healthcare systems if not targeted to the correct patient groups. But, contrary to

Der Ökonom Lichtenberg zu sinkenden Todesraten und Medikamentenkosten bei Krebs

»During the period 2000–2009, the age-adjusted cancer mortality rate declined by 13.8 %. Under the assumption that there were no pre-dated factors that drove both vintage [year of FDA approval] and mortality, and that there would have been parallel trends in mortality in the absence of innovation, the estimates imply that there were three major sources of decline in the cancer mortality rate. Drug innovation was the largest source: it is estimated to have reduced the cancer mortality rate by 8.0 %. Imaging innovation is estimated to have reduced the cancer mortality rate by 4.0 %. Estimates of the effects of radiation and surgical innovation were not significant, but these types of innovation are more difficult to measure than drug and imaging innovation. The 3 % decline in the cancer incidence rate is estimated to have reduced the cancer mortality rate by just 1.2 %. Drug and imaging innovation and (to a much lesser extent) declining incidence explain almost the entire decline in cancer mortality. Murphy and Topel (2006) estimated that a ‚1 % reduction in cancer mortality would be worth nearly $500 billion.' This implies that the social value of the reductions in cancer mortality attributable to medical innovations has been enormous, and much greater than the cost of these innovations. For example, the value of the mortality reduction resulting from cancer drug innovation would be $4.2 trillion (= 8.4 * $500 billion). Data from IMS Health indicate that total U.S. expenditure on cancer drugs in 2009 was $40.5 billion; 76 % ($31.0 billion) of this expenditure was on drugs launched after 1995. If Murphy and Topel's and my calculations are correct, the cost of new cancer drugs is less than 1 % of value of the mortality reduction they yielded« (Lichtenberg 2010).

accounts in the popular press – where individual medicines are often lambasted for not providing suitable bang for their large buck – today's cancer treatments are indeed a cost-effective way of extending life when one looks at the big picture. (Lichtenberg 2011)

Diese Ausführungen sollen keineswegs eine Kontrastellung gegen Biosimilars beziehen, sondern versuchen, für jede Position Für und Wider darzustellen. Laut Rader (2013b) war die bisherige Durchdringung des europäischen Marktes mit Biosimilars eher gering. Den Markt schätzte er auf etwa 400 bis 500 Mio. US$, was einem Schnitt von rund 40 Mio. US$ pro Jahr gleichkommt. Ein solcher Betrag stellt nach seiner Ansicht einen unzureichenden Markt für Pharmazeutika und insbesondere für Biopharmazeutika dar. Deren Markterwartung liegen bei um die 400 Mio. US$ jährlich. Allerdings ist zu berücksichtigen, dass es sich bei diesen Aussagen um Einschätzungen zu den Biosimilars 1.0 handelt. Die Erwartungen für die Biosimilars der zweiten Generation weisen mit 25 Mrd. US$ für 2020 eine andere Größenordnung auf. Auch summierte sich die Anzahl der Patentabläufe für Biologika im Zeitraum 2006 bis 2013 laut IMS Health auf 14, der Zeitraum 2014 bis 2020 bietet 39. Das wären die Biosimilars 2.0. Es gibt auch Unternehmen, die sich bereits auf die dritte

Welle vorbereiten (▶ »Wer zu spät kommt, den bestraft das Leben« (Michail Gorbatschow): Die dritte Welle der Biosimilars).

Nicht zu vernachlässigen ist zudem, dass der US-Markt gerade erst in Angriff genommen wird. Thomson Reuters erwartet dort eine schnellere Marktdurchdringung, da im Gegensatz zur EU in den USA die Austauschbarkeit über den BPCIA erlaubt ist. In Zukunft wird die FDA in dem sogenannten »Purple Book« diejenigen Biologika und ihre Biosimilars listen, die jeweils gegenseitig substituierbar sind, ähnlich dem »Orange Book«, das zur Substitution durch niedermolekulare Generika informiert.

Das *Deutsche Ärzteblatt* (Zylka-Menhorn und Korzilius 2014) titelt *Biosimilars: Das Wettrennen ist in vollem Gange*, merkt aber auch an, dass deren Sicherheit und Wirksamkeit sowie die angestrebte Kostenersparnis nicht unumstritten sind. In einem sehr anschaulichen Vergleich, der verdeutlichen soll, dass selbst verschiedene Chargen von Originalsubstanzen geringfügig unterschiedliche Eigenschaften aufweisen können, führen sie aus: »In Anlehnung an die Weinherstellung könnten Biologika daher als 'Cuvée' bezeichnet werden«. Inwieweit sich Biosimilars auf dem deutschen Markt weiter durchsetzen werden, hängt auch von der Kenntnis zu Biosimilars seitens der Ärzte, Apotheker, Patienten und Krankenkassen ab. Eine von Hexal in Auftrag gegebene Umfrage ermittelte 2010, dass

3

> **»Wer zu spät kommt, den bestraft das Leben« (Michail Gorbatschow): Die dritte Welle der Biosimilars**
>
> »Gemeint sind damit Nachahmermedikamente für biopharmazeutisch hergestellte Präparate, deren Patente ab 2020 ablaufen. Bis jetzt haben sich die interessierte Öffentlichkeit sowie Pharmaindustrie und Krankenkassen in den wichtigen Märkten vor allem für die Erste und Zweite Welle interessiert. Bei der Ersten Welle handelt es sich um Biosimilars für Präparate, deren Patente bereits abgelaufen sind, vor allem Somatropin, Filgrastim und Epoetin alfa. Mit der Zweiten Welle sind Biotech-Medikamente gemeint, deren Patentschutz bis 2020 abläuft. Dazu gehören monoklonale Antikörper-Präparate mit Milliardenumsätzen wie Herceptin oder Rituximab. Doch wie man an den jüngsten Äußerungen von beispielsweise Teva oder Stada erkennen kann, bestimmt bereits heute die Dritte Welle der Biosimilars das Interesse der großen Pharma- und Generikaunternehmen. Die Dritte Welle umfasst Produkte, die in den Bereichen Augenheilkunde (Ophtalmologie), Autoimmunerkrankungen, Stoffwechselstörungen und Blutgerinnungsstörungen eingesetzt werden. Unternehmen, die nicht rechtzeitig mit der Entwicklung dieser Biosimilars begonnen haben, drohen aufgrund der Entwicklungszeiten von sieben bis acht Jahren für Biosimilars die von Gorbatschow formulierten Konsequenzen« (Formycon 2013).

zwei Drittel der befragten Ärzte, Politiker, Vertreter von gesetzlichen Krankenkassen, Kassenärztlichen Vereinigungen und Ärzte-Verbänden wenig bis gar keine Kenntnisse über Biosimilars haben. Rund 40 % konnten den Begriff nicht korrekt definieren.

Bezüglich Sicherheit und Wirksamkeit von Biosimilars muss den Anwendern – seien es Ärzte oder Patienten – allerdings klar sein, dass die europäische Zulassungsbehörde EMA zahlreiche analytische Untersuchungen und klinische Studien verlangt, deren Kriterien fast so streng wie bei einer Neuzulassung sind. Bioäquivalenzstudien wie bei Generika reichen hier bei Weitem nicht aus, sodass die Zulassung seitens der EMA ein Gütesiegel und Garant für hohe Qualität, Wirksamkeit und Sicherheit sein sollte. Problematisch sind dagegen Wirkstoffe aus nicht-regulierten Märkten.

Nach Evens und Kaitin (2015) hatte die Biotechnologie in den letzten 30 Jahren einen außerordentlichen Einfluss auf das Gesundheitswesen. Dies wird sich laut den Autoren in der nächsten Zukunft fortsetzen, weil das Wissen über die Pathophysiologie vieler bisher nicht behandelbarer Krankheiten wächst. Regierungen auf der ganzen Welt bringen kontinuierlich Initiativen voran, die Biotech-Innovationen unterstützen. Firmen übernehmen den teuren, zeitaufwendigen und riskanten Prozess der Produktentwicklung. Evens und Kaitin (2015) erwarten als Ergebnis einen kontinuierlichen Strom an neuartigen Medikamenten, die zu Durchbrüchen bei der Behandlung von Patienten führen.

Wie bereits ausgeführt, haben Biopharmazeutika herkömmliche Arzneimittel von der Spitze der führenden Arzneien nach Umsatz verdrängt (◘ Tab. 3.5 und 3.6). ◘ Tabelle 3.23 fasst die Blockbuster (über 1 Mrd. US$ Umsatz) unter ihnen nochmals zusammen. Nach den ersten rekombinanten körpereigenen Wachstumsfaktoren und Immun-Botenstoffen sowie den Insulinanaloga folgten rekombinante Antikörper als wichtige Wirkstoff-Klasse. Im Gegensatz zu unspezifisch wirkenden Chemotherapeutika blockierten sie erstmals spezifisch Stoffwechsel- und Signalwege von Tumorzellen über folgende Prinzipien:

- Aushungern: Hemmung der Neubildung von Blutgefäßen (Angiogenese), die den Tumor versorgen; ein Beispiel ist ein Antikörper, der an den vaskulären Endothelwachstumsfaktor, abgekürzt VEGF (engl.: *vascular endothelial growth factor*) bindet: Bevacizumab (Avastin).
- Blockieren von Wachstumssignalen:
  - Manche Darmkrebszellen produzieren verstärkt den sogenannten HER1-Rezeptor (*human epidermal growth factor receptor 1*), auch EGF-Rezeptor genannt, der Wachstums- und Teilungssignale verarbeitet; die Antikörper Cetuximab (Erbitux) und Panitumumab (Vectibix) unterbrechen den EGF-Rezeptor-vermittelten Signalweg.
  - Ähnliches ist der Fall in manchen Brusttumoren und Magenkrebszellen, die vermehrt den HER2-Rezeptor (*human epidermal growth factor receptor 2*) auf der Zelloberfläche tragen; der Antikörper Trastuzumab (Herceptin) unterbricht diesen Signalweg.

◘ **Tab. 3.23** Biotech-Blockbuster, Umsatz im Jahr 2014. (Quelle: BioMedServices 2015)

Marke	Wirkstoff	Art	Wirkprinzip	Indikation	FDA	Vermarkter	Mrd. US$
Humira	Adalimumab	rAK	Anti-TNF	Rh. Arthritis	12/2002	AbbVie	12,5
Sovaldi	Sofosbuvir	NA	RNS-Poly-merase-Inhi-bitor	Hepatitis C	12/2013	Gilead	10,3
Remica-de	Infliximab	rAK	Anti-TNF	Rh. Arthritis	08/1998	J&J & Merck	9,2
Enbrel	Etanercept	FP	Anti-TNF	Rh. Arthritis	11/1998	Amgen & Pfizer	8,5
Lantus	Insulin glargin	rPR	Insulinana-logon	Diabetes	04/2000	Sanofi	8,4
Rituxan	Rituximab	rAK	CD20-IA	Lymphkrebs	11/1997	Roche	7,6
Avastin	Bevacizumab	rAK	Anti-VEGF	Darmkrebs	02/2004	Roche	7,0
Hercep-tin	Trastuzumab	rAK	Anti-HER2	Brustkrebs	09/1998	Roche	6,9
Neulasta	Pegfilgrastim	rPR	WF	Neutropenie	01/2002	Amgen	4,6
Lucentis	Ranibizumab	rAK	Anti-VEGF	AMD	06/2006	Roche & Novartis	4,3
Atripla	Emtricitabin & Tenofovir[a]	NA	NRTI	HIV-Infektion	07/2006	Gilead	3,5
Truvada	Emtricitabin u. Tenofovir	NA	NRTI	HIV-Infektion	08/2004	Gilead	3,3
Novo-Log	Insulin aspart	rPR	Insulinana-logon	Diabetes	06/2000	Novo	3,1
Epogen Procrit	Epoetin alfa	rPR	WF	Blutarmut	06/1989 12/1990	Amgen J&J	3,0
Avonex	Interferon beta	rPR	Agonist	MS	05/1996	Biogen	3,0
Huma-log	Insulin lispro	rPR	Insulinana-logon	Diabetes	06/1996	Lilly	2,8
Eylea	Aflibercept	FP	Anti-VEGF	AMD	11/2011	Regeneron & Bayer	2,8
Levemir	Insulin detemir	rPR	Insulinana-logon	Diabetes	06/2005	Novo	2,5
Rebif	Interferon beta	rPR	Agonist	MS	03/2002	Merck Serono	2,4
Victoza	Liraglutid	rPR	GLP-Analo-gon	Diabetes	01/2010	Novo	2,4
Prolia Xgeva	Denosumab	rAK	Anti-RANK-Ligand	Osteoporose	06/2010	Amgen	2,3
Advate	Octocog alfa	rPR	AHF-Ersatz	Hämophilie	12/1992	Baxalta	2,1

◘ Tab. 3.23 Fortsetzung

Marke	Wirkstoff	Art	Wirkprinzip	Indikation	FDA	Vermarkter	Mrd. US$
Tysabri	Natalizumab	rAK	Integrin-RB	MS	11/2004	Biogen	2,0
Aranesp	Darbepoetin	rPR	WF	Blutarmut	09/2001	Amgen	1,9
Erbitux	Cetuximab	rAK	Anti-EGFR	Darmkrebs	02/2004	BMS & Merck	1,9
Gardasil	HPV-Proteine	rPR	Vakzin	HPV-Vakzin	06/2006	Merck & Co.	1,7
Orencia	Abatacept	FP	RB	Rh. Arthritis	12/2005	BMS	1,6
Koge-nate	Octocog alfa	rPR	AHF-Ersatz	Hämophilie	02/1993	Bayer	1,5
Yervoy	Ipilimumab	rAK	Anti-CTLA4	Hautkrebs	03/2011	BMS	1,3

[a]plus Efavirenz
Umrechnung in US$ mit Ø-Jahreskursen
AHF Antihämophiler Faktor, *AMD* altersbedingte Makuladegeneration, *FP* Fusionsprotein, *GLP glucagon-like peptide*,
IA Immunaktivierung, *MS* multiple Sklerose, *NA* Nukleosid-/Nukleotidanalogon, *HPV* Humaner Papillomvirus, *NRTI*
Nukleosid-analoger Reverse-Transkriptase-Hemmer, *rAK* rekombinanter Antikörper, *RB* Rezeptorblockade, *rPR* rekom-
binantes Protein, *WF* Wachstumsfaktor

Therapeutische Antikörper haben auch bei der Behandlung von Krankheiten, die mit dem Immunsystem zusammenhängen, große Fortschritte gebracht.

Biopharmazeutika und Immunsystem
Das Immunsystem (▸ Immunsystem: das Wichtigste in Kürze) ist prinzipiell ein sehr leistungsstarkes System: Es schützt den menschlichen Körper gegen fremde Strukturen wie Krankheitserreger (Viren, Bakterien, Pilze etc.), richtet sich bei Autoimmun-Erkrankungen gegen ihn selbst, geht allerdings bei Krebs (unkontrolliertes Zellwachstum) letztlich in die Knie. Je nachdem auf welches Teilsystem der Immunabwehr (◘ Tab. 3.24) gezielt wird, ergeben sich verschiedene therapeutische Ansatzpunkte für eine Immunmodulation (Eingriff in das Immunsystem).

Immunstimulation – Immunsystem anregen
Beim Impfen regen lebende oder abgetötete Erreger bzw. deren Bestandteile (z. B. Proteine oder Zuckerketten der Erreger-Hülle) das Immunsystem an, Antikörper zu bilden. Im Falle einer Infektion erkennen sie die körperfremden Moleküle wieder und setzen eine spezifische Immunabwehr in Gang.

Die moderne Biomedizin verwendet mittlerweile auch gentechnisch hergestellte virale oder bakterielle Hüllproteine als Vakzine, zudem kann direkt mit DNS oder RNS geimpft werden, wodurch sich der Körper die Antigene sozusagen selbst herstellt und deren oft langwierige und komplexe Produktion entfällt.

Zytokine wirken als natürliche Botenstoffe des Immunsystems entweder anregend oder abschwächend. Das Verabreichen stimulierender Zytokine wie Interferon alpha oder Interleukin-2 kann somit eine Immunantwort verstärken. Ihre gen- und biotechnische Produktion ermöglicht es – im Gegensatz zu deren Extraktion aus menschlichem Gewebe –, größere Mengen bereitzustellen, die nach Gabe von außen zusätzlich (unspezifisch) bestimmte Abwehrzellen aktivieren, die wiederum Erreger, aber zum Beispiel auch bestimmte Tumoren angreifen.

Immunsuppression – Immunsystem abschwächen
Das Abfangen aktivierender Zytokine bewirkt dagegen ein Abschwächen der Immunantwort. So können Signalstoffe wie der Tumornekrosefaktor (TNF), der bei Entzündungen (Anzeichen einer Aktivierung des Immunsystems) eine Rolle

□ Tab. 3.24 Teilsysteme der Immunabwehr. (Quelle: BioMedServices 2015)

	Spezifisch (adaptiv)		Nicht spezifisch (innat)	
	Teilsystem	Erläuterung	Teilsystem	Erläuterung
Zelluläre Abwehr	T-Zellen (T-Lymphozyten)		NK-Zellen (natürliche Killerzellen)	
	T-Helfer-Zellen = (CD4+)-Zellen	Erkennen Antigene auf APZ, aktivieren Plasma- und Killerzellen	Makrophagen (große Fress- zellen)	Bilden Komple- mentfaktoren, phagozytieren, präsentieren Anti- gen, stimulieren T-Helfer-Zellen
	T-Gedächtnis-Zellen	Langlebige T-Zellen mit »Antigengedächtnis«		
	Zytotoxische T-Zellen = CTL/ (CD8+)- Zellen	Erkennen und zerstören antigentragende Körper- und Tumorzellen	Mikrophagen (kleine Fress- zellen) = Granulozyten, neutrophile und eosinophile	Bilden zytotoxi- sche Faktoren, phagozytieren Pilze, Bakterien, Viren und Würmer
	Regulatorische T-Zellen = Treg = T-Suppressor	Bremsen Immunantwort, hemmen Funktion von B-Zellen und anderen T-Zellen		
Molekulare Abwehr	Antikörper (AK) = Immunglobuline (Ig)	Binden Antigene bzw. anti- gentragende Strukturen, inaktivieren direkt, markie- ren und vermitteln	Komplement- system: zwei Kaskaden mit gemeinsamer Endstrecke (>20 Proteine)	Markiert oder zer- stört Erreger bzw. infizierte Zellen, stimuliert Abwehr- und inflammatori- sche Zellen
	Plasmazellen	B-Zellen, die AK bilden		
	B-Gedächtnis-Zellen	Langlebige B-Zellen mit »Antigengedächtnis«		
Weitere Systembestandteile				
Antigen-präsentierende Zellen (APZ) = dendritische Zellen	»Wachtposten«: fangen Antigene ab und präsen- tieren Bruchstücke, die T-Zellen dann erkennen		Zytokine (Polypeptide): CSF, IFN, IL, TNF Botenstoffe	Gebildet von und wirkend auf T- und NK-Zellen, Makrophagen und Granulozyten: Interaktion in der zellulären Abwehr
Antigen (**Antikörper gen**erierend) = Fremdstoff	Substanzen oder Moleküle, die Immunantwort in Gang setzen: z. B Pollen, Katzen- haare, Staub, Bakterien, Tumorzellen etc.			

AK Antikörper, *APZ* Antigen-präsentierende Zellen, *CSF* Kolonie-stimulierende Faktoren, *CTL* zytotoxische T-Lympho- zyten, *INF* Interferone, *IL* Interleukine, *TNF* Tumornekrosefaktor

spielt, durch andere Moleküle gebunden wer- den. Gentechnisch konstruierte und biotechnisch produzierte Biopharmazeutika, wie Antikörper oder Fusionsproteine, spielen dabei heute eine große Rolle.

So fangen die beiden aktuell umsatzstärksten Medikamente überhaupt – Humira und Remica- de – den Immun-Botenstoff TNF ab und lindern

somit die Entzündung bei zum Beispiel rheumato- ider Arthritis. Abfangen funktioniert auch mithilfe von Rezeptoren. Diese sitzen normalerweise in der Zellmembran, sind Bindungsstellen für Botenstoffe und leiten Signale weiter. Es gibt Konzepte, solche Rezeptoren als Medikamente einzusetzen.

Ein Abschwächen der Immunantwort wird auch durch das Verabreichen immunmodula-

Immunsystem: das Wichtigste in Kürze (Krebsinformationsdienst, Deutsches Krebsforschungszentrum)

»Zum Schutz vor Infektionen ist ein funktionsfähiges Abwehrsystem erforderlich, das Krankheitserreger und körperfremde Stoffe erkennt. Das menschliche Immunsystem hat sich über Jahrmillionen auf die Abwehr von Krankheitserregern eingestellt. Dazu muss es vier Hauptaufgaben bewältigen:

- Erkennen einer Infektion;
- Eindämmen und, wenn möglich, Abwehren der Infektion;
- Regulieren der Immunantwort, um nicht versehentlich auch gesunde körpereigene Zellen anzugreifen;
- Erinnern: Ein immunologisches Gedächtnis schützt vor erneutem Auftreten einer Krankheit.

Die Zellen des Immunsystems laufen im ganzen Körper »auf Streife« und unterscheiden »fremd« von »selbst«, gesund von krank oder geschädigt. Die Steuerung dieser Vorgänge ist komplex: Eine zu starke Reaktion auf körpereigene Zellen könnte dazu führen, dass das Immunsystem nicht nur Krankheitserreger oder geschädigte Zellen, sondern auch gesundes Gewebe mit ähnlichen Eigenschaften angreift und zerstört. Diese Situation kommt zum Beispiel bei Autoimmunerkrankungen wie Rheuma oder multipler Sklerose vor. Die Immunantwort muss zudem in der richtigen Reihenfolge ablaufen. Daher steuern verschiedene Botenstoffe die Reaktion des Immunsystems. Interferone und Interleukine sind Beispiele für solche Botenstoffe oder ‚Zytokine‘ (Krebsinformationsdienst 2015a).

Wie entsteht Krebs? (Krebsinformationsdienst, Deutsches Krebsforschungszentrum)

»Krebs entsteht, wenn Zellen anfangen, sich unkontrolliert zu vermehren. … Heute weiß man, dass Krebs immer auf Schädigungen am oder im Erbgut zurückgeht. Diese Fehler können viele Ursachen haben. Schädliche Stoffe oder andere Umweltfaktoren, Karzinogene genannt, können ihr Entstehen fördern. Dazu gehören unter anderem die UV-Strahlung der Sonne, Zigarettenrauch oder zum Beispiel Asbest. Vermutlich entstehen Fehler aber sehr häufig auch mehr oder weniger zufällig: Bei jeder Zellteilung wird die Erbsubstanz verdoppelt und auf zwei Tochterzellen verteilt. Dabei kann es zu Kopierfehlern kommen, sogenannten Mutationen. Je länger ein Mensch lebt, desto größer ist die Wahrscheinlichkeit für solche Kopierfehler oder auch andere Schädigungen der Erbsubstanz und ihrer Funktion. Zwar haben viele Mutationen erst einmal keinen Einfluss auf wichtige Teile der Erbinformation. Auch reicht eine einzelne Mutation in der Regel nicht aus, um aus einer gesunden Zelle eine Krebszelle zu machen. Doch Zellen können verschiedene Veränderungen ansammeln. Auch dies ist ein Grund dafür, dass Krebs oftmals erst im Alter auftritt. Was kann den Körper schützen? Zellen besitzen zahlreiche Reparaturmöglichkeiten, um Fehler zu beseitigen. Aber nicht alle Fehler können behoben werden. Und auch die Reparatursysteme selbst können von einer Mutation betroffen sein. Ein Tumor kann erst ungehindert wachsen und auch in andere Körperteile streuen, wenn sich mehrere Fehler einschleichen und alle ‚Sicherungssysteme‘ des Körpers ausgefallen sind« (Krebsinformationsdienst 2015b).

torischer Zytokine wie zum Beispiel Interferon beta erreicht. Es beschränkt das Ausschütten von Entzündungsfaktoren und fördert das Freisetzen entzündungshemmender Substanzen, so bei der Autoimmunkrankheit multiple Sklerose. Es wird gen- und biotechnisch produziert.

Ein klassischer Weg zur Immunsuppression ist die Bestrahlung oder die Gabe von Chemikalien, zum Beispiel bei Organtransplantationen. Dabei werden Immun(stamm)zellen gehemmt oder zerstört mit der möglichen Gefahr, dass Infektionen nicht mehr bekämpft werden können.

Immunsubstitution – Ersetzen

Passive Immunisierung, das heißt das Zuführen von Immunglobulinen (Antikörpern), die gegen Krankheitserreger oder ihre Toxine gerichtet sind, ersetzt Funktionen des Immunsystems. Neuerdings wird diese Strategie auch bei der Bekämpfung von Krebs (► Wie entsteht Krebs?) eingesetzt, wobei neben Antikörpern auch das Übertragen immunologisch kompetenter Zellen (»adoptiv immunisieren«) zum Zuge kommt. Bei derartigen Krebs-Immuntherapien ist »Hilfe zur Selbsthilfe« die Devise, das heißt, das Immunsystem wird bei

---

Warum entgehen Krebszellen dem Immunsystem? (Krebsinformationsdienst, Deutsches Krebs-forschungszentrum)

»Entkommen Krebszellen dem Im-munsystem, ist dies … nicht auf eine gezielte Strategie zurückzuführen, Krebs hat kein eigenes ‚Programm'. Es handelt sich vielmehr um die Folge von mehr oder weniger zufälligen Veränderungen, durch die das Im-munsystem Tumorzellen nicht mehr als geschädigt erkennt. Zunächst erkennt das Immunsystem poten-zielle Krebszellen noch und kann sie zerstören. Auslöser für die Immun-antwort sind zum Beispiel auffällige Veränderungen der Krebszellen, die die Immunzellen als Antigene nut-zen. … Es kann … [dann] dazu kom-men, dass die Tumorzelle die für eine Immunreaktion notwendigen Sig-nale ‚kranke Zelle – bitte beseitigen'

nach und nach ganz verliert. Irgend-wann gelingt es [daher] den Zellen des Immunsystems nicht mehr, diese Krebszellen vollständig zu beseitigen, einige bleiben bestehen und teilen sich. Trotzdem herrscht zunächst noch eine Art Gleichge-wicht. Die zukünftigen Krebszellen verändern sich jedoch bei jeder Teilung weiter: In einem Ausleseprо-zess bleiben immer mehr Zellen mit Eigenschaften übrig, die sie für die Immunabwehr unsichtbar machen. Der Fachbegriff für diesen Vorgang lautet ‚Immun-Editing'. Irgendwann sind ausreichend Veränderungen in den Krebszellen vorhanden, um sie der Aufmerksamkeit des Immunsys-tems ganz entgehen zu lassen. Erst

dann kann der Tumor ungehindert wachsen: Die sogenannte Ent-kommensphase tritt ein. Fachleute sprechen auch von ‚Immun-Escape'« (Krebsinformationsdienst 2015c). Weitere »Tricks« der Krebszellen gegen das Immunsystem sind bei-spielsweise:

- Annehmen von Oberflächen-Merkmalen der weißen Blutkör-perchen. Dadurch sind sie regel-recht »getarnt«, und sie können wie diese durch den Körper wandern und sich weiter teilen;
- Abschwächen der Aktivität von T-Zellen durch Immunsuppres-sion;
- Verhindern des Reifens von dendritischen Zellen.

---

seinen Fähigkeiten, Tumorzellen auszuschalten, unterstützt. Denn grundsätzlich ist es in der Lage, mit den ihm zur Verfügung stehenden Abwehr-mechanismen Krebszellen zu erkennen und zu vernichten (▶ Warum entgehen Krebszellen dem Im-munsystem?). Dieser Prozess ist vermutlich sogar der »Normalfall«, sonst wäre Krebs noch sehr viel häufiger, als es tatsächlich der Fall ist.

3.1.2 Therapeutische Trends: Immuntherapien, Gentherapien, personalisierte Medizin

Neben dem Produzieren von Biologika und dem Unterstützen beim gezielten Design kleiner chemi-scher Wirkstoffe bietet die moderne Biotechnologie noch Ansätze wie das Aktivieren des körpereige-nen Immunsystems gegen Krebs, das »Reparieren« schadhafter Gene sowie das Individualisieren von Therapien im Rahmen der sogenannten personali-sierten Medizin.

3.1.2.1 Krebs-Immuntherapien: Hilfe zur Selbsthilfe

Die ersten Schritte bei der Krebs-Immuntherapie unternahm bereits 1777 der englische Arzt Nooth, der sich fremdes Tumorgewebe applizierte, um da-mit eine Krebs-Prophylaxe zu erreichen. Ab 1891 erzielte der US-Arzt Coley Erfolge bei der Krebsbe-handlung mit einer Mischung aus abgetöteten Bak-terien. Ab 1899 von der Parke-Davis Corporation produziert, erfuhr die als Coley-Toxin bezeichnete Arznei 30 Jahre lang eine weite Verbreitung. Ab 1976 erfolgten zur Behandlung von Blasenkrebs kli-nische Tests mit dem Bakterium »Bacillus Calmet-teérin« (BCG), einem Impfstoff gegen Tuberkulo-se. Allen Ansätzen gemein war die Stimulierung des Immunsystems, entweder durch Tumorzellen selbst oder andere Antigene.

Die These, dass das Immunsystem Tumorzel-len erkennen und beseitigen kann, formulierte als Erster 1909 der deutsche Forscher Paul Ehrlich. Mit Einzug der molekularbiologischen Methoden wurde in den Jahren 1970 bis 1990 die Wissens-basis zum Immunsystem und der Entstehung von Krebs stark erweitert. In den 1980er-Jahren gab es erste Versuche, Teilsysteme der Immunabwehr (◘ Tab. 3.24) »von außen« zu ersetzen und diese damit zu stärken: Studien mit Interferonen (Intron A, Roferon-A) und Interleukinen (Proleukin), die auch als Medikament zugelassen wurden, sowie das Übertragen von T-Zellen (adoptiver Transfer).

Nach dem Versuch, zur Krebsbekämpfung Botenstoffe des Immunsystems zu verabreichen (Zytokine) folgte als weitere »Funktionen ersetzen«-Strategie die Entwicklung von sogenannten CD20-Antikörpern. CD20 ist ein tumorassoziiertes Antigen, welche erstmals Anfang der 1990er-Jahre charakterisiert wurden. Es findet sich zum Beispiel auf mehr als 90 % der Tumorzellen bei Lymphkrebs (Non-Hodgkin-Lymphom), das heißt vor allem auf entarteten B-Lymphozyten (B-Zellen). Auf den gesunden B-Zellen des Immunsystems ist es dagegen kaum präsent. Der Antikörper Rituximab (Rituxan) bindet an CD20, markiert damit die Tumorzellen und aktiviert gleichzeitig die Immunabwehr.

Mitte der 1990er-Jahre entdeckten Forscher dann die immunologische Funktion der sogenannten Toll-*like*-Rezeptoren (TLR). Die »Toll-ähnlichen Proteine« erkennen in Mensch, Tier und Pflanze eingedrungene Viren und Bakterien sowie Moleküle, die nach Verletzung von körpereigenem Gewebe auftreten. Nach Interaktion mit diesen aktivieren die TLR über verschiedene Signalwege die Produktion inflammatorischer Zytokine und vermitteln zum adaptiven spezifischen Immunsystem. Die oben aufgeführten Ansätze der Nutzung von Bakterien zur Krebsbekämpfung sind auf diesen Mechanismus zurückzuführen, das heißt, sie wirken als TLR-Agonisten. Ein Agonist ist eine Substanz, die bei Besetzen eines Rezeptors die Signalübertragung startet.

Mit den 2010 und 2011 erfolgten Zulassungen von Provenge (Sipuleucel-T) gegen Prostatakrebs und Yervoy (Ipilimumab) gegen aggressiven Hautkrebs wurden erstmals immuntherapeutische Strategien bei soliden Tumoren umgesetzt, also Krebsarten, die nicht direkt Teile des Immunsystems (Lymphome, Leukämien, Myelome) betreffen. Dadurch konnte in gewisser Weise gezeigt werden, dass die Idee »Hilfe zur Selbsthilfe« allgemein für Tumorerkrankungen funktioniert, allerdings nicht immer bei allen Patienten.

◘ Tab. 3.25 stellt verschiedene Strategien zusammen, die derzeit bestehen, um Tumoren mithilfe des körpereigenen Immunsystems zu bekämpfen. Einige davon werden nachfolgend ausführlicher erklärt.

Strategie: zusätzliche Antigene zur Enttarnung (therapeutische Vakzine)

Ein Merkmal von Tumoren ist es, sich vor einer Immunabwehr zu verstecken oder zu tarnen, indem sie nicht mehr ausreichend antigen wirken. Hier setzt die Strategie an, durch die zusätzliche Gabe von Antigenen das Immunsystem wieder aufmerksam zu machen (therapeutische Impfung).

TLR-Agonisten

Einerseits ist dies möglich, indem das unspezifische Teilsystem der Immunabwehr (◘ Tab. 3.24), das innate (angeborene) System, mit zusätzlich verabreichten Antigenen aktiviert wird. Diese wirken dann zum Beispiel als TLR-Agonisten, wie bereits dargestellt (Krebsbekämpfung mit abgetöteten Mikroben). Ein neuerer Ansatz ist hier die Applikation spezieller Strukturen wie die therapeutischer DNS-Impfstoffe, die auch einen der Toll-*like*-Rezeptoren (TLR) zum Ziel haben (z. B. MOLOGEN aus Berlin, MGN1703 gegen Darmkrebs). Andere gezielt designte kleine Moleküle, die auf TLR zielen, entwickelt beispielsweise die Münchener 4SC in Zusammenarbeit mit der Mainzer BioNTech.

Getunte dendritische Zellen

Ein anderes Ziel dieser Strategien ist das adaptive Immunsystem, das so genannt wird, weil es sozusagen erst durch die Antigene trainiert und damit spezifisch wird. Eine andere Bezeichnung ist »erworbene Immunantwort«, die das »lernende System« zum Ausdruck bringt.

Ein Bestandteil der spezifischen Abwehr sind die sogenannten dendritischen Zellen, die Antigene aufnehmen und Bruchstücke davon auf ihrer Zelloberfläche präsentieren. Ihre Aufgabe ist es also, erkannte schädliche Stoffe regelrecht »herumzuzeigen« und dadurch die weitere Immunkaskade zu initiieren. Dendritische Zellen können aus einem Krebspatienten isoliert, im Reagenzglas auf die Tumor-Antigene geprägt und dann als

◘ Tab. 3.25 Strategien zur Stärkung des Immunsystems bei der Bekämpfung von Krebs. (Quelle: BioMedServices 2015)

Strategie/Technologie		Passiv immunisieren		Aktiv immunisieren	
		Unspezifisch	Spezifische Immunabwehr	Unspezifisch	Spezifisch (Impfung)
Zusätzliche Antigene	Eigene Tumorzellen				»Erneut« geben
	»Allgemeine« AG/Adjuvanzen			TLR-Agonisten	
	AG »besser« präsentieren				Getunte dendritische Zellen: Provenge[a]
	Tumor-Antigene				Peptid-/RNS-Vakzine
Ko-Rezeptoren regulieren Suppression aufheben (= Bremsen lösen)		Checkpoint-Inhibitoren auf NK-Zellen	Checkpoint-Inhibitoren CTLA4: Yervoy[b] PD1: Keytruda[c], Opdivo[d]		
Funktionen ersetzen	Signalstoffe verabreichen	Zytokine (IFN, IL)			
	Markieren & vermitteln		Multispezifische AK(Fragmente): z. B. Blincyto[e] FP: TCR & Effektor		
	T-Zell-Attacke ACT klassisch/ mit getunten CTL		TIL/ CAR-T-Zellen TCR-T-Zellen		

[a-e]jüngste Zulassungen als Beispiele genannt (nummeriert nach Abfolge)
ACT adoptive cell transfer, AG Antigene, AK Antikörper, CAR chimärer Antigenrezeptor, CTLA4 cytotoxic T-lymphocyte antigene 4, FP Fusionsprotein, PD1 programmed death-1-Rezeptor, TCR T-Zell-Rezeptor, TIL tumour-infiltrating lymphocytes, TLR Toll-like-Rezeptor

»getunte« Zellen reappliziert werden. Anschaulich vergleichen lässt sich dieses Prinzip mit dem »Frisieren« oder »Tunen« eines Mopeds oder Motorrads. Als das erste Therapeutikum dieser Klasse erhielt das von der US-Firma Dendreon entwickelte Provenge (Sipuleucel-T) im Oktober 2010 eine FDA-Zulassung. Es ist allerdings kein Fertigmedikament, das in der Apotheke bereitliegt. Das Vakzin muss für jeden Patienten individuell hergestellt werden, was – auch logistisch gesehen – sehr aufwendig ist. So erwirtschaftete Dendreon mit diesem Produkt nicht genug und musste im November 2014 Insolvenz anmelden. Mittlerweile hat die kanadische Pharma-Firma Valeant den Pionier für 400 Mio. US$ übernommen. Der Ansatz stellt eher eine Nische dar.

Peptid- und RNS-Vakzine

Es befinden sich weitere Ansätze in der Entwicklung, bei denen – ohne über den Umweg der Zellisolierung und -behandlung – spezifische Peptide direkt als therapeutische Krebsvakzine getestet werden. Sie entsprechen bestimmten Antigenen auf den Krebszellen und initiieren eine Immunantwort (► Tumorassoziierte Antigene). So hat die Tübinger immatics biotechnologies eine Technologie-Platt-

Tumorassoziierte Antigene (Krebsinformationsdienst, Deutsches Krebsforschungszentrum)

»Viele Strategien setzen auf die besser Erkennung von Merkmalen, die typisch für Krebszellen sind. Fachleute sprechen von ‚tumorspezifischen‘ oder ‚tumorassoziierten‘ Antigenen (TSA beziehungsweise TAA). Sie stellen wahrscheinlich besonders gute Angriffsziele für eine Immunreaktion dar: Sie kommen nicht auf gesunden Körperzellen vor, und das Immunsystem hat nicht ‚gelernt‘, sie als ‚körpereigen‘ zu ignorieren. [Es gibt aber auch] …Veränderungen in Tumorzellen, [die]… gar nicht so tumorspezifisch [sind]; sie kommen auch auf gesunden Zellen vor, nur in anderer Form oder auch anderer Häufigkeit. Zum Beispiel können in Krebszellen Programme aus der Embryonalentwicklung wieder angeworfen werden, die in ‚erwachsenen‘ Zellen völlig fehl am Platz sind. Oder ein Merkmal wird eventuell durch die Vervielfachung seines Bauplans in der Erbsubstanz viel zu oft produziert. Diese Auffälligkeiten reichen für eine natürliche Antikörperreaktion vermutlich meist nicht aus, oder diese fällt zu schwach aus« (Krebsinformationsdienst 2015d).

form entwickelt, mit der Kandidaten schnell aufgefunden werden können: Sie identifiziert Peptid-Antigene, die bei einer bestimmten Tumorart gehäuft auftreten, und testet gleichzeitig, welche eine starke Immunantwort auslösen. Dabei fokussiert immatics sich auf eine bestimmte Auswahl an tumorassoziierten Peptiden (TUMAPs), der Kandidat IMA901 gegen Nierenzellkrebs enttäuschte indes vorerst in einer Phase-III-Studie. Im Vergleich zu Antikörper-Arzneien sind Peptide leichter und günstiger herstellbar.

Statt mit Peptiden kann auch mit RNS geimpft werden. In Zellen ist sie der Informationsüberbringer zwischen der als Bauplan fungierenden DNS sowie den Peptiden und Proteinen als den Produkten dieses Bauplans. Nach Verabreichung von Tumor-Antigen-codierender RNS produziert der Körper die für die Auslösung der Immunantwort zusätzlich benötigten Antigene selbst. Die ebenfalls in Tübingen ansässige CureVac setzt seit Gründung im Jahr 2000 auf RNS-Wirkstoffe. Es gelang ihr die als instabil geltende RNS handhabbar zu machen, zu stabilisieren und ihre Eigenschaften zu optimieren. Der am weitesten fortgeschrittene Wirkstoffkandidat CV 9104 befindet sich derzeit in der klinischen Phase II zur Behandlung von Prostatakrebs. Auch die 2008 gegründete Mainzer BioNTech setzt unter anderem auf RNS-Krebsvakzine. Sie strebt individualisierte und schnell produzierte Impfstoffe an. Dabei werden folgende Schritte abgedeckt: Detektierung von Krebsmutationen durch sogenanntes *Next Generation Sequencing*, Auswahl von Zielmolekülen, schnelle RNS-Vakzin-Synthese, Impfung und Immunmonitoring. Diese Plattform wurde bereits präklinisch validiert, erste klinische Studien laufen in den Indikationen Hautkrebs und Hirntumoren.

Strategie Ko-Rezeptoren (Immun-Checkpoints) regulieren und damit bremsen oder stimulieren

T-Zellen des Immunsystems benötigen, um aktiviert zu werden, das heißt sich zu teilen und zu spezialisieren, ein Hauptsignal. Dieses empfangen sie Antigen-abhängig über einen Hauptschalter, den T-Zell-Rezeptor. Daneben ist allerdings noch ein zweites Signal nötig, das über Ko-Rezeptoren läuft, alleine aber keine Aktion auslösen kann. Dieses Zwei-Schritt-Prinzip kann als eine Art Sicherung betrachtet werden, wie zusätzliche Ampeln an einem beschrankten Bahnübergang (T-Zell-Rezeptor). Die Ko-Rezeptoren, auch Immun-Checkpoints genannt, vermitteln stimulierende und inhibierende Signale, die in einer sehr feinen Balance zueinander stehen. Denn die T-Zell-Aktivierung ist ein kritischer Prozess, der sich nicht gegen den eigenen Körper richten darf und der nach Eliminierung von antigentragenden Fremdkörpern auch wieder abklingen muss. So erfüllt die körpereigene Immunsuppression eine wichtige Rolle bei der Verhinderung von Autoimmunität. Diejenigen Rezeptoren auf den T-Zellen, die komplementär als »Aus-Schalter« (Immunsuppression) dienen, gleichen funktionell der Bremse in einem Fahrzeug.

Als ersten Vertreter der Immun-Checkpoints entdeckten Forscher den Rezeptor CTLA4 (*cytotoxic T-lymphocyte antigene 4*), ein CD152-Protein (▶ Wofür steht eigentlich CD?). Nach Bindung seines Liganden (passendes Molekül) gibt der Schalter ein negatives Signal weiter, was die T-Zell-Aktivierung

Wofür steht eigentlich CD?

Weiße Blutzellen (Leukozyten, altgriech. *leukós* = »weiß«) und ihre Untergruppe der Lymphozyten (B-Zellen, NK-Zellen und T-Zellen) tragen in der Zellmembran verankerte Glykoproteine auf ihrer Oberfläche. Einige haben Rezeptor- oder Signalfunktion, während andere enzymatisch aktiv sind oder eine zentrale Rolle bei der interzellulären Kommunikation spielen. Dem Immunsystem dienen sie zudem zur Unterscheidung zwischen körpereigen und körperfremd. Sie werden daher auch als humane Leukozyten-Antigene (HLA oder HL-Antigene) bezeichnet. Sie sind wie eine individuelle »Signatur« genetisch festgelegt, unterscheiden sich von Mensch zu Mensch und ändern sich zeitlebens nicht. Trotz der Ungleichheit im Detail lassen sich die Antigene aufgrund der Bindung ähnlicher Antikörper gruppieren und damit einteilen. Um die Gruppen zu klassifizieren, führten Forscher 1982 die CD-Nomenklatur ein. CD steht für *cluster of differentiation* und ist wie ein Nachname, der unterschiedliche Mitglieder einer Familie unter einer Bezeichnung eint. Mittlerweile gibt es die Familiennamen CD1 bis CD371 (Stand: Mitte März 2015), deren Liste sich ständig verlängert. CD1 ist ein Protein auf der Oberfläche dendritischer Zellen, das die Antigen-Präsentation übernimmt. Auf T- und NK-Zellen findet sich der CD2-Rezeptor, der eine Rolle für das Aktivieren dieser Zellen sowie für das Binden an andere Zellen spielt. CD20 zeigt sich nur in bestimmten Entwicklungsstadien auf B-Zellen und reguliert unter anderem deren Wachstum. Bei B-Zell-Tumoren ist CD20 häufig und ständig präsent, was zur Entwicklung eines CD20-Antikörpers als Arznei führte.

Der programmierte Zelltod (Apoptose)

»Im Erwachsenenalter muss unser Körper täglich etwa zehn Milliarden verbrauchte, funktionsunfähige oder beschädigte Zellen beiseite schaffen. Ohne programmierten Zelltod hätte sonst ein 80-Jähriger rund zwei Tonnen Knochenmark und eine Darmlänge von 16 Kilometern. … Eine Zelle beginnt mit dem Apoptose-Programm, wenn interne oder externe Signale die Sebstzerstörung befehlen. Jede Zelle unseres Körpers befindet sich durch chemische Botenstoffe im ständigen Kontakt zu ihren Nachbarzellen, die an die Rezeptoren der Zelle binden. Wird ihr dieser Kontakt entzogen, so führt dies in der Regel zur Auslösung von Apoptose. Das ist ein Grund, warum normale Zellen kaum in vitro kultivierbar sind, d. h. vereinzelt in der Zellkultur gezüchtet werden können. Die meisten Zellkulturen basieren daher auf entarteten Zellen, bei denen ein defektes Apoptoseprogramm ein unbegrenztes (tumoröses) Wachstum ermöglicht. Zu den internen und externen Signalen, die eine Apoptose auslösen können, gehören z. B. die Zerstörung der Mitochondrienmembran oder die Besetzung von Rezeptoren mit bestimmten todbringenden Botenstoffen oder toxischen Substanzen. Hohe Dosen von UV- oder Röntgenstrahlung können ebenso zu einer Schädigung des genetischen Materials in der Zelle führen. Diese Zellen haben dann die Wahl zwischen einer Reparatur kleinerer DNS-Schäden oder der Apoptose, wenn der Schaden nicht mehr repariert werden kann. Die Zelle tötet sich im Zweifelsfall selbst, um nicht zu entarten. … Der programmierte Zelltod … ist [also] ein natürlicher Schutzmechanismus, um die unkontrollierte Zellvermehrung zu verhindern oder im Fall gestörter Reparaturmechanismen die Selbstzerstörung der Zelle auszulösen« (Groth 2015).

herunterreguliert und damit die Immunreaktion herunterfährt. Gegen CTLA4 entwickelte die US-Biotech-Firma Medarex (2009 übernommen von Bristol-Myers Squibb) den Antikörper Ipilimumab (Handelsname Yervoy), den die FDA im März 2011 zur Behandlung von Hautkrebs zuließ. Der Antikörper belegt den Rezeptor und verhindert so die Bindung seines Liganden. Bei einigen Patienten ermöglichte die Arznei ein komplettes Verschwinden des Tumors. Allerdings führte die unspezifische Aufhebung der Immunsuppression beziehungsweise Aktivierung der Immunzellen zum Teil zu schweren Nebenwirkungen (Ledford 2014).

Einen spezifischeren Ansatz verspricht dagegen die Hemmung von PD1 (*programmed death 1*), einem Rezeptor für den programmierten Tod von Zellen. Was darunter zu verstehen ist, erläutert Groth (2015) sehr anschaulich (▶ Der programmierte Zelltod (Apoptose)). PD1 ist insofern auch ein Checkpoint-Protein, da T-Zellen in Schach gehalten werden, wenn sein Ligand PDL1 bindet. Viele Tumorzellen produzieren PDL1, um sich gegen

◻ Tab. 3.26   Ausgewählte in klinischer Entwicklung befindliche Wirkstoffe, die auf ko-inhibitorische T-Zell-Rezeptoren zielen. (Quelle: BioMedServices (2015) nach Ai und Curran (2015))

Ziel	Phase I	Phase II	Phase III
CTLA4			Tremelimumab (MedImmune/AstraZeneca)
PD1	MEDI0680 (MedImmune/AZ)	Pidilizumab (MDVN/CureTech)	
PDL1	BMSW-936559 (BMS)		Atezolizumab (Genentech/Roche) Avelumab (Merck/Pfizer) Durvalumab (MedImmune/AZ)
LAG3	BMS-986016 (BMS)		

CTLA4 cytotoxic T-lymphocyte antigene 4, *LAG3* lymphocyte-activation gene 3, *PD* programmed death, *AZ* AstraZeneca, *BMS* Bristol-Myers Squibb, *MDVN* Medivation

◻ Tab. 3.27   Ausgewählte in klinischer Entwicklung befindliche Wirkstoffe, die auf ko-stimulierende T-Zell-Rezeptoren zielen. (Quelle: BioMedServices (2015) nach Ai und Curran (2015); alle in Phase I)

Ziel	Wirkstoff (Firma)	Ziel	Wirkstoff (Firma)		
41BB/CD137	Urelumab (BMS) PF-05082566 (Pfizer)	CD27	Varlilumab (Celldex & BMS)		
OX40/CD134	MEDI0562&6383 (MedImmune/AZ) RG7888 (Genentech/Roche)	CD 40	CP-870,893 (Genentech/ Roche)		
				GITR	TRX518 (GITR), MK-4166 (Merck & Co.)

GITR glucocorticoid-induced tumor necrosis factor receptor

die Angriffe des Immunsystems zu schützen. Im Gegensatz zur allgemeinen Hemmung des CTLA4-Signals unterbrechen PD1-Inhibitoren also die immunsuppressive »Kommunikation« zwischen Krebs- und T-Zellen. Erste therapeutische Antikörper, die auf PD1 zielen, kamen im September (Keytruda, Pembrolizumab) und Dezember 2014 (Opdivo, Nivolumab) auf den Markt, jeweils entwickelt von Organon Biosciences (2007 übernommen von Schering-Plough, die wiederum die US-Merck in 2009 kaufte) und Medarex (2009 übernommen von Bristol-Myers Squibb). Beide sind für Patienten mit schwarzem Hautkrebs gedacht. Im März 2015 erhielt Bristol-Myers Squibb zudem grünes Licht für den Einsatz von Nivolumab bei metastasierendem nicht-kleinzelligem Lungenkrebs. In einer Phase-III-Studie konnten sie nachweisen,

dass die Behandlung mit dem Antikörper im Vergleich zur Chemotherapie das Sterberisiko um 41 % senkt. Bei den Hautkrebs-Patienten reduzierte sich dieses sogar um 58 %.

Zur Wirkung des Ausschaltens dieser hemmenden Immun-Checkpoints finden sich in Artikeln über die Krebs-Immuntherapie diverse umschreibende Vergleiche wie: Bluthunde (T-Zellen) von der Kette nehmen, Schranken öffnen, Bremsklötze lösen oder »Immunbremse« lösen. Das Gegenstück zu den Checkpoints, die hemmende Signale vermitteln, sind die ko-stimulierenden Rezeptoren (Gaspedal). Die internationale biomedizinische Forschung identifizierte bisher jeweils ein Dutzend ko-inhibierende sowie ein weiteres Dutzend an ko-stimulierende Rezeptoren auf T-Zellen. ◻ Tabelle 3.26 und 3.27 geben jeweils eine Übersicht

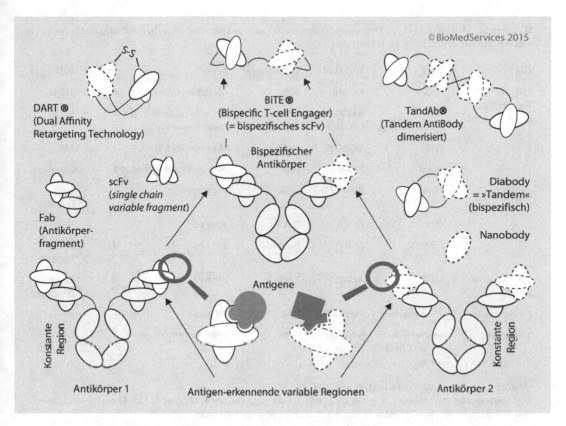

© BioMedServices 2015

DART ®
(Dual Affinity
Retargeting Technology)

BiTE ®
(Bispecific T-cell Engager)
(= bispezifisches scFv)

TandAb®
(Tandem AntiBody
dimerisiert)

Bispezifischer
Antikörper

scFv
(*single chain
variable fragment*)

Diabody
= »Tandem«
(bispezifisch)

Fab
(Antikörper-
fragment)

Nanobody

Antigene

Konstante
Region

Konstante
Region

Antikörper 1

Antigen-erkennende variable Regionen

Antikörper 2

☐ **Abb. 3.24** Bispezifische Antikörper und ausgewählte Fragmente. Ein bispezifischer Antikörper setzt sich aus zwei verschiedenen Antigen-erkennenden bzw. -bindenden Regionen zusammen. Fragmente umfassen nur noch die Antigen-bindenden Regionen (ohne den Rest) in unterschiedlichen Variationen und Verknüpfungen

zu in der Entwicklung befindlichen Wirkstoffen, die auf ausgewählte Strukturen zielen und damit versuchen, das körpereigene Immunsystem gegen Krebs zu aktivieren.

Strategie Funktionen ersetzen – Antikörper, Fusionsproteine und getunte T-Zellen

Neben der Gabe zusätzlicher Antigene sowie der Regulation von Ko-Rezeptoren auf den T-Zellen ist eine weitere Strategie der Krebs-Immuntherapie, fehlende Funktionen durch zugeführte Antikörper oder andere rekombinante Proteine sowie getunte T-Zellen zu ersetzen.

Funktion »Markieren und Vermitteln« ersetzen: multispezifische Antikörper(fragmente)

Bi- oder trispezifische Antikörper sind aus den Bestandteilen von zwei beziehungsweise drei unter-

schiedlichen Antikörpern konstruiert. Sie werden daher auch schon als synthetische Proteine bezeichnet. Dabei gibt es mittlerweile Strukturen, die vom klassischen Antikörper abgeleitet sind (Fragmente) und nur noch die Antigen-bindende Region gemein haben (☐ Abb. 3.24). Bispezifische Antikörper können zum Beispiel folgende Funktionen übernehmen:

- Bindung von Tumor-Antigen, Anlocken und Aktivierung von Immunzellen;
- simultane Bindung (Inhibition) zweier verschiedener Ziel-Rezeptoren derselben Zelle
- simultane Bindung (Abfangen) zweier Liganden.

☐ Tabelle 3.28 listet ausgewählte, in Forschung und Entwicklung befindliche bi- und trispezifische Krebs-Antikörper(fragmente), die eine Immunak-

◨ Tab. 3.28 Ausgewählte bi- und trispezifische immunaktivierende Krebs-Antikörper in Forschung und Entwicklung. (Quelle: BioMedServices (2015) nach Sheridan (2015))

Ziel 1	Ziel 2	Wirkstoff	Technologie[a]	Firma	Phase	Indikation
CD3 Teil des T-Zell-Rezeptor-Komplexes	EpCam	AMG110	BiTE	Micromet (< Amgen)	I	Solide Tumoren
	CEA	AMG-211 (MEDI-565)	BiTE	Micromet (< Amgen) & MedImmune (< AZ)	I	
	CD123	MGD006	DART	Macrogenics & Servier	I	AML
	gpA33	MGD007	DART	Macrogenics & Servier	I	Darmkrebs
	CD20	REGN1979	bsAK	Regeneron	I	Solide Tumoren
	CD19	AFM11	TandAbs	Affimed	I	NHL
	EGFRvIII	AFM21	TandAbs	Affimed	F	Solide Tumoren
CD16A, auf NK-Zellen	CD30	AFM13	TandAbs	Affimed	II	Hodgkin-Lymphom
T- oder NK-Zelle	2 Tumortargets	Plattform	tsAK	Affimed	F	–
Immunzelle	verschiedene Immun-Check-points	nicht verfügbar	bsAK	F-star Biotechnology	F	Krebs

[a]Abkürzungserläuterungen siehe auch ◨ Abb. 3.24
AML akute myeloische Leukämie, *Ang-2* Angiopoetin-2, *bsAK* bispezifischer Antikörper, *CEA* karzinoembryonales Antigen, *F* Forschung, *NHL* Non-Hodgkin-Lymphom, *tsAK* trispezifischer Antikörper

tivierung bewirken. Bei der Strategie Immunaktivierung über multispezifische Antikörper ist die im Jahr 2000 gegründete Heidelberger Firma Affimed Therapeutics relativ breit aufgestellt und derzeit vergleichsweise auch am weitesten fortgeschritten. Sie setzt auf das eigene spezielle Format der sogenannten TandAbs (*tandem antibodies*).

Bis an den Markt schafften es bislang lediglich zwei Medikamente. Den ersten bispezifischen Antikörper überhaupt ließ die EMA im Jahr 2009 zu: Removab (Catumaxomab) zur Behandlung des malignen Aszites, einer tumorbedingten Flüssigkeitsansammlung im Bauchraum. In Zusammenarbeit mit Fresenius Biotech (verantwortlich für die Klinik und den Vertrieb) entwickelte die Münchener TRION Pharma den Wirkstoff, der als chimärer Antikörper (Maus-Mensch) drei verschiedene funktionale Bindungsstellen besitzt: für EpCAM

(*epithelial cell adhesion molecule*, ein transmembranes Glykoprotein, das in vielen soliden Tumoren überexprimiert wird), für CD3 (Teil des T-Zell-Rezeptor-Komplexes) und für Zellen des innaten Immunsystems über die konstante Region (»Fuß« des Antikörpers). Removab ist nur in einer relativ kleinen Patientenpopulation einsetzbar und erreichte daher nicht die wirtschaftlichen Ziele, weshalb sich der Fresenius-Konzern von seiner Tochter Fresenius Biotech trennte (2013 übernommen von der israelischen Neovii Biotech). Die Zulassung von Removab validierte jedoch grundsätzlich das Konzept der Multispezifität.

Der nächste zugelassene Kandidat stammt auch von einer deutschen Biotech-Firma, und zwar von der früheren Micromet, ebenfalls aus München. Sie entwickelte die sogenannte BiTE-Technologie (◨ Abb. 3.24), wobei es sich um bispezifische Antikörper-Fragmente handelt, die nur noch aus den Antigen-erkennenden Regionen bestehen. Diese binden zum einen an CD3 auf T-Zellen und aktivieren diese dadurch. Zum anderen binden sie tumorspezifische Antigene. Das erste Konstrukt mit Ziel auf CD3 und CD19 (vermehrt auf entarteten B-Zellen), das Antikörper-Fragment Blinatumomab (Handelsname Blincyto) erhielt im Dezember 2014 grünes Licht von der FDA zur Behandlung einer seltenen Form der akuten lymphatischen Leukämie (ALL), einer lebensbedrohlichen Krebserkrankung, die vor allem bei Kindern unter fünf Jahren auftritt. Studiendaten hatten gezeigt, dass bei etwa 43 % der mit Blinatumomab behandelten Patienten eine komplette Remission oder eine vollständige Remission mit einer weitgehenden Normalisierung des Blutbildes erreicht werden konnte. Aufgrund der sehr guten Datenlage und der hohen Rate der »Komplettheilung« von Patienten hat die FDA einen neuen Bearbeitungsrekord aufgestellt und nur 2,5 Monate nach Einreichung des Zulassungsantrags eine positive Entscheidung gefällt. Zuvor hatte Blincyto auch den *Breakthrough*-Status zuerkannt bekommen. Micromet, gegründet 1993 als Spin-off aus dem Institut für Immunologie der Universität München, fusionierte 2006 mit der US-Firma Cancervax und realisierte somit eine Börsennotierung und ihren Hauptsitz in den USA. Dies sicherte Micromet bessere Finanzierungsmöglichkeiten als auf dem heimischen Kapitalmarkt. Nachdem Amgen und Micromet bereits seit 2011 kooperierten, übernahm das US-Biotech-Unternehmen den BiTE-Spezialisten mit einem Wert von gut 1 Mrd. US$. Der ehemalige Micromet-Firmensitz zählt weiterhin rund 200 Beschäftigte und ist damit die größte Forschungsstätte Amgens außerhalb der USA.

Funktion »Markieren und Vermitteln« ersetzen: Rezeptor-Fusionsproteine

Es lassen sich auch bispezifische Moleküle konstruieren, die auf der einen Seite einem T-Zell-Rezeptor entsprechen, der an Krebs-Antigene bindet. Auf der anderen Seite sorgt eine spezielle Bindungsstelle (Effektor) für den Kontakt mit den auf den T-Zellen befindlichen T-Zell-Rezeptoren. Diese werden somit wiederum angelockt und aktiviert. Ein solches Konstrukt entwickelt beispielsweise die Firma Immunocore aus Großbritannien, die sie ImmTACs nennt (*Immune mobilising mTCR Against Cancer*). Es handelt sich also um einen löslichen (nicht membrangebundenen und damit frei bewegbaren) T-Zell-Rezeptor, der die Funktion Markieren und Vermitteln übernimmt. Ein Vorteil liegt darin, dass das relativ kleine Molekül auch intrazelluläre Antigene erkennt, was bei Antikörpern aufgrund ihrer Größe nicht der Fall ist. Die Technologie-Entwicklung ist ursprünglich auf das im Jahr 1999 gegründete britische Unternehmen Avidex zurückzuführen, das 2006 die Münchener Medigene übernahm. 2008 gründete sich der Bereich als Immunocore wieder aus.

Funktion T-Zell-Attacke ersetzen: adoptiver T-Zell-Transfer (TIL, TCR, CAR)

Beim adoptiven (ersetzenden) T-Zell-Transfer handelt es sich um eine mehr als 20 Jahre alte patientenspezifische Behandlungsmethode mit folgenden Schritten: Gegen den Tumor gerichtete T-Zellen des Patienten – sogenannte Tumor-infiltrierende Lymphozyten (TIL) – werden isoliert, über Wochen vermehrt und dann demselben Patienten wieder reinfundiert. Behandlungen dieser Art führten am National Cancer Institute in den USA bei mehr als der Hälfte von Patienten mit fortgeschrittenem Hautkrebs zum Rückgang der Tumoren und bei 20 % der Patienten sogar zur kompletten Remission, das heißt, sie blieben länger als fünf Jahre tumorfrei.

Mittlerweile werden isolierte T-Zellen zusätzlich gentechnisch optimiert. Wissenschaftler verfolgen dabei derzeit zwei verschiedene Ansätze (◘ Abb. 3.25): Die sogenannte CAR-Technologie, kurz auch CART genannt, bei der T-Zellen mit einem zusätzlichen chimären Antigen-Rezeptor (CAR) ausgestattet werden. Bei Bindung an Krebs-Antigene leitet dieser ein intrazelluläres Aktivierungssignal weiter. Chimär bedeutet, dass der Rezeptor zu einem Teil aus einer Antigen-Bindestelle (einem scFv, ◘ Abb. 3.24) besteht und zum anderen Teil aus einer ko-stimulierenden Komponente des

3

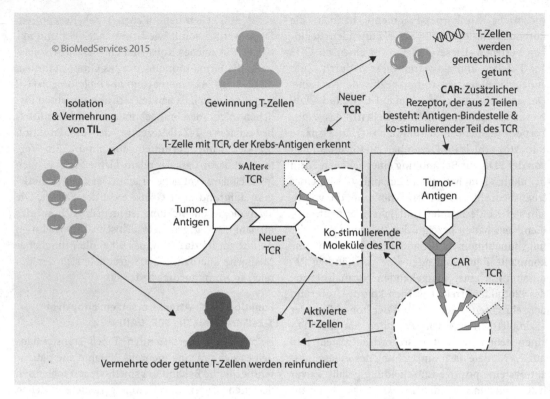

© BioMedServices 2015

T-Zellen werden gentechnisch getunt

Isolation & Vermehrung von **TIL**

Gewinnung T-Zellen

Neuer **TCR**

CAR: Zusätzlicher Rezeptor, der aus 2 Teilen besteht: Antigen-Bindestelle & ko-stimulierender Teil des TCR

T-Zelle mit TCR, der Krebs-Antigen erkennt

»Alter« TCR

Tumor-Antigen

Neuer TCR

Ko-stimulierende Moleküle des TCR

Tumor-Antigen

CAR

TCR

Aktivierte T-Zellen

Vermehrte oder getunte T-Zellen werden reinfundiert

🔲 **Abb. 3.25** Verschiedene Prinzipien adoptiver T-Zell-Therapien. TIL Tumor-infiltrierende Lymphozyten, TCR T-cell receptor, T-Zellen erhalten einen neuen T-Zell-Rezeptor, der Krebs-Antigene erkennt, CAR-T T-Zellen, die einen zusätzlichen Rezeptor (chimären Antigen-Rezeptor) tragen, der auch Aktivierungssignale vermitteln kann. Symbole von openclipart. org und Freepik

T-Zell-Rezeptors. Beim anderen Ansatz werden T-Zellen mit einem neuen Tumor-Antigen-spezifischen T-Zell-Rezeptor (*T-cell receptor*, TCR) ausgestattet, der bei Antigen-Bindung die zytotoxische Wirkung der T-Zellen aktiviert. Die neuen Proteine (CAR oder TCR) kodiert entsprechende DNS, die spezielle, unschädliche Viren in die T-Zellen hineinschleusen. Nach beiden Behandlungen bekommt der Patient seine eigenen (autologen) getunten T-Zellen wieder verabreicht.

Im Jahr 2010 begannen an der University of Pennsylvania in Philadelphia Studien, die Patienten mit chronischer lymphatischer Leukämie (CLL) mit auf das Krebs-Antigen CD19 »geprägten« CAR-T-Zellen (CTL019) behandelten. 2012 schloss die Universität eine Kooperation mit der Schweizer Novartis ab, um das Projekt weiterzuentwickeln, welches sich aktuell in klinischer

Phase II befindet. Im Juli 2014 sprach ihm die FDA den *Breakthrough*-Status zu, und im Oktober 2014 veröffentlichte das US-Krebsforschungszentrum (National Cancer Institute), das sich an den Studien beteiligt, dass die Anwendung von CTL019 bei 27 von 30 Leukämie-Patienten (90 %) die Erkrankung komplett verschwinden ließ (▶ Vorwort: Beispiel Emily Whitehead). Die Partner verfolgen zudem Immuntherapien gegen andere Tumoren.

Einige weitere Firmen sind auf den Zug aufgesprungen. In der Regel sind es Biotech-Firmen, die das nötige Know-how von akademischen Forschungsgruppen übernehmen. Manche arbeiten zudem mit Pharma-Konzernen zusammen. Viele Projekte zielen derzeit noch auf CD19-exprimierende Tumoren (meist Leukämien). Neue Zielmoleküle beziehungsweise andere Krebsarten sind aber auch schon im Fokus von adoptiven T-Zell-Therapien, sei es über die CAR- oder die TCR-Technologie (◧ Tab. 3.29).

Gerade die US-CART-Firmen warben im Jahr 2014 enorme Summen über ihren Börsengang ein, wodurch sie auch die Spitzenplätze belegten: Juno Therapeutics 305 Mio. US$, Bellicum Pharmaceuticals 161 Mio. US$ und Kite Pharma 147 Mio. US$. Die erst im August 2013 als Spin-off aus dem Fred Hutchinson Cancer Research Center in Seattle gegründete Juno hatte zuvor innerhalb eines Jahres 310 Mio. US$ in drei Venture-Capital-Runden aufgenommen. Die 2009 gegründete Kite Pharma begnügte sich mit 85 Mio. US$ Risikokapital, sicherte sich jedoch nach dem IPO im Juni bereits im Dezember 2014 über ein zweites öffentliches Angebot an Aktien weitere 216 Mio. US$. Bellicum gründete sich bereits 2004 und erzielte in sieben VC-Runden Einnahmen von 142 Mio. US$. Ende November 2015 erzielten die CART-Spezialisten Juno und Kite einen Marktwert von 5,6 und 3,8 Mrd. US$.

Es besteht also derzeit regelrecht ein Hype um den adoptiven T-Zell-Transfer, wobei die sehr komplexe Technologie mit entsprechenden Risiken verbunden sein kann:

» It is clear that the red flags for CAR-T therapy are numerous, from generating long-term efficacy and justifying pricing to the almost inevitable legal wrangling. However, perhaps the biggest threat hanging over this whole space – and one that will be very closely watched by investors – is safety. (Plieth 2015)

Krebs-Immuntherapie – eine kurze Zusammenfassung

Immuntherapien versprechen in der Zukunft entscheidende Erfolge im Kampf gegen den Krebs: Das renommierte Fachmagazin *Science* kürte sie in seiner Dezember-Ausgabe des Jahres 2013 sogar als »*Breakthrough of the Year for 2013*«. Laut einigen Marktanalysten könnten Immuntherapien in den nächsten zehn Jahren bei 60 % aller Patienten mit fortgeschrittenem Krebs eingesetzt werden und so einen Markt von 35 Mrd. US$ erschließen. Es bleibt abzuwarten, welcher der verschiedenen vorgestellten Ansätze den besten Erfolg erzielen wird.

Idealerweise sind die unterschiedlichen Methoden zu kombinieren.

Die Immuntherapie sollte, auch wenn sie nicht vollkommen ohne Nebenwirkungen ist, gegenüber den klassischen Ansätzen Vorteile aufweisen. Denn ungünstigerweise haben die derzeit etablierten Behandlungsschemata – bei allen unbestreitbaren Therapieerfolgen – eine gegenteilige Wirkung auf das Immunsystem: Sowohl chemo- als auch strahlentherapeutische Maßnahmen schwächen das Immunsystem. Die Proliferation und die Funktion von Lymphozyten sind nach einer Chemotherapie deutlich eingeschränkt. Beispielsweise finden sich im Knochenmark von Patientinnen nach einer adjuvanten systemischen Chemotherapie gegen Brustkrebs deutlich weniger T-Zellen, und die Anzahl aktivierter NK-Zellen ist auch über einen längeren Zeitraum reduziert.

3.1.2.2 Gentherapien: Fehler für immer beheben

Nach der Definition der Deutschen Forschungsgemeinschaft bezeichnet Gentherapie das Einbringen von Genen in Gewebe oder Zellen mit dem Ziel, durch die Expression und Funktion dieser Gene therapeutischen oder präventiven Nutzen zu erlangen. Den Vorgang des Einbringens von Genen in Zellen nennt man Gentransfer. Dieser kann *ex vivo* (außerhalb des Körpers) oder *in vivo* (innerhalb des lebenden Organismus) erfolgen (◧ Abb. 3.26). Den Transfer übernehmen sogenannte Vektoren, das sind Vehikel, die das zu übertragende Gen enthalten. Als Vektoren dienen angepasste Viren (Partikel, nur aus Hüllprotein und Erbsubstanz bestehend) oder Liposomen (Partikel aus Lipid-Doppelschicht).

Viren

Viren sind nach klassischer biologischer Sicht keine Lebewesen, da sie keinen eigenen Stoffwechsel besitzen und sich ohne fremde Hilfe nicht vermehren können. Viren sind vereinfacht gesagt »Zellpiraten«: Sie dringen in Zellen ein und programmieren diese zu ihren Zwecken um. Bestimmte Viren erzeugen beim Menschen harmlose, aber auch tödliche Krankheiten wie Krebs und AIDS. Sie sind mit einer Größe von 20 bis 300 nm viel kleiner als Bakterien oder Pilze.

◘ Tab. 3.29 Ausgewählte Entwicklungsprojekte der adoptiven T-Zell-Therapie. (Quelle: BioMedServices (2015) nach Plieth (2015))

Ziel-Antigen	Projekt	Indikation	Phase	Firma (Partner/Originator)
CAR-T (getunte T-Zellen mit chimärem Antigen-Rezeptor, der Krebs-Antigen erkennt)				
CD19	CTL019	ALL, CLL	II	Novartis (Univ. of Pennsylvania)
	huCART	Verschiedene Tumoren	I	
	JCAR015	B-Zell-ALL, r/r ALL	I	Juno Therapeutics (FHCRC/MSKCC)
	JCAR017	Pädiatrische r/r ALL	I/II	
	KTE-C19	DBCL	I	Kite Pharma (NCI)
	Diverse	ALL, CLL	I	bluebird & Celgene (Baylor Univ.)
	Sleeping Beauty	Verschiedene Tumoren	I	Ziopham & Intrexon (MDA)
	UCART19	ALL, CLL	Start 2015: I	Cellectis (Institut Pasteur), Pfizer & Servier
	BPX-401	Verschiedene Tumoren	Start 2016: I/II	Bellicum Ph. (Baylor Univ.)
CD22	CD22 CAR	B-Zell-Tumoren	I/II	Juno Therapeutics (FHCRC/MSKCC)
EGFRvIII	huEGFRvIII	Hirntumoren	Präklinik	Novartis (Penn)
	EGFRvIII		I/II	Kite Pharma (NCI)
L1CAM	L1CAM CAR	Neuroblastom	I	Juno Therapeutics (FHCRC/MSKCC)
MUC16&IL6	MUC16&IL6 CAR	Gebärmuttertumoren	Präklinik	
ROR-1	ROR-1 CAR	CLL, solide Tumoren		
CD123	UCARTCD123	AML	Präklinik	Cellectis (Institut Pasteur)
5T4	UCART5T4	Solide Tumoren		
CS1	UCARTCS1	Multiples Myelom		
PCSA	BPX-601	Solide Tumoren	Start 2016: I/II	Bellicum Ph. (Baylor Univ.)
MICA, MICB & UL8P6	CM-CS1	AML, MDS, multiples Myelom	Start 2015: I	Cardio3 (Dartmouth College)
Nicht benannt	NT0004	Gebärmutter-, Lungen-Tumoren u. a.	Start 2016: I	BioNTech (Univ. Mainz)
TCR (Getunte T-Zellen mit tumorspezifischem T-Zell-Rezeptor)				
NY-ESO-1	NY-ESO TCR	Verschiedene Tumoren	I/II	Adaptimmune & GSK
MAGE A-10	MAGE A-10 TCR	Brust-, Lungentumoren	Präklinik	Adaptimmune
AFP TCR	AFP TCR	Lebertumoren	Präklinik	Adaptimmune
Nicht benannt	Nicht benannt	Nicht benannt	Präklinik	Medigene (Helmholtz Zentrum)

Ziel-Antigen	Projekt	Indikation	Phase	Firma (Partner/Originator)
◻ Tab. 3.29 Fortsetzung				
Diverse	UniCell® platform	Verschiedene Tumoren	Präklinik	BioNTech (Univ. Mainz)

ALL akute lymphatische Leukämie, *AML* akute myeloische Leukämie, *CLL* chronische lymphatische Leukämie, *DBCL* diffuses großzelliges B-Zell-Lymphom, *FHCRC* Fred Hutchinson Cancer Research Center, *MDA* MD Anderson Cancer Center, *MDS* myelodysplastisches Syndrom, *MSKCC* Memorial Sloan Kettering Cancer Center, *NCI* National Cancer Institute, *Ph.* Pharmaceuticals, *r/r relapsed or refractory*, *Univ.* Universität

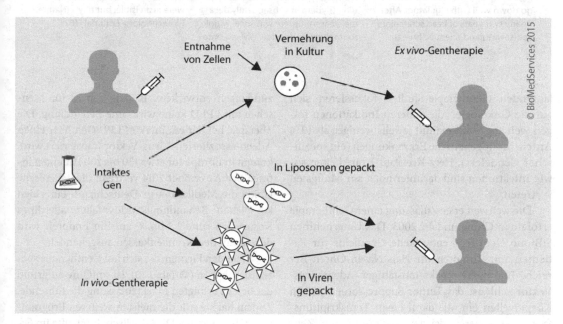

◻ Abb. 3.26 Ex vivo- und in vivo-Gentherapie

Die ersten Gentherapien entwickelten sich in den 1990er-Jahren. Allerdings erlitten sie nach dem Tod eines Patienten im Jahr 1999 einen Rückschlag: Der verwendete virale Vektor verursachte eine übermäßige, fatale Immunantwort. Das zu transferierende Gen selbst, das ein fehlendes Enzym ersetzen sollte, war nicht das Problem. Zudem lösten die viralen Vehikel bei anderen Patienten Leukämien aus. Dass Viren grundsätzlich bei Krebserkrankungen eine Rolle spielen können, postulierte 1976 erstmals der damals noch an der Universität Erlangen-Nürnberg tätige Virologe zur Hausen, der später das Deutsche Krebsforschungszentrum in Heidelberg leitete. 2008 erhielt er für die Entdeckung, dass hu-

mane Papillomviren Gebärmutterhalskrebs verursachen, den Nobelpreis.

Die Forschung machte sich dann daran, sicherere Vektoren zu entwickeln, die keine weiteren Todesfälle nach sich zogen. Bis heute gibt es laut dem *Journal of Gene Medicine* (Wiley) über 2000 klinische Studien zur Gentherapie. Knapp 60 % davon stecken aber noch in der Phase I, und lediglich 5 % befinden sich in einem pivotalen Stadium. Auf die USA entfallen fast zwei Drittel aller Studien und auf europäische Länder ein Viertel. Innerhalb Europas sticht Großbritannien mit 206 von mehr als 500 europäischen Studien hervor. In Deutschland werden 84 Gentherapien getestet. 64 % aller

Glybera: der steinige Weg zur Zulassung

»The company that had started its development – a now-defunct Dutch startup called Amsterdam Molecular Therapeutics (AMT) – submitted its approval file in December 2009. The gene therapy protocol, which includes repeated administration of the functional gene and immunosuppression to prevent ‚rejection' of the treatment didn't go down well with regulators. After nearly two years of head scratching, see-sawing and scientific bureau-cracy, the CHMP [Committee for Medicinal Products for Human Use] declared the treatment ‚non-appro-vable' in October 2011, causing AMT to halve its workforce to sit out the process. In February, as AMT was irreversibly bound for liquidation, Dutch investor Forbion put forward €6 million to found uniQure as a ve-hicle to acquire AMT's assets, inclu-ding Glybera. It subsequently beca-me clear that there was some wiggle room that would allow Glybera onto the market. The CHMP recommen-ded marketing authorization only under ‚exceptional circumstances', under which uniQure will have to monitor patient outcomes and feed the information straight to the EMA. Jörn Aldag, the CEO of uniQure … maintains that the approval of Gly-bera puts gene therapy ‚where mAbs were in the late 1990s, when they were just visible, but tiny'« (Nature Biotechnology Editorial 2012).

laufenden Gentherapie-Studien fokussieren sich auf die Onkologie. Alle anderen Indikationen folgen weit abgeschlagen mit jeweils weniger als 10 % Anteil. Monogenetische Erkrankungen (ein spezifischer Gendefekt), Herz-Kreislauf-Krankheiten sowie Infektionen sind darunter noch am häufigsten vertreten.

Die weltweit erste Zulassung einer Gentherapie erfolgte in China im Jahr 2003. Das Unternehmen SiBiono GeneTech entwickelte Gendicine für Patienten mit Tumoren im Hals-Nasen-Ohren-Bereich. Ein nicht replikationsfähiger Adenovirus-Vektor schleust das Tumor-Suppressorgen p53 in Körperzellen ein, die dann einen Transkriptionsfaktor exprimieren, der den programmierten Zelltod reguliert. Rund 50 % aller menschlichen Tumoren tragen dieses mutierte Gen.

In der westlichen Hemisphäre ließ die EMA Ende 2012 die erste Gentherapie namens Glybera zu (▶ Glybera: der steinige Weg zur Zulassung). Trotz des Durchbruchs ist das endgültige Nutzen-Risiko-Profil noch nicht abschließend geklärt.

Glybera (Alipogen Tiparvovec), entwickelt von dem niederländischen Biotech-Unternehmen uniQure, therapiert Patienten mit der Krankheit LPLD (Lipoproteinlipase-Defizit). Die Erkrankten können aufgrund eines Erbgutdefektes ein fettspaltendes Enzym nicht synthetisieren und daher Fettpartikel nicht metabolisieren. Die Folge sind schwere schmerzhafte und auch potenziell lebensgefährliche Pankreasentzündungen. Glybera ist für Patienten zugelassen, die trotz strikter Diät Ent-zündungen entwickeln. Bislang gab es für Menschen mit LPLD keine wirksame Behandlung. Die Therapie, bei der ein intaktes LPL-Gen über einen Adeno-assoziierten-Virus-Vektor transferiert wird, kommt in Europa für etwa 150 bis 200 Patienten infrage. Seit November 2014 vertreibt die italienische Chiesi die Medikation in Deutschland. Für einen kompletten Behandlungszyklus fallen allerdings Kosten von rund 1 Mio. € an. Ein Endpreis wird derzeit mit den Krankenkassen ausgehandelt.

Unter den Firmen, die sich auf Gentherapie spezialisiert haben (◘ Tab. 3.30), ist uniQure aufgrund der bereits erfolgten Marktzulassung die führende. Zudem hat sie mit die meisten weiteren Programme in der Pipeline. Die Gesellschaft schaffte im Februar 2014 mit einem fast 100 Mio. US$ schweren Börsengang den Sprung an die US-amerikanische NASDAQ. Im April 2015 konnte sie nochmal nachlegen und weitere 82 Mio. US$ an Netto-Einnahmen verbuchen. Ebenfalls im April dieses Jahres verkündete uniQure ferner, dass die US-Pharma-Firma Bristol-Myers Squibb (BMS) exklusiven Zugang zur Gentherapie-Plattform im Bereich Herz-Kreislauf erhält. BMS zahlt bis zu 1 Mrd. US$ für bis zu zehn Programme, die auch andere Indikationen betreffen können. uniQure selbst hatte über die Akquisition des erst im Dezember 2013 gegründeten Heidelberger Startups InoCard Zugang zu dem Herz-Kreislauf-Programm erhalten. Diese Übernahme hatte einen Wert von 3 Mio. €. Die Firma uniQure ist somit auch in Deutschland am Standort Heidelberg vertreten.

◻ Tab. 3.30 Ausgewählte Biotech-Firmen mit Aktivitäten in der Gentherapie. (Quelle: BioMedServices 2015)

Name (Ticker)	Land	Start	Technologie	Anzahl Programme – weitestes Programm
GenVec (GNVC)	US	1992	AAV	5 – PI gegen Hörverlust mit Novartis
bluebird bio (BLUE) (Genetix Pharmaceuticals)	US	1992	LV und nicht-viral	4 – PII/III bei Adrenoleukodystrophie (Störung Fettsäurestoffwechsel)
Oxford Biomedica (OXB)	GB	1995	LV	7 – je PI/II bei Stargardt- und Usher-Krankheit mit Sanofi
Celladon (CLDN)	US	2000	AAV	3 – PIIb bei Herzinsuffizienz, 04/2014: BTD
ReGenX Biosciences	US	2009	AAV	4 – PK, Hurler- und Hunter-Syndrom, AMD
Lysogene	F	2009	AAV	1 – PI/II bei Typ-III-Mukopolysaccharidose
Renova Therapeutics	US	2009	AAV	1 – PK bei Herzinsuffizienz
RetroSense Therapeutics	US	2009	AAV	1 – PK bei Retinadegeneration
Gensight Biologics	F	2012	AAV	1 – PI bei LHON-bedingtem Sehverlust
uniQure (QURE)	NL	2012	AAV	7 – PI Hämophilie B und Glybera auf Markt
Audentes Therapeutics	US	2013	AAV	2 – PK bei XLMTM und Pompe-Krankheit
4D molecular therapeutics	US	2013	AAV	15 – Forschung und 2 – PK bei Indikation Herz und Muskel/Skelett
Dimension Therapeutics	US	2013	AAV	4 – PK u. a. Hämophilie A (mit Bayer) und B
Spark Therapeutics (ONCE)	US	2013	AAV	6 – PIII bei vererbter Retinadystrophie
Nightstarx	GB	2014	AAV	1 – PI/II bei vererbter Retinadystrophie
Voyager Therapeutics	US	2014	AAV	5 – PI bei Parkinson mit Genzyme

AAV Adeno-assoziierte Viren, *AMD* altersbedingte Makuladegeneration, *LHON* Leber's hereditary optic neuropathy, *LV* Lentiviren, *PK* Präklinik, *P* Phase, *XLMTM* X-linked myotubular myopathy

3.1.2.3 Personalisierte Medizin: Medikamente passend zum Typ

Die personalisierte Medizin geht davon aus, dass jeder Patient unterschiedlich ist, und versucht dies bei Therapie-Entscheidungen und bei der Verordnung von Medikamenten einzubeziehen. Der Deutsche Ethikrat gibt in einer Veröffentlichung (Woopen 2013) eine gute Übersicht zu diesem Themenkomplex (► Was ist personalisierte Medizin, und was ist sie nicht?). Zwar ist die Einbeziehung persönlicher Umstände in der medizinischen Versorgung schon immer der Fall gewesen, die Anwendung der Methoden der modernen Biologie und molekularen Medizin ermöglicht allerdings eine neue Qualität, die es davor nicht gab. Denn »das Konzept der personalisierten Medizin berücksichtigt, dass Patienten, die unter den gleichen Symptomen leiden, aus unterschiedlichen molekularen und genetischen Ursachen erkrankt sein können. Zwar unterscheidet sich ein menschliches Individuum auf der genetischen Ebene nur minimal von jedem anderen, doch diese minimalen genetischen Unterschiede haben in vielen Fällen das Potenzial, bei ihm über Krankheit und Gesundheit zu entscheiden« (BioM 2015). Oder, wie es The Boston Consulting Group formuliert:

》 Personalisierte Medizin bedeutet [also], dass in die Verordnungsentscheidungen für die Patienten ein vorgeschalteter diagnostischer Test einbezogen wird, der individuelle Merkmale der Patienten auf genetischer, molekularer oder zellulärer Ebene charakterisiert. Sie führt zu einer nach einzelnen Patientengruppen (statt allein nach der Krankheitsdiagnose) diffe-

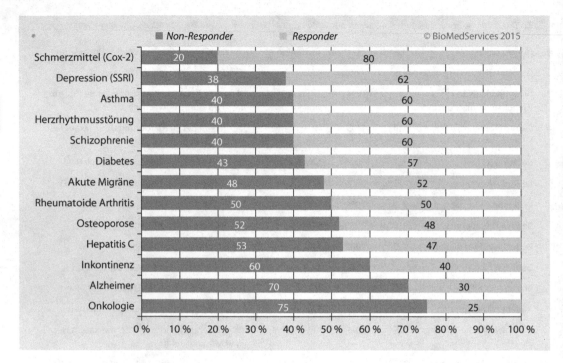

□ **Abb. 3.27**   Medikamenten-Ansprechrate bei verschiedenen Indikationen und Medikationen im Jahr 2000. Erstellt nach Daten von Spear et al. (2001)

renzierten Medikation – vergleichbar mit dem Angebot von Bekleidung in Konfektionsgrößen statt ‚one size fits all'. (von Holleben et al. 2011)

Gerade bei der Wirkung von Medikamenten wurde festgestellt, dass es je nach Krankheitsgebiet einen nicht unerheblichen Anteil an Patienten gibt, der nicht auf die verordnete Medikation anspricht (*Non-Responder*), eben »*one size does not fit all*«. Noch im Jahr 2000 fielen die jeweiligen Raten der *Non-Responder* und *Responder* aus wie in □ Abb. 3.27 dargestellt. So sprach zum Beispiel bei Krebserkrankungen lediglich ein Viertel der Patienten auf die Medikation an. Erst kurz vorher, also Ende der 1990er-Jahre, kamen die ersten zielgerichteten Therapien in der Blutkrebs-Behandlung auf. Mit der Zulassung des Biopharmazeutikums Rituxan (Rituximab) wurde in gewisser Weise die erste molekulare Personalisierung in die Praxis eingeführt (von Holleben et al. 2011): Leukämien mussten nun zunächst in B- oder T-Zell-Lymphome unterschieden werden, bevor der Antikörper Rituximab gegeben

werden konnte, der nur auf das bei B-Zell-Lymphomen vorhandene Antigen CD20 zielt.

Problematisch ist, dass der Begriff personalisierte Medizin heutzutage ein Schlagwort geworden ist, unter dem verschiedenste Dinge subsummiert werden. So umschrieben im Jahr 2010 durch das FAZ-Institut befragte Onkologen, Laborärzte und Versicherer aus Deutschland, Großbritannien und den USA die personalisierte Medizin wie folgt:

- maßgeschneiderte Therapie (60 %),
- maßgeschneiderte Diagnostik (19 %),
- erhöhte Autonomie der Patienten (11 %),
- Diagnostik mithilfe genetischer Informationen (11 %),
- spezieller Bereich der Onkologie (11 %),
- unmittelbare Arzt-Patient-Beziehung (9 %).

Das FAZ-Institut (2010) stellte fest, dass rund zwei Drittel der Befragten in der personalisierten Medizin eine Möglichkeit sehen, ihren Patienten bzw. ihren Versicherten künftig die beste Behandlung bieten zu können. Gleichzeitig räumten jedoch

Was ist personalisierte Medizin, und was ist sie nicht?

»Gemeint ist eine Medizin, die sich an individuellen Merkmalen des kranken Menschen orientiert, um Prädiktion, Therapie und Prognose möglichst passgenau auf den Patienten auszurichten – im Grunde ein Anliegen, das die Medizin seit jeher verfolgt, für das aber die Mittel weitgehend fehlten und mit den Fortschritten in Molekularbiologie und Genetik nun zur Verfügung stehen sollen. Es geht darum, Erkrankungswahrscheinlichkeiten möglichst früh und möglichst präzise vorherzusagen und Erkrankungen durch eine gezieltere Prävention zu verhindern; und es geht darum zu bestimmen, welches Arzneimittel bei einem Patienten zur Therapie geeignet ist und wie es zur Vermeidung von Nebenwirkungen dosiert werden muss. Entweder orientiert sich die personalisierte Medizin dazu an ererbten genetischen Eigenschaften oder an spezifischen Merkmalen des erkrankten Gewebes wie zum Beispiel Biomarkern im Tumorgewebe. Es geht in beiden Fällen um individuelle biologische Merkmale, nicht etwa um das, was Philosophie oder Psychologie als individuelle Ausprägungen der Person oder Persönlichkeit bezeichnen. Genombasierte und biomarkerbasierte Medizin wären hier die jeweils treffenderen Bezeichnungen. Es geht auch nicht – bislang jedenfalls – um eine auf den einzelnen Patienten zugeschnittene Behandlung, was der auch oft verwendete Begriff »individualisierte Medizin« suggerieren kann, sondern um immer kleiner werdende Untergruppen von Patienten, die bislang als eine große Gruppe einer einzigen Diagnose wie Lungenkrebs zugeordnet waren. Hierfür wäre wiederum die Bezeichnung stratifizierende Medizin angemessener. Die Gendermedizin, die die zum Teil erheblichen geschlechtsspezifischen Unterschiede in Symptomatik, Behandlung und Verlauf von Krankheiten untersucht und mit einbezieht, ist der erste naheliegende Schritt einer groben Unterteilung von Patientengruppen in zwei Untergruppen« (Woopen 2013).

ebenfalls rund zwei Drittel der Befragten ein, bislang nur über begrenzte Kenntnisse zu dieser Thematik zu verfügen. Neben der Erkenntnis, dass das Wissen über die personalisierte Medizin oftmals vage ist, zeigt die Antwort »maßgeschneiderte Therapie« von 60 % der Befragten, dass hohe Erwartungen geweckt werden, die so (noch) nicht erfüllbar sind. Erst jüngst, im November 2014, titelte die *ÄrzteZeitung* »Personalisierte Medizin weckt falsche Hoffnungen« und führte als Untertitel aus: »Oft müssen Ärzte ihren enttäuschten Patienten erklären, dass die maßgeschneiderte Therapie noch in weiter Ferne liegt« (Schnack 2014). In dem Artikel erklärte der stellvertretende Vorstandsvorsitzende der KV Hamburg, dass besonders niedergelassene Onkologen, Dermatologen und Ärzte anderer Fachgebiete, in denen erkrankte Patienten nach irreführenden Informationen in den Medien mit großen Hoffnungen in die Praxen kommen, vor einer intensiven und schwierigen Diskussion stünden, die sie überfordere.

Aber, wie es von Holleben et al. (2011) darstellen, ist Personalisierte Medizin keine Individualmedizin (»Maßanzug«), sondern allenfalls Bekleidung in verschiedenen Konfektionsgrößen. Dennoch ist bereits das ein Fortschritt gegenüber den Arzneien von früher, die es sozusagen nur in einer Größe gab. Für die Individualisierung gibt es indes in der Theorie Konzepte, die, wenn sie in der Praxis funktionieren, zum Beispiel für Krebserkrankungen eben doch eine weitestgehende Maßbehandlung ermöglichen.

Behandlungen, die auf der personalisierten Medizin basieren, sind zielgenauer, sicherer und kosteneffizienter. Unerwünschte Nebenwirkungen können begrenzt oder sogar verhindert werden. Zum Teil erkennen das auch schon die Krankenkassen wie ein Vertreter in einer Roche-Publikation ausführt:

》 Personalisierte Medizin ist für uns Versicherer extrem wichtig, weil das Gießkannenprinzip, Medikamente oder Technologien den Patienten sozusagen unselektiert zur Verfügung zu stellen, einfach in Zukunft nicht mehr zahlbar ist. Es gibt mittlerweile hervorragende ökonomische Analysen, die zeigen, dass eine Diagnostik-basierte, optimierte Therapie, z. B. die Behandlung der Hepatitis-C-Infektion, auch aus gesundheitsökonomischer Sicht wirtschaftlicher als eine traditionelle Strategie ist. Prof. Thomas Szucs, Verwaltungsratspräsident Helsana-Gruppe, Zürich. (Roche 2011)

◘ Tab. 3.31 Technische Fortschritte seit Beginn des Humangenomprojektes (HGP). (Quelle: BioMedServices (2015) nach NHGRI (2013))

	Beginn HGP (1990)	Ende HGP (ca. 2000)	Plus 10 Jahre (2010)
Genomsequenzierung			
Kosten für ein humanes Genom	1 Mrd. US$	10–50 Mio. US$	3000–5000 US$
Zeit für ein humanes Genom	6–8 Jahre	3–4 Monate	1–2 Tage
Entschlüsselte humane Genome	0	1	>1000
Genomsequenzdaten			
Anzahl Sequenzdaten in *GenBank*	49 Mio. Basen	31 Tera-Basen	150 Tera-Basen
Genom-Sequenzen von Prokaryoten	0	167	8760
Menschliche SNPs	4400	3,4 Mio.	53,6 Mio.
Humangenetik			
Anzahl Gene mit bekanntem Phänotyp/krankheitsverursachender Mutation	53	1474	2972
Anzahl Phänotypen/Krankheiten mit bekannter molekularer Basis	61	2264	4847
Anzahl veröffentlichter genomweiter Assoziationsstudien	0	0	1542
Überprüfte krankheitsassoziierte genetische Varianten	0	6	2900
Genom-/biomarkerbasierte Medikamente = personalisierte Medizin			
Arzneien mit pharmakogenetischer Information in der Fachinformation	4	46	104

SNP single nucleotide polymorphism

Vor allem das Stichwort »wirtschaftlicher« bringt gerne auch die Kritiker auf den Plan wie der Deutsche Ethikrat formuliert:

» Es [gab] jedoch seit jeher auch kritische Stimmen, die vor allem wirtschaftliche Interessen einer gierigen Pharmaindustrie am Werk sehen, die die Möglichkeit von Erfolgen für mehr als nur wenige Patienten bezweifeln und stattdessen die Forschungsprioritäten lieber daran ausgerichtet sehen wollen, was sie als die tatsächlichen Bedürfnisse von Patienten betrachten. Es würde, wenn es nach ihnen ginge, mehr Geld zum Beispiel in sozialmedizinische oder Versorgungsstudien gesteckt und nicht in die molekularbiologische Forschung. (Woopen 2013)

Gerade aber die molekularbiologische Forschung hat erst den technischen Fortschritt (◘ Tab. 3.31) ge-

bracht, der eine personalisierte Medizin überhaupt (wirtschaftlich) ermöglicht.

Begriffe rund um die personalisierte Medizin

Biomarker – Eigenschaft, die objektiv gemessen und evaluiert werden kann und als Indikator für normale oder pathogene biologische Prozesse oder für pharmakologische Reaktionen auf therapeutische Interventionen dient

Genomweite Assoziationsstudien – Assoziationsstudien stellen eine Verbindung zwischen bestimmten Krankheiten oder anderen Merkmalen und Abschnitten des Genoms (Gesamtheit aller Gene) her

Pharmakogenetik – Lehre von der Wechselwirkung von Arzneimittel und Erbanlagen (klinische Sicht)

Pharmakogenomik (*Pharmacogenomics***)** – Klärung, welche Genom-Unterschiede für den Abbau von Medikamenten oder für deren Wirkung in verschiedenen Patientengruppen verantwortlich sind, und Nutzung der Erkenntnisse für die Entwicklung spezifischer Wirkstoffe, die dann nur in der bestimmten Gruppe verwendet werden dürfen

Biomarker: Indikatoren für Diagnose und Therapie

»Seit der Antike kennen und nutzen Ärzte Biomarker für die Diagnose von Krankheiten. Ein prominentes Beispiel ist die Harnanalyse, bei der die Heilkundigen aus Farbe, Geruch und Geschmack des Urins auf bestimmte Krankheiten und deren Verlauf schließen konnten. Diese Indikatoren werden zum Teil immer noch verwendet: Beispielsweise gilt Glucose im Urin als deutlicher Hinweis auf einen Diabetes mellitus. Auch Apotheker gehen häufig mit Biomarkern um, vor allem bei Blutzucker- und Blutlipidmessungen in der Apotheke. In der Beratung spielen auch Blutglucose- und Blutgerinnungsteststreifen sowie die Messgeräte eine große Rolle. Ein typischer Biomarkertest aus der Apotheke ist der Schwangerschaftstest, der den Gehalt an HCG (humanes Chorion-Gonadotropin) im Urin erfasst. Weitere Beispiele sind Tests auf Ketone, Proteine, Nitrit oder Bakterien im Urin sowie Candida im Vaginalsekret. ... Diagnostische Biomarker ermöglichen es, die Erkrankung eines Patienten innerhalb einer Gruppe von ähnlichen Krankheiten genau zu definieren. Prognostische Biomarker erlauben Aussagen über die voraussichtlichen Heilungschancen und/oder den Krankheitsverlauf. Prädiktive Biomarker zeigen die Wahrscheinlichkeit an, zukünftig an einer Krankheit zu erkranken, oder ermöglichen Aussagen über das voraussichtliche Ansprechen auf eine bestimmte Therapie und erleichtern damit die Auswahl der individuell besten Behandlung. Die Grenzen sind hier fließend und ein Marker kann auch mehreren Kategorien zugeordnet werden. Beispielsweise dienen Mutationen des Estrogenrezeptors bei Brustkrebs sowohl der Diagnose (Hormonrezeptor positiv/negativ) als auch der Therapieauswahl, da negativ getestete Mammakarzinome nicht auf eine Hormontherapie ansprechen. ... In jedem Fall sollen Biomarker helfen, verschiedene Fragen zu beantworten: Wer ist krank oder wird erkranken? Wer soll womit und wann behandelt werden? Wie gut spricht der Patient auf die Behandlung an und wann ist er wieder gesund?« (Bracht 2009).

Phänotyp – (Durch Erbanlagen und Umwelteinflüsse geprägte) tatsächliche körperliche Erscheinung eines Organismus bezogen auf seine Struktur, Funktion oder Verhalten. Im Vergleich zum Erscheinungsbild repräsentiert der Genotyp das Erbbild eines Organismus, also seine exakte genetische Ausstattung, das heißt den individuellen Satz von Genen, den er im Zellkern in sich trägt

Sequenzierung – Die Sequenzierung untersucht die Abfolge der DNS-Bausteine (auch Basen genannt) in einem Gen. Die Basen sind wie die Sprossen einer Leiter angebracht, wobei es grundsätzlich vier verschiedene Typen gibt: Adenin (A), Cytosin (C), Guanin (G) und Thymin (T). Aus diesen Buchstaben ergibt sich ein Wort (Gen), Satz (mehrere Gene), Buch (Chromosom) und eine Bibliothek (Genom), die die Erbinformation (Bauplan des Lebens) beinhaltet.

SNPs – SNP steht für *single nucleotide polymorphism*, was der Variation einer einzelnen Base in einem Genom entspricht. Zum Beispiel ist die Sequenzfolge statt ACGT geändert in AGCT (2 SNPs) oder ACCT, was eine krankhafte Folge haben kann, aber nicht muss. Zu vergleichen ist dies mit dem Verdrehen oder Abändern von Buchstaben in Wörtern, die dann trotzdem noch verständlich sind: »Ncah eienr Stidue der Cmabirdge Uinertvisy ist es eagl, in welcher Rehenifloge die Bcuhstbaen in Woeretrn vokrmomen. Huaptschae, der esrte und ltzete Bcuhstbae snid an der rhcitgien Setlle« (Schnabel 2006).

Stratifizieren – Bilden von Subgruppen in einer Patientenpopulation auf der Basis von genetischen, molekularen oder zellulären Merkmalen der Patienten

Exakter als »personalisierte« wäre der Begriff genom- oder biomarkerbasierte Medizin, da Letztere ein wesentlicher Bestandteil des personalisierten Therapiekonzeptes sind. Biomarker sind allerdings an sich nichts Neues, denn auch physiologische Kenngrößen wie Körpertemperatur, Blutdruck oder Herzfrequenz sind ursprüngliche Biomarker, die – wenn sie vom Normwert abweichen – zwischen krank und nicht krank unterscheiden lassen. Auch klassische Bluttests untersuchen Biomarker (▶ Biomarker: Indikatoren für Diagnose und Therapie). Zusammen mit bildgebenden Verfahren gibt ihr Informationsgehalt aber nicht immer einen Hinweis auf den tieferen Anlass einer Störung.

Da letztlich jede Funktion in der Zelle auf der Umsetzung der Erbinformation beruht, kann deren Untersuchung schon eher tiefere Ursachen herausfinden. Die Sache ist allerdings komplex, da nur die allerwenigsten Krankheiten monogenetisch sind, das heißt von einem Defekt in einem Gen bestimmt sind. Der Fall ist dies bei den meisten Erbkrankheiten wie beispielsweise der Sichelzellenanämie, bei der im Hämoglobin eine veränderte Aminosäure auftritt, die dazu führt, dass der rote Blutfarbstoff nicht mehr richtig funktioniert. Auslöser ist die Veränderung

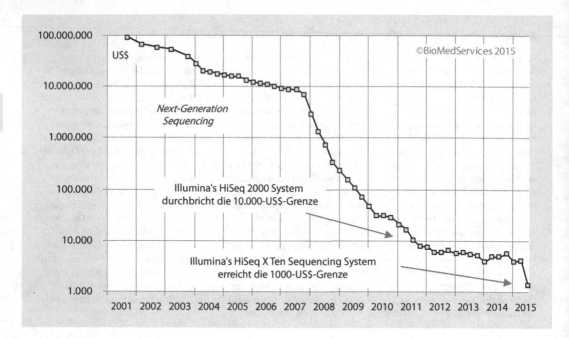

◘ Abb. 3.28   Kosten der Sequenzierung eines Genoms. Erstellt nach Daten vom National Human Genome Research Institute. (Wetterstrand 2015)

eines Genabschnitts von »GAG« nach »GTG«, also tatsächlich nur der Austausch eines Buchstabens im Gen. Diese sogenannten SNPs (*single nucleotide polymorphisms*), also Variationen einer einzelnen Base, müssen aber nicht immer eine krankhafte Folge haben. Für nicht-monogenetische Störungen wird über genomweite Assoziationsstudien versucht, eine Verbindung zwischen bestimmten Krankheiten oder anderen Merkmalen und Abschnitten des Genoms (Gesamtheit aller Gene) herzustellen.

Die hohen Erwartungen an die genombasierte Medizin und an die Entwicklung neuer Medikamente, die direkt nach der Entschlüsselung des menschlichen Genoms im Jahr 2000/2001 aufkamen, konnten anfangs nicht erfüllt werden. Zum einen stellte sich heraus, dass Gensequenzen nicht die einzige informatorische beziehungsweise regulatorische Ebene sind, die Komplexität also viel höher als angenommen ist. Zum anderen waren die technischen Möglichkeiten noch nicht ausgereift und somit insbesondere die Kosten der Genomsequenzierung enorm hoch (◘ Abb. 3.28). Dies hat sich aber mittlerweile geändert: Die Leistungssteigerung und damit der Preisverfall ist zu vergleichen mit den Entwicklungen bei der Produktion von Computer-Chips, bei denen das Moore'sche Gesetz gilt:

» Rund alle zwei Jahre verdoppelt sich die Leistung von Prozessoren. Diese Regel stammt vom Intel-Mitbegründer Gordon E. Moore. Er sagte 1965 voraus, dass sich alle 18 bis 24 Monate die Anzahl der elektronischen Schaltungen im Prozessor (Transistoren) verdoppeln würde – bei gleichzeitig sinkenden Kosten. Diese Voraussage heißt in Fachkreisen auch »Mooresches Gesetz« – und stimmt noch heute. (Computerbild 2007)

Heutzutage übertrifft die technische Entwicklung bei der Gensequenzierung sogar das Moor'sche Gesetz (◘ Abb. 3.28), das allerdings demnächst aufgrund physikalischer Grenzen nicht mehr endlos gelten wird.

Medikamente mit pharmakogenetischer Information in der Fachinformation

Zum Stand Mai 2015 listet die FDA 166 Wirkstoffe (FDA 2015f), die in ihrem *drug label*, das heißt in

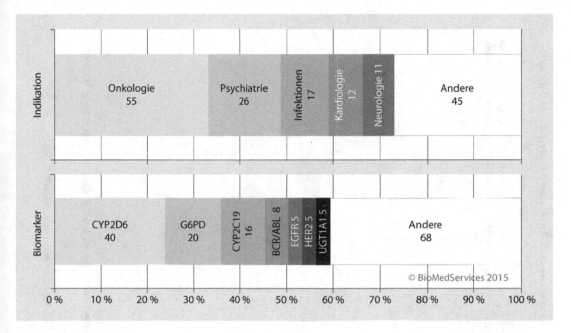

◘ Abb. 3.29 Übersicht zu Biomarkern und Indikationen der Medikamente mit pharmakogenetischer (PG) Information. Erstellt nach FDA (2015f)

der Fachinformation (und auf der Verpackung) eine pharmakogenetische (PG) Information enthalten. Bezogen auf einen bestimmten Biomarker (manchmal sogar auf bis zu vier) stellt die Information einen Zusammenhang her zwischen diesem Biomarker (in der Regel Gen und dessen Genprodukt) und der Wirksamkeit des Medikamentes, einem Risiko für Nebenwirkungen oder einer genotypspezifischen Dosierung. Zum Teil sind es nur Vorsichtshinweise, zum Teil aber dürfen Medikamente nur nach vorheriger Testung des Biomarkers an bestimmte Subgruppen verabreicht werden, das heißt, die personalisierte Anwendung ist mit der Zulassung festgeschrieben. ◘ Abbildung 3.29 zeigt, welche der insgesamt 47 Biomarker und 19 Indikationen bei diesen Medikamenten am häufigsten genannt sind.

Innerhalb der 19 Indikationen sind mit 33 % am häufigsten Medikamente gegen Krebs vertreten, gefolgt von denen der psychiatrischen und neurologischen Indikation (26 %). Letztere wechselwirken vor allem mit Cytochrom-P450-Enzymen, die Medikamente in der Leber verstoffwechseln. Es gibt Genvarianten mit der Folge, dass dieser Vorgang beeinträchtigt (*poor metabolizer*) und somit die Wirkstoff-Konzentration im Blut zu hoch ist.

Dies trifft auch auf einige Medikamente der Indikationen Kardiologie und Magen-Darm zu (◘ Tab. 3.32). Einen weiteren größeren Anteil nehmen Wirkstoffe gegen Infektionen ein, wobei hier vor allem die Biomarker G6PD und IFNL3 eine Rolle spielen. G6PD codiert für das Enzym Glukose-6-phosphat-Dehydrogenase, das in allen Zellen Kohlenhydrate verarbeitet. Ist G6-PD mutiert oder nicht vorhanden (Erbkrankheit), hat das während Infektionen und teils durch deren Medikation eine kritische Folge für rote Blutzellen.

Polymorphismen in IFNL3 korrelieren mit der Ansprache auf Medikamente gegen Hepatitis-C-Virus(HCV)-Infektionen, was über genomweite Assoziationsstudien herausgefunden wurde. Der biologische Mechanismus ist dabei bisher nicht geklärt. Bei den Krebs-Medikamenten führen mit sieben diejenigen die Liste an, die auf das sogenannte Philadelphia-Chromosom (Biomarker BCR-ABL) zielen, einer Ursache der chronischen myeloischen Leukämie (▶ Das Philadelphia-Chromosom als Auslöser von Leukämie). Der Biomarker MS4A1 fand schon Berücksichtigung, allerdings unter dem Synonym CD20, einem Molekül, das auf der Oberfläche von B-Zell-Lymphomen überexprimiert wird.

□ Tab. 3.32 Anzahl an Medikamenten mit einer pharmakogenetischen (PG) Information im Label nach Biomarker und Indikation. (Quelle: BioMedServices (2015) nach FDA (2015f))

Biomarker=Gen/Genprodukt	Detail – Aufgabe oder normale Funktion	Alle	Onkologie	Psychiatrie	Infektionen	Kardiologie	Neurologie	Magen-Darm	Endokrinologie
			55	26	17	12	11	8	7
CYP2D6	Cytochrom-P450-Enzym – Verstoffwechselung von Medikamenten in der Leber	40		23	2	5	4		7
G6PD	Glukose-6-phosphat-Dehydrogenase – Zuckerstoffwechsel, kritisch in roten Blutzellen	20	2		8				4
CYP2C19	Cytochrom-P450-Enzym – Verstoffwechselung von Medikamenten in der Leber	16		3		3		6	
BCR-ABL1 = t(9;22)	Durch Chromosomenfehler (Philadelphia-Chromosom) entstandenes neues Protein, das Zellteilung, -differenzierung und -adhäsion übersteuert	7	7						
EGFR (HER1)	*Epidermal growth factor*-Rezeptor – Bindung von EGF führt über Signalkaskade zu Zellteilung	5	5						
HER2 (ErbB2)	ErbB2-Wachstumsfaktor-Rezeptor – auf Zelloberfläche in Komplex mit anderen Rezeptoren, vermitteln Wachstumssignal	5	5						
UGT1A1	UDP-Glucuronyltransferase 1A1– verstoffwechselt auch Zytostatika	5	3						
MS 4A1 (CD20)	*Membrane-spanning 4, Subtyp A1*– reguliert B-Zell-Aktivierung und -Proliferation	5	3						

Weitere Biomarker sind:

je 4 Medikamente: CYP2C9, ESR1/PGR, IFNL3, TPMT

je 3 Medikamente: BRAF, DPYD, LDLR, HLA-B, MS4A1

je 2 Medikamente: ALK, CYB5R1-4, ESR1, F5, KRAS, NAGS/CPS1/ASS1/OTC/ASL/ABL2, NAT1-2, POLG, PML/RARA

je 1 Medikament: CFTR, CYP2B6, CYP3A5, del (17p), del (5q), F2, FIP1L1-PDGFRA, HLA-A, HLA-DQA1/HLA-DRB1, HPRT1, IL2RA, KIT, NAGS, PDGFRB, PGR, PROC, PROS, SERPINC1, VKORC1

Biomarker und Indikationen, für die jeweils die meisten Arzneien eine PG-Information aufweisen; eine komplette Liste findet sich auch in PMC (2014)

Das Philadelphia-Chromosom als Auslöser von Leukämie

»Während der Zellteilung kann es vorkommen, dass ein Teil eines Chromosoms fälschlicherweise abgeschnitten und an ein anderes Chromosom angehängt wird. Dies nennt man Translokation. Viele Translokationen haben keine bzw. keine schwerwiegenden Folgen. In manchen Fällen können jedoch Gene nebeneinander zu liegen kommen, die zusammen den Bauplan für ein neues, funktionsfähiges Protein tragen. Durch dieses Protein kann sich der Stoffwechsel und damit das Verhalten einer Zelle verändern. …

Bei der CML [chronische myeloische Leukämie] sind die Chromosomen 9 und 22 von einer Translokation betroffen …. Dabei wird je ein Teil von beiden Chromosomen ausgetauscht …. Das dadurch verkürzte Chromosom 22 wird auch als Philadelphia-Chromosom bezeichnet. Auf dem Philadelphia-Chromosom entsteht ein neues Gen mit dem Namen *BCR-ABL*. Dieses Gen trägt den Bauplan für ein funktionierendes Protein, das ebenfalls BCR-ABL genannt wird. Das BCR-ABL gehört zur Proteinklasse der Tyrosinkinasen,

die bestimmte Aufgaben innerhalb einer Zelle übernehmen. Die neue Tyrosinkinase BCR-ABL steht mit der Zellteilung der weißen Blutkörperchen (Leukozyten) in Verbindung. Durch die Bildung dieser Tyrosinkinase kommt es dazu, dass sich die weißen Blutkörperchen unkontrolliert vermehren und eine CML entsteht. Gleichzeitig ist BCR-ABL der Angriffspunkt für so genannte Tyrosinkinasehemmer – der Standardtherapie bei CML« (Dietz 2014).

Wegen möglicher Nebenwirkungen oder der Wirksamkeit nur bei Subgruppen ist in Deutschland laut dem Verband der forschenden Arzneimittelhersteller (vfa) für 34 Wirkstoffe ein diagnostischer Vortest (*companion diagnostics*, ▶ Abschn. 3.1.3.3) vorgeschrieben. Für weitere acht empfehlen ihn die medizinischen Fachgesellschaften. Damit gibt es hierzulande bereits 42 personalisierte Medikationen, meist für Krebserkrankungen, gefolgt von Wirkstoffen gegen Viruskrankheiten. Bei über 80 % bestimmt der Biomarker, ob das Medikament überhaupt wirksam ist, da es auf bestimmte genetische Veränderungen im Tumor zielt. Ein Beispiel ist das Brustkrebs-Medikament Herceptin, das nur bei Patientinnen eingesetzt werden sollte, deren Tumor den HER2-Rezeptor überexprimiert. Erbitux, ein Darmkrebs-Wirkstoff, ist für EGFR-überexprimierende Tumoren gedacht, wobei mittlerweile feststeht, dass er nur wirkt, wenn gleichzeitig das sogenannte *KRAS*-Gen nicht mutiert ist. Seit Juli 2008 besteht die Pflicht eines Vortests.

Die meisten Patienten erleben allerdings laut vfa bisher noch keine personalisierte Medizin. »Das wird sich erst langsam ändern – in dem Maße, in dem neue Medikamente zur personalisierten Anwendung zugelassen oder für Medikamente, die schon länger im Einsatz sind, nachträglich noch geeignete Vortests gefunden werden. Beides geschieht stetig. So sind derzeit (Stand: 13.02.14) sieben neue personalisiert einzusetzende

Medikamente im Zulassungsverfahren oder vor der Markteinführung. Eine Vielzahl weiterer befindet sich in klinischen Studien. Forschende Pharma-Unternehmen führen mittlerweile 37 % ihrer Entwicklungsprojekte für neue Medikamente und neue Medikamenten-Anwendungen mit begleitenden Studien zu Möglichkeiten der personalisierten Anwendung durch; … .« (vfa 2015b)

Neben diesen *technology-push*-Treibern hängt die weitere Verbreitung der personalisierten Medizin von *market-pull*-Mechanismen ab. Einfluss haben die demographische Entwicklung sowie der Bedarf an noch wirksameren und vor allem nebenwirkungsärmeren Therapien. Nicht nur die Gesundheit würde profitieren: In deutschen Krankenhäusern belaufen sich laut einer Studie von Rottenkolber et al. (2012) die Kosten für *adverse drug reactions* (ADR) auf jährlich rund 1 Mrd. €.

Ob die personalisierte Medizin auch ökonomische Vorteile bringt, ist noch umstritten (▶ Abschn. 3.1.3.4). Zudem spielen rechtliche, ethische, aber auch soziale Faktoren eine Rolle. Bereits erwähnt wurden die Wissenslücken, die die Befragung des FAZ-Instituts im Jahr 2010 aufgetan hat. Auch das Büro für Technikfolgenabschätzung beim Deutschen Bundestag (TAB) hatte zuvor, im Jahr 2008, in einem Bericht mit dem Titel *Individualisierte Medizin und Gesundheitssystem* einen erheblichen Aus- und Weiterbildungsbedarf für die Gesundheitsberufe festgestellt wie

3

Neue Rollenzuweisungen aufgrund der Individualisierung der Medizin

»Laut TAB-Zukunftsreport wird es für die Gesundheitsberufe, vor allem für die Ärzte, einen erheblichen Aus- und Weiterbildungsbedarf geben. Der Bericht prognostiziert neue Anforderungen: grundlegende Kenntnisse in Genetik, der molekularen Medizin und den eingesetzten Testverfahren; Identifizierung von Zielgruppen für biomarkerbasierte Test- und Diagnoseverfahren; Durchführung der Testverfahren und Auswertung der Messungen; Interpretation der Testergebnisse im Hinblick auf die medizinische Fragestellung und Auswahl einer geeigneten Intervention sowie Kommunikation mit Patienten. … Man könne davon ausgehen, dass sich die Medizin von einer ‚empirischen Heilkunst' hin zu einer ‚rationalen, molekularen Wissenschaft' entwickeln werde … Die Individualisierung der Medizin werde ärztliches Handeln immer abhängiger von naturwissenschaftlichen-technischen Analysen und Deutungskompetenzen machen. Um das entsprechende Wissen in die ärztliche Grundversorgung integrieren zu können, würden Ärzte über eine Neugestaltung ärztlicher Kompetenzen nachdenken müssen. … [Dies wird] weitreichende Folgen für das ärztliche Selbstverständnis haben« (Hempel 2009).

Worum geht es beim Aktionsplan »individualisierte Medizin«?

»Bundesforschungsministerin Johanna Wanka (CDU) spricht in diesem Zusammenhang von ‚individualisierter Medizin', die ‚eines der vielversprechendsten Felder unserer modernen Medizin' sei. Das BMBF wird im Zeitraum von 2013 bis 2016 bis zu 100 Millionen Euro für Forschungs- und Entwicklungsprojekte zur Verfügung stellen. Der Aktionsplan soll Initiativen bündeln, die gleichermaßen neue Perspektiven für die Behandlung von Patienten und für Innovationen in der Gesundheitswirtschaft eröffnen. Die Förderung unterstützt Projekte entlang der gesamten Innovationskette – von der Grundlagenforschung über die präklinische und klinische Forschung bis hin zur Gesundheitswirtschaft. Um den Diskurs zwischen Wissenschaft, Gesellschaft und Politik zu unterstützen, werden zudem Forschungsprojekte zu ethischen, rechtlichen und sozialen Aspekten der individualisierten Medizin gefördert« (vfa Patientenportal 2015).

das *Deutsche Ärzteblatt* berichtet (► Neue Rollenzuweisungen aufgrund der Individualisierung der Medizin). Seitens der Politik wird die Entwicklung der personalisierten Medizin in verschiedenen Ländern durch Förderprogramme unterstützt, so auch in Deutschland (► Worum geht es beim Aktionsplan »individualisierte Medizin«?). Jüngste Aktivität war im Januar 2015 die Vorstellung der *Precision Medicine Initiative* von US-Präsident Obama, für die der neue US-Haushalt kurzfristig 215 Mio. US$ bereitstellt. 130 Mio. US$ fließen in den Aufbau einer nationalen Datenbank mit genetischen Profilen und medizinischen Befunden von einer Million Amerikanern. Der Rest kommt dem nationalen Krebsforschungsinstitut NCI zugute.

Precision medicine ist ein weiteres Synonym für die personalisierte Medizin. Im Deutschen findet sich entsprechend der Begriff der Präzisionsmedizin. Auch existieren Formulierungen wie »das richtige Medikament in der richtigen Dosierung zur richtigen Zeit für den richtigen Patienten« oder nach dem US-Forscher Hood (Singer 2010) noch weiter gefasst »P4-Medizin (prädiktiv, präventiv, personalisiert und partizipatorisch)«. Alles zielt darauf ab, über ein verbessertes Verständnis der molekularen Grundlagen von Krankheiten eine verbesserte Behandlung zu erzielen. Dabei sind es vor allem neue diagnostische Möglichkeiten, die die Grundlage der personalisierteren Medizin bilden.

3.1.3   (Molekular-)Diagnostika

Diagnostische Mittel wie bildgebende Verfahren (*in vivo*-Diagnostik) und *in vitro*-Diagnostika (IVD), auch Labordiagnostika genannt, unterstützen Therapie-Entscheidungen wie der Verband der Diagnostica-Industrie (VDGH) in Deutschland darstellt (► Nutzen von IVD). Die moderne Biologie beeinflusst vor allem den IVD-Bereich, der

Nutzen von IVD

»Rund 150 Unternehmen entwickeln und produzieren in Deutschland Reagenzien und Analysensysteme, sogenannte In-vitro-Diagnostika. Mit ihrer Hilfe können niedergelassene Ärzte und Krankenhauslaboratorien, in einigen Fällen aber auch Patienten selbst, Körperflüssigkeiten oder Gewebe untersuchen. Angetrieben durch die Fortschritte in der Molekularbiologie, der Miniaturisierung und Automatisierung haben immer leistungsfähigere Diagnoseverfahren Einzug in die Labors gehalten. … Labordiagnostika sind längst ein Kernelement der modernen Medizin. Bei zwei Dritteln aller klinischen Diagnosen spielen labormedizinische Untersuchungen eine entscheidende Rolle. … Je eher eine Krankheit diagnostiziert wird, desto erfolgversprechender und kostengünstiger kann sie in aller Regel kuriert werden« (VDGH 2012).

vor dem Aufkommen der molekularbiologischen durch enzymatische, immun- und andere chemische Verfahren geprägt war. Diese umfassen zwar auch molekulare Reaktionen wie die Antigen-Antikörper-Bindung bei Immuntests, die heutige sogenannte Molekulardiagnostik fokussiert sich dagegen auf die Detektion informationstragender biologischer Moleküle (DNS und RNS), daher auch nukleinsäurebasierte Diagnostik genannt.

Nachdem sich jeweils ab Ende der 1950er- und 1960er-Jahre die Enzym und Immuntests auf dem Markt etablierten, kamen molekularbiologische Verfahren ab den 1970er- und 1980er-Jahren erst in der Forschung und dann auch als verkäufliche Variante hinzu: Southern Blots und andere DNS-Hybridisierungstechniken, die später zu Mikroarrays (= DNS-Chips) miniaturisiert wurden, DNS-Sequenzierungs- sowie DNS-Verfielfältigungstechniken (PCR = *polymerase chain reaction*, ► Abschn. 1.2.4).

Begriffe rund um die Diagnostik

Bildgebende Verfahren – Oberbegriff für verschiedene Diagnostikmethoden, die Aufnahmen aus dem Körperinneren liefern; z. B. konventionelle Röntgendiagnostik, die digitalisiert die Computertomographie (CT) ergibt, Ultraschalldiagnostik (Sonographie), Endoskopie, Kernspin-/Magnetresonanztomographie (MRT), (Single-)Positronen-Emissionstomographie (PET/SPECT), Szintigraphie und Angiographie

Immundiagnostik – Die Immundiagnostik nutzt die hohe Spezifität der Antigen-Antikörper-Reaktion, um Antigene oder Antikörper, die der Körper gegen ein Antigen gebildet hat, mithilfe von Immun-Assays nachzuweisen

In vitro-Diagnostika (IVD) – Jedes Medizinprodukt, das als Reagenz, Reagenzprodukt, Kalibriermaterial, Kontrollmaterial, Kit, Instrument, Apparat, Gerät oder System einzeln oder in Verbindung miteinander zur in vitro-Untersuchung (im Reagenzglas außerhalb des Körpers) von aus dem menschlichen Körper stammenden Proben, einschließlich Blut- und Gewebespenden, verwendet wird

Molekulardiagnostik – Diagnosemethoden, die informationstragende biologische Moleküle wie DNS oder RNS untersuchen

1983 gründete sich in den USA die erste kleinere Biotech-Firma, die sich auf die Molekulardiagnostik spezialisierte: Gen-Probe brachte ab 1985 Tests zur DNS-basierten Detektion verschiedener Krankheitserreger auf den Markt. Sie wurde 2012 für 3,8 Mrd. US$ von Hologic übernommen. Der US-Forscher Mullis von der Biotech-Firma Cetus erfand die PCR-Technologie zwischen 1983 und 1985. Im Rahmen der Übernahme durch Chiron verkaufte Cetus 1991 alle Rechte an der PCR-Technologie für 300 Mio. US$ an die Schweizer Roche. Diese hatte 1989 bereits eine Zusammenarbeit mit Cetus zur Entwicklung von PCR-basierten Diagnostiktests gestartet. Die 1991 in den USA gegründete Roche Molecular Systems setzte diese Arbeit dann weiter fort und brachte 1992 die ersten PCR-Tests auf den Markt. 1993 folgte die Patentierung der sogenannten Real-Time-PCR (quantitative Echtzeit-PCR), einer PCR-Methode zur Vervielfältigung von Nukleinsäuren, bei der zusätzlich gleichzeitig die gewonnene DNS mithilfe von Fluoreszenzmessungen quantifiziert wird. Erste Testsysteme, die neben der Vervielfältigung simultan DNS detektieren können, kamen 2003 zur Testung auf HIV- und HCV-Infektionen auf den Markt. 2005 launchte die Diagnostik-Sparte von Roche zudem den ersten pharmakogenetischen Test, den Ampli-Chip CYP450 zur Analyse von möglichen genbasierten Reaktionen auf bestimmte Medikamente.

3

Entwicklung neuer molekularer Biomarker

»Die Suche und Entwicklung neuer Biomarker wird getrieben von dem Bedarf, spezifische und eindeutige Kriterien für pathologische Situationen und die Wirksamkeit therapeutischer Interventionen an die Hand zu bekommen. Die meisten der heute verwendeten – und in der medizinischen Praxis weiterhin unentbehrlichen molekularen Biomarker – sind relativ unspezifisch und vieldeutig. Dazu gehören der Blutzuckerspiegel und die Cholesterin- und Blutfettwerte ebenso wie manche sogenannte »Krebsmarker« wie CEA und PSA. Inzwischen werden ständig neuartige Biomarker mit Hilfe neuer Technologien wie Genomik, Proteomik und Metabolomik beschrieben, die teilweise weit höhere Spezifität und Aussagekraft haben. … Die Schwerpunkte der molekularen Biomarker-Forschung haben sich in den letzten Jahren von den Proteinen auf die Nukleinsäuren verlagert. Das liegt vor allem an den gewaltigen Fortschritten der Nukleinsäure-Analytik wie Microarray-Technologien und ‚next generation sequencing‘, die einfach, rasch und kostengünstig durchgeführt werden können. Das heißeste Eisen sind derzeit microRNA-Profile als Biomarker für komplexe Krankheiten. Proteine als die ‚klassischen‘ molekularen Biomarker für biologische Prozesse und Zustände sind dabei aber keineswegs aus der Mode gekommen. Auch hier setzen neue Technologien die Maßstäbe, seien es massenspektrometrische oder immunologische Verfahren oder Hochdurchsatz-Assays für Proteomanalysen. Besonders die an Regulationsmechanismen und Signalketten beteiligten Proteinklassen, darunter Kinasen, Phosphatasen und Proteasen, werden auf ihr Potenzial als Biomarker intensiv erforscht« (Jarasch 2011b).

3.1.3.1   IVD, MDx, PGx, CDx, Biomarker & Co. – Was ist was?

Wie in jeder Fachwelt verwendet die Diagnostik-Branche viele Abkürzungen. So steht IVD für *in vitro*-Diagnostika, das sind Tests von Körperproben im Reagenzglas, über Teststreifen oder sonstige, oft als Kits bezeichnete Testsysteme.

Die DNS-basierten Tests, im Englischen als MDx abgekürzt (*molecular diagnostics*) werden im Deutschen synonym als Gentests oder Gendiagnostika bezeichnet. Auch die sogenannten epigenetischen Tests fallen in diese Kategorie. Epigenetik bedeutet, dass zusätzlich zur Informationsebene der DNS-Sequenz eine weitere, regulierende Ebene in Form chemischer »Anhängsel« existiert. Ein Beispiel ist die DNS-Methylierung, bei der am Basenbaustein Cytosin (Buchstabe C) eine Methylgruppe (CH_3-Gruppe) gebunden ist. Es handelt sich um einen reversiblen Vorgang, das heißt, die Gruppe kann gebunden oder nicht gebunden sein. Letztlich liegt damit eine Art An-/Aus-Schalter vor, der die Aktivität von Genen reguliert.

Im Folgenden werden die Nukleinsäure-bezogenen Tests als MDx im engeren Sinne (MDx i. e. S.) erachtet. Denn der Begriff »molekular« ist unscharf, da auch die klassischen IVD-Methoden der Enzym- und Immunchemie eine molekulare Grundlage haben. Die moderne Biomarker-Forschung arbeitet mit neuen analytischen Methoden, um sozusagen altbekannte Biomarker-Moleküle wie Hormone (Proteine), Blutzucker (Glukose) sowie Cholesterin und andere Blutfette (Lipide) qualitativ besser zu detektieren. Von diesen grundlegenden Substanzen des menschlichen Stoffwechsels (Metabolismus) leiten sich die (englischen) Begriffe *Proteomics, Glycomics* sowie *Lipidomics* ab, wobei »omics« für »Analyse« steht. Es wird auch zunehmend versucht, die Molekülklassen nicht mehr einzeln zu betrachten, sondern in ihrem Zusammenspiel im Stoffwechsel (*Metabolomics*). Um eine Unterscheidung zu den klassischen Methoden der klinischen Chemie (Laboratoriumsdiagnostik) zu ermöglichen, werden hier neuartige Testmethoden, die Biomoleküle (außer DNS) und damit Biomarker analysieren, als Molekulardiagnostika im weiteren Sinne bezeichnet (MDx i. w. S.). Darunter fallen dann auch Tests basierend auf physikalischen Analysemethoden, wie die Massenspektrometrie, die häufig in den *Proteomics* und *Metabolomics* zum Einsatz kommen.

Weiterhin ist der Begriff »biomarkerbasierte Tests« zur Bezeichnung einer neuen Klasse an Tests, die eine personalisiertere Medizin ermöglichen sollen, unglücklich. Denn auch Biomarker existieren schon seit jeher in der Diagnostik. Allerdings sind die traditionellen Biomarker relativ unspezifisch und vieldeutig und lassen so nicht immer Rückschlüsse auf die tiefere Ursache einer Störung zu. Genau dies versucht dagegen die moderne Biomarker-Forschung, die neue Biomarker sucht und mithilfe molekularer Methoden der Genomik, Proteo-

Tab. 3.33 Übersicht zu verschiedenen Technologien und Teilmärkten der Diagnostik. (Quelle: BioMedServices (2015))

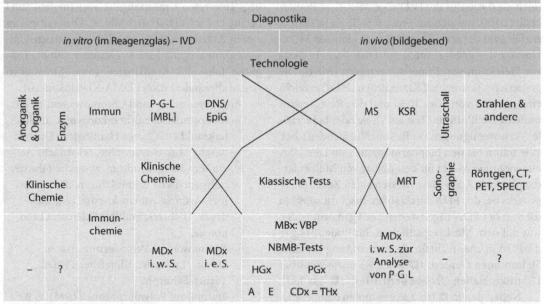

/: mögliche Anwendung, –: eher unwahrscheinlich; A/E: angeborene/erworbene Genveränderung, CDx: *companion diagnostics*, CT: Computertomographie, EpiG:Epigenetik, HGx: humaner Gentest (Krankheit), KSR: Kernspinresonanz, MBx: mikrobieller Gentest, MBL: *Metabolomics*,MDx: Molekulardiagnostika, MRT: Magnetresonanztomographie, MS: Massenspektrometrie, NBMB: neue biomarkerbasierte, PET/SPECT: (*Single-*)Positronen-Emissionstomographie, PGx: pharmakogenetischer Test (Arznei), P-G-L: *Proteomics-Glycomics-Lipidomics*, THx: *Theranostics*, VBP: virale, bakterielle oder Pilzinfektion

mik und anderer »*Omics*« validiert (► Entwicklung neuer molekularer Biomarker). Validieren heißt, einen tatsächlichen und ursächlichen Zusammenhang zwischen einer Krankheit und einem Biomarker zu finden. Wenn also von biomarkerbasierten Tests die Rede ist, meint die Fachwelt damit Diagnostika, die auf neu identifizierten und krankheitsbezogen validierten Biomarkern beruhen.

Zur besseren Abgrenzung werden sie hier als »neue **biomarker**basierte« (NBMB)-Tests bezeichnet. Im Unterschied dazu stehen die klassischen Tests und Untersuchungsmethoden, die sich auf die traditionellen Biomarker beschränken. ◘ Tabelle 3.33 versucht die verschiedenen Technologien und Teilmärkte der Diagnostik einzuordnen. Dabei unterteilen sich die NBMB-Tests weiter in die HGx (humane Gentests), die auf Veranlagung oder tatsächliches Vorhandensein einer Krankheit testen, sowie die PGx (pharmakogenetische Tests) mit dem Subsegment CDx (*companion diagnostics*).

Zwischen den klassischen und den NBMB-Tests stehen noch die mikrobiellen Tests (MBx), also solche Untersuchungsmethoden, die auf vira-

le, bakterielle oder Pilzinfektionen testen. Diese basierten früher auch auf Technologien der klinischen und Immunchemie und werden heute zunehmend DNS-basiert durchgeführt (die ersten MDx waren die MBx). Sie stehen auch dazwischen, weil viele Erreger schon länger bekannt sind, wobei immer noch neue (Biomarker) hinzukommen.

Nach dem Beispiel der Gen-Probe gründeten sich weltweit viele weitere Unternehmen, um MDx (i. e. S.) zu entwickeln. Auch etablierte Diagnostikspezialisten stiegen in das Marktsegment ein, das innerhalb der IVD das am stärksten wachsende ist. Noch im Jahr 1990 beliefen sich die weltweiten Umsätze mit MDx auf etwa 10 Mio. US$, 2013 überschritten sie die Grenze von 5 Mrd. US$, und sie sollen bis 2020 laut Allied Market Research (2014a) auf 19 Mrd. US$ steigen. Ihr Anteil am gesamten globalen Markt für IVD – den Marktanalysten auf rund 50 Mrd. US$ schätzen – liegt bei etwa 10 %. Bis 2020 soll er ein Viertel der erwarteten IVD-Umsätze von knapp 75 Mrd. US$ einnehmen. Das durchschnittliche jährliche Wachstum zwischen 2014 und 2020 prognostiziert Allied Market Research für die DNS-Diagnostika mit rund 10 % doppelt so hoch als dasjenige der IVD allgemein. Laut Pothier et al. (2013), die sich auf Frost & Sullivan beziehen, entfällt mit derzeit 50 bis 60 % vom globalen MDx-Umsatz der größte Anteil auf DNS-basierte Tests zur Detektion von Krankheitserregern (MBx). Die genetische Testung auf Krankheiten (HGx) erreicht einen Anteil von etwa 30 %, und den Rest steuern molekulare Bluttests (Test auf virale oder bakterielle Verunreinigungen, z. B. von Blutspenden) bei. Wie schon bei den Biopharmazeutika sind die USA ein wichtiger Markt für den Absatz von Molekulardiagnostika. Auch diese müssen einen Zulassungsprozess bei der FDA durchlaufen. Insofern spiegeln die von der FDA zugelassenen Tests ganz gut wider, was auf dem Markt erhältlich ist. Bis Ende 2014 gab die FDA grünes Licht für die Vermarktung von über 50 humanen Gentests (◘ Tab. 3.34) sowie von über 150 mikrobiellen DNS-basierten Tests (◘ Tab. 3.35).

Neben den in ◘ Tab. 3.35 genannten Krankheitserregern zielen weitere MDx-Tests auf Enteroviren, Dengue-Viren, *Leishmania*-Spezies sowie Gram-positive und Gram-negative Bakterien. FDA-zugelassene Infektionstests wurden zudem entwickelt von: bioMerieux, EliTechGroup, Intelligent Medical Devices (jeweils drei); Syngene (zwei) sowie jeweils ein Test von Siemens Healthcare Diagnostics, Great Basin Scientific, Chugai Pharmaceuticals, Sierra Diagnostics (insolvent), GenMark Diagnostic und Organon Teknika, die heute zu Merck gehören. MDx mit FDA-Zulassung brachten ferner von staatlicher Seite hervor die U.S. Army sowie die Centers for Disease Control and Prevention (CDC).

Explizite Angaben zur Größe des deutschen MDx-Marktes gibt es in dem Sinne nicht, da der deutsche Verband der Diagnostica-Industrie (VDGH) der Marktsegmentierung der European Diagnostic Manufacturers Association (EDMA) folgt, die IVD in Instrumente und in Reagenzien für folgende Bereiche aufteilt:

- klinische Chemie
- Immunchemie
- Hämatologie, Histologie, Zytologie
- Mikrobiologie
- infektiöse Immunologie
- genetische Testung

DNS-basierte Tests fallen hier neben anderen Technologien unter die Kategorie »Mikrobiologie« so-

wie allein unter »genetische Testung«. Für Letztere liegt eine reine Umsatzangabe vor: Im Jahr 2013 betrug er laut VDGH 11,5 Mio. €. Dies entspricht einem Anteil von 0,6 % an allen Reagenzien-Umsätzen von knapp 2 Mrd. €. Darunter fällt die Diagnose folgender Krankheiten sowie Situationen (leicht abgeändert nach EDMA-Klassifikation):

- Angeborene Gen- und Chromosomendefekte:
  - monogenetische Erkrankungen: u. a. Bluterkrankheit, Chorea Huntington, Duchenne'sche Muskeldystrophie, Friedreichs Ataxia, Tay-Sachs-Syndrom, zystische Fibrose;
  - polygenetische Erkrankungen: u. a. Alzheimer, Asthma, Atherosklerose, Bluthochdruck, Diabetes, multiple Sklerose, Osteoporose;
  - chromosomale Veränderungen: u. a. Down-, Edwards-, Klinefelter-, Pätau-, Turner-Syndrom;
  - Testung auf Polymorphismen (PM): z. B. HLA-Typisierung, Faktor-V-Leiden, MTHFR-PM, Prothrombin-PM.
- Erworbene Gen- und Chromosomendefekte:
  - Krebs-auslösende Defekte in den Genen: *Breast Cancer 1/2* (*BRCA 1/2*), c-MYC-Protoonkogen, Kirsten-ras-Onkogen (*KRAS*), *RET*-Protoonkogen (*rearranged during transfection, RET*), Tumorprotein 53 (p53);
  - Krebserkrankungen aufgrund von Chromosomenveränderungen: akute myeloische Leukämie (AML), z. B. t(8;21) inv(16); Burkitt-Lymphom, t(8;14); chronische myeloische Leukämie (CML), t(9;22); Non-Hodgkin-Lymphom, t(14;18);
  - Krebserkrankungen aufgrund anderer genetischer Veränderungen: vererbbare Formen des familiären Darmkrebses – hereditäres nicht-polypöses Kolonkarzinom (*hereditary nonpolyposis colorectal cancer*, HNPCC), adenomatöse Polyposis coli (APC); Überexpression von Telomerase (65 % aller Blasentumoren) oder HER2 (*human epidermal growth factor receptor 2*, HER2-positiver Brustkrebs).
- Cytochrom P450-Gen-vermittelte Störungen der Verstoffwechselung bestimmter Wirkstoffe.

Letzteres entspricht dem, was unter pharmakogenetischen Tests (PGx) verstanden wird.

◻ **Tab. 3.34** Diagnostikahersteller und ihre FDA-gelisteten humanen Gentests. (Quelle: BioMecServices (2015) nach FDA (2015g))

Gentest bezogen auf	Σ	Vysis & Abbott	Hologic[a]	Nano-sphere	Roche Group[a]	Autogenomics	Osmetech Mol. Dia.	Dako	Illumina	Luminex Mol. Dia.	Jeweils 1 Test pro Firma:
Σ		8	7	6	4	3	3	3	3	3	Jeweils 1 Test pro Firma:
Blutgerinnungsstörungen	13		4	3	2	1	1		1	3	Cepheid
Medikamenten-metabolisierende Enzyme	12		1	2	1	2	1			1	GenMark Dx, Spartan Bioscience, TrimGen
Zystische Fibrose	10		1	1			1		2	3	Quest, GenMark Dx
Brustkrebs	7				1			3			Agendia, Nanostring Technologies, Janssen Dx
B-Zell-CLL/AML	4	2/2									
Abnorme Chromosomen	4	3									Affymetrix
Prostatakrebs	2		1								Iris Mol. Dia.
Blasenkrebs	1	1									
Darmkrebs	1										Exact Sciences
Eierstockkrebs	1										Myriad Genetic Laboratories
Herztransplantationen	1										CareDx (früher XDx)

[a] inklusive der Produkte von Gen-Probe und ThirdWave/Ventana; nur noch am Markt befindliche Firmen

ALL akute lymphatische Leukämie, *CLL* chronische lymphatische Leukämie, *Dx* Diagnostics, *Mol. Da.* Molecular Diagnostics

▢ Tab. 3.35 Ausgewählte Diagnostikahersteller und ihre FDA-gelisteten mikrobiellen DNS-Tests. (Quelle: BioMedServices (2015) nach FDA (2015g), nur Firmen mit mindestens vier Tests, einige Produkte kamen über Akquisitionen hinzu, hier ist jeweils nur die finale Mutterfirma gelistet)

Test auf	Σ	Hologic/Gen-Probe/ThirdWave	Roche Group	BD Diagnostic Systems	Cepheid	AdvanDx	Abbott Molecular	Meridian Bioscience	Quidel	Qiagen	BioFire Diagnostics	Luminex	Focus Diagnostics	Nanosphere
Σ		37	16	14	13	13	6	5	5	5	5	4	4	4
Chlamydia trachomatis/ Neisseria gonorrhoeae	28	11	7	3	1		3			2				
Influenza- und respiratorische Viren	23	3	1		1				1	1	1	2	3	1
Staphylococcus	15	1	1	4	4	3			1					1
Clostridium difficile	13	1	1	2	2			2	1	1			1	1
Streptokokken	9	1		2	3			2						
Hepatitis-Virus	9	1	4				3							
Mycobacterium Spezies	9	8												
Mycobacterium tuberculosis	8	4	1	1	1									
Enterococcus	6			1	1	3								
Humanes Papillomvirus	6	4	1							1				
Verschiedene Hefen	5					3								

▫ **Tab. 3.35** Fortsetzung

Test auf	Hologic/Gen-Probe/ThirdWave	Roche Group	BD Diagnostic Systems	Cepheid	Ad-vanDx	Abbott Molecular	Meridian Bioscience	Quidel	Qiagen	BioFire Diagnostics	Luminex	Focus Diagnostics	Nanosphere
Escherichia coli/ Klebsiella pneumoniae/ Pseudomonas aeruginosa	4				4								
Humanes Metapneumovirus	3												
Herpes simplex-Virus	3		1					2					
Cytomegalovirus	2	1						1			1		
Trichomonas vaginalis	2												
Adenovirus	2												
Bacillus anthracis	1									1			
Coxiella burnetii	1									1			
Francisella tularensis	1									1			
Yersinia pestis	1									1			
Mycoplasma pneumoniae	1												

3.1.3.2 PGx: Zu Risiken und Nebenwirkungen fragen Sie Ihre Gene

Cytochrom P450 (CYP) fungiert als Enzym und findet sich beim Menschen vor allem in der Leber. Es metabolisiert endogene Substrate, Umweltschadstoffe, kanzerogene Stoffe und eine Vielzahl von Arzneistoffen. Laut Oetzel (2012) wurden beim Menschen bislang 60 verschiedene Cytochrome P450 gefunden. Die Einteilung dieser Isoenzyme in Familien und Unterfamilien erfolgt anhand der jeweiligen Ähnlichkeiten in der Aminosäuresequenz, wobei sich die Bezeichnung des einzelnen Enzyms an einer spezifischen Nomenklatur orientiert: Auf das Gensymbol *CYP* folgt eine Zahl für die Familie, ein Buchstabe für die Unterfamilie und eine Nummer für das einzelne Enzym. Weitere für den Abbau von Medikamenten wichtige Cytochrome P450-Gene sind *CYP2D6*, *CYP2C9*, *CYP2C19*, und *CYP1A2*. Vor allem *CYP2D6* und *CYP2C19* weisen eine große genetische Variabilität auf. Bei den codierenden Genen treten also häufiger Polymorphismen auf, die zu stärker beziehungsweise schwächer aktiven oder funktionslosen Varianten der Enzyme führen. Aus den jeweils vorliegenden genetischen *CYP*-Varianten eines Patienten wiederum lässt sich sein sogenannter Metabolisierer-Status ableiten, also die Geschwindigkeit, mit der er die entsprechenden pharmazeutischen Wirkstoffe verstoffwechseln kann. So werden für *CYP2D6* vier Typen von Metabolisierern unterschieden (Oetzel 2012):

- Langsame Metabolisierer (etwa 7 % der Bevölkerung) besitzen zwei nicht funktionelle Allele des *CYP2D6*-Gens. Es wird kein Protein gebildet und der Metabolismus verläuft extrem langsam. Bei Gabe der Standarddosierung kann es daher zu Nebenwirkungen kommen, da sich der Wirkstoff anreichert. Oder aber die Wirksamkeit der Therapie ist nicht ausreichend, wenn es sich bei dem Medikament um ein sogenanntes Prodrug handelt, das erst durch die Biotransformation in seine aktive Wirkform umgewandelt werden muss.
- Intermediäre Metabolisierer (etwa 5–10 %) besitzen ein nicht und ein eingeschränkt funktionelles Allel. Medikamente werden daher mit reduzierter Aktivität verstoffwechselt.

- Extensive (»normale«) Metabolisierer (etwa 80 %) besitzen ein oder zwei voll funktionsfähige Allele.
- Bei ultraschnellen Metabolisierern (etwa 2–3 %) sind aufgrund einer Genamplifikation drei oder mehr Kopien funktionsfähiger Gene vorhanden. Sie bauen Arzneimittel so schnell ab, dass die Standarddosis kaum wirken kann.

◻ Tabelle 3.36 listet verschiedene Arzneistoffe sowie entsprechende Gene, mit deren Genprodukten sie in Wechselwirkung stehen können. Neben *CYP* sind auch andere Gene betroffen.

》 Medikamente wirken nicht bei allen Menschen gleich gut. Für optimale Wirksamkeit muss die aktive Form eines Medikaments eine bestimmte Zeit im Körper verweilen können. An der Aktivierung und am Abbau des Medikaments ist der körpereigene Stoffwechsel maßgeblich beteiligt, und dieser arbeitet aufgrund kleinster Unterschiede im genetischen Bauplan bei manchen Menschen sehr viel schneller, bei anderen deutlich langsamer als im Normalfall. Die Folge sind Unwirksamkeiten oder Unverträglichkeiten, in Deutschland über 200.000 mal pro Jahr, 58.000 mal gar mit tödlichem Ausgang. (humatrix 2015a)

Die kleinsten Unterschiede, also die Polymorphismen können über einen Gentest festgestellt werden. Beispiel für Anbieter derartiger Tests sind die deutschen Biotech-Dienstleister bio.logis (PGS. box) und humatrix (Therapiesicherheit). Beide binden bei der Anwendung der Gentests eine ärztliche Beratung ein. Der Dienstleister humatrix kooperiert mit dem Generikahersteller Stada Arzneimittel, der über seinen Bereich Stada Diagnostik die DNS-Tests an Apotheken vertreibt. Auch die PGS.box ist bei ausgewählten Apotheken und Ärzten erhältlich. humatrix bietet beispielsweise derzeit Tests für folgende Medikationen an:

- Tamoxifen/Aromatasehemmer (adjuvante Brustkrebstherapie),
- Statine (Cholesterinsenker),
- orale Kontrazeptiva (Antibabypille),
- 5-Fluoruracil (Chemotherapie),
- Aminoglykoside (Antibiotika),

◨ Tab. 3.36 Arzneistoffe, bei deren Anwendung ein PGx-Test sinnvoll sein kann. (Quelle: BioMedServices (2015) nach bio.logis (2015))

Medikamenten-gruppe	Wirkstoff (Auswahl)	Gen
Antiasthmatika	Salbutamol	*ADRB2*
Antidepressiva	Fluoxetin, Moclobemid, Amitryptilin	*CYP2C9, CYP2C19, CYP2D6, CYP2D6, CYP2C19*
Analgetika, Antitussiva	Phenacetin, Paracetamol, Codein, Diclofenac, Ibuprofen	*CYP1A2, CYP2D6, CYP2C9*
Antiarrhythmika	Encainid, Procainamid, Theophyllin	*CYP2D6, NAT2, CYP1A2*
Antidiabetika	Glibenclamid, Tolbutamid, Troglitazon	*CYP2C9*
Antiepileptika	Phenobarbital, Phenytoin	*CYP2C9*
Diuretika	Torasemid, Tienilinsaure	*CYP2C19*
Hämostase	Clopidogrel, Marcumar, Phenprocou-mon, S-Warfarin	*CYP2C19, ABCB1, PON1, CYP2C9, VKORC1*
Hormone	Endogene und exogene Catechole, L-Dopa, Östrogen, Tamoxifen	*COMT*-Genotypisierung (p.Val158Met), *CYP2C19, CYP2C9, CYP3A4, CYP3A5, SULT1A1, UGT2B15*
Neuroleptika	Haloperidol, Clozapin	*CYP2D6*
Protonen-pumpen hemmer	Omeprazol, Lansoprazol, Pantoprazol	*CYP2C19*
Statine	Fluvastatin, Simvastatin	*CYP2C9, SLCO1B1, CYP3A4*
Tranquillanzien	Diazepam	*CYP2C19*
Xenobiotika, Giftstoffe	Xenobiotika, kanzerogene Stoffe	*GST*
Zytostatika	5-Fluoruracil (5-FU), Capecitabin, Azat-hioprin, 6-Mercaptopurin, 6-Thioguanin, Irinotecan	*DPD, TPMT, UGT1A1*
Zytostatika, Bioverfüg-barkeit Arzneimittel	Digoxine, Anthracycline, Taxane, Vincaal-kaloide	*ABCB1* (alte Bezeichnung *MDR1*)

— Clopidogrel (Infarkt- und Schlaganfallvorbeugung),
— Antidepressiva (Therapie psychischer Störungen).

Bei Kenntnis der individuellen Gen- und damit Enzymvariante kann eine Medikation über die Auswahl der »richtigen« Substanzen und/oder über die Bestimmung der optimalen Dosis zielgerichteter sein als ohne sie wie das Unternehmen humatrix mitteilt (▶ DNA-Analysen ermöglichen Therapieoptimierung bei Depression).

Im Grunde noch viel wichtiger ist, dass ein Medikament überhaupt wirken kann. Denn die CYP-Enzyme wandeln auch sogenannte Prodrugs um. Wenn dies aufgrund einer Genvariante nicht ausreichend pasiert, kann das gegebene Medikament allein aufgrund fehlender Bioverfügbarkeit nicht wirken. Der Fall ist dies beispielsweise bei dem Brustkrebs-Medikament Tamoxifen wie der Verein mamzone informiert (▶ CYP2D6: neue Erkenntnisse zu Wirkung und Nicht-Wirkung von Tamoxifen). Ähnliches gilt für den Wirkstoff Clopidogrel, der nach einem Herzinfarkt oder Schlaganfall der Bildung neuer Blutgerinnsel vorbeugen soll. Klinische Studien zeigen jedoch, dass es trotzdem häufiger zu erneuten kardiovaskulären Ereignissen kommt, vor allem bei Patienten mit Stent-Im-

DNA-Analysen ermöglichen Therapieoptimierung bei Depression

»Bei der Behandlung von Depressionen mit Psychopharmaka ist das Erreichen und Einhalten des Wirkspiegels von entscheidender Bedeutung für den Therapieerfolg. Bei vielen Patienten wird nur per ‚trial and error' der für sie richtige Wirkstoff und Wirkspiegel gefunden. In dieser Zeit sind sie meist arbeitsunfähig, mitunter in stationärer Behandlung. DAK-Gesundheit und die Techniker Krankenkasse melden aktuell neue Höchststände an Fehltagen bei den Arbeitnehmern aufgrund von psychischen Erkrankungen. Demnach entfielen 2014 knapp 17 Prozent aller Ausfalltage auf Depressionen, Angststörungen und andere psychische Erkrankungen. Auftretende Nebenwirkungen, die bei Antidepressiva häufig sind, erschweren zudem die regelmäßige

Einnahme oder unterbinden die notwendige Therapietreue. Der Einsatz eines therapieoptimierenden Tests per DNA-Analyse kann daher nicht nur aus Sicht des Patienten, sondern auch aus Sicht der Sozialträger wertvolle Zeit zur Identifikation der passenden Medikation sparen. … Ausschlaggebend für die Verträglichkeit und Wirksamkeit von Medikamenten ist unter anderem auch der individuelle Stoffwechsel. Da viele Antidepressiva von Leberenzymen abgebaut werden, die sich in ihrer Aktivität von Mensch zu Mensch stark unterscheiden können, stellt sich die Dosierung gemäß Beipackzettel, also eine einheitliche Dosisangabe für alle Patienten, oft als nicht zielführend dar. Eine individuelle Aktivitätsbestimmung, wie sie durch moderne DNA-Analysen

möglich ist, lässt dagegen feststellen, ob der Patient eine normale oder veränderte Abbaurate aufweist. Nur etwa 50 % der Patienten weisen in zwei maßgeblich beteiligten Leberenzymen normale Aktivität auf. Für die übrigen 50 % wird die Standarddosis nicht zum gewünschten Wirkspiegel führen, da der Wirkstoff zu schnell oder zu langsam abgebaut wird. Für jeden Patienten mit veränderten Abbauraten kann eine klare Handlungsempfehlung aus den Analyseergebnissen abgeleitet werden. Je nachdem, ob eines oder beide Enzyme betroffen sind und ob die Aktivität erhöht oder erniedrigt ist, ergeben sich entweder Dosisanpassungen oder die Empfehlung, bestimmte Wirkstoffe zu meiden« (humatrix 2015b).

CYP2D6: neue Erkenntnisse zu Wirkung und Nicht-Wirkung von Tamoxifen

»Tamoxifen, das traditionelle Medikament für eine antihormonelle Behandlung von hormonsensiblem Brustkrebs, macht seit einigen Jahren bei jenen Genforschern von sich reden, die sich mit der Verstoffwechslung eines Medikaments durch den individuellen Menschen mit seiner unterschiedlichen genetischen Ausstattung beschäftigen. Diese Wissenschaftler heißen Pharmakogenetiker. 2004 haben sich diese Forscher auch mal Tamoxifen vorgeknöpft und entdeckt, dass Tamoxifen seine volle antiöstrogene Wirksamkeit erst durch eine ‚Weiterverdauung' in der Leber zum aktiven Stoffwechselprodukt Endoxifen entfaltet. Deshalb ist Tamoxifen – ähnlich wie die Chemo-Pille Capecitabine (Xeloda) – ein ‚Vorstufenmedikament', ‚Prodrug' genannt. So nennt man ein Medikament, das sich erst durch die Einschaltung weiterer Enzyme zu dem entwickelt, was es eigentlich bewirken soll. Damit Tamoxifen in der

Leber zu Endoxifen werden kann, muss das Enzym CYP2D6 in Aktion treten. CYP2D6 ist eines von vielen Mitgliedern der großen Cytochrom-P450-Genfamilie. Einige dieser, von Genen gesteuerten Leberenzyme sind für die Verstoffwechslung von Medikamenten von großer Bedeutung. Leider hat das CYP2D6-Gen einen Haken. Es existiert in rund 70 verschiedenen Varianten. 16 dieser Genvarianten haben zur Folge, dass das für die Tamoxifen-Wirkung so wichtige CYP2D6-Enzym erst gar nicht gebildet wird. Rund 7 Prozent der Bevölkerung fehlt dieses Enzym komplett.

- Frauen mit Brustkrebs, die Trägerinnen einer genetischen Variante mit zu niedriger oder fehlender CYP2D6-Aktivität sind, ziehen keinen oder einen nur geringen Nutzen aus ihrer Behandlung mit Tamoxifen. Sie gehören zu den ‚langsamen Verstoffwechslern'.

- Es gibt aber auch Frauen, bei denen zu viel CYP2D6-Genaktivität vorliegt. Sie bauen Tamoxifen so schnell ab, dass sein aktiver Bestandteil Endoxifen nur Nebenwirkungen macht, aber keine Zeit für die vorgesehenen Wirkungen hat. Frauen mit diesem Gen-Make-up sind die ‚ultraschnellen Verstoffwechsler'.

- Nur Frauen, die das CYP2D6-Gen in seiner ursprünglichen Reinform besitzen und mindestens ein, manchmal auch zwei funktionsfähige Gene haben, können von Tamoxifen die optimale Wirkung erwarten, nach neuesten Studien sogar eine bessere Wirkung als die von Aromatasehemmern. Sie sind die ‚extensiven Verstoffwechsler', weil sie vollen Benefit aus dem Medikament ziehen« (Goldmann-Posch 2015).

plantaten. Findet ein Test die Genvariante, die den Wirkstoff schlechter metabolisiert, können Ärzte besser wirksame Substanzen wie Ticagrelor und Prasugrel verschreiben.

Nicht nur die *CYP*-Gene spielen eine Rolle wie ◘ Tab. 3.36 zeigt. So verursacht ein bestimmter *SLCO1B1*-Genotyp eine Statin-Unverträglichkeit. Statine (Simvastatin, Atorvastatin, Fluvastatin, Rosuvastatin) senken den Cholesterinspiegel und sollen damit das Risiko für Herz-Kreislauf-Erkrankungen reduzieren. Genpolymorphismen betreffen hier mehrere Transporterproteine, die nach der oralen Einnahme die Resorption des Wirkstoffs aus dem Darm sowie dessen Ausscheidung aus dem Organismus regulieren. Die verschiedenen Statine werden teilweise über unterschiedliche Transportwege resorbiert und ausgeschieden. Dies bedeutet, dass sich eine genetische Veränderung nicht bei jedem Statin gleich auswirken muss. So kann zum Beispiel Rosuvastatin in Standarddosis bei einem Patienten problematisch sein, während er Pravastatin normal einnehmen kann.

3.1.3.3 *Companion diagnostics* (CDx): Therapie und Diagnostik im Tandem

Eine spezielle Anwendung der PGx sind die sogenannten *companion diagnostics*, auch CDx abgekürzt. *Companion* steht für Begleiter, das heißt, diese Tests begleiten diejenigen Medikamente, die nur noch nach einem obligatorischen Vortest auf bestimmte genetische Merkmale gegeben werden dürfen (»personalisierte Medizin«). Getestet wird der in der pharmakogenetischen Information angegebene Biomarker, in der Regel eine Genveränderung. Nur bei der passenden Subgruppe an Patienten sind die Arzneien dann wirksam. CDx werden heutzutage oft parallel zum entsprechenden Therapeutikum entwickelt und im Idealfall gleichzeitig zugelassen. Die von der FDA bereits freigegebenen CDx listet ◘ Tab. 3.37. Mit Stand Juli 2015 umfasst sie 22 Tests von zehn Firmen zu 14 Wirkstoffen, die bis auf einen auf Krebserkrankungen zielen. Der Nachweis der Biomarker erfolgt mit unterschiedlichen Technologien: DNS-basiert sind Hybridisierungs- sowie PCR-Technologien, zudem gibt es immunreaktionbasierte Tests (z. B. IHC).

Nicht in ◘ Tab. 3.37 gelistet ist ein Test, bei dem der Biomarker-Nachweis auf einem bildgebenden Verfahren beruht. Dies betrifft einen Test zum Einsatz des Medikamentes Exjade (Deferasirox), das überschüssiges Eisen (auch Eisenüberladung genannt) aus dem Körper bindet und entfernt. Eine Eisenüberladung kommt bei verschiedenen Erkrankungen vor und kann mit der Zeit wichtige Organe wie die Leber oder das Herz schädigen. Der Ferriscan-Test von der Firma Resonance Health Analysis Services basiert auf einer Magnetresonanz-Analyse, einem bildgebenden Verfahren. Er ist insofern kein *in vitro*-, sondern ein *in vivo*-Diagnostikum, das heißt, CDx finden sich nicht nur in der IVD-Kategorie. Innerhalb der IVD-CDx können – wie schon genannt – molekularbiologische oder immunchemische, aber auch zellbasierte Verfahren wie die Durchflusszytometrie zum Einsatz kommen.

Das erste CDx ließ die FDA im August 2000 zu: INFORM HER-2/NEU von Ventana Medical Systems als Begleittest zu dem im September 1998 zugelassenen Herceptin zur Behandlung von HER2-positivem Brustkrebs. Er basiert auf der sogenannten FISH-Technologie, das steht für Fluoreszenz-*in situ*-Hybridisierung. Im Gegensatz zur klassischen *in situ*-Hybridisierung (▸ *In situ*-Hybridisierung (ISH), auch Basis für FISH) erfolgt hier die Detektion nicht über Radioaktivität, sondern unter der Verwendung von mit unterschiedlichen Fluoreszenzfarbstoffen markierten Gensonden. Diese Technik ermöglicht es, die Lage mehrerer Gene gleichzeitig zu untersuchen. Der Herceptin-Hersteller Roche, der neben Medikamenten auch Diagnostika entwickelt, kaufte Ventana Medical Systems im Jahr 2008 für 3,4 Mrd. US$. Bereits 1986 gründeten die Schweizer eine Abteilung für diagnostische Produkte. Neben der Ausarbeitung neuer diagnostischer Tests stand auch immer die Entwicklung von Geräten zur automatischen Durchführung von Analysen im Vordergrund. Der Kauf der PCR-Rechte im Jahr 1991 wurde bereits erwähnt. Durch den Erwerb von Boehringer Mannheim 1998 wurde Roche laut eigenen Angaben im Diagnostikbereich weltweit marktführend, und zwar sowohl hinsichtlich der Bandbreite des Produktsortiments als auch in Bezug auf seine geographische Präsenz. Die Kombination von Know-how zu Biopharmazeutika und Diagnostika ist für die Entwicklung von CDx

◘ Tab. 3.37 Von der FDA gelistete Begleittests (CDx) zu mutationsbezogenen Medikamenten. (Quelle: BioMed-Services (2015) nach Nicolaides et al. (2014) und FDA (2015h))

Medikament	Biomarker (Krebs)	Technologie	FDA	Hersteller
Herceptin (Trastuzumab)	HER2 (Brust)	FISH	2000	Ventana (< Roche)
		IHC	2005	Biogenex Laboratories
		IHC	2012	Leica Biosystems
		CISH	2012	Life Technologies (< Thermo)
		FISH	2013	Abbott Molecular
		IHC	2013	Ventana (< Roche)
		CISH	2013	Dako
		ISH	2013	Ventana (< Roche)
Erbitux (Cetuximab), Vectibix (Panitumumab)	EGFR (Darm)	IHC	2006	Dako
Glivec (Imatinib)	c-kit (GIST)	IHC	2012	
Herceptin (Trastuzumab), Perjeta (Pertuzumab), Kadcyla (Ado-Trastuzumab Emtansin)	HER2 (Brust)	IHC	2013	
		FISH	2013	
Erbitux (Cetuximab)	KRAS (Darm)	RT-PCR	2012	Qiagen
Gilotrif (Afatinib)	EGFR (Lunge)	RT-PCR	2013	
Vectibix (Panitumumab)	KRAS (Darm)	RT-PCR	2014	
Tarceva (Erlotinib)	EGFR (Lunge)	RT-PCR	2013	Roche Molecular Systems
Zelboraf (Vemurafenib)	BRAF (Haut)	RT-PCR	2013	
Erbitux (Cetuximab), Vectibix (Panitumumab)	KRAS (Darm)	RT-PCR	2015	
Xalkori (Crizotinib)	ALK (Lunge)	FISH	2013	Abbott Molecular
		IHC	2015	Ventana (< Roche)
Mekinist (Tramatenib), Tafinlar (Dabrafenib)	BRAF (Haut)	RT-PCR	2013	bioMerieux
Lynparza (Olaparib)	BRAC (Eierstock)	PCR	2014	Myriad Genetic Laboratories

< übernommen von, *CISH* Chromogen-*in situ*-Hybridisierung, *FISH* Fluoreszenz-*in situ*-Hybridisierung, *GIST* gastrointestinaler Stromatumor, *IHC* Immunhistochemie, *ISH in situ*-Hybridisierung, *PCR* Polymerasekettenreaktion, *RT-PCR* Real-Time-PCR

von großem Vorteil, sodass Roche hier ein umfangreiches Portfolio aufweisen kann (◘ Tab. 3.38).

Neben den in ◘ Tab. 3.37 gelisteten Tests, die die FDA als CDx erachtet, gibt es noch weitere Tests, die begleitend eingesetzt werden können. Dabei geht es um die Überwachung beziehungsweise das Monitoring von Therapieverläufen, um die Vermeidung von Nebenwirkungen sowie um eine Vorschrift oder Therapie-Empfehlung bei noch anderen Arzneien. So listet der vfa – mit Bezug auf die EMA – weitere Wirkstoffe, vor deren Anwendung in Deutschland ein Gentest (oder ein Test, der den Genstatus indirekt ermittelt) vorgeschrieben oder empfohlen wird. Bezüglich Nebenwirkungen ist

---

In situ-Hybridisierung (ISH), auch Basis für FISH

»Ein besonderes Verfahren der Nucleinsäurehybridisierung, das bei fixierten Zellen oder Gewebeschnitten zur Anwendung kommt, um die Expression bestimmter Gene in ausgewählten Zell- bzw. Gewebetypen zu untersuchen. Zu diesem Zweck werden die i. d. R. mit einem Ultramikrotom erzeugten Schnitte zunächst fixiert und entwässert, um anschließend mit einer radioaktiv oder nicht-radioaktiv markierten Gensonde hybridisiert zu werden. Dabei tritt aufgrund der komplementären Basenpaarung zwischen dem als Sonde verwendeten DNA- oder RNA-Fragment und den nachzuweisenden mRNA-Molekülen eine stärkere Interaktion auf, als mit anderen mRNAs. Nach mehreren Waschschritten, die dazu dienen, alle unspezifischen Bindungen zu entfernen, wird der behandelte Schnitt mit Fotoemulsion beschichtet, die ähnliche Eigenschaften wie ein Röntgenfilm besitzt (Autoradiographie). Über den Zell- oder Gewebeschnitten lassen sich bei mikroskopischer Betrachtung später mikroskopisch große Silberkörner an den Stellen finden, an denen das zu untersuchende Gen exprimiert wird« (Spektrum 2001).

---

ein Test Pflicht beim Wirkstoff Abacavir, einem Mittel gegen HIV-Infektionen. Weist ein Patient das sogenannte *HLA-B*5701*-Allel auf, so ist sein Risiko für eine Überempfindlichkeit gegenüber dem Wirkstoff erhöht. Dies betrifft zwar nur 5 % aller Patienten, die Hälfte davon kann aber schwere Nebenwirkungen erleiden. Empfohlen wird ein Test bei den Substanzen Azathioprin, Carbamazepin, Mercaptopurin, Natalizumab, Oxcarbazepin sowie Simvastatin. Weitere Informationen dazu und laufende Updates finden sich auf der Webseite des vfa (vfa 2015b).

Bezüglich der Wirksamkeit listet der vfa Pflichttests für die in ◘ Tab. 3.39 genannten Wirkstoffe. Die ersten Vorschriften dieser Art gibt es für Brustkrebs bereits seit den 1990er-Jahren. Sie beruhen auf der Feststellung, dass Brusttumoren häufig hormonabhängig wachsen. Entsprechend sind sie über eine anti-hormonelle Medikation zu behandeln. Dies sind entweder Anti-Östrogene (z. B. Tamoxifen), die verhindern, dass Krebszellen Östrogen aufnehmen, indem sie sich stattdessen an den Östrogen-Rezeptor anlagern. Oder, es sind Aromatasehemmer (z. B. Anastrozol, Letrozol oder Exemestan), die das Enzym Aromatase blockieren, das Östrogen-Vorstufen in Östrogen wandelt. Beide Medikamente sind nur wirksam, wenn der Tumor hormonsensitiv ist, also Rezeptoren für Östrogen und/oder Progesteron aufweist. Dies untersuchen die schon lange bestehenden Pflichttests, wohingegen sich die DNS-basierten Tests für Brustkrebs dann auf die neue Klasse der HER2-Rezeptoren beziehen.

3.1.3.4 MDx, CDx, Biomarker und biomarkerbasierte Medizin: *Quo vadis?*

Marktprognosen zur Entwicklung des gesamten weltweiten IVD- und MDx-Marktes wurden bereits angesprochen: Im Jahr 2020 soll dieser nach einer Analyse von Allied Market Research (2014b) 75 Mrd. US$ für alle IVD und knapp 20 Mrd. US$ für die MDx (i. e. S.) erreichen, jeweils ausgehend von 50 und 5 Mrd. US$. Andere Quellen schätzen den Markt in Zukunft wesentlich kleiner ein. So prognostizierten MarketsandMarkets (2014) den MDx-Markt auf 8 Mrd. US$, allerdings für das Jahr 2018.

Bei der Prognose der Entwicklung des Marktes für Biomarker kommen Analysten dagegen auf höhere Zahlen: Visiongain (2013) schätzte diesen im Juli 2013 für das Jahr 2018 auf rund 30 Mrd. US$, ausgehend von 16 Mrd. US$ im Jahr 2012. Allerdings steuern hier – wie zuvor erläutert – nicht nur DNS-basierte Technologien bei, sondern zum Beispiel auch die Segmente *Proteomics* beziehungsweise *Metabolomics* mit entsprechenden Analysemethoden. MarketsandMarkets (2013) veröffentlichte im September 2013 eine Umsatzprognose für 2018 in Höhe von 41 Mrd. US$ und BCC Research (2014) erhöhte im Mai 2014 auf 54 Mrd. US$, ausgehend von einem 2013er-Markt von 29 Mrd. US$. Die Validität dieser Zahlen lässt sich vom Autor nicht nachprüfen, Angaben von renommierten Analysten-Häusern wie Frost & Sullivan waren nicht kostenfrei zugänglich. Dabei wird der Markt für Biomarker nicht nur aus diagnostischen »Endtests« für

3

◘ Tab. 3.38 CDx-Tests von Roche (in Entwicklung oder auf dem Markt). (Quelle: BioMedServices (2015) nach Roche (2012, 2013))

Virus/Krebs/Krankheit		Medikament[a]	Test auf	Techno-logie	Typ
Virologie	CMV	Valcyte	Viruslast	PCR	ÜW
	HBV	Pegasys u. a. antivirale Medikamente	Viruslast	PCR	ÜW
	HBV	Pegasys (Merck & Co.)	HBV-Antigen	IY	ÜW
	HCV	Pegasys (Merck & Co.)	Viruslast	PCR	ÜW
	HCV	*Mericitabin (Intermune)*	*Viruslast*	*PCR*	*ÜW*
	HCV	*Danoprevir (Intermune)*	*Viruslast*	*PCR*	*ÜW*
	HIV	Antivirale Medikamente	Viruslast	PCR	ÜW
	HIV	Ziagen (GlaxoSmithKline)	*HLA-B 5701*-Genotyp	PCR	NW
Onko-logie	Brust	Herceptin, Perjeta, Kadcyla (Roche)	HER2-Expression/ Genamplifikation	IHC, ISH	MA
	Brust	Tamoxifen u. a. Hormontherapien	ER/PR-Expression	IHC	MA
	Darm	Erbitux (Merck), Vectibix (Amgen)	KRAS-Mutationen	PCR	MA
	Magen	Herceptin (Roche)	HER2-Expression/ Genamplifikation	IHC, ISH	MA
	Haut	Zelboraf (Roche/Daiichi Sankyo)	BRAF-V600E-Mu-tation	PCR	MA
	Lunge	Tarceva (AstraZeneca)	EGFR-Mutationen	PCR	MA
	Lunge	Xalkori (Pfizer), Alectinib (Chugai)	ALK	IHC	MA
	Lunge	*Anti-PDL1 (RG7446)*	*PDL1*	*IHC*	*MA*
	–	*Unbenannter Wirkstoff (Merck)*	*p53-Mutationen*	*MY*	*MA*
	Lymphom	*Brentuximab vedotin (Seattle Genetics/ AstraZeneca)*	*DC30-Expression*	*IHC*	*MA*
	Lunge	*TG4010 (Transgen)*	*MUC1-Expression*	*IHC*	*MA*
Entzün-dung	Rheumatoide Arthritis	MabThera/Rituxan (Roche)	RF, Anti-CCP-AK	IY	MA
	Asthma	*Lebrikizumab (RG3637)*	*Serum Periostin*	*IY*	*MA*
Andere	*GA (Auge)*	*Lampalizumab (RG7417)*	*Komplementfaktor D*	PCR	MA
	Osteoporose	Bonviva/Boniva u. a. Bisphosphonate	B-Crosslaps; P1NP	IY	ÜW
	Transplan-tation	CellCept	MPA-Level	IY	ÜW

Kursiv: in Entwicklung (Tests für aktuell nicht mehr in Pipeline gelistete Medikamente gestrichen)
[a]Handelsname und anbietende/entwickelnde Firma in Klammern, falls noch kein Handelsname, Wirkstoffbezeich-nung (wenn RG, dann von Roche)
AK Antikörper, *ALZ* Alzheimer, *GA* geographische Atrophie, *IHC* Immunhistochemie, *ISH in situ*-Hybridisierung, *IY* Immunassay, *MA* Medikamentenauswahl, *MY* Mikroarray, *NW* Nebenwirkung, *PCR* Polymerasekettenreaktion, *ÜW* Überwachung

◨ **Tab. 3.39** Vom vfa gelistete diagnostische Pflichttests für Medikamenten-Anwendungen. (Quelle: BioMedServices (2015) nach vfa (2015c) – Stand: Februar 2015)

Krankheit		Wirkstoff	Anwendung nur wenn	Seit
Krebs	Brust	Tamoxifen	Test auf Östrogen- und/oder Progesteron-Rezeptoren positiv	empfohlen
		Toremifen		02/1996
		Anastrozol		06/1996
		Letrozol		01/1997
		Exemestan	Test auf Östrogen-Rezeptor positiv	12/1999
		Fulvestrant	Test auf Östrogen- und/oder Progesteron-Rezeptoren positiv	03/2004
		Lapatinib	Test auf HER2/neu-Überexpression	06/2008
		Everolimus	Test auf HER2/neu-Expression negativ	07/2012
	Lunge	Gefitinib	Test auf aktivierende Mutationen des EGFR-Rezeptors positiv	07/2009
	Schild-drüse	Vandetanib	Test auf RET(*rearranged during transfection*)-Mutation positiv	02/2012
	Hodgkin	Brentuximab Vedotin	Test auf CD30-Überexpression positiv (erfolgt bei Erstdiagnose)	10/2012
Blut-krebs	APL	Arsentrioxid	Test auf Promyelozytenleukämie-/Retinsäure-Rezeptor-alpha(PML/RAR-alpha)-Gen positiv	03/2002
	ALL	Dasatinib	Test auf Philadelphia-Chromosom positiv	11/2006
		Ponatinib		07/2013
	CML	Nilotinib		11/2007
		Bosutinib		03/2013
	CLL	Ibrutinib	Anwendung als Erstlinientherapie nur bei positivem Test auf Vorhandensein einer 17p-Deletion oder einer TP53-Mutation	10/2014
An-dere	HIV-In-fektion	Maraviroc	Test auf Kombinationstherapie-resistente, an den CCR5-Rezeptor andockende CCR5-trope HI-Viren positiv	09/2007
	Mukovis-zidose	Ivacaftor	Anwendung nur bei positivem Test auf bestimmte Mutationen im *CFTR*-Gen (z. B. G551D, G1244E, S1251N, S1255P)	07/2012
	Erhöhte Blutfette	Lomitapid	Test auf homozygote familiäre Hypercholesterinämie positiv	empfohlen 07/2013
	DMD	Ataluren	Test auf *nonsense*-Mutation im Dystrophie-Gen positiv	07/2014
	Morbus Gaucher	Eliglustat	Test auf Metabolisierungstyp in Bezug auf Cyto-chrom-P450 Typ 2D6 (CYP2D6)	01/2015

Hinzu kommen diejenigen CDx bzw. Medikamente, die von der FDA gelistet werden (◨ Tab. 3.37)
ALL akute lymphatische Leukämie, *APL* akute Promyelozytenleukämie, *CLL* chronische lymphatische Leukämie, *CML* chronische myeloische Leukämie, *DMD* Duchenne'sche Muskeldystrophie

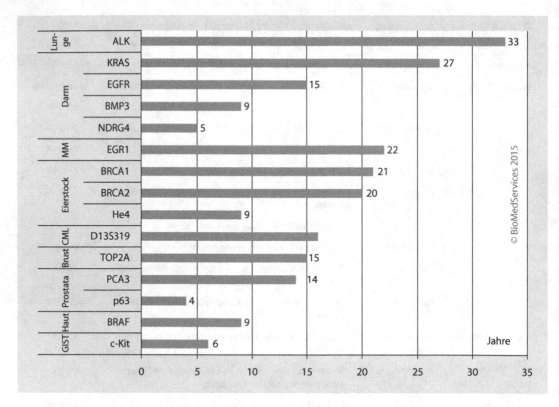

◘ Abb. 3.30 Dauer der Entwicklung klinisch validierter und zugelassener Krebs-Biomarker. Erstellt nach Daten von Amplion Research (Audette 2015a). Die Grafik zeigt die Dauer von der erstmaligen Erwähnung des Biomarkers in der wissenschaftlichen Literatur bis zum zugelassenen Test. *CML* chronische myeloische Leukämie, *GIST* gastrointestinaler stromaler Tumor, *MM* multiples Myelom

Patienten bestehen, sondern sie spielen eine immer größere Rolle im Entwicklungsprozess der Medikamente und bei der Erforschung von Krankheiten. So setzen auch die biopharmazeutische Industrie und die Forschung auf die weitere Entdeckung und Validierung von Biomarkern. Studien haben gezeigt, dass Biomarker-stratifizierte Studiengruppen die Ausfallrate bei der Medikamenten-Entwicklung senken kann.

Nicht zu unterschätzen ist allerdings der wissenschaftlich-technische Aufwand, den »richtigen« Biomarker zu finden, der auch klinisch validiert ist, das heißt nicht nur im Labormaßstab, sondern auch im Klinikalltag tatsächlich einen Zusammenhang mit Diagnose und Therapie einer Krankheit zeigt. So dauerte es von der erstmaligen Erwähnung des ALK-Biomarkers in einer wissenschaftlichen Veröffentlichung bis zur FDA-Zulassung eines entsprechenden Tests mehr als 30 Jahre (◘ Abb. 3.30).

Und nicht nur Wissenschaft und Technik stellen eine Herausforderung dar. Wie bei den Ausführungen zur personalisierten Medizin bereits angesprochen, ist – was den gesamten Bereich der Genetik und molekularen Medizin betrifft – der Bedarf an Aus- und Weiterbildung in den Gesundheitsberufen noch groß. Auch in der allgemeinen Bevölkerung beziehungsweise bei Patienten sind die Kenntnisse der Reichweite der genetischen Testung beschränkt. Oft spielen zudem ethische Fragestellungen eine Rolle, die hier nicht abgewürdigt werden sollen. Vielmehr muss es darum gehen, die verschiedenen Interessenslagen durch Information, Kommunikation und Transparenz zu einen.

Diesem Ziel hat sich auch die Personalized Medicine Coalition (PMC) verschrieben, die ein im Jahr 2004 erfolgter Zusammenschluss von 20 Institutionen mit heute 230 Mitgliedern ist. ◘ Tabelle 3.40 stellt ein paar Fakten zusammen, die die PMC zur

◘ Tab. 3.40 Biomarkerbasierte (personalisierte) Medizin nach Zahlen. (Quelle: BioMedServices (2015) nach PMC (2015))

Arzneien auf dem Markt	Arzneien in der (prä-)klinischen Entwicklung/klinische Studien
1 % haben ein CDx	*30 %* in später Phase stützen sich auf Biomarker
10 % informieren über oder empfehlen eine genetische Testung für eine optimale Therapie	*50 %* in früher Phase stützen sich auf Biomarker
17.000 Schlaganfälle könnten jedes Jahr verhindert werden, wenn der Blutverdünner Warfarin nach einem genetischen Test dosiert würde	*60 %* in der Präklinik stützen sich auf Biomarker
	50 % sammeln DNS von Patienten zur Unterstützung der Biomarker-Entwicklung
604.000.000 US$ an jährlichen Ausgaben könnten gespart werden, wenn Darmkrebs-Patienten vor Behandlung das *KRAS*-Gen getestet bekämen	*30 %* aller in einem Survey befragten Firmen setzen auf Biomarker für alle in Entwicklung befindlichen Produkte

Notwendige Erweiterung der ökonomischen Evaluationen

»Die Übersicht über die bisherigen ökonomischen Evaluationen im Bereich der Pharmakogenomik zeigt zum einen, dass immer mehr solcher Studien durchgeführt werden. Zum andern scheint sich die Kosten-Nutzwert-Analyse mit den QALYs als Nutzenkomponente als Standardmethode zu etablieren, wie sie auch in anderen Bereichen des HTA breit angewendet wird. Diese Entwicklung muss grundsätzlich infrage gestellt werden. Eine stratifizierte Medizin weist Besonderheiten auf, die dazu führen, dass die üblichen Methoden, mit denen Kosten und Nutzen von neuen medizinischen Behandlungen und Medikamenten verglichen werden, an ihre Grenzen stoßen. … Personalisierte Medizin [passt in den meisten Ländern] eigentlich nicht in das bestehende Regelwerk von HTA- und Vergütungsprozessen … Insbesondere in der Bewertung der Zusatznutzen [bestehen] … große Herausforderungen gegenüber anderen Bereichen des HTA. Der Nutzen aus pharmakogenetischen Verfahren ist deutlich komplexer und wird durch viele Faktoren beeinflusst. … Es scheint unausweichlich, dass ein umfassenderes Nutzenkonzept als QALYs herangezogen werden muss, um den gesamten Nutzen von genetischen Tests in ökonomischen Evaluationen berücksichtigen zu können. … Bevor diese Forderungen nach einer neuen Form von ökonomischen Evaluationen für stratifizierte Medizin nicht umgesetzt sind, wird es kaum möglich sein, die Frage nach dem Kosten-Nutzen-Verhältnis empirisch umfassend und befriedigend zu beantworten« (Eckhardt et al. 2014).

biomarkerbasierten (personalisierten) Medizin 2015 veröffentlichte. Ein Punkt spricht ökonomische Vorteile an (Kosteneinsparungen). Entsprechende Zahlen und Thesen fallen allerdings je nach Studie recht unterschiedlich aus und sind daher noch recht umstritten. Ob ein Diagnostikum oder ein Therapeutikum neben den medizinischen auch ökonomische Vorteile bringt, wird durch sogenannte pharmako-ökonomische Analysen festgestellt. Synonym stehen Health Economics & Outcome Research (HEOR) oder Health Technology Assessment (HTA), wobei Letztere einen breiteren multidisziplinären Ansatz im Rahmen einer ganzheitlichen Analyse verfolgt.

Im Bereich der Pharmakogenetik wurden in den letzten Jahren vor allem in den USA und in Großbritannien bereits erste ökonomische Evaluationen beziehungsweise HTA durchgeführt. Laut Eckhardt et al. (2014) lassen diese jedoch noch keine Schlussfolgerungen zum Kosten-Nutzen-Verhältnis der stratifizierten Medizin zu, da Methodiken bisher inkonsistent angewendet wurden und die Qualität der Analysen anzuzweifeln ist. So sprechen sie sich für die Notwendigkeit neuer und erweiterter Bewertungsmethoden aus (► Notwendige Erweiterung der ökonomischen Evaluationen).

Industrielle Biotechnologie: eine kurze Übersicht

»Industrial biotechnology – also known as white biotechnology – uses enzymes and micro-organisms to make bio-based products in sectors as diverse as chemicals, food and feed, healthcare, detergents, paper and pulp, textiles and bioenergy. The process works by transforming biomass – e.g. agricultural (by)products, organic waste, algae – into biofuels and biobased chemicals, in the same way as crude oil is used as a feedstock in the production of chemicals and fuels. In this way, industrial biotechnology could save energy in production processes and could lead to significant reductions in greenhouse gas emissions, helping to fight global warming. It can also lead to improved performance and sustainability for industry and higher value products. Bio-based products already on the market include biopolymer fibres used in both construction and household applications, biodegradable plastics, biofuels, lubricants and industrial enzymes such as those used in detergents or in paper and food processing. Biotechnological processes also constitute a key element in the manufacturing of some antibiotics, vitamins, amino acids and other fine chemicals« (KET 2011).

3.2 Weiße Biotechnologie: industrielle, vor allem chemische Produktion

Obwohl bisher die meiste Musik bei den Anwendungen der Roten Biotechnologie spielt, sind diejenigen der Weißen Biotechnologie nicht zu unterschätzen. Allerdings sind sie noch schwerer zu fassen beziehungsweise sichtbar als die neuen Medikamente und Diagnostika. An sich nimmt die Biotechnologie, vor allem in der chemischen Industrie, derzeit den dritten Anlauf, um sich als Produktionstechnologie zu beweisen.

Wieland (2012) verdeutlicht den ersten und letzten Versuch und bezieht sich dabei auf die umfassenden technikgeschichtlichen Untersuchungen von Marschall (2000) mit dem Titel *Im Schatten der chemischen Synthese*:

» Marschall [argumentiert], dass biotechnologische Verfahren in Deutschland nach vielversprechenden Anfängen im späten 19. Jahrhundert nach dem Ersten Weltkrieg in Anwendungsnischen abgedrängt wurden. Ursächlich dafür war der Aufstieg der organisch-chemischen Synthese zum technischen Paradigma der deutschen Großchemie. Im Gegensatz zum Pfad der organisch-chemischen Synthese, der für eine enge Kopplung von wissenschaftlicher Grundlagenforschung und industrieller Anwendung stand, galten biotechnologische Verfahren bis weit in die siebziger Jahre hinein in der deutschen Großchemie als theoretisch kaum durchdrungen, weshalb man ihnen wenig Zukunftspotential zusprach. Das änderte sich mit Aufkommen der Gentechnik. Als die bundesdeutsche Industrie angesichts der rasanten Entwicklungen in den USA den Anschluss an diese Profit versprechende Technologie zu verpassen drohte, revidierte sie Anfang der achtziger Jahre ihre Haltung gegenüber der Biotechnologie und versuchte sich diese als Geschäftsfeld zu erschließen. (Wieland 2012)

Der zur Weißen Biotechnologie synonym verwendete Begriff der Industriellen Biotechnologie ist bei genauer Betrachtung nicht ganz eindeutig. Denn auch die Anwendung der Biotechnologie im medizinischen und Lebensmittelsektor ist letztlich über die Herstellung von Arzneimitteln, Diagnostika und Nahrungsmitteln eine industrielle Produktion. In der Branche hat sich der Begriff der Industriellen Biotechnologie indes vor allem für Anwendungen im chemischen Sektor etabliert. Eine gute Kurzbeschreibung zur Industriellen Biotechnologie bietet eine Publikation der Europäischen Kommission (▶ Industrielle Biotechnologie: eine kurze Übersicht).

Durchsetzung der organisch-chemischen Synthese

»Der Aufstieg der organisch-chemischen Synthese zum industriellen Paradigma war eng mit der Erfindung der katalytischen Hochdrucksynthese verbunden, die bald zu einer Spezialität der deutschen Großchemie wurde. Zum Einsatz kam dieses Verfahren noch vor dem Ersten Weltkrieg bei der von Fritz Haber und Carl Bosch ausgearbeiteten Ammoniaksynthese aus Luftstickstoff und Wasserstoff. Sie erlaubte die relativ preiswerte Produktion künstlicher Düngemittel und Sprengstoffe, für die im Krieg große Nachfrage bestand. Im Verbund mit einer Reihe weiterer Prozessinnovationen, insbesondere dem Fischer-Tropsch-Verfahren, eröffnete sich der deutschen Großchemie die Möglichkeit, eine breite Palette von organischen Stoffen aus der heimischen Steinkohle zu synthetisieren. Einen ersten Höhepunkt erreichte diese Entwicklung, die auf die Substitution von Naturstoffen abzielte, unter der nationalsozialistischen Autarkiepolitik, als sogar Kautschuk und Automobiltreibstoffe auf Basis der heimischen Steinkohle produziert wurden. Als die bundesdeutsche Großchemie nach dem Zweiten Weltkrieg allmählich von Steinkohle auf Erdöl als neuer Rohstoffbasis umstieg, hielt sie an dem eingeschlagenen Technologiepfad der organisch-chemischen Synthese zur Naturstoffsubstitution fest. Der schnelle Wiederaufstieg von Unternehmen wie BASF, Bayer und Hoechst in der Nachkriegszeit beruhte zweifellos zu einem großen Teil auf diesem Festhalten an den bewährten Innovations- und Produktionsstrategien aus der ersten Jahrhunderthälfte. Für die industrielle Biotechnologie bedeutete dies allerdings die Beschränkung auf Einsatzfelder, in denen die organisch-chemische Synthese (noch) an ihre Grenzen stieß, etwa bei der Herstellung von Antibiotika und Steroiden« (Wieland 2012).

3.2.1 Sektor mit der längsten Tradition biotechnologischer Anwendungen

» Die industrielle Biotechnologie hat – was in der aktuellen Diskussion gerne übersehen wird – eine lange Geschichte. In Deutschland nahm sie in der zweiten Hälfte des 19. Jahrhunderts einen vielversprechenden Anfang. (Wieland 2012)

Insbesondere gegen Ende des 19. und Anfang des 20. Jahrhunderts etablierten sich weltweit Firmen, die auf fermentativem Wege Basischemikalien herstellten (► Abschn. 2.3). Im Vorteil waren dabei die USA, die über den Rohstoff Mais im Überfluss verfügten, was letztlich eine billigere Produktion ermöglichte. In Deutschland wandelte sich die Situation von ausreichend vorhandenen natürlichen Rohstoffen als Folge des Ersten Weltkrieges, der eine Verknappung verursachte (Wieland 2012).

Anfang des 20. Jahrhunderts: Industrielle Biotechnologie mit strahlender Zukunft
»Auf Grundlage preiswerter Agrarrohstoffe, vor allem Kartoffeln aus den ostdeutschen Überschussgebieten, konnte sich damals ausgehend von den landwirtschaftlichen Nebengewerben eine Fermentationsindustrie entwickeln, die zu einem wichtigen Produzenten organischer Massen-Chemikalien wie Ethylalkohol und Milchsäure wurde. Großabnehmer dieser Produkte waren die aufblühenden Teerfarben- und Lebensmittelindustrien. Anfang des 20. Jahrhunderts schien dem Einsatz biotechnologischer Verfahren deshalb eine strahlende Zukunft bevorzustehen. Der Erste Weltkrieg bereitete dem Aufschwung der industriellen Biotechnologie in Deutschland jedoch ein baldiges Ende. Zwar wurden während des Krieges mithilfe biotechnologischer Verfahren große Mengen Glycerin für die Sprengstoffproduktion sowie Hefe für die Tiermast hergestellt. Der Verlust der ostdeutschen Überschussgebiete durch die Versailler Verträge führte in Verbindung mit weiteren Kriegsfolgen aber zu einer starken Verteuerung von Agrarrohstoffen, worunter die Konkurrenzfähigkeit der heimischen Fermentationsindustrie litt.« (Wieland 2012)

Gleichzeitig wuchsen das Wissen und die technische Entwicklung in der organischen Chemie, die es ermöglichten, auf fossile Rohstoffe zurückzugreifen, insbesondere auf die Steinkohle. Wieland (2012) spricht vom »Aufstieg der organisch-chemischen Synthese zum industriellen Paradigma«, das der Entwicklung der industriellen Biotechnologie entgegen stand (► Durchsetzung der organisch-chemischen Synthese). Ausgehend von fossilen Rohstoffen haben Chemie-Unternehmen über lange

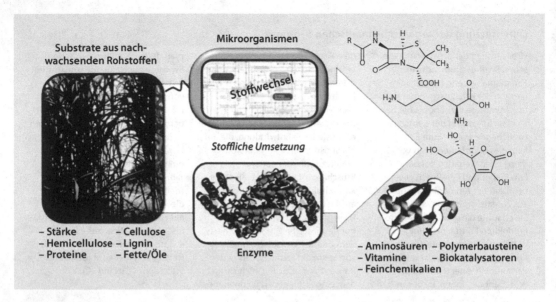

Abb. 3.31 Übersicht zur Weißen (Industriellen) Biotechnologie. Die industrielle Biotechnologie nutzt Mikroorganismen beziehungsweise ihre Stoffwechselkatalysatoren (Enzyme) um aus nachwachsenden Rohstoffen chemische Bausteine und Produkte herzustellen. (Bildquelle: DECHEMA (2014), mit freundlicher Genehmigung von Dr. Jan Marienhagen, Forschungszentrum Jülich GmbH)

Zeit hinweg auch Pharmazeutika chemisch synthetisiert, die nicht wie bei den traditionellen Pharma-Firmen natürlichen Ursprungs (Pflanzen, Pilze und Bakterien) waren.

Um genau zu sein, sind indes auch fossile Rohstoffe wie Braunkohle, Steinkohle, Torf, Erdgas und Erdöl letztlich chemische Substanzen, die in einem geologischen Prozess aus Abbauprodukten toter Mikroorganismen, Pflanzen und Tiere entstanden sind. Entsprechend bestehen sie aus organischen Kohlenstoffverbindungen und fungieren als Energieträger, die letzten Endes die (Sonnen-)Energie vergangener Zeiten gespeichert haben.

Somit sind für chemische Synthesen die fossilen, endlichen Rohstoffe grundsätzlich ersetzbar durch Biomasse, die in Form von Holz und weiteren neuzeitlichen organischen Abfällen und Überresten zur Verfügung steht. Darüber hinaus wird Biomasse erzeugt in Form des Anbaus von Pflanzen, was allerdings immer mit dem Anbau für die Nahrungsmittelwirtschaft (Landwirtschaft) konkurriert (aktuelles Problem der Biokraftstoffe).

Da Land ein knappes Gut ist, erfordert eine stärkere Verwertung von Biomasse für Nicht-Nahrungszwecke für die Zukunft noch weiter ausgefeilte Technologien zur Nutzung von Abfällen und Holz. Zudem bietet sich die Möglichkeit, für die Produktion von Biomasse Mikroorganismen wie Algen, Pilze oder Bakterien einzusetzen, was in abgeschlossenen Fermentern/Reaktoren vonstatten geht. Diese kleinsten »lebenden Fabriken« oder funktionelle Teile davon (z. B. Enzyme) sind aber nicht nur für die Produktion von Biomasse nutzbar, sondern auch für ihre Verwertung beziehungsweise Veredelung in höherwertige (Roh-)Stoffe.

3.2.2 Verfahren und Produkte der Weißen Biotechnologie

In den »Biofabriken«, das heißt den Zellen der Mikroorganismen oder mithilfe ihrer Enzymausstattung (Maschinen als Analogie), finden umwandelnde (auch abbauende) oder synthetische Prozesse statt (☐ Abb. 3.31). Für Ersteres steht der Begriff der Biotransformation, für Letzteres die Fermentation.

Bei der Fermentation produzieren Mikroorganismen, die auch gentechnisch optimiert sein können, in industriellem Maßstab aus Kohlen- und Stickstoffquellen (z. B. jegliche Art von nachwach-

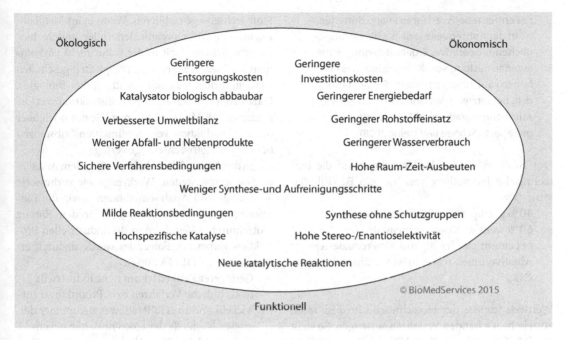

○ **Abb. 3.32**   Spektrum möglicher Vorteile der Biokatalyse. Erstellt nach Braun et al. (2006)

senden Rohstoffen) bestimmte Grund- oder Spezialchemikalien. Zudem sind sie in der Lage, verschiedenste Polymere zu synthetisieren.

Laut dem Industrieverbund Weiße Biotechnologie ermöglichen die Verfahren zum Beispiel die Herstellung folgender Produkte (DPWB 2008):

- essenzielle Zusatzstoffe für eine gesunde und ressourcenschonende Ernährung von Mensch und Tier (z. B. Aminosäuren, Vitamine, Enzyme, Zuckerersatzstoffe, Säuerungsmittel, natürliche Aromastoffe, Verdickungsmittel, *Bioactives*);
- Ausgangssubstanzen, Wirkstoffe und Biokatalysatoren für die chemische und pharmazeutische Industrie (z. B. Bausteine für Kunststoffe, Feinchemikalien, Zwischenprodukte, Antibiotika);
- Produkte für die Verbrauchsgüterindustrie mit erkennbarem Mehrwert für den Kunden (z. B. Waschmittelenzyme, kosmetische Wirk- und Effektsubstanzen, spezialisierte Lebensmittel);
- hochwirksame Enzyme für umweltschonende Prozesse (z. B. in der Textil- und Papierindustrie).

Vor allem die Schonung der Umwelt ist ein sehr starkes Argument für den Einsatz der Biotechnologie in der chemischen Industrie. Da deren Produkte jedoch wiederum in vielen anderen Branchen Anwendung finden, ist die mögliche Reichweite der Biotechnologie noch größer. Grundsätzlich zeichnen sich die Verfahren der Weißen Biotechnologie aber nicht nur durch ökologische Vorteile aus. Sie bieten zudem teilweise auch ökonomischen und funktionellen Nutzen (○ Abb. 3.32). Zu Ersterem geben Schnee und Heine (2008) folgende zwei Beispiele:

» Bis Anfang der 1990er-Jahre wurde die Aminosäure L-Lysin überwiegend chemisch hergestellt. Archer Daniels Midland (AMD) trat 1992 mit durch klassische Fermentation gewonnenem L-Lysin in den Markt ein und konnte durch genetische Modifikation der verwendeten Bakterienstämme die Fermentation weiterverbessern. Die Analyse der unterschiedlichen Produktionsverfahren erbrachte eine Halbierung des Fixkostenanteils an den Produktionskosten, während sich die variablen Kosten nach der Umstellung auf das optimierte Fermentationsverfahren knapp drittelten. … In der Konsequenz sank die für ein ausgeglichenes operatives Ergebnis benötigte Anlagenauslastung von 80 % (chemisches Verfahren) auf 39 % (verbesserte Fermentation), d. h. bei letzteren Verfahren wird ab einem Auslastungsgrad von 40 % ein positiver Ertrag generiert. (Schnee und Heine 2008)

Der BASF erbrachte die Umstellung auf die biotechnische Herstellung von Vitamin B$_2$ (Riboflavin):
- 40 % geringere Produktionskosten,
- 60 % weniger Ressourceneinsatz,
- bei einem gleichzeitig um 95 % reduzierten Abfallvolumen sowie 30 %iger Einsparung von CO$_2$.

Weltweit konnte der biotechnische Prozess rasch zum beherrschenden Verfahren aufsteigen. So stellt die BASF zwischenzeitlich Vitamin B$_2$ ausschließlich durch Fermentation her.

Mit der Weiterentwicklung molekuarbiologischer beziehungsweise gentechnischer Methoden eröffnen sich für die Weiße Biotechnologie immer mehr Möglichkeiten. Laut Eikmanns und Eikmanns (2013) ersetzen sie seit etwa 1986 zunehmend die früher durch klassische Mutagenese und Screening gewonnenen Bakterien- oder Pilzstämme. Die Produktion von Enzymen, die in der Textil-, Papier- und Waschmittelindustrie Anwendung finden, nutzt seit Ende der 1980er-Jahre ebenfalls gentechnisch veränderte Mikroorganismen, im Wesentlichen *Bacillus* und *Streptomyces* sowie *Aspergillus* und *Trichoderma*. Der Einsatz gentechnischer Methoden zur Modifizierung von Stoffwechselwegen in industriellen Produktionsstämmen zur Optimierung und Ausweitung ihrer Produktionseigenschaften wird als *Metabolic Engineering* bezeichnet. Dieselben Autoren führen aus, dass Ausschalten, Abschwächen oder die Überexpression eines oder mehrerer Gene für Enzyme oder Regulatorproteine den Kohlenstofffluss vom Substrat zu einem gewünschten Produkt umlenken, das Substratspektrum erweitern oder Synthesewege zu unerwünschten Nebenprodukten ausschalten können. Die Expression heterologer, das heißt aus anderen Organismen stammenden, Gene kann auch völlig neue

Stoffwechselwege etablieren. Wenn beim *Metabolic Engineering* Mikroorganismen (oder andere biologische Systeme) mit in der Natur nicht vorkommenden Eigenschaften und Fähigkeiten geschaffen werden, spricht man von »Synthetischer Biologie«. Dazu gehört letzlich auch die Konstruktion von Organismen mit Minimalgenomen, die nur noch über die zur Produktion von gewünschten Substanzen benötigten Stoffwechselwege verfügen.

In den letzten Jahren haben neben dem *Metabolic Engineering* weitere Werkzeuge wie verbesserte Screening- und Analysemethoden sowie die Bioinformatik die Voraussetzungen für den Einsatz biotechnischer Verfahren in der industriellen Produktion verbessert. Folgendes wurde dadurch ermöglicht (DECHEMA 2004):
- Geringerer Zeitbedarf um neue industrielle biotechnische Verfahren bzw. Produkte zu entwickeln und zu etablieren, was zuvor einer der großen Nachteile der biotechnischen gegenüber den chemischen Verfahren gewesen ist;
- Maßgeschneiderte Biokatalysatoren (Enzyme) und Mikroorganismen, die kostengünstiger produzieren oder ganz neue Produktionsverfahren ermöglichen;
- Wirtschaftliche Vorteile bei der Produktion von Grundchemikalien und Biopolymeren.

3.2.3 Grundchemikalien (Basis- oder Bulk-Chemikalien) und (Bio-) Polymere

Fermentativ hergestellte Hauptprodukte bei den Grundchemikalien sind Alkohole und organische Säuren. Abnehmer der organischen Säuren sind vor allem die Lebensmittel- und die Textilindustrie, zunehmend aber auch die chemische Industrie. So gewinnt laut Syldatk und Hausmann (2013) seit einigen Jahren die Milchsäure als Baustein für Biopolymere an Bedeutung, das heißt sie stellt eine Plattformchemikalie zur Herstellung biobasierter Kunststoffe dar. Das biotechnische Verfahren weist den Vorteil auf, dass es das zur Weiterverwendung hauptsächlich gewünschte L-(+)-Isomer bildet. Beim chemischen Syntheseverfahren entsteht dagegen das Racemat, das für neuere Anwendungen weniger geeignet ist.

◻ Tab. 3.41 Fermentativ hergestellte Grundchemikalien (organische Säuren). (Quelle: Syldatk und Hausmann (2013); Angaben für 2009)

Produkt	Menge[a] (kt/Jahr)	Preis/kg(€)	Marktwert (Mio. €)	Hauptanwendungsbereich
Zitronensäure	1500	1,00	1500	Lebens- und Waschmittel
Milchsäure	500	1,80	900	Lebensmittel, Leder, Textilien, Polymere
Essigsäure	190	0,50	350	Lebens- und Reinigungsmittel, Streusalz
Glukonsäure	120	2,80	336	Lebensmittel, Textilien, Metall, Bau
Itakonsäure	50	1,40	70	Polymere, Papier, Klebstoff
Bernsteinsäure	2	2,80	6	Polymere

[a]Weltjahresproduktion

Polymere in der Natur

» Polymere nehmen eine zentrale Rolle im Kohlenstoffkreislauf der Natur ein und werden in ungeheuer großen Mengen synthetisiert. Es wird geschätzt, dass Pflanzen jährlich z. B. ca. 50 bis 100 Gigatonnen Cellulose und in etwa die gleiche Menge Lignin [phenolisches Makromolekül zur Verholzung] produzieren. Bezogen auf die Masse ist dies ein Vielfaches der jährlichen Erdölförderung (ca. vier Gigatonnen)! Auch Bakterien bestehen überwiegend aus Polymeren. Eine Zelle von *Escherichia coli* wie auch die der meisten anderen Mikroorganismen besteht bezogen auf das Trockengewicht im Durchschnitt zu ca. 95 % aus Polymeren. … Mikroorganismen sind nicht nur in der Lage, Polymere in großen Mengen zu synthetisieren, sie synthetisieren auch eine große Vielzahl von Polymeren. Es handelt sich dabei um organische Polymere wie Nukleinsäuren, Proteine, Polyamide, Polysaccharide, Polyoxoester, Polythioester, Polyisoprenoide und Polyphenole sowie um das anorganische Polymer Polyphosphat« (Steinbüchel und Raberg 2013).

Weitere fermentativ synthetisierte organische Säuren sind die Itakon- und die Bernsteinsäure (Succinat). Beide finden auch als Ausgangsstoff für Polymere Verwendung, so die Itakonsäure in Akrylaten, Synthesekautschuk, Fiberglas und Farben. ECO SYS (2011) gibt an, dass es fermentationsbasierte Produktionssysteme für Itakonsäure seit den 1980er-Jahren gibt. Bis Anfang der 1990er-Jahre konnte sich das Produkt aufgrund hoher Preise allerdings nur langsam durchsetzen. Seit dem Jahr 2000 wächst der Markt robust mit 8 bis 10 % pro Jahr, wobei die Vermarktung 2010 aufgrund gestiegener Rohstoffpreise wieder erheblich schleppender geworden ist. Syldatk und Hausmann (2013) legen dar, dass seit 2010 in Frankreich etwa 2000 bis 3000 t Bernsteinsäure pro Jahr biotechnisch mit rekombinanten *Escherichia coli*-Stämmen hergestellt werden. 2012 eröffneten die Firmen Roquette und DSM in Italien eine Anlage zur Herstellung von 10.000 t Succinat pro Jahr mit genetisch modifizierter Bäckerhefe. Aufgrund der möglichen Verwendung als Baustein von Kunststoffen wie Polyamiden oder Polyestern wird das zukünftige Marktpotenzial der Bio-Bernsteinsäure und ihrer Derivate auf über 250.000 t pro Jahr geschätzt. Eine Übersicht zu den Produktionsmengen verschiedener organischer Säuren gibt ◻ Tab. 3.41.

3.2.3.1 Natürlich vorkommende Biopolymere

Die Natur weist *per se* Unmengen an Makromolekülen auf (▶ Polymere in der Natur). Seit Jahrtausenden dient zum Beispiel das Pflanzenmaterial Cellulose der Herstellung von Papier und Fasern für Textilien (Viskose). Cellulose kommt aber auch bei Bakterien vor und hat für sie eher eine Schutzfunktion, dient also weniger wie bei den Pflanzen der Stabilisierung. Es ist ein Mehrfachzucker

3

Einsatzgebiete von Xanthan

»In der Nahrungsmittelindustrie wird Xanthan als Verdicker, Suspensionsmittel, Emulgator, Geliermittel oder Schaumverstärker eingesetzt. Es findet Anwendung als Zusatzstoff für Saucen und Desserts in Trockenmischungen sowie Tiefkühlprodukten; in Dressings eignet sich das Polysaccharid insbesondere zur Suspension von Kräutern und Gewürzen. Die wichtigste technische Anwendung außerhalb des Nahrungsmittelsektors betrifft die Erdölförderung. Dort wird Xanthan der Bohrflüssigkeit aufgrund seiner pseudoplastischen Eigenschaften, der Temperaturstabilität und der Salztoleranz als Viskositätsregulator zugesetzt. … Außerdem ist Xanthan Bestandteil einer Vielzahl von Körperpflegemitteln. Andere Einsatzgebiete erstrecken sich auf den Textildruck, Reinigungsmittel sowie Farben und pharmazeutische Anwendungen als Trennmittel. Während ca. 65 % des produzierten Xanthans für Nahrungs- und Körperpflegemittel verwendet werden, kommen ca. 15 % in der Erdölförderung und 20 % in anderen technischen Anwendungen zum Einsatz« (Steinbüchel und Raberg 2013).

(Polysaccharid) mit einer Folge von mehreren Hundert bis Zehntausend Glukose-Molekülen.

Die Cellulose-Moleküle lagern sich wiederum zu höheren Strukturen zusammen und bilden so Fasern. Im Vergleich zu pflanzlicher Cellulose ist bakteriell erzeugte Cellulose feiner und weist eine hochkomplexe dreidimensionale Nanostruktur auf. Zudem zeichnet sie sich durch chemische Reinheit aus, die bei Pflanzen so nicht gegeben ist, da üblicherweise Hemicellulose und Lignin beigemischt sind. Aus biotechnisch erzeugter Cellulose werden Folien hergestellt, die zum Beispiel im medizinischen Sektor als Verbandsmaterial zum Einsatz kommen. Positive Effekte zeigen sich vor allem bei der Versorgung von Brandwunden. Die Firma Sony hat jüngst bakteriell erzeugte Cellulose als akustische Membran in High-End-Kopfhörern verwendet.

Eine Schutzfunktion erfüllt für bestimmte Bakterien darüber hinaus das Polysaccharid Dextran. Nach Steinbüchel und Raberg (2013) finden Dextran und abgeleitete Derivate insbesondere Verwendung als Spezialchemikalien für Applikationen in der Klinik, Pharmazie, Industrie und Forschung (Blutplasma-Ersatzmittel und chromatographische Proteinauftrennung). Dextran ist neben Xanthan derzeit das bedeutendste technisch genutzte Biopolymer aus Mikroorganismen. Firmen wie Dextran Products (Kanada), Pharmachem (USA) oder Pharmacosmos (Dänemark) produzieren pro Jahr weltweit etwa 2000 t Dextran. Zusätzlich werden noch einige Hundert Tonnen chemisch modifizierte Dextrane hergestellt. Auch das bakteriell gebildete Xanthan schützt, und zwar die Zellen von *Xanthomonas campestris* vor Austrocknung und UV-Strahlung. Seit den 1950er-Jahren ist die wasserlösliche gummiartige Substanz von wirtschaftlichem Interesse und wird mithilfe von *Xanthomonas* in einem biotechnischen Verfahren produziert. Die Eigenschaften als Bindemittel führen vor allem zur Anwendung bei Nahrungs- und Körperpflegemitteln (▶ Einsatzgebiete von Xanthan).

Ein weiteres Biopolymer sind die sogenannten Polyhydroxyalkanoate (PHA). Sie werden auch als Polyhydroxyfettsäuren (PHF) bezeichnet und sind natürlich vorkommende wasserunlösliche und lineare Polyester. Viele Bakterien bilden sie als Reservestoffe für Kohlenstoff und Energie. Die einfachste und häufigste Form der PHA ist die fermentativ hergestellte Polyhydroxybuttersäure (PHB). Sie besteht aus 1000 bis 30.000 Hydroxyfettsäure-Einheiten. Neben dem Polymer der Hydroxybuttersäure sind rund 150 weitere Hydroxyfettsäuren als PHA-Bausteine bekannt. Nach Abschluss der Biosynthese bestehen die Bakterien zu 80 Gew.-% aus dem Polyester. Industriell produzierte PHA-Kunststoffe sind thermoplastisch auf konventionellen Anlagen verarbeitbar und je nach Zusammensetzung verformbar und mehr oder weniger elastisch. Sie sind UV-stabil, vertragen im Gegensatz zu anderen Biokunststoffen wie Polymeren aus Polymilchsäure teilweise Temperaturen bis etwa 180 °C und weisen eine gute Beständigkeit gegen Feuchtigkeit auf. Zudem verfügen PHA-Polymere über Aroma-Barriereeigenschaften, und sie sind biologisch abbaubar. Diese Eigenschaft verschafft ihnen laut Steinbüchel und Raberg (2013) einen riesigen Markt. Sie benennen Schätzungen, dass von den derzeit jährlich produzierten 300 Mio. t herkömmlicher Kunststoffe – alle biologisch inert – etwa 20 bis 30 % durch biologisch abbaubare Polymere ersetzbar sind.

Für die Kunststoff-Herstellung kann ein weiteres Speicher-Biopolymer, nämlich die Stärke herangezogen werden. In der Regel ist es Mais- oder Kartoffelstärke, also pflanzliche Biomasse. Unter den Biokunststoffen hat die Stärke derzeit mit etwa 80 % Marktanteil den Hauptanteil. Aufgrund der Nutzung von Pflanzen besteht allerdings wieder der Konflikt mit der Sicherstellung der Lebensmittelgrundversorgung. Diese Tank-Teller-Kontroverse liegt derzeit beim Bioethanol vor, dessen erheblich angestiegene Produktion zu einer deutlichen Verteuerung von Mais und Getreide führte.

3.2.3.2 Bioplastik auf dem Vormarsch

Die Begriffe Bioplastik oder Biokunststoff sind nicht geschützt und werden daher nicht einheitlich verwendet. Das Umweltbundesamt (Beier 2009) gibt dazu folgende Übersicht:

» Bis in die 30er Jahre des vergangenen Jahrhunderts wurden Kunststoffe fast ausschließlich aus nachwachsenden Rohstoffen hergestellt. Erst seit Ende des Zweiten Weltkrieges werden als Rohstoffquellen üblicherweise fossile, nicht erneuerbare Ressourcen, wie Erdöl oder Erdgas, genutzt. Seit etwa 20 Jahren sind nun wieder verstärkte Bemühungen zu verzeichnen, Kunststoffe zum Teil oder auch vollständig aus nachwachsenden Rohstoffen zu erzeugen und am Markt zu etablieren. … Kunststoffe aus nachwachsenden Rohstoffen werden in der Regel als Biokunststoffe oder Biopolymere bezeichnet, wobei diese und ähnliche Begriffe – zum Beispiel ‚biobasiert‘ – bis heute nicht eindeutig definiert sind. … Nach gegenwärtigem Sprachgebrauch steht die Vorsilbe ‚bio‘ für zwei Eigenschaften: für ‚biobasiert‘ und für ‚biologisch abbaubar‘. Biobasiert nennen sich Erzeugnisse, die teilweise oder vollständig aus nachwachsenden Rohstoffen stammen. Diese Erzeugnisse können sowohl biologisch abbaubar als auch nicht abbaubar sein. (Beier 2009)

Biokunststoffe

Kunststoffe, die aus nachwachsenden Rohstoffen hergestellt werden. Biokunststoffe können biologisch abbaubar sein oder aber dauerhaft bestehen, d. h. nicht verrottbar sein.

Die Tatsache, dass es nicht biologisch abbaubare Biokunststoffe gibt, könnte zu Irritationen führen. Ihr Vorteil liegt gegenüber konventionellen Kunststoffen dann nur darin, dass keine fossilen Rohstoffe verbraucht werden. Plastik-Müllberge lassen sich dadurch auch nicht vermeiden. Dagegen zerfallen biologisch abbaubare Biokunststoffe in natürlich vorkommende, ungiftige Ausgangsprodukte. Genauer gesagt, wandeln Mikroorganismen wie Pilze und Bakterien oder Enzyme das Bioplastik um in Wasser, Kohlenstoffdioxid und Biomasse, die von der Natur weiterverwertet werden.

Biokunststoffe können die bisher verwendeten mineralölbasierten Kunststoffe in vielen Anwendungen ersetzen. Bereits heute bestehen viele Verpackungen, Einweggeschirr oder Blumentöpfe zu einem hohen Anteil aus Biokunststoffen. Herstellbar sind aber auch andere typische Kunststoffartikel, wie Handys, Gehäuse von Elektrogeräten oder Gefäße für Kosmetikartikel.

Für 2017 prognostiziert der Verband European Bioplastics mit Sitz in Berlin eine Zunahme der weltweiten Produktionskapazitäten für Biokunststoffe um 400 % auf 6 Mio. t (◘ Abb. 3.33). Eine andere Quelle (nova-Institut 2013) spricht von einer Verdreifachung der 2011er-Kapazitäten von 3,5 Mio. auf 12 Mio. t im Jahr 2020 (2017 an die 10 Mio.). Die 3,5 Mio. t repräsentieren einen Anteil von 1,5 % der Gesamtmenge an sogenannten Konstruktionskunststoffen (235 Mio. t). Im Jahr 2020 soll sich ihr Anteil auf 3 % erhöhen. Allein etwa 5 Mio. t sollen dabei auf biobasiertes PET entfallen, einem Polyethylen-Terephthalat (PET), das teilweise hergestellt wird aus Bioethanol, welches aus Zuckerrohr stammt (Biomasse-Anteil bei 30 bis 35 %). Die meisten Produktionskapazitäten für Biokunststoffe finden sich in Asien (52 %), und ihr Anteil wird auf 55 % zunehmen. Europas Anteil wird dagegen von 20 auf 14 % abnehmen wie eine Studie des nova-Instituts ermittelte (► Europa ist nicht führend auf dem Gebiet der Biokunststoffe).

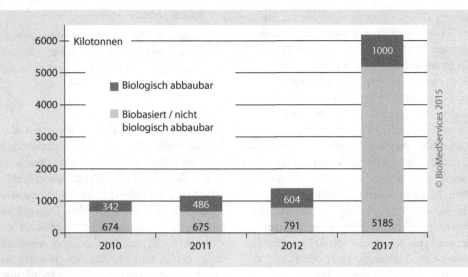

☐ Abb. 3.33   Prognose zur Produktion von Biokunststoffen. Erstellt nach Daten von European Bioplastics (2013)

Europa ist nicht führend auf dem Gebiet der Biokunststoffe

»One noteworthy finding of other studies is that Europe shows the strongest demand for bio-based polymers, while production tends to take place elsewhere, namely in Asia and South America. The bio-based polymer production facilities for PLA and PHA located in Europe are currently rather small, and there are next to no production capacity figures for the latter. … With leading chemical corporations, Europe has a particular strength and great potential in the fields of high value fine chemicals and building blocks for the production of PA [polyamide], PUR [polyurethane] and thermosets among others. However, only few specific, large-scale plans for bio-based building blocks with concrete plans for the production of bio-based polymers have been announced to date. The European Union's relatively weak position in the production of bio-based polymers is largely the consequence of an unfavourable political framework. In contrast to biofuels, there is no European policy framework to support bio-based polymers, whereas biofuels receive strong and ongoing support during commercial production (quotas, tax incentives, green electricity regulations and market introduction programmes, etc.). Without comparable support, bio-based chemicals and polymers will suffer further from underinvestment by the private sector. It is currently much more attractive and safe to invest in bio-based polymers in Asia, South America and North America« (nova-Institut 2013).

Mit industrieller Biotechnologie hat die Biokunststoff-Produktion nur dann etwas zu tun, wenn fermentative Schritte, also die Biosynthese mittels Mikroorganismen, stattfinden. Bei dem oben beschriebenen pflanzenbasierten Bio-PET ist das nicht der Fall. Auf biotechnischem Wege werden dagegen die neuartigen Biokunststoffe PHA (Polyhydroxyalkanoate) und PLA (engl.: *polylactic acid*, Polymilchsäuren) synthetisiert. Ihre Produktionskapazitäten sollen sich mindestens vervierfachen.

3.2.3.3   Weitere Biopolymere: Fette und Öle, Seidenproteine

Auch Fette und Öle (synonym Lipide genannt) sind Polymere, die in allen Lebewesen vorkommen. Sie erfüllen verschiedenste biologische Funktionen (Wikipedia, Lipide): Brennstoffe, Energiespeicher, Membranbausteine, Signalmoleküle, Hormone, fettlösliche Vitamine, Kofaktoren oder Pigmente. Industriell in Mikroorganismen produziert, liefern sie Grund- oder Spezialchemikalien. Insbesondere wenn die »Biofabriken« zum Beispiel mit gentechnischen Methoden weiter optimiert werden, ist

Spinnenseide: ein Hightech-Material

» Die Natur hat über Jahrmillionen einige Materialien hervorgebracht, die synthetisch hergestellte Werkstoffe in vielerlei Hinsicht übertreffen. Ein herausragendes Beispiel ist hierbei die Spinnenseide. Seidenfäden weisen eine extreme Festigkeit gepaart mit hoher Dehnbarkeit auf. Spinnenseide ist fest wie Stahl und dehnbar wie Gummi. Die Kombination dieser mechanischen Eigenschaften ist in herkömmlichen Fasern bisher unerreicht: Spinnenseide kann mehr als 3 mal so viel Energie aufnehmen wie Kevlar oder Nylon, bevor sie reißt. Zusätzlich zu den herausragenden mechanischen Eigenschaften ist Spinnenseide nicht immunogen, nachhaltig herstellbar und recyclebar. Sie löst keine Immunreaktion aus und hat seidigen Glanz sowie eine angenehme Haptik. Spinnenseide hat seit tausenden von Jahren die Menschheit fasziniert, insbesondere aufgrund der hohen Festigkeit – aber auch aufgrund der medizinischen Unbedenklichkeit« (AMSilk 2015).

auf Basis nachwachsender Rohstoffe oder Abfallströmen die umweltfreundliche Synthese möglich. So produziert die börsennotierte US-Biotech-Firma Solazyme mithilfe gentechnisch optimierter Mikroalgen verschiedene Öle, die wiederum Verwendung im industriellen, Lebensmittel- und Kosmetiksektor finden. Mikroalgen produzieren natürlicherweise Öle, allerdings nur etwa 5 bis 10 % ihrer Körpermasse. Die gentechnische Anpassung erbringt einen Ölgehalt von mehr als 80 %.

Ein natürliches Biopolymer der besonderen Art ist die Seide. Aufgebaut aus Eiweißbausteinen wird sie in der Natur von der Raupe des Seidenspinners (Nachtschmetterling) sowie von Spinnen und einer bestimmten Muschelart synthetisiert. Das Seidenprotein Fibroin besteht aus einer sich wiederholenden Folge der Aminosäuren »Glycin-Serin-Glycin-Alanin-Glycin-Alanin«. Die Seidenproduktion erfolgt in der Regel über die Nutzung der Kokons, die die Seidenraupen während ihrer Metamorphose zum Schmetterling bilden. Spinnenseide ist unter anderem für medizinische Zwecke von Interesse. Schon in der Antike legten Menschen Spinnennetze auf Wunden. Forscher versuchen daher, Spinnen zu »melken« und erzielen pro Melkvorgang im Schnitt eine Ausbeute von 200 Metern. Ganz andere Dimensionen, nämlich die industrielle Produktion im Tonnenmaßstab, strebt das deutsche Biotech-Unternehmen AMSilk aus München an. Die Firma hat die für das Spinnenseidenprotein codierenden Gene der Spinne in Bakterien verpflanzt und stellt damit die Seidenrohsubstanz rekombinant in geschlossenen Tanks her. Die besonderen Eigenschaften der daraus gesponnenen Fasern (▶ Spinnenseide: ein Hightech-Material) oder gebildeten Partikel ermöglichen vielfältige Anwendungen: Beschichtung von medizinischen Implantaten, Wundverbände, Kosmetikbestandteil oder spezielle Textilien und Sportprodukte.

Wirtschaftlichkeit bei der Produktion von Grundchemikalien

Für die Durchsetzung einer neuen Technologie ist neben der technologischen Überlegenheit und der Akzeptanz ihre wirtschaftliche Konkurrenzfähigkeit ein wichtiger Faktor. Hermann et al. (2010) führten eine umfangreiche Berechnung zu Produktionskosten von zwölf Grundchemikalien durch. Sie verglichen dabei die chemische Synthese, basierend auf Rohöl, sowie die mikrobielle Biosynthese, basierend auf nachwachsenden Rohstoffen. Folgende Produktionsprozesse wurden untersucht: 1,3-Propandiol (PDO), Essig-, Bernstein-, Milch- und Adipinsäure, Ethanol und Butanol (aus dem Aceton-Butanol-Ethanol[ABE]-Prozess) sowie Polyhydroxyalkanoate (PHA); zudem die Folgeprodukte Ethylen, Polymilchsäure (PLA), Milchsäureethylester und Polytrimethylenterephthalat (PTT). Welches dieser Produkte bei verschiedenen Zuckerpreisen wirtschaftlicher per Biosynthese als über die chemische Synthese herstellbar ist, zeigt ◘ Tab. 3.42. Insgesamt kommen die Autoren zu folgendem Schluss:

» Even at present, bio-based bulk chemicals from industrial biotechnology offer clear savings in non-renewable energy use and GHG [greenhouse gas] emissions with current technology compared to conventional petrochemical production. Substantial further savings are possible for the future by improved fermentation and downstream processing. … Economic competitiveness depends to a large extent on the price of oil and sugar. (Hermann et al. 2010)

◻ Tab. 3.42   Wirtschaftlichkeit von mit biotechnischen Verfahren produzierten Grundchemikalien in Abhängigkeit vom Zuckerpreis. (Quelle: Hermann et al. 2010)

Zuckerpreis (€/t)	Heutiger Stand der Technik	Zukünftiger Stand der Technik
400	Bernsteinsäure, Ethanol, Milchsäureethylester, Polymilchsäure (PLA), Polytrimethylenterephthalat (PTT), Propandiol (PDO)	Bernsteinsäure, Ethanol, Milchsäureethylester, Polymilchsäure (PLA), Polytrimethylenterephthalat (PTT), Propandiol (PDO)
200	Bernsteinsäure, Ethanol, Milchsäureethylester, Polymilchsäure (PLA), Propandiol (PDO), Polytrimethylenterephthalat (PTT)	Bernsteinsäure, **Butanol**, Ethanol, **Ethylen**, Milchsäureethylester, Polymilchsäure (PLA), Polytrimethylenterephthalat (PTT), Propandiol (PDO)
135	Bernsteinsäure, Ethanol, **Ethylen**, Milchsäureethylester, Polymilchsäure (PLA), Polytrimethylenterephthalat (PTT), Propandiol (PDO)	**Adipinsäure**, Bernsteinsäure, Butanol, Ethanol, Ethylen, Milchsäureethylester, Polymilchsäure (PLA), Polytrimethylenterephthalat (PTT), Propandiol (PDO)
70	Bernsteinsäure, Ethanol, Ethylen, Milchsäureethylester, Polymilchsäure (PLA), Polytrimethylenterephthalat (PTT), Propandiol (PDO)	Adipinsäure, Bernsteinsäure, Butanol, Ethanol, Ethylen, Milchsäureethylester, Polymilchsäure (PLA), Polytrimethylenterephthalat (PTT), Propandiol (PDO)

Benennung der Substanz, wenn die Produktionskosten (*ratio of production cost plus profits*, PCPP) unter denjenigen liegen, die für eine chemische Synthese aus Rohöl (angenommener Preis 70 US$/Barrel) anfallen. Substanz in Fettdruck, wenn sie erstmals benannt wird. Der PCPP-Ansatz wurde von Hermann entwickelt und umfasst: direkte Betriebs-, Allgemein- und Kapitalkosten, die für die Errichtung einer neuen Fabrik im westlichen Europa mit einer Produktionskapazität von 100 kt/Jahr erforderlich sind; PCPP ähneln dem Marktpreis

Diese Untersuchungsergebnisse stehen im Gegensatz zur gängigen Annahme höherer Herstellkosten von Bio- gegenüber konventionellen Kunststoffen. Über die geringeren Produktionskosten hinaus bietet das biotechnische Verfahren Vorteile in der Bilanz von Treibhausgasen. Die Höhe an Einsparungen hängt dabei von folgenden Faktoren ab:

— zu produzierende Chemikalie: Die höchsten Einsparungen ergeben sich bei Butanol, Ethanol und Ethylen, die niedrigsten bei Essigsäure und PTT;

— zu fermentierender Rohstoff: Auf Basis des derzeitigen Technologiestandes liegt das Einsparpotenzial höher bei Verwendung von Zuckerrohr gegenüber Maisstärke; unter Berücksichtigung der technischen Weiterentwicklung wird in Zukunft auch Zuckerrohr an der Spitze liegen, jedoch gefolgt von Lignocellulose (Holz) und Maisstärke.

Die Verwendung von Zuckerrohr als der Quelle des fermentierbaren Zuckers erzeugt als Kuppelprodukt bedeutende Mengen an Elektrizität. Die sonst für deren Produktion anfallenden Treibhausgase entfallen dadurch, womit sich insgesamt eine Einsparung ergibt. Da Zuckerrohr in gemäßigten Klimazonen wie Europa und Nordamerika nicht verfügbar ist, bietet sich hier zukünftig die Verarbeitung von Holzresten an.

Selbst unter Verwendung von Maisstärke sowie heutigen Technologien (*worst case*) ermöglichen die biotechnischen Verfahren bereits eine Einsparung von umweltschädlichen Treibhausgasen um 45 % gegenüber den klassischen chemischen Produktionstechniken von Grundchemikalien.

3.2.3.4   Biosprit: geht auch ohne Konkurrenz zum Gemüse

Die mit fermentativen Verfahren hergestellten Grundchemikalien Ethanol, Methanol und Butanol können als Energieträger auch Anwendung als Kraftstoffe finden. Ein Kraftstoff ist generell eine Substanz, dessen chemische Energie durch Verbrennung in Antriebskraft umgewandelt wird. Normalerweise sind dies in einer Erdölraffinerie hergestellte flüssige Kraftstoffe wie Benzin, Diesel und Kerosin, die alle aus Kohlenwasserstoffen bestehen. Erdöl ist letzlich ein »antiker biologischer Heiz- und Kraftstoff«, der aus abgestorbenen und

Das ursprüngliche Autobenzin

»Biofuels have been around as long as cars have. At the start of the 20th century, Henry Ford planned to fuel his Model Ts with ethanol, and early diesel engines were shown to run on peanut oil. But discoveries of huge petroleum deposits kept gasoline and diesel cheap for decades, and biofuels were largely forgotten. However, with the recent rise in oil prices, along with growing concern about global warming caused by carbon dioxide emissions, biofuels have been regaining popularity. Gasoline and diesel are actually ancient biofuels. But they are known as fossil fuels because they are made from decomposed plants and animals that have been buried in the ground for millions of years. Biofuels are similar, except that they're made from plants grown today. Much of the gasoline in the United States is blended with a biofuel – ethanol. This is the same stuff as in alcoholic drinks, except that it's made from corn that has been heavily processed. There are various ways of making biofuels, but they generally use chemical reactions, fermentation, and heat to break down the starches, sugars, and other molecules in plants. The leftover products are then refined to produce a fuel that cars can use. Countries around the world are using various kinds of biofuels. For decades, Brazil has turned sugarcane into ethanol, and some cars there can run on pure ethanol rather than as additive to fossil fuels. And biodiesel – a diesel-like fuel commonly made from palm oil – is generally available in Europe. On the face of it, biofuels look like a great solution. Cars are a major source of atmospheric carbon dioxide, the main greenhouse gas that causes global warming. But since plants absorb carbon dioxide as they grow, crops grown for biofuels should suck up about as much carbon dioxide as comes out of the tailpipes of cars that burn these fuels. And unlike underground oil reserves, biofuels are a renewable resource since we can always grow more crops to turn into fuel. Unfortunately, it's not so simple. The process of growing the crops, making fertilizers and pesticides, and processing the plants into fuel consumes a lot of energy. It's so much energy that there is debate about whether ethanol from corn actually provides more energy than is required to grow and process it. ... For the future, many think a better way of making biofuels will be from grasses and saplings, which contain more cellulose. ... If cellulose can be turned into biofuel, it could be more efficient than current biofuels, and emit less carbon dioxide« (National Geographic 2015).

---

zersetzten Meereskleinstlebewesen entstanden ist. Dabei sollen Algen den mit Abstand größten Anteil an Biomasse gestellt haben.

Bioethanol

Die ersten Autos fuhren mit Ethanol und Biodiesel aus Erdnussöl wie ein *National Geopgraphic*-Artikel aufzeigt (▶ Das ursprüngliche Autobenzin). Erst später wurden sie von günstigeren Erdöl-Derivaten abgelöst. Heutzutage gewinnen Biokraftstoffe aus nachwachsenden Rohstoffen wegen der Endlich- und Umweltfeindlichkeit bei der Verwendung fossiler Rohstoffe wieder an Bedeutung. Eine verbesserte Ökobilanz (CO_2-Bilanz) kann den Biokraftstoffen nicht immer nachgewiesen werden, da sie zum Teil für ihre Erzeugung noch zu große Mengen an fossilem Kraftstoff benötigen. Zudem sehen Kritiker sie als nicht effizient genug und zu kostspielig an. Auch gibt es Diskussionen um die Nutzung knapper Landressourcen für Energie- statt für Nahrungspflanzen mit der Folge einer möglichen Verteuerung von Lebensmittelrohstoffen. Dies gilt insbesondere für die Biokraftstoffe der ersten Generation (1G), die vor allem Pflanzenmaterial verwenden, welches sonst als Nahrung genutzt wird.

In Deutschland sind dies bei reinen Pflanzenkraftstoffen und bei Biodiesel besonders Rapspflanzen, deren Öle mechanisch ausgepresst werden und deren Reste Anwendung als Futtermittel finden. Mit industrieller Biotechnologie hat dies wiederum eher weniger zu tun. Bei Bioethanol, welches biotechnisch mithilfe der Vergärung durch Mikroorganismen gewonnen wird, sind die Ausgangsmaterialien vorwiegend die stärkehaltigen Früchte (Ähren) von Getreide (Weizen, Roggen) sowie die Knollen der Zuckerrübe. Mais hat hierzulande nur eine geringe Bedeutung, ganz im Gegensatz zu den USA. Brasilien setzt seit Jahrzehnten auf die Fermentation von Zuckerrohr. Viele der 1G-Biokraftstoffe werden subventioniert und sind daher gegenüber konventionellen fossilen Kraftstoffen nicht wettbewerbsfähig. In Deutschland hatte die im Jahr 2011 erfolgte Einführung von Super-Benzin, das 10 % Bioethanol enthält (E10) einige Akzeptanzprobleme.

2G-Biokraftstoffe

»In der zweiten Generation der Biokraftstoff-erzeugung wird fast die vollständige Pflanze, einschließlich der schwer zugänglichen Zellulose verarbeitet. Auf der Grundlage organischer Abfälle, wie Stroh, Holzreste, Abfallprodukte aus der Agrarwirtschaft, Altholz, Sägerestholz und minderwertiges Waldholz werden z. B. mithilfe von Bakterien Biokraftstoffe hergestellt, die eine positive CO2-Bilanz aufweisen. Auch schnell wachsende Pflanzen und Holzsorten, die auf bisher stillgelegten Feldern angebaut werden können, dienen der Herstellung von Kraftstoffen der zweiten Generation« (Pflanzenforschung, Biokraftstoff)

Die Biokraftstoffe der zweiten Generation (2G) – im Englischen auch *advanced biofuels* genannt – verwerten dagegen hauptsächlich Cellulose (Glukosepolymer), Hemicellulose oder Lignocellulose. Dies sind nicht-essbare Pflanzenbestandteile, die auch als *non-food*-Biomasse bezeichnet werden. Zudem ist die Verwertung organischer Abfälle aus Landwirtschaft (Stroh) und Lebensmittelproduktion denkbar. Die holzhaltigen Rohstoffe stellen für eine kosteneffiziente Produktion eine Herausforderung dar, die heutzutage allerdings bereits gelöst wurde.

Grundsätzlich hat Ethanol allerdings einen geringeren Energiegehalt als viele andere Treibstoffe und lässt sich nur schwer mit Diesel vermischen. Zudem kann es nicht über Pipelines transportiert werden, was einen Transport mit Tanklastern nötig macht. Daher kann selbst für die 2G-Biokraftstoffe die Kompatibilität mit Motoren und existierender Logistik-Infrastruktur eine Markteintrittsbarriere darstellen. Eine Lösung wäre die biologische Produktion von Substanzen, die chemisch identisch mit herkömmlichen fossilen Kraftstoffen sind. Gelungen ist dies bereits den US-Firma Sapphire Energy und Solazyme, die beide mit Algen arbeiten.

Algenkraftstoffe – die 3. Generation (3G)

Sapphire Energy produziert innerhalb von 14 Tagen Rohöl aus in Salzwasser wachsenden Algen, die dazu nur Sonnenlicht und Kohlenstoffdioxid (CO_2) benötigen. In die Ökobilanz fließt lediglich bereits in der Atmosphäre vorhandenes CO_2 ein. Das produzierte Rohöl (Zielgröße: 1 Mrd. Gallonen/Jahr in 2025) kann dann den normalen Weg der Raffinerie nehmen, die derzeitigen Kapazitäten liegen bei 1 Mio. Gallonen pro Jahr. Verschiedene Investoren finanzieren die 2007 gegründete Gesellschaft mit über 300 Mio. US$: The Wellcome Trust, ARCH Venture Partners, die zur Rockefeller-Familie gehörende Venrock, Bill Gates' Cascade Investment und der Agro-Konzern Monsanto. Nachdem Sapphire 2008 erfolgreich Normalbenzin (91 Oktan) produzierte, setzten die Fluggesellschaften Continental und JAL den Algen-Kraftstoff im Jahr 2009 auf Testflügen ein. Eine kommerzielle Demonstrationsanlage wurde 2012 fertiggestellt, mit der US-Raffinerie Tesoro wurde 2013 der erste Kunde für das regenerative Rohöl gewonnen. Seit Mai 2011 arbeitet Sapphire mit dem deutschen Technologiekonzern The Linde Group zusammen, der sein Know-how für die kosteneffiziente Bereitstellung von CO_2 beisteuert. 2013 erweiterten beide Firmen die Zusammenarbeit für mindestens fünf Jahre mit dem Ziel, eine Algenkraftstoff-Produktionsanlage zu bauen. Die Technologie (Verarbeitung von Algenbiomasse zu Rohöl) wollen Linde und Sapphire dann auch zusammen lizenzieren und vermarkten. Die Algen wurden mit traditionellen Mutagenese-Techniken entwickelt, in Zukunft sollen aber auch Gentechniken zum Einsatz kommen.

Diesen Weg bereits beschritten hat die 2003 gegründete US-Firma Solazyme, deren gentechnisch optimierte Algen – im Gegensatz zu denjenigen von Sapphire – nicht in offenen Pontons, sondern in geschlossenen Tanks aufwachsen. Sie nutzen kein Sonnenlicht und Kohlenstoffdioxid, sondern wandeln zucker- und cellulosehaltige Rohmaterialien oder Abfälle in hochwertige Öle um. Diese können dann als vollwertiger Kraftstoff oder als Ausgangsmaterial für andere Industrien (Chemie, Lebensmittel) genutzt werden. 2011 und 2012 fanden Tests der Solazyme-Treibstoffe statt bei einem Flug von United Airlines und einem Manöver der U.S. Navy. Bisher verkauft das Unternehmen aber lediglich algenölhaltige Hautpflegemittel, mit denen sie die Hälfte ihres Gesamtumsatzes von 40 Mio. US$ erzielt, bei einem Verlust von 116 Mio. US$. Größere Mengen an Algenkraftstoffen werden erst seit Anfang 2014 produziert.

Die Sicht von Craig Venter auf den Erfolg von Bio- versus konventionellen Kraftstoffen

»The current approaches being taken by companies trying to make renewable fuel from algae and other microbes are woefully inadequate …The yields are at least ten to fifteen times lower than what one needs to make it even remotely economically competitive. And even if gene-spliced microbes did produce a flood of biofuels, that very success would drive down demand – and thus prices – for oil, making it harder for renewable options to compete.

As a result, Venter argues, little real progress in the fight against climate change is possible without one crucial policy – a realistic price on carbon. [Not only] … a carbon-trading scheme [is needed] … [but] a simple tax on all carbon emissions. ‚Until we get serious about the CO_2 in the atmosphere and put a tax on carbon that recognises the real cost of taking carbon out of the ground and burning it, we will never be able to come up with an alternati-

ve solution', Venter says. The right price? Venter leaves that up to the economists. The US Environmental Protection Agency, for example, calculates the so-called social cost of carbon (the price of the damage that carbon does) at between $12 and $235 per ton, depending on discount rates and time horizons. … Yet a carbon tax is now a political impossibility in the US and many other countries« (Carey 2014).

Die Herausforderung bei den Algenkraftstoffen liegt – wie bei jeder Fermentation – im sogenannten Scale-up, dem Überführen der Produktion aus einem Versuchs- oder Pilotmaßstab in den industriellen Großmaßstab. Aus diesem Grund hatte beispielsweise die US-Firma Synthetic Genomics, gegründet vom Humangenom-Pionier Venter, ihr Ziel nicht erreicht. Im Jahr 2009 begann sie eine mit 600 Mio. US$ bewertete Kooperation mit ExxonMobil, um über Hochdurchsatz-Screening (engl.: *high-throughput screening*, HTS) einen Algenstamm mit hoher Produktionskapazität zu finden. 2011 zeigte sich dann aber, dass ein von der Biotech-Firma im Labor selektierter Stamm in den Exxon-Pontons nicht die erwartete Leistung brachte. Exxon zog sich daraufhin vom Ziel der kommerziellen Produktion vorerst zurück. Synthetic Genomics sah das Problem vor allem darin, dass keine gentechnische Optimierung angewendet wurde (war von Exxon nicht gewünscht). Venter sieht aber selbst bei ihrer Anwendung noch mögliche Restriktionen einer breiteren Durchsetzung, wenn nicht der Ausstoß von Kohlenstoffdioxid mit einer Steuer belegt werden würde (► Die Sicht von Craig Venter auf den Erfolg von Bio- versus konventionellen Kraftstoffen).

Nur eine große Produktionsmenge erlaubt einen wirtschaftlich wettbewerbsfähigen Preis der Algenkraftstoffe. Laut der National Alliance for Advanced Biofuels and Bioproducts (NAABB) konnte dieser seit 2010 mithilfe technologischer Verbesserungen von 240 auf 7,5 US$ pro Gallone (ca. 1,5 €

pro Liter) gesenkt werden. Ausschlaggebend waren dabei genetische Modifizierungen und technische Verbesserungen bei der Extraktion und Konversion. Solazyme geht sogar davon aus, bei der kommerziellen Produktion ihres Algendiesels einen Preis von 3,44 US$ pro Gallone (ca. 0,7 € pro Liter) realisieren zu können. Ihr genetisch optimierter Algenstamm enthält bis zu 80 % Öl, wohingegen unveränderte Stämme laut Solazyme lediglich maximal 10 % liefern. Die NAABB hat berechnet, welche weiteren technologischen Verbesserungen beziehungsweise Ausbeutesteigerungen den Preis auf etwa 2 US$ pro Gallone (0,4 € pro Liter) senken könnten (Lane 2014). Das würde einem Preis für Rohöl (80 US$ pro Barrel) entsprechen. Die Gentechnik wird dabei unverzichtbar sein:

» The near term outlook for widespread use of algal fuels appears bleak, but fuels for niche applications such as in aviation may be likely in the medium term. Genetic and metabolic engineering of microalgae to boost production of fuel oil and ease its recovery, are essential for commercialization of algal fuels. Algae will need to be genetically modified for improved photosynthetic efficiency in the long term. (Chisti 2013)

Wenn Algenfabriken mit Ponton-Systemen arbeiten, benötigen sie eine große Fläche und viel Sonnenlicht wie zum Beispiel in Wüsten oder an der Küste. Wie *Die WELT* anmerkt:

Energiegewinnung durch Photosynthese

Bei der Photosynthese produzieren Pflanzen, Algen und Bakterien für sich selbst (autotrophe Ernährung) Nahrung beziehungsweise Energie in Form von biochemischen Bausteinen. Dazu nutzen sie die Energie des Sonnenlichtes (phototroph) und bauen Kohlenstoffdioxid (CO_2) und Wasser (H_2O) zu kohlenwasserstoffhaltigen Verbindungen (Kohlenhydrate) um wie z. B. Glukose ($C_6H_{12}O_6$). Schließlich setzen sie Sauerstoff (O_2) frei, den andere Lebewesen wiederum zum Leben benötigen. Beim Übergang von Wasserstoffatomen (H) aus dem Wasser (H_2O) auf das absorbierte Kohlenstoffdioxid (CO_2) findet eine Oxidation (Elektronenabgabe) des Wassers bei gleichzeitiger Reduktion (Elektronenaufnahme) des Kohlenstoffdioxids statt. Den Ablauf dieser chemischen Reaktion katalysiert die Energie aus dem Sonnenlicht. Die Chloroplasten der phototrophen Organismen sind in der Lage, die Lichtenergie zu sammeln und über eine Elektronentransportkette in chemische Energie (Adenosintriphosphat, ATP) umzuwandeln (Lichtreaktion). Das gebildete ATP wird in einem Folgeschritt zusammen mit Wasserstoffatomen genutzt, um die Glukose herzustellen (Dunkelreaktion). Glukose ist aufgrund energiereicher chemischer Bindungen ein Energiespeicher.

Tests mit gentechnisch veränderten Algen in offenen Teichen an der Universität von San Diego

»Genetic modification of algae is also being experimented in outdoor ponds – a controversial practice. Critics said the GMO organisms will inevitably escape, with potentially harmful effects on ecosystems. To address that concern, Sapphire and UC San Diego last year tested how GMO algae might affect algae in natural bodies of water, with permission from the Environmental Protection Agency. The researchers looked at algae growing in five lakes in San Diego County: Lindo, Miramar, Murray, Poway and Santee. They took water from the lakes to the university's Biology Field Station and placed it in open ponds. Other open ponds contained water with the algae Scenedesmus dimorphus, used in biofuels research. One form of the algae was genetically modified, while a control algae was not. Both the unaltered and GMO versions of Scenedesmus colonized the ponds with the native lake algae, but there was no detectable effect on the diversity of the native algae … Only one species of genetically modified algae was tested, so … further research is needed before wider conclusions can be drawn.« (Fikes 2014)

» Wollte man alles Flugbenzin aus Algenöl herstellen, wären riesige Algenfarmen nötig, die nach heutigem Stand der Technik eine Fläche von der Größe Portugals bedeckten. (von der Weiden 2011)

Neben dem Platzbedarf bringen die offenen Systeme ein potenzielles Manko mit sich: das Ein- oder Ausbringen unerwünschter Einflüsse. Würden gentechnisch veränderte Algen eingesetzt, bestünden zudem gewiss Sicherheitsbedenken seitens Politik und Bevölkerung. Die Firma Sapphire Energy hat daher zum Beispiel bereits Versuche gestartet, ob in dieser Hinsicht Probleme auftreten könnten. wie ein Artikel in The San Diego Union-Tribune darlegt (▶ Tests mit gentechnisch veränderten Algen in offenen Teichen an der Universität von San Diego)
Geschlossene Systeme für das Algenwachstum sind deshalb eher von Vorteil, und es wird dazu kräftig geforscht und entwickelt. In den Bioreak-

toren besteht die größte Herausforderung darin, die Algen mit genug Licht für ihre Photosynthese (▶ Energiegewinnung durch Photosynthese) zu versorgen. So kommen spezielle LED-Beleuchtungen zum Einsatz oder sogenannte Solarsammler, die Licht über Prismen in Röhren oder Glasfaserkabel weiterleiten. Letzteres Verfahren wendet die Firma SEE Algae Technology (SAT) aus Wien an, die in Brasilien eine Anlage zur Biodiesel-Produktion aus Algen betreibt (Busch 2013). Dadurch, dass das Sonnenlicht in geschlossene Tanks hineingeleitet wird, können die Algen im ganzen Bioreaktor wachsen, statt nur an der Oberfläche, wie in herkömmlichen Pontons oder Tanks. Das Kohlenstoffdioxid beziehen die Algen aus den Abgasen einer benachbarten Zuckerfabrik. Diese verbrennt Zuckerrohrbargasse zur Energiegewinnung für die eigene Produktion. Aus zwei Tonnen CO_2 entsteht eine Tonne Algen, die schließlich je zur Hälfte aus

Öl und Biomasse bestehen. Das produzierte Öl (30 Cent pro Liter) ist Basis für weiterverarbeiteten Bio-Diesel (40 Cent pro Liter), die restliche Biomasse wird als Tierfutter mit einem doppelt so hohen Proteingehalt wie etwa Mais genutzt. Ebenfalls produzierte cholesterinsenkende Omega-3-Fettsäuren lassen sich zudem hochpreisig an die Pharma- und Kosmetikindustrie verkaufen. Der aktuelle Stand des Projektes ist nicht bekannt.

Das Einbringen von Licht in ein größeres Volumen ist ein relativ neuer Ansatz. Bisher stand die Erzeugung einer großen Oberfläche, wie zum Beispiel in Röhren-, Schlauch- oder Plattensystemen aus Glas oder Plastik, im Vordergrund. Entsprechende Systeme werden auch als Photobioreaktoren (PBR) bezeichnet. Auch in Deutschland finden sich Universitäten und Firmen, die zu PBR forschen und entwickeln oder auf die Algenbiotechnologie setzen. In der DECHEMA befasst sich eine spezielle Fachgruppe mit diesem Thema, die in ihrem Beirat Vertreter folgender Institutionen vereint:

- (Technische) Universitäten in Erlangen, Göttingen, Kaiserslautern, Karlsruhe und München,
- Hochschule Anhalt (Köthen),
- Fraunhofer-Institut für Grenzflächen- und Bioverfahrenstechnik – IGB (Stuttgart),
- IGV – Institut für Getreideverarbeitung GmbH (Nuthetal),
- Firmen: BASF Personal Care and Nutrition (Düsseldorf), EADS Deutschland (München), E.ON Hanse (Quickborn), GMB (Senftenberg, Tochter von Vattenfall), Linde (Pullach), Subitec (Stuttgart), Volkswagen (Wolfsburg), Wacker Chemie (München).

Darüber hinaus wenden sich auch folgende Hochschulen, Universitäten und Firmen dem Thema zu:

- Hochschule Lausitz (Senftenberg) und Bremen (Bremen),
- (Technische) Universitäten in Bielefeld, Bochum, Bremen (inklusive Spin-off Phytolutions), Darmstadt (inklusive Spin-off ALYONIQ), Hamburg-Harburg und Rostock,
- Firmen: EnBW (Standort Eutingen-Weitingen in Zusammenarbeit mit Subitec), FairEnergie (Standort Reutlingen in Zusammenarbeit mit Subitec) und RWE (Standort Niederaußem in Zusammenarbeit mit Phytolutions).

Die Stuttgarter Subitec, ein Spin-off des Fraunhofer-Instituts für Grenzflächen- und Bioverfahrenstechnik, arbeitet neben EnBW und FairEnergie auch mit E.ON und GMB/Vattenfall zusammen. Die Bremer Phytolutions hat über die RWE hinaus ebenfalls die E.ON zum Partner. Ihrem Gründer, dem Bremer Professor Thomsen an der Jacobs University, gelang mit seinem Team bereits im Jahr 2004 weltweit als erster Gruppe Mikroalgenbiomasse in Biodiesel zu konvertieren. In den Kooperationen geht es indes primär um die umweltfreundliche Entsorgung von Kohlenstoffdioxid.

Für die Kraftstoff-Produktion sind Algen den an Land angebauten Energiepflanzen überlegen, da sie 20- bis 30-mal schneller wachsen. Es gibt Arten, die ihre Größe innerhalb von 24 h um das 16-fache steigern können. Die Ausbeute von Algen pro Anbaufläche und Jahr kann um den Faktor 10 bis 100 höher liegen als die von anderen Energiepflanzen, etwa dem Wolfsmilchgewächs *Jatropha*, dem Raps oder der Kokosnuss. Ein Hektar Raps ergibt etwa 1500 bis 1800 l Biodiesel, Algenkulturen liefern dagegen einen Hektarertrag von 10.000 l und mehr. Die Idee, Algen zur Produktion von Biomasse, Feinchemikalien oder Kraftstoffen zu nutzen, ist nicht neu. Heutzutage stehen allerdings immer weiter optimierte Techniken bei der Aufzucht und Ernte zur Verfügung. Anerkannte Marktpreise für Algen-Biodiesel sind noch nicht verfügbar, da noch keine Produktion im großtechnischen Maßstab erfolgte. Es ist davon auszugehen, dass sie noch nicht rentabel ist.

Biodiesel oder Bioethanol direkt aus Bakterien – die 4. Generation (4G)

Einen Preis von rund 25 Euro-Cent pro Liter Biodiesel (50 US$ pro Barrel) oder Bioethanol (1,28 US$ pro Gallone) will das US-Biotech-Unternehmen Joule Unlimited realisieren. Er läge damit unter demjenigen der konventionellen Kraftstoffe (Stand: Ende Juni 2015) bei gleichzeitigem Verzicht auf endliche Rohstoffe und neutraler Umweltbilanz. Zum Einsatz kommen dabei gentechnisch veränderte Cyanobakterien, früher als Blaualgen bezeichnet.

Neubeginn für die industrielle Photosynthese

»The traditional photosynthetic fuels process is one wherein triglyceride-producing algae are grown under illumination and stressed to induce the diversion of a fraction of carbon to oil production. Batch cultivation and processing of algae, either in open ponds or in closed photobioreactors, require subsequent harvesting, dewatering, oil processing, and transesterification to produce a biodiesel fuel product, e.g., a fatty acyl ester. … These efforts were ultimately deemed to be uneconomical because the costs of culturing, harvesting, and processing of algal biomass were not balanced by the process efficiencies for solar photon capture and conversion. … Genetically engineered cyanobacteria convert industrially sourced, high-concentration CO_2 into secreted, fungible hydrocarbon products in a continuous process. … The engineered cyanobacterial system is one engineered with a pathway for linear saturated alkane synthesis and an alkane secretion module, and with a mechanism to control carbonpartitioning to either cell growth or alkane production« (Robertson et al. 2011).

Cyanobakterien

Cyanobakterien wurden früher zu den Algen gerechnet und als Blaualgen bezeichnet. Da sie aber – im Gegensatz zu den »richtigen« Algen – keinen Zellkern aufweisen, sind sie der Gruppe der Prokaryoten (zelluläre Lebewesen ohne Zellkern) zugeordnet worden, also den Bakterien. Innerhalb dieser Spezies zeichnen sie sich durch ihre Fähigkeit zur Photosynthese (Umwandlung von Sonnenlicht in energiehaltige chemische Substanzen) aus. Cyanobakterien existieren vermutlich seit mehr als 3,5 Mrd. Jahren (Archaikum) und zählen somit zu den ältesten Lebensformen überhaupt.

Die höhere wirtschaftliche Effizienz gegenüber den Algenkraftstoffen ergibt sich aus dem Einsparen folgender Zwischenschritte: Erzeugen von Biomasse, Abernten, Trocknen, Aufschluss, Aufreinigen sowie Verestern der Öle. Anzucht und Aberntung erfolgen bei den Algen in einem diskontinuierlichen Verfahren, auch Batch-Verfahren genannt. Joules Ansatz erlaubt dagegen die direkte kontinuierliche Synthese linearer, gesättigter Alkane (Benzin und Diesel), die vom Cyanobakterium in das umgebende Medium abgesondert werden (▶ Neubeginn für die industrielle Photosynthese). Das Bakterium wurde mithilfe der Gentechnik mit Genen für die Ethanol-Produktion ausgestattet. Gleichzeitig wurden Gene entfernt, die nicht unbedingt zum Überleben notwendig sind. So soll sich der Stoffwechsel vor allem auf die Kohlenwasserstoff-Produktion konzentrieren. Ohne den Umweg über die Biomassebildung katalysiert der Mikroorganismus die Synthese von Biokraftstoffen aus Kohlenstoffdioxid, Wasser und Sonnenlicht (bei einem Wirkungsgrad von 14 %, der sechs- bis siebenmal höher liegt als bei Pflanzen).

Diese synthetischen Kraftstoffe sind gegenüber den konventionellen, aus der Erdölfraktionierung gewonnenen endlos verfügbar, umweltfreundlich und haben den Nutzen einer höheren Reinheit. Zudem können ihnen bei der Entwicklung bestimmte gewünschte Eigenschaften mitgegeben werden, die sich darauf beziehen, wie sie verbrennen, mischbar oder materialverträglich sind. Neben Diesel kann Joule Unlimited auch Ethanol produzieren. Das 2007 gegründete Unternehmen nennt seine Kraftstoffe Sunflow-E (Ethanol) und Sunflow-D (Diesel). In Zukunft soll es möglich sein, in einer Fabrik auf 10.000 Acre (etwa 40 km², entspricht ungefähr der Größe der Stadt Offenbach bzw. einem mittelgroßen Ölfeld) eine Reserve von 50 Mio. Barrel zu produzieren. Die Joule-Sunflow-Kraftstoffe erfordern dabei im Vergleich zu Rohöl kein weiteres Raffinieren. Sie sollen im günstigsten Fall 2017 oder 2018 kommerziell zur Verfügung stehen, auf jeden Fall aber in weniger als zehn Jahren, ausgehend von 2014. Für die Zukunft nimmt Joule auch die Entwicklung mittellangkettiger Kohlenwasserstoffe in Angriff: Sunflow-G (*gasoline*, Benzin) und Sunflow-J (Jet, Kerosin für Flugzeuge). Das private Unternehmen hat bisher unter der Führung der US-VC-Firma Flagship Ventures über 160 Mio. US$ an finanziellen Mitteln eingenommen.

e-Ethanol und e-Diesel von Audi

»e-Ethanol« und »e-Diesel« nennt Audi einen neuen, CO_2-neutralen Kraftstoff. In einer Kooperation mit der Biotech-Firma Joule Unlimited aus Bedford/Massachusetts (USA) treibt Audi die Entwicklung synthetischer Kraftstoffe voran. Joule und Audi als Hauptsponsor haben gemeinsam eine industrielle Pilotanlage im US-Bundesstaat New Mexiko errichtet. Die Anlage wurde im September 2012 in Betrieb genommen und liefert bereits 75.000 l Ethanol pro Hektar. Auf sonnenbeschienenen unbenutzten Steppen-, Acker- oder Wüstenflächen wird in relativ einfachen Kunststoffschläuchen »grüner Sprit« aus Kohlenstoffdioxidhaltigen Industrieabgasen sowie Salz- oder Brackwasser gewonnen. Bereits die Pilotanlage liefert gut 20-mal so viel Ethanol pro Hektar Landfläche wie der vergleichbare Anbau von Mais und dessen Vergärung. Gegenüber

Ethanol aus Zuckerrohr, cellulosebasiertem Ethanol oder der Algen-Produktion wird immer noch ein gut zehn-, vier- oder zweifacher Ertrag erreicht. Ziel ist es, 25.000 Gallonen pro Acre und Jahr zu produzieren, was rund 240.000 l pro Hektar pro Jahr entspräche. Bei dieser Leistung würde der Ertrag gegenüber den Biokraftstoffen der 1. Generation um das 70-fache übertroffen werden, ohne eine Konkurrenz zu Nahrungsmitteln zu erzeugen. Im Vergleich zu den aktuell im Trend liegenden Algenkraftstoffen läge die Ausbeute immer noch um den Faktor 5 höher. Für den e-Diesel streben Audi und Joule ein Produktionsziel von 15.000 Gallonen pro Acre und Jahr an, was gut 140.000 l pro Hektar pro Jahr entspräche. Der Beitrag von Audi liegt neben der Finanzierung beim speziellen Know-how im Bereich Kraftstoff- und Motorentests, was die Entwicklung marktfähiger

CO_2-neutraler Kraftstoffe unterstützt (zusammengestellt aus Informationen von Lane (2015), Tacke (2013) und Joule (2012)).

Win-win für Joule und Audi
»Joule will … benefit from Audi's considerable expertise and global reach as well as from the strength of its brand. In turn, Audi will have a first mover advantage as Joule's exclusive partner in the automotive sector. For Audi, the agreement fits with its stated objective to become a carbon-neutral personal transportation provider for generations to come. In addition to this pioneering initiative with Joule, the Audi carbon-neutral mobility strategy is exploring a range of innovations offering the potential to reduce the impact of premium mobility, including developments in manufacturing and recycling vehicles at the end of their lifecycle« (Joule 2012).

Dieser Ansatz hat den deutschen Autokonzern Audi aufmerksam gemacht, der seit dem Jahr 2011 mit der US-Biotech-Firma kooperiert (► e-Ethanol und e-Diesel von Audi) und sich im Automobilbereich die Exklusivrechte erworben hat. Audi testete den Biosprit und bescheinigte ihm im Vergleich zu konventionellen Treibstoffen ein effizienteres Verbrennen im Motor mit geringeren Emissionen.

Joule Unlimited ist allerdings nicht das erste Unternehmen, das den Cyanobakterien-Ansatz verfolgt. Bereits 2006 gründete sich in Florida die Algenol Biofuels, dessen Gründer Woods schon 1984 mit Cyanobakterien experimentierte. Anfang der 2000er-Jahre sicherte er sich Patente für die Idee zur direkten Produktion von Ethanol mithilfe von Cyanobakterien (► Mit »Blaualgen« auf direktem Wege Ethanol produzieren). Im Zuge der Suche nach Partnern, die diese Idee auf Machbarkeit testen, identifizierte Algenol entsprechendes Knowhow in Deutschland wie ein Artikel in der *Berliner Zeitung* berichtet:

» Mitarbeiter des in Florida angesiedelten Unternehmens Algenol Biofuels [entwickelten] die Vision von lebenden Biosprit-Fabriken und suchten nach Partnern, die das Verfahren auf seine Machbarkeit prüfen sollten. Weltweit gab es allerdings nur eine Handvoll Experten, die sich mit Cyanobakterien auskannten, und so stießen sie auf eine Ausgründung der Berliner Humboldt-Universität. In der 2004 gegründeten Firma Cyano Biotech untersuchten Dan Kramer und zwei Kollegen, ob Cyanobakterien als Lieferanten für Arzneiwirkstoffe in Frage kommen. Ihr Know-how überzeugte die amerikanischen Blaualgen-Enthusiasten und so ging der Auftrag für die Machbarkeitsstudie nach Berlin. ,Unsere Untersuchungen haben so gute Ergebnisse geliefert, dass wir im April 2007 eine zweite Firma gegründet haben', sagt Kramer. (Viering 2009)

Algenol Biofuels übernahm 2010 dann die im Jahr 2007 gegründete Cyano Biofuels, die nun als eine molekularbiologische Forschungstochter fungiert.

Mit »Blaualgen« auf direktem Wege Ethanol produzieren

» As a genetics student at the University of Western Ontario, Paul Woods invented DIRECT TO ETHANOL® technology in 1984 by enhancing metabolic pathways and overexpressing fermentation pathway enzymes in blue-green algae for the production of ethanol. Over the next decade, Mr. Woods collaborated with … the University of Toronto to demonstrate proof-of-principle in the laboratory. … This early work culminated in patent filings in 1997 and 1998 and in a scientific publication in Applied and Environmental Microbiology in 1999. US patents … were issued in 2001 and 2004, with an Australian patent and European patent following in 2005 and 2007, respectively. … Another invention established early in the Company's history and crucial to its success was the photobioreactor system for cultivating hybrid algae. DIRECT TO ETHANOL® technology relies on intracellular production of ethanol, which evaporates, along with water, into the headspace of the enclosed photobioreactor to be collected and purified into fuel-grade ethanol« (Algenol 2015).

Berliner Wissenschaftler sind Miterfinder bei verschiedenen eingereichten und erteilten Patenten. Die Ethanol-Produktion läuft nach ähnlichen Prinzipien wie bei Joule: Cyanobakterien, die die benötigten Enzyme überexprimieren, wandeln Sonnenenergie, Kohlenstoffdioxid und Wasser um in Ethanol. Algenol erntet aber zudem noch die entstandene Biomasse. Diese wird nach Trocknung hydrothermisch in Rohöl verflüssigt und dann weiter zu einer Mischung aus Diesel, Kerosin und Benzin verarbeitet. Beide Unternehmen unterscheiden sich ferner in der eingesetzten Photobioreaktor-Technik: Joule nutzt horizontal aufgebaute Röhrensysteme, Algenol vertikal ausgerichtete Beutelsysteme.

2011 startete Algenol den Bau einer Pilotanlage in Florida, die seit Mitte 2013 in Betrieb ist. Das Unternehmen gibt an, derzeit pro Acre Land (etwa 4000 m^2) 8000 Gallonen (31.000 l) Kraftstoffe produzieren zu können, die sich wie folgt auf die verschiedenen Arten aufteilen: 6805 Gallonen Ethanol, 500 Gallonen schwefelarmer Flugdiesel, 380 Gallonen Benzin sowie 315 Gallonen Kerosin. Mitte 2015 soll die Kraftstoff-Produktion im kommerziellen Maßstab starten, sodass 2016 Biosprit verkauft werden kann. Der angestrebte Preis liegt bei 1,27 US$ pro Gallone (rund 25 Euro-Cent pro Liter). Ziel ist, auf 10.000 Acre (40 km^2) bis zu 100 Mio. Gallonen (388 Mio. l) Kraftstoff pro Jahr zu synthetisieren. Das wären weniger als ein Tausendstel des aktuellen Verbrauchs in den USA. Der Gründer sowie private Investoren aus Indien und Mexiko investierten bisher über 250 Mio. US$ in Algenol. Zudem errichten sie eigene Anlagen in ihren Ländern, wobei in Mexiko 4 Mrd. l Bioethanol pro Jahr hergestellt werden sollen (auf 400 km^2, eine Fläche etwa halb so groß wie Berlin). Dieser Ertrag entspräche fast der doppelten Menge, die in Deutschland derzeit dem E10 beigemischt wird. Das unternehmerische Potenzial wird vom Magazin *Gulfshore Business* bereits mit demjenigen von Genentech verglichen (▶ Bioenergie: die nächste Biotech-Revolution?). Wiederum ist der deutsche Linde-Konzern Partner in Sachen Kohlenstoffdioxid-Management. Im Rahmen der Kooperation entwickeln Algenol und Linde kosteneffiziente Technologien für das Versorgen und Abtrennen von CO$_2$ sowie dessen Transport. Eine Auto-Firma ist bei den Partnern bisher nicht dabei.

In Deutschland wäre die sonnengetriebene cyanobakterielle Bioethanol-Produktion wegen kalter Winter, zu wenig Licht und fehlender Freiflächen unwirtschaftlich. Hinzu kommen besondere grundsätzliche Bedenken aufgrund des Einsatzes gentechnisch veränderter Mikroorganismen und ihrer möglicherweise unkontrollierten Freisetzung. Der Biologe Kramer von der Berliner Cyano Biofuels (heute Algenol Biofuels) sagt dazu und zu der Sorge, dass der deutsche Standort von der amerikanischen Mutter geschlossen werden könnte:

» ‚Außerhalb der Bio-Reaktoren sind unsere Einzeller nicht lebensfähig.' ‚Nirgendwo auf der Welt ist die Blaualgenforschung so weit wie in Berlin und Potsdam'. (Woldt 2011)

Cyanobakterien wandeln wie Pflanzen Lichtenergie in chemische Energie, genauer gesagt in energiereiche chemische Substanzen, die sie zum Leben

Bioenergie: die nächste Biotech-Revolution?

»Even if its impact is small, with its global backing from Mexico to India and potentially spanning Israel and Brazil, tiny Algenol has a chance to become an important bioenergy player on an international scale. Already, Algenol employs about 50 researchers in Berlin and has an office in Switzerland.,This is going to be a global corporation', predicts co-founder Legere, who compares the fledgling bioenergy industry today to the biotech revolution years ago.,When the biotechnology revolution came through, big pharma companies didn't understand anything [about] biology. They put big biological RSCD programs into place and they all failed. They couldn't invent products because they weren't entrepreneurial', he says. Nimble biotech companies like Genentech showed the way. ... Now, entrepreneurial bioenergy companies like Algenol are poised to show big energy giants the way to make money with alternative fuels, Legere believes« (Brady 2014).

Chemoautotrophe Bakterien leben von Kraftwerksabgasen

» Im Schlot eines stillgelegten Braunkohlekraftwerks von RWE fanden ... BRAIN-Forscher 123 neue Mikroben aus der Klasse der Archaeen. Diese leben im Schornstein nur von Kohlenstoffdioxid und Schwefel aus dem Abgas, bei Temperaturen um 60 Grad Celsius. Licht brauchen sie nicht. Damit haben die Kraftwerksbewohner das Potenzial, die Hemmnisse der Algenbiotechnologie zu überwinden. Denn metallene Fermenter lassen sich im Unterschied zur Algenfarm sogar im dicht besiedelten Ruhrgebiet direkt neben Kraftwerken aufstellen. RWE unterstützt den Biotech-Spezialisten BRAIN seit wenigen Monaten aus einem 90-Millionen-Euro-Etat. Der Stoffwechsel der Bakterien aus dem Schlot wird nun mit Methoden der synthetischen Biologie komplett umgebaut. So sollen die Mikroben am Ende Rohstoffe für Kohlenstoffdioxid-basierte Kunststoffe liefern und eventuell auch Sprit produzieren. 2016 könne eine Pilotanlage in Betrieb gehen. Und vier Jahre später will BRAIN die Technik der bakteriellen Klimarettter kommerzialisieren« (Donner et al. 2013).

brauchen. Sie und weitere phototrophe Bakterien werden zahlenmäßig indes von anderen Bakterien-Arten übertroffen, die meist chemotroph sind.

Die 5. Generation (5G)? – Lichtunabhängige chemoautotrophe Bakterien als Produzenten

Chemotrophie

Chemotroph bedeutet, dass die Energie zum Leben aus chemischen Vebindungen gezogen wird. Verstoffwechseln Organismen dazu organische Stoffe (z. B. Glukose) sind sie chemoorganotroph. Es gibt aber auch Lebewesen, die ihre Energie aus anorganischen Verbindungen beziehen. Sie leben dann chemolitotroph. Da sie nicht auf – über den Umweg durch andere (in der Regel Pflanzen) produzierte – organische Stoffe angewiesen sind, ist ihre Lebensform chemoautotroph.

Innerhalb der chemotrophen Bakterien kommen überwiegend die Chemoorganotrophen vor, die – wie alle Tiere und Menschen – Glukose (Traubenzucker) verstoffwechseln und daraus Energie gewinnen. Nur ein kleiner Teil ist chemoautotroph, das heißt fähig, nur mithilfe von anorganischen Substanzen zu leben, wie zum Beispiel Wasserstoff oder Schwefelwasserstoff. Diese dienen dann in der Atmungskette als Elektronenlieferanten.

Die Atmungskette ist in Organismen, die nicht von Lichtenergie leben, das Pendant zur Lichtreaktion (Elektronentransportkette) der phototrophen Lebewesen: Der energiereiche Nährstoff gibt Elektronen ab (Oxidation) und ein Elektronenakzeptor nimmt diese – meist über mehrere Schritte – letztlich an (Reduktion). So wird Energie in Form eines Elektronentransports beziehungsweise Elektronenflusses wie bei einer Batterie (elektrochemische Zelle mit Redoxreaktion) weitergegeben. Energie kann *de novo* niemals generiert oder zerstört werden, es findet immer eine Wandlung statt. Atombindungen

Synthesegas als Substrat für die Bioethanol-Produktion

» [Bei Synthesegas] handelt es sich um eine Mischung aus überwiegend CO und H_2, mit geringeren Bestandteilen von CO_2 und anderen Komponenten wie NH_3, N_2 und H_2S. Synthesegas ist einerseits eine wichtige Komponente der chemischen Industrie, andererseits aber auch ein Abgasstrom von z. B. Stahlwerken. Eine Reihe von acetogenen Clostridien, wie z. B. *Clostridium autoethanogenum*, *C. carboxidivorans*, *C. ljungdahlii* und *C. ragsdalei*, nutzen diese Gasmischung als alleinige Kohlenstoff- und Energiequelle.

Typisches Gärungsendprodukt ist Acetat. Durch Variation der Medienzusammensetzung ist es allerdings gelungen, die Clostridien zu einer fast hundertprozentigen Ethanolbildung zu bewegen. Damit wurde nicht nur ein alternatives Substrat erschlossen, das nicht mit Nahrungsmitteln konkurriert, sondern auch ein Beitrag zur Verringerung der CO- und CO_2-Belastung der Atmosphäre geleistet. Entsprechende Demonstrationsanlagen der Firmen Coskata, IneosBio und LanzaTech sind bereits in Betrieb, eine

kommerzielle Anlage in China soll 2012 fertiggestellt werden. Coskata nutzt für die Synthesegaserzeugung Biomasse, was eine Kombination bei der Alternativsubstrate darstellt. Die Produktbildung muss nicht auf Ethanol beschränkt bleiben. Für *Clostridium ljungdahlii* wurde durch entsprechende Stammkonstruktion bereits eine Butanolbildung erzielt, in *Clostridium autoethanogenum* eine natürliche 2,3-Butandiol-Produktion nachgewiesen« (Dürre 2013).

in Molekülen speichern in diesen Energie in chemischer Form. Werden zum Beispiel fossile Rohstoffe verbrannt (Aktivierungsenergie nötig – Zündung), dient der Luftsauerstoff als Elektronenakzeptor und thermische Energie wird frei. In einem Motor wird diese dann in mechanische Energie gewandelt.

Unter Ausnutzung von chemoautotrophen Bakterien lassen sich gleich zwei Fliegen mit einer Klappe schlagen: Produktion von Rohstoffen bei gleichzeitiger Verwertung von Abgasen. Umweltfreundlicher geht es kaum noch. Ein derartiges Projekt verfolgt das hessische Biotech-Unternehmen BRAIN mit seinem Partner RWE (▶ Chemoautotrophe Bakterien leben von Kraftwerksabgasen). Dabei können Grundchemikalien gewonnen werden, zu denen auch Brennstoffe gehören.

Ein ähnlicher Ansatz stellt die Verwendung von Synthesegas als »Futter« für Bakterien dar. Hierbei leben diese nicht von Kohlenstoffdioxid und Schwefel wie im obigen Beispiel, sondern sie verwerten Kohlenmonoxid und Wasserstoff (Synthesegas). Ohne Konkurrenz zum Nahrungsmittelsektor und ohne Beanspruchung knapper Landressourcen lässt sich damit mikrobielles Bioethanol produzieren (▶ Synthesegas als Substrat für die Bioethanol-Produktion).

Firmen, die auf diesem Gebiet tätig sind, stehen bei Investoren derzeit hoch im Kurs. So konnte die neuseeländische LanzaTech, die sich selbst als »*a waste-gas-to-fuel and chemicals startup*« bezeichnen, im Dezember 2014 eine überzeichnete Risikokapital-Runde in Höhe von 112 Mio. US$ durchführen. Knapp die Hälfte der Summe stammt aus einem Staatsfond, die andere Hälfte von früheren Investoren, unter anderem Mitsui, Siemens, CICC Growth Capital Fund, Khosla Ventures, Qiming Venture Partners, K1W1 und dem Malaysian Life Sciences Capital Fund. Diese vierte VC-Runde erhöhte das eingeworbene Eigenkapital auf 186 Mio. US$.

Auch die deutsche BRAIN sicherte sich bereits im Jahr 2012 60 Mio. € (78 Mio. US$) an Eigenkapital. Die Finanzierungsrunde ist die bisher höchste im Bereich der Weißen Biotechnologie in Deutschland. Neben den MIG Fonds Hauptinvestor ist die Familie Putsch, die im Jahr 2010 ihr Geschäft mit Automobilsitzen (Recaro) verkaufte.

Andere zukünftige biotechbasierte Energieträger

Neben Ethanol kommen auch andere kohlenstoffhaltige Energieträger als Treibstoff infrage. Auch sie können mithilfe von Mikroorganismen zum Beispiel aus Pflanzenabfällen produziert werden.

So stellt die französische Firma Global Bioenergies leichte Olefine wie Isobuten und Butadien her. Laut |transkript (2014) hat das Unternehmen für Butadien, einen der wichtigsten Bausteine der Petrochemie, nun einen vollständig biobasierten Prozess ohne zusätzliche chemische Zwischenschritte

Forscher produzieren erstmals Audi e-benzin

»Audi e-benzin wird synthetisch und erdölunabhängig hergestellt. Es besteht zu 100 Prozent aus Isooktan und weist somit eine hervorragende Klopffestigkeit von ROZ 100 auf. Audi e-benzin ist schwefel- und benzolfrei und verbrennt daher sehr sauber. Es handelt sich somit um einen hochwertigen Kraftstoff, der es erlaubt, Motoren höher zu verdichten und damit die Effizienz zu steigern. Audi wird den neuen Treibstoff in Labors und Versuchsmotoren testen. Mittelfristig will die Marke zusammen mit Global Bioenergies den Prozess so modifizieren, dass er ohne Biomasse auskommt – dann genügen Wasser, Wasserstoff, CO2 und Sonnenlicht.

Reiner Mangold, Leiter Nachhaltige Produktentwicklung der AUDI AG, betont, dass sich Audi bei der Entwicklung CO2-neutraler, nicht-fossiler Kraftstoffe breit aufgestellt hat: ,Global Bioenergies hat bewiesen, dass auch das Herstellungsverfahren für Audi e-benzin funktioniert – das ist ein großer Schritt in unserer Audi e-fuels-Strategie.' So stellt Audi in industriellem Maßstab bereits synthetisches e-gas in größeren Mengen für seine Kunden her. Weitere Forschungsprojekte mit verschiedenen Partnern befassen sich mit Audi e-ethanol, Audi e-diesel und Audi e-benzin. Die Global Bioenergies S.A. betreibt im französischen

Pomacle bei Reims eine Pilotanlage zur Herstellung von Isobuten, dem Grundstoff von Audi e-benzin. Es entsteht hier nicht wie üblich aus Erdöl, sondern aus nachwachsenden Rohstoffen. Ein weiterer Projektpartner ist das Fraunhofer-Zentrum für Chemisch-Biotechnologische Prozesse (CBP) in Leuna (Sachsen-Anhalt). Hier wandeln Forscher das gasförmige Isobuten mithilfe von Wasserstoff in flüssiges Isooktan um. Global Bioenergies errichtet im Fraunhofer-Zentrum eine Demonstrationsanlage, die ab 2016 größere Mengen produzieren soll« (Audi 2015).

---

entwickelt. Da es für dieses direkte Verfahren in der Natur kein Vorbild gibt, erstellte Global Bioenergies zuerst einen neuen Stoffwechselweg mit einer Reihe von nicht-natürlichen enzymatischen Reaktionen. Die Erbinformation für diese neu designten Enzyme wurde schließlich in einen Produktionsstamm eingeschleust. Der neue Prozess soll eine im Vergleich zur bisherigen Herstellung deutlich verbesserte Wirtschaftlichkeit mit sich bringen.

Die Produktion von biologisch hergestelltem Bioisobuten ist dagegen das am weitesten fortgeschrittene Programm. Isobuten ist als vielseitig verwendbares Molekül einfach zu Isooktan umwandelbar, dem Referenzmolekül für Benzinmotoren (Oktanzahl 100). Es hat einen hohen Energiegehalt und kann leicht mit fossilen Brennstoffen gemischt werden, weshalb keine neue Speicher-, Transport- oder Vertriebsinfrastruktur erforderlich ist. Interessiert an dieser Technologie zeigte sich wiederum Audi (▶ Forscher produzieren erstmals Audi e-benzin). Im Mai 2015 übergab Global Bioenergies die erste Biobenzin-Charge an den Automobilhersteller.

Übersicht zu Biokraftstoff-Firmen

Der Informationsdienst BiofuelsDigest führt eine Liste mit Biokraftstoff-Projekten weltweit. Von

rund 1000 Projekten beruhen etwa 500 auf Biotechnologie. Ber der anderen Hälfte handelt es sich um Vorhaben, die zwar von nachwachsenden Rohstoffen ausgehen, daher ebenfalls *biofuels* genannt, die aber auf chemischen und physikalischen Aufarbeitungstechnologien beruhen. Von den 1000 *biofuel*-Projekten entfallen bisher lediglich ungefähr 15 % auf Biokraftstoffe der zweiten Generation, also cellulosebasierte Alkohole. Die Fermentation kommt hier mit Pflanzenabfällen und holzhaltigen Rohstoffen zurecht. Die Hälfte dieser 2G-Projekte findet in den USA statt.

◼ Tabelle 3.43 listet Firmen, die sich mit derartigen 2G-Ansätzen sowie mit Biokraftstoffen der dritten oder höheren Generation beschäftigen. Neben Innovationen beim zu vergärenden Rohmaterial finden sich Kraftstoffe, die nicht ethanolbasiert sind: Methanol oder Isobutanol. Eine Gallone Butanol besitzt etwa 90 % der Energie der gleichen Menge Benzin (Ethanol 70 %). Es kann zudem vorhandene Benzinleitungen nutzen und lässt sich gegenüber Ethanol zu einem höheren Prozentsatz mit Benzin mischen, ohne dass Motoren modifiziert werden müssten.

◘ Tab. 3.43 Ausgewählte Firmen mit Bezug zur Produktion von Biokraftstoffen (hauptsächlich ab 2G). (Quelle: BioMedServices 2015)

Firma (Gründung)	HQ	Kraftstoffart (Generation)	Technologie/Anmerkung
Algenol (2006)	US	4G: Sonnenlicht, CO_2 und H_2O	Cyanobakterien/Tochter in Berlin (frühere Cyano Biofuels)
Coskata (2006)	US	2G/5G: agrarische und kommunale Abfälle, Industrieabgase	Synthesegas-Fermentation mit acetogenen Clostridien
Dyadic (2003)	US	2G: Agrar-Reststoffe (Cellulose)	*Myceliopthora thermophila*
Gevo (2005)	US	1G: Isobutanol aus Mais	Hefe-Fermentation
Joule Unlimited (2007)	US	4G: Sonnenlicht, CO_2 und H_2O	Cyanobakterien
Sapphire Energy (2007)	US	3G: Sonnenlicht, CO_2 und H_2O	Algenbiomasse zu Bio-Diesel
Solazyme (2003)	US	3G: Sonnenlicht, CO_2 und H_2O	Algenbiomasse zu Bio-Diesel
Solix BioSystems (2006)	US	3G: Sonnenlicht, CO_2 und H_2O	Algenbiomasse zu Bio-Diesel
Qteros (2005)	US	2G: Agrar-Reststoffe (Cellulose)	*Clostridium phytofermentans*
Crop Energies (2006)	D	1G: Ethanol aus Zuckerrübensirup, Mais, Gerste und Weizen	Hefe-Fermentation/Tochter von Südzucker
Phytolutions (2008)	D	3G: Sonnenlicht, CO_2 und H_2O	Algenbiomasse zu Bio-Diesel
Verbio (2006)	D	2G: Agrar-Reststoffe (Cellulose)	Hefe- und Bakterien-Fermentation
Butalco (2009)	D	2G: Isobutanol aus Lignocellulose	Hefe-Fermentation/ 2014: < Lesaffre
Clariant (1995)	CH	2G: Agrar-Reststoffe (Cellulose)	Hefe-Fermentation/Tochter in München (frühere Südchemie)
INEOS Bio (2008)	CH	2G: agrarische Abfälle (Cellulose), gasifiziert	Synthesegas-Fermentation mit acetogenen Clostridien
Fermentalg (2009)	F	3G: Sonnenlicht, CO_2 und H_2O	Algenbiomasse zu Bio-Diesel
Global Bioenergies (2008)	F	1G/2G: Isobuten aus Agrar-Stoffen	»Künstliches« Bakterium
Beta Renewables (2011)	IT	2G: Agrar-Reststoffe (Cellulose)	Hefe-Fermentation
LanzaTech (2005)	NZ	5G: Industrieabgase	Synthesegas-Fermentation mit acetogenen Clostridien

HQ headquarter (Hauptsitz), *CH* Schweiz, *D* Deutschland, *F* Frankreich, *IT* Italien, *NZ* Neuseeland, *US* USA

3.2.4 Spezialchemikalien (Feinchemikalien)

Biotechnische Verfahren nutzen neben der Produktion von Grund- oder Basischemikalien ebenfalls die Herstellung von Spezialchemikalien, auch Feinchemikalien genannt (► Was ist Spezialchemie?). Laut Wikipedia (Feinchemikalie) findet sich keine exakte Definition zu Feinchemikalien, es werden dazu aber folgende Merkmale gelistet:

- die Herstellung in komplexen Synthesen, die mehrere Reaktionsschritte umfassen,
- die Herstellung in geringen Mengen (nur wenige Tonnen oder manchmal auch nur einige Kilogramm pro Jahr),
- einen garantierten Reinheitsgrad mit konkreten Angaben über Art und Mengen von Verunreinigungen.

Was ist Spezialchemie?

»Der Begriff ist nicht eindeutig definiert, aber in der Regel versteht man darunter chemische Produkte mit folgenden Eigenschaften:

- Im Vordergrund steht die Wirkung, nicht die chemische Beschaffenheit.
- Die Produkte sind für spezielle Anwendungen, häufig sogar kundenspezifisch, hergestellt.
- Der Anteil an den Gesamtkosten ist für den Kunden relativ gering, spielt aber eine wichtige Rolle für sein Produkt.
- Relativ kleine Volumina und daher häufig diskontinuierliche Produktionsverfahren.

Typische Spezialchemie-Produkte sind diverse Additive, wie beispielsweise Flammschutzmittel, Lichtschutzmittel und Lebensmittelzusatzstoffe. Die Einteilung der Spezialchemie erfolgt entweder nach Kundenindustrie (Lebensmit-

tel) oder Funktion (Flammschutz). Feinchemikalien und pharmazeutische Wirkstoffe haben ein anderes Geschäftsmodell (basierend auf der Reinheit des Stoffes), werden aber trotzdem häufig zur Spezialchemie gezählt. Der Übergang zwischen Basischemie und Spezialchemie verläuft fließend und kann sich auch im Zeitverlauf ändern. Die Unternehmen der Spezialchemie haben einen hohen Aufwand für Forschung und Entwicklung, da sie oft nur im Markt bestehen können, wenn sie ständig neue und innovative Produkte entwickeln. Auch die Herstellkosten sind meistens gegenüber den in Massenproduktion hergestellten Grundchemikalien sehr hoch. Im Gegenzug können aber auch sehr hohe Preise erzielt werden und der Einfluss der Rohstoffkosten ist geringer. Spezialchemieunternehmen führen oft Lohnsynthesen im Auftrag anderer Unternehmen durch,

die das spezielle Know-how und die Produktionsmöglichkeiten selbst nicht haben. Ende der 1990er-Jahre entstanden zahlreiche Spezialchemieunternehmen durch die Dekonstruktion der chemischen Industrie, wichtige Beispiele waren Clariant (Spin-off der Sandoz-Chemiesparte 1995, Übernahme des Spezialchemikaliengeschäft von Hoechst 1997), Rhodia (Rhône-Poulenc Spin-off 1998), Ciba AG (Novartis Spin-off 1997), Cognis (Henkel Spin-off 1999), Lonza Group (Alusuisse Spin-off 1999). Inzwischen wurden zahlreiche dieser Unternehmen von diversifizierten Chemieunternehmen wie BASF (Ciba, Cognis) oder Solvay (Rhodia) übernommen. Bestehende Unternehmen mit einem hohen Anteil Spezialchemie sind beispielsweise Altana, Clariant, Evonik Industries und Merck KGaA« (Wikipedia, Spezialchemie).

Dieselbe Quelle hält fest, dass diese Charakteristiken einen deutlich höheren Preis im Vergleich zu Grundchemikalien verursachen.

Typische Spezialchemikalien sind zum Beispiel Aminosäuren, Vitamine und Mineralstoffe, technische Enzyme sowie pharmazeutische Wirkstoffe wie Antibiotika oder Steroide. Sie finden Anwendung als Lebensmittelzusätze oder als Rohstoffe bei der Herstellung von Kosmetika und Waschmitteln. Diese Produkte sind außer auf biosynthetischem Wege anderweitig überhaupt nicht (wirtschaftlich) herstellbar.

3.2.4.1 Aminosäuren

Aminosäuren werden sehr häufig in der Lebensmittelindustrie eingesetzt. Auf biotechnologischem Wege mit Abstand die höchste Produktionsmenge entfällt dabei auf das Glutamat, das Salz der Glutaminsäure (❏ Tab. 3.44). Sehr beliebt ist es als Geschmacksverstärker, vor allem in asiatischen Ländern. So finden auch über 90 % der globalen Produktion in China oder anderen Ländern Südostasiens statt (ECO SYS 2011).

Lysin, die mengenmäßig am zweithäufigsten per mikrobieller Fermentation produzierte Aminosäure, ist seit vielen Jahren integraler Bestandteil von Futtermittelmischungen für Geflügel und Schweine. Es ergänzt als essenzielle Aminosäure diejenigen Futtermittelrationen, die mit Getreide (speziell Mais) und minimalem Pflanzenprotein formuliert sind. Da global Mais der wesentliche Kohlenhydratträger von Futtermitteln ist und Pflanzenproteine in vielen Ländern nur begrenzt verfügbar sind, stieg die Lysin-Nachfrage und entsprechend die Lysin-Produktion von unter 200.000 t im Jahr 1990 auf über 1,3 Mio. t im Jahr 2009 (ECO SYS 2011). Bereits in den 1970er-Jahren wurde ein großtechnisches Fermentationsverfahren entwickelt, und bis Anfang der Jahre 2000 konzentrierte sich die Lysin-Produktion in Nordamerika, Europa und südostasiatischen Ländern außerhalb Chinas. Seit der ab 2005 erfolgten Errichtung großer Produktionsstätten in China werden rund 35 % der globalen Produktion dort erzeugt. Neben Lysin sind weitere Futtermittelzusätze die Aminosäuren Methionin, Threonin und Tryptophan.

◘ **Tab. 3.44**   Biotechnisch hergestellte Aminosäuren. (Quelle: BioMedServices (2015) nach DECHEMA (2004, 2014), Eggeling (2013), ECO SYS (2011))

Produkt	Menge (kt/Jahr)	Preis/kg (€)	Marktwert (Mio. €)	Hauptanwendung	Hersteller
Mikrobielle Fermentation					
Glutamat	2300	1,20	2760	Geschmacksverstärker	Ajinomoto
Lysin	1500	2,00	3000	Futtermittelzusatz	Evonik Degussa, BASF, Ajinomoto
Threonin	200	6,00	1200	Futtermittelzusatz	Evonik Degussa, ADM
Phenylalanin	20	10,00	200	Aspartam, Medizin	DSM
Tryptophan	4,5	20	90	Futtermittel, Ernährung	Ajinomoto
Arginin	1	20	20	Medizin, Kosmetika	Kyowa Hakko
Cystein	1,5	20	30	Lebensmittel, Pharma	Wacker
Andere (inkl. Derivate)	3	–	–	Pharmaka, Kosmetika, Ernährung	Evonik Degussa, Ajinomoto, Kyowa Hakko
Biokatalyse und Biotransformation					
Aspartat	14	–	–	Aspartam-Herstellung (Süßstoff)	Mitsubishi Tanabe, DSM, Evonik Degussa
Alanin	1,5	–	–	Infusionslösungen	Evonik Degussa, Mitsubishi Tanabe
Leucin	1,2	500	5	Pharma, Diagnostik	Evonik Degussa
Valin	1	–	–	Infusionen, Futtermittel	DSM
Carnitin	0,2	–	–	Ernährungsingredienz	Lonza

Jeweils größte Produktionsmenge gewählt, Angaben für das Jahr 2009 oder 2004; in der Regel L-Formen

Herstellung von Aminosäuren

» Mit Ausnahme von Glycin, D, L-Methionin und L-Aspartat werden Aminosäuren mikrobiell hergestellt. Glycin ist nicht chiral und wird deswegen chemisch produziert. Auch D, L-Methionin wird chemisch hergestellt. Es wird als Racemat in Futtermitteln eingesetzt, da Tiere D-Aminosäureoxidase- und Trans-aminase-Aktivitäten besitzen, die D-Methionin in das für die Ernährung entscheidende L-Methionin umwandeln. L-Aspartat wird enzymatisch in einem Ganzzellprozess aus Fumarat gewonnen. Ursprünglich wurden Aminosäuren auch aus proteinhaltigen Rohstoffen, wie z. B. Federn oder Haaren, isoliert. Da dies jedoch eine aggressive saure Hydrolyse mit anschließenden aufwendigen Aufarbeitungsschritten erfordert, wird diese Methode nur noch sehr begrenzt eingesetzt. Die Methode der Wahl ist die mikrobielle Aminosäuresynthese. Sie ist aus folgenden Gründen unschlagbar:

— Es wird ausschließlich das L-Enantiomer gebildet;
— das zuckerhaltige Ausgangsmaterial ist nachwachsend;
— der Prozess ist umweltschonend und erfolgt bei niedriger Temperatur.

Als Aminosäureproduzenten werden *Corynebacterium glutamicum*- oder *Escherichia coli*- Stämme benutzt« (Eggeling 2013).

Was sind D- und L-Formen?

D und L stammen aus dem Lateinischen: *dexter* (rechts) und *laevus* (links). In der Chemie charakterisieren sie Moleküle, die zwar dieselbe Summenformel und Verbindungen der jeweiligen Atome aufweisen, räumlich gesehen aber eine spiegelbildliche Struktur einnehmen. Die jeweiligen Moleküle werden als Enantiomere bezeichnet. Ein Beispiel aus dem Alltag für ein Paar von Enantiomeren sind linke und rechte Schuhe, Füße und Hände sowie links- und rechtsdrehende Schrauben oder Muttern. Im Joghurt findet sich rechts- und linksdrehende Milchsäure. Liegen beide Moleküle als Mischung vor, spricht man von einem Racemat. Wenn ein Gegenstand nicht mit seinem Spiegelbild zur Deckung gebracht werden kann, so wie bei Händen oder Enantiomeren der Fall, sind sie chiral (Chiralität ist ein griechisches Kunstwort und bedeutet »Händigkeit«).

◻ Tab. 3.45 Biotechnisch hergestellte Vitamine. (Quelle: BioMedServices (2015) nach DECHEMA (2004, 2014), Stahmann und Hohmann (2013))

Produkt	Menge (t/Jahr)	Preis/ kg(€)	Marktwert (Mio. €)	Hauptanwendung	Hersteller
Ascorbinsäure (C)	100.000	8	800	Lebens- und Futtermittel	–
Riboflavin (B$_2$)	10.000	10–20	–	Lebens- und Futtermittel	BASF, DSM
Cobalamin (B$_{12}$)	35	25.000	875	Lebens- und Futtermittel	–

Sie gehören alle zu den essenziellen Aminosäuren, das heißt, Mensch und Tier können sie nicht synthetisieren. Da sie aber lebensnotwendiger Bestandteil von Proteinen sind, müssen sie über die Nahrung zugeführt werden. Methionin (Jahresproduktion 850 kt) wird allerdings chemisch synthetisiert, wie auch das Glycin (Jahresproduktion 16 kt), das Verwendung in Süßstoffen findet (► Herstellung von Aminosäuren).

Eine nicht essenzielle Aminosäure ist das schwefelhaltige Cystein, deren L-Form (► Was sind D- und L-Formen?) Bestandteil jedes Proteins ist. Laut ECO SYS (2011) wurde sie bis zum Jahr 2000 ausschließlich aus Haaren extrahiert, indem Haare, Federn oder Schweineborsten in großen Mengen konzentrierter Salzsäure aufgelöst werden. Seit 2002 ist ein Fermentationsprozess installiert, der auf nachwachsenden Rohstoffen basiert und mit sehr viel weniger Salzsäure und ohne organische Lösungsmittel auskommt. Er produziert zudem ein hochreines L-Cystein. Der Bundesverband der Deutschen Industrie (BDI) zeichnete dafür im Jahr 2008 den Produzenten, die bayerische Wacker AG, mit dem Umweltpreis aus. Cystein wird bei vielen Backwaren (Pizzateig, Brötchen, anderes Gebäck) dem Teig zugesetzt, um ihn schneller industriell bearbeiten zu können.

Neben der mikrobiellen Fermentation kommen bei der Herstellung von Aminosäuren auch die enzymatische Biokatalyse und Biotransformation zum Einsatz.

3.2.4.2 Vitamine

Vitamine haben mit den essenziellen Aminosäuren gemein, dass Mensch und Tier nicht imstande sind, sie zu bilden. Sie müssen daher wiederum mit der Nahrung aufgenommen werden und sind so Beimischungen im Tierfutter. Bei den Vitaminen überwiegt die chemische Synthese, wobei es für Vitamin B$_{12}$ (Cobalamin) nie einen alternativen chemisch-synthetischen Herstellungsweg gab. Von über 20 Vitaminen werden mittlerweile zudem Vitamin C (Ascorbinsäure) und Vitamin B$_2$ (Riboflavin) mithilfe von Mikroorganismen produziert (◻ Tab. 3.45). Nach ECO SYS (2011) stellte bis in die 1990er-Jahre ausschließlich die chemische Synthese das Vitamin B$_2$. Die Entwicklung eines wettbewerbsfähigen fermentativen Herstellungsprozesses bis Anfang der 2000er-Jahre substituierte dann die chemische Produktionsweise komplett. Mit der drastischen Reduktion der Verkaufspreise und der parallelen Entstehung einer industriellen Futtermittelindustrie in Asien, vor allem China, setzte eine massive Marktentwicklung ein. Aktuell beträgt der Anteil der europäischen an der internationalen Riboflavin-Produktion allerdings noch rund 42 %. Bei der Cobalamin-Biosynthese ist Europa sogar noch mit einem Anteil von 54 % vertreten, der Rest entfällt auf China.

Vitamin C wird standardmäßig nicht voll fermentativ hergestellt, denn die Synthese umfasst bis zu vier chemische Konversionsschritte. Das fermentativ gewonnene Zwischenprodukt, Ketogulonsäure, wird in fast allen Prozessen verwendet. Ursprünglich kam die Ascorbinsäure ausschließlich als pharmazeutisches Präparat zum Einsatz. Aufgrund ihrer chemisch-physikalischen Eigenschaften entwickelten sich jedoch große Märkte als Stabilisator, Säuerungs- und Pufferungsmittel sowie als Antioxidans in Lebens- und Futtermitteln. Die Vitamin-C-Produktion war bis in die 1990er-Jahre auf USA, Japan und Europa konzentriert. Seit Mitte der 2000er-Jahre wuchs der Anteil Chinas, der aktuell bei 75 % liegt. Außerhalb Chinas wird nur noch in England produziert (ECO SYS 2011).

Stahmann und Hohmann (2013) geben an, dass die Preise starken Schwankungen unterworfen sind. So stießen im Jahr 2008 die Preise für Vitamin C in ungeahnte Höhen vor, ausgelöst durch tatsächliche oder vermutete Verknappung des Angebots chinesischer Produzenten, die 80 % des Weltmarktes beliefern. Mittlerweile sind die Preise wieder deutlich unter 10 €/kg gefallen. Die Verkaufspreise für die Vitamine richten sich auch nach ihrem Verwendungszweck in der Futtermittel-, Nahrungsmittel- oder Pharmaindustrie.

3.2.4.3   Enzyme

» Die Natur wird häufig als ‚der beste Chemiker' bezeichnet, da sie Syntheseprozesse entwickelt hat, die an Spezifität und Effizienz im Labor nicht zu übertreffen bzw. zu erreichen sind. Sie bedient sich dabei aus einem großen Pool von Katalysatoren, die sehr spezifische (Stoffwechsel-)Reaktionen katalysieren. Das Gros der Biokatalysatoren stellen die Enzyme dar. (Braun et al. 2006)

Über 80 % aller chemischen Erzeugnisse werden mithilfe von Katalysatoren hergestellt, die die Geschwindigkeit von chemischen Reaktionen beeinflussen. Sie wirken, indem sie die nötige Aktivierungsenergie reduzieren und damit in der Regel Reaktionen beschleunigen. Traditionelle Katalysatoren in der chemischen Industrie sind Metalle, insbesondere Edelmetalle (z. B. Platin, Palladium, Rhodium) und metallorganische Verbindungen (Braun et al. 2006).

Enzyme bringen als Biokatalysatoren Reaktionspartner im Stoffwechsel lebender Organismen zusammen und erhöhen dadurch die Reaktionsgeschwindigkeit. Sie sind selbst Proteine und können daher wirtschaftlich nur durch Biosynthese entstehen. Ihre natürliche Zahl wird auf mehr als 10.000 geschätzt, wobei erst gut ein Viertel bereits bekannt ist. Laut Braun et al. (2006) bildet allein ein *E. coli*-Bakterium aus dem menschlichen Darm ungefähr 500 verschiedene Enzyme, mit denen es nicht nur seinen Stoffwechsel organisiert, sondern auch eigene Zellbestandteile aufbaut. Aufbauen, abbauen, umbauen von anderen Molekülen sind die Kernfunktionen von Enzymen. So spalten beziehungsweise zerkleinern sie andere Biopolymere wie Cellulose, Stärke (lat. *amylum*), Fette (Lipide) oder Eiweiße (Proteine). Entsprechend tragen sie Namen, die mit dem Zusatz »-ase« enden wie Cellulase, Amylase, Lipase oder Protease. Mengenmäßig am meisten produziert werden Proteasen (2000 t/Jahr) und Amylasen (1200 t/Jahr).

Allein die Lebensmittelindustrie setzt mehr als 40 unterschiedliche Enzyme in ihren Produktionsprozessen ein. Auch die Futtermittelindustrie nutzt die Biokatalysatoren (▶ Enzyme in der Nahrungs- und Futtermittelindustrie). Darüber hinaus gibt es sogenannte technische Anwendungen: Bleichen (Zellstoff-, Papier- und Textilindustrie), Gerben (Lederindustrie), Biostonen (Textilindustrie: *used look* von Jeans) sowie Waschen und Reinigen. Bei der zuletzt genannten Anwendung kommt sogar der Endverbraucher mit den Vorteilen der Biotechnologie in Berührung (▶ »Nicht nur sauber, sondern porentief rein«). Von Bedeutung sind Enzyme auch bei der Produktion enantiomerenreiner pharma-

Enzyme in der Nahrungs- und Futtermittelindustrie

»In Nahrungsmitteln werden sie normalerweise als Prozesshilfsmittel eingesetzt. Nur die Enzyme Invertase für die Frischhaltung von Marzipan und Lysozym als Konservierungsmittel aus Hühnereiern sind als Lebensmitteladditive auch im Endprodukt aktiv. Im Bereich Nahrungsmittel erlauben sie die bessere Nutzung von Rohstoffen, die Sicherung und Steigerung der Qualität und aus weltanschaulichen Gründen die Vermeidung von Enzymprodukten tierischer Herkunft. In Futtermitteln verbessern Enzyme wie Phytase und Xylanase die Verwertung und reduzieren die Problematik der Abwässer aus der Intensivtierhaltung, indem sie zur Reduktion des Phosphatgehalts beitragen .... Dies gilt besonders bei der Mast von Geflügel und Schweinen. Ohne solche Hilfsmittel können z. B. Schweine ca. 25 % ihres Futters nicht verwerten. Im technischen Bereich lösen Enzyme Probleme bei verschiedenen Verfahren (z. B. Membranreinigung in der Nahrungsmittelindustrie), sie helfen bei der Entfernung von Schmutz beim Waschen, sie unterstützen die Herstellung von Papier und Textilien und erlauben spezifische Syntheseprozesse in der pharmazeutischen und chemischen Industrie« (Maurer et al. 2013).

»Nicht nur sauber, sondern porentief rein«

»Noch 1972 wurde annähernd jeder zweite Waschgang bei einer Temperatur von 90 °C durchgeführt. Heute ist es nicht einmal mehr jeder zehnte. Großen Anteil daran haben biotechnologisch hergestellte Enzyme in Waschmitteln. Von der Natur abgeschaute und optimierte Biokatalysatoren wie Proteasen, Lipasen, Amylasen und Cellulasen entfalten ihre reinigende Wirkung bereits bei niedrigen Waschtemperaturen. Fett-, Blut- oder Soßenflecken haben damit einen Teil ihres Schreckens eingebüßt. Die Enzyme erfüllen sogar noch eine textilpflegende Aufgabe: Biochemisch knabbern sie von Baumwollgeweben die winzigen Knötchen ab, die das Gewebe rauh machen. Der Trick der molekularen Helfer: Sie sind in der Lage, große Moleküle aus Fetten, Proteinen, Stärke oder Gewebe zu zerlegen. Die Bruchstücke lassen sich leichter auswaschen. Die Enzyme wirken damit gleich dreifach gewinnbringend: Die Wäsche wird sauberer. Eine niedrige Waschtemperatur spart Energie und senkt den CO_2-Ausstoß. Zudem reichen heute 75 Gramm Pulver für einen Waschgang. 1972 waren es noch 220 Gramm« (Bioökonomierat 2015).

zeutischer Zwischenprodukte, da heutzutage etwa 80 % aller Pharmaka diese Eigenschaft aufweisen. Das unerwünschte Enantiomer kann in Arzneimitteln oft gravierende Folgen haben.

Verschiedene Marktbeobachter prognostizieren den weltweiten Markt für industrielle Enzyme im Jahr 2017/2018 auf etwa 7 Mrd. US$. Das Jahreswachstum liegt bei 6 bis 8 %, ausgehend von einem Volumen von 4,5 Mrd. US$ im Jahr 2012. So erwirtschaftete der Verkauf von Enzymen in den Jahren 2013 und 2014 bereits 4,8 und 5,1 Mrd. US$. Maurer et al. (2013) geben an, dass sich der Markt 2010 folgendermaßen aufteilte: Nahrungsmittel (29 %), Futtermittel (19 %), Waschmittel (23 %) und restliche technische Anwendungen (29 %).

Eine andere Quelle, nämlich einer der Produzenten, die dänische Novozymes, beziffert den weltweiten Markt für Enzyme in ihrem Jahresbericht für 2013 auf knapp 4 Mrd. US$. Auf das Unternehmen entfällt fast die Hälfte davon (48 %, 47 % in 2012). Andere Wettbewerber teilen sich den Rest, bedeutsame Anteile erreichen dabei die US-Firma DuPont (21 % in 2012) sowie die niederländische DSM (6 % in 2012). In Deutschland sind als größere Produzenten Henkel und die BASF zu nennen, wobei letztere gerade erst 2013 durch Zukäufe weiter in diesen Sektor investiert hat:

» Mit drei unterschiedlichen Transaktionen verstärkt BASF ihr Engagement im Wachstumsmarkt der industriellen Enzymtechnologie: Zum einen hat BASF den Kauf von Henkels Enzymtechnologie für Wasch- und Reinigungsmittel abgeschlossen. Darüber hinaus haben BASF und das global tätige Biotechnologieunternehmen Dyadic International ... eine Forschungs- und Lizenzvereinbarung getroffen, die BASF die Nutzung einer neuen Produktionstechnologie ermöglicht. Weiterhin hat BASF mit Direvo Industrial Biotechnology GmbH aus Köln eine Kooperationsvereinbarung im Bereich Forschung

3

und Entwicklung unterzeichnet, mit dem Ziel, ein hochwirksames Futtermittelenzym für die Tierernährung zu entwickeln. Alle drei Transaktionen erweitern das Know-how von BASF in strategisch wichtigen Industrien, wie zum Beispiel der Human- und Tierernährung oder bei Wasch- und Reinigungsmitteln. (BASF 2013)

Der unmittelbare weltweite Markt für Enzyme ist laut Maurer et al. (2013) eher begrenzt. Sie schätzen dagegen die wirtschaftliche Dimension dessen, was mithilfe der Enzyme produziert und konsumiert wird, als extrem hoch ein. So erreicht der Markt der durch Enzyme erzeugten Produkte beziehungsweise der enzymhaltigen Produkte eine Größenordnung von 200 Mrd. € pro Jahr.

Gentechnische Verfahren haben auch in diesem Sektor Einzug gehalten. Bereits vor zehn Jahren wurden 50 bis 60 % der technischen Enzyme mithilfe gentechnisch veränderter Organismen produziert. Auch bei den in der Lebensmittelindustrie eingesetzten Enzymen waren 40 bis 50 % rekombinant hergestellt. Mittelfristig ist davon auszugehen, dass die in industriellen Prozessen verwendeten Enzyme überwiegend aus rekombinanten Mikroorganismen stammen werden. Dies hat folgende Vorteile (Maurer et al. 2013):

— Viele Enzyme können nur mit gentechnisch veränderten Stämmen wirtschaftlich hergestellt werden, z. B. Lipasen.
— Da Schätzungen davon ausgehen, dass nur 1 % der existierenden Mikroorganismen kultiviert werden können, ist ein Großteil der natürlich vorkommenden Enzyme nur durch Produktion in rekombinanten Mikroorganismen möglich.
— Im Gegensatz zu vielen Mikroorganismen, die hohe Ansprüche an Medien und Kultivierungsbedingungen stellen, können rekombinante Wirtsorganismen auf preisgünstigen Nährmedien unter standardisierten Bedingungen kultiviert werden.
— Mithilfe induzierbarer Promotoren kann eine sehr hohe Ausbeute des Zielproteins erreicht werden, sodass hohe Enzymkonzentrationen möglich sind.

Zudem ermöglicht die Gentechnik funktionale Verbesserungen. So konnte ein vom deutschen Biotech-Unternehmen BRAIN entwickeltes genetisch modifiziertes Enzymsystem für den Waschvorgang die Waschtemperatur, Chemiezusätze und den Wasserverbrauch deutlich verringern.

3.2.4.4   Weitere Spezialchemikalien

Ein spezieller Vertreter der Feinchemikalien sind pharmazeutische Rohstoffe und Zwischenprodukte, im Englischen auch *active pharmaceutical ingredient* (API) genannt. Zum Teil sind sie allein auf biotechnologischem Wege herzustellen, wie beispielsweise Antibiotika oder therapeutische Proteine. In anderen Fällen ist die Produktion der APIs zwar chemisch-synthetisch möglich, die Biosynthese jedoch vorteilhafter. Der bedeutendste Vorteil liegt in der Synthese gewünschter Enantiomere, also der spiegelbildlich »richtigen« Molekülstruktur. Denn die chemische Synthese lässt nur eine Mischung (Racemat) der chiralen Moleküle zu. Der menschliche Körper erkennt und unterscheidet die zwei spiegelbildlichen Substanzen, wobei zum Beispiel die eine erwünschte und die andere unerwünschte Wirkungen (Nebenwirkungen) haben kann. So geschehen in den 1950er-Jahren mit dem Arzneimittel Contergan (▶ Die »richtige« Chiralität ist entscheidend). Dessen Wirkstoff Thalidomid, ein Glutaminsäure-Derivat mit zentral dämpfenden, immunsuppressiven und entzündungshemmenden Wirkungen, war ein chirales Molekül, das in in zwei verschiedenen Formen vorlag. Heutzutage verlangen sowohl die FDA in den USA als auch die EMA in Europa die Elimination der »falschen« Enantiomere in der Produktion therapeutischer Wirkstoffe.

Weitere Vorteile der Bio- gegenüber der Chemosynthese sind vor allem: geringerer Rohstoffbzw. Materialverbrauch, geringere Investitionskosten, geringerer Energiebedarf und geringere Entsorgungskosten (weniger schädliche Emissionen). Der Sektor der API-Produktion ist letztlich mehr oder weniger identisch mit dem Pharmazeutikasektor. Es gibt hier also eine Überschneidung der Weißen und Roten Biotechnologie. Zusätzliche Beispiele für die Produktion von Spezialchemikalien sind die biotechnologische Erschließung von Seltenen Erden sowie die enzymatische Herstellung von Bio-Additiven in Schmiermitteln. Beide Vorhaben verfolgt derzeit mit entsprechenden Entwicklungspartnern wiederum die deutsche

Die »richtige« Chiralität ist entscheidend

»Viele der heutigen Medikamente, Pflanzenschutzmittel und sonstigen Wirkstoffe sind chiral. Allein der Markt an chiralen Pharmazeutika beläuft sich auf weltweit ca. 100 Milliarden US-Dollar pro Jahr. Welche Bedeutung es haben kann, dass wirklich nur ein Enantiomer als (reines) Produkt vorliegt, zeigt das tragische Beispiel des Pharmazeutikums Thalidomid (bekannt als Contergan). Thalidomid war ... als Racemat, also als 1:1-Gemisch beider Enantiomere auf den Markt gekommen. Nach Einnahme des Medikamentes durch schwangere Frauen brachten diese Neugeborene mit starken Missbildungen zur Welt. Erst später stellte sich heraus, dass zwar die R-Form die gewünschte positive Wirkung als Schlaf- bzw. Beruhigungsmittel hervorruft, das spiegelbildliche S-Enantiomer dagegen teratogen wirkte« (Braun et al. 2006). Die »richtige« Form des Thalidomids befindet sich heutzutage wieder auf dem Markt, und zwar als immunmodulierendes Medikament gegen bestimmte Krebserkrankungen, vertrieben von der US-Biotech-Firma Celgene.

BRAIN, eine Firma der Weißen Biotechnologie aus Zwingenberg bei Darmstadt (▶ Beispiele für Spezialchemikalien-Projekte bei BRAIN)

Seltene Erden

Unter diesem Oberbegriff wird eine Gruppe an chemischen Elementen zusammengefasst, die zu den Metallen zählen. Der Begriff stammt aus der Zeit ihrer Entdeckung, da sie zuerst in seltenen Mineralien gefunden und aus diesen in Form ihrer Oxide (früher »Erden« genannt) isoliert wurden.

3.2.5 Umsatzprognosen und Unternehmen der Weißen Biotechnologie

Umsatzdaten zur chemischen Industrie liefern der American Chemistry Council (ACC, der US-Chemieindustrie-Verband) sowie der Verband der Europäischen chemischen Industrie (CEFIC). Laut ACC betrug der weltweite Umsatz rund 5000 Mrd. US$ im Jahr 2012, davon etwa 1000 Mrd. US$ für Pharmazeutika und APIs. Der reine Chemikalienumsatz teilt sich folgendermassen auf (Quelle: ACC über Statista):

- 55 % Basischemikalien: Anorganika, Petrochemikalien und Derivate, Kunststoffe, -fasern, -gummi;
- 22 % Spezialchemikalien: Anstrichmittel, Adhäsive und Additive, Geschmacks- und Geruchsstoffe etc.;

- 12 % Agrarchemikalien: Dünge- und Pflanzenschutzmittel;
- 11 % Produkte für Endkonsumenten: Wasch- und Reinigungsmittel, Kosmetika, Parfum, Deo etc.

CEFIC (2014) beziffert den weltweiten Umsatz mit Chemikalien (ohne Pharmazeutika) im Jahr 2012 auf gut 3000 Mrd. €. Knapp 20 % davon entfallen auf Firmen mit Sitz in der EU. Deren Umsatz gliedert sich in einer leicht abweichenden Segmentierung der Märkte wie folgt:

- 63 % Basischemikalien: davon 28 % Petrochemikalien und Derivate, 20 % Polymere (Kunststoffe, -fasern, -gummi), 15 % Anorganika (inklusive Düngemittel, Industriegase, andere Anorganika);
- 25 % Spezialchemikalien: Farben, Pigmente, Anstriche und Tinten, Pflanzenschutzmittel, andere Spezialitäten;
- 11,5 % Produkte für Endkonsumenten.

Auf biotechnisch hergestellte Produkte (ohne Fertigarzneimittel, aber inklusive APIs) – ausgehend von nachwachsenden Rohstoffen – entfielen im Jahr 2012 knapp 5 % des weltweiten Chemikalienumsatzes. Im Jahr 2020 sollen sie laut Prognosen von Festel et al. (2012) über 500 Mrd. € liegen (◘ Abb. 3.34). Bei einem angenommenen jährlichen Wachstum der globalen Chemie-Märkte von bis zu 4 % entspräche das bereits einem Anteil von gut 10 %. Diese Angaben beziehen keine (Bio-)Pharmazeutika oder Biokraftstoffe ein.

Am stärksten wird das Wachstum durch gestiegenen Umsatz bei biobasierten Polymeren und

3

Beispiele für Spezialchemikalien-Projekte bei BRAIN

Mikroorganismen reichern seltene Metalle an

» Das Biotechnologieunternehmen BRAIN AG in Zwingenberg und das Bergbauunternehmen Seltenerden Storkwitz AG (SES) aus Chemnitz … verfolgen das Ziel, Vorkommen Seltener Erden unter Verwendung mikrobiologischer Verfahren nachhaltig zu erschließen. Erste erfolgversprechende Ergebnisse zur Anreicherung konnten bereits mit dem Seltene-Erden-Metall Scandium erzielt und gesichert werden. … Die Metalle der Seltenen Erden sind allgegenwärtig in den Gesteinen der Erdkruste. Sie reichern sich jedoch nur selten in wirtschaftlich interessanten Konzentrationen an. Zudem ist ihre Gewinnung oft mit unerwünschten negativen Begleiterscheinungen verbunden, die häufig eine Wirtschaftlichkeit der Projekte in Frage stellen. Im Zuge der Kooperation … [wurde] bereits eine Vielzahl von Mikroorganismen identifiziert und charakterisiert, die Seltene Erden direkt aus einer im klassischen Bergbauprozess anfallenden wässrigen Lösung anreichern können. Selbst dann, wenn die Ausgangskonzentration der Metalle in den Erzen sehr niedrig ist, gelingt es …, die Metalle in wirtschaftlich relevanten Quantitäten anzureichern. … Die biotechnologische Erschließung von Metallen ist im Bereich der Seltenen Erden ein Novum. Einen Einsatz auch Abseits der klassischen Seltenerd-Gewinnung, ist sehr gut vorstellbar, beispielsweise um Scandium aus Industrieabfällen und Haldenwäs-

sern zu gewinnen. … Die Metalle der Seltenen Erden stellen für viele Hochtechnologieprodukte einen unverzichtbaren, weil kaum substituierbaren Rohstoff dar. Sie sind insbesondere für die Umsetzung der Energiewende – von Brennstoffzellen über energiesparende LEDs bis hin zu Hochleistungsmagneten für Elektromotoren und Windräder unerlässlich. Derzeit stammt der überwiegende Teil der Seltene-Erden-Metalle aus China, das in den vergangenen 30 Jahren ein Monopol auf diese Rohstoffgruppe aufgebaut hat und somit Preis und Verfügbarkeit bestimmt. Sowohl die deutsche Bundesregierung als auch die EU-Kommission stufen die Seltenen Erden als strategisch wichtige Metalle ein, deren Versorgungssicherheit geopolitisch gefährdet ist. Auch innerhalb der deutschen Wirtschaft wird die Versorgung mit den Seltenen Erden als kritisch angesehen« (BRAIN 2014a).

Biotechnologie und moderne Schmierstoffe

» Moderne Schmierstoffe sind als hochentwickelte Konstruktionselemente in allen Maschinen und in vielen mechanischen Anwendungen des täglichen Lebens zu finden. Erhöhung der Leistungsfähigkeit und ständig steigende technische Anforderungen von Maschinen und Komponenten führen die Industrie-Partner FUCHS und BRAIN dazu, neue Additive zu synthetisieren und damit die Zusammensetzung der Schmierstoffe kontinuierlich zu optimieren. Die traditionell verwendeten Mineralöl-basierten Grund-

stoffe zur Synthese der Additive sind in Nachhaltigkeit und biologischer Abbaubarkeit biotechnologisch hergestellten Komponenten häufig unterlegen. Im Zuge der Kooperation … werden enzymatische Syntheseprozesse zur Produktion von hochwertigen Schmierstoffadditiven aus biogenen Rohstoff- und Abfallströmen entwickelt. Dabei werden Abfallströme einerseits als Nährstoff für die Enzymproduktion, andererseits als Ausgangsmaterialien für die Darstellung der Zielprodukte genutzt. Als Grundstoffe für die stoffliche Nutzung werden dabei Altspeisefette und -öle, tierische Fette, Reste aus der Biodieselproduktion (z. B. Glycerin, Fettsäuren und Fettsäuremethylester), Lignocellulose und eine Vielzahl anderer, industrieller Neben- und Abfallströme eingesetzt. … Die ersten Schmierstoffe mit den neu synthetisierten Additiven aus nachhaltigen Rohstoffen befinden sich bereits in der Anwendungserprobung bei FUCHS. Im Bereich der Schmierstoffanwendungen besteht ein großer Bedarf an ressourcenschonend hergestellten, nicht toxischen und biologisch abbaubaren Additiven und funktionalisierten Grundflüssigkeiten. … Die strategische Allianz … [bietet darüber hinaus] die Möglichkeit, ein breites Spektrum an Rohstoffen für Additive und funktionalisierte Grundflüssigkeiten evaluieren zu können, die zurzeit technisch nicht zugänglich sind und damit bisher nicht berücksichtigt wurden« (BRAIN 2014b).

Fasern (Kunststoffe) getragen (◘ Abb. 3.34). Ihnen wird von 2010 bis 2020 ein jährliches Umsatzwachstum von fast 25 % vorausgesagt. Laut USDA (2008) erreichen sie innerhalb der Verkaufserlöse für Polymere bis 2025 einen Anteil von bis zu 20 %, ausgehend von 0,1 % im Jahr 2005. Bei anderen Grundchemikalien wird das Wachstum der

Biotech-Produkte nicht so prominent ausfallen. Mit 16 % pro Jahr zwischen 2010 und 2020 liegt es aber immer noch weitaus höher als das erwartete Umsatzwachstum von maximal 5 % jährlich für die Chemie-Industrie allgemein. Bis 2025 soll ihr Anteil laut USDA (2008) bei bis zu 10 % des Umsatzes mit Basischemikalien liegen, ausgehend von einem

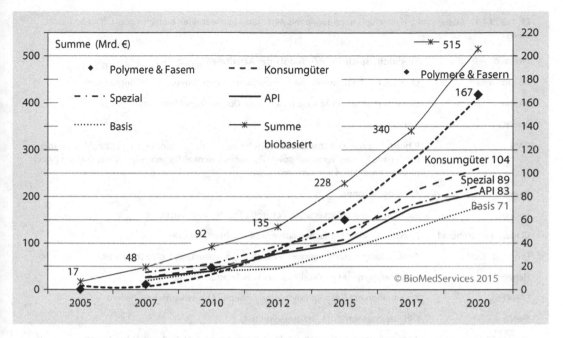

Abb. 3.34 Weltweite Umsatzentwicklung in der Weißen Biotechnologie. Erstellt basierend auf Schätzungen und Prognosen aus Festel et al. (2012) und Festel (2010). *Linke Achse*: Summe für alle Kategorien, *rechte Achse*: Werte für einzelne Kategorien

Anteil von 0,2 % im Jahr 2005. Der zweitstärkste Zuwachs wird bei den Biotech-Chemikalien, die in Endverbraucher-Produkte eingehen, erwartet, nämlich knapp 20 % pro Jahr. Weniger stark fällt dagegen der Zuwachs bei den biobasierten APIs und Spezialchemikalien (in ■ Abb. 3.34 getrennt zu API dargestellt) aus, da sie bereits heute jeweils mehr als 20 % des mit Biotech-Produkten erwirtschafteten Umsatzes ausmachen. Ihr Anteil am jeweiligen Segment soll laut USDA (2008) bis 2025 auf 45 bis 50 % steigen.

Die Fachagentur für Nachwachsende Rohstoffe (FNR) geht davon aus, dass Deutschland bis 2020 mit Biosprit der zweiten Generation 25 % des Kraftstoffbedarfs aus heimischen Quellen decken kann, ohne dabei in Konkurrenz zur Nahrungsmittelproduktion zu treten. In den USA sind die *biofuels* ein stark wachsender Markt, dessen Wert Pike Research bis 2021 auf 185 Mrd. US$ schätzt.

In der Roten Biotechnologie sind die Grenzen zwischen traditionellen Pharma- und Biotech-Firmen bereits verschwommen, und viele der zuerst genannten sehen sich heute als biopharmazeutisches Unternehmen (► Abschn. 2.4.1). In der Wei-

ßen Biotechnologie ist eine derartige Entwicklung noch nicht zu beobachten. Es sind also entweder die großen alteingesessenen Chemie-Konzerne in diesem Sektor aktiv, oder es sind kleinere Biotech-Firmen, die oft mit den Großen kooperieren oder diese beliefern. Da Deutschland historisch gesehen ein starker Chemie-Standort ist, finden sich hierzulande relativ umfangreiche Aktivitäten in der Weißen Biotechnologie (■ Tab. 3.46 und 3.47)

Neben Deutschland, erweisen sich Dänemark, Frankreich und die USA als recht aktive Standorte in der Weißen Biotechnologie. In beiden europäischen Ländern setzten sich Wissenschaftler schon früh mit der Mikro- und Molekularbiologie auseinander. So in Dänemark Orla-Jensen mit Milchsäure-produzierenden Bakterien und Johannsen, der den Begriff »Gen« als Träger von Erbanlagen prägte (► Kap. 1). Die 1925 gegründete Novo Industri galt Anfang der 1980er-Jahre – neben der niederländischen Gist-Brocades – als Weltmarktführer in der Enzymindustrie. Nach der Fusion mit Nordisk Gentofte 1989 zu Novo Nordisk wurde im Jahr 2000 der heutige Weltmarktführer Novozymes ausgegliedert.

◘ Tab. 3.46   Ausgewählte deutsche Unternehmen mit Aktivitäten in der Weißen Biotechnologie. (Quelle: Bio-MedServices 2015)

Firma	Produktbeispiele (Anwendung) oder Aktivitäten/Zusatzinfo
AB Enzymes	Enzyme, Produktionsstämme; frühere Röhm Enzyme, heute zu ABF Ingredients
Altana	Biosynthetische Substanzen, funktionelle Oberflächen, Biokatalyse
AMINO	Aminosäuren
BASF	Riboflavin (Pharma, Futtermittel), verschiedene Zwischenprodukte und Chiralika, Enzyme (über neue Tochter Verenium sowie Zukauf von Henkel-Technologie); JV mit Corbion (Succinity) für Produktion von Bernsteinsäure
Bayer	Arcabose (Pharma)
Beneo	Palatinit, Isomalt (Zuckeraustauschstoff); Tochter von Südzucker
Clariant Deutschland	Enzyme, Lipide, oberflächenaktive Stoffe; frühere Süd-Chemie
Evonik Industries	Aminosäuren – Starterkulturen – Xanthan (Lebensmittel), Lipide (Kosmetika)
Henkel	Entwicklung neuer und verbesserter Waschmittelenzyme
LANXESS	Kooperation mit Gevo für Produktion Isobutanol (Butylkautschuk, Reifen)
Merck	Dihydroxyaceton (DHA, Bräunungsmittel)
Sandoz IP	Antibiotika und Zwischenprodukte (Cefalosporine, 7-ACA, Pleuromulin), Enzyme
Symrise	Aromen (Lebensmittel), kosmetische Wirkstoffe
Wacker Chemie	Aminosäuren, Cyclodextrine (Haushalts- und Lebensmittel)

Ohne Biokraftstoff-Firmen, in der Regel Firmen der chemischen Industrie (Konzerne oder Töchter einer größeren Gruppe), ältere KMU, *JV* Joint Venture

Und der Franzose Pasteur war derjenige, der als Erster den Begriff »Mikrobiologie« vorschlug. Auch heute noch ist er gegenwärtig, wenn von Pasteurisieren die Rede ist, also dem Haltbarmachen von Lebensmitteln durch kurzzeitiges Erhitzen zur Abtötung hitzeempfindlicher Mikroorganismen.

In den USA befassten sich einige der mit dem Aufkommen der Gentechnik neu gegründeten Firmen auch mit der industriellen Biotechnologie wie beispielsweise Amgen, Chiron oder Genentech. Andere hatten den alleinigen Fokus auf diesen Sektor: Genex, Genencor, Ingene oder Industrial Genetics. Genencor, 1982 als Joint Venture zwischen Genentech und Corning Glassworks gegründet, waren 1990 die Ersten, die ein tierisches Gen in einem Pilz exprimierten. Der Zukauf von Gist-Brocades Enzymes und der Enzymsparte von Solvay stärkten 1995 das Enzym-Know-how. 2005 übernahm die dänische Danisco das Unternehmen. Im Jahr 2007 war Genencor wiederum die erste Firma, die ein Enzym verkaufte, das aus cellulosehaltigen Materialen Ethanol erzeugen kann. 2011 kaufte schließlich der US-amerikanische Chemie-Konzern DuPont Danisco auf, inklusive der Tochter Genencor. Zudem engagieren sich andere US-Chemie-Unternehmen in der Weißen Biotechnologie (◘ Tab. 3.48). Wie schon erwähnt (▶ Abschn. 2.3), nutzten auch einige chemisch-pharmazeutische Firmen schon früh die Biotechnologie, um Chemikalien herzustellen. In den USA waren das zum Beispiel Abbott Labs (Aminosäuren), Monsanto (Methionin), Pfizer (Enzyme) oder Merck (Vitamine). Heute sind sie ausschließlich im Pharma- und nicht mehr im Chemiesektor aktiv. Der Begriff Weiße Biotechnologie wird in den USA seltener verwendet, gebräuchlicher ist *industrial biotechnology*. Darüber hinaus

◼ **Tab. 3.47** Ausgewählte deutsche Weiße Biotech-Unternehmen (KMU). (Quelle: BioMedServices 2015)

Firma (Gründungsjahr)	Produktbeispiele (Anwendung)/Aktivitäten
aevotis (2010)	Enzyme, Kohlenhydratoligomere und -polymere
AMSilk (2008)	Spinnenseide (Hochleistungsmaterial)
AnalytiCon Discovery (2000)	Naturstoffe (Pharma, Lebensmittel, Kosmetik)
ASA Spezialenzyme (1991)	Spezialenzyme für Textil, Biogaserzeugung, Ligniumsetzung, Bioenergie, Antikörper aus transgenen Algen
Autodisplay Biotech (2008)	Ganzzell-Biokatalyse, zellwandgebundene Enzyme, Stämme
Bioviotica Naturstoffe (2006)	Biologisch aktive Naturstoffen aus Bakterien und Pilzen
Bioworx (2004)	Bioaktive Substanzen, Enzyme, Biokatalyse
bitop (1993)	Extremolyte Ectoin und Glycoin (Medizinprodukt, Hautpflege)
BlueBioTech (2000)	Algenbioreaktoren, Futtermittel, Nahrungsergänzungsmittel
BRAIN (1993)	Bioaktive Substanzen, Enzyme, Produktionsstämme
c-LEcta (2004)	Industrielle Enzyme
Cysal (2012)	Dipeptide (Futter- und Nahrungsmitteladditive)
Direvo Industrial Biotechnology (2008)	Enzyme, Produktionsstämme
Enzymicals (2009)	Industrielle Enzyme und andere Feinchemikalien
Evocatal (2006)	Biokatalysatoren, chirale Feinchemikalien
IMD Natural Solutions (2012)	Bioaktive Substanzen
Jennewein Biotechnologie (2005)	Seltene Mono- und Oligosaccharide (Kosmetik, Nahrung)
N-Zyme BioTec (2012)	Bakterielle Transglutaminase für industrielle Anwendungen
Organobalance (2001)	Probiotika/Mikroorganismen, Produktionsstämme für Carbonsäuren, Isoprenoide/Terpenoide, Enzyme
Phytolutions (2008)	Algenbioreaktoren, Nahrungsmittel (Öle, Proteine usw.), Plattformchemikalien
Phyton Biotech (1993)	Pflanzenzellfermentation: Wirkstoffe für Pharmazie, Nahrungsmittel- und Kosmetikindustrie
Phytowelt GreenTechnologies (1998)	Carotinoide, Enzyme
SeSaM-Biotech (2008)	Neuartige Enzymvarianten
SternEnzym (1990)	Industrielle Enzyme (Lebensmittelindustrie)
Subitec (2000)	Stofflich-energetische Nutzung von Mikroalgenbiomasse
W42 Industrial Biotechnology (2005)	Technische Enzyme, Affinitäts- und therapeutische Proteine

Unabhängige jüngere KMU, ohne Biokraftstoff-Firmen, Gründung in den 1990er-Jahren in Fettdruck

finden sich dort für in diesem Sektor tätige Firmen Bezeichnungen wie:

— *sustainable chemistry company,*
— *green chemistry company,*
— *renewable products/renewable chemistry company,*
— *renewable oil and bioproducts company,*
— *advanced biomaterials company* oder
— *Good Chemistry business.*

Einige der in ◼ Tab. 3.49 gelisteten US-Weiße-Biotech-Firmen charakterisieren sich auf diese Weise,

◩ Tab. 3.48   Ausgewählte ausländische Unternehmen mit Aktivitäten in der Weißen Biotechnologie. (Quelle: BioMedServices 2015)

Unternehmen	Land	Produkte/Anmerkung
Christian Hansen	DK	Starterkulturen, Enzyme (Lebens- und Futtermittel)
Corbion	NL	Polymilchsäure (PLA)/Milchsäure, JV mit BASF (Succinity) für Bernsteinsäure
Dow Chemical	USA	Acrylsäure (Kooperation mit OPX), weitere Kooperationen mit Biotech
DuPont Industrial Biosciences	USA	Accelerase (Cellulasen für die Produktion von Bio-Ethanol aus holzhaltiger Biomasse)
DSM	NL	Bioethanol aus Cellulose, Bio-Diesel, Biogas, Bio-Bernsteinsäure u. a.
Jungbunzlauer	CH	Zitronensäure, Glukonate, Lactate, Xanthan, Süßstoffe
Mater-Biotech (Novamont)	IT	Weltweit erste Produktionsstätte für Bio-Butandiol (BDO) im industriellen Maßstab (Biopolymere, Textil-, Elektronik-, Autoindustrie)
Natureworks (frühere Cargill Dow)	USA	Polymilchsäure-Marke Ingeo PLA (Bioplastik) aus Hefe
REG Life Sciences (frühere LS9)	USA	Tochter von Renewable Energy Group; Fettsäuren aus Mikroorganismen
Roquette	F	Isosorbide und Derivate, Bio-Bernsteinsäure (über JV mit DSM)
Versalis	IT	Intermediate, Polyethylene, Styrene, Elastomere

In der Regel Firmen der chemischen Industrie (Konzerne oder Töchter einer größeren Gruppe) sowie ältere KMU ohne reine Biokraftstoff-Firmen; *CH* Schweiz, *DK* Dänemark, *F* Frankreich, *IT* Italien, *NL* Niederlande, *JV* Joint Venture

wobei sie alle auf fermentative oder biokatalytische Verfahren setzen.

Solazyme und Gevo konnten im Jahr 2011 Börsengänge realisieren, bei denen sie jeweils dreistellige Millionenbeträge einnahmen: Solazyme erzielte fast 200 und Gevo 123 Mio. US$. Amyris erreichte 2010 mit 85 Mio. US$ immerhin noch einen hohen zweistelligen Betrag, der später – als sich das US-Börsenfenster immer weiter öffnete – vermutlich auch höher ausgefallen wäre. Auch in Frankreich gibt es bereits zwei börsennotierte Unternehmen, die biobasierte Chemikalien herstellen, Metabolic Explorer sowie Deinove. Eines findet sich auch in der Schweiz (Evolva).

3.2.6   Abschließende Einschätzung zur Weißen Biotechnologie

Biobasierte Chemikalien, das heißt ausgehend von Biomasse beziehungsweise nachwachsenden Roh-stoffen produziert, können grundsätzlich durch biologische, aber auch über physikalisch-chemische Verfahren gewonnen werden (◩ Abb. 3.35). Biobasiert ist somit nicht ausschließlich gleichzusetzen mit biotechnischer Herstellung. Diese ermöglicht allerdings den weitestgehenden Verzicht auf toxische Substanzen sowie auf hohe Temperaturen und Drücke mit entsprechenden Energieeinsparungen. Das Einsatzspektrum biobasierter Chemikalien ist breit, und mithilfe der Biotechnologie können auch Reststoffe und Abfälle aus der Landwirtschaft, der industriellen Produktion sowie aus dem kommunalen Bereich recycelt und veredelt werden.

Die biobasierte Ökonomie (Bioökonomie), das heißt das nachhaltige Wirtschaften ohne den Zugriff auf fossile Ressourcen und ohne Produktion umweltschädigender Abfälle, ist für viele Länder ein hehres Ziel. Gerade die USA haben das Potenzial der Weißen Biotechnologie erkannt und entsprechend auf Regierungsebene Initiativen gestartet

◻ **Tab. 3.49** Ausgewählte ausländische Weiße Biotech-Unternehmen (KMU). (Quelle: BioMedServices 2015)

Firma (Gründungsjahr/Börsenticker)	Land	Produktbeispiele (Anwendung)/Aktivitäten
Allylix (2002)	USA	Terpene (Lebensmittel, Pharma, Pflanzenschutz) aus Hefe
Amyris (2003/AMRS)	USA	Plattformchemikalie Farnesen aus Hefen
BioAmber (2008/BIOA)	KAN	Bio-Bernsteinsäure als Baustein für Polymere
Biocatalysts (1990)	UK	Industrielle Enzyme
Biomax Technologies (2009)	SG	Enzymatische Katalyse organischer Abfälle in Düngemittel
Butalco (2007)	CH/D	Biokraftstoffe der 2. Generation und Bio-Chemikalien mit Hefen
Cathay Industrial Biotech (1997)	CN	Bio-Butanol, Bio-Aceton und weitere Dicarbonsäuren als Plattformchemikalie
Cobalt Technologies (2005)	USA	Plattformchemikalie Butanol aus Bakterien
Codexis (2002/CDXS)	USA	Industrielle Enzyme
Deinove (2006/ALDEI)	F	Biokraftstoffe der 2. Generation und biobasierte Chemikalien ausgehend von *non food* Biomasse, fermentiert mit Deinococci
Evolva (2004/EVE)	CH	Spezialchemikalien aus Hefe
Genomatica (1998)	USA	Produktionsstämme und -verfahren für Basis- und Plattformchemikalien
GlycosBio (2007)	USA	Isopren (Markenname Bio-SIM) und Butadien
Inbiose (2013)	B	Spezialzucker (z. B. L-Fucose, L-Ribose, humaner Milchzucker)
Kraig Biocraft Laboratories (2006/KBLB)	USA	Seide aus transgenen Seidenraupen
LanzaTech (2005)	NZ	Ausgehend von Abgasen über *Clostridium autoethanogenum* zu Plattformchemikalien und Treibstoffen
Metabolic Explorer (1999/METEX)	F	Glykolsäure, Butanol, Methionin, Propandiol
Metabolix (1992/MBLX)	USA	PHA-Polymere unter Markenname Mirel und Mvera
Myriant (2004)	USA	Bernstein-, Milch-, Mucon-, Fumar- und Acrylsäure
Novozymes (2000/NZYM)	DK	Enzyme, Mikroorganismen, biopharmazeutische Wirkstoffe
OPX Biotechnologies (2007)	USA	Bakterielle Acrylsäure, *Efficiency Directed Genome Engineering*(EDGE)-Technologie-Plattform
Solazyme (2003/SZYM)	USA	Algenöle (Lebensmittel, Kosmetik, Technik, Treibstoffe)
SyntheZyme (2008)	USA	Biobasierte Monomere, Polymere und Tenside
Verdezyne (2005)	USA	Sebacin-, Decandi-, Adipinsäuren aus Hefen

Unabhängige jüngere KMU, Gründung in den 1990er-Jahren in Fettdruck
B Belgien, *CH* Schweiz, *CN* China, *D* Deutschland, *DK* Dänemark, *F* Frankreich, *KAN* Kanada, *NZ* Neuseeland, *SG* Singapur, *PHA* Polyhydroxyalkanoat

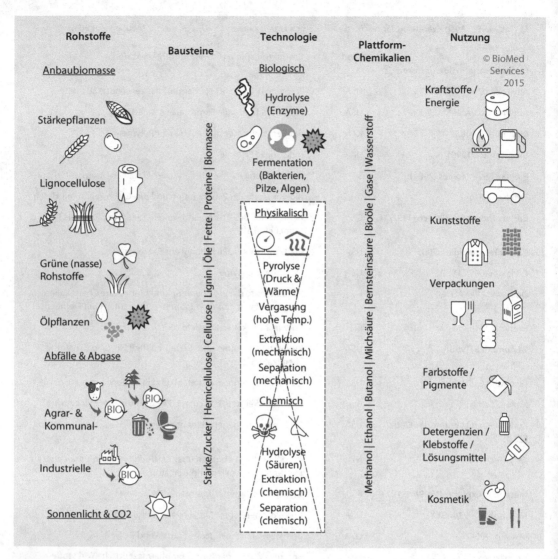

□ **Abb. 3.35** Zusammenfassende Übersicht zur Weißen Biotechnologie. Frei verfügbare Icons von Flaticon, Icons8, David Goodsell via Protein Data Bank. Größenverhältnisse nicht realistisch

(▶ Einschätzung zur US-Strategie bei Biomasse-Technologien). Auch wenn zunächst nicht der Begriff industrielle Biotechnologie fiel, es anfangs stark um die Verwertung von Biomasse ging und auch sonst eher der Eindruck besteht, dass in den USA das Energiesparen noch nicht die höchste Priorität hat, ist ihre Stärke bei Forschung, Interdisziplinarität und Technologietransfer, das heißt Umsetzung in marktreife Produkte, nicht außer Acht zu lassen.

» The National Bioeconomy Blueprint of the United States of America understands the bioeconomy as ‚an economic activity that is fuelled by research and innovation in the biological sciences'. The technologies of specific interest here are genetic engineering, DNA sequencing, manipulation of biomolecules and the use of microorganisms or industrial enzymes, as well as the direct engineering of microbes and plants. (Albrecht und Ettling 2014)

Einschätzung zur US-Strategie bei Biomasse-Technologien

»The United States sees the development of industrial biotechnology as a key strategic objective. The intention is to move towards a bio-based economy, where production and use of energy and industrial products has been fundamentally changed. Initially, the key driver was energy security, to reduce America's dependence on the supply of crude oil from unstable regions of the world. However, the commitment entered into for one reason has now opened up a range of other possibilities, and the US has now shifted its focus to include bio-based chemicals manufacture and the creation of a domestic bio-industry. The main targets at present are power generation, bbiofuels for transportion and bio-products. ... Political commitment has emerged quite rapidly in the last ten years, primarily due to high-level debates about the country's increasing dependence on foreign oil. The first major policy initiative to emerge from this debate was President Clinton's Executive Order of 1999, setting a goal of tripling the use of bio-based products and energy from biomass by 2010 and establishing a permanent council to develop a detailed research programme to be presented annually as part of the Federal budget. Legislation was then introduced, including the Biomass R&D Act 2000 ..., to create a focus on producing energy and value-added products from a wide range of agricultural and forestry residues. Continued commitment has taken this a step further with the recent publication of a ‚Roadmap for Biomass Technologies in the United States'. This was an initiative coordinated by the government-sponsored Biomass R&D Technical Advisory Committee, a body bringing together a wide range of stakeholders (including academia, industry, government, farmers and NGOs) to provide guidance on how to make the aspirations a reality. While describing the great potential for the use of biomass to produce both energy and a range of products, the report also highlights the challenges and presents a plan for a focused, integrated and innovation-driven R&D effort. It also covers ways in which societal approval can be gained, by public outreach programmes, and gives examples of market incentives likely to be necessary. Finally, it provides policy recommendations to remove barriers (including existing regulatory obstacles) which could impede the industrial use of biomass in the USA. This planning has been backed by an impressive spend on research and development. Starting with a focus on interdisciplinary research and applied R&D, the programme now includes a range of public-private partnerships and large-scale demonstration projects« (EuropaBio 2011).

Das ist weit mehr als Biomasse-Verwertung. Das Land hat sich zum Ziel gesetzt, bis 2030 den Anteil an biobasierten Chemikalien und Materialien auf 25 % zu erhöhen, ausgehend von 5 % im Jahr 2002. Auch Deutschland hat inzwischen reagiert. 2010 legte das BMBF gemeinsam mit sechs weiteren Ministerien die »Nationale Forschungsstrategie BioÖkonomie 2030« auf. Diese stellt bis 2016 insgesamt 2,4 Mrd. € für FuE zur Verfügung. 2013 beschloss das Bundeskabinett zudem die »Nationale Politikstrategie Bioökonomie«, die von einer interministriellen Arbeitsgruppe umgesetzt wird.

In Asien spielt die industrielle Biotechnologie traditionell eine große Rolle. Japan weist eine Fermentationsindustrie von Weltklasse auf, vor allem in spezialisierten Märkten wie zum Beispiel Aminosäuren. Auch die enzymatische Biokatalyse ist stark vertreten. So war Mitsubishi Rayon das erste Unternehmen, das Acrylamid mithilfe von Enzymtechnologien produzierte. Im Vergleich zur konventionellen chemischen Synthese sogar in reinerer Form und 80-%iger Energieeinsparung.

» In contrast to ... Europe and the USA, Japan puts significantly more research money into biotechnology for health-oriented foods, fine chemicals, the environment and power generation than for healthcare biotechnology. (EuropaBio 2011)

3.3   Weitere Sektoren

Die Rote und die Weiße Biotechnologie, also der medizinische Sektor und die chemische Produktion, sind aktuell die Hauptanwendungsfelder der modernen Biologie. Am Anfang dieses Kapitels wurden noch die Grüne und die Graue Biotechnologie erwähnt, die Anwendungen im Agrarsektor sowie Umweltschutz umfassen. Der Agrarsektor, der vor allem Lebensmittel-Produktion bedeutet, kann auch von der Biotechnologie profitieren, wobei die Anwendung in Deutschland und generell in Europa sehr umstritten ist.

3.3.1 Grüne Biotechnologie: Agrarsektor

Das Aufkommen der Molekularbiologie und die Erfindung der Gentechnik Anfang der 1970er-Jahre haben auch methodische Möglichkeiten gebracht, die Jahrhunderte alte Technologie der Pflanzenzüchtung zu vervollkommnen. Die konventionelle Pflanzenzüchtung selektiert letztlich ebenfalls genetisch veränderte Pflanzen, mit dem Ziel der Verbesserung biologischer und ökonomischer Eigenschaften. Die genetische Veränderung findet dabei statt (nach Pflanzenforschung.de):

— Als spontane Mutation in einer Einzelpflanze: Wie in jedem Lebewesen mutiert auch in Pflanzen das Erbgut zum Beispiel bei Zellteilungen. Falls sich daraus erwünschte Eigenschaften ergeben, können diese Pflanzen selektiert und weitervermehrt werden.

— Mittels selektiver Züchtung: Dies ist die älteste Form der Pflanzenzüchtung. Hier werden Pflanzen mit verschedenen Eigenschaften (unterschiedlichen Genotypen) gemeinsam angebaut, sodass sie sich auf natürliche Weise kreuzen können. Aus den entstandenen Nachfolgegenerationen werden diejenigen mit den gewünschten Eigenschaften ausgewählt und wiederum zusammen angebaut, bis sich innerhalb einer Pflanze möglichst viele dieser Eigenschaften wiederfinden.

— Mittels Mutationszüchtung: Hier wird Saatgut gezielt mutagener Strahlung (Röntgenstrahlung) ausgesetzt. Durch die unkontrolliert erfolgenden Mutationen entstehen neue Genvarianten mit eventuellen neuen, positiven Eigenschaften, die für die Züchtung genutzt werden können. Dennoch ist ein großer Teil der entstehenden Mutationen unbrauchbar, weil die Gendefekte häufig die Lebensfähigkeit der Pflanze vermindern.

— Mittels Präzisionszucht (*smart breeding*): Hier wird anhand des entschlüsselten Genoms analysiert, welcher Partner der passende ist, um auf kürzestem Wege zu der Pflanze mit den gewünschten Eigenschaften zu kommen. In das Genom beider Elternteile wird nicht eingegriffen, folglich entstehen hierbei keine transgenen Organismen.

Das *smart breeding* beschleunigt die Züchtung neuer Sorten erheblich, da langwierige Anbauversuche entfallen, um beispielsweise festzustellen, ob eine Pflanze resistent gegen Mehltaubefall ist. Aufgrund der Kenntnis der entsprechenden Gene, lässt sich durch eine Genanalyse feststellen, ob die Eigenschaft bei der Kreuzung vererbt wurde.

Bei der konventionellen Züchtung kann eine bestimmte gewünschte Eigenschaft in Form einer bestimmten Genkombination kaum erreicht werden, da bei der Kreuzung auch unerwünschte Gene dazu kommen können, oder es gehen gewünschte Gene verloren. Die Verteilung und Rekombination der Gene von den Elternpflanzen erfolgt zufällig, was zu langwierigen und kostspieligen Prozessen bei der Verbesserung führt.

Die Gentechnik erlaubt dagegen, gezielt nur die gewünschten Gene beziehungsweise Eigenschaften zu transferieren. Dabei muss nicht unbedingt Erbmaterial von fremden Pflanzen eingebracht werden, das heißt, Gene sind auch einfach nur an- oder abzuschalten. So hat Cibus, ein US-Partner der deutschen BASF, eine herbizidtolerante Rapsart in Kanada zur Zulassung gebracht, die keinerlei Fremd-DNS beinhaltet. Da sich die Pflanze in nichts von natürlich mutiertem Raps unterscheidet, stellt sich die Frage, ob eine derartige Pflanze als GVO (▶ Was sind GVO?) behandelt wird oder nicht. So entschied denn auch das deutsche Bundesamt für Verbraucherschutz und Lebensmittelsicherheit (BVL) im März 2015, dass diese neue Pflanze nicht als genetisch verändert einzustufen ist. Das heißt, sie gleicht einer mit konventioneller Züchtung genetisch angepassten Pflanze. Der Raps darf daher ab sofort ohne weitere Formalitäten hierzulande angebaut werden.

Sind gv-Pflanzen (gentechnisch veränderte Pflanzen) Grundlage für Nahrungsmittel, so müssen sie anders als bei »normalen« Lebensmitteln erst ein Zulassungsverfahren durchlaufen, bevor sie auf den Markt gebracht werden dürfen. Zugelassen werden sie nur (transGEN 2015),

— wenn sie keine nachteiligen Auswirkungen auf Mensch und Tier oder die Umwelt haben,

— wenn ihr Verzehr gegenüber konventionellen Produkten nicht zu Ernährungsmängeln führt,

— wenn sie den Verbraucher nicht irreführen.

Was sind GVO?

»Unter die Verordnung 1829/2003 fallen Lebensmittel, Zutaten, Zusatzstoffe und Aromen,

- die gentechnisch veränderte Organismen (GVO) sind (Beispiele: Mais, Kartoffel, Tomate) oder solche enthalten (Beispiel: Joghurt mit gv-Milchsäurebakterien),
- die aus GVOs stammen oder daraus hergestellt sind, unabhängig davon, ob der jeweilige GVO noch im Lebensmittel nachweisbar ist (Beispiele: Tomatenketchup, Maisstärke, Sojaöl, Sojalecithin oder Zucker aus gentechnisch veränderten Pflanzen),
- die mit gentechnisch veränderten Mikroorganismen produ-

ziert werden – sofern diese noch im Lebensmittel vorhanden sind (Beispiel: Würze aus gentechnisch veränderter Hefe).

Ausnahmen. Nicht durch die Verordnung abgedeckt sind Lebensmittel, Zutaten und Zusatzstoffe, die nicht aus, sondern mithilfe von gentechnisch veränderten Organismen hergestellt werden. Dazu zählen etwa:

- Lebensmittel wie Fleisch, Milch oder Eier von Tieren, die gentechnisch veränderte Futtermittel erhalten haben.
- Strittig war lange Zeit, ob die Verordnung auch Zusatzstoffe, Aromen und Vitamine erfasst, wenn sie mit gentechnisch veränderten Mikroorganismen

hergestellt werden. Schließlich haben sich die EU-Mitgliedstaaten darauf verständigt, dass eine besondere gentechnik-spezifische Zulassung und Kennzeichnung dieser Stoffe nicht erforderlich ist. Voraussetzung ist, dass die Mikroorganismen vollständig entfernt und in den jeweiligen Zusatzstoffen oder Aromen nicht mehr enthalten sind.

Ausgeklammert bleiben auch

- Lebensmittelenzyme, die mit gentechnisch veränderten Mikroorganismen produziert werden, sowie
- technische Hilfsstoffe« (transGEN 2015).

Was ist eigentlich MON810?

»MON810 ist ein insektenresistenter Mais, der ein Gen des weit verbreiteten Bodenbakteriums *Bacillus thuringiensis* in sich trägt. Durch das Gen produziert der Mais ein Bt-Protein, das auf einen speziellen Maisschädling, den Maiszünsler, giftig wirkt. Der Mais produziert dadurch

sein eigenes Insektizid – frisst ein Schädling an diesem Mais, dann nimmt er die toxischen Eiweiße zu sich und stirbt. Es gibt auch andere Bt-Mais-Linien, die gegen den Maiswurzelbohrer oder beide Schädlinge resistent sind. Der Grundgedanke ist, dass durch Bt-Proteine, anders

als durch den großflächigen Gebrauch von chemischen Pflanzenschutzmitteln, nur spezielle Schädlinge und auch nur die, die an den Pflanzen fressen, abgetötet werden. Andere, sogenannte Nicht-Zielorganismen sollen verschont werden« (Pflanzenforschung, Risiko).

Zudem müssen alle Lebensmittel und Zutaten, die aus GVO stammen, gekennzeichnet werden – unabhängig davon, ob diese im Lebensmittel nachweisbar sind oder nicht. Von der Kennzeichnung ausgenommen sind solche mit geringfügigen GVO-Beimischungen,

- wenn der Anteil an der jeweiligen Menge nicht mehr als 0,9 % beträgt,
- wenn der jeweilige Hersteller darlegen kann, dass es sich um zufällige, technisch unvermeidbare GVO-Beimischungen handelt,
- wenn es sich um Beimischungen von bereits in der EU zugelassenen GVO handelt.

In Europa beschränkt sich die Nutzung der Grünen Gentechnik – so eine oft genutzte Bezeichnung statt

Grüner Biotechnologie – auf eine einzige Pflanze: MON810 (▶ Was ist eigentlich MON810?).

Den Bt-Mais entwickelte die US-Firma Monsanto und brachte ihn erstmals unter den Markennamen YieldGard und MaizeGard im Jahr 1996 auf den US-Markt. 1997 und 1998 folgten die Zulassungen in Kanada und Argentinien. Auch die EU ließ MON810 im Jahr 1998 zu. Für Deutschland setzte im April 2009 die damalige Bundeslandwirtschaftsministerin Aigner die geltende EU-Zulassung für gentechnisch veränderten Bt-Mais aus. Damit ist der Anbau von Bt-Mais in Deutschland bis auf Weiteres nicht erlaubt. Laut transGEN (2014) sind die wissenschaftlichen Untersuchungen, auf die sich das Verbot stützt, aber fachlich umstritten. In der großen Mehrzahl der bisher durchgeführten Studien fan-

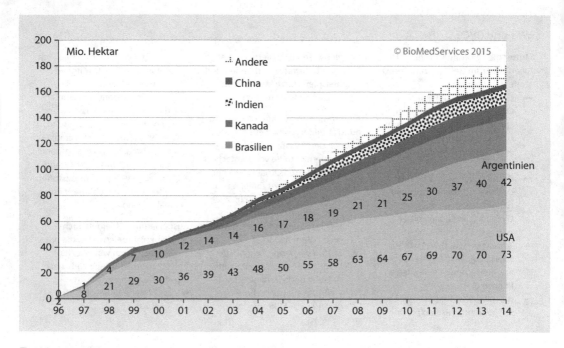

Abb. 3.36   Weltweiter Anbau von gentechnisch veränderten Pflanzen nach Land. Erstellt nach Daten von ISAAA

den sich keine Hinweise, dass Bt-Mais schädlicher für die Umwelt ist als herkömmlicher Mais.

» Seit 1987 wurden in Deutschland Forschungsvorhaben zur biologischen Sicherheitsforschung vom Bundesministerium für Bildung und Forschung (BMBF) gefördert. Dabei wurden mögliche Folgen von gentechnisch veränderten (gv) Pflanzen für die Umwelt untersucht. Die Wissenschaftler kamen zu dem Schluss, dass keine Gentechnik-spezifischen negativen Auswirkungen von gv-Pflanzen ausgehen: Verglichen mit konventionell gezüchteten Kulturpflanzen gibt es kein höheres Risiko für Umweltbeeinträchtigungen. (Pflanzenforschung, Risiko).

Ebenfalls laut transGEN (2014) liegt bisher der Anteil von gentechnisch verändertem Mais an der europäischen Maiserzeugung weit unter 1 % und ist damit verschwindend gering. Im Jahr 2013 wurde Bt-Mais auf einer Fläche von etwa 148.000 ha angebaut, vor allem in Spanien (137.000 ha) und Portugal (8000 ha).

Der weltweite Anbau von gentechnisch verändertem Mais belief sich laut der *Non-Profit*-

Organisation ISAAA 2014 auf 54 Mio. ha. Die meistangebaute gv-Pflanze ist allerdings die Sojabohne mit einer Fläche von 90 Mio. ha. Einen größeren Anteil nimmt mit 25 Mio. ha ferner gv-Baumwolle ein. Insgesamt erreichte die weltweite Anbaufläche mit transgenen Pflanzen eine Größe von fast 200 Mio. ha (**Abb. 3.36**). 40 % davon entfallen auf den US-Markt, gefolgt von Argentinien mit 23 und Brasilien mit 13 %. Weitere bedeutende Anbaugebiete sind Kanada, Indien sowie China. 20 Entwicklungsländer bauen gv-Pflanzen an und vereinen damit mehr als die Hälfte der weltweiten Anbaufläche auf sich. Den Rest steuern acht Industrienationen bei. 18 Mio. Landwirte bauen mittlerweile gentechnisch optimierte Pflanzen an.

Der Nutzen von gv-Pflanzen ist unter Befürwortern (**Abb. 3.37**) und Gegnern (▶ Einschätzung der Kritiker: Agro-Gentechnik nutzt nur einer Handvoll multinationaler Firmen) sehr umstritten. Eine Metaanalyse von Wissenschaftlern der Universität Göttingen (Klümper und Qaim 2014) ergab, dass gv-Pflanzen im Schnitt eine Einsparung von chemischen Pestiziden um 37 % erlauben sowie gleichzeitig den Ertrag um 22 % steigern. Dadurch erzielen Bauern einen gesteigerten Gewinn von

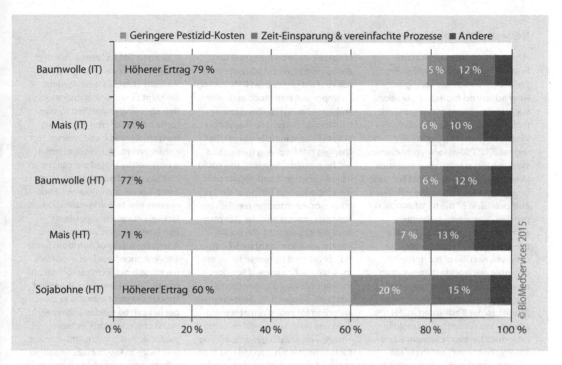

Geringere Pestizid-Kosten ■ Zeit-Einsparung & vereinfachte Prozesse ■ Andere

Baumwolle (IT): Höherer Ertrag 79 % | 5 % | 12 %
Mais (IT): 77 % | 6 % | 10 %
Baumwolle (HT): 77 % | 6 % | 12 %
Mais (HT): 71 % | 7 % | 13 %
Sojabohne (HT): Höherer Ertrag 60 % | 20 % | 15 %

0 %   20 %   40 %   60 %   80 %   100 %

© BioMedServices 2015

Abb. 3.37 Gründe, warum US-Landwirte gv-Pflanzen einsetzen. Erstellt nach Daten von Fernandez-Cornejo et al. (2014); *HT* herbizidtolerant, *IT* insektentolerant

---

Einschätzung der Kritiker: Agro-Gentechnik nutzt nur einer Handvoll multinationaler Firmen

»Der Markt für gentechnisch veränderertes Saatgut befindet sich zu fast 100 Prozent in den Händen von sechs weltweit tätigen Gentech- und Agrochemiekonzernen: Monsanto (USA), DuPont/Pioneer (USA), Dow AgroScience (USA), Syngenta (CH), Bayer CropScience (DE) und BASF Plant Science (DE). Er soll laut der gentechnik-freundlichen Lobbyorganisation ISAAA im Jahr 2014 ein Volumen von 15,7 Mrd. US-Dollar umfasst haben. Das Volumen des Saatguts, das 2013 weltweit gehandelt wurde, soll insgesamt etwa 45 Mrd. US-Dollar ausgemacht haben. Damit hätte der Sektor für Gentech-Saatgut etwa 35 Prozent Marktanteil gehabt. In diesen Zahlen nicht enthalten ist das Saatgut, das Landwirte durch Nachbau gewinnen und untereinander tauschen. Schätzungen zufolge macht der Nachbau etwa vier Fünftel des weltweiten Saatgutmarktes aus. Selbst in der deutschen Landwirtschaft werden etwa 50 Prozent des Saatguts durch Nachbau gewonnen. … Monsanto hält einen Marktanteil von knapp 90 Prozent und verfügt damit über eine monopolartige Stellung. Der Konzern vermarktet Soja, Mais und Raps mit einer Resistenz gegen das firmeneigene Herbizid Roundup sowie Bt-Mais und Bt-Baumwolle, die sich selbst gegen Schädlinge schützen sollen – und kassiert damit gleich doppelt. Syngenta ist vor allem mit Bt-Mais am Markt vertreten. Bayer Crop-Science vertreibt Raps- und Maissorten, die eine Resistenz gegen das Bayer-Herbizid Liberty (auch unter dem Namen »Basta« im Handel) tragen. BASF Plant Science hat seinen Schwerpunkt auf die Genomfunktions-Analyse von Pflanzen gelegt. Inzwischen hält kein anderes Unternehmen der Welt so viele Patente auf Pflanzengenome bzw. Teile von Pflanzengenomen wie die BASF« (BUND 2015).

---

68 %. Ausbeute- und Gewinnsteigerung sind dabei in den Entwicklungsländern größer.

Es handelt sich um eine sehr kontrovers und emotional geführte Diskussion, bei der neben technisch-wissenschaftlichen und wirtschaftlichen vor allem ethische, gesellschaftliche oder soziologische Aspekte eine Rolle spielen. Gleichzeitig werden diese unterschiedlichen Bewertungsebenen vermischt.

Neueste Technologien in der Pflanzenzüchtung

»Up until now transgenic modification has been achieved using *Agrobacterium* or the gene *gun*. New advanced biotech applications such as zinc finger nucleases (ZFN) technology, clustered regularly interspaced short palindromic repeat (CRISPR)-associated nuclease systems and transcription activator-like effector nucleases (TALENs), are being used to increase the efficiency and precision of the transformation process. These new techniques allow the cutting of the DNA at a pre-determined location and the precise insertion of the mutation, or single nucleotide changes at an optimal location in the genome for maximum expression. These techniques are well advanced – ZFN has already been used to successfully introduce herbicide tolerance and TALENs has been used to delete or ,snip out' the gene in rice that confers susceptibility to the important bacterial blight disease of rice. However, experts in the field believe that potentially the ,real power' of these new technologies is their ability to ,edit' and modify multiple native plant genes (non GM), coding for important traits such as drought and, generating improved crops that are not transgenic. Regulators in the US have initially opined that changes not involving transgenics will be treated differently; this could have a very significant impact on the efficiency and timing of the current resource-intensive regulation/approval process and the acceptance of the products by the public. Powdery mildew-resistant wheat was developed by researchers from the Chinese Academy of Sciences through advanced gene editing methods. Researchers deleted genes encoding for proteins that repress defenses against the mildew using TALENs and CRISPR genome editing tools. Wheat is a hexaploid and thus required deletion of multiple copies of the genes. This also represents a significant achievement in modifying food crops without inserting foreign genes, hence considering it as a non GM technique. Another class of new applications, still at the early stages of development, are plant membrane transporters that are being researched to overcome a range of crop constraints from abiotic and biotic stresses to enhancement of micronutrients. It is noteworthy that of the current 7 billion global population, almost one billion is undernourished but another one billion is malnourished, lacking critical micro nutrients: iron (anemia), zinc and vitamin A. Adequate supply of nutritious foods with enhanced levels of important micronutrients is critical for human health. Recent advances show that specialized plant membrane transporters can be used to enhance yields of staple crops, increase micronutrient content and increase resistance to key stresses, including salinity, pathogens and aluminum toxicity, which in turn could expand available arable land. Acid soils are estimated to occupy 30 % of land globally« (ISAAA 2015).

Die Aktivitäten der Gentechnik-Gegner (vor allem Greenpeace, BUND, NABU) polen die allgemeine Öffentlichkeit emotional gegen Gentechnik, sodass diese beispielsweise wenig zwischen dem »gefährlichen Gen-Mais« (nur so am Rande: Jeder Mais enthält Gene) und einer modernen Pflanzenforschung auf internationalem Niveau unterscheiden können. Den Aufklärungsversuchen der Industrie und Wissenschaftler vertraut die Bevölkerung meist weniger.

Die Gegner sehen mögliche Risiken für zum Beispiel Gesundheit oder Biodiversität. Befürworter halten dagegen, dass es bisher keine wissenschaftlichen Beweise dafür gibt. Kritiker führen an, dass die Gentechnik es ermöglicht, Pflanzen, Tiere und Mikroorganismen zu erzeugen, die es natürlicherweise nicht gibt. Verfechter der Gentechnik argumentieren, dass Methoden der Züchtung und Mutation dies schon immer unterstützten, die neuen Technologien jedoch gezielter und sicherer anwendbar sind.

Die Argumente zu potenziellen Gefahren sind abzuwägen gegen Folgen der Unterlassung der Erforschung dieses Sektors, denn es existiert weltweite Konkurrenz. Das Schweizer Unternehmen Syngenta und die deutsche Bayer Crop Sciences haben bereits 2004 ihre Feldversuche auf deutschen Äckern eingestellt. Die BASF entschied 2012 die Zentrale seiner Pflanzenbiotechnologiesparte in die USA zu verlegen. In Deutschland verbleibt für die Agro-Gentechnik nur die Grundlagenforschung, die die Konzerntochter Metanomics in Berlin durchführt. Im Januar 2012 kommentierte ein BUND-Vertreter gegenüber der Nachrichtenagentur dpa diesen Schritt wie folgt:

» Wir freuen uns, dass unser Widerstand so viel Wirkung gezeigt hat, dass ein so großer Konzern die Gentechnikforschung aufgibt ... Diese Forschung braucht niemand, die Verbraucher nicht, die Bauern nicht und die Gesellschaft auch nicht. (Proplanta 2012)

Damit verbleiben in Deutschland nur noch Mittelständler, die sich mit moderner Pflanzenbiotechnologie beschäftigen. Einer davon ist die KWS Saat, die nach eigenen Angaben immerhin der weltweit fünftgrößte Saatguthersteller nach Umsatz aus landwirtschaftlichen Nutzpflanzen ist und in Europa auf Rang 2 hinter DuPont/Pioneer liegt.

Befürworter der Grünen Gentechnik argumentieren, dass zukünftig ohne moderne Pflanzenzuchtmethoden die weiter steigende Weltbevölkerung nicht ausreichend ernährt werden kann. Zudem stellt die Grüne eine Basis für die Weiße Biotechnologie dar, weil sie eine Optimierung der Rohstoffe ermöglicht. Der technische Fortschritt ermöglicht immer weiter verfeinerte Methoden, die bereits heute schon erlauben, ohne die »gefürchteten Fremdgene« auszukommen (► Neueste Technologien in der Pflanzenzüchtung).

3.3.2 Graue Biotechnologie: Umweltschutz

In gewisser Weise eng verzahnt mit der Weißen und Grünen ist die Graue Biotechnologie, die Anwendungen der modernen Biologie für den Umweltschutz umfasst. Überschneidungen liegen vor, weil auch die Weiße und Grüne Biotechnologie umweltfreundliche Produkte und Verfahren ermöglichen. Bei der Grauen Biotechnologie steht die direkte Beseitigung und Vermeidung von Umweltverschmutzungen im Vordergrund. Dabei spielen vor allem Mikroorganismen eine Rolle wie eine Online-Information des Vereins Deutscher Ingenieure (VDI) anschaulich darstellt (► Die kleinsten Lebewesen sind fleißige Putzkolonnen). Sie sind zum Beispiel zu Folgendem in der Lage:

- Abbauen von ausgelaufenem Öl, beispielsweise nach Tanker-Unfällen,
- Reinigen von Abraumhalden mit radioaktiven Abfällen,
- Beseitigen von Lösungsmitteln, Kunststoffen und Schwermetallen sowie Giftstoffen wie Arsen, DDT, Dioxinen oder TNT.

Darüber hinaus können sie Metalle und Seltene Erden abbauen oder anreichern und damit zur Umweltschonung und Wiederverwertung beitragen. So testet die Tübinger Novis ein Bioleaching-Verfahren, bei dem Bakterien wertvolle Rohstoffe aus Schlacken recyceln, die nach der Müllverbrennung übrig bleiben. Auch für das Neugewinnen von Metallen und Seltenen Erden bietet sich die bakterielle Erzlaugung an (► Abschn. 3.2.4).

Diese komplexen Abbauvorgänge setzen auf natürlich vorkommende Bakterienkolonien, die sich aufgrund einer entsprechenden Umgebung in ihrer Gen- und somit Enzymausstattung evolutionär darauf eingestellt, also genetisch verändert haben. Für eine Optimierung kommen indes zunehmend auch Methoden der Gentechnik und Synthetischen Biologie zum Einsatz. Aufgrund der in Deutschland vorherrschenden mangelnden Akzeptanz bei der Freisetzung von genetisch veränderten Organismen oder Versuchen dazu, bleiben diese Möglichkeiten hierzulande allerdings begrenzt.

Auch bei der Abwasserreinigung in klassischen Kläranlagen geht ohne Bakterien gar nichts. Ihre Stoffwechselleistung wird bereits seit Hunderten von Jahren genutzt und ist heute Gegenstand genauerer Untersuchungen.

» Der moderne Umweltschutz ist ohne Biotechnologie nicht denkbar. In den Bereichen der Abwasser-, Boden- und Abluftreinigung sowie der Verwertung von Bioabfällen sind biotechnologische Methoden unentbehrlich und erhöhen vor allem durch Fortschritte in der Molekular- und Systembiologie stetig die Effizienz der Anlagen. (BIOPRO 2010)

3.3.3 Zulieferer, Dienstleister, Technologie- und Tools-Anbieter

Von der wirtschaftlichen Anwendung der Biotechnologie profitieren auch weitere Firmen aus dem Umfeld der Zulieferer und Dienstleister (■ Tab. 3.50). Zulieferer umfassen beispielsweise Laborausstatter, Reagenzien- und Labormaterial-Anbieter, Reinraum- und Anlage-Firmen. Dienstleister betreiben Auftragsforschung, -entwicklung oder -produktion sowie Beratung. Zudem sind

◘ Tab. 3.50 Übersicht zu Sektoren, die die wirtschaftliche Anwendung der Biotechnologie unterstützen. (Quelle: BioMedServices (2015) in Anlehnung an biotec-finder.de (2015))

Auftrags-FuE	Auftragsproduktion	Bioanalytik und Tools
Antikörper-Entwicklung	Biomanufacturing (*Contract Manufacturing Organizations* = CMO)	Arrays/Chips Bioinformatik
Galenik/*drug delivery*	Zellkulturtechnologien	Biosensoren (Analytik)
Medizinalchemie/Pharmakologie	Stammoptimierung	Chromatographie, Spektrometrie, Imaging
Pharmakodynamik und -kinetik	Chemische Synthese	Proteincharakterisierung
Screening/Tiermodelle	*Downstream processing*	DNS-Sequenzierung
Präklinische/klinische Studien (*Clinical Research Organizations* = CRO)	Chemische Synthese	DNS-Bearbeitung
Laborausrüster/Großgeräte	**Laborausrüster/Kleingeräte**	**Labormaterialien**
Brutschränke	Glasartikel	Verbrauchsmaterialien
Fermenter	Mess- und Dosiergeräte	Forschungsantikörper
Industrieanlagen	Optische Geräte	Medien
Laborautomation	Cycler	Reagenzien/Chemikalien
Sterilbänke	Analysegeräte	Technische Gase
Zentrifugen	Rührer, Schüttler	
Marketing/PR/Kommunikation	**Beratung**	**Wirtschaftsförderung**
Agenturen	Laborplanung	Ansiedlung
Fortbildung	Versicherungen	BioRegionen und Netzwerke
Marketing	Patent- und Rechtsberatung	Existenzgründung
Messen/Events	Steuerberatung und Wirtschaftsprüfung	Förderberatung
Übersetzer	Personaldienstleistung	Technologieparks
Verlage	Studien und Consulting	Technologietransfer
Finanzierung		
Banken │ Business Angels │ Corporate Finance │ Seed-Finanzierung │ Risikokapital │ Börse		

gewisse Basistechnologien und Tools (Werkzeuge) erforderlich, um die Unternehmen aus dem Roten, Weißen und Grünen Biotechnologiesektor zu unterstützten. Angeboten werden sie von Firmen, die oft selbst als Biotech-Firmen angesehen werden können. Neben Basistechnologien wie DNS-Synthese, -Aufreinigung oder -Sequenzierung sind derzeit beispielsweise folgende Technologien und Werkzeuge von zunehmender Bedeutung:

– *Genome Editing*: Sammelbezeichnung für neue molekularbiologische Verfahren, mit denen gezielt Veränderungen im Genom vorgenommen werden können:
  – designte Restriktionsenzyme: TALENs (*transcription activator-like effector nucleases*), CRISPR-Cas-System, Zinkfinger- und andere Meganukleasen;

Die kleinsten Lebewesen sind fleißige Putzkolonnen

»Seit vielen Jahren schon nutzen wir die Stoffwechselprozesse von Mikroben, um Verschmutzungen der Umwelt zu beseitigen. Selbst mit schwer abbaubaren Stoffen werden sie fertig. Ob Luft, Boden oder Wasser – mit ihrer Hilfe werden sie wieder sauber. Dem fatalen Öl etwa, das immer wieder nach Schiffsunfällen Strände und Meer verseucht, rücken sie recht erfolgreich zu Leibe. Die Techniken, die einzelnen Stämme für ganz unterschiedliche Reinigungs- aufgaben dienstbar zu machen, haben sich in letzter Zeit sehr verbessert, doch wollen die Biotechnologen Mikroorganismen finden, die noch gezielter spezielle Schadstoffe abbauen können. Neben klassischen Verfahren soll die Gentechnik dabei helfen. Höhere Organismen wie Pflanzen werden ebenfalls eingesetzt, um Abwässer in Kläranlagen zu reinigen oder Böden und Schlämme zu entgiften. Auch um Umweltsünden überhaupt aufzuspüren, bedient man sich biologischer und biotechnischer Verfahren. Als Detektive machen sich Mikroorganismen sowie Biosensoren und DNA-Sonden nützlich und ermöglichen eine kontinuierliche Überwachung. Weil bestimmte Mikroorganismen empfindlich auf Schadstoffe reagieren, lässt sich zum Beispiel die Kontamination bestimmen: Je weniger dieser Winzlinge man mit Gensonden nachweisen kann, desto größer die Belastung« (VDI 2015).

Agrar-OGM: Nur abschreiben, nicht einbauen

»Rein technisch betrachtet … [macht OGM] nichts anderes als Züchter, die mittels Strahlung oder Chemikalien Mutationen in das Pflanzengenom einführen – nur dass es viel genauer gelingt. In einzelne Pflanzenzellen schleusen … [Bioingenieure] rund 40 Nukleotide lange ,Gene repair-Oligonucleotides' (GRONs) ein. Diese gleichen der im Genom vorkommenden Gensequenz, die sie inaktivieren wollen, bis auf ein oder zwei Nukleotidbausteine vollkommen. Zelleigene Reparaturenzyme korrigieren dann die zum GRON passende genomische DNA-Sequenz entsprechend der Vorlage. Das durch die resultierende Leserastermutation kaputtreparierte Gen ist fortan inaktiv. … Da das eingebrachte Oligonukleotid an seinen beiden Enden chemisch verändert ist, kann es selbst nicht ins Pflanzengenom eingebaut werden. Es dient also nur als Vorlage. Anschließend wird es rasch abgebaut. Im Ergebnis kommt es also zum Austausch einzelner Nukleotide im Zielgen, ohne dass Fremd-DNA in das Pflanzengenom integriert wird. Dementsprechend lässt sich die biotechnische Manipulation anders als bei GVO auch nicht nachweisen« (Gabrielczyk 2015a).

CRISPR-Cas-System unter der Lupe

» Viren können nicht nur den Menschen krank machen, sie befallen auch Bakterien. Diese schützen sich mit einer Art ,Immunsystem', das … fremde DNA [erkennt,] … zerschneidet … und … dadurch die Eindringlinge unschädlich [macht]. … Erst vor wenigen Jahren entdeckt, stößt das Immunsystem mit dem kryptischen Namen ,CRISPR-Cas' bei Genetikern und Biotechnologen auf großes Interesse, denn es eignet sich als gentechnisches Werkzeug im Labor. CRISPR steht für *Clustered Regularly Interspaced Palindromic Repeats*, zu Deutsch etwa ,gehäuft auftretende, gleichmäßig verteilte Wiederholungen, die aus beiden Richtungen gelesen werden können'; Cas schlicht für das CRISPR-assoziierte Protein. … Nicht nur für die Bakterien, auch für die Arbeit im Labor erweist sich das CRISPR-Cas-Systems als nützlich: Es erkennt zielgenau bestimmte Buchstabenfolgen im genetischen Code und schneidet die DNA dort auf. So können Wissenschaftler entweder Gene entfernen oder an der Schnittstelle neue einfügen. Auf diesem Wege lassen sich beispielsweise Pflanzen züchten, die resistent gegen Schädlinge oder Pilze sind. Zwar existieren bereits andere Technologien, mit denen dies möglich ist, diese sind allerdings zeitaufwendig, teuer und wenig spezifisch. Die neue Methode hingegen, für die die bakterielle Immunabwehr Pate stand, ist schneller, präziser und kostengünstiger, da sie mit weniger Komponenten auskommt und auch lange Gensequenzen ansteuern kann. … Denkbar ist … [zudem] eine Therapie von Erbkrankheiten, die durch mehrere Mutationen im Erbgut des Patienten verursacht werden. Auch für die Bekämpfung des AIDS-Erregers HIV ließe sich die Methode nutzen: Das Virus nutzt einen Rezeptor der menschlichen Immunzellen, um diese zu infizieren. Mittels CRISPR-Cas ließe sich das Gen für den Rezeptor aus den Immunzellen entfernen, dadurch würden die Patienten immun gegen das Virus. Bis sich diese Zukunftsvision realisieren lässt, ist allerdings noch viel Forschungsarbeit notwendig« (HZI 2013).

3

> ◘ **Tab. 3.51**   Ausgewählte Firmen mit Aktivitäten im *Genome Editing*. (Quelle: BioMedServices (2015) nach Gabrielczyk (2015b))

Technologie	Erfinder	Lizenz an	Anwendung
Meganukleasen	B. Dujon, A. Choulika (Institut Pasteur)	Cellectis (F, [a]1999) Precision Genome Engineering (US, [a]2006, 2014: < bluebird bio)	Pflanzenzucht/ Therapeutika Therapeutika
Zinkfingernukleasen	Sangamo BioSciences ([a]1995)	Sigma Aldrich Dow Agrochemicals (exklusiv)	FuE-Tool Pflanzenzucht
TAL-Effektoren/ TALENs	U. Bonas (Univ. Halle) – 2Blades Foundation	Thermo Fisher Scientific Monsanto, BASF, Bayer, Syngenta Cellectis	FuE-Tool Pflanzenzucht Pflanzenzucht/ Therapeutika
	D. Voytas (Univ. of Minnesota)		
	F. Zhang (MIT)		
CRISPR-Cas	E. Charpentier (HZI Braunschweig) – CRISPR Therapeutics (CH, [a]2013)	CRISPR Therapeutics	Therapeutika
	J. Doudna (Berkley Univ.) – Caribou Biosciences (US, [a]2011)	Intellia Therapeutics (US, [a]2014)	
	F. Zhang (MIT), J. Doudna	Editas Medicine (US, [a]2013)	
	G. Church (Harvard Univ.)		

[a]Gegründet, < übernommen von
CH Schweiz, *F* Frankreich, *HZI* Helmholtz-Zentrum für Infektionsforschung, *MIT* Massachusetts Institute of Technology, *Univ*. Universität/University, *US* USA

— Oligonukleotid-gerichtete Mutagenese (OGM, *oligonucleotide-directed mutagenesis* = ODM).
— Expressionssysteme: Protein-Produktion in zellfreien Systemen, Viren, Insektenzellen oder Pflanzenteilen.
— Big Data: Softwaresysteme, die die Unmengen an biologischen Daten aufbereiten können.

Genome Editing eröffnet heute – 40 Jahre nach Entwicklung der DNS-Rekombination – neue Wege in der Gentechnik, die noch gezielter sind. So kann OGM (▶ Agrar-OGM: Nur abschreiben, nicht einbauen) – im Gegensatz zu der klassischen Mutagenese durch Strahlen oder Chemikalien – punktgenau einen gewünschten Buchstaben in einem »Genwort« ändern. Angewandt wird das heutzutage bereits in der Pflanzenzüchtung (▶ Abschn. 3.3.1). Klassische Verfahren der Mutagenese und Züchtung führen auch zu verändertem Erbgut, allerdings wesentlich ungezielter oder langsamer.

Ermöglichten die 1970 entdeckten bakteriellen Restriktionsenzyme das Schneiden von DNS und Genen nur an bestimmten Buchstabenabfolgen, so können heute speziell designte Restriktionsenzyme jede gewünschte Stelle im Genom erreichen. Die CRISPR-Cas-Technologie (▶ CRISPR-Cas-System unter der Lupe) wird dabei von ihrer Bedeutung bereits mit der PCR verglichen. Diese »DNS-Vermehrungstechnologie« ist heute eine unverzichtbare Basistechnologie für das Arbeiten mit DNS. Das bakterielle CRISPR-Cas-Immunsystem wurde 2007 entdeckt. 2012 wurde erstmals beschrieben, dass es für das RNS-programmierte *Genome Editing* genutzt werden kann. Es handelt sich um eine breit einsetzbare Technologie, deren Marktpotenzial bei 46 Mrd. US$ liegen soll (van Erp et al. 2015). Zum Vergleich: Der PCR-Markt liegt bei gut 10 Mrd. US$.

Seitdem ist ein regelrechter Hype um das *Genome Editing* entstanden: Es wurden Firmen gegründet (◘ Tab. 3.51), und es wird um Patente gestritten.

Literatur

Adams CP, Brantner VV (2006) Estimating the cost of new drug development: is it really $802 million? Health Aff (Millwood) 25:420–428

Ai M, Curran MA (2015) Immune checkpoint combinations from mouse to man. Cancer Immunol Immunother. online, Ausgabe 01/2015. doi:10.1007/s00262-014-1650-8

Albrecht K, Ettling S (2014) Bioeconomy strategies across the globe. Rural 21. The International Journal for Rural Development vom 08.09.2014. ▶ http://www.rural21.com/english/news/detail/article/bioeconomy-strategies-across-the-globe-00001224/. Zugegriffen: 29. April 2015

Algenol (2015) Our history. ▶ http://www.algenol.com/about-algenol/company-history. Zugegriffen: 30. Juni 2015

Allgaier H (2013) Das riskante Geschäft mit Biosimilars. Interview mit Walter Pytlik. BIOPRO Baden-Württemberg online vom 13.12.2013. ▶ http://www.bio-pro.de/magazin/thema/00155/index.html?lang=En-US&artikelid=/artikel/09638/index.html. Zugegriffen: 27. Feb. 2015

Allied Market Research (2014a) Global DNA Diagnostics Market Report. Pressemitteilung vom August 2014. ▶ https://www.alliedmarketresearch.com/press-release/DNA-diagnostics-market-is-expected-to-reach-19-billion-by-2020-allied-market-research.html. Zugegriffen: 30. Juni 2015

Allied Market Research (2014b) Global In Vitro Diagnostics (IVD) Market Report. Pressemitteilung vom Juni 2014. ▶ https://www.alliedmarketresearch.com/press-release/global-in-vitro-diagnostics-IVD-market-is-expected-to-reach-74-65-billion-by-2020.html. Zugegriffen: 30. Juni 2015

Amplion (2013) Commercial Trends for Biomarker-Based IVD Tests (2003–2012). Amplion Research, Bend

AMSilk (2015) Materialien: Spinnenseide. ▶ http://www.amsilk.com/materialien.html. Zugegriffen: 30. Juni 2015

Arjona A (2014) Clinical Trial Termination at a Glance: Prevalence and Causes. Thomson Reuters Online-Artikel vom 23.06.2014. ▶ http://lsconnect.thomsonreuters.com/clinical-trial-termination-glance-prevalence-causes/. Zugegriffen: 30. Juni 2015

Arlington S (2012) From vision to decision. Pharma 2020. PricewaterhouseCoopers (PwC), London

Audette J (2015a) 15 Years From Discovery To The Clinic. Biomarker Trends Blog vom 30.03.2015. ▶ http://www.biomarker-trends.com/biomarkers-the-average-time-from-discovery-to-market/. Zugegriffen: 30. Juni 2015

Audi (2015) Forscher produzieren erstmals Audi e-benzin. Pressemitteilung vom 21.05.2015. ▶ https://www.audi-mediacenter.com/de/pressemitteilungen/forscher-produzieren-erstmals-audi-e-benzin-3656. Zugegriffen: 30. Juni 2015

BASF (2013) BASF verstärkt Engagement auf dem Gebiet der Enzymtechnologie. Pressemitteilung der BASF vom 15.

Mai 2013. ▶ http://news.bio-based.eu/basf-verstaerkt-engagement-auf-dem-gebiet-der-enzymtechnologie/. Zugegriffen: 30.06.2015

BCC Research (2014) Global Market for Biomarkers to Reach $53.6 Billion in 2018; Bioinformatics to Move at 17.4 % CAGR. Pressemitteilung vom 19.05.2014. ▶ http://www.bccresearch.com/pressroom/bio/global-market-for-biomarkers-reach-$53.6-billion-2018. Zugegriffen: 30. Juni 2015

Beier W (2009) Biologisch abbaubare Kunststoffe. Umweltbundesamt, Dessau-Roßlau

Bernstein Research (2014) Biosimilars: Commercial Perspective. Vortrag vom 04.02.2014 von Ronny Gal, gehalten auf der Veranstaltung »Follow-On Biologics Workshop. Impact of Recent Legislative and Regulatory Naming Proposals on Competition« der US Federal Trade Commission, Washington

bio.logis (2015) Pharmakogenetik. Mit der genetischen Diagnostik zur individualisierten Arzneimitteltherapie und verbesserten Medikamentenwirkung. bio.logis Zentrum für Humangenetik, Frankfurt/Main. ▶ https://www.bio.logis.de/diagnostische genetik/molekulargenetik/pharmakogenetik. Zugegriffen: 30. März 2015

BioM (2015) Personalisierte Medizin. BioM Biotech Cluster Development, München. ▶ http://www.m4.de/personalisierte-medizin.html. Zugegriffen: 30. Juni 2015

BIOPRO (2010) Umweltbiotechnologie in Baden-Württemberg. BIOPRO Baden-Württemberg online vom 08.04.2010. ▶ http://www.bio-pro.de/umwelt/um/index.html?lang=En-US. Zugegriffen: 30. April 2015

Biosimilarz (2015) Approved Biosimilars. ▶ http://www.biosimilarz.com/?page_id=242. Zugegriffen: 30. Juni 2015

biotec-finder.de (2015) Branchenüberblick. ▶ http://www.biotec-finder.de/branches. Zugegriffen: 30. Juni 2015

Bourgoin AF, Nuskey B (2013) An outlook on US biosimilar competition. Thomson Reuters, Philadelphia

Bracht K (2009) Biomarker: Indikatoren für Diagnose und Therapie. Pharmazeutische Zeitung online. Ausgabe 12/2009. ▶ http://www.pharmazeutische-zeitung.de/?id=29346. Zugegriffen: 23. März 2015

Brady R (2014) Fueling our future. Gulf shore Business May 2014. ▶ http://www.gulfshorebusiness.com/Fueling-Our-Future/. Zugegriffen: 30. Juni 2015

BRAIN (2014a) Biotechnologische Erschließung von Seltenen Erden: BRAIN und Seltenerden Storkwitz kooperieren. Pressemitteilung der BRAIN vom 19.03.2014. ▶ http://www.brain-biotech.de/presse/biotechnologische-erschliessung-von-seltenen-erden. Zugegriffen: 30. Juni 2015

BRAIN (2014b) BRAIN und FUCHS Europe kooperieren auf dem Gebiet der Schmierstoffe aus nachwachsenden Rohstoffen. Pressemitteilung der BRAIN vom 24.09.2014. ▶ http://www.brain-biotech.de/presse/brain-und-fuchs-europe-kooperieren-auf-dem-gebiet-der-schmierstoffe-aus-nac. Zugegriffen: 30. Juni 2015

Braun M, Teichert O, Zweck A (2006) Biokatalyse in der industriellen Produktion. Fakten und Potenziale zur weißen
Biotechnologie. Zukünftige Technologien Consulting
(ZTC) der VDI Technologiezentrum GmbH, Düsseldorf
Briggs A (2011) Effective use of health technology assessment
to maximise market access: start early and update often.
▶ http://www.iconplc.com/icon-files/insight-newslet-
ter/June11/effective.html. Zugegriffen: 30. Juni 2015
Brill A (2015) The economic viability of a U.S. biosimilars
industry. Matrix Global Advisors, Washington
BUND (2015) Agro-Gentechnik nutzt nur einer Handvoll
multinationaler Firmen. Gentechnikfreie Regionen
in Deutschland. Bund für Umwelt und Naturschutz
Deutschland (BUND) e. V., Berlin. ▶ http://www.
gentechnikfreie-regionen.de/hintergruende/risiko-
agro-gentechnik/nutzniesser-der-agro-gentechnik.
html. Zugegriffen: 15. April 2015
Busch A (2013) Mobilität: Algendiesel billiger als Sprit aus
Erdöl. WirtschaftsWoche Green vom 15.07.2013. ▶ http://
green.wiwo.de/mobilitat-der-erste-bezahlbare-algen-
diesel-kommt-aus-brasilien/. Zugegriffen: 30. Juni 2015
Camelot (2014) Großer Preiskampf im Milliardenmarkt. Phar-
ma Relations Ausgabe 03/2014 und innovations 1/14.
▶ http://www.pharma-relations.de/innovations/archiv/
innovations-01-2014/at_download/file. Zugegriffen: 2.
März 2015
Carey J (2014) A technology optimist but a policy pessimist.
Carbon pricing holds the key to success in the fight
against climate change, says gene sequencing pioneer
J. Craig Venter. In: Edmondson G (Hrsg) Europe's Energy
Challenge, a Science|Business special report. Science|-
Business Publishing, Brussels, S 16–19
CEFIC (2014) Landscape of the European Chemical Industry.
The European Chemical Industry Council, Brüssel
CenterWatch (2011) Survey: clinical trial costs rapidly in-
creasing. Online-Artikel vom 27.07.2011. ▶ http://www.
centerwatch.com/news-online/article/1994/survey-cli-
nical-trial-costs-rapidly-increasing#sthash.DnXeQ8eT.
dpbs. Zugegriffen: 30. Juni 2015
Chisti Y (2013) Constraints to commercialization of algal
fuels. J Biotechnol 167:201–214. doi:10.1016/j.jbio-
tec.2013.07.020
Civan A, Köksal B (2010) The effect of newer drugs on health
spending: do they really increase the costs? Health Econ
19:581–595. doi:10.1002/hec.1494
Computerbild (2007) Das Mooresche Gesetz – mehr Leistung, sinkende Kosten. Seite 5 des Artikels »Alles über
Prozessoren« vom 18.05.2007 in Computerbild online.
▶ http://www.computerbild.de/artikel/cb-Ratgeber-
Kurse-Wissen-Prozessor-CPU-2999823.html. Zugegriffen
30. Juni 2015
Dalgaard K, Evers M, Santos da Silva J (2013) Biosimilars seven years on: where are we and what's next? McKinsey
& Company, New York

DECHEMA (2004) Weiße Biotechnologie: Chancen für
Deutschland. DECHEMA, Frankfurt a. M.
DECHEMA (2014) Biotechnologie – der Schlüssel zur Bioöko-
nomie. DECHEMA, Frankfurt a. M.
Deloitte (2013) Measuring the return from pharmaceutical in-
novation 2013. Weathering the storm? Deloitte, London
Deutsche Rheuma-Liga (2014) Positionierung der Deutschen
Rheuma-Liga Bundesverband e. V. zur Einführung von
Biosimilars in Deutschland. Deutsche Rheuma-Liga
Bundesverband e. V., Bonn
Dietz C (2014) Das Philadelphia-Chromosom. Leben mit chro-
nischer myeloischer Leukämie, ein Service der Novartis
Pharma GmbH, Nürnberg. ▶ https://www.leben-mit-
cml.de/laborwerte/philadelphia-chromosom/. Zugegrif-
fen: 27. März 2015
DiMasi JA (2008) The Economics of New Drug Development:
Costs, Risks, and Returns. Vortrag beim Frühjahrs-
treffen der New England Drug Metabolism Group,12.
März 2008, Cambridge. ▶ http://www.nedmdg.org/
docs/2008/joseph-dimasi-spring-2008.ppt. Zugegriffen:
4. Feb. 2015
DiMasi JA (2014) Innovation in the Pharmaceutical Industry:
New Estimates of R&D Costs. R&D Cost Study Briefing.
Tufts Center for the Study of Drug Development. Bos-
ton, MA, November 18, 2014
DiMasi JA, Grabowski HG (2007) The cost of biopharma-
ceutical R&D: is biotech different? Manage Decis Econ
28:469–479. doi:10.1002/mde.1360
DiMasi JA, Hansen RW, Grabowski HG, Lasagna L (1991) Cost
of innovation in the pharmaceutical industry. J Health
Econ 10:107–142. doi:10.1016/0167-6296(91)90001-4
DiMasi JA, Hansen RW, Grabowski HG (2003) The price of
innovation: new estimates of drug development costs. J
Health Econ 22:151–185. doi:10.1016/S0167-6296(02)00126-1
Dingermann T, Zündorf I (2014) Was sind Biosimilars? In:
Bretthauer B (Hrsg) Biosimilars – Ein Handbuch. Pro
Generika e. V., Berlin, S 4–29
Dingermann T, Zündorf I (2015) Biobetters: Kopien – besser
als das Original. Pharmazeutische Zeitung online, Aus-
gabe 06/2015. ▶ http://www.pharmazeutische-zeitung.
de/index.php?id=56229. Zugegriffen: 25. Feb. 2015
Donner S, Boeing N, Samulat G (2013) Lässt sich Biosprit herstellen, ohne Nahrungsmittel zu verwenden? Technology Review Special Energie vom 14.02.2013. S 102–103
Downing NS, Aminawung JA, Shah ND, Krumholz, Ross JS
(2014) Clinical trial evidence supporting FDA approval
of novel therapeutics, 2005–2012. JAMA 311:368–377.
doi:10.1001/jama.2013.282034
DPWB (2008) Weiße Biotechnologie – die Erfolgsgeschichte
geht weiter. Nationale Plattform Weiße Biotechnologie
(DPWB, heute IWBio – Industrieverbund Weiße Biotechnologie), Berlin
Dürre P (2013) Technische Alkohole und Ketone. In: Sahm H
et al (Hrsg) Industrielle Mikrobiologie. Springer, Heidelberg, S 71–89

Eckhardt E, Navarini AA, Recher A, Rippe KP, Rütsche B, Telser H, Marti M (2014) Personalisierte Medizin. Studie TA-SWISS 61/2014 des Zentrums für Technikfolgen-Abschätzung. vdf Hochschulverlag AG, ETH Zürich

ECO SYS (2011) Die Wettbewerbsfähigkeit der Bundesrepublik Deutschland als Standort für die Fermentationsindustrie im internationalen Vergleich. ECO SYS GmbH, Schopfheim

Eggeling (2013) Aminosäuren. In: Sahm H et al (Hrsg) Industrielle Mikrobiologie. Springer, Heidelberg, S 109–126

Eikmanns B, Eikmanns M (2013) Geschichtlicher Überblick. In: Sahm H et al (Hrsg) Industrielle Mikrobiologie. Springer, Heidelberg, S 1–17

EMA (2015) European public assessment reports: Biosimilar. ► http://www.ema.europa.eu/ema/index.jsp?curl=pages%2Fmedicines%2Flanding%2Fepar_search.jsp&mid=WC0b01ac058001d124&searchTab=searchByAuthType&alreadyLoaded=true&isNewQuery=true&status=Authorised&keyword=Enter+keywords&searchType=name&taxonomyPath=&treeNumber=&searchGenericType=biosimilars&genericsKeywordSearch=Submit. Zugegriffen: 30. Juni 2015

van Erp P, Bloomer G, Wilkinson R, Wiedenheft B (2015) The history and market impact of CRISPR RNA-guided nucelases. Curr Opin Virol 12:85–90. doi:10.1016/j.coviro.2015.03.011

EuropaBio (2011) Industrial or White Biotechnology. A driver of sustainable growth in Europe. EuropaBio, Brüssel

European Bioplastics (2013) Bioplastics facts and figures. European Bioplastics e. V., Berlin

EvaluatePharma (2009) World Preview to 2014. EvaluatePharma, London

EvaluatePharma (2010) World Preview to 2016. EvaluatePharma, London

EvaluatePharma (2012a) Embracing the patent cliff. World Preview 2018. EvaluatePharma, London

EvaluatePharma (2012b) Surveying tomorrow's BioPharma landscape. The NASDAQ Biotech Index Up Close. EvaluatePharma, London

EvaluatePharma (2014a) World Preview 2014. Outlook to 2020. EvaluatePharma, London

EvaluatePharma (2014b) Pharma & Biotech 2015 Preview. EvaluatePharma, London

EvaluatePharma (2015a) Approvals up and sales down for 2014's new drug approvals. 26.01.2015 ► http://www.epvantage.com/Universal/View.aspx?type=Story&id=554123&isEPVantage=yes. Zugegriffen: 30. Juni 2015

EvaluatePharma (2015b) World Preview 2015. Outlook to 2020. EvaluatePharma, London

Evens R (2013) Biotech products in Big Pharma clinical pipelines have grown dramatically. Tufts Center for the Study of Drug Development Impact Report 15(6). Tufts University, Boston

Evens R, Kaitin K (2015) The evolution of biotechnology and its impact on health care. Health Aff 34:210–219. doi:10.1377/hlthaff.2014.1023

EY (2014) Beyond borders – Global Biotechnology Report 2014. EY, Boston

FAZ-Institut (2010) Themenkompass 2010: Personalisierte Medizin. FAZ-Institut, Frankfurt/Main. Pressemitteilung vom 15.04.2010. ► http://www.frankfurt-bm.com/meldungen/medizin-der-zukunft. Zugegriffen: 30. Juni 2015

FDA (2015a) What are »Biologics« questions and answers. ► http://www.fda.gov/AboutFDA/CentersOffices/OfficeofMedicalProductsandTobacco/CBER/ucm133077.htm. Zugegriffen: 30. Juni 2015

FDA (2015b) New drugs at FDA: CDER's new molecular entities and new therapeutic biological products. ► http://www.fda.gov/Drugs/DevelopmentApprovalProcess/DrugInnovation/default.htm. Zugegriffen: 30. Juni 2015

FDA (2015c) Transfer of therapeutic products to the Center for Drug Evaluation and Research (CDER). ► http://www.fda.gov/AboutFDA/CentersOffices/Officeof-MedicalProductsandTobacco/CBER/ucm133463.htm. Zugegriffen: 30. Juni 2015

FDA (2015d) Summary of NDA approvals & receipts, 1938 to the present. ► http://www.fda.gov/AboutFDA/WhatWeDo/History/ProductRegulation/SummaryofNDAApprovalsReceipts1938tothepresent/default.htm. Zugegriffen: 30. Juni 2015

FDA (2015e) Fact sheet: breakthrough therapies. ► http://www.fda.gov/RegulatoryInformation/Legislation/FederalFoodDrugandCosmeticActFDCAct/SignificantAmendmentstotheFDCAct/FDASIA/ucm329491.htm. Zugegriffen: 30. Juni 2015

FDA (2015f) Table of pharmacogenomic biomarkers in drug labeling. ► http://www.fda.gov/drugs/scienceresearch/researchareas/pharmacogenetics/ucm083378.htm. Zugegriffen: 30. Juni 2015

FDA (2015g) Nucleic acid based tests. ► http://www.fda.gov/MedicalDevices/ProductsandMedicalProcedures/InVitroDiagnostics/ucm330711.htm. Zugegriffen: 30. Juni 2015

FDA (2015h) List of cleared or approved companion diagnostic devices (in vitro and imaging tools). ► http://www.fda.gov/MedicalDevices/ProductsandMedicalProcedures/InVitroDiagnostics/ucm301431.htm. Zugegriffen: 30. Juni 2015

Fernandez-Cornejo J, Wechsler S, Livingston M, Mitchell L (2014) Genetically engineered crops in the United States. ERR-162 United States Department of Agriculture, Economic Research Service, Washington

Festel G (2010) Industry structure and business models for industrial biotechnology. Vortrag im Rahmen des OECD Workshop on the Outlook on industrial biotechnology am 14.01.2010 in Wien

Festel G, Detzel C, Maas R (2012) Industrial biotechnology – markets and industry structure. J Comm Biotechnol 18:11–21. doi:10.5912/jcb.478

Fikes BJ (2014) Algae's promise rebounds after setbacks. The San Diego Union-Tribune vom 06.11.2014 via Webseite Sapphire Energy. ► http://www.sapphireenergy.com/news-article/2375836-algae-s-promise-rebounds-after-setbacks. Zugegriffen: 30. Juni 2015

FOCR (2015) Breakthrough therapies. ► http://www.focr.org/breakthrough-therapies. Zugegriffen: 30. Juni 2015

Formycon (2013) 21 century biosimilars. Geschäftsbericht 2013. Formycon AG, Martinsried bei München

FirstWord (2015) Biosimilar index: tracking the biosimilar development landscape. ► http://www.fwreports.com/biosimilar-index-tracking-the-biosimilar-development-landscape/#.VZzHuvntmko. Zugegriffen: 30. Juni 2015

Frost & Sullivan (2014) Strong Pipeline of Monoclonal Antibodies (mAbs) Biosimilars in the US and Europe Lends Impetus to Global Market. Pressemitteilung vom 29.01.2014. ► http://www.frost.com/prod/servlet/press-release.pag?docid=288869149. Zugegriffen: 30. Juni 2015

GaBI online (2014) Biosimilar trastuzumab candidates in phase III development. GaBI online vom 9.5.2014. ► http://www.gabionline.net/Biosimilars/Research/Biosimilar-trastuzumab-candidates-in-phase-III-development. Zugegriffen: 30. Juni 2015

Gabrielczyk T (2015a) Grüne Gentechnik – später Triumph für die Biotechnologie. Life Sciences Magazin |transkript 5/2015

Gabrielczyk T (2015b) The guidebook to rewriting the genome. Life Sciences and Industry Magazine European Biotechnology. Spring Edition 2015

Getz KA, Kaitin KI (2015) Why is the pharmaceutical and biotechnology industry struggling? In: Schüler P, Buckley BM (Hrsg) Re-engineering clinical trials. Best practices for streamlining the development process. Elsevier, London, S 3–15

Goldmann-Posch U (2015) Welcher CYP2D6-Typ sind Sie? Neue Erkenntnisse zur Wirkung und Nicht-Wirkung von Tamoxifen. mamazone – Frauen und Forschung gegen Brustkrebs e. V., Augsburg. ► http://www.mamazone.de/publikationen/medizinische-informationen/cyp2d6-typ0/. Zugegriffen: 30. März 2015

Grabowski HG, Guha R, Salgado M (2014) Regulatory and cost barriers are likely to limit biosimilar development and expected savings in the near future. Health Aff 33:1048–1057. doi:10.1377/hlthaff.2013.0862

Groth J (2015) Meine Moleküle. Deine Moleküle. Von der molekularen Individualität. Kapitel Der programmierte Zelltod (Apoptose). ► http://www.meine-molekuele.de/der-programmierte-zelltod-apoptose/. Zugegriffen: 13. März 2015

Hansen RW (1979) The pharmaceutical development process: estimates of current development costs and times and the effects of regulatory changes. In: Chien RI (Hrsg) Issues in pharmaceutical economics. Lexington Books, Lexington, S 151–187

Haustein R, de Millas C, Höer A, Häussler B (2012) Saving money in the European healthcare systems with biosimilars. GaBI J 1:120–126. doi:10.5639/gabij.2012.0103.036

Hay M, Thomas DW, Craighead JL, Economides C, Rosenthal J (2014) Clinical development success rates for investigational drugs. Nat Biotechnol 31:40–51. doi:10.1038/nbt.2786

Hempel U (2009) Personalisierte Medizin I: Keine Heilkunst mehr, sondern rationale, molekulare Wissenschaft. Dtsch Arztebl 106:A-2068/B-1769/C-1733. ► http://www.aerzteblatt.de/archiv/66390/Personalisierte-Medizin-I-Keine-Heilkunst-mehr-sondern-rationale-molekulare-Wissenschaft. Zugegriffen: 23. März 2015

Hermann BG, Dornburg V, Patel MK (2010) Environmental and economic aspects of industrial biotechnology. In: Soetaert W (Hrsg) Industrial biotechnology. Sustainable growth and economic success. Wiley, Weinheim, S 433–455

Herper M (2013) How Much Does Pharmaceutical Innovation Cost? A Look At 100 Companies. Forbes vom 11.08.2013. ► http://www.forbes.com/sites/matthewherper/2013/08/11/the-cost-of-inventing-a-new-drug-98-companies-ranked/. Zugegriffen: 16. Feb. 2015

Hillienhof A (2014) Rheumapatienten bleiben immer länger im Beruf. Deutsches Ärzteblatt vom 14. Januar 2014. ► http://www.aerzteblatt.de/nachrichten/57204/Rheumapatienten-bleiben-immer-laenger-im-Beruf. Zugegriffen: 16. Sept. 2014

von Holleben M, Pani M, Heinemann A (2011) Medizinische Biotechnologie in Deutschland 2011. Biopharmazeutika: Wirtschaftsdaten und Nutzen der Personalisierten Medizin. The Boston Consulting Group, München

humatrix (2015a) Kleine Unterschiede. Große Wirkung. Oder keine. humatrix AG, Pfungstadt. ► https://www.humatrix.de/therapiesicherheit/. Zugegriffen: 30. März 2015

humatrix (2015b) DNA-Analysen ermöglichen Therapieoptimierung bei Depression. Pressemitteilung vom 10.3.2015. humatrix AG, Pfungstadt. ► https://www.humatrix.de/presse/pressemeldungen/pm_15_03_10.htm. Zugegriffen: 30. März 2015

HZI (2013) Leistungsfähiges Werkzeug für die Gentechnik. Pressemitteilung vom 22.11.2013. Helmholtz-Zentrum für Infektionsforschung (HZI), Braunschweig. ► http://www.helmholtz-hzi.de/de/aktuelles/news/ansicht/article/complete/leistungsfaehiges_werkzeug_fuer_die_gentechnik. Zugegriffen: 29. April 2015

IBM (2012) Redefining value and success in healthcare. IBM Corporation, Somers

IMS Health (2011) Shaping the biosimilars opportunity: a global perspective on the evolving biosimilars landscape. IMS Health, London

innovations (2012) Quote per Gesetz? Innovations 04/12. ► http://www.pharma-relations.de/innovations/archiv/innovations-04-2012/at_download/file. Zugegriffen: 30. Juni 2015

ISAAA (2014) Global Status of Commercialized Biotech/GM Crops: 2014. ISAAA Brief 49-2014: Executive Summary. International Service for the Acquisition of Agri-biotech Applications (ISAAA). ► http://isaaa.org/resources/publications/briefs/49/executivesummary/default.asp. Zugegriffen: 30. Juni 2015

Jarasch ED (2011a) Biosimilars: Nachahmerpräparate von Biopharmazeutika. BIOPRO Baden-Württemberg online vom 5.10.2011. ► http://www.bio-pro.de/magazin/thema/00155/index.html?lang=En-US. Zugegriffen: 27. Feb. 2015

Jarasch ED (2011b) Entwicklung neuer molekularer Biomarker. BIOPRO Baden-Württemberg online vom 12.12.2011. ► http://www.bio-pro.de/magazin/thema/07390/index.html?lang=En-US. Zugegriffen: 27. März 2015

Joule (2012) Joule Partners with Audi to Accelerate Development and Commercialization of Sustainable, Carbon-Neutral Fuels. Pressemitteilung der Joule Unlimited vom 17.9.2012. ► http://www.jouleunlimited.com/joule-partners-audi-accelerate-development-and-commercialization-sustainable-carbon-neutral-fuels. Zugegriffen: 30. Juni 2015

Kaitin KI, DiMasi JA (2011) Pharmaceutical innovation in the 21st century: new drug approvals in the first decade, 2000–2009. Clin Pharmacol Ther 89:183–188. doi:10.1038/clpt.2010.286

Kasenda B, von Elm E, You J et al (2014) Prevalence, characteristics, and publication of discontinued randomized trials. JAMA 311:1045–1051. doi:10.1001/jama.2014.1361

Kempkens W (2014) Biokraftstoffe: Audi entwickelt Sprit aus Pflanzenabfällen. Wirtschaftswoche Green vom 23.1.2014. ► http://green.wiwo.de/biokraftstoffe-audi-entwickelt-sprit-aus-pflanzenabfaellen/. Zugegriffen: 30. März 2015

KET (2011) Industrial biotechnology. Working group report. High-Level Expert Group on Key Enabling Technologies (KET) within European Commission, Brüssel. ► http://ec.europa.eu/enterprise/sectors/ict/files/kets/4_industrial_biotechnology-final_report_en.pdf. Zugegriffen: 29. Okt. 2014

Kinch M (2014) The rise (and decline?) of biotechnology. Drug Discov Today 19:1686–1690. doi:10.1016/j.drudis.2014.04.006

Kitterman DR, Cheng SK, Dilts DM, Orwoll ES (2012) The prevalence and economic impact of low-enrolling clinical studies at an academic medical center. Acad Med 86:1360–1366. doi:10.1097/ACM.0b013e3182306440

Kling J (2014) Fresh from the biotech pipeline – 2013. Nat Biotechnol 32:121–124. doi:10.1038/nbt.2811

Klümper W, Qaim M (2014) A meta-analysis of the impacts of genetically modified crops. PLoS One 9:e111629. doi:10.1371/journal.pone.0111629

Krebsinformationsdienst (2015a) Das Immunsystem. Funktion und Bedeutung bei Krebs. DKFZ, Heidelberg. ► http://www.krebsinformationsdienst.de/behandlung/immunsystem.php#inhalt2. Zugegriffen: 10. März 2015

Krebsinformationsdienst (2015b) Krebs: Was ist das eigentlich? DKFZ, Heidelberg. ► http://www.krebsinformationsdienst.de/grundlagen/krebsentstehung-faq.php#inhalt4. Zugegriffen: 10. März 2015

Krebsinformationsdienst (2015c) Immunsystem und Krebs: Kompliziertes Wechselspiel. DKFZ, Heidelberg ► http://www.krebsinformationsdienst.de/behandlung/immunsystem.php#inhalt13. Zugegriffen: 10. März 2015

Krebsinformationsdienst (2015d) Entwicklung von Behandlungsverfahren: Welche Strategien lassen sich aus der Immunologie ableiten? DKFZ, Heidelberg. ► http://www.krebsinformationsdienst.de/grundlagen/immunsystem.php#inhalt17. Zugegriffen: 12. März 2015

KVWL (2010) Granulozyten-Koloniestimulierende Faktoren – Biosimilars mit deutlichen Kosteneinsparungen bei kürzerer Anwendungsdauer. Gemeinsame Information der KVWL und der Verbände der Krankenkassen in Westfalen-Lippe. ► https://www.kvwl.de/arzt/verordnung/arzneimittel/info/agavm/granulozyten_agamv.pdf. Zugegriffen: 2. März 2015

Lane J (2014) Where are we with algae biofuels? PART II. Biofuels Digest vom 14.10.2014. ► http://www.biofuelsdigest.com/bdigest/2014/10/14/where-are-we-with-algae-biofuels-part-ii/. Zugegriffen: 30. Juni 2015

Lane J (2015) Joule says »will go commercial in 2017«: solar fuels on the way. Biofuels Digest vom 23.3.2015. ► http://www.biofuelsdigest.com/bdigest/2015/03/23/joule-says-will-go-commercial-in-2017-solar-fuels-on-the-way/. Zugegriffen: 30. Juni 2015

Ledford H (2014) Immuntherapie: Der Killer in uns. Spektrum der Wissenschaft vom 29.04.2014. ► http://www.spektrum.de/news/derkillerinuns/1283756. Zugegriffen: 17. März 2015

Lichtenberg FR (2001) Are the benefits of newer drugs worth their cost? Evidence from the 1996 MEPS. Health Aff 20:241–251. doi:10.1377/hlthaff.20.5.241

Lichtenberg FR (2002) Sources of U.S. longevity increase, 1960–1997. NBER Working Paper No. 8755. National Bureau of Economic Research, Cambridge

Lichtenberg FR (2009) The quality of medical care, behavioral risk factors, and longevity growth. NBER Working Paper No. 15068. National Bureau of Economic Research, Cambridge

Lichtenberg FR (2010) Has medical innovation reduced cancer mortality? NBER Working Paper No. 15880. Revised Oktober 2013. National Bureau of Economic Research, Cambridge

Lichtenberg FR (2011) Despite steep costs, payments for new cancer drugs make economic sense. Nat Med 17:244

Lichtenberg FR (2014) Pharmaceutical innovation and longevity growth in 30 developing and high-income countries, 2000–2009. Health Policy Technol 3:36–58. doi:10.1016/j.hlpt.2013.09.005

LOEWE (2015) Was ist Gelbe Biotechnologie? LOEWE Zentrum für Insektenbiotechnologie & Bioressourcen, Gießen. ► http://insekten-biotechnologie.de/de/start. html. Zugegriffen: 30. Juni 2015

Long G, Works J (2013) Innovation in the biopharmaceutical pipeline: a multidimensional view. Analysis Group, Boston

Lorenz HM (2002) Technology evaluation: adalimumab, Abbott laboratories. Curr Opin Mol Ther 4:185–190

Lücke J, Bädeker M, Hildinger M (2014) Medizinische Biotechnologie in Deutschland 2014. Biopharmazeutika: Wirtschaftsdaten und Nutzen für Patienten mit seltenen Erkrankungen. Bericht im Auftrag des vfa. The Boston Consulting Group, München

MarketsandMarkets (2013) Biomarkers Market. ► http://www.marketsandmarkets.com/Market-Reports/biomarkers-advanced-technologies-and-global-market-43. html. Zugegriffen: 30. Juni 2015

MarketsandMarkets (2014) Molecular Diagnostics Market Report. ► http://www.marketsandmarkets.com/Market-Reports/molecular-diagnostic-market-833.html. Zugegriffen: 30. Juni 2015

Marschall L (2000) Im Schatten der chemischen Synthese. Industrielle Biotechnologie in Deutschland (1900–1970). Campus, Frankfurt a. M.

Maurer KH, Elleuche S, Antranikian G (2013) Enzyme. In: Sahm H et al (Hrsg) Industrielle Mikrobiologie. Springer, Heidelberg, S 205–224

McGuire R (2013) Impact of clinical development on oncology drug prices. Online-Artikel vom 11.6.2013 auf Pharmaphorum. ► http://www.pharmaphorum.com/articles/impact-of-clinical-development-on-oncology-drug-prices-2. Zugegriffen: 30. Juni 2015

Mestre-Ferrandiz J, Sussex J, Towse A (2012) The R&D cost of a new medicine. Office of Health Economics, London

Morgan S, Grootendorst P, Lexchin J, Cunningham C, Greyson D (2011) The cost of drug development: a systematic review. Health Policy 100:4–17. doi:10.1016/j.healthpol.2010.12.002

Mulcahy AW, Predmore Z, Mattke S (2014) The cost savings potential of biosimilar drugs in the United States. RAND Corporation, Santa Monica

Munos B (2009) Lessons from 60 years of pharmaceutical innovation. Nat Rev Drug Discov 8:959–968. doi:10.1038/nrd2961

National Geographic (2015) Biofuels. The Original Car Fuel. ► http://environment.nationalgeographic.com/environment/global-warming/biofuel-profile/. Zugegriffen: 30. Juni 2015

Nature Biotechnology Editorial (2012) Will the floodgates open for gene therapy? Nat Biotechnol 30:805. ► http://www.nature.com/nbt/journal/v30/n9/full/nbt.2363. html. Zugegriffen: 30. Juni 2015

Ndegwa S, Quansah K (2013) Subsequent entry biologics – emerging trends in regulatory and health technology assessment frameworks [Environmental Scan 43, ES0284]. Canadian Agency for Drugs and Technologies in Health, Ottawa

NHGRI (2013) NHGRI celebrates 10th anniversary of the Human Genome Project. Pressemitteilung des National Human Genome Research Institute (NHGRI) vom 12.4.2013. ► http://www.genome.gov/27553526. Zugegriffen: 30. Juni 2015

Nicolaides NC, O'Shannessy DJ, Albone E, Grasso L (2014) Co-development of diagnostic vectors to support targeted therapies and theranostics: essential tools in personalized cancer therapy. Front Oncol 4:141. doi:10.3389/fonc.2014.00141

nova-Institut (2013) Bio-based polymers in the world. Capacities, production and applications: status quo and trends towards 2020. nova-Institut, Hürth

Oetzel S (2012) Cytochrome P450: Enzymfamilie mit zentraler Bedeutung. Pharmazeutische Zeitung Online, Ausgabe 07/2012. ► http://www.pharmazeutische-zeitung. de/?id=40909. Zugegriffen: 31. März 2015

Otto R, Santagostino A, Schrader U (2014) From science to operations. Questions, choices and strategies for success in biopharma. McKinsey & Company, New York

Paul SM, Mytelka DS, Dunwiddie CT, Persinger CC, Munos BH, Lindborg SR, Schacht AL (2010) How to improve R&D productivity: the pharmaceutical industry's grand challenge. Nat Rev Drug Discov 9:203–214. doi:10.1038/nrd3078

Pavic M, Pfeil AM, Szucs TD (2014) Estimating the potential annual welfare impact of innovative drugs in use in Switzerland. Front Public Health 2:48. doi:10.3389/fpubh.2014.00048

Pflanzenforschung (Biokraftstoff) Biokraftstoff der zweiten Generation. Pflanzenforschung.de. ► http://www.pflanzenforschung.de/de/themen/lexikon/biokraftstoff-der-zweiten-generation-870. Zugegriffen: 30. Juni 2015

Pflanzenforschung (Risiko) Kein höheres Risiko: Ein Resümee nach 25 Jahren biologischer Sicherheitsforschung an gv-Pflanzen. Pflanzenforschung.de vom 28.11.2014. ► http://www.pflanzenforschung.de/de/journal/journalbeitrage/kein-hoeheres-risiko-ein-resuemee-nach-25-jahren-biolog-10348. Zugegriffen: 30. Juni 2015

PharmQD (2014) Continuing education lesson. Biosimilars: An Emerging Category of Biologic Drugs. ► https://www.pharmqd.com/node/111908/lesson. Zugegriffen: 8. Dez. 2014

PhRMA (2013) Medicines in development: Biologics. Pharmaceutical Research and Manufacturers of America, Washington

PhRMA (2015) 2015 biopharmaceutical research industry profile. Pharmaceutical Research and Manufacturers of America, Washington

Pindyck RS, Rubinfeld DL (2013) Mikroökonomie. Pearson Studium, München

Plieth J (2015) Not for the faint of CAR-T. The CAR-T therapy landscape in 2015. Evaluate, London

PMC (2014) The case for personalized medicine, 4. Aufl. The Personalized Medicine Coalition (PMC), Washington

PMC (2015) Personalized medicine by the numbers. The Personalized Medicine Coalition (PMC), Washington

Pothier K, Woosley R, Fish A, Sathiamoorthy T (2013) Introduction to molecular diagnostics. The essentials of diagnostics series. DxInsights/AdvaMedDx. ► http://advameddx.org/download/files/AdvaMedDx_DxInsights_FINAL(2).pdf. Zugegriffen: 30. Juni 2015

ProGenerika (2015) Kostenvorteil Biosimilars. ► http://www.progenerika.de/biosimilars/kostenvorteil-biosimilars/. Zugegriffen: 27. Feb. 2015

Proplanta (2012) BUND erfreut über Gentechnik-Rückzug von BASF. dpa-Mitteilung via Proplanta: Das Informationszentrum für die Landwirtschaft. ► http://www.proplanta.de/Agrar-Nachrichten/Pflanze/BUND-erfreut-ueber-Gentechnik-Rueckzug-von-BASF_article1326837723.html. Zugegriffen: 30. Juni 2015

Rader RA (2008) (Re)defining biopharmaceutical. Nat Biotechnol 26:743–751. doi:10.1038/nbt0708-743

Rader RA (2013a) FDA Biopharmaceutical product approvals and trends in 2012. BioProcess Int 11:18–27

Rader RA (2013b) An analysis of the US biosimilars development pipeline and likely market evolution. BioProcess Int 11:16–23

Robertson DE, Jacobson SE, Morgan F, Berry B, Church GM, Afeyan NB (2011) A new dawn for industrial photosynthesis. Photosynth Res 107:269–277. doi:10.1007/s11120-011-9631-7

Roche (2011) Personalisierte Medizin. Kleine Unterschiede, grosse Wirkung. F. Hoffmann-La Roche AG, Basel

Roche (2012) Geschäftsbericht 2012. F. Hoffmann-La Roche AG, Basel

Roche (2013) Geschäftsbericht 2013. F. Hoffmann-La Roche AG, Basel

Rottenkolber D, Hasford J, Stausberg J (2012) Costs of adverse drug events in German hospitals – a microcosting study. Value Health 15:868–875. doi:10.1016/j.jval.2012.05.007

Sandoz (2015) Unrivalled Biosimilars Pipeline. ► http://www.sandoz-biosimilars.com/aboutus/biosimilars_pipeline.shtml. Zugegriffen: 30. Juni 2015

Schnabel U (2006) Bnuter Bchutsabensalat. DIE ZEIT online vom 09.02.2006. ► http://www.zeit.de/2006/07/S_36_Kleintext. Zugegriffen: 30. Juni 2015

Schnack D (2014) Personalisierte Medizin weckt falsche Hoffnungen. ÄrzteZeitung vom 18.11.2014. ► http://www.aerztezeitung.de/medizin/fachbereiche/allgemeinmedizin/?sid=873527. Zugegriffen: 20. März 2015

Schnee M, Heine T (2008) Weiße Biotechnologie am Kapitalmarkt. DVFA, Frankfurt a. M.

Sertkaya A, Birkenbach A, Berlind A, Eyraud J (2014) Examination of clinical trial costs and barriers for drug development. Report prepared for the U.S. Department of Health and Human Services, Eastern Research Group, Lexington

Sheridan C (2015) Amgen's bispecific antibody puffs across finish line. Nat Biotechnol 33:219–221

Silverman E (2013) Biotech Meds are swelling those pharma pipelines. Forbes 18.11.2013. ► http://onforb.es/1iprkRy. Zugegriffen: 8. Jan. 2015

Singer E (2010) »Die Medizin wird vollständig digitalisiert«. Technology Review vom 11.3.2010. ► http://www.heise.de/tr/artikel/Die-Medizin-wird-vollstaendig-digitalisiert-949266.html. Zugegriffen: 27. März 2015

Spear BB, Heath-Chiozzi M, Huff J (2001) Clinical application of pharmacogenetics. Trends Mol Med 7:201–204. doi:10.1016/S1471 4914(01)01986-4

Spektrum (2001) Kompaktlexikon der Biologie. In-situ-Hybridisierung. Spektrum der Wissenschaften. ► http://www.spektrum.de/lexikon/biologie-kompakt/in-situ-hybridisierung/5973. Zugegriffen: 27. März 2015

Stahmann KP, Hohmann HP (2013) Vitamine, Nukleotide und Carotinoide. In: Sahm H et al (Hrsg) Industrielle Mikrobiologie. Springer, Heidelberg, S 127–148

Steinbüchel A, Raberg M (2013) Polysaccharide und Polyhydroxyalkanoate. In: Sahm H et al (Hrsg) Industrielle Mikrobiologie. Springer, Heidelberg, S 225–243

Syldatk C, Hausmann R (2013) Organische Säuren. In: Sahm H et al (Hrsg) Industrielle Mikrobiologie. Springer, Heidelberg, S 90–107

Tacke (2013) Audi e-fuels: Kraftstoffe für die nachhaltige Mobilität. Audi Technologiemagazin Dialoge 1/2013. ► http://www.audi.de/at/brand/de/vorsprung_durch_technik/content/2013/04/zeitenwende.html. Zugegriffen: 30. Juni 2015

Thomson Reuters (2012) 2012 CMR international pharmaceutical R&D factbook. Thomson Reuters, London

Thomson Reuters (2014) Biosimilars Set to Revolutionize Global Drug Development Industry with More Than 700 Therapies in Pipelines. Pressemitteilung vom 29.9.2015. ► http://thomsonreuters.com/en/press-releases/2014/biosimilars-set-to-revolutionize-global-drug-development-industry-with-more-than-700-therapies-in-pipelines.html. Zugegriffen: 30. Juni 2015

Tice DG, Carroll KA, Bhatt KH, Belknap SM, Mai D, Gipson HJ, West DP (2013) Characteristics and causes for Non-Accrued Clinical Research (NACR) at an Academic Medical Institution. J Clin Med Res 5:185–193. doi:10.4021/jocmr1320w

transGEN (2014) Bt-Mais: Ein Risiko für Umwelt. Wirklich? transGEN Kompakt 5, März 2014. ► http://www.transgen.de/pdf/kompakt/mais.pdf. Zugegriffen: 14. April 2015

transGEN (2015) Gentechnisch veränderte Lebens- und Futtermittel: Die europäischen Rechtsvorschriften. transGEN vom 8.5.2015. ► http://www.transgen.de/recht/gesetze/273.doku.html. Zugegriffen: 30. Juni 2015

transkript (2014) GBE: Olefine aus Bakterien. |transkript online vom 28.11.2014. ► http://www.transkript.de/nachrichten/wirtschaft/2014-04/gbe-olefine-aus-bakterien.html. Zugegriffen: 30. Juni 2015

USDA (2008) U.S. biobased products: market potential and projections through 2025. United States Department of Agriculture (USDA), Washington

Van C (2014) The price of health. Online-Artikel der Biotech Connection at Boston. ► http://bostonbiotech.org/2014/06/18/price-of-health/. Zugegriffen: 23. Februar 2015

VDGH (2012) Hightech für das ärztliche Labor. VDGH Verband der Diagnostica-Industrie e. V., Berlin

VDI (2015) Ingenieur-Welt, Ingenieurberufe: Graue Biotechnologie. Online-Information des VDI (Verein Deutscher Ingenieure e. V.), Düsseldorf. ► http://www.technik-welten.de/ingenieur-welt/ingenieurberufe/biotechnologie/biotechnologie/graue-biotechnologie.html. Zugegriffen: 30. April 2015

vfa (2015a) Biosimilars ja bitte, Quoten nein danke! vfa online vom 16.2.2015. ► http://www.vfa.de/de/wirtschaft-politik/artikel-wirtschaft-politik/biosimilars-ja-bitte-quoten-nein-danke.html. Zugegriffen: 27. Feb. 2015

vfa (2015b) Personalisierte Medizin – das beste Medikament für den Patienten finden. ► http://www.vfa.de/de/arzneimittel-forschung/personalisierte-medizin/personalisierte-medizin-das-beste-medikament-fuer-den-patienten-finden.html. Zugegriffen: 30. Juni 2015

vfa (2015c) In Deutschland zugelassene Arzneimittel für die personalisierte Medizin. Verband forschender Arzneimittelhersteller, Berlin. ► http://www.vfa.de/de/arzneimittel-forschung/datenbanken-zu-arzneimitteln/individualisierte-medizin.html. Zugegriffen: 30. März 2015

vfa Patientenportal (2015) Personalisierte Medizin: Die Hürden in der Praxis. ► http://www.vfa-patientenportal.de/patienten-und-innovation/personalisierte-medizin-in-novationen/die-huerden-in-der-praxis.html. Zugegriffen: 30. Juni 2015

Viering K (2009) Die Treibstoff-Züchter. Berliner Zeitung vom 20.11.2009. ► http://www.berliner-zeitung.de/archiv/wie-man-bakterien-so-dressiert-dass-sie-sprit-herstellen-die-treibstoff-zuechter,10810590,10681106.html. Zugegriffen: 30. Juni 2015

Visiongain (2013) Biomarkers: Technological and Commercial Outlook 2013–2023. Pressemitteilung vom Juli 2013. ► https://www.visiongain.com/Press_Release/450/World-biomarkers-market-will-reach-29-25bn-in-2018-predicts-new-Visiongain-report. Zugegriffen: 30. Juni 2015

Vondracek I (2012) Marine Biotechnologie: Ungeahnte Hoffnungsträger aus der blauen Tiefe. Das Biotechnologie und Life Sciences Portal Baden-Württemberg. BIOPRO Baden-Württemberg GmbH, Stuttgart. ► http://www.bio-pro.de/magazin/thema/08579/index.html?lang=de. Zugegriffen: 30. Juni 2015

Walsh G (2014) Biopharmaceutical benchmarks 2014. Nat Biotechnol 32:992–1000. doi:10.1038/nbt.3040

von der Weiden S (2011) Turbo-Algen sollen den Sprit der Zukunft liefern. Die WELT vom 11.8.2011. ► http://www.welt.de/wissenschaft/umwelt/article13539595/Turbo-Algen-sollen-den-Sprit-der-Zukunft-liefern.html. Zugegriffen: 30. Juni 2015

Wetterstrand KA (2015) DNA sequencing costs: data from the NHGRI Genome Sequencing Program (GSP). ► www.genome.gov/sequencingcosts. Zugegriffen: 30. Nov. 2015

Wieland T (2012) Pfadabhängigkeit, Forschungskultur und die langsame Entfaltung der Biotechnologie in der Bundesrepublik Deutschland. In: Fraunholz U, Hänseroth T (Hrsg) Ungleiche Pfade? Innovationskulturen im deutsch-deutschen Vergleich. Waxmann, Münster, S 73–97

Wikipedia (Feinchemikalie) Feinchemikalie. ► http://de.wikipedia.org/wiki/Feinchemikalie. Zugegriffen: 22. Okt. 2014

Wikipedia (Generikum) Generikum. ► http://de.wikipedia.org/wiki/Generikum. Zugegriffen: 30. Juni 2015

Wikipedia (Gezielte Krebstherapie) Gezielte Krebstherapie. ► http://de.wikipedia.org/wiki/Gezielte_Krebstherapie. Zugegriffen: 30. Juni 2015

Wikipedia (Kapitalkosten) Kapitalkosten. ► http://de.wikipedia.org/wiki/Kapitalkosten. Zugegriffen: 10. Feb. 2015

Wikipedia (Lipide) Lipide. ► http://de.wikipedia.org/wiki/Lipide#Biologische_Funktionen. Zugegriffen: 21. Okt. 2014

Wikipedia (Querschnittstechnologie) Querschnittstechnologie. ► http://de.wikipedia.org/wiki/Querschnittstechnologie. Zugegriffen: 17. Sept. 2014

Wikipedia (Secretomics) Secretomics. ► http://en.wikipedia.org/wiki/Secretomics. Zugegriffen: 25. März 2015

Wikipedia (Spezialchemie) Spezialchemie. ► http://de.wikipedia.org/wiki/Spezialchemie. Zugegriffen: 22. Okt. 2014

Wikipedia (Zeitwert des Geldes) Zeitwert des Geldes.
▶ http://de.wikipedia.org/wiki/Zeitwert_des_Geldes.
Zugegriffen: 10. Feb. 2015
Woldt M (2011) Dressierte Badespassverderber. Berliner
Zeitung vom 21.3.2011. ▶ http://www.berliner-zeitung.
de/archiv/im-wettrennen-um-sauberen-biosprit-ohne-
nahrungsmittel-im-tank-ist-eine-berliner-firma-vorn-
dabei-dressierte-badespassverderber,10810590,10777694-
.html. Zugegriffen: 30. Juni 2015
Woopen C (2013) Personalisierte Medizin – der Patient als
Nutznießer oder Opfer? Vorwort in der Tagungsdoku-
mentation der Jahrestagung des Deutschen Ethikrates
2012. Deutscher Ethikrat, Berlin
Zylka-Menhorn V, Korzilius H (2014) Biosimilars: Das Wettrennen ist in vollem Gange. Dtsch Arztebl 111:A452–A455

Teil II Die Biotech-Industrie: die Situation in Deutschland

Rahmenbedingungen bei der Entstehung der Biotech-Industrie in Deutschland

Zusammenfassung

Um die Entwicklung der deutschen KMU-geprägten Biotech-Industrie zu verstehen, ist die Analyse der Rahmenbedingungen, die hierzulande vor ihrer Entstehung vorherrschten, hilfreich. Dieses Kapitel beleuchtet insbesondere die Situation der Forschung und Lehre vor den 1970er-Jahren sowie politische und wirtschaftliche Rahmenbedingungen in den 1970er- bis 1990er-Jahren. Bis in die 1930er-Jahre galt Deutschland als Vorreiter in der biochemischen Forschung. In den späten 1930er- bis 1950er-Jahren setzten sich dann die USA bei der biochemischen und molekularbiologischen Forschung an die Spitze. Neben Zwangsemigration und Vertreibung von Wissenschaftlern durch das Nazi-Regime hatte auch der Zweite Weltkrieg eine internationale Isolation und Selbstisolation deutscher Forscher zur Folge. Hinzu kam, dass Universitätsstrukturen bzw. Institutsabgrenzungen interdisziplinäre Zusammenarbeit erschwerten. Die Lage änderte sich erst langsam in den 1960er- und 1970er-Jahren sowie verstärkt in den 1980er-Jahren mit der Gründung der Genzentren ab 1982 in Heidelberg, Köln und München sowie 1987 in Berlin. Gleichzeitig setzte der Bund verschiedene Förderprogramme auf, rief Kommissionen ins Leben und verabschiedete 1990 das Gentechnik-Gesetz. Danach folgten 1995/1996 der BioRegio-Wettbewerb, der als Initialzündung für die deutsche Biotech-Branche gilt, sowie weitere mit einem Wettbewerbsanreiz ausgestattete Förderinstrumente. Schließlich wurde auch versucht, Rahmenbedingungen für Unternehmensgründungen und –finanzierungen zu verbessern, was allerdings laut einem Gutachten der Expertenkommission Forschung und Innovation (EFI) bis heute noch nicht zufriedenstellend gelöst ist. Das Kapitel schließt mit einem zusammenfassenden Vergleich »biotech-relevanter« Rahmenbedingungen in den USA und Deutschland sowie einer Übersicht zu frühen Bio- und Gentech-Aktivitäten der etablierten Industrie.

J. Schüler, *Die Biotechnologie-Industrie*,
DOI 10.1007/978-3-662-47160-9_4, © Springer-Verlag Berlin Heidelberg 2016

4.1 Forschung und Lehre vor den 1970er-Jahren

Um die Entwicklung der deutschen KMU-geprägten Biotech-Industrie zu verstehen, ist die Analyse der Rahmenbedingungen, die hierzulande vorherrschten, hilfreich. Für die wirtschaftliche Nutzung sind vor allem Forschung und Lehre eine wichtige Voraussetzung. International gesehen markierte die Gärungsforschung bis 1930 eine erste Phase der Erforschung von Mikroorganismen. Molekularbiologische Forschung kam erstmals zwischen 1930 und 1950 auf als ein Zusammentreffen von Biologie, Chemie und Physik mit einem Fokus auf Proteinanalyse und Genetik. Der Zeitraum von 1950 bis 1970 stellt eine dritte Phase dar: von der physikalischen Aufklärung der DNS-Struktur über die biochemische Entzifferung des genetischen Codes bis zur Erfindung der DNS-Rekombinationstechnik, das heißt der Gentechnik.

4.1.1 Bis 1950: die anfängliche Lage in Deutschland

Gewerbliche Gärungsforschung bestritten in Deutschland die Gemeinschaftsforschungsanstalten berufsständischer Verbände des Gärungsgewerbes. So gründete sich 1874 die Versuchsanstalt für Brennerei, aus der 1909 das Berliner Institut für Gärungsgewerbe und Stärkefabrikation (IfG, seit 1967 Institut für Gärungsgewerbe und Biotechnologie, IfGB) hervorging. Dessen Forschung war hauptsächlich zweckgebunden, übergeordnete mikrobiologische Fragestellungen bearbeitete es später allerdings zunehmend. Wissenschaftlicher Direktor war der Chemiker Max Delbrück, Onkel des bekannten Biophysiker und Molekularbiologen Max Delbrück. Bis 1898 gründeten sich elf weitere gewerbliche gärungswissenschaftliche Forschungsanstalten, Standorte waren neben Berlin zum Beispiel München, Weihenstephan, Hohenheim, Nürnberg und Worms. Staatliche mikrobiologische Forschung betrieb das 1891 gegründete Königlich Preußische Institut für Infektionskrankheiten, heute bekannt als Robert-Koch-Institut (RKI). Die Rolle der Grundlagenforschung fiel den seit 1911 gegründeten Kaiser-Wilhelm-Instituten (KWI) zu.

Für den biowissenschaftlichen Bereich als relevant anzusehen sind unter anderem die Gründungen der folgenden Institute:

- 1912 KWI für Chemie (Berlin), heute Max-Planck-Institut (MPI) für Chemie (Otto-Hahn-Institut, Mainz);
- 1912 KWI für Biologie (Berlin), 1943 Umzug nach Hechingen, 1951 dann als MPI für Biologie in Tübingen, 2004 geschlossen;
- 1912 KWI für Physikalische Chemie (Berlin), heute MPI für biophysikalische Chemie (Göttingen);
- 1913/1925 KWI für Biochemie (Berlin), 1943 nach Tübingen verlagert, später aufgespalten in MPI für Virusforschung (Tübingen, 1984 umbenannt in MPI für Entwicklungsbiologie) und MPI für Biochemie (1956 nach München);
- 1928/1930 KWI für Hirnforschung (Berlin-Buch), heute Max-Delbrück-Centrum für Molekulare Medizin (Helmholtz-Gemeinschaft);
- 1929 KWI für medizinische Forschung (Heidelberg), heute MPI für medizinische Forschung;
- 1930 KWI für Zellphysiologie (Berlin), 1953 Übernahme als MPI, 1972 geschlossen;
- 1937 KWI für Biophysik (Frankfurt/Main), heute MPI für Biophysik.

> **Kaiser-Wilhelm-Institute (KWI)**
>
> Die Kaiser-Wilhelm-Gesellschaft (KWG) ist die Vorläuferin der heutigen Max-Planck-Gesellschaft, die sich 1911 unter der Schirmherrschaft Kaiser Wilhelms II. in Berlin gründete. Konzeption und Struktur brachen mit herkömmlichen Konventionen: Finanziert von Wirtschaft und Staat, zielte die neue Gesellschaft darauf, bekannten Wissenschaftlern eigene Institute (die Kaiser-Wilhelm-Institute) zu bieten, in denen sie frei von jeglicher Lehrpflicht nach ihren Interessen forschen konnten.

Keines der KWI befasste sich indes mit der Mikrobiologie, obwohl Delbrück als wissenschaftlicher Direktor des IfG und Vorstandsmitglied der KWG dafür eindringlich plädierte. An den Berliner KWI für Biochemie und Biologie betrieben immerhin ab 1937 die Wissenschaftler Butenandt, Kühn und von

Wettstein biochemische und genetische Virusforschung, später fortgesetzt in Tübingen. Nach dem Zweiten Weltkrieg übernahm die neu gegründete Max-Planck-Gesellschaft die KWI, sie fungieren heute als Max-Planck-Institute (MPI).

In den Universitäten fand laut Marschall (2000) Gärungsforschung zwar statt, sie stand aber im Schatten der gewerblichen Forschung. Die Mikrobiologie beziehungsweise Bakteriologie hatte den Ruf einer angewandten und praktischen Disziplin, weshalb sie Hochschulwissenschaftler nicht besonders ernst nahmen. Anfangs spielte sie nur eine untergeordnete Rolle als Hilfswissenschaft und war damit oft lediglich Teil der medizinischen (Hygiene-Institute) und landwirtschaftlichen Fakultäten. So gründete sich 1900 in Göttingen das Institut für landwirtschaftliche Bakteriologie, 1935 wurde es in Institut für Mikrobiologie umbenannt, und heute gehört es als Institut für Mikrobiologie und Genetik zur Biologischen Fakultät und zum Göttinger Zentrum für Molekulare Biowissenschaften (GZMB). Eigenständige Universitätsinstitute für Mikrobiologie entstanden laut der Vereinigung für Allgemeine und Angewandte Mikrobiologie (VAAM) ab 1956 als Lehrstühle innerhalb der naturwissenschaftlichen Fakultäten zunächst in Frankfurt/Main und Hamburg.

Die Biochemie, früher auch als physiologische Chemie bezeichnet, war dagegen bereits in den 1930er-Jahren an den Universitäten vertreten: 1932 gab es selbstständige Institute für Physiologische Chemie an den Universitäten Berlin, Frankfurt, Freiburg, Leipzig, Tübingen und Würzburg. Die Namen Fischer, Willstätter, Wieland und Warburg stehen stellvertretend für eine große Tradition der deutschen Biochemie. Als international führend bezeichnet Zarnitz (1968) zudem die Arbeiten über den Wirkungsmechanismus von Enzymen (MPI für Zellchemie, München, 1954–1973) sowie die Arbeiten zur Geschwindigkeitsmessung von schnellen chemischen Reaktionen (MPI für physikalische Chemie, Göttingen, heute MPI für biophysikalische Chemie). Die Forscher Eigen, Norrish und Porter erhielten dafür im Jahr 1967 den Nobelpreis für Chemie.

In der Genetik führten Kühn und Butenandt in den 1930er-Jahren an den KWI für Biologie und Biochemie an Insekten erste Untersuchungen zum funktionellen Zusammenhang von Gen und Merkmal durch (der eigentliche Durchbruch kam 1958 in den USA mit der Arbeit an Pilzen). Sie bauten auf Arbeiten zur physiologischen Genetik von Goldschmidt (Genetik der Tiere am KWI für Biologie) und Correns (KWI-Pflanzengenetiker und »Wiederentdecker« der Mendel'schen Regeln) auf. Gerade die Genetik litt als wissenschaftliches Fach unter dem nationalsozialistischen Regime, das als wichtigen Teil seiner Ideologie im Juli 1933 das sogenannte »Gesetz zur Verhütung erbkranken Nachwuchses« einführte und Zwangssterilisationen anordnete.

Nach Kriegsende wurden entscheidende Schritte zur Gründung genetischer Lehrstühle an den Hochschulen versäumt. Gewisse genetische Grundlagen erforschte jedoch die von den KWI für Biochemie und Biologie im Jahr 1937 gegründete Arbeitsgemeinschaft zur Virusforschung. Sie wandelte sich 1941 in eine eigene Arbeitsstätte um und verlagerte sich 1943 nach Baden-Württemberg (Hechingen/Tübingen). 1954 folgte dann die Gründung als eigenes MPI für Virusforschung. In die Fußstapfen von Butenandt, Kühn und von Wettstein traten in Tübingen unter anderem die Wissenschaftler Melchers und Schramm, die international anerkannte Beiträge bei der Gewinnung und Analyse definierter Mutanten des Tabakmosaik-Virus erbrachten. Dieses Verfahren erlangte besondere Bedeutung bei der Aufklärung des genetischen Codes. Neben den Gruppen um Melchers und Schramm (Erforschung der Biochemie und Genetik des Tabakmosaikvirus) gab es in Deutschland in den 1940er- und 1950er-Jahren lediglich zwei weitere Arbeitsgruppen, die sich mit moderner Biologie beschäftigten: eine Gruppe um Weidel, ebenfalls am MPI für Virusforschung in Tübingen, und eine Gruppe um Bresch am MPI für physikalische Chemie in Göttingen.

Beide Forscher fokussierten sich auf die Phagen-Genetik. Ihr Know-how dazu verdankten sie letztlich dem »Phagen-Pionier« Delbrück (▸ Max Delbrück (1906–1981), der Biophysiker und Molekularbiologe), einem deutschen Physiker, der 1937 in die USA auswanderte und sich am California Institute of Technology (Caltech) in Pasadena der Phagen-Forschung widmete. Bresch hörte im Rahmen seines Studiums der Physik Vorträge von Delbrück, die dieser nach dem Zweiten Weltkrieg 1947 erstmals in Berlin abhielt. Delbrück über Bresch:

Max Delbrück (1906–1981), der Biophysiker und Molekularbiologe

Geboren in Berlin, promovierte Delbrück in der theoretischen Physik in Göttingen. Nach Auslandsaufenthalte arbeitete er ab 1932 am KWI für Chemie in Berlin, unter anderem als Assistent von Meitner und Hahn. Bereits in dieser Zeit gründete er eine interdisziplinäre Diskussionsgruppe mit Biologen, Physikern und Mathematikern, die sich der Suche nach den Gesetzen des Lebens widmete. 1935 entstand die Veröffentlichung *Über die Natur der Genmutation und der Genstruktur*, in der Delbrück ein atomphysikalisches Modell der Genmutation vorstellte. Einer weiteren akademischen Karriere stand im Weg, dass ihm eine Habilitation verwehrt blieb. Ursache dafür war ein »Nichtbestehen« eines Nazi-Trainingskurses für Lehrende (Delbrück 1978). 1937 kam er über ein Rockefeller Stipendium in die USA zu Thomas Hunt Morgan (Entdecker der Chromosomenstruktur) an das California Institute of Technology. Hier und später bei Sommerkursen in Cold Spring Harbor widmete er sich der Phagen-Genetik. Zusammen mit dem Italiener Luria und dem US-Amerikaner Hershey entdeckte er 1943 den Vermehrungsmechanismus und die genetische Struktur von Viren, wofür die Forscher 1969 einen Nobelpreis erhielten. Delbrück hatte großen Einfluss darauf, dass viele Physiker sich der Biologie zuwandten. Sein Kooperationspartner Luria war der Doktorvater von Watson, der 1953 zusammen mit dem britischen Forscher Crick die Doppelhelixstruktur von DNS postulierte. Diese diskutierte Watson noch vor der Veröffentlichung per Brief mit Delbrück.

» He was a student at that time, and he had read about bacteriophage, and wanted me to bring him some of the phages that I had been working with. And that developed into a complicated maneuver, whether I was permitted to give him the phage. I gave the phages to the American control officer in Berlin, and he, after a great deal of soul searching, passed these phages on to Bresch. (Delbrück 1978)

Mit Phagen arbeitete zu dem Zeitpunkt das Berliner Robert-Koch-Institut, und Bresch gelang es, dort den experimentellen Teil seiner Doktorarbeit mit den T-Phagen von Delbrück durchzuführen:

» Damit waren wir also beschäftigt, als die russische Blockade begann, die im Westsektor permanente Stromsperren nötig machte. Im Institut gab es Strom nachts von 3 bis 4 oder 5 Uhr. So fuhr ich jede Nacht mit dem Fahrrad eine Stunde durch die dunkle Stadt und nach gelungenem Experiment im Morgengrauen ebenso zurück. Mit Delbrück standen wir in ständigem Briefkontakt. Er schickte uns in wirklich väterlicher Fürsorge seine Sonderdrucke und auch die seiner Kollegen, die er für uns in der Vor-Xerox-Welt besorgte. (Bresch 2007)

Delbrück vermittelte Bresch 1949 als Assistent an das MPI für physikalische Chemie in Göttingen (heute auch bekannt als Karl-Friedrich-Bonhoeffer-Institut), an dem Delbrücks Freund, Mentor und erweitertes Familienmitglied Bonhoeffer Direktor war. Dort führte Bresch Bakteriophagen als Forschungsobjekt in die deutsche Genetik ein. Weidel dagegen lernte die Phagen-Welt bei einem Gastaufenthalt 1949 im Caltech bei Delbrück direkt kennen.

Die molekulare Biologie als neue interdisziplinäre Wissenschaft von Biologie (inklusive Biochemie und Genetik), Chemie und Physik erreichte Deutschland also nur langsam in den 1940er- und 1950er-Jahren. In Frankreich, Großbritannien und den USA machte sie in dieser Zeit dagegen schon große Fortschritte. Universitäre Forschergruppen zur Molekularbiologie existierten in Deutschland in der Nachkriegszeit nicht, und zudem fand keine Lehre statt. Auch die Lehre in interdisziplinären Fächern wie Biochemie und Biophysik war vor Mitte der 1960er-Jahre in den Hochschulen kaum vertreten. So gibt Wieland (2010) an, dass der Wissenschaftsrat 1960 an bundesdeutschen Universitäten zwar 46 Ordinariate für Botanik und Zoologie, jedoch nur ein Ordinariat für Mikrobiologie, jeweils eines für Biochemie und Physiologische Chemie und nur drei für Genetik zählte.

4.1.2 1956, Aufbau der deutschen Molekularbiologie: das Institut für Genetik in Köln und andere Institute

In diesem Vakuum war der Kölner Universitäts-Botaniker Straub (davor tätig am KWI für Biologie in Berlin/MPI für Biologie in Tübingen, Schüler von

von Wettstein) im Jahr 1953 – dem Entdeckungs-jahr der DNS-Doppelhelixstruktur – einer der Ersten, der in Deutschland für die Notwendigkeit eigenständiger Universitätsinstitute der Mikrobio-logie beziehungsweise Genetik eintrat. Während den – allerdings gescheiterten – Verhandlungen zu einer Berufung nach München schrieb er:

» 'The development of biology is taking place more and more into the direction of microbio-logy, and in this process the genetically orien-ted research should be the most significant. … I do not know any biological university institute in Germany, whose research is dedicated to this field. … I am convinced that the most valuable contributions to the development of the bio-logical sciences … will be achieved by such an institute, whose work will focus on the genetics of micro-organisms.' (Straub, aus Wenkel 2007)

Die Universität Köln errichtete daraufhin ein Extra-ordinariat für Mikrobiologie am Botanischen Insti-tut. Auf der Suche nach einer geeigneten Person für die neue Position kontaktierte Straub Delbrück in den USA. Kurz darauf bot Köln die außerordent-liche Professur Delbrück direkt an. Wenkel (2007) kommentiert diesen Schritt in einer Abhandlung zur Gründung des Instituts für Genetik wie folgt:

» This created an absurd situation: an associa-te professorship at a botanical institute in Germany was offered to a long-established, world-leading scientist in molecular biology. Delbrück, naturally, did not even consider the offer, rejecting it with a few words on a post-card, which did not endear him to the adminis-tration. As compensation, however, Delbrück offered to visit Cologne as guest professor, … . (Wenkel 2007)

Während seiner Sommeraufenthalte als Gastprofes-sor und Leiter von Phagen-Kursen in Köln, planten Delbrück und Straub dann ein eigenes Institut für molekulare Genetik an der Universität zu errich-ten. Dabei legte Delbrück Wert darauf, vergleich-bare Verhältnisse zu amerikanischen Instituten zu schaffen: »Department«-Strukturen, also unabhän-gige, aber interagierende Gruppen mit Gruppenlei-

tern, informelle Atmosphäre, ausländische Gäste. Diese Ausrichtung war für die damalige deutsche Universitätslandschaft komplett neu, und Delbrück hatte die Vision, dass das neue Institut ein Modell für andere Standorte werden sollte. Für ihn war das Projekt weit mehr als die Errichtung eines neuen Institutes, er schlug im Jahr 1956 sogar das zeit-gleiche Angebot aus, neuer Direktor am damaligen MPI für Virusforschung in Tübingen zu werden.

» 'What appeals to me with the project in Co-logne, is not the size of the institute, the salary or the budget, but the chance to actively break down the organisational deadlock in academic biology, together with Straub, in whose insight, skills and energy I trust very much. I think if we succeed, German biology will be helped ten times more than by a small research institute on a hill outside of Tübingen, to which no student will ever stray, and whose influence on academia the established interest of the faculty would resist unanimously.' (Del-brück, aus Wenkel 2007)

Die Deutsche Forschungsgemeinschaft (DFG), die Universität Köln sowie das Ministerium für Wis-senschaft des Landes Nordrhein-Westfalen unter-stützten die Pläne. Nachdem Delbrück selbst nicht die außerplanmäßige Professur antreten wollte, fiel die Wahl auf eine andere Person aus dem Netz-werk, nämlich Bresch. Mit drei Assistenten startete er 1956 in Räumen des Botanischen Instituts das bundesweit erste Institut für Genetik, anfangs oft als Delbrück-Institut bezeichnet. 1961 konnte ein neues, eigenes Gebäude bezogen werden. In dieser Phase trat Delbrück sogar für zwei Jahre den Pos-ten des Direktors an, nachdem er sich vom Caltech hatte beurlauben lassen. Die offizielle Eröffnungs-zeremonie fand im Juni 1962 statt, im Beisein des berühmten Atomphysikers Bohr, der im November 1962 verstarb. Bedeutende Besucher aus den USA, wie Watson, kamen vorbei.

Vieles in der hiesigen Etablierung der Molekular-biologie ist also dem Pionier Delbrück zu verdanken. Neben den Bemühungen in Köln betreute er in den 1950er- und 1960er-Jahren viele deutsche Postdokto-randen am Caltech, die dann in die deutsche Wissen-schaft zurückkehrten. Köln war zudem die Kader-

---

Der ehemalige Kölner Professor Rajewsky rückblickend über das Institut für Genetik in Köln

»The Institute for Genetics at the University of Cologne had just been founded by Max Delbrück, then at Caltech in Pasadena, and a local professor of botany, Joseph Straub, with the aim of establishing a research center of modern molecular biology in postwar Germany. It was the first institute of its kind in the country, purposely structured like a university department in the United States: litt-le hierarchy, easy access for students to the research labs, informality at all levels. Max regularly came over for extended visits for many years, and through him the institute was internationally well connected. Most of the group leaders and professors were young molecular biologists returning from their postdoctoral work in the United States, and the word was spreading that this was the place to go. The institute's annual phage course was attended over the years by essentially everybody who later made a career in the field in the country. The institute was liberal, ambitious, a little arrogant, tolerated by the university, and hated by much of the scientific establishment« (Rajewsky 2013).

---

schmiede für einige Professoren, die später an andere Standorte in Deutschland wechselten, um dort neue Institute für Molekularbiologie oder Genetik aufzubauen (◘ Tab. 4.1). Delbrück half 1969 ebenso, die biologische Fakultät der neu gegründeten Universität Konstanz zu errichten. Noch im Jahr 1964 kam die DFG allerdings zu dem folgenden Schluss:

» Insgesamt ist festzustellen, dass die Biologie vor allem in denjenigen Gebieten notleidend ist, wo Impulse vielfach von den Nachbargebieten, insbesondere der Chemie und Physik, aber auch der mathematischen Statistik und auf die Anwendung von deren Arbeitsmethoden auf biologische Probleme ankommt. In dem ungünstig zu beurteilenden Gesamtbild sind hervorragende Einzelleistungen festzustellen. (Clausen 1964)

Daher folgten neben Konstanz andere Hochschulen dem Vorbild der Universität Köln (► Der ehemalige Kölner Professor Rajewsky rückblickend über das Institut für Genetik in Köln) und errichteten ab Mitte der 1960er-Jahre eigene Lehrstühle mit molekulargenetischer Ausrichtung: so zum Beispiel Bochum, Freiburg, Hamburg, Heidelberg, München, Tübingen und Ulm.

Auch legten die Universitäten neue interdisziplinäre Studiengänge auf, wie beispielsweise die Universität Tübingen ein Curriculum für Biochemie. Die 1947 gegründete Gesellschaft für Physiologische Chemie (1966 umbenannt in Gesellschaft für Biologische Chemie, seit 1996 Gesellschaft für Biochemie und Molekularbiologie, GBM) unterstütze diese Bemühungen. Eine der ersten Absolventinnen des Studiengangs war Nüsslein-Volhard (► Die Nobelpreisträgerin von 1995 Christiane Nüsslein-Volhard über ihr Studium der Biochemie), die zusammen mit den Forschern Lewis und Wieschaus 1995 den Nobelpreis für Physiologie oder Medizin verliehen bekam. Das Nobelkommittee zeichnete ihre Entdeckungen zur genetischen Kontrolle der frühen embryonalen Entwicklung aus. Zusätzlich zu den universitären Aktivitäten begleiteten andere, außeruniversitäre Einrichtungen den Aufbau der modernen Biologie in Deutschland. So erfolgte im Jahr 1964 die Gründung des Deutschen Krebsforschungszentrums (DKFZ) in Heidelberg, das als Großforschungseinrichtung zu 90 % der Bund und zu 10 % das Land Baden-Württemberg trug. Es ist die größte biomedizinische Einrichtung in Deutschland und hat die Aufgabe, die Entstehung von Krebs zu erforschen, Krebsrisikofaktoren zu erfassen sowie neue Ansätze zur Prävention, präzisen Diagnostik und erfolgreichen Behandlung von Krebs zu entwickeln. Im Jahr 1965 gründete sich zudem das Institut für Molekulare Biologie, Biochemie und Biophysik (IMB) in Braunschweig. Die Volkswagen-Stiftung übernahm die Finanzierung mit 11 Mio. DM. Später, 1969, wandelte sich das Institut in die Gesellschaft für Molekularbiologische Forschung (GMBF) und 1972 in die Gesellschaft für Biotechnologische Forschung (GBF), welche als Großforschungszentrum zu 100 % der Bund unterstützte. Heute ist die Forschungsstätte ebenfalls Mitglied der Helmholtz-Gemeinschaft und fungiert unter Helmholtz-Zentrum für Infektionsforschung.

◘ **Tab. 4.1** Die frühen Wegbereiter der deutschen Molekularbiologie am Institut für Genetik in Köln. (Quelle: Bio-MedServices (2015) nach Wenkel und Deichmann (2007))

Jahr	Name (Rolle)	Kommend von/davor	Gegangen nach (Auswahl)/heute
1956, 1961–1963	Delbrück (vor Gründung Gast-professor am Institut für Botanik, Direktor 1961–1963)	Pasadena, Caltech (Prof.)	Pasadena, Caltech; gestor-ben 1981
1956–1964	Bresch (AP Mikrobiologie)	Göttingen, MPI für physi-kalische Chemie	Freiburg, Lehrstuhl für Genetik (Gründung); Prof. emer.
1956–1996	Starlinger (Assistent bei Bresch, ab 1965 Prof. für Genetik und Strahlen-biologie)	Tübingen, MPI für Virusfor-schung; Caltech (PD)	In Köln geblieben; Prof. emer.
1956–1964	Trautner (Assistent bei Bresch, später Prof. für Mikrobiologie)	Göttingen, MPI für physi-kalische Chemie; Stanford (PD bei Kornberg)	Berlin, MPI für molekulare Genetik (Gründungsdirek-tor); Prof. emer.
1956–1958	Hausmann (Assistent bei Bresch)	Rio de Janeiro	Freiburg, Prof. für Genetik; Prof. emer.
1958–1964	Harm (AP Strahlenbiologie)	Caltech (PD)	Baltimore, Johns Hopkins (2008)
1961–1966	Zachau (Gruppenleiter)	Tübingen, MPI für Bioche-mie; MIT (PD)	München, Professor für physiologische Chemie; Prof. emer.
1961–1963	Henning (Gruppenleiter)	Stanford (PD)	Tübingen, MPI für Biolo-gie, geschlossen 2004
1966–1973	Overath (Assistent, Gruppenleiter)	Davis (PD bei Stumpf)	Tübingen, MPI für Biolo-gie, geschlossen 2004
1967–unbe-kannt	Vielmetter (Prof. für Mikrobiologie und Genetik)	Tübingen, MPI für Virus-forschung; Cold Spring Harbor Laboratories	In Köln geblieben; Prof. emer.
1968–1998	Müller-Hill (Prof. für Genetik)	Harvard (PD bei Gilbert, Watson)	In Köln geblieben; Prof. emer.
1970–1994	Rajewsky (Prof. für Genetik und Immunologie)	Paris, Institut Pasteur	Rom, EMBL; Harvard Medical School; Berlin, Max-Delbrück-Centrum für Molekulare Medizin
1970–1987	Beyreuther (Assistent, ab 1978 Prof. für Biochemie und Genetik)	Dr. am MPI für Biochemie, München; PD in Harvard	Heidelberg, ZMBH, Prof. emer., Gründungsdirektor am Netzwerk Alternsfor-schung (Heidelberg)
1972–2002	Doerfler (Prof. für Genetik und Virologie)	München, MPI für Bioche-mie (PD); Stanford Medical School (PD)	In Köln geblieben (Prof. emer.), Erlangen, Gastpro-fessor für Virologie

AP *außerplanmäßiger Professor*, EMBL *European Molecular Biology Laboratory*, MIT *Massachusetts Institute of Techno-logy*, PD *Postdoktorand*, Prof. *Professor*, ZMBH *Zentrum für Molekulare Biologie Heidelberg*

Die Nobelpreisträgerin von 1995 Christiane Nüsslein-Volhard über ihr Studium der Biochemie

»At that time (summer 1964) a new curriculum for biochemistry, the only one of its kind in Germany, was started in Tübingen. In the final year two new professors taught microbiology and genetics, which I liked very much, and I also had a chance to attend seminars and lectures from scientists of the Max-Planck-Institut für Virusforschung, Gerhard Schramm, Alfred Gierer, Friedrich Bonhoeffer, Heinz Schaller, and others. They were teaching very modern things such as protein biosynthesis and DNA replication. This excited me much although I hardly understood the lectures at the time. I did my exams for the Diploma in biochemistry in 1969, as usual for me, with rather mediocre grades because I had not always paid attention, and often had lost interest« (Nobel Media 2014).

Innerhalb der Max-Planck-Institute fand in den 1960er-Jahren molekulargenetische Forschung bereits statt am MPI für Biochemie (München) sowie am MPI für Biologie und Virusforschung (Tübingen). Auch das MPI für (bio)physikalische Chemie in Göttingen verfolgte bereits früh einen stark interdisziplinären Ansatz und wandte physikalisch chemische Methoden auch auf biologische Fragestellungen an. 1964 wurde das MPI für molekulare Genetik in Berlin ins Leben gerufen, 1965 folgte die Berufung von Trautner, einem der ersten Assistenten unter Bresch am Institut für Genetik der Universität Köln. In Heidelberg erhielt die Molekularbiologie innerhalb des MPI für medizinische Forschung 1966 eine eigene Abteilung unter Hoffmann-Berling. Schließlich orientierte sich Ende der 1960er-Jahre die Forschung des Frankfurter MPI für Biophysik weg von der Arbeit mit radioaktiver Strahlung hin zur Untersuchung des Stofftransports durch biologische und künstliche Membranen. Schwerpunkte der Forschung sind die Untersuchung der Zellmembran und ihrer Bausteine sowie der Membranproteine (und hier besonders der Transportproteine).

4.1.3 Zusammenfassende Einschätzung zur deutschen Forschung: vom biochemischen Vorreiter zum Nachfolger in der Molekularbiologie

Noch in der ersten Hälfte des 20. Jahrhunderts galt Deutschland als Vorreiter in der biochemischen Forschung. So etablierte sich bis 1935 das Heidelberger KWI für medizinische Forschung unter Leitung des deutschen Mediziners und Bioche-

mikers Meyerhof (Nobelpreisträger von 1922) als weltweit führendes Labor, das sich auf die Glykolyse und Fermentation konzentrierte. Laut Strasser (2002) gingen in den 15 Jahren vor dem Zweiten Weltkrieg (1925–1939) 32 Nobelpreise in den Naturwissenschaften an Wissenschaftler aus den Ländern Deutschland, England und Frankreich und elf Nobelpreise in die USA. In den 15 Jahren nach dem Krieg (1946–1960) waren die Verhältnisse: An Forscher in den USA wurden 38 Nobelpreise vergeben, die Forscher aus Deutschland, England und Frankreich mussten sich mit 18 Auszeichnungen begnügen.

Die USA setzte sich also während den späten 1930er- bis 1950er-Jahren bei der biochemischen und molekularbiologischen Forschung an die Spitze. In Deutschland war sie nach dem Zweiten Weltkrieg und für die folgenden 20 Jahre, also bis Mitte der 1960er-Jahre, dagegen kaum vertreten: Forschung über Bakterien und Phagen-Genetik sowie die Erforschung zu Struktur und Funktion von Proteinen und Nukleinsäuren startete hierzulande erst rund 15 Jahre später als in den USA oder Großbritannien. Deutschland entwickelte sich somit zu einem Nachfolger in den Disziplinen der »neuen« Biologie. Deichmann (2002) sieht dafür folgende Gründe:

– Zwangsemigration von jüdischen, aber auch Vertreibung von nicht-jüdischen Forschern, später ausgezeichneten Molekularbiologen sowie Biochemikern,
– internationale Isolation und Selbstisolation deutscher Wissenschaftler als Folge des Nationalsozialismus und des Zweiten Weltkrieges,
– Universitätsstrukturen bzw. Institutsabgrenzungen, die interdisziplinäre Forschung erschwerten.

Die Vertreibung beziehungsweise Beeinträchtigung von Wissenschaftlern bezog sich nicht nur auf Deutschland, sondern ebenfalls auf benachbarte Länder, die vom Nazi-Regime betroffen waren (Beispiele aus Rheinberger 2012):

— Salvador Edward Luria, Mediziner aus Turin über Paris an die University of Columbia, später Indiana und Illinois sowie MIT: 1969 Nobelpreis zusammen mit Hershey und Delbrück für Arbeiten aus 1943;

— Severo Ochoa, Mediziner aus Madrid und nach Forschungsaufenthalten in Heidelberg über Oxford an die University of New York: 1959 Nobelpreis zusammen mit Kornberg für Arbeiten aus 1955;

— Max Perutz, Chemiker aus Wien an die University of Cambridge, England: 1962 Nobelpreis zusammen mit Kendrew für Arbeiten aus den späten 1950er-Jahren;

— Erwin Chargaff, Biochemiker an der Berliner Universität über das Pariser Pasteur-Institut an die Columbia University: erforschte als Erster das molekulare Aussehen der DNA und erstellte 1950 die Chargaff'schen Regeln (jeweils eine Pyrimidinbase verbindet sich mit einer Purinbase);

— Gunther Stent (geboren als Günter Siegmund Stensch in Berlin) über Antwerpen nach Chicago, wo er nach Beendigung der Schule physikalische Chemie studierte und 1952 als Professor für Molekularbiologie an die University of California, Berkley, ging;

— Max Delbrück, Biophysiker vom KWI für Chemie aus Berlin 1937 an das Caltech: 1969 Nobelpreis zusammen mit Hershey und Luria für Arbeiten aus 1943.

Viele dieser Forscher und auch andere bildeten später deutsche Postdoktoranden aus, die die Molekularbiologie sehr langsam nach Deutschland brachten (◻ Tab. 4.1). Rheinberger (1995) kommentiert dies wie folgt:

» Hatte die Biologie in Amerika, vor allem die Physiologie und Biochemie, durch die Emigration führender Vertreter dieser Fächer aus dem nationalsozialistischen Deutschland … starke Impulse erhalten, so war nun die Situation umgekehrt. Die entscheidenden Entwicklungen, die zur Molekularbiologie führten, hatten während des Krieges und im ersten Jahrzehnt nach dem zweiten Weltkrieg in den USA, England und Frankreich stattgefunden. Es dauerte über zwei Jahrzehnte, bis die Forschung in Deutschland wieder Anschluß an die internationale Entwicklung fand. (Rheinberger 1995)

Die DFG, 1920 ursprünglich als »Notgemeinschaft der deutschen Wissenschaften« gegründet und 1951 neu konstituiert für die Förderung der Wissenschaft und Forschung in Deutschland unterstützte die Entwicklung der »neuen« Biologie mit Fördergeldern sowie Standortbestimmungen. So erarbeitete sie 1958 eine ▸ DFG-Denkschrift zur Lage der Biologie zu der Lausch (1965) eine Übersicht gibt.

Die Entwicklung der Molekularbiologie fand in Europa zunächst nicht an den Universitäten, sondern in außeruniversitären Forschungseinrichtungen statt: in Deutschland in den Max-Planck-Instituten (MPI, vormals KWI), in Frankreich am Pasteur-Institut und in Großbritannien am MRC-Labor in Cambridge. Die Hochschulen taten sich anfangs sehr schwer mit der erforderlichen interdisziplinären und damit institutsübergreifenden Forschung, die sich in den USA bereits sehr früh etabliert hatte. Lausch (1965) führt in einem *ZEIT*-Artikel dazu aus:

» Doch lag es nicht nur am [mangelnden] Geld. Vielen deutschen Wissenschaftlern, besonders den älteren und bereits avancierten Forschern, lag der Gedanke, sich einer Arbeitsgruppe aus gleichberechtigten Mitgliedern einzuordnen, allzu fern. Auch vermochten sie, auf die Abgrenzung ihres Herrschaftsbereiches – ihres Instituts – bedacht, der Zusammenarbeit zwischen Vertretern verschiedener Fachgebiete keinen Geschmack abzugewinnen. (Lausch 1965)

Auch im Jahr 1968 bemängelte eine von der Volkswagen-Stiftung in Auftrag gegebene Studie noch die grundsätzlich hierarchische Organisation der deutschen Hochschulinstitute (Zarnitz 1968): »Departments im amerikanischen Sinne oder andere Organisationsformen, in denen gleichberechtigte Wissenschaftler zusammenarbeiten, sind nicht verwirklicht.« Der Bericht stellt weiterhin fest:

DFG-Denkschrift zur Lage der Biologie

» Die entmutigende Ausgangslage schilderte eindringlich 1958 eine von der Deutschen Forschungsgemeinschaft herausgegebene ‚Denkschrift zur Lage der Biologie'. ‚Heute müssen wir', so heißt es an einer Stelle wörtlich, ‚um den Anschluss an Methoden und Problemstellungen in den seit 20 Jahren neu erschlossenen wichtigen Forschungsgebieten zu finden, junge Forscher zur Ausbildung nach den USA oder an Institute in anderen Ländern schicken – und wenn sie sich dort bewähren, kommen sie nicht wieder zurück, weil sie in Deutschland weder Einrichtungen noch persönliche Stellen für die Betätigung in den neu entwickelten Richtungen finden.' Fünfzehn angesehene deutsche Biologen bekräftigten durch ihre Unterschrift das harte Urteil, zu dem der Autor der Denkschrift, Dr. Arwed H. Meyl, gekommen war. Der Begriff Molekularbiologie tauchte in der Denkschrift überhaupt nicht auf. Wohl aber war der Bestandsaufnahme zu entnehmen, dass Mikrobiologie, Genetik und Biochemie, die der molekularbiologischen Forschung auch als Hilfswissenschaften dienen, zu den besonders unterentwickelten Gebieten zählten« (Lausch 1965).

» Wer einmal … die Arbeit in den Laboratorien an der Hochschule, an den Max-Planck-Instituten und … an den amerikanischen Instituten kennengelernt hat, kann den Unterschied im Forschungsbetrieb leicht beurteilen. Er kann zudem die Feststellung treffen, dass der Direktor eines deutschen Hochschulinstitutes beinahe nie, der Direktor eines Max-Planck-Instituts manchmal und der Boss eines amerikanischen Instituts zumindest häufig bei der experimentellen Arbeit im Labor anzutreffen sind. (Zarnitz 1968)

Gerade der Volkswagen-Stiftung, die ihre Fördertätigkeit 1962 aufnahm, muss für Deutschland eine herausragende Bedeutung bei der Unterstützung der aufkommenden Molekularbiologie zuerkannt werden. So engagierte sie sich im Rahmen der neu geschaffenen Institute, dem Institut für Genetik in Köln sowie dem Institut für Molekulare Biologie, Biochemie und Biophysik in Braunschweig. Zudem finanzierte sie Studien zur Situationsbestimmung sowie die Gründung der European Molecular Biology Organization (EMBO) im Jahr 1964. Neben Netzwerkaktivitäten hatte diese zum Ziel, ein europäisches Labor für Molekularbiologie ins Leben zu rufen, was 1974 mit dem in Heidelberg angesiedelten European Molecular Biology Laboratory (EMBL) umgesetzt wurde.

4.2 Beurteilung der deutschen Wettbewerbsfähigkeit in der »alten« Biotechnologie

Unabhängig vom Einfluss auf die deutsche Molekularbiologie sollte an dieser Stelle die Bedeutung des Ersten und Zweiten Weltkrieges für die Entwicklung der »alten« Biotechnologie im Sinne der klassischen Fermentationstechnik nicht unerwähnt bleiben. Beide Kriege hatten nämlich zur Folge, dass fermentativ hergestellte Produkte wie Glycerin zur Dynamit-Herstellung, Antibiotika oder Nahrungsproteine stark nachgefragt waren. Während der Kriege war Deutschland meist von der Zufuhr wichtiger Rohstoffe abgeschnitten, und die Biotechnologie ermöglichte die Produktion basierend auf einheimisch zur Verfügung stehenden Grundmaterialien. Das Streben nach Unabhängigkeit von ausländischen Rohstoffeinfuhren veranlasste das Nazi-Regime allerdings dazu, die Kohlechemie zu fördern (Marschall 2000). Deren wirtschaftliche Anwendung beziehungsweise die sich später anschließende Petrochemie (basierend auf Erdöl) ermöglichte Deutschland nach dem Zweiten Weltkrieg (▶ Details zur Situation der »alten« Biotechnologie in Deutschland nach dem Zweiten Weltkrieg) eine Blütezeit, sie stellte die industrielle Biotechnologie damit aber in den Schatten.

Wichtige Verfahrensentwicklungen der »alten« Biotechnologie, wie Rührfermenter, erzielten die US-Amerikaner. Bis 1945 war es in Deutschland

4

> **Details zur Situation der »alten« Biotechnologie in Deutschland nach dem Zweiten Weltkrieg**
>
> »Auch außerhalb der Industrie breitet sich biotechnologische Forschung und Entwicklung nur langsam aus. ... Erste Ansätze zu technisch interessanten Forschungen in der Mikrobiologie unternimmt Schlegel gegen 1958 an der Universität Göttingen. ... An den wenigen anwendungsorientierten Instituten (Tübingen, Münster) entwickelt sich keine ständige, in der personellen Zusammensetzung der Gruppen institutionalisierte Kooperation mit der Verfahrenstechnik oder der technischen Chemie, wie es etwa in Japan oder in den USA der Fall ist. Die traditionelle disziplinäre Organisation von Universitäten und wissenschaftlichen Fachgemeinschaften steht dem im Wege. Erste auch verfahrenstechnisch relevante Arbeiten zur Fermentationstechnik in der angewandten Mikrobiologie ... werden nach 1960 am Institut für Gärungsgewerbe in Berlin begonnen. ... Die in Verbindung mit der TU Berlin bestehenden Studiengänge werden nach 1970 um das Fachgebiet Biotechnologie erweitert – entgegen der deutschen Tradition ein eigener Studiengang für ein interdisziplinäres Fachgebiet. 1966 veranstaltet das Institut das erste Symposium technische Mikrobiologie« (Buchholz 1979).

nicht gelungen, ein entsprechend leistungsfähiges Verfahren zu entwickeln (Marschall 2000). In den USA etablierte sich die Bioverfahrenstechnik (*bioengineering*) in den 1930er-Jahren an Forschungseinrichtungen (Caltech und MIT) sowie in den 1940erund 1950er-Jahren auch an den Universitäten. Buchholz (1979) schreibt dazu:

> » Ende der vierziger Jahre bildete sich in den angelsächsischen Ländern der Begriff *Biochemical Engineering'* heraus. 1949 fand eines der ersten Symposien zu diesem Thema in den USA statt. Ab 1950 erschienen, vorwiegend in den USA, die ersten zusammenfassenden Darstellungen des neuen Arbeitsgebietes. ... Neben den USA setzte sich Japan an die Spitze der Entwicklung. Schon 1952 wurde dort ein traditionell ausgerichtetes Institut für Gärungswissenschaften in ein biotechnologisches Fermentation Research Institute umgewandelt. (Buchholz 1979)

Dieses Zitat zeigt auf, dass in der Bioverfahrenstechnik (hier synonym zum Begriff *biochemical engineering* oder *bioengineering* verwendet), die sich in den 1940er- bis 1960er-Jahren parallel zur Molekularbiologie weiterentwickelte, neben den USA vor allem Japan eine führende Position aufbaute. Ausgehend von der traditionellen industriellen Anwendung von Fermentationsverfahren (Soja, Tofu, Sake), entstanden auch an den Hochschulen sehr früh Institute in diesem Bereich. So gründeten sich bereits 1936 ein Institut für Industrielle Mikrobiologie sowie 1953 ein Institut für Angewandte Mikro-

biologie an der Universität in Tokio. Ein Labor für molekulare Genetik folgte erst 1983, bis 1979 war das Arbeiten mit DNS-Rekombinationstechnik gänzlich verboten in Japan. Gemeinsame Forschung und Lehre zu Fermentationstechniken betreiben seit 1952 in der »School of Biotechnology« ferner die drei Universitäten in Nanjing, Zhejiang und Wuhan. Weiteres zu Japan findet sich unter ▶ Abschn. 2.1.2.2

Während der 1960er-Jahre nahmen Universitätsinstitute in Schweden und Großbritannien verstärkt Forschung und Ausbildung in der Biotechnologie auf (Buchholz 1979). So bearbeiteten die Universitäten Birmingham und London (Schwerpunkt Enzymtechnologien) grundlegende Fragen der Fermentationstechnik. Gleichzeitig konnte der »Master of Science in Biochemical Engineering« erworben werden. Chemieingenieure und Biochemiker hörten Kurse, die die wichtigsten Themen des *biochemical engineering* behandelten. Damit etablierte sich in Großbritannien die Forschung an den Universitäten rund zwei Jahrzehnte nach dem Beginn der industriellen Aktivitäten.

Im Jahr 1966 veröffentlichte die International Union of Pure and Applied Chemistry (IUPAC) eine 1963 weltweit initiierte Umfrage zur Situation der industriellen Fermentation. Buchholz (1979) fasst deren Ergebnisse wie folgt zusammen: »Die USA und Japan nehmen demnach bei biotechnologischen Produktionsverfahren eine deutliche Spitzenstellung ein, insbesondere hinsichtlich neuerer Produkte wie Antibiotika, Enzymen, organischer Säuren. Die europäischen Länder führen dagegen bei der Herstellung traditioneller Produkte wie Bier und Wein. Futterhefe wird in größerem Ausmaß in den osteuropäischen Ländern produziert.« Derselbe Autor führt weiterhin aus:

> Zusammenfassend ist festzuhalten, dass die Biotechnologie in der Bundesrepublik Deutschland in den sechziger Jahren am internationalen Maßstab gemessen unterentwickelt ist. Weder die Industrie noch die Wissenschaft haben sich auf dem neuen Gebiet aus eigenem Antrieb nennenswert engagiert. Und die … Förderungspolitik im Bereich der biologischen Wissenschaften konzentrierte sich in den sechziger Jahren einseitig auf die Grundlagenforschung. (Buchholz 1979)

4.3 Die Anstrengungen und Aufholjagd in den 1970er- bis 1990er-Jahren

Mitte der 1960er-Jahre herrschte der Trend, dass zunehmend staatliche Regierungen die Organisation und Entwicklung neuer Technologien forcieren, statt die Industrie selbst. So urteilte laut Buchholz (1979) ein im Jahr 1966 veröffentlichter Bericht der OECD: »Die traditionelle Mischung aus Marktmechanismen und Regierungseingriffen [ist] immer weniger fähig, die komplexen technologischen Probleme der Industriegesellschaft zu bewältigen.« Eine Gesamttechnologiepolitik wurde als notwendig erachtet. Die Ergebnisse des Berichtes nahm beispielsweise die deutsche Regierung auf und legte 1968 das Programm »Neue Technologien« auf, das folgende politische Ziele hatte (Buchholz 1979):

- die Wahrnehmung öffentlicher Aufgaben,
- die Sicherung der Infrastruktur (Herabsetzung der Umweltbelastung, durch Entwicklung der medizinischen Technik und der technischen Infrastruktur für Verkehr, Kommunikation, Energie),
- die Hebung des Leistungsstandards,
- der internationalen Wettbewerbsfähigkeit und
- des Wachstums der Volkswirtschaft (Entfaltung von Querschnitts- und Schlüsseltechnologien, wie Werkstoff- und physikalische Technologien, und durch Entwicklung von potenziell bedeutenden neuen Technologien wie zum Beispiel Biotechnologie und Energieumwandlung).

Das allgemein formulierte forschungspolitische Ziel übersetzte sich zunächst nur sporadisch und über Einzelmaßnahmen in konkrete Förderungsschwerpunkte oder -projekte. Die Biotechnologie betreffend war dies zum Beispiel die Förderung eines industriellen Großprojektes zur Herstellung von Eiweiß aus Mikroorganismen (1974–1979, Partner: Gelsenberg, Uhde und Hoechst). Öffentliche Förderzusagen biotechnologischer Projekte gab es damit in Deutschland erstmals im Jahr 1968.

Parallel zu den Anstrengungen Deutschlands, in der Forschung und Lehre zur Molekularbiologie aufzuholen, erwachte zunehmend wieder das Interesse an der »alten« Biotechnologie. Diese spielte noch bis zu den 1930er-Jahren im Rahmen der Gärungsforschung, der Gärungsindustrie (Nahrungsmittel) sowie der chemisch-pharmazeutischen Industrie eine nicht unbedeutende Rolle wie Marschall (2000) ausführt:

> Schon zu Beginn des 20. Jahrhunderts … schien es, als stünde eine breite Durchsetzung der Biotechnologie unmittelbar bevor. Bei der Massenherstellung von organischen Grundchemikalien bot sie eine ernstzunehmende Alternative zur chemischen Synthese. Gleichwohl sollte es noch rund siebzig Jahre dauern, bis ihre Verfahren einen größeren Raum in den Forschungs- und Produktionsabteilungen chemisch-pharmazeutischer Großkonzerne einnahmen. (Marschall 2000)

Auf die Bedeutung der Biotechnologie während der beiden Weltkriege sowie ihre anschließende Stellung in Forschung und Lehre wurde bereits eingegangen. Nach dem Zweiten Weltkrieg baute die Industrie insbesondere die Chemosynthese aus, zulasten der weiteren Entfaltung der Biotechnologie. Marschall (2000) merkt dazu an:

> Die chemische Industrie … schlug … schon früh den Entwicklungspfad der chemischen Synthese ein. … Nach den Opportunitätskosten dieser Entscheidung, also den dadurch entgangenen Entwicklungsmöglichkeiten auf anderen Gebieten, wurde bislang aber nicht gefragt. Sie fielen … auf der Seite der Biotechnologie an. … Der in den 1970er Jahren diagnostizierte Rückstand … war gleichsam

4

Hanswerner Dellweg, einer der Wegbereiter der Biotechnologie in Deutschland

»Gegen großen Widerstand gelang es Dellweg in den 1970er Jahren, den ersten eigenen Studiengang Biotechnologie Deutschlands an der TU zu etablieren. Als Wissenschaftlicher Leiter des Instituts für Biotechnologie sah er seine Aufgabe darin, Ingenieuren und Verfahrenstechnikern biologisches Denken und Grundkenntnisse der Mikrobiologie zu vermitteln, sodass sie biotechnologische Aufgaben ohne Doppelstudium lösen können. Er las über Biochemie, Industrielle Mikrobiologie, Regulation des mikrobiellen Stoffwechsels und Reaktionskinetik der Fermentation. Er forschte über Hefen zur Gewinnung von Einzellerprotein aus Erdöl-Fraktionen, Methanol als Kohlenstoffquelle für Hefen und Bakterien sowie Grundlagen der anaeroben Abwasserreinigung. Seit 1975 versah er den Lehrauftrag ‚Verfahren der Biotechnologie‘ an der Freien Universität Berlin. [Zudem] … organisierte [Dellweg] in Berlin die Symposien ‚Technische Mikrobiologie‘ der Jahre 1970, 1975, 1979 und 1982« (Knobloch 2004).

der Preis für die Spitzenposition der deutschen chemisch-pharmazeutischen Industrie in der chemischen Synthese-Technik. (Marschall 2000)

Bud (1995) schätzte die Lage in Deutschland wie folgt ein: »In den zwei Jahrzehnten nach dem Zweiten Weltkrieg war die deutsche Wirtschaft aufgeblüht, indem sie Chemikalien, Stahl, Automobilien und Elektronik von besonderer Güte herstellte. 1967 jedoch schien die wirtschaftliche Wiedergeburt zu Ende zu gehen. Dies war der Zeitpunkt, als Amerikaner bei der Entwicklung neuer Technologien in Bereichen wie Computertechnik und Luft- und Raumfahrt bahnbrechende Arbeit leisteten. Wenig später dominierten sie diese Gebiete.« Wie auch diejenigen der Biotechnologie.

Diese war in Deutschland in den späten 1960er- und den 1970er-Jahren noch »gärungsorientiert«. Das Berliner Institut für Gärungsgewerbe hatte eine starke Stellung. 1967 wagte der damalige Direktor, der Chemiker Dellweg es in Institut für Gärungsgewerbe und Biotechnologie umzubenennen. Damit wurde der Begriff Biotechnologie in Deutschland wieder salonfähig. Er wurde sozusagen von den USA reimportiert, wo die biotechnologiebasierte Antibiotika-Industrie florierte. Später war Dellweg Initiator des ersten eigenen Studiengangs für Biotechnologie an der Technischen Universität Berlin (► Hanswerner Dellweg, einer der Wegbereiter der Biotechnologie in Deutschland).

4.3.1 Ende der 1960er- und die 1970er-Jahre: erste Förderprogramme und Studien

Für die allgemeine Wissenschaftsförderung war, auf politischer Ebene, die Etablierung des Bundesministeriums für wissenschaftliche Forschung (BMwiF) ein wichtiger Schritt. Es entstand 1962 durch die Kompetenzerweiterung und Umbenennung des ursprünglich im Jahr 1955 gegründeten Bundesministeriums für Atomfragen. 1969 wurden die Zuständigkeiten erneut um die Aufgabenbereiche Bildungsplanung und Forschungsförderung erweitert, was den neuen Namen Bundesministerium für Bildung und Wissenschaft (BMBW) nach sich zog. Diese Bezeichnung behielt es bis zur Vereinigung mit dem 1972 gegründeten Bundesministerium für Forschung und Technologie (BMFT) im Jahr 1994. Letzteres übernahm zwischenzeitlich die Verantwortlichkeit für die Förderung der Grundlagenforschung, der angewandten Forschung und der technologischen Entwicklung.

Erwähnung fand bereits das vom BMwiF 1968 ins Leben gerufene Programm »Neue Technologien«, das unter anderem auf die Biotechnologie zielte. Das BMwiF investierte weiter in die Biotechnologie, indem es 1969 das im Jahr 1965 gegründete IMB in Braunschweig übernahm und in Gesellschaft für Molekularbiologische Forschung (GMBF) umbenannte. Der finanzielle Einstieg sollte die bis dahin vernachlässigte technische Forschung stärken, ein Sachverständigenausschuss

◘ Tab. 4.2 Ausgewählte Aktivitäten des Bundes mit Bezug zur Biotechnologie, Ende 1960er- bis 1970er-Jahre. (Quelle: BioMedServices (2015) nach Buchholz (1979) und Dolata (1991))

Jahr	Was	Wer	Detail/Kommentar
1968	Programm Neue Technologien	BMwiF	BT als eine der förderwürdigen Techno-logien
1969	Übernahme der IMB in Göttingen (> GMBF)	BMwiF	1965 gegründet als Institut für Molekulare Biologie, Biochemie und Biophysik (IMB)
1971	Forschungsschwerpunkt »Biologie, Medizin und Technik«	BMBW	Inklusive Ad-hoc-Programm 1972–1974, Budget: 66 Mio. €
1972	Arbeitsgruppe »Biologie, Ökologie und Medizin«	BMFT	27 Ausschüsse, 2 Sachverständigenkreise (Vertreter aus Wissenschaft und Industrie)
1972	Studie zur Biotechnologie	BMFT	Beauftragt an DECHEMA
1974	Bericht der DECHEMA		Vorschlag für Förderprojekte
1974	Leistungsplan BT 1979–1983	BMFT	1. BT-Programm, basierend auf DECHEMA-Studie

BT Biotechnologie

beschloss 1970 die Errichtung eines zentralen Bio-technikums zur Entwicklung neuer Fermentations-methoden (Buchholz 1979). Ausschlaggebend da-für waren vermutlich die 1970 veröffentlichten Er-gebnisse einer erstmalig durchgeführten und vom BMwiF beauftragten Studie zum Stand der Biotech-nologie in Deutschland. Die Aufgaben der GMBF im Jahr 1971 waren wie folgt (Buchholz 1979): Ent-wicklung biotechnologischer Verfahren, Weiter-entwicklung biosynthetischer Laborverfahren bis zum halbtechnischen Maßstab, Weiterbildung für Naturwissenschaftler und Ingenieure in Moleku-larbiologie und Biotechnologie, außerdem noch Grundlagen der Molekularbiologie. 1972 benannte sich die GMBF um in Gesellschaft für Biotechno-logische Forschung (GBF), eine Bezeichnung, die sie bis 2006 trug. Seitdem firmiert sie unter Helm-holtz-Zentrum für Infektionsforschung (HZI).

In den Jahren 1971 und 1972 folgten vom BMBW und vom BMFT zusätzliche Aktivitäten in Form von Forschungsschwerpunkten und Arbeits-gruppen. Die BMBW-Initiative beinhaltete sogar eine Art Ad-hoc-Programm, das folgende Vorha-ben umfasste (Buchholz 1979): unkonventionelle Nahrungs- und Futtermittel, chemisch-pharma-zeutische Grund- und Rohstoffe, umweltfreundli-che biotechnische Verfahren sowie die Schaffung

der Voraussetzungen für die Übertragung biotech-nologischer Verfahren in Produktionsprozesse. Alle Vorhaben setzten auf klassische Fermentati-ons- und Enzymtechnologien. Buchholz (1979) kommentierte, dass die Biotechnologie-Förderung (◘ Tab. 4.2) bis 1972 relativ unkoordiniert und un-systematisch verlief.

Erst danach versuchten die Ministerien, eine systematische Wissenschaftspolitik für die Ent-wicklung der Biotechnologie zu formulieren und ein zusammenhängendes Programm für ihre Förderung zu planen. Diese Aufgabe delegierte das BMFT an eine externe Organisation, die DE-CHEMA. Ursprünglich als Deutsche Gesellschaft für chemisches Apparatewesen 1926 gegründet, erfolgte im Jahr 1985 die Umbenennung in Deut-sche Gesellschaft für chemisches Apparatewesen, Chemische Technik und Biotechnologie und 1999 in Gesellschaft für Chemische Technik und Bio-technologie, die heutige Bezeichnung. Die Gesell-schaft sah sich von Anfang an als interdisziplinäre Vereinigung von Wissenschaftlern wie Chemikern und Verfahrensingenieuren. 1970 kamen noch die Biologen hinzu. Zudem war stets das Ziel, an der Schnittstelle von Wissenschaft, Wirtschaft, Indus-trie und der Öffentlichkeit tätig zu sein. Als Basis für das neue Programm erstellte die DECHEMA

Ein externes Urteil zur Erstellung der DECHEMA-Studie zur Biotechnologie von 1974

«Consistent with its past practices, the association appointed an expert group, consisting of industry, government and academic scientists, to consider a research agenda for biotechnology. … DECHEMA selected industry representatives only from the leading chemical and pharmaceutical concerns with a capacity for intensive research and development. Smaller companies were excluded from the discussion on the ground that they did not have the R&D capability to make effective use of federal research funds. The selection of academic scientists was motivated by dual considerations of the participant's interest in the project and potential for making a significant contribution to the field. The working group also included three members from state-supported research institutes in recognition of the fact that such centers would play an important part in the future of German biotechnology. … Dominant groups with a direct interest in dispensing and expending research funds were well represented. Interests viewed as marginal to the central enterprise – including, at this stage, basic science, labor and environmental groups – were excluded. Guided by common objectives, the DECHEMA expert group was able to produce a consensus program within two years. In turn, with a plurality of major interests already lined up in support of the program, BMFT could begin immediately to implement it, without having to engage in further political mediation « (Jasanoff 1985).

zunächst eine Studie mit dem Titel *Biotechnologie. Eine Studie über Forschung und Entwicklung – Möglichkeiten, Aufgaben und Schwerpunkte der Förderung* (DECHEMA 1974). Jasanoff (1985) setzte sich damit zehn Jahre später im Rahmen einer Abhandlung über die Biotechnologie in Deutschland auseinander (▶ Ein externes Urteil zur Erstellung der DECHEMA-Studie zur Biotechnologie von 1974).

Der 1974 veröffentlichte Bericht (DECHEMA 1974) wies schon in der Einführung auf die Defizite der Biotechnologie in Deutschland hin: »In der Bundesrepublik ist die Biotechnologie lange Zeit völlig unterbewertet worden, besonders im Vergleich zu Japan, den USA und Großbritannien, aber auch zu kleineren Ländern, wie z. B. der Tschechoslowakei.« Zudem identifizierte er prinzipielle Subsektoren der Biotechnologie, beschrieb den Status quo und schlug Projekte für die Förderung vor. Laut Buchholz (1979) hatten diese die folgenden Schwerpunkte: verfahrenstechnische Untersuchungen in Standard-Rührkesselreaktoren, neue fermentativ gewonnene Substanzen mit Aussicht auf praktische Verwertung, Zwischensynthesen für wirtschaftliche Zwecke, Züchtung von Zellen zur Gewinnung praktisch verwendbarer Produkte, Entwicklung von Prozessführungen mit trägergebundenen Enzymen, mikrobiologische Verfahren zur Abwasserreinigung sowie mikrobiologische Verwertung von Rückständen. Für diese Schwerpunkte formulierte die Studie gut 100 Einzelprojekte. Biomedizinische Zusammenhänge blieben von vornherein ausgeklammert, und der sich aus den USA abzeichnende Einsatz der Gentechnik fand keine Erwähnung. Immerhin nahm die 1976 aktualisierte Version der Studie diese unter dem Begriff des »Plasmidengineerings« auf:

» Das ‚Plasmidengineering‘ eröffnet ein weites Anwendungsgebiet. Bei solchen Versuchen sollte man sich aber stets vor Augen halten, daß es sich hierbei um einen relativ jungen Zweig der Molekularen Genetik handelt und daß man deshalb heute noch nicht in der Lage ist, alle Konsequenzen abzusehen … Bei einem großen Teil der wünschenswerten Untersuchungen auf diesem Gebiet [handelt es sich] um Grundlagenforschungen. (DECHEMA 1976)

Buchholz (1979) bestätigte immerhin, dass die Studie und die darauf basierenden Planungsansätze Grundlage für eine erhebliche Expansion der biotechnologischen FuE in Deutschland waren. So brachte das BMFT Ausschreibungen heraus, die überwiegend auf den im Programm formulierten Schwerpunkten basierten (▶ Spätere Einschätzung eines Mitautors der DECHEMA-Studie zur Biotechnologie von 1974). Die Zahl biotechnologisch arbeitender Gruppen im Forschungssektor bei Universitäten und Forschungsinstituten nahm erheblich zu, und die jährlichen Fördergelder verdoppelten sich zwischen 1975 und 1982 fast (Marschall 2000). Bundesmittel unterstützten 1976 zudem die Einrichtung eines Biotechnikums beim Institut für Gärungsgewerbe und Biotechnologie in Berlin – das

Spätere Einschätzung eines Mitautors der DECHEMA-Studie zur Biotechnologie von 1974

»Die Selektivität des Programms ist gering. ... Die politischen Ziele ... bleiben sehr allgemein, auf industrielle Innovationen und umwelt- bzw. ressourcensichernde Technologie gerichtet. Die fachliche Formulierung liegt vollständig bei der Planungsgruppe. Die Einlösung der politischen und sozialen Ziele ergibt sich sozusagen automatisch aus der Entwicklung der Biotechnologie selbst. Eine Kooperation mit den traditionellen Spezialdisziplinen (Lebensmittel- und Brauereitechno-logie) findet nicht statt. Da diese Branchen konservativ eingestellt sind, befürchten die Biotechnologen ihren hemmenden Einfluss. Vielversprechende Neuentwicklungen, die bei diesen Branchen im Ausland im Gang sind, werden übersehen. Zwischen den beteiligten Disziplinen innerhalb des Arbeitsgebietes Biotechnologie bestehen erhebliche Kommunikationsschwierigkeiten, ebenso stark gegensätzliche Ansichten über die jeweilige Bedeutung ihrer Beiträge. Auch die Ansichten über die Struktur des Gebietes sind durch die Ursprungsdisziplinen geprägt: Der Techniker sieht im Mikroorganismus einen Mikroreaktor, für den Biologen ist das ein Verstoß gegen die komplexe Vielfalt lebender Organismen. Die geforderte Interdisziplinarität des Gebietes wird schon im Programm nur unzureichend berücksichtigt. Die einzelnen Disziplinen bleiben in den jeweiligen Kapiteln des Programms weitgehend unter sich« (Buchholz 1979).

zweite in Deutschland nach dem an der GMBF in Braunschweig. Weiterhin gründete das BMFT im Jahr 1977 ein Institut für Biotechnologie an der 1956 ins Leben gerufenen Kernforschungsanlage Jülich (heute: Forschungszentrum Jülich, Mitglied der Helmholtz-Gemeinschaft).

Im internationalen Vergleich war Deutschland 1972 mit der Beauftragung der ersten Biotechnologie-Studie das erste Land, das eine nationale Strategie für diesen Technologiesektor ausarbeitete und der Biotechnologie in der Folge eine Rolle als Zukunftstechnologie zusprach. Bei diesen Aktivitäten wurde allerdings nur die »alte« Biotechnologie berücksichtigt. Die neuen Entwicklungen und Anwendungen der Gentechnik, die zu dem Zeitpunkt gerade im Entstehen waren, fanden keinen Eingang. Zwar kann der Entstehungsprozess als Argument für die Nichtberücksichtigung angeführt werden, auf der anderen Seite waren 1972 die grundlegenden biologischen Werkzeuge der Gentechnik, Restriktionsenzyme, Plasmide und Ligasen, bereits seit fünf Jahren entdeckt. Wegen des Rückstandes in der deutschen Molekularbiologie war es den Entscheidern nicht möglich gewesen, die Bedeutung der neuen Techniken für die »alte« Biotechnologie vorauszusagen und in dem geplanten Biotechnologie-Programm zu berücksichtigen. Die Verantwortung für diese Fehleinschätzung schoben sich die Beteiligten im Innovationsprozess später gegenseitig »in die Schuhe«. Das Bundesministerium für Bildung und Forschung (BMBF) urteilt noch heute:

» Bereits im Jahr 1974 identifizierte eine Studie, die das damalige Bundesministerium für Forschung und Technologie (BMFT) bei der DE-CHEMA beauftragt hatte, die Biotechnologie als vielversprechende Zukunftstechnologie. Ein einflussreicher Manager eines chemisch-pharmazeutischen Unternehmens riet dem damaligen Forschungsminister jedoch von der Etablierung eines gezielten Förderprogrammes für die Biotechnologie ab. Wenige Jahre später beklagte dann die Wirtschaft, Deutschland fehle das Know-how in der modernen Biotechnologie. (BMBF 2014)

Nach Jasanoff (1985) fiel die öffentliche Förderung der Biotechnologie in Deutschland anfangs um das Zehnfache höher aus als beispielsweise in Großbritannien oder Frankreich. Indes wurde versäumt, die FuE-Politik mit einer aktiveren Stärkung des Technologietransfers zu verbinden. Dieselbe Autorin vertritt die Meinung, dass die DECHEMA-Studie nicht nur das Abstecken einer Förderpolitik bewirkte, sondern dass sich gewisse Annahmen etablierten, die aus späterer Sicht nicht unbedingt förderlich für die Entwicklung der kommerziellen Anwendung der neuen Biotechnologie waren:
— Große Firmen sollten eine dominante Stimme in der Förderpolitik haben,
— der Schwerpunkt sollte auf angewandter und nicht auf Grundlagenforschung liegen,
— die Biotechnologie sollte in einer sehr breiten Definition gesehen werden.

Zentrale Kommission für die Biologische Sicherheit

»Die ZKBS ist ein ehrenamtlich tätiges Expertengremium, … [es setzt] sich zusammen aus zwölf Sachverständigen für Mikrobiologie, Zellbiologie, Virologie, Genetik, Pflanzenzucht, Hygiene, Ökologie, Toxikologie und Sicherheitstechnik und acht sachkundigen Personen aus Gewerkschaft, Arbeitsschutz, Wirtschaft, Landwirtschaft, Umweltschutz, Naturschutz, Verbraucherschutz und forschungsfördernden Organisationen. Alle ZKBS-Mitglieder sowie ihre Stellvertreter werden vom Bundesministerium für Ernährung, Verbraucherschutz und Landwirtschaft für die Dauer von drei Jahren berufen. Zu ihren Aufgaben zählen die Bewertung der Sicherheit von gentechnischen Arbeiten und Anlagen … Daneben führt sie die Risikobewertung von Mikroorganismen und die Sicherheitseinstufung gentechnischer Arbeiten durch und empfiehlt geeignete technische und organisatorische Sicherheitsmaßnahmen. Dazu gibt sie Stellungnahmen gegenüber den zuständigen Landesbehörden ab. Außerdem bewertet die ZKBS die Sicherheit einer beantragten Freisetzung oder eines beantragten Inverkehrbringens von GVO und gibt hierzu gegenüber der zuständigen Genehmigungsbehörde, dem BVL [Bundesamt für Verbraucherschutz und Lebensmittelsicherheit], ihre Stellungnahme ab. Allgemeine ZKBS-Stellungnahmen sowie die regelmäßig aktualisierte Liste mit risikobewerteten Mikroorganismen [sowie Vektoren, Onkogenen und Zelllinien] werden im Bundesanzeiger und über die Homepage des BVL veröffentlicht« (BVL 2015).

Neben der Förderpolitik beschäftigte die öffentliche Hand in den 1970er-Jahren ebenfalls die Erstellung von Regularien im Umgang mit den neuen Gentechniken. Zum »Schutz vor Gefahren durch *in vitro* neu kombinierte Nukleinsäuren« erließ das BMFT 1978 Richtlinien und rief die Zentrale Kommission für die Biologische Sicherheit (ZKBS, ▶ Zentrale Kommission für die Biologische Sicherheit) ins Leben. Die Verfolgung der Richtlinien war – ähnlich wie bereits zuvor in den USA – Bedingung für die institutionelle und die Projektförderung entsprechender Arbeiten durch den Bund. Für die Industrieforschung wurde von einer freiwilligen Selbstbindung ausgegangen. Zwei Entwürfe eines Gesetzes zum Schutz vor Gefahren der Gentechnologie von 1978 und 1979 scheiterten laut Hofmann (1986) allerdings nicht nur am Widerstand der Industrie und der Forschungsorganisationen, sondern ebenso sehr am Desinteresse der Öffentlichkeit. Später (1986) entschied das BMFT, dass es die Biotechnologie nicht gleichzeitig fördern und regeln kann, und es gab letztere Verantwortlichkeit daher an das Ministerium für Gesundheit ab. Heute ist die ZKBS beim Bundesamt für Verbraucherschutz und Lebensmittelsicherheit aufgehängt.

Zusammenfassend ist festzuhalten, dass Deutschland in den 1970er-Jahren große politische Anstrengungen unternahm, die Biotechnologie zu fördern. Ende der Dekade setzten Labore die Gentechnik ein an zwölf Universitäten, sechs Max-Planck-Instituten sowie an den Großforschungseinrichtungen DKFZ und GBF. In Heidelberg zählte zudem das 1974 gegründete EMBL dazu. Als Problem blieb letztlich ein starkes Defizit an interdisziplinärer Zusammenarbeit, bedingt durch die traditionelle disziplinäre organisatorische Trennung der Fachrichtungen an den Hochschulen.

Darüber hinaus war die Mehrzahl der Wissenschaftler in traditionellen Vereinen der Einzeldisziplinen organisiert (Buchholz 1979): für anwendungsorientierte Chemiker und Ingenieure die DECHEMA (mit einem Fachausschuss Biotechnologie); für Biochemiker die Gesellschaft für biologische Chemie; für Mikrobiologen die deutsche Gesellschaft für Hygiene und Mikrobiologie (DGHM); für Verfahrenstechniker die Gesellschaft für Verfahrenstechnik und Chemieingenieurwesen (GVC) im Verein Deutscher Ingenieure (VDI). Eine wissenschaftliche Gesellschaft für das Arbeitsgebiet Biotechnologie existierte nicht. Wie im organisatorischen Bereich überwogen ebenfalls im Kommunikationsbereich traditionelle Zeitschriften der Ursprungsdisziplinen für Mikrobiologie, Biochemie und Chemieingenieurwesen. Immerhin gelang es, ein wichtiges Instrument der Kommunikation, Kongresse und Symposien, zu nutzen: 1976 fand das auf internationaler Ebene bedeutende »*International Fermentation Symposium*« in Berlin statt, organisiert vom dort ansässigen Institut für Gärungsgewerbe und Biotechnologie. Ein weiteres Thema war, dass die Förderung beziehungsweise die Legislative eine verstärkte Kooperation der Universitäten mit der Industrie nicht gezielt forcierte. Allerdings bestand vonseiten der universitären Wissenschaftler oft gar kein Interesse daran. Im Gegenteil, die Kooperation mit der Industrie oder die Kommerzialisierung von Forschungsergebnissen war zum Teil richtiggehend verpönt. Das galt bis Mitte der 1970er-Jahre übrigens auch für die USA.

4.3.2 Die 1980er-Jahre: das »Hoechst-Signal«, Genzentren, Enquete-Kommission und politische Fronten

Der Beginn der 1980er-Jahre brachte weitere Bemühungen um Ausbau und Vernetzung der Forschungsinfrastruktur. Ein durchschlagendes Ereignis war im Mai 1981 die manchmal als »Hoechst-Signal« bezeichnete Investition von 70 Mio. US$ (ca. 81 Mio. €) des früheren Frankfurter Chemie- und Pharma-Konzerns Hoechst AG (heute Sanofi) in den Aufbau einer neuen Abteilung für Molekularbiologie an einer US-amerikanischen Forschungsinstitution. Bei den Wissenschaftlern an den deutschen Universitäten rief diese Entscheidung große Fassungslosigkeit hervor: Nicht nur, dass dringend benötigte Millionenbeträge in die USA flossen, der Entschluss bescheinigte zudem mehr oder weniger explizit, dass die molekularbiologische Forschung in Deutschland kein größeres privates Investment »wert« war. Bei der Politik löste er Zweifel über die bisherigen Förderaktivitäten aus, die weniger die Grundlagenforschung als angewandte Projekte unterstützten und die zum größten Teil auf Basis der DECHEMA-Studie von 1974 entstanden waren.

Das »Hoechst-Signal« von 1981

Das »Hoechst-Signal« war ein äußerer Anlass, die bereits seit längerer Zeit auf verschiedenen Ebenen der Forschungsförderungsorganisation und -institutionen diskutierten Programme zur Förderung der biologischen und biomedizinischen Wissenschaften beschleunigt in die Tat umzusetzen. 1981 verkündete der frühere Chemie- und Pharma-Konzern Hoechst eine zu dem Zeitpunkt »gigantische« Summe in eine Zehn-Jahres-Forschungskooperation mit dem Massachusetts General Hospital in Boston, USA, zu investieren.

Zur Förderung der biologischen und biomedizinischen Grundlagenforschung, der interdisziplinären Zusammenarbeit sowie der engeren Kooperation zwischen Wissenschaft und Industrie beschloss das BMFT daher im Herbst 1981 den Aufbau der sogenannten Genzentren. So entstanden im Jahr 1982 an den Standorten Heidelberg, Köln und München von öffentlichen und privaten Mitteln getragene Forschungsschwerpunkte für die Molekularbiologie. 1987 folgte ein Genzentrum in Berlin. Ziel war, über die Zusammenführung verschiedener Forschungseinrichtungen die Grundlagenforschung zu qualifizieren, den wissenschaftlichen Nachwuchs auszubilden sowie über das frühzeitige Einbinden der Industrie die grundlagenorientierte Forschungsarbeit stärker am industriellen Bedarf zu orientieren. Die Genzentren finanzierten sich durch eine zeitlich befristete Anschubfinanzierung des BMFT (142 Mio. €), durch die institutionelle Unterstützung der beteiligten Länder (plus zum Teil Max-Planck-Gesellschaft und Wirtschaft, 200 Mio. €) sowie durch Drittmittel chemisch pharmazeutischer Großunternehmen (◻ Tab. 4.3).

Sieben Industrie-Konzerne erhielten so freien Zugang zu Wissen und Know-how. Allerdings steuerten sie meist nur bis Anfang der 1990er-Jahre finanzielle Mittel bei, sodass sie von dem 1982 bis 1995 aufgelaufenen Gesamtbudget (440 Mio. €) nur einen kleinen Teil, nämlich 7 % stellten (Dolata 1996). Nach Beendigung der BMFT-Förderung trugen sich die Genzentren nur noch durch die Länder und Drittmittel, das Zentrum in Berlin schloss 1996 sogar.

Die Genzentren waren keine festen physischen Institute, sondern zwölf bis 15 Jahre dauernde Schwerpunktprojekte mit mehreren Beteiligten, auch der Industrie. Sie verschafften Deutschland in der Tat einen Aufwärtstrend in der molekularbiologischen Forschung. Momma und Sharp (1999) listen Ergebnisse einer Erhebung der Zeitschrift *Science Watch* zum internationalen Ranking molekularbiologischer Publikationen nach Zitierungen aus den Jahren 1981 bis 1991 (Rang in Klammern): MPI für Biochemie in München (5), MPI für Züchtungsforschung in Köln (8), DKFZ in Heidelberg (11), Universität Heidelberg (23), MPI für molekulare Genetik in Berlin (26), Universität Freiburg (42), Universität Düsseldorf (45), Univer-

◘ **Tab. 4.3** Übersicht zu den ab 1982 gegründeten Genzentren. (Quelle: BioMedServices (2015) nach Catenhusen und Neumeister (1990), Dolata (1996) und Kirst (1985))

Standort	Beteiligte Institutionen (Zahl der Projekte oder Arbeitsgruppen)	Beteiligte Firma (Betrag in Mio. €)	Förderzeitraum und -summe (Mio. €)
Heidelberg	ZMBH (9), DKFZ (9)	BASF (5), Merck (0,6)	10/1982–12/1993 (110)
Köln	Institut für Genetik (6, zu Universität), MPI für Züchtungsforschung (10)	Bayer (4), Hoechst (4, projektgebunden)	11/1982–12/1994 (111)
München	Ludwig-Maximilians-Universität (11), MPI für Biochemie (5)	Über Förderverein: Hoechst (1/Jahr), Wacker (0,2/Jahr) Boehringer Mannheim	02/1984–12/1995 (141)
Berlin	Institut für Genbiologische Forschung (IGF, neugegründete GmbH zwischen Schering und Land Berlin, 12), Freie und Technische Universität Berlin, ab 1992: Humboldt-Universität Berlin, Institut für Pflanzenbiochemie (Halle), Institut für Pflanzengenetik und Kulturpflanzenforschung (Gatersleben)	Über GmbH: Schering (40), Kleinwanzlebener Saatzucht (KWS) als Kooperationspartner	01/1987–12/1995 (70)

sität München (50). Weitere Schwerpunktprojekte der Biotechnologie entstanden an den Standorten Stuttgart, Hamburg und Düsseldorf (BMFT 1992):
— 1987 in Stuttgart: Bioverfahrenstechnik unter Beteiligung der Universität Stuttgart, dem Fraunhofer-Institut für Grenzflächen- und Bioverfahrenstechnik (Stuttgart) und dem Institut für Mikrobiologie der Universität Tübingen;
— 1987 in Hamburg: Zentrum für Molekulare Neurobiologie Hamburg (ZMNH) unter Beteiligung der Universität Hamburg und des Universitätskrankenhauses Eppendorf sowie Angewandte Molekulare Pflanzenzüchtung (AMP) unter Beteiligung des Institutes für Allgemeine Botanik der Universität Hamburg;
— 1989 in Düsseldorf: Stoffumwandlung mit Enzymen (Biokatalyse) unter Beteiligung der Institute für Mikrobiologie und Enzymtechnologie der Universität Düsseldorf sowie der Institute für Biologie I und II des Forschungszentrums Jülich.

Neben diesen Schwerpunktprojekten finanzierte das BMFT im Rahmen der Projektförderung Verbundprojekte. Die Biotechnologie erhielt darüber hinaus eine institutionelle Förderung, vor allem das

GBF (◘ Abb. 4.1). Weitere Großforschungseinrichtungen mit Berührungspunkten zur Biotechnologie (z. B. DKFZ) finanzierten sich aus anderen Förderbereichen.

Für die biologische und biomedizinische Forschung steuerten zudem andere Organisationen und Institutionen Mittel bei. Kirst (1985) listet folgende Beträge (Mio. €, gerundet nach Umrechnung von DM) für 1980/1981:
— DFG und MPG: jeweils 125 Mio. € plus Fraunhofer Gesellschaft 5 Mio. €, in Summe 255 Mio. €;
— Großforschungseinrichtungen: 100 Mio. €;
— Bundesforschungsanstalt des Bundesministeriums für Jugend, Familie und Gesundheit (BMJFG) und des Bundesministeriums für Landwirtschaft (BML): 75 Mio. €;
— »Blaue-Liste«-Institute (heute Leibniz-Gemeinschaft): 25 Mio. €;
— Volkswagen-Stiftung: 13 Mio. €.

In der Summe standen damit Anfang der 1980er-Jahre rund 500 Mio. € Fördergelder bereit, die noch ergänzt wurden durch die Länderfinanzierung von etwa 320 Biologie-Lehrstühlen an 47 Universitäten und Hochschulen. Zwei Drittel dieser Ausgaben entfielen auf die Grundlagenforschung, ein Teil der

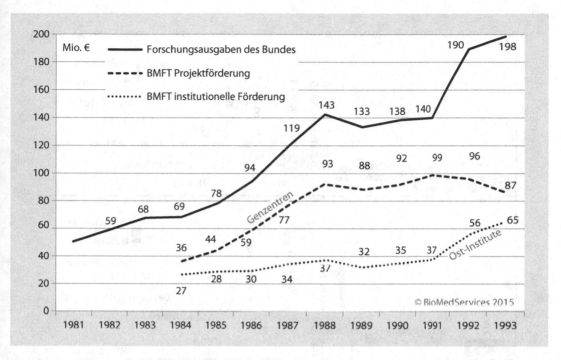

Abb. 4.1 Forschungsausgaben des Bundes für Biotechnologie 1981 bis 1993 (Mio. €). Erstellt u. a. nach Daten von Dolata (1996)

restlichen Mittel für die angewandte Forschung war gebunden an gesetzgeberische Vorlagen (Lebensmittelüberwachung, Zulassung von Arzneimitteln und Chemikalien). Hinzu kamen laut Kirst (1985) flankierende Fördermaßnahmen wie beispielsweise:

- ein gesondertes Ausbildungsprogramm: Vergabe von Stipendien für den wissenschaftlichen Nachwuchs für Forschungsaufenthalte im In- und Ausland: vier Jahre, 1,8 Mio. €;
- Spitzenkräfte-Förderung (wissenschaftlicher Nachwuchs) über einen gemeinsamen Fonds vom BMFT und dem Verband der Chemischen Industrie (VCI): zwei Jahre, 5 Mio. € (40/60 %);
- Modellversuche zur speziellen Förderung von technologieorientierten Unternehmensgründungen (TOU) seitens des BMFT (neben Gentechnik vor allem Mikroelektronik): Gesamtvolumen von mehr als 150 Mio. € und Startgeld von bis zu 500.000 € pro Firma;
- Forschung zu Fragen biologischer, medizinischer und ökologischer Risiken der Biotechnologie.

In der Folge stieg die Zahl gentechnischer Vorhaben, die die 1978 eingerichtete ZKBS registrierte, bis Mitte 1986 auf 1271 Projekte. Diese verteilten sich zu mehr als die Hälfte (55 %) auf 38 Universitäten, gefolgt von 15 MPI (16 %) und fünf Großforschungseinrichtungen (10 %). Letztere umfassten das DKFZ in Heidelberg, die GBF in Braunschweig, die GSF (Gesellschaft für Strahlen- und Umweltforschung in Neuherberg bei München, heute Deutsches Forschungszentrum für Gesundheit und Umwelt), die KFA (Kernforschungsanlage Jülich, heute Forschungszentrum Jülich) sowie das KfK (Kernforschungszentrum Karlsruhe, heute Karlsruher Institut für Technologie). Weitere knapp 10 % der Projekte entfielen auf sonstige Bundesanstalten, die FhG, das EMBL und andere. Schließlich waren auch 18 deutsche Industrie-Konzerne mit gut 10 % aller Projekte beteiligt.

Deren Aufwendungen für biotechnologische FuE lagen im Rahmen von 100 Mio. € pro Jahr (Catenhusen und Neumeister 1990). 1985 förderte die

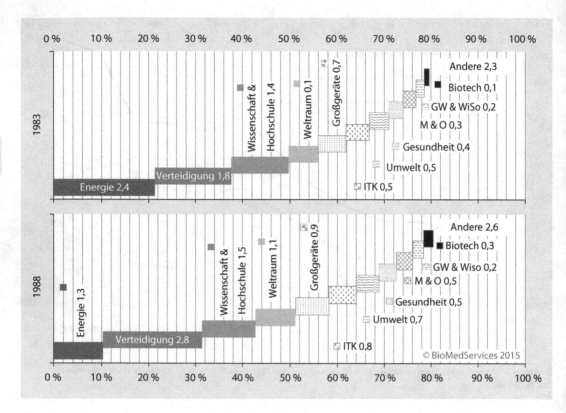

◘ **Abb. 4.2**　Verschiedene Bereiche bei den Gesamtforschungsausgaben des Bundes, 1983 und 1988. Erstellt nach Daten aus den Bundesforschungsberichten; *GW*: Geisteswissenschaften, *ITK*: Informations- und Kommunikationstechnologien, *M & O*: Material & Optik, *WiSo*: Wirtschaft und Soziales; Zahlenangaben in Mrd. €

DFG 214 gentechnisch orientierte Projekte der Grundlagenforschung an den Universitäten und den MPI mit etwa 45 Mio. € über das sogenannte Normalverfahren. Zudem unterstützte sie Schwerpunktprogramme und Forschergruppen. Weitere 117 Teilprojekte in 31 Sonderforschungsbereichen erhielten rund 7,5 Mio. €.

Verglichen mit den gesamten Forschungsausgaben des Bundes nahm die Biotechnologie in den 1980er-Jahren allerdings lediglich einen sehr kleinen Anteil von 1 bis 2 % ein. 1983 lag dieser bei 1,2 % (68 Mio. €) von gesamt 5,8 Mrd. € Bundes-FuE-Gelder. Der größte Anteil entfiel hier mit 22 % (2,4 Mrd. €) auf Energieforschung und -technologien, gefolgt von der Wehrforschung und -technik mit 16 % (1,8 Mrd. €) (◘ Abb. 4.2).

Zum Vergleich ein Blick in die USA (OTA 1984, 1988): 1983 unterstützte das NIH biotechnologische Forschung mit 1,44 Mrd. US$ (1,9 Mrd. €). Das entsprach 36 % seines Gesamtbudgets. Zusätzlich

gab die Bundesregierung 1983 für die Grundlagenforschung in der Biotechnologie 511 Mio. US$ (634 Mio. €) aus. In der Summe waren dies rund 2,5 Mrd. €, also das Fünffache verglichen zu Deutschland Anfang der 1980er-Jahre. 1987 förderte allein das NIH die biomedizinische Forschung mit 2,3 Mrd. US$ (2 Mrd. €, 37 % des Gesamtbudgets). Die NIH-Gelder stellten 84 % der gesamten Bundesmittel für Biotechnologie dar (2,7 Mrd. US$, 2,5 Mrd. €). Der Rest verteilte sich auf die National Science Foundation (NSF) sowie die Ministerien für Verteidigung, Energie und Landwirtschaft und andere. Spezielle Biotechnologie-Programme gab es nicht. Die Industrie selbst investierte 1987 rund 2 Mrd. US$ (1,8 Mrd. €) für die biotechnologische FuE. Zum Vergleich nochmal die Zahl für die deutsche Industrie: 100 Mio. €.

Zurück nach Deutschland, listet ◘ Tab. 4.4 Aktivitäten des Bundes in den 1980er-Jahren mit Bezug zur Biotechnologie. Hervorzuheben ist 1984/1985

◘ Tab. 4.4 Ausgewählte Aktivitäten des Bundes mit Bezug zur Biotechnologie, 1980er-Jahre. (Quelle: BioMedServices (2015) nach Dolata (1996))

Jahr	Was	Wer	Zusatzinformation
1981	Beschluss zum Aufbau von Genzentren	BMFT	Auch Aufstockung staatlicher Mittel
1983	Förderung technologieorientierter Unternehmensgründungen (TOU)	BMFT	Modellversuch bis 1988; auch für die Biotechnologie, 150 Mio. €
1984	Bildung des Sachverständigenarbeitskreises Biotechnologie	BMFT	Ausarbeitung eines weiteren Biotechnologie-Programms
1984	Enquete-Kommission: Chancen und Risiken der Gentechnologie	Bundestag	1986 Vorlage eines Berichts und Forderung nach einem Gesetz
1985	Angewandte Biologie und Biotechnologie 1985–1988	BMFT	2. spezifisches Biotechnologie-Förderprogramm, 400 Mio. €
1989	Beteiligungskapital für junge Technologieunternehmen (BJTU)	BMFT	Modellversuch bis 1994; auch für die Biotechnologie, 150 Mio. €

die Ausarbeitung und Auflage eines weiteren spezifischen Biotechnologie-Förderprogramms (inklusive Gentechnik): »Angewandte Biologie und Biotechnologie (1985–1988)« mit einem Gesamtvolumen von rund 400 Mio. €, verteilt auf vier Jahre. Ziel war es, die Mittel innerhalb der Laufzeit des Programms zu verdoppeln, was gelang. Von Anfang bis Ende der 1980er-Jahre stieg das Bundes-Biotech-Budget stark auf fast das Dreifache (◘ Abb. 4.1). Insgesamt änderte sich jedoch an dem geringen Anteil am Gesamtforschungshaushalt des Bundes (2 %) wenig (◘ Abb. 4.2). Die größte Aufmerksamkeit widmete das BMFT im Programm 1985–1988 dem zügigen Ausbau der Grundlagenforschung, auf die zwei Drittel der Gelder entfielen. Ein Drittel der Förderung richtete sich an Unternehmen (Warmuth und Wascher 1989). Zu dem Programm zog das BMFT 1989 insgesamt ein positives Resumee:

» Die Biotechnologie ist heute … fester Bestandteil der wissenschaftlichen und industriellen Forschung und teilweise … von Produktions- und Entsorgungsprozessen. Es ist eine Kapazität erwachsen, die für die kommenden Jahre eine gute Basis für Forschungs- und Entwicklungsarbeiten bietet. … Auch außerhalb von Genzentren wurde in Verbundvorhaben … Hervorragendes geleistet. … Zusammenfassend kann festgestellt werden, dass heute der Anschluss an die Weltspitze auf dem Gebiet der Gentechnologie wieder gefunden ist. (Warmuth und Wascher 1989)

Die Einrichtung der Enquete-Kommission »Chancen und Risiken der Gentechnologie« war 1984 weltweit der erste Versuch, auf parlamentarischer Ebene eine Beurteilung abzugeben. Unter dem Vorsitz des SPD-Politikers Catenhusen umfasste sie 17 Abgeordnete sowie Sachverständige unterschiedlicher Wissenschaftsdisziplinen und gesellschaftlicher Gruppen. Die Kommission begleitete eine zu dem Zeitpunkt aufkommende breite gesellschaftliche Debatte über die Gentechnologie, die folgende Gruppen einschloss: Kirchen, Parteien, Gewerkschaften, Frauen- und Umweltverbände, Wirtschafts-, Wissenschafts- und Ärzteorganisationen mit entsprechend unterschiedlichen Positionen. Ende 1986 legte die Kommission einen 400-seitigen Bericht vor (▶ Aus dem Bericht der Enquete-Kommission »Chancen und Risiken der Gentechnologie«) und forderte die Verabschiedung eines Gentechnik-Gesetzes. Rau (1989) zitiert eine Mitteilung des früheren Verbandes Deutscher Biologen (VdBiol, heute vBio), die 1988 urteilte: »Die Beschlüsse der Enquete-Kommission wurden in der Hauptsache von Personen getragen, die wenig biotechnologischen Sachverstand besitzen. Die wenigen Fachleute waren nur bedingt in der Lage, der auf ‚Unkenntnis und Angst beruhenden Technologiebewertung' entgegenzusteuern.«

4

Aus dem Bericht der Enquete-Kommission »Chancen und Risiken der Gentechnologie«

»[Die Enquete-Kommission] … hat in den gut zwei Jahren einen gemeinsamen Diskurs geführt, in dem es gelang, auch widersprüchliche Ausgangspositionen durch Informationen, Argumentation und gegenseitiges Offenlegen von Standpunkten zueinander hinzuführen. Man ist auf die gegenseitigen Standpunkte eingegangen, man hat sie angehört, bedacht und sie sich oft zu eigen gemacht. Die jeweilige Vertreterin der GRÜNEN in der Kommission hat allerdings von Anfang an eine grundsätzlich ablehnende Haltung zur Forschung und allen Anwendungen der Gentechnologie eigenommen und ist davon im Verlaufe der Kommissionsberatungen auch nicht abgerückt. … Bei der Diskussion der gesellschaftlichen Auswirkungen der Gentechnologie wurde in vielen Anwendungsbereichen deutlich, dass … [sie] häufig schon bestehende gesellschaftliche Trends fortführt, verstärkt oder abschwächt. In der Öffentlichkeit geäußerte Kritik zu den Anwendungsbereichen der Gentechnologie richtete sich hier zugleich oder in erster Linie gegen übergreifende Strategien, die sich unabhängig von … [ihr] entwickelt haben. Es geht dabei etwa um das Grundsatzproblem der Industrialisierung der Landwirtschaft, um das Grundsatzproblem einer Lebensweise, in der der Mensch seine Umwelt immer stärker belastet. Es geht dabei um medizinische Strategien, in der möglicherweise dem Einsatz von Medikamenten eine allzu dominierende Rolle im Vergleich zu präventiven Maßnahmen beigemessen wird« (Catenhusen und Neumeister 1990).

Opposition kam insbesondere von der Partei DIE GRÜNEN. Wesentlich getragen von Ökologie-, Anti-Atomkraft-, Friedens- und Frauenbewegungen der 1970er-Jahre, gründete sie sich 1980 in Karlsruhe als Bundespartei. 1982 gelang ihnen mit 4,3 % der Einzug in das Frankfurter Kommunalparlament. In den Jahren 1983 und 1985 wurden sie jeweils zum ersten Mal in den Bundestag und den hessischen Landtag gewählt. In dessen rot-grüner Koalition stellte die Partei mit dem Politiker Fischer erstmals einen Landesminister (für Umwelt). Diese Konstellation zog für die dort ansässige Industrie bei gentechnischen Vorhaben erschwerte Bedingungen nach sich, die in anderen Bundesländern nicht so ausgeprägt vorlagen. Als Paradebeispiel gilt hier die Erfahrung der ehemaligen Frankfurter Hoechst AG, deren Projekt Insulin-Anlage (anfängliches Volumen 35 Mio. €) um 15 Jahre verzögert wurde.

Die politischen Fronten erreichten also gegen Ende der 1980er-Jahre einen Zenit, woraufhin sogar der Verband der Chemischen Industrie die rasche Einführung eines Gentechnik-Gesetzes forderte. Mitte 1989 legte das Bundesministerium für Jugend, Familie, Frauen und Gesundheit einen Gesetzesentwurf vor, der allerdings bei den GRÜNEN, bei Umweltverbänden und beim Öko-Institut auf heftige Kritik stieß. Aufgrund des Vorliegens von rund 350 Änderungsanträgen aus entsprechenden Bundestagsausschüssen wies zudem der Bundesrat den Entwurf zur Wiederbearbeitung zurück. Das daraufhin überarbeitete und vom Bundestag und Bundesrat verabschiedete Gentechnik-Gesetz trat schließlich am 1. Juli 1990 in Kraft (Dolata 1996).

4.3.3 Die 1990er-Jahre: Wiedervereinigung, Gentechnik-Gesetz, weitere Förderung, BioRegio- und andere Wettbewerbe

Unabhängig von den Ereignissen in der Biotechnologie prägte die Jahre 1989/1990 die deutsche Wiedervereinigung. Für die Biotechnologie kamen aus dem ehemaligen Osten unter anderem an Forschungszentren hinzu: das Institut für Molekulare Biotechnologie (IMB) in Jena, das Institut für Neurobiologie (IfN) in Magdeburg, das Institut für Pflanzenbiochemie (IPB) in Halle/Saale, das Institut für Pflanzengenetik und Züchtungsforschung (IPK) in Gatersleben sowie die Zentralinstitute für Krebsforschung, Herz-Kreislauf-Forschung und Molekularbiologie in Berlin-Buch, aus denen 1992 das heutige Max-Delbrück-Centrum für Molekulare Medizin (MDC) hervorging.

Das seit Mitte 1990 rechtsgültige Gentechnik-Gesetz (GenTG) umfasste im Wesentlichen drei Anwendungsbereiche, die durch eine Reihe zusätzlicher Rechtsverordnungen konkretisiert wurde (Dolata 1996):

- Arbeit mit GVO (gentechnisch veränderter Organismus) in geschlossenen Systemen zu Forschungs- oder gewerblichen Zwecken: grundsätzlich genehmigungspflichtig durch die einzelnen Länder in Rücksprache mit der ZKBS, außer bei Arbeiten zu Forschungszwecken auf Sicherheitsstufe 1 (kein Risiko für Gesundheit und Umwelt); ab Sicherheitsstufe 2 (geringes Risiko) bis 4 (hohes Risiko) öffentliche Anhörung verpflichtend;
- Freisetzung von GVO in die Umwelt: grundsätzlich erlaubt, sofern das dafür zuständige Bundesgesundheitsamt (BGA) im Einvernehmen mit anderen Behörden eine Genehmigung erteilt (Anhörung, falls eine Ausbreitung der GVO nicht von vorneherein auszuschließen ist);
- Inverkehrbringen von Produkten, die GVO enthalten oder aus solchen bestehen: genehmigungspflichtig vom BGA, grundsätzlich ohne Beteiligung der Öffentlichkeit.

Nach Inkrafttreten des Gesetzes kritisierte eine große Koalition aus Industrieverbänden, Wissenschaftsorganisationen, Berufsverbänden sowie der Gewerkschaft IG Chemie, Papier und Keramik den administrativen Aufwand und die Bürokratie der Genehmigungsverfahren (in der Praxis je nach Bundesland sehr heterogen vollzogen), die überzogenen Sicherheitsstandards sowie die umfangreiche Öffentlichkeitsbeteiligung. Befürchtet wurde, dass der Forschungs- und Produktionsstandort Deutschland sowie die Wettbewerbsfähigkeit der Industrie und der Wissenschaft gefährdet sind (Dolata 1996). Eine Novellierungsdiskussion entbrannte, die im Dezember 1993 dazu führte, dass eine Novelle zum GenTG den Bundestag und Bundesrat nahezu unbeanstandet passierte. Das novellierte GenTG erbrachte Veränderungen in folgenden Bereichen (Dolata 1996):
- Errichtung gentechnischer Anlagen und Durchführung gentechnischer Arbeiten: Die Bedingungen wurden nachhaltig erleichtert, Anmelde- und Genehmigungsverfahren gestrafft, Bearbeitungszeiten verkürzt; Arbeiten der Sicherheitsstufe 1 waren nur noch anmeldepflichtig (Einbindung der ZKBS nicht mehr obligatorisch);

- Inverkehrbringen von GVO: Die Bestimmungen wurden gelockert; nationaler und internationaler Austausch zu Forschungszwecken und innerhalb eines Konzerns zu Zwecken der Weiterverarbeitung oder Produktion, die Abgabe nach patentrechtlichen Vorschriften an Dritte und die Abgabe zum Zweck einer genehmigten Freisetzung waren nicht mehr genehmigungspflichtig.

Kritische Stellungnahmen gab es indes weiterhin vonseiten der GRÜNEN, von Umweltverbänden, dem Öko-Institut sowie vom Deutschen Gewerkschaftsbund (DGB) und Teilen der SPD. Eine Studie des Fraunhofer-Instituts für Systemtechnik und Innovationsforschung (ISI) ergab, dass die gesetzliche Regelung der Gentechnik in Deutschland im internationalen Vergleich nicht besonders restriktiv war und dass rechtliche Rahmenbedingungen für Standortentscheidungen keine Rolle spielten (Hohmeyer et al. 1993). Diese Feststellung beurteilten Manager von Bayer und Hoechst als »irreführend«, da ihres Erachtens die Studie lediglich Aussagen amerikanischer Unternehmen berücksichtigte und deutsche Firmen gar nicht zu der Thematik befragte. Sie kommentierten:

>> Dass amerikanische Firmen unter ihren rechtlichen Rahmenbedingungen zur Regelung von Forschung, Entwicklung und Produktion keine größeren Probleme haben, ist möglicherweise einer der Gründe, warum sich deutsche Firmen in den USA angesiedelt haben. (Schlumberger und Brauer 1995)

Die politischen Fronten waren also noch nicht wirklich geklärt. Berücksichtigt werden muss dennoch, dass der oft als Beispiel für die innovationshemmende Wirkung des deutschen Gentechnikrechtes herangezogene Hoechst-Fall sich ergeben hatte, da eben noch kein einheitliches Gesetzeswerk existierte. So entschieden sich Bayer und BASF aufgrund der Unsicherheit der rechtlichen Situation gegen den deutschen Standort. Gerade die Anträge von Hoechst führten dann erst zur Gesetzesinitiative. Später traten laut Simon (1995) bei anderen Verfahren mit Öffentlichkeitsbeteiligungen bei gerichtlichen Auseinandersetzungen keine Verzögerungen auf. Der damalige Professor vom Forschungszentrum Biotechnologie und Recht der Universität Hannover kam zu dem Schluss:

» Die Diskussion in der Öffentlichkeit ist noch immer geprägt von den komplizierten und für die Antragsteller langwierigen Verfahren … auf der einen Seite und den Klagen der Einwender über eine mangelnde Berücksichtigung der von ihnen vorgebrachten Bedenken andererseits. Dies kann und darf jedoch nicht darüber hinwegtäuschen, dass eine reale Standortgefährdung nach der Novellierung des GenTG aufgrund der rechtlichen Regelungen nicht mehr auszumachen ist. (Simon 1995)

Abermals kontrovers sah das der Gießener Mikrobiologie-Professor Hobom, ehedem ZKBS-Mitglied:

» … die Änderung des Gentechnikgesetzes hat in Zahlen fassbare Änderungen – jedenfalls in dem Bereich der Produktionsanlage – nicht erbracht. Damit scheint die erklärte Absicht zu scheitern, die Gentechnik nicht nur als Forschungsrichtung und -methode, sondern auch als Zukunftstechnologie im Lande zu halten oder sie dahin zurückzuholen. (Hobom 1995)

Stehn (1995) vom Kieler Institut für Weltwirtschaft führt aus, dass die auf Einzelgesetzen beruhende Regulierungspraxis in den USA zwar die Errichtung von Produktionsanlagen und die Freisetzung von GVO weniger behinderte als die Vollzugspraxis des GenTG in Deutschland. Das strenge amerikanische Produkthaftungsrecht kompensierte diese Vorteile jedoch zumindest teilweise: Im Falle einer Schädigung Dritter durch gentechnologische Produkte konnten gegenüber allen an der Produktion beteiligten Unternehmen Schadenersatzforderungen geltend gemacht werden. In den USA mehrten sich daher Stimmen aus der Industrie, die eine stärkere Orientierung an dem in Europa verbreiteten Modell eines eher restriktiven Zulassungsverfahrens in Verbindung mit einer beschränkten Haftung forderten. Der Autor zog als Resümee, dass die Änderung des GenTG lediglich eine notwendige, aber keine hinreichende Bedingung für eine

Verbesserung der Wettbewerbsposition Deutschlands in der modernen Biotechnologie darstellte. 1999 schließlich urteilte das Karlsruher ISI nach der Befragung kleiner und mittlerer Unternehmen (KMU) der Biotechnologie:

» In den Unternehmensinterviews der vorliegenden Studie im Bereich Medizin/Gesundheit wurden die generelle Intention und der Inhalt dieser Gesetze als tragfähige Grundlage für unternehmerische Aktivitäten gesehen. Schwierigkeiten traten eher beim Vollzug dieser Regelungen auf. So wurde von einzelnen Befragten die Fachkompetenz bei der Genehmigungs- oder Zulassungsbehörde bemängelt, das fehlende Verständnis der Behörden für die Belange eines kommerziellen Unternehmens als Hemmnisfaktor genannt sowie die Vielzahl der Detailauflagen angemahnt. (Menrad et al. 1999)

Die angeführten Zitate veranschaulichen die damalige Situation, die geprägt war von kontroversen Diskussionen, man kann schon fast sagen, Theorie versus Praxis. Auch heute ist die Auseinandersetzung um das GenTG noch immer nicht ganz abgeschlossen. Neben dem GenTG gab es auf Bundesebene erneut andere Aktivitäten mit Biotechnologie-Bezug (◘ Tab. 4.5).

Bis Mitte der 1990er-Jahre stieg das Biotech-Budget des Bundes im Vergleich zu den 1980er-Jahren weiter an, jedoch mit weitaus geringeren Steigerungsraten. Die Erhöhung war im Wesentlichen vereinigungsbedingt und diente der Integration der ostdeutschen Forschungszentren mit einem entsprechenden Anstieg in der institutionellen Förderung (◘ Abb. 4.1). Das Volumen erreichte rund 200 Mio. €, was nach wie vor lediglich einen Anteil von 2,5 % am Gesamtforschungshaushalt des Bundes ausmachte. Wie bereits für Anfang der 1980er-Jahre aufgezeigt, waren die speziellen BMFT-Programmgelder nicht die einzigen öffentlichen Mittel, die die biotechnologische Forschung und Entwicklung finanzierten. Rund zehn Jahre später ist deren Summe dennoch kaum gestiegen, denn sie beliefen sich 1992 insgesamt auf knapp 700 Mio. € inklusive 275 Mio. € für die Hochschulen (Hetmeier et al. 1995). Zum Vergleich: Ohne die Landes-Hochschulfinanzierung lag die Sum-

◘ **Tab. 4.5** Ausgewählte Aktivitäten des Bundes mit Bezug zur Biotechnologie, 1990er-Jahre. (Quelle: BioMedServices (2015) nach Dolata (1996) und BMBF (2010))

Jahr	Was	Wer	Zusatzinformation
1990	Verabschiedung Gentechnik-Gesetz (GenTG)	Bundestag	–
1990	Auflage Programm »Biotechnologie 2000«	BMFT	3. spezifisches BT-Programm
1993	1. Novelle Gentechnik-Gesetz	Bundestag	–
1995	Beteiligungskapital für kleine Technologieunternehmen (BTU), Nachfolger von BJTU	BMBF	Bis 2000, verlängert bis 2003 und 2006
1995	Ausschreibung BioRegio-Wettbewerb	BMBF	–
1996	Entscheidung BioRegio-Wettbewerb	BMBF	–
1997	Fünf-Jahres-Förderung im Rahmen von BioRegio	BMBF	100 Mio. €
1998	BioFuture: Förderung junger Wissenschaftler und Nachwuchskräfte	BMBF	Bis 2012, 70 Mio. €
1999	BioChance(Plus): Förderung kleiner und mittlerer Biotechnologieunternehmen	BMBF	Bis 2002, von 2003 bis 2009 BioChancePlus, 35 Mio. €
1999	BioProfile-Wettbewerb: regionaler Wettbewerb innerhalb thematisch begrenzter Felder	BMBF	Bis 2003, 50 Mio. €

1994 Umwandlung des BMFT in BMBF
BT Biotechnologie

me Anfang der 1980er-Jahre bei rund 500 Mio. €, inklusive DFG-Gelder. Für 1992 existierten diese zwar ebenfalls noch, ihre Höhe war für einzelne Fachbereiche dagegen nicht mehr bekannt. Kräftig gestiegen sind allerdings die FuE-Investitionen der Wirtschaft: von 100 auf 700 Mio. € (KMU und Großunternehmen). Insgesamt standen dem Sektor 1992 somit knapp 1,5 Mrd. € an FuE-Mitteln zur Verfügung.

Das 1990 aufgelegte Programm »Biotechnologie 2000« setzte die Bemühungen früherer Förderprogramme fort: Erhöhung von Interdisziplinarität, Netzwerken und Kommerzialisierung, um speziell die wissenschaftliche Grundlagenforschung und die industrielle Forschung und Entwicklung stärker zu verzahnen. Ziel war, Deutschland als Forschungs- und Produktionsstandort für die Biotechnologie attraktiv zu halten und Rahmenbedingungen hierfür weiter zu stärken. Thematisch ging es in dem Programm insbesondere um die zellbiologische und Proteinforschung, die neurobiologische und Genomforschung sowie Forschung zu Pflanzenzüchtung und zum biologischen Pflanzen-

schutz. Im Rahmen des Programms mit einem Gesamtvolumen von 1,5 Mrd. € fanden unter anderem folgende Aktivitäten statt (u. a. Dolata 1996):

- 1991: Auflage eines indirekt-spezifischen Programms zur Förderung kleiner und mittlerer Unternehmen (KMU) zur Erweiterung der industriellen Basis (50 Mio. €, fünf Jahre);
- 1992: Strategiekonzept »Molekulare Bioinformatik« zur Förderung der Zusammenarbeit von Biologen und Informatikern (25 Mio. €);
- 1994: Förderschwerpunkt »Technik zur Entschlüsselung und Nutzung biologischer Baupläne« zur Unterstützung der deutschen Genomforschung;
- 1997: Beginn der BioRegio-Förderung (100 Mio. €, fünf Jahre);
- 1998: BioFuture zur Förderung junger Wissenschaftler und Nachwuchskräfte (70 Mio. €, 15 Jahre);
- 1999: BioChance zur Förderung von Biotech-KMU (35 Mio. €, vier Jahre);
- 1999: Ausschreibung BioProfile-Wettbewerb (50 Mio. €, fünf Jahre).

Ein qualitatives Gesamtbild zur deutschen Situation der Biotechnologie Mitte der 1990er-Jahre bieten von Schell und Mohr (1995):

- Es besteht eine gute bis sehr gute (Grundlagen-)Forschung.
- Es mangelt an einer effektiven Umsetzung von Forschungsergebnissen in die Praxis, wobei die Situation für große, weltweit operierende Unternehmen anders zu betrachten ist als für KMU.
- Es besteht (aus diversen Gründen) ein Mangel an kleinen, innovativen Biotechnik-Firmen.
- Notwendige informelle Netzwerke müssen stark ausgebaut werden.
- Aus der Sicht der Forschung (insbesondere von großen Unternehmen) wirken sich ungünstige rechtliche Rahmenbedingungen und fehlende öffentliche Akzeptanz maßgeblich auf die Standortentscheidung aus. Bei der Wahl des Standortes kommen aber weitere Faktoren ins Spiel.
- Einige maßgebende Firmen haben die Verlagerung ihres Bereiches Biotechnologie oder Teile davon ins Ausland mit schlechten Rahmenbedingungen in Deutschland begründet. Momentan kann aber nicht mehr von einer massiven Abwanderung großer Unternehmen gesprochen werden. Bereits erfolgte Neugründungen im Ausland, namentlich in den USA, müssen vorrangig als Ausdruck einer weltmarktorientierten Strategie und einer nachholenden Modernisierung aufgrund des großen technologischen Vorsprungs der USA angesehen werden. Bestehende FuE-Kapazitäten der großen Firmen im Inland sind am hiesigen Markt orientiert und werden von den Unternehmen als ausreichend angesehen und teilweise ausgebaut.

Zur effektiveren Umsetzung von Forschungsergebnissen in die Praxis und zur Erhöhung der Zahl an fehlenden kleinen, innovativen Biotech-Firmen ersann das BMFT, das 1994 nach der Zusammenlegung mit dem Bundesministerium für Bildung und Wissenschaft (BMBW) zum heutigen Bundesministerium für Bildung und Forschung (BMBF) wurde, eine neue Strategie: eine zusätzliche Nutzung von Wettbewerbselementen zur Auswahl geeigneter Förderkandidaten. Diese kam ab Mitte der

1990er-Jahre bei einigen BMBF-Förderaktivitäten zum Zuge. Zugleich identifizierte das Ministerium die Bedeutung regionaler Innovationscluster, die in den USA zur Entwicklung der Biotech-Industrie beitrugen. Die Verbindung mit dem Wettbewerbsgedanken führte zu einem neuen Konzept, dem sogenannten BioRegio-Wettbewerb (► BioRegio-Wettbewerb: die Entstehungsphase). Diesen rief 1995 der damalige Forschungsminister Rüttgers aus, mit dem Ziel, »Wissen und Fähigkeiten in neue biotechnische Produkte, Produktionsverfahren und Dienstleistungen umzusetzen und die finanziellen Ressourcen und die Wirtschaftskraft in den Regionen zu bündeln … [, damit] Deutschland im Jahr 2000 in Europa Nummer eins in der Biotechnologie ist« (Giesecke 2001).

Der Wettbewerb zwischen Regionen sollte dazu beitragen, verkrustete Strukturen aufzubrechen und innovative Kräfte freizusetzen. Drei gewinnende Modellregionen – das Rheinland, das Rhein-Neckar-Dreieck um Heidelberg sowie München – erhielten eine Förderung von je 25 Mio. € über fünf Jahre. Die gleiche Summe ging an die mit einem Sondervotum bedachte Initiative aus Jena. Eine spätere Evaluation des BioRegio-Wettbewerbs durch ein Konsortium um das Institut für Weltwirtschaft an der Universität Kiel ergab folgende ausgewählte Einschätzungen (Staehler et al. 2006):

- Der BioRegio-Wettbewerb hat maßgeblich zum Gründungsboom der deutschen Biotech-Industrie Mitte bzw. Ende der 1990er-Jahre und zur Entstehung eines kommerziellen Biotech-Sektors in Deutschland beigetragen.
- Die Gründungsdynamik in den Siegerregionen ist während der Laufzeit von BioRegio weit überdurchschnittlich gewesen, was unter anderem darauf zurückzuführen ist, dass BioRegio in erheblichem Umfang Startup-Finanzierung geleistet hat (Start-up: Unternehmensgründung).
- Die BioRegio-Siegerregionen haben sich hinsichtlich der Anzahl der tätigen Unternehmen dauerhaft erheblich günstiger als die nicht geförderten Vergleichsregionen entwickelt: die durchschnittliche jährliche Wachstumsrate im Zeitraum 1997 bis 2005 betrug 9,6 % gegenüber 7,4 % in den anderen Regionen (es stellt sich dabei die Frage, ob dieser Unterschied »erheblich« ist).

BioRegio-Wettbewerb: die Entstehungsphase

»Statt quantitativer Vorgaben gab es qualitative Anforderungen: Zunächst sollten Experten aus Wissenschaft, Wirtschaft, Banken, Dienstleistung und Verwaltung aussichtsreiche Förderkonzepte ausarbeiten. Teilnahmekriterien für Unternehmen und Forschungseinrichtungen waren nicht nur eine biotechnologische Orientierung, sondern auch der Besitz von Patenten und Genehmigungen für den Betrieb biotechnologischer Anlagen oder für Freisetzungsversuche. Durchdachte Vermarktungsstrategien oder praktikable Ansiedlungskonzepte sollten vorhanden sein. Auch die Bereitschaft von Banken oder Privatanlegern, die Existenzgründer zu finanzieren, wurde mit bewertet. Im April 1996 wurden 17 Regionen benannt, die ihr Konzept – mit finanzieller Unterstützung aus dem BioRegio-Topf – sechs Monate lang weiterentwickeln durften. Im November 1996 kürte die international besetzte, zehnköpfige Jury die drei Modellregionen. ,Vor der Bekanntgabe der Sieger knisterte Spannung wie bei der Oscar-Verleihung', erinnert sich Dr. Hans-Joachim Bremme, BASF-Aktivist für die Region Rhein-Neckar-Dreieck« (Janositz 1997).

Nachschau zum BioRegio-Wettbewerb

»Im BioRegio-Wettbewerb haben sich nationale und grenzüberschreitende Wirtschaftsräume in BioRegionen mit dem Ziel strukturiert, integrale Konzepte für die biotechnologische Forschung zu entwickeln und die Ergebnisse in unternehmerisches Handeln umzusetzen. Vorhandene wissenschaftliche und wirtschaftliche Potenziale sollten gebündelt, langfristige Ziele definiert und praxisnahe Strategien entworfen werden. Die aus 17 Bewerbungen von einer unabhängigen und international besetzten Jury ausgewählten Modellregionen ,Rheinland', ,München' und ,Heidelberg' sowie das mit einem Sondervotum herausgehobene ,Jena' haben über einen Zeitraum von fünf Jahren von 1997 an bevorzugten Zugang zu den speziell bereitgestellten Projektfördermitteln des BMBF im Gesamtvolumen von 90 Millionen Euro erhalten. Mit diesen Fördermitteln wurden zehnmal mehr private als öffentliche Finanzierungsmittel eingeworben« (BMBF 2010).

— Bei der längerfristigen Entwicklung der Anzahl der Beschäftigten schneiden die BioRegio-Siegerregionen mit einer jahresdurchschnittlichen Wachstumsrate von fast 12 % günstiger ab als die übrigen Regionen (ca. 3 %).

Die Modellregionen gaben den Anstoß zur Gründung weiterer regionaler Verbünde aus Unternehmen, Forschungseinrichtungen und anderen Unterstützern. Heutzutage existieren daher deutschlandweit mehr als zwei Dutzend solcher »BioRegionen«.

Dem BioRegio-Wettbewerb (▶ Nachschau zum BioRegio-Wettbewerb) folgte vier Jahre später ein weiterer regionaler Wettbewerb, der sogenannte BioProfile-Wettbewerb (▶ BioProfile-Wettbewerb). Er unterschied sich durch die Begrenzung auf bestimmte thematische Felder der Biotechnologie. Gewinner waren die Regionen Berlin/Potsdam, die BioRegion STERN (Stuttgart, Tübingen, Esslingen, Reutlingen, Neckar-Alb) sowie Braunschweig/Göttingen/Hannover. Jede der drei Siegerregionen erhielt gut 15 Mio. € über fünf Jahre. Die Förderinitiative wurde wiederum positiv begutachtet:

» Eine … Umfrage unter mehr als 1000 Biotech-Unternehmen und Forschungseinrichtungen hat gezeigt, dass durch … BioRegio und Bio-Profile Kooperationen angestoßen wurden, die sonst nicht zustande gekommen wären und die … erfolgreich und nachhaltig sind. Auch die Indikatoren zur technologischen Leistungsfähigkeit zeigen ein positives Bild: Rund 62 % der Patent anmeldenden Biotechnologie-Unternehmen stammt aus den 7 Siegerregionen (gegenüber 38 % aus den restlichen 14 Bioregionen). (Staehler et al. 2006)

Neben BioRegio und BioProfile rief das BMBF in den 1990er-Jahren noch die Wettbewerbsprogramme BioFuture und BioChance ins Leben. BioFuture lief von 1998 bis 2012 und zielte darauf, exzellenten wissenschaftlichen Nachwuchs für die Wissen-

BioProfile-Wettbewerb

»Der BioProfile-Wettbewerb knüpfte im Jahr 1999 an BioRegio an, wieder ging es darum, einen regionalen Wettbewerb zu initiieren – dieses Mal jedoch innerhalb thematisch begrenzter Felder der Biotechnologie. Aus 30 Bewerbungen wurden drei Regionen prämiert, die das Potenzial haben, in selbst gewählten Anwendungsfeldern der modernen Biotechnologie eine starke Wirtschaftskraft zu entfalten. Ausgezeichnet wurden hier die Region Potsdam/Berlin mit dem Profil ‚Ernährungsbedingte Krankheiten (Nutrigenomik)‘, die Region Braunschweig/Göttingen/Hannover mit dem Thema ‚Funktionelle Genomanalyse‘ sowie die Region Stuttgart/Neckar-Alb (BioRegion STERN) mit dem Schwerpunkt ‚Regenerationsbiologie‘. Zusammen haben diese drei BioRegionen 50 Millionen Euro an Projektfördermitteln erhalten« (BMBF 2010).

schaft und Wirtschaft im Bereich Biotechnologie zu gewinnen und zu fördern. Forscher konnten mit einer eigenen Arbeitsgruppe über einen Zeitraum von fünf Jahren unabhängig arbeiten, bei einem Budget von jeweils durchschnittlich 1,5 Mio. €. Insgesamt stellte das BMBF für den Wettbewerb Fördermittel von über 70 Mio. € über 15 Jahre bereit. Die Projekte deckten verschiedenste Grenzgebiete der Biowissenschaften wie beispielsweise Proteomforschung, Nanobiotechnologie, Neurobiologie, Wirkstoffforschung, *Tissue Engineering*, Strukturbiologie, Bioinformatik und Biomimetik/Bionik ab.

Der Projektträger Jülich im Forschungszentrum Jülich beurteilte den BioFuture-Wettbewerb wie folgt:

» Seit 1998 beteiligten sich mehr als 1400 Nachwuchskräfte aus dem In- und Ausland … In mittlerweile sechs Auswahlrunden wurden durch eine Jury … 51 Preisträger ermittelt … Darunter sind 14 deutsche Forscher, die aus dem Ausland zurückkehrten sowie sechs ausländische Wissenschaftler, die eine wissenschaftliche Tätigkeit in Deutschland aufnahmen. 21 Preisträger erhielten Berufungen an deutsche oder ausländische Universitäten, elf gründeten ein eigenes Unternehmen. (PTJ 2005)

Der Wettbewerb BioChance startete 1999 und hatte zum Ziel, Firmengründungen zu unterstützen. Nach fünf Jahren folgte das Programm BioChancePlus, das ab 2003 bis 2009 die weitere Entwicklung junger Biotechnologie-Unternehmen und deren risikoreiche Projekte vorantreiben sollte. Insgesamt gewährten die Maßnahmen BioChance und BioChancePlus etwa 36 Mio. und 133 Mio. € an Fördergeldern. Die Wirkungen bewertete ein Konsortium um das Zentrum für Europäische Wirtschaftsforschung (ZEW) in Mannheim folgendermaßen (Licht 2012):

— Bei den geförderten Unternehmen wurde die FuE-Tätigkeit deutlich gesteigert. Pro Euro BMBF-Förderung finanzierten diese zusätzlich rund 1,5 € aus eigenen Quellen. Damit wurde ein »Hebeleffekt« von 2,5 im Hinblick auf die FuE-Aufwendungen der Unternehmen erreicht.

— In 20 % der geförderten Projekte gelang es bislang, die Ergebnisse kommerziell zu nutzen. Für 70 % der geförderten Projekte wird ein kommerzieller Nutzen in Zukunft erwartet. Lediglich 10 % der Projekte erwiesen sich als kommerziell nicht verwertbar.

— Entwicklungen und Erfindungen aus nahezu der Hälfte der geförderten Projekte wurden durch Patentanmeldungen abgesichert. In 5 % der Projekte wurden dadurch Lizenzerlöse erzielt, und in weiteren 5 % gelang die Lizenzierung von Vorerfindungen.

— 66 % der Unternehmen konnten eine signifikante Verbesserung ihrer Finanzierungssituation erreichen (Umsatzsteigerungen, Lizenzerlöse oder Zufluss von Risikokapital).

— Die im Rahmen der Förderung entstandenen Kooperationen erwiesen sich mehrheitlich als ergiebig und stabil, viele wurden nach dem Ende der Förderung weitergeführt.

— Bei insgesamt 260 geförderten Unternehmen ergaben sich allerdings auch 23 Insolvenzen, eine Ausfallrate von knapp 10 %.

Die verschiedenen Förderschwerpunkte verband das BMBF in einem Gesamtkonzept entlang der Wertschöpfungskette des Generierens bis zum wirtschaftlichen Nutzen von Wissen (◘ Abb. 4.3).

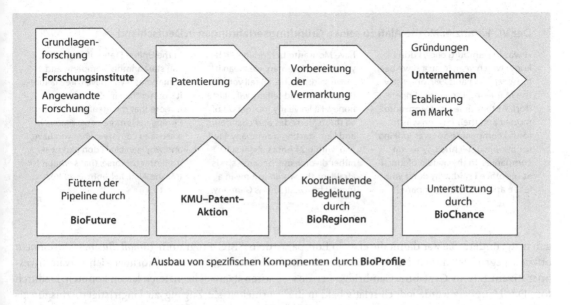

● **Abb. 4.3** BMBF-Gesamtkonzept zur Kommerzialisierung von Forschungsergebnissen in der modernen Biotechnologie in den 1990er-Jahren. Erstellt in Anlehnung an BMBF (2001)

4.4 Unternehmensgründung und -finanzierung als spezielle Herausforderung in Deutschland, damals wie heute

Die wissenschaftlichen, politischen, wirtschaftlichen und andere Rahmenbedingungen hatten und haben großen Einfluss auf die Entwicklung der Biotech-Industrie. Um nachzuvollziehen, warum und wie sich die jeweiligen Industrien in verschiedenen Ländern unterschiedlich entwickelt haben, nehmen vor allem allgemein die Faktoren Unternehmensgründung und deren Finanzierung beziehungsweise die sie beeinflussenden Rahmenbedingungen eine bedeutende Rolle ein.

In den USA agierten Hochschulprofessoren in den 1970er- und 1980er-Jahren als Biotech-Unternehmensgründer – anfangs zwar nur einige wenige, nach den ersten Erfolgen allerdings immer mehr. Viele Arbeiten wurden zu Beginn noch in den Laboren der Universitäten angepackt. Das führte zwar zu Spannungen, im Nachhinein profitierten diese dessen ungeachtet über lukrative Lizenzverträge. Stehn (1995) begründete die unternehmerische Initiative der US-Hochschulmitarbeiter mit Anreizstrukturen der amerikanischen Hochschullandschaft: »Aufgrund der hohen Abhängigkeit der Hochschulforschung von Stiftungsgeldern und Drittmitteln aus der Industrie und der daher nur in begrenztem Ausmaß zur Verfügung stehenden Planstellen an den staatlichen Universitäten bestanden dort hohe Anreize, eine selbständige Unternehmertätigkeit auf Basis der eigenen Forschungen einer Universitätslaufbahn vorzuziehen.« In Deutschland, wie auch im angrenzenden deutschsprachigen Ausland, war die Beteiligung eher verpönt. Zudem fanden sich allgemein wenige Personen, die für den Schritt in die Selbstständigkeit bereit waren (▶ Der VC-Finanzier Moshe Alafi zu seinen Gründungserfahrungen in Deutschland). Beispielhaft zitiert Rebentrost den US-Risikokapitalgeber Alafi, der viele Biotech-Gründungen unterstützte:

» There was a professor in Geneva who started writing in scientific magazines about what Charles is doing, taking science from university and giving it to industry, and that this is effectively dirty. (Moshe Alafi, Rebentrost 2006)

»Charles« bezieht sich auf den Züricher Molekularbiologen Weissmann, der 1978 die heute erfolgreich aus den USA heraus operierende Firma Bio-

4

Der VC-Finanzier Moshe Alafi zu seinen Gründungserfahrungen in Deutschland

«I was in Hamburg once, I don't know which year, it must have been between 1984 and 1987, and I saw the Managing Director of Eppendorf. At that time I had Monsanto money and their mission was to found companies. So I was looking for people in technology to run companies. In the middle of lunch at his office I said: ‚Why don't you leave and we start a company? I have Monsanto behind me, I'll take you to the chairman, we mean it.‘ … He said: ‚Moshe, I'll tell you this: If I go home and tell my wife: Listen honey, I'll leave my job, get off of all these Mercedes and chauffeurs, and I am starting a company. I tell you, within 24 hours she would either divorce me, because she is afraid, or she would put me in a mental hospital.‘ This is Germany. In the United States, if you fail, you can start another company, and sometimes if you have three failures it's better than if you have two. It is more that the mentality of the Europeans is more conservative in a sense to conserve what you have, and why gamble? I don't know if it's better or worse, that's what it is» (Moshe Alafi, Rebentrost 2006).

gen mitgründete. Sie war damit die erste in Europa, offiziell gegründet in den Niederlanden, aber mit operativem Sitz in Genf und Cambridge bei Boston. Der Hauptsitz wurde jedoch relativ bald in die USA verlegt. Insbesondere das »Damoklesschwert des Scheiterns« schien die Gründung von Unternehmen in Deutschland zu verhindern. Auch noch 2001 zitierte die Zeitschrift *DIE WELT* eine Studie der Boston Consulting Group zur Situation in der Biotechnologie:

》 Der große Unterschied zwischen den USA und Deutschland liege darin, dass hierzulande alle Firmen das Klassenziel erreichen sollen. In den USA spreche niemand von den Firmen, die es nicht geschafft haben. ‚Man sieht nur die Stars wie die Amgen, Biogen oder Genentech‘. (Verdutt 2001)

Wie bereits ausgeführt (▶ Abschn. 2.1.2), unterstützten in den USA Risikokapitalgeber schon sehr früh die sich bildende Biotech-Branche. Interessanterweise gründete 1946 ein Professor für industrielles Management von der Harvard Business School die erste Beteiligungsgesellschaft in den USA. Sehr früh, 1945, gründete sich auch die erste europäische VC-Gesellschaft in Großbritannien, die »Industrial and Commercial Finance Corporation« (ICFC), getragen von der Bank of England und anderen größeren britischen Banken. 1983 nannte sich die ICFC um in »Investors in Industry«, abgekürzt als 3i, worunter sie heute noch aktiv ist. In den USA erfuhr die VC-Branche einen ersten Aufschwung mit dem SBIC-Programm (*Small Business Investment Companies*) von 1958, worüber sich private Investoren staatlich lizenzieren lassen konnten. Dadurch erhielten sie Zugang zu langfristigen, zinsgünstigen und staatlich garantierten Finanzierungsmitteln, mit denen privat aufgenommenes Kapital in einem Verhältnis von bis zu 4:1 aufgestockt werden konnte. Ähnliche Bemühungen eines öffentlich geförderten Beteiligungsmarktes erfolgten 1958 in Frankreich und bereits zehn Jahre früher in den Niederlanden. Auch heute noch sind innerhalb Europas Großbritannien, Frankreich und die Benelux-Länder führend, was privates Beteiligungskapital (im Englischen *private equity*) angeht.

Private equity (PE)

»Von privaten und/oder institutionellen Anlegern bereitgestelltes Eigenkapital, mit dem Beteiligungsgesellschaften (Private-Equity-Gesellschaften) Unternehmensanteile für einen begrenzten Zeitraum erwerben um eine finanzielle Rendite zu erwirtschaften. Der Begriff Private-Equity-Investitionen im weiteren Sinne umfasst Finanzierungen in etablierte Unternehmen, die sich in fortgeschrittenen Lebenszyklusstadien befinden (Private-Equity-Investitionen im engeren Sinne), und Finanzierungen in junge Unternehmen (Venture-Capital-Investitionen). Letztere sind durch ein höheres Risiko-Rendite-Profil gekennzeichnet« (Gabler Wirtschaftslexikon Online, Private Equity).

Die WFG: gescheiterter Versuch der Finanzierung junger Unternehmen

»Das Problem war, dass die Organisationsstruktur bei knapp 30 Beteiligten kompliziert gestaltet und wenig flexibel war. Die Auswahl der Förderprojekte nahm daher unverhältnismäßig viel Zeit in Anspruch. Andererseits war diese Unentschlossenheit auch ein Zeichen dafür, dass man kaum Erfahrung mit jungen Unternehmen in … sehr wissensba- sierten Bereichen hatte und die zur Bewertung eingereichten Firmenkonzepte oft nur einer wenig fundierten Analyse unterziehen konnte. Das war nur schwer zu vereinen mit dem typisch deutschen Sicherheitsdenken und den Versagensängsten. Doch viel gravierender war ein ganz anderes Problem: Das Management neu gegründeter Firmen bestand meist aus völlig unerfahrenen Jungunternehmern. Im Jahresbericht der WFG von 1980 hieß es dazu: ‚The lack of experiences of the entrepreneurs in mastering the various, very complex tasks of management is the main reason for the failure of the projects« (Rebentrost 2006).

In Deutschland gründeten Privatinvestoren und -banken 1965 die ersten PE-Firmen, die aufgrund der fehlenden Branchenerfahrungen allerdings zahlreiche Anfangsschwierigkeiten zu überwinden hatten (Frommann und Dahmann 2003). Einige Gesellschaften überlebten die ersten Jahre nicht, und nur wenige der Pioniere haben heute noch eine signifikante Bedeutung. Anfang der 1970er-Jahre stimulierte die Einrichtung des ERP-Beteiligungsprogramms die Entstehung öffentlich geförderter Kapitalbeteiligungsgesellschaften, die heutigen Mittelständischen Beteiligungsgesellschaften (MBG). ERP-Kapital wird von der 1948 gegründeten Kreditanstalt für Wiederaufbau (KfW) vergeben. Es handelt sich um Mittel aus dem ERP-Sondervermögen, das im Rahmen des sogenannten Marshallplans (offiziell *European Recovery Program*, ERP) den europäischen Staaten nach dem Zweiten Weltkrieg von den USA zur Verfügung gestellt wurde. Die privaten PE-Firmen nahmen das ERP-Programm kaum an.

1975 riefen nach staatlichem Anstoß 27 deutsche Großbanken und Kreditinstitute die Deutsche Wagnisfinanzierungsgesellschaft (WFG) ins Leben. Durch die Übernahme eines Verlustrisikos von 75 % subventionierte das BMFT die Lernkosten der ersten Jahre. Allerdings scheiterte der Versuch, einen Risikokapitalmarkt in ein von Banken dominiertes System zu implementieren wie Rebentrost (2006) ausführt (► Die WFG: gescheiterter Versuch der Finanzierung junger Unternehmen). PE-Gesellschaften investierten weiter bevorzugt in etablierte statt junge Firmen. Unter dem Eindruck der Erfolgsgeschichten amerikanischer Hightech-Firmen und des Silicon Valleys erbrachte die erste Hälfte der 1980er-Jahre dann erste deutsche Aktivitäten nach dem Vorbild des US-VC-Modells der technologieorientierten Frühphasen-Finanzierung. So gründete 1983 Siemens zusammen mit anderen Investoren die erste Corporate-Venture-Capital-Firma, die Techno Venture Management (TVM). An dem Fond mit einem Volumen von 60 Mio. € beteiligten sich unter anderem Bayer, Daimler Benz, die Deutsche Bank, Mannesmann und Volkswagen. Weitere VC-Firmen entstanden wie GENES Venture Services (Köln), International Venture Capital Partners (IVCP, Luxemburg) und Euroventures Germany (Eindhoven und Stuttgart), zum Teil gegründet durch ehemalige Mitarbeiter der gescheiterten WFG.

In der zweiten Hälfte der 1980er-Jahre engagierte sich auch eine Reihe ausländischer PE-Gesellschaften im deutschen Markt. Ab dem gleichen Zeitraum verzeichneten die deutschen PE-Firmen ein stetes und starkes Wachstum: Noch von 1965 an dauerte es rund 20 Jahre, bis der Wert aller Beteiligungen die Grenze von 500 Mio. € überschritt. Nach weiteren fünf Jahren verdreifachte er sich auf über 1,5 Mrd. €, das gesamte verwaltete Kapital betrug 2 Mrd. €. Mitte der 1990er-Jahre verlangsamte sich das Wachstum, um gegen Ende wieder rasant anzusteigen. Die Jahrtausendwende erbrachte außerordentliche Zuwachsraten von bis zu 50 %, was sich bisher allerdings nicht wiederholte. Damit verdreißigfachte sich der Beteiligungswert in 15 Jahren (1985 bis 2001) auf gut 15 Mrd. €. Die Zahl der PE-Firmen stieg im selben Zeitraum auf knapp 200 (Mitglieder des Bundesverbandes Deutscher Kapitalbeteiligungsgesellschaften, BVK).

◘ Tab. 4.6   Vergleich von Eckdaten des VC-Marktes in Deutschland (D) und den USA, 1990 bis 2001. (Quelle: BioMedServices (2015) nach Statistiken des BVK (Bundesverband Deutscher Kapitalbeteiligungsgesellschaften) und der NVCA (National Venture Capital Association, US-Verband))

	Verwaltetes Kapital[a] (Mrd. €)		Anzahl PE-Firmen[b]		VC-Investments (Mio. €): Gesamt/pro Runde		Exits über Verkauf		Exits über Börsengang	
	D	USA	D	USA	D	USA	D	USA	D	USA
1990	2,0	23,4	65	383	375/0,82	2331/1,59	–	19	–	47
1995	4,5	28,5	79	687	423/0,74	5874/3,1	74	92	12[c]	184
2000	15,6	242	168	864	3721/1,79	113.616/14,1	192	379	66[d]	238
2001	17,8	291	196	920	2782/1,48	45.720/9,97	131	384	8	37

[a]Summe von investiertem und investierbarem Kapital (umfasst für D gesamtes PE, für USA nur VC)
[b]BVK-Mitglieder in D, für USA Firmen, die in den acht Jahren davor Kapital aufgenommen haben
[c]davon elf außerhalb Deutschlands
[d]davon 59 am Neuen Markt
PE private equity, *VC* Venture-Capital

Verglichen mit der Situation in den USA erscheinen die deutschen Zahlen trotz ihres beeindruckenden Wachstums relativ bescheiden. Die absolute Höhe von verwaltetem Kapital und VC-Investitionen sowie die Anzahl an PE-Firmen lagen und liegen heute noch um ein Vielfaches höher. Zwar handelt es sich bei den USA um eine größere Volkswirtschaft, sodass entsprechend beispielsweise zahlenmäßig mehr Investitionen getätigt werden. Dennoch betrug der durchschnittliche Investitionsbetrag anfangs (1990) bereits das Doppelte und erreichte bis zur Jahrtausendwende das Sechs- bis fast Achtfache. Daran hat sich bis heute nicht viel geändert. Auch bei der Zahl an Exits, sei es über den Verkauf der Beteiligung an andere Investoren (z. B. Börsengang) oder Firmen, ergibt sich eine klare Vormachtstellung der USA (◘ Tab. 4.6). Man könnte nun argumentieren, dass allein die größere Zahl an Beteiligungen eine höhere Zahl an Exits nach sich ziehen »muss«.

Exit

»Geplanter Ausstieg von Private-Equity- oder Venture-Capital-Gesellschaften aus einer Beteiligungsanlage zur Realisierung einer finanziellen Rendite« (Gabler Wirtschaftslexikon Online, Exit).

Der Punkt, der hier indes gemacht werden soll, ist, dass in den USA in den 1990er-Jahren ganz andere Rahmenbedingungen vorherrschten, was den Kapitalmarkt betrifft (▸ Einschätzung des deutschen Venture-Capital-Marktes, 1993). In Deutschland gab es zur Unterstützung der Finanzierung kleiner Technologieunternehmen von öffentlicher Seite verschiedene BMBF-Förderprogramme. Zudem stand ab 1989 eine Stimulierung privater Kapitalgeber im Vordergrund. Instrument der Wahl war statt direkter Zuwendungen die Schaffung von Anreizen, risikotragendes Frühphasen-Kapital zu investieren. Den für den Investor größten Herausforderungen, Refinanzierung und Ausfallrisiko, wurde dabei folgendermaßen begegnet:

– Refinanzierungsmodell: Die staatliche Kreditanstalt für Wiederaufbau (KfW) gewährt den Beteiligungsgebern, die eine Beteiligung an jungen Technologieunternehmen eingehen, eine anteilige Refinanzierung (bis zu 1,4 Mio. €) in Form zinsgünstiger und langfristiger Kredite.

– Koinvestormodell: Die Technologie-Beteiligungs-Gesellschaft (tbg) der Deutschen Ausgleichsbank (seit 2003 zu KfW gehörend) beteiligt sich, wenn auch ein privater Beteiligungsgeber als Leadinvestor in mindestens der gleichen Höhe beteiligt (bis zu 1,5 Mio. €) ist.

Einschätzung des deutschen Venture-Capital-Marktes, 1993

»Wenn es um eine Einschätzung des deutschen Marktes geht, wird häufig der direkte Vergleich zu den USA oder Großbritannien bemüht. Dabei ist dieser Vergleich gerade zu den USA irrelevant. Die VC-Branche in den USA ist viel älter, und die Rahmenbedingungen, auch im Sinne größerer Aufgeschlossenheit der Beteiligungsnehmer, unterscheiden sich grundlegend von denen in Deutschland. Ein Unternehmen wird nicht notwendigerweise als Lebenswerk oder für die Kinder gegründet, sondern damit verbindet sich das Verständnis einer besonderen Ware, die man auch verkaufen kann und sollte. Publicity ist kein Reizwort, denn Öffentlichkeit bringt Transparenz, Transparenz bringt Investoren, und diese bringen Geld, wenn man es braucht. Unternehmer stehen VC viel offener gegenüber. In Deutschland ist dieses Instrument und das Verständnis dafür trotz vielfältiger Aktivitäten auf diesem Gebiet nach wie vor wenig bekannt« (Frommann 1993).

Neuer Markt

Der Neue Markt war ein Segment der Deutschen Börse, das zwischen den Jahren 1997 und 2003 existierte. Es zielte auf kleine, mittelständische und neu gegründete Unternehmen aus der Technologiebranche. Später kamen dann auch größere Unternehmen aus der IT-Branche hinzu. Nahezu jedes deutsche Technologieunternehmen war auf dem Neuen Markt gelistet. Zwischen den Jahren 1997 und 2000 existierte ein regelrechter Hype auf die Aktien des Neuen Marktes und ihre Werte schossen in die Höhe. Vor allem Internet-Unternehmen wurden viel zu hoch bewertet und ihre Aktienkurse spiegelten in keinem Verhältnis mehr den eigentlichen Wert der Gesellschaft wider. Nachdem dann einige Insolvenzen auftraten, platzte die gesamte Blase. Innerhalb weniger Monate fielen manche Aktien des Neuen Marktes von über 100 auf unter 1 €. Im Jahr 2003 schloß die Deutsche Börse das Neue-Markt-Segment und fasst Technologie-Unternehmen heutzutage im TECDAX zusammen.

Mitte der 1990er-Jahre beklagten deutsche Beteiligungskapitalgeber laut Kulicke und Wupperfeld (1996) allerdings als Hauptproblem, dass das deutsche Steuerrecht keine Begünstigung von Beteiligungen für Innovationsfinanzierungen beinhalte und sie in Bezug auf Steuervergünstigungen zum Beispiel von Immobilien oder bei Schiffsbeteiligungen sogar benachteiligt seien. Die Rahmenbedingungen haben sich bis heute nicht geändert und seien eine tragende Säule, um Risiko übernehmen zu können. Noch in ihrem jüngsten Gutachten vom Januar 2015 schreibt die Expertenkommission Forschung und Innovation (EFI):

» Der Markt für Wagniskapital ist in Deutschland … deutlich weniger entwickelt als in den USA und in vielen Ländern Europas. Deutschland als innovationsbasierte Ökonomie vergibt so Wachstums- und Produktivitätspotenziale. Vor diesem Hintergrund begrüßt die Expertenkommission, dass die Bundesregierung verschiedene Maßnahmen plant, um die Rahmenbedingungen für Wagniskapital in Deutschland international wettbewerbsfähig zu gestalten. Die Expertenkommission begrüßt insbesondere die Ankündigung der Bundesregierung, die restriktive steuerrechtliche Regelung zur Behandlung von Verlustvorträgen zu überarbeiten. Von der verschiedentlich geforderten Einführung einer generellen Steuerpflicht auf Veräußerungsgewinne bei Streubesitzanteilen an Kapitalgesellschaften sollte abgesehen werden. Ebenso sollte die Bundesregierung den Forderungen nach einer Erhöhung der Besteuerung der Fonds-Initiatorenvergütung nicht nachgeben. Beides würde Anreize für Investitionen in junge innovative Unternehmen senken. Darüber hinaus müssen die Rahmenbedingungen für Ankerinvestoren investitionsfreundlich ausgestaltet werden. Neue Einschränkungen der Investitionsmöglichkeiten von Versicherungen und Versorgungswerken in Wagniskapitalfonds sind zu vermeiden. (EFI 2015)

Ferner war laut Kulicke und Wupperfeld (1996) ein wesentlicher Engpass zur Realisierung attraktiver Renditen das Fehlen eines Börsensegments für den

4

Deutsche Börse Venture Network

Das Deutsche Börse Venture Network bringt junge und wachstumsstarke Unternehmen mit internationalen Investoren zusammen, um ihnen eine effektive Finanzierung ihres Wachstums zu ermöglichen und ein umfassendes Netzwerk aufzubauen. Es handelt sich um ein Programm der Deutschen Börse, das eine nicht-öffentliche Online-Plattform zur Anbahnung von Finanzierungsrunden sowie verschiedene Trainings- und Networking-Veranstaltungen anbietet. Die Deutsche Börse möchte über die neue Initiative einen Beitrag zur Verbesserung der Rahmenbedingungen für junge Wachstumsunternehmen in Deutschland leisten. Ziel ist, ihnen die Kapitalaufnahme - einschließlich eines möglichen Börsengangs - zu erleichtern. Die Wachstumsunternehmen qualifizieren sich nach bestimmten Auswahlkriterien für eine Teilnahme an dem Programm. So müssen sich die Unternehmen bereits in der sogenannten Growth-, Later-Stage- oder Pre-IPO Phase befinden und erste unternehmerische Erfolge aufweisen. Zudem werden bestimmte Kenngrößen wie z.B. Umsatz, Umsatzwachstum oder Jahresnettogewinn für eine Aufnahme auf der Plattform berücksichtigt. Wachstumsunternehmen können sich darüber hinaus auf der Online-Plattform unabhängig von den Einschätzungen der Investmentbanken und Intermediäre präsentieren. Im Rahmen des Veranstaltungs- und Trainingsangebots erhalten Teilnehmer Zugang zu einem erweiterten Multiplikatorenkreis bestehend aus Politikern, Mentoren und erfahrenen Unternehmern. Im September 2015 waren 40 Wachstumsunternehmen und 64 Investoren auf der Plattform aktiv. Zum Start im Juni 2015 waren es 27 Unternehmen und 42 Investoren. (Aus Deutsche Börse 2015a, 2015b)

Handel mit Anteilen kleiner oder neuer Firmen. Dieser Punkt wurde zwar in den 1990er-Jahren über den »Neuen Markt« (► Neuer Markt) angepackt, nach gut fünf Jahren schloss das neue Börsensegment allerdings im Jahr 2003 wieder. Zehn Jahre später – sicher auch unter dem Eindruck der Entwicklungen am US-NASDAQ – kam der Ruf nach einem »Neuen Markt 2.0« auf. Diesem Ruf kam die Deutsche Börse mit der Einrichtung des sogenannten Deutsche Börse Venture Networks nach, die im Juni 2015 erfolgte (► Deutsche Börse Venture Network).

Indes bestehen auch heute noch Rahmenbedingungen, die Deutschlands Kapitalmarkt in einzelnen Aspekten einen Entwicklungsgrad zuschreiben, der das Land in einem Ranking zwischen Entwicklungsländer in Lateinamerika und Afrika stellt.

» Der Global Competitiveness Report 2013/2014 des World Economic Forum listet Deutschland an Platz vier; das schafft wohlige Zufriedenheit. Die Statistik beschreibt zwar einen positiven derzeitigen Status, zeigt aber auch eklatante Schwächen auf: Dringt man tiefer in die 551 Seiten ein, so wird bei der Möglichkeit, über die Börse Eigenkapital zu schöpfen, Platz 34 (nach Ghana), bei der Verfügbarkeit von Venture Capital Platz 33 (nach Bolivien) und bei regulatorischer Unterstützung von Unternehmensgründungen Platz 104 (nach Gabun),

von 148 untersuchten Nationen belegt. Der Entwicklungsgrad des deutschen Kapitalmarkts als Ganzes wird abgeschlagen auf Platz 29 eingeordnet und der ‚Access to financing' neben Arbeitsmarkt und Steuersystem als das ‚Effizienzproblem' der Volkswirtschaft herausgearbeitet. Tatsächlich lebt die deutsche Volkswirtschaft von den Unternehmen und Erfindungen der Gründerzeit, nirgendwo gibt es mehr so viele jahrhundertalte und so erfolgreiche Unternehmen wie in der ‚Deutschland AG'« (Zinke und Kremoser 2014).

Zum Feld der Unternehmensgründungen gibt das jüngste EFI-Gutachten folgende Angaben, die auf Berechnungen des Zentrums für Europäische Wirtschaftsforschung (ZEW) beruhen:

» Im Jahr 2012 betrug die Gründungsrate in Deutschland rund 8 Prozent und lag damit deutlich unter der Gründungsrate von Großbritannien, das mit 11,8 Prozent den höchsten Wert der hier betrachteten Länder aufwies. Auch in der FuE-intensiven Industrie (4,4 Prozent) und in den wissensintensiven Dienstleistungen (9,5 Prozent) lagen die Gründungsraten Deutschlands deutlich unter denen des Spitzenreiters Großbritannien (6,4 Prozent und 14,3 Prozent). (EFI 2015)

China, Korea und USA führend bei Spitzentechnologie-Patenten

»Patentaktivitäten im Bereich der FuE-intensiven Technologien ... [umfassen] Industriebranchen, die mehr als 3 % ihres Umsatzes in FuE investieren (FuE-Intensität). ... [Diese umfassen wiederum] die Bereiche der hochwertigen Technologie (FuE-Intensität zwischen 3 und 9 %) sowie der Spitzentechnologie (FuE-Intensität über 9 %). Im internationalen Vergleich wird eine starke Spezialisierung Deutschlands auf hochwertige Technologie deutlich, was durch seine traditionellen Stärken in der Automobilindustrie, dem Maschinenbau und der chemischen Industrie begründet ist. Lediglich Japan und die Schweiz verzeichnen eine stärkere Spezialisierung in diesem Bereich. Dagegen sind China, Korea und die USA deutlich auf den Bereich der Spitzentechnologie spezialisiert. Deutschland ist in diesem Bereich weiterhin schlecht positioniert und bleibt hinter Japan und den europäischen Ländern Frankreich und Großbritannien zurück. Die Schweiz konnte im Jahr 2012 ihre Position im Bereich der Spitzentechnologie verbessern und lässt nun Deutschland hinter sich« (EFI 2015).

Für Gründungen und die Sicherstellung der internationalen Wettbewerbsfähigkeit sind schließlich auch Patente von entscheidender Bedeutung. Obwohl Deutschland insgesamt zu den weltweit führenden Nationen bei transnationalen Patentanmeldungen zählt, schwächelt es bei den FuE-intensiven Spitzentechnologien (▶ China, Korea und USA führend bei Spitzentechnologie-Patenten).

4.5 Deutschland versus USA: ein zusammenfassender Vergleich früher »biotech-relevanter« Rahmenbedingungen

Die Entwicklung der jeweiligen Biotech-Industrien in Deutschland und den USA wurden von den entsprechenden vorherrschenden Rahmenbedingungen wesentlich beeinflusst. ▶ Abschnitt 2.1 zeigte diese bei der Entstehung der US-Biotech-Industrie (▶ Abschn. 2.2) auf. Die ▶ Abschn. 4.1, 4.2, 4.3 und 4.4 widmeten sich vor allem der wissenschaftlichen, staatlichen und finanziellen Situation in Deutschland. ◘ Tab. 4.7 fasst die wesentlichen Eckpunkte der Rahmenbedingungen als Grundlage für ein besseres Verständnis der Entwicklung der jeweiligen Industrien vergleichend zusammen.

Es fallen vor allem große zeitliche Unterschiede in wesentlichen Bereichen auf: Die wissenschaftliche Basis etablierte sich in Deutschland rund 30 Jahre später, Ähnliches gilt für das Finanzierungsumfeld. Beim Vergleich absoluter Daten wie der Höhe staatlicher FuE-Ausgaben im Gesundheits-/Biotech-Bereich, der Höhe durchschnittlicher VC-Investitionen, der Zahl an PE-Investoren oder Biotech-Gründungen beeindrucken die USA mit jeweils einem Vielfachen.

Wie bereits ausgeführt, stellen in Deutschland vor allem Faktoren wie Steuergesetzgebung, Kapitalmarkt, Gründungsmentalität, aber auch der Technologietransfer beziehungsweise die rasche Umsetzung von Forschungsergebnissen in wirtschaftlich nutzbare Produktionsverfahren und Produkte unterschiedliche und oft nachteilige Rahmenbedingungen.

An dieser Stelle muss jedoch nochmals darauf hingewiesen werden, dass es sich bei den USA verglichen zu Deutschland um eine viel größere Volkswirtschaft handelt (◘ Tab. 4.8). So schneidet Deutschland bei wichtigen Eckdaten wie Einwohnerzahl, Bruttosozialprodukt oder FuE-Ausgaben jeweils mit rund einem Viertel bis einem Fünftel ab. Bei Vergleichen mit den USA muss dieses Verhältnis im Grunde immer berücksichtigt werden. Selbst unter Verwendung eines Korrekturfaktors von 20 bis 25 % zeigt ◘ Tab. 4.7 allerdings eine wesentlich stärkere Stellung der USA bei den FuE-Ausgaben im Gesundheits-/Biotech-Bereich auf: In den 1980er- und 1990er-Jahren lagen sie vom absoluten Betrag her immer noch um das Vier- bis Fünffache höher. Sie stellten jeweils einen Anteil von 11 bis 19 % der gesamten staatlichen FuE-Ausgaben, in Deutschland waren es nur 4 bis 8 %.

4

◘ Tab. 4.7 Vergleich früher »biotech-relevanter« Rahmenbedingungen in den USA und Deutschland. (Quelle: BioMedServices (2015))

Was	USA			Deutschland	
	Wann	Detail		Wann	Detail
Wissenschaftliche Basis	Ab 1920er	Erste Institute für Genetik, Mikrobiologie, Bioverfahrenstechnik		1950er/1960er	Erste Institute für Genetik, Biochemie, Mikrobiologie
	1930er	NIH, NCI (National Cancer Institute)		1960er	DKFZ, GBF
	1950er/1960er	Aufklärung Grundlagen der Molekularbiologie		1960er/1970er	Erste Arbeiten in der Molekularbiologie
Wissenschaftliche Förderer	Ab 1930er	Private Stiftungen (Rockefeller), NIH (Biomedizin) – Budget 1945: 3 Mio. US\$, 1965: 1 Mrd. US\$, 1980: 3,4 Mrd. US\$ (3,2 Mrd. €)		1960er 1980er	Volkswagen-Stiftung Bundes-Gesamt-FuE: 5 Mrd. €
Bundes-FuE-Ausgaben BT/Gesundheit[a] (% von allen)	1983 1988 1993 1998	4,4 Mrd. US\$ (11%) – 5,7 Mrd. € 7,2 Mrd. US\$ (13%) – 6,4 Mrd. € 10,3 Mrd. US\$ (15%) – 8,8 Mrd. € 13,9 Mrd. US\$ (19%) – 11,9 Mrd. €		1983 1988 1993 1998	248 Mio. € (4,3%) 390 Mio. € (5,8%) 589 Mio. € (6,9%) 632 Mio. € (7,6%)
VC-Markt	1940/1950er 1995	Erste VC-Firmen und -Investitionen, SBIC PE-Firmen: 687 VC/Investition: 3,1 Mio. €		1975 1980er 1995	VC-Versuche gescheitert VC fast langsam Fuß, TOU PE-Firmen: 79 VC/Investition: 740.000 €
Gründung Aktienbörsen	1792 1971	New York Stock Exchange NASDAQ (National Association of Securities Dealers Automated Quotations) – US-Technologiebörse		1540 1585 1997	Börse in Augsburg und Nürnberg Frankfurt: Deutsche Börse Neuer Markt
Gesetzesinitiativen/Programme	1980er	Bayh-Dole Act (Universitäten fällt Recht auf Kommerzialisierung zu), Stevenson-Wydler Act (Einrichtung von Technologietransferstellen), ERTA (Steuererleichterungen für FuE, Kapitalertragssteuer auf 20%), Gentechnik-Regularien gelockert		1970er 1980er 1990er	1. Biotech-Programm Ausbau BT-Förderung Erlass GenTG, weitere BT-Förderung; kaum Technologietransfer; keine Steuererleichterungen für FuE
Biotech-Gründungen[b]	1970er 1980er	192 770		1980er 1990er	< 20 > 200
Etablierte	1980er	Inhouse; im Land		1980er	Erst Ausland, später Inland

PE private equity, SBIC Small Business Investment Companies, TOU Förderung technologieorientierter Unternehmensgründungen, VC Venture-Capital
[a]für USA über 85% an NIH, umfasst auch Biotech (BT), für Deutschland BT dazugerechnet, Daten von NSF (National Science Foundation) und Bundesforschungsberichten; Umrechnung US\$ in €, 1983: 1,3, 1988: 0,899, 1993: 0,846, 1995: 0,854
[b]nach Ernst & Young

◻ Tab. 4.8 Eckdaten der deutschen und US-amerikanischen Volkswirtschaft. (Quelle: BioMedServices (2015) nach OECD-Daten, PPP-Dollar (PPP: *purchasing power parity*))

		1983	1988	1993	1998	2010
Einwohnerzahl in Millionen	USA	233,8	244,5	259,9	275,8	309,3
	Deutschland	61,4	61,5	80,6	82,0	81,8
	D/USA (%)	26	25	31	30	26
Bruttosozialprodukt (Mrd. PPP-$)	USA	3507	5061	6614	8741	14.419
	Deutschland	946	1247	1689	1983	3078
	D/USA (%)	27	25	26	23	21
FuE-Ausgaben (Staat und Industrie, Mrd. PPP-$)	USA	90,4	134,2	166,1	226,9	408,7
	Deutschland	21,2	31,4	38,4	45,2	86,3
	D/USA (%)	23	23	23	20	21

4.6 Frühe Bio- und Gentech-Aktivitäten der etablierten Industrie

Neben wissenschaftlichen, staatlichen und finanziellen Faktoren spielte bei der Entstehung der US-Biotech-Industrie auch das Engagement der etablierten Industrie eine Rolle.

» The development of biotechnology in the United States is unique from the standpoint of the dynamics of the interrelationships between NBFs [new biotechnology firms] and the large established U.S. companies, NBFs and established U.S. companies not only compete with one another, but they also, through joint ventures of many kinds, complement one another's skills. In addition to delaying a ‚shakeout' among NBFs, joint ventures between NBFs and established companies have allowed NBFs to concentrate on the research-intensive stages of product development, the area in which they have an advantage in relation to most established U.S. companies. (OTA 1984)

Darüber hinaus investierten die etablierten Firmen ab 1982 in eigene Biotech-FuE-Programme, was gegenüber den »Fremdinvestitionen« im Grunde ein noch höheres Commitment abverlangte, da neue Mitarbeiter eingestellt oder Labore errichtet wurden.

Auch etablierte deutsche Chemie- und Pharma-Firmen starteten ein Engagement in der modernen Biologie (◻ Tab. 4.9), allerdings mit unterschiedlicher Intensität sowie nicht immer in Deutschland.

4.6.1 Entwicklungen bei ausgewählten Chemie-Konzernen

Die großen Chemie-Konzerne BASF, Bayer und Hoechst hatten auch eine starke Stellung im Pharma-Bereich, weil Arzneimittel im Gegensatz zu ganz früher, als Wirkstoffe oft noch aus Pflanzen extrahiert worden waren, chemisch synthetisiert wurden. Ihr Bezug zu biologischen Technologien war dadurch weitestgehend verloren gegangen oder wie Marschall (2000) es formuliert: »Die Konzentration auf die chemische Synthese verstellte den Blick auf die Potentiale der Biotechnologie.« So ähnlich sehen das Wirtschaftshistoriker der Harvard University:

» Both Bayer and Hoechst remained, however, relatively slow until the 1980s in incorporating the new learning in microbiology and enzymology, in part because their universities had fallen behind those in America in developing this new learning. They no longer enjoyed their dominance in biological sciences as they had before World War II. (Chandler 2005)

4

◘ Tab. 4.9 Ausgewählte Aktivitäten deutscher Chemie- und Pharma-Firmen in der modernen Biologie. (Quelle: BioMedServices (2015))

Wann	Was	Wer
1947	Gründung eines bakteriologischen und virologischen Instituts	Rentschler Arzneimittel
1957	Aufbau Mikrobiologie	Schering
1963	Forschung zu Hühner-Interferonen	Boehringer Ingelheim
1970er	Gentechnische Insulinforschung, später aufgegeben	Schering
1974	Bereich Biotechnologie und Beginn Interferon-Entwicklung	Rentschler Arzneimittel
1977/1980	Einrichtung einer Gruppe Genetik/Abteilung für Molekularbiologie	Boehringer Mannheim
1978	FuE-Projekt zur bakteriellen Produktion von menschlichem Insulin	Hoechst
1979	Errichtung eines Biotechnikums	Henkel
1981	Rekombinante Herstellung von Waschmittelenzymen	Henkel
1981	Finanzierung (70 Mio. US$) des Instituts für Molekularbiologie am Massachusetts General Hospital (MGH) in Boston	Hoechst
1981	Intensivierung der Forschung bei US-Tochter Miles und Zusammenarbeit mit Yale University; US-Tochter Cutter >< Genentech	Bayer
1982	>< Genentech: rekombinante Urokinase	Grünenthal
1983	>< Genex zur Entwicklung von Plasmaproteinen	Schering
1983	Entwicklung von rekombinantem Faktor VIII unter Genentech-Lizenz	Bayer
1984	Antrag zur Errichtung einer Produktionsanlage für die Herstellung von rekombinantem Humaninsulin	Hoechst
1985	Forschungsinstitut für Molekulare Pathologie (IMP) in Wien als Joint Venture mit Genentech	Boehringer Ingelheim
1985	Entwicklung von rekombinantem Erythropoietin (EPO) zusammen mit dem US-Partner Genetics Institute	Boehringer Mannheim
1986	Biotechnikum in Biberach (nach Investition von ca. 77 Mio. € heute die größte Produktionsanlage für rBP aus Zellkulturen in Europa)	Boehringer Ingelheim/ Thomae (Tochterfirma)
1987	Zulassung Actilyse (1. bei Thomae/Boehringer Ingelheim biotechnisch hergestelltes Präparat zur Therapie des akuten Herzinfarkts)	Boehringer Ingelheim/ Thomae (Tochterfirma)
1988	Gentechnisches Forschungs- und Entwicklungszentrum in den USA	BASF
1988	Eigenes Gentechnik-Labor in der Zentralen Forschung	Hoechst
1990	Biotechnische Produktion des 100. Restriktionsenzyms, breites Angebot an anderen »Biochemica«; Zulassung Recormon (rhEPO)	Boehringer Mannheim
1990	Genehmigung Produktionsanlage für rekombinante Saruplase	Grünenthal
1993	Kogenate (rekombinanter Faktor VIII) kommt auf den Markt	Bayer
1997	Gründung Abteilung Molekularbiologie in Düsseldorf	Henkel
1999	Gründung BASF PlantScience: Pflanzenbiotechnologie	BASF

>< : kooperiert mit, rBP: rekombinante Biopharmazeutika

Hoechsts Gründe, mit dem MGH zu kooperieren

« The German research ministry first heard about the agreement from the American newspapers and therefore asked Hoechst for background information. The company explained that the rapid development of genetic engineering made it essential to establish tight links with academic research in the United States. Moreover, such a commitment would not have been possible in Germany because of the low number of highly skilled research groups, a common lack of willingness among German scientists to closely cooperate with industry, the bureaucratic obstacles hindering close university-industry cooperation, and the insecurities concerning the pending enactment of a genetic engineering law« (Wieland 2007).

4.6.1.1 Hoechst AG (heute Sanofi)

Hoechst hat im Oktober des Jahres 1923 als erstes Unternehmen Insulin in Deutschland als Medikament zur Behandlung der Zuckerkrankheit (Diabetes mellitus) eingeführt. Zu dem Zeitpunkt und für fast 60 weitere Jahre war es ein Pankreas-Präparat. 1978 startete Hoechst dann ein FuE-Projekt zur bakteriellen Produktion von menschlichem Insulin, was sogar mit Fördergeldern unterstützt wurde (Wieland 2007). Im Jahr darauf entwickelte die Gesellschaft ein eigenes Herstellungsverfahren und errichtete eine Biosynthese-Anlage für die Produktion. Ein anderes frühes Projekt fokussierte auf Interferon. Laut Wieland (2007) sollte nach erfolgreichem Abschluss der Pilotprojekte die Entscheidung über ein »richtiges« Engagement in der Gentechnik folgen.

Ziemlich plötzlich kam dann im Mai 1981 das in ▶ Abschn. 4.3.2 bereits angesprochene »Hoechst-Signal«: Die Entscheidung, eine große Summe in den USA zu investieren, um auf den neuesten Stand der Technik zu kommen. Dass nicht versucht wurde, hierzulande zu investieren, gefiel vielen nicht:

> » Hoechst ... signed a 10-year, $70 million contract with Massachusetts General Hospital to support work in molecular biology. Hoechst, criticized in Germany for a breach of faith with national science and in the United States for the appropriation of U.S. technology, apparently entered into this agreement with the objectives of getting a ‚window on the technology' and gaining access to a large, state-of-the-art laboratory in which to train its scientists. (OTA 1984)

Laut Wieland (2007) (▶ Hoechsts Gründe, mit dem MGH zu kooperieren) hatten zu diesem Zeitpunkt die deutschen Hochschulen selbst noch Aufholbedarf, was Molekularbiologie und Gentechnik betraf (▶ Abschn. 4.1.2). Im damaligen deutschen Forschungsministerium löste die Entscheidung von Hoechst Befürchtungen aus, dass weitere Firmen diesem Beispiel folgen könnten. Daraufhin begann in Deutschland die Etablierung von Genzentren an ausgewählten Universitäten (▶ Abschn. 4.3.2).

> » It is difficult to predict what effect the Hoechst-MGH agreement will have on the German firm's long-term competitiveness in biotechnology. Skeptics point out that Hoechst's investment in MGH does not purchase product-oriented research. Moreover, even a large university department under the guidance of a highly talented scientist may not be able to match the diversity and potential for generating commercially interesting results of successful start-up firms like Genentech, Cetus or Biogen. (Jasanoff 1985)

Gerade die kleinen US-Biotech-Startups waren in der Umsetzung der Grundlagenforschung sehr erfolgreich. So sagten im September 1979 Experten auf einer Gentechnik-Konferenz in den USA voraus, dass es wohl noch drei Jahre dauern werde, ehe man manipulierte Bakterien dazu bringen könne, die antivirale Wirksubstanz Interferon zu produzieren. Nur vier Monate später gab das Forschungsunternehmen Biogen in Boston bekannt, dass ihm die gentechnische Herstellung von Interferon im Labormaßstab gelungen sei (Gehrmann 1983). Und auch das Humaninsulin wurde im Eiltempo entwickelt: Nachdem 1978 die erstmalige Produktion in *Escherichia coli* gelang, kam es vier Jahre später, also 1982, auf den Markt. Für Hoechst – als Insulin-lieferant – war die Zulassung des ersten bakteriell produzierten menschlichen Insulins sicher eine Herausforderung. Zwar hatten sie selbst auch im Jahr 1982 die Zulassung für humanes Insulin bekommen, dies wurde allerdings technisch aufwendig aus Schweine-Insulin gewonnen.

Hoechst selbst entschied sich dann aber auch für Investitionen im eigenen Lande, denn die Firma wollte gentechnisch hergestelltes Humaninsulin auf ihrem Firmengelände in Höchst bei Frankfurt produzieren. Das Projekt entwickelte sich wie folgt:

- September 1984: Antrag zur Errichtung einer Produktionsanlage für die Herstellung von rekombinantem Humaninsulin;
- Juni 1985: Erteilung der Genehmigung zum Betrieb der biotechnologischen Teilanlage (»Fermtec«, Produktion einer Insulin-Vorstufe) ohne Beteiligung der Öffentlichkeit;
- August 1986: Antrag auf Betrieb der Teilanlage »Insultec« (Umwandlung Vorstufe in Endprodukt);
- Oktober 1987: Erteilung der Genehmigung zum Betrieb der Aufarbeitungsanlage (»Chemtec«);
- 1987: Aussetzung der Genehmigungen aufgrund von Widersprüchen durch mehrere Hundert Nachbarn, Beantragung einer Genehmigung unter höheren Sicherheitsauflagen;
- Juli 1988: Regierungspräsidium in Darmstadt ordnet Sofortvollzug an; die bereits erteilten Genehmigungen treten wieder in Kraft, zusätzlich wird die Insultec-Teilanlage genehmigt (alle befristet auf zwei Jahre als Versuchsanlagen); die Widersprüche werden als unbegründet eingestuft;
- September 1988: Novelle Bundes-Immissionsschutzgesetz (BImSchG; Anlagen, in denen mit biologisch aktiven rekombinanten Nukleinsäuren gearbeitet wird – sofern diese nicht ausschließlich Forschungszwecken dienen – unterliegen einer Genehmigungspflicht unter Beteiligung der Öffentlichkeit);
- November 1989: Hessischer Verwaltungsgerichtshof in Kassel stoppt Weiterbau der Insulin-Produktionsanlage mit der Begründung, dass ausreichende gesetzliche Grundlagen fehlen:

» Weil es sich um eine Abwägung der Grundrechte auf Leben und körperliche Unversehrtheit ..., Forschungsfreiheit ... , Berufs- und Gewerbefreiheit ... sowie dem Recht am eingerichteten und ausgeübten Gewerbebetrieb ... handelt, kamen die Richter zu dem Schluss, ,dass Anlagen, in denen mit gentechnischen Methoden gearbeitet wird, nur aufgrund einer ausdrücklichen Zulassung durch den Gesetzgeber errichtet und betrieben werden dürfen'. (Hoffmann und Hupe 1989)

- 1990: Nach Erlass des Gentechnik-Gesetzes erfolgte Genehmigung unter den zuletzt beantragten höheren Sicherheitsauflagen; Hoechst nahm die Versuchsanlage nicht in Betrieb, sondern beantragte eine Genehmigung unter den ursprünglich vorgesehenen, geringeren Sicherheitsauflagen, was positiv beschieden wurde; erneuter Widerspruch hatte eine aufschiebende Wirkung der Genehmigung sowie ein neuerliches Verfahren zur Folge;
- 1993: Hoechst verzichtet auf den Betrieb unter geringeren Sicherheitsauflagen und nimmt den genehmigten Versuchsbetrieb unter höheren Sicherheitsauflagen auf;
- 1994: Genehmigung für den Betrieb der biotechnischen Produktion von Humaninsulin;
- 1996: Zulassung des biosynthetisch hergestellten Humaninsulins;
- 1998: offizielle Inbetriebnahme der biosynthetischen Insulinherstellung;
- 2000: Zulassung des ersten rekombinanten 24-Stunden-Insulinanalogons Insulin glargin (Lantus).

Die deutschen Rahmenbedingungen haben Hoechst also fast 15 Jahre gekostet (von 1984 bis 1998), bis schließlich eine offizielle Inbetriebnahme der biosynthetischen Insulinherstellung erfolgen konnte. Das Unternehmen hat allerdings in der Zeit »nicht geschlafen« und als zweite Firma nach Novo ein lang wirkendes Humaninsulin entwickelt, welches im Jahr 2000 auf den Markt kam. Heute ist Hoechst bzw. sein Nachfolger Aventis, der im Jahr 2004 mit der französischen Sanofi fusionierte, mit Lantus Marktführer unter den Diabetes-Präparaten. Mit einem weltweiten Umsatz von

8,4 Mrd. US$ (6,3 Mrd. €) im Jahr 2014 lag das Medikament hinter Humira, Remicade und Enbrel auf Rang 4 der nach Umsatz führenden Biologika. Das 1982 auf den Markt gekommene Humaninsulin, welches von Genentech entwickelt und von Lilly vertrieben wurde, spielt heutzutage keine Rolle mehr auf dem Markt, weil es die lang wirkenden Insuline gibt, die mittels gentechnischer Verfahren weiter optimiert wurden. Sie weisen eine im Vergleich zum Humaninsulin leicht abweichende Proteinsequenz auf und werden daher auch als Insulinanaloga bezeichnet.

Eine Tochter der Hoechst AG, die Behringwerke in Marburg, bemühte sich in den 1980er-Jahren um die Produktion von rekombinantem Erythropoietin (EPO). Mit dem Fehlen eines Gesetzes begründete das hessische Umweltministerium unter der damaligen Führung des GRÜNEN-Politikers Fischer allerdings ebenfalls die Nicht-Genehmigung einer gentechnischen Anlage. EPO, ein körpereigener Wachstumsfaktor für die Bildung roter Blutkörperchen (Erythrozyten) zur Behandlung der Blutarmut bei Dialyse-Patienten, brachte erstmals 1989 die im Jahr 1980 neu gegründete Amgen auf den US-Markt. Sie wuchs mit dem Verkauf dieses Produktes zu einer etablierten Gesellschaft heran.

4.6.1.2 Bayer

Der frühere Chemie-Konzern Bayer beschloss im Jahr 2003 das Chemie- und Teile des Polymergeschäfts abzuspalten, wodurch 2005 das eigenständige Unternehmen Lanxess entstand. Gleichzeitig fokussierte sich Bayer auf die Bereiche Pharma und Pflanzenschutz.

Ab den frühen 1980er-Jahren engagierte sich auch Bayer in der neuen Biotechnologie, allerdings zunächst über seine US-Töchter Cutter und Miles Laboratories, die wiederum ein Netzwerk zu Universitäten und kleinen Firmen pflegten. Nach fünf Jahren »Lernphase« entschied das Management:

> By 1986 Bayer's management considered the learning period completed and concluded that ,even if biotechnology were not in the short run going to lead to profitable products, it had become an essential tool for drug design', and thus the enterprise should maintain capabili-

ties in that field. Bayer did not introduce its first biotechnology drug until 1993. (Chandler 2005)

Bayer hatte sich durch sein frühes US-Engagement, das heißt die Übernahme der Cutter Laboratories im Jahr 1968 und der Miles Laboratories im Jahr 1979 nicht nur ein Standbein in den USA, sondern auch weiteres biologisches Know-how verschafft. Cutter produzierte Polio-Vakzine und isolierte den Blutfaktor VIII aus Blutserum. Miles war ein Marktführer bei der Zitronensäure-Fermentation, stellte aber auch Alka-Seltzer, Vitamintabletten sowie Glukose-Teststreifen her. Nachdem es 1983 Probleme mit verunreinigtem, isoliertem Faktor VIII gab, entschied sich Bayer für eine Entwicklung von rekombinantem Faktor VIII unter einer Lizenz von Genentech.

> Ohne ein Wort darüber zu verlieren, ohne lauthalse Kritik an vermeintlich restriktiven Bedingungen in der Bundesrepublik, hat der Leverkusener Konzern im kalifornischen Berkeley mit dem Bau einer Genfabrik begonnen, die schon 1990 das Bluterpräparat Faktor VIII und später auch andere Arzneien herstellen soll. (Gehrmann 1988)

Kogenate, so der Markenname, kam zehn Jahre danach, also 1993 auf den Markt und befindet sich mit einem weltweiten Umsatz von 1,5 Mrd. US$ auf Rang 25 aller Biologika.

Um auch in Zukunft Hämophilie-Patienten therapeutische Lösungen anbieten zu können, schloss Bayer im Juni 2014 eine Kooperation mit dem 2013 gegründeten US-Biotech-Unternehmen Dimension Therapeutics. Ziel ist die Entwicklung einer Faktor-VIII-Gentherapie, die sich allerdings erst im präklinischen Stadium befindet. Nach Rückschlägen, die der weiteren Entwicklung von Gentherapien anfangs Einhalt geboten, ermöglicht der technische Fortschritt heutzutage wieder die Hoffnung darauf, Patienten mit der Bluterkrankheit kausal zu behandeln.

Die Zusammenarbeit mit einem anderen US-Biotech-Unternehmen, nämlich Regeneron, beschert Bayer weitere Biologika-Umsätze: Im Jahr 2014 setzte die Lucentis-Konkurrenz Eylea 759 Mio. € um; dabei handelt es sich um ein Fusionsprotein zur Behandlung der altersbedingten

Gentechnologie bei Schering in Berlin

»Allgemein wird von Schering angegeben, dass bis ca. 1982 lediglich eine sehr kleine Gruppe in der gentechnologischen Forschung tätig gewesen sei, die die ‚Rolle eines aktiven Beobachters' auf diesem Forschungsgebiet gespielt habe. Die gentechnische Abteilung übernehme auch Servicefunktion für die anderen Abteilungen, indem sie ihnen bei der molekularbiologischen Aufklärung von Regulationsvorgängen im Stoffwechsel helfe. Der biotechnologischen Euphorie sei man zunächst mit einer gewissen Skepsis begegnet: Die Entwicklung vom Laborexperiment bis zum marktfähigen Arzneimittel werde häufig unterschätzt, auf bestimmten Märkten sei die Konkurrenz zu groß. Asmis, ein Mitglied des Vorstands, erklärte 1986, ‚dass man sich nicht als relativ kleiner Fisch im Biotechnologie-Teich auf dem Gebiet der Naturstoffe tummeln wolle, wo sich viel stärkere Firmen engagierten'. Schering verweist hier auch gerne auf die Verkaufsstatistiken der Firma Genentech, die in Zusammenarbeit mit Thomae diesen Stoff auf den bundesdeutschen Markt gebracht habe und ihre Produktion nur zur Hälfte absetzen könne. Zwar erleichtere das Kriterium ‚körperidentisch' die Zulassung beim Bundesgesundheitsamt, so Asmis weiter, andererseits könne der Stoff nicht patentiert werden, weil er eben körperidentisch und keine Erfindung sei. Hier wolle man noch weiterforschen, um bei einer ‚zweiten Generation' dieser Stoffe (z. B. von TPA) einzusteigen, die gegenüber dem körpereigenen Protein verbesserte Wirkungen aufweise; dann sei nämlich auch der Stoff und nicht nur das Herstellungsverfahren patentierbar« (Gill 1991).

Makuladegeneration, für den Bayer die europäischen Rechte einlizenziert hat. Das entsprach einem Plus von rund 130 % im Vergleich zum Vorjahresumsatz, der sich auf 333 Mio. € belief.

Über den Zukauf von Schering kam im Jahr 2006 weiteres Bio-Know-how sowie ein auf dem Markt befindliches Biologikum in das Bayer-Portfolio: das Multiple-Sklerose-Mittel Betaferon/Betaseron, das Schering über seine 1979 gegründete US-Tochter Berlex Laboratories gemeinsam mit dem US-Biotech-Unternehmen Chiron entwickelte. Das rekombinante Interferon erhielt 1993 und 1995 die Zulassung in den USA und Deutschland. Es war das erste Biologikum für diese Indikation. Noch heute setzt Bayer damit über 800 Mio. € um, wobei der Umsatz gegenüber 2013 (1038 Mio. €) gesunken ist. In Deutschland selbst war Schering anfangs auch sehr zögerlich gewesen wie Gill (1991) darlegt (▶ Gentechnologie bei Schering in Berlin).

4.6.1.3   BASF

Die Novellierung des Bundes-Immissionsschutzgesetzes betraf ebenfalls die BASF, die noch im Frühsommer 1988 die Baugenehmigung für ein 65 Mio. € teures gentechnisches Forschungs- und Entwicklungszentrum in Ludwigshafen bekommen hatte. Gehrmann (1988) zitiert dazu den damaligen BASF-Vorstand Paetzke: »Da hat es uns gereicht.« Der Chemiekonzern baute daraufhin sein neues Genzentrum nicht in Ludwigshafen, sondern im US-amerikanischen Boston. 1999 gründete der Chemie-Konzern allerdings die BASF Plant Science, die Forschung auf dem Gebiet der Pflanzenbiotechnologie betrieb und zum Ziel hatte, gentechnisch verändertes Saatgut zu entwickeln. Es ging vor allem darum, die Leistungsfähigkeit von Pflanzen zu erhöhen sowie die Möglichkeiten der Nutzung von Pflanzen als nachwachsender Rohstoff zu erweitern. Die Unternehmenszentrale wurde in Limburgerhof bei Ludwigshafen errichtet, ein weiterer Standort befand sich im Research Triangle Park in North Carolina. 2012 entschied die BASF sämtliche Forschung in den USA zu konzentrieren.

Am Ludwigshafener Standort wurde zudem in der Tochterfirma Knoll die Entwicklung von Humira angestoßen, dem heute topplatzierten Biologikum nach Umsatz weltweit. Der Wirkstoff, ein Anti-TNF-Antikörper stammte allerdings vom britischen Biotech-Partner Cambridge Antibody Technologies (CAT), den AstraZeneca im Jahr 2006 übernahm. Im Zuge der 2001 erfolgten Übernahme von Knoll durch die heutige AbbVie (Wert: ~7 Mrd. US$) gelang der Blockbuster dann in deren Portfolio. Nach dem Verkauf der Knoll und damit dem Verkauf ihrer Pharma-Aktivitäten fokussierte sich die BASF ausschließlich auf den chemischen Sektor und die Pflanzenbiotechnologie. Seit Jüngstem setzt die BASF auch auf Enzymtechnologien.

Weiße Biotechnologie bei Henkel

»Alle Fragen der Ethik in Zusammenhang mit Biotechnologie und Gentechnik behandelt Henkel mit hoher Aufmerksamkeit und großem Ernst. Das Arbeitsfeld von Henkel ist jedoch sehr weit entfernt von den Bereichen der Gentechnik, die in der Öffentlichkeit insbesondere aufgrund von Ethikfragen häufig kritisch diskutiert werden. Wir nutzen die Möglichkeiten von Bio- und Gentechnologie dann, wenn damit ein ökologischer Mehrwert, ein höherer Nutzen für die Verbraucher und ökonomische Vorteile für Henkel verbunden sind. Dabei beschränken wir uns auf ein Teilgebiet der Biotechnologie: die Weiße Biotechnologie (industrielle Biotechnologie), bei der keine bestimmungsgemäße Freisetzung von Mikroorganismen erfolgt. Unter dieser wird die Anwendung von Technologie an lebenden Organismen, deren Teilen sowie Produkten von ihnen verstanden. Die moderne Biotechnologie ist vor allem dadurch gekennzeichnet, dass sie die Methoden der Molekularbiologie gezielt nutzt. Unter anderem wird die Weiße Biotechnologie bei der Produktion von Enzymen für Waschmittel und maschinelle Geschirrspülmittel eingesetzt. Schon bei der Herstellung ist die Ökobilanz dieser Enzyme im Vergleich zu klassisch produzierten Enzymen deutlich günstiger. Das gilt sowohl für den Kohlendioxidausstoß als auch die Abwasserbelastung und den Energieverbrauch. Unsere Forscher und Produktentwickler arbeiten daher mit Rohstoffherstellern zusammen, die ausgewählte Inhaltsstoffe für Wasch- und Reinigungsmittel mithilfe Weißer Biotechnologie produzieren« (Henkel 2015).

4.6.1.4 Henkel

Die Düsseldorfer Henkel KGaA, 1876 noch als Waschmittelbetrieb gegründet, entwickelte sich ab der Markteinführung von Persil (eine Wortschöpfung aus den beiden anfangs wichtigsten chemischen Bestandteilen Perborat und Silikat) im Jahre 1907 zu einem international tätigen Chemiekonzern. 2001 wurden angesichts eines breiten Portfolios, das von modernen Alltagsprodukten für Verbraucher bis zu komplexen chemisch-technischen Systemlösungen für Industriekunden reichte, Markenartikel und Technologien als strategische Säulen für die Zukunft bestimmt.

Mit der Biologie setzte sich das Unternehmen erstmals 1937 auseinander, als es ein mikrobiologisches Laboratorium errichtete. 1943 folgte die Einführung eines Verfahrens zur biotechnologischen Fettgewinnung aus Fusarien-Stämmen (Pilze). 1968 gründete sich die Fachabteilung Biosynthese, Vorläufer der späteren Biotechnologie. Im selben Jahr setzte Henkel erstmals den Wasch- und Reinigungsmitteln proteolytische Enzyme bei. 1979 wird ein neu gebautes Biotechnikum eröffnet. Durch interne Forschung und Kooperationen gelang dann 1981 die Herstellung rekombinanter Enzyme, die in ihren Waschleistungen optimiert waren (Schmid 2007). 1984 gründete Henkel im österreichischen Kundl zusammen mit einer Tochterfirma der Sandoz-Gruppe ein Joint Venture namens Biozym-

Produktionsgesellschaft. Sie nahm die fermentative Produktion gentechnisch optimierter Waschmittelenzyme auf.

1997 folgte der Aufbau einer Abteilung Molekularbiologie in Düsseldorf-Holthausen. Seit 1998 kooperiert Henkel im Bereich Waschmittelenzymsysteme mit der Zwingenberger BRAIN AG und nutzt hierfür deren proprietäres BioArchiv. 2005 kam eine Zusammenarbeit für die Entwicklung neuartiger, im Tieftemperaturbereich aktiver Protein-abbauender Enzyme (Proteasen) aus nicht kultivierten Mikroorganismen hinzu. Noch zuvor, im Jahr 2001, gründete Henkel gemeinsam mit der Johann-Wolfgang-Goethe-Universität in Frankfurt am Main und einer Gruppe von Professoren die biotechnologische Forschungsgesellschaft Phenion.

Für seine Endverbraucher-Kunden gibt Henkel auf seiner Webseite an, dass alle Fragen der Ethik in Zusammenhang mit Biotechnologie und Gentechnik mit hoher Aufmerksamkeit und großem Ernst behandelt werden (▶ Weiße Biotechnologie bei Henkel).

4.6.2 Bio- und Gentechnologie bei ausgewählten Pharma-Firmen

Auf die ganz frühen, klassisch biotechnologischen Aktivitäten bei Schering wurde in ▶ Abschn. 2.3

bereits eingegangen. Der spätere Einstieg in die Gentechnik findet sich zuvor unter »Bayer«. ► Abschnitt 2.3 führte auch schon in die Geschichte von Boehringer Mannheim und Boehringer Ingelheim ein. Nachfolgend finden sich deren Aktivitäten in der modernen Biotechnologie.

4.6.2.1 Boehringer Mannheim

Boehringer Mannheim war in den 1960er-Jahren noch ein Mittelständler mit 50 Mio. DM Umsatz. Unter der Führung von Curt Engelhorn wuchs das Unternehmen innerhalb von 30 Jahren zu einem global tätigen Diagnostika- und Pharma-Konzern mit über 7 Mrd. DM Umsatz heran (Zehle 2007). Dazu beigetragen haben sicherlich die frühen Aktivitäten in der Molekularbiologie und Gentechnik. 1980 gründete sich die Abteilung Molekularbiologie in Tutzing, die später nach Penzberg verlagert wurde. 1985 startete die Entwicklung von rekombinantem Epoetin alfa zusammen mit dem US-Partner Genetics Institute, welches dann 1990 unter dem Markennamen Recormon auf den Markt kam. Im Münchener Hinterland waren die Bedingungen für gentechnische Forschung und Entwicklung andere gewesen als im städtischen Umkreis von Frankfurt (für die frühere Hoechst). Das Land Bayern hat die Bedeutung der modernen Biotechnologie bereits früh erkannt und ihre Entwicklung stets gefördert. 1997 folgte für Boehringer Mannheim noch die Zulassung eines rekombinanten Epoetins beta (Neorecormon).

Im selben Jahr übernahm die schweizerische Roche Boehringer Mannheim für 11 Mrd. US$ – die bis dahin größte Firmenübernahme Europas. In Deutschland ist Roche heute somit an den Standorten Penzberg und Mannheim vertreten.

4.6.2.2 Boehringer Ingelheim

Boehringer Ingelheim (BI) erwirtschaftete in den 1960er-Jahren mit 9300 Mitarbeitern weltweit bereits einen Umsatz von 543 Mio. DM. Auf Basis der chemischen Synthese entwickelte sie sich zu einem bedeutenden pharmazeutischen Unternehmen. Im Jahr 1971 lag Boehringer Ingelheim nach Hoechst und Bayer auf dem dritten Platz der deutschen Rangliste der größten Arzneimittelhersteller und befand sich unter den Top-25-Pharmaproduzenten weltweit. 1985 startete die Firma ein Joint Venture

mit Genentech: das Forschungsinstitut für Molekulare Pathologie (IMP) in Wien. 1986 nahm bei der Tochterfirma Thomae im baden-württembergischen Biberach ein Biotechnikum den Betrieb auf. 1987 folgte die Zulassung von Actilyse, dem ersten bei Thomae/BI biotechnisch hergestellten rekombinanten Gewebe-Plasminogen-Aktivator (*tissue-type plasminogen activator*, TPA) zur Therapie des akuten Herzinfarkts. Auch im Hinterland von Baden-Württemberg waren somit gentechnische Aktivitäten möglich gewesen.

1993 ging dann das IMP in Wien in den alleinigen Besitz von Boehringer Ingelheim über. Ebenfalls in Wien gründete sich 1999 das Institut für Molekulare Biotechnologie (IMBA) auf Basis einer gemeinsamen Initiative von Boehringer Ingelheim und der Österreichischen Akademie der Wissenschaften. Im Jahr 2000 ließ die europäische Arzneimittelbehörde dann ein weiter modifiziertes rekombinantes TPA zu, die Tenecteplase mit dem Handelsnamen Metalyse. 2003 investierte Boehringer Ingelheim mehr als 255 Mio. € in den Ausbau der biopharmazeutischen Wirkstoffherstellung in Biberach, die bis dahin größte Einzelinvestition in der Geschichte des Unternehmens. Aufgrund dieser Investition entwickelte sich die Gesellschaft zu einem der weltweit größten biopharmazeutischen Auftragsproduzenten.

Heute ist Boehringer Ingelheim das größte forschende Pharma-Unternehmen in Familienbesitz und gehört mit weltweit 13 Mrd. € Umsatz zu den 20 Branchenführern. Fast 15.000 von insgesamt 48.000 Mitarbeitern sind am Standort Deutschland beschäftigt. In den letzten Jahren zugelassene Produkte waren durchgängig Kinase-Inhibitoren, also kleine Moleküle.

Den frühen Biologika ist bis heute kein weiteres Biotech-Produkt gefolgt, allerdings schloss BI großvolumige Kooperationen mit Biotech-Unternehmen ab:

- 2007 mit der belgischen Ablynx: mehr als 1 Mrd. € für die gemeinsame Entwicklung von Medikamenten auf Basis der Nanobody-Technologie;
- 2010 mit der österreichischen f-star Biotechnology: bis zu 1 Mrd. € für neue therapeutische Antikörper und Antikörperfragmente;

- 2010 mit der US-amerikanischen Macrogenics: bis zu 2,16 Mrd. US$ für die gemeinsame Entwicklung von Antikörpern auf Basis der DART-Technologie;
- 2014 mit der deutschen CureVac: bis zu 430 Mio. € für die Entwicklung eines therapeutischen Impfstoffes zur Behandlung des Lungenkarzinoms.

4.6.2.3 Merck

Die deutsche Merck gilt als das älteste pharmazeutisch-chemische Unternehmen der Welt. Ausführungen zur frühen Geschichte und den Aktivitäten in der klassischen Biotechnologie finden sich in ▶ Abschn. 2.3.1. Wann genau der Einstieg in die Molekularbiologie erfolgte, lässt sich nach öffentlichen Quellen nicht ganz ausmachen. Mitte der 1980er-Jahre wurden Grundlagen für die eigene Onkologieforschung gelegt. 1990 begann Merck eine Zusammenarbeit mit der US-amerikanischen ImClone Systems: Anfangs ging es um Krebs-Impfstoffe, ab 1998 um den Krebs-Antikörper Cetuximab (Erbitux). Dessen Zulassung erfolgte im Jahr 2004, wobei Merck die europäischen Rechte erhielt. 1995 und 1996 schloss die Firma zudem Kooperationen mit den US-Biotech-Unternehmen Medarex (Krebs-Antikörper) und Human Genome Sciences. 2006 folgte der Versuch der Übernahme von Schering, die sich letztlich jedoch von Bayer kaufen ließ. Merck übernahm daraufhin die Schweizer Biotech-Gesellschaft Serono, die bereits seit 1989 rekombinante Biopharmazeutika auf dem Markt anbot (Wachstums- und Fertilitätshormone, Interferon). Gut 10 Mrd. € bezahlte Merck, die Transaktion zählt zu den fünf größten im Biotech-Sektor. Heute erforscht, entwickelt, produziert und vermarktet Merck Serono verschreibungspflichtige Arzneimittel und Biopharmazeutika zur Behandlung von Krebs, multipler Sklerose (MS), Unfruchtbarkeit, Wachstumsstörungen sowie bestimmter Herz-Kreislauf und Stoffwechselerkrankungen. 2014 erwirtschaftete Merck Serono als größte Unternehmenssparte 51 % der Umsatzerlöse des Konzerns.

4.6.2.4 Merz Pharma

1908 errichtete der gelernte Apotheker, studierte Chemiker und Pharmazeut Friedrich Merz in Frankfurt eine eigene pharmazeutische Fabrikation. Die 1930er-Jahre waren durch rapides Wachstum geprägt. Niederlassungen entstanden in Berlin, Wien, Zürich, London und Newark, USA. 1964 brachte das Unternehmen die berühmten Merz Spezial Dragees auf den Markt, bestehend aus 18 Wirkstoffen und einem besonderen Hefeextrakt für Haut und Nägel – die erste Berührung mit der Biologie. 2005 folgte als Biotech-Produkt eine nächste Generation an hochreinem Botulinumtoxin, einem Präparat zur Behandlung von chronischen Bewegungsstörungen durch unwillkürliche Muskelverspannungen. Das Medikament, das unter den Handelsnamen Xeomin vertrieben wird, stammt ursprünglich von dem Potsdamer Biotech-Unternehmen Biotecon Therapeutics. In Kooperation mit Merz erfolgte eine gemeinsame Entwicklung bis zur Phase II, ab Phase III übernahm dann das Pharma-Unternehmen allein. Neben der Therapie von neurologischen Erkrankungen werden Botulinumtoxine auch bei der Behandlung von übermäßigem Schwitzen und in der Kosmetik zur Beseitigung von Falten eingesetzt. Es handelt sich allerdings um ein nicht-rekombinantes Biopharmazeutikum, das durch Fermentation von *Clostridium botulinum* Serotyp A gewonnen wird. Seit 2008 operiert die BIOTECON Therapeutics als Tochterunternehmen von Merz, die zudem FuE-Aktivitäten im Frankfurter Innovationszentrum für Biotechnologie durchführt.

4.6.2.5 Pharma und Biosimilars

Mehrere deutsche Pharma-Firmen sind bereits früh auf den Zug der Biosimilars aufgesprungen. So war dies Hexal, die bereits 1998 eigene FuE-Projekte in den Töchtern HEXAL Biotech und HEXAL Gentech starteten. 2004 brachten sie biosimilares Erythropoietin (EPO) auf den Markt, 2005 erfolgte die Übernahme durch Sandoz. Die Ulmer Ratiopharm entwickelte über die Biotech-Tochter BioGeneriX Biosimilars und erhielt 2008 die erste Zulassung. 2010 kaufte sich Teva bei Ratiopharm ein. Schließlich ist auch die hessische STADA in Biosimilars aktiv, sie launchte im Jahr 2007 ebenfalls ein biosimilares EPO.

Literatur

BMBF (2001) Rahmenprogramm Biotechnologie – Chancen nutzen und gestalten. Bundesministerium für Bildung und Forschung, Bonn

BMBF (2010) Biotechnologie in Deutschland. 25 Jahre Unternehmensgründungen. Bundesministerium für Bildung und Forschung, Berlin

BMBF (2014) Bioökonomie – neue Konzepte zur Nutzung natürlicher Ressourcen. ▶ http://www.bmbf.de/de/bio-oekonomie.php. Zugegriffen: 30. Juni 2015

BMFT (1992) Biotechnologie 2000. Programm der Bundesregierung, 3. aktualisierte Aufl. Bundesministerium für Forschung und Technologie, Bonn

Bresch C (2007) Die erste Zeit. In: Wenkel S, Deichmann U (Hrsg) Max Delbrück and Cologne: an early chapter of German molecular biology. World Scientific Publishing, Singapur, S 39–47

Buchholz K (1979) Die gezielte Förderung und Entwicklung der Biotechnologie. In: van den Daele W, Krohn W, Weingart P (Hrsg) Geplante Forschung. Suhrkamp, Frankfurt a. M., S 64–116

Bud R (1995) Wie wir das Leben nutzbar machten: Ursprung und Entwicklung der Biotechnologie. Übersetzung von Mönkemann H. Vieweg, Wiesbaden

BVL (2015) Zentrale Kommission für die Biologische Sicherheit. Bundesamt für Verbraucherschutz und Lebensmittelsicherheit. ▶ http://www.bvl.bund.de/DE/06_Gentechnik/02_Verbraucher/05_Institutionen_fuer_biologische_Sicherheit/02_ZKBS/gentechnik_zkbs_node.html. Zugegriffen: 13. Juni 2015

Catenhusen WM, Neumeister H (1990) Chancen und Risiken der Gentechnologie: Dokumentation des Berichts an den Deutschen Bundestag. Enquete-Kommission des Deutschen Bundestages, 2. Aufl. Campus, Frankfurt a. M.

Chandler AD (2005) Shaping the industrial century. The remarkable story of the evolution of the modern chemical and pharmaceutical industries (Harvard studies in business history), 46. Harvard University Press, Cambridge

Clausen R (1964) Stand und Rückstand der Forschung in Deutschland in den Naturwissenschaften und den Ingenieurwissenschaften. Deutsche Forschungsgemeinschaft, Steiner, Wiesbaden

DECHEMA (1974) Biotechnologie. Eine Studie über Forschung und Entwicklung – Möglichkeiten, Aufgaben und Schwerpunkte der Förderung. DECHEMA, Frankfurt a. M.

DECHEMA (1976) Biotechnologie. Eine Studie über Forschung und Entwicklung – Möglichkeiten, Aufgaben und Schwerpunkte der Förderung, 3. überarbeitete Aufl. DECHEMA, Frankfurt a. M.

Deichmann U (2002) Emigration, isolation and the slow start of molecular biology in Germany. Stud Hist Philos Biol Biomed Sci 33:449–471. doi:10.1016/S1369-8486(02)00011-0

Deichmann U (2007) A brief review of the early history of genetics and its relationship to physics and chemistry. In: Wenkel S, Deichmann U (Hrsg) Max Delbrück and

Cologne: an early chapter of German molecular biology. World Scientific Publishing, Singapur, S 3–18

Delbrück M (1978) Interview with Max Delbrück by Carolyn Harding. Pasadena, California, July 14–September 11, 1978. Oral History Project, California Institute of Technology Archives. ▶ http://resolver.caltech.edu/CaltechOH:OH_Delbruck_M. Zugegriffen: 13. Juli 2015

Deutsche Börse (2015a) Deutsche Börse Venture Network zur Finanzierung junger Wachstumsunternehmen gestartet. Pressemitteilung vom 11. Juni 2015. ▶ http://deutsche-boerse.com/dbg/dispatch/de/notescontent/dbg_nav/press/10_Latest_Press_Releases/20_Deutsche_Boerse/INTEGRATE/mr_pressreleases?notesDoc=BC59E5B2DC9E387EC1257E6100440860&newstitle=deutscheboerseventurenetworkzu&location=press. Zugegriffen: 30. Juni 2015

Deutsche Börse (2015b) Seit Start 13 neue Unternehmen im Deutsche Börse Venture Network. Pressemitteilung vom 03. September 2015. ▶ http://deutsche-boerse.com/dbg/dispatch/de/notescontent/dbg_nav/press/10_Latest_Press_Releases/INTEGRATE/mr_pressreleases?notesDoc=075E64D90D6E8C05C1257EB500423954&newstitle=seitstart13neueunternehmenimde&location=press. Zugegriffen: 15. September 2015

Dolata U (1991) Bio- und Gentechnik in der Bundesrepublik. Konzernstrategien, Forschungsstrukturen, Steuerungsmechanismen. Diskussionspapier 1–91. Hamburger Institut für Sozialforschung, Hamburg

Dolata U (1996) Politische Ökonomie der Gentechnik: Konzernstrategien, Forschungsprogramme, Technologiewettläufe. Edition Sigma, Berlin

EFI (2015) Gutachten zu Forschung, Innovation und technologischer Leistungsfähigkeit Deutschlands 2015. EFI – Expertenkommission Forschung und Innovation, Berlin

Frommann H (1993) Entwicklungstrends am deutschen Beteiligungsmarkt. In: BVK (Hrsg) BVK-Jahrbuch 1993. Bundesverband deutscher Kapitalbeteiligungsgesellschaften, Berlin, S 11 ff

Frommann H, Dahmann A (2003) Zur volkswirtschaftlichen Bedeutung von Private Equity und Venture Capital. Bundesverband deutscher Kapitalbeteiligungsgesellschaften, Berlin

Gabler Wirtschaftslexikon Online (Exit) Exit. ▶ http://wirtschaftslexikon.gabler.de/Definition/exit.html. Zugegriffen: 30. Juni 2015

Gabler Wirtschaftslexikon Online (Private Equity) Private Equity. ▶ http://wirtschaftslexikon.gabler.de/Definition/private-equity.html. Zugegriffen: 30. Juni 2015

Gehrmann W (1983) Biotechnik: Der weiche Riese. Die ZEIT vom 11.3.1983. ▶ http://www.zeit.de/1983/11/biotechnik-der-weiche-riese/komplettansicht. Zugegriffen: 16. April 2015

Gehrmann W (1988) Gen Amerika. Die ZEIT vom 18.11.1988. ▶ http://www.zeit.de/1988/47/gen-amerika/komplettansicht. Zugegriffen: 16. April 2015

Giesecke S (2001) Von der Forschung zum Markt: Innovationsstrategien und Forschungspolitik in der Biotechnologie. VDI/VDE-Technologiezentrum Informationstechnik GmbH, Teltow/Berlin. Edition Sigma, Berlin

Gill B (1991) Gentechnik ohne Politik: Wie die Brisanz der Synthetischen Biologie von wissenschaftlichen Institutionen, Ethik- und anderen Komissionen systematisch verdrängt wird. Campus, Frankfurt a. M.

Henkel (2015) Weiße Biotechnologie. Henkel AG & Co. KGaA, Düsseldorf. ► http://www.henkel.de/nachhaltigkeit/dialog-und-kontakte/positionen/weisse-biotechnologie. Zugegriffen: 30. April 2015

Hetmeier HW, Göbel W, Brugger P (1995) Ausgaben für bio technologische Forschung. Statistisches Bundesamt, Wiesbaden

Hobom G (1995) Erfahrungen aus der Arbeit der Zentralen Kommission für Biologische Sicherheit. In: von Schell T, Mohr H (Hrsg) Biotechnologie – Gentechnik. Eine Chance für neue Industrien. Springer, Berlin, S 422–431

Hoffmann W, Hupe R (1989) Verzögerte Reaktion: Unternehmen und Justiz kritisieren die schleppende Verabschiedung des Gengesetzes. Die ZEIT vom 17.11.1989. ► http://www.zeit.de/1989/47/verzoegerte-reaktion. Zugegriffen: 13. Juli 2014

Hofmann H (1986) Biotechnik, Gentherapie, Genmanipulation – Wissenschaft im rechtsfreien Raum? Juristenzeitung 41:253–259

Hohmeyer O, Hüsing B, Maßfeller S, Reiß T (1993) Gesetzliche Regelungen der Gentechnik im Ausland und praktische Erfahrungen mit ihrem Vollzug. Gutachten im Auftrag des Büros für Technikfolgenabschätzung des Deutschen Bundestages (TAB). Fraunhofer-Institut für Systemtechnik und Innovationsforschung, Karlsruhe

Janositz P (1997) Zellen des Wachstums. Bild der Wissenschaft. ► http://www.wissenschaft.de/archiv/-/journal_content/56/12054/1582356/Zellen-des-Wachstums/. Zugegriffen: 13. Juli 2015

Jasanoff S (1985) Technological innovation in a corporatist state: the case of biotechnology in the Federal Republic of Germany. Res Policy 14:23–38. doi:10.1016/0048-7333(85)90022-8

Kirst GO (1985) Gentechnologische Forschungsförderung in der Bundesrepublik Deutschland und der Europäischen Gemeinschaft. In: Steger U (Hrsg) Die Herstellung der Natur. Chancen und Risiken der Gentechnologie. Neue Gesellschaft, Bonn, S 49–64

Knobloch E (2004) »The shoulders on which we stand«-Wegbereiter der Wissenschaft. 125 Jahre Technische Universität Berlin. Springer, Berlin

Kulicke M, Wupperfeld U (1996) Beteiligungskapital für junge Technologieunternehmen (BJTU): Ergebnisse eines Modellversuchs. Physica, Heidelberg

Lausch E (1965) Kein »ödes Land« mehr. Vielversprechende Entwicklung der Molekularbiologie in Deutschland. Die ZEIT vom 22.10.1965. ► http://www.zeit.de/1965/43/kein-oedes-land-mehr. Zugegriffen: 13. Juli 2015

Licht G (2012) Ex-post-Evaluierung der Fördermaßnahmen BioChance und BioChancePlus im Rahmen der Systemevaluierung »KMU-innovativ«. Zentrum für Europäische Wirtschaftsforschung (ZEW), Mannheim

Marschall L (2000) Im Schatten der chemischen Synthese. Industrielle Biotechnologie in Deutschland (1900–1970). Campus, Frankfurt a. M.

Menrad K, Kulicke M, Lohner M, Reiß T (1999) Probleme junger, kleiner und mittelständischer Biotechnologieunternehmen. Fraunhofer-Institut für Systemtechnik und Innovationsforschung, Karlsruhe

Momma S, Sharp M (1999) Developments in new biotechnology firms in Germany. Technovation 19:267–282. doi:10.1016/S0166-4972(98)00122-9

Nobel Media (2014) Christiane Nüsslein-Volhard - Biographical. Nobelprize.org. Nobel Media AB 2014. Web. 19 Aug 2015. <► http://www.nobelprize.org/nobel_prizes/medicine/laureates/1995/nusslein-volhard-bio.html> Zugegriffen: 30. Juni 2015

OTA (1984) Commercial biotechnology: an international analysis. OTA (Office of Technology Assessment). U.S. Congress, Washington, DC

OTA (1988) New developments in biotechnology: U.S. investment in biotechnology. OTA (Office of Technology Assessment). U.S. Congress, Washington, DC

PTJ (2005) Wettbewerb BioFuture. Starthilfe für junge Wissenschaftler. ► https://www.ptj.de/lw_resource/datapool/_items/item_1675/biofuture-d.pdf. Zugegriffen: 13. Juli 2015

Rajewsky K (2013) Years in Cologne. Annu Rev Immunol 31:1–29. doi:10.1146/annurev.immunol.021908.132646

Rau N (1989) Biopotentialanalyse in der Bundesrepublik Deutschland. TÜV Rheinland, Köln

Rebentrost I (2006) Das Labor in der Box. Technikentwicklung und Unternehmensgründung in der frühen deutschen Biotechnologie. Beck, München

Rheinberger HJ (1995) Kurze Geschichte der Molekularbiologie. Max-Planck-Institut für Wissenschaftsgeschichte, Berlin

Rheinberger HJ (2012) Internationalism and the history of molecular biology. In: Renn J (Hrsg) The globalization of knowledge. Studies of the Max Planck Research Library for the history and development of knowledge. epubli, Berlin, S 737–744

von Schell T, Mohr H (1995) Synopse. In: von Schell T, Mohr H (Hrsg) Biotechnologie – Gentechnik. Eine Chance für neue Industrien. Springer, Berlin, S 662–696

Schlumberger HD, Brauer D (1995) Die Bedeutung rechtlicher Rahmenbedingungen für die Anwendung der Gentechnik in der Bundesrepublik Deutschland. In: von Schell T, Mohr H (Hrsg) Biotechnologie – Gentechnik. Eine Chance für neue Industrien. Springer, Berlin, S 389–421

Schmid RD (2007) Disruptive technologies – the case of biotechnology and genetic engineering. Unveröffentlichte Masterarbeit an der Hochschule Reutlingen

Simon J (1995) Gentechnik als Grundlage neuer Industrien unter den rechtlichen Rahmenbedingungen der EG und Deutschlands. In: von Schell T, Mohr H (Hrsg) Biotechnologie – Gentechnik. Eine Chance für neue Industrien. Springer, Berlin, S 358–388

Staehler T, Dohse D, Cooke P (2006) Evaluation der Förder-
    maßnahmen BioRegio und BioProfile. Consulting für
    Innovations- und Regionalanalysen (CIR), Institut für
    Weltwirtschaft an der Universität Kiel (IfW), Centre for
    Advanced Studies in the Social Sciences (CASS). Preetz,
    Kiel, Cardiff. ▶ http://www.e-fi.de/fileadmin/Evalua-
    tionsstudien/Evaluation_der_Foerdermassnahmen_Bio-
    Regio_und_BioProfile.pdf. Zugegriffen: 13. Juli 2015
Stehn J (1995) Moderne Biotechnologie in Deutschland: Zu-
    kunft ohne Grenzen? Weltwirtschaft 2:167–179
Strasser BJ (2002) Institutionalizing molecular biology
    in post-war Europe: a comparative study. Stud Hist
    Philos Biol Biomed Sci 33:515–546. doi:10.1016/S1369-
    8486(02)00016-X
Verdutt T (2001) Studie rät Bio-Tech-Firmen zu Neuausrich-
    tung. DIE WELT vom 1.12.2001. ▶ http://www.welt.de/
    print-welt/article490549/Studie-raet-Bio-Tech-Firmen-
    zu-Neuausrichtung.html. Zugegriffen: 13. Juli 2015
Warmuth E, Wascher W (1989) Programmreport Biotechno-
    logie. Bundesministerium für Forschung und Techno-
    logie, Bonn
Wenkel S (2007) Founding and crisis. In: Wenkel S, Deich-
    mann U (Hrsg) Max Delbrück and Cologne: an early
    chapter of German molecular biology. World Scientific
    Publishing, Singapur, S 21–38
Wieland T (2007) Ramifications of the »Hoechst Shock.« Per-
    ceptions and cultures of molecular biology in Germany.
    Munich Center for the History of Science and Techno-
    logy. Technische Universität München, München.
    ▶ https://www.fggt.edu.tum.de/fileadmin/tueds01/
    www/Wieland/wieland_4.pdf. Zugegriffen: 16. April 2015
Wieland T (2010) Dünn gesäter Sachverstand? Molekular-
    biologie und Biotechnologie in der Bundesrepublik
    Deutschland der späten siebziger und frühen achtziger
    Jahre. In: Pieper C, Uekötter F (Hrsg) Vom Nutzen der
    Wissenschaft. Beiträge zu einer prekären Beziehung.
    Steiner, Stuttgart, S 235–253
Zarnitz ML (1968) Molekulare und physikalische Biologie.
    Bericht zur Situation eines interdisziplinären For-
    schungsgebietes in der Bundesrepublik Deutschland.
    Vandenhoeck & Ruprecht, Göttingen
Zehle S (2007) Hier kommt Curt. manager magazin online
    vom 23.10.2007. ▶ http://www.manager-magazin.de/ma-
    gazin/artikel/a-501305.html. Zugegriffen: 30. April 2015
Zinke H, Kremoser C (2014) 1 % für die Zukunft – Ein neuer
    Ansatz, die Finanzierungssituation für Technologie-
    unternehmen in Deutschland grundlegend zu ver-
    bessern. In: Ernst & Young (Hrsg) 1 % für die Zukunft:
    Innovation zum Erfolg bringen. Deutscher Biotechno-
    logie-Report 2014. Ernst & Young GmbH, Mannheim,
    S 26–28

Das Aufkommen einer KMU-geprägten Biotech-Industrie in Deutschland

Julia Schüler

Zusammenfassung

Ein zur US-Situation vergleichbares Aufkommen einer KMU-geprägten Biotech-Industrie fand in Deutschland erst 15 bis 20 Jahre später statt. Als Startschuss gilt in Deutschland der BioRegio-Wettbewerb, der 1995 aus-gerufen und 1996 abgeschlossen wurde. Das Kapitel fasst die ersten 15 Jahre deutsche Biotech-Industrie (1996 bis 2011) anhand von fünf Phasen zusam-men: Boom & Hype, *Per Aspera ad Astra*, Zurück in die Zukunft sowie Fallstrick Finanzierung?. Die aktuelle Entwicklung seit 2012 findet sich unter dem Titel »Reifeprüfung« wieder. Denn die nun bald 20 Jahre alte (oder junge?) Branche lässt langsam aber sicher die Jugendphase hinter sich und startet nun rich-tig durch. Auch wenn das an harten Kennzahlen noch nicht so ersichtlich ist, so steht einigen Unternehmen demnächst hoffentlich der lang ersehnte Markteintritt mit eigenen Produkten bevor. Diese Aussage bezieht sich auf Firmen, die in der Arzneimittel-Entwicklung tätig sind. Andere, wie Diagnos-tika-Hersteller oder Vertreter der Weißen Biotechnologie sowie Dienstleister befinden sich bereits am Markt. Ihre Wahrnehmung als Teil einer innovativen Industrie könnte ausgeprägter sein. Ein großes Manko für diejenigen Gesell-schaften, die das große Risiko auf sich nehmen, neue Medikamente zu ent-wickeln, sind vorherrschende Rahmenbedingungen der Eigenkapital-Finan-zierung. Ihre Wettbewerber in den USA finden dort ganz andere Verhältnisse vor, die ihnen in gewisser Weise Vorteile verschaffen. Die Industrie dort hat aber bereits Erfolgsgeschichten hervorgebracht, die Investoren als »goldenes« Beispiel dienen. Allerdings startete sie bereits sehr viel früher und feiert so demnächst ihr 40-jähriges Jubiläum. Diese Lanze muss für die deutsche Biotech-Industrie gebrochen werden.

J. Schüler, *Die Biotechnologie-Industrie*,
DOI 10.1007/978-3-662-47160-9_5, © Springer-Verlag Berlin Heidelberg 2016

Ein zur US-Situation vergleichbares Aufkommen einer KMU-geprägten Biotech-Industrie (KMU: kleine und mittlere Unternehmen) fand in Deutschland erst 15 bis 20 Jahre später statt. Als Startschuss gilt in Deutschland der BioRegio-Wettbewerb (▶ Abschn. 4.3), der 1995 ausgerufen und 1996 abgeschlossen wurde. Die Siegerregionen Heidelberg, München sowie das Rheinland um Köln/Düsseldorf, aber auch der Standort Berlin waren Kristallisationskeime für Neugründungen. ◘ Abbildung 5.1 verdeutlicht das starke Wachstum der Unternehmenszahlen ab 1995. Seit der Jahrtausendwende blieb die Zahl der Biotech-Firmen allerdings mehr oder weniger konstant, das heißt, Neugründungen und Abgänge aus der Statistik heben sich in etwa auf.

◘ Abbildung 5.1 zeigt zwei verschiedene Statistiken: Diejenige des Wirtschaftsprüfungs- und Beratungsunternehmens Ernst & Young, das seit 2013 offiziell unter dem Namen EY auftritt, sowie diejenige der Informationsplattform biotechnologie.de, einer Initiative des Bundesministeriums für Bildung und Forschung (BMBF). Sie wird betreut von der Berliner BIOCOM AG und ermittelt eine Deutschland-Statistik seit dem Jahr 2005, für die Zeit davor sind lediglich Daten von Ernst & Young/EY vorhanden. Es fällt auf, dass die EY-Zahlen in etwa 20 bis 25 % unter denen von biotechnologie.de liegen. Zurückzuführen ist dies auf unterschiedliche Definitionen, was als Biotech-Unternehmen erachtet wird. EY schließt zum Beispiel reine Immundiagnostik-Firmen, Analytik-Dienstleister oder Reagenzien-Hersteller nicht mit ein. Da EY auch globale Statistiken veröffentlicht, sind Gesellschaften zudem strengstens denjenigen Ländern zugeordnet, die den (finanzrechtlichen) Hauptsitz (*headquarter*) beheimaten. Auch deutsche Töchter werden danach eingruppiert, da eine Zahlenaufteilung schwierig ist.

So wird QIAGEN, eines der ältesten und das größte deutsche Biotech-Unternehmen bei Datenbank-Anbietern wie Bloomberg oder Morningstar als niederländische Gesellschaft gezählt. Denn die im Jahr 1984 noch unter der Bezeichnung DIAGEN (Gesellschaft für molekulargenetische Diagnostik) in Düsseldorf von vier Gründern ins Leben gerufene Firma etablierte 1996 eine Aktiengesellschaft im 60 km entfernten Venlo, die als Konzern-Holding

fungiert. Heute zählt QIAGEN weltweit über 4000 Beschäftigte, wovon rund ein Drittel in Deutschland arbeitet. Die Informationsplattform biotechnologie.de schließt die deutschen Mitarbeiter in ihre Statistik ein, EY nicht. Ein weiteres Beispiel dieser Art ist das Unternehmen Bavarian Nordic, das sich 1994 in Martinsried bei München gründete und seit 1998 als dänische Aktiengesellschaft in Kopenhagen an der Börse gelistet ist. Den Hauptsitz verlagerte die Gesellschaft im Jahr 2004 innerhalb Dänemarks von Kopenhagen nach Kvistgaard. Von den über 400 Mitarbeitern sind gut 100 in Martinsried beschäftigt.

Da die EY-Daten länger zurückreichen, werden sie nachfolgend hauptsächlich genutzt und – wenn passend – ergänzt durch die Statistiken von biotechnologie.de. ◘ Abbildung 5.2 bietet eine Übersicht zur Entwicklung der wesentlichen Eckdaten der deutschen Biotech-Industrie nach EY. Die Zeitspanne ab 1999 bis 2014 deckt 15 Jahre der zentralen Ereignisse in der Branche ab: vom Ende der Boomphase über den Abschwung, einem Wiederauf- und Wiederableben vor und nach der globalen Finanzkrise bis zum jetzigen Status quo, der einer Reifeprüfung gleicht. Um im Einzelnen besser zu verstehen, was die Hintergründe dieser Entwicklung sind, werden die einzelnen Phasen nachfolgend genauer beleuchtet. Dabei liegt der Fokus auf dem Sektor der Roten Biotechnologie und hier vor allem den Medikamenten-Entwicklern, da dieser Sektor momentan (noch) die größte Rolle spielt.

Vorgeschaltet findet sich zusätzlich noch eine Analyse der Zeit vor 1996, die zwar nicht viele Firmen, aber trotz der bestehenden »Biotech-Wüste« Deutschland einige der heutigen »Perlen« hervorbrachte.

5.1 Biotech-Wüste vor 1996: wenige, aber keine schlechten Gründungen

In dem Zeitraum 1980 bis 1995, in dem in den USA die Zahl an kleinen und mittleren Biotech-Unternehmen bereits auf über 1000 explodiert war, fanden in Deutschland hier und da einige Gründungen statt. Selbst unter Berücksichtigung des in ▶ Abschn. 4.4 ermittelten Korrekturfaktors von 75

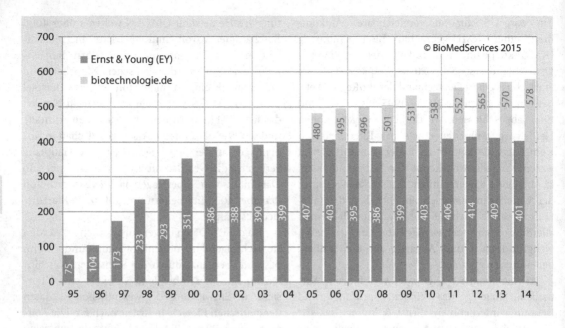

◘ Abb. 5.1   Entwicklung der Anzahl deutscher Biotech-Unternehmen in den Jahren 1995 bis 2014. Erstellt nach Daten von Ernst & Young (1998–2015) und Statistiken von biotechnologie.de (2006–2015)

bis 80 % – um diesen Faktor ist die deutsche Volkswirtschaft kleiner als die US-amerikanische – hätte sich für eine vergleichbare Entwicklung ein Benchmark von mindestens 200 Firmen ergeben. Die dafür verantwortlichen Rahmenbedingungen wurden im Wesentlichen bereits in ► Kap. 4 erläutert und in ► Abschn. 4.4 zusammengefasst dargestellt:

— verzögerte Entwicklung der wissenschaftlichen Basis sowie viel weniger Förderer,
— nur rund die Hälfte an staatlichen Forschungsgeldern (in Prozent der Gesamt-FuE-Ausgaben),
— zwar Biotech-Förderprogramme, dafür aber keine vergleichbaren Erleichterungen bei begleitenden Regularien zu Technologietransfer oder Steuergesetzgebung,
— Verschärfung der Gentechnik-Regularien beziehungsweise jahrelange Diskussion mit entsprechend fehlender Planungssicherheit für investierende Unternehmen,
— zögerliches Engagement der etablierten Industrie auf dem heimischen Markt,
— unzureichende Infrastruktur rund um die Eigenkapital-Finanzierung,
— gering ausgeprägte Gründer-Mentalität.

Darüber hinaus bringt es ein Beteiligter an den damaligen gesellschaftspolitischen Debatten auf den Punkt (Stadler und Pietzsch 2014): In Verbindung mit dem »Schatten von zwölf Jahren Nazi-Diktatur« gab es die Angst der Deutschen vor den Genen (► Im Schatten der eigenen Geschichte).

◘ Abbildung 5.3 veranschaulicht, wie Bio- und Gentechnologie in einem »Optimismus-Index« von der Bevölkerung in verschiedenen europäischen Ländern in den frühen 1990er-Jahren gesehen wurde. In den meisten Ländern fiel die »Stimmung« nochmals zwischen 1991 und 1996. Deutschland rangierte zusammen mit Dänemark, den Niederlanden und Finnland auf den hintersten Rängen.

Neben den »Boehringers« aus Ingelheim und Mannheim (► Abschn. 4.6), engagierte sich als eine der ersten deutschen Firmen die Rentschler Arzneimittel aus Laupheim in der modernen Biotechnologie. Sie gründete 1974 eine entsprechende Abteilung und beschäftigte sich mit der Entwicklung von Interferonen. 1979 folgte der Beginn der Arbeit mit rekombinanten Zelltechnologien sowie 1981 die Gründung eines Joint Ventures mit Biogen namens Bioferon Biochemische Substanzen. 1993 wurden alle »Bio-Aktivitäten« in der Rentschler Biotechno-

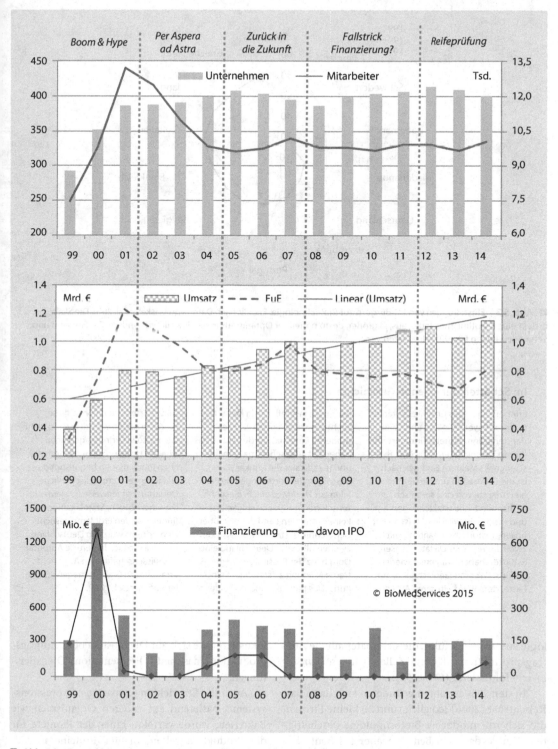

◘ Abb. 5.2 Entwicklungsphasen der deutschen Biotech-Industrie. Erstellt nach Daten von Ernst & Young (1998–2015). *FuE* Ausgaben für Forschung und Entwicklung. *IPO initial public offering* = Börsengang

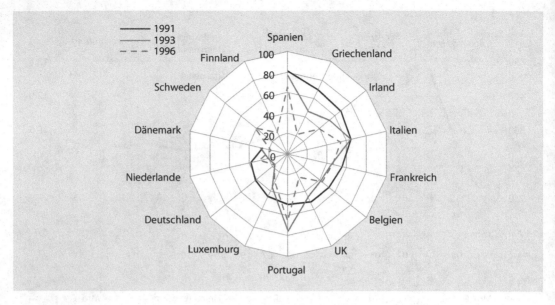

○ **Abb. 5.3** Einstellungen von EU-Bürgern zur Biotechnologie. Erstellt nach Daten von Gaskell et al. 2010. Die Skala drückt einen Optimismus-Index aus, je größer, desto höher der Optimismus in den jeweiligen Ländern. Für Finnland und Schweden liegen für 1991 keine Daten vor

Im Schatten der eigenen Geschichte

Erinnerungen des Chemikers Stadler, früherer Bayer-Manager und Gründer der Kölner Biotech-Firma Artemis (heute TaconicArtemis/Taconic Biosciences): »Meinem Eindruck nach ist die Diskussion um die Gentechnik hierzulande von drei spezifisch deutschen Einflussfaktoren geprägt und erschwert worden. Da ist zuerst unsere historische Erfahrung mit zwölf Jahren Nazi-Diktatur. Diesen Schatten haben wir immer wieder gespürt. Wer mit Gentechnik zu tun hatte, dem wurde in deren Anfangs-jahren oft fast reflexartig Menschen-züchtung vorgeworfen. Das sei moderne Eugenik, wurde gesagt, das haben wir alles schon mal gehabt, und je radikaler die Kritiker waren, desto unreflektierter zogen sie Parallelen zur Nazi-Medizin. In dieser historisch bedingten Einseitigkeit ist in keinem anderen Land der Welt über Gentechnik gestritten worden. Zum zweiten gibt es in Deutschland eine Dominanz des Pessimismus, eine extreme Neigung zu ständiger Selbstkritik. Das hat auf manchen Feldern seine Vorteile, denn ohne diese Neigung hätten wir unser Land nicht wieder so in Ordnung gebracht. Aber im Umgang mit wissenschaftlichen Innovationen begünstigt diese Neigung gesamtgesellschaftliche Debatten mit teilweise fundamentalistischen Zügen. Statt Lösungen zu finden, werden Probleme gesucht. Und drittens wurde in Deutschland in den achtziger Jahren die Autorität des wissenschaftlichen Arguments endgültig zu Grabe getragen« (Stadler und Pietzsch 2014).

logie zusammengeführt, die sich später auf die Auftragsproduktion mit CHO-Zellen (*Chinese hamster ovary*) fokussierte (○ Tab. 5.1).

In den 1980er-Jahren gründeten sich dann laut Rebentrost (2006) lediglich rund 20 kleine Firmen, die sich mit moderner Biotechnologie beschäftigten. Einige davon haben sich aber bis heute behauptet (○ Tab. 5.2) beziehungsweise sind zu den größten ihrer Art herangewachsen. Hauptsächlich

fokussieren sie sich auf Diagnostika oder Auftragsproduktion, das heißt Fermentations-Dienstleistungen.

Auch die Entwicklung neuartiger Expressionssysteme, basierend auf anderen Organismen wie Bakterien, wurde verfolgt. Einer der Pioniere für die Produktion rekombinanter Proteine in Hefen war die 1985 ins Leben gerufene Düsseldorfer Rhein Biotech.

◘ **Tab. 5.1** Meilensteine bei Rentschler Biotechnologie und seinen Vorgänger-Firmen. (Quelle: Rentschler Biotechnologie (2015))

Jahr	Meilenstein
1983	Weltweit erste Marktzulassung eines natürlichen IFN-beta-Präparats (Fiblaferon)
1989	Zulassung für rekombinantes IFN-gamma und topisches IFN-beta-Gel
1997	Fokussierung auf Auftragsentwicklung und -herstellung von Biopharmazeutika
2003	Verdreifachung der Produktionskapazitäten
2006	Gründung der Rentschler Inc. in den USA
2007	Inbetriebnahme von zwei 500-Liter-GMP-Produktionslinien
2008	Inbetriebnahme der Produktionslinie mit 3000-Liter-Gesamtvolumen
2010	Inbetriebnahme der ersten 1000-Liter-Disposable-Anlage
2012	Zweite 1000-Liter-Disposable Anlage gewinnt den *Facility of the Year Award* für Equipment-Innovation

◘ **Tab. 5.2** Ausgewählte deutsche Firmengründungen aus den 1980er-Jahren, die heute noch aktiv sind. (Quelle: BioMedServices (2015))

Firma (Name heute) Ort	Gründung (Mitarbeiter)	Fokus und ausgewählte Meilensteine
ORPEGEN Heidelberg	1982 (n. v.)	Anfangs Aminosäurederivate und pharmazeutische Peptide, später Produktion von rekombinantem EPO 1994: Einstellung EPO-Projekt, dann Fokus auf Diagnostika und zellkulturbasierte Auftragsproduktion; 2008: Verkauf der Biotech-Sparte an Glycotope und Firmierung unter ORPEGEN Peptide Chemicals (OPC) mit ursprünglichem Fokus; 2015: OPC-FuE-Team wird Teil der Corden Pharma
Genbiotec (BIOMEVA) Heidelberg	1983 (40)	Anfangs FuE, 1987: Fermentations-Dienstleister 1993: Umfirmierung in BIOMEVA; 1997: < BioReliance; 2004: < Invitrogen; 2006: MBO als BIOMEVA: mikrobielle GMP-Auftragsproduktion (bis zu 1500 L)
DIAGEN (QIAGEN) Hilden bei Düsseldorf	1984 (>4000)	Anfangs Nukleinsäure-Aufreinigung, heute MDx und CDx 1986: Plasmid-Kit (reduziert Zeit für die Plasmidisolation von 2 Tagen auf 2 h); 1996: IPO an der NASDAQ und 1. automatisiertes System; 1997: IPO in Frankfurt; 2001: Launch PAXgene; 2005: > artus (D, PCR-Kits); 2006: 1600 MA; 2007: > Digene (USA, MDx) =2600 MA; 2009: > DxS (UK, CDx); 2011: > Ipsogen (F, MDx) und Expansion Asien; 2012: FDA-Zul. KRAS-CDx; 2013: FDA-Zul. EGFR-CDx; 2014: Einstieg NGS und diverse Pharma-CDx-Deals, > BioBase (D, Bioinformatik)
Rhein Biotech (Dynavax Europe) Düsseldorf	1985 (90)	Hefe-Expressionssysteme 1992: Deal mit Korea Green Cross Corporation (KGCC); 1999: IPO; 2001: > Impfstoff-Bereich der KGCC; 2002: < Berna Biotech (2006: < Crucell); 2006: Rhein Biotech < Dynavax
BIOPHARM Heidelberg	1986 (35)	Rek. Wachstumsfaktoren, Biosimilars 1992: internationale Patente für rhGDF-5 und MP121; ab 2001: verschiedene Lizenzvergaben; 2011: Kooperation Freudenberg; 2013: Kooperation Merck Serono

◩ Tab. 5.2 Fortsetzung

Firma (Name heute) Ort	Gründung (Mitarbeiter)	Fokus und ausgewählte Meilensteine
Pharma Biotechnologie Hannover (Richter-Helm BioTec) Hamburg	1987 (155)	Mikrobielle GMP-Auftragsproduktion (bis zu 1500 Liter), FuE: rek. Proteine, Biosimilars 1997: < Strathmann (Strathmann Biotech Hannover); 2001: Strathmann Biotec; 2007: < Gedeon Richter & HELM (Richter-Helm BioLogics); 2008: Richter-Helm BioTec
Hain Diagnostika (HAIN Lifescience) Nehren	1989 (n. v.)	1996: 1. Testsystem auf Basis der DNA·STRIP-Technologie; 1998: ThromboType (Faktor-V-Leiden- und Prothrombin-G20210A-Mutationen); ab 2000: weitere humane und mikrobielle Gentests; ab 2001: internationaler Vertrieb; 2008: Töchter in Afrika und Spanien; 2011: Tochter in UK
MIKROGEN Neuried	1989 (128)	Testsysteme auf der Basis rekombinanter Antigene; Patente u. a. für *Borrelia burgdorferi*-, Parvovirus-B19-, EBV- und HCV-Antigene
Miltenyi Biotec Bergisch Gladbach	1989 (980)	Magnetische Zellseparation 1992: Expansion USA und JV mit Amgen; 1995: UK-Tochter; 1997: EU-Zul. CliniMACS-System; 1998: Expansion (Exp.) Südeuropa; 2001: Exp. Asien; 2002: > Plasmaselect; 2005: Exp. Benelux; 2008: MACSQuant-System; 2012: Exp. Nordeuropa; 2013: Mikrochip-basierte Systeme; 2014: FDA-Zul. CliniMACS und > Lentigen (US, lentivirale Technologien für Zell- und Gentherapie)

Mitarbeiterzahl heute nach biotechnologie.de, *n. v.* nicht verfügbar
CDx companion diagnostics, GMP Good Manufacturing Practice, IPO initial public offering, JV Joint Venture, MBO Management Buy-Out; MDx Molekulardiagnostika, NGS Next Generation Sequencing, rek. rekombinante, *Zul.* Zulassung
> Übernahme von, < Übernahme durch

Die Entwicklung von Biopharmazeutika hatten manche zwar anfangs initiiert, bisher im Laufe der Jahre jedoch nicht bis zur Markteinführung eigenständig durchführt. So findet FuE zu rekombinanten Proteinen heute noch bei BIOPHARM und Richter-Helm BioTec statt. Die Heidelberger BIOPHARM sicherte sich bereits 1992 internationale Patente auf den rekombinanten humanen Wachstums- und Differenzierungsfaktor 5 (rhGDF-5), einem Protein das bei Wundheilung sowie Knochenwachstum eine Rolle spielt. Auch für MP121, einem Wachstums- und Differenzierungsfaktor der TGF(*transforming growth factor*)-beta-Familie, erhielt die Firma ein internationales Patent. 1994 startete sie die erste internationale Kooperation mit einem industriellen Partner zur Entwicklung von rhGDF-5. Im Jahr 2001 vergab sie internationale Lizenzen für rhGDF-5 an die deutsche Scil Technology und 2002 an DePuy Spine, jeweils für

unterschiedliche Indikationen. 2004 begannen in den USA mit diesem Wirkstoff klinische Studien zur Wirbelsäulenversteifung (*spinal fusion*). Der Medizintechnik-Konzern Medtronic nahm im Jahr 2008 von der Scil Technology für die Indikation Oral- und Gesichtschirurgie eine Sublizenz. 2011 beantragte er die Genehmigung für eine Phase-III-Studie von MD05-P.

Dass QIAGEN mittlerweile die größte deutsche Biotech-Gesellschaft ist, wurde bereits angesprochen: mehr als 4000 Mitarbeiter, davon über 1000 in Deutschland und ein Jahresumsatz von rund 1 Mrd. € mit fast 100 Mio. € Gewinn. Aus dem anfänglichen Anbieter von »Forschungswerkzeugen« ist ein international tätiges Molekulardiagnostika-Unternehmen erwachsen. Was die Mitarbeiterzahl angeht, steht an zweiter Stelle ebenfalls eine Firma aus Nordrhein-Westfalen. Mit annähernd 1000 Beschäftigten ist Miltenyi Biotec ein führender Anbieter von Produkten zur magnetischen Zellsortierung und -analyse (MACS). Das Verfahren beruht auf an Magnetpartikel gebundene Antikörper und unterstützt bei zellbiologischen und immunologischen Fragestellungen. An dritter Stelle folgt mit über 500 Mitarbeitern der Auftragsproduktions-Spezialist Rentschler.

5.1.1 Herausforderung Biotech-Startup in der Medikamenten-Entwicklung

Die drei größten Biotech-Firmen Deutschlands gründeten sich also alle bereits in den 1980er-Jahren. Allerdings fokussiert sich keine von ihnen auf die Medikamenten-Entwicklung (außer anfangs Rentschler). Mit Genentech, Amgen, Biogen oder Genzyme vergleichbare Pioniere gründeten sich in Deutschland erst in den 1990er-Jahren, also rund zehn bis 15 Jahre später als in den USA.

Das entspricht ziemlich genau dem zeitlichen Zyklus einer Medikamenten-Entwicklung (▶ Abschn. 3.1.1.3). In diesem Zeitraum hatten die US-Firmen teilweise bereits mehr oder weniger die »einfacheren« Lösungen wie rekombinant hergestellte körpereigene Hormone beziehungsweise Wachstumsfaktoren oder Enzyme abgedeckt und sich damit am Markt etabliert. Dabei haben sie weder gehext noch die zeitliche Komponente, die der Medikamenten-Entwicklung innewohnt, verkürzt. So brachte die 1980 gegründete Amgen die Wachstumsfaktoren Epogen und Neupogen 1989 und 1991 zur Zulassung, also rund zehn Jahre nach der Firmengründung. Da es sich um körpereigene Substanzen handelte, waren die klinischen Studien mit weniger Risiko behaftet als bei völlig neuen Wirkstoffen.

Zudem hatten die US-Pioniere das Glück, über den IPO (*initial public offering*) und im Laufe der Jahre immer wieder auf einen funktionierenden öffentlichen Kapitalmarkt zugreifen zu können. Sie konnten daher mit ausreichender Finanzierung ihre Produktentwicklung bis zur Markteinführung vorantreiben. Angefangen hatten sie indes auch ganz klein: Genentech und Amgen mit jeweils US$200.000 Startkapital sowie 10 und 19 Mio. US$ in der sogenannten Serie-A-Runde. Dennoch war selbst ein IPO in den USA nicht sofort ein Freifahrschein für eine automatische positive Entwicklung. So erlebte auch die 1978 gegründete Biogen nach ihrem IPO im Jahr 1983, dass das eingenommene Geld in der Forschung und Entwicklung von Medikamenten schnell wieder verschwand. Grant (1996) gibt an, dass die Firma 1984 fast insolvent war und 1985 für FuE etwa US$100.000 täglich aufwendete, was nahezu dem Doppelten in 2014er-US$ entspricht. Die Einnahmen lagen gleichzeitig bei weniger als 20 Mio. US$. Das erste an Schering-Plough verpartnerte Produkt, rekombinantes Interferon-alfa, erhielt seine Zulassung im Juni 1986. Darauf erhielt Biogen Lizenzzahlungen, die jährlich maximal einen hohen zweistelligen Millionenbetrag erbrachten. Das erste eigene Medikament kam erst zehn Jahre später, im Jahr 1996 auf den Markt: Interferon-beta unter dem Markennamen Avonex zur Behandlung der multiplen Sklerose. Biogen war zu dem Zeitpunkt 18 Jahre alt und hatte nach dem IPO in etwa 200 Mio. US$ an Eigenkapital aufgenommen sowie mindestens 1 Mrd. US$ an Umsatz über Partnerschaften und Lizenzzahlungen erwirtschaftet. Nach der Einführung von Avonex lag der Umsatz 1997 bei 434 Mio. US$, sprunghaft gestiegen von 277 Mio. US$.

Ähnliches trifft auf Amgen (▶ Abschn. 2.2.2) zu: Ende 1982 war Amgen fast insolvent, erwischte aber im Juni 1983 ein kurz geöffnetes Börsenfenster und nahm 43 Mio. US$ ein. Ende 1985 war das Unternehmen wieder fast zahlungsunfähig, hatte dann jedoch abermals Glück, dass der Kapitalmarkt sich 1986 wieder erholte. Mit einem Phase-III-Projekt (Epogen) in der Pipeline gelang es Amgen dann Ende 1986, weitere 75 Mio. US$ an der Börse einzusammeln. Nachdem dieses 1989 auf den Markt kam und 1991 Neupogen folgte, steigerte sich der Umsatz in vier Jahren wie folgt: von 152 über 320 und 645 auf 1100 Mio. US$ im Jahr 1992.

Der Medigene-Gründer Heinrich über seine Gründungsstrategie

»,Mein Ziel war, ein Unternehmen aufzubauen, das sich im globalen Markt positionieren kann. Das schafft man nur, wenn man eigene Produkte entwickelt.' Von Anfang an wollte Medigene mit neuen molekularbiologischen Methoden Medikamente entwickeln. Dafür habe man ihn in Deutschland belächelt und misstrauisch beäugt. Inzwischen haben auch andere Biotechnologie-Unternehmen gelernt: Allein mit cleverer Technik und der Hoffnung, dass Big Pharma sie eines Tages für die Medikamentenentwicklung aufkauft, ist langfristig nicht genug Geld zu verdienen, um die Forschungsausgaben zu refinanzieren« (Karberg 2002).

Grundsätzlich erkannten auch deutsche Unternehmensgründer und Medikamenten-Entwickler den Vorteil dieser »Produktstrategie« (▶ Der Medigene-Gründer Heinrich über seine Gründungsstrategie). Sie starteten im Gegensatz zu den US-Pionieren aber mit viel anspruchsvolleren Konzepten wie beispielsweise MorphoSys 1992 mit vollhumanen Antikörpern, Micromet 1993 mit seinen bispezifischen Antikörpern oder Medigene 1994 mit Gentherapien, basierend auf viralen Vektor-Technologien gegen Krebs- und Herzerkrankungen.

Rechnet man mit einem Minimum an 10-15 Jahren, die für die Entwicklung benötigt werden (plus eventuell noch der Zeit für den Aufbau einer Technologie-Plattform), so hätten diese Unternehmen frühestens Ende des ersten Jahrzehntes des neuen Jahrtausends mit einem entsprechenden Medikament auf den Markt kommen können. Um das Jahr 2010 herum wäre also der Benchmark gewesen, bei ausreichender Finanzierung! Genau das hatten diese Unternehmen allerdings nicht, wie ◩ Abb. 5.2 zeigt und die nachfolgenden Abschnitte noch ausführen werden.

Allein Micromet, die 2006 mit der seit 2003 börsennotierten US-Firma CancerVax fusionierte, konnte sich dadurch Zugang zu besseren Finanzierungsmöglichkeiten als auf dem heimischen Kapitalmarkt verschaffen. Zuvor hatte sie als deutsches Startup innerhalb von 13 Jahren laut dem Datendienst BioCentury 65 Mio. US$ (ca. 50 Mio. €) in sechs Finanzierungsrunden »zusammengekratzt«. Als Micromet Inc., gelistet an der NASDAQ, verschaffte sie sich in vier Jahren von 2007 bis 2010 in der Summe fast 300 Mio. US$ an Eigenkapital, was gut 200 Mio. € entspricht. 15 Jahre nach der Gründung konnte der Spezialist für bispezifische Anti-

körper dann im Jahr 2008 mit der Prüfung seines Kandidaten MT103 (Blinatumomab) in einer Phase II starten, die im November 2014 abgeschlossen wurde. In der Zwischenzeit vereinbarte Micromet eine Kooperation mit dem US-Pionier Amgen, der 2011 etwa 1 Mrd. US$ (ca. 700 Mio. €) an Geldern für weitere Entwicklungen zusagte. Die Technologie der Deutschen schien so gehaltvoll, dass Amgen im Jahr 2012 Micromet ebenfalls für gut 1 Mrd. US$ aufkaufte. Im Juli 2014 erteilte die FDA Blinatumomab auf Basis der Phase-II-Daten von 189 Patienten den *Breakthrough*-Status. Im Dezember 2014 ließ sie Blincyto, so der Markenname, schließlich zur Behandlung der akuten lymphatischen Leukämie zu. MT103 hat somit 21 Jahre nach dem Spin-off von Micromet aus dem Institut für Immunologie der Ludwig-Maximilians-Universität München auf den Markt gefunden – finanziert und realisiert durch US-Investoren und -Partner.

5.1.2   Die Gründungen aus der ersten Hälfte der 1990er-Jahre

Neben den bereits angesprochenen Firmen MorphoSys, Micromet und Medigene gründeten sich weitere Firmen in der ersten Hälfte der 1990er von denen ◩ Tab. 5.3 eine Auswahl listet. Als Dienstleister heute noch aktiv sind die Konstanzer GATC Biotech und die Freiburger Oncotest. MWG Biotech aus Ebersberg bei München und GeneScan aus Freiburg operieren unter dem Dach der Eurofins-Gruppe. Ähnliches strifft für die NewLabBioQuality zu, die seit 2008 zum US-Unternehem Charles River gehört. In der Weißen Biotechnologie tätig sind die Firmen ASA Spezialenzyme aus Wolfenbüttel, bitop aus Witten und BRAIN aus Zwingenberg.

5.2   Die ersten 15 Jahre: Boom, Hype, Abschwung, Lichtblicke, Stagnation

Nach der Novellierung des Gentechnik-Gesetzes Ende 1993 (▶ Abschn. 4.3.3) schien der Weg frei für den weiteren Aufbau einer KMU-geprägten deut-

⬛ Tab. 5.3 Ausgewählte deutsche Firmengründungen der 1. Hälfte der 1990er-Jahre, die heute noch aktiv sind. (Quelle: BioMedServices (2015))

Firma (Name heute)	Ort	Gründung (Mitarbeiter)	Fokus und ausgewählte Meilensteine
GATC Biotech	Konstanz	1990 (125)	DNS-Sequenzierung und Bioinformatik 2015: mehr als 10.000 weltweite Kunden, mehr als 6 Mio. Proben sequenziert
MWG Biotech (Eurofins Genomics)	Ebersberg	1990 (330)	DNS-Sequenzierung und -Synthese 1999: IPO, 2004: Übernahme von 85 % durch Eurofins, 2013: > Entelechon
ASA Spezialenzyme	Wolfenbüttel	1991 (15)	Enzyme, mikrobielle Mischkulturen
Oncotest	Freiburg	1992 (44)	Testung antitumoraler Wirkstoffe, Gensignaturen
MorphoSys	Martinsried	1992 (299)	Vollhumane Antikörper-Therapeutika 1999: IPO, 2006: > Serotec, 2013: Serotec-Verkauf an Bio-Rad (53 Mio. €), 2015: 25 AK in klinischer Entwicklung und 28 in der Präklinik
bitop	Witten	1993 (33)	Extremolytbasierte Hautpflege- und Medizinprodukte, bio-technologische Verfahren
BRAIN	Zwingenberg	1993 (120)	Neue und neuartige Enzyme aus der nicht-kultivierbaren und kultivierbaren Biodiversität, *Nutraceuticals* und *Cosmeceuticals*, *Designer Bugs*
co.don	Teltow	1993 (61)	Zellbasierte Biologika zur Regeneration von Bandscheiben- und Knorpelgewebe
Evotec BioSystems (Evotec)	Hamburg	1993 (381)	Ultra-Hochdurchsatz-Screening, Wirkstoff-FuE 1999: IPO; 2000: Launch Evoscreen; Fusion Oxford Asymmetry = Evotec OAI; 2001: Deal mit Roche; 2005: Einlizenzierung EVT 201; 2007: Deal mit BI; 2008: > Renovis; 2009: Flop EVT 302; 2010: > Developen und Deal mit Genentech; 2011: > Kinaxo und weitere Deals
GeneScan (Eurofins GeneScan)	Freiburg	1993 (70)	Sequenzierung
Micromet (Amgen Research Munich)	München	1993 (200)	Bispezifische Antikörper; 2010: Kooperation mit Amgen, 2011: < Amgen, 2014: Blincyto kommt auf den Markt
NewLab BioQuality (Charles River)	Erkrath	1993 (100)	Dienstleistungen: u. a. Molekularbiologie und PCR zur Quali-tätskontrolle von Biopharmazeutika 2008: < Charles River
Bavarian Nordic	Martinsried	1994 (125)	Neuartige Impfstoffe 1998: IPO in Dänemark; 2013: EU-Zul. Imvanex
CellGenix	Freiburg	1994 (49)	Zelltherapeutika gegen Krebs, für die Knorpel- und Knochen-regeneration, GMP-Hersteller von Zellen
Medigene	Martinsried	1994 (61)	Anfangs Gentherapie und später Einlizenzierung, heute Immun-therapien 2000: IPO; 2001: > Neurovir; 2003: Zul. Eligard; 2006: Zul. Veregen und > Avidex; 2014 > Trianta Immunotherapies
ProBioGen	Berlin	1994 (75)	Neuartige Expressionssysteme und Auftragsproduktion 2010: < Minapharm (30 Mio. €)

Mitarbeiterzahl heute nach biotechnologie.de
BI Boehringer Ingelheim, *GMP Good Manufacturing Practice, IPO initial public offering, Zul.* Zulassung > Übernahme von, < Übernahme durch

5

Die Angst vor den Genen – Beispiel Zwingenberg

»Wie schwierig es etwa noch vor fünf Jahren war, eine Gentechnik-firma zu gründen, zeigt der Fall von Holger Zinke, 37. Über ‚Killertomaten', ‚stressresistente Schweine', gar über ‚Euthanasie' erregten sich die Menschen in Zwingenberg, einem Städtchen an der hessischen Bergstraße, als der Biologe sich dort 1995 mit seiner Firma Biotechnology Research and Information Network, kurz: Brain, niederließ. Monatelang wetterten die Zwingenberger damals gegen den dubiosen Betrieb. Erst als Zinke spät – zu spät, wie er heute bekennt – die Türen seines Labors öffnete, als er Bürgern und Lokalpolitikern erklärte, was Brain eigentlich macht, legte sich die Aufregung allmählich. Immer wieder führte er Besuchergruppen vor den Kühlschrank mit Sandproben aus Florida, Gran Canaria oder Marokko, aus denen Brain die DNS-Ketten von Bakterien gewinnt, den Rohstoff für unterschiedlichste Antibiotika. Dank der Öffentlichkeitsoffensive gilt die 35-Mann-Firma inzwischen als akzeptiert. Zinke lernte: ‚Solange die Gentechnik nebulös bleibt, haben die meisten Menschen Angst. Erst wenn man ihnen die Sache erklärt, bricht das Eis'« (Schäfer 2000).

schen Biotech-Industrie. Zwar hatte die gesetzliche Regelung die »Angst vor den Genen« in der Bevölkerung (▶ Die Angst vor den Genen – Beispiel Zwingenberg) nicht über Nacht genommen, denn noch im Jahr 1998 ermittelte EMNID, dass 43 % von Befragten große Risiken im Zusammenhang mit der Gentechnologie sahen (vfa 2000). Dieselbe Umfrage stellte aber gleichzeitig fest, dass knapp zwei Drittel der Bevölkerung die Gentechnologie als wichtigen Hightech-Bereich für den Wirtschaftsstandort Deutschland erachteten. Ebenso viele wünschten sich auf diesem Gebiet eine Spitzenstellung für Deutschland.

Ähnlich sah das die Regierung, insbesondere der damalige Forschungsminister Rüttgers, der im Oktober 1995 die Idee »BioRegio« vorstellte. Das neue Förderinstrument basierte auf dem Wettbewerbsprinzip und hatte zum Ziel, innerhalb von Regionen alle Institutionen zwischen Politik, Wirtschaft und Wissenschaft an einen Tisch zu bringen (▶ Abschn. 4.3.3). Alle 17 teilnehmenden Regionen profitierten letztlich vom BioRegio-Wettbewerb, weil sich lokale Netzwerke bildeten. Zudem initiierte er Ausgründungen aus der Wissenschaft wie Neumann (1998) berichtet:

» Doch nicht nur die Politik peitschte diese Entwicklung voran – auch die deutschen Forschungsorganisationen. Allen voran die Max-Planck-Gesellschaft, die allgemeinhin als Heimat reiner Grundlagenforschung der Spitzenklasse gilt. Heute ermutigt die Gesellschaft ausdrücklich ‚ihre Wissenschaftler, technologieorientierte Unternehmen zu gründen'. Hierzu erlaubt sie ihnen Nebentätigkeiten, soweit dies arbeitsrechtlich möglich ist, und räumt ihnen, falls nötig, sogar zeitlich begrenzte Rückkehrrechte an die Institute ein. 21 Firmen gründeten sich bisher aus Max-Planck-Instituten aus, die Mehrzahl in der Biomedizin. (Neumann 1998)

Nicht zuletzt ein weiterer Treiber für den aufkommenden Boom war der Beginn des Deutschen Humangenomprojektes (DHGP) im Jahr 1995. Fünf Jahre zuvor (1990) hatte das öffentliche, vorwiegend amerikanische Humangenomprojekt (HGP) seine Arbeit aufgenommen. Danach entstand daraus ein loser Verbund nationaler Genomforschungsprojekte aus mehr als 30 verschiedenen Ländern. Rund 60 % der Arbeit übernahmen verschiedene Sequenzier-Zentren in den USA. Auf das britische Sanger-Zentrum entfiel ein Viertel der Aufgabe. An die verbleibenden Sequenzen machten sich vornehmlich Genomforscher aus Frankreich, Japan, China und Deutschland (NGFN 2015). Mitglieder im wissenschaftlichen Koordinierungskommitee des DHGP waren Vertreter des Max-Delbrück-Centrums für Molekulare Medizin und des Max-Planck-Instituts für molekulare Genetik in Berlin, des GSF-Forschungszentrums für Umwelt und Gesundheit in Neuherberg sowie der Ludwig-Maximillians-Universität in München. Am Max-Planck-Institut für molekulare Genetik in Berlin und am Deutschen Krebsforschungszentrum in Heidelberg wurde standardisiertes Referenzmaterial konstruiert, gesammelt und verwaltet.

Aus dem Deutschen Humangenomprojekt und seinem Umfeld gründeten sich einige der neuen »*Genomics*-Unternehmen«. Laut Ernst & Young (2000) waren dies beispielsweise:

— in Berlin: GenProfile, die nach eigenen Angaben mit einem Finanzierungsvolumen von rund 15 Mio. DM 1998 die größte Unternehmensgründung war, die direkt aus dem vom Bundesforschungsministerium geförderten DHGP hervorgegangen ist;

— in Braunschweig: BioBase, mit Fokus auf Bioinformatik;

— in Mainz: GENterprise, mit Fokus auf Dienstleistungen in der Analyse von Erbmaterial sowie FuE zu neuartigen Genen, die Krankheitsbezug beim Menschen oder ökonomische Bedeutung bei tierischen und pflanzlichen Modellorganismen besitzen;

— in Martinsried bei München: Biomax Informatics, ChromBios, GPC Biotech, Ingenium Pharmaceuticals, MediGenomix, Switch Biotech;

— in München: Genomatix Software.

Davon heute eigenständig noch aktiv sind Biomax Informatics, ChromBios, GENterprise sowie Genomatix. Die Bioinformatik-Firmen BioBase und MediGenomix sind heute auch noch existent, allerdings jeweils unter dem Dach der Konzerne QIAGEN und Eurofins. Die anderen Pioniere konnten ihre Ziele nicht realisieren, wobei Ingenium im Jahr 2000 mit 50 Mio. € die für lange Zeit größte deutsche Biotech-VC-Finanzierung realisierte.

Die 1997 als Genome Pharmaceutical Corporation (GPC) gegründete GPC Biotech hatte zum Ziel, eine sogenannte *fully integrated drug discovery company* zu werden (Patzelt 2005). Basierend auf einer Technologie-Plattform zur Analyse von Genexpressionen und Proteininteraktionen, kombiniert mit Bioinformatik, sollten neue Wirkstoff-Zielmoleküle identifiziert und validiert werden. Ein Ansatz wie ihn auch viele US-Firmen verfolgten. In den ersten drei Jahren nach der Gründung warb GPC rund 30 Mio. € ein, das meiste davon als Risikokapital. Im Rahmen einer Expansion nach den USA übernahm GPC im März 2000 die US-basierte Mitotix, die *small molecules* gegen Krebserkrankungen entwickelte. Im Mai folgte mit 119 Mio. € bewertete drittgrößte Biotech-Börsengang des Jahres 2000 auf dem Frankfurter Parkett. Ende 2000 lag der Marktwert bei über 500 Mio. €. Die Gesellschaft kooperierte mit der Altana-Tochter Byk Gulden, Boehringer Ingelheim und Hoechst Marion Roussel. 2002 realisierte GPC einen Umsatzsprung von über 50 % und entschied, Satraplatin einzulizenzieren, ein oral verabreichbares Chemotherapeutikum der US-Firma Spectrum Pharmaceuticals, die bereits Phase-II-Studien in der Indikation Prostatakrebs abgeschlossen hatte.

Im Jahr 2003 konnte GPC dann den Start einer Phase III verkünden. Wegen der dafür nötigen finanziellen Mittel bei gleichzeitig geschlossenem Kapitalmarkt begann das Unternehmen – wie viele andere zu dem Zeitpunkt – an anderen Stellen Kosten zu sparen und baute vor allem Mitarbeiter der frühen Technologie-Plattform ab. Damit setzte GPC hauptsächlich nur noch auf das Pferd Satraplatin, auch weil die Präferenz der Investoren vom Technologie- zum Produkt-Unternehmen umgeschlagen war. Gute Finanzdaten wie ein Umsatzwachstum von 143 % im Jahr 2006 erfreuten diese. Allerdings beruhte der Anstieg im Wesentlichen auf der Erstattung von Satraplatin-Entwicklungskosten im Rahmen eines mit Pharmion im Dezember 2005 abgeschlossenen Vetrages. Also wiederum nur ein Beitrag vom »Pferd Satraplatin«. Da sich die Stimmung am Kapitalmarkt wieder besserte, erlebte GPC, dass ihr Marktwert, der sich von Ende 2000 bis Anfang 2003 von rund 500 auf 50 Mio. € reduziert hatte, sich bis Juni 2007 verfünfzehnfachte. Auch das erfreute die Investoren, bis es im Juli 2007 zum großen Paukenschlag kam (▶ GPC Biotech: von der Hoffnung zum tiefen Fall), weil das der Medikamenten-Entwicklung inhärente Risiko doch noch zuschlug: Selbst in der Zulassungsphase können noch 7 bis 17 % der Kandidaten ausfallen.

Die Entwicklung von GPC zeigt ein Problem auf, das ebenfalls anderen Biotech-Unternehmen weltweit widerfährt: das »Henne-Ei-Problem«,

5

GPC Biotech: von der Hoffnung zum tiefen Fall

»… Im Februar 2007 gab das Unternehmen bekannt, dass es die bereits im Jahr 2005 begonnene schrittweise Einreichung des Zulassungsantrags (Rolling NDA) für Satraplatin in Kombination mit Prednisone zur Zweitlinien-Chemotherapie von Patienten mit hormonresistentem Prostatakrebs bei der US-Zulassungsbehörde FDA abgeschlossen hat. Damit wurde der dritte und letzte Teil des Zulassungsantrags eingereicht. Die FDA wird neben der Annahme zur Prüfung darüber entscheiden, ob dem Antrag ein beschleunigtes Prüfverfahren (Priority Review) zugesprochen wird. Somit verspricht das Jahr 2007 sehr bedeutsam für GPC Biotech zu werden, abhängig davon, ob der Zulassungsprozess für Satraplatin in den USA weiter voranschreitet. Das Unternehmen erwartet, dass die FDA während dieses Jahres zu einer Entscheidung

über den Zulassungsantrag für Satraplatin gelangt. Bereits das Geschäftsjahr 2006 war das bisher bedeutendste in der Firmengeschichte von GPC Biotech. Es erreichte seinen Höhepunkt, als im Herbst positive Ergebnisse der Phase-III-Studie für Satraplatin als Zweitlinientherapie bei hormonresistentem Prostatakrebs bekannt gegeben werden konnten, die die Basis für die jüngst beantragte Zulassung sind« (Ernst & Young 2007).
»Leider gab es im Juli 2007 schlechte Nachrichten für das Unternehmen: Ein Beratungsgremium hatte der FDA empfohlen, vor einer Zulassung von Satraplatin die Analyse der endgültigen Überlebensdaten aus der SPARC-Studie abzuwarten. Als Folge wurde Ende Juli der bei der FDA eingereichte Antrag zur beschleunigten Zulassung zurückgezogen. Die Ergebnisse der Studie

wurden dann Ende Oktober 2007 mitgeteilt: Das im Jahr 2002 von Spectrum Pharmaceuticals einlizenzierte Satraplatin hat in einer doppelt verblindeten, randomisierten Phase-III-Studie den Endpunkt zur Gesamtüberlebenszeit nicht erreicht. … Wegen [den] Rückschlägen bei der Medikamenten-Entwicklung …[musste] GPC Biotech Mitarbeiter entlassen, um das Ziel, zum Jahresende 2007 noch über ausreichende Finanzmittel für etwa zwei Jahre Geschäftätigkeit zu verfügen, einhalten zu können. Das Unternehmen, das Ende 2006 noch über 200 Mitarbeiter beschäftigte, zählte zum Jahresende 2007 noch um die 100 Mitarbeiter und gab im Februar 2008 eine weitere Reduktion auf 63 Beschäftigte bekannt« (Ernst & Young 2008).

was in diesem Fall bedeutet, dass zu geringe finanzielle Mittel die Fokussierung auf ein Projekt erzwingen, was ein sehr großes Risiko birgt. Dies wiederum schreckt Investoren ab beziehungsweise lässt bei Ausfall des Projektes Investoren sofort abspringen. Das Problem findet sich besonders in Deutschland, in den USA ist es geringer ausgeprägt. So gelang es Human Genome Sciences (HGS) – die eine ähnliche Ausrichtung hatten wie anfangs GPC – immer wieder Investoren zu gewinnen, obwohl von 21 klinischen Entwicklungsprojekten nur zwei bis an den Markt fanden. Eines floppte ebenfalls noch in der Zulassungsphase. 3,8 Mrd. US$ investierten Geldgeber in HGS bis GlaxoSmithKline den Genom-Pionier 2012 für 3,6 Mrd. US$ übernahm. Flops bei der Medikamenten-Entwicklung treten auch bei etablierten Pharma-Konzernen auf. Nur hier sind die Auswirkungen bei Weitem nicht so dramatisch wie bei den kleinen Biotech-Firmen.

5.2.1 1996 bis 2001: Der Boom endet mit einem Hype, die Blase platzt

Nach der Initialzündung durch den BioRegio-Wettbewerb 1995/1996 entfachte sich in Deutschland ein Gründungsboom. Zählte Ernst & Young im Jahr 1995 noch 75 Biotech-Firmen, waren es 1996 bereits 104 (+39 %) und 173 (+66 %) im Jahr 1997. Danach schwächte sich der Zuwachs zwar ab, bis 2001 war er allerdings noch zweistellig, mit dem Resultat von fast 400 kleinen und mittleren Unternehmen (KMU). Die Vison von Forschungsminister Rüttgers, in Europa die Nummer 1 zu werden, hatte sich innerhalb von fünf Jahren realisiert. Großbritannien, die Nation, die in Europa als eine der Ersten auf die moderne Biotechnologie setzte, lag mit gut 300 Gesellschaften nur noch auf Platz 2. Deutschland führte allerdings nur, was die Zahl der Unternehmen betraf. Und auch nur bei derjenigen der privaten Firmen, die Zahl der börsennotierten

Gesellschaften war sehr viel geringer als in Großbritannien. Andere wichtige Indikatoren wie Mitarbeiterzahl oder Umsatz somit auch.

Deren Wachstum war in der jungen deutschen Biotech-Industrie allerdings beeindruckend: So stieg der Umsatz sowie die Zahl der Beschäftigten in der Branche kräftig mit jährlichen Wachstumsraten von 30 bis 40 %. Letzteres korrelierte auch mit exponentiell steigenden Forschungs- und Entwicklungskosten die vom Jahreswechsel 1999 auf 2000 bei plus 120 % und von 2000 auf 2001 immerhin noch bei plus 71 % lagen. Ein wahrer Boom. Zeitgleich entwickelte sich – getrieben von der Entschlüsselung des menschlichen Genoms (▶ Die humane Genbibliothek: 3000 Bücher à 1000 Seiten à 1000 Buchstaben) sowie vom allgemeinen Hype um Internet und Biotech – vor allem an den Kapitalmärkten in den USA eine »Finanzblase« (▶ Die Entstehung der Blase). Beide Trends fanden im Jahr 2002 ein jähes Ende (◘ Abb. 5.2), die Blase war geplatzt.

> **Die humane Genbibliothek: 3000 Bücher à 1000 Seiten à 1000 Buchstaben (Nationales Genomforschungsnetz)**
>
> »Bereits im Juni 2000 wurde die ‚Arbeitsversion' des Humangenoms angekündigt. Am 12. Februar 2001 wurde sie veröffentlicht. HUGO und Celera Genomics hatten die genaue Abfolge der 3,2 Milliarden Gen-Buchstaben bestimmt: ein unvorstellbar langer ‚Text', der etwa 3.000 Bücher füllen würde, jedes Buch mit 1.000 Seiten à 1.000 Buchstaben. Es hat sich gezeigt, dass dieser ‚Text' bei allen Menschen zu 99,9 Prozent identisch ist. Die Forscher konnten daraus auch ablesen, wie viele Gene der Mensch ungefähr hat. Hier wartete eine Überraschung auf die Wissenschaftler: Es stellte sich heraus, dass der Mensch etwa 20.000 bis 25.000 Gene besitzt, nur doppelt soviel wie z. B. eine Fliege! Bis dahin hatten die Wissenschaftler mit wesentlich mehr Genen im menschlichen Erbgut gerechnet« (NGFN 2015).

5.2.1.1 Die Börse explodiert und Investoren finanzieren trotz fraglicher Fundamentaldaten

Die Frankfurter Börse richtete im März 1997 ein Wachstumssegment ein, den »Neuen Markt«. Er listete zum Jahresende 17 Firmen, und sein Index hatte seit der Eröffnung um fast 100 % zugelegt. Nachdem QIAGEN im Juni 1996 einen mit 40 Mio. US$ bewerteten Börsengang an der US-NASDAQ realisiert hatte, notierte sie sich am Neuen Markt als dritte Gesellschaft überhaupt im September 1997. Sie wurde damit die erste börsennotierte deutsche Biotech-Firma. Weitere folgten (Erlös in Mio. € in Klammern):

- 1998: MOLOGEN (5), IPO am Berliner Freiverkehr, später Wechsel an Frankfurter Börse;
- 1999: MorphoSys (30), Rhein Biotech (20), MWG Biotech (42), Evotec BioSystems (64);
- 2000: november (45), GPC Biotech (119), Medigene (125), GeneScan (107), LION bioscience (231), BioTissue Technologies (27);
- 2001: co.don (23).

Höhepunkt dieses Finanzierungshypes waren die Monate Mai bis August 2000, und er gipfelte im IPO des Heidelberger Bioinformatik-Spezialisten LION bioscience, der über 200 Mio. € (etwa 200 Mio. US$) erlöste. Damit gehörte die LION-Neuemission weltweit zu den Top-IPOs des Jahres 2000 und spielte in derselben Liga wie deCode Genetics, Diversa oder Lexicon Genetics (um die 200 Mio. US$). Die 200er-Liga entspricht wegen der Inflation heutzutage den IPOs, die um die 300 Mio. US$ erzielen (z. B. Juno Therapeutics, USA, und Circassia Therapeutics, UK, im Jahr 2014 sowie Axovant, USA, im Jahr 2015).

Ausdruck des Börsenhypes waren zudem exorbitant steigende Börsenkurse von bereits gelisteten Unternehmen wie MorphoSys, Evotec und QIAGEN. Der Aktienkurs von MorphoSys fiel vom Schlusspreis am IPO-Tag (09.03.1999) in Höhe von 38,50 auf 14 € Tiefstand im Herbst 1999, um von da bis zu einem Höchstwert von 303 € im Februar 2000 zu explodieren: ein Zuwachs von rund 2000 %! In der Spitze erzielte MorphoSys damit einen Marktwert von 1,1 Mrd. €, der sich bis zum Jahresende auf rund 450 Mio. € reduzierte. Nachdem der Spuk im Frühjahr 2001 vorbei war, fiel der Kurs wieder auf unter 100 € und erreichte vor Weihnachten 2002 einen Tiefpunkt bei rund 5 €. Heute hat der Antikörper-Spezialist seinen früheren Höchstwert wieder erreicht und sogar leicht überschritten. Aktuell

Die Entstehung der Blase

»Hochgesteckte Erwartungen, aber auch starkes Vertrauen der institutionellen und privaten Anleger in die glänzenden Zukunftsaussichten der kommerziellen Biotechnologie ließen die Kurse der börsengelisteten Biotech-Unternehmen in den USA 1996 schon einmal explodieren. Als die Erwartungen von den Biotechs jedoch nicht so schnell erfüllt werden konnten, wie es den Anlegern mit ihrem kurzen Zeithorizont lieb gewesen wäre, bröckelte das Vertrauen der Investoren und die ‚Biotech-Hausse' schlug in eine regelrechte ‚Biotech-Depression' um, die ihren Tiefpunkt im September 1998 fand. Diese negative Entwicklung wurde noch unterstützt durch die gerade aufkommenden Internet-Firmen, die zusätzliches Kapital aus der Biotechnologie absogen. … Mit der durch die Internet-Titel initiierten allgemeinen High-Tech-Euphorie erholten sich auch die Biotechs in den folgenden Monaten – allerdings nur, um in einem allgemeinen Mini-Crash im Oktober 1999 erneut einzubrechen. Erst als sich im Herbst letzten Jahres die Meldungen über den nahenden Abschluß der Totalsequenzierung des humanen Genoms häuften und Biotechnologie in aller Munde war, stieg die US-amerikanische Biotech-Industrie wie Phönix aus der Asche und setzte zu einer, in der über zwanzigjährigen Geschichte der amerikanischen Biotech-Industrie nie dagewesenen, ‚Biotech-Hausse' an. Im Kursfeuerwerk der Genomics-Unternehmen, die unmittelbar von den Erkenntnissen des Humangenomprojekts profitieren sollten, entzündete sich auch das Interesse der Anleger für andere Unternehmen aus dem Biotech-Sektor. Fundamentaldaten wurden in der Euphorie völlig ignoriert. … Mit geringer Verzögerung waren auch die europäischen und mit ihnen die deutschen Unternehmen von der Biotech-Euphorie an den Aktienmärkten erfaßt worden. … Während die Worte ‚Biotech' und ‚Gen' in den Namen von Unternehmen vor einigen Jahren noch negativ behaftet waren, sind sie seither schon fast ein Garant für steigende Aktienkurse. Selbst Unternehmen, die mit der kommerziellen Biotechnologie nur peripher in Berührung kommen, schreiben sich heute Biotechnologie auf die Fahnen. Den Anleger kümmert es freilich wenig – er unterscheidet nicht: Wo ‚Bio' drauf steht, muß auch ‚Bio' drin sein! Dem kritischen Betrachter drängt sich dabei die Frage auf, ob diese Entwicklung gut für die deutsche Biotech-Industrie ist. Wenn Biodata, ein Unternehmen, das sich auf Netzwerk- und Telekommunikations-Sicherheit spezialisiert hat, als heißer Biotech-Geheimtip gehandelt wird, wenn die Prognosen eines Biotech-Laien im Fernsehen innerhalb eines Tages die Kursexplosion eines Biotechnologie-Wertes um rund 80 Prozent bewirken und wenn sich auf einem Biotech-Forum ein vermeintlicher Biotech-Analyst mit Leuten aus der Szene über ‚HTS' unterhält, in der Meinung über ein innovatives Therapeutikum zu sprechen, dann lautet die klare Antwort ‚nein'« (Ernst & Young 2000).

(Juni 2015) liegt der Börsenwert von MorphoSys bei 1,6 Mrd. €.

Die Aktie von Evotec, gelistet im November 1999, stieg bis März 2000 über 700 % von 23 auf 185 €, was einen Marktwert von mehr als 6 Mrd. € ergab. Damit reihte sich Evotec in die damaligen Spitzenwerte für Biotech-Marktkapitalisierungen ein.

» Durch die rasant steigenden Kurse während dieses ‚Biotech Bull Markets' gibt es zwischenzeitlich eine beachtliche Anzahl von US-amerikanischen Biotechs, die Market Caps jenseits der 2 Mrd.-US$-Grenze haben. (Ernst & Young 2000)

Allerdings waren die US-Spitzenfirmen wie Amgen, Biogen, Chiron, Genzyme, Gilead oder Me-dImmune zu dem Zeitpunkt bereits mit Produkten am Markt vertreten, während die deutschen Wettbewerber meist noch am Anfang der Entwicklung steckten, ein um zehn bis 15 Jahre verschobenes Zeitraster.

Bei Evotec sackte der Kurs bis Ende 2000 wieder auf um die 30 € ab, was einem Marktwert des Aktienkapitals von gut 1 Mrd. € entsprach. Heute (Juni 2015) liegt die Bewertung bei rund 500 Mio. €, was in die heutige *Small-Cap*-Definition fällt.

Auf mehr als 1 Mrd. € Marktkapitalisierung kam Ende 2000 auch noch der Börsenneuling LION bioscience. Der Kurs der Aktie gewann in der Spitze »nur« um gut 100 %. Mit 87 € lag er am Jahresende allerdings immer noch doppelt so hoch gegenüber dem IPO-Ausgabepreis vom August 2000. Später traf der Abschwung auch LION, der Aktienkurs rutschte ab auf einen Tiefstand von 2,30 € im November 2002. Ohne an dieser Stelle auf die Details der Entwicklungen bei LION einzugehen, bleibt festzuhalten, dass die Visionen von LION im Grunde zehn bis 15 Jahre zu früh den Markt erreichten. Denn heutzutage ist das Thema »Big Data« und damit die Bioinformatik wieder ein »heißes« Thema, weil immer klarer wird, dass die gewaltigen Mengen an biologischen Daten eine sinnvolle Verarbeitung benötigen, um daraus auch wirklich Informationen ziehen zu können.

QIAGEN beeindruckte ebenfalls zwischen Herbst 1999 und Frühjahr 2000 mit einem Zuwachs von über 400 %. In der Spitze erreichte der Kurs einen Wert von über 200 €, ausgehend von 40 €. Im Maximum lag damit die Marktkapitalisierung von QIAGEN bei rund 8 Mrd. €, Ende 2000 waren es noch über 5 Mrd. € bei einem Kurs von 38,5 €. Im Sommer 2000 führte QIAGEN einen Aktiensplit durch mit einem ungefähren Verhältnis von 4:1. Der Kurs der Aktie landete damit bei rund 50 € und fiel dann noch bis Ende des Jahres auf unter 40 €. Auch heute noch liegt der Marktwert von QIAGEN bei gut 5 Mrd. US$ (5 Mrd. €), was einer Verfünffachung gegenüber dem Wert am Ende des US-IPO-Jahres entspricht. Als Entwickler von Tools und später Molekulardiagnostika konnten Produkte im Vergleich zu den Medikamenten-Entwicklern sehr viel schneller auf den Markt gebracht werden.

Die gute Stimmung am Aktienmarkt nutzten bereits börsennotierte Unternehmen auch zu weiteren öffentlichen Kapitalerhöhungen. Der Dienstleister für DNS-Sequenzierung und -Synthese MWG Biotech nahm im Jahr 2000 weitere 100 Mio. € ein, nachdem 1999 der Börsengang 42 Mio. € in die Kasse spülte. Im Jahr 1999 konnte die Aktie ebenfalls über 400 % zulegen. Die Ausrichtung als Dienstleister versprach zwar ein früheres Erreichen einer Gewinnzone, dennoch wurden auch übertriebene Erwartungen in deutsche Biotech-Unternehmen geweckt. Ebenfalls an der Börse nachlegen konnte der Hefe-Spezialist Rhein Biotech. Sie nahmen nach ihrem mit 20 Mio. € bewerteten Börsengang von 1999 im Jahr 2000 weitere 40 Mio. € ein. Weitere Mittel wurden für

die Übernahme der GreenCross zur Verfügung gestellt.

5.2.1.2 Angesichts der Exit-Versprechungen floss auch Risikokapital in großen Mengen

Die gute Stimmung am Kapitalmarkt reizte auch viele Risikokapital-Investoren, in Biotech einzusteigen. Gerade in den Jahren 2000 und 2001 wurde viel Venture Capital (VC) bereitgestellt: jeweils über 500 Mio. €, ein Betrag, der in späteren Jahren nie wieder erreicht wurde. Im Zusammenhang mit der Risikoabsicherung über die öffentliche Hand (► Risikoreduzierung versus Risikokapital) wurden viele Startups finanziert, die bei genauerem Hinsehen keine Chance gehabt hätten. Im allgemeinen Rausch investierten auch viele VC-Gesellschaften, die von Biotechnologie, Medikamenten-Entwicklungen und dem damit verbundenen Risiko offensichtlich nicht viel verstanden.

◨ Abbildung 5.4 zeigt eine Übersicht zu den größten Biotech-VC-Finanzierungen aus den Jahren 2000 und 2001. Die Abfolge nach Monaten spiegelt wider, dass ab Platzen der Börsenblase im Frühjahr 2001 auch die VC-Runden langsam kleiner ausfielen. Von den 18 Finanzierungen konnten die Investoren bei fünf einen potenziellen Exit aufgrund eines späteren Börsengangs realisieren.

Zwei Unternehmen sind heute noch existent, aber privat geblieben. Neun Unternehmen mussten sich durch eine Übernahme »retten«, wobei manche nach einer Insolvenz lediglich nur noch aus Vermögensgegenständen bestanden. Eine Ausnahme bei den Übernahmen stellen die beiden Heidelberger Firmen Graffinity und Cellzome dar: Sie schlüpften nicht aus einer Notsituation unter das Dach eines anderen Unternehmens. Graffinity fusionierte 2004 mit der schweizerischen MyoContract AG zur heutigen börsennotierten Santhera Pharmaceuticals, und Cellzome ließ sich nach jahrelager Partnerschaft mit dem britischen Konzern GlaxoSmithKline von diesem im Jahr 2012 aufkaufen. Cellzome operiert heute als dessen Forschungseinheit mit Standort in Heidelberg.

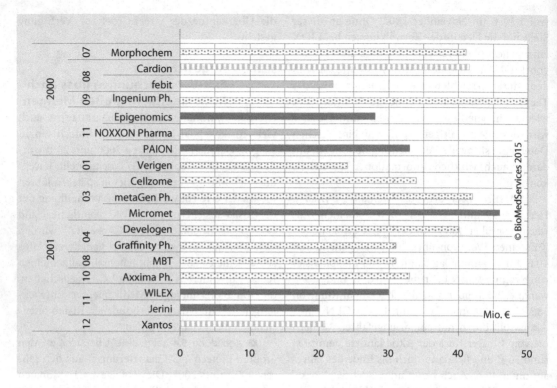

□ **Abb. 5.4** Größte Biotech-VC-Runden aus den Jahren 2000 und 2001, mit Angabe des Monats. Erstellt nach Daten von Ernst & Young (2000 und 2002). Farbcode: *dunkel*: mit IPO, *hell*: noch existent, *gepunktet*: aufgekauft, *gestreift*: aufgelöst; *Ph.* Pharmaceuticals

40% der großvolumigen VC-Finanzierungen entfielen auf den Großraum München, gefolgt von Berlin sowie auf dem dritten Platz gleichwertig Heidelberg und Köln/Düsseldorf. Die Investition in universitäre Genzentren an diesen Standorten, die – außer Berlin – auch zu den Gewinnerregionen des BioRegio-Wettbewerbs zählten, schien in gewisser Weise Früchte getragen zu haben. Denn viele der neuen Biotech-Unternehmen gründeten sich aus den Universitäten heraus (▸ Jerini, ein erfolgreiches Unternehmen, ausgegründet aus der Berliner Charité).

5.2.1.3 Status quo Ende 2001

Ende 2001 zählte die deutsche Biotech-Branche 386 Biotech-Unternehmen (nach Definition von Ernst & Young), davon waren zwölf börsennotiert. Die Mitarbeiterzahl war auf über 13.000 angewachsen (ohne QIAGEN), und sie erwirtschafteten einen Umsatz von rund 800 Mio. € (plus QIAGEN über 1 Mrd. €). Die FuE-Ausgaben überstiegen den Umsatz und lagen bei 1,2 Mrd. €. Das entsprach einer FuE-Quote von 154%. Entsprechend gab es einen Verlust in der Branche, der bei rund 500 Mio. € lag. Viele der Firmen waren sehr klein, das heißt, 40% beschäftigten lediglich bis zu zehn Mitarbeiter. Weitere 34% kamen auf elf bis 30 Beschäftigte. Nur ein paar einzelne Biotech-Unternehmen zählten mehr als 100 Mitarbeiter.

Der Großteil der Firmen konnte der Roten Biotechnologie zugeordnet werden, wobei Medikamenten-Entwickler, also Firmen, die bereits Wirkstoffe in der Entwicklung hatten, ihre Pipeline im Vergleich zum Jahr 1999 annähernd verdoppeln konnten. Zwei Drittel davon befanden sich allerdings noch in der Präklinik. Dagegen waren viele Molekulardiagnostika schon am Markt etabliert, und es wurden bereits Produkte aus dem Bereich *Tissue Engineering* am Markt angeboten.

Risikoreduzierung versus Risikokapital

»Aufgrund der Risikoreduzierung durch die Technologie-Beteiligungs-Gesellschaft der Deutschen Ausgleichsbank (tbg) und die Kreditanstalt für Wiederaufbau (KfW) im Rahmen des BTU-Programms … schossen in den letzten drei Jahren neue Venture Capital-Gesellschaften wie Pilze aus dem Boden. … Der Neue Markt [hatte sich] als profitabler Exitkanal bewährt … – ein weiterer Grund für das Prosperieren der Venture Capital-Szene in Deutschland insgesamt. Nachdem nun die ersten Biotechs erfolgreiche Börsengänge durchgeführt haben und die Kapitalmärkte aufgrund der Kurszuwächse der Biotechs in jüngerer Zeit geradezu euphorisch auf Biotechnologie reagieren, investiert mittlerweile rund die Hälfte aller deutschen Venture Capital-

Gesellschaften und klassischen Kapitalbeteiligungsgesellschaften in Biotechnologie. Hinzu kommen Banken, (Pre-)Seed-Capital Provider und Business Angels. In den vergangenen zwei Jahren legten die in der deutschen Biotech-Szene engagierten Investoren neue Fonds mit einem Gesamtvolumen von mindestens 2,8 Mrd. Euro auf, von denen etwa 1,2 Mrd. Euro für die Biotechnologie vorgesehen waren. … Der größte, ausschließlich in Biotechnologie investierende Fonds, ist mit einem Volumen von über 600 Mio. Euro der MPM BioVentures von MPM Capital. Während sich die deutsche Biotech-Branche zu Zeiten des BioRegio-Wettbewerbs noch über einen Mangel an »Early Stage«-Kapital beklagte, kann man zwischenzeitlich eher von einem

Überangebot sprechen. Das große Angebot an Kapital ist denn auch der Hauptgrund für die zahlreichen Gründungen von Biotech-Firmen der letzten zwei Jahre. Auch wenn aufgrund der internationalen Tätigkeit einiger Investoren nur ein Teil der genannten Summen den deutschen Biotechs zugute kommt, ist es für einen angehenden Bioentrepreneur in Deutschland kein Problem mehr, Geld für eine Unternehmensgründung zu bekommen. Die Situation hat sich also gewandelt: Während die deutschen Biotechs vor drei Jahren noch um eine Finanzierung konkurrierten, sind es heute die Investoren, die um die Biotechs wetteifern. In diesem Konkurrenzkampf bleibt die Selektion oft auf der Strecke« (Ernst & Young 2000).

Jerini, ein erfolgreiches Unternehmen, ausgegründet aus der Berliner Charité

»1994 als Spin-off des Universitätsklinikums Charité Berlin gegründet, ist die Jerini AG inzwischen in zwei Segmente gegliedert: Jerini Peptide Technologies (JPT) und Jerini Pharmaceuticals. Der Dienstleistungsbereich JPT produziert ein breites Spektrum von Peptiden und peptidbasierten Chips für internationale Pharma- und Biotech-Unternehmen sowie Forschungsinstitutionen. JPT ist profitabel und führt seine Gewinne an den Pharmabereich ab. Im Drug-Discovery-Bereich setzt Jerini seine Technologie sowohl in Kooperationen mit Pharmaunternehmen als auch auf eigenen Projekten ein. Das erste Produkt, das sich in

klinischer Testung befindet, ist der Wirkstoff Icatibant, der für Anwendungen beim erblichen Angioödem sowie bei der refraktären Aszites in Leberzirrhose entwickelt wird. Icatibant wurde 2001 von der Firma Aventis einlizenziert … [und] ist ein Peptidomimetikum, das hochspezifisch den menschlichen Bradykinin-B2-Rezeptor blockiert. Es wurde in den beiden o. g. Indikationen bereits in der Phase II mit positivem Ausgang getestet. In der Indikation Angioödem beginnt Jerini in diesem Jahr bereits mit der Zulassungsstudie. Die Markteinführung ist für das Jahr 2006 geplant. Jerini startete 1994 ganz ohne Venture Capital und

sicherte die Unternehmensexpansion und die Weiterentwicklung der Technologien durch erfolgreiche Auftragsforschung und -entwicklung für renommierte, internationale Pharmaunternehmen. Die erste Finanzierungsrunde erfolgte im Januar 2000 (4,5 Mio. €) mit dem Ziel der Umwandlung von einer Dienstleistungsfirma/Technologiefirma in eine Drug-Discovery-Company. Im Oktober 2001 schloss Jerini eine zweite Finanzierungsrunde (20 Mio. €) ab. Jerini hat Lizenz- und Kooperationsabkommen mit den Firmen Bayer, Baxter und Merck KGaA abgeschlossen« (Schneider-Mergener 2004).

Trotz des sich abzeichnenden Börsenabschwungs war die Stimmung positiv, denn der Biotech-Bericht von Ernst & Young titelte *Neue Chancen* und resümmierte (Ernst & Young 2002):

»Neue Chancen – so lässt sich die derzeitige Lage und Stimmung der deutschen Biotech-Industrie auf

einen Nenner bringen. Nach der Aufbruchstimmung im Jahre 1998 und der Gründerzeit im Jahr 2000 ist die Situation heute gekennzeichnet durch:
- positive Entwicklung der Kennzahlen,
- neue Geschäftsmodelle,
- weitere Produktentwicklungen sowie

— die Stärkung der existierenden und Entstehung von neuen deutschen Biotech-Zentren«.

5.2.2 2002 bis 2004: *Per Aspera Ad Astra* (der steinige Weg zu den Sternen)

Die Bewertung über das Jahr 2002 fiel dann bereits wesentlich kritischer aus (Ernst & Young 2003):

»Zeit der Bewährung – Lage und Stimmung der deutschen Biotech-Industrie hatten sich deutlich verändert. Im Gegensatz zu den früheren starken Wachstumsjahren stand die Branche am Scheideweg – sie musste sich bewähren. Nach der Aufbruchstimmung im Jahr 1998 und der Gründerzeit im Jahr 2000 sowie den im Jahr 2001 heraufziehenden neuen Chancen war die Situation geprägt durch:

— Stagnation und leicht negative Entwicklung der Kennzahlen,
— deutlich gesunkenes Volumen bei Risikokapital-Finanzierungen, aber auch durch
— eine Verzögerung der Verlustzunahme durch Kosteneinsparprogramme,
— eine zunehmende Anzahl an Wirkstoffen in Phase I«.

Zum ersten Mal seit dem ab Mitte der 1990er-Jahre einsetzenden starken Wachstum der deutschen Biotech-Industrie hatte sich die Anzahl der Firmen verringert. Die Zahl der Neugründungen konnte diejenige der Abgänge aufgrund von Insolvenzen, Geschäftsauflösungen und Übernahmen nicht aufwiegen. Auch wichtige Kennzahlen wie Zahl der Mitarbeiter, Höhe der FuE-Ausgaben, Umsatz sowie in Entwicklung befindliche Wirkstoffe nahmen leicht ab. Die Ausrichtung der Geschäftsmodelle kommentiert Ernst & Young (2003) wie folgt:

» Bei den Geschäftsmodellen ist der Trend zur produktentwickelnden Firma nach wie vor aktuell. Diese Geschäftsausrichtung wurde in den letzten Jahren wegen der Aussicht auf Generierung hoher Umsätze auch von den Investoren stark forciert. Da die Produktentwicklung jedoch vor allem im Bereich therapeutischer Wirkstoffe sehr langwierig und mit großem Risiko behaftet ist, ist inzwischen auch wieder eine Zunahme an Serviceleistungen zu verzeichnen. Diese Ausrichtung wie auch andere Optionen zur kurzfristigen Generierung von Umsätzen stellen eine Reaktion auf die verschärften Finanzierungsbedingungen dar. (Ernst & Young 2003)

Auch 2003 ging es bei den wichtigen Kennzahlen weiter abwärts (◘ Abb. 5.2). Viele Unternehmen kämpften um das Überleben und bewerkstelligten dies über das Anbieten von Dienstleistungen. Zudem vollzogen einige Firmen umfangreiche Restrukturierungsmaßnahmen, um durch eine Neuausrichtung bessere Überlebenschancen zu haben.

» ,Obwohl wir unsere Umsätze im Jahr 2002 um 300 Prozent steigern konnten, haben wir keinen geeigneten Investor für eine dritte Finanzierungsrunde gefunden. Die daraufhin durchgeführten Umstrukturierungsmaßnahmen waren erfolgreich, so dass sich das Unternehmen weiterhin sehr positiv im Markt entwickelt und 2003 die Profitabilität ohne zusätzliches VC erreichen wird.' Rainer Christine, CEO, amaxa, Köln. (Ernst & Young 2003)

Einen kleinen Lichtblick gab es aber, da sich im Jahr 2003 gegenüber dem Vorjahr die Zahl der Wirkstoff-Projekte wieder leicht erhöhte. Einigermaßen marktnah, das heißt in Phase III, befanden sich aber lediglich fünf von 69 Kandidaten in der klinischen Entwicklung.

Ein weiterer Lichtblick war die deutsche Marktzulassung von Eligard im Dezember 2003. Die Münchener Medigene hat 2001 die europäischen Vermarktungsrechte von Tolmar Therapeutics (Atrix) erworben, die eine neue Formulierung für den seit 1985 als NME eingeführten Peptidwirkstoff entwickelt hatten und dafür im Januar 2002 die FDA-Zulassung erhielten. Das Medikament wirkt Testosteron-senkend und dient somit der Behandlung von Prostatakarzinomen. Medigene war damit das erste deutsche neu gegründete Biotech-Unternehmen, das ein Arzneimittel zur Marktzulassung führte. Der Vertrieb erfolgte in Partnerschaft mit dem japanischen Pharma-Konzern Astellas.

Dieses für die deutsche Biotech-Industrie als positiv gesehene Signal stand nach wie vor im Schatten der beeindruckenden Entwicklung der US-Biotech-Unternehmen. So hatte die 1976 gegründete (über 25 Jahre alt) Genentech zu dem Zeitpunkt bereits 13 neuartigen Medikamenten auf den Markt verholfen und wies zudem eine gut gefüllte Pipeline auf. Die Nachricht von positiven Ergebnissen der klinischen Studie zu Avastin – einem damals neuartigen Krebs-Medikament – sowie die nachfolgende US-Zulassung im Februar 2004 führten zur Verdreifachung des Wertes der Genentech-Aktie (Ernst & Young 2004). Neidisch musste die deutsche Biotech-Industrie auf die sich bereits wieder erholende US-Biotech-Industrie blicken. Dort war für das Jahr 2003 schon von *back on track* die Rede.

5.2.2.1 Finanzierung auf dem Tiefpunkt, ab 2004 langsame Erholung

Der Absturz der Börse zeichnete sich (im Nachhinein) bereits Ende 2000 ab, ging dann 2001 in den freien Fall über, fing sich Anfang 2002 wieder leicht, um im Laufe des Jahres 2002 fortzufahren und am Jahresanfang 2003 eine Talsohle zu erreichen. Im sich schließenden Börsenfenster schaffte im Februar 2001 gerade noch so die Berliner co.don ihren mit 23 Mio. € bewerteten Börsengang. Danach war der öffentliche Kapitalmarkt für deutsche Biotech-Firmen zweieinhalb Jahre geschlossen, bis im Juli 2004 der Berliner Molekulardiagnostik-Spezialist Epigenomics den Gang auf's Parkett wagte. Mit einem Erlös von 42 Mio. € lag er auf dem Niveau der IPOs aus dem Jahr 1999.

Zuvor hatte sich nach dem Durchschreiten der Talsohle ab dem Frühjahr 2003 die Stimmung am Kapitalmarkt wieder langsam erholt und bis Jahresanfang 2004 eine Verdopplung der Gesamt-Marktkapitalisierung der deutschen börsennotierten Biotech-Gesellschaften erbracht. Getrieben wurde diese Entwicklung durch steigende

Kurse bei den »großen« Vertretern GPC Biotech, Evotec, MorphoSys und Medigene. Diese nutzten den Aufschwung sodann gleich für Kapitalerhöhungen, wie ◉ Tab. 5.4 zeigt. Der Kursaufschwung fand Mitte 2004 ein Ende, danach bewegte sich die deutsche »Biotech-Börse« seitwärts, weil die Werte GPC Biotech und Evotec wieder Kursverluste einfuhren.

Auch die VC Finanzierungen brachen ein und sanken um mehr als 50 % im Vergleich zu den üppigen Vorjahren. In den Jahren 2002 bis 2004 gab es lediglich zwölf größere Runden, die auch nur ein Maximum von bis zu 30 Mio. € erzielten (◉ Abb. 5.5).

Der Schwerpunkt der Investitionen verschob sich dabei zunehmend auf die sogenannten *Later-Stage*-Runden, also auf Firmen, die mit ihren Entwicklungen bereits weiter fortgeschritten waren. Eigentliches Risikokapital für frühere Runden beziehungsweise jüngere Firmen ging zurück.

> » ‚Insgesamt zeichnete sich das Jahr 2003 durch einen tiefen Pessimismus nicht nur seitens der Biotech-Branche, sondern insbesondere seitens der Geldgeber und Investoren aus. Wenn die Euphorie im Jahre 2002 80 Punkte über die Null-Linie ausschlug, so schlägt der derzeitige Pessimismus mindestens 140 Punkte unter der Null-Linie aus.' Paul Cullen, CEO, ogham, Münster. (Ernst & Young 2004)

Die Verschlechterung der Kapitalmarktsituation mit nachfolgendem Versiegen der externen Finanzierungsquellen traf die junge Branche mitten im Aufbruch. Vielversprechende Projekte mussten mangels Kapital eingefroren werden. Zudem entwickelten die Firmenlenker Strategien, mit denen sich die Unternehmen trotz finanzieller Flaute über Wasser halten ließen: strategische Allianzen, Wechsel des Geschäftsmodells von der Produkt- zur Serviceorientierung, Fusionen und Übernahmen sowie Mitarbeiterreduktion.

5.2.2.2 Die Branche wurde kräftig durchgeschüttelt

Ende 2004 war vom Abschwung dann langsam eine Talsohle in Sicht. Allerdings verlor die deutsche

◘ Tab. 5.4   Kapitalmaßnahmen deutscher börsennotierter Biotech-Unternehmen im Jahr 2004. (Quelle: BioMed-Services (2015) nach Ernst & Young (2005))

Firma	Erlös (Mio. €)	Typ	Monat	Anmerkung
Epigenomics	41,6	IPO	07	
QIAGEN	124	Wandelanleihe	08	In USA, nicht in Statistik
GPC Biotech	87	SPO/PIPE	06	
Medigene	38,3	PIPE/SPO/Wandelanleihe	03/11	
MorphoSys	9	Wandelanleihe	05	Investment Novartis
MWG Biotech	10,4	SPO/Wandelanleihe	07/12	Investment Eurofins
Evotec	7,5	PIPE	07	
MOLOGEN	1,9	PIPE	12	
co.don	0,3	SPO	11	

IPO initial public offering, *SPO* secondary public offering (Nachfinanzierung an Börse), *PIPE* private investment in public equity

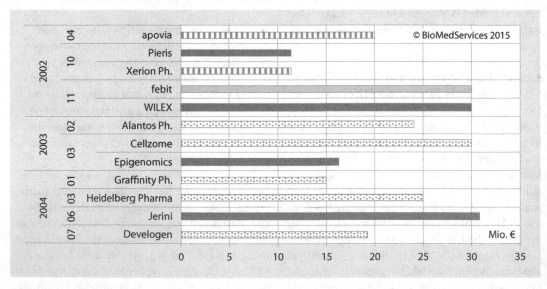

◘ Abb. 5.5   Größte Biotech-VC-Runden aus den Jahren 2002 bis 2004, mit Angabe des Monats. Erstellt nach Daten von Ernst & Young (2003–2005). Farbcode: *dunkel*: mit IPO, *hell*: noch existent, *gepunktet*: aufgekauft, *gestreift*: aufgelöst; *Ph.* Pharmaceuticals

Biotech-Branche von 2002 bis 2004 ein Viertel seiner Mitarbeiter, und die FuE-Ausgaben reduzierten sich um 34 %. Noch immer waren die Firmen sehr klein, das heißt, die Hälfte zählte nur bis zu zehn Mitarbeiter. Dieser Anteil hatte sich von 40 % Ende 2001 sogar noch erhöht. Weitere 30 % beschäftigten zwischen elf und 30 Mitarbeiter. Ein oft erwarteter Einbruch bei der Anzahl der Firmen hatte indes nicht stattgefunden, obwohl viele Firmen Insolvenz anmelden mussten. Neu gegründete Firmen konnten dem einigermaßen die Waage halten. Diese waren allerdings sehr viel weniger oft mit Risikokapital finanziert als noch zu Zeiten des Booms. Die damalige Entwicklung fasst auch biotechnologie.de (2007b) gut zusammen:

» Die Jahre 2002 bis 2004 haben die meisten Biotech-Firmen in Deutschland nicht mehr in guter Erinnerung: Nach dem Börsenboom um die Jahrtausendwende und millionenschweren Finanzierungsrunden zogen sich die Investoren ab 2002 aus dem Markt zurück. Obwohl die Gesamtzahl der Unternehmen kaum zurückging, wurde die Branche kräftig durchgeschüttelt: Rund 80 Unternehmen mussten in dieser Zeit Insolvenz anmelden, allerdings wurden fast ebenso viele auch wieder neu gegründet. Anders als Experten erwartet hatten, fanden kaum Übernahmen und Fusionen statt. (biotechnologie.de 2007b)

Unter den Insolvenzen des Jahres 2004 waren 84 % mit Risikokapital finanziert, und auch insgesamt lag die Rate der risikofinanzierten Insolvenzen der Abschwungjahre höher als diejenige von Unternehmen ohne diese Kapitalquelle. In der Boomphase hatten manche Investoren aufgrund mangelnder Erfahrung in Konzepte investiert, die sich als nicht marktfähig oder umsetzbar erwiesen. Insgesamt gingen so fast 500 Mio. investierte Euro verloren. Unter den Neugründungen des Jahres 2004 war dagegen keine VC-finanzierte Firma mehr zu finden.

Von den fast 400 Unternehmen der Biotech-Industrie in Deutschland waren Ende 2004 allerdings fast drei Viertel nicht VC-finanziert, das heißt unabhängig von dieser externen Kapitalquelle. Viele kleine Unternehmen finanzierten sich über Partnerschaften oder Dienstleistungen, zum Teil ergänzt durch Fördermittel. Als Produkte wurden Molekulardiagnostika oder auch Technologien verkauft. Der Anteil an Firmen, die überhaupt keinen Umsatz machten, lag bei 16 %, 2002 waren es noch 25 % gewesen. Ein ebenso kleiner Anteil erwirtschaftete mehr als 4 Mio. € pro Jahr – eine Größenordnung, mit der sich Medikamenten-Entwicklung eigentlich nicht betreiben lässt. Von daher verwun-

dert es kaum, dass sich die Zahl der Eigenkapitalfinanzierten Firmen sowie diejenige der Medikamenten-Entwickler mehr oder weniger deckte: Um die 80 bis 100 deutsche Biotech-Firmen suchten und entwickelten Wirkstoffe, rund die Hälfte davon noch in der Forschung oder präklinischen Phase. Gemeinsam kamen sie auf ein Portfolio von über 200 Wirkstoff-Projekten, mehr als die Hälfte davon allerdings noch in der Präklinik. Die klinischen Projekte konzentrierten sich auf gut 60 Biotech-Firmen, im Schnitt waren das etwas mehr als ein Projekt pro Firma. Ein riskantes Unterfangen, wenn die Ausfallrate bei der Medikamenten-Entwicklung berücksichtigt wird. Nur wenige Firmen verfolgten zum Beispiel mehr als vier Projekte gleichzeitig. Letztlich war es eine Frage der finanziellen Ausstattung.

Im Vergleich brachten es elf deutsche Pharma-Firmen auf 134 Wirkstoff-Projekte (◨ Abb. 5.6), wobei in der klinischen Entwicklung und Zulassungsphase 89 Kandidaten steckten, also rund acht pro Unternehmen. Verglichen mit der Biotech-Pipeline führt Ernst & Young (2005) aus: »Ein eindrucksvoller Unterschied wird im präklinischen Bereich sichtbar, in dem die Biotech-Unternehmen über dreimal so viele Projekte verfolgen wie die Pharma-Firmen. Dies deckt sich mit der hohen Bedeutung der Biotech-Industrie zur Füllung der leeren Pharma-Pipelines.«

5.2.2.3 Ein Resümmee zum Jahr 2004

Die »Kräfte der Evolution« – so der Bericht von Ernst & Young über das Jahr 2004 (Ernst & Young 2005) – hatten zur Folge, dass die Industrie weiterhin von Konsolidierung, das heißt von Insolvenzen und Restrukturierungen, geprägt war (▶ Kräfte der Evolution).

Doch letztlich, so sagte Ernst & Young (2005) voraus, würde dies der Branche nach harten Jahren einen Neuanfang ermöglichen, aus dem sie gestärkt hervorgehen könnte. Die ersten Zeichen der Stärkung waren bereits erkennbar:

- gestiegener Umsatz und gesunkener Verlust;
- mehr Firmen waren profitabel;
- leicht zunehmende Zahl der Neugründungen;
- über 150 Firmen hielten die Einstellung neuer Mitarbeiter im Jahr 2005 für wahrscheinlich;

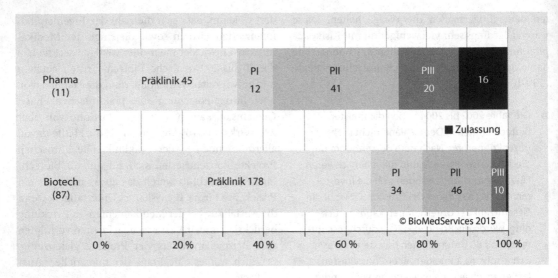

◘ Abb. 5.6   Wirkstoff-Projekte deutscher Biotech- und Pharma-Unternehmen im Vergleich (Stand 2004). Erstellt auf Basis von Daten aus Ernst & Young (2005). Anzahl der Firmen in Klammern. *P* Phase

Kräfte der Evolution

»Das diesjährige Motto des deutschen Biotechnologie-Reports, beschreibt den Prozess der Differenzierung und Selektion, der im vergangenen Jahr in der deutschen Biotech-Branche stattgefunden hat. Auf dem ‚steinigen Weg zu den Sternen' wirken nun deutlich die Kräfte der Evolution. Der aktuelle Titel deutet auf den nach wie vor andauernden Kampf der Branche um das ‚Survival of the Fittest' hin. Anpassungen werden sichtbar und behaupten sich im Selektionspro-

zess der Konsolidierung. Die Folge ist eine zunehmende Aufteilung in Firmen, die ihre Position stärken konnten und Unternehmen, die Rückschritte bis hin zu Insolvenzen hinnehmen mussten. ‚Die Schere öffnet sich' wäre ein ebenso passender Titel gewesen. Auf Grund erkennbarer Fortschritte in einigen Bereichen und zunehmend positiver Stimmung scheint es, als ob die Talsohle fast durchschritten wäre. Die wieder aufkeimende deutsche Biotech-Industrie muss nun weiter

überleben und wachsen. Dazu gehört eine stärkere Finanzbasis ebenso wie starke Partner und akzeptable staatliche Rahmenbedingungen. Aber auch die Biotech-Firmen selbst müssen durch unternehmerisches, markt- und kundenorientiertes Handeln ihren Beitrag leisten. Dieses war in der jüngsten Vergangenheit oft nicht möglich, da sie gegenüber den Finanziers in die Defensive gedrängt waren« (Ernst & Young 2005).

- deutlich mehr Wirkstoffe hatten die klinische Phase II und III erreicht, einige Wirkstoffe konnten erfolgreich auslizenziert oder verkauft werden;
- insolvent gemeldete Firmen konnten von anderen Unternehmen übernommen werden;
- gestiegene Zahl an kommerziellen Partnerschaften;
- leicht gestiegenes Volumen an Risikokapital-Finanzierungen;
- ein Börsengang sowie einige Kapitalerhöhungen bereits börsennotierter Unternehmen;

- Unterstützung und Förderung des Sektors seitens des Bundes und der Länder;
- allerdings waren nach wie vor einige Rahmenbedingungen stark verbesserungsbedürftig.

» ‚Auch mit einer zaghaften Aufhellung des biotechnologischen Geschäftsklimas in Deutschland sehen wir die Schere zu den USA und auch neuerdings zu den asiatischen Clustern, wie Singapur, weiter aufgehen. Viele deutsche Unternehmen agieren zunehmend aus einem großen Kostendruck heraus, der zu Lasten der

Innovationen geht. CureVac versucht dem gegenzusteuern, indem schon seit Gründung eine umsatzgesteuerte Business-Einheit aufgebaut wurde, die Innovationen stützt und zur Finanzierung beiträgt.' Ingmar Hoerr, CEO CureVac, Tübingen. (Ernst & Young 2005)

5.2.3 2005 bis 2007: Zurück in die Zukunft und mit verhaltener Zuversicht auf gutem Kurs

Und wiederum fasst der Bericht von Ernst & Young (2006) die Situation gut zusammen: »,Zurück in die Zukunft' beschrieb am besten die Situation in der deutschen Biotech-Industrie im Jahr 2005. Nach den Rückschritten und der Selektion der vergangenen Jahre zeichnete sich der Beginn einer Stabilisierung ab. Die Branche hatte auf den Weg zurückgefunden, der die ursprüngliche Zukunftsperspektive als Innovationsmotor des Hochtechnologiestandorts Deutschland wieder rechtfertigte. Auf diesem Weg zurück in die Zukunft hatte die deutsche Biotech-Industrie wieder an Fahrt gewonnen und dies auf einer solideren Basis mit mehr Substanz. Die wichtigsten Entwicklungen im Jahr 2005 waren:

- Rückgang bei Mitarbeiterzahl und FuE-Aufwendungen war abgebremst;
- steigender Umsatz;
- Zunahme der Zahl der Wirkstoffe in Phase II und III der klinischen Entwicklung;
- weniger Insolvenzen, dafür gestiegene Zahl an Fusionen und Akquisitionen;
- kräftiger Anstieg der Eigenkapital-Finanzierungen und wieder mehr Börsengänge«.

Zu der Entwicklung im Jahr 2006 führt Ernst & Young (2007) weiter aus: »Die Biotech-Industrie in Deutschland hatte ihren im Jahr zuvor eingeschlagenen Weg der Stabilisierung und optimistischen Zukunftsorientierung fortgesetzt. Solide Fortschritte bei Umsätzen, Produktentwicklungen und anderen Unternehmenskennziffern rechtfertigten diese Zuversicht und begründeten die deutlich positivere allgemeine Stimmung in der Branche. Trotz dieser positiven Entwicklung mischten sich einige Zweifel in die Gesamtbeurteilung, beispielsweise im Bereich der Risikokapital-Finanzierung, die eingebrochen war. Dennoch sah man die deutsche Biotech-Branche auf einem guten Weg, der sich vor allem auf eine zunehmende Anzahl an Produkten mit absehbarem Marktzugang gründete«.

5.2.3.1 Eine Produkt-Zulassung und zwei Kandidaten kurz davor

Im Oktober 2006 konnte erneut die Münchener Medigene Positives verkünden: die US-Zulassung von Polyphenon E (Handelsname Veregen). Das Konzentrat von Katechinen aus grünem Tee wirkt immunmodulatorisch und virenhemmend bei Genitalwarzen. Medigene hatte in zwei Schritten 1999 und 2003 die weltweiten Exklusivrechte von der kanadischen Epitome Pharmaceuticals erworben. Anfangs kooperierten beide Unternehmen in einer multizentrischen Phase-II-Studie. Medigene führte zwei Phase-III-Studien durch, eine in Europa und eine in den USA. Im September 2005 reichte sie dann die Ergebnisse bei der FDA ein. Später beantragte die Biotech-Gesellschaft die Marktzulassung in einzelnen europäischen Ländern und erhielt ab 2009 sukzessive grünes Licht für Deutschland, Spanien, Schweiz und andere Staaten innerhalb Europas. Die Vertriebsrechte für diese Länder vergab Medigene im Laufe der Jahre an unterschiedliche Pharma-Partner. Weitere Zulassungen erfolgten später zudem in Taiwan und Kanada. Heute trägt das Medikament rund 5 Mio. € an Umsatzerlösen bei Medigene bei, die sich seit Anfang 2014 neu auf neuartige Krebs-Immuntherapien ausgerichtet hat. Anfänglich war Veregen komplementär zu anderen Projekten von Medigene, die sich mit durch den humanen Papillomvirus (HPV) ausgelösten Krebserkrankungen auseinandersetzten.

Die beiden Wirkstoffkandidaten, die im Jahr 2006 in die Zulassungsphase eintraten, stammten ebenfalls von Münchener Firmen: das bereits erwähnte Satraplatin von GPC Biotech (▶ Abschn. 5.2) sowie ein Wirkstoff der IDEA zur Behandlung von Osteoarthritis im Knie. Die Besonderheit bei letzterem Produkt war eine spezielle Technologie zur Arzneimittel-Verabreichung (*drug delivery*) über sogenannte Transfersomen. Beide Medikamentenkandidaten erreichten allerdings nie den Markt,

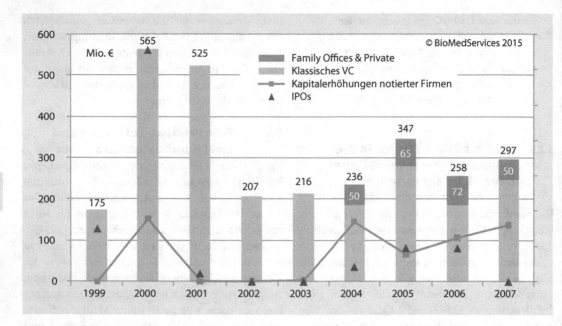

◘ Abb. 5.7   Eigenkapital-Finanzierung deutscher Biotech-Unternehmen in den Jahren 1999 bis 2007. Erstellt auf Basis von Daten aus Ernst & Young (2000–2008). *IPO initial public offering, VC* Venture Capital

weil die Zulassungsanträge entweder abgewiesen oder wieder zurückgezogen wurden.

5.2.3.2   Gemischtes Bild bei den Finanzierungen

Bei der externen Eigenkapital-Finanzierung erbrachte der Zeitraum 2005 bis 2007 eine Mischung aus Licht und Schatten: Die VC-Finanzierung, die nach der Boomphase 2000 und 2001 massiv eingebrochen war, erholte sich 2005 sichtbar, um in den Jahren 2006 und 2007 wieder zu fallen und zu steigen (◘ Abb. 5.7). So zerbrach die Hoffnung auf kontinuierliches Investoreninteresse. Ab 2004 traten aber regelmäßig »neue« Investoren in der deutschen Biotech-Industrie auf, die in ◘ Abb. 5.7 als »*Family Offices* & Private« bezeichnet sind. Die *Family Offices* stellen Investment-Vehikel wohlhabender Familien dar, die ihr Vermögen selbst durch Unternehmertum aufgebaut haben. In die deutsche Biotech-Industrie investierten dabei in den Jahren 2004 bis 2007:

- *Family Office* Strüngmann (Jossa Arznei, Athos Service, Santo Holding, AT NewTec, AT Impf, ATS): Die Strüngmann-Brüder haben den in

den 1980er-Jahren gegründeten Generika-Hersteller Hexal erfolgreich aufgebaut, somit weltweit fast 8000 Arbeitsplätze geschaffen und ihn im Jahr 2005 für 5,65 Mrd. € an die schweizerische Novartis-Tochter Sandoz verkauft.

- *Family Office* Hopp (dievini Hopp Biotech Holding, DH Capital): Dietmar Hopp war Mitbegründer der SAP und hält heute noch rund 5 % Inhaber-Stammaktien des notierten Software-Konzerns.

Weiterhin finden sich in dieser Kategorie Risikokapital-Investitionen, bei denen die Geldgeber Privatleute sind, die nach einer Möglichkeit suchen, finanzielle Investments zu tätigen. Organisiert wird das über Fonds, in Deutschland in der Biotechnologie sehr aktiv sind hierbei die MIG Fonds.

Die größte VC-Runde belief sich in dieser Phase auf 40 Mio. € (► Der Weg zu einer 40-Mio.-€-Runde: Erfahrungen von immatics auf der Suche nach Kapital), und es wurde hier der Grundstein für die zweite Generation an VC-finanzierten Firmen gelegt, die heute zum Teil zu den großen Hoffnungsträgern der deutschen Biotech-Industrie zählen (◘ Tab. 5.5).

◨ **Tab. 5.5** Ausgewählte Biotech-VC-Finanzierungen nach Erlös (Mio. €) in den Jahren 2005 bis 2007. (Quelle: BioMedServices (2015) nach Ernst & Young (2006, 2007 und 2008))

Firma	Erlös (Mio. €)	Jahr	Ausgewählte Investoren
immatics biotechnologies	40	2007	3i Group, DH Capital, EMBL Ventures, Grazia Equity, KfW, L-EA, Merifin, NTEC, Vinci Capital, Wellington
Glycotope	40	2007	Jossa Arznei
Ganymed Pharmaceuticals	37	2007	VI Partners, Future Capital, Ingro Finanz, LBBW, MIG Fonds, Nextech Venture, ONC Partners, Varuma, ATS Beteiligungsverwaltung
NOXXON Pharma	37	2007	DEWB, Dow Venture Capital, Rothschild, IBG, Seventure Partners, Sofinnova Partners, TVM Capital
CureVac	35	2006/2007	DH Capital
Curacyte	32	2005	TVM Capital, Hopp, Quintiles, IBG
Affimed Therapeutics	30	2007	BioMedInvest, First Ventury, LSP, OrbiMed Advisors, Novo Nordisk
WILEX	30	2005	Karolinska Investment Fund, Quintiles, Apax, TVM Capital, Earlybird
Antisense Pharma	27	2007	Global Chance Fund, MIG Fonds, S-Refit
I3 Pharma	27	2006	Alta Partners, Atlas Venture, BioM, Bio*One Capital, Rothschild
Probiodrug	21	2007	TVM Capital, HBM BioVentures, IBG, Sachsen LB, tbg, Bayern Kapital
Cytonet	20	2007	DH Capital
Heidelberg Pharma	16	2006	HDP Beteiligung (Hopp)
Apogenix	15	2005	DH Capital

KfW Kreditanstalt für Wiederaufbau, *LSP* Life Sciences Partners, *tbg* Technologie-Beteiligungs-Gesellschaft

In den Jahren 2005 und 2006 waren ein weiterer Lichtblick die wieder stattfindenden Börsengänge (▶ Drei Biotech-Börsengänge im Jahr 2005 und sechs im Jahr 2006) von PAION, Jerini, 4SC, Arthro Kinetics, GENEART, LipoNova, WILEX, NascaCell und Biofrontera. Im Mai 2007 »rutschte« noch die Darmstädter CytoTools über ein Listing ohne Kapitalaufnahme an die Börse. Sie fungiert als Holding für die Töchterfirmen DermaTools Biotech und CytoPharma. Danach schloss sich das Frankfurter Börsenfenster für Biotech-Unternehmen, und niemand ahnte, dass dies für sehr lange Zeit so sein würde. Ein Schatten, der noch heute (Sep 2015) anhält. Zwar gelang drei deutschen Biotech-Firmen im Jahr 2014 wieder eine Listung ihrer Aktien, allerdings an ausländischen Börsen.

Die zeitweise positive Kapitalmarkt-Stimmung nutzten auch bereits börsennotierte Biotech-Gesellschaften für weitere Kapitalerhöhungen. Mit dabei waren wieder die »Großen« der deutschen gelisteten Biotech-Gesellschaften: GPC Biotech, MorphoSys, Evotec und Medigene. Ursache oder Wirkung des Stimmungsaufschwungs waren deutliche Kursanstiege bei einem Teil dieser Firmen. Insbesondere GPC Biotech explodierte aufgrund der positiven Nachrichten zu ihrem Portfoliokandidaten Satraplatin, der Ende 2006 in die Zulassungsphase eintrat. Dessen Flop verursachte im Juli 2007 allerdings einen dramatischen Absturz der GPC-Aktie.

Auch der 2004er-IPO von Epigenomics sowie das 2005er-Listing von 4SC sammelten nochmals

Der Weg zu einer 40-Mio.-€-Runde: Erfahrungen von immatics auf der Suche nach Kapital

»Anfang 2004 hatte immatics [gegründet 2000] die Serie A-Finanzierungsrunde in einem vergleichsweise widrigen Klima realisieren können. Mit der Zusage von 40 Millionen Euro durch ein internationales Konsortium von Investoren konnte dann drei Jahre später, im Februar 2007, der Abschluss der seit Anfang 2001 größten Finanzierungsrunde für ein deutsches Biotech-Unternehmen gemeldet werden. Dieser war eine mehr als ein halbes Jahr in Anspruch nehmende, intensive Roadshow vorausgegangen. Der Business Plan von immatics wurde an 50 als interessiert eingestufte Investoren aus Europa, den U.S.A., Japan und dem Nahen Osten verschickt, es wurden auf VC- und Partnering-Konferenzen über 100 Kurzpräsentationen gehalten, dazu kamen ca. 30 ausführliche Präsentationen und Meetings. Im 4. Quartal 2006 zeichneten sich mit zunehmender Deutlichkeit zwei mögliche Konsortien mit unterschiedlichen Konstellationen neuer Investoren

ab. Nachdem gegen Ende 2006 weitreichende Einigkeit zwischen dem Management, den bestehenden Anteilseignern und den neuen Investoren erzielt worden war, wurden weitere Verhandlungsgespräche nur noch mit dem vom Management und den Gründern bevorzugten Konsortium unter Führung von Dietmar Hopp geführt. Beteiligt an der Serie B-Runde waren schließlich neben der Familie Hopp und allen Serie A-Investoren auch weitere neue Co-Investoren. Bereits für den erfolgreichen Abschluss der A-Runde von maßgeblicher Bedeutung, waren die Überzeugungskraft des wissenschaftlichen Konzepts und das Gründerteam. Weitere Voraussetzungen waren eine lückenlose Dokumentation, eine offene und transparente Kommunikation des Managements sowie die Bereitschaft der Gründer, den Aufbau von immatics im Dialog mit Experten aus dem Umfeld der Investoren zu gestalten. Direkt nach Abschluss der Serie A, immatics hatte damals

erst wenige Mitarbeiter, wurde die Basis für Kontinuität in diesen Belangen geschaffen. Dazu zählen die Ergänzung des (Management-) Teams mit erfahrenen Mitarbeitern, die Professionalisierung des Personalwesens, der Aufbau eines eigenen QM-Systems und die Einführung von SOPs [Standard Operating Procedures] nicht nur dort, wo diese zur Einhaltung internationaler Standards (GCP, GMP) absolute Voraussetzung sind, sondern auch in Bereichen außerhalb von F&E, beispielsweise die Kommunikation oder die Administration betreffend. Neben der stetigen Präsenz gegenüber den Investoren haben die für eine vollständige Dokumentation etablierten Regeln dazu beigetragen, dass die Investoren sich schnell und umfassend ein Bild von der Firma, ihrem Forschungsansatz und den Ergebnissen machen konnten, womit der Weg zu positiven Investitionsentscheidungen geebnet wurde« (Emmerich 2007).

Drei Biotech-Börsengänge im Jahr 2005 und sechs im Jahr 2006

»Im Februar wagte sich zuerst PAION auf das Frankfurter Parkett und erlöste 40 Mio. EUR, die durch Ausübung der Mehrzuteilungsreserve (Greenshoe) auf insgesamt 46 Mio. EUR erhöht wurden. Beim Ausgabekurs von acht Euro betrug die Marktkapitalisierung zum IPO 126 Mio. EUR. Die Emission war deutlich überzeichnet. Nachfrage bestand besonders bei institutionellen Anlegern aus Großbritannien, der Schweiz und den Vereinigten Staaten. Die beiden weiteren Börsengänge erfolgten erst Ende 2005: Jerini legte Anfang November den Platzierungspreis seiner Aktie auf 3,20 Euro fest. Die Aktien wurden im Rahmen eines öffentlichen Angebotes in Deutschland sowie über

eine Privatplatzierung bei Investoren außerhalb Deutschlands und außerhalb der USA platziert. Der Erlös betrug knapp 50 Mio. EUR, die Marktkapitalisierung zum IPO 157 Mio. EUR. Schließlich notierte 4SC im Dezember seine Aktien unter dem Symbol VSC ... Der Börsengang war nicht mit einer Kapitalerhöhung verbunden. Der Aktienpreis von 4,24 EUR ergab beim Börsenlisting eine Marktkapitalisierung von 45 Mio. EUR. (Ernst & Young 2006). Von den sechs Börsenneulingen [im Jahr 2006 gaben] lediglich vier ein öffentliches Angebot in Verbindung mit einer Kapitalerhöhung ... [ab]: Dies waren ... Arthro Kinetics mit Hauptsitz in Esslingen (am Börsensegment AIM der Londoner Börse),

GENEART aus Regensburg ..., Lipo-Nova aus Hannover ... sowie WILEX aus München ... [alle in Frankfurt]. Die weiteren Börsenneulinge – Biofrontera aus Leverkusen sowie NascaCell Technologies aus München – haben lediglich ihre Aktien listen lassen, ohne zusätzliches Kapital aufzunehmen. ... Hinsichtlich des Volumens konnte das Jahr 2006 nur mit einem Schwergewicht, dem Medikamenten-Entwickler WILEX, aufwarten. Die rund 55 Mio. EUR IPO-Erlös waren der höchste Betrag seit dem Boomjahr 2000, wo noch Spitzenwerte von über 100 Mio. EUR Emissions-Volumen erzielt wurden« (Ernst & Young 2007).

◧ Tab. 5.6 Top-Allianzen deutscher Biotech-Firmen nach potenziellem Wert in den Jahren 2005 bis 2007. (Quelle: BioMedServices (2015) nach Ernst & Young (2008))

Firma	Partner	Land	Jahr	Wert (Mio. €)	Gegenstand
MorphoSys	Novartis	CH	2007	769	Nutzung der HuCAL-Antikörper-Technologie
GPC Biotech	Pharmion	USA	2005	247	Ko-Entwicklung und Lizenzierung für Satraplatin
IDEA	Alpharma	USA	2007	133	Vergabe der US-Rechte für Diractin
Evotec	Roche	CH	2006	100	Gemeinsame Entdeckung und Entwicklung von Wirkstoffen im Bereich ZNS
PAION	Lundbeck	DK	2007	71	Entwicklung und Vermarktung von Desmo-teplase
Medigene	Bradley Ph.	USA	2006	55	Kommerzialisierung der Polyphenon-Salbe (Veregen) in den USA
BioGeneriX	Neose	USA	2005	49	Nutzung der GlycoPEGylation-Technologie

CH Schweiz, *DK* Dänemark, *Ph.* Pharmaceuticals, *ZNS* zentrales Nervensystem

---

Die deutsche Biotechnologie ist tot. Es lebe die deutsche Biotechnologie!

»So ließe sich die Gefühlslage vieler Anleger im vergangenen halben Jahr beschreiben. In der Branche selbst registrierte man die Rückschläge, die GPC Biotech und PAION jüngst ereilten, zwar ebenfalls. Man brach jedoch auch nicht in Panik aus. Ein gutes Beispiel für diese Haltung war Morphosys. Obwohl der Aktienkurs des Unternehmens von knapp 60 Euro zu Jahresbeginn auf Werte unter 35 Euro fiel, bewahrte der Vorstandsvorsitzende Simon Moroney Ruhe: An der deutschen Biotechnologie führt kein Weg vorbei, lautet seine These. Und Morphosys habe sehr gute Aussichten auf neue Partnerschaften. Diese Voraussage hat sich schon jetzt erfüllt. Die Ausweitung der Partnerschaft mit Novartis, die dem Unternehmen mindestens 600 Millionen Euro einbringen wird, ließ auch den Aktienkurs von Morphosys um mehr als 20 Prozent in die Höhe schnellen. Das zeigt nicht nur, dass die deutsche Biotechnologie keineswegs so morbide ist, wie die Aktienkurse zuletzt vermuten ließen. Es ist auch ein weiteres Beispiel dafür, wie viel den traditionellen Pharmakonzernen die Innovationskraft der Schwesterbranche inzwischen wert ist« (Lembke 2007).

---

frisches Geld ein. Regelmäßige Kapitalerhöhungen über den Verkauf von neuen Aktien an private und institutionelle Investoren (im Englischen PIPE genannt: *private investment in public equity*) führte und führt auch die Berliner MOLOGEN durch.

5.2.3.3 »Deals« tragen zunehmend zur Finanzierung bei

Neben Eigenkapital trugen zunehmend Pharma-Partnerschaften zur Finanzierung der Aktivitäten der deutschen Biotech-Firmen bei. Zehn bis 15 Jahre nach der Gründung der Unternehmen waren deren Entwicklungen langsam so weit gediehen, dass

Technologien oder Wirkstoffkandidaten über Auslizenzierungen zur finanziellen Versorgung beitragen konnten (◧ Tab. 5.6). Der Spitzenplatz ging dabei an die 1992 gegründete MorphoSys, die mit einem potenziellen »1000-Millionen-Dollar-Deal« für Schlagzeilen sorgte (▶ Die deutsche Biotechnologie ist tot. Es lebe die deutsche Biotechnologie!). Auch in der US-Biotech-Branche fanden die ersten größeren Deals zehn bis 15 Jahre nach der »Gründung« statt. Das war allerdings zeitverschoben Mitte der 1990er-Jahre, also zehn Jahre vor dem Beginn der Entwicklung in Deutschland. Somit war es auch vor dem großen Börsenboom gewe-

2012: fortgesetzte Allianz zwischen MorphoSys und Novartis

»Die langjährige Zusammenarbeit kann nun von neuen Technologien profitieren, die zum Zeitpunkt der Vertragsunterschrift des derzeitigen Vertrags im Jahr 2007 noch nicht zur Verfügung standen. Damit beabsichtigen beide Parteien, die Entwicklung neuer therapeutischer Antikörper zu beschleunigen und die allgemeine Produktivität der Allianz weiter zu verbessern. Finanzielle Einzelheiten wurden nicht bekannt gegeben. … Im Rahmen der neuen Vereinbarung werden die Unternehmen das gesamte Technologieportfolio von MorphoSys einsetzen, darunter Ylanthia und Slonomics, um therapeutische Antikörper zu gewinnen. Ylanthia, die Antikörperplattform der nächsten Generation, soll der HuCAL-Technologie, die bisher die Grundlage der therapeutischen Antikörperforschung bildete, nachfolgen. Für die Optimierung von Antikörpereigenschaften kommen Slonomics-basierte Technologien zum Einsatz. Beide Unternehmen einigten sich, zukünftige Verbesserungen der Plattform wechselseitig zu lizensieren. Novartis wird weiterhin eine dezidierte Forschungsmannschaft bei MorphoSys finanzieren und wie bisher jährliche Lizenzgebühren bis zum Abschluss der Kooperation im Jahr 2017 entrichten. Die Unternehmen einigten sich ferner darauf, die Optionen auf gemeinsam verfolgte Entwicklungsprogramme verstreichen zu lassen, da MorphoSys beabsichtigt, seinen Fokus verstärkt auf die vielversprechenden firmeneigenen Antikörperwirkstoffe zu legen. MorphoSys und Novartis begannen ihre Zusammenarbeit im Jahr 2004. Im Dezember 2007 erweiterten die Parteien ihre Kooperation und unterzeichneten eine der umfangreichsten strategischen Allianzen zur Entdeckung und Entwicklung von biotechnologischen Wirkstoffen. Die Kooperation hat bereits zu sechs Wirkstoffprogrammen in der klinischen Entwicklung geführt, vier davon werden bereits in Phase-2-Studien erprobt« (MorphoSys 2012).

sen, der den US-Unternehmen zusätzlich Kapital für den weiteren Aufbau brachte. Zudem hatten die Top-Gesellschaften wie Amgen, Genentech, Biogen oder Genzyme bereits bewiesen, dass »Biotech geht« und neuartige Medikamente auf den Markt zu bringen sind.

MorphoSys hatte immer an der Entwicklung seiner Antikörper-Plattformtechnologie festgehalten, ohne sich zwischendurch an der Einlizenzierung von Wirkstoffen zu versuchen (das passierte erst jüngst). Durststrecken überwand das Unternehmen, indem es Forschungsantikörper verkaufte, und zwar als Marktführer in Europa. Dazu übernahm es 2005 und 2006 zwei britische Firmen und verschmolz sie zur AbD Serotec. Ende 2012 verkaufte MorphoSys die Sparte gewinnbringend für 53 Mio. € an den US-Spezialisten Bio-Rad. MorphoSys war zudem seit 2004 in der Lage gewesen, profitabel zu arbeiten. Seit 2004 fand auch bereits die Zusammenarbeit mit Novartis statt.

Der Abschluss von 2007 war im Grunde genommen eine Erweiterung gewesen und wurde im Jahr 2012 auch nochmalig ausgeweitet (▸ 2012: fortgesetzte Allianz zwischen MorphoSys und Novartis). Basis dafür war das Angebot optimierter Technologien, die MorphoSys im Zusammenhang mit der Übernahme der Münchener Sloning im Jahr 2010 erwarb.

5.2.3.4   Resummee zur Phase »Zurück in die Zukunft«

Zum Ende der Phase zwischen 2005 bis 2007 resummiert Ernst & Young (2008):

» Schon im letzten Ernst & Young Biotechnologie-Report mit dem Titel »Verhaltene Zuversicht« wurde ein insgesamt positives Resümee gezogen und der deutschen Biotech-Branche bescheinigt, auf einem guten Weg nach vorne zu sein. Allerdings hatte ein akuter Einbruch bei der Finanzierung privater Unternehmen die Zuversicht noch eingeschränkt. Im Jahr 2007 wurde dieser Kurs fortgesetzt. Getragen wurde diese Entwicklung im vergangenen Jahr vor allem durch die guten Aussichten auf eine zunehmende Zahl von Produkten mit bevorstehendem Marktzugang [◱ Abb. 5.8]. Zu allen sieben Medikamenten im Zulassungsprozess wird eine Entscheidung seitens der Behörden noch in diesem Jahr erwartet. (Ernst & Young 2008)

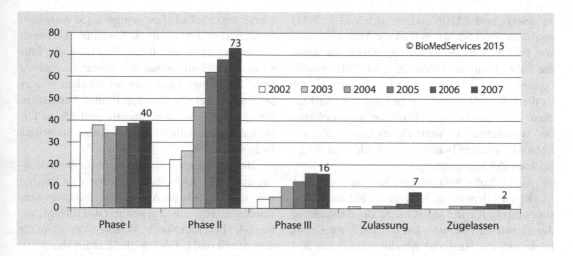

▫ Abb. 5.8 Zahl an Medikamentenkandidaten deutscher Biotech-Firmen in klinischen Studien, in der Zulassungsphase und auf dem Markt in den Jahren 2002 bis 2007. Erstellt auf Basis von Daten aus Ernst & Young (2003–2008)

Bei diesen Medikamentenkandidaten, die sich 2007/2008 jeweils im Zulassungsverfahren bei der europäischen Behörde EMA (European Medicines Agency) befanden, handelte es sich um:

— Satraplatin (Chemotherapeutikum) in Kombination mit Prednisone von GPC Biotech,

— Diractin (neu formuliertes Ketoprofen) von IDEA,

— Icatibant (synthetisches Dekapeptid) von Jerini,

— Oracea (neu formuliertes Tetrazyklin-Antibiotikum) von Medigene und Partner Collagenex,

— Veregen (katechinhaltiges Pflanzenextrakt) von Medigene,

— Filgrastim Ratiopharm (Neupogen-Biosimilar) von Ratiopharm-Tochter, heute Teva,

— Removab (trifunktionaler Antikörper) von TRION Pharma und Partner Fresenius Biotech.

Allein Removab war als neuartiges Biopharmazeutikum anzusehen, das heißt, es wurde mit den Methoden der molekularen Biologie entwickelt. In diese Kategorie fiel zwar auch Filgrastim, es war allerdings lediglich ein biosimilares Nachfolgeprodukt zu dem Original Neupogen von Amgen.

Icatibant als Peptidmimetikum entstammte der Peptidforschung und kann als Biopharmazeutikum i. w. S. (▸ Abschn. 3.1.1.1) erachtet werden.

Oracea und Veregen sind Moleküle aus biologischen Organismen, das heißt Bakterien und Pflanzen, und werden aus diesen extrahiert. Die Anträge für die beiden klassisch chemischen Wirkstoffe Satraplatin und Diractin wurden später zurückgezogen. Veregen, das bereits im Oktober 2006 von der FDA die US-Zulassung erhielt, nahm später den Weg über einzelne Länderzulassungen, es erfolgte also keine zentralisierte europäische Zulassung seitens der EMA. Alle anderen Zulassungskandidaten erreichten später erfolgreich das Ziel des Marktes.

Die Hoffnungen beruhten Ende 2007 zudem auf acht Produkten in 16 klinischen Phase-III-Studien. Die sie testenden Firmen waren unter anderem Biofrontera, Curacyte, Cytonet, IDEA, LipoNova, PAION sowie WILEX. Um es vorwegzunehmen: Curacyte, Cytonet, IDEA, LipoNova, PAION und WILEX erreichten ihr Ziel nicht. Curacyte entwickelte einen Naturstoff (chemisch modifiziertes Hämoglobin) gegen den distributiven Schock, eine sehr herausfordernde Indikation. LipoNova setzte auf ein zellbasiertes Tumorvakzin und WILEX auf einen therapeutischen Antikörper, beide gegen Krebserkrankungen. PAION erlitt 2007 mit seinem Desmoteplase-Projekt (rekombinanter Plasmin-Aktivator zur Behandlung von Schlaganfall-Patienten) einen Rückschlag in der Phase-III-Studie. Diese wurde dann aber neu aufgesetzt und PAION trennte sich später (2012) von dem Produkt, das voll in die Verantwortung von Partner Lundbeck überging. Lundbeck stellte die Entwicklung des Wirkstoffs Ende 2014 endgültig ein. Noch nicht ausreichend erfassbar wirksam ist die Leberzelltherapie zur Behandlung von Kindern mit angeborenen Harnstoffzyklusdefekten der Weinheimer Cytonet: Dieses Urteil fällte die EMA vor kurzem bezüglich des Ende 2013 eingereichten Zulassungsantrages.

Allein Biofrontera gelangte inzwischen an den Markt, nachdem sie im September 2010 den Zulassungsantrag für ihr Medikament zur Behandlung der aktinischen Keratose bei der EMA einreichte. Diese ließ die Hautsalbe Ameluz dann Ende 2011 für den europäischen Markt zu. Der Erfolg ließ also noch vier Jahre auf sich warten.

Die wichtigsten Entwicklungen im Jahr 2007 waren laut Ernst & Young (2008):
- Erreichen der Umsatzmilliarde,
- deutliche Zunahme der Zahl der Beschäftigten sowie der Investitionen in Forschung und Entwicklung,
- Verdreifachung der Medikamente in der Zulassungsphase sowie weitere Zunahme der Wirkstoffe in der klinischen Phase-II-Prüfung,
- Allianzen mit der höchsten Bewertung in der Geschichte der deutschen Biotech-Industrie,
- deutliche Erholung bei der Risikokapital-Finanzierung privater Unternehmen,
- enttäuschende Entwicklung bei Börsengängen, aber erfolgreiche Kapitalerhöhungen bereits börsennotierter Gesellschaften,
- Kursverluste bei den börsennotierten Biotech-Unternehmen.

Aufgrund einiger Übernahmen in dieser Phase verschwanden ein paar *public*-Unternehmen aus der Statistik von Ernst & Young (MWG Biotech, GeneScan, Rhein Biotech). Der Rückgang wurde aber wegen der Neuzugänge mehr als wettgemacht, sodass deren Zahl Ende 2007 bei 19 lag (plus diejenigen mit Hauptsitz im Ausland: Bavarian Nordic, Micromet und QIAGEN).

Ende 2007 zählte die Branche nach wie vor rund 400 Firmen, deren Mitarbeiterverteilung sich trotz der positiven Entwicklung nicht wirklich verändert hatte: Immer noch zählten mehr als drei

Viertel der Gesellschaften weniger als 30 Angestellte. Immerhin überschritt die Gesamtzahl erstmals wieder die Grenze von 10.000. Die Hälfte aller Mitarbeiter entfiel auf Firmen, die sogenannte *enabling tools*, Technologien und Services anboten. Weitere 38 % waren bei Therapeutika-Firmen beschäftigt, 10 % in der Molekulardiagnostik und 5 % in Firmen, die sich auf die Weiße und Grüne Biotechnik fokussierten.

Diese Angaben schließen nicht die Beschäftigten deutscher Tochterunternehmen von Konzernen mit Hauptsitz im Ausland ein. Beispiele dazu wurden anfangs schon erwähnt: QIAGEN, Micromet oder Bavarian Nordic. Weitere Firmen, auf die dies zutrifft und bei denen die Situation durch Fusion oder Übernahme entstand, waren in den Jahren 2006 und 2007 beispielsweise:
- Artemis Pharmaceuticals (Exelixis, später zu Taconic);
- Atugen (Silence Therapeutics), später geschlossen;
- CellMed (Biocompatibles, < BTG International);
- Coley Pharmaceuticals (Pfizer), später geschlossen;
- Eurofins-Töchter: MWG Biotech, GeneScan, MediGenomix;
- Rhein-Biotech (Dynavax Europe);
- Ribopharma (Alnylam Europe), später geschlossen;
- Vivacs (Emergent Product Development Germany);
- Zentaris (Aeterna Zentaris).

Nach der Statistik von biotechnologie.de (2008) beschäftigten Biotech-Firmen in Deutschland Ende 2007 über 14.000 Mitarbeiter, verteilt auf knapp 500 Firmen. Im Durchschnitt kam diese Statistik so auf 28 Angestellte, Ernst & Young auf 25. Bei biotechnologie.de zählten auf jeden Fall die QIAGEN-Mitarbeiter in Deutschland dazu, die damals rund 1000 gewesen sein dürften. Nach Abzug dieser Zahl kam die biotechnologie.de-Statistik auf 26 Beschäftigte je Unternehmen. Ähnliches betrifft den Umsatz, den diese Statistik für Ende 2007 mit 2 Mrd. € – doppelt so viel wie bei EY – angibt. Zum Stand der Branche führt Ernst & Young (2008) weiter aus:

» Insgesamt drängt sich ein Vergleich der deutschen Biotech-Industrie mit einem Jugendlichen auf, der langsam erwachsen wird und somit dem Auf und Ab der Pubertät entwächst; der ruhiger geworden ist, Rückschläge besser verkraftet aber dennoch noch nicht das Ziel der Reifeprüfung oder gar eines gut situierten, erfolgreichen Erwachsenen erreicht hat. Einzelne Rückschläge bei der Medikamenten-Entwicklung in Deutschland, die verfahrene Situation im Bereich der grünen Biotechnologie sowie eine allgemeine schlechte Stimmung an den Kapitalmärkten aufgrund der so genannten Subprime-Krise waren Stolpersteine auf diesem an sich guten Kurs. … Im Bereich der Finanzierungen sowie beim Abschluss von Kooperationen haben die deutschen Unternehmen im vergangenen Jahr Fortschritte erzielt – allerdings zeigt der vergleichende Blick nach Europa, dass in anderen Ländern teilweise noch erfolgreicher gearbeitet wird (Ernst & Young 2008).

5.2.3.5 Passende Rahmenbedingungen wären das A und O

Immer wieder schien und scheint die Finanzierungssituation das Problem zu sein, das den jungen technologieorientierten Firmen neben dem inhärenten Risiko in der Medikamenten-Entwicklung Hürden in den Weg legt. Für Deutschland spielen bei Ersterem aus Sicht der Investoren vor allem auch Rahmenbedingungen eine Rolle (▶ Ein Schweizer Investor zum Biotech-Standort Deutschland).

5.2.4 2008 bis 2011: Kursfortsetzung mit Hürden – Fallstrick Finanzierung?

Die Phase von 2005 bis 2007, die der deutschen Biotech-Industrie wegen einiger positiver Entwicklungen neuen Aufschub gab, ging ab 2008 in eine Phase leichten Abschwungs beziehungsweise in eine Seitwärtsbewegung mit kleinen Aufs und Abs über. Dieser Verlauf enttäuschte, da sich viele den seit Längerem gewünschten und erwarteten Durchbruch erhofften. Durchbruch, was heißt das? Ein deutlich

sichtbarer Aufschwung, basierend auf Markteinführungen oder erfolgreichen Produkt-Weiterentwicklungen, kräftigem Mitarbeiter- und Umsatzzuwachs sowie guter Finanzierung, sei es durch Umsatz und Gewinn, Partnerschaften oder Eigenkapital.

Um nochmals den Vergleich mit dem Jugendlichen zu bemühen, der langsam erwachsen wird und somit dem Auf und Ab der Pubertät entwächst: Die Phase 2008 bis 2011 stellte eine Art Verlängerung dieses Zustands dar. Das heißt, die Hoffnung auf ein schnelles »Augen-zu-und-durch« nach den ersten Anzeichen einer Aufwärtsbewegung hatte sich zerschlagen, wie so manchmal im richtigen Leben. Daher der erste Teil des Titels in diesem Abschnitt: »Kursfortsetzung mit Hürden«. Denn – um es vorwegzunehmen – die Kennzahlen des Sektors wie Anzahl der Firmen und Mitarbeiter sind – trotz durchwachsener Finanzierung – bis auf ein paar kleine Schwankungen einigermaßen stabil geblieben. Der Umsatz konnte sogar leicht wachsen (◘ Abb. 5.2). An sich war das also die Fortsetzung des guten Kurses, der aufgrund anderer Einschränkungen hier und da mit Hürden kämpfen musste: weiterer Ausfall von vielversprechenden Medikamenten-Kandidaten sowie Verschlechterung der Eigenkapital-Zufuhr, auch im Zusammenhang mit der allgemeinen weltweiten Finanzkrise. Daher der zweite Teil des Titels: »Fallstrick Finanzierung« – allerdings als Frage formuliert, weil dies für einige Firmen so gar nicht galt.

Als Reaktion wurde der Gürtel mal wieder enger geschnallt und je nach Finanzausstattung Projekte auf Eis gelegt. Sichtbar wurde dies über das kontinuierliche Absinken der FuE-Ausgaben (◘ Abb. 5.2). Ein größerer Einbruch bei der Mitarbeiterzahl – so geschehen in der »richtigen« Krise von 2002 bis 2004 – fand allerdings nicht wieder statt. Dieses Mal waren die Firmen nicht übermäßig »aufgeblasen« gewesen, das heißt, die Korrektur in der letzten Krise war eigentlich nur die Folge einer maßlosen Überhitzung zuvor gewesen. So sind einige Biotech-Firmen in der Boomphase des lockeren Geldes von manchen Investoren dazu getrieben worden, möglichst viele Mitarbeiter aufzubauen, zu klotzen und nicht zu kleckern, was beispielsweise in der Aufforderung zur Anschaffung von Luxusfahrzeugen zum Ausdruck kam.

Ein Schweizer Investor zum Biotech-Standort Deutschland

»Trotz der enormen Wirtschaftskraft Deutschlands und vielfältiger positiver Faktoren sind in einzelnen Bereichen Defizite vorhanden. Aus Sicht eines Investors waren zwei Faktoren in den letzten Jahren von besonderer Bedeutung. Die Aktienmärkte boten in Deutschland keine Plattform für junge Biotechnologie-Unternehmen. In der Schweiz und im Beneluxraum gab es diesbezüglich ein freundlicheres Klima. Darüber hinaus wurden nur sehr wenige neue Life Science Venture Capital Fonds aufgelegt, zudem ist das Fondsvolumen im internationalen Vergleich meist eher klein. Nicht zuletzt auch deswegen, da es nur sehr wenige institutionelle Investoren gibt, die in deutsche Fonds in diesem Bereich investieren. Die fehlende Basis an Pensionsfonds wird nicht durch die vorhandenen Banken und Versicherungen kompensiert. Diese sind in den letzten Jahren überwiegend als mögliche Investoren für Fonds in Deutschland ausgefallen. Wenn diese investieren, dann zumeist in international agierende US oder Asien basierte Fonds. Gründe sind die attraktiveren Rahmenbedingungen in anderen Ländern sowie die besseren Renditeerwartungen in den USA oder Asien. Kapitalströme suchen sich die attraktivsten Bedingungen im internationalen Vergleich. Insofern stehen Länder wie Fonds und Unternehmen in einem internationalen Wettbewerb. Zukünftig wird dieser Wettbewerb durch aufstrebende Länder wie Indien und China weiter verschärft. Für Deutschland fehlen bislang Erfolgsgeschichten wie die einiger Schweizer BiotechUnternehmen, die Investoren als ‚proof of concept‘ dafür dienen können, dass alle notwendigen Voraussetzungen für Erfolg gegeben sind. Innovation ist dadurch gekennzeichnet, dass neue Ideen zu neuen Produkten führen. Will Deutschland als Land, welches von Innovationen abhängig ist, nicht den Anschluss im Life Science Bereich verlieren, ist es erforderlich, die kommerzielle Umsetzung von Innovationen in Unternehmen in den Vordergrund zu stellen. Venture Capital Fonds dienen als Katalysator für diese Umsetzung. Es ist daher notwendig, die Bedingungen für Fonds zu verbessern oder zumindest die rechtlichen und steuerlichen Bedingungen für Investitionen in Unternehmen international wettbewerbsfähig zu machen. Als Beispiele seien hier das Thema Verlustvorträge und die schwierige Diskussion um das Private Equity Gesetz genannt. Länder wie die Schweiz und auch Frankreich konnten durch rahmenpolitische Vorgaben attraktivere Bedingungen schaffen. Volkswirtschaftliche Vorteile und innnovationssichernde Impulse herauszustellen, um damit auch die öffentliche Meinung zu gewinnen, ist in Deutschland nur sehr begrenzt gelungen. Sehr gut ausgebildete Wissenschaftler, eine gute Infrastruktur und Gründungsförderung sind wichtige, aber nicht ausreichende Rahmenbedingungen, um aus Projekten erfolgreiche Unternehmen formen zu können. Insbesondere im Life Science Bereich sind ausreichende Finanzmittel über mehrere Finanzierungsrunden notwendig. Politisch initiierte Maßnahmen wie zum Beispiel der ERP Startfonds sind sehr hilfreich, machen aber nachhaltig nur Sinn, wenn es genügend Fonds gibt, die gewillt sind, in Deutschland zu investieren. Nur so kann sichergestellt werden, dass zumindest für einen Teil der Unternehmen, Nachfolgefinanzierungen gesichert werden können. Um die eigentlich guten Voraussetzungen in Deutschland richtig nutzen zu können muss die gesamte Wertschöpfungskette von der Idee über die Unternehmensfinanzierung bis hin zur Kommerzialisierung im internationalen Vergleich attraktiv sein. Dann wird sich dieser zukunftsweisende Sektor auch in Deutschland weiter etablieren können« (Asam 2008).

5.2.4.1 Wieder einmal Licht und Schatten bei den Finanzierungen

Der Beginn der Phase gestaltete sich laut Ernst & Young (2009) wie folgt: »In 2008 hat die deutsche Biotech-Industrie ihren guten Kurs von 2007 zwar fortsetzen können, allerdings wurden auch Fallstricke ausgelegt. Vor allem reduzierte sich die Versorgung der Branche mit Eigenkapital drastisch – offenbar erste Auswirkung der Finanz- und Wirtschaftskrise. Im Beobachtungszeitraum 2008 hatte dies jedoch noch nicht zu deutlich sichtbaren operativen Einschnitten geführt.« Dennoch fragten sich die Analysten, »inwieweit es gelingen würde, diese Fallstricke im Verlauf des Jahres 2009 zu umgehen, ein Stolpern zu vermeiden und Stürze abzufedern.« Für die nachfolgenden Jahre sah die Einschätzung der Analysten für den Finanzierungsbereich dann folgendermaßen aus (Ernst & Young 2010, 2011, 2012):

- 2009:
  - Das Beteiligungskapital in Form von Venture Capital (VC) brach weiter ein.

- Die Finanzierung der börsennotierten Firmen stabilisierte sich; die Marktkapitalisierung stieg im Jahresverlauf deutlich an.
- Die Branche schien aufgrund einer stärker servicelastigen Verteilung der Geschäftsmodelle gegen die Finanzierungskrise gefeit.

- 2010:
  - Die Ausstattung mit VC erholte sich kräftig und stieg in der Summe auf mehr als das Dreifache an; allerdings vornehmlich getragen durch wenige große Runden, angeführt von den *Family Offices* Strüngmann und Hopp; für den Großteil der Branche war keine Verbesserung des Finanzierungsklimas spürbar.
  - Die Zusammensetzung der Finanzierungsrunden änderte sich zugunsten größerer Konsortien, einer zunehmenden Bedeutung von Privat-, ausländischen und Corporate-Investoren sowie einer Vielzahl von kleinen und regionalen Geldgebern.
  - Das Börsenfenster war in Deutschland im vierten Jahr in Folge fest verschlossen – keine Biotech-Börsengänge seit 2006.
  - Der Kapitalmarkt für die Finanzierung von börsennotierten Biotech-Firmen war insgesamt schwach.

- 2011:
  - Der deutliche Anstieg der Finanzierungszahlen für die Biotech-Industrie im Jahr 2010, der Hoffnungen weckte, dass die Talsohle nach der Finanz- und Wirtschaftskrise durchschritten sei, erwies sich als trügerisch. 2011 konnte noch weniger VC eingesammelt werden als 2009, wobei damals dieses Ergebnis immerhin als dramatischer Absturz infolge der weltweiten ökonomischen Umwälzungen erklärt werden konnte.
  - Das klassische Finanzierungsmodell über Risikokapital schien weitgehend gescheitert, was meist als Niedergang der Biotech-Branche interpretiert wurde.

Zusammengefasst gab es also wieder ein Auf und Ab über die Jahre 2008 bis 2011. Ohne die Ausnahmefinanzierungen des Jahres 2010 war es allerdings eher ein stetes Bergab, das sogar weit

unter dem VC-Niveau der Krisenjahre 2002 und 2003 endete (◘ Abb. 5.9). Die 2010er-Ausnahmefinanzierung war ein Ausreißer in der Abwärtsbewegung, da in diesem Jahr die *Family Offices* mehrere sehr große Runden zum Teil im Alleingang stemmten: Die 55-Mio.-Runde für AiCuris durch die Santo Holding, einem Investment-Vehikel der Strüngmann-Brüder, die 54-Mio.-Runde für immatics biotechnologies durch dievini Hopp Biotech und AT Impf (Strüngmann) sowie die 28-Mio.-Runde für CureVac, die allein die dievini Hopp Biotech übernahm. Ohne deren Unterstützung wäre Risikokapital praktisch nicht vorhanden gewesen, daher die Einschätzung der Analysten von Ernst & Young, dass das klassische VC-Modell gescheitert sei. Dieses arbeitet jedoch – im Gegensatz zu den *Family Offices* – nicht mit eigenem Geld, sondern investiert »lediglich« zur Verfügung gestellte Mittel anderer Investoren, die diese mehren möchten. Der Zwang zum *return on investment* (ROI) bewirkte, dass sich klassische VCs nach anderen lukrativeren Engagements umsehen mussten. Hier haben die privaten Investoren mehr Freiheiten. Zwar erwarten auch sie letztlich einen ROI, verfügen aber oft über persönliche und/oder strategische Interessen und »ertragen« andere Zeiträume.

Für AiCuris, eine 2006 erfolgte Bayer-Ausgründung, die sich auf Infektionskrankheiten konzentriert, war es die zweite Finanzierungsrunde. Im Jahr 2012 sicherte sich der Viren-Spezialist dann weitere 110 Mio. € als Sofortzahlungen im Rahmen einer Allianz mit der US-Merck (▸ Abschn. 5.3). Bei der Tübinger immatics, die eine Technologie-Plattform für peptidbasierte Krebs-Impfstoffe aufgebaut hat, war es im Jahr 2011 die dritte Runde, nachdem die Firma 2007 mit 40 Mio. € – neben Glycotope – bereits die größte VC-Runde des Jahres abgeschlossen hatte. Auch bei der CureVac, die sich ebenfalls im Jahr 2000 in Tübingen gründete, handelte es sich um die dritte Runde. Die Familie Hopp finanzierte in den Jahren 2006 bis 2007 ebenfalls die zweite im Alleingang und investierte damals 35 Mio. €. CureVac hat sich auf die Boten-RNS spezialisiert und nutzt deren Prinzip als Informationsüberträger in Zellen ebenfalls für die Entwicklung von Krebs-Impfstoffen. ◘ Tabelle 5.7 listet die Top-Runden dieser Phase, vergleichend zu denjenigen von 2007.

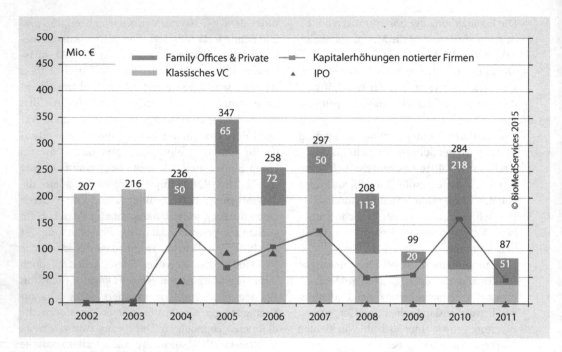

◫ Abb. 5.9 Eigenkapital-Finanzierungen deutscher Biotech-Unternehmen in den Jahren 2002 bis 2011. Erstellt nach Daten aus Ernst & Young (2003–2012). *IPO initial public offering*

◫ Abbildung 5.9 veranschaulicht nochmals die Entwicklung seit 2002: Wie nach der Krise von 2002 bis 2004 die VC-Finanzierungen in den Jahren 2005 bis 2007 wieder flossen, um dann – trotz der einzelnen großen Runden – stetig abzusinken. Klar wird auch die große Bedeutung der Kategorie »*Family Offices* & Private«. Neben den beiden Großinvestoren dieser Kategorie, die Strüngmann-Brüder und Hopp, die auch in bereits börsennotierte Biotech-Firmen investieren und jeweils fast schon 1 Mrd. € bereitstellten, fanden und finden sich zunehmend weitere Geldgeber dieser Art, die in der Biotechnologie ein lohnendes Investment sehen:

— *Family Office* Klaus Tschira (Aeris Capital): SAP-Mitbegründer,
— *Family Office* Stefan Engelhorn (BioNet): Firma Boehringer Mannheim,
— *Family Office* Christoph Boehringer (CD-Venture): Firma Boehringer Ingelheim,
— *Family Office* Martin Putsch (MP Beteiligungs-GmbH): Firma Recaro,

— *Family Office* Gerhard Mey (MEY Capital Matrix, MCM): Firma Webasto,
— *Family Office* Michael Otto: Firma Otto.

Weitere private Investoren, die bekanntlich in Biotech-Unternehmen investieren und zum Teil solche selbst gegründet und verkauft haben, sind:
— HS Life Sciences (Karsten Henco: Mitgründer oder mitbegründender Investor von QIAGEN, Evotec, NewLab, Coley Pharmaceuticals, U3 Pharma, Neurimmune Therapeutics, Medesso, CT Atlantic),
— Riesner Verwaltungs GmbH (Prof. Detlev Riesner, Universität Düsseldorf: Mitgründer QIAGEN),
— Schumacher Familienholding GmbH (Jürgen Schumacher: Mitgründer QIAGEN, NewLab),
— Science to Market Venture Capital GmbH (Rainer Christine: Gründer amaxa) – heute zu EarlyBird,

☑ **Tab. 5.7** Ausgewählte Top-VC-Runden deutscher Biotech-Firmen nach Erlös (Mio. €) in den Jahren 2007 bis 2011. (Quelle: BioMedServices (2015) nach Ernst & Young (2009, 2010, 2011, 2012))

Firma	Gründung	Erlös (Mio. €)	Jahr	Ausgewählte Investoren
Ganymed Pharmaceuticals	2001	**65**	2008	ATS Beteiligungsverwaltung, Future Capital, MIG Fonds
AiCuris	2006	**55**	2010	Santo Holding
Immatics biotechnologies	2000	**54**	2010	dievini Hopp BioTech, MIG, Wellington, AT Impf
		40	2007	3i Group, DH Capital, EMBL Ventures, Grazia Equity, KfW, L-EA, Merifin, NTEC, Vinci Capital, Wellington
Glycotope	2001	40	2007	Jossa Arznei
Ganymed Pharmaceuticals	2001	37	2007	VI Partners, Future Capital, Ingro Finanz, LBBW, MIG, Nextech Venture, ONC Partners, Varuma, ATS Beteiligungsverwaltung
NOXXON Pharma	1997	37	2007	DEWB, Dow Venture Capital, Rothschild, IBG, Seventure Partners, Sofinnova Partners, TVM
Probiodrug	1997	36	2009	BB Biotech Ventures, Rothschild, LSP, Biogen Idec New Ventures, IBG, TVM, HBM BioVentures, CFH Group
CureVac	2000	**35**	2006/2007	DH Capital
NOXXON Pharma	1997	35	2010	NGN Capital, TVM, Sofinnova, Rothschild, Seventure, Dow Venture Capital, IBG, Dieckell Group, CD-Venture
Curetis	2007	34	2009–2011	Aeris Capital, LSP, BioMed Invest, KfW, Forbion, Roche Venture, CD-Venture
Apogenix	2005	**28**	2008	dievini Hopp BioTech
CureVac	2000	**28**	2010	dievini Hopp BioTech
Pieris Pharmaceuticals	2001	25	2008	BioM, Forbion Capital Partners, Gilde, Global Life Science Ventures, Novo Nordisk Biotech Fund, OrbiMed Advisors
Scil Proteins	1999	**24**	2011	BioNet
Affimed Therapeutics	2000	20	2010	Aeris Capital, BioMedInvest, LSP, Novo Nordisk, OrbiMed
SuppreMol	2002	16	2008	MIG Fonds, BioMedInvest, Santo Holding, Zetacube, KfW, Bayern Kapital, Max-Planck-Gesellschaft
		16	2010	MIG Fonds, BioMedPartners, Santo Holding, KfW, Bayern Kapital, Max-Planck-Gesellschaft, FCP Biotech Holding
Probiodrug	1997	15	2011	BB Biotech Ventures, Biogen Idec New Ventures, Rothschild, GoodVent, HBM BioVentures, LSP, TVM, Wellington

Runden mit Hauptbeteiligung der *Family Offices* sind fett markiert

Der Einstieg der Brüder Strüngmann in Biotech

»,Wir investieren vor allem in Menschen', sagt Thomas Strüngmann. Etwa in Helga Rübsamen-Schaeff. Die habilitierte Biologin, damals Leiterin der Infektionsforschung bei Bayer, bat die Brüder, die sie von Konferenzen und Vorträgen kannte, vor sieben Jahren um Hilfe. Bayer hatte entschieden, die Infektionsforschung einzustellen. Den Strüngmännern war eben der Verkauf von Hexal an Novartis geglückt. Rübsamen-Schaeff überzeugte die beiden: Sie investierten 55 Millionen Euro in AiCuris, das neue Unternehmen der Forscherin. ,Wir hatten großes Vertrauen in ihre Arbeit', sagt Thomas Strüngmann. Die Wissenschaftlerin genießt einen hervorragenden Ruf. ,Aber wir hatten damals nicht wirk-

lich Ahnung von dem Geschäft.' AiCuris war der Anfang. Mittlerweile ist das Brüderpaar an gut einem Dutzend Biotech-Unternehmen in Deutschland beteiligt. Anders als Hopp tauchen die Zwillinge auch schon mal auf den Laborfluren auf und reden mit den Forschern. Dabei sprudelt insbesondere Thomas vor Energie, spricht schnell, springt von einem Punkt zum anderen. Und kann sich herrlich aufregen, etwa über die Kultur in den Pharmakonzernen. Da zählten nur Businesspläne, Kontrolle, Hierarchien und die Regeln des Kapitalmarkts. Bei Hexal war alles ganz anders, sagt Strüngmann: Vertrauen, flache Hierarchien, Eigenverantwortung. Zwischen 1988 und 2005 kämpften sie mit ihrem

Billigpillenunternehmen gegen die Platzhirsche der Branche wie Bayer und Hoechst um Patente und Preise. Nun brennt Strüngmann darauf, es der großen Konkurrenz noch mal zu beweisen. Er will zeigen, dass kleinere Unternehmen bessere Medikamente entwickeln. In fünf Jahren möchte er aus einer Biotech-Beteiligung – welche, verrät er nicht – ein Pharmaunternehmen aufbauen und innovative Präparate zur Marktreife bringen. Strüngmann geht es aber auch darum, die Biotech-Branche in Deutschland wieder voranzubringen. Daher kann er auch gönnen: ,Uns würde nichts mehr freuen, als wenn der nächste große Erfolg aus dem Portfolio von Dietmar Hopp käme'« (Salz und Kutter 2013).

- ELSA Eckert Life Sciences Accelerator GmbH (Andreas Eckert: Gründer Eckert & Ziegler),
- ROI Verwaltungsgesellschaft mbH (Roland Oetker),
- Alternative Strategic Investment (Alstin, Carsten Maschmeyer),
- RMMM Holding GmbH (Martin Nixdorf),
- FCP Biotech Holding,
- Prinz von Hohenzollern (PvH).

Die pharmaerfahrenen Investoren Strüngmann (► Der Einstieg der Brüder Strüngmann in Biotech) setzen dabei auf ganz verschiedene Ansätze wie Antikörper gegen neue Targets, Biobetters, RNS-Impfstoffe, Peptid-Impfstoffe oder antivirale Substanzen.

> » Mein Bruder und ich kommen aus der Pharma-Branche und unser persönliches Ziel ist es, noch einmal ein hochinnovatives Unternehmen aufzubauen und medizinische Produkte mit hohem Patientennutzen auf den Markt zu bringen. Unsere Investmentaktivitäten gehen vor allem auf drei wesentliche Faktoren zurück: Menschen mit Visionen und klar strukturierten Plänen zur Realisierung; Ideen, die wirklich innovative Therapiekonzepte adressieren (z. B.

Medikamente gegen multiresistente Bakterien oder Immuntherapie für die Behandlung von Krebserkrankungen); Produkte mit wesentlichem Mehrwert für den Patienten. (Strüngmann 2012)

◘ Abbildung 5.9 zeigt auch, dass das Börsenfenster in der Vier-Jahres-Periode weiter fest verschlossen blieb. Damit waren es dann schon fünf Jahre, seitdem 2006 die letzten IPOs deutscher Biotech-Gesellschaften stattgefunden hatten. Anfangs war dafür natürlich die weltweite Finanzkrise eine gute Erklärung. Sogar in den USA fanden in den Jahren 2008 und 2009 fast keine Biotech-IPOs statt. Ab 2010 ging es dort aber wieder langsam los.

In Deutschland war aufgrund fehlender Erfolgsgeschichten das Interesse des Kapitalmarktes gering. Selbst die bereits börsennotierten Firmen konnten nur kleine Beträge an frischem Kapital aufnehmen, und dies in der Regel von bestehenden oder anderen privaten Finanziers, also ohne öffentliche Angebote. Bis auf das Ausreißerjahr 2010 lag die Summe der Nachfinanzierungen ebenfalls auf dem niedrigsten Niveau seit Ende der Krisenzeiten von 2002 und 2003. Den Ausreißer verursachte die frühere GPC Biotech, die nach dem Rückschlag im

Jahr 2007 über die 2009 erfolgte Fusion mit der US-Biotech-Gesellschaft Agennix deren Namen annahm und einen Neustart durchführte. Mit einem Wirkstoff in Phase III gelang es dann 2010, in zwei Schritten die Summe von 88 Mio. € einzunehmen.

In dieser Periode ereigneten sich zudem einige Delistings, das heißt manche der 19 *public*-Firmen verschwanden aus unterschiedlichen Gründen von den Kurszetteln: Jerini (2008) und GENEART (2010) aufgrund der Übernahme durch Shire und Life Technologies, Arthro Kinetics (2008) als »*going private*« sowie LipoNova (2009) und NascaCell (2010) wegen Geschäftsauflösung.

5.2.4.2 Abermals tragen strategische Allianzen zur Finanzierung bei

Biotech-Unternehmen profitieren bei einer Kooperation mit Pharma-Partnern neben finanziellen Mitteln oft auch vom Know-how des Partners. Da Pharma-Konzerne zunehmend auf die innovativen Ansätze von Biotech-Firmen angewiesen sind, kann daraus eine Win-win-Situation entstehen. Es gibt Biotech-Gesellschaften in Deutschland, wie beispielsweise die Heidelberger Cellzome, die sich jahrelang ausschließlich über derartige Partnerschaften finanzierten. So führt Cellzome auch die Rangliste mit den wertvollsten Partnerschaften in den Jahren 2008 bis 2011 an (◘ Tab. 5.8).

Sie war damit ziemlich schnell nicht mehr auf Risikokapital angewiesen und überzeugte den Partner GSK schließlich so sehr, dass dieser Cellzome später im Jahr 2012 komplett übernahm. Morpho-Sys fließen über die im Jahr 2007 abgeschlossene Partnerschaft mit Novartis jährlich bis zu 70 Mio. € an liquiden Mitteln zu. Bis zum Ende des Jahres 2011 waren diese beiden Allianzen die größten, die jemals von einer deutschen Biotech-Firma vereinbart werden konnten. Sie lagen beide über der »magischen 1000-Mio.-Dollar-Grenze«. Kooperationen, die über 500 Mio. € (600 bis 700 Mio. US$) an potenziellem Wert erreichen, spielen auch noch in einer oberen Liga. Zu berücksichtigen ist hierbei allerdings auch, in welcher Phase der Medikamenten-Entwicklung der Deal geschlossen wurde. Je marktnäher, desto mehr wird in der Regel gezahlt. In der Forschungsphase befanden sich bei Dealabschluss zum Beispiel (◘ Tab. 5.8) die Projekte von

Affectis, Cellzome (in 2010), CureVac, Pieris Pharmaceuticals (beide). Diejenigen von Scil (beide) und DeveloGen (2010 als Evotec-Tochter) befanden sich in der Präklinik.

Ernst & Young (2009) analysierte die weltweit geschlossenen Biotech-Allianzen der Jahre 2005 bis 2008 und ermittelte, dass allein den sechs Top-Akteuren GlaxoSmithKline (GSK), Novartis, Roche, Pfizer, Merck & Co., AstraZeneca und Bristol-Myers Squibb (BMS) ihre Biotech-Partnerschaften in der Summe bis zu 44 Mrd. € wert waren. Berechnet war diese Summe aus veröffentlichten Sofort- und Meilensteinzahlungen, Lizenzzahlungen aus zukünftigen Umsätzen (*royalties*) wurden hierbei noch gar nicht berücksichtigt. Die Analysten betonten allerdings, dass diese Summe sich auf 147 Allianzen verteilte. Auch wiesen sie darauf hin, dass den rund 20 Top-Pharma-Konzernen weltweit mehr als 2000 Biotech-Medikamenten-Entwickler gegenüberstanden.

5.2.4.3 Zieleinlauf und Hürden auch bei den Produktentwicklungen

An dieser Front wechselten sich in der Phase von 2008 bis 2011 ebenfalls Licht und Schatten ab. Ans Ziel gelangten drei Wirkstoffe, die sich im Zulassungsprozess der EMA befanden und im Jahr 2008 von dieser grünes Licht für die Vermarktung erhielten (► Drei Zulassungen für deutsche Firmen).

Weitere Zulassungen folgten im Jahr 2009. Die bedeutendste davon war die bereits angesprochene Antikörper Removab (Catumaxomab) von TRION Pharma/Fresenius Biotech, der sich durch folgende Eigenschaften auszeichnete. Er war:

— das erste Medikament gegen malignen Aszites (Ansammlung von Flüssigkeit in der Bauchhöhle nach deren Besiedlung mit Krebszellen),
— der einzige Antikörper gegen die Zielstruktur EpCAM (epitheliales Zelladhäsionsmolekül),
— der erste bispezifische, trifunktionale Antikörper sowie
— der erste therapeutische Antikörper »*made in Germany*« (► Removab – *made in Germany*).

Die Indikation maligner Aszites umfasst insgesamt eine nicht so große Patientenpopulation, sodass das Absatzpotenzial des Medikamentes beschränkt

◘ Tab. 5.8   Top-Allianzen deutscher Biotech-Unternehmen nach potenziellem Wert in den Jahren 2008 bis 2011. (Quelle: BioMedServices (2015) nach Ernst & Young (2009, 2010, 2011 und 2012))

Firma	Partner	Land	Jahr	Wert (Mio. €)	Gegenstand
Cellzome	GSK	GB	2008	1055	Entdeckung und Entwicklung von Inhibitoren für sieben Zielmoleküle auf Basis der Kinobeads-Technologie
Evotec	Roche	CH	2011	597	Weltweite Vereinbarung für die Entwicklung und Vermarktung von MAOB-Inhibitor EVT 302
Cellzome	GSK	GB	2010	508	Entwicklung von Wirkstoffen mittels Cellzomes Episphere-Technologie für vier epigenetische Enzyme
Affectis Pharmaceuticals	Merck Serono	D	2011	279	Erforschung und Entwicklung von oralen auf P2X7-Rezeptoren zielenden Substanzen
Pieris Pharmaceuticals	Sanofi	F/D	2010	271	Entdeckung und Entwicklung von zwei Wirkstoffen mittels Pieris Pharmaceuticals' Anticalin-Technologie, im Erfolgsfall Ausweitung auf vier weitere Zielstrukturen
DeveloGen (Tochter Evotec)	MedImmune (Tochter AZ)	US	2010	259	Exklusiver Zugriff auf DeveloGens Forschungsprogramm auf dem Gebiet der Regeneration von Insulin-produzierenden Betazellen in der Diabetesforschung
DeveloGen	Boehringer Ingelheim	D	2009	244	Projektbezogenes Kauf- und Kooperationsabkommen im Bereich Diabetes, Fettleibigkeit und metabolisches Syndrom
Pieris Pharmaceuticals	Daiichi Sankyo	J	2011	207	Anwendung von Pieris Pharmaceuticals' Anitcalin-Technologie zur Erforschung und Entwicklung neuer Anticaline gegen zwei Zielstrukturen von Daiichi Sankyo
Scil Technology[a]	Sanofi	F/D	2011	180	Weltweites Lizenzabkommen für Scils präklinisches Programm zur Regeneration von Knorpelgewebe
Evotec	Roche	CH	2009	170	Klinische Entwicklung der Produktkandidaten EVT 101 und EVT 103 in der Verantwortlichkeit von Evotec, finanziert durch Roche
Scil Technology[a]	Pfizer	US	2008	170	Entwicklung und Kommerzialisierung des rekombinanten knorpelspezifischen Wachstumsfaktors rhCDRAP
CureVac	Sanofi	F/D	2011	151	Validierung von CureVacs RNActive-Technologie in einem Forschungsprojekt zur Entwicklung von prophylaktischen und therapeutischen Vakzinen

[a]fusionierte später mit der börsennotierten Nanohale zur heutigen Formycon mit Fokus auf Biosimilars
CH Schweiz, *D* Deutschland, *F* Frankreich, *GB* Großbritannien, *J* Japan, *US* USA
AZ AstraZeneca, *GSK* GlaxoSmithKline

Drei Zulassungen für deutsche Firmen

»Die erste wurde von der EU Kommission nach positiver Begutachtung durch die European Medicines Agency (EMEA) Mitte Juli 2008 für Firazyr (Icatibant) zur Behandlung akuter Attacken des hereditären Angioödems (HAE) erteilt. Freuen konnte sich darüber das Berliner Unternehmen Jerini, das jedoch kurz vorher bereits bekannt gegeben hatte, von der britischen Biotech-Firma Shire übernommen zu werden. Shire hatte großes Interesse an Firazyr, das nun das erste Produkt ist, das in der Indikation HAE in allen EU-Staaten zugelassen ist. Firazyr ist ein synthetisch hergestelltes Peptidomimetikum, das als Antagonist des Peptidhormons Bradykinin wirkt, indem es den Bradykinin-B2 Rezeptor hemmt. Der Bradykinin-Spiegel ist bei Patienten, die an HAE leiden, erhöht und verursacht die während einer Attacke auftretenden Schwellungen. Zuvor hatte der Wirkstoff für die Behandlung von Angioödemen sowohl von der EU-Kommission als auch von der US-amerikanischen Gesundheitsbehörde FDA den Orphan-Drug-Status erhalten. Als zweites Unternehmen hat Ende Juli 2008 die Münchener MediGene die europäische Zulassung von Oracea zur Behandlung der Hautkrankheit Rosazea (Entzündung der Gesichtshaut) bekannt gegeben. In den USA ist Oracea bereits seit 2006 auf dem Markt, und MediGene hatte die europäischen Vermarktungsrechte für das Medikament im Jahr 2006 von dem US-Unternehmen CollaGenex erworben, das im April 2008 von Galderma Laboratories übernommen wurde. Zwei Tage nach der Zulassungsbekanntgabe veröffentlichte MediGene, dass die europäischen Rechte für Oracea ebenfalls an Galderma Laboratories verkauft wurden, eine US-Holding der schweizerischen Galderma Pharma, einem weltweit tätigen Spezialitäten-Pharma-Unternehmen mit Schwerpunkt Dermatologie. MediGene erhält dafür stufenweise Zahlungen mit einem Gesamtvolumen von bis zu 32 Millionen Euro. Mit der Unterzeichnung des Vertrages verpflichtete sich Galderma zu einer sofortigen Zahlung von acht Millionen Euro. Abhängig vom Umsatz, den Galderma mit Oracea erzielt, erhält MediGene ratenweise bis zu 24 Millionen Euro in Form von Meilensteinzahlungen. Mit dem Verkauf der Oracea-Rechte an Galderma fokussiert sich MediGene auf die Bereiche Onkologie und Immunologie. Schließlich wurde im September 2008 das erste Biosimilar-Produkt der Unternehmensgruppe ratiopharm von der EU-Kommission zugelassen. Innerhalb von ratiopharm fokussiert sich das im Jahr 2000 gegründete Tochterunternehmen BioGeneriX aus Mannheim auf die Entwicklung der Biosimilars. Mit der Tochterfirma Merckle Biotec ist die ratiopharm-Gruppe darüber hinaus in der Lage, biotechnologische Wirkstoffe auch selbst zu produzieren. Mit dem Biosimilar Filgrastim hat BioGeneriX das erste Entwicklungsprodukt erfolgreich zum Abschluss gebracht. Filgrastim ist ein so genannter Granulozyten-Kolonie-stimulierender Faktor (G-CSF) zur Behandlung verschiedener Formen von Neutropenie und zur Mobilisierung von Stammzellen. Mit diesem Arzneimittel wird dem Rückgang der weißen Blutkörperchen entgegengewirkt und somit eine möglicherweise lebensbedrohliche Infektion bei diesen Patienten verhindert. Der europäische Vertrieb des mit dem Markennamen Ratiogastrim versehenen Medikamentes wird über das Tochterunternehmen ratiopharm direct erfolgen« (Ernst & Young 2009).

blieb. Obwohl Analysten der Lehman Brothers einen Spitzenumsatz von rund 100 Mio. € prognostizierten, erreichte der jährliche Umsatz mit Removab in der Anfangszeit keine 5 Mio. €. Nachdem Fresenius als Mutterkonzern im Zeitraum 2001 bis 2011 rund 400 Mio. € in den Bereich Forschung und Entwicklung ihrer Tochter Fresenius Biotech gesteckt hatte, entschied er 2012 den Verkauf an die israelische Neopharm-Gruppe. Heute ist diese am Standort München als Neovii Biotech tätig und setzt die Aktivitäten der Fresenius Biotech fort. Dazu gehört auch der Verkauf von ATG-Fresenius S, einem polyklonalen Antikörper, der durch spezifische Bindung an T-Lymphozyten die immunologische Abwehrreaktion unterdrückt und so erfolgreiche Organtransplantationen erst möglich

gemacht hatte. Dafür erhielt das Medikament im Jahr 2011 den MMW-Arzneimittelpreis unter dem Motto »30 Jahre Immunsuppression mit ATG-Fresenius S«. Der Vorteil des aus Kaninchenserum gewonnenen Präparats ist, dass es vorwiegend auf aktivierte T-Zellen zielt, ohne jedoch die Immunabwehr des Patienten stärker zu beeinträchtigen.

Obwohl Removab selbst am Markt bisher nicht so erfolgreich war, kann dessen 2009er-Zulassung als Meilenstein erachtet werden, da prinzipiell das Konzept der bispezifischen Antikörper (► Abschn. 3.1.2.1 und ► Abb. 3.24) validiert wurde. Auf dieses setzte auch die Münchener Micromet, deren Wirkstoff Blinatumomab 2014 von der FDA den *Breakthrough*-Status zuerkannt bekam. Neovii entwickelt Removab derzeit noch für die An-

Removab – made in Germany

»Die Idee für die Triomab-Antikörper wurde in den 90er Jahren am Helmholtz-Zentrum München (damals GSF) geboren. 1997, bei einem Businessplanwettbewerb, wurde ein Vorstandsmitglied von Fresenius auf die Entwicklung aufmerksam. Schon 1998 kam es zu einer Kooperation zwischen TRION Pharma Pharma und Fresenius, die zu einer engen Partnerschaft und zur Entwicklung von Removab führte. Die Rollen wurden früh klar verteilt: Fresenius Biotech ist verantwortlich für die klinische Entwicklung und die Vermarktung, TRION Pharma wirkt an der klinischen Entwicklung mit, verantwortet die Produktion und besitzt die Triomab-Technologie mit den dazugehörigen Patenten. … Als trifunktionaler Antikörper der Triomab-Familie führt Removab drei unterschiedliche Zelltypen zusammen. Er bindet gleichzeitig an EpCAM auf Karzinomzellen, an das CD3-Molekül auf T-Zellen (Blut- zellen für die Immunabwehr) und an FcRezeptoren von akzessorischen Immuneffektorzellen (Makrophagen, Monozyten, dendritische Zellen, natürliche Killerzellen). Diese simultane Bindung führt zu einer gegenseitigen Stimulierung und Aktivierung von T-Zellen und akzessorischen Zellen und damit zu einer verstärkten Immunantwort, die eine Zerstörung der Krebszellen ermöglicht« (Lindhofer 2009).

wendung bei gastroenteralen und ovarialen Karzinomen. Der Originator, die Münchener TRION Pharma musste aufgrund dieser Entwicklungen im Jahr 2013 in einen Insolvenzprozess gehen, aus dem 2014 die Lindis Biotech hervorging. Gegründet vom Triomab-Pionier Lindhofer wird das Startup die Forschung und Entwicklung an weiteren trifunktionalen Antikörpern fortsetzen.

Zurück zu den Zulassungen in der Phase 2008 bis 2011: Erfolgreich waren in dem Jahr nochmals Medigene und BioGeneriX. Erstere mit dem schon 2006 in den USA zugelassenen Veregen, das schließlich die deutsche Zulassungsbehörde in einem dezentralen Verfahren zur Vermarktung freigab. Andere europäische Länder folgten, und Medigene schloss damals für den Vertrieb Partnerschaften mit der spanischen Juste (Spanien und Portugal) sowie der deutschen Solvay (Deutschland, Österreich und Schweiz). In Israel sollte Teva die Vermarktung übernehmen. Für BioGeneriXs Biosimilar Epoetin theta übernahmen Ratiopharm und die Berliner CT den Vertrieb unter den Handelsnamen Eporatio und Biopoin. 2010 erbrachte keine neuen Zulassungen, und diejenige von 2011 wurde bereits erwähnt: Ameluz von der börsennotierten Spezialpharma-Firma Biofrontera in Leverkusen. Ameluz wird im Rahmen der sogenannten photodynamischen Therapie (PDT) zur Behandlung der aktinischen Keratose verschrieben, einer frühen Form des weißen Hautkrebses, die noch auf die oberste Hautschicht beschränkt ist. Mit einer patentgeschützten Nanoemulsion kombiniert, penetriert die Wirksubstanz 5-Aminolävulinsäure (ALA) besser und weist eine höhere chemische Stabilität auf. Bei der PDT trägt der Patient Ameluz auf die Haut auf, und drei Stunden später wird durch zehn- bis 15-minütige Beleuchtung mit einer starken Rotlichtlampe eine chemische Reaktion ausgelöst, die betroffene Hautzellen selektiv und ohne Narbenbildung abtötet.

Nun zu den Hürden des Zeitraumes. Zwei weitere in der Zulassungsphase befindliche Wirkstoffe schafften das Ziel nicht, da ihre Anträge zurückgezogen werden mussten. Weiterhin entfiel der Statistik das eine oder andere Phase-III-Projekt, sei es durch Verkauf an einen Industriepartner, durch Insolvenz des entwickelnden Unternehmens oder aufgrund von Unwirksamkeit beziehungsweise umstrittenen Entwicklungsdaten. So mussten sich diese Hoffnungsträger dem der Medikamenten-Entwicklung inhärenten Risiko oder der angespannten Finanzierungssituation geschlagen geben:

- 2008: Reniale, ein damals weltweit erster autologer Tumor-Impfstoff gegen das nicht-metastasierte Nierenzellkarzinom von der Firma LipoNova (Insolvenzantrag im Juli 2008);
- 2011: Diractin von IDEA, zu dem nach Zweifeln durch die Behörden weitere Phase-III-Daten geliefert werden sollten (Einstellung der Aktivitäten);
- 2011: Hemoximer, ein pyridoxiliertes Hämoglobin-Polyoxethylen (PHP) zur Behandlung des distributiven Schocks von der Firma Curacyte (Abbruch der Studie, operative Tätigkeit eingestellt).

MOLOGEN – der minimalistische Ansatz

»Die MOLOGEN mit Sitz in Berlin ist eine Unternehmensgründung aus dem Institut für Molekularbiologie und Bioinformatik der Freien Universität Berlin. Nach wie vor hat das Unternehmen seinen Sitz mitten auf dem Campus, um seinen traditionell engen Dialog mit den Wissenschaften zu pflegen. MOLOGEN entwickelt neuartige Medikamente und Impfstoffe auf der Grundlage der eigenen patentierten Plattformtechnologien MIDGE und dSLIM. Beide Technologien basieren auf DNA-Strukturen und lassen sich in zahlreichen medizinischen Anwendungen sowohl therapeutisch als auch prophylaktisch einsetzen. Der Fokus der Forschungs- und Entwicklungsaktivitäten liegt auf Krankheiten, für die noch immer ein hoher medizinischer Bedarf besteht:

die Behandlung von Krebs sowie die Bekämpfung schwerer Infektionskrankheiten. Die von MOLOGEN entwickelte MIDGE-Technologie wird als DNA-Vektor bezeichnet. Im Unterschied zu anderen DNA-Vektoren (Plasmide, Viren) enthält der MIDGE (Minimalistische immunologisch definierte Genexpression)-Vektor allerdings nur die für die eigentliche Wirkung notwendige Information. Dieser Vektor wird mit unterschiedlichen, z. T. individualisierten Eigenschaften konzipiert und eignet sich hervorragend für die Entwicklung von gut verträglichen DNA-Impfstoffen. Mit dem DNA-Molekül dSLIM bietet MOLOGEN ein modernes Werkzeug für die gezielte Einflussnahme auf das Immunsystem des Patienten, der so genannten Immunmodulation. ...

MGN1703 ist ein dSLIM-basiertes Präparat, das für die Immuntherapie von Patienten mit metastasierten, soliden Tumoren entwickelt wird. Bereits in der klinischen Phase Ib war ein sehr gutes Sicherheitsprofil zu erkennen. Wie erwartet wurde das Präparat von den Patienten äußerst gut vertragen. Darüber hinaus zeigte sich auch ein vielversprechendes Wirkpotenzial. Dass das Wirkprinzip wie erwartet funktioniert, konnte anhand einer Sequenz von klinischen Daten aus der bereits abgeschlossenen Phase-Ib-Studie nachgewiesen werden. Die Auswertung von Biomarkern zeigte, dass das Immunsystem der Patienten breit aktiviert wird, und zwar in einer Weise, die für die erfolgreiche Bekämpfung von Tumorerkrankungen notwendig ist« (Schroff 2011).

Teilweise wurden die Abgänge durch neu hinzugekommene Hoffnungsträger kompensiert. Dieses waren im Jahr 2009 Trabedersen (AP 12009) – ein *antisense*-Wirkstoff der Regensburger Antisense Pharma, 2010 das Darmkrebsmedikament MGN1703 der Berliner MOLOGEN (▶ MOLOGEN – der minimalistische Ansatz) sowie 2011 IMA901, ein Impfstoffkandidat der Tübinger immatics biotechnologies zur Behandlung von Patienten mit Nierenzellkarzinom. Dieser hatte in einer Phase-II-Studie gezeigt, dass er die Gesamtüberlebensrate der Patienten verbessern kann.

Nach dem Scheitern mit Satraplatin machte GPC Biotech einen neuen Anlauf, in dem sie im Jahr 2009 mit der US-Gesellschaft Agennix fusionierte. Diese hatte Ende 2008 zwei Phase-III-Studien mit dem Wirkstoffkandidaten Talactoferrin alfa zur Behandlung des nicht-kleinzelligen Lungenkrebses gestartet. Talactoferrin, eine rekombinante Form des menschlichen Lactoferrins, stellte eine neuartige, oral verfügbare Wirksubstanz dar, die dendritische Zellen des Immunsystems erneuern und aktivieren sollte. Im Juni 2011 initiierte Agennix, die mittlerweile ihren Hauptsitz nach Heidelberg verlegt hatte, zusätzlich eine Phase-II/

III-Studie gegen schwere Sepsis. Um es wiederum vorwegzunehmen: Auch diese Vorhaben wurden 2012 Opfer der gefürchteten *attrition rate*.

Hoffnungsträger verabschiedeten sich auch wieder in Phase II. Ein Ereignis, das in mehr als der Hälfte der Fälle statistisch einfach vorgegeben ist und im Jahr 2009 zum Beispiel die börsennotierte Evotec traf, deren Kandidat EVT 302, ein Monoamin-Oxidase(MAO-B)-Inhibitor zur Raucherentwöhnung, ausfiel. Erneut mussten Projekte wegen der widrigen Finanzierungsbedingungen aufgegeben werden. So stoppte im August 2009 Medigene die Weiterentwicklung von onkolytischen Herpessimplex-Virus-Präparaten. 2011 fielen elf Kandidaten aus der Statistik, da ihre Entwicklung entweder vorerst auf Eis gelegt oder gänzlich abgebrochen werden musste. Andere Firmen konnten dagegen vielversprechende Phase-II-Studien starten. So berichtet Ernst & Young (2011), dass im Jahr 2010 sieben neue Wirkstoffe in diese kritische Phase eintraten. Fünf der sieben waren neue Biologika:

- MOR103 und CNTO888 aus dem HuCAL-Repertoire der Müchener MorphoSys: MOR103 als Eigenentwicklung gegen GM-CSF für die Behandlung der rheumatoiden

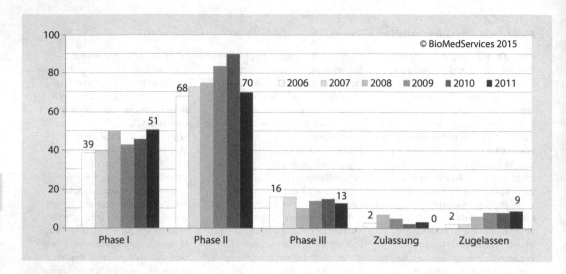

◘ Abb. 5.10   Zahl an Medikamentenkandidaten deutscher Biotech-Firmen in klinischen Studien, in Zulassung und auf dem Markt in den Jahren 2006 bis 2011. Erstellt auf Basis von Daten aus Ernst & Young (2007–2012)

Arthritis und anderer Autoimmunerkrankungen sowie CNTO888, der in Partnerschaft mit Centocor entwickelte Antikörper gegen solide Tumoren auf Basis einer Blockierung von CC-Chemokin-Ligand 2.

— iMAB362, gerichtet gegen das Oberflächenantigen Claudin 18.2 zur Behandlung von Magen- und Speiseröhrenkrebs, entwickelt von der Mainzer Ganymed Pharmaceuticals, deren Technologie-Plattform »ideale« Antikörper (»iMABs«) selektiert, die sich gegen Targets richten, die spezifisch oder angereichert auf Krebszellen vorkommen.

— APG101, ein lösliches CD95-Fc-Fusionsprotein, das die Interaktion des natürlichen Liganden CD95 am physiologischen Rezeptor blockiert; Hauptanwendungsgebiet der von der Heidelberger Apogenix entwickelten Substanz ist der bisher nicht gezielt therapierbare Hirntumor.

— SM101, eine lösliche, nicht-glykosylierte Version des Fc-gamma-Rezeptors IIb zur Behandlung der primären Immunthrombozytopenie (ITP), entwickelt von der Münchener SuppreMol.

Insgesamt gesehen sieht rückblickend – was die Produktentwicklung betrifft – die Phase von 2008 bis 2011 gar nicht so schlecht aus (◘ Abb. 5.10). Der gute Kurs bis 2007 wurde im Grunde fortgesetzt –

trotz des beschriebenen Auf und Abs und einem Einbruch bei Phase II im Jahr 2011. Ein weiterer Hinweis darauf, dass der Titel »Fallstrick Finanzierung« mit einem Fragezeichen versehen wurde.

Produkte sind nicht nur Medikamente

Gerne wird in der Biotechnologie über Medikamente geschrieben, weil sie im Erfolgsfall die größten Erlöse versprechen. Deutsche Biotech-Firmen boten und bieten aber auch eine Vielzahl anderer Produkte an (◘ Tab. 5.9). Hinzu kommen die Aktivitäten in der Weißen Biotechnologie (▶ Tab. 3.47).

5.2.4.4 Positive Nachrichten und gute Entwicklungen triggern Übernahmen

Positive Nachrichten und gute Entwicklungen führten in der Periode 2008 bis 2011 zu ersten größeren Übernahmen. Aus Sicht der Statistik Rückläufe, aus Sicht der Gründer und Investoren jedoch oft eine gewinnbringende Exit-Möglichkeit sowie aus Sicht der übernehmenden Firmen in der Regel eine Stärkung des eigenen Portfolios an Produkten, Technologien und Dienstleistungen. Dazu eine gewisse Anerkennung der bis dahin erbrachten Leistungen. Den höchsten Preis in dieser Periode (und bisher überhaupt) erzielte die Berliner Jerini (◘ Tab. 5.10), die zu Zeiten der nahenden Markt-

◘ **Tab. 5.9** Ausgewählte Produkte des nicht-therapeutischen Sektors. (Quelle: BioMedServices (2015) nach Ernst & Young (2011, 2013))

Segment	Produkte	Ausgewählte Firmen
Bioinformatik	Anwendungen für Datenbanken, *Genomics*, *Proteomics*, Wirkstoffanalyse, Systembiologie	Alacris Theranostics, Biobase, Biomax, DECODON, Genomatix, Insilico Biotechnology, Metalife, MicroDiscovery, Molecular Health
Diagnostika	CDx/Biomarker	Alacris Theranostics, CBC Comprehensive Biomarker Center, CorTAG, Epigenomics, Epivios, GeneWake, humatrix, Immungenetics, Indivumed, Inostics, OnCGnostics, PAREQ, Signature Diagnostics, Sividon Diagnostics, TARGOS Molecular Pathology
	MDx und Assays (DNS-, RNS- oder proteinbasiert)	AMODIA Bioservice, AmplexDiagnostics, AnDiaTec, Attomol, Biotype Diagnostics, Carpegen, CIBUS Biotech, Curetis, Epigenomics, Hyglos, Zedira
	Humangenetische Tests	bio.logis, bj-diagnostik, DelphiTest, GENOLYTIC, humatrix, ID-Labor
Tools (Werkzeuge)	Bakterienstämme, Enzyme, kundenspezifische DNS und RNS, DNS-Amplifikation	AmpTec, BioSpring, BRAIN, c-Lecta, GNA Biosolutions, Hyglos, Zedira
Zellkultur	Zellseparation, Analyse, Transfektion, Funktionsmedien, Nahrmedien, Zelllinien	AMPLab, CCS Cell Culture Service (< Evotec), ibidi, Miltenyi Biotec, Medicyte

Zum Teil noch in Entwicklung

◘ **Tab. 5.10** Top-Übernahmen deutscher Biotech-Unternehmen nach Wert in den Jahren 2008 bis 2011. (Quelle: BioMedServices (2015) nach Ernst & Young (2009, 2010, 2011, 2012))

Gekaufte Firma	Käufer	Land	Art	Wert[a] (Mio. €)	Jahr
Jerini	Shire	GB	Biotech	328	2008
Direvo Biotech	Bayer	D	Pharma	210	2008
mtm Laboratories	Roche	CH	Pharma	190	2011
U3 Pharma	Daiichi Sankyo	J	Pharma	150	2008
amaxa	Lonza	CH	Life Science	90	2008
GENEART	Life Technologies	US	Life Science	67	2010
NewLab BioQuality	Charles River	US	Life Science	34	2008
Probiogen	Minapharm	EG	Pharma	30	2010
Heidelberg Pharma	WILEX	D	Biotech	19	2010
Sloning	MorphoSys	D	Biotech	19	2010
DeveloGen	Evotec	D	Biotech	14	2010
Kinaxo	Evotec	D	Biotech	12	2011
Symbiotec	Lipoxen	GB	Biotech	10	2011

[a]zum Teil Mindestbetrag, nur Übernahmen mit veröffentlichtem Wert
CH Schweiz, *D* Deutschland, *EG* Ägypten, *F* Frankreich, *GB* Großbritannien, *J* Japan, *US* USA

Jerini im Visier von Shire

»Das britische Biotech-Unternehmen Shire bot Anfang Juli 2008 6,25 Euro pro Aktie, was einem Aufpreis von 200 Prozent auf den volumengewichteten Durchschnittskurs der Jerini-Aktie während der letzten drei Monate vor Ankündigung des Angebots entsprach. Am Tag vor dem Übernahmeangebot lag der Schlusskurs der Aktie im Xetra-Handel bei 3,65 Euro. Insgesamt wurde Jerini damit mit 328 Millionen Euro bewertet. Shire war vor allem an dem damals kurz vor der Zulassung stehenden Medikament Firazyr interessiert, das eine Krankheit mit potenziell lebensbedrohlichen Symptomen (Angioödem) behandelt, für die es bislang keine adäquate Behandlung gibt, so der CEO von Shire. Seine weitere Einschätzung lautete: ,Mit der Orphan-Drug-Designation sowohl in Europa als auch in den USA und einer bevorstehenden Marktzulassung in Europa im zweiten Halbjahr dieses Jahres wird der Erwerb in naher Zukunft Umsätze einbringen sowie zum langfristigen Wachstum von Shire beitragen.' Nur knapp zwei Wochen nach dem An-gebot erfolgte die Marktzulassung von Firazyr seitens der Europäischen Kommission. Nach Ansicht des Vorstands reflektierte der Angebotspreis den Wert der Aktie bei erfolgreicher Markteinführung von Firazyr. Zuvor war der Vorstand nach einer sorgfältigen Prüfung verschiedener strategischer Optionen zu dem Ergebnis gekommen, dass Shire der beste Partner sei, um die Markteinführung von Firazyr in Europa und die Marktzulassung in den USA erfolgreich voranzutreiben und sicherzustellen« (Ernst & Young 2009).

zulassung im Sommer 2008 die britische Biotech-Firma Shire auf sich aufmerksam machte (▶ Jerini im Visier von Shire).

Weitere Übernahmen des Jahres 2008 waren: Direvo von der deutschen Bayer sowie U3 Pharma von der japanischen Daiichi Sankyo. Beide deutschen Biotech-Firmen waren im Bereich der Medikamenten-Forschung tätig und stärkten somit die Portfolios der Pharma-Käufer. Die beiden in Nordrhein-Westfalen beheimateten Gesellschaften amaxa und NewLab BioQuality fanden im selben Jahr ebenfalls ein neues Dach für ihre Aktivitäten. Alle vier Übernahmen sind auch heute noch innerhalb der neuen Mutter operativ tätig.

Bei Jerini in Berlin ist das leider nicht mehr der Fall. Im Nachhinein hat sich herausgestellt, dass dem UK-Unternehmen der Zugang zu Firazyr am wichtigsten war und später sämtliche Aktivitäten in Berlin eingestellt wurden (▶ Gekauft und verraten). Der Jahres-Umsatz mit Firazyr stieg nach der Markteinführung durch Shire im Jahr 2014 bis auf 273 Mio. € (364 Mio. US$) an.

Für das Jahr 2010 fällt auf, dass es einige innerdeutsche Biotech-Zusammenschlüsse gab: Käufer waren hierbei deutsche börsennotierte Biotech-Gesellschaften gewesen, nämlich MorphoSys, Evotec und WILEX. Auch hier ging es jeweils darum, sich mit besonderen Technologien und Know-how zu stärken.

5.2.4.5 Status quo Ende 2011: Kursfortsetzung oder Fallstrick Finanzierung?

Am Ende der Phase »Fallstrick Finanzierung?« lag die Anzahl der deutschen Biotech-Firmen laut Ernst & Young (2012) immer noch bei rund 400, und die Mitarbeiterzahl erreichte nach einem zwischenzeitlichen leichten Rückgang fast schon wieder die 10.000. Diese Grenze hatte die Branche nach der großen Krise erstmals 2007 wieder überschritten. Beim Umsatz verlief die Entwicklung ähnlich: 2011 erbrachte nach einem zwischenzeitlichen leichten Rückgang das Wiederüberschreiten der Grenze von 1 Mrd. €, die – im Gegensatz zu der Entwicklung bei den Mitarbeitern – 2007 allerdings erstmalig erreicht wurde. Mit anderen Worten: Bis auf eine Stagnation in den Jahren 2002 bis 2005 sowie 2008 bis 2010 ist der Umsatz (berechnet als Umsatz pro Firma) seit 1999 kontinuierlich gewachsen.

Grund zu frohlocken, ist das allerdings noch nicht wirklich, wenn bedacht wird, dass allein der Umsatz von QIAGEN fast bei 1 Mrd. € lag. Addiert man diesen sowie noch denjenigen der 150 »fehlenden« Firmen, die EY im Gegensatz zu biotechnologie.de nicht in seiner Statistik berücksichtigt, und die aufgrund ihres Fokus auf Immundiagnostika, Analyse-Dienstleistungen und Reagenzien-Verkauf sicher Umsatz tätigen, gelangt man zur Umsatzangabe, die von biotechnologie.de für das Jahr

Gekauft und verraten

»So tapfer sein wie die Patienten – ‚to be as brave as the people we help' –, das hat sich der britisch-amerikanische Arzneimittelkonzern Shire als Firmenmaxime gewählt. Doch im Moment zeigt sich Shire alles andere als mutig. Im Gegenteil: Das Pharmaunternehmen lässt seine Berliner Tochterfirma Jerini ohne wirtschaftliche Not im Stich und hat Ende Juni rund 50 Mitarbeitern gekündigt, die in den Labors in der Invalidenstraße neue Medikamente entwickelten. … Im Mai 2008 hatte die europäische Arzneimittelbehörde einen von Jerini entwickelten Wirkstoff namens Icatibant genehmigt. Mit dem Arzneimittel lässt sich eine seltene erbliche Neigung zu Hautausschlag, Schwellungen der Magen-Darm-Schleimhaut und lebensgefährlichen Kehlkopfattacken bekämpfen. Eine Spritze kostet etwa 1500 Euro; nach Schätzung des Gründers von Jerini, des Charité-Mediziners Jens Schneider-Mergener, lässt sich mit dem unter dem Namen Firazyr gehandelten Medikament langfristig ein Umsatz von 150 Millionen Euro im Jahr erzielen. … Doch dem Forscher fehlte das Geld, um das Medikament erfolgreich selbst zu vermarkten. Daher ließ sich Schneider-Mergener auf den Deal mit dem britischen Pharmakonzern ein – wohl wissend, dass es dem allein um die Lizenz für Icatibant ging. Um die 50 Mitarbeiter seiner präklinischen Forschungsabteilung zu retten, gründete Schneider-Mergener im vergangenen Jahr die Jenowis AG. … [Es] war geplant, dass die rund 50 Wissenschaftler bei der Jenowis AG an ihren Projekten weiterforschen – darunter waren aussichtsreiche Mittel zur Schmerz- und zur Krebstherapie sowie gegen Altersblindheit, deren Lizenzen Jenowis Jerini abgekauft hätte. ‚Es war jedoch sehr schwierig, Investoren für Jenowis zu finden', sagt Sprecherin Wiedenmann. Daran sei das Projekt letztlich gescheitert. So schlecht sah es für das Geschäft jedoch gar nicht aus. Nach Informationen der Berliner Zeitung hatte sich ein Konsortium gefunden, das die benötigten 20 Millionen Euro Anschubfinanzierung aufgebracht hätte. Shire alias Jerini sagte zu, sich mit bis zu sieben Millionen Euro zu beteiligen. Die IBB Beteiligungsgesellschaft, eine Tochter der staatlichen Investitionsbank Berlin, hätte bis zu 1,5 Millionen Euro beigesteuert, die ebenfalls staatliche KfW Bankengruppe noch einmal etwa genauso viel. Auch von der Investitionsbank Berlin sollte es einen Zuschuss geben. Zudem hatte man einen Schweizer Investor gefunden, der bis zu sieben Millionen Euro bereitgestellt hätte. Auch der Ex-Jerini-Vorstand um Jens Schneider-Mergener wollte sich mit eigenen Mitteln an dem Konsortium beteiligen. Man war kurz davor, die Verträge wasserfest zu machen, als Jerini alias Shire plötzlich von den Plänen Abstand nahm und die rund 50 Mitarbeiter auf die Straße setzte. Die Reaktionen der übrigen Konsortiumsmitglieder reichen von Unverständnis bis Entsetzen. ‚Die Entscheidung kam für uns total überraschend', heißt es von der IBB Beteiligungsgesellschaft. ‚Auch für mich kam der Rückzug von Shire völlig unerwartet', sagt Jerini-Gründer Schneider-Mergener. ‚Wir haben über lange Zeit viel Energie in das Projekt gesteckt und sind nun sehr enttäuscht.' … Jens Schneider-Mergener vermutet, dass finanzielle Überlegungen den Ausschlag gaben: ‚Die Firma abzuwickeln und die Mitarbeiter zu entlassen, kostet Shire zwar Geld, ist aber günstiger als die Beteiligung an dem Konsortium.' Wirtschaftliche Not war bei Jerini indes nicht erkennbar: Im ersten Quartal 2009 konnte die Firma ihren Umsatz gegenüber dem Vorjahreszeitraum um 50 Prozent steigern – vor allem durch den Verkauf von Firazyr-Spritzen« (Bassenge 2009).

2001 veröffentlicht wurde: 2,6 Mrd. € bei 552 dedizierten Firmen mit 16.300 Mitarbeitern.

Wermutstropfen in der Entwicklung der betrachteten Periode war der Rückgang der Investitionen in Forschung und Entwicklung: Diese hatten 2007 (»Zurück in die Zukunft«) nach der Krise wieder fast die 1-Mrd.-€-Grenze erreicht, im Jahr 2011 aber bis auf 780 Mio. € nachgelassen – ein Rückgang um 20 %. Dabei lassen sich die Einschnitte bei der Eigenkapital-Finanzierung und diejenigen der FuE-Ausgaben ganz gut korrelieren (Abb. 5.2). Denn jeweils im Folgejahr nach den Einbrüchen bei der Finanzierung (2009 und 2011) traten Tiefpunkte bei den FuE-Ausgaben auf (2010 und 2012).

Vordergründig gab es also die Fallstricke der Finanzierung für diejenigen Firmen, die Investitionen in Forschung und Entwicklung tätigten. Bei genauerem Hinsehen lässt sich allerdings das Fragezeichen setzen, weil manche dieser Kandidaten von den *Family Offices* viel Geld einsammeln konnten und damit ganz gut für weitere Aktivitäten finanziert waren (in der Summe von 2007 bis 2011):

- Ganymed Pharmaceuticals: 102 Mio. €,
- immatics biotechnologies: 94 Mio. €,
- CureVac: 63 Mio. €,
- AiCuris: 55 Mio. €,
- Glycotope: mindestens 40 Mio. €,
- Apogenix: 35 Mio. €,
- SuppreMol: 32 Mio. €.

Trends in der deutschen Biotechnologie-Branche 2012

»Trotz einer günstigeren Einschätzung ihrer aktuellen Lage gehen die deutschen Biotech-Unternehmen mit gedämpftem Optimismus in das Jahr 2012. Die Branche macht sich mit Produkt- und Dienstleistungsmodellen zunehmend unabhängig von Wagniskapital. … Frühindikatoren lassen einen konstant wachsenden Beschäftigungsaufbau bei leicht sinkenden F&E-Ausgaben erwarten. Parallel dazu sinken die Erwartungen an die zukünftige Geschäftslage. … Peter Heinrich, Vorstandsvorsitzender der BIO Deutschland, bilanziert: ‚Die krisenerprobten deutschen Biotechnologie-Unternehmen haben sich erstaunlich gut an die Finanzmittelknappheit angepasst. Sie arbeiten weiter an der Entwicklung neuer Produkte und werden dabei zunehmend profitabel.‘ … [Allerdings] hat sich die Einschätzung der aktuellen politischen Rahmenbedingungen in Deutschland verschlechtert. … Noch nie glaubten so viele Unternehmen, dass sich auch künftig das politische Klima nicht ändern wird. Ebenfalls fielen die Einschätzungen der aktuellen politischen Lage schlechter aus. … Viola Bronsema, Geschäftsführerin der BIO Deutschland kommentiert: ‚Den Biotechnologie-Unternehmen ist ihre Rolle als wichtiger technologischer Impulsgeber für die deutsche Industrie bewusst. Anscheinend aber nicht der Politik, die konsequent die Notwendigkeit eines innovationsfreundlichen Klimas für den Mittelstand in Deutschland ignoriert‘« (BIO Deutschland 2012).

Der Fallstrick der VC-Finanzierung betraf also andere Medikamenten-Entwickler, die in dieser Zeit nicht so reichlich bedacht wurden. Diese mussten sich dann mit Partnerschaften und/oder Dienstleistungen über Wasser halten und sich vermutlich auch einschränken. Das soll nicht heißen, dass die gut Finanzierten das Geld mit vollen Händen ausgeben. Man kann davon ausgehen, dass die deutschen Biotech-Unternehmen recht effizient haushalten, sonst wären in dieser Periode weit mehr in die Insolvenz gegangen. Zudem gibt es die vielen Firmen, die Umsatz und sogar Gewinn über Dienstleistungen oder den Verkauf von Diagnostika und anderen Produkten machen. Diese waren dann – bis auf eine allgemeine »Störung« in oder nach der Finanzkrise – unabhängig vom Fallstrick Finanzierung. Fazit: Der Kurs der deutschen Biotech-Industrie stimmte eigentlich, es stellte sich für sie nur die Frage, wie es weitergeht und ob der Überlebensmodus für weiteres Wachstum ausreicht.

Bestätigt wird diese Einschätzung von einer Umfrage des Branchenverband BIO Deutschland unter seinen Mitgliedern (► Trends in der deutschen Biotechnologie-Branche 2012).

5.2.5 Unterstützende Aktivitäten vom Bund

Fallstrick Rahmenbedingungen? Vielleicht wäre das die bessere Formulierung gewesen, denn bei diesen hatte sich in der Periode bis 2011 nach wie vor nichts geändert. Was in den USA bereits in den 1980er-Jahren in Angriff genommen wurde (► Abschn. 2.1), lag und liegt in Deutschland – 30 Jahre später – immer noch im Argen: passende Rahmenbedingungen für technologieorientierte Unternehmensgründungen und Eigenkapital-Investitionen. Zwar unterstützte und unterstützt die Politik die deutsche Biotech-Industrie mit diversen Maßnahmen. Diese stellen aber – finanziell gesehen – nur einen Tropfen auf den heißen Stein dar. Beispiele hierfür sind die Investitionen des High-Tech Gründerfonds (HTGF), der 2005 ins Leben gerufen wurde (► Ein geeigneter Katalysator für Biotech-Startups?). Ab 2006 gab er der deutschen Biotech-Branche tatsächlich Impulse (► Seed-Finanzierung als Damoklesschwert? – Eine Zwischenbilanz).

Allerdings stellt sich die Frage, wie viel zum Beispiel im Sektor der Medikamenten-Entwicklung mit einer Anschubfinanzierung von 2 Mio. € erreicht werden kann, um mit den Ergebnissen Anschluss-Investoren »anzulocken«. Die Unterstützung ist für kleine Vorhaben und andere Sektoren sicher von Bedeutung, und die Aktivität des HTGF hat auch Neugründungen aus der Taufe gehoben. Laut Ernst & Young (2012) investierte der HTGF auch in 2011 unverändert hoch. Er beteiligte sich an sechs Finanzierungsrunden und war somit erneut aktivster Investor in Deutschland. Obwohl der Fonds offiziell als *public private partnership* (PPP) arbeitet, kommen die Mittel zum Großteil vom Bund und nur zu einem kleineren Anteil von Partnern aus der Industrie. So machen die Aktivitäten

Ein geeigneter Katalysator für Biotech-Startups?

»Das Jahr 2005 war ein gutes Jahr für deutsche Biotech-Unternehmen, die Risikokapital akquirierten – allerdings nur dann, wenn sie sich bereits einige Jahre am Markt bewährt hatten und solide Entwicklungsergebnisse präsentierten. Projekte im Seedphasen-Status wurden von den VCs überwiegend links liegen gelassen. Die Folgen der seit mehreren Jahren zu geringen Frühphasenfinanzierung wurden durch den drastischen Einbruch des Finanzierungsvolumens im Jahr 2006 offenbar. Um diese Lücke zu beheben, startete im August 2005 der High-Tech Gründerfonds (HTG) mit einem Volumen von 262 Mio. EUR als eine ‚public-private-partnership'. Zur initialen Investorengruppe gehörten das Bundeswirtschaftsministerium, die KfW-Bankengruppe sowie die Industrieunternehmen BASF, Deutsche Telekom und Siemens. Ende 2006 traten die Firmen Bosch, Daimler Chrysler und Carl Zeiss hinzu; das Fondsvolumen wurde um 10 Mio. EUR erhöht. Der HTG bedient sich eines standardisierten mezzaninen Finanzierungsmodells und investiert pro Unternehmen bis zu 500 TEUR als Eigenkapital (gegen 15 % der Gesellschaftsanteile zu nominal, ohne Unternehmensbewertung) und als nachrangiges Gesellschafterdarlehen. Von den Gründern wird zusätzlich ein finanzielles Engagement in Höhe von 20 % des Investments des Fonds gefordert, wobei dieses wiederum bis zur Hälfte von einem dritten Investor erbracht werden kann. ... Ziel ist es, die Seedfinanzierung durch den HTG als ein Qualitätssiegel mit Signalwirkung auf weitere Investoren der Branche zu etablieren« (Fichtner und Winzer 2007).

Seed-Finanzierung als Damoklesschwert? – Eine Zwischenbilanz

»Allen Wehklagen über eine brach darniederliegende deutsche VC-Life-Science-Industrie zum Trotz investiert der High-Tech Gründerfonds (HTGF) unverdrossen weiter in Life-Science-Neugründungen: 2009 kamen 9 neue Unternehmen ins Life-Science-Portfolio, 2010 sogar 13. Ist dies verantwortbar? Droht den anfinanzierten Start-ups nicht das Damoklesschwert einer Finanzierungslücke nach der Seed-Phase? Gleich vorab: Die Zwischenbilanz nach fünf Jahren High-Tech Gründerfonds fällt positiver aus als erwartet. Seit 2005 hat der Frühphasenfonds in 63 Neugründungen in den Life Sciences insgesamt 28,9 Millionen Euro investiert. Davon sind ‚nur' fünf Beteiligungen bis dato ausgefallen. Auf der anderen Seite hat der Fonds seine Anteile an drei Unternehmen bereits (teil) veräußert – und dies mit attraktiven Multiples bis in die oberen einstelligen Bereich. Die im Portfolio befindlichen Unternehmen erwirtschafteten 2010 einen Umsatz von 16,2 Millionen Euro, davon sechs Unternehmen jeweils über eine Million Euro. Letztere sind Cash-positiv und benötigen keine weitere Finanzierung zur Liquiditätssicherung. ... Überlebensentscheidend für die kapitalintensiven Start-ups ist jedoch das in Folgerunden akquirierte Kapital. Insgesamt flossen rund 86 Millionen Euro in die Life-Science-Unternehmen des HTGF, hiervon 54 % durch private Investoren, 36 % durch öffentliche Beteiligungsgesellschaften (dabei der ERP-Startfonds der KfW mit dem größten Anteil) und nur 10 % vom High-Tech Gründerfonds selbst. Die klassischen deutschen VCs stemmten mit 31,2 Millionen Euro nach wie vor den größten Anteil an den privaten Investments von insgesamt 46,3 Millionen Euro, haben aber an Bedeutung eingebüßt (Rückgang um 15 Prozentpunkte). Wichtige Stützen sind inzwischen aber neben den ausländischen VCs vor allem strategische Partner aus dem In- und Ausland (15 %), und beachtliche 5,1 Millionen Euro (11 %) haben vermögende Privatinvestoren und Family Offices eingebracht. ... Auf die veränderten Marktgegebenheiten bei Start-up-Finanzierungen hat der High-Tech Gründerfonds ... auch selbst reagiert: So wurde 2010 das maximale Investitionsvolumen auf 2,0 Millionen Euro pro Unternehmen angehoben. Zudem kann der HTGF als ‚Co-Lead-Investor' bereits in der Seed-Runde ein Syndikat mit privaten Investoren aktiv zusammenstellen, wenn absehbar ist, dass mit den eigenen Seed-Mitteln keine wesentlichen Meilensteine erreicht werden können. Vorteil für die Unternehmen: In diesem Pari-passu-Modell übernimmt der HTGF die Finanzierungsform und Bewertung des privaten Investors. Üblicherweise fließen somit bereits in der Seed-Runde größere Kapitalvolumen in das Eigenkapital des jungen Unternehmens« (Fichtner und Winzer 2011).

eher den Eindruck einer gezielten Fördermaßnahme des Wirtschaftsministeriums, um Hightech-Innovationen zu unterstützen. Die Investitionen beschränken sich inzwischen nicht mehr nur auf Seed-Finanzierungen sondern umfassen auch Drittrunden. Die Analysten kommentieren die HTGF-Aktivitäten ferner wie folgt:

» Bei insgesamt knapp 60 Investments in Life-Science-Unternehmen seit Beginn der Aktivitäten 2005 stellt sich nach Ausfinanzierung des ersten Fonds die Frage nach den Exits. Die ursprüngliche Zielsetzung, Exits im Wesentlichen durch die Veräußerung an etablierte VC-Investoren zur Finanzierung des weiteren Wachstums zu realisieren, musste vor dem Hintergrund der beschriebenen VC-Misere relativiert werden. Eine weitaus wichtigere Anerkennung der bisherigen Leistung bedeutet die Etablierung der 2. Fonds-Generation HGTF II, der mit 288 Mio. € Fondsvolumen Anfang dieses Jahres an den Start ging. Zusätzlich zu den bisherigen sechs Industriepartnern (BASF, Bosch, Daimler, Siemens, Telekom, Zeiss) konnten sieben neue Partner als Investoren gewonnen werden, darunter mit QIAGEN und Braun Melsungen auch Partner aus dem Life-Science-Bereich, außerdem Altana, Cewe, DuPont, RWE, Tengelmann Venture; lediglich Siemens ist im neuen Fonds nicht mehr vertreten. (Ernst & Young 2012)

5.2.5.1 Hightech-Strategie für Deutschland

Die Gründung des HTGF war Teil einer größeren Initiative, und zwar der sogenannten Hightech-Strategie der Bundesregierung. Seit August 2006 verfolgt sie damit eine übergreifende nationale Strategie, die politikfeld- und themenübergreifend eine Vielzahl der Forschungs- und Innovationsaktivitäten über alle Ressorts (verschiedene Ministerien) hinweg bündeln soll. Beratend begleitet wird der Prozess durch die Forschungsunion Wirtschaft-Wissenschaft. Diese setzt sich aus 25 hochrangigen Vertreterinnen und Vertretern der Wirtschaft und Wissenschaft zusammen. Zudem

erfolgt eine jährliche Begutachtung durch die Expertenkommission Forschung und Innovation (EFI). Nach einer Zwischenevaluation in den Jahren 2008 und 2009 beschloss das Bundeskabinett 2010 die Fortführung der Hightech-Strategie bis zum Jahr 2020. Ziel ist, die Zusammenarbeit zwischen Wissenschaft und Wirtschaft zu vertiefen und Rahmenbedingungen für Innovationen weiter zu verbessern. Dafür wurden und werden neben der Forschungsförderung auch strukturelle Maßnahmen verfolgt:

- Zentrales Innovationsprogramm Mittelstand (ZIM) – BMWi,
- Innovationsallianzen – BMBF,
- BioPharma-Wettbewerb – BMBF,
- Spitzencluster-Wettbewerb – BMBF,
- Gründungsprogramm EXIST – BMWi,
- SIGNO (Schutz von Ideen für die gewerbliche Nutzung) – BMWi,
- High-Tech Gründerfonds – BMWi,
- Forschung-Innovation Neue Länder – BMBF,
- Fachkräfte mobilisieren – BMBF.

Der Spitzencluster-Wettbewerb startete 2007 und zielte auf die Förderung der »leistungsfähigsten Cluster aus Wissenschaft, Wirtschaft und weiterer regionalen Akteuren je nach deren spezifischen Anforderungen« mit bis zu 40 Mio. € über fünf Jahre (ergänzt um Mittel beteiligter Unternehmen in gleicher Höhe).

Der themenoffene Ansatz kürte ab 2008 in drei Wettbewerbsrunden 15 Spitzencluster, wovon fünf auf den *Life-Sciences*-Sektor entfielen:

- 2008: BioRN – zellbasierte und molekulare Medizin in der Metropolregion Rhein-Neckar,
- 2010: Münchner Biotech Cluster – m4 mit dem Schwerpunkt personalisierte Medizin,
- 2010: Medical Valley Europäische Metropolregion Nürnberg (EMN) – Medizintechnik,
- 2012: BioEconomy Cluster um Leuna – nachhaltige Bioökonomie auf der Basis von *Non-Food*-Biomasse,
- 2012: Cluster für Individualisierte ImmunIntervention (Ci3) – individualisierte Krebs-Immuntherapien in der Rhein-Main-Region, koordiniert aus Mainz.

5.2.5.2 Lebenswissenschaften sind ein Forschungsschwerpunkt des BMBF

» Das 21. Jahrhundert ist das Jahrhundert der Lebenswissenschaften. Sie tragen entscheidend zum Verständnis lebender Organismen und ökologischer Systeme bei. Darüber hinaus eröffnen sie bislang ungeahnte Möglichkeiten in der Aufklärung genetisch bedingter oder durch andere Einflüsse ausgelöster Krankheiten und erschließen neue Therapien. Gleichzeitig haben die Lebenswissenschaften großes Potenzial etliche zukunftssichere Arbeitsplätze zu schaffen. Erkenntnisse aus Agrar- und Biowissenschaften werden gebraucht, um die Ernährung einer wachsenden Weltbevölkerung sicherzustellen. In der Industrie wird ein allmählicher Wandel von fossilen Rohstoffquellen zu nachwachsenden Rohstoffen stattfinden – eine Bioökonomie entsteht. (BMBF 2014a)

Konsequenterweise sind beim Bundesministerium für Bildung und Forschung (BMBF) die Lebenswissenschaften Gegenstand der Forschungsförderung. Der Fokus liegt auf vier Handlungsfeldern: biomedizinische Forschung, Gesundheitsforschung, Bioökonomie und Bioethik. Auf die Förderprogramme und Aktivitäten vor der Jahrtausendwende ging bereits ▶ Abschn. 4.3 ausführlich ein. Seit 1998 betrieb das BMBF verstärkt die biomedizinische Forschung, insbesondere durch die Rahmenprogramme »Biotechnologie – Chancen nutzen und gestalten« (2001 bis 2010) und »Gesundheitsforschung: Forschung für den Menschen«. Beide Programme endeten 2010. Noch weiterlaufende Förderaktivitäten aus dem Rahmenprogramm Biotechnologie (z. B. Systembiologie, regenerative Medizin, Glykobiotechnologie) wurden beim BMBF im Rahmen der neuen Förderschwerpunkte Gesundheitsforschung und Bioökonomie berücksichtigt.

Gesundheitsforschung

Ende 2010 verabschiedete das Bundeskabinett ein neues »Rahmenprogramm Gesundheitsforschung der Bundesregierung« (◘ Tab. 5.11). Es wird gemeinsam vom BMBF und vom Bundesministerium für Gesundheit (BMG) getragen und aus Mitteln des BMBF finanziert (2011 bis 2014 rund 5,5 Mrd. €).

Ein Kernstück des neuen Programms waren die »Deutschen Zentren der Gesundheitsforschung« (DZG). Sie wurden bis 2015 mit rund 700 Mio. € gefördert. In allen Zentren wird auch mit molekularbiologischen beziehungsweise biotechnologischen Methoden für die Gesundheit geforscht. Zwei davon wurden bereits 2009 gegründet: Das Deutsche Zentrum für Neurodegenerative Erkrankungen (DZNE) und das Deutsche Zentrum für Diabetesforschung (DZD), die an 13 Standorten 20 Mitgliedseinrichtungen umfassen. Weitere vier Zentren starteten im Juni 2011. Insgesamt 27 Standorte mit mehr als 100 Hochschulen, Universitätskliniken und außeruniversitären Forschungseinrichtungen sind an den neuen Zentren beteiligt:

- Deutsches Zentrum für Herz-Kreislaufforschung (DZHK),
- Deutsches Konsortium für Translationale Krebsforschung (DKTK),
- Deutsches Zentrum für Infektionsforschung (DZI),
- Deutsches Zentrum für Lungenforschung (DZL).

Bioökonomie

» Angesichts knapper Ressourcen und einer wachsenden Weltbevölkerung benötigt die Menschheit neue, nachhaltige Arten des Wirtschaftens. Einen solchen Ansatz bietet eine wissensbasierte Bioökonomie, also eine moderne, nachhaltige und bio-basierte Wirtschaft, deren vielfältiges Angebot die Welt ausreichend und gesund ernährt und mit hochwertigen Produkten aus nachwachsenden Rohstoffen versorgt. Mit der ‚Nationalen Forschungsstrategie BioÖkonomie 2030‘ legt die Bundesregierung die Grundlagen für die Vision einer solchen nachhaltigen bio-basierten Wirtschaft. (BMBF 2014b)

Im November 2010 beschloss das Kabinett zudem die 2,4 Mrd. € schwere »Nationale Forschungsstrategie BioÖkonomie 2030«. Unter Bioökonomie wird eine Wirtschaftsform verstanden, welche

◘ Tab. 5.11   Das Rahmenprogramm Gesundheitsforschung der Bundesregierung. (Quelle: Schüler (2011))

Aktionsfeld/Herausforderung	Programmpunkt	Beschreibung/Inhalt
1/strukturbezogen	Gebündelte Erforschung von Volkskrankheiten	Gründung von sechs Deutschen Zentren der Gesundheitsforschung, um die universitäre und außeruniversitäre Forschung zu besonders bedeutsamen Volkskrankheiten zu bündeln und die Anwendung ihrer Ergebnisse zu beschleunigen. Ausbau der krankheitsbezogenen Projektförderung und Hinwirkung auf forschungs- und nachwuchsfreundliche Rahmenbedingungen und Strukturen
2/forschungsbezogen	Individualisierte Medizin	Unterstützung der Entwicklung von Diagnostika und Therapeutika; lebenswissenschaftliche Grundlagenforschung über die präklinische und klinisch-patientenorientierte Forschung bis zur Marktreife; Erforschung seltener Krankheiten und »gesundes Altern«
3/vorsorgebezogen	Präventions- und Ernährungsforschung	Zusammenführende und interdisziplinär verknüpfende Forschungsförderung zu allen für Präventions- und Ernährungsforschung relevanten Ansätzen – von der Epigenetik bis zur Epidemiologie
4/systembezogen	Versorgungsforschung	Aufbau nachhaltiger Forschungsstrukturen und Durchführung von Studien zur Bewertung des Nutzens etablierter und neuer Verfahren im Versorgungsalltag, Aufbau von Studienstrukturen, Durchführung von Studien zur Prozessoptimierung von Versorgungsabläufen und Nachwuchsförderung
5/innovationsbezogen	Gesundheitswirtschaft	Erprobung neuer Wege des Wissens- und Technologietransfers; forschungs- und innovationsfreundliche Gestaltung von rechtlichen Rahmenbedingungen; gezielte Einbindung von forschungsintensiven Unternehmen (insbesondere die der medizinischen Biotechnologie) in Translationsnetzwerke
6/international	Gesundheitsforschung in globaler Kooperation	Verbindung von Forschern und Institutionen über Grenzen hinweg; internationale Koordinierung von Forschungsprogrammen; besonderer Fokus auf der Erforschung vernachlässigter und armutsbedingter Krankheiten in Kooperation mit Entwicklungsländern

auf der nachhaltigen Nutzung von biologischen Ressourcen wie Pflanzen, Tieren und Mikroorganismen basiert. Um dies zu ermöglichen, sind hochinnovative Nutzungsansätze notwendig. Bioökonomie umfasst eine Vielzahl von Branchen wie:

- Land- und Forstwirtschaft,
- Gartenbau,
- Fischerei und Aquakulturen,
- Pflanzenzüchtung,
- Nahrungsmittel- und Getränkeindustrie,
- Holz-, Papier-, Leder-, Textil-, Chemie- und Pharmaindustrie sowie
- Energiewirtschaft.

Biobasierte Innovationen geben auch Wachstumsimpulse für weitere traditionelle Sektoren, beispielsweise

- im Rohstoff- und Lebensmittelhandel,
- in der IT-Branche,
- im Maschinen- und Anlagenbau,
- in der Automobilindustrie sowie
- in der Umwelttechnologie.

Das Ziel der Bundesregierung ist es, mit Forschung und Innovation einen Strukturwandel von einer erdöl- hin zu einer biobasierten Industrie zu ermöglichen, der mit großen Chancen für Wachstum und Beschäftigung verbunden ist. Zugleich soll auf

◻ Tab. 5.12 Ausgewählte BMBF-Förderschwerpunkte im Rahmen der Bioökonomie. (Quelle: Schüler (2011))

	Förderinitiative/ Maßnahme	Beschreibung/Inhalt
Industrielle Bio-technologie	Innovationsinitiative industrielle Biotechnologie	Potenzial der industriellen Biotechnologie für den Klima- und Ressourcenschutz heben; 1. Fördermaßnahme der neuen Forschungsstrategie; Start im April 2011, bis zu 100 Mio. € über 5–10 Jahre; bundesweite Ausweitung der vorangegangenen Fördermaßnahme BioIndustrie2021
	Cluster-Wettbewerb BioIndustrie2021	Entwicklung neuer Produkte und Verfahren in der industriellen Biotechnologie über Bildung strategischer Cluster unter maßgeblicher Beteiligung der Wirtschaft; Start 2006, bis 2012 ca. 60 Mio. € Förderung, mit zusätzlichen Mitteln aus der Wirtschaft FuE-Projekte in Gesamtvolumen von 150 Mio. €
	ERA-Net Industrielle Biotechnologie (ERA-IB)	Beteiligung an ERA-Net Industrial Biotechnology: europäische Initiative von 19 Forschungsförderorganisationen in 13 Ländern mit Industrielle-Biotechnologie-Aktivitäten; Start 2006, Ko-Finanzierung durch Europäische Kommission für 5 Jahre
Energie	BioEnergie 2021	In Projekten an Hochschulen und außeruniversitären Forschungseinrichtungen werden in Zusammenarbeit mit Partnern aus der Wirtschaft neue Umwandlungsprozesse von Biomasse – sowohl aus Energiepflanzen als auch aus biologischen Reststoffen – vorangetrieben sowie die züchterische Optimierung von Energiepflanzen – insbesondere unter Einsatz der Genomforschung und Systembiologie – ausgebaut
Agrarforschung	Kompetenznetze Agrarforschung	Förderung von vier Kompetenznetzen (25 Partner aus der Wissenschaft und 15 Partner aus der Wirtschaft) seit 2009 über 5 Jahre mit bis zu 40 Mio. €: Food Chain Plus (FoCus), Kiel; PHÄNOMICS, Rostock; CROP-SENSe, Bonn; Synbreed, München
	Pflanzenbiotechnologie	»Transnational PLant Alliance for Novel Technologies – towards implementing the Knowledge-Based Bio-Economy in Europe« (PLANT-KBBE)
	Biologische Sicherheitsforschung	Projekte zur Sicherheitsbewertung gentechnisch veränderter Organismen
	Runder Tisch zur Pflanzengenetik	Sachorientierter Dialog über Fragen der Nutzung und Weiterentwicklung der Grünen Gentechnik während vier runden Tischen
	Tierzüchtung und Tiergesundheit	Forschungsoffensive EMIDA (*Emerging and Major Infectious Diseases of Animals*) zum Kampf gegen Tierkrankheiten; 15 europäische Partner
Gründungsoffensive Biotechnologie (GO-Bio)		Förderung gründungsbereiter Forscherteams in den Lebenswissenschaften; Start in 2005, bisher sechs Auswahlrunden mit 45 Teams; 7. Auswahlrunde läuft derzeit
KMU-Förderung in der Biotechnologie (KMU-innovativ)		Stärkung des Innovationspotenzials kleiner und mittlerer Unternehmen (KMU) in der Spitzenforschung

diesem Wege international Verantwortung für die Welternährung, die Rohstoff- und Energieversorgung aus Biomasse sowie für den Klima- und Umweltschutz übernommen werden. Für die weitere Entwicklung zu einer wissensbasierten, international wettbewerbsfähigen Bioökonomie setzt die Forschungsstrategie (◻ Tab. 5.12) auf fünf prioritäre Handlungsfelder:

  - weltweite Ernährungssicherheit,
  - nachhaltige Agrarproduktion,
  - gesunde und sichere Lebensmittel,

— industrielle Nutzung nachwachsender Rohstoffe,
— Energieträger auf Basis von Biomasse.

Die deutsche Biotech-Branche »betrauerte« das »Verschwinden« des Begriffs »Biotechnologie« aus den öffentlichkeitswirksamen Titeln der Förderprogramme. Die Intention des BMBF, die Anwendungen, also Gesundheitsforschung und nachhaltiges Wirtschaften, mehr in den Vordergrund zu stellen, ist verdienstvoll, zielt aber wenig auf die Notwendigkeit, den Begriff und das Potenzial der Biotechnologie der Öffentlichkeit näherzubringen. Diese wird insbesondere den für Außenstehende noch schwammigeren Begriff der Bioökonomie schwer verstehen. Dem BMBF nun zu unterstellen, dass es dafür nichts tut, wäre aber auch nicht ehrenhaft: Seit Jahren finanziert es die Informationsplattform biotechnologie.de, die mit einer Fülle an Einblicken und Analysen dient. Zudem leitet sich der deutsche Begriff der »Bioökonomie« von dem international gebräuchlichen *bioeconomy* ab.

Der Strategieprozess Biotechnologie 2020+

» Mit welchen technologischen Entwicklungen können die Herausforderungen des 21. Jahrhunderts gemeistert werden? Welchen Beitrag können Biotechnologie und Ingenieurwissenschaften leisten? Ob in der Medizin, in der Chemieindustrie, im Umwelt- oder Energiesektor – überall wird nach neuen Wegen gesucht, um ganz neue Produktionsverfahren zu entwickeln oder bestehende Methoden ressourceneffizienter, kostengünstiger und umweltschonender zu gestalten. Ein aussichtsreicher Weg: Biotechnologie und Ingenieurskunst noch stärker als bisher verzahnen. Das ist das Ziel des Strategieprozesses ‚Biotechnologie 2020+‘. (biotechnologie2020plus.de 2015)

Im Jahr 2010 wurde zudem der »Strategieprozess Biotechnologie 2020+« angestoßen, bei dem sich der Begriff »Biotechnologie« einwandfrei wieder findet. Gemeinsam mit Forschungsorganisationen (Fraunhofer- und Max-Planck-Gesellschaft sowie Helmholtz- und Leibniz-Gemeinschaft) und Hochschulen sollte die nächste Generation biotechnologischer Verfahren identifiziert werden, die mit bisherigen Methoden noch nicht oder nur unzureichend umsetzbar sind. Beispielhafte Ideen sind:

— Medizin: künstliche Bauchspeicheldrüse,
— Energie: Photosynthese-Chip (eine biologisch betriebene Batterie wandelt Licht in Strom),
— Umwelt: knappe Rohstoffe recyceln (Klärschlamm aufarbeiten und daraus wertvolles Phosphat für Mineraldünger in der Landwirtschaft gewinnen),
— Industrie: Biomoleküle vom Band (Eiweiße nach Wunsch für die Industrie zusammenbauen).

Zur Umsetzung von FuE-Missionen, die in den nächsten zehn bis 15 Jahren entwickelt werden, stellte das BMBF rund 200 Mio. € zur Verfügung. Neben den wissenschaftlich-technischen Herausforderungen sollten im Strategieprozess auch gesellschaftliche Aspekte frühzeitig reflektiert und angemessen berücksichtigt werden. Im Rahmen des Strategieprozesses fanden bisher vier Jahreskongresse statt, der letzte im Jahr 2013. Hier kündigten die Forschungsorganisationen selbst folgende millionenschwere Großprojekte an (biotechnologie2020plus.de):

— MaxSynBio (Forschungsnetzwerk für Synthetische Biologie und künstliche Zellen): Max-Planck-Gesellschaft und BMBF (50/50) steuern ab 2014 gemeinsam 20 Mio. € für den auf sechs Jahre angelegten Verbund aus neun Max-Planck-Instituten bei.
— *Molecular Interaction Engineering* (Netzwerk zu druckbarer Biotechnologie): Helmholtz-Gemeinschaft und BMBF (50/50) stellen gemeinsam 10 Mio. € für drei Forschungszentren in Jülich, Karlsruhe und Geesthacht zur Verfügung. Biomoleküle werden so entwickelt, dass sie sich auf Oberflächen mit neuartigen chemischen und elektrischen Eigenschaften aufbringen lassen (ausdruckbare Schaltkreise und Reaktionsräume, z.B. für die Diagnostik).
— *Leibniz Research Cluster* (Hightech-Synthesewege für neuen Wirkstoffe): Nachwuchs-

◻ Tab. 5.13 Bundesinitiativen mit Bezug zur biotechnologischen Forschung und Innovation. (Quelle: Schüler (2011))

Innovationskette	Initiativen, Programme oder Schwerpunkte			
Bio(techno)logische Forschung	Grundlagen	Gesundheitsforschung	Bioökonomie	Biotechnologie 2020+
	Genomforschung an Mensch, Tier, Pflanzen und Mikroorganismen	*Tissue Engineering*	Ernährungsforschung	Zukunftsprojekte in Medizin, Energie, Umwelt, Industrie
	Proteomforschung	Regenerative Medizin	Nachhaltige Bioproduktion	
	Glykobiotechnologie	Tiergesundheit	Tierzüchtung	
	Systembiologie	Individualisierte Medizin	BioIndustrie2021	
	Bioinformatik		BioEnergie2021	
Begleit- und Vorsorgeforschung	Ethische, rechtliche und soziale Aspekte (ELSA) der modernen Lebenswissenschaften und der Biotechnologie; biologische Sicherheitsforschung; Ersatzmethoden zum Tierversuch; Runder Tisch Pflanzengenetik; Deutsches Referenzzentrum für Ethik in den Biowissenschaften, Informationsplattform biotechnologie.de			
Internationale Zusammenarbeit	ERA-NET PathoGenoMics, Eurotransbio, ERASysBio, E-Rare, PLANT-KBBE			
Kommerzialisierung	GO-Bio; KMU-innovativ; High-Tech Gründerfonds; SIGNO; EXIST; ZIM			
Strukturbildung	Spitzencluster-Wettbewerb; BioPharma-Wettbewerb; GMP-Infrastruktur; Kompetenznetze Agrarforschung; Innovationsallianzen; Forschung-Innovation Neue Länder; BioRegio; BioProfile			

gruppen an fünf Leibniz-Instituten, die neue Ansätze der Synthese von Naturstoffen miteinander koppeln (z.B. Synthesewege basierend auf mikrofluidischen Verfahren).

— »Biomoleküle vom Band« (Modularer Bioreaktor für die zellfreie Proteinsynthese): 2011 mit einem Budget von 6 Mio. € bei Fraunhofer-Gesellschaft bereits gestartet, das BMBF trägt zudem 15 Mio. € für die Zusammenarbeit von acht Fraunhofer-Instituten über eine Laufzeit von drei Jahren bei

» Im Einzelnen müssen biologische Konstruktionsprinzipien und Problemlösungen, die die Natur bereits gefunden hat, systematisch erforscht und in technische Anwendungen überführt werden. Gefragt sind visionäre Zukunftsideen, die Erkenntnisse aus Biotechnologie und Ingenieurwissenschaft zu einer biomimetischen Produktionstechnik zusammenführen. (biotechnologie2020plus.de 2015)

Im Rahmen des Strategieprozesses sollen Chancen für den Produktionsstandort Deutschland erschlossen und genutzt werden. Deutschland ist mit seinen starken Ingenieurwissenschaften und als bedeutender Standort der chemischen Industrie in einer günstigen Ausgangsposition.

Zusammenfassende Übersicht zu Bundesinitiativen mit Bezug zur Biotechnologie

◻ Tabelle 5.13 bietet eine Übersicht zu den Bundesinitiativen mit Bezug zur Biotechnologie, die seit Mitte der 1990er-Jahre aufgelegt und bereits abgeschlossen wurden beziehungsweise noch am Laufen sind.

5.3 Jüngste Entwicklung der Branche: von Stagnation zu neuen Chancen

Die deutsche Biotech-Industrie ging nach den ersten 15 Jahren mit ihren hier dargestellten Phasen »Boom und Hype«, »*Per Aspera Ad Astra*«, »Zurück in die Zukunft« sowie »Fallstrick Finanzierung?« (◘ Abb. 5.2) ab 2012 in einen neuen Lebensabschnitt über: auf dem Weg zur Reifeprüfung. Dieser begann zwar – von den Kennzahlen her gesehen – mit einer Phase der Stagnation. Abseits der harten Eckdaten (◘ Abb. 5.11) lässt sich jedoch derzeit ein Momentum neuer Chancen erkennen.

5.3.1 Kennzahlen: Stagnation statt Wachstum

Wie schon beschrieben, folgte dem 2009er- und 2011er-Einbruch bei der Eigenkapital-Finanzierung in den Jahren 2010 und 2012 jeweils ein Rückgang der FuE-Investitionen. Es wurde vermutet, dass viele Firmen in der Folge den Gürtel enger schnallten, um finanzielle Durststrecken durchzustehen (vor allem diejenigen, die auf externes Kapital angewiesen sind, weil sie nicht ausreichend eigene Umsätze machen). Direkt nach der Finanzkrise von 2009/2010 hat das vermutlich auch diejenigen mit Umsatz betroffen, da die Zeiten unsicher waren – auch für den Absatz von Produkten und Dienstleistungen. Ein allgemeiner Kater also. Im Jahr 2012 war der Zusammenhang zur Finanzierung jedoch nicht wirklich gegeben.

5.3.1.1 FuE-Investitionen und die Frage nach dem Geld

So entpuppte sich laut Ernst & Young (2013) der 2012er-Rückgang vor allem bei den börsennotierten Gesellschaften (– 22 %) als transaktionsbedingt. Denn PAION stellte seine FuE-Aktivitäten um den an Lundbeck verkauften Wirkstoff Desmoteplase ein und reduzierte damit die entsprechenden Kosten um 70 % von 11 auf 3,3 Mio. €. In die gleiche Richtung geht die Reduzierung bei MorphoSys, bei denen 20 Mio. € (34 %) FuE-Kosten durch den Verkauf der Forschungsantikörper-Einheit AbD Serotec entfielen. Bei den privaten Firmen blieben die

FuE-Aufwendungen mit Abweichungen von lediglich 2 % einigermaßen stabil. Ernst & Young (2013) führt ferner aus:

> » Da bei den F&E-Kosten aber vor allem die Therapeutikaentwickler den Löwenanteil von 55 Prozent tragen und bei dieser Gruppe sieben Prozent weniger F&E-Ausgaben verbucht wurden, ist genaueres Hinschauen durchaus angebracht. Auch dieser Rückgang liegt vorwiegend in den letztjährigen Firmenübernahmen begründet. Der Vollständigkeit halber sei vermerkt, dass Service- und Tool-Provider ihre F&E-Aufwendungen 2012 um drei Prozent steigern konnten, was ihre gute Geschäftssituation widerspiegelt. (Ernst & Young 2013)

Der »eigentliche Aufschrei« folgte erst 2014, nachdem im Jahr 2013 die FuE-Investitionen nochmals fielen und auch die VC-Finanzierung wieder sank. In beiden Statistiken – biotechnologie.de und EY – erreichte der FuE-Indikator den niedrigsten Stand seit Jahren. Zwar war dies auch wieder zum Teil beeinflusst vom Wegfall der FuE-Ausgaben einer börsennotierten Gesellschaft (Agennix wurde Ende Mai 2013 aufgelöst). Dennoch war die Branche alarmiert und machte sich Gedanken zu Ursachen sowie Auswegen aus der »erneuten Krise«. Hinzu kam nämlich eine weitere Hiobsbotschaft, die das Branchenmagazin *transkript* auf den Punkt brachte:

> » Jahrelang haben Industrieverbände wie die BIO Deutschland, der Verband forschender Arzneimittelhersteller (VFA) oder der Bundesverband der Deutschen Industrie (BDI) für eine steuerliche F&E-Förderung getrommelt – erfolglos. Doch jetzt droht der Industrieforschung und dem Biotech-Sektor Ungemach von ganz unerwarteter Seite. Zusätzlich zu der in letzter Minute aus dem Koalitionsvertrag gestrichenen Steuervergünstigungen für innovative Unternehmen zeichnen sich jetzt auch noch Kürzungen beim Innovationsförderinstrument Nr. 1 des Bundesministeriums für Bildung und Forschung (BMBF) ab: der Projektförderung. (Gabrielczyk 2014)

Offensichtlich stimmen bei uns die Rahmenbedingungen schon lange nicht mehr

»Wenn eine Hightech-Branche mit glänzenden Zukunftsaussichten ohne einschneidende technologische Rückschläge bei brummender Konjunktur stagniert, stellt sich die Frage nach den Gründen. Offensichtlich stimmen bei uns die Rahmenbedingungen schon lange nicht mehr. Seit einer gefühlten Ewigkeit finden keine Biotech-Börsengänge mehr statt, der Aktienmarkt fällt als Finanzierungsinstrument weitgehend aus. Ebenfalls schon länger tröpfelt das Risikokapital nur noch – dies hat nicht nur mit dem versperrten Exit über die Börse zu tun, sondern unter anderem auch damit, dass die Investitionszyklen der VCs einfach kurzer sind als die Entwicklungszeiten in der Roten Biotechnologie. Hinzu kommen die steuerlichen Bedingungen, die generelle Risikoscheu im heutigen Deutschland und das mediale Dauerfeuer von Greenpeace & Co. auf die Grüne Gentechnik, das die Stimmung verdirbt. ... Ein Beben ist zudem rund um das für die Förderung so wichtige Bundesforschungsministerium zu spüren. Ob die wichtigen Projektmittel künftig unvermindert weitersprudeln, erscheint auf einmal fraglich. ... Positiv ist, dass derzeit von Seiten der Politik durchaus die Bereitschaft kommuniziert wird, etwas für die forschungsintensiven KMUs zu tun. Ideen und Initiativen sind jetzt gefragt. Stagnation! Nach so einem Befund kann es in einer Hightech-Branche eigentlich kein 'weiter so' geben. Der Probleme sind viele, niemand hat ein Allheilmittel. Es wäre jedoch gut, wenn die Erschütterungen des Monats April 2014 Engagement und Kreativität wachrütteln würden. Die Branche sollte aufhören, auf den reichen Onkel aus Amerika zu warten oder die eigene Bedeutung an der großen Zahl von Förderinstitutionen und Beratern zu messen, sondern selbst Mittel und Wege ersinnen, wie es hierzulande unternehmerisch weitergehen kann. Qualität vor Quantität in allen Belangen könnte ein Ansatz sein« (Mietzsch 2014).

Die in ▶ Abschn. 5.2.5 beschriebenen Aktivitäten des Bundes scheinen somit ebenfalls auf eine Stagnation zuzusteuern. Wie bereits erwähnt, sind die Projekt-Fördermittel für viele Firmen – gerade bei schlechten Kapitalmarktbedingungen – ein Lebenselexier. Im Zeitraum 2005 bis 2014 lagen diese laut biotechnologie.de jährlich bei um die 50 Mio. €, in der Summe über die zehn Jahre also bei rund 500 Mio. €. Verglichen mit den Umsätzen und Eigenkapital-Finanzierungen der Branche in diesem Zeitraum fällt dieser Betrag allerdings in seiner Bedeutung zurück. So sahen diese Kennzahlen je nach den beiden Statistiken wie folgt aus (in Summe 2005 bis 2014):

- biotechnologie.de:
    - Umsatz 16 Mrd. € (mit QIAGEN 23 Mrd. €) bei mehr als 500 Firmen – durchschnittlich 3 Mio. € pro Jahr pro Firma;
    - Finanzierung 3,7 Mrd. € (mit QIAGEN und Micromet 3,9 Mrd. €).
- Ernst & Young:
    - Umsatz 10 Mrd. € bei rund 400 Firmen – durchschnittlich 2,5 Mio. € pro Jahr pro Firma;
    - Finanzierung 3,3 Mrd. €.

Wie so oft kann eine Statistik nur über alle Firmen mitteln, sodass hier nicht der Eindruck entstehen soll, Fördergelder seien nicht wichtig. Im Einzelfall sind sie es durchaus, denn sie konnten zum Teil auch das Überleben von Unternehmen sichern.

Die Frage aber ist: Soll die deutsche Biotech-Branche so gerade überleben, ein starker Innovationsmotor für andere Industrien sein oder gar eigenständig erwachsen und den Ton angeben, wie es die US-Biotech-Industrie mittlerweile im Pharma-Sektor tut?

Hierfür bedarf es hierzulande besserer Rahmenbedingungen für die Eigenkapital-Finanzierung (▶ Abschn. 5.3.2), denn damit ist – wie ▶ Kap. 2 eindrucksvoll gezeigt hat – die US-Branche groß geworden. Ausreichend finanzielle Mittel verhalfen dazu, neuartige Medikamente auf den Markt zu bringen. Diese sind es, die das Wachstum der US-Industrie auf einen Umsatz von über 90 Mrd. US$ bei 400 börsennotierten Firmen wuchsen ließen (der Rest der rund 2000 privaten Firmen trägt maximal nochmal 10 % bei). Und mehr als drei Viertel davon (67 Mrd. US$) trägt allein ein Dutzend (!) an Top-Gesellschaften bei. Die meisten davon gründeten sich in den 1980er-Jahren.

Doch zum Vergleich der deutschen mit der US-Biotech-Industrie folgt später mehr (▶ Abschn. 5.4) – zurück zu den jüngsten Entwicklungen in Deutschland: Die 2014er Mai-Ausgabe des Branchenmagazins |transkript fasste die Ergebnisse der Berichte von Ernst & Young und biotechnologie.de über das Jahr 2013 zusammen: »Beide Reports vermelden im Kern einen ähnlichen Trend: Es dominiert Stagnation, nicht Wachstum.« Zudem titelte diese Ausgabe mit »Die Erschütterung« und benannte im Editorial weitere Stolpersteine (▶ Offensichtlich stimmen bei uns die Rahmenbedingungen schon lange nicht mehr), aber auch das Motto »Qualität vor Quantität«, das sicher mehr in den Vordergrund rücken muss. Allerdings ist das bei Statistiken immer schwierig. Daher erfolgte hier auch schon der Versuch, die Entwicklungen im Einzelnen zu relativieren; so zum Beispiel bei der Analyse zur Phase »Fallstrick Finanzierung?«. Denn, wie schon gesagt, die Biotech-Firmen kommen im Großen und Ganzen recht gut voran, und einige »Auserwählte« sind für ihren Fokus der Medikamenten-Entwicklung auch gut finanziert – allerdings momentan größtenteils von den *Family Offices*, die es sich leisten können, einen längeren Atem zu haben.

Im Jahr 2014 nahm die Entwicklung bei den FuE-Investitionen auch wieder eine Wende nach oben, wobei das natürlich keine feste Größe ist, da es immer wieder ein Auf und Ab in der Branche gab. Der Verband BIO Deutschland bestätigte in seinem jüngsten Branchenbarometer:

» Die Umfrage zeichnet ein optimistisches Gesamtbild: Insgesamt liegen alle Indikatoren auch in diesem Jahr über dem jeweiligen Durchschnitt der vergangenen fünf Jahre. Im Vergleich zum Vorjahr fällt die Einschätzung der aktuellen geschäftlichen und politischen Lage allerdings nicht mehr ganz so positiv aus. Damals wurden große Hoffnungen in die neue Bundesregierung gesetzt, die sich so offenbar nicht erfüllt haben. Dennoch schätzen die Biotech-Unternehmer und -Unternehmerinnen ihre aktuelle Situation so positiv ein, dass sie wieder mehr in Forschung und Entwicklung investieren wollen. Auch bei der Beschäftigungssituation bleibt die Entwicklung stabil. (BIO Deutschland 2015)

5.3.1.2 Firmen- und Mitarbeiterzahl bleiben stabil, das heißt stagnieren

Seit 2012 bleiben mit leichten Abweichungen die Mitarbeiter- und Firmenzahl stabil (◻ Abb. 5.11). Zwar gab es 2012 und 2013 bei der Mitarbeiterzahl aufgrund der Entwicklungen bei manchen der bör-

sennotierten Firmen und aufgrund von Übernahmen leichte Rückläufe. 2014 hat sich dieser Trend allerdings wieder gefangen. Bei genauerem Hinsehen zeigte sich, dass im Jahr 2012 bei den Beschäftigten die Entwicklung in den privaten und börsennotierten Gesellschaften stark divergierte. Während Erstere Mitarbeiter aufbauen konnten, wurden Letztere in den Jahren 2012 und 2013 zum Teil ziemlich durchgeschüttelt. Infolge ausbleibender oder negativer klinischer Studienergebnisse beziehungsweise Markterwartungen mussten folgende gelistete Firmen in einzelnen Fällen sogar kräftig Federn lassen (Ernst & Young 2013):

━ PAION: minus 46 %, von 26 auf 14 Mitarbeiter;
━ Epigenomics: minus 36 %, von 61 auf 39 Mitarbeiter;
━ Agennix: minus 26 %, von 70 auf 52 Mitarbeiter;
━ WILEX: mit Ankündigung für 2013 minus 24 %, von 125 auf ca. 95 Mitarbeiter.

Auch musste die frühere Erlanger november AG, die nach einer ersten Insolvenz im Jahr 2006 eigentlich nur noch als Hülle existierte und ihren Sitz nach Köln verlegte, nochmals Insolvenz anmelden. Sie verschwand 2013 endgültig vom Kurszettel. Ernst & Young (2013) führt zur Lage im Jahr 2012 weiter aus:

» Der Personalzuwachs bei privaten Biotech-Firmen wird vornehmlich durch das größte Segment – die Anbieter von Dienstleistungen sowie Forschungs-Tools – getragen, das mit vier Prozent ... gewachsen ist. Auch Diagnostikfirmen legten beim Personal zu ... (+8 %). Demgegenüber weisen die Therapeutikaentwickler auch im privaten Bereich einen Personalrückgang von insgesamt fünf Prozent ... auf, welcher allerdings zum Großteil aus den Akquisitionen von teilweise überdurchschnittlich großen Unternehmen resultiert (z. B. Cellzome). (Ernst & Young 2013)

In 2013 setzte sich dann das Mitarbeiter-Minus bei manchen der börsennotierten Gesellschaften fort (Ernst & Young 2014). So waren bei der zum Ende Mai 2013 aufgelösten Agennix 52 Beschäftigte betroffen, und MorphoSys verringerte seinen Mitarbeiterstamm um insgesamt 123 Angestellte. Al-

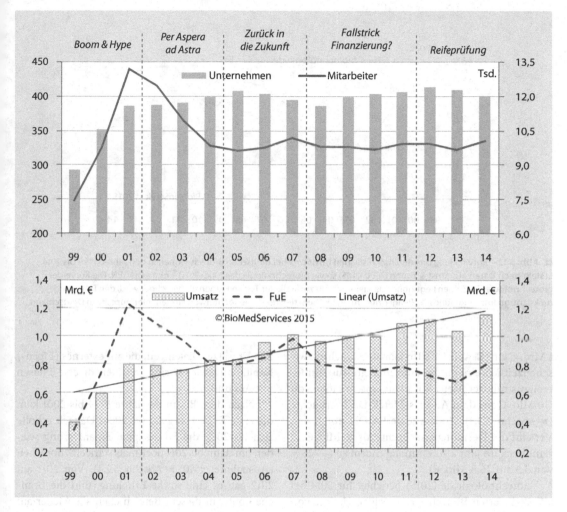

Abb. 5.11 Entwicklung der wichtigsten Kennzahlen der deutschen Biotech-Industrie in den Jahren 1999 bis 2014. Erstellt nach Daten aus Ernst & Young (2000–2015)

lerdings fanden diese aufgrund des Verkaufs der AbD Serotec-Sparte ein Dach bei der neuen Mutter Bio-Rad, und MorphoSys zählt immer noch über 300 Mitarbeiter, die sich nun wieder voll und ganz auf die Medikamenten-Entwicklung fokussieren.

Für 2014 beobachteten beide Statistiken – biotechnologie.de und EY – einen Zuwachs bei den Mitarbeitern. Bei EY wurde die Marke von 10.000 Beschäftigten wieder überschritten. Die Statistik von biotechnologie.de zählt bei mehr Unternehmen fast 18.000 Mitarbeiter (inklusive 1300 bei QIAGEN). Dazu kommen bei letzterer Statistik noch weitere 19.000 Angestellte bei sogenannten

sonstigen biotechnologisch aktiven Unternehmen, deren Hauptfokus nicht ausschließlich die Biotechnologie ist.

5.3.1.3 Umsatz: über die letzten 15 Jahre zwar kontinuierlich gestiegen, seit 2007 aber lediglich auf niedrigem Niveau

Die Entwicklung des Umsatzes der deutschen Biotech-Branche wurde am Ende von ▶ Abschn. 5.2.4 bereits eingehender analysiert. Seit Ende 2011 hat sich dieser nochmals leicht erhöhen können, pendelte sich aber letztlich knapp über der Grenze von

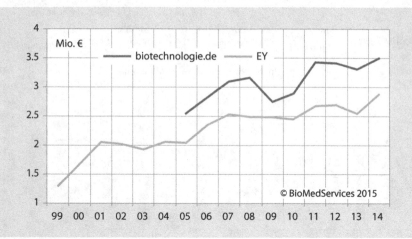

◻ Abb. 5.12   Entwicklung des durchschnittlichen Umsatzes bei deutschen Biotech-Firmen in den Jahren 1999 bis 2014. Erstellt nach Daten aus Ernst & Young (2000–2015) sowie biotechnologie.de (2006–2015) – ohne QIAGEN. Die Kurve der biotechnologie.de-Zahlen liegt höher, da hier noch ein zusätzlicher Typ an Firmen eingerechnet wird, den EY nicht berücksichtigt: Immundiagnostik, Reagenzien, Analytik-Dienstleister sowie Töchter von Firmen mit Hauptsitz in Deutschland

1 Mrd. € ein (◻ Abb. 5.11). Im Jahr 2013 brach er zwischenzeitlich ein, da das Jahr 2012 ein Ausnahmeereignis mit der Mega-Sofortzahlung in Höhe von 110 Mio. € aus dem AiCuris-Merck-Deal verbuchte (▶ Abschn. 5.3.3). Zudem legte PAION durch den Verkauf der Desmoteplase-Rechte für 20 Mio. € an Lundbeck im Jahr 2012 einmalig enorm zu (+725 % von 3,3 auf 26,8 Mio. €).

biotechnologie.de (2015) berichtet für 2014 bei 578 dedizierten Biotech-Firmen einen Umsatz von 3 Mrd. €, gestiegen von 2,6 Mrd. € in 2011. Von den 3 Mrd. € entfällt allein 1 Mrd. € auf den seit Langem profitabel arbeitenden Molekulardiagnostik-Spezialisten QIAGEN, der in der EY-Statistik wegen seines finanzrechtlichen Hauptsitzes in den Niederlanden nicht zu Deutschland gerechnet wird. Adjustiert man die Umsatzzahlen von biotechnologie.de um diese den Schnitt sehr stark anhebende Firma, so resultiert eine Entwicklung, wie sie ◻ Abb. 5.12 zeigt.

5.3.2   Finanzierung: müsste besser sein, im Einzelfall jedoch nicht schlecht

Wie ebenfalls schon öfter ausgeführt, finanzieren sich viele deutsche Biotech-Firmen über ihre eige-

nen Umsätze. Diejenigen, die auf externes (Eigen-)Kapital angewiesen sind, erlebten diverse Phasen mit Auf und Abs.

Nach dem Boom der Jahre 1999 bis 2001 kam die erste Krise von 2002 bis 2004. Danach erholte sich bis 2007 die Eigenkapital-Finanzierung wieder, um dann bis 2011 nochmals stark einzubrechen (Ausnahme: 2010, ▶ Abschn. 5.2.4). Von 2011 auf 2012 gab es eine starke Erholung, und die Branche hoffte, in diesem Bereich ebenfalls wieder auf einem guten Kurs zu sein, was sich 2013 (zumindest für die Finanzierung der privaten Firmen) als Trugschluss herausstellte (◻ Abb. 5.13). Seit 2004 wird die Finanzierung der privaten Firmen stark von *Family Offices* und anderen privaten Investoren getragen. Ohne sie hätten manche der heutigen Hoffnungsträger nicht überlebt. Klassische VC-Geber mussten sich dem »Diktat« des Kapitalmarktes beugen, denn sie sind wiederum auf andere Investoren angewiesen, die in einem gewissen Zeithorizont einen *return on investment* erwarten. Der Zeithorizont, den beispielsweise die Medikamenten-Entwicklung benötigt, ist mit Investments in andere Branchen nicht zu vergleichen.

Die seit 2012 wieder sinkenden finanziellen Mittel für private deutsche Biotech-Firmen, ließ in verschiedenen Branchen-Organen (Ernst &

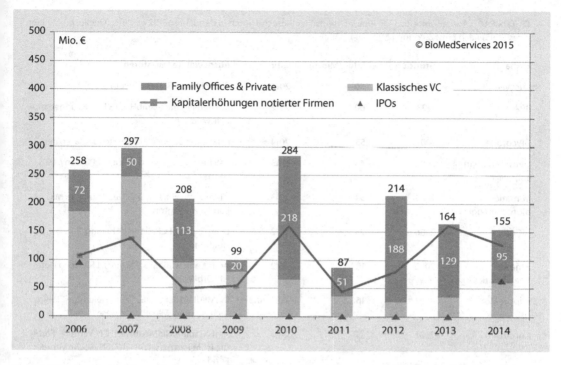

◻ Abb. 5.13 Eigenkapital-Finanzierung deutscher Biotech-Firmen in den Jahren 2006 bis 2014. Erstellt nach Daten aus Ernst & Young (2007–2015). *IPO initial public offering*

Young Report, |*transkript*, Informationen von BIO Deutschland und anderen Verbänden etc.) und von Unternehmern der Industrie (▶ Das Finanzierungs-konzept »1 % für unsere Zukunft« in Kurzform) verstärkt den Ruf aufkommen, dass sich dringendst die politischen Rahmenbedingungen für die Eigen-kapital-Finanzierung von technologieorientierten Unternehmen ändern muss. Dabei ist dieser Appell nicht neu, und er erfolgt auch von anderen Seiten, nicht nur von der Biotech-Industrie. Auch auf den jüngst veranstalteten Deutschen Biotechnologie-Tagen (eine Jahreskonferenz der Branche) wurde diese Thematik eingehend diskutiert. Als großes Manko wird vor allem auch gesehen, dass hierzu-lande für Biotech-Firmen (noch) keine Börsengän-ge möglich sind, nachdem in den USA seit 2013 der »Laden brummt«. Diese stellen für Investoren einen Exit-Kanal dar sowie später für die Unter-nehmen die Möglichkeit, zu einer öffentlich be-kannten Bewertung weiteres Kapital aufzunehmen. Selbst ein Konzept wie das »1 % für unsere Zukunft« (ausführlicher vorgestellt bei Zinke und Kremoser

2014) erfordert für Investoren Exit-Möglichkeiten. Ohne diese geht kaum was.

Das Finanzierungskonzept »1 % für unsere Zukunft« in Kurzform

»Wir denken, die Eigenkapitalfinanzierung von Unternehmen ist grundsätzlich keine Aufgabe des Staates. Daher bevorzugen wir ein Modell, bei dem Anlageentscheidungen rein nach unterneh-merischen Gesichtspunkten und gewinnorientiert getroffen werden. Unser Ziel ist es, ein Prozent des vorhandenen Privatvermögens in spezielle High-tech-Highrisk-Anlagen zu leiten. Die Frage ist, warum sollten Privatanleger dieses Geld abzweigen? Dafür muss es einen Anreiz geben. Daher fordern wir, diese Investitionen für mindestens 10 Jahre steuerfrei zu stellen« (Kremoser 2014).

Das Konzept blieb in der Branche nicht unumstrit-ten, es wurden zum Beispiel fehlende Details be-mängelt. Die Intention, eine Diskussion anzusto-ßen, wurde allerdings erreicht. Auch gibt es leicht

Tab. 5.14 Ausgewählte Top-VC-Runden deutscher Biotech-Firmen in den Jahren 2012 bis 2014. (Quelle: BioMedServices (2015) nach Ernst & Young (2013, 2014, 2015))

Firma	Gründung	Erlös (Mio. €)	Jahr	Ausgewählte Investoren
CureVac	2000	**80**	2012	dievini Hopp BioTech holding
BRAIN	1993	**60**	2012	MP Beteiligungs-GmbH, MIG Fonds, ungenannte Investoren
Glycotope	2001	**55**	2014	Eckert Life Science Accelerator, Jossa Arznei
Ganymed Pharmaceuticals	2001	**45**	2013	ATS Beteiligungsverwaltung, FCPB Gany, MIG Fonds
immatics biotechnologies	2000	**34**	2013	AT Impf, dievini Hopp BioTech holding, MIG Fonds, Wellington
AiCuris	2006	**25**	2012	Dom Capital, FCP Biotech Holding, Santo Holding
Affimed Therapeutics	2000	16	2012	Aeris Capital, BioMedPartners, LSP, Novo Nordisk, OrbiMed
SuppreMol	2002	16	2012/2013	BioMedPartners, MIG, Santo Holding, FCP Biotech Holding, Max-Planck-Gesellschaft
Curetis	2007	15	2014	Aeris Capital, BioMedInvest, CD-Venture, Forbion, HBM Partners, LSP, QIAGEN, Roche Venture Fund
Allecra Therapeutics	2013	15	2013	Rothschild Investment Partners, Forbion, EMBL Ventures
Curetis	2007	13	2013	HBM Partners, Aeris Capital, BioMedPartners, CD-Venture, Forbion, KfW, LSP, Roche Venture Fund
Isarna	1998	13	2013	AT NewTec, MIG Fonds
Affimed Therapeutics	2000	12	2014	Aeris Capital, BioMedInvest, LSP, Novo Nordisk, OrbiMed
AYOXXA Biosystems	2010	11	2014	BioMedPartners, b-to-v Partners, CREATHOR VENTURE, Grazia Equity, HR Ventures, HTGF, KfW, NRW.BANK, Wellington, private Investoren
Protagen	1997	10	2014	MIG Fonds, NRW.BANK, QIAGEN

Fett markiert: Runden mit Hauptbeteiligung der *Family Offices*

abweichende Vorstellungen seitens der Arbeitsgruppe »Steuern und Finanzen« des Branchenverbandes BIO Deutschland.

5.3.2.1 Finanzierung privater Biotech-Firmen seit 2012

Trotz der seit 2012 wieder sinkenden gesamten VC-Finanzierung ist es einigen Firmen gelungen, Zusagen in bisher noch nicht stattgefundenen Größenordnungen zu erhalten. Dies trifft vor allem auf den Tübinger RNS-Spezialisten CureVac mit seiner 80-Mio.-Runde zu (Tab. 5.14). Bisher ist das Unternehmen ausschließlich von der Familie Hopp finanziert worden. Aber auch die 60 Mio. € für die Zwingenberger BRAIN wird das Unternehmen der Weißen Biotechnologie gut voranbringen. Anderen wie Glycotope, Ganymed, immatics und AiCuris sind ebenfalls kräftige Nachfinanzierun-

■ Tab. 5.15 Kapitalmaßnahmen deutscher börsennotierter Biotech-Unternehmen in den Jahren 2012 bis 2014. (Quelle: BioMedServices (2015) nach Ernst & Young (2013, 2014, 2015))

	2012 (Mio. €)	2013 (Mio. €)	2014 (Mio. €)	Summe (Mio. €)
MorphoSys	–	84	–	84
PAION	–	5	52 (46 + 6)	57
MOLOGEN	25	–	16	41
Biofrontera	13	8	16	37
Evotec	–	30	–	30
WILEX	26	–	–	26
4SC	13	–	11 (Darlehen[a])	24
Epigenomics	–	13	4	17
Formycon	–	17		17
Medigene	–	–	16	16
co.don	4	1	5	10
Sygnis		3	5	8
curasan	–		2	2
Summe	*81*	*161*	*127*	*369*

[a]und Wandelanleihen

gen der großen *Family Offices* Strüngmann und Hopp gelungen.

Es fällt auf, dass auch die klassischen VC-Firmen wieder aktiver in Deutschland wurden. Zukünftige Exit-Möglichkeiten ergeben sich dabei für die Investoren der Heidelberger Affimed Therapeutics, die 2014 einen Börsengang an der NASDAQ realisierte und zuvor noch eine Überbrückungsfinanzierung erhalten hatte. Ähnliches gilt für Probiodrug, die ihre letzte große Finanzierung 2011 erhielten und ebenfalls im Jahr 2014 den Sprung aufs Parkett schaffte, allerdings in Amsterdam. Als weiteres deutsches und bisher privates Biotech-Unternehmen ist seit 2014 auch die Münchener Pieris Pharmaceuticals aufgrund der Verschmelzung mit einer börsengelisteten US-Firma für den offiziellen Handel ihrer Aktien zugelassen.

5.3.2.2 Finanzierung gelisteter Biotech-Gesellschaften seit 2012

Die bereits notierten Gesellschaften haben seit 2012 in der Summe über 300 Mio. € aufnehmen können (■ Tab. 5.15). Das beste Jahr war dabei 2013. Großen

Einfluss nahm hier allerdings die 84-Mio.-€-Kapitalerhöhung von MorphoSys. Das Unternehmen gab 1.514.066 neue Aktien aus dem genehmigten Kapital an internationale institutionelle Investoren zu einem Preis von 55,76 € pro Aktie aus. Das Angebot war mehrfach überzeichnet. Gemeinsam mit seinen Pharma-Partnern hat MorphoSys eine therapeutische Pipeline mit mehr als 80 antikörperbasierten Medikamentenkandidaten unter anderem zur Behandlung von Krebs, rheumatoider Arthritis und Alzheimer aufgebaut. Die Mittel wird der Antikörper-Spezialist vor allem für die eigenen Entwicklungskandidaten sowie für Übernahmen verwenden.

Auch die Aachener PAION hat insbesondere im Jahr 2014 Investoren anlocken können. Die mittlerweile als Spezialpharma-Unternehmen agierende Firma kann sich derzeit als sogenannte Phase-III-Firma bezeichnen, da ihr Hauptprodukt in mehreren fortgeschrittenen Studien geprüft wird. Das frische Kapital ist vor allem für die Zulassungsaktivitäten des Anästhetikums Remimazolam in den USA und der EU verplant. Auch Biofrontera fällt in die Kategorie Spezialpharma und nutzt die neuen Mittel für den Ausbau seiner Marktposition mit der Hautsalbe Ameluz.

> » MOLOGEN rechtfertigt die Kapitalaufnahme von insgesamt 24,7 Millionen Euro (2011 10 Mio. €) mit guten klinischen Daten. In den ersten neun Monaten des Jahres 2012 hat MOLOGEN mehrere wichtige Ziele erreicht. Die klinischen Studien zu den beiden Produktkandidaten MGN1703 (Darmkrebs) und MGN1601 (Nierenkrebs) übertrafen alle Erwartungen. (Ernst & Young 2013)

Zudem geben die Analysten Informationen zu der seit 2013 auf dem Kurszettel der deutschen Biotech-Firmen geführten Formycon aus Martinsried: Sie ging nach Übernahme der Assets der Scil Technology im Oktober 2012 aus der ehemaligen, bereits notierten Nanohale hervor und fokussiert sich nunmehr auf die Entwicklung und Vermarktung von Biosimilars. Im Jahr 2013 beteiligten sich als Hauptaktionäre die Brüder Strüngmann, die Gründer des Generika-Herstellers Hexal.

5.3.3   Neue Allianzen: neue Chancen?

Für einige Firmen erwiesen sich die Jahre ab 2012 also durchaus als erfolgreich, was die Finanzierung betrifft. On top kommen hierbei wiederum Umsätze aus Allianzen. Es können zwar nur die Sofortzahlungen bei Abschluss direkt verbucht werden; später aber fließen immer wieder Zahlungen, wenn vorab definierte Meilensteine erreicht werden. Mit den dann erlösten Mitteln können wieder weitere Schritte unternommen werden.

Im Branchenjargon werden diese Zahlungen mit den englischen Begriffen *upfront* und *milestone payments* bezeichnet. Eine besonders hohe Sofortzahlung konnte sich im Jahr 2012 die erst 2006 aus dem Bayer-Konzern ausgegründete AiCuris sichern. Der Viren-Spezialist realisierte ein Abkommen mit der US-Merck und erhielt von über 400 Mio. € potenziellem Wert 110 Mio. € *upfront*. Ein Betrag, den es zuvor in der deutschen Biotech-Industrie noch nie gegeben hatte.

Größere Aufmerksamkeit erfuhren auch die Abschlüsse von immatics mit Roche, ein sogenannter 1000-Mio.-Dollar-Deal, sowie von MorphoSys mit Celgene in Höhe von 628 Mio. €. Beide stammten aus dem Jahr 2013, wobei letzterer allerdings mittlerweile wieder beendet wurde. Zudem tat sich Evotec durch gleich mehrere neue Kooperationen hervor. Neben einer sehr frühen Zusammenarbeit mit der Harvard University, aus der eine spätere Partnerschaft mit Janssen, einer J&J-Tochter, resultierte (► Evotec setzt auf Wissenschaft und Wirtschaft), schloss sich Evotec mit der heimischen Bayer zusammen. Auch Boehringer Ingelheim suchte sich als Partner »mal wieder« eine deutsche Biotech-Firma aus, nämlich den RNS-Spezialisten CureVac, dessen Forschung und Entwicklung bis Anfang 2015 allein durch die Familie Hopp finanziert wurde. Dann, im März 2015, kam der »Paukenschlag«: Der Einstieg des »reichen Onkels aus Amerika« in just dieses Unternehmen. Die Bill-und-Melinda-Gates-Stiftung fokussiert sich auf Infektionskrankheiten, und CureVac kann mit seinen temperaturunempfindlichen RNS-Impfstoffen insbesondere für den Einsatz in Entwicklungsländern dazu einen Beitrag leisten. Dieses Ereignis hat der Branche jüngst einen enormen Stimmungsaufschwung beschert. Hatte sich Bill Gates doch bewusst gegen einen Wettbewerber aus den USA entschieden. Dieses Mal war die deutsche Konkurrenz weiter und vielleicht auch besser?

◪ Tabelle 5.16 fasst die größten Allianzen seit 2012 übersichtsartig zusammen.

Noch mit aufgenommen in dieser Tabelle ist die Vereinbarung, die die Heidelberger Phenex Pharmaceuticals Anfang dieses Jahres mit Gilead aus den USA geschlossen hat. Es ist keine Kooperation im Sinne der anderen Allianzen, sondern es handelt sich um den kompletten Verkauf eines Wirkstoff-Programms, der einen Wert von fast 400 Mio. € erzielte. Mit diesen Mitteln ist auch Phenex für die weitere Erforschung und Entwicklung anderer Programme gut aufgestellt.

5.3.4   Wirkstoff-Pipeline: neue Chancen!

Die schlechten Nachrichten zuerst: Am Beginn der derzeit betrachteten Phase, also im Jahr 2012, musste die deutsche Biotech-Branche weitere Ausfälle oder Stopps von Phase-III-Medikamenten-Kandidaten hinnehmen:

> **Evotec setzt auf Wissenschaft und Wirtschaft**
>
> »2012 konnte Evotec Ergebnisse der Zusammenarbeit mit Harvard bereits nach 18 Monaten in eine lukrative Allianz mit Johnson & Johnson (J&J) einbringen. J&J kaufte sich in das Kollaborationsprogramm zwischen Evotec und der Harvard-Gruppe um Prof. Doug Melton ein, welches ein Portfolio von regenerativen Diabe-
>
> tes-Therapien beinhaltet. Mit einem Volumen von 300 Millionen US-Dollar an erfolgsabhängigen Meilenstein-zahlungen ist der Deal gemessen an dem noch sehr frühen Stadium bemerkenswert. Anfang des Jahres folgte gleich eine weitere, ähnlich gelagerte Allianz mit der Yale University. Inhaltlich werden dort innovative
>
> Ansätze in den Gebieten ZNS, Onkologie sowie metabolische und immunologische Erkrankungen gemeinsam bearbeitet. Auch hierbei steht die enge Verknüpfung von Evotecs Drug-Discovery-Plattform mit der erstklassigen Forschung der Yale University im Zentrum der Zusammenarbeit« (Ernst & Young 2013).

- Rencarex in einer Nierenkarzinom-Studie (WILEX),
- Talactoferrin in schwerer Sepsis (Agennix),
- Trabedersen (AP 12009), ein *antisense*-Wirkstoff der Regensburger Antisense Pharma (heute Isarna Therapeutics mit Sitz in München) zur Behandlung von Gehirntumoren. Bei dem Zielmolekül TGF (*transforming growth factor*) beta handelte es sich zwar um ein vielversprechendes Target, allerdings erwies sich die Rekrutierung von Patienten für die erwählte Indikation als schwierig wie auch die Applikation.

Nun zu den guten Nachrichten: Allerdings soll hier – ganz nach dem Motto »Qualität vor Quantität« – nicht mehr die Zahl der Wirkstoffe dargestellt und ihre jährlichen Veränderungen diskutiert werden. Vielmehr erscheint es wichtig, hervorzuheben, dass es in der deutschen Biotech-Industrie mittlerweile einige Unternehmen gibt, die basierend auf Plattformtechnologien in der Lage sind, neuartige Medikamente zu entwickeln. Dies sind in gewisser Weise neue Hoffnungsträger, die die »alten« ersetzen werden, dabei allerdings die letzten technologischen Entwicklungen berücksichtigen konnten. Eine Auswahl derartiger Unternehmen und ihre Ansätze präsentiert ◘ Tab. 5.17.

5.4 Eine Lanze brechen: auf dem Weg zum 20. Jahrestag – und langsam auf dem Weg zur Reifeprüfung

Nach der Ausschreibung und Durchführung des BioRegio-Wettbewerbes (► Abschn. 4.3) 1995/1996 entwickelte sich auch in Deutschland eine KMU-geprägte Biotech-Industrie nach US-amerikanischem Vorbild (► Abschn. 2.2). Dies ist nun 20 Jahre her, und den Weg bis heute fassten vorstehend ► Abschn. 5.2 und 5.3 zusammen.

Skeptiker führen immer wieder an, dass die deutsche Biotech-Branche kaum eine Bedeutung habe. Rund 400 kleine und mittlere Unternehmen (KMU) kommen nach den EY-Zahlen auf einen Gesamtumsatz von um die 1 Mrd. €. Damit weist die gesamte Branche in etwa einen gleich hohen Umsatz auf wie das Molekulardiagnostik-Unternehmen QIAGEN allein, das in den meisten Wirtschaftsstatistiken als niederländische Gesellschaft geführt wird. In Deutschland gab es im Jahr 2012 laut Statistischem Bundesamt (Destatis 2014) rund 500 Unternehmen mit einem Umsatz von mindestens 1 Mrd. €.

Ähnlich bescheiden fällt der Vergleich bei den Mitarbeiterzahlen aus: 10.000 Beschäftigte in der deutschen Biotech-Branche (nach Quelle Ernst & Young/EY) messen sich zum Beispiel mit rund 18.000 Mitarbeitern der Firma Südzucker (Umsatz 2014: 6,7 Mrd. €), selbst ebenfalls in der Biotechnologie aktiv. Sogar die Anzahl der Beschäftigten nach der Quelle biotechnologie.de (Ende 2014: 17.930), die gut 500 Unternehmen sowie die in Deutschland ansässigen Mitarbeiter von QIAGEN und anderer ausländischer Biotech-Firmen einschließt, fällt in diesem Vergleich nicht »besser« aus.

Gerne wird auch ein Vergleich mit der US-Biotech-Industrie herangezogen. Diese wies Ende 2014 folgende Kennzahlen auf (EY 2015):

- 403 börsennotierte Biotech-Gesellschaften (gut 2500 einschließlich der Privaten) mit einem Marktwert von 854 Mrd. US$, die einen
- Marktwert von 854 Mrd. US$, die einen
- Umsatz von fast 100 Mrd. US$ erwirtschafteten (93,1 Mrd. US$; der Umsatz der Börsennotier-

▣ Tab. 5.16   Top-Allianzen deutscher Biotech Unternehmen seit 2012. (Quelle: BioMedServices (2015) nach Ernst & Young (2013, 2014, 2015))

Firma	Partner	Land	Jahr	Wert (Mio. €)	Gegenstand
immatics bio-technologies	Roche	CH	2013	766	Erforschung und Entwicklung neuer TUMAP-basierter Impfstoffe auf Basis der XPRESI-DENT-Technologie; klinische Entwicklung von IMA942
MorphoSys	Celgene	USA	2013	628	Entwicklung und Vermarktung des humanen monoklonalen CD38-Antikörpers MOR202
Evotec	Bayer	D	2012	592	Multi-Target-Allianz: Erforschung und Entwicklung von drei klinischen Wirkstoffkandidaten gegen Endometriose (Laufzeit 5 Jahre)
CureVac	Boehringer Ingelheim	D	2014	465	Weltweite Lizenz- und Kooperationsvereinbarung zur Entwicklung des mRNA-basierten therapeutischen Impfstoffs CV9202
MorphoSys	GSK	GB	2013	446	Weltweite Lizenzvereinbarung über die Entwicklung und Vermarktung des humanen monoklonalen GM-CSF-Antikörpers MOR103
AiCuris	Merck	USA	2012	443	Weltweite Lizenzvereinbarung über die Entwicklung und Vermarktung von AiCuris' HCMV-Wirkstoffkandidaten, z. B. AIC246
Phenex Pharmaceuticals	Gilead	USA	2015	396	Verkauf des aus *small molecule*-XFR-Agonisten bestehenden Farnesoid-X-Rezeptorprogramms
Evotec	Janssen Pharmaceuticals	USA	2012	240	Ausweitung der bestehenden Kollaboration (CureBeta) zwischen Evotec und der Harvard Universität auf Janssen Pharmaceuticals über die Entwicklung von die Regeneration von Beta-Zellen fördernden Wirkstoffkandidaten
MorphoSys	Emergent Biosolutions	USA	2014	138	Entwicklung und Vermarktung des mithilfe der ADAPTIR-Plattform entwickelten bispezifischen Anti-PSMA/anti-CD3-Antikörpers ES414
Evotec	Janssen Pharmaceuticals	USA	2012	136	Weltweite Lizenzvereinbarung zur Entwicklung und Vermarktung von Evotecs Portfolio an NR2B-selektiven NMDA-Rezeptor-Antagonisten
Phenex Pharmaceuticals	Janssen Biotech	USA	2012	123	Erforschung und Entwicklung von Wirkstoffen, die an dem Kernrezeptor RORγT ansetzen
Evotec	Janssen Pharmaceuticals	USA	2013	117	Erforschung und Entwicklung neuer Zielstrukturen für neuartige Behandlungsansätze
4SC Discovery	LEO Pharma	DK	2013	96	Optionsvereinbarung zur Entwicklung und Vermarktung eines innovativen Wirkstoffs

CH Schweiz, *D* Deutschland, *DK* Dänemark, *GB* Großbritannien ; GSK GlaxoSmithKline

◻ Tab. 5.17 Ausgewählte deutsche Biotech-Unternehmen mit neuartigen therapeutischen Ansätzen. (Quelle: Bio-MedServices (2015) nach Ernst & Young (2012))

Unternehmen	Sitz	Gründung	Technologie
Neue Antikörper-Formate oder Targets			
Affimed Therapeutics	Heidelberg	2000	TandAb-/Trispecific Ab-Technologie: tetravalente bi- und trifunktionale AK
Ganymed Pharmaceuticals	Mainz	2001	IMAB-Technologie: AK zielend auf krebsspezifische Targets
Glycotope	Berlin	2001	GlycoExpress-/GlycoBody-Technologie: AK mit optimierten Zuckerketten
SpectraMab	München	2010	Triplebody-Technologie: trispezifische AK
SYNIMMUNE	Tübingen	2010	Bispezifische AK
Syntab Therapeutics	Aachen	2010	Synthetische Mini-AK
Antikörper-ähnliche Wirkstoffe			
NOXXON Pharma	Berlin	1997	Spiegelmer-Technologie: RNS-basierte Oligonukleotid-Wirkstoffe, die Proteine binden
Apogenix	Heidelberg	2005	Fusionsproteine gegen proprietäres Target
Pieris Pharmaceuticals	Freising bei München	2001	Proteine, kleiner als AK und abgeleitet von natürlich im Menschen vorkommenden Lipocalinen
BioNTech	Mainz	2008	Microbody-Technologie: AK-ähnliche Mikroproteine, die 50-mal kleiner sind
(Poly-)Peptide			
immatics biotechnologies	Tübingen	2000	XPRESIDENT-Technologie: Untersuchung des Immunpeptidoms; TUMAPs: Tumor-assoziierte Peptide als Krebsimpfstoffe
BioNTech	Mainz	2008	SAPHIR-Technologie: *self assembling protein nanoparticles for induction of humoral immune responses* = Peptid-Impfstoffe
DNS/RNS-Wirkstoffe, Gen- und Zelltherapien			
Medigene	München	1994	Dendritische Zellvakzine, T-Zell-Rezeptor(TCR)-veränderte T-Zellen zur Krebsimmuntherapie
MOLOGEN	Berlin	1998	dSLIM-/EnanDIM-/MIDGE-Technologie: DNS-Vektoren zur Krebsimmuntherapie
CureVac	Tübingen	2000	RNS-Impfstoffe
Provecs Medical	Hamburg	2007	ENVIRO-Technologie: DNS-Vektoren gegen multiple Targets in der Krebsimmuntherapie
Apceth	München	2007	Adulte Stammzellen als Genfähren
BioNTech	Mainz	2008	UniCell-Technologie: Hochdurchsatz-Klonierung und –Validierung humaner T-Zell-Rezeptoren (TCRs)

AK Antikörper

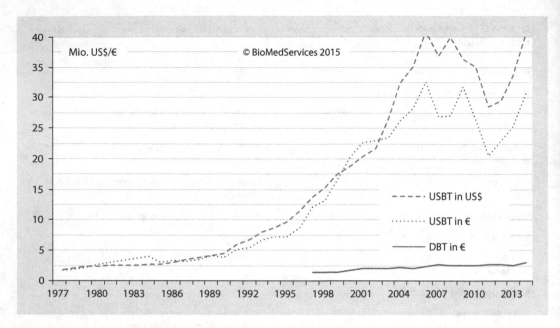

◘ Abb. 5.14   Umsatz pro Unternehmen: Vergleich US- und deutsche Biotech-Industrie. *DBT* Deutsche Biotech-Industrie, *USBT* US-Biotech-Industrie (inklusive privater Firmen). Erstellt nach Daten von Ernst & Young/EY Biotechnologie-Reports, Umsatzdaten für die Jahre 1977 bis 1988 geschätzt (außer 1985)

ten macht in der Regel über 90 % des Gesamtumsatzes aus) sowie

– rund 110.000 Mitarbeiter (in etwa 70 % aller Mitarbeiter, gesamt somit etwa 150.000) beschäftigten.

Allein 70 Mrd. US$ Umsatz (etwa 75 %) stammte allerdings von zwei Handvoll Firmen, wovon bereits Gilead und Amgen 25 und 20 Mrd. US$ beisteuerten. Weitere 20 Gesellschaften zählten einen Umsatz von mindestens 500 Mio. US$ (in Summe also mindestens 10 Mrd. US$). Der Rest von rund 10 Mrd. US$ Umsatz teilte sich unter 375 gelisteten Gesellschaften auf. Das ist immer noch das Zehnfache von dem Wert der deutschen Biotech-Industrie.

Der Vergleich mit den USA hinkt allerdings insofern immer wieder, da nicht außer Acht gelassen werden darf, dass einige der heute bereits etablierten US-Firmen (die somit auch kein KMU mehr sind) viel früher gegründet und in der Regel stets ausreichend mit Eigenkapital finanziert wurden (▶ Abschn. 2.2 und 5.1). Um nicht Äpfel mit Birnen zu vergleichen, lohnt sich ein Blick auf die anfänglichen Jahre der US-Biotech-Industrie, die demnächst im Grunde bereits ihren 40. Geburtstag feiert (ausgehend von der Gründung von Genentech im Jahr 1976).

5.4.1 Frühe Entwicklung der US-Biotech-Industrie versus Bedeutung heute

In ▶ Abb. 2.1 und 2.2 wurde schon ersichtlich, dass ein größeres Umsatzwachstum bei den heute etablierten Firmen Genentech und Amgen in etwa erst 15 bis 20 Jahre nach ihrer Gründung einsetzte. Ähnlich war die Situation in der gesamten Branche (◘ Abb. 5.14).

In den frühen Jahren der jeweiligen Branchen (bis zu 15 Jahre nach der Gründung) verlief die Umsatzentwicklung pro Unternehmen bei den US-Gesellschaften nicht sehr viel anders als bei den deutschen Firmen. Noch im Jahr 1990 beurteilte der *Boston Globe* die Situation der US-Biotech-Industrie wie folgt:

5.4 · Eine Lanze brechen: auf dem Weg zum 20. Jahrestag – und langsam ...

431

5

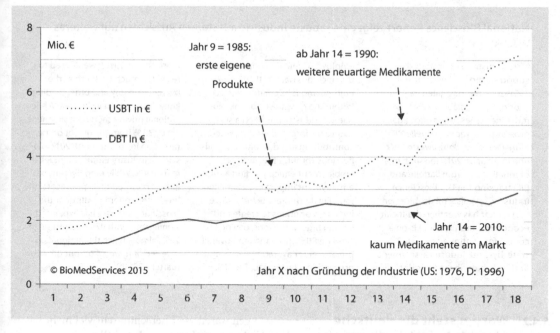

■ **Abb. 5.15** Umsatz pro Unternehmen: Vergleich der frühen Jahre der US- und deutschen Biotech-Industrie. *DBT* Deutsche Biotech-Industrie, *USBT* US-Biotech-Industrie. Erstellt nach Daten von Ernst & Young/EY Biotechnologie-Reports, Umsatzdaten für die Jahre 1977 bis 1988 geschätzt (außer 1985)

» Wenn wir den gesamten Reklameschwindel links liegen lassen, ist die biotechnologische Industrie im nationalen Wirtschaftsgefüge nicht mehr als ein interessanter kleiner Fliegenfleck. Biotech ist für die nationale und lokale Wirtschaft genauso wichtig wie beispielsweise die Pferdezucht. (Bud 1995)

Nach der ersten Dekade und vor allem ab 1990 (nach 15 Jahren) stellte sich bei den US-Unternehmen dann aber ein sichtbar stärkeres Umsatzwachstum ein (■ Abb. 5.15), da sie zunehmend neuartige Medikamente auf den Markt brachten (► Abschn. 2.2.5). Es begann die Erfolgsgeschichte, wie sie sich heute darstellt (► Abschn. 2.2.8).

So gilt die in den USA oft auch als *bioscience industry* bezeichnete Branche als wichtiger Wirtschaftsfaktor, wie eine Untersuchung des US-Branchenverbandes BIO (Biotechnology Industry Organisation) zusammen mit dem Battelle-Institut zeigt:

» While not immune to the economic crisis and resulting recession, the bioscience industry weathered difficult economic times better than most industries, and is on course to regain its previous high employment levels. Indeed, the promise of bioscience-based solutions to global grand challenges in human health, food security, sustainable industrial production and environmental protection provides an optimistic picture for the biosciences as a key economic development engine in the U.S. (Battelle 2014a)

Präsentierte Mitarbeiterzahlen (► National Bioscience Report zeigt eine robuste Industrie mit starken Aussichten auf weiteres Wachstum) fallen dabei unterschiedlich zu denjenigen von Ernst & Young/ EY aus, da alle Unternehmen einbezogen sind, die sich mit Biotechnologie beschäftigen (also auch große Pharma-, Chemie-, Agrar- und Nahrungsmittel-Firmen).

National Bioscience Report zeigt eine robuste Industrie mit starken Aussichten auf weiteres Wachstum

«The industry demonstrated a strong record of growth from 2001–2012, has navigated the deep economic recession better than most industries and is once again growing. The report, *Battelle/BIO State Bioscience Jobs, Investments and Innovation 2014*, the sixth in a biennial series from Battelle and BIO tracking the U.S. bioscience industry, reveals a robust bioscience sector that has weathered difficult economic conditions and is on a course for continued growth. The state-by-state industry assessment finds U.S. bioscience firms directly employ 1.62 million people, a figure that includes nearly 111,000 new, high-paying jobs created since 2001. Within the private sector, the bioscience industry has been a signature performer over this period, contributing an additional 6.24 million jobs through the indirect employment effect, yielding a total employment impact of 7.86 million jobs. Furthermore, the bioscience industry continues to create and sustain high-wage jobs, paying an average 80 % more than the overall private sector average salary – and growing at a faster rate. The U.S. bioscience industry weathered the recession much better than the overall economy and other leading knowledge-based industries. While national private sector employment fell by 3.1 % from the outset of the recession in 2007 through 2012, bioscience industry employment fell a mere 0.4 %. While employment has almost returned to its pre-recession level, the economic output of the bioscience industry has expanded significantly with, 17 % growth since 2007, almost twice the national private sector nominal output growth» (Battelle 2014b).

5.4.2 Warum steht die deutsche Biotech-Industrie da, wo sie heute steht?

Da von deutschen Biotech-Unternehmen bisher kaum eigene Arzneimittel auf den Markt gebracht wurden, beschränkt sich der Umsatz bisher weitestgehend auf den Verkauf von Diagnostika, Enzymen und »Forschungswerkzeugen« (Tools) sowie Einnahmen aus Kooperationen und Dienstleistungen. Diese sollen hier nicht schlechtgeredet werden, in der Summe ermöglichen sie aber nicht die Erlöse, die neuartige Arzneimittel erbringen.

Warum wurde von deutschen Biotech-Unternehmen bisher kaum ein eigenes Medikament auf den Markt gebracht? Im Vergleich zu den US-Firmen sind die Unternehmen hierzulande

– jünger: Viele der erfolgreichen US-Biotechs gründeten sich bereits in den 1980er-Jahren, die deutschen erst zehn bis 15 Jahre später.

– weniger zahlreich: Es gibt rund 100 Medikamente entwickelnde deutsche Biotech-Firmen (mit einer Pipeline), in den USA liegt die Zahl um ein Vielfaches darüber. Allein die statistische Ausfallrate bei der Medikamenten-Entwicklung (90 % der Projekte, ▸ Abschn. 3.1.1.3) bedeutet, dass es vielleicht nur zehn Unternehmen schaffen können (unter der Annahme, dass jede Firma ein Projekt verfolgt; und unter den gegebenen finanziellen Rahmenbedingun-

gen waren es bisher kaum sehr viel mehr bei den deutschen Biotech-Gesellschaften).

– schlechter finanziert: Raue Zeiten am Kapitalmarkt mussten die deutschen Biotech-Firmen mit dem Angebot weniger lukrativer Produkte oder Dienstleistungen überbrücken; sie »verloren« damit weitere Zeit. Auf der anderen Seite sind viele Firmen dadurch relativ robust und *»down to earth«*. In den USA ist der Durchlauf (Gründung und Exitus) an Unternehmen höher, und sie sind es zum Teil gewohnt, mit sehr viel höheren Ausgaben zu leben.

Dem inhärenten Risiko bei der Medikamenten-Entwicklung sind einige der Projekte/Firmen der »ersten Welle« zum Opfer gefallen: Beispiele sind die anfänglichen Hoffnungsträger der deutschen Biotech-Industrie Antisense Pharma, Curacyte, DeveloGen, GPC Biotech/Agennix, IDEA, LipoNova oder WILEX. Andere Unternehmen wurden auf dem Weg zum Erfolg aufgekauft: Jerini oder Rhein Biotech. Und wieder andere wie PAION, Phenex Pharmaceuticals oder Probiodrug verkauften ihre Entwicklungs-Programme. Letztere gründete sich 1997 in Halle und verkaufte im Jahr 2004 ihr Diabetes-Programm (DPP4-Inhibitoren) inklusive des in Phase II befindlichen klinischen Entwicklungskandidaten P93/01 an die britische Prosidion (eine Tochter der US-amerikanischen OSI Pharmaceuticals), was Probiodrug einen Umsatz

5.4 · Eine Lanze brechen: auf dem Weg zum 20. Jahrestag – und langsam ...

433

5

von rund 29 Mio. € erbrachte. OSI fand dann im Jahr 2010 ein neues Dach bei der japanischen Mutter Astellas Pharma, die sich die Transaktion 3,5 Mrd. US$ kosten ließ. Ein Jahr später verkaufte Astellas die DPP4-Patente für 609 Mio. US$ an einen Dritten. DPP4-Inhibitoren (DDP4: das Enzym Dipeptidyl-Peptidase-4) stellen heutzutage eine neue Wirkstoffklasse zur Behandlung von Diabetes Typ-II dar. Seit 2004 beschäftigt sich Probiodrug mit dem Enzym Glutaminyl-Cyclase (QC), das eine Rolle bei der Umwandlung von Beta-Amyloid (Abeta) in Pyroglutamat-Abeta (pGlu-Abeta) spielt. Für pGlu-Abeta wird ein Zusammenhang mit der Alzheimer-Krankheit vermutet. Probiodrug, die in 2014 den Gang an die Börse wagte, entwickelt einen QC-Inhibitor, der sich gerade in Phase II der klinischen Prüfung befindet.

Bis an den Markt gelangten bisher lediglich Biofrontera, BioGeneriX (Mutterfirma Ratiopharm heute zu Teva gehörend), Fresenius Biotech (gekauft von Neovii) und Partner TRION Pharma (neu aufgesetzt als Lindis Biotech) sowie Medigene.

Manche der noch in den 1990er-Jahren gegründeten Gesellschaften wie 4SC, Evotec, MOLOGEN, MorphoSys oder NOXXON Pharma mussten das Auf und ein viel längeres Ab an den Kapitalmärkten überstehen oder mit »Ausweichlösungen« das Überleben sichern.

MorphoSys verfügt heute über eine klinische Pipeline von 25 therapeutischen Antikörpern, zwei davon in eigener Entwicklung (weitester in Phase II) und 23 verpartnert (weitester in Phase III). Weitere 28 Programme befinden sich in der Präklinik und 51 in der Erforschung. MOLOGEN verfügt über einen krebsimmuntherapeutischen Ansatz in der Phase III der klinischen Prüfung und hat noch weitere Projekte in petto. Evotec verfolgt fünf Programme in klinischer Entwicklung (weitestes in Phase II), wobei diese im Rahmen von Entwicklungspartnerschaften vollständig von den Partnern finanziert werden. Zudem bietet Evotec Dienstleistungen und Kooperationen auf der Grundlage seiner Technologie-Plattform (Hochdurchsatz-Screening und Substanzvalidierung zur Erforschung pathophysiologischer Zusammenhänge) an, die den gesamten Wirkstoffforschungsprozess umfassen. Bei 4SC liegt ein zentraler Schwerpunkt in der Erforschung und Entwicklung epigenetisch wirkender Krebsmedikamente. Das Unternehmen verfolgt eine Reihe von Programmen in der klinischen Entwicklung (weitestes in Phase II) sowie in frühen Forschungsphasen. NOXXON Pharma schließlich setzt auf die sogenannte Spiegelmer-Technologie, eine einzigartige und exklusive Plattform zur Entwicklung von Medikamenten in vergleichsweise kurzer Zeit. Spiegelmere bieten ein den Antikörpern ähnliches Anwendungsspektrum ohne deren übliches Nebenwirkungsprofil. Das weiteste Programm von NOXXON Pharma befindet sich in Phase II der klinischen Prüfung. Zudem bereitet die Firma einen Börsengang vor.

Die »zweite Welle« an deutschen Biotech-Firmen, die neuartige Medikamenten-Kandidaten in der Pipeline haben (◘ Tab. 5.17), gründeten sich erst ab dem Jahr 2000, sodass deren Entwicklungen heute frühestens in der Endphase stecken:

- In Phase III der klinischen Prüfungen
  - AiCuris,
  - Glycotope und
  - immatics biotechnologies
- In Phase II der klinischen Prüfungen
  - Affimed Therapeutics,
  - Apogenix
  - CureVac und
  - Ganymed Pharmaceuticals

In Phase I/II der klinischen Prüfungen (Kombination aus Sicherheits- und Wirksamkeitsprüfung) befindet sich die erst im Jahr 2008 gegründete BioNTech mit drei RNS-Wirkstoffen gegen Krebs. Zusätzlich werden noch vier derartige Kandidaten sowie weitere vier Programme mit anderem Wirkprinzip erforscht und entwickelt. Drei Projekte sind zudem verpartnert. Alle fokussieren sich auf Krebserkrankungen. Ebenfalls in der Onkologie tätig ist die Münchener apceth, die Agenmestencel-T entwickeln, das erste zellbasierte somatische Therapieprodukt basierend auf genetisch modifizierten, patienteneigenen mesenchymalen Stammzellen. Eine Phase-I/II-Studie ist genehmigt (Patientenrekrutierung läuft), eine weitere mit Alecmestencel-T gegen die periphere arterielle Verschlusskrankheit läuft gerade. Auf Antikaline, eine Gruppe Antikörper-ähnlicher Wirkstoffe, setzt Pieris Pharmaceuticals mit fünf eigenen (weitestes in Phase I), vier Kooperations- und drei verpartnerten Programmen.

◘ Tab. 5.18   Ausgewählte Kennzahlen zur biopharmazeutischen Industrie in Deutschland. (Quelle: nach BCG (2015))

Kennzahl	2005	2014
Zugelassene Biopharmazeutika	155	226
Biopharmazeutika in der Pipeline (inklusive Impfstoffe)	256	604
Therapeutische Antikörper in der Pipeline	79	357
Umsatz mit Biopharmazeutika	2,6 Mrd. €	7,5 Mrd. €
Anteil von Biopharmazeutika am Gesamtpharmamarkt	12 %	22 %
Marktanteil Biopharmazeutika Stoffwechsel	23 %	38 %
Marktanteil Biopharmazeutika Onkologie	31 %	38 %
Marktanteil Biopharmazeutika Immunologie	19 %	73 %
Beschäftigtenzahlen	26.420	37.715

Nach 15 Jahren Forschungs- und Entwicklungsarbeit hat Phenex Pharmaceuticals sein Phase-II-Programm Anfang 2015 an die Nummer 1 in den USA, Gilead, verkauft und verfolgt nun ein anderes Programm zur Behandlung von Autoimmunkrankheiten zusammen mit dem Partner Janssen in der Präklinik. Verkauft wurde Anfang 2015 auch – allerdings als komplette Firma – das Programm der löslichen Rezeptoren von SuppreMol. Die Wirkstoffe zur Behandlung von Autoimmunkrankheiten und Allergien werden von dem übernehmenden US-Konzern Baxalta weiterentwickelt, der am weitesten fortgeschrittene Kandidat befand sich zuvor in Phase IIa.

5.4.3   Eine andere Sicht auf die medizinische Biotechnologie in Deutschland

Definiert man die Zugehörigkeit zur Branche anders und berücksichtigt alle Unternehmen, die sich mit der medizinischen Biotechnologie in Deutschland beschäftigen, ergibt sich ein anderes Bild der Biotech-Industrie. Es »fehlen« dann zwar die weiteren Einsatzgebiete der industriellen und Pflanzenbiotechnologie, da die Rote Biotechnologie aber derzeit noch Hauptanwendung ist, ist ein Großteil abgedeckt.

Bei diesen Unternehmen zählen dann auch etablierte Pharma-Firmen dazu, die sich mittlerweile meistens auch bereits mit Biotechnologie

beschäftigen (müssen). Wie schon dargestellt (► Abschn. 2.4) verschwimmen die Grenzen zwischen Pharma und Biotech zu einer neuen biopharmazeutischen Industrie. Deren Entwicklung in Deutschland analysiert seit Jahren eine Studie des Verbandes forschender Arzneimittelhersteller (vfa bio) zusammen mit The Boston Consulting Group (BCG). Sie umfasst die biotechnologischen Aktivitäten kleiner und mittelständischer Biotech-Unternehmen, mittelständischer und großer Arzneimittelhersteller sowie von Tochtergesellschaften internationaler Pharma- und Biotech-Firmen. In ihrem 10. Biotech-Report (Lücke et al. 2015) stellten die Partner folgende Entwicklung seit 2005 fest (◘ Tab. 5.18).

Umsatz sowie Kandidaten in der Entwicklung verdreifachten sich nahezu in den letzten zehn Jahren. Getragen wurde diese Entwicklung allerdings hauptsächlich von den etablierteren (bio-)pharmazeutischen Unternehmen, wie ◘ Abb. 5.16 zeigt. Zwar erreichen diese Werte bei Weitem noch nicht den Status der US-amerikanischen Konkurrenz, sie zeigen aber auf, dass die medizinische Biotechnologie in Deutschland sehr wohl eine Rolle spielt. Das Vorwort des vfa bio formuliert es wie folgt:

» Zehn Jahre medizinische Biotechnologie in Deutschland bedeuten … gute Nachrichten unter anderem für Patienten mit schweren Erkrankungen, denen bisher noch gar nicht oder nicht hinreichend geholfen werden konnte. Und dies ist gleichermaßen von gesamtgesell-

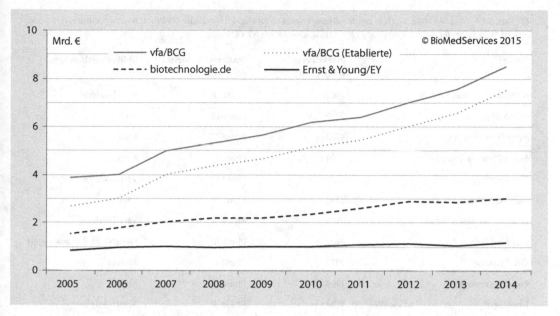

■ **Abb. 5.16** Umsatz von Firmen in Deutschland, die sich mit Biotechnologie beschäftigen. Die vfa/BCG-Werte umfassen nur die medizinische Biotechnologie (Wert für 2014 teilweise geschätzt) bei 389 Unternehmen (mit Pipeline plus solche, die Technologie-Plattformen anbieten). Die Angaben von biotechnologie.de beziehen sich auf 578 (inklusive QIAGEN), die von Ernst & Young/EY auf 403 Biotech-Firmen

schaftlichem Vorteil, denn Biopharmazeutika – richtig und rechtzeitig eingesetzt – können helfen, Fehlzeiten aufgrund von Krankheiten zu verkürzen, Berufsunfähigkeit zu verhindern und Menschen die volle Teilhabe am gesellschaftlichen Leben zu ermöglichen. Gerade in Ländern mit einem ausgeprägten Anstieg des Altersdurchschnitts und zunehmendem Fachkräftemangel wie in Deutschland ist dies besonders wichtig, da hier Wohlstand auch durch eine ausreichende Zahl an Erwerbstätigen sowie die Aufrechterhaltung ihrer Produktivität gesichert werden muss. (Mathias 2015)

5.4.4 Wahrnehmung und Vertrauen seitens Investoren, Politiker und allgemeiner Bevölkerung auf der Wunschliste

Für die zukünftige Entwicklung der deutschen Biotech-Industrie ist – neben einer ausreichenden Erfolgsrate bei den Entwicklungsprojekten – vor allem eine bessere Finanzierung vonnöten. Diese ergäbe

sich durch wiederkehrendes Vertrauen seitens der Investoren sowie optimierter politischer Rahmenbedingungen für Eigenkapital-Investitionen. Hier bleibt dann doch nur wieder der schielende Blick über den Teich, wo die Biotech-Industrie in den vergangenen Jahren enorme öffentliche Aufmerksamkeit erfuhr, die sich in Rekordwerten bei der Finanzierung und Marktkapitalisierung ausdrückt.

So hat der jüngste Aufschwung am US-Kapitalmarkt (▸ Abschn. 2.2.7) – basierend auf den bisher demonstrierten Erfolgen der etablierten US-Biotech-Unternehmen – dazu geführt, dass selbst aufstrebende Firmen, die zum Teil gerade erst an der Börse gelistet wurden und noch kein Produkt am Markt haben, beeindruckende Marktbewertungen erhalten. EY (2015) listet in seinem jüngsten globalen Biotechnologie-Report 27 derartige US-Biotech-Medikamenten-Entwickler, die Ende 2014 jeweils eine Marktkapitalisierung von über 1 Mrd. US$ aufwiesen (◘ Tab. 5.19). Ende 2013 lag diese Zahl noch bei 15 und 2012 bei fünf. In Deutschland erreicht lediglich MorphoSys mit 1,7 Mrd. € einen vergleichbaren Marktwert (Stand 30.06.2015). Die meisten der in ▸ Abschn. 5.4.3 ge-

◘ **Tab. 5.19** Ausgewählte, noch in der Medikamenten-Entwicklung befindliche US-Biotech-Unternehmen mit einem Marktwert (Ende 2014) von über 1 Mrd. US$. (Quelle: nach EY (2015))

Firma	Marktwert (Mio. US$)	Stadium des weitesten Projektes	Indikationsbereich
Alnylam Pharmaceuticals	7462	Phase III	Verschiedene
Puma Biotechnology	5706	Phase III	Krebs
Juno Therapeutics[a]	4722	Phase I/II	Krebs
Agios Pharmaceuticals[a]	4104	Phase II	Krebs
Receptos[a]	3793	Phase III	Verschiedene
Intercept Pharmaceuticals	3332	Phase III	Leber
Acadia Pharmaceuticals	3168	Phase III	Verschiedene
bluebird bio[a]	2876	Phase III	Genetische Erkrankungen
Kite Pharma[a]	2413	Phase II	Krebs
Clovis Oncology	1904	Phase III	Krebs
FibroGen[a]	1582	Phase III	Verschiedene
Neurocine Biosciences	1698	Zulassung	Verschiedene
Ophthotech[a]	1510	Phase III	Augenerkrankungen
Chimerix[a]	1468	Phase III	Infektionen
Auspex Pharmaceuticals[a]	1448	Phase III	Neurologie
Ultragenyx Pharmaceutical[a]	1400	Phase III	Verschiedene
Radius Health[a]	1281	Phase III	Muskel/Skelettsystem
Acceleron Pharma[a]	1257	Phase II/III	Krebs
Achillion Pharmaceuticals	1228	Phase II	Infektionen
Karyopharm Therapeutics[a]	1224	Phase II	Krebs
TetraPhase Pharmaceuticals[a]	1217	Phase III	Infektionen
Avalanche Biotechnologies[a]	1213	Phase II	Augenerkrankungen
Merrimack Pharmaceuticals	1196	Phase III	Krebs
NewLink Genetics	1111	Phase III	Krebs
Sangamo BioSciences	1040	Phase II	Verschiedene

[a]Firma seit 2013 oder 2014 börsennotiert

nannten neuen deutschen Hoffnungsträger sind allerdings noch nicht an der Börse, sodass ihr Wert nicht öffentlich bekannt ist.

Die in ◘ Tab. 5.19 gelisteten US-Firmen sind dabei weder unbedingt weiter noch besser als die deutschen Biotech-Firmen. In der Regel nur besser finanziert, was zum Teil zeitliche Vorteile bringen kann beziehungsweise das parallele Abarbeiten mehrerer Projekte ermöglicht (Risikostreuung). Zudem werden sie anders wahrgenommen.

Solange die Allgemeinheit und insbesondere Investoren die deutsche Biotech-Industrie gar nicht wahrnehmen, wird sie »schwach« erscheinen. Die Hoffnung besteht, dass verschiedene Erfolgs-

geschichten demnächst eine veränderte Wahrnehmung bewirken. Man beachte, dass im Laufe dieses
Jahres bereits verschiedene US-Vertreter in Form
von Firmen oder Investoren auf die deutsche Biotechnologie aufmerksam geworden sind:

- Gilead kauft Medikamenten-Programm von
  Phenex Pharmaceuticals;
- Bill Gates investiert in CureVac;
- Baxalta übernimmt SuppreMol;
- Eli Lilly, die Firma, die als erste erfolgreich mit
  Genentech zusammengearbeitet und 1982 das
  erste Biopharmazeutikum überhaupt auf den
  Markt gebracht hat, kooperiert mit BioNTech;
- Juno Therapeutics übernimmt den Göttinger
  Zellspezialisten Stage Cell Therapeutics.

Die deutsche Biotech-Industrie ist eine hochinnovative und zukunftsträchtige Branche, zwar klein
aber fein. Basierend auf Forschungsergebnissen,
die in diesen Firmen sowie in der Akademie geleistet werden, hofft man auf dringend notwendige Erfolgsgeschichten, die dann der Industrie und ihren
Unternehmen eine größere allgemeine Sichtbarkeit
verschaffen sollte. Wie es Ingmar Hoerr, Gründer
und Geschäftsführer der Tübinger CureVac im Jubiläumsjahrbuch der BIO Deutschland anlässlich
der 10-Jahres-Feier des Verbandes formuliert:

>> Die Reise hat erst begonnen, die Stewardess
hat erst die Sicherheitsvorkehrungen erläutert
und wir haben uns angeschnallt. Lasst uns nun
abheben! (Hoerr 2014)

Literatur

Asam (2008) Rahmenbedingungen für Unternehmens-
finanzierungen: eine kritische Analyse des Standorts
Deutschland. In: Ernst & Young (Hrsg) Auf gutem Kurs.
Deutscher Biotechnologie-Report 2008. Ernst & Young
AG, Mannheim, S 81
Bassenge JP (2009) Gekauft und verraten. Wie ein britischer
Pharmariese mit seiner Berliner Tochter Jerini umgeht.
Berliner Zeitung online vom 7.7.2009. ► http://www.ber-
liner-zeitung.de/archiv/wie-ein-britischer-pharmariese-
mit-seiner-berliner-tochter-jerini-umgeht-gekauft-und-
verraten,10810590,10651136.html. Zugegriffen: 10. Mai
2015
Battelle (2014a) Battelle/BIO State Bioscience Jobs, Investments and Innovation 2014. Battelle Institute, Colum-
bus. ► https://www.bio.org/sites/default/files/Battelle-
BIO-2014-Industry.pdf. Zugegriffen: 30. Juni 2015
Battelle (2014b) National bioscience report shows industry
robust with strong prospects for growth. Pressemitteilung des Battelle-Instituts vom 24.6.2014. ► http://www.
battelle.org/media/press-releases/national-bioscience-
report. Zugegriffen: 30. Juni 2015
BIO Deutschland (2012) Trends in der deutschen Biotechnologie-Branche 2012. Branchenbarometer 2011/2012 des
Branchenverbandes der Biotechnologie-Industrie, BIO
Deutschland, in Kooperation mit dem Life Sciences
Magazin |transkript. ► http://www.biodeutschland.org/
trendumfrage-2011-2012.html. Zugegriffen: 10. Mai 2015
BIO Deutschland (2015) Trends in der deutschen Biotechnologie-Branche 2015. Branchenbarometer 2014/2015 des
Branchenverbandes der Biotechnologie-Industrie, BIO
Deutschland, in Kooperation mit dem Life Sciences
Magazin |transkript. ► http://www.biodeutschland.org/
firmenumfrage-2014-2015.html. Zugegriffen: 11. Mai 2015
biotechnologie.de (2006) Die deutsche Biotechnologie-
Branche 2006. BIOCOM AG, Berlin
biotechnologie.de (2007a) Die deutsche Biotechnologie-
Branche 2007. BIOCOM AG, Berlin
biotechnologie.de (2007b) Blick hinter die Kulissen: Wie
sich Biotech-Unternehmen bei finanzieller Flaute über
Wasser halten. Online-Artikel vom 2.8.2007. biotechno-
logie.de – Die Informationsplattform. Eine Initiative
vom Bundesministerium für Bildung und Forschung,
Berlin. ► http://www.biotechnologie.de/bio/generator/
Navigation/Deutsch/unternehmen,did=65518.html.
Zugegriffen: 5. Mai 2015
biotechnologie.de (2008) Die deutsche Biotechnologie-
Branche 2008. BIOCOM AG, Berlin
biotechnologie.de (2009) Die deutsche Biotechnologie-Branche 2009. BIOCOM Projektmanagement GmbH, Berlin
biotechnologie.de (2010) Die deutsche Biotechnologie-
Branche 2010. BIOCOM Projektmanagement GmbH,
Berlin
biotechnologie.de (2011) Die deutsche Biotechnologie-Branche 2011. BIOCOM Projektmanagement GmbH, Berlin
biotechnologie.de (2012) Die deutsche Biotechnologie-Branche 2012. BIOCOM AG, Berlin
biotechnologie.de (2013) Die deutsche Biotechnologie-Branche 2013. BIOCOM AG, Berlin
biotechnologie.de (2014) Die deutsche Biotechnologie-Branche 2014. BIOCOM AG, Berlin
biotechnologie.de (2015) Die deutsche Biotechnologie-Branche 2015. BIOCOM AG, Berlin
biotechnologie2020plus.de (2015) Visionäre Zukunftsideen gefragt. Online-Information von biotechnolo-
gie2020plus.de. Eine Initiative vom Bundesministerium
für Bildung und Forschung, Berlin. ► https://www.
biotechnologie2020plus.de/BIO2020/Navigation/DE/
hintergrund.html. Zugegriffen: 10. Mai 2015
BMBF (2014a) Lebenswissenschaften. Online-Information
des Bundesministeriums für Bildung und Forschung
(BMBF) vom 3.6.2014. ► http://www.bmbf.de/de/1237.
php. Zugegriffen: 10. Mai 2015

BMBF (2014b) Bioökonomie – neue Konzepte zur Nutzung natürlicher Ressourcen. Online-Information des Bundesministeriums für Bildung und Forschung (BMBF) vom 3.6.2014. ► http://www.bmbf.de/de/biooekonomie.php. Zugegriffen: 10. Mai 2015

Bud R (1995) Wie wir das Leben nutzbar machten: Ursprung und Entwicklung der Biotechnologie. Übersetzung von Mönkemann H. Vieweg, Wiesbaden

Destatis (2014) Umsatzsteuerstatistik 2012: 5,8 Billionen Euro Umsatz angemeldet. Pressemitteilung Nr. 103 des Statistisches Bundesamtes vom 18.3.2014. ► https://www.destatis.de/DE/PresseService/Presse/Pressemitteilungen/2014/03/PD14_103_733.html. Zugegriffen: 30. Juni 2015

Emmerich N (2007) Der Weg zu einer 40 Millionen Euro Runde. In: Ernst & Young (Hrsg) Verhaltene Zuversicht. Deutscher Biotechnologie-Report 2007. Ernst & Young AG, Mannheim, S 78

Ernst & Young (1998) Aufbruchstimmung. Erster Deutscher Biotechnologie-Report 1998. Schitag Ernst & Young Unternehmensberatung GmbH

Ernst & Young (2000) Gründerzeit. Zweiter Deutscher Biotechnologie-Report 2000. Ernst & Young Deutsche Allgemeine Treuhand AG, Stuttgart

Ernst & Young (2002) Neue Chancen. Deutscher Biotechnologie-Report 2002. Ernst & Young Deutsche Allgemeine Treuhand AG, Mannheim

Ernst & Young (2003) Zeit der Bewährung. Deutscher Biotechnologie-Report 2003. Ernst & Young AG, Mannheim

Ernst & Young (2004) Per Aspera Ad Astra. Deutscher Biotechnologie-Report 2004. Ernst & Young AG, Mannheim

Ernst & Young (2005) Kräfte der Evolution. Deutscher Biotechnologie-Report 2005. Ernst & Young AG, Mannheim

Ernst & Young(2006) Zurück in die Zukunft. Deutscher Biotechnologie-Report 2006. Ernst & Young AG, Mannheim

Ernst & Young (2007) Verhaltene Zuversicht. Deutscher Biotechnologie-Report 2007. Ernst & Young AG, Mannheim

Ernst & Young (2008) Auf gutem Kurs. Deutscher Biotechnologie-Report 2008. Ernst & Young AG, Mannheim

Ernst & Young (2009) Fallstrick Finanzierung. Deutscher Biotechnologie-Report 2009. Ernst & Young AG, Mannheim

Ernst & Young (2010) Neue Spielregeln. Deutscher Biotechnologie-Report 2010. Ernst & Young GmbH, Mannheim

Ernst & Young (2011) Weichen stellen. Deutscher Biotechnologie-Report 2011. Ernst & Young GmbH, Mannheim

Ernst & Young (2012) Maßgeschneidert. Von »one size fits all« zu passgenauen Modellen. Deutscher Biotechnologie-Report 2012. Ernst & Young GmbH, Mannheim

Ernst & Young (2013) Umdenken … weiter denken, breiter denken. Deutscher Biotechnologie-Report 2013. Ernst & Young GmbH, Mannheim

Ernst & Young (2014) 1 % für die Zukunft. Innovation zum Erfolg bringen. Deutscher Biotechnologie-Report 2014. Ernst & Young GmbH, Mannheim

Ernst & Young (2015) Momentum nutzen. Politische Signale setzen für Eigenkapital und Innovation. Deutscher Biotechnologie-Report 2015. Ernst & Young GmbH, Mannheim

EY (2015) Biotechnology Industry Report 2015. Beyond borders. Reaching new heights. EY, Boston

Fichtner C, Winzer M (2007) Der High-Tech Gründerfonds – ein geeigneter Katalysator für Biotech-Start-ups? In: Ernst & Young (Hrsg) Verhaltene Zuversicht. Deutscher Biotechnologie-Report 2007. Ernst & Young AG, Mannheim, S 74

Fichtner C, Winzer M (2011) Alternative Finanzierungsmodelle: Der High-Tech Gründerfonds verfolgt kreative Ansätze im Start-up-Bereich. In: Ernst & Young (Hrsg) Weichen stellen. Deutscher Biotechnologie-Report 2011. Ernst & Young GmbH, Mannheim, S 112

Gabrielczyk T (2014) Bundeshaushalt: BMBP-Projektförderung unter Druck. Life Sciences Magazin |transkript 5:16–17

Gaskell G, Stares S, Allansdottir A, Allum N, Castro P, Esmer Y, Fischler C, Jackson J, Kronberger N, Hampel J, Mejlgaard N, Quintanilha A, Rammer A, Revuelta G, Stoneman P, Torgersen H, Wagner W (2010) Europeans and Biotechnology in 2010: winds of change? A report to the European Commission's Directorate-General for Research on the Eurobarometer 73.1 on Biotechnology, Brüssel

Grant T (1996) International directory of company histories, Bd 14. Biogen Inc., St. James Press, Detroit

Hoerr I (2014) Herzlichen Glückwunsch für das 10Jährige. In: BIO Deutschland (Hrsg) Jubiläumsjahrbuch 2004–2014. Biotechnologie-Industrie-Organisation Deutschland e. V., Berlin, S 44

Karberg S (2002) Evolution in der Petrischale. brand eins Wirtschaftsmagazin. Ausgabe 06/2002. ► http://www.brandeins.de/archiv/2002/haltung/evolution-in-der-petrischale/. Zugegriffen: 6. April 2015

Kremoser C (2014) |transkript-Titelthema: Die Erschütterung. Online-Artikel zu Interview mit Claus Kremoser. ► http://www.transkript.de/service/titelthemen/interview-claus-kremoser.html. Zugegriffen: 11. Mai 2015

Lembke J (2007) Morphosys hilft Novartis. Frankfurter Allgemeine online vom 3.12.2007. ► http://www.faz.net/aktuell/wirtschaft/biotechnologie-morphosys-hilft-novartis-1252005.html. Zugegriffen: 7. Mai 2015

Lindhofer H (2009) Erster therapeutischer Antikörper »made in Germany« kurz vor der Zulassung. In: Ernst & Young (Hrsg) Fallstrick Finanzierung. Deutscher Biotechnologie-Report 2009. Ernst & Young AG, Mannheim, S 15

Lücke J, Bädeker M, Hildinger M (2015) Medizinische Biotechnologie in Deutschland 2005–2015–2025. Bedeutung für Patienten, Gesellschaft und Standort. Bericht von vfa bio und The Boston Consulting Group, München

Mathias F (2015) Joyeux Anniversaire – Herzlichen Glückwunsch. Vorwort in: Lücke et al (Hrsg) Medizinische Biotechnologie in Deutschland 2005–2015–2025. Bedeutung für Patienten, Gesellschaft und Standort. Bericht von vfa bio und The Boston Consulting Group, München, S 4

Mietzsch A (2014) Editorial. Life Sciences Magazin |transkript 5/2014

MorphoSys (2012) MorphoSys gibt Erweiterung einer Anti-körper-Allianz bekannt. Pressemitteilung vom 7.11.2012. ► http://www.morphosys.de/medien-investoren/mediencenter/morphosys-gibt-erweiterung-einer-antikorper-allianz-bekannt. Zugegriffen: 30. Juni 2015

Neumann R (1998) Sinneswandel. Laborjournal 9/98. Abgedruckt im Gen-ethischen Informationsdienst (GID) vom Dezember 1998. Gen-ethisches Netzwerk e. V., Berlin. ► http://www.gen-ethisches-netzwerk.de/alte_seite/gid/TEXTE/ARCHIV/PRESSEDIENST_GID130/SINNESWANDEL.HTML. Zugegriffen: 8. April 2015

NGFN (2015) Das Humangenomprojekt: Wenn die Welt an einem Strang zieht: Das Humangenomprojekt (HGP). Nationales Genomforschungsnetz (NGFN), Heidelberg. ► http://www.ngfn.de/index.php/verstehen_der_menschlichen_erbsubstanz.html. Zugegriffen: 8. April 2015

Patzelt H (2005) Bioentrepreneurship in Germany. Industry development, M & As, strategic alliances, crisis management, and venture capital financing. Dissertation an der Fakultät Sozial- und Wirtschaftswissenschaften der Otto Friedrich-Universität Bamberg

Rebentrost I (2006) Das Labor in der Box. Technikentwicklung und Unternehmensgründung in der frühen deutschen Biotechnologie. Beck, München

Rentschler Biotechnologie (2015) Die Geschichte von Rentschler. ► http://rentschler.de/ueber-uns/geschichte/. Zugegriffen: 30. Juni 2015

Salz J, Kutter S (2013) Wahnsinnige Investments. Millionäre setzen ausgerechnet auf Biotech. WirtschaftsWoche online vom 26.3.2015. ► http://www.wiwo.de/unternehmen/industrie/wahnsinnige-investments-millionaere-setzen-ausgerechnet-auf-biotech/7968846-all.html. Zugegriffen: 5. Mai 2015

Schäfer U (2000) Goldgräber im Genlabor. SPIEGEL ONLINE vom 4.9.2000. ► http://www.spiegel.de/spiegel/print/d-17269760.html. Zugegriffen: 8. April 2015

Schneider-Mergener (2004) Beschleunigte Wirkstoffentwicklung mit Peptiden. In: Ernst & Young (Hrsg) Per Aspera Ad Astra. Deutscher Biotechnologie-Report 2004. Ernst & Young AG, Mannheim, S 28

Schroff (2011) MOLOGEN AG: Plattformtechnologien als Grundlage für eine breite und attraktive Medikamentenpipeline. In: Ernst & Young (Hrsg) Weichen stellen. Deutscher Biotechnologie-Report 2011. Ernst & Young GmbH, Mannheim, S 53

Schüler (2011) Bioaspekte. Ein Kommunikationskonzept zur Durchführung einer Kampagne mit dem Ziel, das Interesse und das Bewusstsein der Öffentlichkeit für die wirtschaftliche Nutzung der modernen Biotechnologie zu fördern. Unveröffentlichtes Manuskript. BioMedServices, Mannheim

Stadler P, Pietzsch J (2014) Die Angst der Deutschen vor den Genen. Peter Stadler im Interview mit Joachim Pietzsch. In: BIO Deutschland (Hrsg) Jubiläumsjahrbuch 2004–2014. Biotechnologie-Industrie-Organisation Deutschland e. V., Berlin, S 56–66

Strüngmann T (2012) Biotech in Deutschland hat großes Potenzial – Ein Interview mit Dr. Thomas Strüngmann und Helmut Jeggle. In: Ernst & Young (Hrsg) Maßgeschneidert. Von »one size fits all« zu passgenauen Modellen. Deutscher Biotechnologie-Report 2012. Ernst & Young GmbH, Mannheim, S 110–111

vfa (2000) VFA legt Ergebnisse einer aktuellen EMNID-Umfrage zur Akzeptanz der Gentechnik vor. Pressemitteilung vom 30.6.2000. Verband forschender Arzneimittelhersteller, Berlin. ► http://www.vfa.de/de/presse/pressemitteilungen/pm-011-2000-vfa-legt-ergebnisse-einer-aktuellen-emnid-umfrage-zur-akzeptanz-der-gentechnik-vor.html. Zugegriffen: 8. April 2015

Zinke H, Kremoser C (2014) 1 % für die Zukunft – Ein neuer Ansatz, die Finanzierungssituation für Technologieunternehmen in Deutschland grundlegend zu verbessern. In: Ernst & Young (2014) 1 % für die Zukunft. Innovation zum Erfolg bringen. Deutscher Biotechnologie-Report 2014. Ernst & Young GmbH, Mannheim, S 26–28

Serviceteil

J. Schüler, *Die Biotechnologie-Industrie*,
DOI 10.1007/978-3-662-47160-9, © Springer-Verlag Berlin Heidelberg 2016

Stichwortverzeichnis

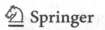

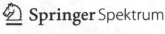

Printed in the United States
By Bookmasters